BIBLIOTHÈQUE DU CONDUCTEUR DE TRAVAUX PUBLICS

RIVIÈRES CANALISÉES

ET CANAUX

LIBRAIRIE DE L. HACHETTE, ÉDITEURS

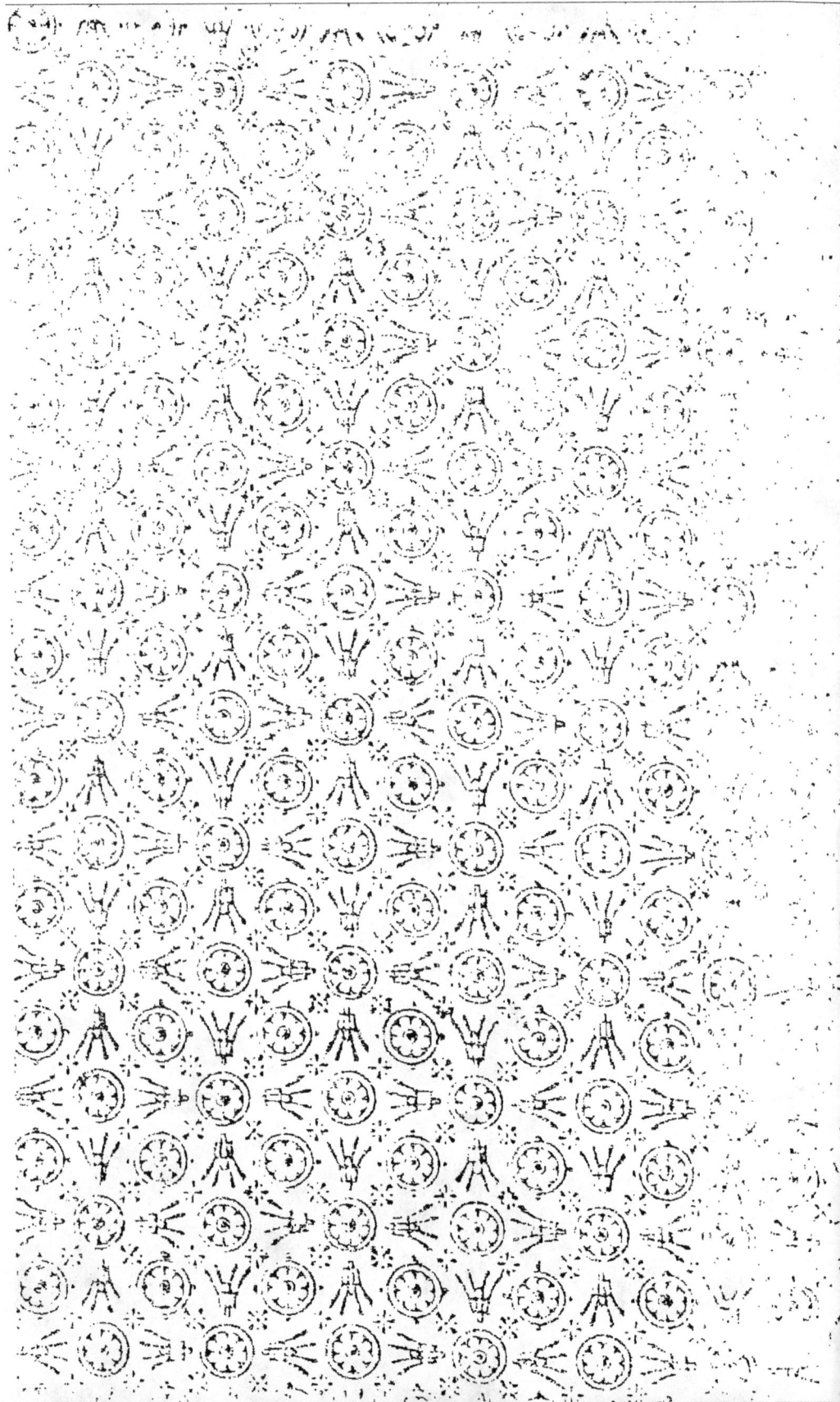

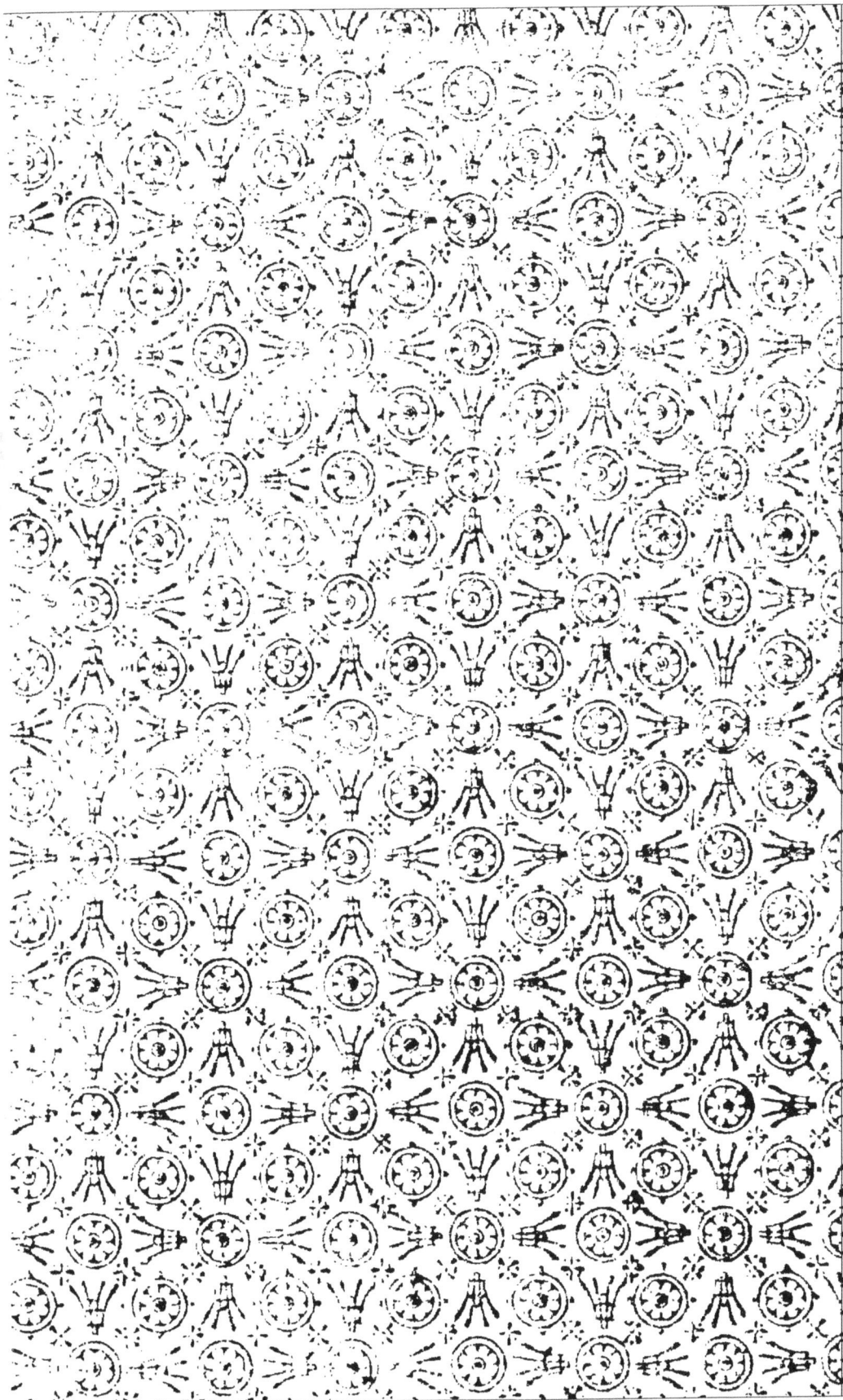

4 20 - 19/2 13

RIVIÈRES CANALISÉES

ET CANAUX

BIBLIOTHÈQUE

DU

CONDUCTEUR DE TRAVAUX PUBLICS

VOLUMES PARUS

BIBLIOTHÈQUE DU CONDUCTEUR DE TRAVAUX PUBLICS

RIVIÈRES CANALISÉES

ET CANAUX

PAR

CUËNOT

INGÉNIEUR EN CHEF DES PONTS ET CHAUSSÉES

PARIS

H. DUNOD et E. PINAT, ÉDITEURS

47 et 49, Quai des Grands-Augustins

1913

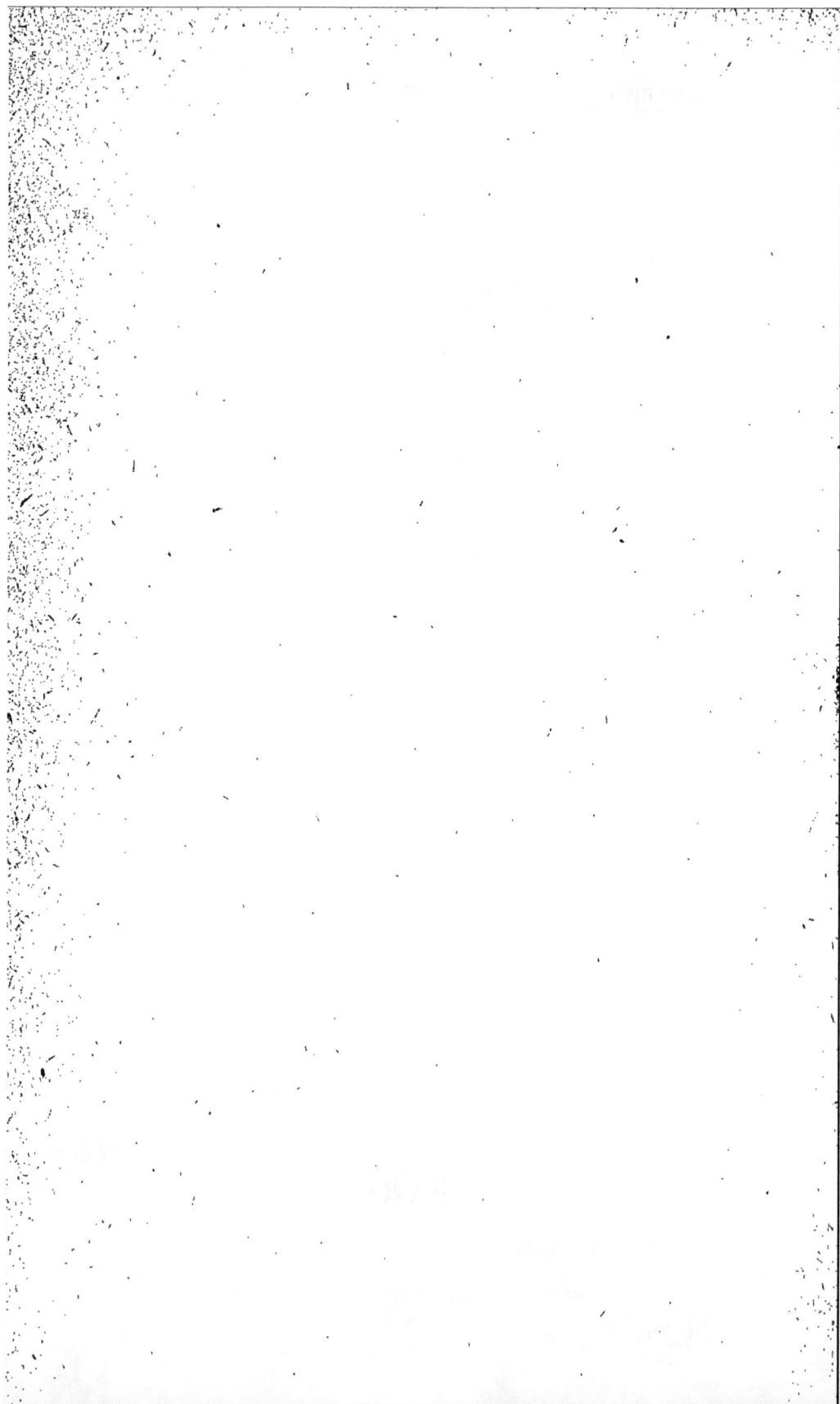

BIBLIOTHÈQUE DU CONDUCTEUR DE TRAVAUX PUBLICS

PUBLIÉE SOUS LES AUSPICES

DE MM. LES MINISTRES DES TRAVAUX PUBLICS
DES POSTES ET TÉLÉGRAPHES
DE L'AGRICULTURE, DU COMMERCE ET DE L'INDUSTRIE
DE L'INSTRUCTION PUBLIQUE, DE LA JUSTICE
DE L'INTÉRIEUR, DE LA GUERRE, DES COLONIES

Comité de patronage

BIBLIOTHÈQUE DU CONDUCTEUR DE TRAVAUX PUBLICS

Pierre JOLIBOIS, Fondateur

Ancien Directeur et Président du Comité de Rédaction, ancien Conseiller municipal
de Paris, ancien Conseiller général de la Seine
ancien Président de l'Association des Personnels de travaux publics

---

Comité de rédaction

Bureau :

Président :

BONNAL Directeur de la Compagnie des Tramways à vapeur du
département de l'Aude, ancien Professeur à l'Association
philotechnique.

Vice-Présidents :

DACREMONT Ingénieur des Ponts et Chaussées.

FALCOU Inspecteur en chef du service des Beaux-Arts de la ville de
Paris et du département de la Seine.

LANAVE Ingénieur en chef des chemins de fer éthiopiens.

VIDAL Inspecteur de l'exploitation commerciale des Chemins de
fer.

Secrétaires :

BONDU Commissaire de surveillance administrative des Chemins de
fer.

DIÉBOLD Sous-Inspecteur de l'Assainissement de Paris.

DUFOUR (Ph.) Commis principal des Ponts et Chaussées, Lauréat de l'Aca-
démie française.

LEMARCHAND Conseiller municipal de Paris, conseiller général de la
Seine.

Membres du Comité :

ARANA — Sous-Ingénieur des Ponts et Chaussées, Secrétaire de *La Revue Municipale*.

AUCAMUS — Ingénieur des Arts et Manufactures, sous-ingénieur aux chemins de fer du Nord.

CANAL — Sous-Ingénieur des Ponts et Chaussées.

CHABAGNY — Ingénieur des Ponts et Chaussées.

COLAS — Directeur de la Comptabilité et des Services financiers des Chemins de fer de l'État.

DARIÈS — Ingénieur de la Ville de Paris, Licencié ès Sciences, Professeur à l'Association philotechnique et à l'École spéciale de Travaux publics.

DEJUST — Ingénieur de la Ville de Paris, Professeur à l'École centrale des Arts et Manufactures.

GRIMAUD — Ingénieur des Ponts et Chaussées, chef du service des Travaux publics de la Martinique.

HALLOUIN — Contrôleur général de l'Exploitation commerciale des Chemins de fer.

LÉVY-SALVADOR — Ingénieur du Service technique de l'Hydraulique agricole au Ministère de l'Agriculture.

MALETTE (G.) — Sous-ingénieur des Ponts et Chaussées.

MUNSCH — Rédacteur principal à la Préfecture de la Seine.

PRADÈS — Sous-chef de bureau au Ministère de l'Agriculture, Membre du Conseil d'administration de l'Association philotechnique.

PRÉVOT — Ingénieur des Ponts et Chaussées (Nivellement général de la France).

REBOUL — Sous-ingénieur des Mines.

ROUSSEAU (Ph.) — Secrétaire général de la Société française des Ingénieurs coloniaux.

ROUX — Ingénieur des Ponts et Chaussées.

SAINT-PAUL — Sous-Ingénieur municipal, chef de section aux aqueducs et dérivations de la Ville de Paris.

SIMONET — Conducteur principal des Ponts et Chaussées, en retraite.

PRÉFACE

Navigare necesse ! C'est sous l'égide de cette devise, qui appartient à l'Association internationale permanente des Congrès de Navigation, que je place cet ouvrage sur les rivières canalisées et les canaux. Sans doute la navigation est une chose nécessaire, car elle est une des sources de la richesse publique, en facilitant les échanges, en amenant à pied d'œuvre les matières premières, au même titre que les chemins de fer, et d'une manière générale que tous les modes de transport. Mais elle ne doit pas demeurer une isolée, s'abstraire de faits économiques, qui se passent autour d'elle et continuer petitement et modestement à remplir un rôle insuffisamment étudié. Elle doit prendre sa place dans le concert des forces productives d'un pays; mais cette place est celle que lui assignent son organisation, son mode d'exploitation. Elle ne doit pas être la concurrente du chemin de fer, ce qui lui enlèverait toute raison d'être, mais elle doit être son auxiliaire et collaborer avec lui à l'augmentation de la richesse publique. Là où le chemin de fer pénètre et dessert le trafic à des prix qu'elle ne saurait atteindre, elle ne doit pas essayer de lutter.

Ce serait un gaspillage des deniers publics, obtenu au détriment de la collectivité. Un exemple fera comprendre comment on doit entendre la situation respective de la batellerie et du chemin de fer. On cherche depuis quelques années à entreprendre une voie navigable dans la vallée de la Loire entre Orléans et Nantes : les uns voudraient qu'on s'en tînt à l'amélioration du fleuve ; les autres, non moins ardents, déclarent ces travaux inutiles, et voudraient que l'on exécutât un canal latéral. Que doit-on faire? Des chiffres permettent de répondre aisément : les travaux d'amélioration de la Loire ne doivent pas revenir à plus de 100.000 francs par kilomètre; le coût d'un canal à grande section dépassera certainement 600.000 francs ; par contre, la création d'une voie ferrée spéciale au transport des marchandises ne demanderait qu'une dépense de 200.000 francs. Si donc les travaux d'amélioration de la Loire n'apportent pas la solution que l'on désire, et qui est certaine, il n'est pas douteux qu'il faille renoncer à la navigation et confier tout le trafic au chemin de fer, qui pourra abaisser ses tarifs au-dessous de 0 fr. 010, puisqu'il n'y aura pas lieu de compter le péage. Il ressort en effet d'une étude, qui paraît très sérieusement faite, et qui est due aux ingénieurs de la Compagnie du Nord, que le chemin de fer peut exploiter une ligne destinée aux transports des marchandises avec un tarif de 0 fr. 010 à 0 fr. 011, comprenant les frais de péage.

Il ne faut donc pas aller contre les faits, et s'obstiner à poursuivre une solution qui est anti-économique. Il ne faut pas non plus, contre tout bon sens, chercher à uniformiser tout un réseau de navigation; c'est là une erreur dont on semble revenir. Pour éviter un transbordement, qui est le fait général en matière de chemins de fer, on dépense en pure perte des sommes considérables, et on va à l'encontre du but que l'on se propose: l'ac-

croissement de la richesse publique. Car toute erreur
dans ce sens se traduit par un appauvrissement ; et,
pour satisfaire quelques intérêts particuliers, on risque
de diminuer ce qui est le bien de tous.

On a perdu de vue jusqu'à présent ce principe, et on
s'est imaginé que, quand l'État avait établi une voie
navigable, il avait rempli toute sa mission. Cette conception simpliste n'a pas été admise à l'étranger ; en
Allemagne, non seulement on a entrepris des voies de
navigation considérables, le canal de Dortmund à
l'Ems, celui du Rhin à l'Herne, mais on a voulu leur
donner une raison d'être, et on a permis leur exploitation dans des conditions qui justifient les sacrifices ac-
complis.

En France, on peut faire mieux encore, et c'est là ce
qu'il faut tenter. Le mérite des ingénieurs est incontestable, mais ce mérite est stérile, parce qu'il ne trouve
pas toujours le moyen de s'exercer. Ceux qui ont construit, et qui ont montré une maîtrise admirable, ne de-
manderaient pas mieux que de continuer et de donner
à l'entreprise qu'ils ont créée le développement qu'elle
comporte. Hélas ! cela ne leur est pas possible, et ils
voient souvent péricliter l'œuvre qu'ils avaient conçue [1].
Cela tient, ainsi que l'ont constaté les meilleurs esprits,
ceux qui ont été à la peine, M. l'inspecteur général de
Mas, MM. les ingénieurs en chef La Rivière et Girardon : ceux qui ont marqué les coups, M. le sénateur
Aimond, M. l'ingénieur Marlio, à ce qu'actuellement,
en fait d'exploitations, tout est à créer. Il faut organi-

---

1. Combien de fois M. l'ingénieur en chef Girardon ne m'a-t-il
pas confié son chagrin et ne m'a-t-il pas dit à propos des travaux
de la Loire navigable : « Ils réussiront certainement, mais à quoi
serviront-ils ? »

ser ce qui est à l'état chaotique, « à l'état d'anarchie [1] », et constituer un organe central, qui centralise tous les efforts, et qui exploite le merveilleux réseau de voie navigable que nous possédons. C'est la besogne de demain, que les meilleurs esprits cherchent déjà à réaliser, et qui peut être définie en ces formes : exploitation méthodique des voies navigables, collaboration intime et nécessaire de la batellerie et du chemin de fer, coordination de tous les efforts par un office spécial de navigation.

Ces idées se sont fait jour parmi les ingénieurs, qui se sont occupés de la question. Qu'il me soit permis d'en reporter tout l'honneur aux maîtres éminents qui se sont succédé à l'École des Ponts et Chaussées pour enseigner les principes de la navigation intérieure, MM. les inspecteurs généraux Guillemain et de Mas. Leurs ouvrages devenus classiques ont été le champ précieux, dans lequel j'ai récolté nombre de renseignements du plus haut intérêt. Je ne saurais mieux faire que de les remercier, très heureux de rendre cet hommage d'admiration à leur profond savoir, à leur expérience consommée.

1. Note inédite de M. l'ingénieur en chef La Rivière.

RIVIÈRES CANALISÉES

PREMIÈRE PARTIE

BARRAGES

CHAPITRE PREMIER

BARRAGES FIXES

DE LA CANALISATION EN GÉNÉRAL

1. Généralités. — Les travaux de régularisation, même les mieux combinés, ne peuvent dépasser certaines limites, souvent étroites, imposées par le régime du cours d'eau considéré, de telle sorte que l'amélioration réalisée reste quelquefois insuffisante.

La canalisation artificielle ou celle des rivières présente toutefois un inconvénient : pour peu que les barrages soient rapprochés, situation inévitable quand il faut racheter une pente sensible, on prend du temps pour franchir des écluses, mais cet inconvénient est de peu d'importance auprès des avantages que comporte par ailleurs ce mode d'aménagement.

La canalisation d'un cours d'eau n'est pas toujours réalisable, elle est notamment impossible sur un fleuve ayant, comme la Loire, un fond mobile, un lit très large, des rives basses, formées par des alluvions et par conséquent éminemment affouillables.

Les canaux que l'on avait d'abord établis pour relier entre eux les cours d'eau ont servi de types : les rivières ont été canalisées pour remplir les conditions de navigabilité que présentaient les canaux.

Sur les cours d'eau naturels, ou bien régularisés d'une manière insuffisante, la batellerie ne peut pas compter sur un mouillage régulier. Le matériel qu'elle utilise doit être assez résistant, et approprié à la rivière considérée. En outre, il faut tenir compte des difficultés que l'on rencontre à la remonte.

Sur les rivières canalisées, au contraire, ces inconvénients disparaissent : la marine trouve, à tout moment, un mouillage suffisant et plus élevé qu'à l'état naturel. Le matériel, usité sur les canaux, peut circuler aisément et dans des conditions de sécurité aussi grande; car les barrages, qui relèvent le plan d'eau, produisent un remous, qui atténue la violence du courant. Les transports à la remonte se font donc sans difficulté.

Doit-on cependant proclamer la supériorité des canaux et rivières canalisées sur les fleuves simplement améliorés ? On ne saurait l'affirmer. La question est trop complexe, pour qu'on puisse se prononcer immédiatement en présence de ces constatations sommaires. Le problème est plus compliqué : il faut tenir compte de la durée du trajet, du prix de fret. Les Allemands l'ont pensé ainsi, puisqu'ils ont amélioré successivement chacun de leurs fleuves et utilisé après régularisation l'Ems, l'Oder, le Rhin, le Danube. Il est vrai que les méthodes d'amélioration se sont perfectionnées grâce aux travaux si intéressants de M. l'ingénieur en chef Girardon; que le prix du matériel, des remorqueurs en particulier, s'est abaissé; que le rendement des moteurs est devenu meilleur, et que la dépense résultant de leur emploi s'est réduite. La régularisation des rivières, que l'on envisageait autrefois, comme un pis aller, constitue un progrès marqué sur toute autre solution, qu'il s'agisse d'un canal latéral ou de la canalisation des cours d'eau, toutes les fois, bien entendu, que les conditions de pente et de débit permettront de l'adopter.

Cette question sera traitée longuement dans l'ouvrage consacré aux rivières à fond mobile.

On s'occupera ici exclusivement des moyens qui permettent de canaliser une rivière.

De distance en distance on établit des barrages mobiles, susceptibles de s'effacer, et s'effaçant effectivement, tant que le débit est suffisant pour assurer le mouillage que l'on a en vue. Quand le débit diminue, et par conséquent le mouillage, on relève les barrages; le cours d'eau est ainsi divisé en un certain nombre de biefs qui communiquent l'un avec l'autre au moyen d'une écluse à sas.

Le relèvement du plan d'eau a pour effet d'élargir le chenal et d'amortir le courant; on se trouve donc comme dans un canal. Si la pente des cours d'eau est assez forte, le nombre des écluses sera nécessairement grand, d'où une perte de temps importante due au passage des écluses. On n'évite pas non plus les chômages qui résultent de la formation des glaces dans une eau presque tranquille.

2. Navigation par éclusées. — Les premiers barrages étaient entièrement fixes ou comprenant plusieurs *pertuis* étroits, appelés aussi *portes marinières*, fermés au moyen d'organes mobiles, qui permettaient de les ouvrir pour laisser passer les crues.

Le plus fréquemment il n'y avait pas d'écluses à sas entre deux biefs consécutifs; un simple pertuis assurait la communication. Un train de bois ou un bateau se présentait-il, on ouvrait le pertuis et le bateau franchissait non sans danger la cataracte résultant de l'ouverture. La descente était facile, quant à la remonte elle ne s'effectuait qu'au prix des plus grands efforts.

On conçoit aisément qu'à cette façon de procéder, les moulins, qui étaient situés sur les barrages, devaient perdre un temps considérable. Pour remédier à cet inconvénient, on fit passer en une seule fois plusieurs trains ou bateaux, en ouvrant chaque pertuis à jour et heure fixes. La navigation s'effectuait en outre dans de bien meilleures conditions. Avec cette façon d'opérer on pouvait, en effet, attendre que l'eau se fût emmagasinée en quantité suffisante dans le bief d'amont; en ouvrant alors brusquement le pertuis, on provoquait une crue artificielle, qui augmentait le débit et surélevait le plan d'eau à l'aval pendant un certain temps. C'est à cette crue factice qu'on a donné le nom d'*éclusée*.

Les bateaux ou les trains de bois, qui se trouvent sur le passage de ce flot, peuvent se laisser entraîner par lui; si donc les barrages sont assez rapprochés pour que le flot puisse se reformer, dès que son effet cesse de se faire sentir, la navigation aura pu profiter, pendant un certain temps, de conditions supérieures aux conditions naturelles, et les bateaux auront traversé une succession de passages, qui les auraient arrêtés sans les lâchures ou éclusées.

3. Avantages et inconvénients. — Il résulte de ce qui précède que le mode de navigation par éclusées présente de grands avantages pour les transports à la descente : les trains et bateaux sont entraînés par le courant, sans qu'il soit besoin de les haler[1]. D'autre part, la surélévation du plan d'eau augmente notablement le mouillage. Ce mode de navigation serait donc parfait à la descente, s'il n'y avait pas le passage délicat du pertuis.

Mais les transports à la remonte ne s'effectuaient pas aussi facilement. En effet, chaque lâchure donnait bien une onde dont les bateaux descendants usaient pendant un certain temps, mais les bateaux montants, qui marchaient en sens contraire, n'en profitaient que pendant un temps très court.

Ils devaient d'abord lutter, contre le courant violent provoqué par le flot, avec des moyens de remorquage ou de halage puissants, puis ils devaient éviter l'échouement causé par *l'affameur*. Chaque lâchure était, en effet, suivie d'une fermeture du pertuis pour remplir le bief d'amont; toutes les eaux de la rivière étaient arrêtées, mais le bief d'aval n'était plus alimenté, et il se produisait un abaissement important du plan d'eau. En réalité, la navigation n'était possible qu'aux jours et pendant les heures d'éclusées. On n'insistera pas sur ce mode de navigation aujourd'hui abandonné sur la Haute-Seine et l'Yonne depuis 1899.

4. Navigation continue. — On a vu que la navigation intermittente avait le grave inconvénient de provoquer

---

1. Vitesse moyenne du flot, 1 mètre par seconde.

un courant si intense que la remonte était presque impossible. Son emploi rationnel, tant que le trafic consistait dans le transport de matériaux descendant sur Paris, devint très difficile, quand l'ouverture et le perfectionnenent des canaux, le développement des transports à la remonte donnèrent à la navigation une extension de plus en plus grande. Il fallut chercher à améliorer les conditions primitives de son fonctionnement.

On a établi de distance en distance des barrages dans le but de réaliser un mouillage déterminé sur les hauts fonds situés à l'amont. A ces barrages on a accolé des écluses pour permettre aux bateaux de s'affranchir du passage aux pertuis. Les barrages d'abord fixes ont été rendus mobiles, et ne sont relevés que lorsque le débit de la rivière devient insuffisant pour assurer le mouillage nécessaire. La navigation put ainsi être continue, se faisant par les écluses aussitôt qu'elle n'est plus praticable à courant libre.

DES BARRAGES EN GÉNÉRAL

5. Assimilation des barrages aux déversoirs. — Remous. — Suivant la position du plan d'eau à l'aval, un barrage sur une rivière pourra être assimilé à un déversoir ordinaire ou à un déversoir noyé. Dans l'un et l'autre cas, les formules de l'hydraulique permettront de calculer les effets d'un barrage établi dans des conditions données. Elles serviront aussi à déterminer l'amplitude du remous[1].

Mais les résultats ainsi trouvés sont incertains, et il

---

[1]. M. l'inspecteur général Poirée a admis que la ligne d'eau dans l'amplitude du remous pouvait être représentée par une parabole, dont l'axe serait vertical et dont le sommet serait à l'emplacement du barrage, tandis que l'extrémité de la courbe serait tangente à la pente moyenne du cours d'eau. En appelant h la hauteur du barrage et i la pente du cours d'eau, l'équation de cette parabole serait :

$$x^2 = \frac{4h}{i^2}\, y.$$

Le remous se ferait sentir sur la distance : $\frac{2h}{i}$.

est prudent, pour n'avoir pas de mécomptes, de supposer que la surface des eaux est un plan horizontal passant par le sommet du barrage.

6. Niveau de la retenue. — Le niveau de la retenue devra être fixé en tenant compte des considérations suivantes :

Fournir, immédiatement à l'aval de la retenue supérieure (busc aval de l'écluse du barrage amont), le mouillage nécessaire aux bateaux fréquentant la voie, c'est-à-dire un mouillage supérieur d'au moins 0^m,20 à 0^m,30 au tirant d'eau maximum de ces bateaux ;

Ne pas atteindre toutefois une cote telle qu'elle provoque la submersion des rives. Il convient donc de laisser aux rives une revanche suffisante, aussi bien le long de chaque affluent, dans la partie influencée par la retenue, que le long du cours d'eau lui-même.

Il y a lieu aussi de tenir compte de la situation des usines établies sur le cours d'eau ou ses affluents; car le relèvement du plan d'eau d'aval produit une perte de force motrice, dont il faudra les indemniser.

Il faut d'autre part s'assurer si le remous, qu'on se propose de créer, ne réduira pas d'une façon trop sensible la hauteur libre sous les ponts, s'il ne gênera pas l'évacuation des eaux d'égouts, l'usage des servitudes qui peuvent exister dans chaque bief, etc.

7. Emplacement et espacement des barrages. — Il ne peut pas être établi de règle générale pour la détermination de l'emplacement d'un barrage. — On est le plus souvent conduit à le placer un peu en aval des principaux hauts fonds, sur lesquels le remous du barrage inférieur ne se fait pas suffisamment sentir. On assure sur ces seuils un mouillage au moins égal à celui de la retenue. Ces hauts-fonds, étant fréquemment constitués par un sol plus résistant que le reste du lit, constituent une bonne assiette pour recevoir le barrage.

L'espacement des barrages est une question non moins complexe. On peut se demander si, en restant bien entendu dans les limites que comporte le relief des berges, il est avantageux de diminuer le nombre des barrages, en augmentant leur hauteur, ou s'il convient, au contraire, de les multiplier et de rendre les biefs plus courts.

Il est certain qu'au point de vue de la navigation, de longs biefs sont très avantageux, puisqu'ils évitent un retard au passage des écluses.

En ce qui concerne la dépense de premier établissement, il y a le plus souvent avantage à diminuer le nombre des barrages et à augmenter leur hauteur, car leur prix de revient ne croîtra pas proportionnellement à leur hauteur.

Mais les barrages à grande chute sont d'une manœuvre plus difficile que les autres ; ils sont exposés à des accidents plus nombreux, et plus difficiles à réparer.

Par contre, en multipliant les barrages, on augmente le nombre des agents préposés à leur manœuvre, ce qui constitue une dépense relativement importante.

Dans tous les cas, l'établissement d'un barrage, quelle que soit la hauteur de la retenue, trouble profondément le régime de la rivière. Il a pour conséquence, en effet, de substituer un mouillage supérieur à celui qui existait à l'état naturel : le barrage est relevé au moment où le débit est encore élevé, souvent supérieur à celui qui correspond à l'entraînement des matériaux qui tapissent son fond. Ces matériaux arrêtés par le barrage, quel que soit son relief, se déposent et constituent des hauts-fonds que l'on doit enlever à la drague.

On conclut donc qu'il est toujours préférable d'espacer les barrages et d'augmenter la hauteur des retenues autant qu'il est possible.

8. Différents systèmes de barrages. — Les divers types de ces ouvrages peuvent être classés comme il suit :

1° Barrages fixes ;

2° Barrages à parties mobiles soutenues par des appuis fixes;

3° Barrages mobiles à fermette ;

4° Barrages mobiles à tambour ;

5° Barrages mobiles à pont supérieur.

9. Barrages éclusés. — Quel que soit le type de barrage adopté, il se trouve toujours accolé à une écluse de navigation. Il devient ainsi un barrage éclusé (*fig. 1*) et comprend :

1º Une *écluse* placée en bordure du chemin de halage.

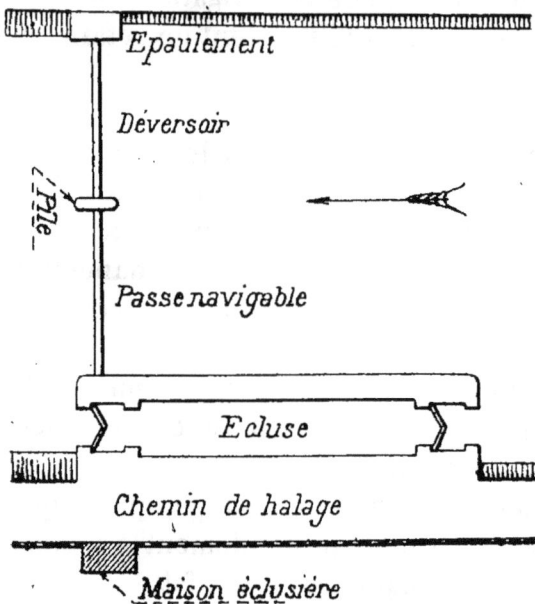

Fig. 1. — Barrage éclusé.

2º Une *passe navigable* ou *passe profonde* fermée au moyen d'engins mobiles et qui permet aux bateaux de franchir le barrage, lorsque celui-ci est abattu.

3º Un *déversoir fixe* ou muni d'engins mobiles qui sert à régler, en temps ordinaire, le niveau du bief amont, et qui constitue avec la passe le barrage proprement dit. Le déversoir est séparé de la passe par une pile et s'enracine à la rive sur un massif en maçonnerie, auquel on donne le nom de *culée* ou d'*épaulement*.

Le couronnement d'une passe ou d'un déversoir prend le nom de *seuil*.

10. Barrages fixes. — Les barrages fixes ont été seuls en usage pendant longtemps ; c'étaient généralement des barrages usiniers utilisés par la navigation. L'influence d'un barrage sur l'écoulement des eaux d'une rivière s'affaiblit de plus en plus, à mesure que le débit de cette rivière augmente. Sensible au moment de l'étiage, dans un lit mineur resserré, elle disparaît à peu près complètement dans les grandes inondations devant l'importance du lit majeur.

Cependant la question n'est pas toujours aussi simple, et il y a là une mesure à garder. Tant qu'il ne s'est agi que d'augmenter le mouillage de quelques décimètres, le peu de relief des barrages, leur situation dans le voisinage des hauts-fonds, c'est-à-dire des rapides, les laissaient sans effet sur le régime de la rivière. Mais quand on a voulu obtenir des mouillages supérieurs à $1^m,50$, on a dû recourir sur la plupart des rivières à des barrages mobiles.

On ne s'étendra pas longuement sur les barrages fixes, on se bornera à faire ressortir les quelques détails qui peuvent être utiles, d'abord parce que ces ouvrages peuvent être établis sur certains cours d'eau, ensuite parce que les barrages mobiles comprennent une partie fixe, qui fonctionne à certains moments comme un barrage fixe.

11. Position des barrages en rivière. — Les formules de l'hydraulique et les expériences prouvent que le débit d'un déversoir est proportionnel à sa longueur. Il s'agit de l'écoulement des eaux basses et moyennes, les filets liquides tendant à prendre une direction normale à la crête du déversoir.

Il n'en est pas de même pour les hautes eaux, les filets liquides s'orientent alors parallèlement à la direction des rives.

Il en résulte que le barrage, qui n'est censé influencer que le régime des eaux basses ou moyennes, doit être aussi long que possible, par conséquent disposé obliquement par rapport aux rives.

Mais une grande obliquité a pour effet de rejeter

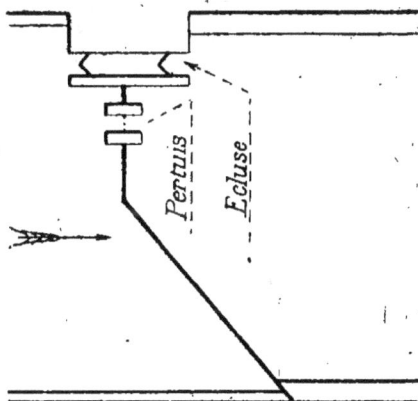

Fig. 2. — Barrage fixe en chevrons.

le courant sur une des rives. M. l'inspecteur général Mary a établi par des expériences qu'un barrage en chevron présenterait les mêmes avantages qu'un barrage oblique de même longueur. Il faut cependant que l'angle du chevron ne soit pas trop prononcé, pour que les deux nappes, en se rencontrant pour ainsi dire face à face dans les eaux moyennes, ne forment pas une intumescence, qui gênerait l'écoulement sur le barrage même et pourrait accroître le remous en amont.

On a reproduit ci-dessus une disposition adoptée sur le Lot. Les deux branches du barrage forment un angle de

35° ; l'une est normale à l'écluse, l'autre prend la rive en écharpe (*fig.* 2).

12. Choix du profil. — La position du barrage étant fixée, il convient d'adopter pour sa construction le type qui est le mieux approprié au terrain de fondation, et au rôle qu'il doit remplir.

Les barrages fixes, qui ont été établis, ont présenté deux types distincts, l'un à paroi verticale, l'autre à paroi inclinée.

13. Barrage à paroi verticale à l'aval. — Les barrages à paroi verticale (*fig.* 3) sont ordinairement formés d'un massif en

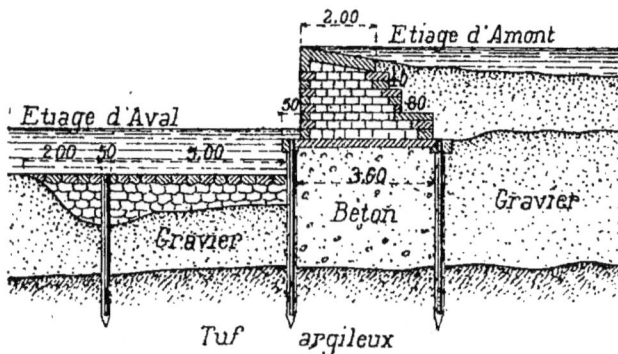

Fig. 3. — Barrage avec radier en pierres sèches à l'aval.

maçonnerie, auquel on donne généralement une épaisseur

Fig. 4. — Déversement d'eau sur un barrage fixe à paroi verticale en hautes eaux.

égale à la chute. Le parement aval est vertical ; celui d'amont est disposé, soit en talus, soit par retraites, de manière à augmenter son empatement, et à rendre plus difficiles les infiltrations sous les fondations. Dans le même but, on peut placer en amont un revêtement en terre argileuse que l'on défend contre la corrosion de l'eau en le recouvrant de moellons.

Les barrages qui ont été exécutés d'après ce type, sur l'Isle, le Tarn et d'autres rivières du midi

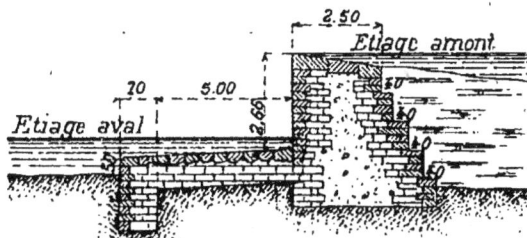

Fig. 5. — Barrage avec radier.

de la France, ont été généralement établis sur béton immergé entre deux files de pieux et pàlplanches. Le béton est descendu au-dessus du fond de la rivière, et la fondation est

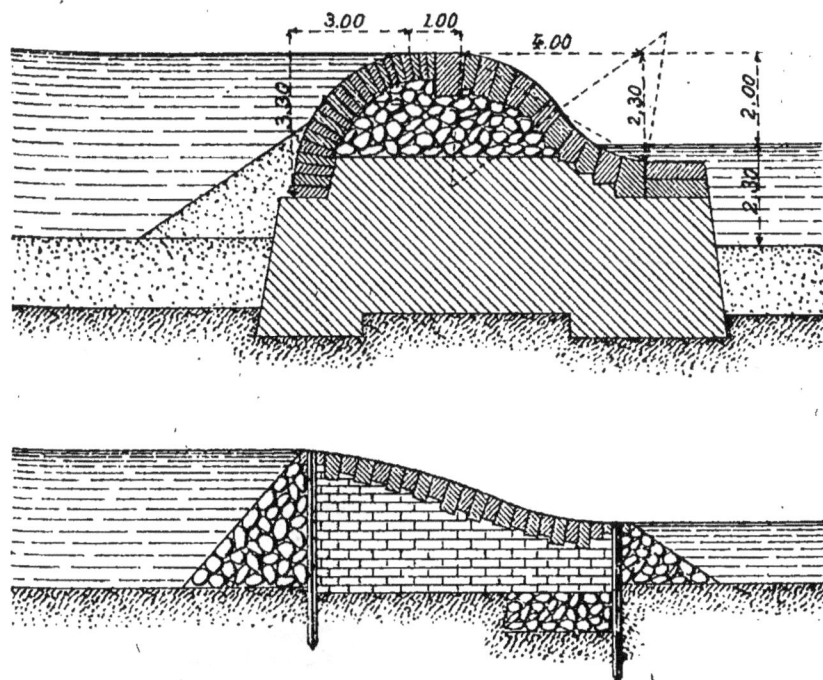

Fig. 6 et 7. — Barrages en doucine.

défendue par des enrochements. La crête du barrage est toujours en pierre de taille.

Si le terrain est inaffouillable, on se contente d'immerger le béton dans un caisson sans fond.

L'inconvénient le plus grave des barrages à paroi verticale tient à la difficulté de les défendre contre les affouillements, qui se produisent à l'aval par l'effet d'une lame déversante épaisse, formant tourbillon et déracinant le barrage (*fig.* 4).

Pour y remédier, on a construit, en aval des radiers généraux (*fig.* 5), que l'on a prolongés jusqu'à 11 ou 12 mètres. Mais ces radiers finissaient par être eux-mêmes affouillés et de proche en proche l'affouillement gagnait le pied du barrage qui était détruit.

Lorsque le sol était affouillable, on a disposé le parement d'aval en doucine (*fig.* 6 *et* 7), en adoptant différentes formes pour le couronnement.

Mais le parement en maçonnerie de pierre de taille, pour présenter des conditions de stabilité suffisante, donnait lieu à un appareil dispendieux.

14. **Barrage à glacis vers l'aval.** — Les affouillements sont bien moins à craindre quand la paroi d'aval est en glacis (*fig.* 8). Cette disposition fait en effet disparaître le tourbillon inférieur, qui détruit le radier.

Fig. 8. — Barrage à glacis.

Le barrage ci-dessous, qui rentre dans cette catégorie, est constitué par un coffrage en charpente, dont l'intérieur est exécuté soit en maçonnerie ou béton, soit en simples enrochements ; dans ce dernier cas, les vides sont remplis au moyen de pierrailles ou de gravier.

Le glacis est recouvert d'un revêtement en maçonnerie de moellons ; son profil est rectiligne pour en faciliter l'exécution. Le pied du massif est défendu contre les affouillements au moyen d'enrochements maintenus en place par des pieux battus en quinconce. Le choc de l'eau s'amortit tant contre les pieux, dont la tête dépasse légèrement le niveau des pierres, que contre celles-ci. Si la rivière n'était pas assez profonde pour que l'on pût former l'enrochement avec l'épaisseur nécessaire, tout en conservant encore au-dessus une hauteur d'eau suffisante, on draguerait le sol

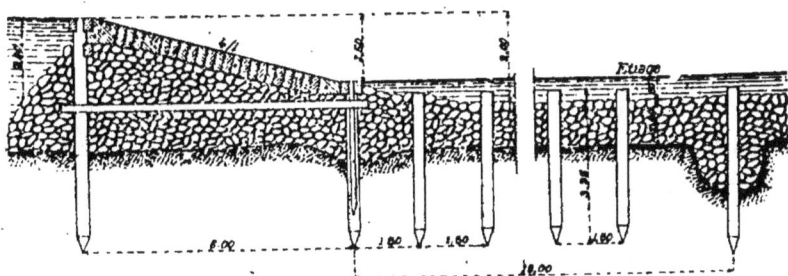

Fig. 9. — Ancien barrage de l'Oise.

avant d'enfoncer les pieux et exécuter l'enrochement dans la fouille. — Il faut bien se garder de compter sur le fonctionnement du barrage pour former le logement de l'enrochement ; on s'exposerait ainsi à voir le barrage emporté, s'il survenait une crue avant l'achèvement du travail de protection.

Malgré cette construction, les radiers finissaient par être désagrégés et le barrage se trouvait lui-même exposé à être emporté. On a donc dû renoncer aux barrages à parement vertical, sur les points où le sol est affouillable.

15. Barrages à parties mobiles soutenues par des appuis fixes. — Les barrages fixes comportent, ainsi qu'on l'a vu plus haut, à défaut d'écluse à sas, et même quelquefois à côté de cet ouvrage, une passe profonde ou pertuis. D'autres barrages sont formés d'un ou de plusieurs pertuis, compris entre culées ou piles en charpente ou en maçonnerie. Quand le pertuis est accolé à un barrage fixe, il convient de le construire avant le barrage proprement dit, pour que les eaux puissent y passer pendant la période d'exécution.

Cet ouvrage affecte une forme rectangulaire présentant un

radier horizontal et deux bajoyers verticaux. Il doit être
alternativement fermé et ouvert, ou pour employer des
termes presque classiques, bouché et débouché, d'où le
nom de *bouchure* donné à l'ensemble des organes mobiles
dont ils sont munis et le titre de *déboucheurs* attribué aux
agents chargés de leur manœuvre.

On distingue trois types principaux de bouchure :

1° Avec des vannes ;

2° Avec des poutrelles ;

3° Avec des aiguilles.

16. Barrage à vannes. — Le type le plus simple de pertuis
à vannes est celui qu'on trouve dans les ouvrages régulateurs
d'une retenue de moulin de village (*fig.* 10). Il est formé de
panneaux en planches, qui glissent le long de deux appuis
verticaux jusqu'au radier. Les appuis extrêmes sont deux
culées en maçonnerie, dans lesquelles sont encastrés des
montants verticaux ; les appuis intermédiaires sont constitués par d'autres montants reliés entre eux et aux premiers
par un chapeau, et même parfois par une semelle en bois
noyée dans un radier général.

Fig. 10. — Barrage à vannes.

Les vannes sont munies d'une tige traversant le chapeau et
au moyen de laquelle on les manœuvre. Les poteaux portent
sur l'arête intérieure une feuillure de 0m,05 à 0m,06 de largeur, dans laquelle les vannes s'engagent de toute leur
épaisseur et viennent glisser.

Le vannage est accompagné d'une passerelle de service
pour permettre la manœuvre des tiges, qui s'exécute le plus
souvent à l'aide d'un simple levier en pied de chèvre, soulevant à la hauteur voulue la vanne à l'aide de chevilles en fer.

Le vannage doit être relevé au-dessus des plus hautes eaux ;
la passerelle de service doit être placée à un niveau assez
élevé, pour que la manœuvre puisse avoir lieu. Pour éviter
cet inconvénient, qui a pour conséquence d'allonger outre

mesure la tige, M. l'inspecteur général Alexandre a imaginé sur la Charente, à Mérienne, un dispositif très ingénieux : le poteau, sur lequel s'appuie la vanne, est entaillé à l'aval; à partir d'un certain niveau, la feuillure est donc interrompue. La vanne, qui est articulée sur sa tige, peut ainsi s'échapper au courant et laisser libre le débouché du pertuis.

Lorsque le barrage doit avoir une largeur un peu considérable, on le divise en pertuis distincts par des piles espacées de 4 et même de 5 mètres, et chaque pertuis est lui-même divisé à son tour, par des montants, en orifices, dont la largeur varie suivant les cas de 0^m,66 à 1^m,30. Quelquefois on ferme le pertuis par une seule vanne, que l'on manœuvre soit avec une double crémaillère, soit avec un puissant vérin.

Dans tous les cas, on doit disposer à l'aval du vannage un radier général soit en bois, soit en maçonnerie protégé par enrochements.

17. Vannes des wattringues du Nord et du Pas-de-Calais. —

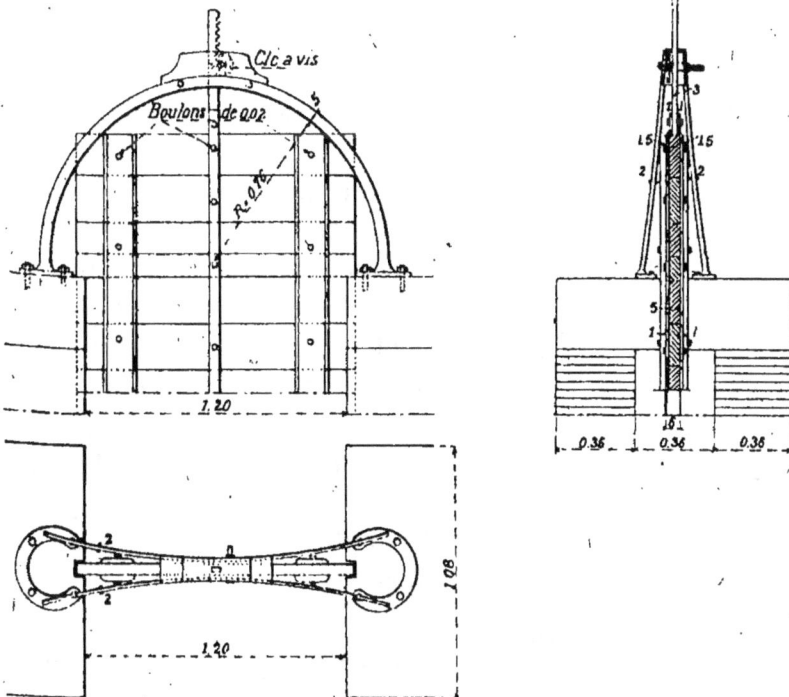

Fig. 11. — Vannes des wattringues.

Ce type de vanne est employé depuis longtemps avec succès

dans les wattringués du Nord et du Pas-de-Calais, est indiqué par la figure 11. Il diffère du type précédemment décrit sur les points suivants :

La portion des montants en bois encastrés dans les culées est remplacée par des coulisses sciées dans des blocs de pierre de 0m,32 à 0m,40 de côté, posés en délit et d'une seule pièce.

La partie supérieure des montants et le chapeau sont remplacés par une petite ferme métallique composée de deux arcs de forme elliptique se rapprochant vers le sommet. L'intervalle entre les deux arcs permet le passage de la vanne qui peut ainsi être levée à toute hauteur.

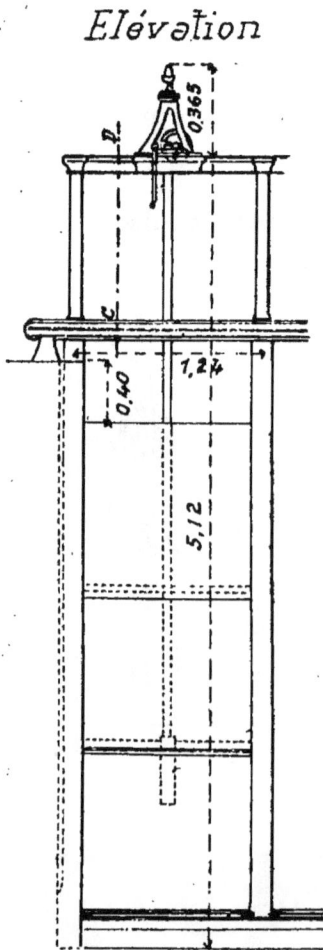

Elévation

FIG. 12. — Barrage à rideaux.

La tige médiane, métallique, se termine par une crémaillère commandée par un pignon. Une roue en tôle percée de trous est calée sur le même arbre que celui-ci, elle tourne avec lui et il suffit d'introduire une clef à vis dans l'un des trous pour fixer la vanne dans la position correspondante.

18. Barrages à rideaux. — On a encore imaginé des vannes étagées, fonctionnant comme des rideaux de magasin. Chaque étage ne supporte qu'une fraction de la pression totale ; la manœuvre est chose facile et peut être rendue plus aisée encore en substituant le frottement de roulement au frottement de glissement. Les figures 12 et 13 donnent les dispositions, qui ont été adoptées sur la Charente pour la fermeture d'un pertuis à Sireuil.

19. Vannes tournantes. — On n'a considéré jusqu'ici que des vannes se recouvrant dans un plan vertical, vannes glissantes ou vannes roulantes ; on peut

Coupe suivant CD

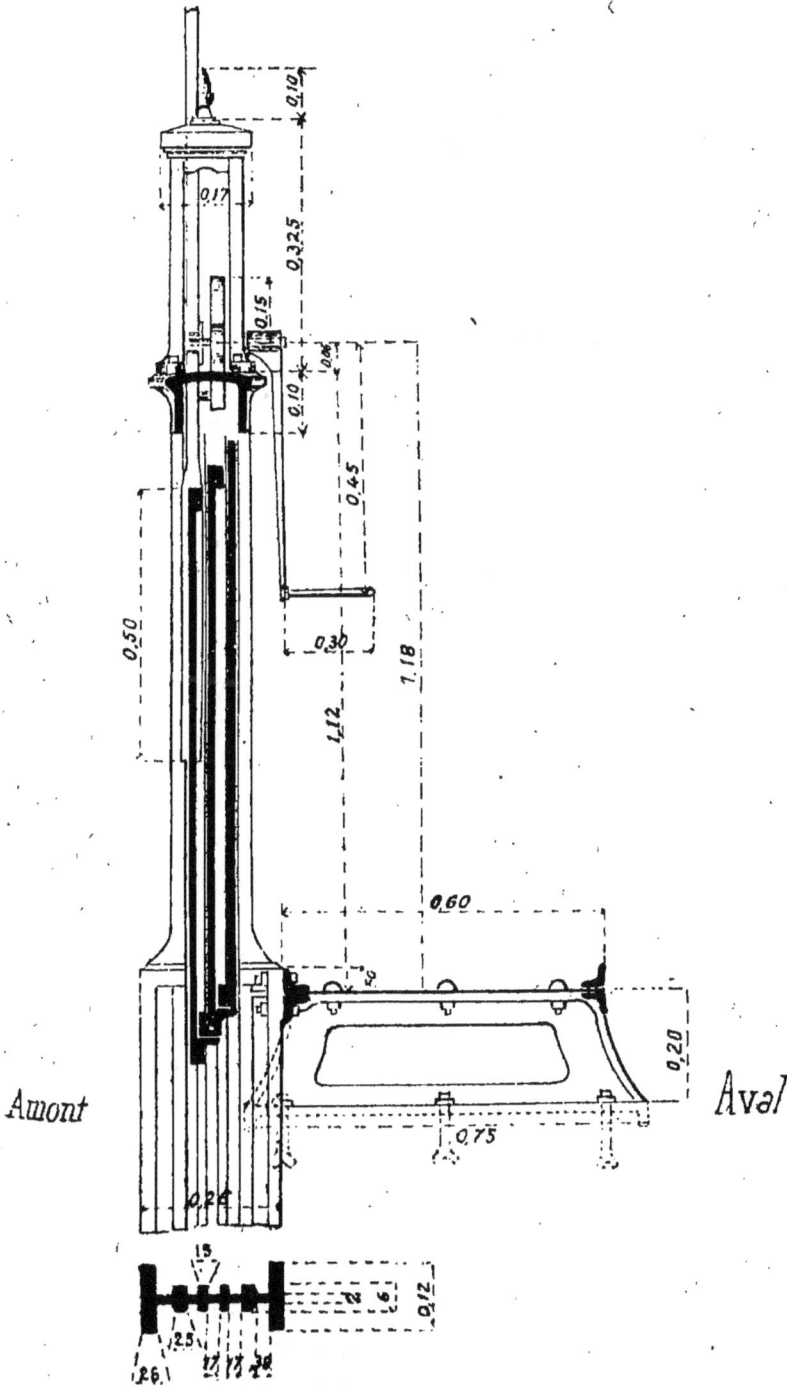

Amont   Aval

FIG. 13. — Barrage à rideaux.

aussi employer des vannes tournantes. On peut avoir des vannes, qui se manœuvrent avec une grande facilité en rapprochant suffisamment l'axe de rotation du centre de figure ou du centre de pression, mais il convient d'ajouter que cette facilité ne s'acquiert qu'aux dépens de l'étanchéité.

Comme type on citera le barrage établi à l'aval du Pont-Neuf à Paris, au débouché du petit bras de Seine. Chaque pertuis est fermé par une vanne en forme de portion de cylindre à axe horizontal tournant autour dudit axe. Abandonnée à l'action de la pesanteur, la vanne peut se loger dans une cavité ménagée dans le radier. Quand on veut former la retenue, on soulève le panneau cylindrique vers l'aval, à la hauteur où on veut le maintenir. La vanne est d'ailleurs équilibrée par des contrepoids facilitant ces manœuvres.

Les bateaux-portes, rarement employés dans la navigation intérieure, mais très usités dans les ports de mer, rentrent dans cette catégorie.

On peut citer encore les portes-bateaux qui fonctionnent sur un affluent de la Marne, le Grand-Morin. Chaque pertuis est fermé par une seule vanne, dont le chapeau est constitué par une barre tournante susceptible de décrire un quart de cercle, lorsque la vanne levée à toute hauteur n'est plus appuyée par la pression de l'eau. Le pertuis est débouché et peut donner passage au train de bateaux.

20. Systèmes divers. — *Barrage de Charlottenbourg sur la Sprée.* — On indiquera la disposition adoptée au barrage de Charlottenbourg sur la Sprée, et qui rappelle le système imaginé par M. l'inspecteur général Alexandre.

Le barrage de Charlottenbourg présente une largeur totale de $43^m,87$ entre culées, répartie en quatre pertuis de $10^m,50$ d'ouverture. Chaque pertuis est divisé par des montants métalliques en cinq orifices formés par des vannes de $2^m,10$ de largeur et de $2^m,80$ de hauteur. Ces vannes sont manœuvrées au moyen de doubles vérins actionnés simultanément par des crics fixés au pont de service métallique.

Elles sont suspendues aux tiges filetées des vérins par des articulations horizontales, autour desquelles elles sont mobiles. Les vannes sont relevées au-dessus du niveau des plus hautes eaux ; un treuil placé sur le pont de service permet de les relever sous le tablier où elles sont accrochées.

Barrage de Chèvres. — Vannes Stoney. — Le barrage de Chèvres, établi sur le Rhône, à 6 kilomètres en aval de Genève, pour créer la chute motrice d'une usine hydro-électrique, est muni de six vannes Stoney, de $3^m,50$ de hauteur sur 10 mètres de largeur.

L'ingénieur anglais, qui les a combinées, a eu l'idée de substituer le frottement de roulement au frottement de glissement. Les vannes reposent sur un train de galets roulant sur un rail vertical.

L'étanchéité du système n'est pas parfaite ; on peut y remédier, en disposant, à l'aval de la vanne roulante, une vanne ordinaire. Les deux vannes abaissées supportent la pression d'amont; un orifice ménagé dans la vanne aval évacue l'eau, qui se trouve entre les deux vannes. La vanne aval, qui n'a plus aucune charge à supporter, est relevée sans difficulté, la vanne roulante est alors manœuvrée dans les conditions ordinaires.

21. Barrages à poutrelles. — La bouchure est ici formée de pièces de bois horizontales superposées, qui s'engagent par leurs extrémités dans des coulisseaux ménagés à cet effet dans les bajoyers du pertuis. Ces pièces de bois ou *poutrelles* à section carrée de 20/20 à 30/30 d'équarrissage sont placées en nombre suffisant pour que la retenue atteigne le niveau voulu (*fig.* 14).

Manœuvre des poutrelles. — Deux systèmes sont employés pour la manœuvre des poutrelles (*fig.* 15). Dans le premier, chaque poutrelle est munie, près de ses extrémités, d'une broche métallique horizontale faisant saillie sur les faces latérales, de manière à pouvoir être saisie par un crochet. Dans le second, la broche ne dépasse pas les faces verticales de la poutrelle, mais un évidement pratiqué dans la face supérieure permet de saisir la poutrelle à l'aide d'un croc.

Le premier dispositif est préférable au second, et la manœuvre à effectuer dans un cas comme dans l'autre est assez simple pour qu'il soit inutile d'insister davantage.

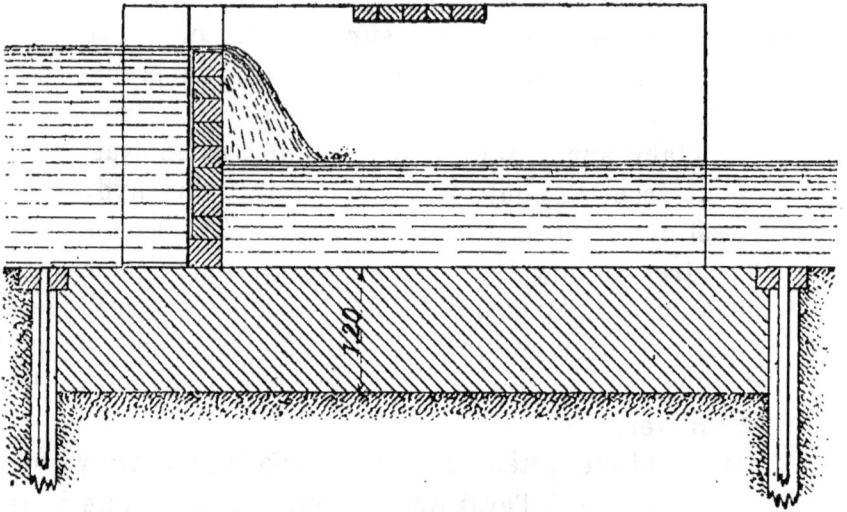

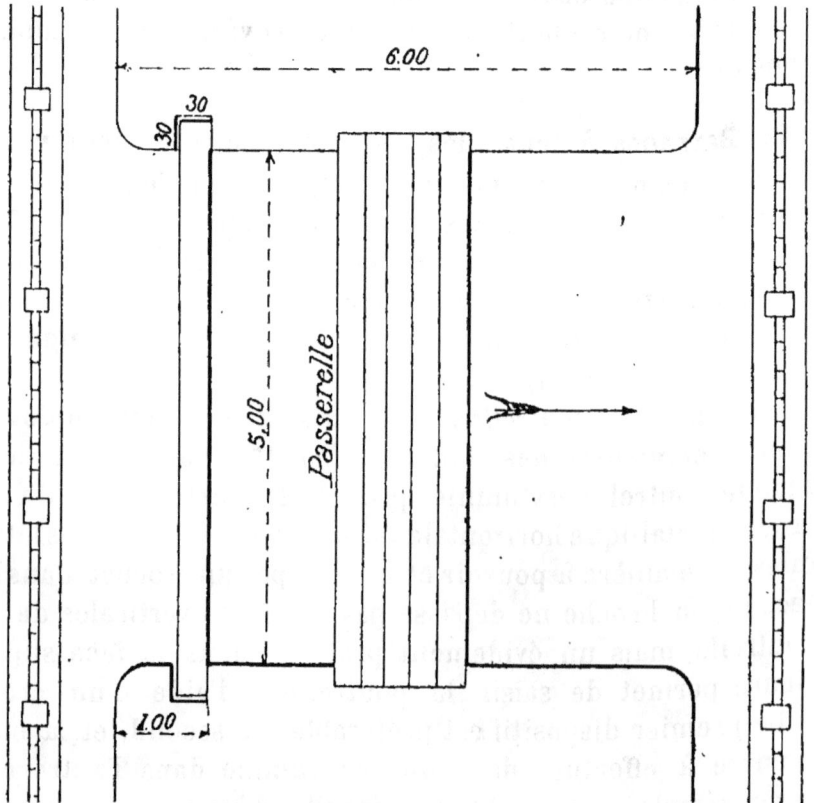

FIG. 14. — Pertuis à poutrelles.

Mais il convient de remarquer que cette manœuvre est un peu longue, et qu'il en résulte une perte d'eau assez considérable. Aussi a-t-on été amené à imaginer un dispositif

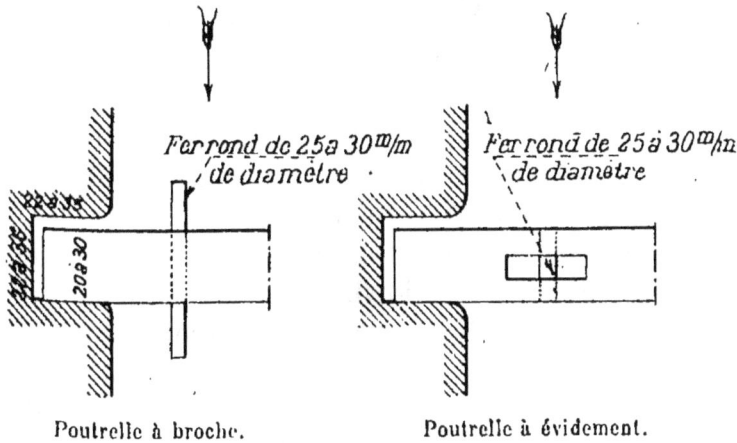

Fer rond de 25 à 30ᵐ/m de diamètre   *Fer rond de 25 à 30ᵐ/m de diamètre*

Poutrelle à broche.   Poutrelle à évidement.

Fig. 15.

permettant l'échappement simultané des poutrelles sans avoir à les remonter à la partie supérieure. Plusieurs procédés sont employés.

Échappement simultané. — Dans l'un, les poutrelles sont appuyées à l'une de leurs extrémités sur un poteau demi-

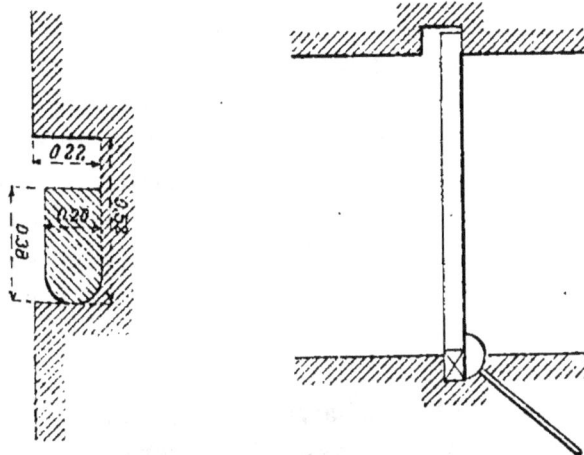

Fig. 16. — Échappement simultané.

cylindrique vertical, mobile autour de son axe, appelé *poteau valet (fig. 16)*, en ayant soin qu'elles ne s'avancent pas tout à fait jusqu'à cet axe. La pression qu'elles exercent tend alors à faire tourner le poteau ; mais il est facile de résister à cet effort, au moyen d'un long et fort levier, solidement fixé à la tête du poteau. La position des poutrelles, par rapport au poteau-valet, est d'ailleurs réglée au moyen d'une pièce verticale qu'on enlève après leur mise en place.

Lorsqu'on veut déboucher le pertuis, on laisse faire au poteau un quart de révolution ; celui-ci se loge dans l'évidement de la maçonnerie, et toutes les poutrelles s'échappent simultanément. Chacune des poutrelles est retenue par une chaîne à la culée du pertuis.

Dans le second dispositif, le poteau-valet, au lieu de présenter une section demi-cylindrique, est méplat ; il se loge entièrement dans la maçonnerie, lorsqu'il occupe la position correspondant à l'ouverture du pertuis. En le faisant tourner d'un quart de révolution, on le met en saillie sur le parement du bajoyer. Il est maintenu dans cette position par une cale convenablement disposée ; les poutrelles, engagées, d'une part, dans un coulisseau ordinaire, prennent appui d'autre part, sur la saillie du poteau.

Pour provoquer la rotation du poteau, et par suite l'échappement simultané de toutes les poutrelles, il suffit de faire sauter la cale d'un coup de marteau.

Un troisième dispositif comporte comme précédemment un coulisseau dans lequel est engagée l'une des extrémités des poutrelles, et un poteau vertical entièrement en saillie sur le bajoyer, contre lequel vient s'appuyer l'autre extrémité. Pour ouvrir le pertuis, on déclanche un verrou placé à la partie supérieure, qui maintient verticalement le poteau ; celui-ci s'abat sur le radier, en tournant autour d'un axe horizontal placé à son extrémité inférieure, et dans son mouvement de rotation, provoque l'échappement simultané de toutes les poutrelles.

22. Inconvénients des barrages à poutrelles. — Ce système de fermeture présente d'assez nombreux inconvénients. La largeur du pertuis doit être forcément restreinte ; les dimensions transversales des pièces de bois croissent très rapidement avec leur longueur, ce qui les rend peu maniables. On ne saurait pratiquement leur donner plus de 4 à 5 mètres de longueur, et exceptionnellement pour de très petites chutes de 6 à 8 mètres.

L'ouverture par enlèvement est longue et incommode; celle par échappement simultané entraîne fréquemment l'ébranlement des maçonneries et la destruction des bois des poutrelles, en raison de la violence avec laquelle celles-ci viennent heurter le bajoyer, auquel elles sont enchaînées.

Dans les deux cas, il se produit un fort courant qui ruine les fondations du pertuis, provoque des affouillements en aval, et nécessite d'importants massifs d'enrochements.

23. Barrages à aiguilles. — Dans ces pertuis, la fermeture

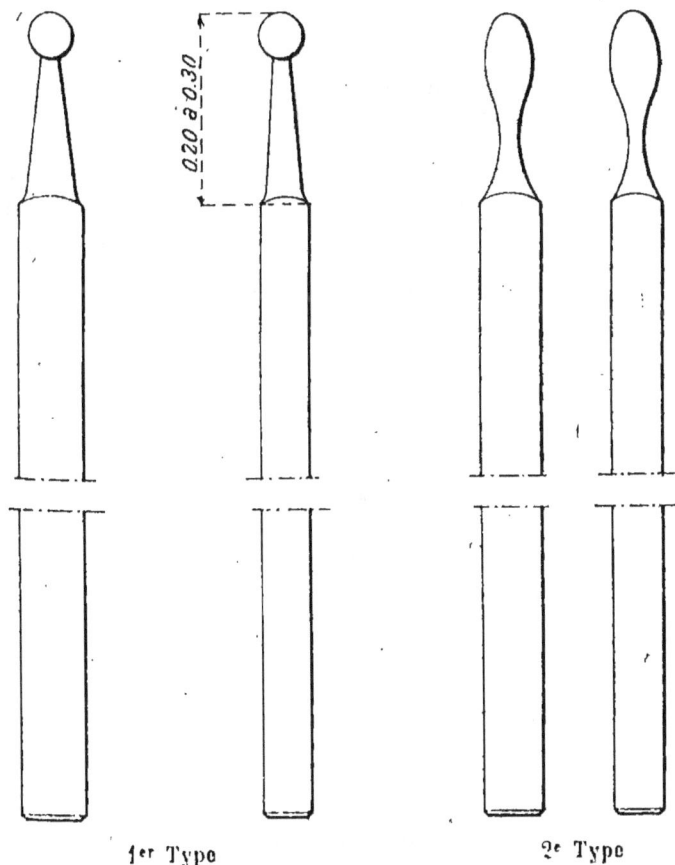

1er Type   2e Type

Fig. 17. — Aiguilles de pertuis.

est assurée par des aiguilles, pièces de bois légèrement inclinées sur la verticale, juxtaposées, qui s'appuient du pied contre une saillie du radier nommé *seuil* ou *heurtoir*, et de la tête contre une *barre* traversant le pertuis.

La section des aiguilles est rectangulaire, et leur extrémité supérieure est amincie (*fig.* 17), ce qui facilite leur maniement.

La barre est susceptible de tourner autour d'un pivot vertical ancré sur l'un des côtés de la passe; elle est divisée par le pivot en deux parties inégales : la plus longue est la *volée* contre laquelle viennent s'appuyer les aiguilles ; la plus courte appelée *culasse* est chargée de manière à équilibrer la volée (*fig.* 18).

Un arrêt, qu'on peut enlever à volonté, maintient la volée en place.

Lorsqu'on veut déboucher le pertuis, il suffit de dégager de son arrêt l'extrémité de la volée ; sous l'effet de la poussée de l'eau, la barre pivote vers l'aval et les aiguilles s'échappent, rendant libre l'ouverture du pertuis. On a soin, d'ailleurs, d'attacher la tête des aiguilles à une corde appelée *cincenelle* fixée aux maçonneries, et qui permet de les repêcher.

Pour fermer à nouveau la retenue, on replace la barre contre son arrêt et on dispose les aiguilles une à une dans leur ancienne position.

Le dispositif qui vient d'être décrit était autrefois le plus répandu sur les cours d'eau du bassin de la Seine. Il est d'ailleurs encore employé sur une partie du cours de l'Yonne et sur la Cure.

Le genre de fermeture qui précède était employé pour des pertuis de 6 à 8 mètres de largeur. Pour une plus grande dimension, 12 mètres par exemple sur la Marne, le dispositif avait été modifié.

A Joinville notamment, la poutre ou barre était portée par un poteau tourillon et se rabattait, à l'abri des corps flottants, le long d'un bajoyer (*fig.* 19). L'horizontalité de la poutre était assurée par des tirants fixés à la partie supérieure du poteau tourillon. La porte était maintenue en place par un simple loquet, qu'il suffisait de lever pour pratiquer l'ouverture, et elle se refermait à l'aide d'une corde enroulée sur un treuil placé sur le terre-plein du pertuis. Cette corde servait en outre, pendant l'ouverture, à modérer la vitesse de

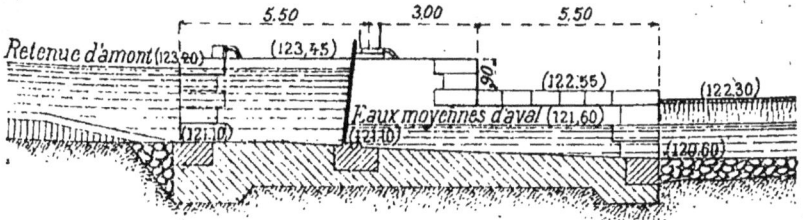

Elévation. A.B.

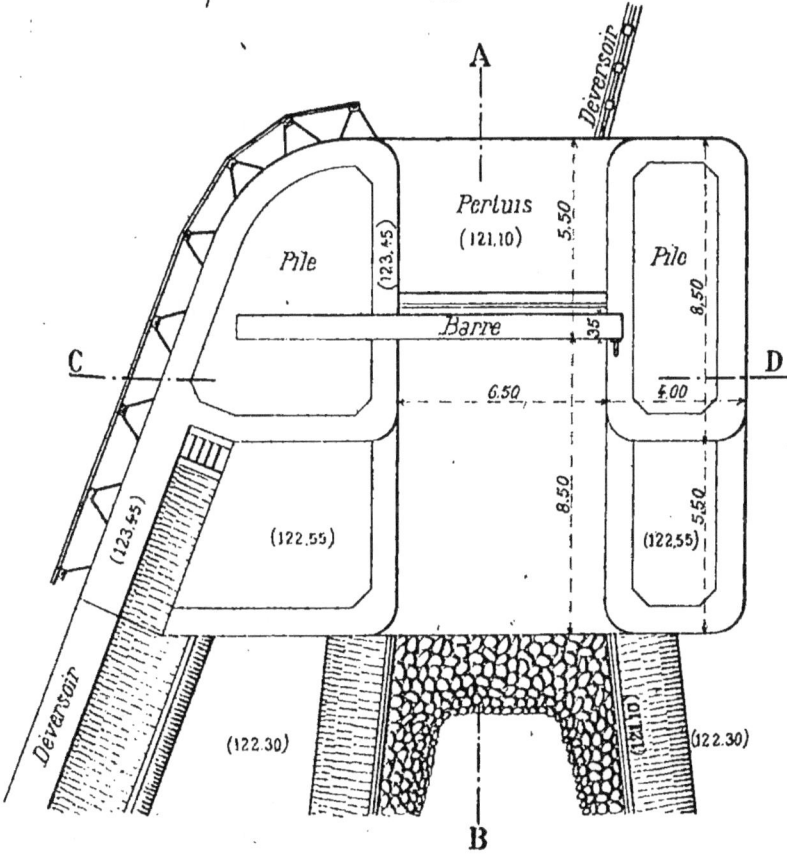

Plan.

Coupe. C.D.

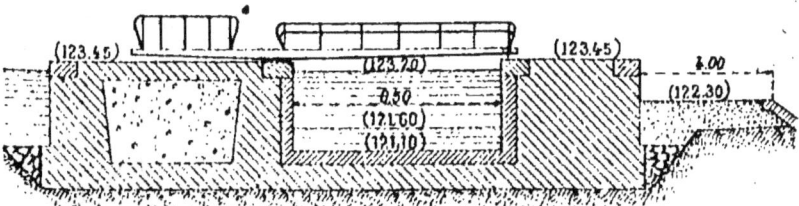

Fig. 18. — Pertuis à aiguilles (Arcy-sur-Eure).

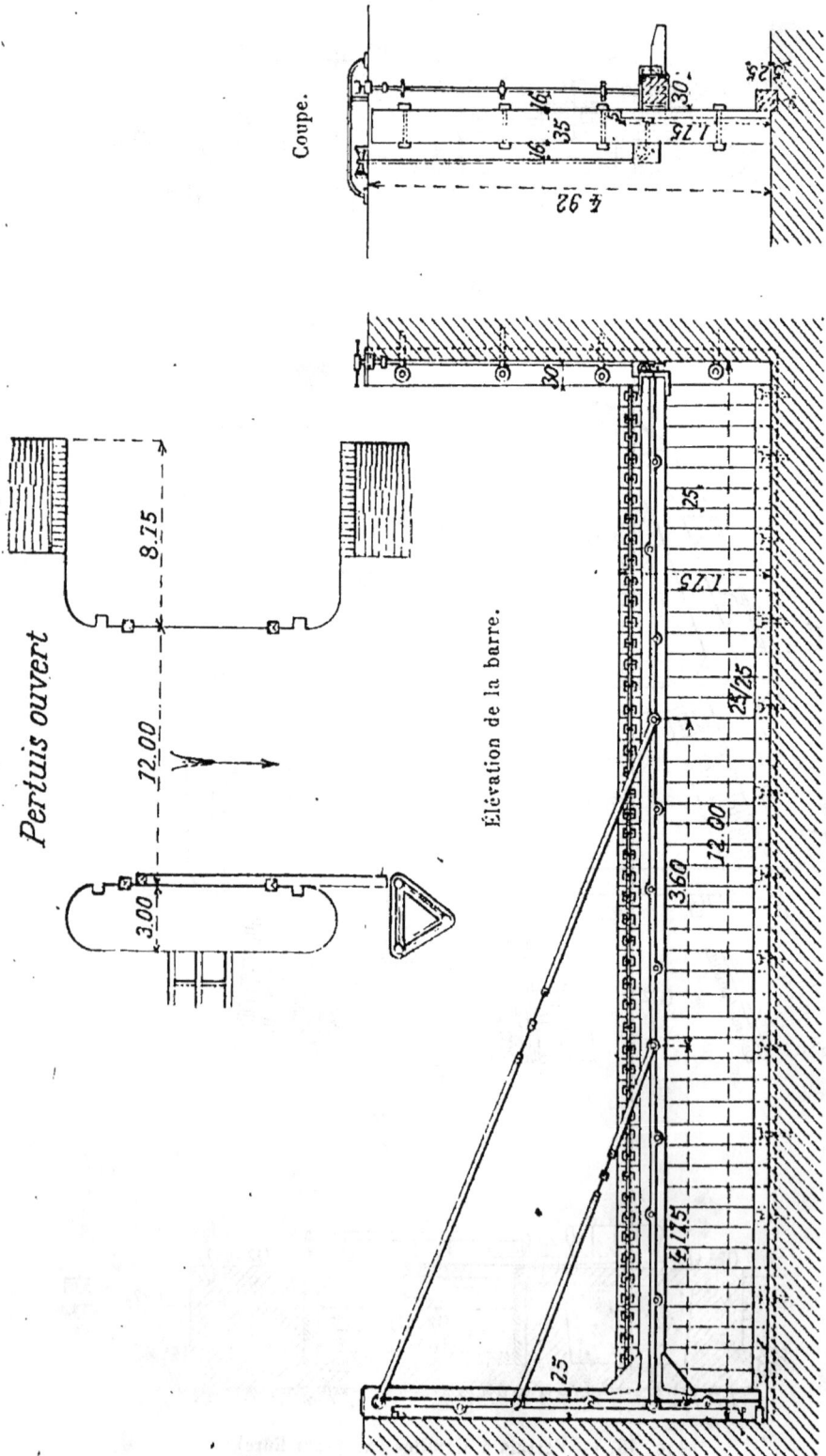

Fig. 19. — Ancien pertuis à aiguilles de Joinville.

rotation de la porte et à l'empêcher de venir heurter le parement du bajoyer. La barre constitue, comme on vient de le voir, un pont tournant ou roulant de faible dimension. C'est ce qui a été réalisé sur la Haute-Yonne, où la barre en métal forme une passerelle tournante. La volée a 7m,72 de longueur, la culasse 3m,92. Quand on veut déboucher brusquement le pertuis, on dégage l'extrémité de la barre de l'arrêt contre lequel elle bute. La barre, sous la pression de l'eau sur le rideau d'aiguilles, tourne de 90°; le pertuis est démasqué, et les aiguilles reliées à une cincenelle, qui est amarrée à la cale, sont ramenées à la rive.

Sur la Moldau (*fig.* 20) la barre est constituée par une passerelle roulante : la manœuvre est moins rapide. Les pertes d'eau sont plus considérables, mais n'ont pas grande importance eu égard au débit élevé de la rivière.

On peut citer, dans le même ordre d'idées, le pont pertuis de Belombre sur la haute Yonne. Cinq arches de ce pont sont fermées au moyen d'aiguilles ; les barres, prenant appui sur les arches, sont levantes et peuvent être soulevées jusqu'au-dessus de l'intrados des arches du pont au moyen de crics à double crémaillère.

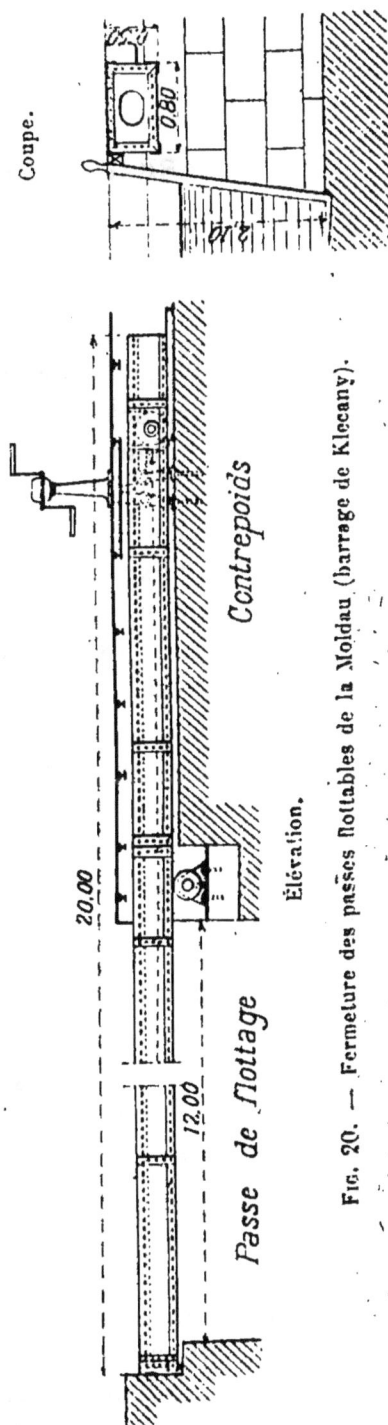

Fig. 20. — Fermeture des passes flottables de la Moldau (barrage de Klecany).

CHAPITRE II

BARRAGES MOBILES A FERMETTES

---

24. Idée générale du système. — Les barrages étudiés dans le chapitre précédent se distinguent les uns des autres par le mode de bouchure, mais ils présentent tous ce caractère commun d'être formés d'un plus ou moins grand nombre de pertuis accolés, de largeur peu importante, séparés par des appuis fixes.

On se rend compte facilement des inconvénients que présentent ces barrages au point de vue du passage des corps flottants, des embarcations et même de l'écoulement des eaux. Les barrages mobiles à fermettes remédient complètement à cet inconvénient. Leur invention, due à un ingénieur des Ponts et Chaussées, M. Poirée, a fait faire à la navigation intérieure une véritable révolution, en permettant d'exhausser le niveau d'une rivière, d'une façon presque indéfinie sans piles intermédiaires, et de rendre au lit sa section naturelle en cas de crue.

Le premier barrage a été construit en 1834 par son inventeur, à Basseville, près de Clamecy, sur la Haute-Yonne.

Ce système de retenue se compose essentiellement d'une série de petites fermes ou fermettes métalliques, de forme trapézoïdale, établies sur un radier général, qui s'étend d'une rive à l'autre (*fig.* 21). Les fermettes placées verticalement dans le sens du courant, et mobiles autour d'un axe horizontal ou essieu, peuvent se loger dans un refouillement du radier, quand la retenue est effacée. Espacées d'un mètre environ, elles sont réunies l'une à l'autre, à leur partie supérieure, à l'amont et à l'aval, au moyen de barres horizontales mobiles. C'est contre la barre d'amont que viennent s'appuyer les pièces de bois verticales (*aiguilles*) ou horizontales (*rideaux*

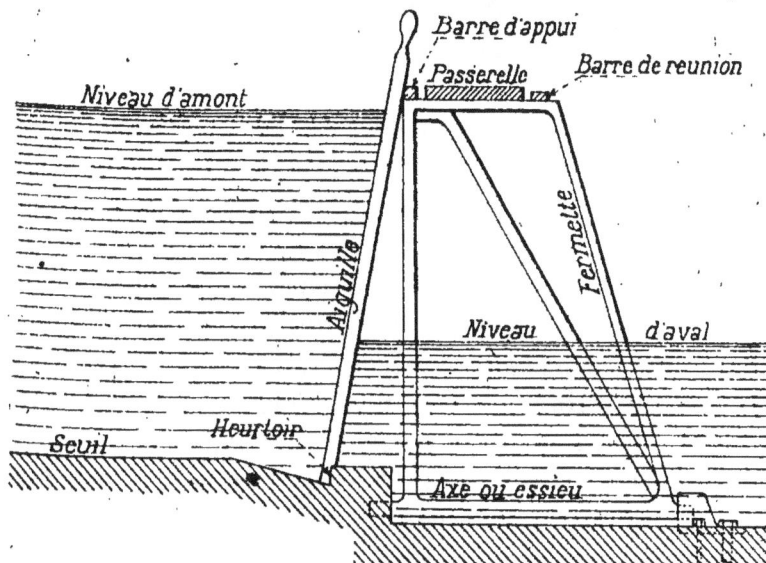

Fig. 21. -- Coupe transversale d'un barrage à fermettes.

ou *vannes*) qui assurent la fermeture, et dont l'ensemble constitue le *vannage*.

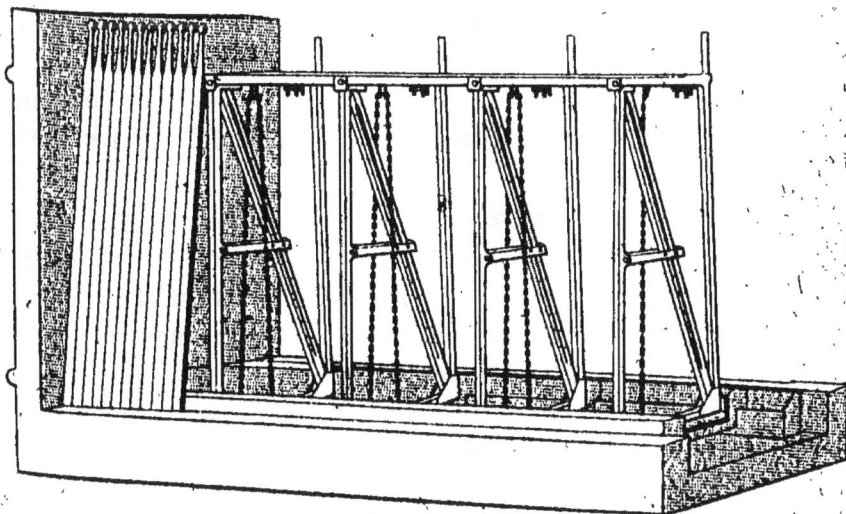

Fig. 22. — Modèle du barrage à fermettes mobiles de Bezons.

Enfin, les barres supérieures des fermettes supportent une passerelle mobile en bois qui permet d'exécuter les manœuvres.

Voici, d'après M. l'inspecteur général de Mas, le modèle du barrage de Bezons construit en 1841 sur la Seine, pour remplacer l'ancien pertuis de la Marne (*fig.* 22).

La vue est prise d'amont; les fermettes sont au nombre de quatre. Leur forme trapézoïdale, à barres horizontales, ressort très nettement ; le montant d'amont est vertical, celui d'aval est légèrement incliné ; elles sont consolidées par un bracon, diagonale reliée au montant d'amont, à mi-hauteur, par une entretoise horizontale. La base inférieure se termine par des tourillons qui s'introduisent dans les crapaudines correspondantes. On aperçoit le refouillement du radier destiné à recevoir les fermettes quand elles sont couchées ; on voit aussi les barres qui réunissent les fermettes à l'amont et à l'aval. Les chaînes qui relient deux fermettes consécutives servent aux manœuvres.

25. Manœuvres de relevage et d'abatage. — Pour *abattre* ou *déboucher* le barrage, on enlève successivement les aiguilles, rideaux ou vannes, puis on fait tomber les fermettes sur le radier en retirant les barres de réunion et la passerelle de service.

Pour relever le barrage, on dresse successivement des fermettes au moyen des chaînes qui vont de l'une à l'autre.

Chaque fermette ainsi redressée est réunie à celle qui précède par les barres d'appui et d'assemblage. On commence d'ailleurs par la fermeture de rive qu'il est toujours facile de fixer à l'épaulement.

La passerelle se pose de même de proche en proche et on n'a plus ensuite qu'à placer les aiguilles, rideaux ou vannes en nombre suffisant pour donner au bief supérieur le niveau voulu. On augmente le nombre des vannages ou des aiguilles, à mesure que le débit diminue.

Les manœuvres, qui sont relativement pénibles, sont nécessairement assez longues.

26. Aiguilles. — Les aiguilles, comme on l'a vu plus haut page 26, sont des pièces de bois rectangulaires, qui prennent appui, à leur partie inférieure, contre une saillie du radier, appelée *heurtoir*, et à leur partie supérieure, contre une barre d'appui fixée aux fermettes.

Dans les premiers barrages mobiles à fermettes, les aiguilles n'avaient que de très faibles dimensions. Aussi les aiguilles du barrage d'Epineau mesuraient 2^m,45 de longueur et présentaient une section de 0,09 $\times$ 0,04 ; leur poids était de 6 kilogrammes. La manœuvre s'exécutait sous une chute généralement comprise entre 1 mètre et 1^m,50, et elle nécessitait, même dans ces conditions, une certaine habitude.

27. Manœuvre d'enlèvement et de pose. — Pour enlever une aiguille, le barragiste imprime à la tête de l'engin un mouvement brusque vers l'amont, de manière à le détacher de la barre d'appui ; puis, le ramenant vers les aiguilles adjacentes, sur lesquelles il prend appui, il lui fait quitter le heurtoir, et peut ensuite le retirer, en le faisant glisser sur les aiguilles voisines.

Pour mettre une aiguille en place, le barragiste la plonge à peu près verticalement dans l'eau, le plus loin possible à l'amont de la position qu'elle doit occuper, jusqu'à ce que l'extrémité inférieure arrive au radier. Puis il laisse cette extrémité frotter sur le radier jusqu'à ce que, par l'effet du courant, elle vienne buter contre le heurtoir ; en même temps, l'extrémité supérieure vient s'appliquer contre la barre d'appui.

Cette opération, surtout avec des aiguilles lourdes, n'est pas sans danger, et doit être effectuée par des ouvriers expérimentés. Si l'aiguille n'est pas descendue assez rapidement, son pied manquant, le heurtoir est chassé vers l'aval ; l'aiguille pivote autour de la barre d'appui, et le barragiste, qui n'a pas la présence d'esprit de laisser aller la tête, est entraîné vers l'amont.

Si au contraire l'immersion de l'aiguille est trop complète, si cette aiguille rencontre le radier trop loin du heurtoir, le frottement transforme l'extrémité inférieure en un point fixe ; la poussée de l'eau se reportant alors sur l'extrémité supérieure, refoule le bras qui la soutient. Le barragiste, dans une position gênante pour résister à cet effort, peut être jeté à l'eau vers l'aval.

28. Échappements. — La manœuvre d'abatage d'un barrage à aiguilles, telle qu'elle vient d'être décrite précédemment, et qui constitue le procédé le plus répandu, est toujours assez longue ; quel que soit le nombre des ouvriers employés à cette opération.

Or, lorsqu'on a commencé à employer les barrages à fermettes et aiguilles, la navigation s'effectuait encore par éclusées, ce qui exigeait une ouverture rapide du barrage ; on ne pouvait donc pas songer à enlever les aiguilles une à une.

Pour permettre un débouchage rapide, divers ingénieurs ont imaginé un système d'échappement des barres d'appui des aiguilles sur la longueur d'une ou de plusieurs travées.

Les aiguilles étaient emportées par le courant vers l'aval avec les barres d'appui, d'où on les ramenait à l'aide d'une corde fixée à la rive et réunissant toutes les têtes d'aiguilles et les barres d'appui. Les fermettes s'abattaient en même temps. D'après M. Poirée, en procédant ainsi, on peut ouvrir un pertuis de 30 mètres en six minutes.

Il est inutile de faire ressortir les inconvénients qu'une lâchure aussi rapide d'une masse d'eau considérable, ainsi que l'abatage brusque des fermettes, pouvait avoir, au point de vue des affouillements du radier.

Ces divers systèmes d'échappement ne répondent plus à un réel besoin, la navigation par éclusées ayant presque entièrement disparu aujourd'hui. Aussi ne s'arrêtera-t-on pas à les décrire. On se contentera de mentionner plus loin l'échappement Kummer, employé aux barrages de la Meuse belge, et qui constitue une heureuse modification du système.

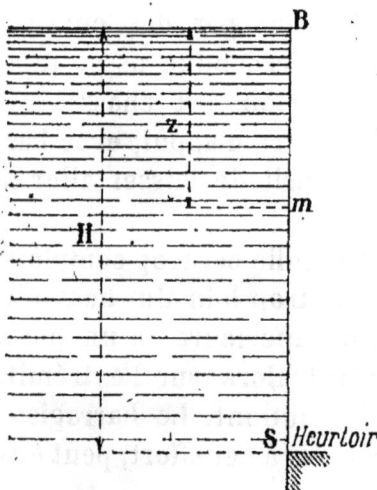

FIG. 23. — Schéma.

29. Travail du bois dans une aiguille. — Un calcul très simple permet d'apprécier l'effort auquel peut être soumis le bois dans une aiguille en tenant compte de la répartition de la pression hydrostatique sur cette aiguille. M. l'inspecteur général de Mas en donne ainsi le détail.

Soit BS cette aiguille (*fig.* 23) ; supposons pour plus de simplicité qu'elle est verticale, que le niveau du bief d'amont coïncide avec celui de la barre d'appui B, et que le bief d'aval est abaissé jusqu'au niveau du heurtoir S; désignons par H la hauteur d'eau BS et par l la largeur de l'aiguille dans le sens perpendiculaire au courant.

La pression supportée par l'aiguille, exprimée en tonnes de 1.000 kilogrammes est :

$$\frac{lH^2}{2}.$$

son moment par rapport au point S est :

$$\frac{lH^2}{2} \times \frac{H}{3} = \frac{lH^3}{6},$$

la réaction sur l'appui supérieur est donc :

$$\frac{lH^2}{6}.$$

Le moment fléchissant, suivant une section quelconque m située à une profondeur z au-dessous de la retenue, aura pour expression :

$$m = \frac{lH^2}{6} \times z - \frac{lz^2}{2} \times \frac{z}{3} = \frac{l}{6} z (H^2 - z^2).$$

La valeur de z correspondant au maximum du moment fléchissant s'obtiendra en égalant à 0 la dérivée de l'équation ci-dessus. On a donc :

$$H^2 - 3z^2 = 0;$$

d'où :

$$z = \frac{H}{\sqrt{3}}.$$

Le moment fléchissant maximum est égal à :

$$m = \frac{l}{6} \frac{H}{\sqrt{3}} \left(H^2 - \frac{H^2}{3} \right);$$

$$= \frac{2lH^3}{18\sqrt{3}} = \frac{lH^3}{9\sqrt{3}},$$

On en déduira facilement les dimensions à donner à l'aiguille. Mais il est encore possible de simplifier le calcul. Il résulte en effet, des expériences faites par M. l'inspecteur général Chevalier, rapportées dans les *Annales des Ponts et Chaussées* de 1850 (1er semestre), que les flexions prises par un madrier restent, à peu de chose près, les mêmes quand la charge totale, qui lui est imposée, se répartit uniformément sur toute sa longueur, ou se distribue, comme la pression de l'eau, proportionnellement à cette longueur. Les moments fléchissants, pour la section la plus chargée, ne diffèrent que de $\frac{1}{3,9}$.

Il convient d'ailleurs de remarquer que, sur une aiguille en service, la charge ne croît proportionnellement à sa longueur que dans la partie comprise entre les niveaux des biefs d'amont et d'aval. Au-dessous de ce dernier, elle est uniforme.

On peut donc, sans erreur sensible, calculer une aiguille en la considérant comme une poutre droite posée sur deux appuis et chargée uniformément d'un poids total représentant la pression de l'eau qu'elle supporte. Mieux encore, on peut supposer que l'aiguille est soumise à une pression uniforme, différence entre la pression d'amont et celle d'aval, au-dessous du niveau de la retenue d'aval (*fig. 24*).

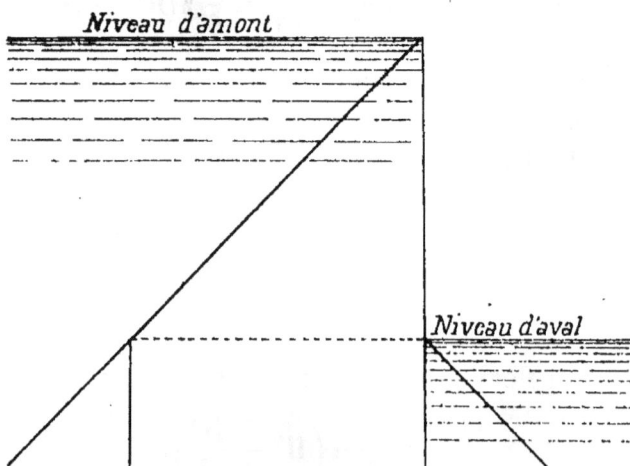

Niveau d'amont

Niveau d'aval

Fig. 24. — Schéma.

Le calcul précédent a été effectué en supposant les aiguilles verticales ; leur inclinaison varie en réalité entre le $\frac{1}{10}$ et le $\frac{1}{4}$; l'inclinaison la plus faible étant réservée aux aiguilles longues et en chêne, l'inclinaison du $\frac{1}{4}$ étant admise pour les aiguilles courtes et en sapin.

30. Modifications subies par les aiguilles. — Au début, les barrages à fermettes ne furent appliqués qu'à de faibles retenues ; les aiguilles n'avaient guère que 2 mètres à $2^m,50$ de longueur et leur poids ne dépassait pas quelques kilogrammes. Mais par la suite, le système fut appliqué à des passes profondes nécessitées par le développement de la navigation. Il fallut donc augmenter à la fois et la longueur des aiguilles et leur section pour leur permettre de résister à la charge plus considérable qu'elles avaient à supporter.

La section primitive $\left(\dfrac{0,08}{0,08}\right)$ semblait une limite infranchissable et comme conséquence, on était arrivé à faire travailler le bois jusqu'à $\frac{1}{5}$ et même jusqu'au $\frac{1}{4}$ de sa résistance à la rupture. Il en résultait, quelque soin que l'on mît au choix des bois, des ruptures incessantes et les aiguilles qui résistaient prenaient des flèches si accentuées que l'étanchéité en était compromise.

L'augmentation de section entraînait évidemment une augmentation du poids des aiguilles et la manœuvre devenait de plus en plus difficile. On s'est donc livré à de nombreuses recherches pour trouver l'aiguille qui, en restant légère, présenterait une grande résistance et formerait un rideau étanche.

On a essayé d'adopter une section rectangulaire plus avantageuse que la section carrée, au point de vue de la résistance. On a dû y renoncer en raison des efforts de torsion qui rejettent la pièce à plat malgré les efforts du barragiste, le plus grand côté du rectangle étant placé dans le sens de la pression de l'eau, et on est revenu à une section *très voisine* du carré.

On signalera en passant l'expérience faite, vers 1870, aux barrages de la basse Seine avec des *barres de soulagement*. Celles-ci s'appuyaient sur les fermettes, à mi-hauteur, c'est-à-dire là où l'aiguille subit son maximum de flexion. La résistance y a gagné, mais on a perdu le moyen de recours aux échappements, ce qui est un grave inconvénient. De plus, la forte pression que l'on devait opérer pour les arracher à leur pied-support a amené de très nombreuses fractures, l'emploi des barres d'appui a donc été abandonné.

On a tenté aussi l'emploi d'aiguilles hexagonales semi-régulières qui se juxtaposent en se recouvrant légèrement par les faces latérales. Cet emploi a été abandonné en raison des gauchissements qui se produisent avec le temps et des difficultés de pose et de dépose.

Les aiguilles en forme de T, ou de carré évidé n'ont pas eu plus de succès.

On a obtenu de meilleurs résultats en substituant au sapin, employé jusqu'alors, un bois plus résistant. On se servit d'abord du chêne, mais en présence du gauchissement, que l'humidité provoquait, on l'abandonna pour utiliser le pitch-pin, qui est presque aussi résistant et qui ne gauchit pas.

Le bois travaillait encore à 160 ou 180 kilogrammes par centimètre carré. Il en est d'ailleurs de même aujourd'hui : les aiguilles prennent des flèches assez considérables et l'étanchéité est loin d'être parfaite.

L'accroissement de hauteur des barrages, l'augmentation de section et de poids des aiguilles, qui en résulte, ont fait renoncer à la manœuvre des aiguilles une à une et à la main seulement ; manœuvre excellente en soi pour le règlement des retenues avec un personnel restreint. On a donc dû rechercher le moyen d'y rendre faciles le bouchage et le débouchage d'une passe. C'est ainsi que furent imaginés : sur la Meuse belge, *l'échappement Kummer;* en France, les *aiguilles à crochet* de M. Guillemain; en Amérique, les *aiguilles à anneaux.*

31. Echappement Kummer. — Ce système d'échappement a été imaginé par Kummer, ingénieur en chef belge, vers 1845.

La description qui suit se rapporte aux aiguilles des passes navigables de la Meuse, dans sa partie comprise entre la frontière française et Namur, et dont les premières ont été mises en service vers 1875.

Des aiguilles de 3ᵐ,75 de longueur (*fig.* 25) avaient une largeur uniforme de 0^m,099 pour une épaisseur de 0^m,099 en bas, de 0^m,090 en haut, et de 0^m,121 sur 0^m,30 de largeur, de part et d'autre du point le plus fatigué. Cette forme, qui se rapproche de celle d'un solide d'égale résistance, permettait de ramener à 87 kilogrammes par centimètre carré le travail de 169 kilogrammes, qu'entraînait une section de 0,08/0,08, toutes choses égales d'ailleurs.

Avec ces dimensions on atteignait le poids de 25 kilogrammes environ par aiguille.

Les aiguilles sont munies, à leur tête, d'un œillet en fer forgé destiné à recevoir la corde de manœuvre ; celle-ci est passée dans les œillets des onze aiguilles comprises dans chaque travée et qui constituent un *jeu*.

La forme générale des fermettes de la Meuse belge est sensiblement la même que celle des fermettes employées en France. Elles n'en diffèrent que par la partie supérieure, l'entretoise du haut, celle qui forme la plus petite base du trapèze, placée au niveau de la retenue, est surmontée d'un cadre rectangulaire, qui porte la passerelle et l'appareil de l'échappement. La traverse supérieure de ce second cadre porte des griffes, qui assurent la réunion de chaque fermette à la précédente, et porte la passerelle de service.

La barre d'appui se trouve à quelques centimètres au-dessus du niveau de la retenue d'amont ; elle peut tourner de 90° autour d'un arbre vertical formé par un étui cylindrique qui constitue un montant amont du cadre rectangulaire, et qui est soudé à peu près dans le prolongement du montant amont de la fermette. Elle s'appuie, à son autre extrémité, sur un poteau-valet vertical placé dans l'étui de la fermette précédente.

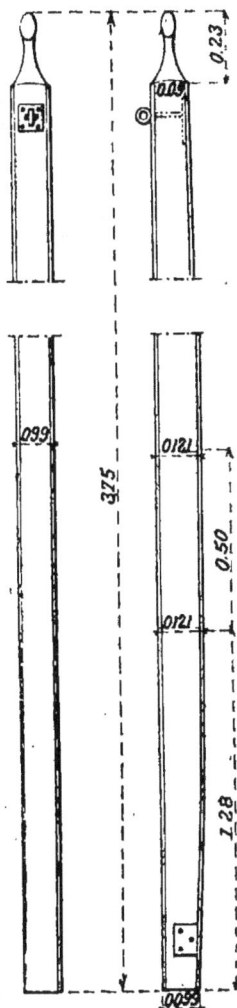

Fig. 25. — Aiguilles Kummer.

Vue latérale.

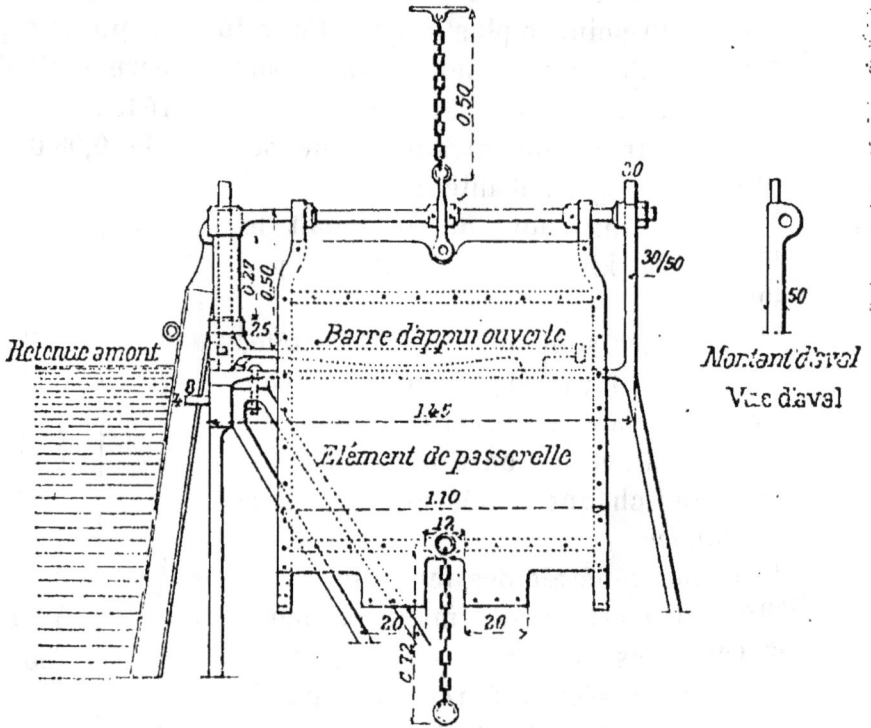

Retenue amont

Barre d'appui ouverte

Élément de passerelle

Montant d'aval
Vue d'aval

Vue d'amont.

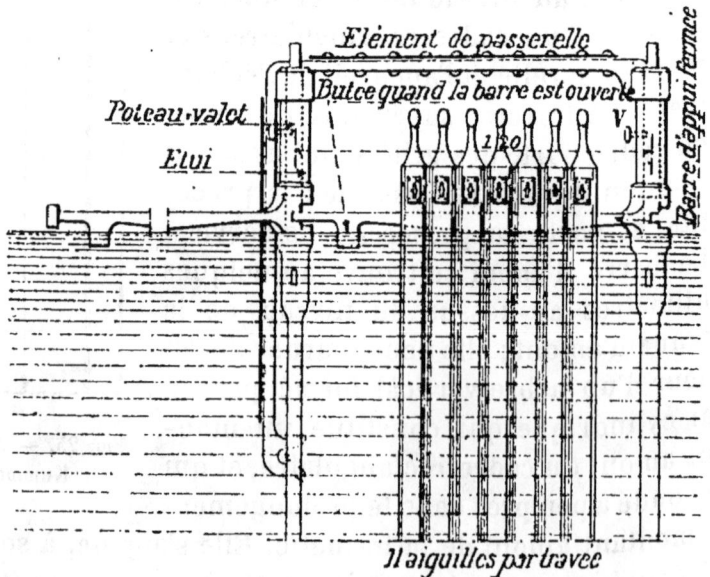

Élément de passerelle

Butée quand la barre est ouverte

Poteau-valet

Étui

Barre d'appui fermée

II aiguilles par travée

Fig. 26. — Barrage à aiguilles de la Meuse belge. Échappement Kummer.

Le poteau-valet est cylindrique sur toute sa hauteur, excepté à sa partie inférieure, qui est découpée et présente la forme d'un demi-cylindre.

De même l'étui et l'attache de la barre d'appui sur l'étui sont découpés pour laisser libre passage à l'extrémité de la barre mobile de la fermette suivante. Les figures 26 et 27 in-

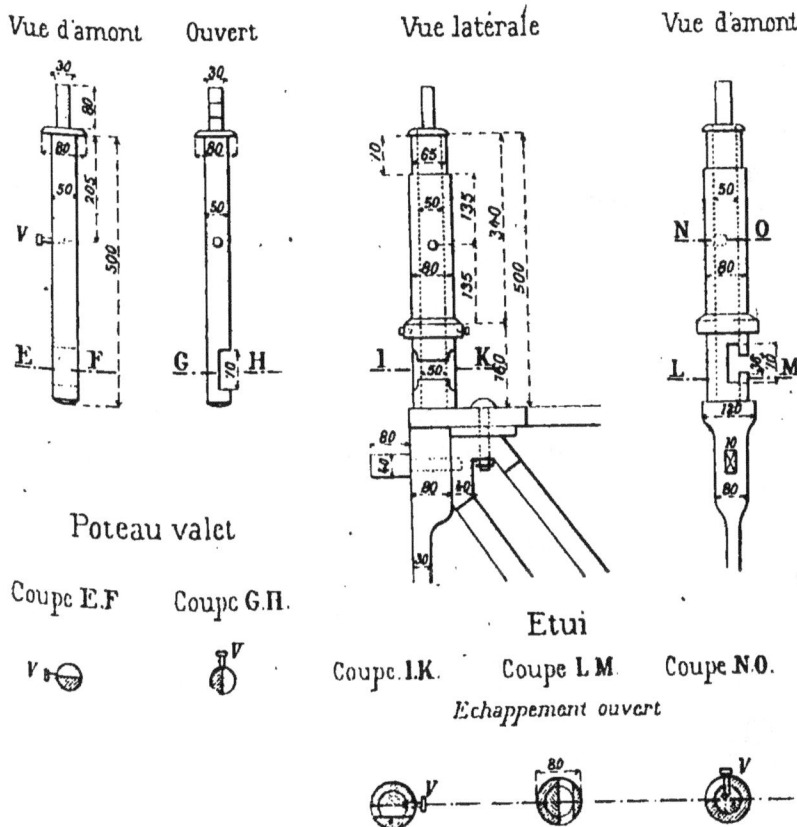

Fig. 27. — Échappement Kummer. Poteau-valet et étui.

diquent suffisamment les dispositions adoptées pour qu'il ne soit pas nécessaire d'insister.

La tête du poteau-valet au-dessus de l'étui est carrée ; en la faisant tourner de 90° au moyen d'une clef, la barre d'appui, ne trouvant plus de point d'appui, cède à la pression de l'eau, se rabat contre sa fermette et laisse tout le jeu d'aiguilles correspondant partir au fil de l'eau. Ce jeu rattaché par un cercle est ramené à la rive.

L'ouverture se fait par travées, ce qui peut avoir des incon-

vénients; d'autre part, et contrairement à ce qui se passait
avec les anciens échappements, les fermettes restent debout,
leur abatage étant indépendant du débouchage.

Pour refermer la retenue, les barres d'appui (*fig.* 28) ayant
été mises en place, le barragiste, placé sur
la passerelle, tient d'une seule main l'ai-

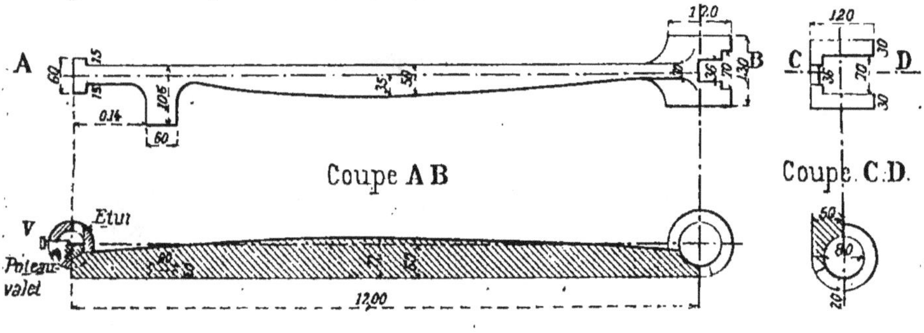

Fig. 28. — Échappement Kummer. Barre d'appui des aiguilles.

guille par la tête et, en la penchant un peu vers l'amont, la fait
glisser sur le bord du tablier jusqu'à une distance convenable;
puis il la fait plonger dans le courant qui l'amène en place.

On se rend facilement compte de l'incommodité de cette
manœuvre : l'ouvrier met
les aiguilles en place à la
main, alors que la poignée
de ces engins se trouve à
un niveau inférieur à celui
de la passerelle sur laquelle
il circule. Des hommes de
choix, rompus au métier,
l'effectuent néanmoins sans
grande difficulté.

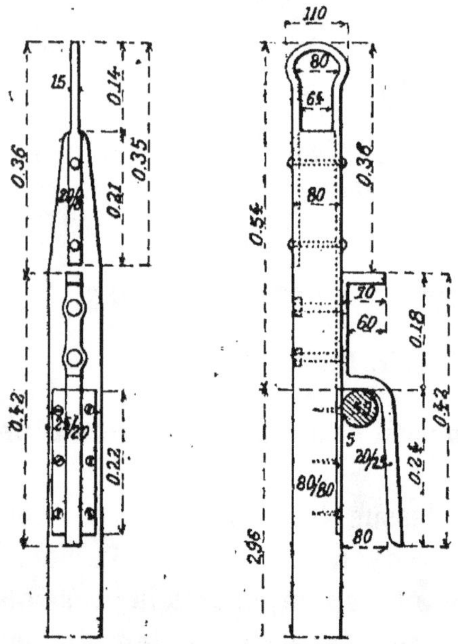

**32. Aiguilles à crochet
Guillemain.** — Le type d'aiguille imaginé par M. l'inspecteur général Guillemain
(*fig.* 29) constitue une solution complète et des plus
heureuses des difficultés

Fig. 29. — Aiguille à crochet.

que peut donner la manœuvre des aiguilles. Il a été appliqué, pour la première fois vers 1875, au barrage de Roanne, sur la Loire, et depuis à un très grand nombre d'ouvrages.

Avec cet ingénieux dispositif, on peut manier facilement des aiguilles dont les dimensions auraient paru inadmissibles autrefois. Sur la Marne, des aiguilles de ce système ont une longueur de 5m,10, une section de $\frac{0^m,125}{0^m,125}$, et pèsent 45 kilogrammes.

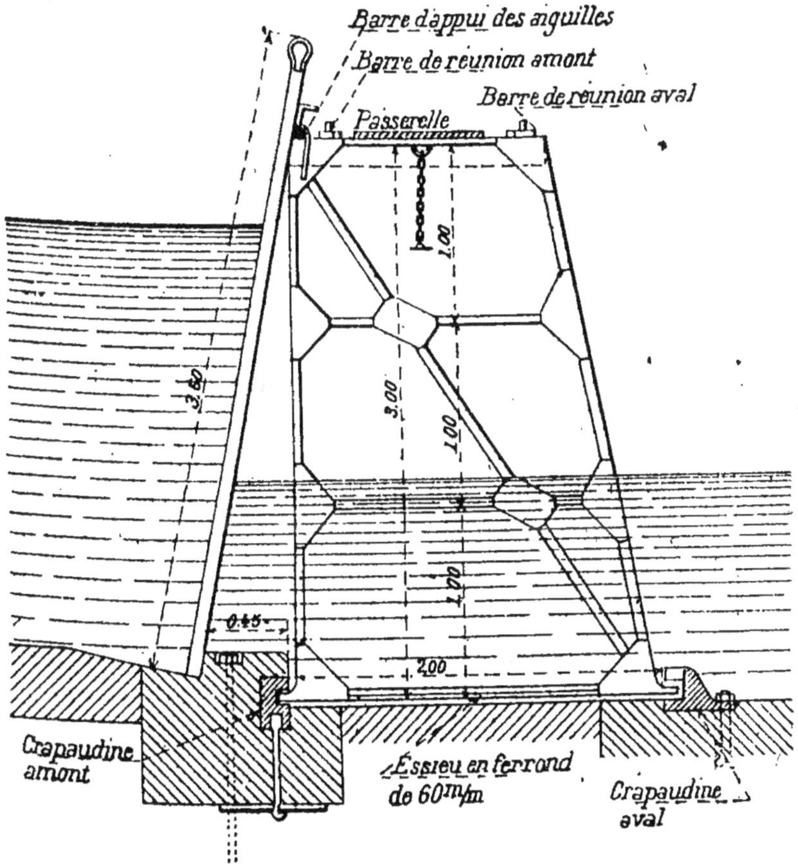

Fig. 30. — Aiguille à crochet en place (déversoir de la haute Seine).

La plupart des barrages de la haute Seine en sont munis : les aiguilles ont 3m,50 de longueur, 0m,08/0,08 d'équarrissage et pèsent 20 kilogrammes (fig. 30).

Chaque aiguille est munie, à sa partie supérieure, d'un anneau qui sert à la soulever, et, un peu plus bas, d'un crochet embrassant la barre d'appui qui est ici, de forme ronde. En outre, une patte formée par la tête du crochet repliée à

angle droit permet d'exercer un effort de bas en haut pour
soulever l'aiguille.

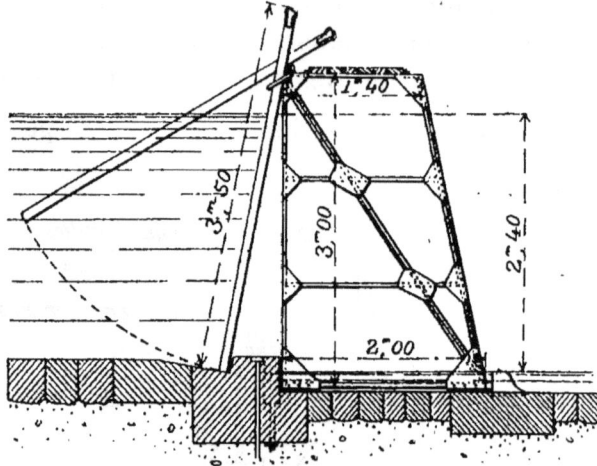

Fig. 31. — Pose d'une aiguille.

Lorsque le barragiste veut poser une aiguille, il la place
horizontalement sur la passerelle, dans le sens de la rivière,
et il la pousse vers l'amont jusqu'à ce que le fond
du crochet s'appuie sur la barre ; puis il la redresse
par la poignée, de façon que le courant, agissant
sur la partie immergée, la chasse vers l'aval (fig. 31).
L'aiguille vient alors s'appuyer sur le seuil, sans
que le barragiste ait d'effort à vaincre ou de danger à craindre. Le seuil est heurté, il est vrai, avec
une certaine violence, mais on peut amortir le choc
en donnant à l'aiguille un ou deux centimètres de
longueur en plus, de façon que son extrémité frotte
légèrement sur le radier et ralentisse ainsi la vitesse avant l'arrêt complet.

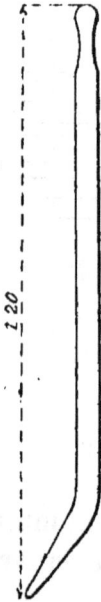

Fig. 32.
Levier.

L'enlèvement s'effectue aussi facilement, au
moyen d'un levier (fig. 32) ou d'une crémaillère
qui agit sur la tête du crochet ; on soulève l'aiguille d'une hauteur telle qu'elle échappe le
heurtoir. Elle pivote autour de la barre d'appui,
qui la retient encore et flotte au courant vers l'aval
(fig. 33).

On emploie à Port-à-l'Anglais un chariot très léger roulant sur une petite voie de fer (fig. 34). La crémaillère

qu'il porte présente la même inclinaison que les aiguilles, et est terminée, à sa partie inférieure, par deux roues d'engrenage ordinaire. Le barragiste peut, avec ce chariot, lever les aiguilles en cinq minutes.

Le chariot porte une potence terminée par un collier autour duquel tourne un balancier mobile, en bois, dont chaque extrémité est munie d'une chaîne ou d'une corde.

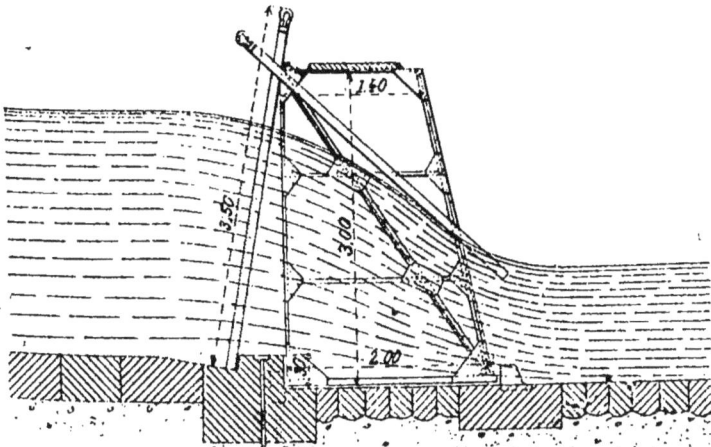

Fig. 33. — Aiguille flottant librement.

On attache la tête de l'aiguille à l'une des chaînes; on tire sur l'autre; l'aiguille est élevée verticalement et est saisie par un homme qui se tient sur la passerelle.

Au fur et à mesure de leur enlèvement, les aiguilles sont placées sur une petite plate-forme, roulant sur la même voie que le chariot, et portées en dépôt au magasin.

Les barragistes préfèrent le plus souvent employer le levier (fig. 32), le trouvant d'un usage plus commode et plus rapide.

Dans ce cas, l'ouvrier engage l'extrémité recourbée du levier sous la patte du crochet, et prenant appui sur les crochets voisins en place, il dégage l'aiguille en faisant abatage.

Toutes ces manœuvres sont d'ailleurs d'une extrême facilité.

On conçoit aisément que, l'aiguille à crochet portant toujours par la même face sur la barre d'appui, et sur le heurtoir, il doit en résulter une usure rapide des parties en contact.

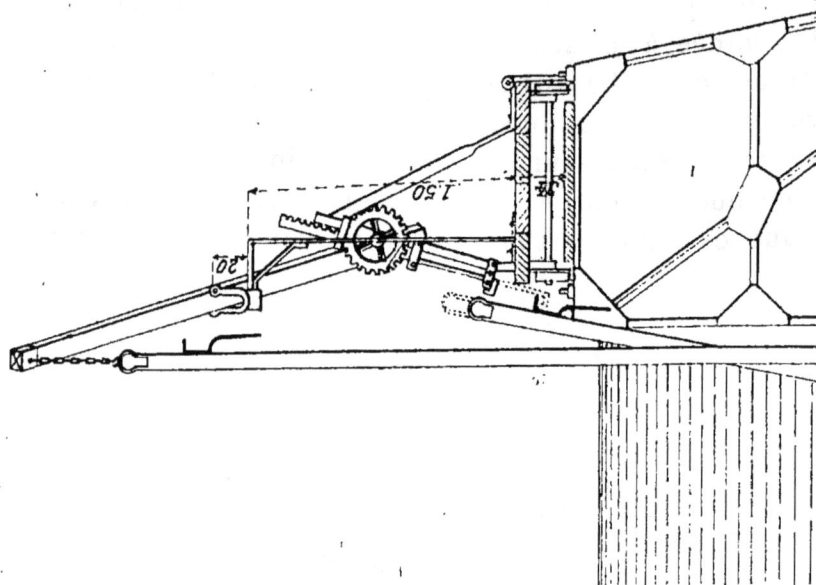

Position d'une aiguille en place et d'une aiguille soulevée.
(Vue de profil.)

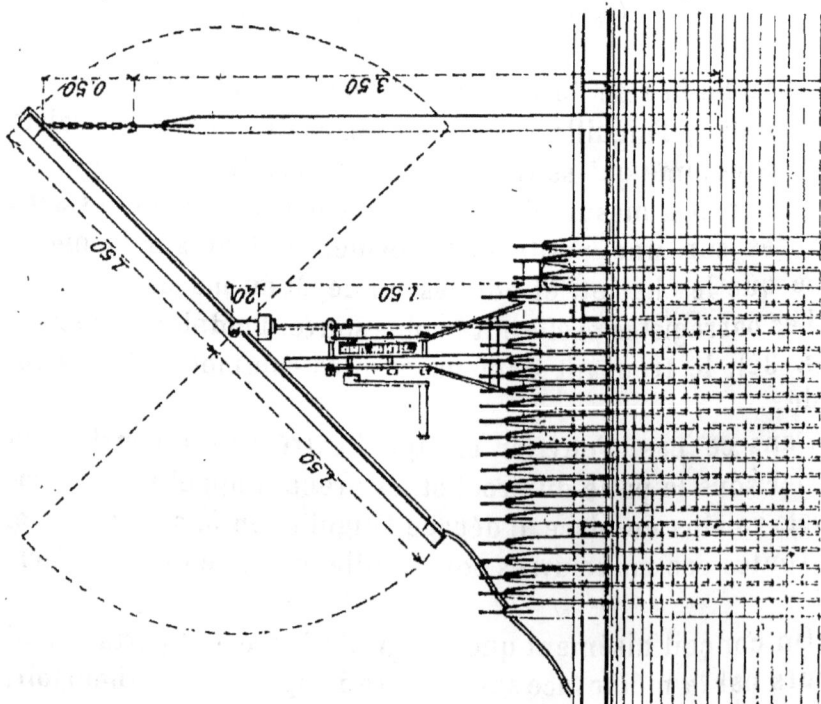

Fig. 34.

Manœuvre d'enlèvement d'une aiguille (amont).

Pour y remédier on place, au droit de la barre d'appui, une petite platine métallique fixée sur le bois au moyen de vis et on arme la partie supérieure de l'aiguille, sur toute la hauteur du seuil, d'une frette en fer en forme de demi-cylindre. Cette partie inférieure s'emboîte exactement dans les cannelures d'une pièce de fonte formant seuil. On obtient par ce dispositif un rideau plus serré et par conséquent plus étanche.

33. Aiguilles américaines. — Les Américains ont employé sur le Big-Sandy, affluent de l'Ohio, des aiguilles de très grandes dimensions. Elles présentent, dans la passe, une longueur de 4ᵐ,34, une largeur de 0ᵐ,305 et une épaisseur de 0ᵐ,216 à la base, de 0ᵐ,114 au sommet (*fig.* 35). Leur poids est de 120 kilogrammes.

Elles sont munies, à leur partie supérieure, d'un anneau permettant de les saisir.

La mise en place s'effectue au moyen d'une grue à vapeur placée sur un bateau de manœuvre.

Pour le débouchage, en cas de crue subite, on emploie le procédé suivant : toutes les aiguilles étant reliées, par des bouts de chaîne de 0ᵐ,50 de longueur, à un câble qui court tout le long du barrage et qui s'enroule sur un treuil placé sur la rive ou sur un bateau de manœuvre, on enlève d'un seul coup toutes les aiguilles et ce, aussi rapidement qu'on veut, en tirant sur le câble.

Une expérience faite dans ces conditions aurait permis d'enlever les 140 aiguilles du déversoir en moins d'une minute et sous une chute de 2ᵐ,13.

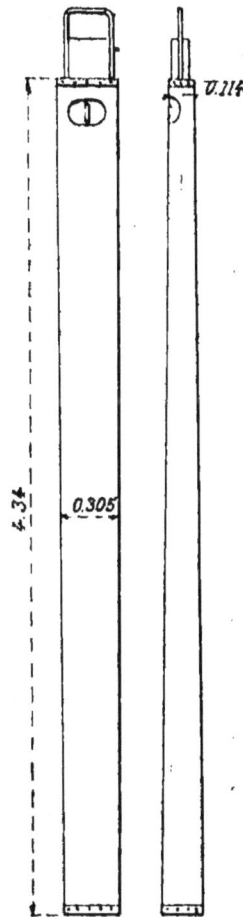

Fig. 35. — Aiguilles de la passe du barrage de Big-Sandy.

On n'insistera pas sur les inconvénients qui doivent résulter, pour les aiguilles, les fermettes et le radier, d'un débouchage aussi rapide.

34. Étanchement des barrages à aiguilles. — Le défaut d'étanchéité est le principal inconvénient des barrages à aiguilles.

Les nombreux joints formés par les aiguilles laissent passer l'eau en quantité considérable, et ce qui rend difficile, en temps d'étiage, le maintien de retenues à leur niveau normal. En cas de pénurie d'eau, il peut donc être nécessaire de recourir à des moyens d'étanchement particuliers.

Le foin, les herbes aquatiques ont été essayés; ils donnent d'assez bons résultats; mais leur emploi n'est pas à recommander en raison de la gêne qu'ils présentent au moment du débouchage.

Il est préférable de se servir du sable tout venant ou des escarbilles; ces matières placées, sur la face amont du rideau, sont entraînées par le courant, pénètrent dans un joint, s'y arrêtent, et provoquent le dépôt de particules plus nombreuses, qui, au bout d'un certain temps, amènent un étanchement complet.

On emploie également la toile goudronnée, qu'on dispose sur la face amont du barrage. Ce moyen est très efficace, mais très coûteux, non pas tant par le prix de la toile que par son peu de durée. Cette toile s'introduit en effet dans chaque joint, quand le barrage est en pleine charge, s'y fixe au bout de quelque temps et se déchire lorsqu'on veut la retirer.

On atténue ces divers inconvénients en fixant sur la face aval de la toile des liteaux en bois de petite dimension, juxtaposés horizontalement et susceptibles de s'enrouler avec la toile à la façon des stores de fenêtres. Pour faciliter l'enroulement et le déroulement, la toile porte à sa partie inférieure un cylindre métallique, autour duquel elle est enroulée lorsqu'elle est en magasin.

La figure 36 montre, vu d'amont et de côté, un store employé au barrage de Joinville sur la Marne. Les liteaux ont $0^m,03$ de largeur, $0^m,01$ d'épaisseur; ils sont distants de $0^m,02$ l'un de l'autre, et sont fixés sur la toile au moyen de clous ordinaires. Les déchirures sont évitées en munissant ceux-ci de rondelles en tôle galvanisée, et leurs pointes sont rivées sur les liteaux. Un cylindre, en tôle de 15 millimètres, de

$0^m,12$ de diamètre, est fixé à la partie inférieure du store. Ce cylindre qui est creux est percé de trous pour laisser toute

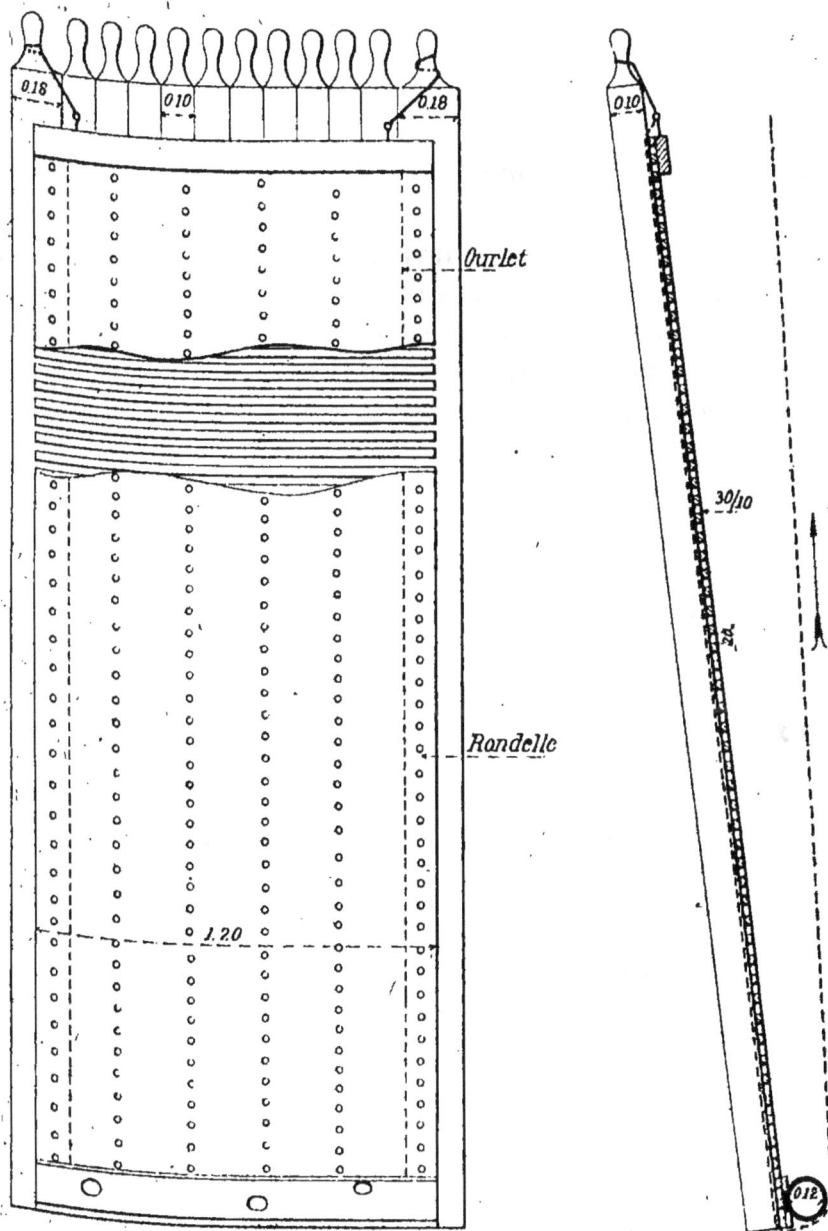

Fig. 36. — Store d'étanchement.

liberté de passage à l'eau, éviter aussi toute pression sur le cylindre, dont le poids fait tendre le store.

Chaque store se manœuvre au moyen de deux chaînettes d'enroulement.

On a expérimenté à Decize sur la Loire, dans le but d'augmenter l'étanchéité, des aiguilles qui ont la forme d'un parallélogramme; la pression qui s'exerce sur les faces latérales serre les aiguilles les unes contre les autres et diminue les fuites, qui se produisent par les joints.

35. Avantages et inconvénients. — Les aiguilles constituent un engin simple et rustique par excellence. L'approvisionnement qui doit exister en magasin permet le remplacement immédiat de l'élément mis hors de service.

Le réglage des retenues se fait aisément et avec une grande précision. Il suffit d'enlever un certain nombre d'éléments, pour que l'on obtienne le niveau voulu. On peut encore se borner à écarter l'aiguille de la barre d'appui, et à la maintenir par une cale.

En Allemagne, depuis plusieurs années, on a facilité cette manœuvre en munissant certaines aiguilles (une aiguille sur douze pour l'Oder) d'une tige métallique en forme de col de cygne (*fig.* 37) qui permet d'éloigner de la barre d'appui la

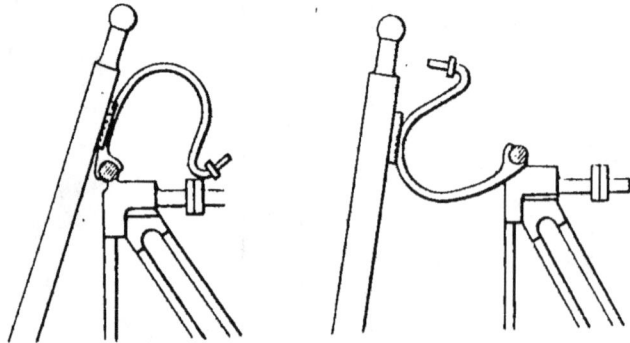

Fig. 37. — Aiguilles à col de cygne.

partie supérieure de l'aiguille, tout en laissant cette dernière en place.

Cette tige est articulée sur la barre d'appui et peut glisser, d'autre part, sur une coulisse fixée à la tête de l'aiguille.

Les aiguilles reportent sur les parties fixes du barrage la plus grande partie de la pression que l'eau exerce sur la bouchure. Les fermettes n'ont donc à supporter qu'un faible effort; il n'en est pas de même avec les rideaux et les vannes, comme on le verra plus loin. C'est là un avantage appréciable, qui diminue les frais d'établissement du barrage. On a vu que l'étanchéité peut être obtenue presque aussi complètement qu'il est désirable.

Il est vrai que le barrage à aiguilles creusé, généralement à 0^m,50 au-dessus de la retenue, ne forme pas déversoir, mais c'est là un petit inconvénient que fait disparaître le réglage presque automatique de la retenue, grâce à l'enlèvement possible d'un certain nombre d'éléments.

L'échappement Kummer, l'adoption du crochet Guillemain rendent le débouchage facile. Le premier procédé est compliqué, mais peut être préféré dans les pays froids, où la glace est susceptible de se former et d'emprisonner les aiguilles. Le crochet constitue une solution excellente dans presque tous les cas; il permet de donner aux aiguilles des dimensions de plus en plus fortes, et de rendre ce mode de bouchure tout à fait pratique. Des engins mécaniques comme sur la haute Seine assurent le débouchage dans les meilleures conditions possibles.

36. Rideaux articulés Caméré. — Les stores d'étanchement, décrits précédemment, ont été imaginés par M. l'inspecteur général Caméré. En remplaçant (*fig.* 38) les liteaux et la toile par des lames de bois jointives et deux files continues de charnières, on obtient les rideaux articulés appliqués d'abord au barrage de Port-Villez sur la basse Seine et ensuite à nombre d'ouvrages. On arrive ainsi à remplacer entièrement les aiguilles.

Les lames sont en bois de *Yellow pine*; leur longueur varie avec l'écartement des fermettes (1^m,25 à 1^m,29); leur largeur est constante et égale à 0^m,058, et leur épaisseur varie d'une manière continue depuis 0^m,04, que présente la lame supérieure jusqu'à 0^m,075 adoptée pour la lame inférieure.

Pour éviter l'oxydation et pour assurer un fonctionnement normal du rideau, les charnières sont en bronze ou en bronze phosphoré.

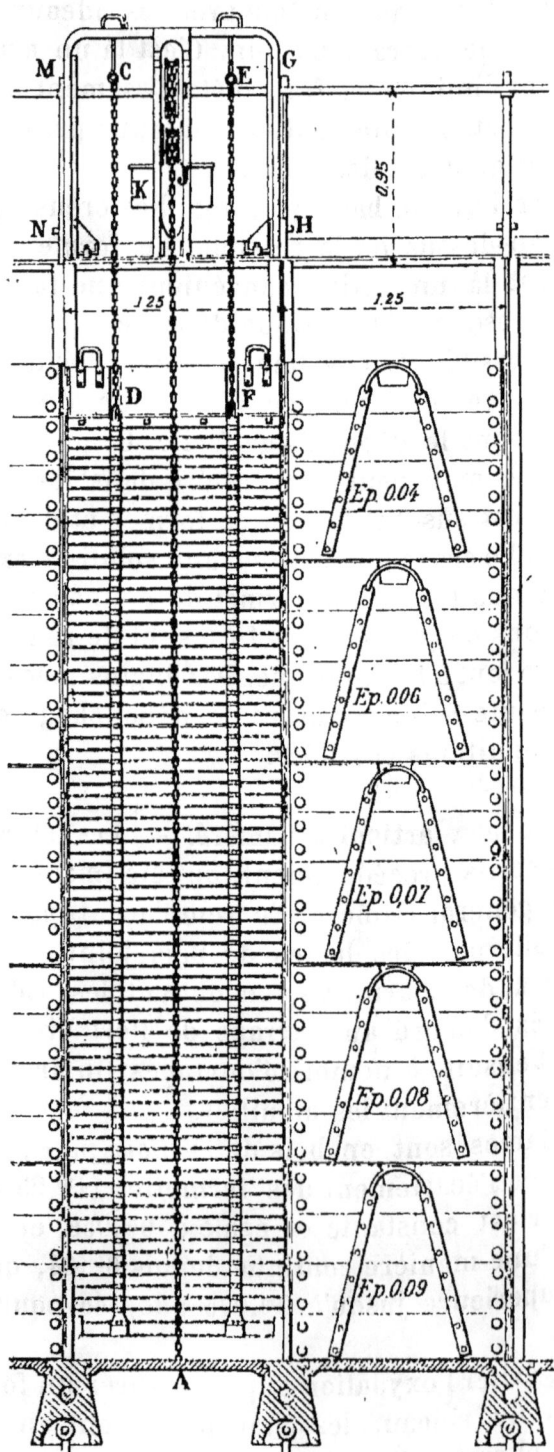

Fig. 38. — Barrage de Suresnes.

Le rideau est suspendu à la partie supérieure par deux chaînettes qui sont fixées à un *châssis porte-rideaux* amo-

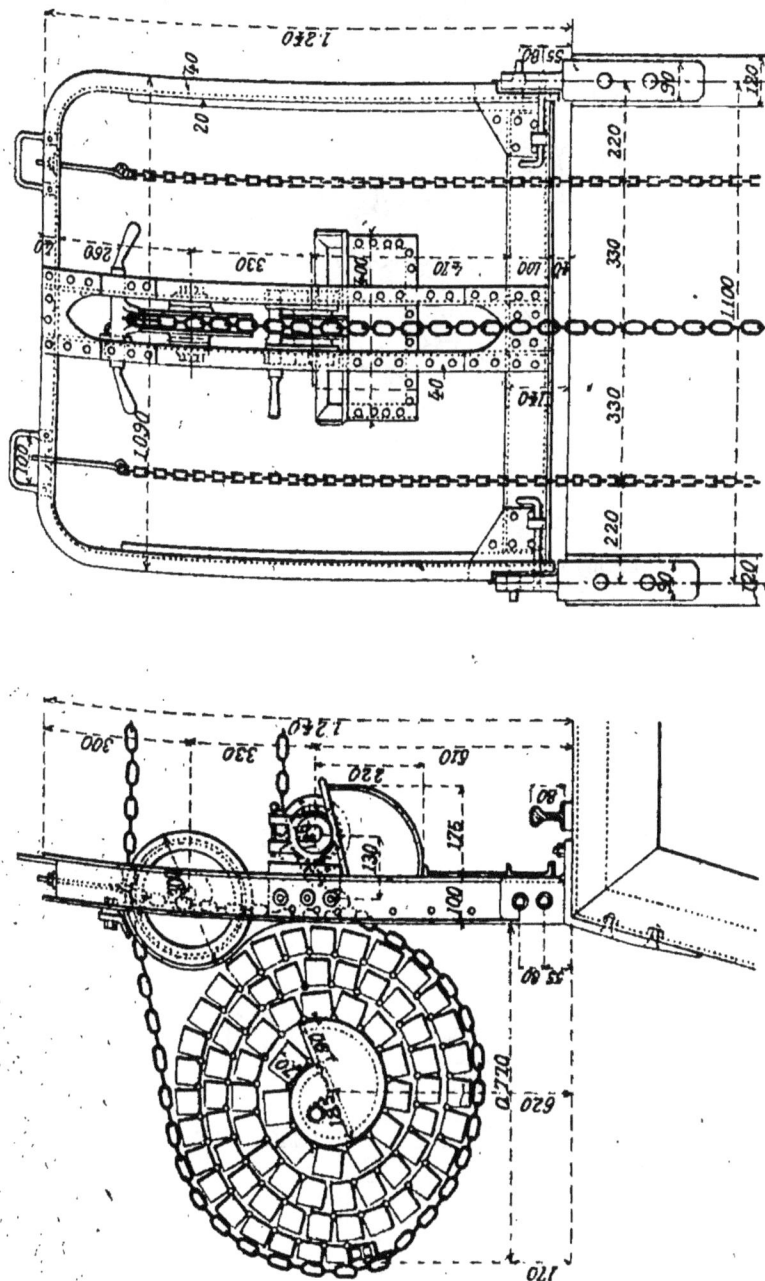

Fig. 39. — Châssis porte-rideaux.

vible (*fig.* 39). La lame inférieure du rideau est fixée par une articulation sur une pièce cylindrique, creuse, en fonte, qui facilite le déroulement du rideau, et qui lui sert de noyau quand on l'enroule.

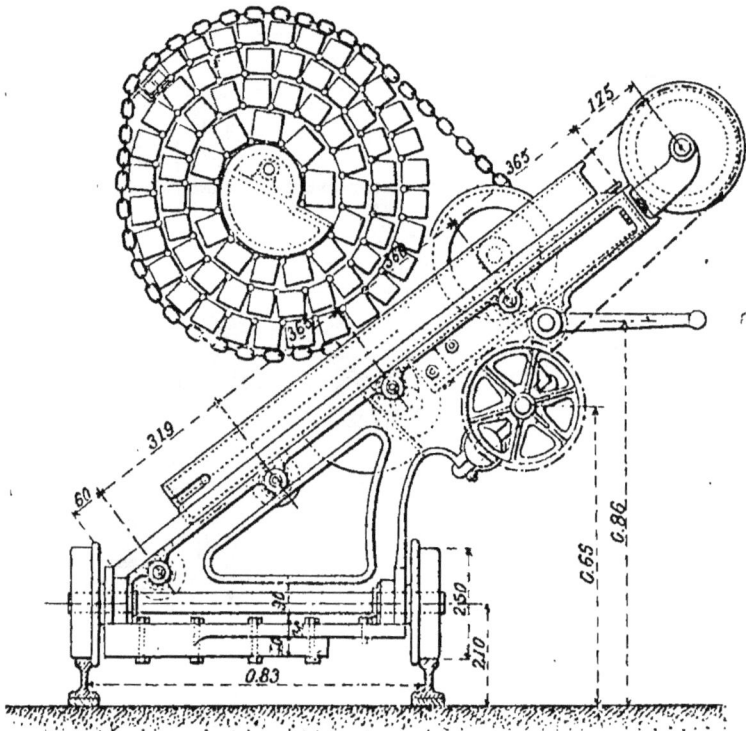

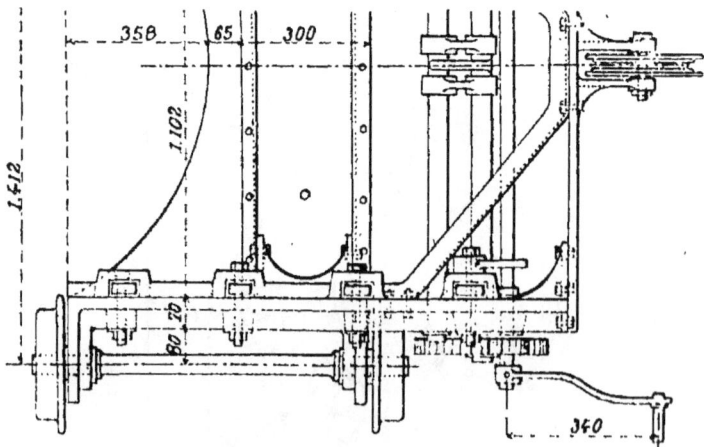

FIG. 40. — Chariot de transbordement.

Le châssis porte-rideaux est constitué par un cadre métallique, qui se place à la partie supérieure du barrage, entre deux fermettes consécutives, de telle sorte que ses montants latéraux soient en exacte correspondance avec les montants d'amont de ces fermettes. Il peut être maintenu verticalement par des verrous ou basculer autour de tourillons inférieurs et se dégager de l'articulation pour être déposé sur un chariot de transbordement (*fig.* 40).

Les manœuvres d'enroulement et de déroulement s'effectuent à l'aide d'un treuil spécial (*fig.* 41), par l'intermédiaire d'une chaîne sans fin qui fait aussi partie intégrante de l'ensemble du rideau et de son châssis.

La chaîne sans fin passe sur deux poulies de renvoi à empreintes, et un coffre en tôle est disposé pour recevoir les portions inutilisées de cette chaîne.

Le treuil de manœuvre est monté sur un chariot roulant, qu'on amène et qu'on fixe au *droit* et en arrière du rideau à manœuvrer; il porte extérieurement

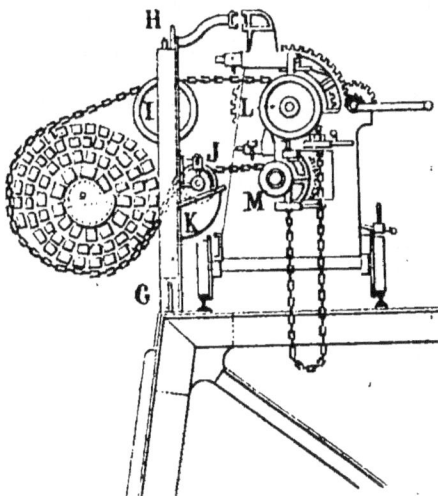

Fig. 41. -- Treuil de manœuvre.

ment sur l'une des flasques de son bâti, deux poulies à empreintes qui correspondent à celles du chassis, et sur lesquelles peuvent s'adapter les deux brins de la boucle formée par la chaîne sans fin.

Les poulies sont reliées sur des arbres actionnés par les roues d'engrenage du treuil; la poulie inférieure peut être embrayée ou débrayée à volonté; dans le premier cas, elle tourne en sens inverse de la poulie supérieure et la vitesse à la circonférence n'est qu'une fraction $\frac{1}{n}$ de la vitesse à la circonférence de cette poulie supérieure $\left(\frac{1}{2}\right.$ à Suresnes$\left.\right)$.

En résumé, chaque élément d'un barrage à rideaux comporte trois organes : le *rideau* proprement dit, le *châssis porte-rideaux* et le *chariot de transbordement*.

Lorsqu'on doit ouvrir le barrage, on procède d'abord à l'enroulement des rideaux qui se trouvent suspendus chacun à leur châssis ; puis on charge chaque châssis portant son rideau sur un chariot, et les chariots sont évacués sur la rive dans un magasin ou parc à rideaux.

La partie la plus délicate de la manœuvre est celle qui concerne l'enroulement et le déroulement du rideau.

Pour l'enroulement du rideau, on dispose la boucle libre de la chaîne sans fin sur les poulies L et M (*fig.* 41) du treuil. En le manœuvrant, le brin supérieur se raccourcit d'une longueur l, le brin inférieur s'allonge de $\dfrac{l}{n}$; la chaîne sans fin se raccourcit donc de $l\left(1 - \dfrac{1}{n}\right)$, et le rideau s'enroule. Il faut veiller, pendant la manœuvre, à ce que la chaîne soit exactement placée dans l'axe du rideau tendu ; autrement, un des côtés s'enroulerait plus vite que l'autre, ce dont on ne s'apercevrait qu'au moment de l'arrivée du rideau à fleur d'eau. Le rideau pourrait s'échapper par l'aval ou se coincer si la chaîne était trop désaxée.

Pour effectuer l'opération inverse, on débraye la poulie M du treuil et on cale le brin inférieur sur la poulie J du châssis. Le treuil étant actionné, le brin supérieur s'allonge et le rideau se déroule.

On peut facilement surveiller la descente tant que le rideau n'est pas immergé et on peut agir à l'aide d'un levier sur l'une ou l'autre des chaînettes, mais quand on n'aperçoit plus le rideau, il peut arriver qu'il s'échappe de ses appuis, se place en éventail et soit entraîné vers l'aval.

37. Avantages et inconvénients.

— L'emploi des rideaux permet d'établir des barrages de toute hauteur. Il suffit de donner aux lames, dont la portée ne varie pas puisque l'écartement des fermettes reste le même, l'épaisseur suffisante ; l'augmentation de poids qui en résulte n'a pas une grande importance puisqu'on est obligé d'avoir recours pour les manœuvres à de puissants engins mécaniques.

L'étanchéité est satisfaisante et l'ouverture par le fond donne un débit relativement considérable, qui permet l'entraînement des dépôts et l'évacuation d'une crue plus ou moins subite.

A côté de ces quelques avantages les inconvénients sont nombreux.

Chaque élément est composé de plusieurs centaines de pièces[1], construites en matériaux de choix, assemblées avec une extrême précision, et dont l'entretien ne peut être confié qu'à des ouvriers spéciaux. D'autre part, on a pu se rendre compte de l'importance du matériel de manœuvre, de la résistance que doivent présenter les fermettes supportant tout le poids de la charge ; l'établissement d'un barrage à rideaux conduit donc à des dépenses relativement élevées.

Les difficultés de la manœuvre peuvent encore être aggravées par les temps froids.

Le gel peut en effet, en soudant toutes les lames, empêcher l'enroulement et obliger à remonter le rideau par morceaux.

Indépendamment de cette circonstance, le faible intervalle qui sépare deux rideaux complique l'enroulement. De plus, la chaîne sans fin qui remonte le système use rapidement les lames, en les sciant pour ainsi dire.

Le règlement de la retenue, qui ne peut se produire que par le bas, n'est pas facile.

L'ouverture du barrage par sa partie inférieure produit des courants violents qui peuvent déchausser les maçonneries, affouiller le fond du lit et entraîner les enrochements.

On peut obvier, il est vrai, à une partie de ces inconvénients. C'est ainsi qu'au barrage de Suresnes on a placé au-dessus de chaque rideau une fermette en bois qui se place ou s'enlève à la main.

38. Vannes glissantes Boulé.

— Ce système de bouchure, dû à M. l'inspecteur général Boulé, a été appliqué par son inventeur au barrage du Port-à-l'Anglais sur la haute Seine,

---

1. Un rideau de la passe navigable du barrage de Suresnes est composé de 934 pièces.

en 1875, aux barrages de Suresnes et de Marly. Il vient d'être utilisé en Bohême sur la Moldau et plus récemment, avec une modification ingénieuse qui sera étudiée plus loin, sur la haute Seine et sur le Loing aux barrages de la Grande-Bosse et de Saint-Mamès.

Le système est constitué par des panneaux pleins, en bois, qui reposent les uns sur les autres dans le sens vertical, et qui s'appuient littéralement sur les fermettes.

Les dispositions suivantes ont été adoptées pour le barrage de Suresnes (*fig.* 42).

Chaque vanne est formée par quatre madriers de chêne, superposés et assemblés de façon à constituer un panneau de forme sensiblement carrée ($1^m,10$ de hauteur sur $1^m,22$ de largeur pour les panneaux de la passe déversoir).

Une cornière à branches inégales protège les abouts des madriers ; elle est fixée, la branche longue au moyen de deux boulons par madrier, la branche courte au moyen d'une vis à tête fraisée sur la face latérale.

L'étanchéité du joint est assurée et le retrait du bois est combattu par une fourrure composée d'un plat de 35 millimètres de hauteur et de 10 millimètres d'épaisseur qui pénètre moitié dans un madrier, moitié dans l'autre. Un autre fer plat de 50/10 se terminant par une poignée de fer rond de 25 millimètres de diamètre placée sur les rives, face amont, complète l'assemblage et une échancrure ménagée dans le madrier supérieur permet de saisir la poignée au moyen d'un croc.

La bouchure est complétée, à la partie supérieure, par une vannette constituée par un simple madrier muni de poignées qui se place et s'enlève à la main.

Le vannage présente dans la passe déversoir une hauteur totale de $3^m,41$; il est formé par trois vannes et une vannette ayant respectivement des épaisseurs de $0^m,08$, $0^m,06$, $0^m,04$ et $0^m,03$.

Chacune des travées de la passe navigable comporte 5 vannes de $1^m,10$ de hauteur et de $0^m,09$, $0^m,08$, $0^m,07$, $0^m,06$ et $0^m,04$ d'épaisseur, soit un développement total de $5^m,50$, pour une hauteur verticale de $5^m,18$.

Comme pour les rideaux, l'indépendance des vannages de

Coupe verticale.

Élévation.

Poignee en fer
rond de 25 m/m

Corn. 100x100x2

Fer plat 50x10

Plat 35x4

A

B

0.73

1.22

1.10

225 — 225 — 225 — 225

0 à 90

T 35x10

Retenue amont 2.00

2.30

6.01

3.86

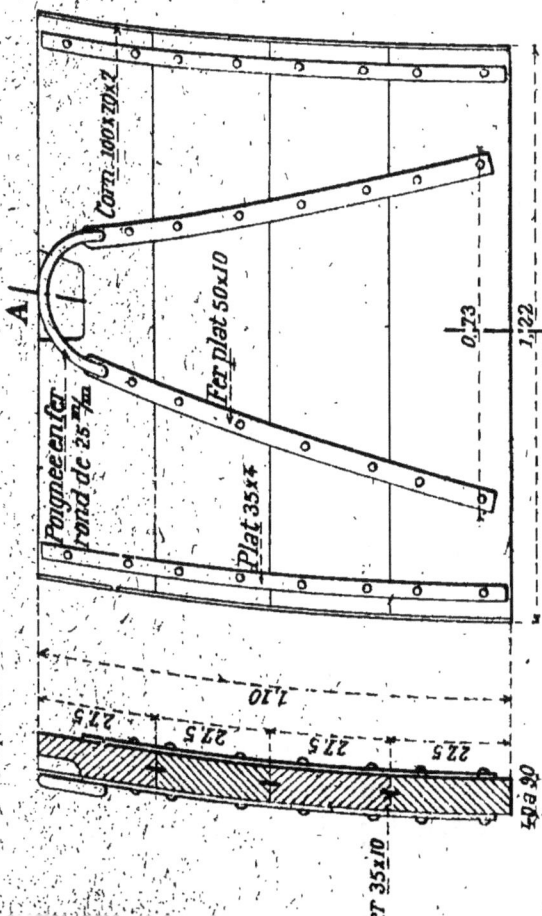

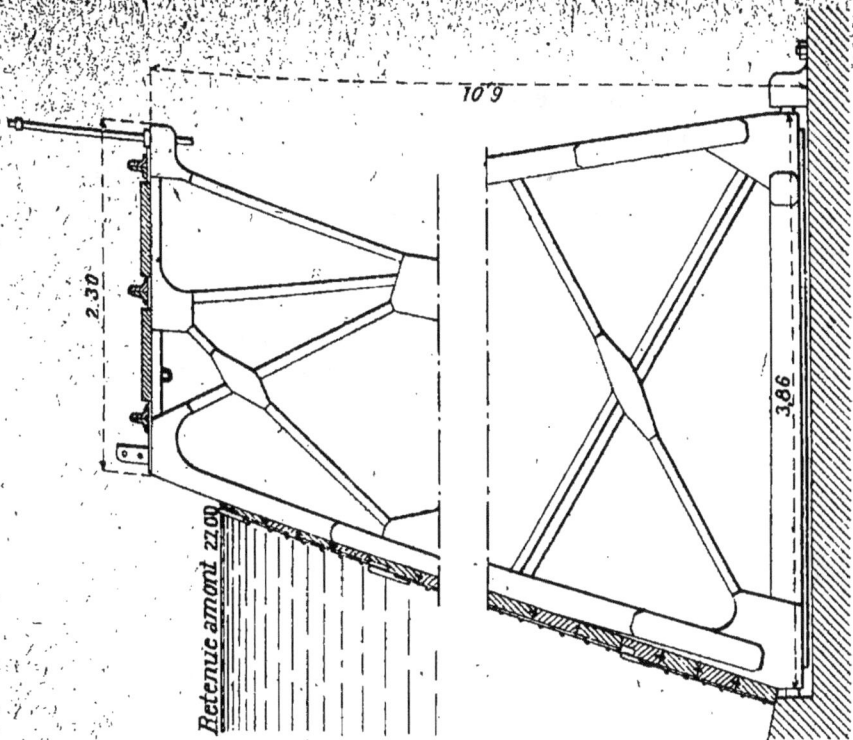

Vannes en place.

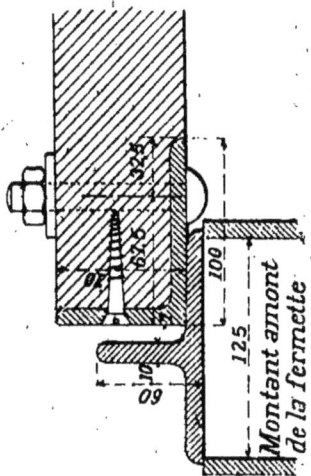

Montant amont
de la fermette

125

100

60

Détails d'une vanne.

Fig. 42. — Passe navigable de Suresnes. Vannes Boulé.

deux travées voisines est assurée par la nervure que présentent les montants amonts de la fermette.

Pour régler la retenue, on enlève les vannettes, puis, si la mesure est insuffisante, on procède au soufflage (*fig.* 43). C'est une sorte de réglage automatique du débit : on soulève une vanne, de façon qu'elle ne soit plus immergée que par sa partie inférieure et de telle sorte que son poids, qui tend à la faire descendre, soit équilibré par le frottement contre les mon-

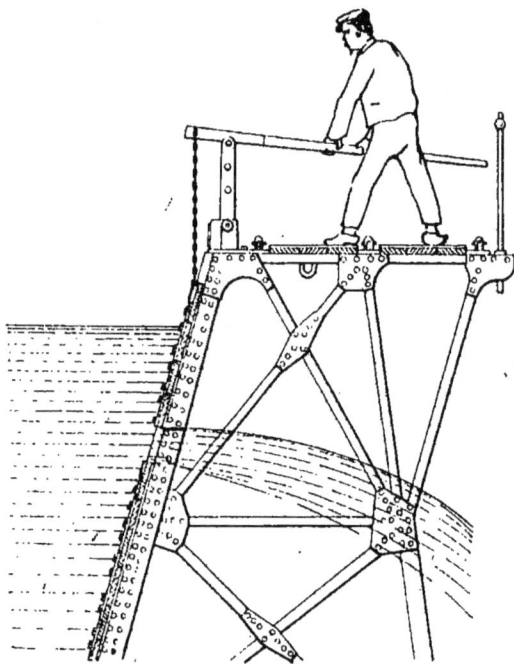

Fig. 43. — Soufflage d'une vanne.

tants de la fermette, ou à la pression de l'eau sur la partie immergée. Lorsque le niveau d'amont s'élève, le débit de l'orifice compris entre la vanne soufflée et celle du deuxième rang augmente ; lorsqu'il s'abaisse, la vanne n'est plus maintenue par la pression de l'eau, elle redescend et ferme en partie l'orifice. Un soufflage du premier rang de vannes permet de régler l'ouverture du barrage de Suresnes pendant toute la saison d'été.

Lorsque le soufflage est insuffisant, par suite d'une augmentation notable du débit, on enlève complètement les vannes du premier rang, puis, s'il y a lieu, celles du deuxième rang, celles du troisième rang et on conduit ainsi le débouchage successivement par tranches horizontales en commençant par la partie supérieure.

Pour le bouchage, on effectue l'opération en sens inverse.

On enlève les vannes du premier rang, et en général

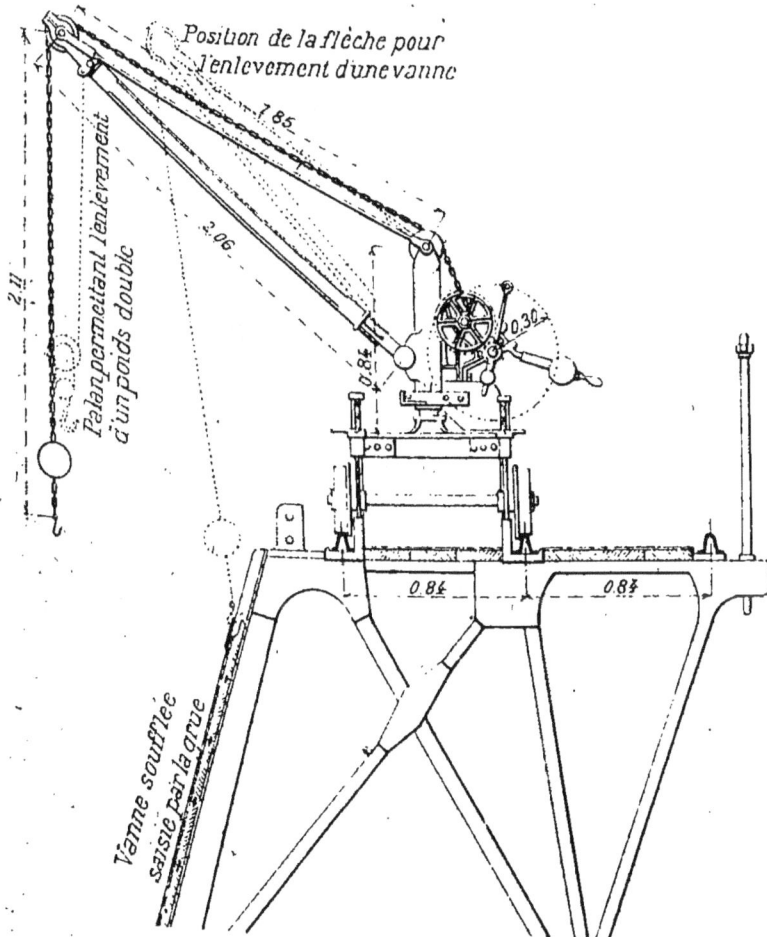

FIG. 44. — Grue roulante sur chariot.

toutes les vannes amenées à la partie supérieure des fermettes, au moyen d'une petite grue roulante de 300 kilogrammes légère et maniable (fig. 44).

Les vannes enlevées sont ensuite déposées par le même engin sur un chariot roulant, et conduites au magasin quand le chargement est complet.

L'enlèvement des vannes du deuxième rang et des rangs

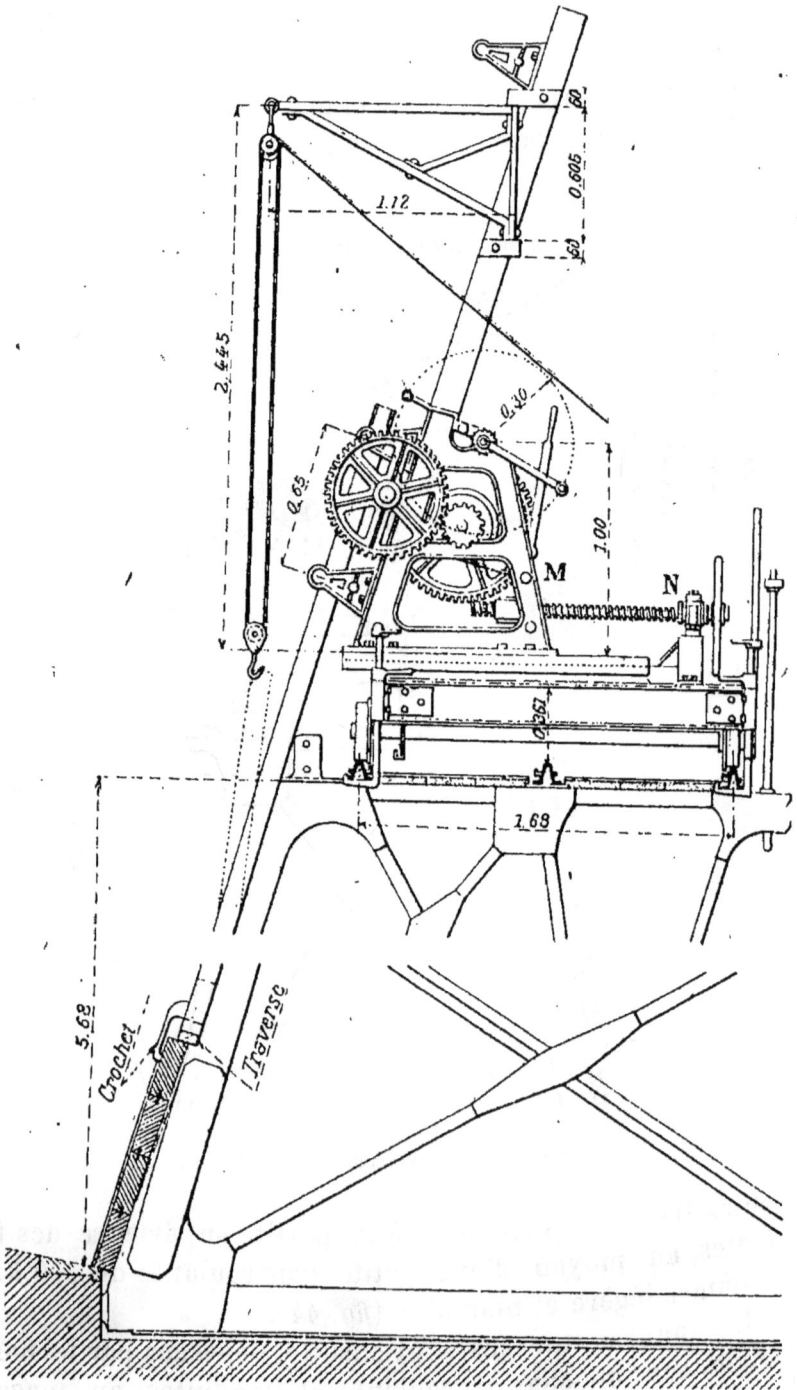

Fig. 45. — Treuil-mouton. Élévation transversale.

inférieurs s'effectue au moyen d'un treuil roulant (fig. 45

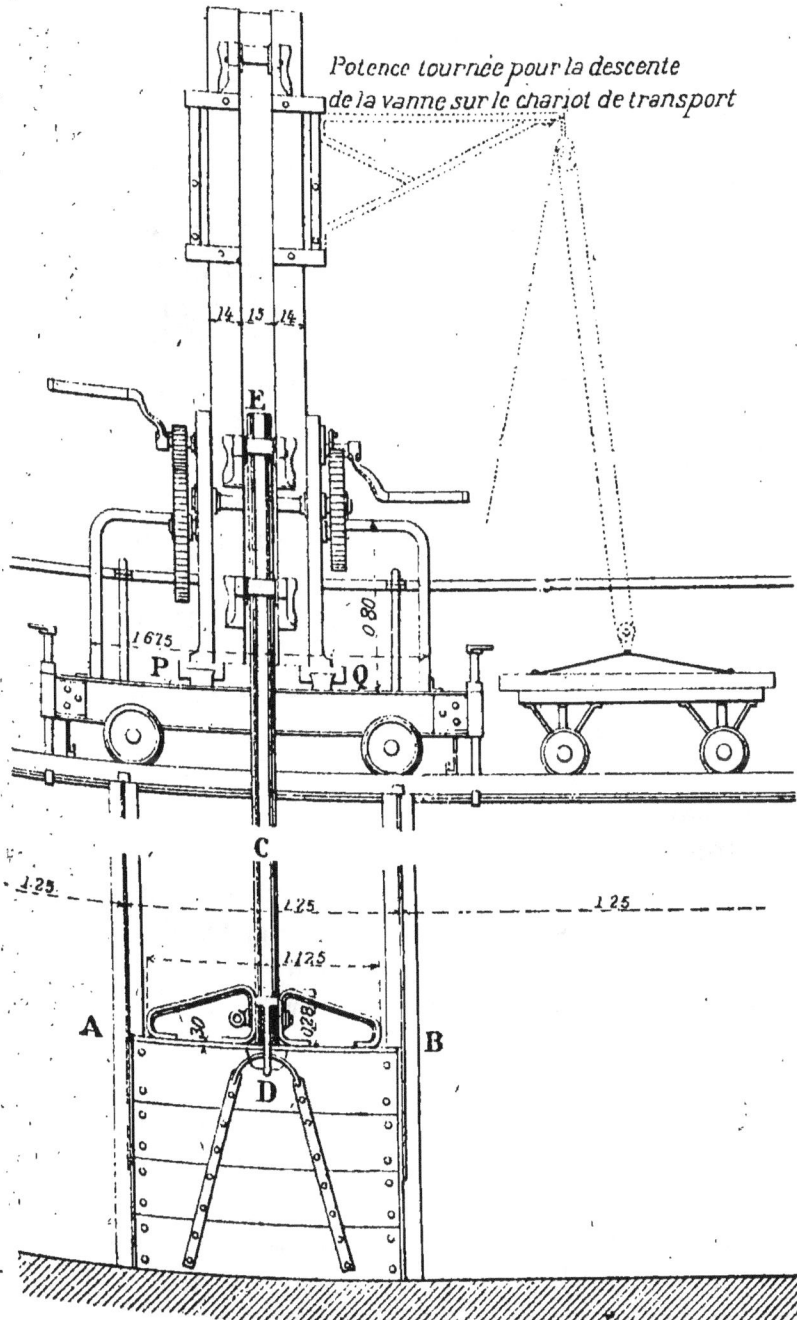

*Potence tournée pour la descente
de la vanne sur le chariot de transport*

FIG. 46. — Treuil-mouton. Élévation longitudinale.

et 46); dit *treuil-mouton*, porté par une plate-forme roulant
comme la grue sur les rails de la passerelle..

Cet appareil comprend :

1° Une crémaillère à fuseaux suivant l'inclinaison des fermettes et qui se termine par une traverse horizontale, pouvant glisser entre les montants amont de deux fermettes consécutives, et s'appuyer sur la partie supérieure des vannes ;

2° Un crochet, disposé au milieu de la traverse horizontale pour saisir la poignée de la vanne que l'on veut remonter, et qui est maintenu à distance de cette poignée, quand on veut faire descendre la vanne le crochet offre une certaine analogie avec celui auquel est suspendu le mouton d'une sonnette à déclic, ce qui explique le nom de treuil-mouton donné à l'engin ;

3° Un treuil qui actionne la crémaillère ;

4° Un bâti en bois, qui supporte le mécanisme, et maintient une potence avec une moufle destinée à saisir les vannes remontées jusqu'au niveau de la passerelle et à les déposer sur le chariot de transport.

Dans la pratique, on n'utilise pas le dernier appareil ; on amène les vannes de rang inférieur jusqu'au niveau de la passerelle, et on se sert de la grue roulante pour les mettre sur le chariot.

Le treuil-mouton ne sert que pour mettre en place les deux rangs inférieurs des vannes ; celles-ci sont préalablement descendues à l'aide d'une petite grue, jusqu'à ce que la présence de l'eau les tienne appliquées contre les fermettes. Les vannes de rang supérieur glissent le long des montants de leur support et sont mises, s'il y a lieu, à leur place au moyen d'un croc.

Les vannes Boulé, qui ont été appliquées au barrage de Pont-à-l'Anglais sur la haute Seine [1] à titre d'essai, et à celui de Suresnes sur la basse Seine [2], présentent de sérieux avantages : leur simplicité, leur rusticité les rendent comparables aux aiguilles. Leur manœuvre est très facile, très sûre ; elle exige cependant des engins mécaniques spéciaux assez coûteux.

---

1. *Annales des Ponts et Chaussées*, 1876, 1er semestre, p. 320.
2. *Annales des Ponts et Chaussées*, 1889, 2e semestre, p. 49.

Le système est utilisable, comme les rideaux, pour les retenues de toute hauteur ; les dépenses de premier établissement comme d'entretien sont relativement peu élevées [1]. Les vannes présentent une étanchéité parfaite et peuvent résister sans difficulté aux efforts auxquels elles sont soumises : il suffit, en effet, d'augmenter leur épaisseur que l'on calcule aisément, en remarquant qu'elles peuvent être considérées comme une pièce reposant sur deux appuis et soumise à une charge uniformément répartie.

Comme le barrage comprend un certain nombre d'éléments, chacun d'eux s'enlève aisément ; la retenue se règle automatiquement, les émissions d'eau se font toujours par déversement superficiel, l'effet de la lame déversante sur le radier étant atténué par la présence du matelas d'eau existant à l'aval.

Le seul reproche qu'on puisse faire au système, est la lenteur relative de la manœuvre (cinq ou six minutes par vanne) au moment d'une crue subite. On remédie à cet inconvénient en surélevant la passerelle pour qu'elle ne soit pas noyée, et que le débouchage puisse être exécuté.

39. Vannettes à galets avec roulement sur billes. — Les vannes Boulé nécessitent l'emploi d'engins mécaniques spéciaux pour leur manœuvre. MM. Lavollée et Wender ont rendu le système plus pratique en remplaçant les vannes par des éléments plus petits, légers, et susceptibles d'être manœuvrés à la main par un seul homme.

Ils ont surtout substitué le frottement de roulement au frottement de glissement sur le montant amont des fermettes ; et ils ont encore diminué les résistances de ce frottement par l'emploi de galets roulant sur billes, comme pour les cycles.

Les premiers essais ont été faits, en 1895, au barrage de Marolles, sur la petite Seine [2], ils ont été suivis d'une expérience effectuée aux barrages de la Grande-Bosse sur la petite Seine, et de Saint-Mammés sur le Loing.

1. A. Suresnes, le prix d'une travée fermée au moyen des vannes a été de 303 fr. 21 ; il aurait été de 691 fr. 47 avec les rideaux.
2. Au canal de Montereau.

Les vannes employées pour le barrage de la Grande-Bosse (*fig.* 47) ont 1^m,075 de longueur, 0^m,400 de hauteur et 0^m,045 d'épaisseur. Elles pèsent chacune environ 28 kilogrammes au moment de l'immersion. Elles sont constituées par deux ma-

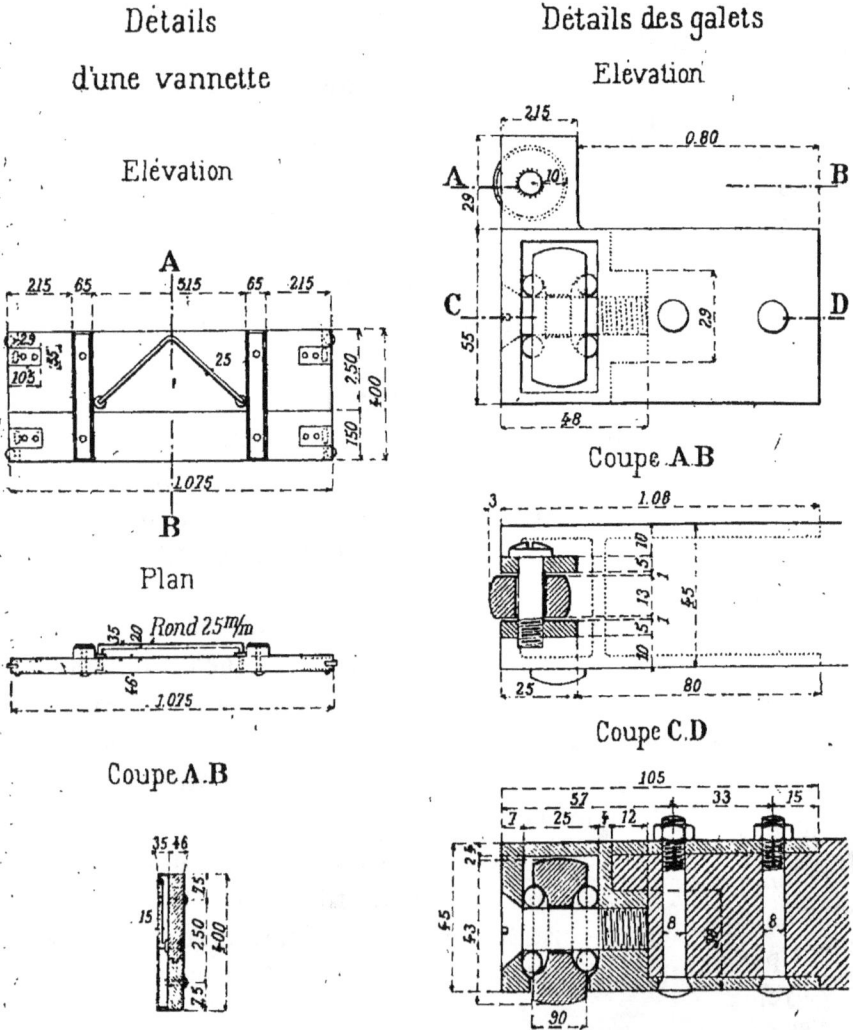

Fig. 47. — Barrage de la Grande-Bosse. Vannettes à galets.

driers assemblés à rainure et languette, et réunis par des hausses en bois. Une poignée en fer rond, en forme de V, est boulonnée sur la face amont.

Chaque vannette est munie de quatre galets de roulement proprement dits montés sur billes, et dont le plan est perpendiculaire à celui de la vanne ; en outre, elle porte quatre autres galets, dans un plan parallèle à celui de la vanne et destinés à rouler sur la nervure médiane des montants des fermettes. Grâce à cette disposition, on évite tout coincement.

La figure 47 fait connaître, sans qu'il soit besoin d'insister, les dispositions adoptées.

L'enlèvement des vannettes s'effectue au moyen d'un grappin à quatre branches, qui vient saisir la poignée en forme de V. Pour la mise en place, on présente la vanne entre les fermettes, et on la laisse glisser contre les montants. On

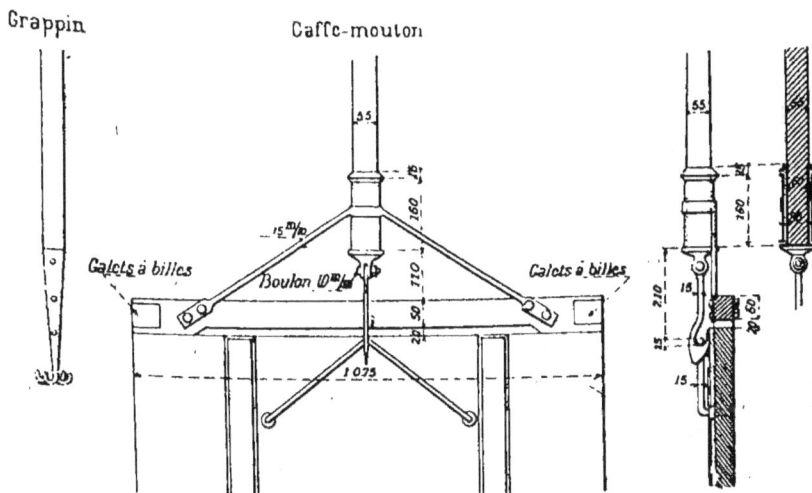

FIG. 48. — Engins de manœuvre des vannettes.

emploie, pour les vannettes de rang inférieur, un engin spécial, la gaffe-mouton, qui est manœuvrée à la main et qui a quelque analogie avec le treuil-mouton décrit précédemment (fig. 48). Il comprend, en effet, une traverse horizontale de même largeur que la vanne et venant s'appuyer sur elle, et un crochet mobile autour d'un axe de rotation qui vient prendre la poignée de la vanne. La tige de la gaffe est susceptible de tourner dans un manchon, qui porte la fourche de suspension de la traverse horizontale, ce qui permet de dégager le crochet, une fois la vanne mise en place, et par conséquent la gaffe elle-même.

Le principal inconvénient du système qui vient d'être décrit est son défaut d'étanchéité, qui résulte de la saillie de 4 millimètres du galet sur la face aval de la vannette. On peut craindre aussi l'envasement de la boîte à billes, qui peut, au bout d'un certain temps empêcher le roulement de se produire.

40. Choix du mode de bouchure. — Les aiguilles constituent le mode de bouchure le plus simple, le plus économique. Elles reportent sur le radier la plus grande partie de la pression qu'elles reçoivent, permettant ainsi de réduire la résistance, et par suite l'équarrissage des pièces qui constituent les fermettes. L'écoulement ne se fait pas par déversement, et c'est là un inconvénient au point de vue de la conservation des ouvrages et de la facilité de la navigation, mais le règlement de la retenue se fait pour ainsi dire élément par élément mathématiquement.

Employées d'abord pour des barrages à faible chute, par exemple pour les déversoirs, les aiguilles ont été utilisées plus tard pour la bouchure des passes plus profondes, en même temps qu'on leur donnait de plus fortes dimensions. Elles constituent, en effet, un mode de fermeture simple et étanche, et on ne se résolut à les abandonner pour des rideaux ou des vannettes que lorsque la chute élevée obligeait à recourir à des pièces trop lourdes et peu maniables. Dans ce dernier cas, on préfère généralement les vannettes qui, parfaitement étanches, présentent sur les aiguilles et les rideaux le grand avantage de fonctionner toujours par déversement. Le débouchage n'est pas rapide ; en surélevant suffisamment la passerelle, on se donne le temps d'effectuer la manœuvre.

41. Fermettes. — Les fermettes, contre lesquelles viennent prendre appui les appareils de bouchure, sont soumises à des efforts d'intensité différente, suivant qu'il s'agit d'aiguilles, de rideaux ou de vannes. Dans le premier cas, la fermette ne supporte qu'une partie de la pression totale, tandis que dans le second, elle doit résister à la charge complète de l'eau.

Il est intéressant d'étudier ces deux cas.

42. Pression exercée par la retenue. — Lorsque la retenue est tendue, la fermette saisie par ses deux tourillons dans des crapaudines scellées au radier est dans la position d'une pièce encastrée par sa base et chargée par sa longueur d'une manière variable avec le rideau de fermeture qui aura été adopté.

La pression de l'eau par mètre courant de retenue exprimée en tonnes de 1.000 kilogrammes a pour expression :

$$P = \frac{p^2 - q^2}{2 \cos \alpha};$$

en désignant par p et q les hauteurs respectives au-dessus du seuil de l'eau à l'amont et à l'aval et par α l'angle fait par la bouchure avec la verticale.

La pression d'amont est en effet représentée par le triangle rectangle ACD (AD = p), la pression d'aval, qui vient en déduction de la première, est représentée par le triangle rectangle AEF (AF = q) (fig. 49).

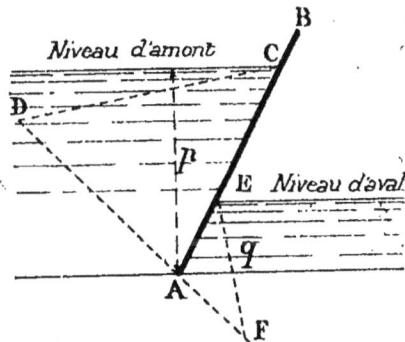

Fig. 49. — Schéma.

PREMIER CAS : *Bouchure au moyen d'aiguilles.* — Le moment des pressions, par rapport au point A, qui représente l'axe antérieur du seuil, pressions appliquées au centre de gravité des triangles ACD et AEF est :

$$\frac{p^3 - q^3}{6 \cos^2 \alpha}.$$

La distance du point d'application de la pression résultante au point A s'obtient en divisant le moment ci-dessus par la pression :

$$\frac{p^2 - q^2}{2 \cos \alpha}.$$

On trouve, en effectuant les calculs, que cette distance est égale à :

$$\frac{p^2 + pq + q^2}{3(p + q)\cos\alpha}.$$

D'autre part, les aiguilles sont appuyées par leur pied sur le radier, et reposent par leur tête sur la barre d'appui qui transmet à la fermette la pression qu'elle reçoit.

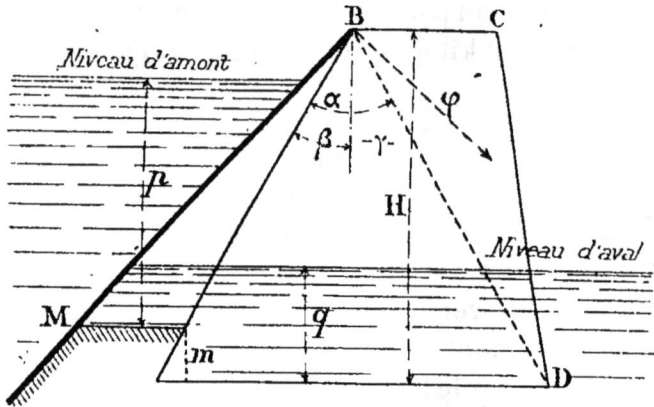

Fig. 50. — Schéma.

Soient H la hauteur de la fermette entre son axe inférieur et la barre d'appui des aiguilles (*fig.* 50) ;

m, la hauteur du seuil qui limite le refouillement du radier dans lequel se logent les fermettes ;

p, *q* et α ayant la même signification que précédemment ;

β, l'angle du montant d'amont de la fermette avec la même verticale ;

γ, l'angle avec cette même verticale de la ligne qui va de la barre d'appui au tourillon d'aval.

Soit φ la portion de la charge, qui s'appliquera au point B, et qui est normale à la direction MB de l'aiguille ; elle s'obtiendra en prenant par rapport au point M le moment des forces, auxquelles doivent résister les aiguilles par mètre courant.

On trouve ainsi :

$$\varphi \times \frac{H - m}{\cos\alpha} = \frac{p^3 - q^3}{6\cos^2\alpha};$$

$$\varphi = \frac{p^3 - q^3}{6(H - m)\cos\alpha}.$$

Cette force φ se décompose en deux autres : l'une $φ_t$ suivant la direction du montant amont de la fermette, l'autre $φ_c$ suivant la pièce diagonale BD ou bracon [1]. La première tire sur le montant, la seconde comprime le bracon.

Ces forces reportées aux points fixes A et D, par l'intermédiaire des tourillons et des crapaudines, ont pour effet :

La première AV, d'arracher le seuil en A (AV), et de faire glisser la ferme de l'amont vers l'aval (AH) (*fig.* 51) ;

La seconde DK, d'écraser la maçonnerie en D (DP), et de faire glisser la ferme de l'amont vers l'aval (DN), ce dernier effet s'ajoutant au précédent.

Il est intéressant de connaître la valeur respective de ces différents efforts :

1° Force horizontale qui tend à faire glisser la fermette, qui est la somme des forces AH et DN, ou encore la projection horizontale de φ :

$$φ \cos α = \frac{p^3 - q^3}{6(H - m)};$$

[1]. Entre les composantes $φ_t$ et $φ_c$ existe la relation suivante :

$$\frac{φ}{\sin BKI} = \frac{φ_t}{\sin KBI} = \frac{φ_c}{\sin BIK}.$$

Or :

$$\sin BKI = \sin (β + γ),$$
$$\sin KBI = \cos (α + γ),$$
$$\sin BIK = \cos (α - β).$$

Donc :

$$\frac{φ}{\sin (β + γ)} = \frac{φ_t}{\cos (α + γ)} = \frac{φ_c}{\cos (α - β)},$$
$$φ_t = φ \frac{\cos (α + γ)}{\sin (β + γ)},$$
$$φ_c = φ \frac{\cos (α - β)}{\sin (β + γ)},$$
$$φ_t = \frac{p^3 - q^3}{6(H - m) \cos α} \times \frac{\cos (α + γ)}{\sin (β + γ)},$$
$$φ_c = \frac{p^3 - q^3}{6(H - m) \cos α} \times \frac{\cos (α - β)}{\sin (β + γ)}.$$

Voir *Rivières canalisées*, par M. l'inspecteur général DE MAS, p. 88.

2° Force verticale qui tend à arracher le seuil en A, représentée par AV et qui est la composante verticale de φ_t :

$$\varphi_t \cos \beta = \frac{p^3 - q^3}{6\,(H - m)\,\cos \alpha} \times \frac{\cos(\alpha + \gamma)\,\cos \beta}{\sin(\beta + \gamma)} ;$$

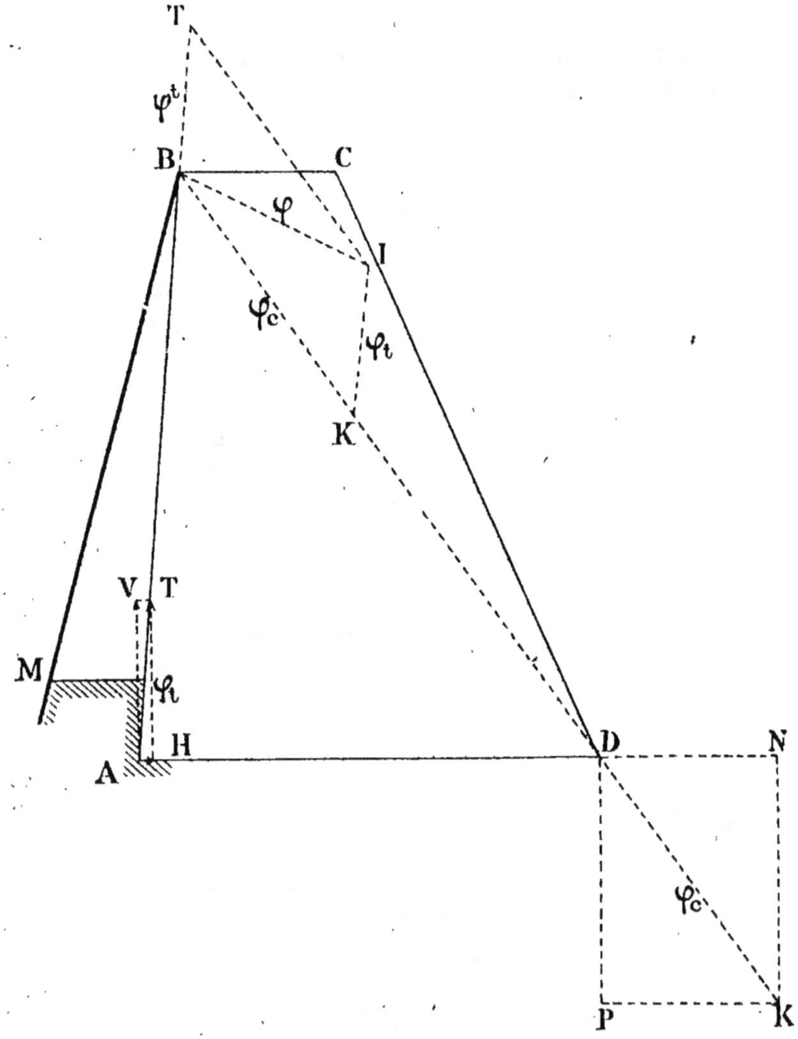

Fig. 51. — Schéma.

3° Force verticale qui tend à écraser la maçonnerie du radier en D, et qui est la composante verticale de φ_c :

$$\varphi_c \cos \gamma = \frac{p^3 - q^3}{6\,(H - m)\,\cos \alpha} \times \frac{\cos(\alpha - \beta)\,\cos \gamma}{\sin(\beta + \gamma)} ;$$

4° Forces agissant au point M, où les aiguilles prennent appui sur le seuil, et qui tendent, l'une à le faire glisser sur l'aval, l'autre à s'opposer à son arrachement.

La force qui est reportée sur le point M est égale à la pression totale P, diminuée de la composante φ, c'est-à-dire :

$$\frac{p^2 - q^2}{2 \cos \alpha} - \frac{p^3 - q^3}{6(H - m) \cos \alpha},$$

ou bien encore à :

$$\frac{3(H - m)(p^2 - q^2) - (p^3 - q^3)}{6(H - m) \cos \alpha}.$$

Le glissement est donc produit par la force :

$$\frac{3(H - m)(p^2 - q^2) - (p^3 - q^3)}{6(H - m)},$$

La force qui s'oppose à l'arrachement du seuil est :

$$\frac{3(H - m)(p^2 - q^2) - (p^3 - q^3) \operatorname{tg} \alpha}{6(H - m)} \quad (^1).$$

SECOND CAS : *Bouchure au moyen de rideaux ou de vannes.* — La pression P tout entière s'exerce sur la fermette, normalement à la direction de la bouchure. Les notations étant les mêmes que précédemment, cette pression a pour valeur :

$$P = \frac{p^2 - q^2}{2 \cos \beta}.$$

Les angles α et β étant égaux, la distance du centre de gravité de la résultante des pressions, à l'arête du seuil est :

$$\frac{p^2 + pq + q^2}{3(p + q) \cos \beta}.$$

1. Dans tous les calculs qui précèdent, on n'a considéré qu'un mètre courant de barrage; pour obtenir les efforts qui se produisent sur une fermette, il suffirait de multiplier les résultats donnés par la distance c de deux fermettes consécutives.

La force P, appliquée au centre de pression G (*fig.* 52), se décompose, comme on l'a vu précédemment, en deux autres : la première GL suivant le montant amont de la fermette, et qui a pour effet de le tendre, la seconde GK, suivant GD, produisant une compression. Ces efforts sont transmis au radier par l'intermédiaire des tourillons et des crapaudines et causent les efforts de glissement de la fermette de l'amont vers l'aval, d'arrachement du seuil en A et d'écrasement en D.

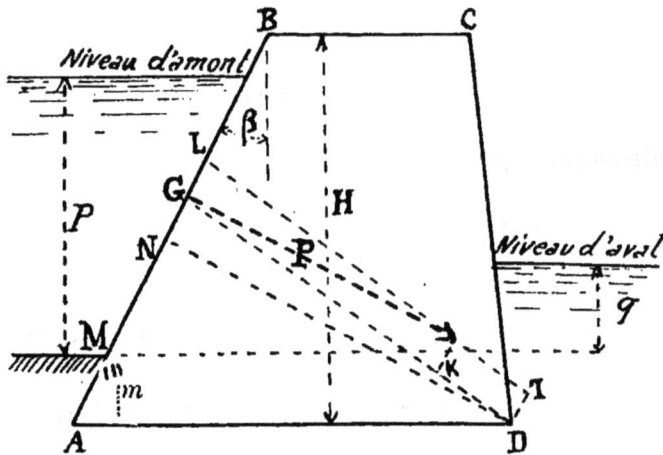

Fig. 52. — Schéma.

On calculera l'intensité de chacun de ces efforts :

1° Effort de glissement de l'amont vers l'aval : cet effort est égal à la projection horizontale de P, soit à :

$$P \cos \beta = \frac{p^2 - q^2}{2} ;$$

2° Effort de compression du radier en D :

$$\frac{p^3 - q^3 + 3m(p^2 - q^2)}{6H(\operatorname{tg} \beta + \operatorname{tg} \gamma) \cos^2 \beta} ;$$

3° Effort d'arrachement du seuil en A :

$$\frac{p^3 - q^3 + 3m(p^2 - q^2)}{6H(\operatorname{tg} \beta + \operatorname{tg} \gamma) \cos^2 \beta} .$$

M. l'inspecteur général Guillemain, dans son cours professé à l'École des Ponts et Chaussées, établit ainsi ces formules :

La réaction verticale en D, qui produit la compression du radier, s'obtient en prenant les moments des forces qui sollicitent la fermette par rapport au point A ; on trouve :

$$P \times AG = x \times AD.$$

Or :

$$AG = AM + MG = \frac{m}{\cos \beta} + \frac{p^2 + pq + q^2}{3(p + q)\cos \beta},$$

$$AG = \frac{p^2 + pq + q^2 + 3mp + 3mq}{3(p + q)\cos \beta};$$

$$P \times AG = \frac{p^3 - q^3 + 3m(p^2 - q^2)}{6\cos^2 \beta}.$$

La réaction verticale est donc :

$$\frac{p^3 - q^3 + 3m(p^2 - q^2)}{6H(\operatorname{tg} \beta + \operatorname{tg} \gamma)\cos^2 \beta}.$$

La force d'arrachement s'obtiendra en prenant les moments par rapport au point D ; elle sera égale à :

$$\frac{P \times DI}{AD}.$$

Le moment :

$$P \times DI = P(AG - AN),$$

DN étant mené parallèlement à P, c'est-à-dire perpendiculairement à AB.

Or :

$$P \times AG = \frac{p^3 - q^3 + 3m(p^2 - q^2)}{6\cos^2 \beta}.$$

$$AN = AD \sin \beta = H(\operatorname{tg} \beta + \operatorname{tg} \gamma)\sin \beta,$$

$$P \times AN = \frac{p^2 - q^2}{2\cos \beta} H(\operatorname{tg} \beta + \operatorname{tg} \gamma)\sin \beta;$$

d'où :

$$P \times DI = \frac{p^3 - q^3 + 3m(p^2 - q^2)}{6\cos^2 \beta} - \frac{p^2 - q^2}{2\cos \beta} H(\operatorname{tg} \beta + \operatorname{tg} \gamma)\sin \beta.$$

La force d'arrachement ou :

$$\frac{P \times DI}{AD} = \frac{p^3 - q^3 + 3m(p^2 - q^2)}{6H \cos^2 \beta \, (\mathrm{tg}\,\beta + \mathrm{tg}\,\gamma)} - \frac{p^2 - q^2}{2} \, \mathrm{tg}\,\beta.$$

Il en résulte que l'effort d'arrachement serait égal à l'effort de compression diminué de $\dfrac{p^2 - q^2}{2}\,\mathrm{tg}\,\beta$.

Enfin l'effort de compression et l'effort d'arrachement sont égaux pour $\beta = 0$. Leur valeur commune devient alors :

$$\frac{p^3 - q^3 + 3m(p^2 - q^2)}{6H\,\mathrm{tg}\,\gamma}.$$

On a ainsi déterminé la force qui fait glisser la fermette de l'amont à l'aval, les efforts d'arrachement et de compression du radier.

Il n'est pas difficile de calculer les efforts, auxquels sont soumises les différentes pièces qui composent la fermette. Elle peut être envisagée comme une marquise encastrée à son extrémité et soumise sur sa longueur à des forces égales aux pressions de l'eau, et représentées, à l'amont comme à l'aval, par des triangles rectangles. Les formules de la résistance des matériaux, plus simplement la statique graphique, fournissent la solution du problème. Pour les fermettes soutenant des aiguilles, la pièce principale est la diagonale du trapèze formé par les montants amont et aval et les traverses inférieures et supérieures; pour la fermette soutenant des stores ou des vannes, on trouve un véritable treillis constitué par des diagonales et des traverses horizontales. En chaque nœud, on composera les forces, et on déterminera les efforts qui s'exercent sur la poutre. Le montant amont sera comprimé, et le montant aval tendu; le treillis sera tendu ou comprimé suivant les dispositions adoptées.

42 bis. Déductions. — Dans le cas d'une bouchure formée par des aiguilles, la pression supportée par les fermettes n'est qu'une petite fraction[1] de la pression totale, tandis

---

1. Généralement un peu supérieure au tiers.

qu'avec les rideaux et les vannes, les fermettes supportent toute la pression et en outre, les montants d'amont sont soumis à une pression qui varie proportionnellement.

Dans l'un et l'autre système, toutes choses égales d'ailleurs, il y a intérêt, en vue de la réduction des efforts, à rapprocher de la verticale le montant amont de la fermette, et à augmenter la distance entre les crapaudines d'amont et d'aval.

Nous examinerons plus loin les dispositions à adopter pour combattre l'effort d'arrachement de la crapaudine d'amont, qui est le plus à redouter.

On donnera à la crapaudine d'aval une assiette suffisante pour permettre au radier de résister à l'effort de compression.

Pour résister à l'effort de glissement, on donnera aux boulons de scellement une section suffisante pour en empêcher le cisaillement.

43. Application numérique. — *Calculs des efforts de glissement, d'arrachement et de compression exercés sur les fermettes du pertuis de Port-à-l'Anglais ayant pour bouchure des vannes Boulé.* — Dans les fermettes en question, le montant d'amont est vertical et leur espacement d'axe en axe est de $1^m,10$; l'axe de rotation (axe des tourillons) est à $0^m,54$ en contre-bas du dessus du seuil. Les dimensions de la fermette sont les suivantes :

Longueur de l'entretoise supérieure...... $1^m,45$
Longueur de l'essieu................... $3^m,10$
Hauteur totale ou longueur du montant
   amont.............................. $5^m,24$

Le seuil est à la cote 25,56, la retenue d'amont à la cote 29,66, ce qui donne une hauteur d'eau de $4^m,10$ sur le seuil (*fig.* 53). On se placera dans l'hypothèse la plus défavorable en admettant, sur la fermette, une charge d'eau de $4^m,10$, ce qui suppose que l'eau à l'aval pourra descendre au niveau du seuil.

Chaque fermette subit une pression totale :

$$P = 1,10 \times \frac{\overline{4,10}^2}{2} = 9^{tonnes},245.$$

dont le point d'application G est à une distance de l'axe de rotation

$$AG = GS + AS = \frac{1}{3} \, 4{,}10 + 0{,}54 = 1^m{,}91.$$

Cette force est appliquée au montant d'amont de la fermette et répartie sur sa longueur, proportionnellement à la profondeur d'immersion.

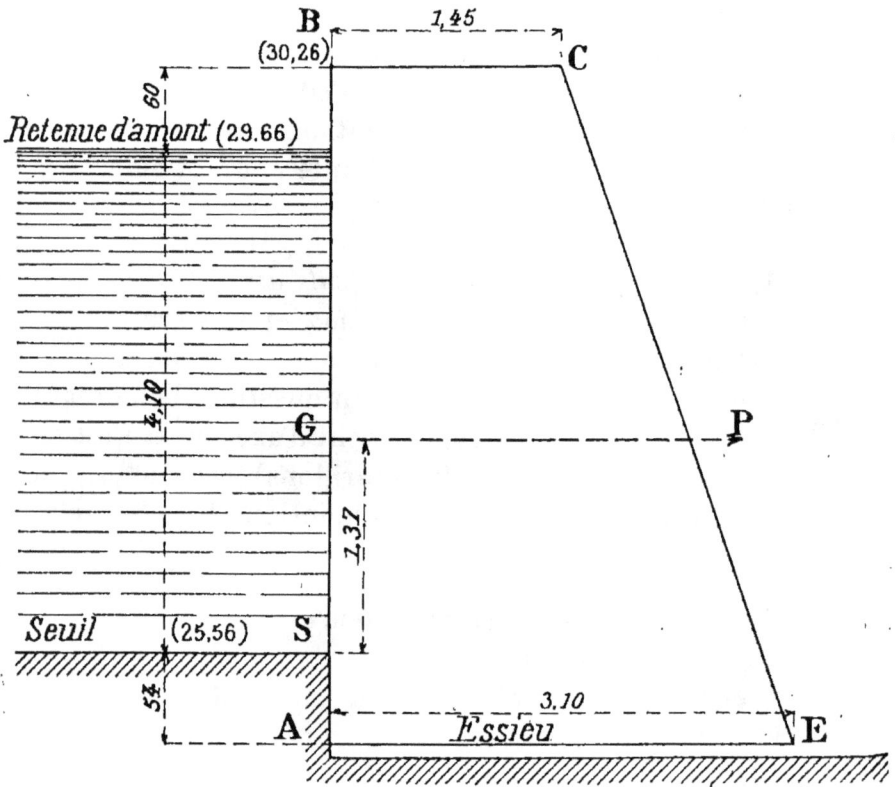

Fig. 53. — Schéma.

Le parement amont étant vertical, l'effort de glissement est :

$$P = 9.245 \text{ kilogrammes.}$$

La réaction verticale du radier en E, autrement dit l'effort d'écartement transmis au radier par la crapaudine d'aval, s'obtiendra en prenant les moments par rapport au point A.

On a :

$$C_v \times AE = P \times AG,$$
$$C_v \times 3,10 = 9.245 \times 1,91,$$

d'où :

$$C_v = 5.696 \text{ kilogrammes.}$$

La poussée étant horizontale, les réactions verticales en A et en E sont égales. L'effort d'arrachement de la crapaudine d'amont est donc aussi de 5.696 kilogrammes.

Si le montant amont de la fermette n'était pas vertical, on aurait obtenu l'effort en A en prenant les moments par rapport au point E.

44. Autres genres d'efforts à faire supporter aux fermettes. — Les fermettes n'ont pas seulement à supporter les efforts qui ont été calculés ; elles doivent aussi résister aux forces, qu'il est difficile d'apprécier et qui agissent dans un plan normal à celles qui viennent d'être étudiées.

En effet, la fermette debout, sous la charge de la retenue, ne transmet aux points d'appui les pressions qu'elle reçoit qu'à la condition de ne pas se voiler. S'il en était autrement, les calculs que l'on vient de développer seraient inapplicables, et la résistance, sur laquelle on compte, disparaîtrait. Le bâti métallique doit donc avoir une rigidité transversale suffisante pour ne pas se voiler.

En outre, pendant les manœuvres d'abatage et de relevage, chaque fermette, soutenue par le haut au moyen d'une chaîne et fixée au radier par ses tourillons, est dans la position d'une pièce large et mince appuyée par ses extrémités et sollicitée par son propre poids dans ses parties intermédiaires. D'ailleurs, les manœuvres des barrages ne sont pas toujours lentes et douces ; il se présente souvent des obstacles qui obligent à les rendre énergiques. La fermette supporte donc des efforts transversaux plus ou moins considérables, et doit être fortement armée dans le sens transversal, c'est-à-dire dans un plan perpendiculaire au fil de l'eau.

Or la superposition nécessaire des fermettes, lorsqu'elles sont couchées dans le refouillement du radier, exige que cette épaisseur soit la moindre possible. On se trouve donc placé en présence de conditions contradictoires. Si l'on donne aux fermettes une grande épaisseur, on est obligé d'exagérer la hauteur du seuil, ou de les espacer davantage, ce qui les surcharge et conduit à les faire plus lourdes. Si on diminue leur épaisseur, on risque de les voir fléchir, se fausser et finalement se rompre.

M. l'inspecteur général Guillemain cite à l'appui de ces considérations le cas des fermettes du barrage de Port-Villez; dont la traverse inférieure avait primitivement une forme parallélipipédique et creuse. Les fermettes étant couchées au moment d'une crue, cette hausse s'appuya sur des dépôts, laissant toute la partie supérieure en porte-à-faux. Quelques-unes d'entre elles se cassèrent et furent trouvées hors de service, quand on voulut rétablir la retenue.

M. l'inspecteur général Guillemain conclut donc que le calcul ne suffit pas pour déterminer les dimensions des pièces, que les expériences faites et la sagacité des ingénieurs sont les seuls guides possibles, ce qui convient sur un point est inapplicable sur un autre, et les données sont trop complexes pour qu'une règle nette puisse être prévue. Le mieux est de s'inspirer des types existants que l'expérience a consacrés.

45. Types de fermettes pour barrages à aiguille. — Il est donc intéressant de passer en revue les principales fermettes qui ont été employées jusqu'à présent.

La fermette primitive de M. Poirée, construite à Epineau en 1838, sous forme d'un trapèze à face antérieure verticale, était constituée par des fers carrés de $0^m,04$ de côté soudés ensemble. Un bracon diagonal reliait au montant d'amont une courte entretoise. La hauteur (distance de l'axe de rotation, de l'axe des tourillons, au-dessus de la fermette) était de $2^m,11$ pour une chute de $1^m,60$ au maximum; la largeur (distance entre les crapaudines) de $1^m,50$. Son poids était de 137 kilogrammes.

Les fermettes employées en 1868 aux barrages de la Moselle (*fig.* 54) ont également un montant antérieur vertical; elles sont constituées par un bracon et trois entretoises horizontales, qui relient le montant antérieur au montant postérieur. La hauteur de la fermette est de 2ᵐ,40 pour une

Poids. 136K Rapport. $\frac{b}{h}$ = 0,62. _ Espacement : 1ᵐ10
Type de la Meuse française (C¹ de l'Est)

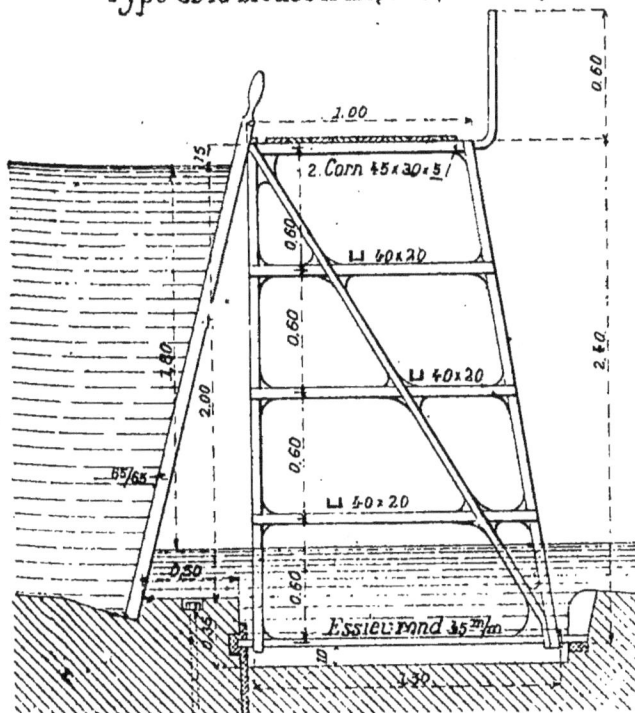

Fig. 54. — Barrages de la Moselle (1868).

retenue de 1ᵐ,80 et une largeur de 1ᵐ,50. Le cadre est formé par une double cornière de $\frac{45 \times 30}{5,5}$; le bracon par deux fers en ⊔ de $\frac{50 \times 25}{7}$ adossés, les entretoises par d'autres fers en ⊔ de $\frac{40 \times 20}{5}$: enfin la hausse inférieure par un fer rond, de 45 millimètres de diamètre. Les assemblages sont effectués au moyen de rivets et de goussets en tôle. Le poids de la fermette est 136 kilogrammes.

Les fermettes des déversoirs de la haute Seine (*fig.* 55), mises en service en 1881, ont une hauteur de 2ᵐ,97 pour une retenue de 1ᵐ,80 environ, et une largeur de 2ᵐ,05. Le mon-

tant antérieur est vertical ; un bracon, deux entretoises horizontales, complètent l'ensemble du système. On a employé
un seul échantillon de fer profilé en $\sqcup \left(\dfrac{60 \times 30}{6} \right)$ pour toutes
les pièces ; le montant aval et le bracon comprennent deux
fers adossés l'un contre l'autre. Les assemblages sont très

Poids 250K. _ Rapport $\dfrac{b}{h}$ = 0,67 -
Espacement 1,20

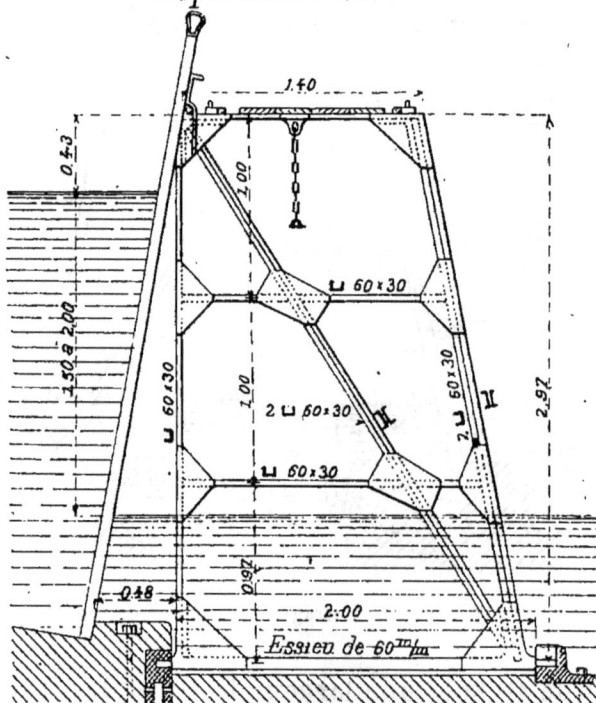

FIG. 55. — Déversoirs de la haute Seine.

fortement constitués par des goussets en tôle de 6 millimètres. Le poids est de 250 kilogrammes.

Les fermettes du barrage de Martot, sur la basse Seine,
établies de 1863 à 1866, ont beaucoup d'analogie avec les précédentes. Leur hauteur est de 3m,32, pour une retenue qui peut
atteindre 3 mètres ; leur largeur est de 2m,48. Leur poids est de
212 kilogrammes. Le cadre est formé d'un fer à T, le bracon
et les entretoises de fers en croix, et le tout est assemblé par
des goussets.

Les fermettes de la Meuse belge (*fig.* 56), qui datent de 1855, ont 4 mètres de hauteur et $2^m,54$ à la base, pour une chute de $2^m,50$. Leur poids est de 312 kilogrammes, y compris les appareils d'échappement placés à la partie supérieure.

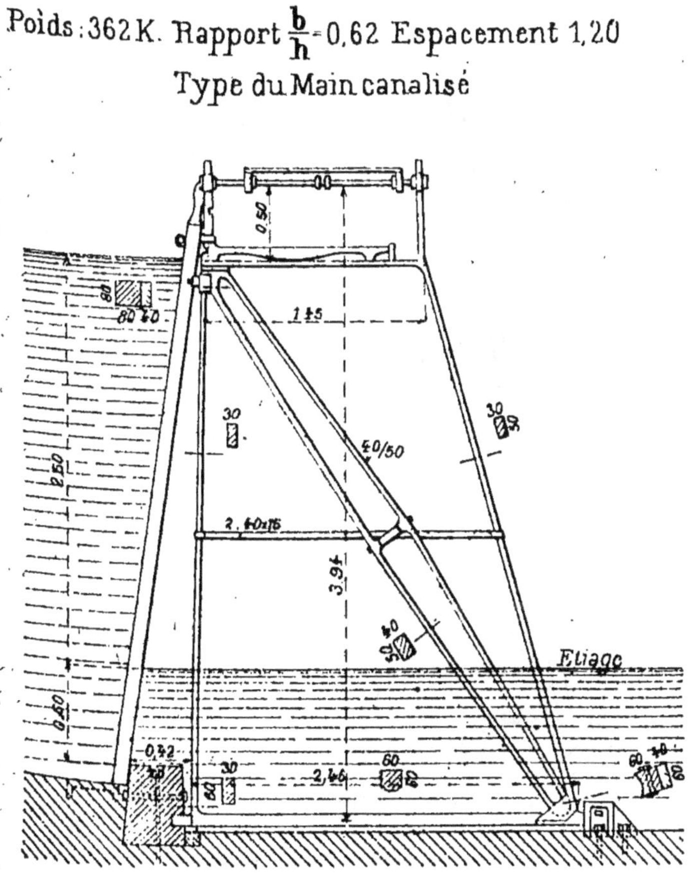
Poids: 362 K. Rapport $\frac{b}{h}$ = 0,62 Espacement 1,20
Type du Main canalisé
0,50
1,45
40/50
2,40x15
3,94
2,50
0,80
0,42
2,46
Etiage

FIG. 56. — Passes navigables de la Meuse belge.

Le cadre est formé d'un fer méplat de 50 millimètres sur 30. Le bracon, qui est la pièce la plus résistante, est double, entretoisé et constitué par des fers de $\frac{40}{50}$. La fermette n'a ainsi qu'une très faible épaisseur, et présente cependant une grande résistance.

Les fermettes du barrage de Marolles (*fig.* 57), établies en 1895, sont constituées, en dehors du cadre, par un bracon et deux entretoises. Les montants renforcés à leur partie inférieure sont formés par des fers en $\bigsqcup \dfrac{66 \times 35}{8}$, le braçon

Poids : 325 K . Rapport $\dfrac{b}{h} = 0,61$

Espacement : 1,10

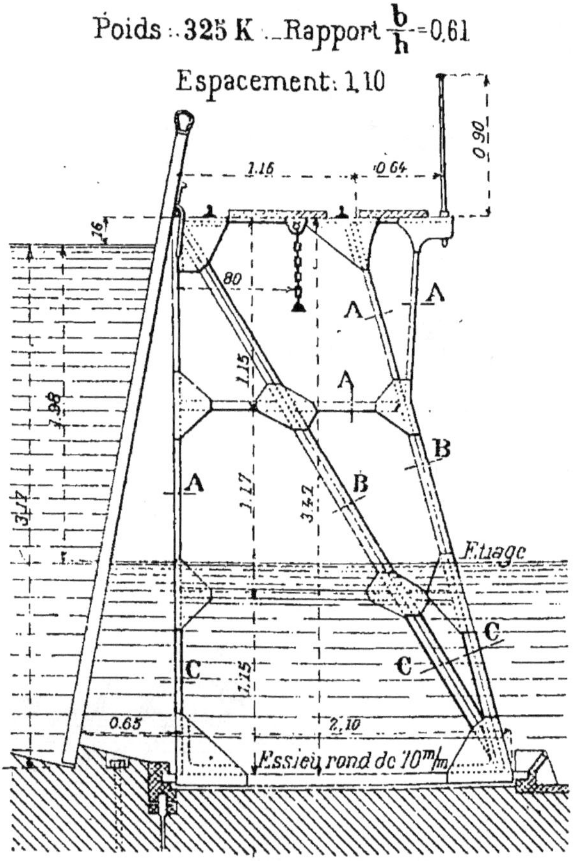

Fig. 57. — Barrage de Marolles.

par des fers à $\bigsqcup$, adossés l'un à l'autre de $\dfrac{66 \times 32,5}{8}$. La hauteur est de 3^m,47 pour une chute de 2 mètres environ; la largeur est 2^m,10, le poids est de 325 kilogrammes.

Les caractéristiques des fermettes que l'on vient de passer en revue sont résumées dans le tableau ci-après :

DÉSIGNATION DES FERMETTES	HAUTEUR TOTALE	LONGUEUR à LA BASE	RAPPORT de la base à la hauteur	POIDS
Fermette du barrage d'Epineau....................	2m,11	1m,50	0,71	137 kg.
Fermette des barrages de la Moselle...............	2m,40	1m,60	0,67	136 kg.
Fermette du barrage d'Ablon.................	2m,97	2m,05	0,69	248 kg.
Fermette du barrage de Martot	3m,32	2m,48	0,75	212 kg.
Fermette des barrages de la Meuse belge	3m,94	2m,55	0,65	362 kg.
Fermette du barrage de Marolles...............	3m,47	2m,10	0,61	325 kg.

Les fermettes destinées à soutenir des aiguilles reçoivent la poussée de l'eau à l'angle supérieur du montant amont. Cette poussée donne lieu : à un effort de traction, qui s'exerce sur le montant amont et tend à arracher le seuil, et à un effort de compression, qui se transmet au bracon, pièce inclinée joignant l'angle supérieur du montant amont, à l'angle inférieur du montant aval, et par son intermédiaire au radier qu'il tend à briser.

Une fermette de ce genre doit donc comprendre nécessairement, en dehors du cadre, un bracon, et si la hauteur est grande, des entretoises pour relier entre eux les deux montants. Les types de la haute et de la petite Seine paraissent très satisfaisants.

Le rapport de la base à la hauteur varie entre des limites très restreintes (0,75 à Martot et 0,61 à Marolles). On prendra donc, pour l'étude d'ouvrages semblables, le rapport 0,70, qui est pour ainsi dire consacré par l'expérience.

46. Types de fermettes pour barrages avec vannes ou rideaux. — Ces fermettes travaillent dans d'autres conditions que celles précédemment étudiées ; elles supportent, en effet, des pressions distribuées tout le long du montant

amont. Elles résistent, comme de véritables consoles, recevant une charge normalement à leur membrure supérieure.
La forme rationnelle à leur donner est donc celle d'une

Poids: 965 K. Rapport $\frac{b}{h} = 0.55$. Espacement . 1.10

A Corn. $\frac{60 \times 60}{7}$

B. 4 Corn. $\frac{60 \times 60}{7}$ Ame 300×6

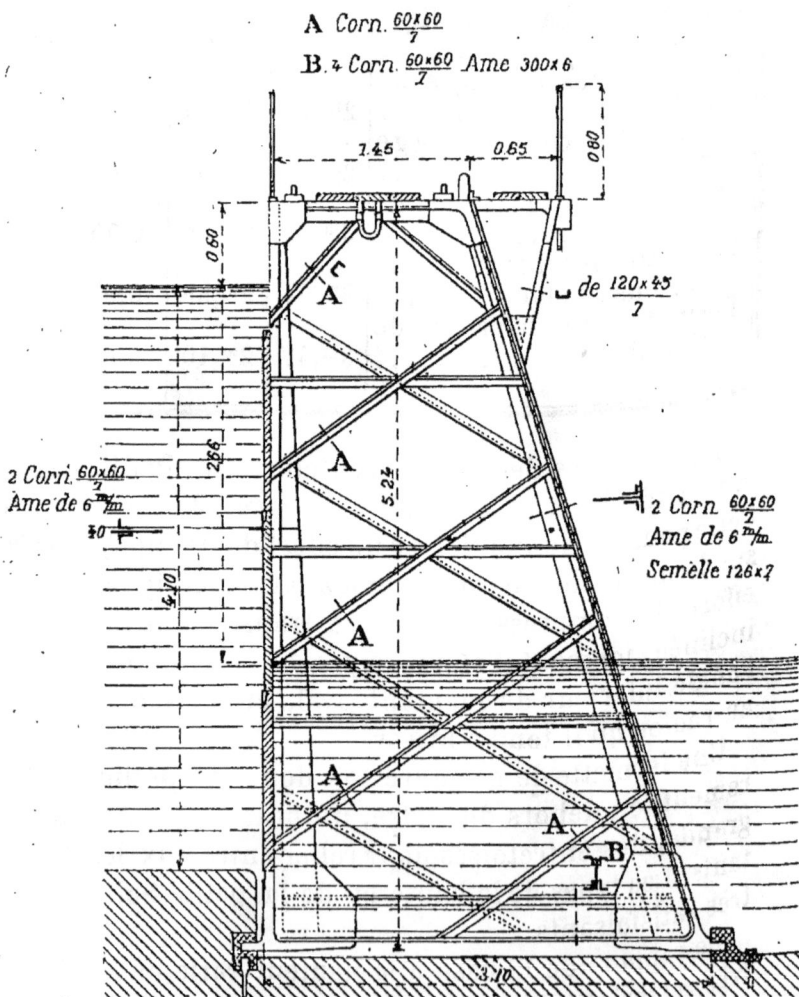

FIG. 58. — Haute Seine. Pertuis du Port-à-l'Anglais.

poutre en porte-à-faux, constituée par un treillis, entretoises horizontales et diagonales simples ou doubles.

On la retrouvera appliquée à toutes les fermettes de ce
type communément en usage.

Les fermettes du pertuis de Port-à-l'Anglais (*fig.* 58), construites en 1883 et modifiées en 1896, présentent les particularités suivantes : le montant amont, qui est vertical,

Poids: 1273 K. Rapport $\frac{b}{h}$ = 0.66 Espacement 1.25

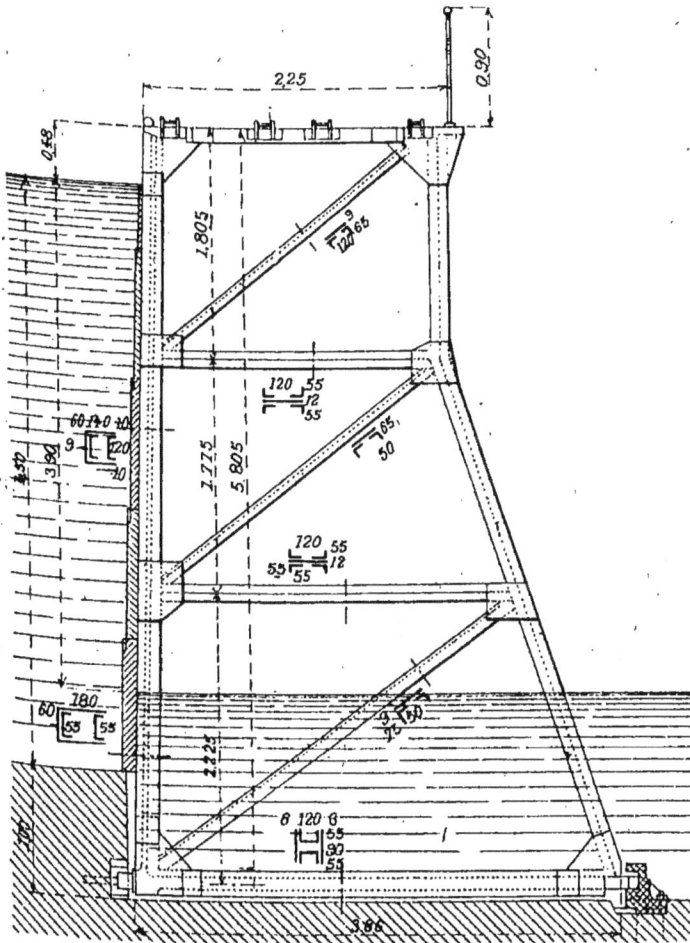

Fig. 59. — Moldau. Passe navigable de Libsichtz (1901).

supporte des vannes Boulé; le treillis est composé de trois entretoises horizontales reliées par un double système de croisillons. La hauteur est de 5m,24 pour une chute, qui peut atteindre 2m,66, avec une largeur à la base de 3m,10. Toutes les pièces qui composent la fermette sont constituées par des cornières de $\dfrac{60 \times 60}{7}$ et des tôles de 6 millimètres, les unes et les autres en acier.

La traverse inférieure a la forme d'un ⊥, la traverse supé-

Poids: 287.K. Rapport $\dfrac{b}{h}$=0.64. Espacement 1.10

A 2 *Corn.* $\frac{40 \times 40}{6}$ *Ame de* 6 $\frac{m}{m}$

B 4 *Corn.* $\frac{40 \times 50}{6}$ *Ame* 80×6 . 2 *fourr.* 70×6

C 4 *Corn.* $\frac{40 \times 40}{6}$ *Ame* 80×6

D 4 *Corn.* $\frac{60 \times 40}{6}$ *Ame* 80×6 . 2 *fourr. de* 6 $\frac{m}{m}$

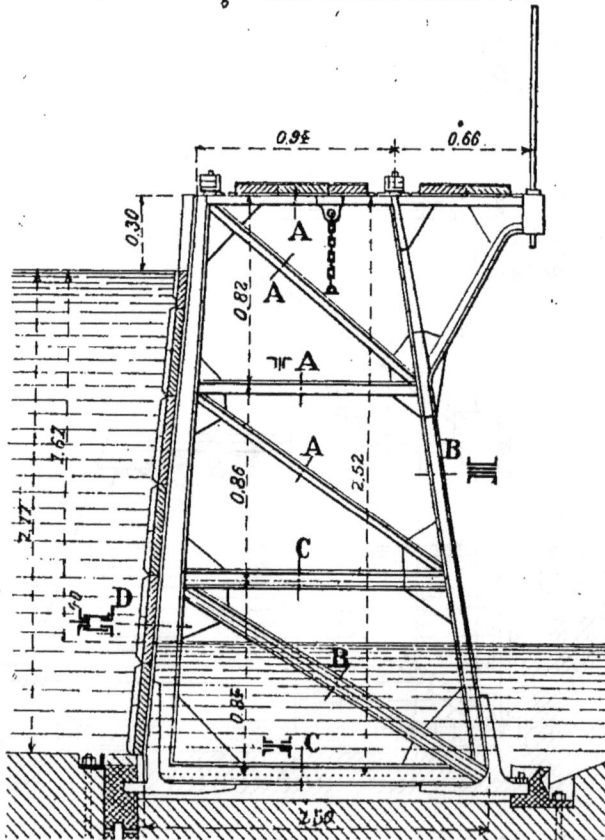

Fig. 60. — Petite Seine. Barrage de la Grande-Bosse (1901).

rieure et les deux montants celle d'un **T**. Les angles sont consolidés par des goussets en tôle ; de plus, les angles inférieurs sont embrassés par de fortes équerres en fer forgé qui font corps avec les tourillons.

Les fermettes du barrage de Port-Villez sur la basse Seine, établi en 1880, supportent des rideaux articulés. La hauteur est de 5m,42 pour une chute de 2m,33 et la largeur de 4m,60. Les deux montants sont inclinés et sont reliés par trois

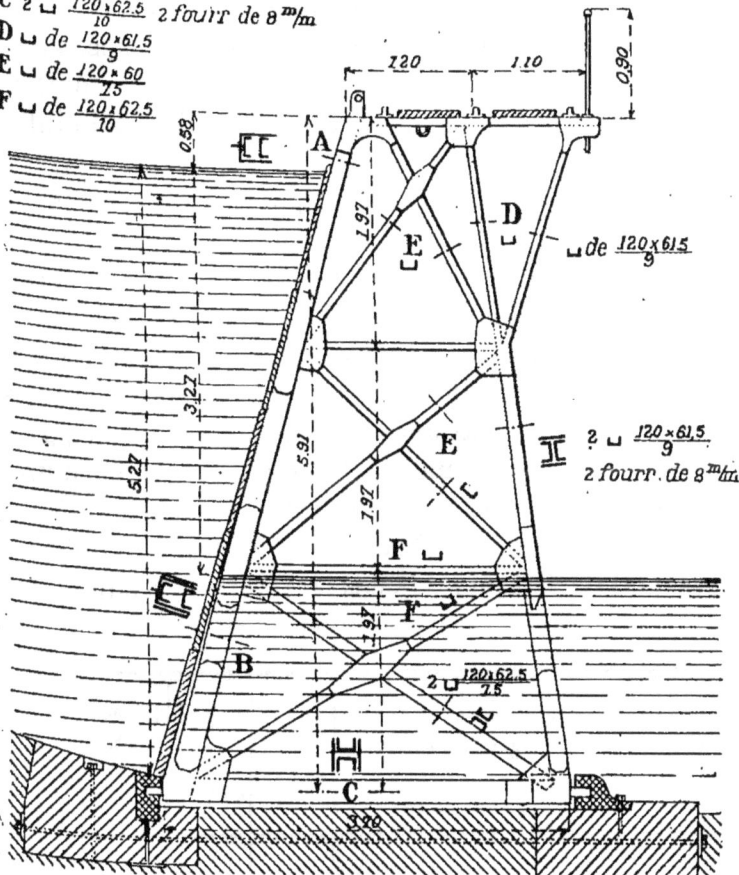

FIG. 61. — Basse Seine. Passe navigable de Suresnes (1885).

entretoises, entre lesquelles courent des croisillons. La traverse inférieure est constituée par un cylindre massif en fer forgé de 0m,125 de diamètre; toutes les autres pièces sont contituées par des fers composés de fort échantillon. Le poids s'élève à 1.975 kilogrammes.

Une disposition semblable a été prise pour les fermettes de
la passe navigable de Libsichtz, établie en 1901, sur la Moldau
(*fig.* 59). La hauteur est de 5m,805 pour une chute de 3m,30
et une largeur de 3m,86. Le poids est de 1.273 kilogrammes.
Toutes les pièces sont constituées par des fers composés : en
forme de I pour les entretoises, et la traverse inférieure ; en
forme de LI pour les montants et les croisillons.

Dans le même type on trouve encore les fermettes du barrage de la Grande-Bosse établi en 1901 sur la petite Seine ;
la hauteur est de 2m,52 pour une chute de 1m,67 et une
largeur de 1m,50. Le poids est de 287 kilogrammes. Les pièces
sont des fers composés : en forme de T pour la partie supérieure de l'ouvrage ; en forme de I dans la partie inférieure
(*fig.* 60).

Les fermettes de la passe navigable de Suresnes (*fig.* 61),
construites en 1885, ont 5m,91 de hauteur, 3m,71 de largeur
pour une chute de 3m,27. Le poids est de 1.803 kilogrammes.
Le type se rapproche de celui de Port-à-l'Anglais, avec cette
différence, qu'il existe deux entretoises intermédiaires,
réunies par des croisillons en forme de croix de Saint-André.
Les pièces sont constituées au moyen de fers en LI simples
ou réunis par des semelles en tôle à peu près d'un même
échantillon 120 × 61,5, et ne différant que par l'épaisseur.
De larges goussets en tôle consolident les assemblages.

Les caractéristiques de ces fermettes résumées dans le
tableau ci-dessous sont les suivantes :

DÉSIGNATION DES FERMETTES	HAUTEUR TOTALE	LARGEUR à LA BASE	RAPPORT de la base à la hauteur	POIDS
Fermettes du barrage de Port-à-l'Anglais.........	5m,24	3m,10	0m,59	965 kg.
Fermettes du barrage de Port-Villez............	5m,42	4m,60	0m,85	1.975 kg.
Fermettes de Libsichtz......	5m,81	3m,90	0m,66	1.273 kg.
Fermettes de la Grande-Bosse..................	2m,52	1m,50	0m,04	287 kg.
Fermettes du barrage de Suresnes..............	5m,91	3m,71	0m,65	1.803 kg.

On voit que le rapport de la base à la hauteur est d'environ 0,65, sauf pour les fermettes de Port-Villez, où il atteint 0,85. A Port-à-l'Anglais, il est plus faible et descend à 0,59. On pourra adopter dans la pratique 0,70, comme on l'a vu précédemment.

47. Établissement des fermettes. — Les premières fermettes construites sur la Seine et sur la Meuse belge ont été établies au moyen de fers carrés ou méplats généralement assemblés par soudure. Plus tard, elles ont été constituées par des fers spéciaux assemblés au moyen de goussets ou d'équerres, auxquels ils sont rivés.

M. l'inspecteur général Guillemain reconnaît le bénéfice que l'on tire de l'emploi des fers spéciaux, permettant de mieux reporter la matière sur les points de grande fatigue. Mais il pense que ces avantages sont surtout à rechercher pour les pièces de dimensions un peu fortes, où l'affaiblissement, qui résulte de l'assemblage, ne se fait pas trop sentir. Si, au contraire, on utilise les fers spéciaux de très petite dimension, où les nervures doivent être percées de nombreux trous de rivets, on a à craindre que le fer qui sépare la rive du rivet n'ait plus la force suffisante, et que l'assemblage cède plus promptement que la pièce. Il conclut donc que les types simples et d'une fabrication courante, comme celui que présente la fermette de la Meuse belge, sont préférables. M. l'inspecteur général de Mas ne partage pas absolument cette manière de voir et pense qu'on ne doit pas employer d'autres fers que des fers spéciaux, en excluant cependant les fers de forme trop compliquée, comme les fers en ✚ par exemple.

Il est bien certain qu'on doit éviter les fers spéciaux de trop faible échantillon, à cause de l'affaiblissement qui résulte du rivage et du danger de l'oxydation ; mais on ne doit pas non plus condamner les fermettes du type de la Meuse belge, qui est incontestablement des plus simples. C'est ainsi que sur l'Ems canalisé, le cadre des fermettes a été façonné tout d'une pièce en acier coulé ; le bracon et une entretoise intermédiaire sont rivés sur ce cadre.

Dans tous les cas, on doit chercher à réaliser une fermette robuste, sans se préoccuper outre mesure de son poids. L'expérience prouve que le poids de cet ouvrage n'augmente pas, dans certaines limites, les difficultés de la manœuvre, tandis que les accidents, qui peuvent survenir, sont au contraire, une cause fréquente d'embarras. Les organes doivent donc être solides, sûrs, pour qu'on ait à y toucher le moins souvent possible. Le prix d'établissement peut être compensé par une plus grande durée et une réduction dans les prix unitaires. M. l'inspecteur général Guillemain conclut donc que la solidité doit être recherchée avant tout. Mieux vaut constituer les fermettes d'éléments plus robustes, dût-on diminuer le nombre de ces organes et assigner à chacun d'eux une charge plus forte. La substitution générale de l'acier au fer, l'emploi d'un métal spécial pouvant travailler jusqu'à 10 ou 12 kilogrammes par millimètre carré, au lieu des 6 kilogrammes admis jusqu'à présent, permettent de résoudre la question de la manière la plus satisfaisante.

48. Essieu, tourillons et crapaudines. — Quel que soit le type de fermette adopté pour les barrages à aiguilles, la rotation s'effectuera au moyen d'un essieu constitué par une barre en fer ou en acier forgé, tournée à ses deux extrémités pour former tourillons. On lui donne généralement la forme ronde pour lui permettre de tourner plus facilement dans les dépôts, qui peuvent se former, en aval du seuil, dans l'encuvement destiné à loger les fermettes couchées.

Tourillon amont   Tourillon aval

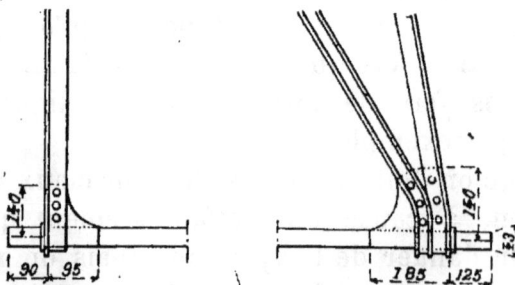

FIG. 62. — Fermettes à coquilles de la Moselle.

Les tourillons longs de 0m,08 à 0m,15 ont généralement un diamètre assez faible : 45 millimètres sur la Moselle, 60 à Port-à-l'Anglais, 65 sur la Meuse belge, 95 à Port-Villez. Il sera bon d'augmenter leur diamètre, et par suite celui des crapaudines, de façon à pouvoir remplacer les fermettes par d'autres, plus hautes et plus fortes, si la nécessité s'en fait sentir, sans toucher aux parties fixes du barrage.

Aux barrages de la Moselle, les montants d'amont, d'aval et le bracon se replient sur eux-mêmes autour de l'axe. L'assemblage est complété par des goussets forgés avec l'essieu (fig. 62).

Sur la haute Seine, la liaison est faite à l'aide d'équerres forgées avec l'arbre et complétée par des goussets (fig. 63).

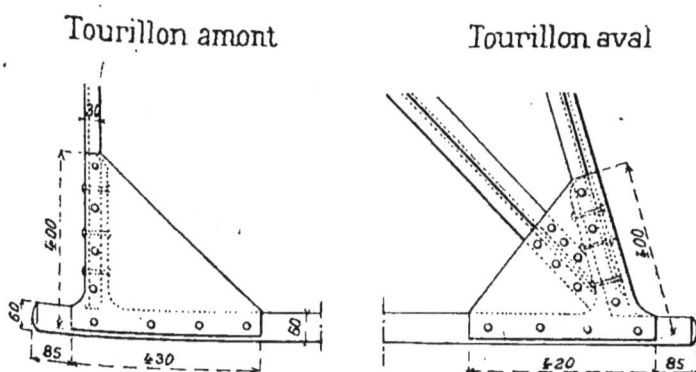

Tourillon amont   Tourillon aval

Fig. 63. — Fermettes de la haute Seine.

Sur la Meuse belge, l'essieu, dont la section a la forme d'un demi-cercle surmonté d'un rectangle, est soudé sur les montants amont et aval.

La section pleine et ronde serait insuffisante pour l'essieu des fermettes des barrages à vannes, à moins de lui donner de très fortes dimensions ; aussi est-il constitué par une section profilée, généralement reliée aux montants au moyen d'équerres forgées qui portent les tourillons [barrage de Suresnes (fig. 64) et de la Grande-Bosse (fig. 65)].

La crapaudine d'amont est une simple pièce de fonte ou d'acier moulé, encastrée dans le seuil et portant un trou circulaire où le tourillon d'amont s'engage avec un jeu de 0^m,01 environ (fig. 66).

La crapaudine d'aval est évidée à sa partie supérieure, de façon à laisser le tourillon pénétrer librement dans son logement ; on peut ainsi enlever la fermette en cas de besoin.

Montant d'aval

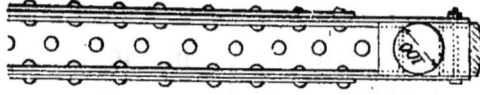

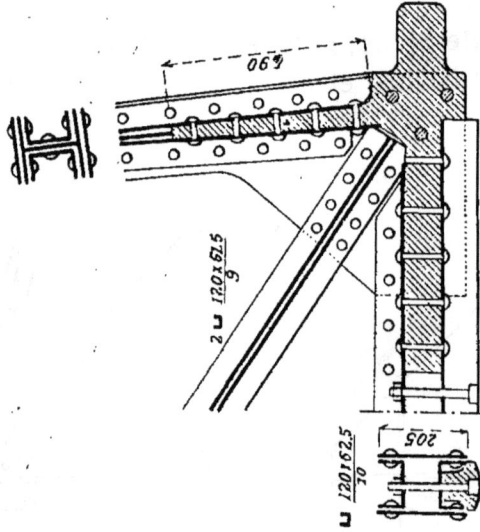

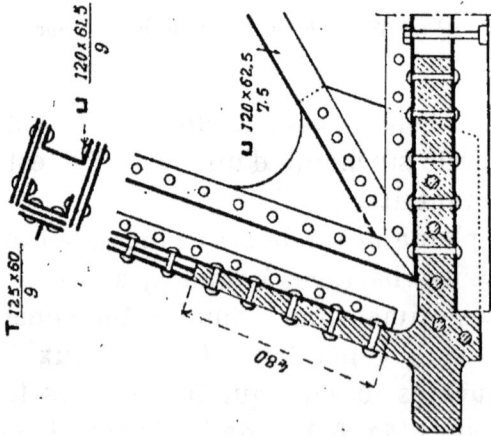

Montant d'amont

Fig. 64. — Fermettes à vannes de la passe navigable de Suresnes.

Diverses dispositions ont été adoptées pour fixer le tourillon au fond de la cavité qui le reçoit (*fig.* 66 et 67).

Aux barrages de la Moselle, de la Meuse, de la petite Seine,
la partie inférieure du logement est disposée pour servir de

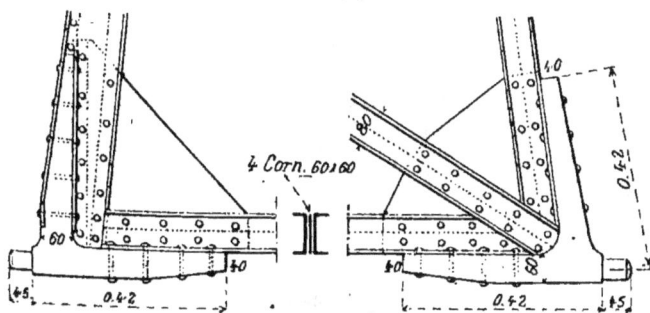

Fig. 65. — Fermette de la Grande-Bosse.

guide, et, empêcher tout mouvement du tourillon pendant
la manœuvre d'abatage ou de relevage.

Sur la haute Seine (*fig.* 67), la crapaudine est évidée en queue
d'aronde à sa partie supérieure, et le tourillon est maintenu
dans son logement à l'aide de deux coins, en cœur de chêne,

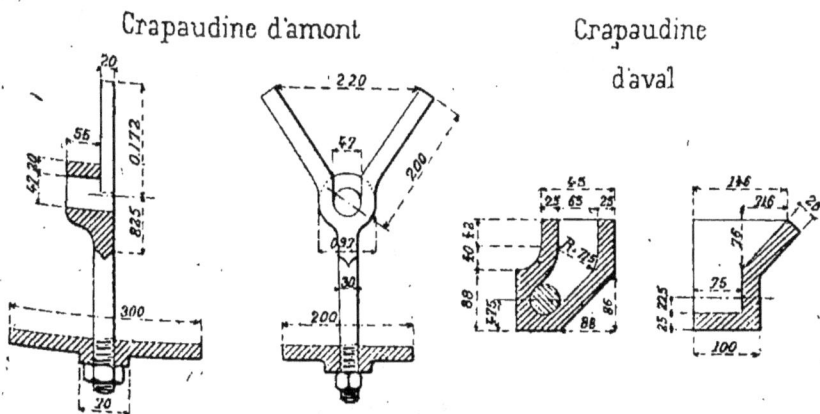

Crapaudine d'amont

Crapaudine d'aval

Fig. 66. — Type de la Moselle.

placés dans l'évidement, ce qui facilite leur enlèvement. Sur
la Meuse belge, la clavette est employée à la place du coin
(*fig.* 68).

Dans tous les cas, clavettes et coins doivent être enlevés
par le scaphandrier pour le remplacement d'une fermette ;
c'est là un inconvénient, surtout pendant les grands froids.

On y a paré sur la Meuse belge (*fig.* 68) en adoptant une clavette de forme spéciale qui peut être enlevée au moyen d'une fourche du haut d'une passerelle.

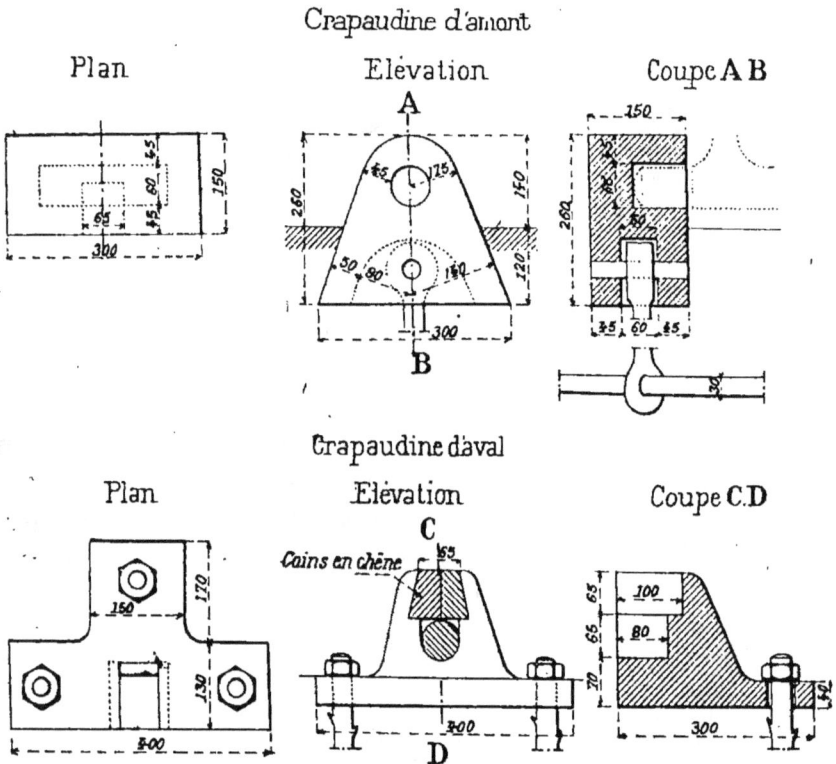

Crapaudine d'amont

Plan   Elévation   Coupe A B

Crapaudine d'aval

Plan   Elévation   Coupe C.D

Fig. 67. — Type de la haute Seine.

C'est là une disposition compliquée, et qui fait encore préférer le type de la Moselle.

49. Barres de réunion, barres d'appui, voies de service. — L'espacement des fermettes est en général de 1 mètre ou de 1^m,10 ; il est exceptionnellement de 1^m,25 à Suresnes et de 1^m,28 à Port-Villez.

On pourrait probablement, en utilisant un métal plus résistant, augmenter cet espacement, ce qui aurait pour avantage de diminuer le nombre des organes noyés, la hauteur des fermettes superposées, lorsqu'elles sont abattues, et par suite la profondeur de l'encuvement qui les reçoit.

Crapaudine d'aval

Elévation

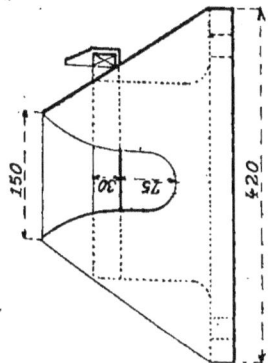

Plan

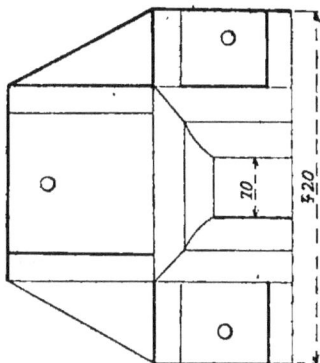

Vue latérale

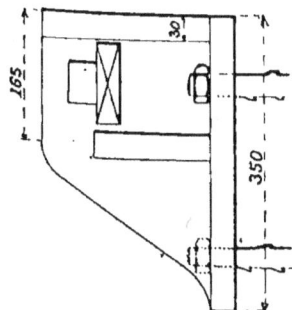

Clavette

Crapaudine d'amont

Coupe A.B

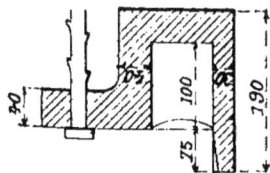

Elévation

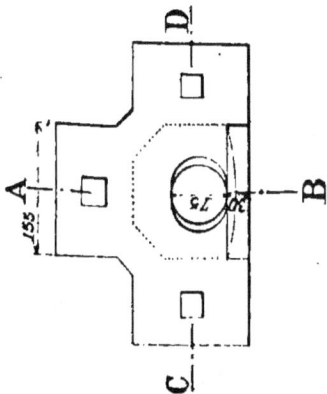

Coupe C.D

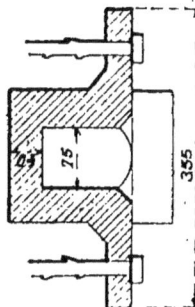

Fig. 68. — Type de la Meuse-belge.

Il y a cependant une limite à l'écartement des fermettes; elle est fixée par le poids des barres qui solidarisent les fermettes et qui doivent, dans tous les cas, rester maniables.

Les barres placées à l'amont et à l'aval, destinées à maintenir l'écartement des fermettes, sont constituées le plus souvent par des fers méplats (*fig.* 69) présentant à cha-

Plan d'une tête de fermette et des barres de réunion

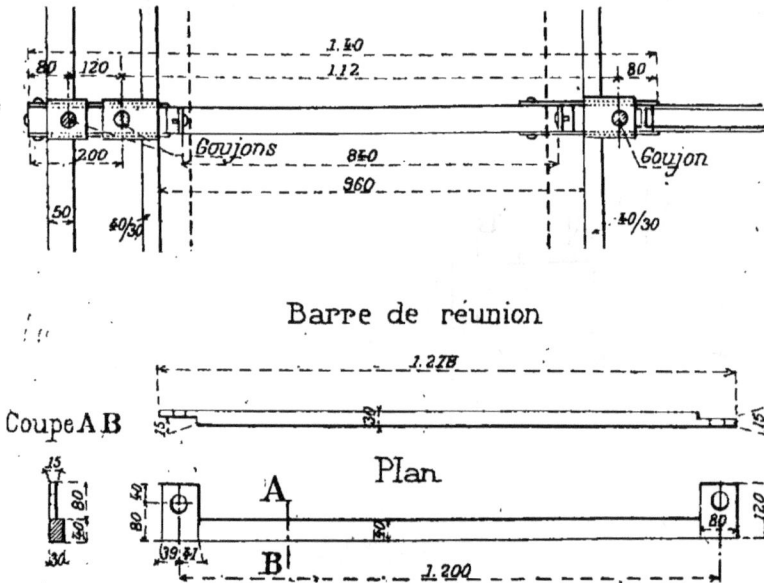

Barre de réunion

Coupe A B

Plan

FIG. 69. — Déversoirs de la haute Seine.

cune de leurs extrémités un aplatissement où vient s'engager un goujon fixé à la traverse supérieure de la fermette. Les extrémités de deux barres consécutives s'assemblent sur le même goujon et se superposent à mi-fer.

La barre de réunion devient une barre d'appui, lorsque la bouchure est constituée par des aiguilles. Ses dimensions sont faciles à calculer, puisqu'elle repose sur deux appuis et supporte, sur toute sa longueur, une charge uniformément répartie.

Il est prudent d'augmenter les dimensions ainsi calculées, en raison des vibrations transmises par les aiguilles. Celles-ci, sous l'action de la lame d'eau, qui s'échappe au moment de l'ouverture partielle du pertuis, sont soumises à de véritables trépidations, qui augmentent la flexion, et sont même capables de les déplacer. Dans le cas où l'on se sert d'aiguilles

Elévation d'amont

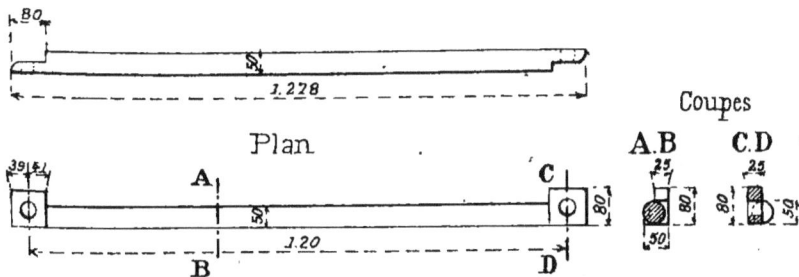

Plan

Coupes

FIG. 70. — Barre d'appui des aiguilles.

à crochet, la barre d'appui, devenant un organe de manœuvre,

Elévation

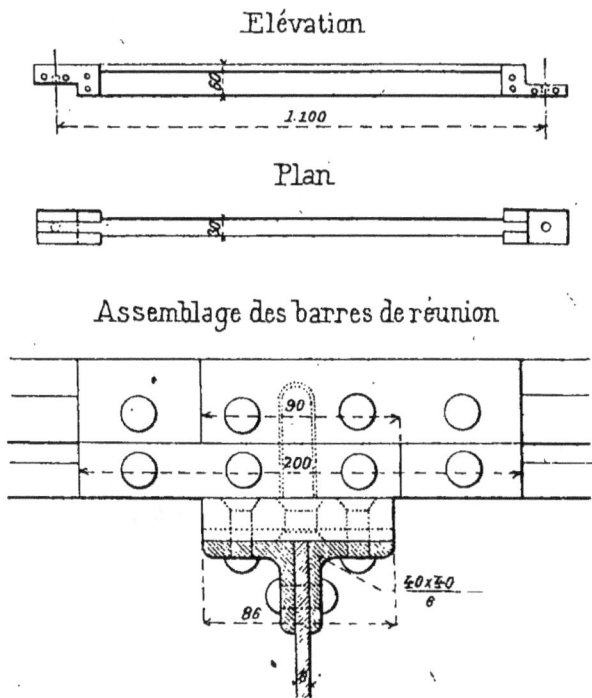

Plan

Assemblage des barres de réunion

FIG. 71. — Voie de service du Moulin-Rouge.

doit être encore plus forte, et sa section doit être circulaire (fig. 70).

Entre les barres d'attache règne une voie de fer, sur laquelle circulent des grues roulantes, des treuils spéciaux, etc., qui sont nécessaires, eu égard aux dimensions des fermettes et des organes de bouchure. A Port-Villez, où le développement du barrage et la manœuvre des stores exigent l'emploi des treuils lourds, on a placé deux voies de fer avec plaques tournantes, pour assurer le service en temps voulu. A Suresnes, il y a deux voies formées de trois rails, écartés de $0^m,84$ d'axe en axe. On se sert de la voie de $0^m,84$ pour les engins mobiles de faible poids, et de celle de $1^m,68$ pour les engins lourds.

Au barrage du Moulin-Rouge sur le Loing la voie de service est constituée par les barres de réunion, auxquelles on donne une section transversale appropriée (*fig.* 71).

50. **Passerelle de manœuvre.** — Une passerelle de manœuvre surmonte les fermettes. Tantôt comme sur la Moselle, la haute Seine (*fig.* 55) et la Meuse belge (*fig.* 56), elle a la largeur même de ces ouvrages. Tantôt, comme sur la petite Seine à Marolles (*fig.* 57), à la Grande-Bosse (*fig.* 60), sur la haute et basse Seine (*fig.* 58-61), elle déborde sur les fermettes, et se trouve établie en porte-à-faux sur le montant aval. A Libsichtz sur la Moldau (*fig.* 59), on a évité ce porte-à-faux, en prolongeant verticalement le montant aval.

La hauteur de la passerelle au-dessus de la retenue varie en général entre $0^m,25$ et $0^m,50$. Il y a cependant des exceptions à cette règle, notamment au barrage de la Mulatière, où la passerelle est à 2 mètres au-dessus de la retenue, pour éviter que l'ouvrage placé au confluent du Rhône et de la Saône ne soit submergé au moment d'une crue subite du fleuve. Cette disposition permet donc d'abattre les fermettes en tout état des eaux de la Saône.

Il vaut mieux, d'ailleurs, surélever la passerelle, en raison de la sécurité qu'apporte le supplément de hauteur. L'augmentation de dépenses n'est pas élevée et ne doit pas entrer en ligne de compte. Il n'y a à considérer que la difficulté de manœuvre, quand la bouchure est constituée par des aiguilles.

La passerelle peut être en bois ou en métal. En bois, elle se compose de simples planches posées sur les traverses supérieures des fermettes. La jonction se fait à mi-bois sur la

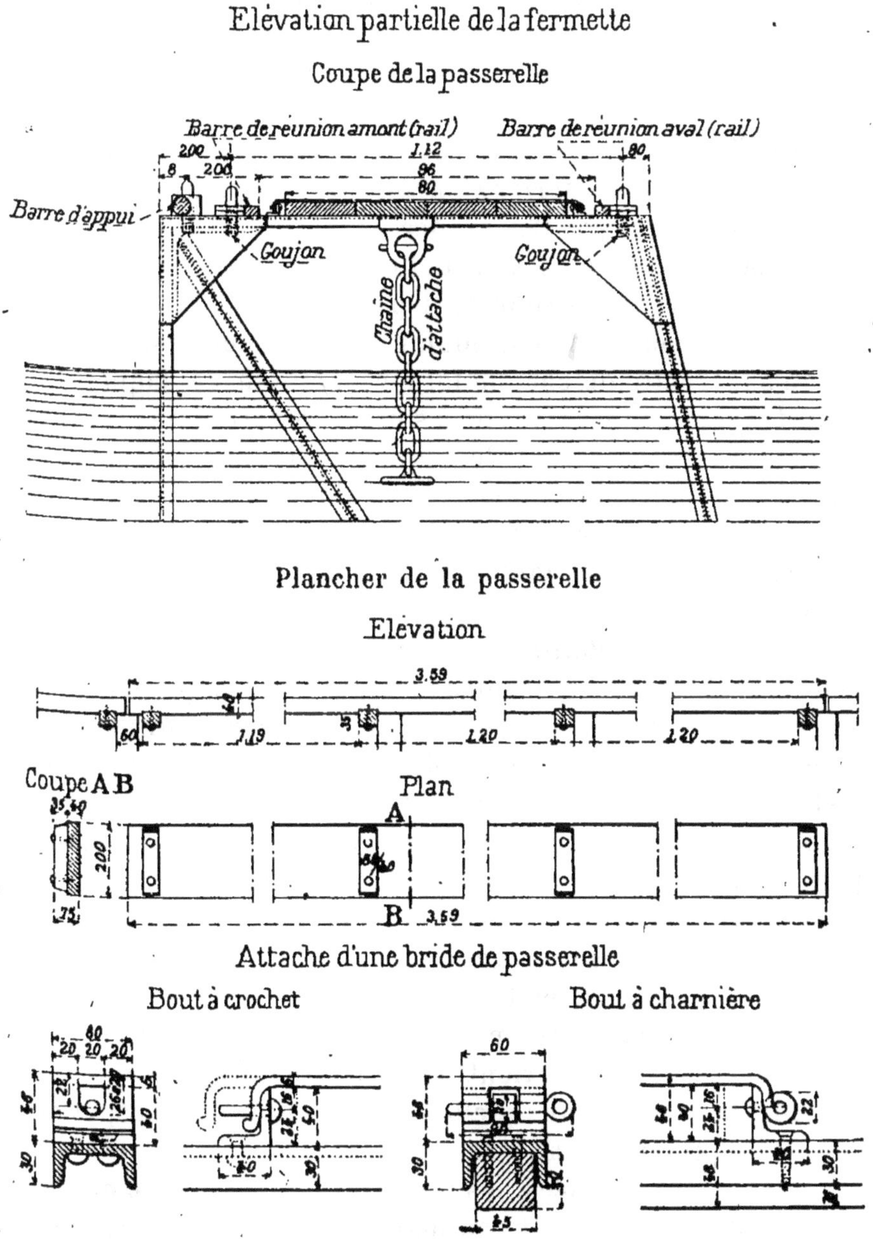

Elévation partielle de la fermette

Coupe de la passerelle

Plancher de la passerelle

Elévation

Coupe A B

Plan

Attache d'une bride de passerelle

Bout à crochet   Bout à charnière

FIG. 72. — Déversoirs de la haute Seine. Passerelle et voies ferrées.

fermette. Le plancher de la passerelle des déversoirs de la haute Seine (*fig.* 72) comprend de simples planches, arrêtées contre la traverse supérieure de chaque fermette par un tasseau. Dans le sens transversal ces planches sont bridées, suivant les dispositions de la figure 72. La bride porte à une de ses extrémités une ouverture, dans laquelle s'engage une goupille fixe ; une goupille mobile la fixe au plancher, à son autre extrémité.

Dans l'un et l'autre cas, l'exhaussement de la passerelle ne présente pas de sérieux inconvénients, puisque la bouchure est assurée par des vannes.

Sur la Meuse belge, les fermettes relevées sont maintenues verticales et rendues solidaires par l'élément de passerelle en tôle, dont chacune est munie. Cet élément est fixé à la barre supérieure de chaque fermette, autour de laquelle il peut tourner ; il est terminé à son autre extrémité par deux griffes évasées en forme de pied de biche, qui saisissent la barre supérieure de la fermette voisine. Deux clavettes placées sous cette barre, dans les pieds de biche, empêchent tout soulèvement du tablier et rendent les deux fermettes solidaires.

Les tabliers métalliques remplacent donc les barres de réunion, et c'est là un avantage. Par contre, ils peuvent être une cause de complications dans les manœuvres, car ils constituent un supplément de poids placé à la partie supérieure de la fermette, c'est-à-dire dans une position fâcheuse, aussi bien pour l'abatage que pour le relevage. Mais le reproche le plus sérieux qu'on puisse faire aux tabliers métalliques : c'est d'être très glissants en temps de pluie ou de verglas. Les manœuvres des barrages devant se faire le plus souvent en mauvaise saison, et fréquemment la nuit, quelles que soient les intempéries, pluie, neige, sont très pénibles et très périlleuses. Il convient donc de réduire, autant que possible, les dangers auxquels le personnel est exposé, et de donner la préférence à la passerelle en bois.

Dans cet ordre d'idées, les types de fermettes récemment construits sont munis de garde-corps. On rend ainsi plus facile la circulation sur les passerelles, dont la plus grande largeur est utilisée pour la manœuvre des treuils ou chariots.

A Suresnes (*fig.* 73), le garde-corps est constitué par des

Coupe CD

Coupe transversale par l'axe d'une fermette

Coupe A B

Plan

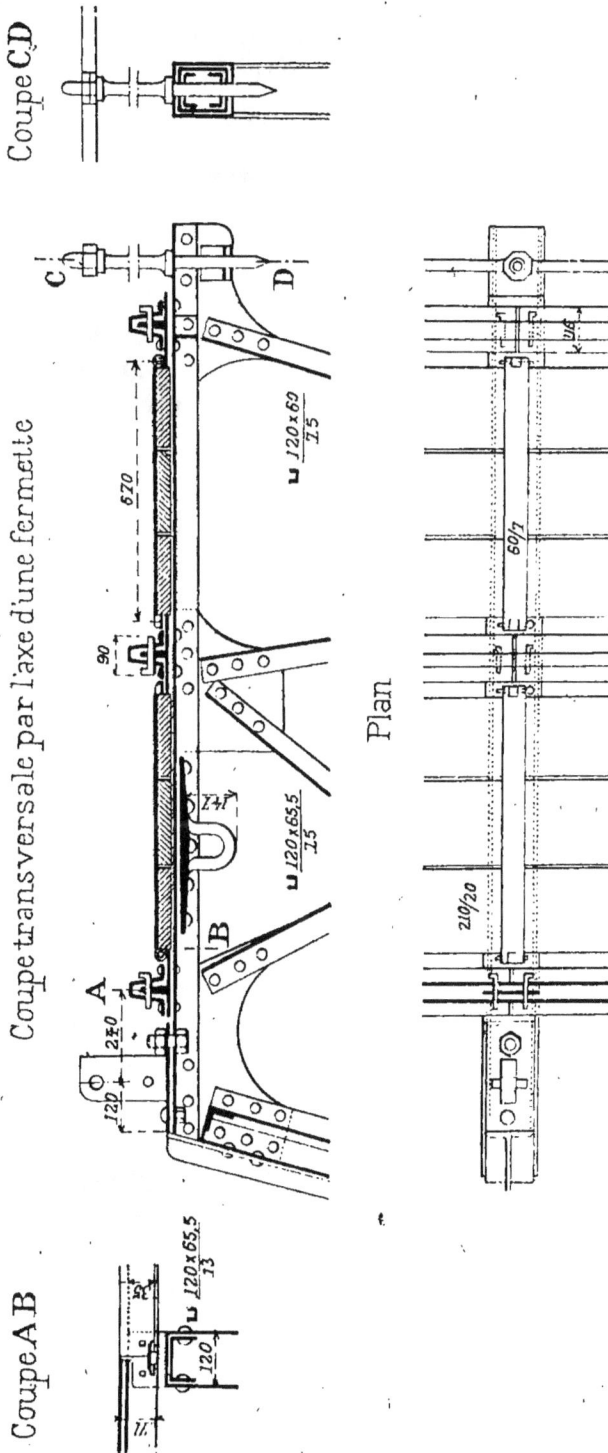

Fig. 73. — Garde-corps de Suresnes.

montants verticaux engagés dans une douille aménagée à la traverse supérieure, et par des barres horizontales assemblées sur les montants verticaux à la façon des barres de réunion.

51. Abatage et relevage des fermettes. — Chaînes d'attache.

— Dans les premiers barrages chaque fermette était reliée à sa voisine par une chaîne de longueur telle que, lorsque l'une était debout, l'autre pût être complètement couchée dans l'encuvement. Dès qu'une fermette était relevée et réunie à la précédente par la passerelle, on avait, grâce à la chaîne, le moyen de relever la suivante, et on pouvait ainsi reconstituer un barrage élément par élément.

L'expérience a montré que ce dispositif était loin d'être parfait. Les chaînes, par le mou qu'elles présentaient nécessairement, s'emmêlaient, s'accrochaient aux fermettes; il en résultait un relevage souvent difficile.

On a donc été conduit à supprimer les chaînes et à effectuer l'abatage et le relevage avec une simple gaffe. Cette nouvelle façon de procéder n'était pas, non plus, exempte d'inconvénients; pour l'abatage, il fallait soutenir la fermette jusqu'à ce qu'elle reposât complètement sur le radier, pour éviter un choc contre ce dernier, et des avaries possibles; pour le relevage, les eaux profondes et bouillonnantes empêchaient fréquemment de saisir la traverse supérieure. En outre, l'augmentation de hauteur et de poids des fermettes compliquait encore la manœuvre. On est donc revenu à l'ancien procédé avec chaînes, procédé qui a été perfectionné par M. Mégy, et qui a été appliqué pour la première fois au barrage de Suresnes en 1885.

Toutes les fermettes sont relevées par un dispositif spécial appelé mordache [1], et au moment des manœuvres seulement, par une même chaîne, qui passe sur les traverses supérieures. La longueur de la chaîne comprise entre deux fermettes est plus grande que l'écartement des axes de rotation, de telle sorte qu'à Suresnes, par exemple, six fermettes sont en mouvement à la fois, soit pour l'abatage, soit pour le relevage (fig. 74).

1. Voir *Annales des Ponts et Chaussées*, 1889, 2ᵉ semestre, p. 84 et suivantes.

Effort sur la tête d'une fermette $\dfrac{1800^{K} \times 2.18^{\pm}}{5.98} = 657,30$

Poids de la chaîne $\dfrac{16^{K} \times 2.50}{2} = 20,00$

Poids d'une mordache 25,30

Total ... $702^{K}.60$ soit 705^{K}.

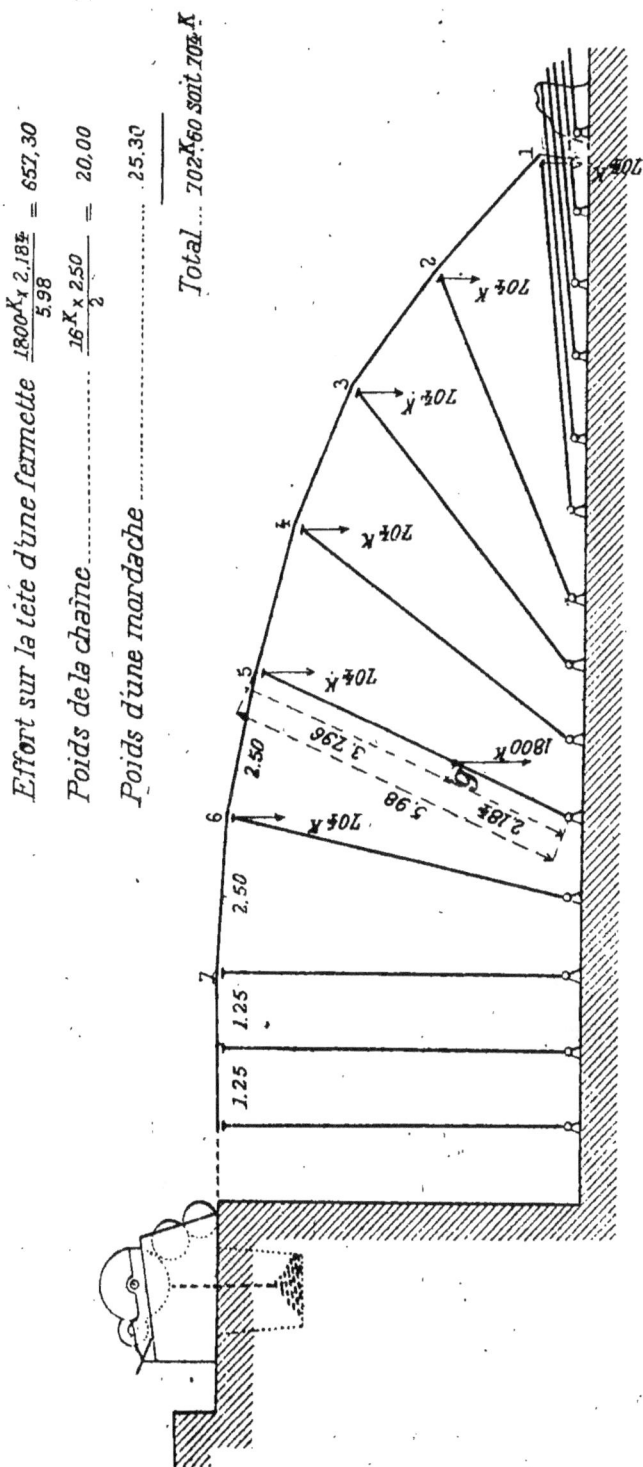

FIG. 74. — Passe navigable de Suresnes. Diagramme du relèvement des fermettes.

Dès qu'une fermette est en place, réunie à la précédente par les barres, et que le plancher est posé, il suffit de la détacher de la chaîne et de tirer une petite longueur de cette dernière pour amener la fermette suivante dans sa position définitive.

Ce dispositif a encore été simplifié, notamment sur la haute Seine, où l'on se sert d'un treuil pour la manœuvre. A la place de la mordache, chaque fermette porte un petit bout de chaîne terminée par un **T** qui peut être engagé dans un des anneaux circulaires placés à intervalles égaux, le long de la grande chaîne de manœuvre (*fig. 72*).

A Suresnes, l'ouverture de la passe navigable de 72^m,38 de débouché se fait en trois heures et la fermeture en cinq heures.

Sur la haute Seine, l'abatage ou le relevage des fermettes exige deux heures, avec cinq ou six hommes, pour une longueur de déversoir de 60 à 70 mètres.

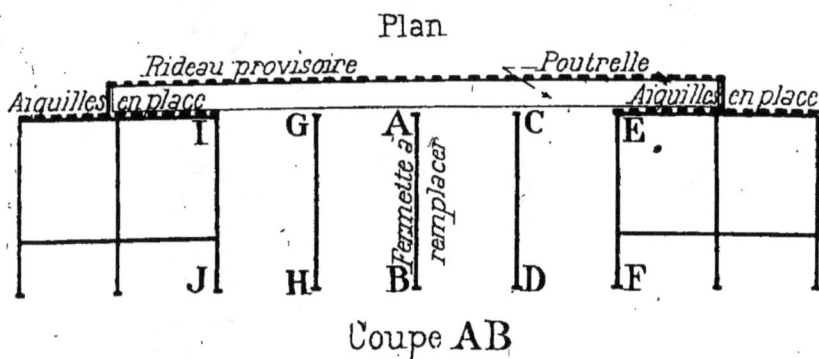

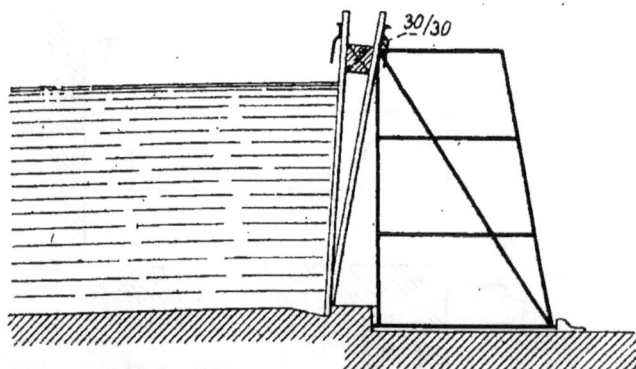

Fig. 75. — Remplacement d'une fermette dans un barrage en service.

52. Remplacement des fermettes. — En cas d'usure ou d'accident, le remplacement des fermettes hors d'usage doit pouvoir s'effectuer sans modifier la retenue.

Le procédé suivant (*fig.* 75) est employé sur la haute Seine : la fermette AB à remplacer et les fermettes voisines CD, GH doivent être suffisamment inclinées pour permettre l'enlèvement des coins engagés dans la crapaudine aval, et qui viendraient buter contre le montant aval. Préalablement on enlève les aiguilles entre cinq fermettes, et on place aux extrémités de la passe ainsi créée une poutrelle de 30/30 d'équarrissage, sur laquelle vient s'appliquer un rideau d'aiguilles. C'est à l'abri de ce rideau que le scaphandrier parvient à enlever les coins ; la fermette est alors enlevée au moyen d'une chèvre montée sur un bateau de manœuvre et remplacée.

Si la crapaudine aval ne comporte pas de coins, on peut se borner à rendre libre la fermette à remplacer, ce qui réduit sensiblement l'importance du rideau provisoire.

53. Logement de la fermette de rive du côté du rabattement.

— La hauteur des fermettes étant beaucoup plus grande que leur écartement, la fermette de rive, qui s'abat la première et se relève la dernière, n'a pas la place suffisante pour se coucher sur le radier.

Pour remédier à cette situation, on ménage une niche assez profonde dans la culée ou dans la pile. C'est ce qui a été fait au barrage de Martot sur la basse Seine (*fig.* 76), mais ce qui n'est pas sans présenter des inconvénients. La résistance de la culée ou de la pile est diminuée par le vide qu'on y pratique ; les dépôts de vase, de gravier et d'herbes qui s'y forment s'enlèvent difficilement ; aussi a-t-on recours à divers artifices pour réduire la profondeur de la niche.

La dernière fermette est placée assez loin de la culée pour permettre son abatage. Elle est reliée à la pile ou à la culée par une barre robuste, qu'on fait parfois tournante.

La niche est moins profonde et la barre moins longue.

La fermette peut enfin être articulée, ce qui permet le rabattement de la partie supérieure sur la partie inférieure. Cette solution n'est pas recommandable.

Quel que soit le dispositif adopté, le barrage doit être disposé de façon que les fermettes se relèvent en partant de la rive où est située la maison éclusière.

Culée

Coupe

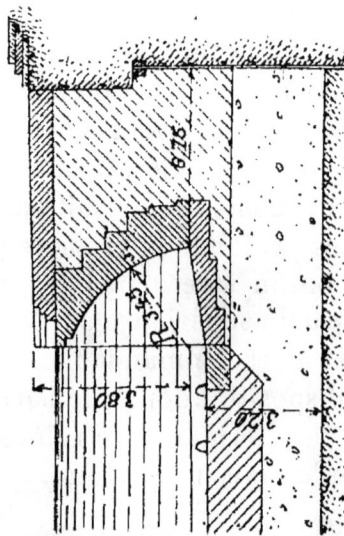

Pile

Elevation latérale

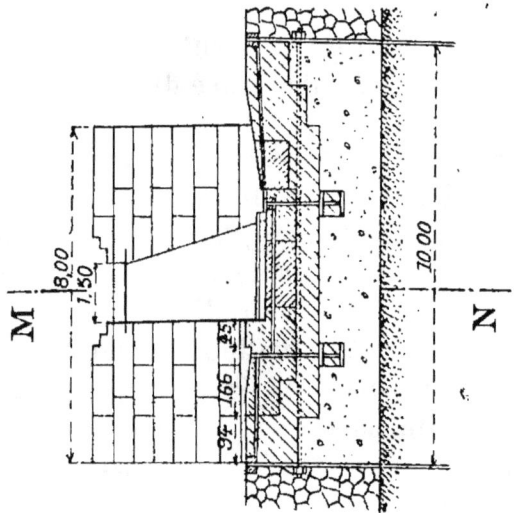

Pile

Coupe sur **MN**

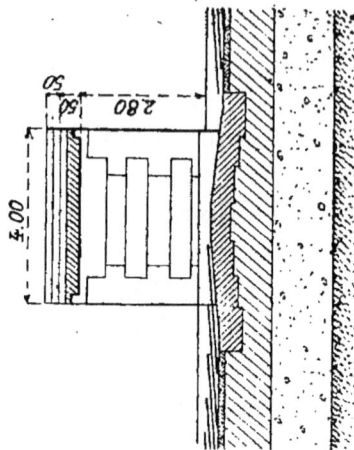

Fig. 76. — Barrage de Martot (3 travées, 2 piles). Logement de la dernière fermette.

Il existe nécessairement un certain jeu entre le montant amont de la dernière fermette et la paroi amont de la niche ; si cette paroi suit l'inclinaison de la fermette, le vide existant peut être bouché par la face latérale des aiguilles ou des vannes. Mais si cette paroi est verticale, et si le montant amont de la fermette est très incliné, on est obligé de disposer un écran métallique pour empêcher les pertes d'eau.

54. Parties fixes. — Radier. — Le radier des barrages mobiles à fermettes doit être établi avec les mêmes précautions que le radier d'un barrage fixe. — Comme celui-ci, il consiste en un massif plein, de béton ou de maçonnerie, établi sur un fond incompressible ; il doit être descendu, autant que possible, au-dessous des terrains affouillables, et surtout jusqu'au point où ils sont imperméables. Le béton, qui constitue le massif, peut être coulé à sec, ou sous l'eau, mais toujours dans une enceinte en charpente.

Le béton est recouvert par un pavage en moellons smillés avec pierres de taille, sur la partie où se trouvent les appuis des organes mobiles.

La maçonnerie est protégée contre les affouillements, à l'amont et surtout à l'aval, par un avant-radier et un arrière-radier constitués par des massifs d'enrochements, comme pour les barrages fixes.

Le radier doit avoir une épaisseur suffisante pour résister à la sous-pression due à la chute dans les conditions les plus défavorables, en ayant égard à la perte de poids des maçonneries noyées.

La largeur du radier à l'aval des fermettes doit être calculée pour résister à l'effort de glissement et répartir la pression sur une surface suffisante, lorsque le terrain est légèrement compressible. L'effort de glissement tend à pousser le barrage vers l'aval, à refouler le béton et à renverser le coffrage aval. Ce dernier doit donc être fiché très solidement dans le sol ; quant au pavage et au béton, ils résistent, le premier par son adhérence, le second par sa cohésion.

La résistance du coffrage d'aval sera complétée au moyen de tirants qui le relieront au coffrage d'amont.

On trouvera ci-après, à titre d'exemple, le type adopté pour le radier de la passe navigable de Suresnes, type qui a été reproduit fréquemment (*fig.* 77).

Le radier a une épaisseur normale de 4^m,42 dont 2 mètres de maçonnerie et 2^m,42 de béton. Cette épaisseur a été adoptée en raison de la nature du terrain, et de façon à descendre les fondations dans l'argile marneuse au-dessous d'une couche affouillable de sable et d'alluvions. Cette épaisseur normale est augmentée, à l'amont et à l'aval, par des parafouilles de 1^m,00 de hauteur, et en dessus par le seuil du barrage.

La largeur totale du radier a été fixée à 15^m,07 et elle a été basée sur les considérations suivantes :

On a calculé la largeur à l'aval des fermettes pour résister à la poussée de la retenue et pour répartir, sur l'argile plastique, une pression inférieure à 1^{kg},500 ; on a été conduit à donner au radier, à l'amont, un développement suffisant pour protéger, par un seuil, les fermettes couchées et pour permettre l'établissement des bâtardeaux nécessaires en cas de réparations.

Les pieux des bâtardeaux sont introduits dans des pots en fonte de 30/30 de section et de 0^m,35 de profondeur, encastrés dans le barrage suivant deux files à l'amont et deux files à l'aval des fermettes. Ces deux files sont distantes de 1^m,90 d'axe en axe.

Chaque pot est fermé par un tampon de terre glaise, afin qu'il ne se remplisse pas de vase, et qu'il puisse être facilement débouché par un plongeur. La disposition adoptée permet de construire des bâtardeaux dans le sens longitudinal et dans le sens transversal de façon à isoler la partie à réparer. La pose des moises de fond, reliant les pieux, est facilitée par des anneaux scellés sur le radier, entre les pots.

Les moises sont attachées au moyen de cordes, que l'on passe dans les anneaux, et les moises s'enfoncent dans l'eau, jusqu'à la base des pieux, par une traction effectuée sur les cordes.

Le seuil présente, à sa partie amont, une saillie de 0^m,12 protégée par un heurtoir en chêne. Cette saillie permet

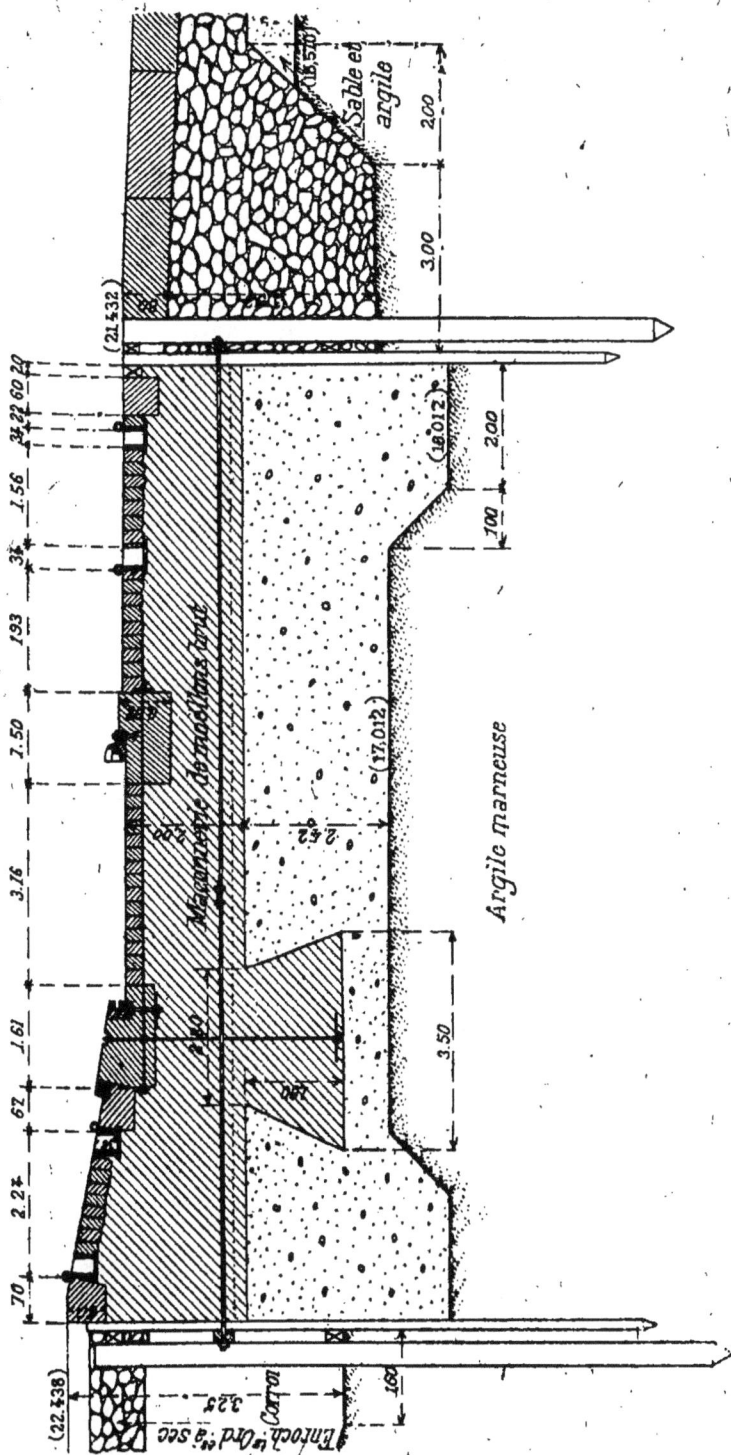

Fig. 77. — Radier de la passe navigable du barrage de Suresnes.

d'appuyer un vannage provisoire pour le remplacement ou la réparation des fermettes.

La partie supérieure du radier est constituée par un revêtement en moellons smillés interrompu seulement par cinq chaînes de pierres de taille : la plate-bande amont, la chaîne où est encastrée la pièce de bois formant heurtoir, les pierres où sont scellées les crapaudines d'amont et d'aval et enfin la plate-bande aval.

L'avant-radier est constitué par un corroi de terre argileuse recouvert d'enrochements.

L'arrière-radier a une longueur totale de 20^m,55. Il se compose exclusivement d'enrochements. La première partie est constituée par des enrochements ordinaires, recouverts de blocs carrés de maçonnerie de 2 mètres de côté .et de 0^m,80 d'épaisseur. Ces enrochements artificiels peuvent descendre et combler ainsi les vides, s'il se produit des tassements et des affouillements. La seconde partie de l'avant-radier est composée d'enrochements pesant au moins 300 kilogrammes.

Il reste à étudier la partie la plus caractéristique d'un barrage mobile à fermettes : le seuil et la chambre des fermettes.

55. Seuil et chambre des fermettes. — La plupart des barrages comportent un seuil, qui forme la partie haute du radier, et est constitué par un heurtoir sur lequel viennent s'appuyer, suivant le mode de bouchure employé, les aiguilles, les rideaux ou les vannes.

La chambre des fermettes est formée par un encuvement, ménagé dans le radier immédiatement en aval du heurtoir dont il a été parlé tout à l'heure.

L'encuvement doit être suffisamment profond pour que les fermettes couchées soient protégées contre les chocs pouvant résulter du passage des bateaux ou des corps flottant entre deux eaux, lorsque la passe est ouverte (*fig.* 78).

Dans les premiers barrages, l'encuvement formait une véritable fosse (*fig.* 78) dans laquelle les dépôts s'accumulaient et, lorsqu'on ouvrait le barrage, les fermettes ne se couchaient pas les unes sur les autres ; celles qui se trouvaient en porte-à-faux étaient faussées ou même brisées.

Barrage de la Moselle et de la Meuse Française (1868)
Aiguilles. Haut.^r de fermettes 2.40

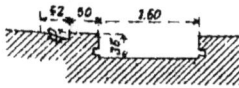

Passes navigables de la Meuse Belge (1876)
Aiguilles. Haut.^r de fermettes : 3.94

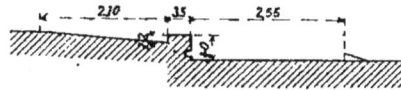

Pertuis navigable de Port à l'Anglais (H.^{te} Seine 1883)
Vannes Haut.^r de fermettes : 5.24.

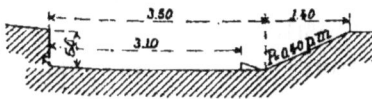

Pertuis de Noisiel (Marne 1885)
Aiguilles Haut.^r de fermettes : 4.70

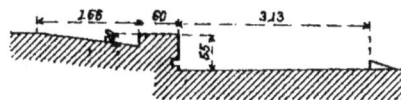

Passe navigable de Suresnes (B.^{sse} Seine 1885)
Vannes et rideaux. Haut.^r de fermettes : 4.70

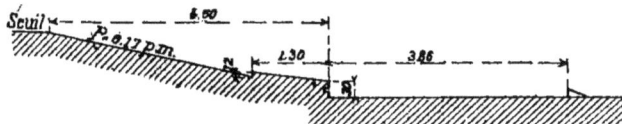

Barrage de Marolles (P.^{te} Seine 1895)
Aiguilles. Haut.^r de fermettes : 5.24

Passage navigable de Libsichtz (Moldeau 1901)
Vannes. Haut.^r de fermettes : 5.80

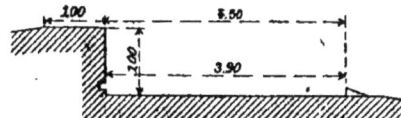

FIG. 78. — Seuils et chambres des fermettes. Profils divers.

On a donc cherché à remédier à cet inconvénient, et, dans ce but, on a supprimé la saillie d'aval de l'encuvement ; cette mesure a suffi, le plus souvent, à empêcher la formation des dépôts. Elle est d'ailleurs encore adoptée dans la plupart des cas.

Au pertuis de Port-à-l'Anglais, la chambre des fermettes ayant dû être ménagée dans un radier existant, la paroi d'aval de l'encuvement fut établie en plan incliné avec une pente de 0^m,40 par mètre ; en outre, comme il y avait toujours une quantité d'eau suffisante, on fit reposer le premier rang de vannes sur de petites consoles fixées aux fermettes et non sur le radier même. L'espace resté libre entre le dessous des vannes et le seuil permettait le passage d'un courant de fond qui nettoyait parfaitement la chambre.

On adopta une autre disposition pour le barrage de Suresnes. La différence de niveau nécessaire entre le seuil et le radier de la chambre pour mettre les fermettes de la passe navigable à l'abri, était de 1 mètre. Cette différence fut obtenue en donnant au heurtoir une saillie de $0^m,30$ sur le fond de la chambre et en le raccordant avec le seuil par un plan incliné de $0^m,17$ par mètre. On obtient ainsi un nettoyage permanent de la chambre des fermettes, mais on augmente la hauteur des engins de fermeture. Cette disposition a été adoptée pour plusieurs barrages, notamment pour celui de Marolles sur la petite Seine.

On peut voir sur la figure 78 que, sur la Moldau, au barrage de Libsichtz, où les fermettes ont sensiblement la même hauteur que celles de Suresnes, on a conservé une saillie de 1 mètre à l'amont de la chambre, mais qu'on s'est raccordé simplement à l'aval au moyen d'une pente douce.

56. Heurtoir. — Le heurtoir est constitué le plus généralement par une pierre de taille, de dimensions convenables, dont le parement vertical aval forme paroi amont de la chambre des fermettes. Pour un barrage à aiguilles, on dispose à la partie supérieure de cette pierre une cavité profonde de $0^m,10$ à $0^m,20$ présentant vers l'aval un plan incliné destiné à recevoir le pied des aiguilles. On protège ce plan incliné soit par une tôle, soit par une cornière placée sur l'arête, l'une et l'autre étant scellées dans la pierre, pour éviter que le choc, souvent violent, dû à la manœuvre des aiguilles, ne produise des avaries.

Le heurtoir est quelquefois formé par une pièce de chêne encastrée dans les sommiers en pierre de taille, et qui reçoit aussi les crapaudines d'amont.

Au barrage de Créteil, sur la Marne, on a adopté un heurtoir entièrement métallique (*fig.* 79). Il est constitué par des fers plats et des cornières formant un **L** consolidé par des goussets.

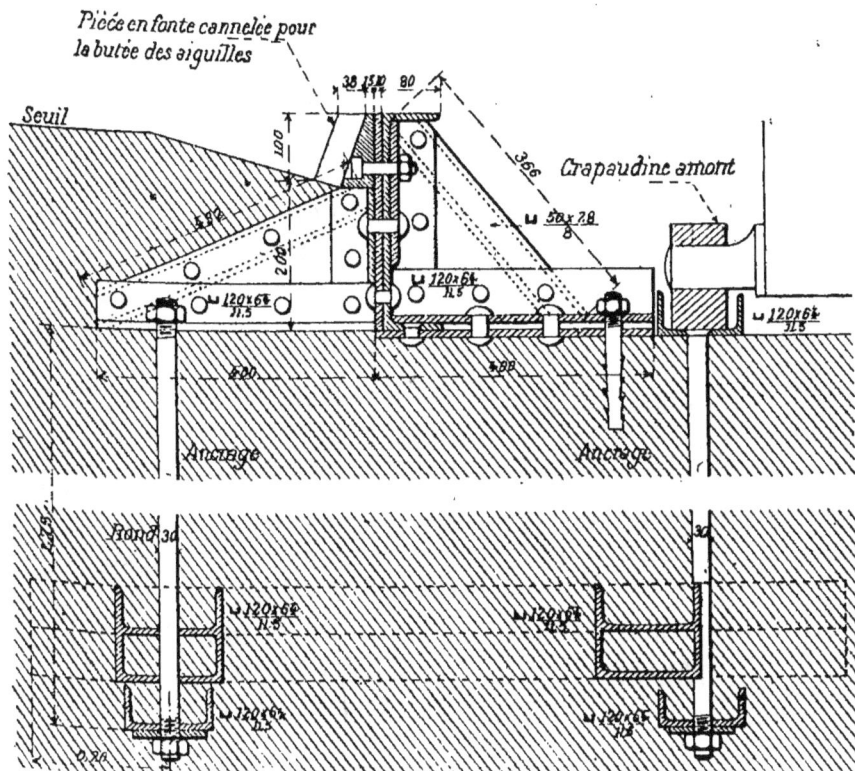

Pièce en fonte cannelée pour la butée des aiguilles

Seuil

Crapaudine amont

Ancrage Ancrage

FIG. 79. — Heurtoir métallique du barrage de Créteil.

57. Efforts exercés sur les crapaudines. — On a vu précédemment que, lorsque la retenue est tendue, la crapaudine d'amont subit un effort d'arrachement, la crapaudine d'aval un effort d'écrasement et un effort de traction de l'amont vers l'aval.

Il convient de ne pas oublier, en prenant des dispositions pour combattre l'effort d'arrachement subi par la crapaudine d'amont, qu'on ne doit pas trop compter sur l'adhérence du mortier, c'est-à-dire sur la résistance de la maçonnerie à la traction, et que, ces maçonneries, pouvant perdre, du fait des sous-pressions, une partie notable de leur poids, il est indispensable d'intéresser un cube important de matériaux.

La crapaudine d'aval ne nécessite pas autant de précautions. L'effort d'écrasement qu'elle subit est relativement faible, comparé à celui que peut supporter le sommier en pierre

de taille auquel elle est fixée. Quant à la tendance au glissement, on la combattra sur le sommier par des boulons de
scellement et par un encastrement dans la pierre ; sur la
maçonnerie, en épaulant le sommier par une tranche de radier suffisamment large. On peut de plus, comme cela a été
pratiqué sur divers barrages, notamment à Suresnes, relier
les chaînes de pierre, qui portent les crapaudines amont et
aval. De cette façon on intéresse la maçonnerie sur presque
toute la largeur du radier.

58. Ancrages. — Dans le numéro précédent on a parlé
de l'effort exercé sur la crapaudine amont. On a montré
antérieurement comment on calcule cet effort ; on indiquera
maintenant comment on peut y résister. On y arrive en reliant la crapaudine au massif du radier au moyen d'ancrages ; de cette façon, on fait intervenir un cube assez
considérable de maçonnerie dont le poids équilibre l'effort.
Le dispositif le plus souvent employé est celui adopté sur la
Moselle, sur la Meuse française (*fig.* 80). Il consiste à rat-

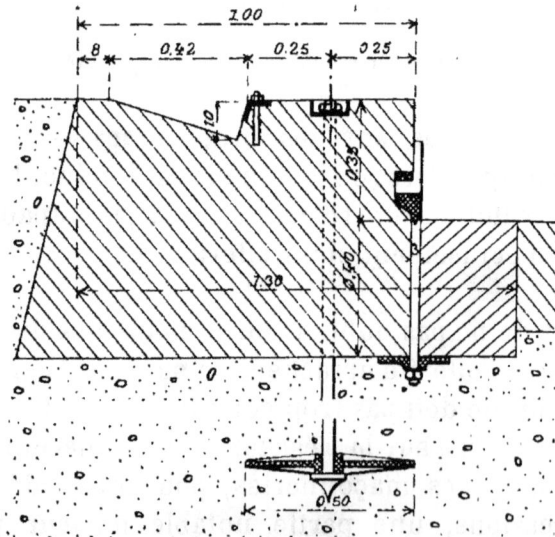

Fig. 80. — Barrage de la Moselle.

tacher d'abord la crapaudine à la pierre de taille, dans laquelle elle est encastrée, au moyen d'un boulon terminé par
un disque en fonte. La pierre de taille est elle-même reliée

au massif au moyen d'une tige métallique, dont l'extrémité inférieure, munie d'un écrou, comporte un disque en fonte noyé dans la maçonnerie. Toutes ces tiges sont reliées entre elles par une barre formée par un fer en U logé dans un encastrement ménagé à la partie supérieure de la pierre de taille.

Sur la Meuse belge, où les crapaudines amont sont logées dans le heurtoir en chêne, celui-ci, encastré dans la pierre de taille, est relié au massif par un ancrage semblable à celui décrit ci-dessus ; la tige portant le plateau en fonte est toutefois formée ici de deux parties, s'assemblant à fourche et œillet au moyen d'une broche de 0,m40 de longueur passant sous la pierre. En outre, pour lui permettre de résister à l'effort de renversement provoqué par les aiguilles, le heurtoir est intimement lié à la pierre dans laquelle il est encastré par un ancrage en V (fig. 81, 82).

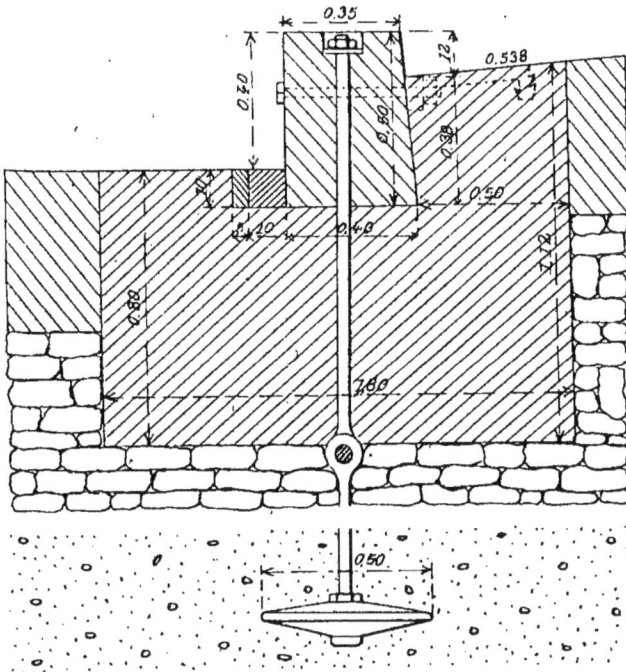

Fig. 81. — Barrages de la Meuse belge.

Le même dispositif est employé au barrage de Suresnes. Il est complété, comme on l'a déjà dit, par des tirants reliant

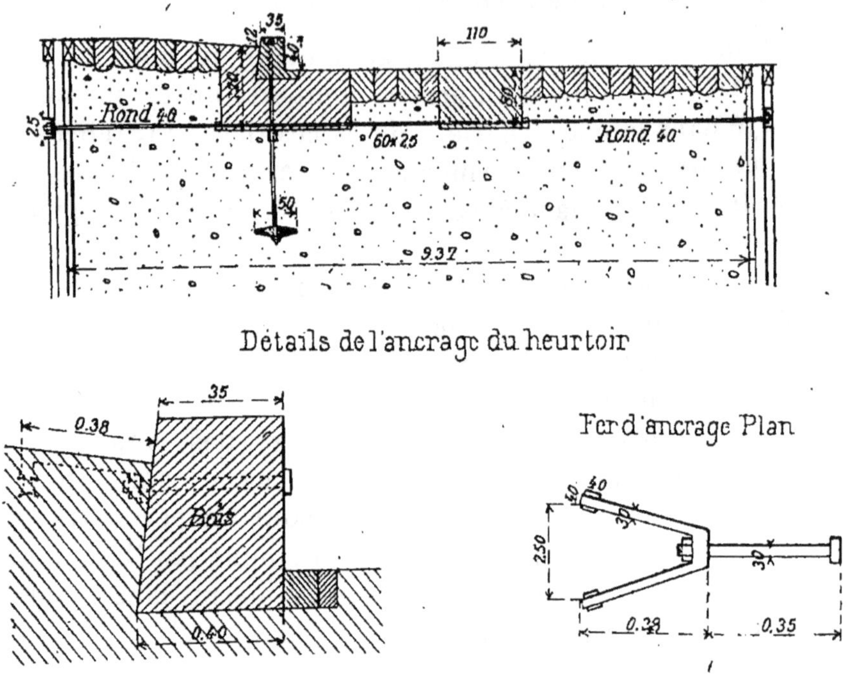

Détails de l'ancrage du heurtoir

Fer d'ancrage Plan

Fig. 82. — Barrages de la Meuse belge.

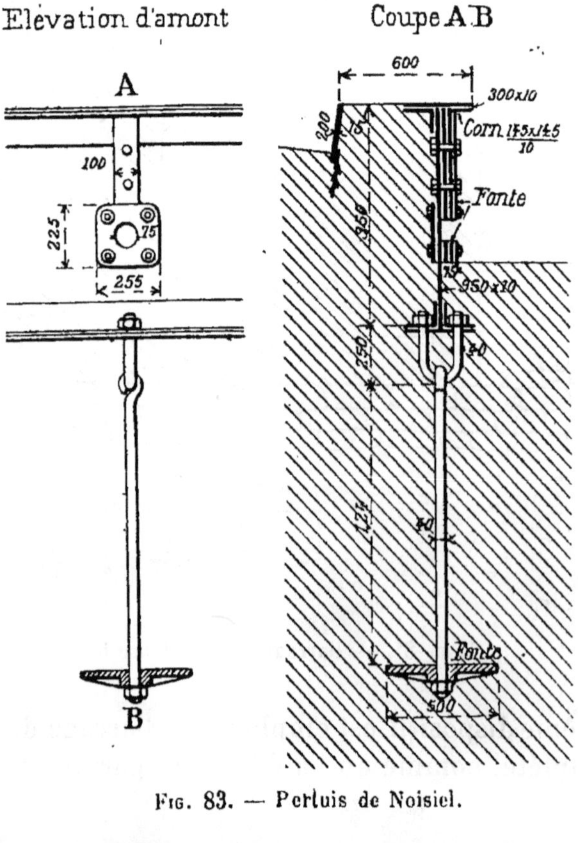

Élévation d'amont

Coupe AB

Fig. 83. — Pertuis de Noisiel.

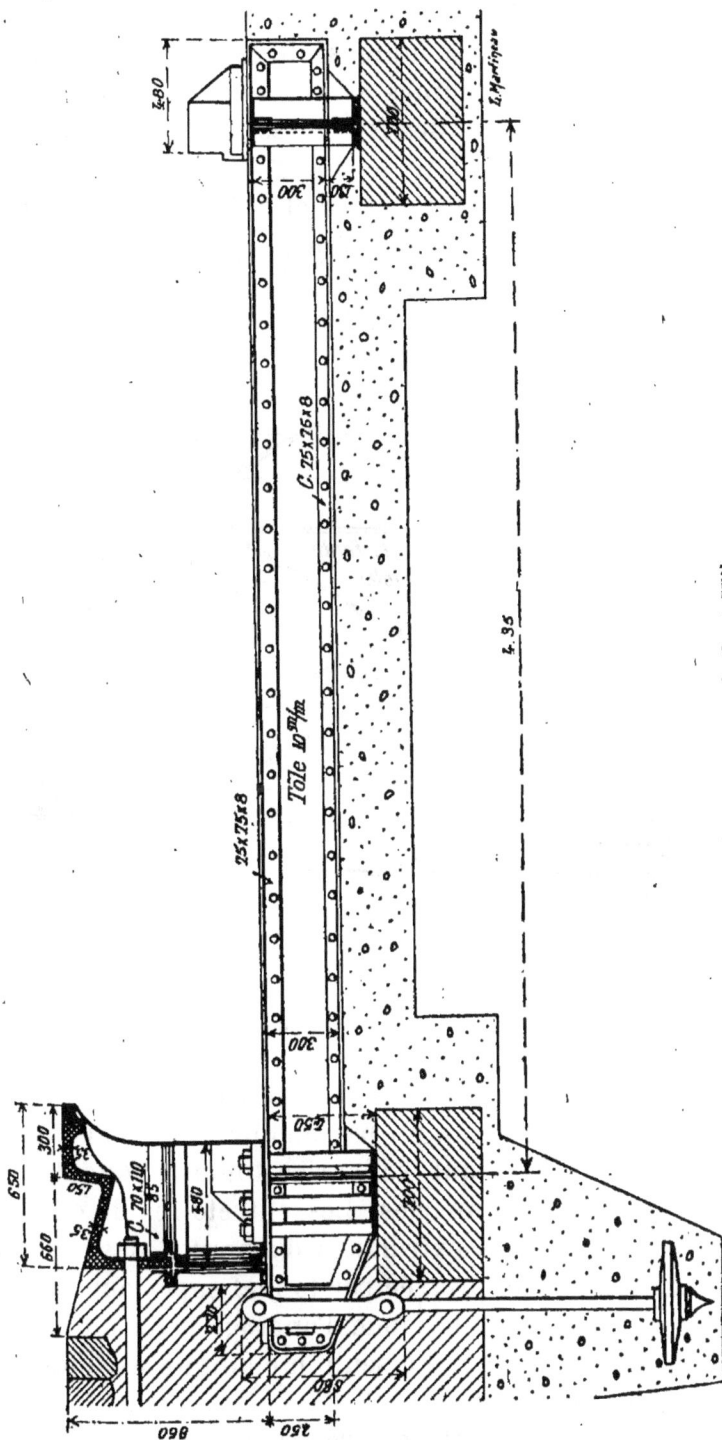

Fig. 84. — Barrage de Port-Villez.

les chaînes de pierre portant les crapaudines amont et aval
et par des entretoises en fonte, scellées dans la pierre, réunissant toutes les crapaudines et protégeant l'arête de l'encuvement de la chambre des fermettes.

Au pertuis de Noisiel, un fer en **I** est encastré dans la paroi aval de la pierre du heurtoir et porte d'une part, les crapaudines amont, qui sont en fonte et, d'autre part, les ancrages (*fig.* 83).

Au barrage de Villez, sur la basse Seine (*fig.* 84), les crapau-

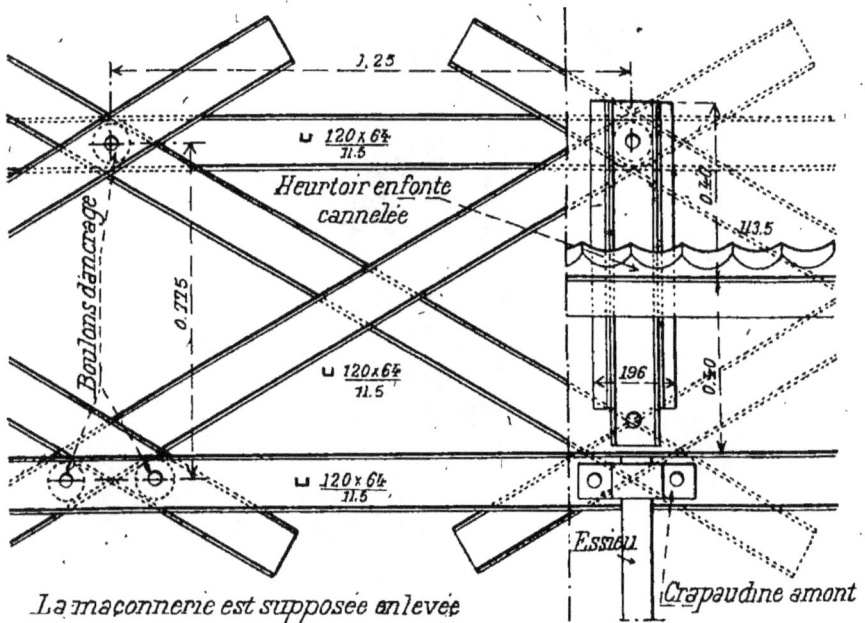

La maçonnerie est supposée enlevée

Fig. 85. — Barrage de Créteil.

dines d'amont se logent dans un heurtoir général en fonte qui
est fixé, comme elles, à un bâti en tôle. Celui-ci constitue un
véritable plancher, qui solidarise toute la fondation et se
noie dans les maçonneries. Les entretoises de ce plancher
sont fixées par leurs extrémités d'amont à des ancrages de
fond dans la partie pressée par le bief supérieur.

On doit citer aussi le mode d'ancrage usité au barrage de
Créteil sur la Marne. Le seuil métallique est indépendant
des crapaudines d'amont.

Seuil et crapaudines sont reliés, par de longs boulons de
0m,03 de diamètre traversant tout le radier, à un bâti mé-

tallique, sorte de poutre en treillis posée à plat, noyé dans le béton de fondation (*fig. 85*).

59. Avantages et inconvénients des barrages mobiles à fermettes. — Le système présente une simplicité et une rusticité qui en constituent le premier avantage. Quand le barrage est couché, les organes qui restent au fond de l'eau sont simples, robustes et ne sont pas susceptibles d'être détériorés, puisqu'ils ne sont munis d'aucun mécanisme compliqué. Quel que soit le mode de bouchure, aiguilles, rideaux ou vannes, ceux-ci sont enlevés et mis en dépôt en lieu sûr.

La passerelle de service peut être utilisée, sans modification des organes mobiles, dans le cas où on relève le niveau de la retenue dans les limites compatibles avec la résistance des fermettes.

Mais ces avantages sont contrebalancés par un inconvénient assez sérieux. La manœuvre en est relativement longue. L'enlèvement des organes mobiles et l'abaissement du barrage demandent presque une journée. On conçoit aisément l'embarras qui peut en résulter lors d'une crue subite. Encore est-il possible de l'atténuer par l'annonce des crues ; mais il reste entier dans le cas de corps flottants, dont l'arrivée est généralement inopinée. On peut se figurer facilement les accidents que peut produire un train de bois, un chaland, entraînés par les courants sur le barrage ; on cite à ce sujet l'exemple d'un immense radeau formé de troncs d'arbres, de ceps de vigne, de haies, qui, à la suite d'un violent orage survenu dans la vallée d'un affluent torrentiel de la Loire, est venu se jeter sur le barrage de Roanne, empêchant l'écoulement de l'eau, enchevêtrant les aiguilles et les fermettes et menaçant tout l'ouvrage. Dans une circonstance pareille, il n'y a pas d'hésitation possible : il faut à tout prix sacrifier une partie des organes mobiles en ouvrant une passe dans le barrage. C'est le seul moyen de sauver les parties fixes ; on ne peut, dans tous les cas, que s'en rapporter à la présence d'esprit des agents, pour atténuer le mal, en usant des expédients auxquels ils peuvent avoir recours.

Les glaces constituent les corps flottants les plus à redouter. Quand les cours d'eau charrient, c'est-à-dire avant leur prise complète, on doit se hâter de procéder à l'enlèvement complet de la bouchure, après avoir cassé la couche de glace qui s'est formée en amont du barrage. Cet enlèvement permettra le passage des glaçons, mais il ne s'effectuera pas sans difficultés, le gel ayant déjà soudé les différents éléments de la bouchure. De plus, aussitôt qu'une passe aura été ouverte, le plan d'eau baissera, à l'amont, les courants s'accentueront et les glaçons seront entraînés par une plus grande vitesse vers l'ouverture, où ils causeront aux fermettes des avaries plus ou moins graves.

La manœuvre décrite tout à l'heure n'est possible que si l'abaissement de la température n'est ni prononcé, ni brusque. Si cet abaissement est considérable et soudain, la situation peut devenir très grave, surtout si le phénomène se produit pendant la nuit. L'eau, qui passe entre les éléments de la bouchure, se congèle par l'aval; la congélation s'étend jusqu'à l'amont et toutes les pièces du barrage se soudent en une masse étanche. L'écran ainsi formé arrête les glaçons flottants, qui s'amoncellent et forment une embâcle; le plan d'eau se relève en amont, un véritable désastre peut se produire.

Pour parer à cette éventualité, on a pris l'habitude d'abattre les barrages, dès que la température descend à — 5° ou à — 6°, même en l'absence des glaces.

M. Poirée avait pressenti le danger; aussi avait-il placé un long déversoir de superficie, qui assurait le passage des corps flottants. Par la suite on s'est affranchi de cette précaution, et on est amené à abattre le barrage dès que l'apparition des glaces semble imminente.

Malgré cet inconvénient, ce système de barrage est encore le plus répandu.

CHAPITRE III

BARRAGES MOBILES A HAUSSES

60. Idée générale du système. — Premiers essais. — Un barrage à hausses se compose essentiellement de panneaux mobiles, qui sont maintenus dans une position voisine de la verticale au moyen de supports s'arc-boutant sur le radier. Les supports peuvent être dégagés à la fois de leur appui, et les panneaux, en s'abattant sur le radier, rendent la passe libre.

Les premières hausses mobiles ont été employées en 1839, sur l'Isle, affluent de la Dordogne, par M. l'ingénieur en chef Thénard pour diminuer la hauteur des barrages fixes ou augmenter celle des retenues. La figure 86 donne les dispositions adoptées au barrage de Colly, sur l'Isle ; elles peuvent se résumer comme il suit :

La partie fixe du barrage est arasée de niveau.

La partie mobile constituée par des hausses A et des contre-hausses B est fixée au barrage par l'intermédiaire d'une pièce de bois longitudinale encastrée dans les pierres de taille, et munie de charnières permettant la rotation des hausses et contre-hausses.

Les hausses sont maintenues contre la pression de l'eau par des jambes de force, dont l'extrémité inférieure est butée par des arrêts scellés dans le couronnement du barrage.

Les contre-hausses sont tenues levées par une chaîne, qui résiste à la pression de l'eau. Le plus souvent, elles restent couchées et fixées à la lierne qui règne tout le long du barrage.

Sur toute la longueur du couronnement, règne une barre

Coupe transversale (*Hausses levées*)

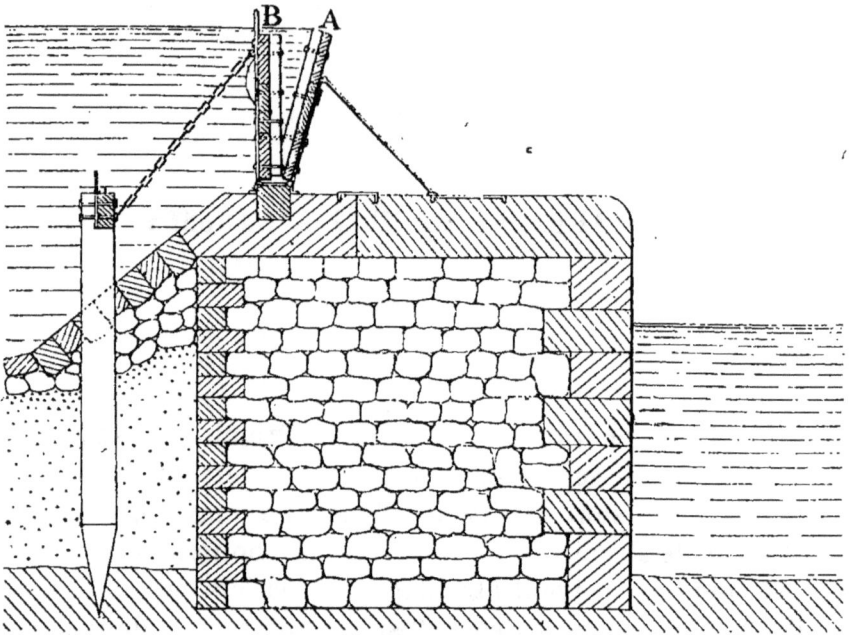

Coupe transversale (*Hausses abattues*)

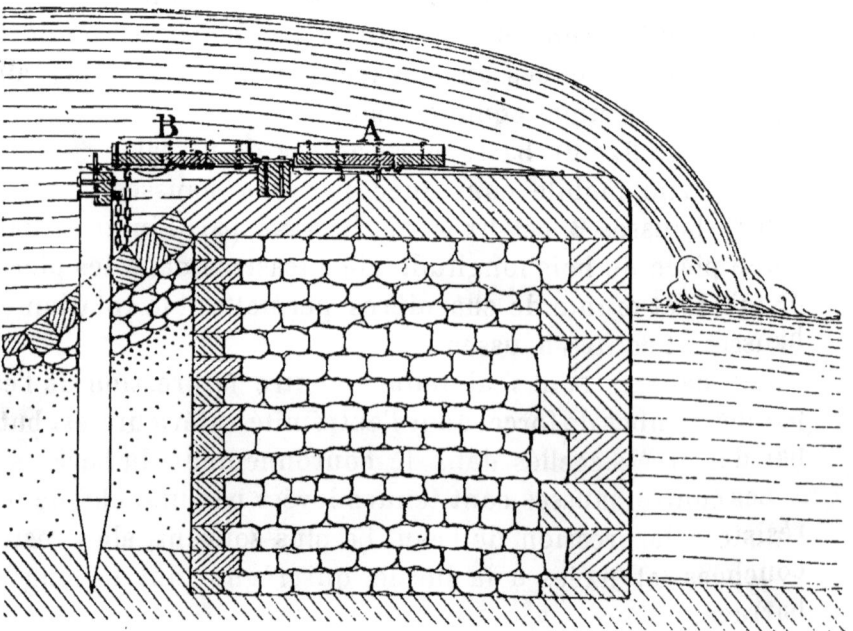

Fig. 86. — Barrage de Colly, sur l'Isle.

à talons disposée de manière à accrocher latéralement les jambes de force et à les faire échapper de leur arrêt. Le soutien manquant ainsi, les hausses s'abattent successivement à partir d'une des extrémités. Le même dispositif est appliqué sur la lierne d'amont. Si l'on veut effacer le barrage, on manœuvre la barre à talons d'aval, les hausses tombent, sans que les contre-hausses maintenues sur la lierne puissent se relever, et l'écoulement est libre.

Si l'on veut former la retenue, on manœuvre la barre à talons d'amont, qui dégage les loquets de fermeture, les contre-hausses se relèvent sous la pression de l'eau, et restent debout maintenues par les chaînes. L'écoulement de l'eau étant suspendu, les ouvriers circulent sur le barrage, relèvent et appuient les hausses en demeurant protégés par les contre-hausses. Quand le relèvement du plan d'eau arrive à la hauteur des hausses, les contre-hausses, qui ne sont plus pressées par le courant, retombent sur la lierne où elles sont fixées par leurs loquets.

Le type décrit ci-dessus n'est pas réellement pratique, et il n'aurait probablement pas été vulgarisé sans les ingénieux perfectionnements apportés en 1850 par M. l'ingénieur en chef Chanoine. Après un premier essai au barrage de Courbeton, l'invention fut appliquée, à peu près sous la forme adoptée aujourd'hui, au barrage de Conflans, sur la petite Seine, en 1857.

61. Description générale du système Chanoine. — Un élément de barrage à hausses comporte trois pièces : 1° la *hausse,* panneau en bois ou en métal de forme rectangulaire; 2° le *chevalet*, pièce métallique, présentant la forme d'un trapèze, mobile autour d'un axe fixé au radier; 3° l'*arcboutant*, de forme rectiligne, métallique, mobile à son extrémité supérieure autour d'un axe fixé au chevalet, et s'appuyant par son extrémité inférieure contre un heurtoir en fonte scellé dans le radier (*fig.* 87).

Le panneau tourne autour d'un axe formé par la partie supérieure du chevalet et placé à peu près au centre de pression entre le tiers et la moitié de sa longueur à partir de l'extrémité inférieure ; il bute à sa partie inférieure contre un heurtoir en bois ou en métal.

La hausse a donc deux points d'appui, lorsqu'elle est rele-

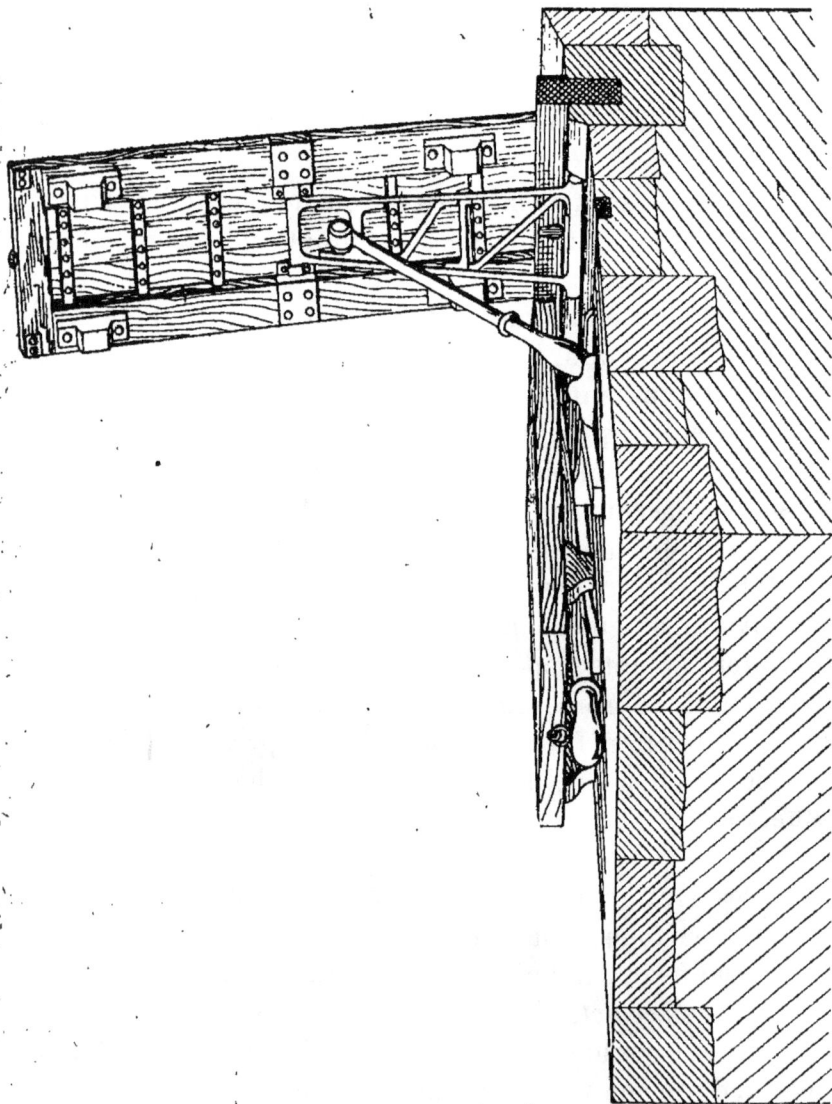

FIG. 87. — Hausse Chanoine.

vée : 1° son axe qui participe de la fixité de l'arc-boutant ; 2° le heurtoir. La partie de la hausse qui se trouve au-dessus de l'axe est la *volée ;* la partie qui se trouve au-dessous est la *culasse ;* le heurtoir en bois forme généralement *seuil* de la passe.

Pour déboucher un barrage à hausses du type Chanoine, on opère de la rive, au moyen d'une barre à talons, comme dans le système Thénard décrit précédemment, actionnée par un cric.

Lorsque, sous l'action de la barre à talons, le pied de l'arc-boutant est dégagé de son heurtoir, son mouvement de glissement est guidé par une glissière en fonte scellée dans le radier ; le chevalet et l'arc-boutant, qui forment les deux branches d'un compas, s'écartent jusqu'à former un angle de 180° et tout le système s'abat sur le radier en aval du seuil et sous la protection de celui-ci.

Pour relever le barrage, on saisit la hausse par une poignée placée sur la face amont, à la partie inférieure de la culasse, au moyen d'une chaîne ou d'une gaffe, et on tire à l'aide d'un treuil jusqu'à ce que le pied de l'arc-boutant vienne s'appuyer sur son heurtoir. Mais le panneau est resté en bascule et pour lui faire prendre la position voulue, il suffit d'exercer soit une traction à la partie supérieure de la volée soit une poussée à la partie inférieure de la culasse.

Le treuil de manœuvre est placé sur un bateau spécial ; il peut aussi être disposé sur une passerelle portée par des fermettes, à l'amont des hausses.

62. Basculement spontané. — Considérons une hausse

AD dont l'axe de rotation est en B (*fig.* 88). La résultante de la pression à l'amont, de la contre-pression à l'aval, est appliquée au centre de pression O, dont la position varie suivant les niveaux respectifs de l'eau à l'amont et à l'aval (*fig.* 88).

La hausse reste évidemment debout tant que le point O est situé au-dessous de l'axe de rotation B, mais elle bascule dès qu'il se trouve au-dessus, et elle repose alors sur la tête du chevalet. Enfin elle est en équilibre instable si O et B coïncident, et la plus légère modification des niveaux d'amont et d'aval suffit alors à la faire basculer. Plus l'axe de rotation B est placé bas, et plus la hausse tend à basculer spontanément.

Les hausses des passes navigables ne doivent pas basculer

spontanément, car il en résulterait des troubles sérieux dans la tenue des biefs. Toutefois, s'il s'agit d'une rivière à régime torrentiel, la mise en bascule peut rendre des services pour l'écoulement des crues moyennes.

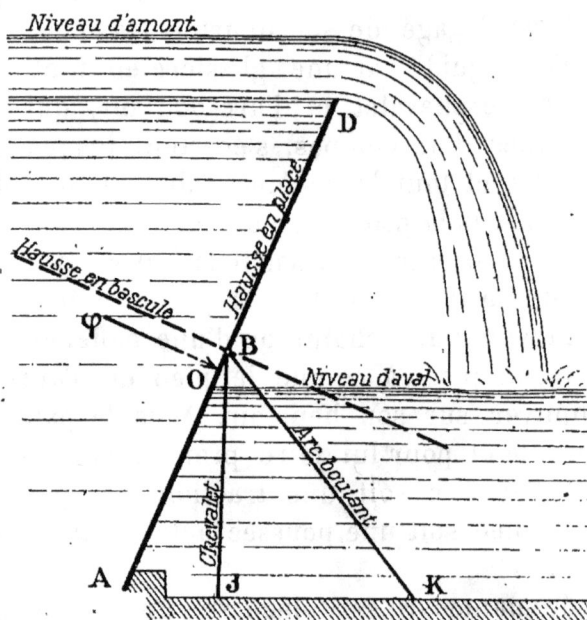

Fig. 88. — Schéma.

On établit le plus généralement les déversoirs avec des hausses, afin de régler le niveau de la retenue ; elles basculent automatiquement, dès que la lame déversante atteint une hauteur déterminée.

L'axe de rotation doit être placé plus haut pour les hausses de passe que pour les hausses de déversoir.

On étudiera d'abord les hausses de passe.

63. Hausse. — Détails de construction. — On prendra pour le type de ces hausses celui des passes navigables des barrages de la haute Seine modifiés depuis 1881, pour le mouillage à 2 mètres.

Les hausses sont construites très simplement : à l'intérieur d'un cadre formé par deux forts montants en bois et deux chevêtres se trouvent des madriers, assemblés entre eux à rainure et languette et reposant sur le cadre par une feuillure (*fig.* 89). Cet ensemble est consolidé par des brides, des boulons et des équerres. Les articulations du chevalet sont fixées sur les montants.

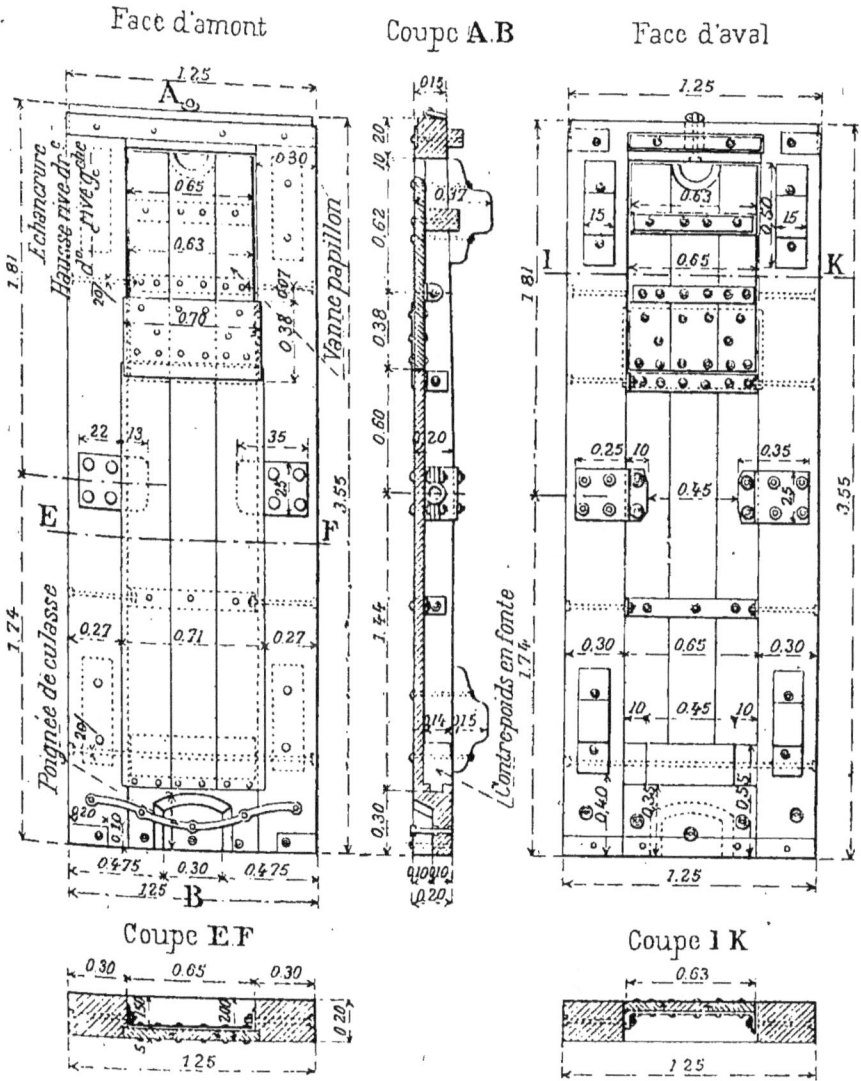

Face d'amont   Coupe A.B   Face d'aval

Coupe EF   Coupe I K

Fig. 89. — Détails d'une hausse.

Les chocs de la hausse sur les parties métalliques, qui peuvent se produire au moment de l'abatage, sont évités au moyen de quatre taquets en bois fixés sur les montants de la hausse (*fig.* 90).

On emploie aussi dans le même but, quelquefois concurremment avec les taquets, des dés en pierre de taille faisant

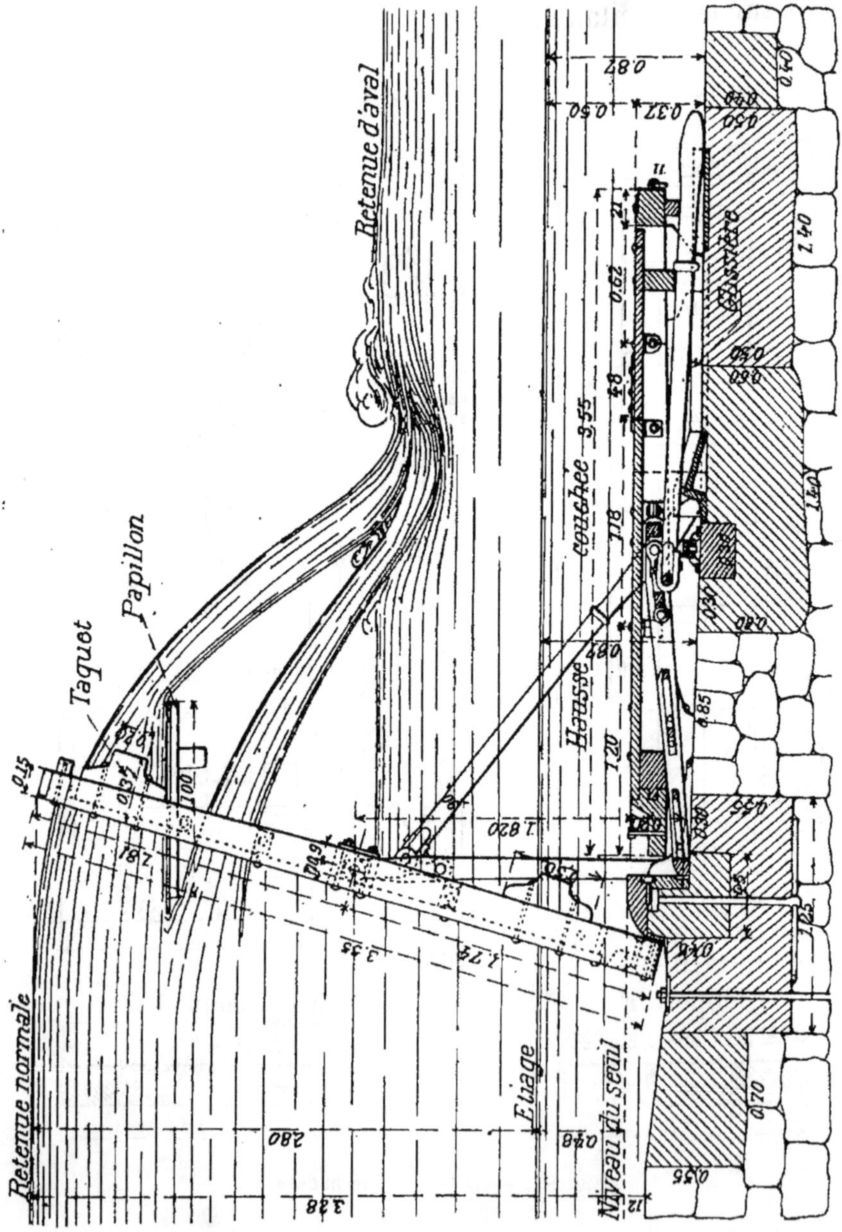

Fig. 90. — Hausse en place.

saillie sur le radier. Mais quel que soit le dispositif d'amortissement employé, la chute des hausses est atténuée par le
matelas d'eau d'aval. On remarquera sur la figure 91, qui

représente une hausse des passes navigables de l'Yonne, que ces taquets n'existent pas, et que la hausse abattue repose

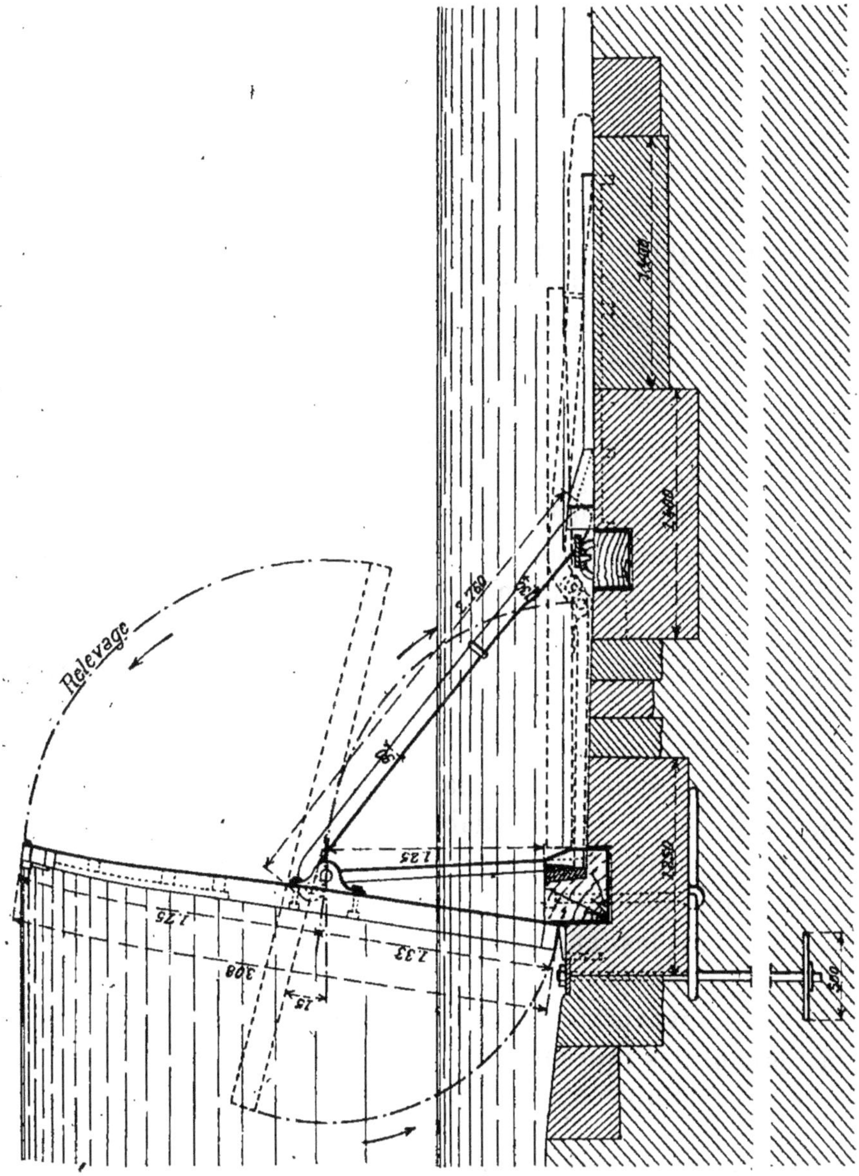

FIG. 91. — Hausse des passes navigables de l'Yonne.

partie sur les dés et partie sur son articulation avec le chevalet.

La culasse porte à sa partie inférieure une poignée servant à faciliter la manœuvre; un anneau en fer, fixé sur le dessus du chevêtre, permet de saisir la hausse par la volée Dans la partie supérieure de la volée est ménagé un vannage dont on verra le rôle plus loin.

Un contre-poids en fonte, porté par le chevêtre de culasse boulonné sur les montants, et pesant environ 150 kilogrammes, facilite beaucoup le relèvement de la hausse quand on la redresse.

La préférence donnée au bois, sur le métal, pour la confection de hausses est facile à comprendre :

1º En ce qui concerne les chutes sur le radier, le bois se déforme moins que le métal, et son élasticité est supérieure.

2º La réduction du poids qui est sensible, surtout quand la hausse est noyée, rend les manœuvres plus commodes.

3º Les réparations se font aisément par le barragiste lui-même.

Par contre les organes en bois présentent peu de durée et doivent être remplacés fréquemment.

C'est sans doute pour cette raison que M. Pasqueau a remplacé le bois par du métal dans l'établissement du barrage à hausses de la Mulatière. Mais les hausses sont retenues pendant l'abatage et ne risquent pas d'être détériorées par le choc.

Il est aisé de déterminer les dimensions à donner aux principales pièces d'une hausse; la partie des montants correspondant à la volée est assimilable à une pièce encastrée à une extrémité et libre à l'autre, la partie correspondant à la culasse, à une pièce posée sur deux appuis. Les charges sont données dans les deux cas par le diagramme des pressions, en considérant l'hypothèse la plus défavorable : niveau maximum à l'amont, niveau minimum à l'aval. Les dimensions ainsi calculées sont des minima, qu'il faut nécessairement augmenter pour tenir compte des chocs.

64. Détermination de la position du centre de pression sur la hausse. — La possibilité du basculement d'une hausse est subordonnée à la position de son centre de pression, qui fixe la situation de l'axe de rotation de la hausse. Il est donc intéressant de déterminer les limites entre lesquelles peut osciller le centre de pression.

La pression en O est la résultante de la pression d'amont P' appliquée en O' et de la contre-pression d'aval appliquée en O''.

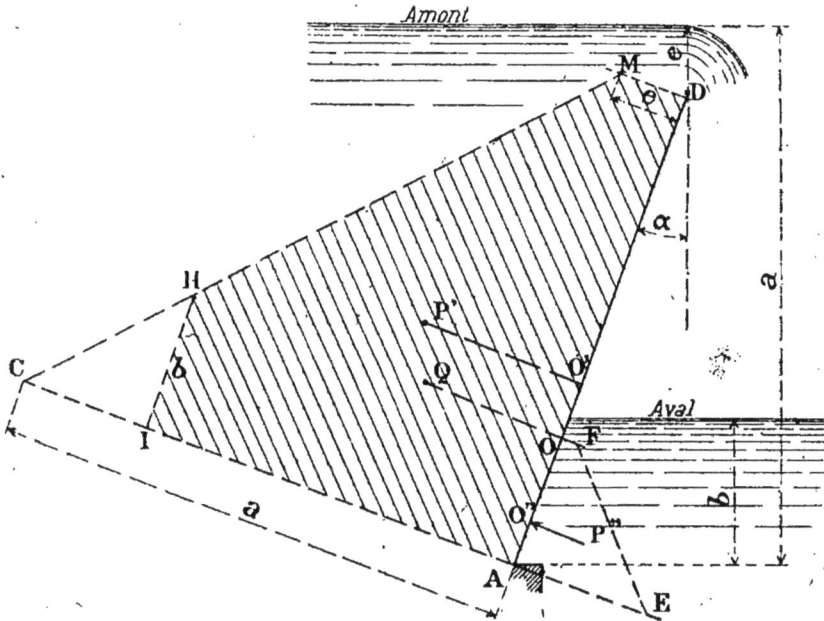

Fig. 92. — Schéma.

Or la première P' a pour valeur :

$$P' = \frac{a^2 - c^2}{2 \cos \alpha};$$

la deuxième P'' est égale à :

$$P'' = \frac{b^2}{2 \cos \alpha}.$$

La pression résultante appliquée en O a pour valeur :

$$Q = P' - P'',$$

puisque P' et P'' sont dirigées en sens contraire et par suite :

$$Q = \frac{(a^2 - c^2) - b^2}{2 \cos \alpha}.$$

Le point O sera déterminé en appliquant le théorème des

moments par rapport au point A. Nous avons en effet :

$$OA \times Q = O'A \times P' - O''A \times P'',$$

ou :

$$OA = \frac{O'A \times P' - O''A \times P''}{Q}.$$

Mais

$$O'A = \frac{AD}{3} = \frac{a - c}{3 \cos \alpha};$$

par suite :

$$O'A \times P' = \frac{(a - c)(a^2 - c^2)}{6 \cos^2 \alpha};$$

et de même :

$$O''A \times P'' = \frac{b}{3 \cos \alpha} \times \frac{b^2}{2 \cos \alpha} = \frac{b^3}{6 \cos^2 \alpha}.$$

On trouve ainsi :

$$OA = \frac{\dfrac{(a - c)(a^2 - c^2) - b^3}{6 \cos^2 \alpha}}{\dfrac{(a^2 - c^2) - b^2}{2 \cos \alpha}} = \frac{(a - c)(a + c)(a - c) - b^3}{3 \cos \alpha \,(a + c)(a - c) - b^2}$$

$$= \frac{(a - c)^2 (a + c) - b^3}{(a - c)(a + c) - b^2} \times \frac{1}{3 \cos \alpha}.$$

Il convient d'examiner comment varie OA avec les différentes altitudes des niveaux d'amont et d'aval.

Si le niveau d'amont correspond à la partie supérieure de la volée, c'est-à-dire s'il n'y a pas de lame déversante et si le niveau d'aval coïncide avec la partie inférieure de la culasse, on a :

$$c = 0 \qquad \text{et} \qquad b = 0,$$

et OA devient :

$$\frac{a}{3 \cos \alpha} = \frac{AD}{3}.$$

Le diagramme des pressions est alors un triangle et le point O est au tiers du panneau à partir de sa base.

Si le niveau d'aval affleure le sommet de la hausse, on a $b = a - e$, et :

$$OA = \frac{a - e}{2 \cos \alpha} = \frac{AD}{2}.$$

En d'autres termes, le point O est alors situé au milieu de AD, quelle que soit l'épaisseur de la lame déversante.

Il résulte donc de cette étude que le centre de pression est toujours situé entre le tiers et la moitié de la longueur de la hausse.

65. Influence de la hauteur de l'axe de rotation de la hausse. — La hausse a plus ou moins de facilité à basculer suivant que l'axe de rotation est plus ou moins haut. Si l'axe de rotation coïncide avec la position du centre de pression, la hausse devient absolument instable ; elle a tendance à basculer pour la moindre élévation du niveau de l'eau soit à l'amont, soit à l'aval.

La position limite du centre de pression étant le milieu de la longueur de la hausse, si l'on plaçait l'axe de rotation un peu au-dessus du milieu du panneau, celui-ci ne basculerait jamais, quel que soit l'état des eaux.

La position élevée de l'axe de rotation entraîne une augmentation de la longueur et du poids du chevalet et de l'arcboutant, qui rendent difficile l'opération du relèvement.

On ne l'adoptera donc que quand cela sera nécessaire, suivant le rôle qu'aura à remplir le barrage.

S'il s'agit d'une passe profonde, formée par des hausses de grandes dimensions, le basculement spontané doit être évité ; on portera la longueur de la culasse aux 49/100 de la longueur totale, comme sur la Seine.

Si au contraire il s'agit de surélever un déversoir de superficie, on ne craindra plus le basculement, et on raccourcira la culasse jusqu'aux 36/100 de la longueur totale de la hausse. C'est entre ces limites extrêmes que doit être fixée la position de l'axe de rotation.

Sur la Seine, où les hausses ne basculent pas spontanément, l'axe de rotation est placé aux 48/100 de leur hauteur.

Sur l'Yonne, il se trouve aux 43/100 ; le basculement ne se produit qu'exceptionnellement.

66. Vannes-papillons. — On ménage dans la volée, immédiatement en-dessous du chevêtre, et sur toute la largeur comprise entre les montants, une ouverture que ferme une vanne, mobile autour d'un axe horizontal, appelée *vanne-papillon*. Elle est indiquée dans les deux positions qu'elle peut prendre sur les figures 89 et 90. Elle mesure, dans les barrages de la haute Seine, $1^m,02$ de hauteur sur $0^m,65$ de largeur ; son axe de rotation est placé au tiers de sa hauteur.

L'ouverture de la vanne-papillon s'effectue en donnant un coup de croc dans la volée, et la fermeture en attirant à soi la partie antérieure au moyen du croc.

Malgré la position de l'axe de rotation, qui se trouve au centre de pression, le basculement spontané du papillon se produit difficilement. Il suffit, en effet, du moindre corps étranger autour du boulon formant axe de rotation pour que ce basculement soit impossible.

L'adaptation des vannes-papillons aux barrages Chanoine est dû à M. l'inspecteur général Boulé. Elles donnent un moyen très pratique de régler la retenue en provoquant de petits écoulements. Dans le cas où toutes les hausses sont munies de papillons, il est facile, avec ces derniers seuls, de livrer passage aux petites crues, sans effectuer la manœuvre des hausses.

La course du papillon est limitée par une plaque de tôle, fixée sur la culasse et empiétant de 25 millimètres sur les faces latérales des montants, de manière que la vanne soit horizontale, lorsque la hausse est relevée. De cette manière le papillon ne rencontre pas l'arc-boutant sous un angle droit, lorsque la hausse est abattue, ce qui constituerait un obstacle pour la navigation.

Une échancrure demi-circulaire à la partie supérieure du papillon et un barreau disposé au-dessous, et faisant saillie de $0^m,17$ sur la face aval, empêchent cette vanne de se coincer avec l'arc-boutant, lorsqu'elle est ouverte au moment de l'abatage,

67. Dimensions et espacement des hausses. — La hauteur au-dessus du seuil (ici le heurtoir des hausses) de la retenue d'amont et l'inclinaison du panneau sont les deux facteurs qui déterminent la longueur des hausses.

Quant à la largeur, elle est prise aussi grande que possible, dans les limites permises par la résistance des supports, de façon à réduire le nombre des joints.

Les hausses des anciens barrages de la haute Seine présentaient une largeur de $1^m,20$ pour une hauteur de $3^m,20$. Le pertuis de Port-à-l'Anglais avait dans sa passe des hausses de 1 mètre de large et de $4^m,45$ de hauteur.

Les barrages ont actuellement : sur la haute Seine, des hausses de $1^m,25$ sur $3^m,55$; sur l'Yonne, de $1^m,25$ sur $3^m,10$; sur la Saône, de $1^m,10$ sur $3^m,62$; sur la Meuse belge, de $1^m,30$ sur $2^m,35$.

Deux hausses consécutives laissent entre elles un joint d'une largeur notable, due : pour une part, au jeu initial qu'il convient de laisser pour faciliter leur manœuvre et les empêcher de chevaucher l'une sur l'autre ; pour une autre part, au jeu que prennent, avec le temps, les articulations des supports.

Ce joint a $0^m,10$ au maximum ; sur la haute Seine, où les hausses ont $1^m,25$ de largeur, il a été réduit à $0^m,05$. On conçoit aisément les pertes d'eau que peuvent provoquer ces ouvertures, et il convient de les atténuer, surtout quand le débit est faible. On se sert à cet effet soit d'un madrier posé à plat sur les faces amont de deux hausses voisines, soit, ce qui est préférable, d'une aiguille carrée de 8 à 12 centimètres de côté ; que l'on présente par une de ses arêtes et qui est maintenue dans le joint par la pression (*fig.* 92).

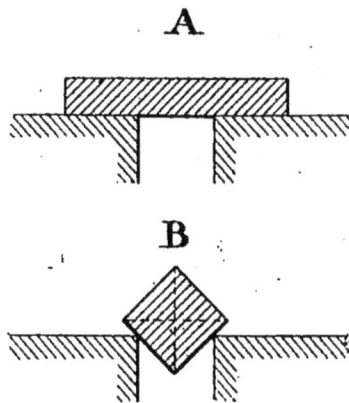

Fig. 93. — Fermeture des joints de hausses consécutives.

68. Chevalet et arc-boutant. — Calcul des efforts. — On supposera, pour simplifier l'étude qui va suivre, que le panneau, le chevalet et l'arc-boutant sont articulés suivant un même axe horizontal projeté en M.

On déterminera, dans cette hypothèse, les efforts transmis par la hausse à ses appuis, lorsque la retenue est tendue.

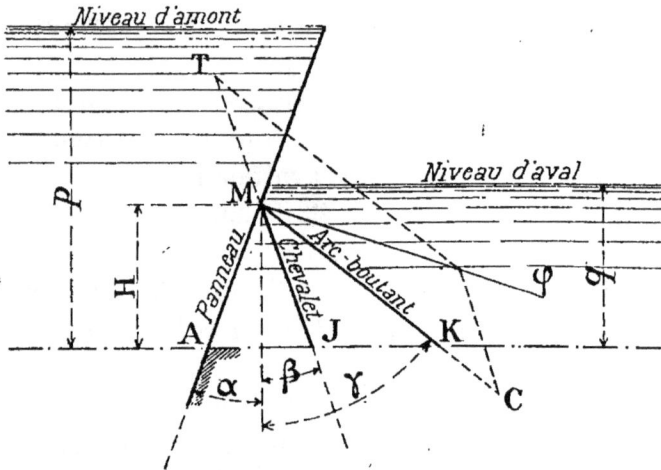

FIG. 94. — Schéma.

Pression par mètre courant de barrage. — Soit H la hauteur de l'articulation au-dessus du seuil ;

p et q, les hauteurs de l'eau au-dessus du seuil en amont et en aval ;

α, l'angle de la hausse avec la verticale ;

β, l'angle du chevalet avec la même ligne ;

γ, l'angle de l'arc-boutant avec cette même ligne.

La pression totale exercée par l'eau sur un mètre courant de barrage est égale à (Voir n° 42) :

$$P = \frac{p^2 - q^2}{2 \cos \alpha}.$$

et son moment par rapport au seuil A a pour valeur :

$$\frac{p^3 - q^3}{6 \cos^2 \alpha}.$$

L'effort correspondant φ appliqué au nœud M doit avoir

même moment par rapport au seuil d'où :

$$\varphi \times \frac{H}{\cos \alpha} = \frac{p^3 - q^3}{6 \cos^2 \alpha}$$

et :

$$\varphi = \frac{a^3 - b^3}{6\,H \cos \alpha}.$$

Cette force peut être décomposée en deux autres, l'une MS dirigée suivant le chevalet JM, l'autre MR suivant l'arc-boutant MK (*fig.* 95).

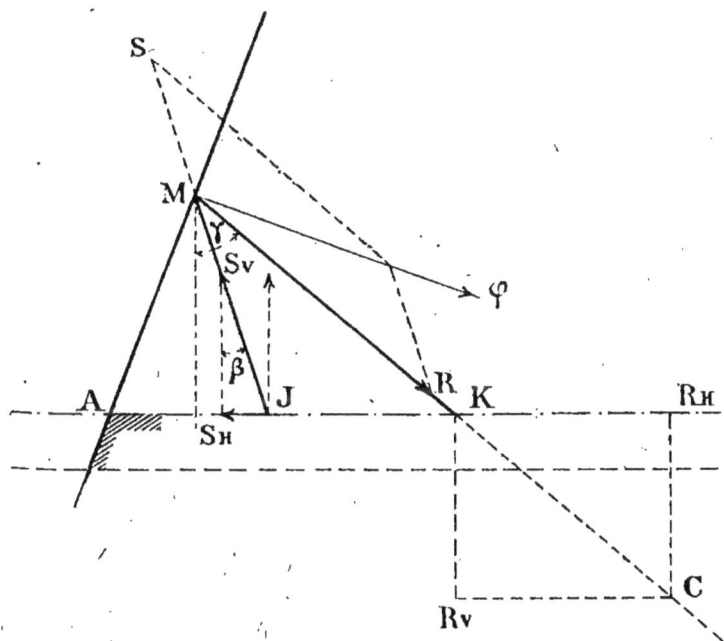

Fig. 95. — Schéma.

La première produit un effort d'arrachement sur le chevalet, la seconde un effort de compression sur l'arc-boutant.

Ces efforts sont reportés sur le radier en J et K, et produisent les effets suivants :

1° En J : arrachement du radier S_v ; glissement du chevalet sur les crapaudines S_H de l'aval vers l'amont ;

2° En K : compression du radier R_v ; glissement de l'arc-boutant sur le heurtoir R_H de l'amont vers l'aval.

On peut supposer transportées en M les réactions S' et R' des points K et J (*fig. 96*).

Les forces étant concourantes et situées dans un même

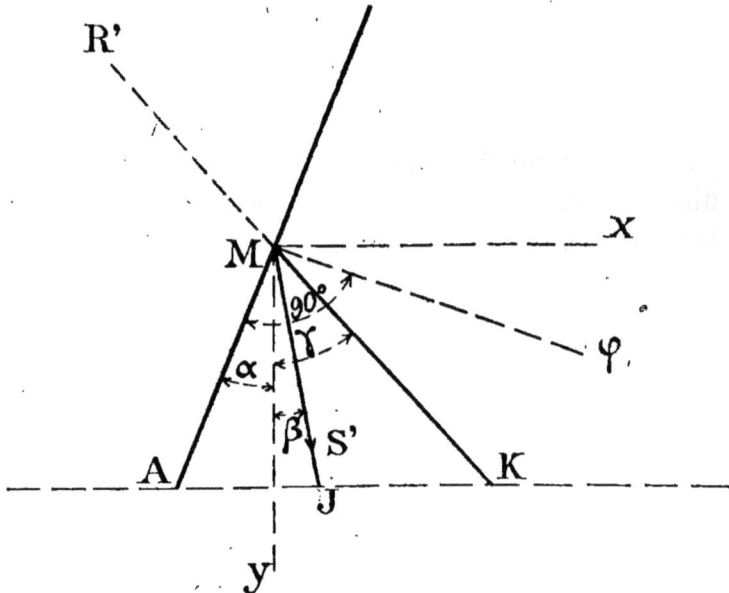

Fig. 96. — Schéma.

plan, les équations d'équilibre se réduisent à deux équations de projection savoir :

Projection sur O*x* :

$$\varphi \cos \alpha + S' \sin \beta - R' \sin \gamma = 0 ;$$

Projection sur O*y* :

$$\varphi \sin \alpha + S' \cos \beta - R' \cos \gamma = 0.$$

On déduit de ces deux équations les valeurs de R' et de S' ou de R et S :

$$S = \varphi \frac{\cos(\alpha + \gamma)}{\sin(\gamma - \beta)};$$

$$R = \varphi \frac{\cos(\alpha + \beta)}{\sin(\gamma - \beta)}.$$

On trouve aussi pour les efforts d'arrachement et de glissement en J (*fig. 95*) :

$$S_v = S \cos \beta, \qquad S_H = S \sin \beta,$$

et pour les efforts de compression et de glissement en K :

$$R_v = R \cos \gamma, \qquad R_H = R \sin \gamma.$$

De ces formules il résulte :

1° Que plus l'inclinaison de l'arc-boutant augmente, c'est-à-dire plus l'angle γ est grand, ou encore plus on allonge l'arc-boutant, plus les efforts d'arrachement et d'écrasement diminuent, le premier surtout très rapidement. Il s'annule lorsque l'arc-boutant devient perpendiculaire à la hausse ;

2° Que ces effets diminuent également quand on augmente l'inclinaison α du panneau sur la verticale. L'effort d'écrasement devient nul lorsque la hausse devient perpendiculaire à l'arc-boutant. L'effort d'arrachement s'annule dans le même cas que précédemment, quand la hausse est perpendiculaire à l'arc-boutant.

On se rend compte aisément, en se reportant à la décomposition de la force φ en ses composantes S et R, que les efforts, auxquels elles donnent naissance, diminuent en même temps que l'inclinaison du chevalet sur la verticale (angle β).

On déduit donc de ces observations :

a) Qu'il convient d'allonger l'arc-boutant autant que possible ;

b) Qu'il y a avantage à augmenter l'inclinaison de la hausse sur la verticale, à condition cependant de ne pas donner au panneau une trop grande dimension[1] ;

c) Qu'il convient de rapprocher le plus possible le pied du chevalet de celui de la hausse ;

d) Qu'il est indispensable dans tous les cas d'ancrer solidement dans le radier l'articulation inférieure du chevalet, puisque celui-ci est soumis à un effort de traction.

69. Cas où les axes d'articulation sont distincts. — Dans l'étude qui précède, on a supposé, pour simplifier, que

---

1. Dans la pratique, cette inclinaison varie de 8° pour les petites hausses à 20° pour les grandes hausses.

la hausse et l'arc-boutant étaient articulés avec le chevalet sur un même axe horizontal. En réalité, il n'en est pas toujours ainsi ; sur la haute Seine notamment, les deux articulations sont distinctes, et celle de l'arc-boutant est à 0^m,285 de celle de la hausse.

Ce dispositif modifie la répartition des efforts, et les formules trouvées précédemment ne sont plus applicables.

M. l'ingénieur en chef Lavollée, dans une note insérée aux *Annales des Ponts et Chaussées* (1883, 1er semestre), a étudié les efforts qui se produisaient sur le chevalet et l'arc-boutant. Il est inutile de reproduire les calculs qui permettent de les déterminer ; il suffit de faire connaître les résultats, auxquels ils conduisent. Les efforts de compression, suivant l'arc-boutant, et de traction, suivant le chevalet, sont minima lorsque les deux articulations sont à la même hauteur ; ils augmentent à peine de 8 0/0, lorsqu'elles sont distantes de 0^m,285 comme sur la haute Seine. Indépendamment de l'effort de traction, le chevalet est soumis à des flexions, dont il convient de tenir compte.

Cette augmentation des efforts est compensée par certains avantages pratiques tels que :

La réduction de longueur de l'arc-boutant exposé au flambement ;

Le maintien en place de la hausse lorsque la traverse supérieure du chevalet se rompt ; il n'en est pas ainsi lorsque l'axe de rotation commun à la hausse et à l'arc-boutant cède ;

La possibilité de surélever la retenue en utilisant les arcs-boutants et les heurtoirs.

70. Chevalet, colliers, crapaudines. — On trouvera sur la figure 97 le type de chevalet aujourd'hui en service dans les passes navigables des barrages de la haute Seine. Le chevalet forgé d'une seule pièce est en acier doux. La triangulation est assurée au moyen de bracons et d'une entretoise ; pour résister aux efforts de flexion, les montants affectent la forme d'une pièce d'égale résistance, en présentant cependant, aux points où les moments sont nuls, une épaisseur suffisante pour résister aux chocs des bateaux et autres corps flottants.

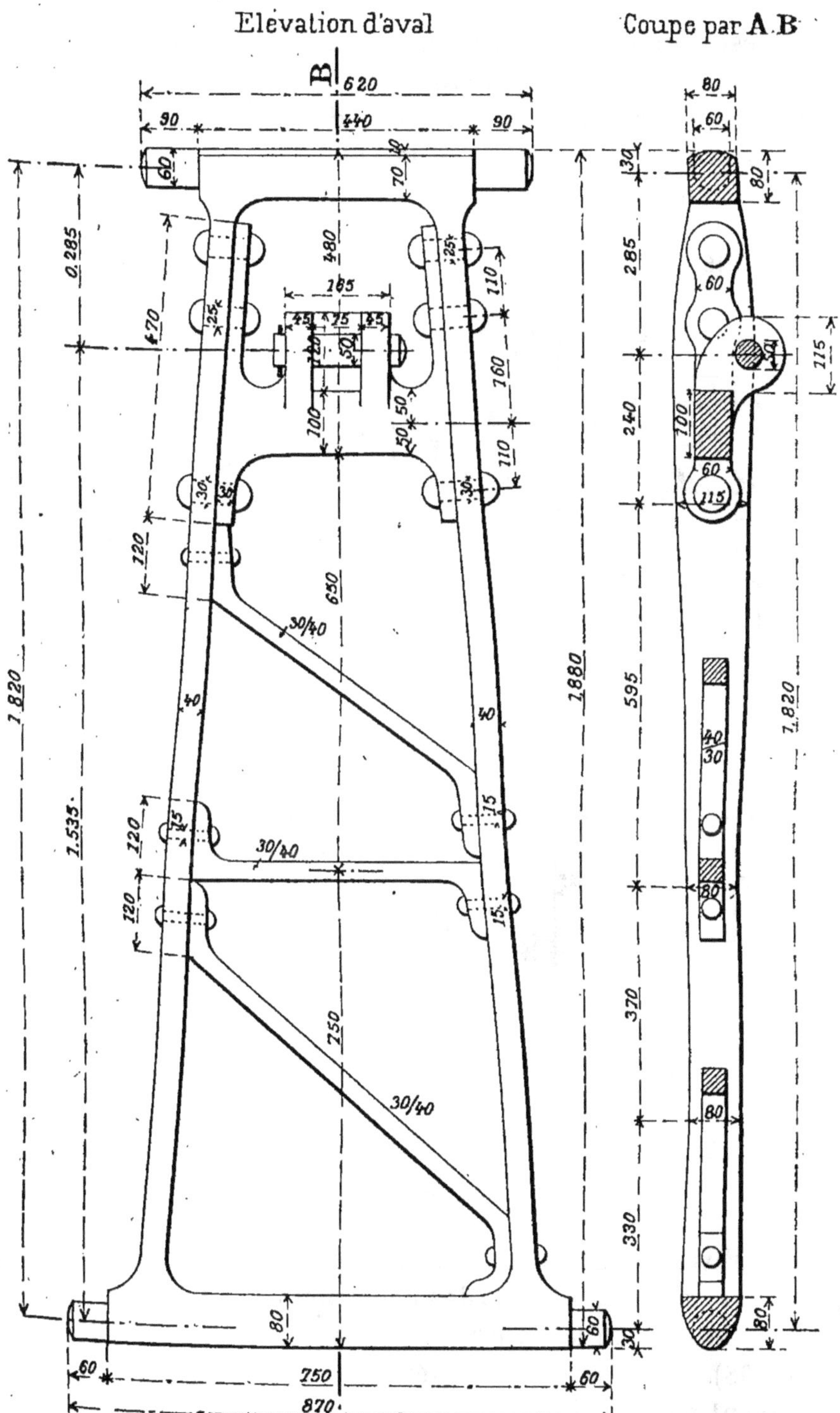

Elevation d'aval   Coupe par A.B

Fig. 97. — Chevalet de la haute Seine.

Il est impossible de calculer l'importance de ces efforts et aussi de la torsion, auxquels est soumis le chevalet. Les pièces qui le composent doivent donc être beaucoup plus résistantes que ne l'indique le calcul. C'est là une affaire d'expérience.

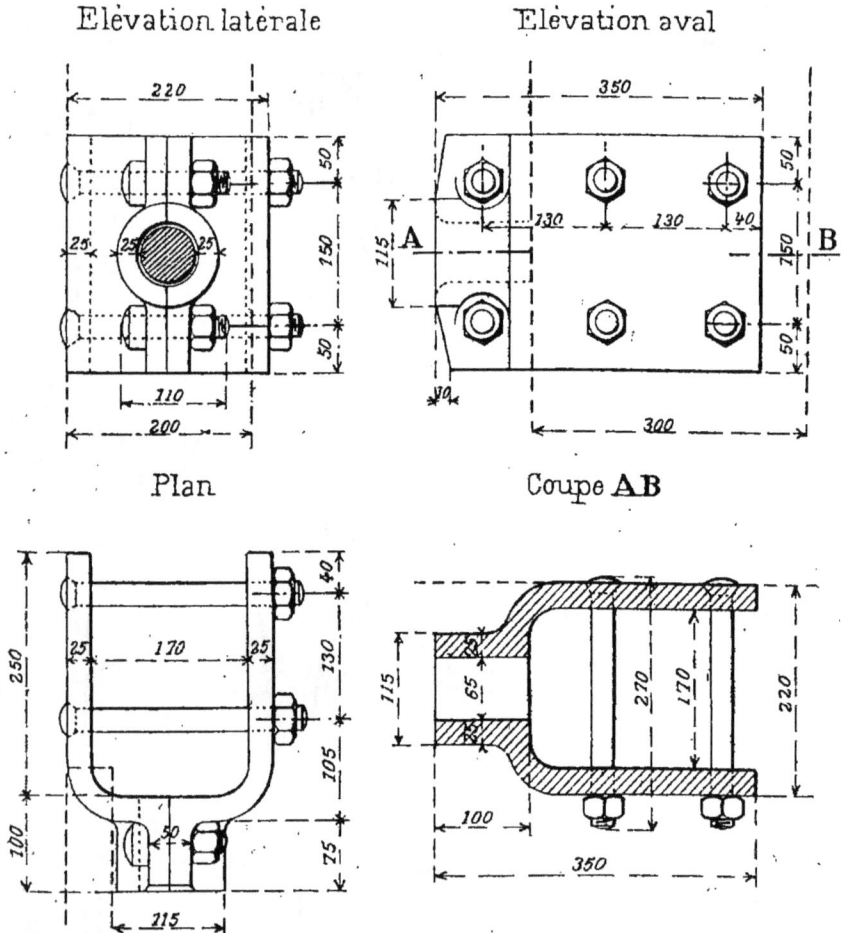

Fig. 98. — Collier de chevalet.

La traverse supérieure porte, à ses extrémités, des tourillons, qui s'engagent dans des coussinets en deux pièces fixés aux montants de la hausse. Ce sont les colliers de chevalet (fig. 98). A la traverse inférieure, qui forme essieu, se trouvent adaptés des tourillons, qui pénètrent dans des crapaudines fixées au seuil et qui sont jumelles, c'est-à-dire symétriques par rapport à l'axe du panneau.

Le logement des tourillons est disposé à la base d'une coulisse verticale ménagée dans les deux crapaudines. Cette coulisse présente un léger évasement vers le haut, de façon

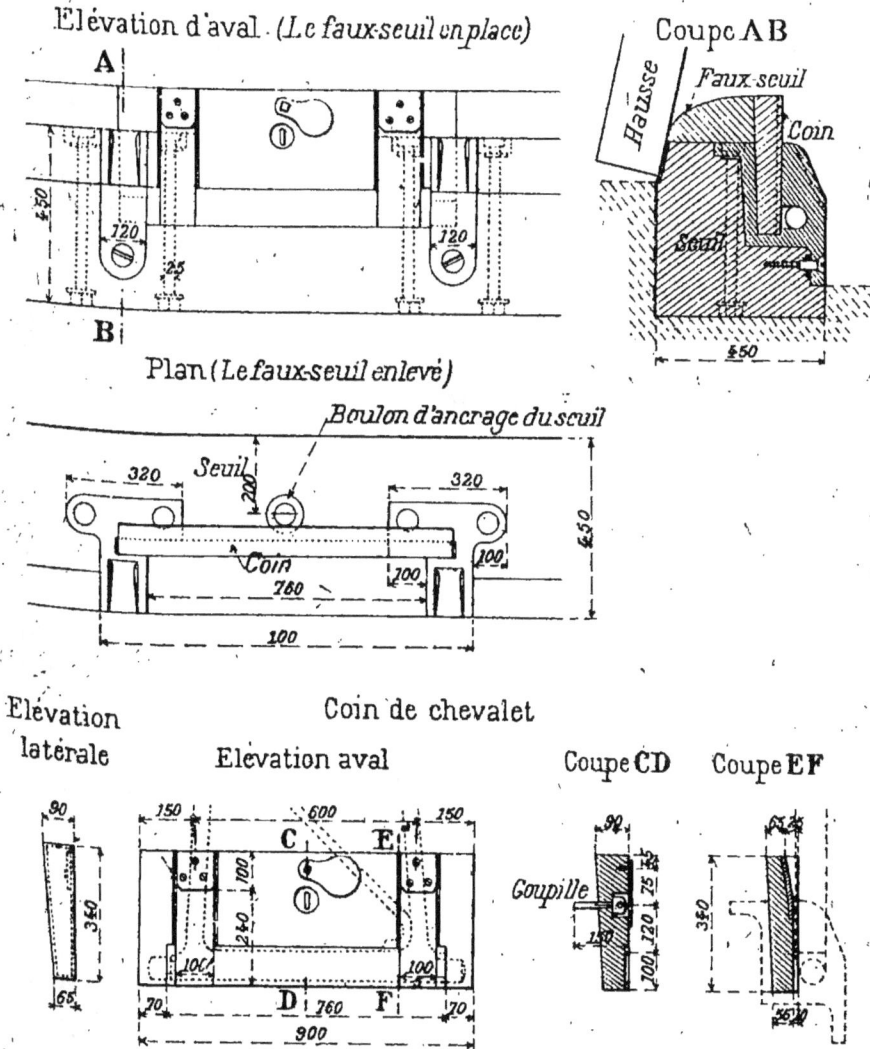

Elévation d'aval. *(Le faux-seuil en place)*

Coupe AB

Plan *(Le faux-seuil enlevé)*

Coin de chevalet

Elévation latérale

Elévation aval

Coupe CD

Coupe EF

FIG. 99. — Crapaudines jumelles d'un chevalet.

à faciliter la pénétration de l'essieu du chevalet. Les tourillons viennent se placer dans une chambre cylindrique placée à l'aval de la coulisse verticale.

Celle-ci est fermée ensuite par un long coin de bois ou coin de chevalet, renforcé par des tôles dans les parties correspondant aux montants du chevalet. Cette pièce assure ainsi la fixité de l'essieu. Une goupille la relie au seuil et s'oppose à son soulèvement (*fig.* 99).

La pose ou la dépose du chevalet nécessitent l'emploi du scaphandre pour poser ou retirer la goupille et le coin.

On a intérêt à rapprocher le plus possible le pied du chevalet de celui de la hausse pour atténuer les efforts de compression et d'arrachement. Mais le plus souvent cependant, les pieds de ces deux pièces sont situés de part et d'autre de la verticale passant par l'articulation ; dans ce cas, la verticale qui passe par le centre de gravité de l'ensemble des deux pièces tombe entre les points d'appui du chevalet et de la hausse, et la hausse est stable sans le secours de l'arc-boutant. Sur la haute Seine, où le chevalet est placé verticalement, on retient la hausse par le chevêtre de volée, en cas d'avarie à l'arc-boutant.

71. Arc-boutant. — Cette pièce, exposée à des chocs violents, devrait être aussi courte que possible, afin de présenter une grande résistance et éviter son flamblement.

Mais d'autre part, on a vu qu'il y avait tout intérêt à l'allonger pour diminuer l'effort d'arrachement sur le seuil. L'allongement de cette pièce est aussi désirable pour augmenter son poids et faciliter sa mise en place. Les courants violents, qui la sollicitent au moment de la fermeture de la passe, sont susceptibles de la soulever au-dessus du heurtoir, et de faire retomber tout le système qu'il doit supporter, entraînant avec lui les appareils de manœuvre et causant des accidents graves.

On doit ainsi se tenir dans un juste milieu, et combattre l'action du courant, en approchant le centre de gravité de la pièce de son extrémité inférieure.

C'est ce qui a été réalisé sur la haute Seine ; l'arc-boutant est représenté sur la figure 100. On remarque que le corps de la pièce ($0^m,090$ de diamètre cylindrique) est renflé à sa partie inférieure (0^m150 de hauteur), ce qui rend plus aisée l'action de la barre à talons, et facilite l'abatage. Pour tenir compte de tous les aléas possibles, l'effort maximum admis est de $1^{kg},5$ par millimètre carré.

Elévation

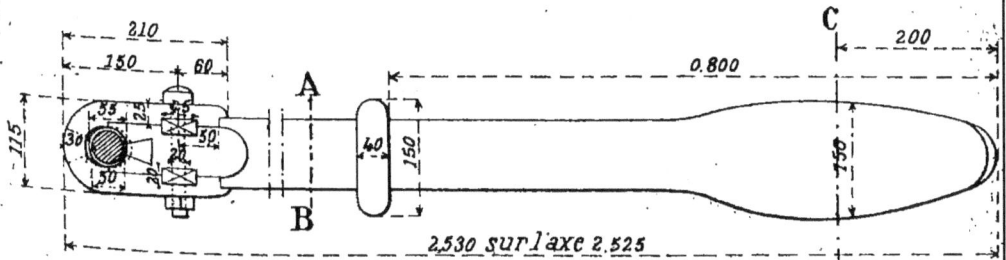

Rive gauche   Plan   Rive gauche

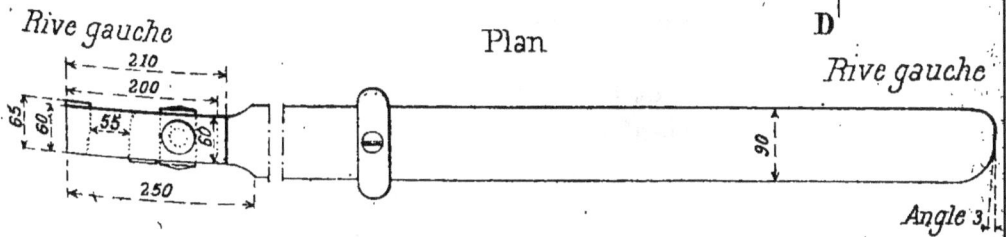

Angle 3

Rive droite   CoupeAB   CoupeCD   Angle 3
                                            Rive droite

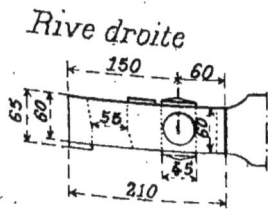 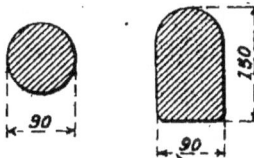 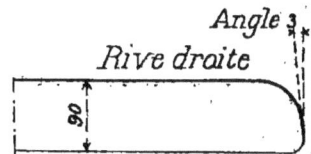

Fig. 100. — Arc-boutant.

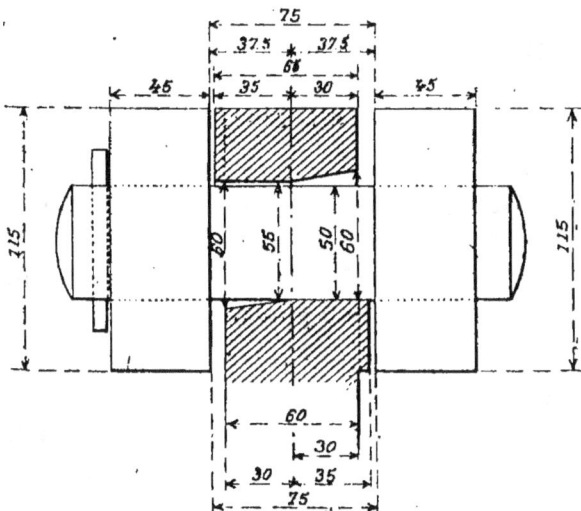

Fig. 101. — Tête d'arc-boutant.

Un anneau en forme de tore fixé au tiers de sa longueur sert de point d'appui aux gaffes et de point d'attache aux amarres.

La tête de l'arc-boutant façonnée comme une tête de bielle est fixée à l'axe d'articulation, qui fait partie du chevalet au moyen de clavettes et d'un boulon. Deux ergots placés latéralement peuvent buter contre les faces du collier et permettent à l'arc-boutant de se déplacer du côté où il est sollicité par la barre à talons, sans aller du côté opposé (Voir *fig.* 101). L'ovalisation partielle du passage ménagé dans la tête de bielle facilite ce déplacement.

72. Heurtoir et glissière d'arc-boutant. — Le heurtoir, contre lequel vient buter l'arc-boutant, lorsque la hausse est levée, est formé par une pièce de fonte, qui présente, dans l'axe du panneau un double plan incliné à pente douce du côté de l'aval, assez raide du côté de l'amont (*fig.* 101).

Au pied du plan incliné d'amont, qui sert d'arrêt, se trouve une cavité où s'engage l'extrémité de l'arc-boutant ; elle est suivie d'une pente légère, qui vient aboutir à la glissière proprement dite, excentrée par rapport à l'axe de la hausse. Cette glissière courbe se redresse, et se trouve disposée symétriquement par rapport à cet axe

Le plan incliné à l'aval à pente douce est dans la même situation.

La barre à talons dégage l'arc-boutant de la position qu'il occupe contre le plan incliné d'amont. La pression de l'eau sur la hausse la fait reculer en suivant la glissière, et abattre dans le logement qui lui est réservé perpendiculairement à l'articulation.

Lorsqu'on sollicite le panneau pour le relevage, l'arc-boutant se déplace en ligne droite, franchit le plan incliné d'aval et tombe contre le plan d'amont. Le bruit sec qui en résulte indique que l'appareil est en place.

73. Barre à talons. — Barre proprement dite. — La barre à talons (*fig.* 102) est l'engin dont on se sert pour faire glisser l'arc-boutant, le dégager du heurtoir et l'amener dans la glissière.

C'est une barre plate armée d'autant de talons, c'est-à-dire

de saillies, qu'elle doit abattre d'arcs-boutants. On la fait
manœuvrer horizontalement, et parallèlement au radier, dans

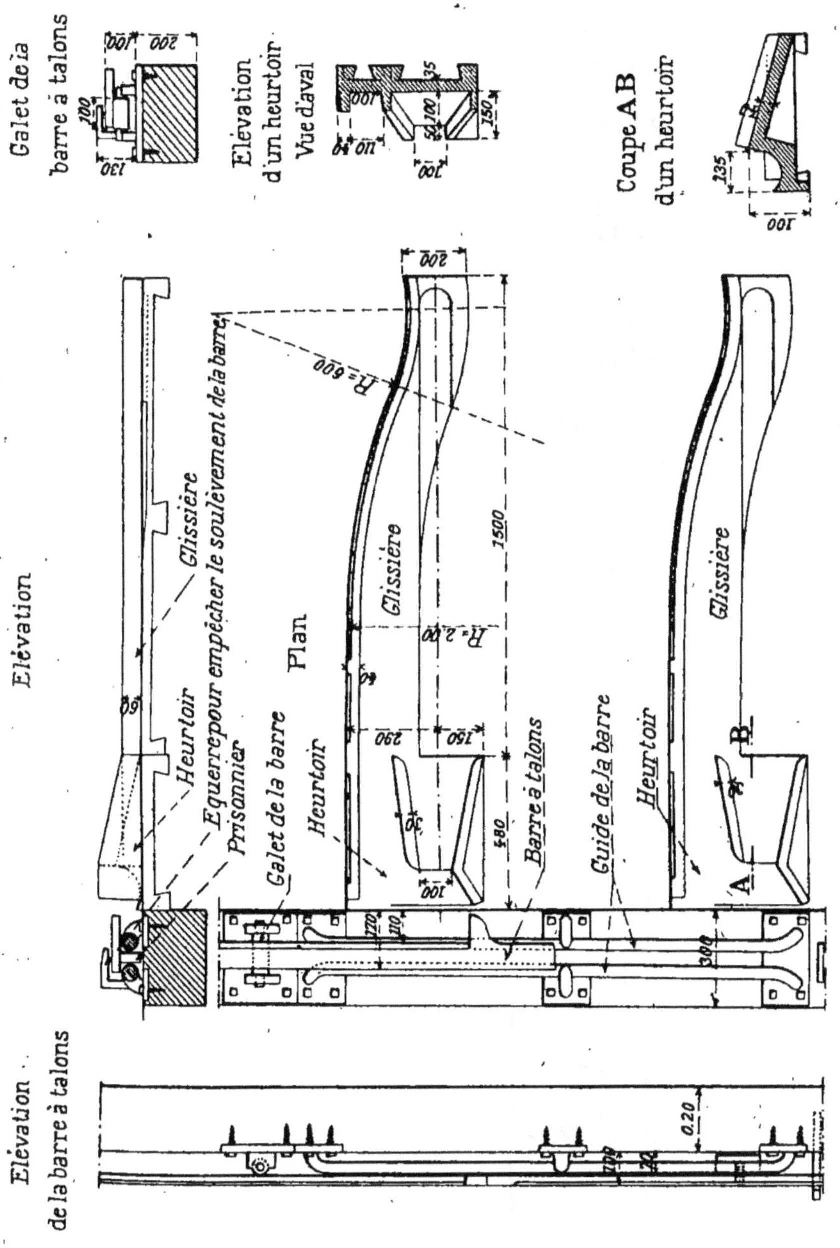

Fig. 102. — Heurtoir et glissière d'arc-boutant.

un sens perpendiculaire au plan de projection vertical des
arcs-boutants, au moyen d'un treuil placé sur l'une des rives
du barrage. Ce treuil agit, par l'intermédiaire d'un pignon,

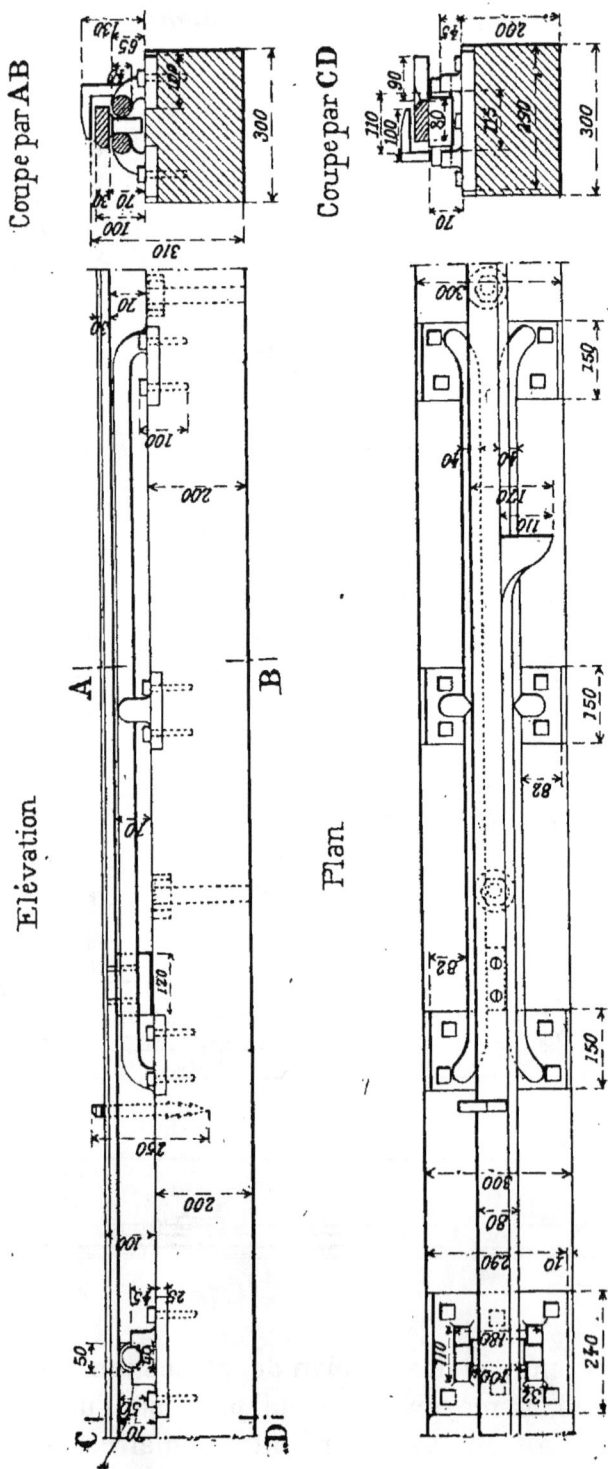

Fig. 103. — Barre à tatons.

sur une crémaillère adaptée à l'extrémité de la barre à talons.

Si la longueur de la passe navigable dépasse 30 mètres, on divise la barre à talons en deux parties mises bout à bout et manœuvrées, l'une d'une rive, l'autre de l'autre.

Sur la haute Seine, la barre a 80 millimètres de largeur et 30 millimètres d'épaisseur ; elle est armée de talons en saillie de 90 millimètres espacés de telle sorte que chaque arc-boutant soit entraîné successivement par le déplacement de la barre.

Ce déplacement est guidé : dans le sens longitudinal, par des rouleaux horizontaux, sur lesquels elle roule ; dans le sens vertical, par des crochets supérieurs qui empêchent tout soulèvement ; dans le sens transversal, par des glissières entre lesquelles roule un guide fixé à la barre.

Sur la Saône la barre est plus robuste et est fournie par un fer en **U** (*fig.* 104).

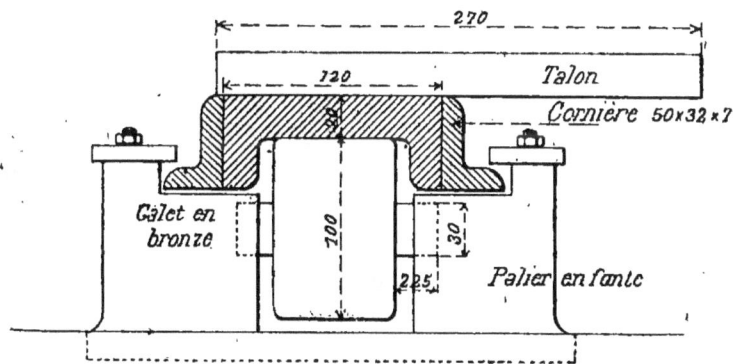

Fig. 104. — Barre à talons sur la Saône.

Sur la Meuse belge, on a ajouté à la barre des contre-talons destinés à empêcher l'échappement spontané des arcs-boutants, quand le barrage est relevé.

Cette disposition, qui garantit contre tout danger de chutes imprévues des hausses, complique le système sans avantage bien certain.

La barre à talons est placée un peu en saillie sur le radier (25 millimètres) pour éviter les dépôts, et immédiatement en amont des heurtoirs, sur lesquels s'appuient les arcs-boutants.

Les coupes AB et CD de la figure 103 font connaître les dispositions adoptées pour les glissières, les rouleaux et les crochets.

Sur la haute Seine, les glissières, placées à peu près tous les 4 mètres, sont constituées par deux fers ronds de 40 millimètres de diamètre, et de $1^m,50$ de longueur.

Les galets de soutien de la barre à talons sont espacés de $2^m,60$, longueur correspondant au double de la largeur d'une hausse.

On peut craindre que l'arc-boutant ne franchisse la barre à talons et ne vienne s'engager en-dessous de cette pièce. Un dispositif ingénieux, appelé plaque de recouvrement, et imaginé par M. Lambert, chargé d'une subdivision sur l'Yonne, évite cet accident possible. Cette plaque placée en arrière de la barre à talons au droit de chaque heurtoir, et qui constitue comme un contre-heurtoir, présente une face verticale à l'aval et un plan incliné vers l'amont. Si l'arc-boutant franchit la barre, il retombe sur le plan incliné du contre-heurtoir, et peut être retiré sans difficulté.

74. Course de la barre. — L'abatage simultané de toutes les hausses ne peut être effectué, à cause de l'effort considérable qu'il nécessiterait, et des graves inconvénients qui en résulteraient pour la conservation des radiers.

On a donc été amené à placer les talons sur la barre à des distances variables telles que l'on puisse abattre une à une un certain nombre de hausses, puis deux à deux quelques-unes, quand la chute est moins considérable, et enfin, vers la fin de la manœuvre, trois à trois celles qui restent.

Il faut, dans tous les cas, que le déplacement longitudinal de la barre reste inférieur à l'écartement de deux hausses consécutives.

Lorsque la barre est composée de deux tronçons, ce qui a lieu pour des passes supérieures à 30 mètres, on manœuvre d'abord la plus courte, quand la dénivellation et par suite l'effort à vaincre est maximum.

75. Système de manœuvre de la barre. — La manœuvre s'effectue, comme on l'a dit plus haut, au moyen d'un treuil, qui actionne un pignon engrenant sur l'extrémité de la barre à talons. Ces organes se trouvent au fond d'un puits de dimensions suffisantes pour être visité et nettoyé.

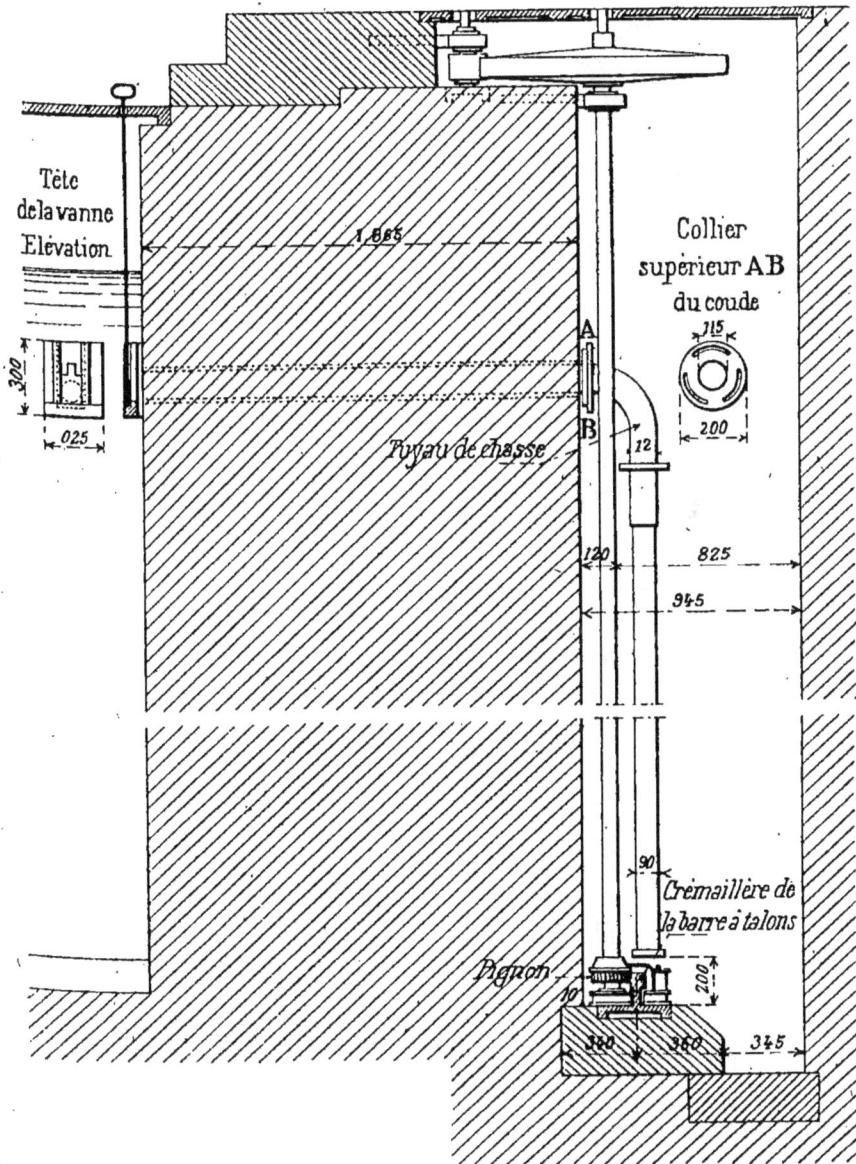

Fig. 105. — Puits du treuil de la barre à talons et appareils de chasse. Meuse belge.

On peut y pratiquer des chasses, comme sur la Meuse belge, au moyen d'une prise d'eau dans le bief amont, afin d'expulser les dépôts qui ont pu s'y former (voir *fig.* 105).

Sur la haute Seine, l'effort donné sur la barre est de 1.200 kilogrammes, il a été porté à 12.000 kilogrammes sur la Meuse.

76. Seuil. — Le seuil, fixé au radier, forme le heurtoir de la hausse.

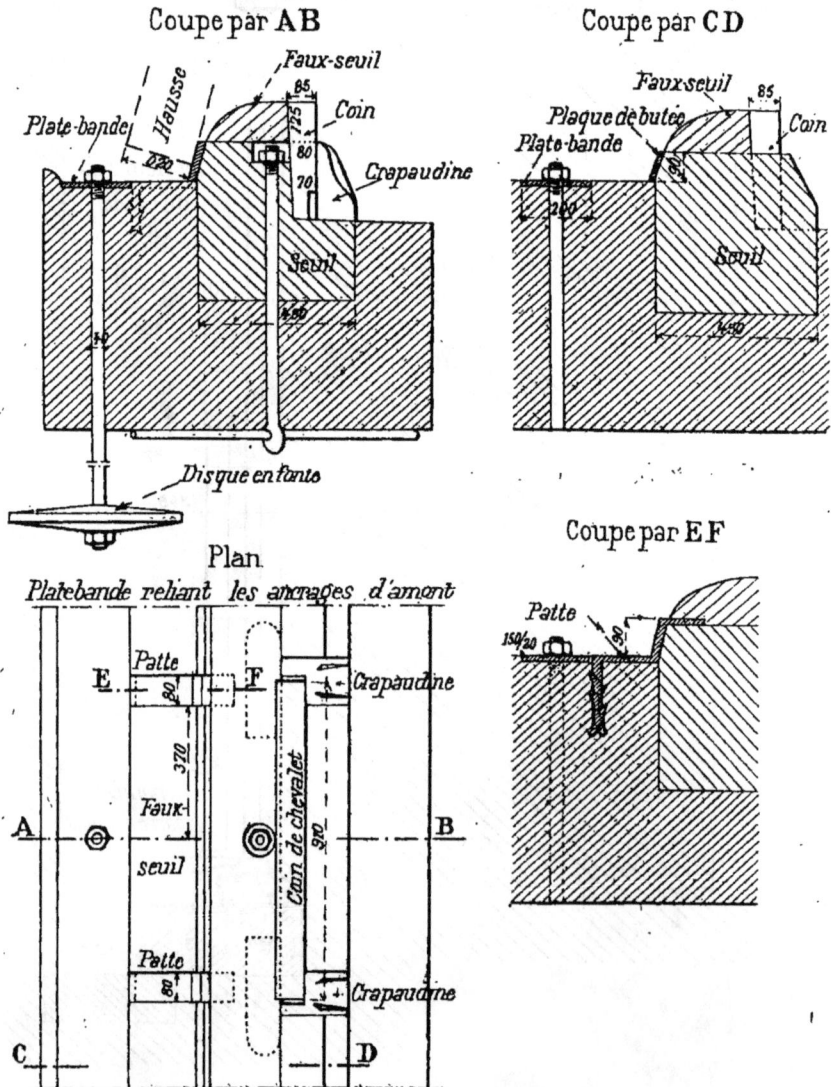

Fig. 106. -- Haute Seine. Seuil-heurtoir en bois.

Il est soumis : à un effort d'arrachement transmis par le chevalet; à la pression exercée par le pied de la cu-

lasse de la hausse contre sa face amont, enfin, à la force centrifuge développée lors de l'abatage sous l'action de la pression d'amont, et qui tend à l'arracher.

On a d'abord employé sur la haute Seine des seuils en bois,

Coupe dans l'entre-deux
des hausses

Coupe dans l'axe
d'une hausse

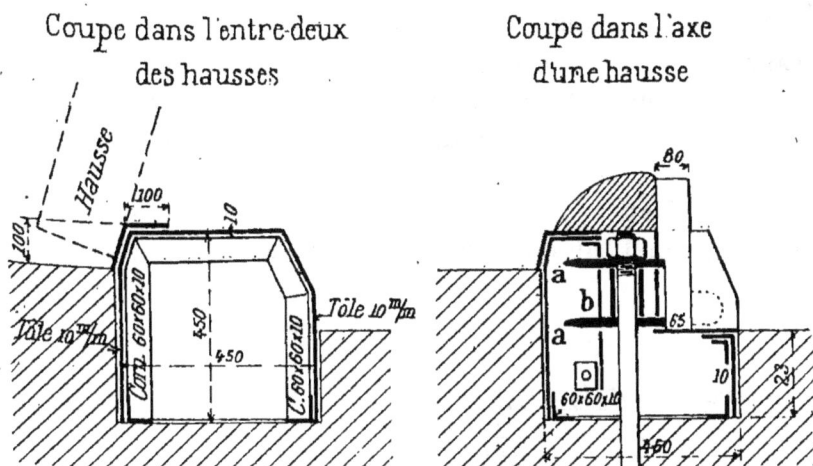

Mode d'attache du
faux-seuil

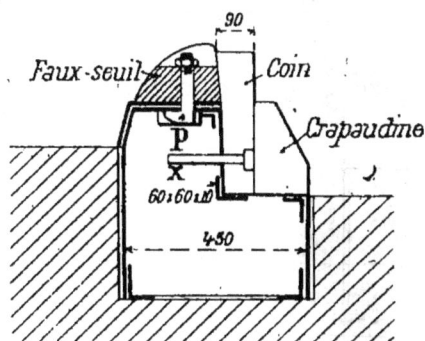

Fig. 107. — Haute Seine. Seuil-heurtoir métallique.

dont le détail est donné sur la figure 106. Il y a peu de
chose à dire à ce sujet, car on a vu précédemment comment il est constitué. Il suffit de remarquer que l'ancrage
est très fortement constitué par un long boulon relié par une
barre à la pierre de taille, dans laquelle le seuil est encastré.
Cette pierre est elle-même reliée au massif de fondation par
un ancrage à disque.

On voit aussi que le seuil est protégé contre le heurt des hausses par une platebande métallique.

Mais les seuils en bois ont subi une usure profonde, et on les a remplacés par des seuils métalliques, dont les dispositions de détail sont données sur la figure 107.

Le remplacement s'est produit sur les barrages en service, sans toucher aux écrous des boulons, qui fixaient le seuil en bois à la pierre. Cette mise en place a été faite par des scaphandriers au moyen d'une manœuvre très ingénieuse.

77. Radier. — Le radier d'un barrage à hausses est absolument constitué de la même façon qu'un radier de barrage

Coupe en travers du radier

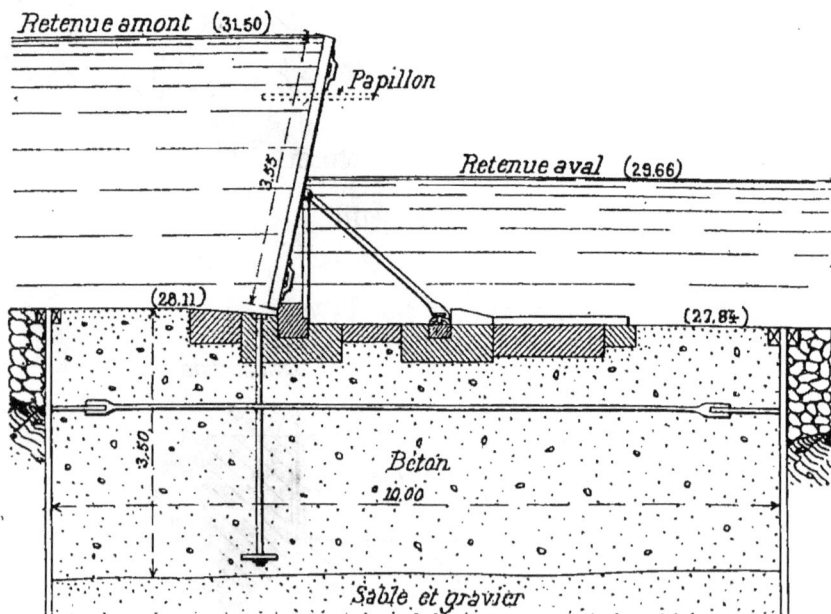

Fig. 108. — Haute Seine.

à fermettes. Comme ce dernier a été décrit en détail, on n'insistera pas davantage (voir *fig.* 108).

78. Hausses automobiles de déversoirs. — Les hausses, dont on a étudié l'emploi pour la bouchure des passes navigables, ont été aussi utilisées pour la fermeture des déversoirs sur la haute Seine, l'Yonne, et la Meuse belge. Elles sont représentées sur la figure 109.

M. Chanoine a imaginé de réaliser pour ces passes un mode de fermeture absolument automatique. Les hausses ne devaient pas seulement basculer sous une lame déversante, dont l'épaisseur était fixée d'avance à $0^m,12$ ou $0^m,15$, mais encore se relever d'elles mêmes, quand le niveau d'amont était réduit d'une quantité déterminée. Ce système avait donc pour but de donner écoulement aux crues subites et moyennes, sans que l'on eût besoin de s'en préoccuper.

Malheureusement les résultats n'ont pas répondu aux prévisions, en ce qui concerne le relèvement. Celui-ci ne se réalisait qu'après un abaissement d'environ 1 mètre sous la retenue. En somme, le relèvement ne réussit pas, et on dut recourir à une limitation de mouvement de la hausse à l'aide d'une chaîne, de façon à lui conserver une inclinaison notable sur la direction du courant. L'action de la culasse sur la volée devient alors prépondérante d'une façon certaine.

Mais cette modification avait l'inconvénient de réduire le débouché du déversoir. On a donc définitivement renoncé à l'automobilité des hausses de déversoir, et on les a manœuvrées à la main du haut d'une passerelle établie sur fermettes. Cette transformation due à M. l'ingénieur de Lagrenée a été effectuée en 1869 sur l'Yonne et la haute Seine.

Cette passerelle était établie immédiatement en amont des hausses. On pourrait à la rigueur effectuer la manœuvre à la gaffe. Il est préférable de se servir de chaînes, deux par hausses, attachées l'une à l'extrémité de la culée, l'autre à l'extrémité de la volée, et d'un treuil circulant sur la passerelle. En agissant sur ces chaînes d'une façon convenable, le barragiste peut donner à la hausse l'inclinaison convenable, et par suite régler avec une certaine précision la retenue des biefs. Il peut d'ailleurs laisser le basculement s'opérer spontanément, et provoquer seulement le relèvement.

Les hausses ont aussi été munies de vannes-papillons, qui rendent le réglage plus aisé, et permettent de retarder la mise en bascule.

A titre d'exemple, on a indiqué sur les figures 109-110 les dispositions adoptées pour la fermeture des déversoirs

Coupe du déversoir

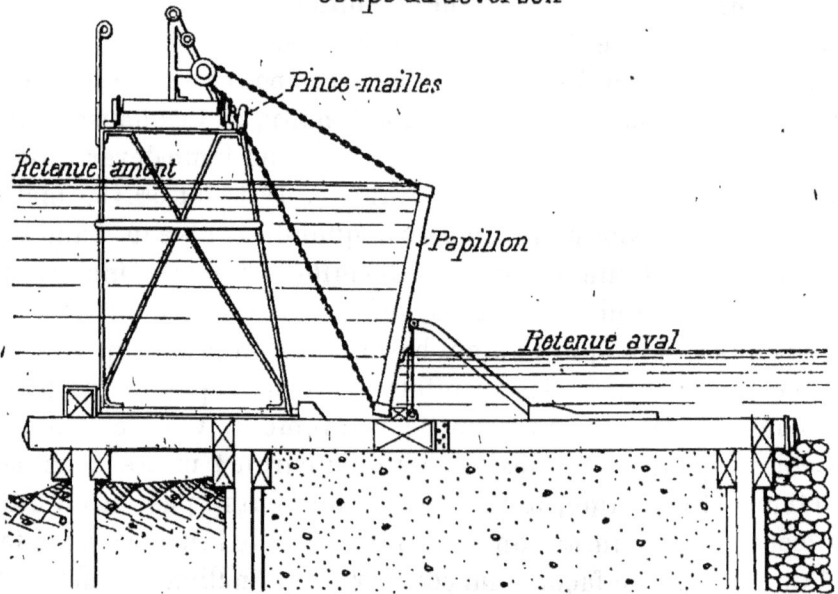

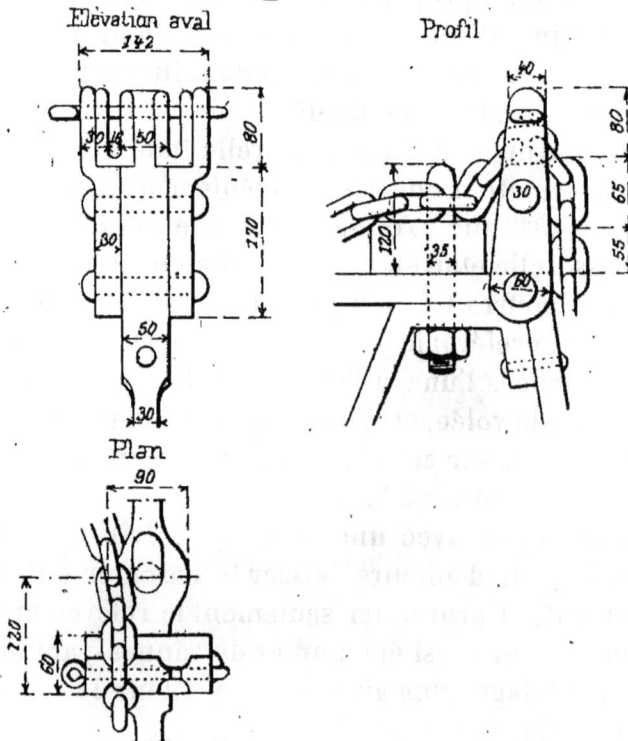

Fic. 109. — Déversoir à hausses de l'Yonne.

de l'Yonne et de la Meuse belge. Ce qui caractérise le système adopté sur l'Yonne, c'est l'absence de la barre à talons. La manœuvre s'effectue au moyen de chaînes fixées aux extrémités de la volée et de la culasse; la figure 109 fait connaître le détail du pince-mailles fixé au montant aval de la fermette.

Sur la Meuse belge (*fig.* 110), on a conservé la barre à talons

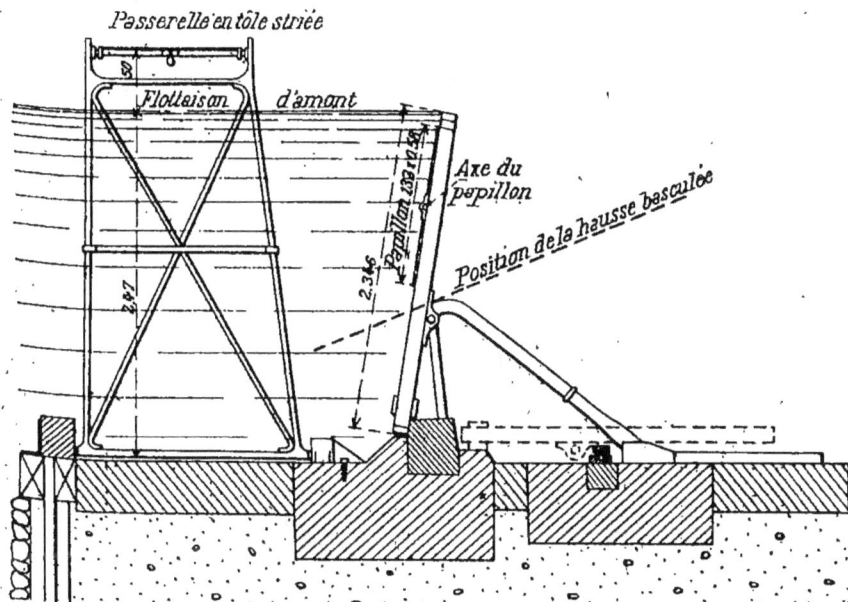

Fig. 110. — Déversoir à hausses de la Meuse belge.

et la vanne-papillon, ce qui entraîne le basculement et le relèvement spontanés, en limitant à 21° l'angle de la hausse avec l'horizon, lors de sa mise en bascule. Quelques hausses se redressent spontanément; pour les autres, on se sert d'un croc manœuvré du haut de la passerelle.

L'établissement d'une passerelle pour la manœuvre des hausses placées sur les déversoirs, qui avait été pour ainsi dire un expédient afin d'utiliser les ouvrages existants, a été fait sur d'autres rivières à l'amont d'une passe navigable, notamment sur la Saône (voir *fig.* 111).

Les avantages de ce système sont certains : la manœuvre de relèvement est rendue facile au moyen de la chaîne fixée à la culasse ; les fermettes constituent un second barrage,

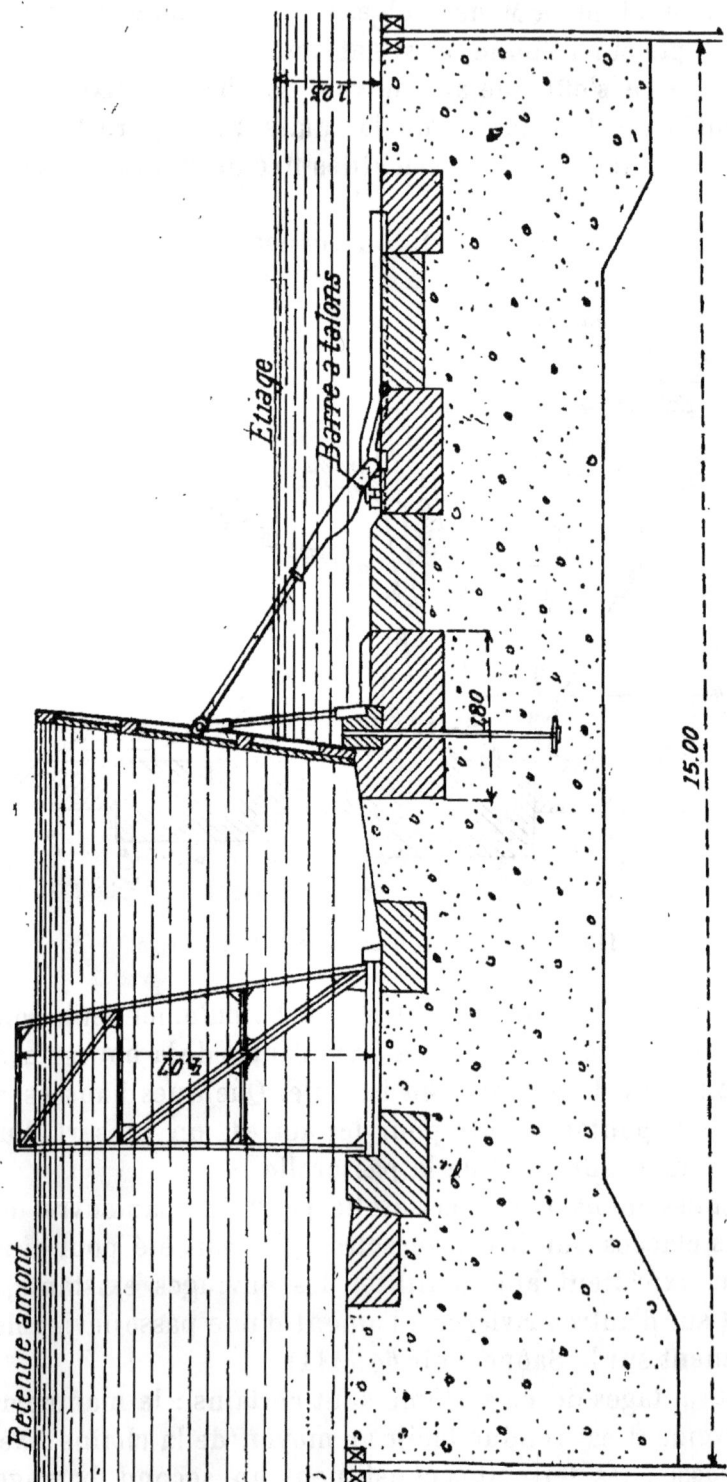

Retenue amont

Étiage

Barre à talons

3,07

1,05

180

15,00

Fig. 111. — Coupe d'une passe navigable sur la Saône.

que l'on peut utiliser en cas de besoin. Mais, par contre, les frais de premier établissement du barrage deviennent très élevés, d'une part, parce que le radier a une largeur presque double de celle qui serait nécessaire pour les hausses seulement, d'autre part, parce que les fermettes doivent avoir une résistance aussi grande que si elles devaient être garnies d'aiguilles et supporter la retenue. En outre, la passerelle peut être une cause de gêne en cas d'abatage rapide nécessité par une embâcle.

79. Manœuvre des hausses Chanoine.

1° ABATAGE. — L'abatage s'effectue :

Soit au moyen de la barre à talons, qui est manœuvrée de la rive ;

Soit au moyen d'une chaîne fixée à la volée de la hausse du haut d'une passerelle.

On a montré précédemment comment cette opération devait être conduite : abatage successif des hausses et des travées qui constituent le barrage afin d'éviter une arrivée d'eau considérable dans le bief aval ; remise en place de la barre à talons dans sa position primitive, aussitôt après l'abatage, pour empêcher les talons d'être prisonniers derrière l'arc-boutant relevé.

Il n'est pas besoin de dire que la barre à talons doit être visitée fréquemment par un scaphandrier, et remise en état s'il y a lieu.

L'abatage au moyen de la chaîne fixée sur la volée est peut-être moins aisé ; on doit non seulement dégager l'arc-boutant du heurtoir, mais encore le soulever au-dessus de la saillie qu'il présente au moyen d'une gaffe spéciale. On peut ensuite débarrer aussi lentement qu'on veut en utilisant le frein du treuil.

2° RELEVAGE. — Le relevage s'effectue sans difficultés, soit au moyen de bateaux de manœuvre, soit à l'aide d'une passerelle montée sur fermettes.

La durée de l'opération, qui n'a d'ailleurs que très peu d'importance, varie avec le moyen employé, la hauteur des hausses et la longueur de la passe.

On étudiera successivement les deux procédés employés.

a) *Relevage au moyen de bateaux*. — Ici deux méthodes sont utilisées :

La première, qui est encore usitée sur la haute Seine, et dont la caractéristique est d'appuyer le bateau de manœuvre sur les hausses;

La seconde, qui est employée sur l'Yonne, et qui permet de procéder au relevage en tout état des eaux sans prendre appui sur les hausses.

Méthode de la haute Seine. — Le matériel en usage se compose d'un bateau de 10m,50 de longueur sur 3m,20 de largeur, d'une gaffe et d'une lance (*fig.* 112).

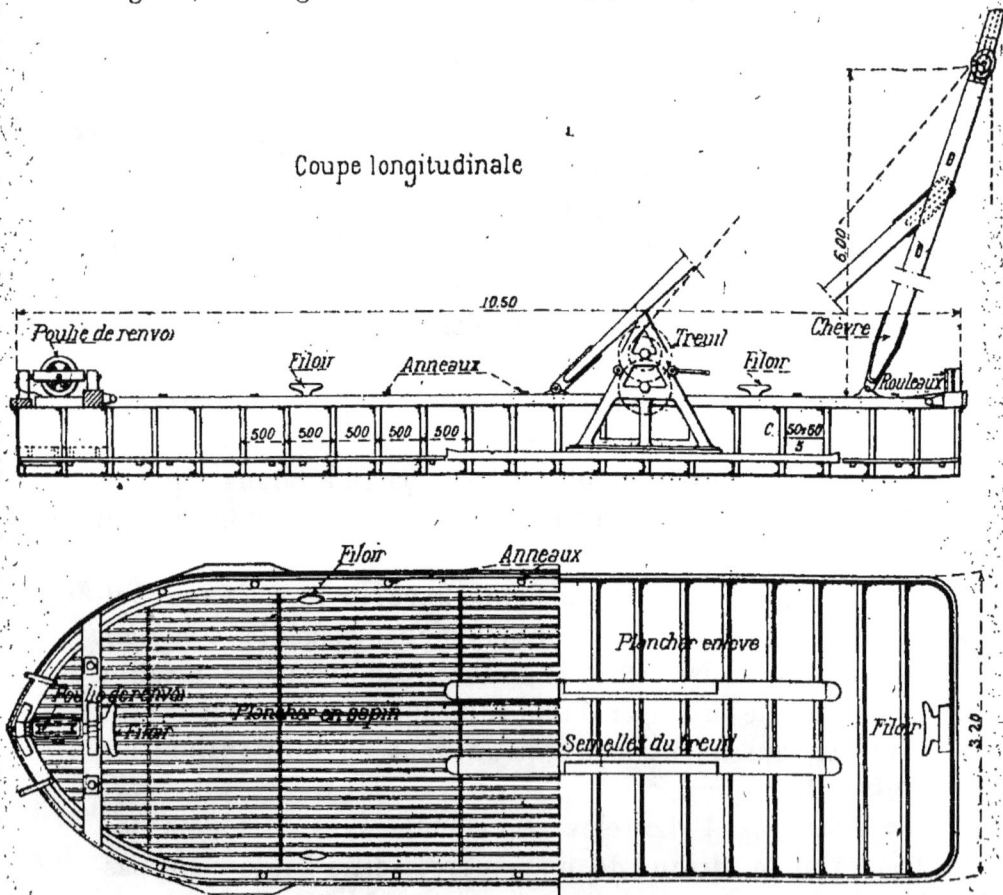

Fig. 112. — Relevage des hausses par bateau (Haute Seine).

Le bateau, dont l'ossature est métallique, est bordé en chêne et reçoit un plancher en sapin. A son avant, il présente une poulie mobile autour d'un axe horizontal, et sur laquelle se meut le câble qui soutient la gaffe (*fig.* 113). A son arrière se trouvent des rouleaux, qui servent à guider

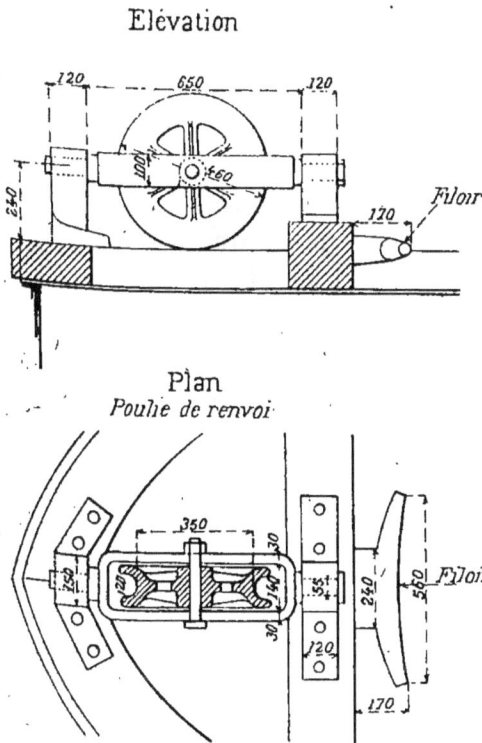

FIG. 113. — Poulie mobile.

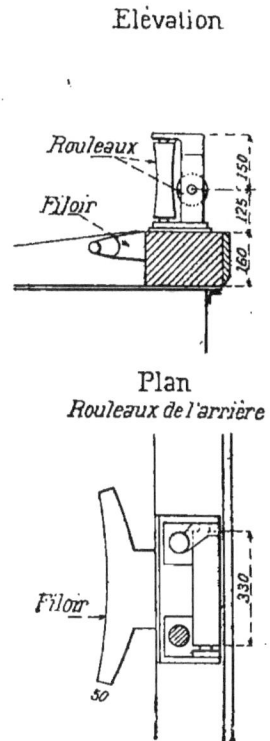

FIG. 114. — Amarres.

les amarres (voir *fig.* 114). Un treuil est fixé sur la partie postérieure du bateau, et actionne le câble de commande du câble. Une chèvre peut à la rigueur compléter cet ensemble et permettre d'effectuer, en dehors de la manœuvre des vannes, des réparations aux barrages et aux écluses.

La figure 115 donne les dimensions et dispositions de la gaffe et de la lance.

Il est inutile d'en donner la description ; il suffit de faire remarquer que la gaffe présente à son extrémité un solide anneau sur lequel on fixe une forte amarre.

Ceci posé, la manœuvre de relevage s'exécute de la manière suivante :

On relève d'abord les hausses de rive, celles qui se trouvent le plus rapprochées du bajoyer de l'écluse.

Le bateau de manœuvre est amarré parallèlement au bajoyer de l'écluse, c'est-à-dire dans le sens du courant, à environ 8 mètres de la ligne du barrage (*fig.* 116).

Il est solidement relié à un batelet de service, qui est maintenu sur l'alignement des hausses. On saisit avec la gaffe la poignée de culasse de la hausse, et on agit sur le treuil, jusqu'à ce que l'arc-boutant vienne frapper le heurtoir; on en est averti par le choc qui se produit entre ces deux pièces.

La hausse relevée sur le chevalet reste sensiblement horizontale et évite ainsi l'action du courant. On la met en place, en agissant sur la culasse au moyen d'un croc.

La manœuvre, qui vient d'être décrite, s'applique aux travées de rive; il ne serait pas possible, en effet, de maintenir le bateau de manœuvre dans la position indiquée, lorsque le débouché est réduit et que le courant devient plus violent.

Dans ce cas, le bateau de manœuvre est placé perpendiculairement au fil de l'eau, parallèlement à la direction du

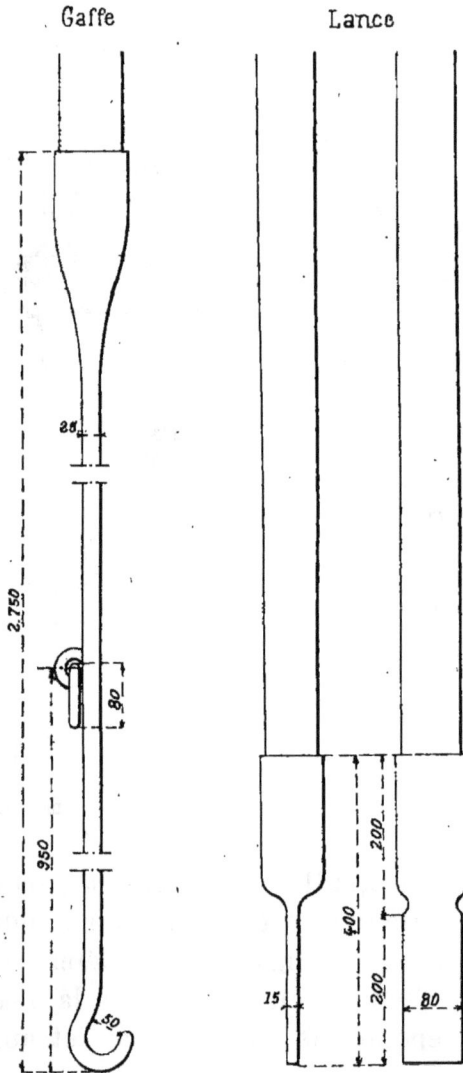

FIG. 115. — Lance et gaffe (détails).

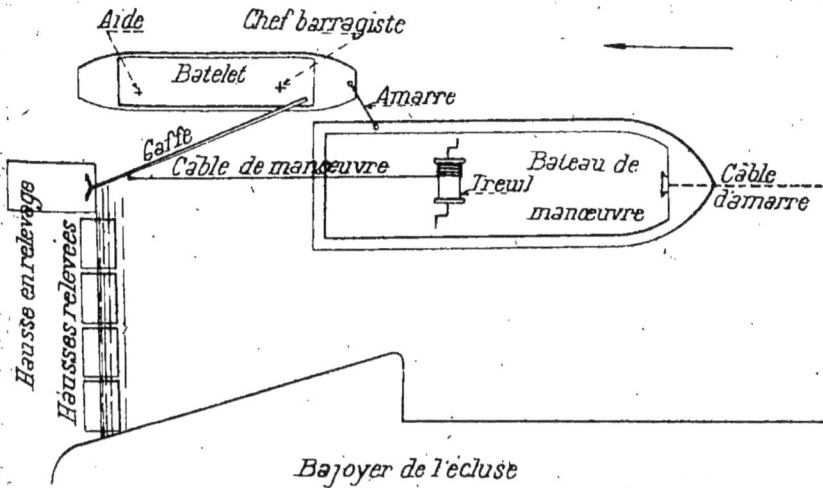

Fig. 116. — Plan de la manœuvre de relevage des hausses.

barrage. Il longe le batelet de service, qui prend appui sur les hausses relevées (*fig.* 117). Lorsque la chute se forme, la pression de l'eau sur la culasse suffit à compenser les efforts, qui sont exercés sur la volée. Les bateaux sont d'ailleurs fortement amarrés à l'amont pour parer aux inconvénients que pourrait produire l'abatage des premières hausses lorsque la chute n'est pas encore établie.

La figure 117 montre, sans qu'il soit besoin de longues explications, comment s'effectue la manœuvre. Les bateaux étant à l'aplomb

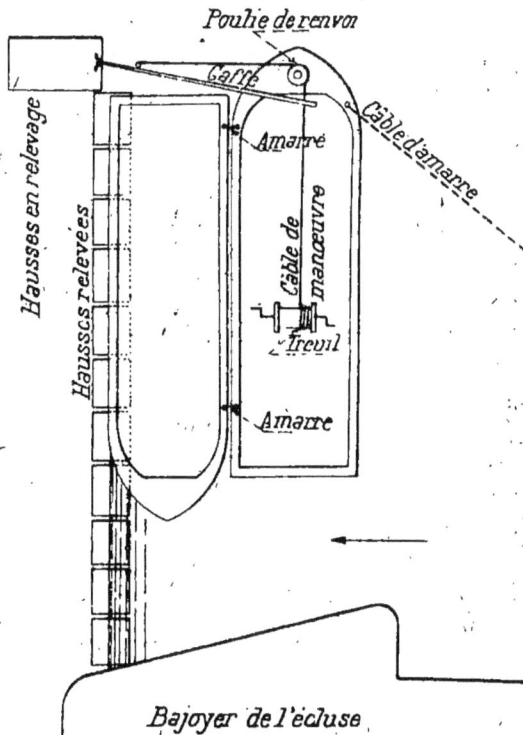

Fig. 117. — Plan de la manœuvre de relevage des hausses.

des dernières hausses relevées, on saisit la poignée de la culasse avec la gaffe, et on fait mouvoir le câble jusqu'à ce que l'arc-boutant vienne frapper le heurtoir (*fig.* 118). L'emploi du batelet de service est justifié par l'obligation de saisir la hausse assez obliquement, pour que l'ensemble du système formé par le chevalet et l'arc-boutant prenne sa position définitive.

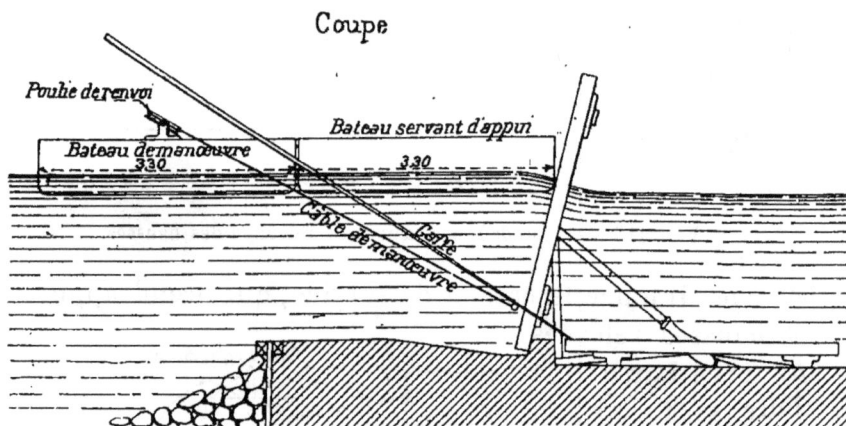

FIG. 118. — Manœuvre de relevage des hausses (Haute Seine).

La lance sert à faire passer l'arc-boutant entre les deux oreilles du plan incliné du heurtoir, dans le cas où il y a jeu dans l'articulation, l'axe de cette pièce ne coïncidant plus alors avec celui de la hausse.

Méthode de l'Yonne. — Le procédé de la haute Seine décrit ci-dessus ne s'applique pas aisément sur les rivières à cours torrentiel comme l'Yonne. On est obligé d'effectuer les manœuvres de relevage, quand la hauteur de l'eau sur les seuils est encore élevée, et alors il est à craindre que les hausses, insuffisamment pressées sur leur partie inférieure, viennent à basculer.

M. Bonneau, ingénieur sur l'Yonne, a donc imaginé la méthode suivante, qui a donné les meilleurs résultats.

Le bateau de manœuvre est maintenu parallèlement au fil de l'eau, c'est-à-dire parallèlement à la direction du barrage, au moyen de deux amarres fixées à son arrière, et à l'aide d'une chaîne transversale à la rivière à laquelle

Ensemble du dispositif

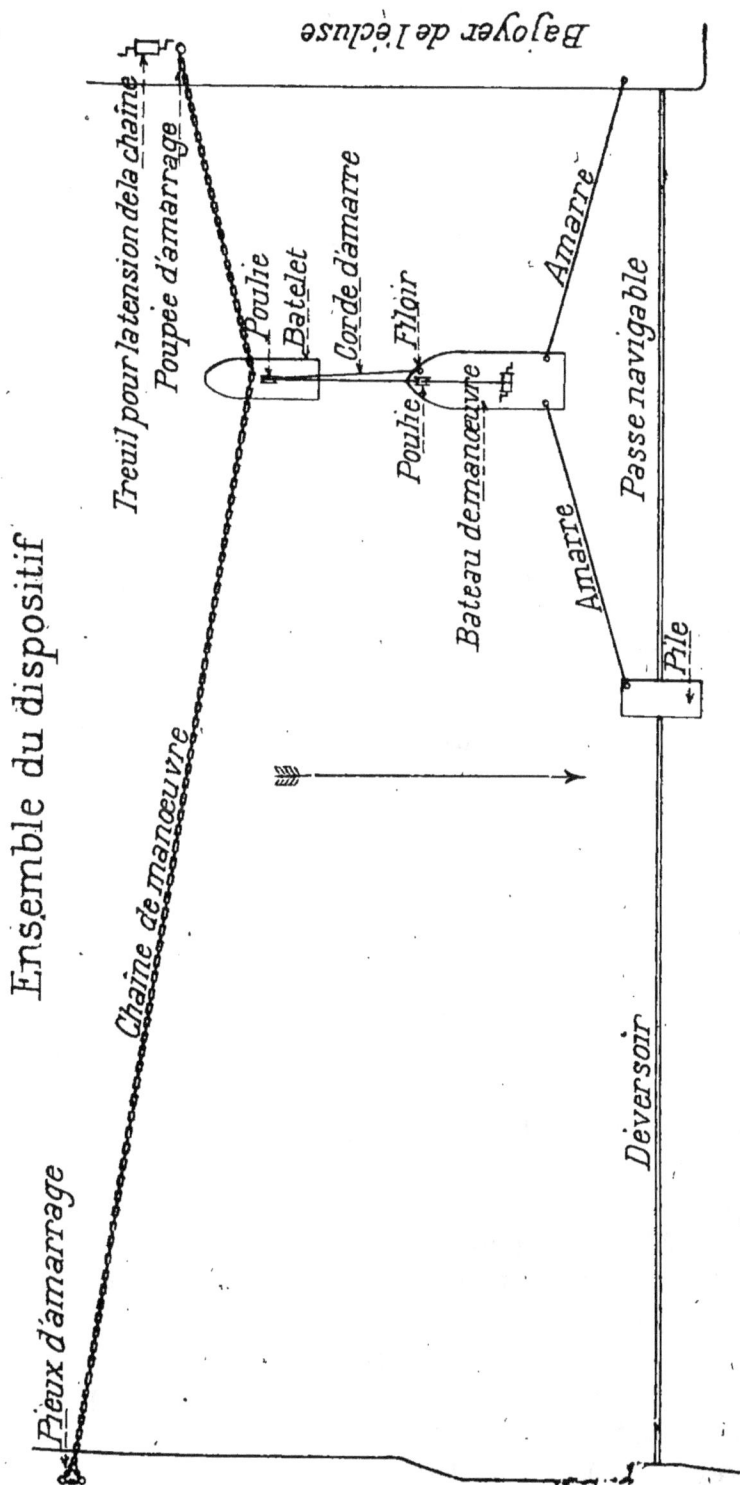

Pieux d'amarrage

Chaîne de manœuvre

Treuil pour la tension de la chaîne

Poupée d'amarrage

Poulie

Batelet

Corde d'amarre

Poulie Filoir

Bateau de manœuvre

Bajoyer de l'écluse

Amarre

Passe navigable

Amarre

Pile

Déversoir

Fig. 119. — Manœuvre de relevage des hausses (Yonne).

il est relié par son avant. La liaison entre le bateau et la chaîne se fait au moyen d'un batelet auxiliaire; les deux bateaux sont réunis par une amarre, que l'on tend à volonté (*fig.* 119).

La chaîne transversale à la rivière passe sur la gorge d'une poulie à empreintes, qui est fixée au moyen d'un dispositif spécial sur l'avant du batelet (*fig.* 120).

Appareil du Batelet

Plan — Coupe par AB

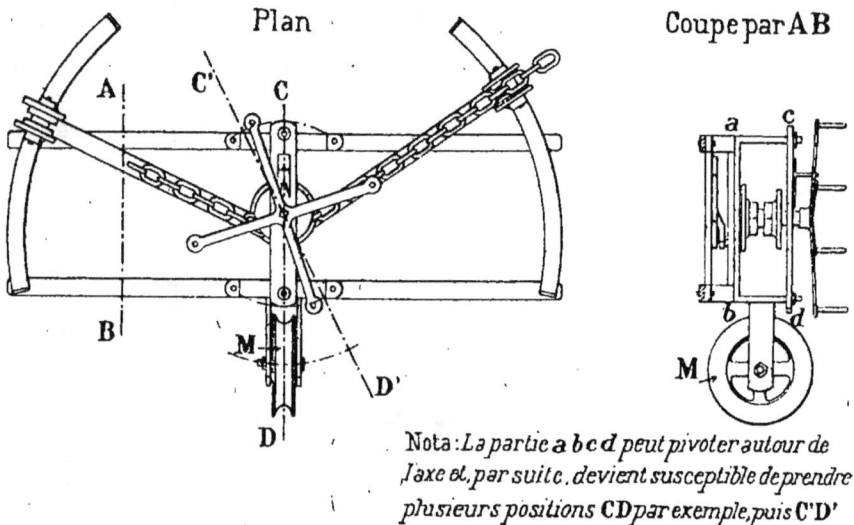

Nota : *La partie **a b c d** peut pivoter autour de l'axe et, par suite, devient susceptible de prendre plusieurs positions* **CD** *par exemple, puis* **C'D'**

FIG. 120. — Chaîne sur la poulie.

La poulie à empreintes, mobile autour d'un axe vertical, est mue par quatre manettes; on peut ainsi déplacer le batelet par rapport à la chaîne et l'amener successivement dans l'axe de chacune des hausses. La poulie M, montée sur un cadre mobile autour d'un même axe vertical, permet d'orienter le bateau de manœuvre et de le disposer dans la position la plus favorable à la manœuvre. Dans ce but, l'amarre, qui réunit les deux bateaux, passe sur un treuil disposé sur le bateau de manœuvre; lorsqu'on veut relever une hausse, on tend cette amarre, l'effort se trouve transmis à la chaîne par la poulie M et son armature. On saisit alors la poignée de culasse de la hausse avec la gaffe, et on se hale sur l'amarre, jusqu'à ce que l'arc-boutant soit parvenu à son arrêt ; il suffit ensuite de mollir l'amarre pour que la hausse puisse se relever.

Quand l'opération du relevage est terminée, la chaîne

Elévation
(La chaîne est mouillée)

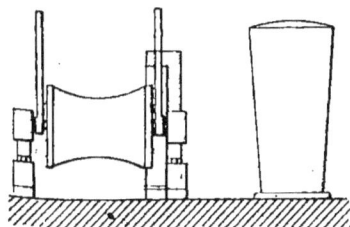

Coupe
(avec la chaîne du stoppeur)

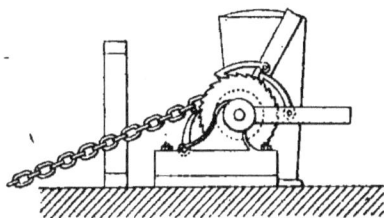

Plan
(La chaîne est tendue)

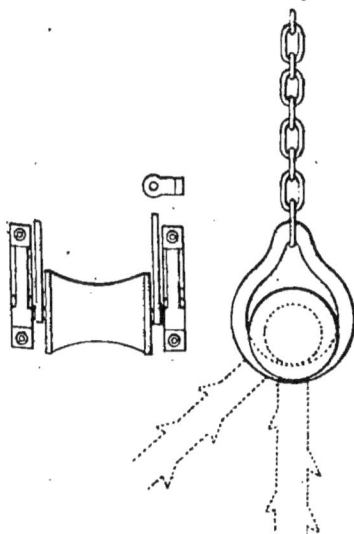

Stoppeur tendant la chaîne

Plan

Fig. 121. — Tendeur.   Fig. 122. — Stoppeur.

transversale, larguée, demeure au fond de la rivière (*fig. 121*), fixée d'une part à un pieu d'amarrage et d'autre part à une poupée, à laquelle elle est reliée par une chaînette de faible échantillon. Quand on veut tendre la chaîne, on tire sur cette chaînette, de manière à amener les premiers maillons de la chaîne à portée d'un stoppeur (*fig.* 123) disposé à l'extrémité

Elevation

Hausse en bascule

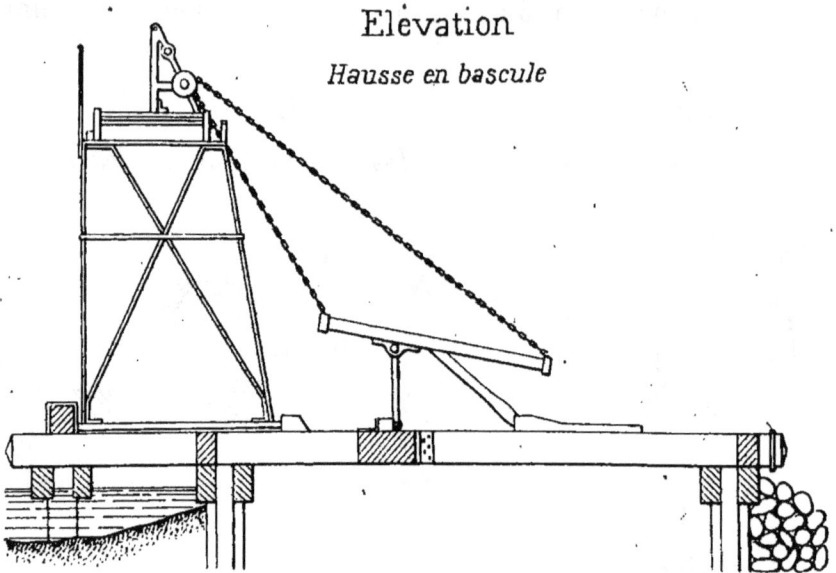

Plan

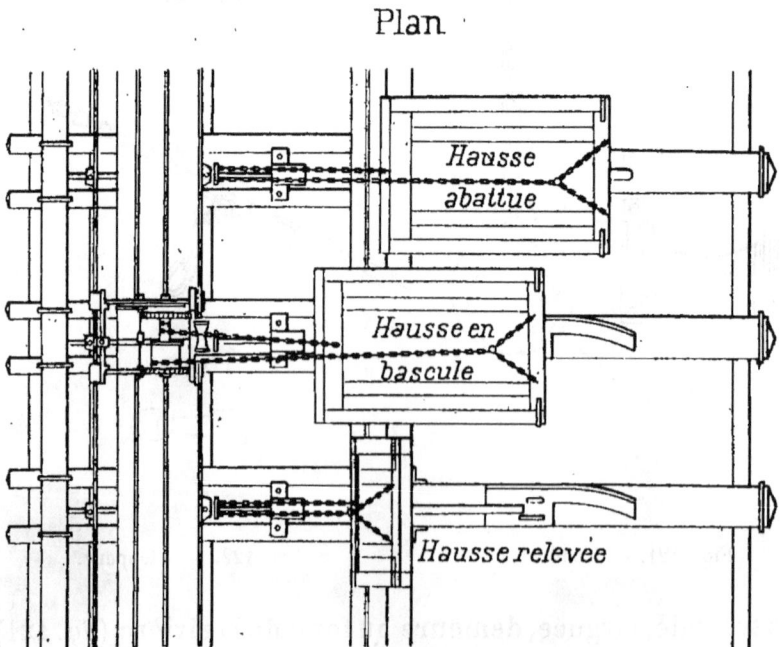

Fig. 123. — Manœuvre de relevage du haut d'une passerelle.

d'une troisième chaîne de grosseur moyenne enroulée sur le tambour d'un tendeur. On tire ainsi la chaîne de manœuvre jusqu'à ce que l'on puisse passer l'anneau qui la termine sur la poupée.

b) *Treuil différentiel de M. Maurice Lévy.* — *Manœuvre de relevage avec une passerelle.* — Le relevage des hausses peut aussi être opéré du haut d'une passerelle. Ce procédé est notamment usité sur l'Yonne (*fig.* 123).

Les figures qui précèdent indiquent nettement comment l'opération est pratiquée. Chaque hausse porte deux chaînes, l'une fixée au pied de la culasse, l'autre à la tête de la volée. Les chaînes passent sur deux tambours de diamètres différents, calés sur un même arbre, et qui constituent le treuil différentiel imaginé par M. Maurice Lévy. Les manœuvres exécutées avec un treuil ordinaire pourraient être accompagnées de chocs et de mouvements violents, dangereux pour le barragiste et pour la conservation des organes mobiles.

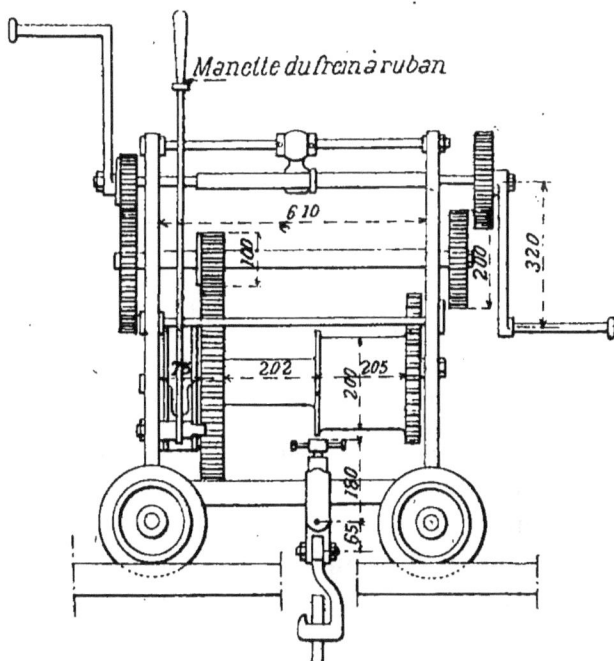

Fig. 124. — Treuil différentiel.

Le treuil différentiel (*fig.* 124) résout la question d'une manière élégante.

Les diamètres des tambours sont dans le même rapport que les longueurs de la volée et de la culasse ; la chaîne de volée est passée sur le gros tambour, la chaîne de culasse sur le petit et en sens inverse : l'une s'enroule pendant que l'autre se déroule.

Quand les deux chaînes sont tendues au début de l'opération, elles restent indéfiniment tendues. Il en résulte que le barragiste est absolument maître de la manœuvre, et que, même si l'arc-boutant parvenait à s'échapper, ce qui est assez fréquent, il n'aurait qu'à continuer à tourner la manivelle, comme si rien ne s'était passé.

Cet appareil très ingénieux offre donc toute facilité et toute sécurité pour la manœuvre.

80. Remplacement des hausses. — Il peut être nécessaire de remplacer une hausse sur un barrage en service.

Si le barrage comporte un heurtoir spécial en amont de celui des hausses, on opérera comme on l'a expliqué à propos des fermettes.

Dans le cas contraire, on se servira d'un écran en bois en forme d'U comme celui qui est usité sur la haute Seine (*fig.* 125).

81. Appréciation du système. Avantages et inconvénients. — Les résultats obtenus avec ces ouvrages sont très satisfaisants au point de vue de l'étanchéité. Le panneau, construit avec soin à l'atelier, donne une obturation complète ; le joint formé par deux hausses consécutives peut être très facilement bouché.

Au point de vue de l'écoulement des crues, le système est également pratique. S'il s'agit de laisser passer une petite crue, les vannes-papillons suffiront le plus souvent. Dans le cas contraire, aussi bien que pour une crue plus importante, la mise en bascule d'un certain nombre d'éléments évitera l'abatage complet.

Enfin, si le niveau des eaux rend l'abatage nécessaire, il s'effectue très simplement et très rapidement.

Dans tous les cas, l'écoulement de l'eau se produit par déversement, fait qui assure la conservation du radier, la chute des eaux étant amortie par le matelas constitué par le bief aval.

La rapidité d'abatage présentait un avantage inappréciable à l'époque où la navigation se faisait par éclusées. Actuellement, avec la navigation continue, les besoins ne sont plus les mêmes ; toutefois, la rapidité d'ouverture peut être très

Coupe parallèlement au courant

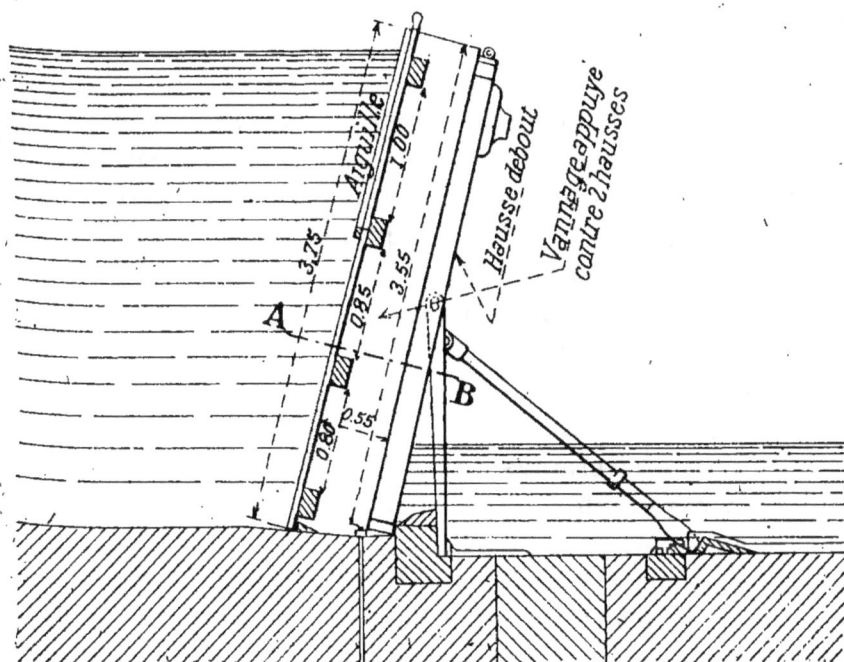

Coupe AB

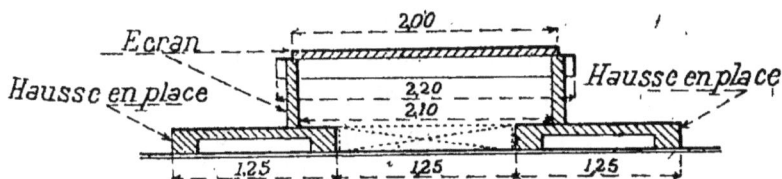

Fig. 125. — Ecran pour remplacement des hausses.

précieuse dans certains cas, notamment dans le cas des glaces. Il est indéniable que dans cette hypothèse aucun système ne présente un aussi sérieux avantage que le système Chanoine. On a pu le constater sur la Seine et sur l'Yonne, à plusieurs reprises : le basculement spontané, sous la pression des glaçons en mouvement, a sauvé la situation, qui aurait été certainement compromise avec des barrages à fermettes.

Le système présente, par contre, des inconvénients assez sérieux. Le plus grave résulte du grand nombre d'organes noyés (*seuil, barre à talons, arc-boutant, chevalet*) dont les réparations nécessitent l'emploi du scaphandre. Les chocs que subissent les hausses au moment des manœuvres entraînent des dépenses d'entretien assez élevées.

Le basculement spontané présente de sérieux inconvénients au point de vue de la régularité du régime du cours d'eau. Cette manœuvre provoque dans le bief d'aval un flot qui peut être accentué par les manœuvres des barrages inférieurs, et ce flot a pour conséquence un affameur, qui se répercute de la même façon et gêne la navigation.

On peut encore reprocher au basculement spontané de permettre l'irruption d'une masse d'eau considérable à l'aval, qui peut affouiller le radier, mais qui modifie surtout les conditions d'utilisation de la force motrice empruntée par les usines riveraines. Le Conseil d'Etat n'a pas hésité, dans des cas semblables, à mettre ces perturbations à la charge de l'Etat.

On ne s'arrêtera pas aux difficultés qu'on peut rencontrer dans la manœuvre des hausses; en prenant les précautions nécessaires, on peut réduire très sensiblement leur fréquence.

On signalera aussi l'impossibilité d'augmenter le mouillage, le cas échéant, sans changer tous les éléments.

Le plus gros inconvénient serait, sans contredit, la nécessité de l'addition d'une passerelle de service, dans le cas où cette passerelle serait reconnue indispensable.

Outre la dépense considérable qu'entraînerait son établissement, la passerelle installée sur fermettes robustes, doublant pour ainsi dire le barrage à hausses, supprimerait la plupart des avantages du système (rapidité d'abatage, etc.).

Malgré ces inconvénients, le système Chanoine, fréquemment utilisé en France et à l'étranger, est susceptible d'être encore employé avec avantage dans certaines circonstances.

82. Modification du système Chanoine. Système Pasqueau.

— M. l'inspecteur général Pasqueau, frappé des inconvénients que présentait la barre à talons, a cherché et trouvé le moyen de remplacer cet organe par une glissière spéciale dite à deux crans ou à crémaillère, qui permet la *manœuvre individuelle de chaque hausse, aussi bien à l'abatage qu'au relevage*, au moyen d'une passerelle située à l'amont.

Lors de l'abatage, chaque hausse s'abat sans choc sur le radier, ce qui est un très grand avantage au point de vue des remous et des affouillements.

Le nouvel organe est aussi simple, aussi rustique que l'ancien était délicat et compliqué; son prix de revient est peu élevé. Chaque hausse étant indépendante, on peut fractionner la construction d'un barrage en plusieurs parties, ce qui en facilite l'établissement. Cette facilité n'existe pas dans le barrage Chanoine qui nécessite la pose et l'ajustage de la barre à talons sur la longueur de la passe.

Barrage de la Mulatière. — M. Pasqueau, alors ingénieur ordinaire, a appliqué son système au barrage de la Mulatière à Lyon, sur la Saône, à son confluent avec le Rhône (*fig.* 126).

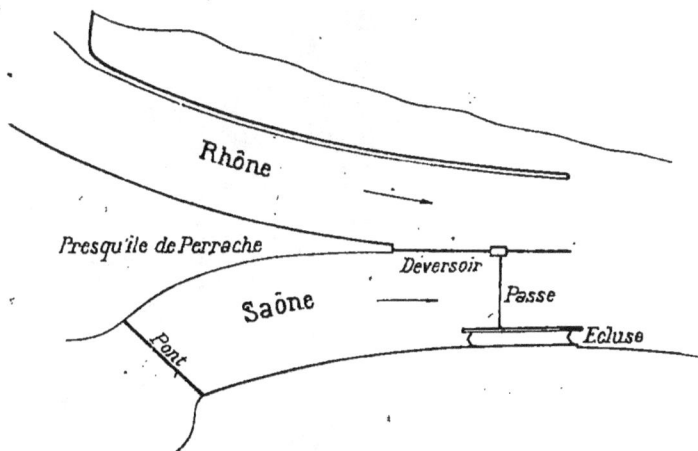

Fig. 126. — Abords du barrage de la Mulatière.

La passe navigable placée normalement au courant a $63^m,60$ de longueur; elle occupe sans piles intermédiaires la totalité de la largeur comprise entre l'écluse et la digue séparatrice des deux rivières. La retenue d'amont est à 4 mètres audess us du seuil, et la chute, au-dessus de l'étiage du Rhône, est de $2^m,60$ en moyenne.

Fig. 127. — Barrage de la Mulatière.

La manœuvre des hausses se fait du haut d'une passerelle de service située à l'amont, et dont le plancher a été placé à 2 mètres au-dessus de la retenue normale, en raison de la croissance rapide des crues du fleuve, et de la nécessité de se donner quelques heures pour faire les manœuvres (*fig*. 127).

La retenue est complétée par un déversoir de 84ᵐ,50 de longueur, fermé par des vannes Boulé, et placé, normalement à la passe, entre la Saône et le Rhône.

Ce système employé à la Mulatière a permis de résoudre un problème très délicat : l'ouverture et la fermeture rapide de la passe, en raison des crues et décrues subites du Rhône. C'est le seul barrage de ce type établi en France; achevé en 1882, il a toujours parfaitement fonctionné.

Principaux détails du barrage de la Mulatière. — Les hausses (*fig*. 128) au nombre de 69, ont 4ᵐ,36 de hauteur sur 1ᵐ,40 de largeur, leur espacement est de 1ᵐ,50. Elles sont articulées en leur milieu et ne sont pas par conséquent automobiles. Leur inclinaison sur la verticale est de deux septièmes, afin de réduire l'effort d'arrachement sur le radier.

Elles sont construites en métal; les montants constitués par des fers en ⊔ supportent un bordage de 4 millimètres d'épaisseur.

Un papillon de 1ᵐ,55 sur 0ᵐ,90 est disposé à la partie supérieure des hausses; il est fixé par un crochet ou sauterelle, qui se ferme de plus en plus sous la pression de l'eau quand la hausse est debout.

Chaque hausse est reliée à la passerelle par une chaîne fixée, d'une part, à la poignée de culasse, d'autre part, au montant aval de la fermette.

L'arbre inférieur du chevalet (*fig*. 129) est supprimé. Chaque montant est terminé par un œillet, qui vient se placer dans une fourche à œillets scellée dans le radier; les deux pièces sont réunies par un arbre en acier goupillé sur rondelle à ses deux extrémités, passant dans les trois œillets (*fig*. 130).

Le seuil est en fonte, ce qui ne présente dans l'espèce aucun inconvénient. Car la manœuvre étant effectuée au moyen d'un treuil à vapeur mobile sur la passerelle, on n'a pas à craindre de chocs.

La passerelle établie sur des fermettes espacées de 3 mètres d'axe en axe, c'est-à-dire correspondant à l'écartement de deux hausses, peut être couchée sur le radier. Les éléments du tablier métallique sont attachés aux fermettes et se replient avec elles. Chaque élément a une portée un peu moindre que l'espace qu'il franchit, de telle sorte qu'il n'est

Face amont

Face aval

Coupe longitudinale

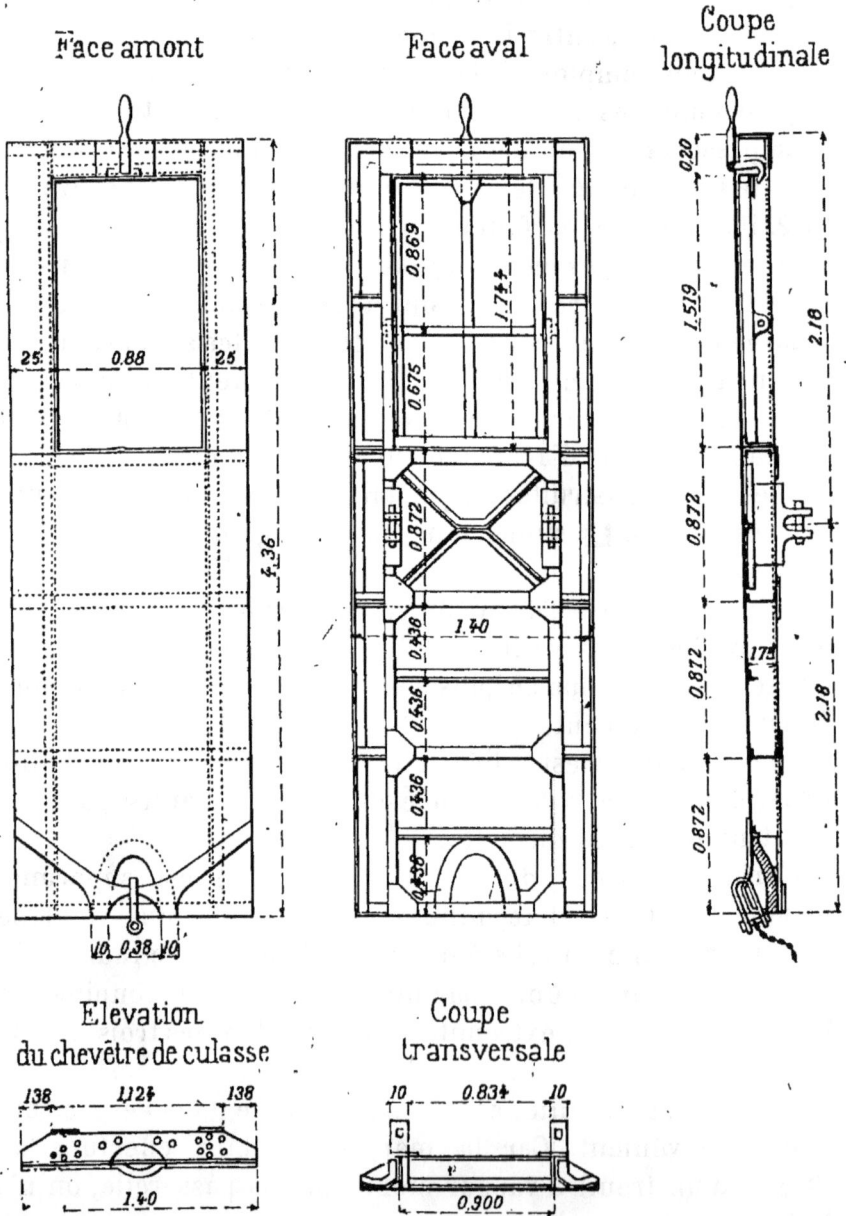

Elévation du chevêtre de culasse

Coupe transversale

Fig 128. — Hausse du barrage de la Mulatière.

pas engagé sous la fermette suivante. Chacune d'elles porte à sa partie supérieure deux axes distincts, espacés de 0m43, servant l'un à l'articulation d'un élément de plancher, l'autre à l'accrochage du suivant. Le relevage des fermettes se fait au moyen d'une gaffe manœuvrée par le treuil à vapeur.

Chevalet

Elevation

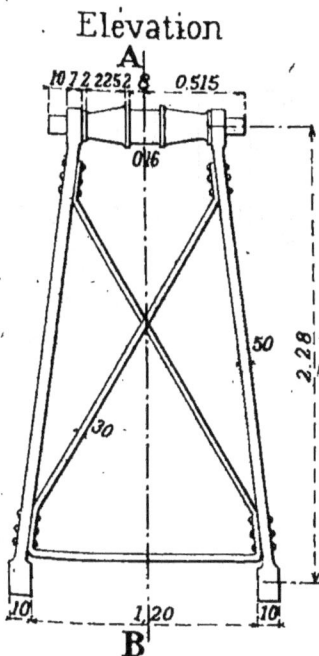

Coupe **AB**

Arc-boutant

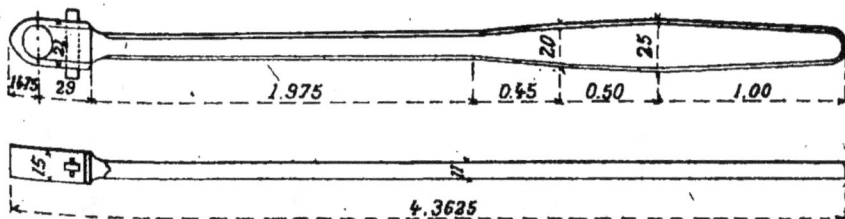

Fig. 129. — Chevalet et arc-boutant.

La dernière passe est franchie par une fermette roulante se repliant sur la culée (*fig.* 131).

Les fermettes ont une forme trapézoïdale symétrique par rapport à leur axe longitudinal. Elles ne devaient, dans la pensée de leur auteur, que servir de supports; en réalité, elles sont soumises à des efforts transversaux pendant les opérations du relevage des hausses.

Face inférieure du seuil

Plan du seuil

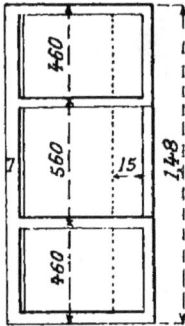

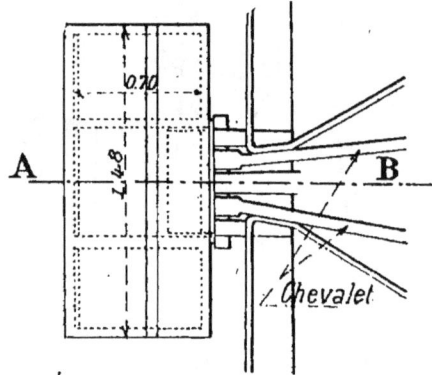

Coupe **AB**

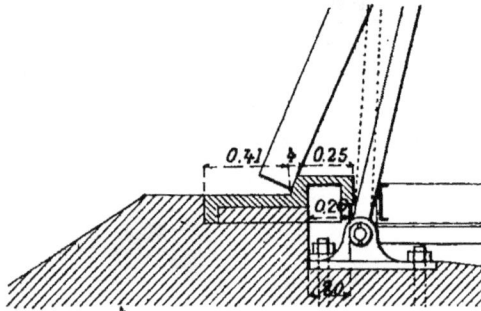

Palier de chevalet

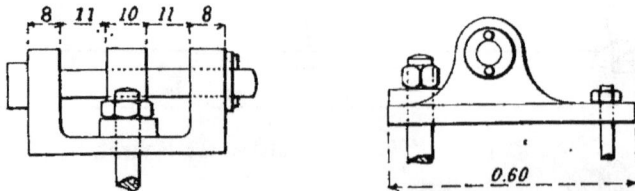

Fig. 130. — Mode d'attache du chevalet sur le seuil.

La glissière spéciale à deux crans ou à crémaillère constitue l'originalité du système (*fig.* 132). Voici la description qu'en donne M. Pasqueau :

« La glissière présente, en avant du heurtoir ordinaire que nous appelons cran d'arrêt, un second heurtoir, dont la face verticale forme un angle très aigu avec l'axe du cou-

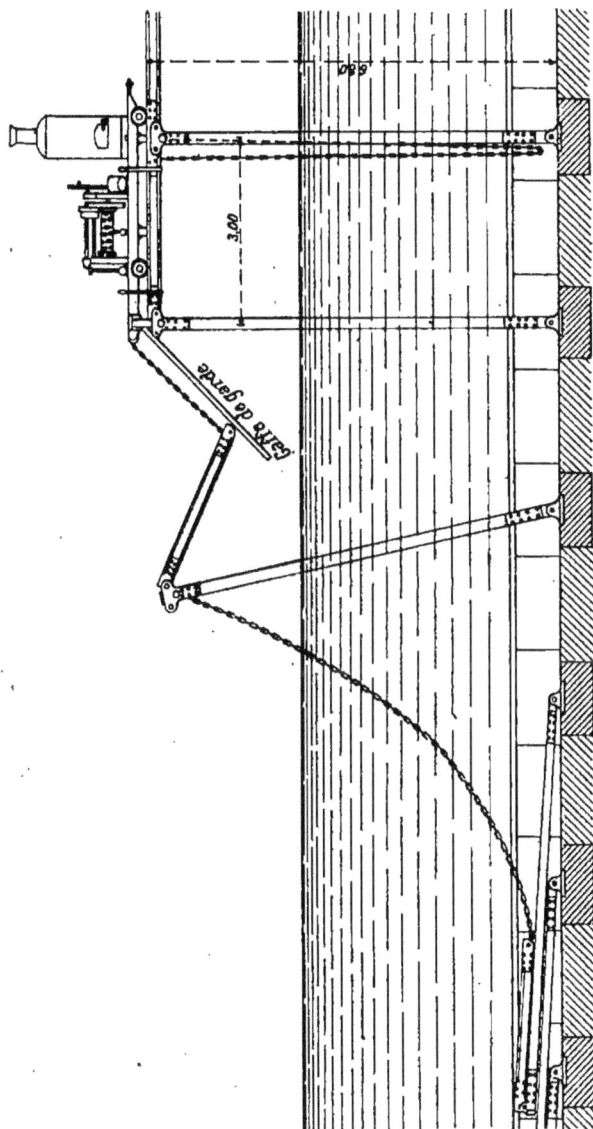

FIG. 131. — Manœuvre des fermettes de la passerelle.

loir. Nous désignons le heurtoir additionnel sous le nom de cran de départ, et nous appelons glissière à deux crans l'ensemble de la glissière ainsi modifiée.

« Le relèvement de la hausse se fait comme dans le système ordinaire. Le barragiste force sur la chaîne de culasse, jusqu'à ce que l'arc-boutant vienne tomber sur le cran d'arrêt. Il est averti de ce fait par le bruit de l'arc-boutant tombant sur la glissière ou par l'arrivée au treuil d'une maille marquée par un index dans ce but. Il lui suffit ensuite de lâcher la chaîne avec le frein pour redresser le panneau, et fermer la partie correspondante de la passe.

Elévation latérale

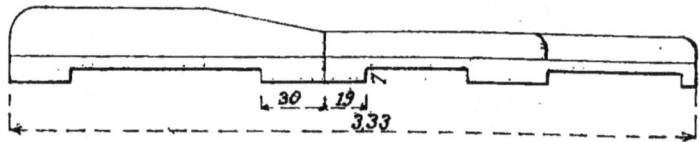

Plan

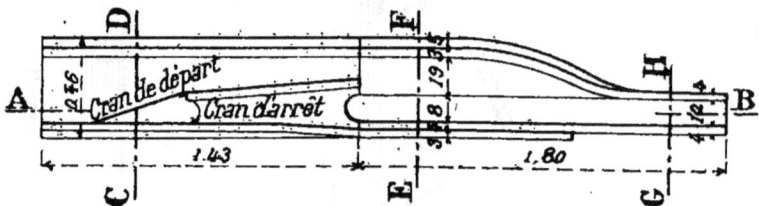

Coupe AB

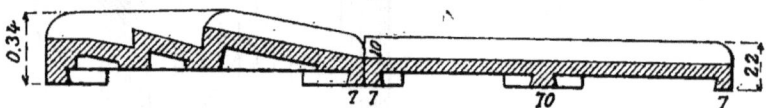

Vue d'aval   Coupe CD   Coupe EF   Coupe GH

Fig. 132. — Glissière système Pasqueau.

« L'abatage, au contraire, s'effectue dans notre système d'une manière entièrement nouvelle et des plus simples.

« Il suffit, en effet, pour abattre la hausse de tirer la chaîne de culasse pour mettre le panneau en bascule, de continuer la traction, jusqu'à ce que l'arc-boutant vienne tomber sur le cran de départ, et de lâcher ensuite lentement la chaîne avec le frein du treuil. L'arc-boutant se dirige spontanément vers le couloir par l'action du plan incliné formant la face verticale de ce cran, et la hausse vient se coucher doucement sans aucune espèce de choc, comme si elle était conduite à la main par l'éclusier jusque sur les dés disposés pour la recevoir. »

Ainsi la barre à talons est supprimée. On ramène la hausse au delà de sa position normale, en la remontant un peu vers l'amont; l'arc-boutant quitte le cran d'arrêt, tombe

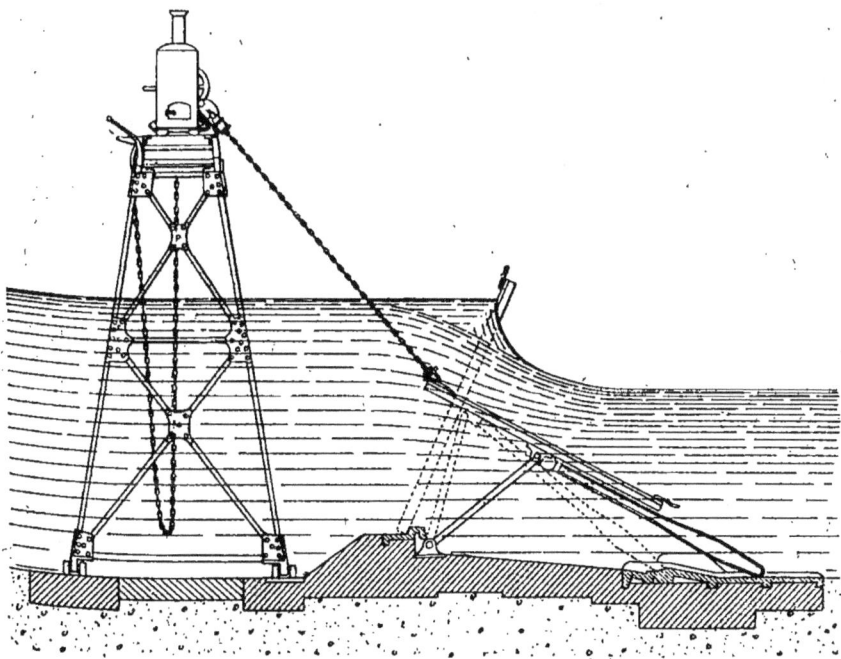

Fig. 133. — Manœuvre du système.

dans une rainure, où il n'a plus pour appui qu'un plan fortement incliné. La pression de l'eau sur la hausse suffit pour faire glisser l'arc-boutant dans sa position définitive.

Applications du système Pasqueau à l'étranger. — Le système Pasqueau a été appliqué à l'étranger, notamment en Amérique sur l'Ohio, où la passe a une longueur de 213m,50.

Le barrage a été construit pour être manœuvré de trois façons différentes : du haut d'un pont de service, avec un bateau de manœuvre, et au moyen d'une grue roulante circulant sur une voie transversale posée au fond de la rivière.

Le pont de service a été enlevé par les crues; la grue roulante a été abandonnée, parce que son fonctionnement était rendu impossible par le dépôt des graviers; on a donc eu recours exclusivement au bateau, sur lequel on a placé une locomobile, destinée à la manœuvre des hausses au moyen de la vapeur.

Pour relever le barrage, on dispose le bateau à l'amont, et on tire sur les hausses au moyen d'une corde, qui passe sur des treuils à vapeur.

L'abatage se fait d'une manière analogue en plaçant le bateau à l'aval, et en poussant la hausse avec une barre de fer.

Il résulte donc de cette expérience que la passerelle de service n'est pas indispensable, et qu'ainsi le barrage Pasqueau, comme le barrage Chanoine, peut s'ouvrir rapidement d'une manière complète de l'amont vers l'aval. C'est là un avantage précieux, surtout sur les cours d'eau qui sont susceptibles de charrier des glaces.

Avantages et inconvénients du barrage Pasqueau. — Le barrage imaginé par M. Pasqueau constitue un grand progrès, qui a été particulièrement apprécié à l'étranger.

Les avantages qu'il présente sont les suivants :

1º Suppression de la barre à talons;

2º Indépendance de chaque hausse, qui n'a plus aucune solidarité avec sa voisine, puisqu'elle contient en elle-même tous les organes nécessaires à son abatage et à son relèvement. Cette disposition permet donc de ne pas donner de limites à la longueur du barrage (barrage sur l'Ohio, 213 mètres);

3º Suppression des piles intermédiaires pouvant former obstacle à la navigation;

4º Absence du choc à l'abatage, qui peut se faire dans un ordre quelconque, ce qui est avantageux au point de vue des remous et des affouillements;

5º Simplicité et rusticité plus grandes, presque tous les organes délicats sont supprimés,

6º Économie dans la construction, puisque, chaque hausse formant un ensemble complet, on peut intercaler des bâtardeaux intermédiaires et fractionner la construction du barrage.

Le seul inconvénient, que l'on puisse citer, du moins en ce qui concerne la Mulatière, c'est la longue durée de la manœuvre.

L'abatage n'exige que quelques minutes pour le barrage Chanoine muni de la barre à talons.

Pour la passe de la Mulatière, qui a $103^m,60$ de longueur, l'abatage se fait en sept heures, dont quatre heures pour les hausses et trois heures pour la passerelle ; le relevage demande dix heures, dont quatre heures pour la passerelle, et six heures pour les hausses.

On voit qu'en supprimant la passerelle, ce qui aurait été évidemment possible, on aurait gagné trois heures pour l'abatage, et quatre heures pour le relevage.

Quoi qu'il en soit, le barrage de la Mulatière, dont nous avons surveillé le fonctionnement pendant près de six années, a rendu les plus grands services et doit être cité comme un des meilleurs systèmes connus pour la canalisation des grands fleuves, et pour la fermeture des passes profondes.

CHAPITRE IV

BARRAGES MOBILES A TAMBOUR

---

83. Principe du système. — L'utilisation de la puissance fournie par la chute d'un barrage, pour la manœuvre des engins qui le constituent, devait tout naturellement être tentée par les ingénieurs. Le problème, simple tant qu'il s'agit de pertuis de faible ouverture, devient plus difficile quand il intéresse de larges passes. Dans le premier cas, on l'a résolu, en Hollande, depuis longtemps, par l'emploi de portes de construction spéciale et d'aqueducs communiquant tantôt avec l'amont, tantôt avec l'aval.

Les portes à vantaux en forme de **V** et les portes à vantaux valets fournissent deux solutions du problème.

Les premières (*fig.* 134) sont constituées par deux vantaux busqués, OM, qui sont reliés à deux autres vantaux plus grands ON, par des entretoises. Le **V** formé par cet ensemble est mobile autour de l'axe O, de façon à pouvoir fermer la moitié du pertuis, ou à se loger dans le logement en forme de secteur ONN'.

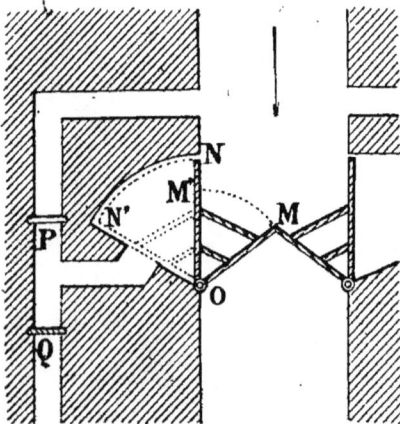

Fig. 134. — Porte en **V**.

Un aqueduc en communication avec les biefs amont et aval, et muni de deux vannes P et Q, aboutit dans le logement. Quand les portes sont ouvertes, c'est-à-dire rabattues dans leur enclave, on introduit l'eau d'amont, dans ce logement par la vanne P, après avoir obturé la vanne Q ; on ferme ainsi la passe. Pour la rendre libre, il suffit de faire la manœuvre inverse, c'est-à-dire d'ouvrir la vanne Q et de fermer la vanne P.

Dans le second système, les vantaux OM sont busqués vers l'aval, et ils s'ouvriraient sous l'action du courant s'ils n'étaient soutenus par des vantaux valets O'N' mobiles, autour de O' et agissant sur OM par l'intermédiaire de galets ou de glissières (fig. 135).

Comme dans le système précédent, les biefs amont et aval communiquent par un aqueduc muni de deux vannes, dont la manœuvre, en provoquant des pressions sur les vantaux de surfaces différentes, fera fermer ou ouvrir le pertuis.

Pour ouvrir le pertuis, on ferme P et on ouvre Q, la pression, agissant

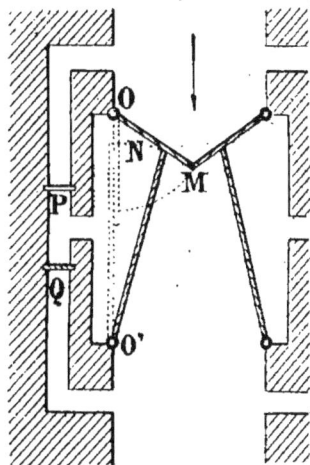

Fig. 135. — Porte à vantaux valets.

sur OM, place le vantail dans son enclave, la manœuvre inverse replace la porte dans sa position primitive.

La figure 136 représente le type utilisé sur la Marne, au barrage de la Neuville-au-Pont, qui a été emprunté à des ouvrages contruits aux Etats-Unis et que pour cette raison on appelle : *portes américaines*.

Chaque porte est constituée par deux vantaux mobiles, chacun autour d'un axe horizontal, qui se recouvrent quand le pertuis est ouvert et s'arc-boutent l'un sur l'autre quand la retenue est tendue. Les hauteurs des vantaux d'amont et d'aval sont respectivement de 4 mètres et 6^m,10 ; leur largeur commune est de 9 mètres.

Un aqueduc, placé sous les piles du pertuis, communique par un jeu de vannes soit avec l'amont, soit avec l'aval et permet d'établir une sous-pression sous les vantaux, quand ils sont rabattus. Le système représente comme une sorte de hausse de 9 mètres de largeur et de 4 mètres de longueur, soutenue par une béquille de même largeur et de 6 mètres de

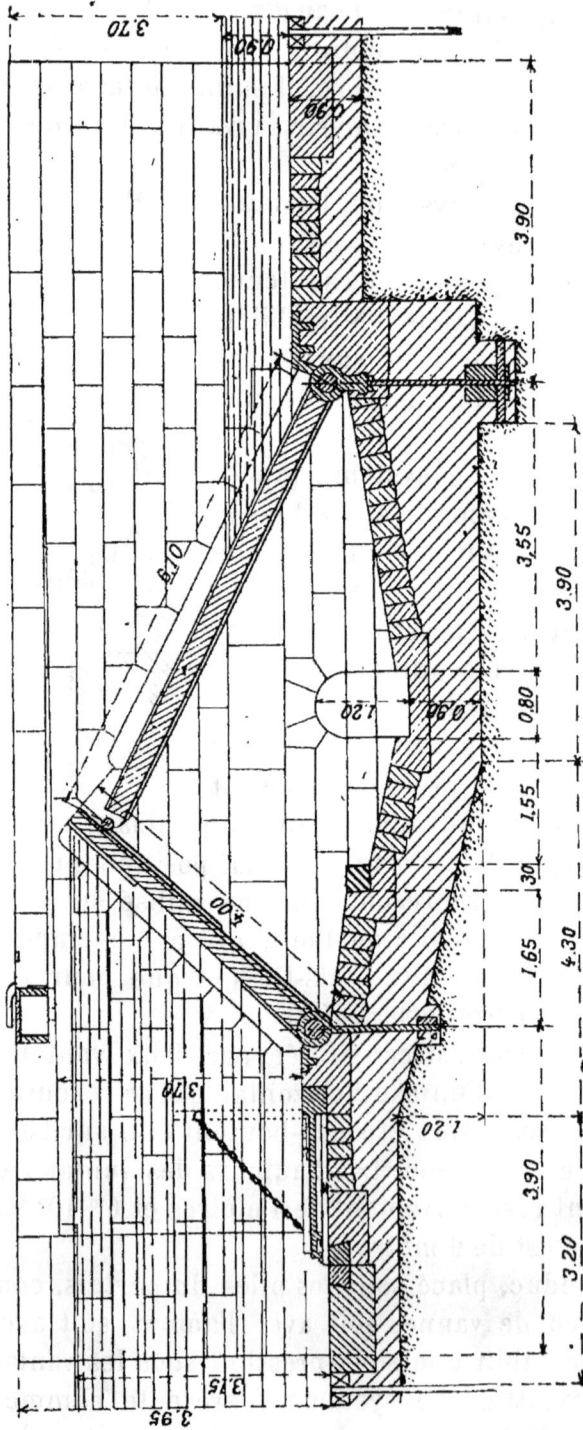

Fig. 136. — Portes du barrage de la Neuville-au-Pont.

longueur, articulée à sa base et roulant sur un galet. Il se surélèvera, quand il y aura une sous-pression déterminée par l'eau d'amont, et s'abaissera quand la communication sera établie avec l'aval.

Le relèvement des portes présente d'abord quelques difficultés ; car au départ, il n'y a pas ou très peu de chute, et la sous-pression n'est pas suffisante.

Pour remédier à cet inconvénient, et créer une chute déterminant le relèvement, on a placé en avant des portes des hausses mobiles, qu'on relève à la main, et qui sera battent quand le mouvement est commencé.

Les divers systèmes qui viennent d'être décrits, et qui n'ont été employés que pour la fermeture des pertuis de faible ouverture, ont un vice commun, qui tient au principe même de la solution : les engins mobiles sont très lourds et donnent lieu à des pertes d'eau importantes ; la manœuvre est incertaine, et la chute n'est pas toujours suffisante pour provoquer la mise en place des ouvrages.

Néanmoins l'application du principe de la manœuvre automobile des engins, sous l'action de la chute, a été tentée avec succès par M. l'inspecteur général Louiche-Desfontaines aux passes hautes ou passes déversoirs des barrages de la Marne canalisée, entre Epernay et Charenton. Douze passes, dont la largeur varie de 30 à 63 mètres, sont munies des appareils imaginés par cet ingénieur. Le plus ancien de ces ouvrages, le déversoir du barrage de Damory, date de 1857 ; le plus récent, celui de Noisiel, a été établi en 1887.

84. Barrage Desfontaines. — Description. -- La description qui va suivre est celle du déversoir du barrage de Joinville-le-Pont, établi par M. Malézieux en 1867.

La partie fixe du déversoir est comprise entre deux files de pieux et palplanches moisés et espacés de 8 mètres d'axe en axe. Les moises sont situées au niveau du seuil fixe à $1^m,10$ en contrebas de la retenue. Les moises d'aval sont placées au niveau de l'étiage.

Entre ces pieux, on a établi un massif de maçonnerie reposant sur une couche de béton, dans lequel on a ménagé un vide central, une sorte de coffre ouvert par en haut (*fig.* 137)

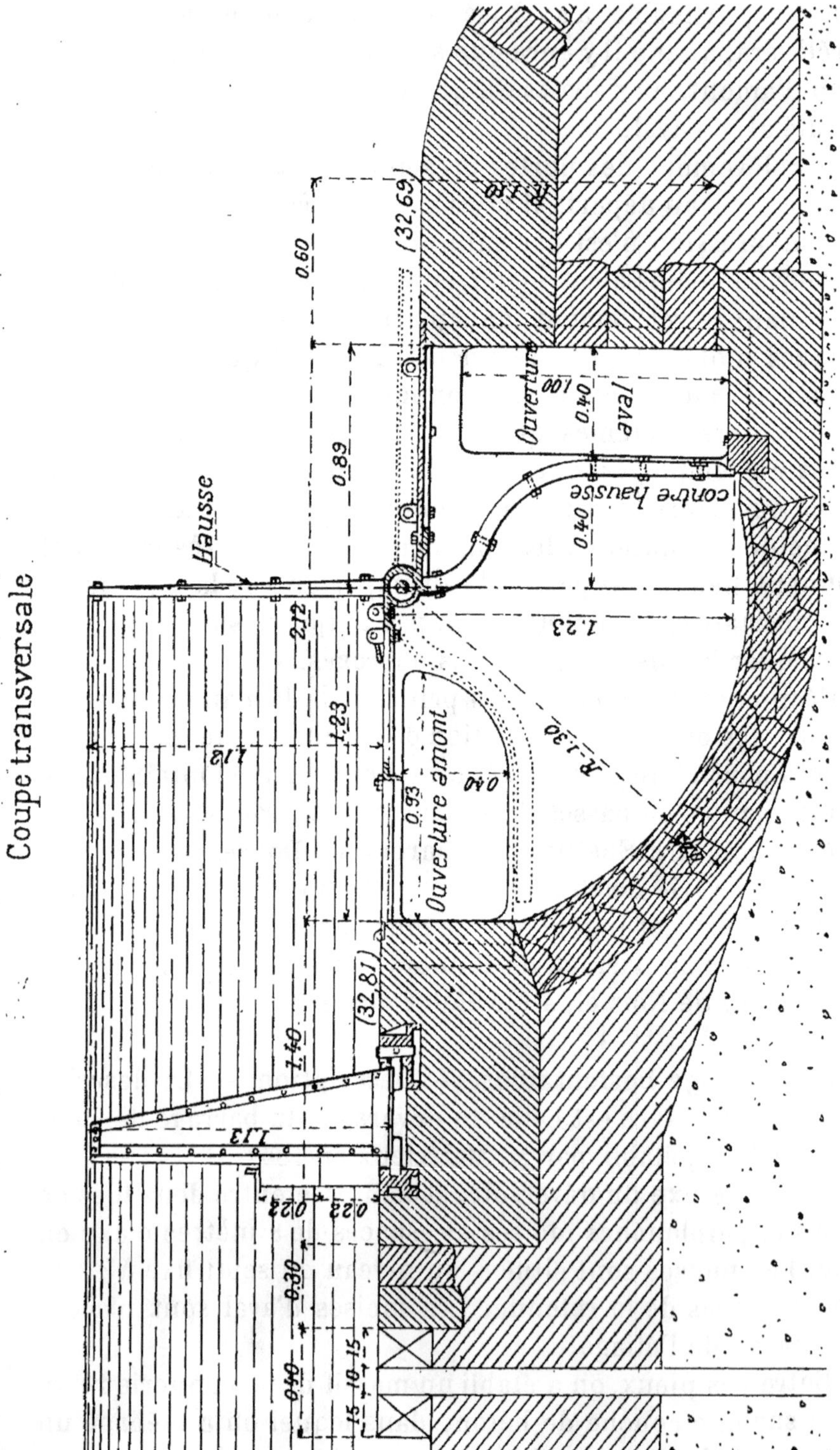

Coupe transversale.

Fig. 137. — Barrage de Joinville-le-Pont.

sur 2ᵐ,12 de largeur et régnant sur toute la longueur du déversoir. La section transversale de ce vide figure à peu près un quart de cercle suivi d'un rectangle, le quart de cercle du côté amont, et le rectangle, moins large que haut, du côté aval.

Cette cavité de 63 mètres de longueur a été divisée en tronçons ou tambours de 1ᵐ,50 de longueur, au moyen de grandes plaques de fonte transversales. La plaque ou diaphragme est percée de grandes ouvertures : l'une est à l'amont vers le haut du quart de cercle, plus large que haute, et peut être considérée comme horizontale; l'autre est à l'aval, plus haute que large, elle est verticale.

Chaque tambour reçoit une grande vanne en tôle susceptible de tourner autour d'une charnière horizontale, qui la

Coupe transversale

Fɪɢ. 138. — Charnière.

divisé en deux parties à peu près égales, la *hausse* et la *contre-hausse*, la première au-dessus de la charnière, la seconde au-dessous s'engageant dans la cavité du tambour. Cette charnière, qui est plus rapprochée de la paroi aval du tambour, est constituée par une sorte de tube en fonte de

0^m,12 de diamètre intérieur avec un arbre en fer concentrique de 0^m,06 de diamètre maintenu en place sur la longueur de chaque tambour par six collets intérieurs venus de fonte avec le tube (*fig.* 138).

Chaque vanne est formée de trois fortes barres ou bras de 2^m,40 de hauteur totale, sur lesquels est rivé un bordage en

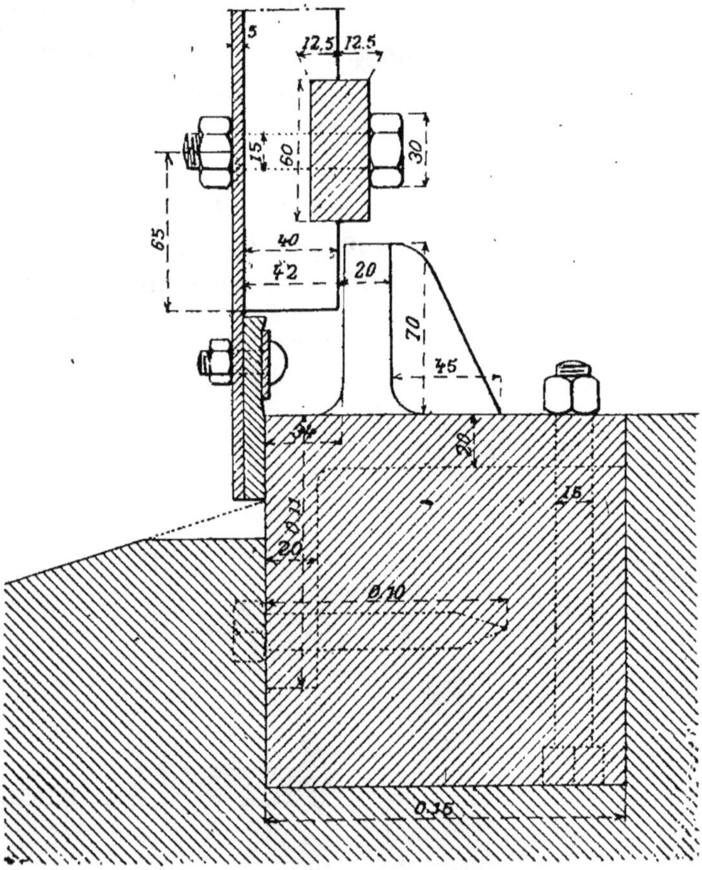

Fig. 139. — Contre-hausse.

tôle de 0^m,005 d'épaisseur. Les bras passent à travers la charnière, en s'y ouvrant sous la forme de petits colliers, que traverse l'axe de rotation.

La vanne décrit dans son mouvement un quart de circonférence ; la hausse se tient verticalement ou s'abat horizontalement à l'aval sur une plaque de tôle, qui ferme chaque tambour sur toute sa surface.

La contre-hausse prend des positions correspondantes

mais non identiques. Elle n'est pas dirigée dans le prolongement de la hausse, et est contournée brusquement, à son
point de départ se portant de 0^m,42 vers l'aval, et reprenant
seulement alors une direction parallèle à celle de la hausse.
Aussi, quand la hausse est abattue, la contre-hausse relevée
se trouve au-dessous de l'ouverture horizontale du diaphragme, en affleurant le bord inférieur. Quand la hausse
est levée, la contre-
hausse vient se placer
le long de l'ouverture
verticale du dia-
phragme. Dans cette
position la contre-
hausse s'appuie par
sa rive inférieure sur
un seuil en bois, laté-
ralement sur deux
nervures, que porte
le diaphragme, et par
sa rive supérieure sur
une nervure horizon-
tale venue de fonte
sur le tube de la char-
nière (fig. 139-140).

Dans le quart de
cercle qu'elle peut

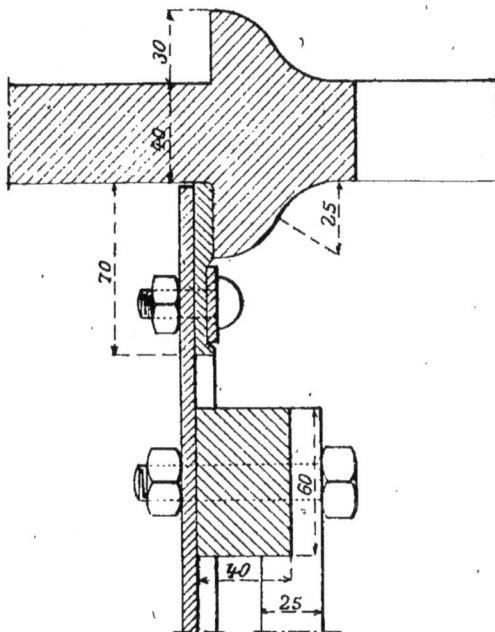

Fig. 140. — Contre-hausse.

décrire, la contrehausse rase par ses bords, dans un jeu
n'excédant pas 4 millimètres, les parements plans des deux
diaphragmes et le parement cylindrique de la maçonnerie.

La fonte a reçu les rabotages nécessaires à cet effet; la
maçonnerie a été recouverte d'un enduit en ciment Portland
réglé avec soin.

Lorsque la contre-hausse est dans la position qui correspond au relevage, elle ne laisse pas passer d'eau, car chacune
de ses rives, qui s'appuie sur des arêtes saillantes, est munie
de bandes de caoutchouc.

Dans toute autre position de la contre-hausse, il passe un
peu d'eau dans les vides, qui existent entre ses rives et le
parement du tambour.

La contre-hausse divise chaque tambour en deux compartiments d'étendue variable, l'un en amont, l'autre en aval. Chacun de ces compartiments est fermé par le haut au moyen d'une grande plaque horizontale qui s'appuie : sur la plate-bande en pierre de taille, sur les deux diaphragmes et sur une saillie de la charnière en fonte.

Le déversoir présente donc, de l'amont à l'aval, l'aspect suivant : une file de pieux moisés de 1^m,10 en contre-bas de la retenue, une plate-bande en pierre de taille, une plaque fixe en tôle recouvrant le compartiment amont de chaque tambour, puis la hausse susceptible de s'abattre sur une plaque en fonte recouvrant le compartiment aval, qui est suivie d'une deuxième plate-bande en pierre de taille raccordée par un glacis curviligne avec les moises de la seconde file de pieux au niveau de l'étiage.

85. Fonctionnement du vannage. — Le seuil fixe du déversoir, qui s'élève au-dessus de l'étiage, donne lieu nécessairement à une chute, quand les eaux commencent à décroître. La hausse est couchée et doit être relevée pour retenir les eaux à leur niveau normal. Si l'on met le compartiment amont d'un tambour en communication avec le bief amont, la contre-hausse, qui a un développement plus grand que la hausse et qui est plus énergiquement pressée à cause de la différence de profondeur, se met en mouvement et entraîne la hausse. Il en serait encore de même si le compartiment aval était en communication avec le bief aval. Inversement, l'abatage du système se produirait si on mettait le bief amont en contact avec le compartiment aval des tambours, tandis que le compartiment amont serait en relation avec le bief aval.

M. Desfontaines est parvenu à résoudre le problème, c'est-à-dire à réaliser pour chacun des quarante-deux tambours ces communications alternatives et combinées au moyen d'un aqueduc établi dans la culée du déversoir et d'un autre établi dans la pile séparant le déversoir de la passe profonde. L'un des deux aurait été suffisant, mais leurs effets s'ajoutent; au besoin ils se suppléeraient.

La culée est percée dans son milieu d'un aqueduc longitudinal, dont la section varie de la manière suivante : à l'amont et à l'aval deux portions de 1ᵐ,30 de longueur et de 1 mètre de largeur ; au centre, et sur 3 mètres de longueur, séparée des parties extrêmes par deux puits, se trouve la partie essentielle de l'aqueduc, où s'accomplit la distribution d'eau.

Dans cette partie centrale, l'aqueduc se divise en deux autres, soit en deux conduits rectangulaires superposés, séparés simplement par une plaque de fonte de 0ᵐ,02 d'épaisseur. Une vanne en fonte placée à la tête amont de ces conduits permet de fermer l'un des orifices en démasquant l'autre. Le même mécanisme existe à la tête aval. Un balancier réunit les tiges de ces deux vannes, produisant ainsi sur chacune d'elles un mouvement inverse.

Deux autres conduits perpendiculaires aux premiers prolongent les ouvertures horizontales et les ouvertures verticales ménagées dans les diaphragmes, et établissent la communication des deux biefs avec chacun des compartiments (*fig.* 141).

On remarquera sur la figure que le compartiment amont est en relation avec le bief aval, et que le compartiment aval est en communication avec le bief amont.

Outre les vannes équilibrées, dont il a été question, le dispositif comprend une vanne de garde à l'amont, et des rainures pour poutrelles de bâtardeaux, disposées à l'intérieur du puits.

La description qui précède permet de saisir aisément la manœuvre. Si on veut procéder au relevage du barrage, on abaissera la ventelle d'amont. On établit ainsi la communication du bief amont avec le compartiment amont. En même temps, la ventelle aval relevée mettra en communication le compartiment aval avec le bief aval. L'eau d'amont arrivera donc dans le premier tambour et agira sur la face amont de la contre-hausse. Après avoir rempli le compartiment amont du premier tambour, et avoir redressé la première hausse, l'eau passe dans le second tambour et y remplit le même office. La transmission s'opère ainsi de proche en proche, et le relevage s'effectue d'un bout à l'autre du déversoir en un temps très court, à peine un quart d'heure.

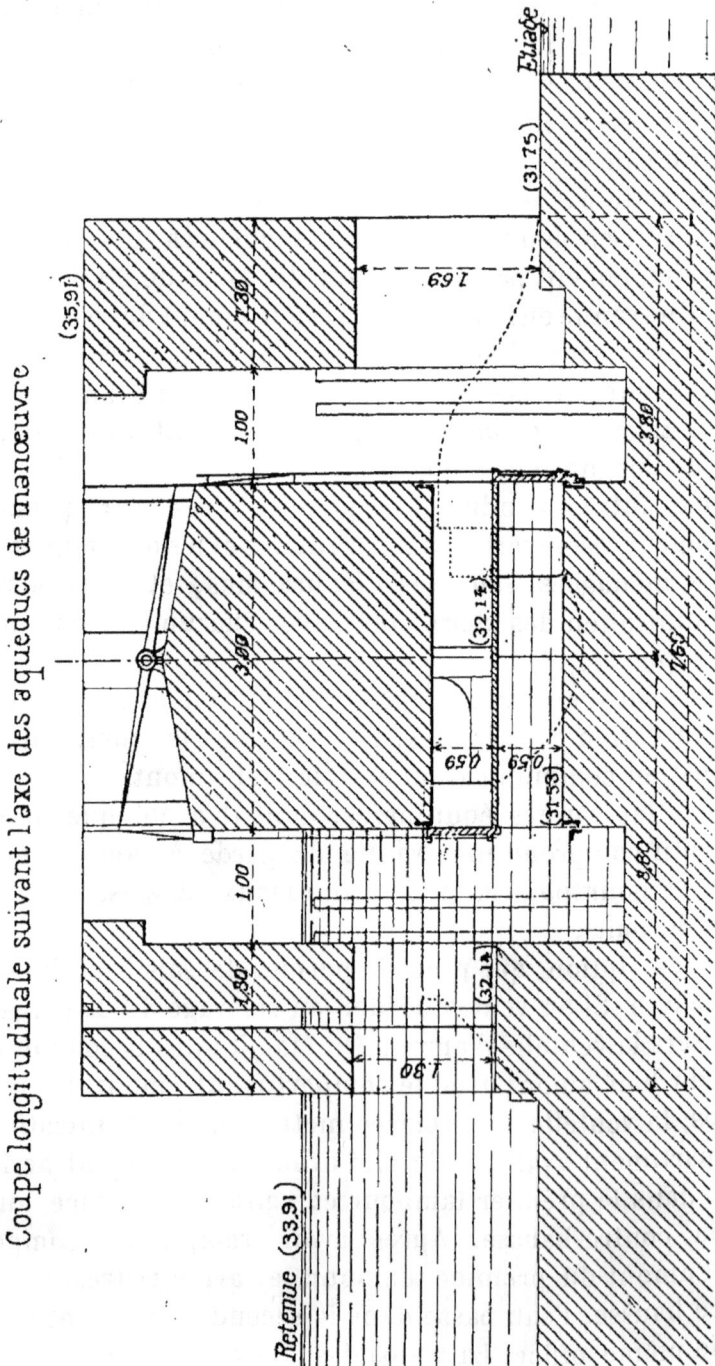

Coupe longitudinale suivant l'axe des aqueducs de manœuvre

Fig. 141. — Barrage de Joinville-le-Pont.

Si l'on veut procéder à l'abatage des hausses, on soulève la ventelle d'amont. L'aqueduc supérieur, et par conséquent le compartiment amont de chaque tambour se trouvent soustraits à l'action du bief amont; par contre, l'aqueduc inférieur et la file des compartiments aval des tambours isolés du bief aval reçoivent à leur tour l'action prédominante du bief amont. Les contre-hausses se soulèvent vers l'amont, et les hausses s'abattent sans secousses ni chocs. La manœuvre de la partie mobile du déversoir consiste uniquement à lever ou baisser une ventelle. Elle s'opère de la rive même, sans danger, sans exiger ni engrenages sujets à se rompre, ni effort musculaire, ni adresse professionnelle, avec une régularité et une célérité vraiment extraordinaires.

86. Abatage ou relevage partiel. — En manœuvrant en sens inverse la ventellerie de la pile et celle de la culée, on s'aperçoit qu'une moitié à peu près des hausses reste debout, tandis que l'autre moitié s'abat. On conçoit donc qu'en agissant d'une façon convenable sur les vannes, en réduisant le débit des unes et en augmentant celui des autres, on obtiendrait des effets intermédiaires : un plus grand nombre de hausses resterait debout, un plus petit nombre s'abattrait. Il suffit de créer entre les deux courants, qui s'établissent dans les tambours, un rapport tel qu'on obtienne le résultat que l'on a en vue. C'est là une affaire d'expérience.

Mais cet état d'équilibre est instable, et la moindre variation dans la hauteur d'eau fait relever ou abaisser complètement tout le barrage.

Pour remédier à cet inconvénient, M. Desfontaines a imaginé un procédé, qui permet d'abattre partiellement les hausses, et qui a été appliqué à neuf des barrages de la Marne.

Chaque hausse est armée d'une béquille, analogue à l'arcboutant des hausses Chanoine, et dont le pied parcourt une glissière en fonte scellée dans la plate-bande, qui forme le sommet du glacis. Une barre à coches constituée par des cornières, dont l'aile verticale a été enlevée par places règne d'un bout à l'autre du déversoir; elle est animée d'un mouvement de va-et-vient longitudinal et forme arrêt pour le pied des béquilles, qui vient buter contre la partie pleine de l'aile verticale de la cornière. Elle fixe la hausse dans une posi-

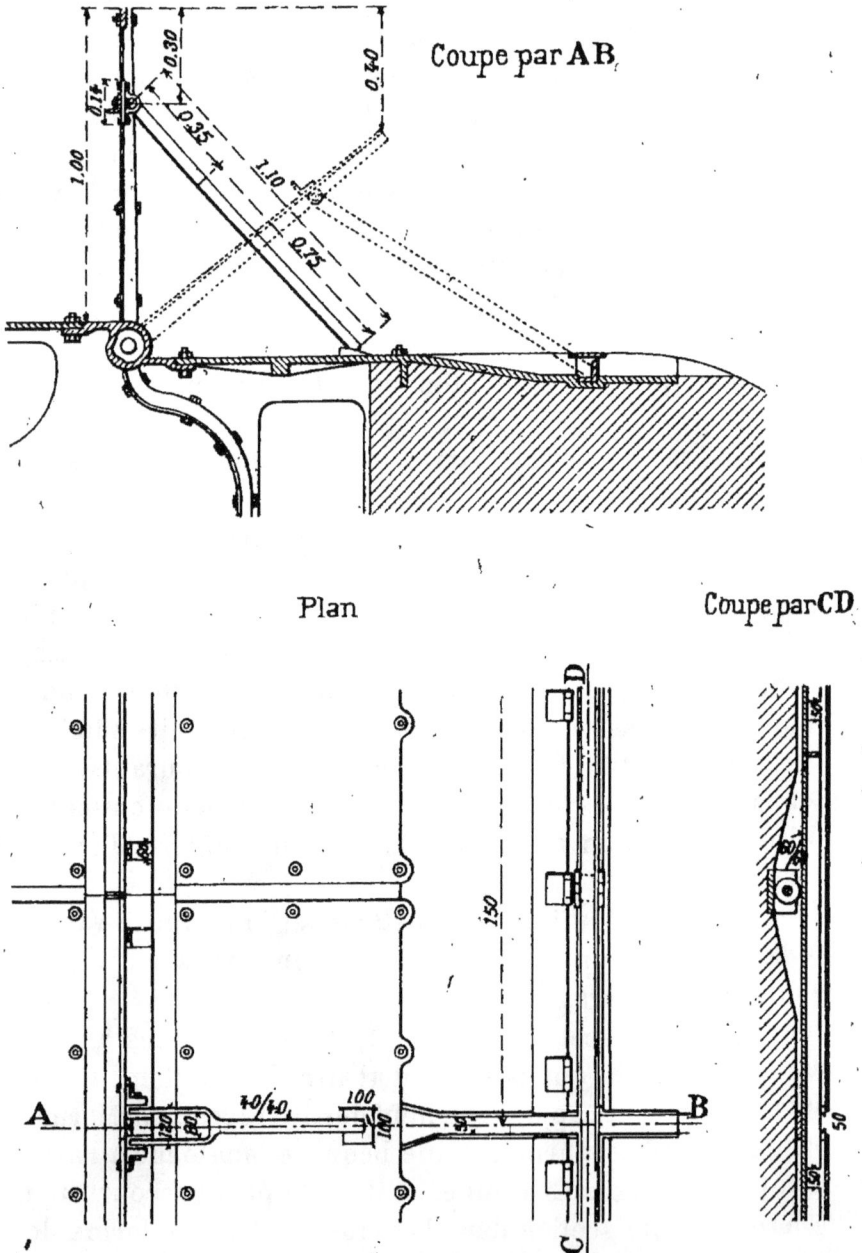

Coupe par AB

Plan

Coupe par CD

Fig. 142. — Béquille fixation de la hausse.

tion intermédiaire (*fig.* 142), et maintient ainsi la retenue au niveau que l'on a fixé.

Avec une seule barre à coches, on peut diviser la retenue en deux parties égales; avec plusieurs barres, on obtiendrait des retenues de hauteur variable en telle quantité qu'on voudrait.

La barre à coches ressemble à la barre à talons. Mais elle n'a jamais à se mouvoir qu'après le relevage préalable des hausses, c'est-à-dire quand la résistance ne provient plus que du poids de la barre elle-même, tandis que la barre à talons doit entraîner l'arc-boutant portant toute la charge d'eau de la vanne. En outre, la barre à coches, placée sur un massif de maçonnerie en saillie d'un mètre sur l'étiage, peut être aisément débarrassée des divers obstacles, qui arrêteraient sa marche.

La béquille présente néanmoins un grave inconvénient : si l'on s'attarde dans la position intermédiaire, si on laisse prendre trop d'épaisseur à la lame déversante, le relevage ne peut plus s'opérer, et la crue s'écoule avec une demi-ouverture du barrage.

La solution de l'abatage partiel du déversoir n'est donc pas résolue d'une façon satisfaisante. M. Maurice Lévy a proposé de fractionner les compartiments d'amont et d'aval en sections correspondant chacune à un certain nombre de vannes, et respectivement mises en communication avec les biefs d'amont et d'aval par des tuyaux indépendants.

87. Nettoyages. — Les grilles placées à la tête des aqueducs de manœuvre empêchent l'introduction des corps flottants dans les tambours. On peut en outre, par le jeu de la ventellerie, effectuer des chasses dans les tambours pour enlever la vase qui peut s'y déposer.

M. Malézieux a eu l'heureuse idée de placer sur le seuil amont du barrage de Joinville des petites fermettes mobiles, sur lesquelles on peut appuyer des madriers et une bâche imperméable formant bâtardeau, permettant, en démontant les plaques qui ferment les cavités, de visiter celles-ci.

88. Calculs des efforts sur chaque élément de barrage. — On calculera les efforts qui s'exercent sur chaque élément de barrage. Celui-ci peut être ou debout, où en mouvement ou bien encore couché.

1° *Le système est debout.* — Supposons le système debout et la retenue arasée au sommet de la hausse, ce qui permet de ne considérer que les pressions statiques dues aux hauteurs d'eau de l'amont et de l'aval (*fig.* 143).

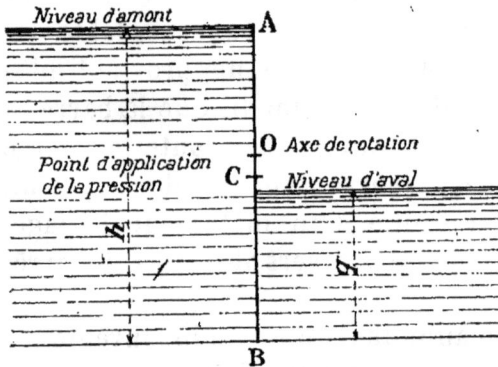

FIG. 143. — Schéma.

Soit p la hauteur d'eau à l'amont au-dessus du fond des tambours ou de l'arête inférieure de la contre-hausse ;

q, la hauteur de l'eau à l'aval au-dessus du même niveau ;

m, le rapport de la longueur de la hausse à la hauteur totale de l'élément mobile, la longueur de la hausse OA étant mp, celle OB de la contre-hausse $(1 - m) p$.

La résultante des pressions de l'eau sur la vanne, exprimée en tonnes de 1.000 kilogrammes, est par mètre courant :

$$\frac{p^2 - q^2}{2} ;$$

son moment par rapport au point B est :

$$\frac{p^3 - q^3}{6}.$$

Son point d'application C sera situé à une distance du point A, représentée par l'expression :

$$\frac{p^2 + pq + q^2}{3(p + q)}.$$

La stabilité du système, ou bien le moment de la résultante des forces par rapport à l'axe de rotation, est donnée par l'expression :

$$\frac{(p^2 - q^2)}{2} \times OC,$$

ou bien :

$$\frac{p^2 - q^2}{2}\left[(1 - m)p - \frac{p^2 + pq + q^2}{3(p + q)}\right],$$

et, en simplifiant :

$$\frac{(p - q)\left[(2 - 3m)(p^2 + pq) - q^2\right]}{6}.$$

Ce moment s'annule :

1° Pour $p = q$; dans ce cas il n'y a ni pression ni contre-pression, et le système est indifférent;

2° Pour les valeurs de m, p ou q qui annulent le second facteur, on trouve deux solutions :

a) $m = \frac{2}{3}$ et par suite $q = 0$, c'est-à-dire que la hausse est équilibrée par la contre-hausse sous la seule pression d'amont;

b) $q = \frac{p}{2}\left[2 - 3m + \sqrt{2 - 3m}(6 - 3m)\right]$, ce qui veut dire qu'il y a une certaine hauteur du bief d'aval q, pour une valeur donnée de m, qui fait passer la résultante des forces par l'axe même.

Si l'on fait $m = 0,50$, comme M. Desfontaines, on trouve :

$$q = \frac{p}{2}(0,50 + 1,50) = p;$$

le moment de stabilité ne s'annule donc : que lorsque le bief d'aval remonte au niveau du bief d'amont, quand la hausse est égale à la contre-hausse, ce qui est évident a priori.

On peut se demander si la stabilité est suffisante, et si le système ne basculera pas aisément sous l'action d'une lame d'eau d'une certaine importance. Cette lame d'eau peut être représentée par une force F, dont le moment est F $\times mp$, et doit être équilibré par le moment de stabilité. On doit poser :

$$\mathrm{F} = \frac{(p - q)\left[(2 - 3m)(p^2 + pq) - q^2\right]}{6mp}.$$

Si on suppose que le fond des tambours est à peu près au niveau de l'étiage, comme l'avait fait M. Desfontaines, c'est-à-dire si $q = 0$, si on admet $p = 2$ et $m = 0,50$, comme sur les barrages de la Marne, l'expression devient :

$$F = \frac{p^3 \times 0,50}{3p} = \frac{p^2}{6} = 0,666.$$

L'effort nécessaire pour faire basculer une hausse est ainsi de 666 kilogrammes par mètre courant, s'exerçant sur l'arête supérieure, sans compter les frottements.

Cet excès de stabilité permet de relever les niveaux des biefs sans aucune espèce d'inconvénient. Si on les relève de $0^m,50$ par exemple, ce qui donne $p = 2^m,50$, $q = 0^m,50$, l'axe restant à sa place primitive, c'est-à-dire m devenant égal à 60, on trouve

$$F = \frac{2,50}{3,60 \times 2,50} = 0,277.$$

Il faut donc un effort de 277 kilogrammes par mètre courant d'arête supérieure, ou bien de 415 kilogrammes par hausse de $1^m,50$ de largeur pour faire basculer l'élément, sans tenir compte des frottements.

Si la force, au lieu d'être appliquée sur l'arête supérieure, agissait au centre de la hausse, l'effort nécessaire pour le basculement de la hausse serait de 830 kilogrammes dans le cas que l'on vient d'étudier.

M. l'inspecteur général Guillemain, alors ingénieur en chef de la Marne, a profité de cette observation pour surhausser les retenues de cette rivière, sans modifier les engins existants.

Il a placé à la partie supérieure des hausses de légers panneaux en charpente de $0^m,015$ d'épaisseur ; la pression de l'eau suffit pour les maintenir en place ; car ils s'appuient sur deux fers en **U** boulonnés sur les bras extrêmes de chaque hausse. On les met en place quand le besoin s'en fait sentir, on les retire quand on veut abattre le système ; leur emploi ne modifie donc pas les conditions de la manœuvre (*fig.* 145).

Les calculs qui ont été donnés plus haut ne servent pas seulement à se rendre compte, pour des valeurs déterminées de p, q et m, de la stabilité de l'appareil ; ils permettent aussi de déterminer la résistance des diverses pièces, qui le constituent.

2° *Le système est en mouvement.* — Lorsque l'élément est en mouvement, les forces, qui agissent sur lui, échappent au calcul. Il n'y a pas lieu de s'en préoccuper, parce qu'elles sont moindres qu'à l'état de repos. On doit cependant remarquer, qu'au moment où la contre-hausse rencontre son heurtoir, il se produit un choc, qu'il sera bon d'atténuer autant que possible en manœuvrant les vannes des aqueducs, et en ralentissant l'introduction ou le départ des eaux au moment où la retenue, en s'accentuant ou en disparaissant, accélère notablement les mouvements.

3° *Le système tend à se relever.* — La vanne est abattue et doit être relevée : cela semble au premier abord très aisé. Une faible chute devrait suffire théoriquement, puisque la hausse abattue n'est soumise à aucune pression, tandis que la contre-hausse reçoit l'action de la chute.

Les choses ne se passent pas aussi facilement; par suite des pertes d'eau, qui se produisent entre la contre-hausse et le tambour, et la perte de charge sensible dans les conduits étroits et sinueux qui mettent en communication le tambour avec l'amont et l'aval, l'effort, auquel est soumise la contre-hausse est loin d'avoir la valeur correspondant à la différence de niveau des biefs.

Là difficulté de la manœuvre s'accroît de la résistance opposée au mouvement de la hausse par la lame déversante qui frappe la hausse; des frottements du vannage contre le tambour, d'autant plus importants que l'ajustage est plus précis; enfin de l'état défectueux de la charnière par suite de l'introduction de corps étrangers.

Le calcul ne peut pas tenir compte de toutes ces résistances supplémentaires. L'expérience seule peut renseigner à ce sujet. M. l'inspecteur général Malézieux a fait connaître qu'au barrage de Joinville-le-Pont le relevage ne se produisait que sous une charge de 0m,75, au début en douze minutes, plus tard en une demi-heure. Cela indique que les frottements, les résistances passives augmentent rapidement avec l'usage. L'expérience relatée par M. Malézieux en donne une mesure. On trouve, dans les conditions de cette expérience, avec les hauteurs d'eau à l'amont et à l'aval qu'elle indique (2m,39 — 1m,65), le rapport m étant égal à 0,49, que la vanne étant levée, il faudrait pour l'abattre un effort de 252 kilogrammes par mètre courant de vanne, s'il était appliqué à l'arête supérieure, et de 504 kilogrammes, s'il s'exerçait vers le milieu de la hausse. Les pertes, les résistances passives, auxquelles est soumis le système, seraient donc au moins égales à 500 kilogrammes par mètre courant de vannes. Il faudrait d'abord vaincre ces résistances pour mettre le système en mouvement. La mesure de ces résistances indiquée plus haut est un minimum, car au début de l'opération la contre-hausse supporte une pression de 750 kilogrammes par mètre carré. Cette pression correspondant à une chute de $0^m,75$ est à peine suffisante pour mettre le système en mouvement. C'est ce que l'expérience a démontré ; les déversoirs de la haute Marne ne peuvent se relever d'eux-mêmes que sous une chute de $0^m,60$ à $0^m,80$.

Il faut obtenir cette chute en rétrécissant la section naturelle de la rivière, soit au moyen d'ouvrages fixes en maçonnerie, soit au moyen d'un barrage mobile, accolé au déversoir. L'établissement d'un ouvrage fixe présenterait l'inconvénient d'aggraver l'effet des crues; un barrage à aiguilles, comme celui qui a été placé sur la Marne, résout la question et donne la chute nécessaire au relevage de l'appareil Desfontaines, quand le besoin s'en fait sentir.

On peut encore diminuer les difficultés du relevage, en donnant à la contre-hausse une longueur plus grande qu'à la hausse, en augmentant la section des canaux et les ouvertures des diaphragmes, en adaptant aussi aux hausses des papillons, afin de réduire les pressions auxquelles elles sont soumises. C'est ce que l'on a fait à Noisiel, où la contre-hausse a $0^m,18$ de plus que la hausse, où la section des conduits amont a 1 mètre carré au lieu de $0^{m2},47$ à Joinville, et où la section de l'ouverture amont des diaphragmes est de $0^{m2},50$ au lieu de $0^{m2},33$ à Joinville. Le relevage se fait aisément avec une chute de $0^m,70$ à $0^m,80$.

89. Application du système en Allemagne. — Le système Desfontaines n'a été appliqué sur la Marne qu'à des passes peu profondes, à des déversoirs dont la retenue normale ne dépassait le couronnement de la partie fixe que de 1 mètre à $1^m,20$. Les ingénieurs allemands s'en sont servi avec succès sur la Sprée à Charlottenburg, sur le Mein entre Francfort et Mayence, pour constituer des pertuis de flottage.

Le barrage de Charlottenburg (*fig. 144*) est particulièrement intéressant en raison de ses dimensions ; il est constitué par une vanne mobile à tambour du type Desfontaines de 10 mètres de largeur sur 6ᵐ,28 de hauteur totale. La hausse

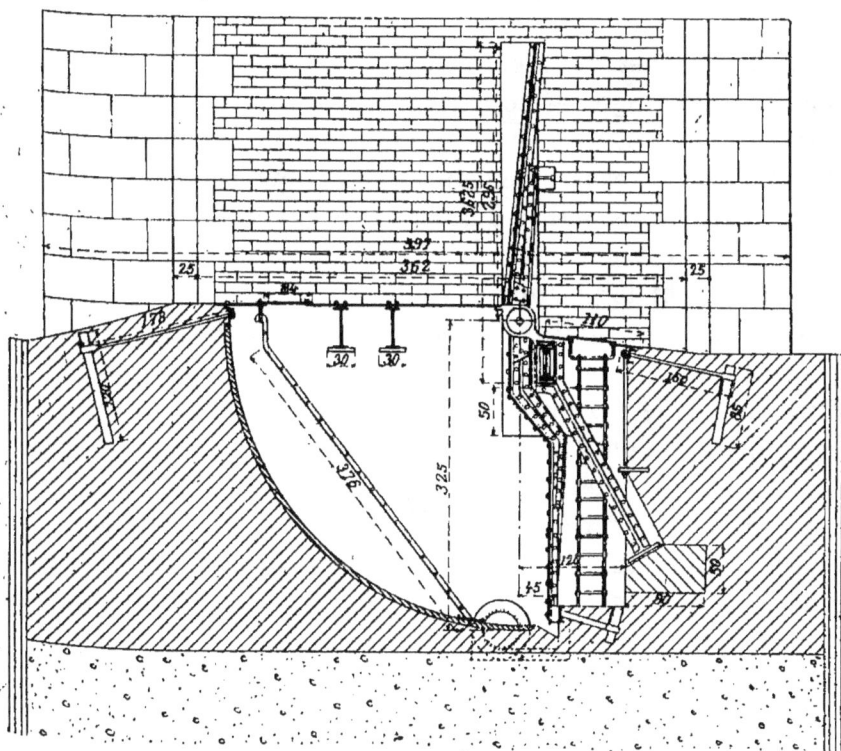

Fig. 144. — Pertuis de Charlottenburg.

a 2ᵐ,96 de hauteur, et la contre-hausse 3ᵐ,25 ; le bordé, de 10 millimètres d'épaisseur, est supporté par onze bras et protégé, lors de l'abatage, par une lisse en bois fixée à la face inférieure de la hausse. Les plaques de recouvrement sont munies de trous d'hommes pour permettre la visite du tambour, le nettoyage et l'entretien de l'ouvrage. La communication des chambres avant et arrière avec l'amont et l'aval s'effectue au moyen d'un robinet à quatre voies, manœuvré de la partie supérieure au moyen d'un levier articulé.

Sur le Mein canalisé, la passe a 12 mètres de largeur et la vanne 4ᵐ,035 de hauteur, dont 1ᵐ,95 pour la hausse et

$2^m,085$ pour le contre-hausse. Celle-ci est verticale, et la hausse est inclinée quand le barrage est en place. C'est la disposition inverse de celle adoptée sur la Marne.

Les dispositions prises en Allemagne pour les pertuis de flottage ont donné toute satisfaction. Le relevage du système se produit aisément grâce à l'établissement de barrages d'autres types, qui assurent la chute nécessaire au relevage.

90. Avantages et inconvénients du barrage à tambour. Facilités d'abatage. — Le barrage à tambour est susceptible, comme on l'a vu, de bien des applications ; d'abord employé pour fermer les passes peu profondes, pour servir de déversoir, il est devenu par la suite d'un usage plus général, s'adaptant parfaitement, avec des dimensions importantes, à l'établissement de pertuis de flottage. C'est qu'il présente dans tous les cas une facilité d'abatage tout à fait remarquable. Il suffit au barragiste placé sur la rive de donner quelques tours de clé ; le système se couche aussi lentement ou aussi rapidement qu'on peut le désirer. Le passage des crues, des glaces, des corps flottants se fait en toute sécurité ; au cas où l'on aurait été surpris, et où le barrage serait resté debout, la pression énergique qu'il supporterait, suffirait pour l'abaisser et dégager la passe. L'expérience de l'hiver 1879-1880 donne à ce sujet toute certitude et toute sécurité.

L'étanchéité est presque parfaite ; c'est à peine s'il existe entre deux hausses consécutives un jeu de 10 millimètres, qu'on pourrait encore réduire.

La manœuvre est simple, aisée et peut être assurée de la rive, par conséquent sans danger et sans effort par un ouvrier quelconque, attentif seulement à l'effet qu'il veut produire.

A côté de ces avantages, qui sont des plus sérieux, le barrage Desfontaines présente certains inconvénients.

Il est coûteux, car la hauteur des vannes est environ le double de la hauteur normale de la retenue que l'on veut créer. Les fondations sont profondes et descendent, à Charlottenburg par exemple, à $6^m,51$ en contre-bas du niveau de la retenue, à $2^m,31$ au-dessous de la face inférieure du radier de l'écluse accolée au barrage.

On doit retenir aussi la paresse au relevage ; il faut créer une chute d'une certaine importance pour venir à bout des résistances qu'oppose le système, ce qui rend nécessaire l'établissement, à côté de l'appareil, d'une passe fermée par un barrage d'un autre type. On pourrait à la rigueur manœuvrer mécaniquement, par exemple avec une gaffe, quelques hausses voisines de la culée, mais c'est là un expédient, et qui va à l'encontre du but que l'on recherche, celui d'avoir un engin fonctionnant pour ainsi dire automatiquement.

On peut aussi reprocher au système son défaut d'élasticité

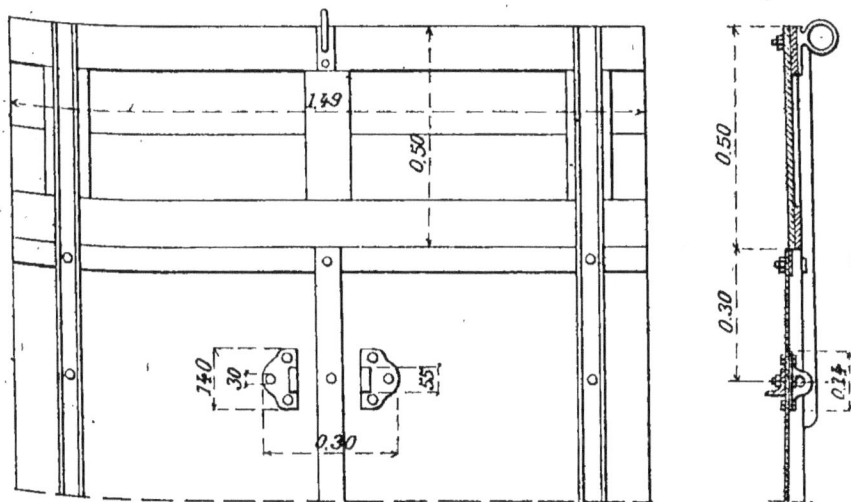

Fig. 145. — Surhausse des retenues de la Marne.

suivant les variations de niveau de la retenue; établi pour une chute déterminée, il ne fonctionnerait plus du tout, ou du moins mal avec une modification dans le niveau de la retenue. M. l'inspecteur général Guillemain a remédié à cet inconvénient, comme on l'a vu plus haut, en plaçant au sommet de chaque hausse, sur deux ferrures en porte-à-faux, une simple planche, que la pression de l'eau maintient en place, tant que la hausse est debout (*fig.* 145). La hausse est donc grande lorsqu'elle est debout, et devient petite quand elle est couchée. Pendant la manœuvre d'abatage, la lame déversante emporte la planche, qui est recueillie par un ouvrier monté sur un bateau.

La mise en place de la planche, lorsque l'appareil est

debout, ne présente aucune difficulté, soit que l'ouvrier couvert d'un vêtement imperméable vienne la disposer, en circulant sur le couronnement du barrage en aval des hausses; soit qu'il opère de l'amont en nacelle en s'appuyant simplement sur les hausses.

L'usage de la barre à coches, qui permet de régler la hauteur de la retenue, n'est pas non plus exempt d'inconvénients. Il faut, pour effacer la retenue, commencer par relever le barrage afin de laisser libre la barre à coches. Si on omet cette manœuvre préliminaire et si on se laisse surprendre par la crue, le relevage ne peut plus s'opérer. Le barrage demeure immobilisé, et on doit subir la crue avec une demi-ouverture de la passe, ce qui est toujours fâcheux.

En résumé, malgré les inconvénients signalés ci-dessus, le barrage Desfontaines est un appareil commode, capable de rendre de grands services, aussi bien pour les passes profondes que pour les déversoirs. Sa manœuvre facile le rend tout à fait pratique lorsqu'il s agit de déboucher rapidement un pertuis, surtout si l'on a soin de donner à la contre-hausse une longueur supérieure à la hausse, de faire ajuster avec précision les différentes pièces du mécanisme, enfin d'augmenter autant que possible la section des aqueducs et des diaphragmes qui donnent passage à l'eau, dans le but de réduire les pertes de charge.

91. Autres barrages manœuvrés en utilisant la puissance de la chute. — *Barrage Cuvinot.* — Frappé de ces divers inconvénients et des avantages que présente le barrage Desfontaines, M. Cuvinot s'est proposé de l'améliorer en s'imposant les conditions suivantes :

1° Diminuer dans une certaine mesure la longueur de la contre-hausse ;

2° Réduire les pertes de charge, que subit l'eau motrice dans les conduits des tambours ;

3° Assurer l'indépendance des hausses, de telle sorte que les hausses abattues par le règlement de la retenue soient réparties à volonté sur la longueur du barrage, afin de diminuer la cataracte ;

4° Obtenir pour les hausses un état stablé, c'est-à-dire tel que chacune d'elles ne puisse se dresser ou se coucher sans l'intervention de l'éclusier, quelles que soient les variations des niveaux d'amont et d'aval.

Ce programme est résolu en disposant trois grands conduits longitudinaux dans le massif de la maçonnerie, parallèlement à l'axe du déversoir, et en rendant l'axe de rotation de la contre-hausse distinct de celui de la hausse. Ce dernier est placé en amont et à un niveau un peu plus élevé que celui de la contre-hausse. Celle-ci est prolongée et sert ainsi de béquille à la hausse.

Sous l'influence de la pression de l'eau, la contre-hausse tourne autour de son axe de rotation, les béquilles prennent la hausse à revers et lui font décrire un angle de 70°. Dans toutes ses positions, la hausse s'appuie sur les galets des béquilles. Une valve fait communiquer le compartiment de la contre-hausse avec le bief aval du canal; la pression s'établit alors et met le barrage en place. Si on supprime cette communication, la contre-hausse n'est plus pressée et vient s'abattre, entraînant la béquille qui la prolonge et la hausse, qui est ainsi soutenue.

92. Barrage système Girard. — Le système Girard a été appliqué sur l'Yonne au barrage de l'Ile-Brûlée, à 1.500 mètres en aval d'Auxerre. Ce barrage se compose d'une grande écluse, d'une passe navigable et d'un déversoir mobile, qui a été muni du système Girard.

Le système se compose :

1° D'une série de grandes vannes ou hausses en bois, mobiles autour d'un axe horizontal, qui peut tourner dans une gorge en fonte scellée sur la crête d'un radier en maçonnerie ;

2° De presses hydrauliques destinées à manœuvrer chaque grande vanne, fixées sur le versant aval du radier et solidement ancrées dans les maçonneries. Le piston de chacune de ces presses s'articule avec la vanne vers le milieu de sa hauteur (*fig.* 146) au moyen d'une triple bielle. L'eau sous pression est fournie aux presses par une petite usine placée sur la rive, grâce à une turbine, mise en mouvement par la chute et actionnant une pompe à eau et une pompe à air ;

celle-ci comprime de l'air dans un réservoir en fonte, qui sert d'accumulateur de forces.

Il suffit de mettre le piston hydraulique des vannes en

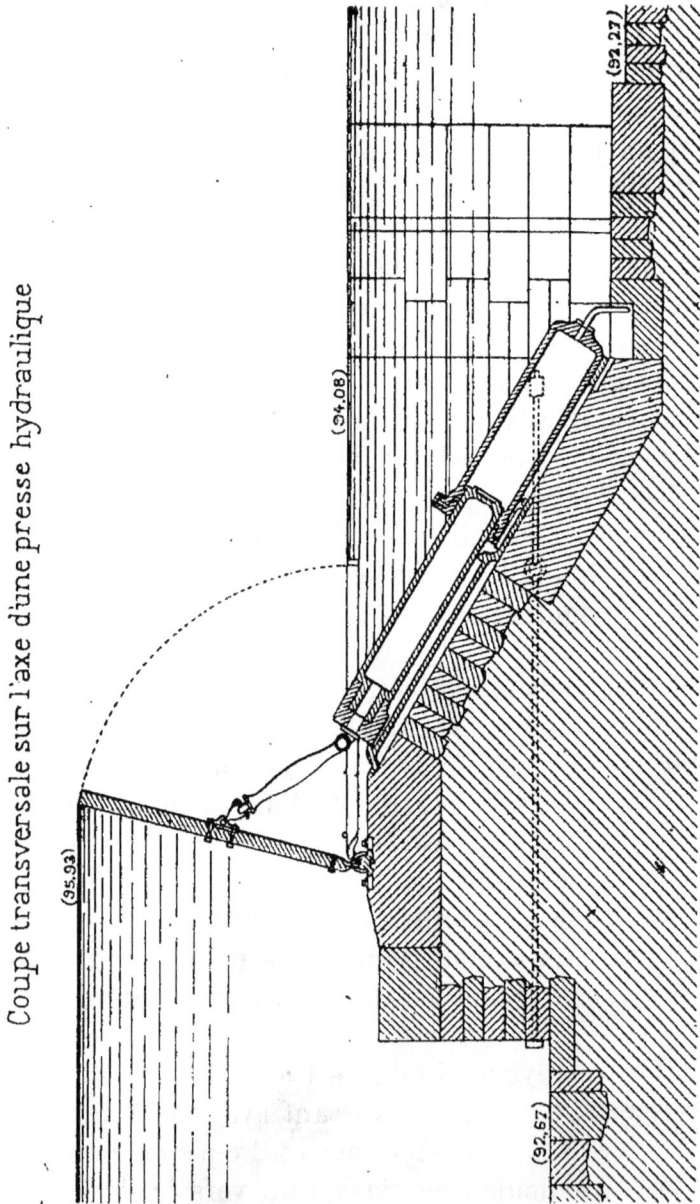

Coupe transversale sur l'axe d'une presse hydraulique

(95.93)

(94.08)

(92.27)

(92.67)

Fig. 146. — Barrage système Girard.

communication avec l'accumulateur ou les pompes pour relever les vannes. Pour l'abatage, il suffit d'ouvrir le robinet du corps de pompe du piston. La pression sur les hausses les fait abattre et le piston rentre dans le corps de pompe.

Ce qui distingue ce système des autres semblables, c'est que le barrage emprunte le travail nécessaire à son relevage, en dehors de la chute même, à une usine spéciale.

Le principal inconvénient que l'on ait à redouter provient de l'action de la gelée sur le piston. On s'y est soustrait, autant qu'il était possible, en plaçant le cylindre du piston au-dessous de la retenue d'aval, au risque de rendre l'entretien et les réparations plus difficiles.

Les vannes, au nombre de sept, ont 3m,52 de largeur et 1m,97 de hauteur entre leur axe de rotation et leur sommet. La pression nécessaire pour les mettre en mouvement varie entre 2 et 5 atmosphères, lorsque la chute varie depuis zéro jusqu'à son maximum 1m,85.

Depuis 1873, époque à laquelle ce système a été essayé, il a convenablement fonctionné. Son prix élevé, qui est à peu près le triple de celui des autres barrages de même hauteur construits sur l'Yonne, soit dans le système Poirée, soit dans le système Chanoine, est peut-être le plus gros obstacle à son emploi.

83. Barrage Carro à vannes roulantes. — Le système Carro consiste à retenir les hausses par l'amont à l'aide d'un tirant, au lieu de les soutenir par l'aval à l'aide d'un chevalet ou d'un arc-boutant.

En opérant une traction sur la culasse ou sur la volée, on peut déterminer une inclinaison, qui change le signe de la pression et détermine soit le relevage, soit l'abatage.

94. Barrage Krantz. — M. Krantz a cherché à réaliser le programme suivant :

1° Manœuvre à l'aide des forces naturelles des cours d'eau convenablement mises en jeu, et sans exposer les agents à aucun risque ;

2° Correction spontanée des petites dénivellations de la retenue, l'intervention du barragiste n'étant nécessaire qu'à de rares intervalles ;

3° Établissement d'organes robustes et capables de résister à un choc violent ;

4° Étanchéité suffisante et disposition permettant l'application du système aux barrages de toute hauteur.

Le système comprend :

1° Des éclusettes ; 2° le barrage proprement dit.

L'éclusette constitue comme une sorte d'écluse de petites dimensions, dans le sas de laquelle on peut à volonté, par une manœuvre convenable de ventelles, maintenir soit le niveau du bief supérieur, soit celui du bief inférieur, soit tout autre niveau intermédiaire.

La pression de l'eau dans les éclusettes et l'eau elle-même sont transmises par une ouverture à la base du sas, sous le ponton qui fait partie de la vanne et qui la commande.

Le barrage proprement dit se compose des pontons et des vannes. Le ponton, qui sert de béquille à la vanne, est une sorte de caisse étanche construite en tôle et par conséquent susceptible d'être soulevée par la pression de l'eau. Il est articulé à l'aval et décrit autour de son point d'articulation un arc de cercle quand l'eau vient à s'élever.

Les vannes sont fixées au ponton, et mobiles autour de charnières, de telle sorte que le ponton les relève en décrivant son arc de cercle.

Un système de vannes-papillons automatiques permet de régulariser la hauteur de la retenue.

95. Vanne de M. Maurice Lévy. — Dans cet appareil, la hausse est articulée au sommet du bras de la contre-hausse, de telle sorte que les deux parties essentielles peuvent être à la fois solidaires ou indépendantes.

Deux aqueducs, l'un d'amont, l'autre d'aval, communiquant avec les deux biefs permettent un jeu de pressions, qui actionne la hausse seule ou le système de la hausse et de la contre-hausse. Il s'ensuit que l'on a deux positions stables du barrage, dans lesquelles la retenue a des hauteurs différentes.

Les pièces sont équilibrées de façon à annuler l'action de la pesanteur.

On avait combiné en aval de la contre-hausse un système de conduits, qui permettait de répartir le jeu des pressions sur un nombre quelconque d'éléments par une simple manœuvre de robinets.

CHAPITRE V

BARRAGES MOBILES A PONT SUPÉRIEUR

96. Considérations générales. — On a vu dans les chapitres qui précèdent que les supports du vannage prennent appui sur le radier qu'ils viennent recouvrir, le plus souvent avec le vannage lui-même, pour rendre au cours d'eau sa section naturelle.

Ce mode de bouchure ne pouvait pas s'appliquer sur les cours d'eau, comme le Rhône, qui charrient de grandes quantités de matériaux, parmi lesquels se trouvent des galets volumineux. Les pièces qui le composent pourraient être détériorées, et ne pas être susceptibles d'être relevées sous le poids des dépôts qui les recouvriraient. Aussi M. l'ingénieur en chef Tavernier a-t-il imaginé un système qui consiste à suspendre les supports du vannage à un pont supérieur, au-dessous duquel ils peuvent être relevés en cas de crue. Alors que les fermettes étudiées plus haut sont mobiles autour d'un axe parallèle au cours d'eau, les organes du système sont susceptibles de tourner autour d'un axe horizontal normal au courant, et qui se trouve rattaché au pont supérieur. Les organes sont ainsi toujours accessibles et visibles, ce qui présente de sérieux avantages au point de vue de l'entretien et de la facilité des manœuvres.

L'idée de M. Tavernier a été appliquée pour la première fois en France sur la Seine au barrage de Poses par MM. de Lagréné et Caméré (de 1879 à 1885). Depuis, le même système a été employé sur la basse Seine à Meulan (1882-1886), Saudrancourt (1881-1886), Port-Mort (1882-1886), et sur l'Oise canalisée, où M. l'inspecteur général Derôme a apporté d'ingénieux perfectionnements au barrage primitif.

On citera encore l'application qui a été faite du système à Pretzien, sur un bras de l'Elbe (1874-1875); à Nussdorf, près de Vienne, sur un bras du Danube (1894-1898); à Mirowitz, sur la Moldau (1900-1904); à Genève, sur le Rhône.

A ce système se rattachent les barrages : sur la Mulde, à Bitterfeld ; sur la Brache, à Brahemünde ; sur la Mangfall, à Kolbermoor en Haute-Bavière ; sur la Bode, à Nienbourg et à Neugattersleben; sur le Neckar, à Poppenweiler. Ces derniers barrages, dont on fera connaître les dispositions principales, sont formés par des tambours en forme de cylindre, qui sont susceptibles d'être relevés au-dessus des plus hautes eaux et de dégager presque instantanément la passe.

Pour commencer, on étudiera en détail le barrage de Poses qui rachète une chute de 4m,18, une des plus fortes qui ait été franchie jusqu'à présent, au moyen d'un barrage mobile.

97. Barrage de Poses. — Le type de Poses (*fig.* 147) est caractérisé par des rideaux appliqués sur des montants articulés à des ponts supérieurs. Un tablier, supporté par deux poutres à treillis et constituant un pont, repose sur les piles séparatives des passes; il est établi assez haut pour laisser, au-dessus des montants relevés, un écoulement facile aux eaux de crue et dans les passes navigables une hauteur libre fixée à 5m,25 au-dessus des plus hautes eaux navigables. A ce tablier sont suspendus, par une articulation, des cadres formés de montants verticaux entretoisés, dont le pied vient buter contre des bornes isolées scellées dans le radier.

Le vannage est constitué par des rideaux doubles, c'est-à-dire pouvant fermer la moitié des travées voisines, qui sont appliqués sur les cadres et manœuvrés à l'aide d'un treuil circulant sur une passerelle de service établie à l'aval des montants; cette passerelle est formée de tronçons articulés sur les cadres à 1 mètre au-dessus du niveau de la retenue.

Le tablier du pont, auquel les cadres sont suspendus, fonctionne comme une poutre horizontale, qui reporte aux contreforts, surmontant les arrière-becs des piles et des culées, la partie de la poussée de l'eau transmise par les cadres à leurs points d'appui supérieurs.

Pour ouvrir le barrage, on commence par enrouler les rideaux au-dessus du niveau de la retenue et par replier contre les montants les tronçons de la passerelle; puis, au moyen d'un treuil circulant sur un tablier établi sur un second pont installé à l'amont du premier, on retire les cadres et on les accroche horizontalement, de façon que la passe soit complètement libre.

La manœuvre de fermeture se fait par des opérations inverses.

FIG. 147. — Barrage de Poses.

Enfin pour parer à l'impossibilité éventuelle de relever les montants vers l'amont, leurs articulations sont placées dans des glissières verticales, ce qui permet de les soulever d'une hauteur suffisante pour que leur pied échappe les heurtoirs; le cadre peut alors décrire un mouvement de rotation vers l'aval et être relevé au besoin de ce côté.

Le barrage Caméré appliqué à Poses ferme cinq passes profondes et deux passes surélevées; il comprend, comme on l'a vu plus haut, des ponts supérieurs, des cadres articulés, des rideaux et des appareils de manœuvre. On étudiera en détail chacun de ces organes.

Ponts supérieurs. — Le système exige deux ponts supérieurs :
1° A l'aval, un pont dont le tablier soutient les cadres et

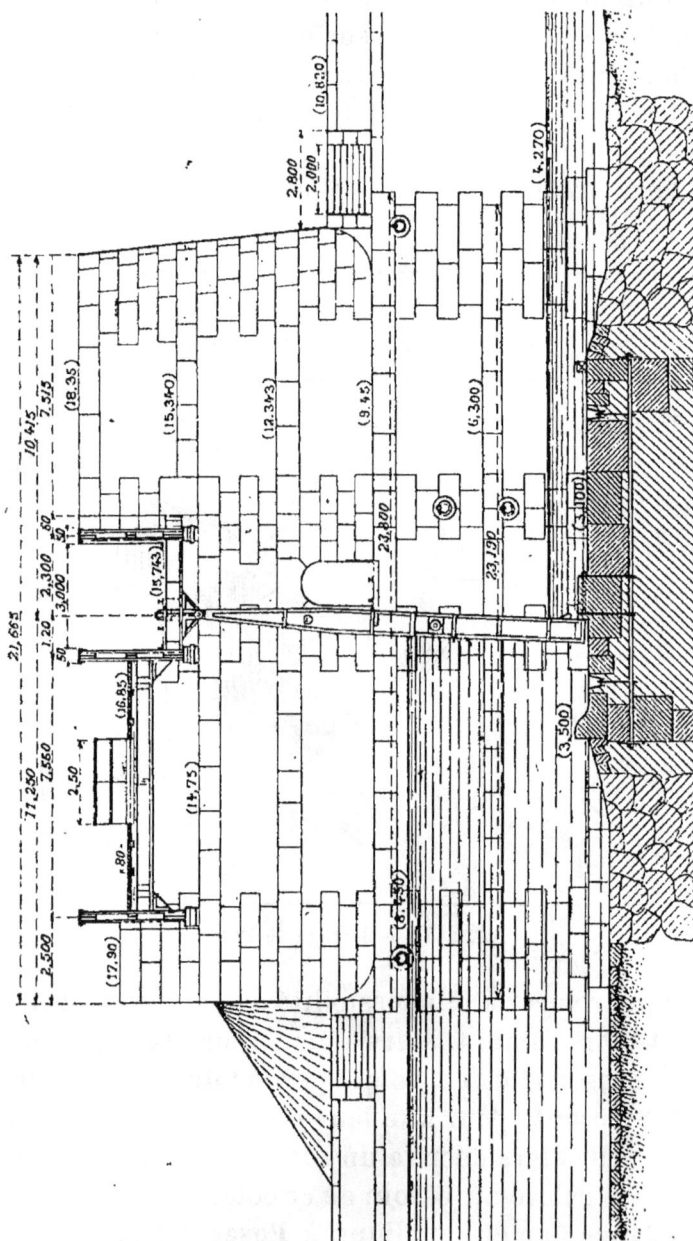

FIG. 148. — Coupe en travers du pertuis.

reporte sur les arrière-becs des piles et des culées la fraction de la poussée de l'eau, qui lui est transmise par le sommet de ces mêmes cadres quand le barrage est fermé ;

2° A l'amont, un deuxième pont, dont le tablier supporte l'effort exercé par le treuil pendant le relevage, et une partie du poids des organes mobiles, lorsque ceux-ci sont relevés pour l'ouverture complète du barrage.

Les deux tabliers ont été juxtaposés, bien qu'ils ne soient pas établis au même niveau. Il en est résulté une économie dans les frais de premier établissement, un élargissement du deuxième pont très favorable aux manœuvres et une augmentation de résistance aux poussées horizontales.

Le tablier d'amont présente, au droit de chaque cadre, une ouverture de $1^m,50$ de large sur $2^m,50$ de longueur. C'est par cette ouverture que l'on fait passer le rideau enroulé, soit pour le mettre en place sur le cadre relevé, soit pour l'enlever en cas de réparation.

Les trois poutres verticales supportant les tabliers sont à travées solidaires ; elles sont constituées par un treillis avec diagonales croisées, en forme de fers à ⌴, réunies par des montants verticaux.

La poutre aval et la poutre intermédiaire sont espacées de $3^m,50$ d'axe en axe, cette dimension étant nécessaire pour la facilité de manœuvre des appareils et la résistance qu'elles doivent opposer à la poussée horizontale.

La largeur du tablier d'amont, qui a été fixée à $7^m,55$, dépend dans une certaine mesure de la hauteur à laquelle les ponts supérieurs sont établis au-dessus de la retenue. Il faut, en effet, que le point, où la chaîne de suspension du cadre traverse le tablier, se trouve à une distance suffisante de la poutre de rive pour permettre la manœuvre du treuil ; d'autre part, il convient, pour diminuer l'effort à exercer pendant le relevage, d'abaisser le plus possible le point d'attache de cette chaîne sur le cadre (en pratique $0^m,90$ au-dessous de la retenue), en limitant cependant l'inclinaison de la chaîne de façon à diminuer la tendance au soulèvement.

Les poutres des ponts supérieurs reposent sur les piles et sur les culées par l'intermédiaire d'appareils d'appui et de dilatation ; des appareils de même espèce ont été placés verticalement au niveau du tablier de suspension, entre la poutre d'aval et les massifs de butée élevés sur les arrière-becs des piles et culées.

Voies de communication. — Il existe sur le tablier amont deux voies ferrées (*fig.* 148), dont l'une est destinée à la circulation du treuil de relevage des cadres et l'autre à la circulation de la grue servant à l'enlèvement et à la mise en place des rideaux ; une troisième voie, établie sur le tablier d'aval, sert au passage du vérin de soulèvement des cadres. Dans toutes ces voies, l'écartement des rails est de 0^m,80 d'axe en axe.

Cadres articulés. — Les montants qui supportent le vannage sont des poutres en tôle et cornières, dont la ligne d'axe est inclinée vers l'amont de 65 millimètres par mètre, de telle sorte que les montants s'appliquent sur les heurtoirs sans l'intervention de la poussée de l'eau.

Leur portée est de 11^m,250 dans les passes navigables. Leur section est en forme d'U, présentant une largeur constante, de 0^m,70 depuis leur pied jusqu'à 2^m,50 au-dessus du niveau de la retenue, puis diminuant progressivement jusqu'au sommet, où elle n'a plus que 0^m,25 de largeur. L'âme pleine des montants est raidie par une série de cornières transversales, qui la divisent en panneaux de 1 mètre de longueur.

L'appui supérieur des montants sur leur arbre d'articulation se fait par l'intermédiaire d'une douille en acier fondu calée sur cet arbre, et terminée par une joue boulonnée sur l'âme du montant.

Les montants ont été groupés deux par deux, et les axes de ces groupes sont espacés de 1^m,16. On a constaté que l'écartement de 2^m,32 était très convenable ; néanmoins on n'a pas conservé dans les autres barrages construits d'après ce système la répartition des montants adoptée à Poses (*fig.* 149).

Chaque cadre est formé de quatre montants réunis par des entretoises espacées de 2 mètres et composées d'une plate-bande bordée par deux cornières. Les montants d'un même cadre sont reliés non seulement par les entretoises, mais encore par trois arbres en fer rond, savoir : 1° l'arbre supérieur d'articulation qui a 91 millimètres de diamètre ; 2° un arbre de 65 millimètres de diamètre établi à 2 mètres au-dessus du plancher de la passerelle et servant à accrocher le palan avec lequel on la relève ; 3° l'arbre de 50 millimètres de diamètre, auquel sont attachées les chaînes qui servent à relever les cadres et à les accrocher au tablier d'amont.

Chaînes de relevage des cadres. — Par suite de la composi-

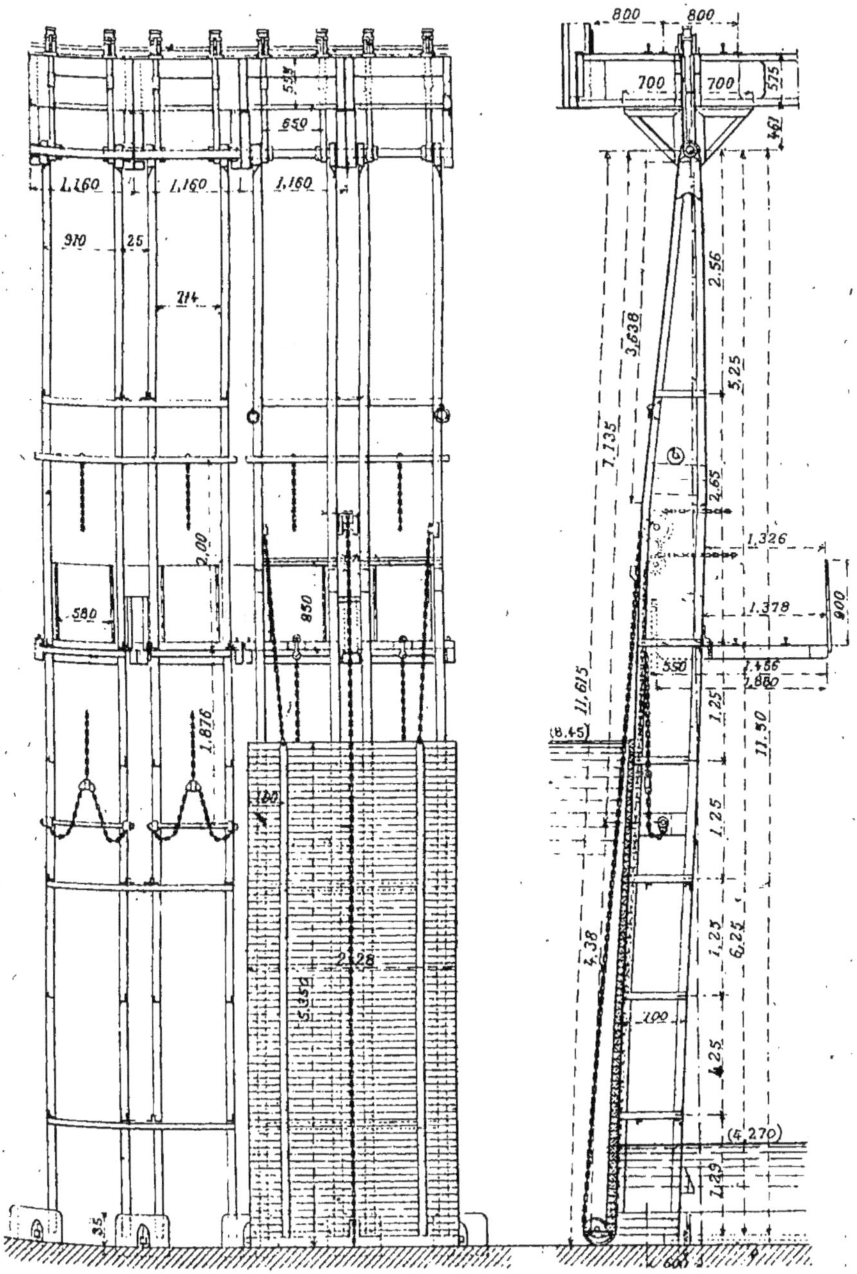

Fig. 149. — Cadres et rideaux.

tion des cadres de Poses, ceux-ci sont munis de deux chaînes
de relevage à trois branches; la branche principale est placée

dans l'axe de chaque groupe de montants ; elle se dédouble dans le bas en deux branches, qui reportent les efforts de traction sur les montants.

Suspension et articulation des cadres. — Les tôles des montants sont reliées deux à deux par des arbres d'articulation, dont les abouts s'appuient sur les consoles des pièces de pont du tablier d'aval.

Passerelle mobile. — La passerelle, sur laquelle circulent les treuils des rideaux, est composée d'éléments dont la longueur est à Poses de 1^m,16, et dans les autres barrages de la Seine de 2^m,32. Chacun de ces éléments est formé d'un châssis en fer à ⊔, sur lequel sont rivés le plancher en tôle striée et les rails ; d'un côté, ce châssis est articulé sur les montants au moyen de deux charnières ; de l'autre côté, il est bordé par un garde-corps, dont les barreaux en fer carré sont boulonnés sur la traverse aval du châssis et dont la lisse est en fer plat. Comme cette lisse doit s'effacer en partie pour que la passerelle relevée puisse s'appliquer contre les cadres, on l'a divisée en tronçons : ceux qui correspondent à un élément de passerelle sont fixes et ont 0^m,58 de longueur ; les autres, qui sont vis-à-vis des deux montants intermédiaires, sont à charnières et se rabattent sur les précédents.

Au barrage de Port-Mort, la lisse du garde-corps est percée, au droit de chaque barreau, d'un trou, qui permet de la faire glisser jusque sur le plancher de la passerelle ; il ne reste debout que les barreaux, qui sont espacés de façon qu'ils puissent s'introduire entre les montants. Quand la lisse est remontée dans sa position normale, elle est maintenue par des goupilles qui traversent les têtes des barreaux.

Rideaux articulés. — Chaque rideau correspond à une ouverture de 2^m,32 de largeur et 5^m,35 de hauteur dans les passes profondes.

Les lames, en bois de *yellow-pine*, ont une hauteur constante de 78 millimètres, sauf pour les lames supérieures qui ont 10 centimètres de hauteur. La longueur des lames est uniformément de 2^m,28, laissant un intervalle de 4 centimètres entre deux rideaux voisins.

L'épaisseur de la lame supérieure est de 4 centimètres

pour tous les rideaux ; elle augmente progressivement pour atteindre 9 centimètres à la partie inférieure des passes profondes. Avec ces dimensions, le bois de la lame inférieure ne travaille jamais à plus de 60 kilogrammes par centimètre carré.

Les sabots en fonte des rideaux sont tracés suivant des spirales d'Archimède. Les charnières des lames en bronze ont une largeur de 11 centimètres et sont renforcées par des nervures.

Les chaînes sans fin servant à la manœuvre de chaque rideau présentent un développement de $20^m,565$. Elles sont soumises à une tension maxima de 1.470 kilogrammes, ce qui correspond à un travail de 5 kilogrammes par millimètre carré.

Appareils de manœuvre. — Les appareils servant à installer et à manœuvrer les organes mobiles du barrage de Poses comprennent :

Deux treuils de manœuvre des cadres ;

Une grue tournante principalement employée à l'enlèvement et à la mise en place des rideaux ;

Quatre treuils de manœuvre des rideaux ;

Un vérin de soulèvement des cadres.

Tous ces appareils sont montés sur des chariots.

Treuil de manœuvre des cadres. — Les treuils de manœuvre des cadres sont de trois espèces :

1° Treuil à main disposé de telle sorte que deux hommes agissant sur les manivelles puissent produire un effort de 5.000 kilogrammes à la circonférence des poulies à empreinte, sur lesquelles passent les chaînes d'élevage ; 2° treuil à vapeur ; 3° treuil électrique depuis 1896.

Après avoir mis le treuil en place, on laisse filer les chaînes à travers les ouvertures du tablier d'amont. Un flotteur, attaché par une corde à chacune des chaînes, est entraîné par le courant vers les barragistes placés sur la passerelle mobile. Ceux-ci attirent ainsi l'extrémité de la chaîne et l'assemblent sur celle du cadre. Les panneaux correspondants de la passerelle sont ensuite relevés à l'aide d'un palan et accrochés à leurs chaînes de retenue.

Le treuil de manœuvre des cadres est alors mis en marche pour remonter le cadre ; quand celui-ci est complètement relevé, on l'accroche au tablier au moyen de ses propres chaînes ; celles du treuil sont détachées et le treuil peut être conduit vers un autre cadre.

La descente d'un cadre s'effectue par des opérations inverses.

Pour la passe considérée, la durée moyenne de la manœuvre des cadres serait :

Avec le treuil à main, relevage 30 minutes, descente 10 minutes et demie ;

Avec le treuil à vapeur, relevage 13 minutes et demie, descente 9 minutes et demie.

L'emploi du treuil électrique a permis de réaliser une nouvelle accélération dans les manœuvres.

Vérin de soulèvement des cadres. — On a vu que l'arrivée de corps flottants ou de glaçons survenus inopinément ne s'opposait pas au relèvement des cadres. Car les coussinets qui reçoivent les abouts des arbres d'articulation des cadres ne sont pas fixes, mais mobiles dans des glissières verticales. Ces glissières sont assez longues pour permettre de remonter chaque cadre assez haut, pour qu'il puisse se dégager des heurtoirs contre lesquels il bute du pied.

Le soulèvement des cadres se fait au moyen d'un vérin spécial, monté sur un chariot, qui peut circuler sur la voie établie à cet effet sur le tablier d'aval.

La disposition adoptée à Poses a été abandonnée à Port-Mort sur la basse Seine : en même temps qu'on doublait la distance entre deux montants, qui de $1^m,16$ était portée à $2^m,32$, on suspendait l'axe de rotation au moyen de tiges spéciales réunies deux par deux par une traverse en ⊥, dont les extrémités peuvent glisser verticalement entre les montants de deux chaises en fonte boulonnées sur le tablier. Dans la position normale, ces extrémités reposent sur les chaises par l'intermédiaire de coins de réglage en fer ; des coins semblables, disposés entre la face supérieure de la traverse et les portées supérieures des chaises, s'opposent au soulèvement éventuel des cadres (*fig.* 150).

Lorsque cette manœuvre est nécessaire, on place un vérin sous la face inférieure de la traverse, après l'avoir assujetti sur une plate-forme ménagée à cet effet dans le contreventement horizontal du tablier. Après avoir serré le vérin, on enlève les coins placés aux extrémités et on agit sur les manivelles, en ayant soin de caler les extrémités au fur et à mesure du soulèvement. Le calage sert ensuite à maintenir les cadres soulevés.

La durée des manœuvres, effectuées au moyen d'un treuil à vapeur, est la suivante pour une passe de 179^m,70 de longueur :

Ouverture { Relevage des rideaux de 8 à 12 heures.
{ Relevage des cadres de 12 à 13 heures.

Fermeture { Descente des cadres (au frein) de 9 à 10 heures.
{ Mise en place des rideaux de 6 à 10 heures.

Treuil de manœuvre de rideaux. — Le treuil de manœuvre des rideaux est porté par un chariot, que l'on roule sur les

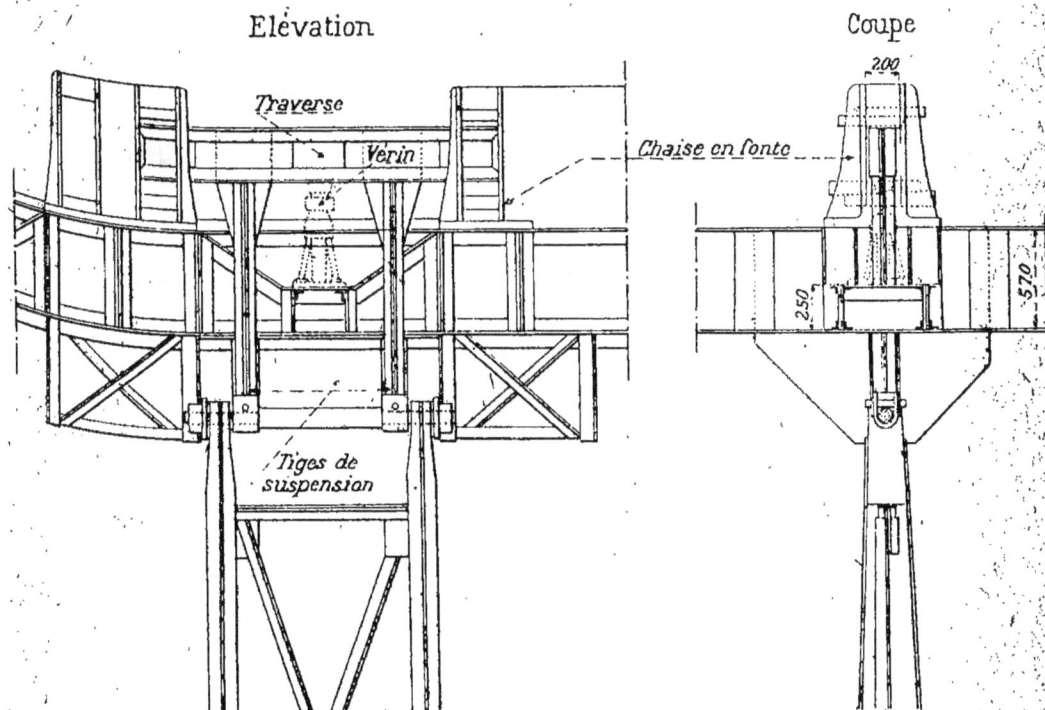

FIG. 150. — Barrage de Port-Mort. Tiges de suspension.

rails de la passerelle de service pour l'amener au droit du rideau, que l'on veut manœuvrer. Il porte extérieurement sur l'une des flasques de son bâti deux roues à empreintes, qui correspondent aux poulies de renvoi. La roue du haut est destinée à recevoir le brin d'amont, et celle du bas le brin d'aval de la chaîne. Les roues d'engrenage sont disposées de façon que, quand les barragistes impriment aux

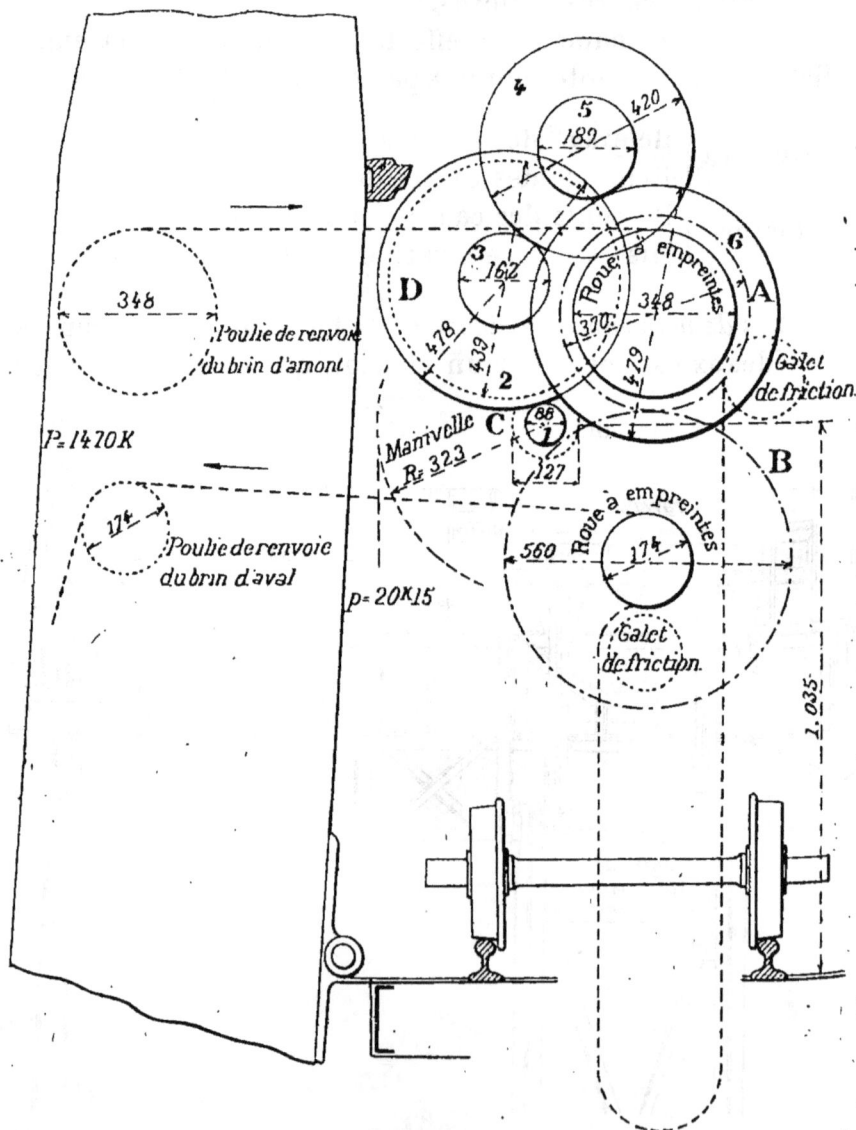

FIG. 151. — Appareil de manœuvre.

manivelles le mouvement de rotation qui correspond à l'enroulement du rideau, les deux roues à empreintes tournent en sens inverse, celle du haut tirant sur le brin d'amont et celle du bas filant le brin d'aval. La vitesse à la circonférence de cette dernière est égale à $\frac{1}{2,77}$ de celle de la roue du haut. Ce rapport a été déterminé par l'expérience (*fig.* 151).

Pour la manœuvre, on attire les deux brins de la chaîne, qui pendent à l'aval des poulies, et on les installe sur leurs roues à empreintes. On agit d'abord sur le treuil de façon à tendre successivement les portions de chaînes comprises entre les poulies et les roues, afin de pouvoir soulever leurs stoppeurs respectifs. Lorsque la chaîne est ainsi dégagée, on peut procéder à l'enroulement du rideau.

Pour le déroulement, il suffit de filer le brin de chaîne amont en maintenant immobile celui d'aval. A cet effet, le treuil est disposé pour permettre d'arrêter à volonté le mouvement de la roue à empreintes du bas. On a obtenu ce résultat à Poses, à Port-Villez, à Suresnes au moyen d'un cône de friction qui agit sur l'arbre de la roue, à Port-Mort, à Méricourt et à Meulan, au moyen d'un frein Mégy.

La durée moyenne de la manœuvre d'un rideau est pour les passes profondes de 15 minutes pour l'enroulement, et de 7 minutes pour le déroulement.

98. Barrages étrangers. — Les principaux barrages étrangers du type Caméré ont été établis à Pretzien sur l'Elbe, à Genève sur le Rhône, à Nussdorf sur le Danube, à Mirovitz sur la Moldau. On passera en revue les principales dispositions qui ont été prises.

Barrage de Pretzien. — Le barrage, construit en 1874-75 à Pretzien, près de Magdebourg, sur un ancien bras de l'Elbe, pour concentrer toutes les eaux dans le chenal de navigation et rendre aux eaux leur cours naturel en temps de crue, comporte, avec un pont supérieur, des montants mobiles susceptibles d'être relevés sous le tablier du pont, et sur lesquels sont appliquées des vannes en tôle emboutie (*fig.* 152).

Les montants sont indépendants les uns des autres et sont susceptibles d'être manœuvrés du côté de l'amont comme du côté de l'aval. A cet effet, l'extrémité inférieure des montants est munie d'un levier coudé, dont le tourillon aval vient buter contre les nervures d'un sabot en fonte fortement ancré dans le radier. Une chaîne, manœuvrée sur le pont supérieur au moyen d'un treuil, actionne le levier coudé, soulève le tourillon au-dessus de la nervure du sabot qui constitue son point d'arrêt, puis agit sur le montant, qu'elle vient placer au-dessous du pont. Pour remettre le montant en place, il suffit de filer la chaîne qui sert à le relever, puis de

Coupe schématique

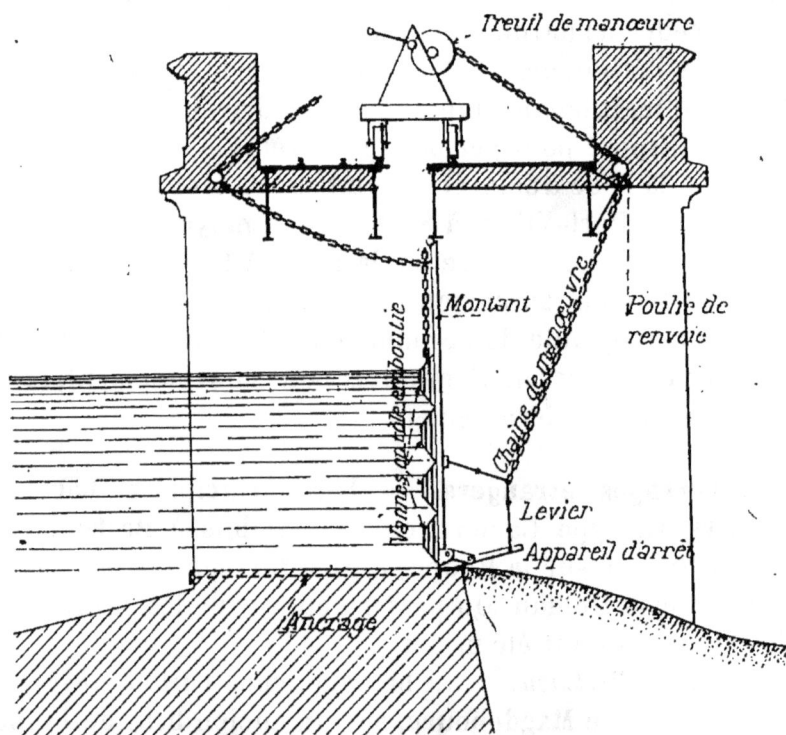

FIG. 152. — Coupe du barrage de Pretzien.

tirer sur une autre chaîne attachée en amont sur le montant, jusqu'à ce qu'un bruit sec annonce que l'enclenchement est fait.

Le vannage est constitué dans chaque travée par quatre vannes de 0m,837 de hauteur, 1m,310 de largeur, en tôle emboutie de 6 millimètres serrée entre deux cadres de fer plat. Chaque vanne peut être enlevée et remise en place au moyen de deux câbles d'acier, fixés à la partie supérieure de son cadre avec des anneaux pour les attacher au pont.

Barrage du Rhône à Genève. — Le barrage, construit à la sortie du lac de Genève, a pour but de maintenir le niveau du lac entre des limites étroites, $1^m,30$ et $1^m,90$, de manière que l'amplitude extrême des variations du niveau de la retenue ne dépasse pas $0^m,60$.

Les rideaux articulés qui forment la bouchure sont attachés à la passerelle de service, et restent suspendus à cette passerelle lorsqu'ils sont enroulés. Les cadres, sur lesquels ils s'appuient lorsqu'ils sont déroulés, sont mobiles autour d'un arbre inférieur et se couchent sur le radier lors de l'ouverture du barrage. Cela n'a pas d'inconvénient, étant donnée la grande limpidité des eaux du Rhône à la sortie du lac de Genève.

Les cadres se composent de deux montants verticaux distants de $1^m,16$ d'axe en axe; chaque cadre est distant du voisin de $1^m,16$, et chaque montant est divisé en deux par une nervure médiane, servant ainsi à l'appui de deux rideaux consécutifs.

Les cadres sont attachés, à leur partie inférieure, par des tourillons à de robustes bâtis en fer noyés dans le radier. Ils sont retenus à leur extrémité supérieure par des butoirs en fer forgé fixés à la passerelle de service, qui se manœuvrent comme des leviers.

Toutes les manœuvres, tant pour enrouler et dérouler les rideaux que pour coucher les cadres sur le radier et les relever, se font au moyen d'un treuil unique circulant sur une voie de $0^m,70$ établie sur la passerelle de manœuvre.

Barrage de Nussdorf. — Ce barrage a pour but de fermer aux glaces et aux crues le canal du Danube, bras du fleuve qui traverse Vienne. Il peut être exposé à supporter une dénivellation de $9^m,34$. La largeur de la passe est de 40 mètres.

Le type adopté est sensiblement celui de Poses. Les cadres comportent trois montants distants de $1^m,25$; la bouchure est formée par des vannes à galets métalliques.

Barrage de Mirowitz. — Ce barrage est établi en vue de la canalisation de la Moldau en Bohême. La longueur de la passe navigable est de 61 mètres; la chute à racheter, de $3^m,90$.

La seule particularité à retenir, c'est que le pont de service se trouve établi à l'aval d'un pont-route, et que la bouchure est formée par une vanne métallique de 5^m,30 de haut et de 2^m,25 de largeur correspondant à la largeur des cadres. Cette vanne roule sur les montants au moyen de onze rouleaux de 100 millimètres de diamètre. Elle peut être soulevée à 4^m,50 au-dessus de la retenue normale ; elle est relevée avec le cadre sous le pont supérieur. La manœuvre des vannes s'opère au moyen d'un treuil circulant sur une passerelle en encorbellement.

Ce treuil et celui qui sert au relevage des cadres, sont actionnés électriquement.

99. Barrages de l'Oise. — L'Oise canalisée est une des rivières navigables les plus fréquentées du réseau français. Le tonnage moyen, ramené à la longueur entière, s'y est élevé

Plan schématique des barrages de l'Oise

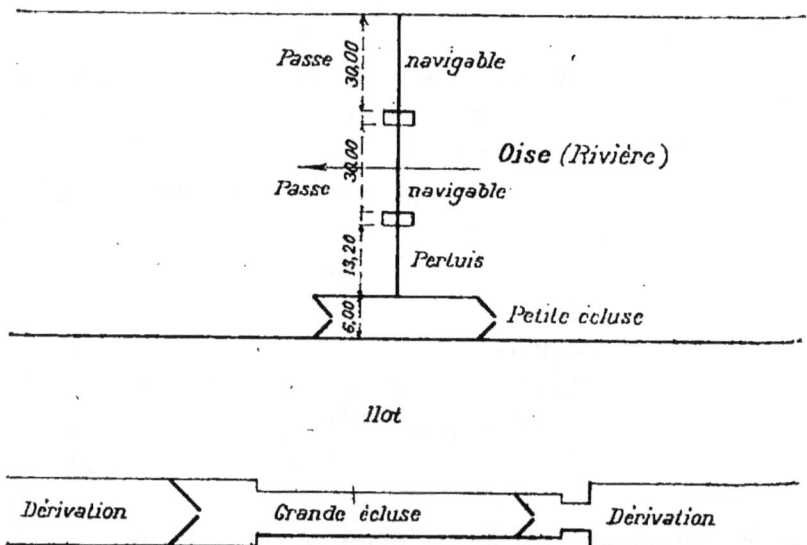

Fig. 153. — Barrage de l'Oise.

en 1909 à 4.159.971 tonnes. Elle comprend sept barrages. On a mis en service en 1901 les nouveaux barrages de Creil et de l'Isle-Adam ; on poursuit, depuis cette époque, la reconstruction des cinq autres barrages. Il suffira d'étudier avec quelques détails l'un d'entre eux, le barrage de Creil, dont le type a été spécialement étudié par M. l'inspecteur général Derôme, pour connaître les dispositions qui ont été adoptées.

Chacun de ces barrages comporte deux passes navigables de 30 mètres de largeur et un pertuis de 13m,20, auquel est accolée une petite écluse de 6 à 8 mètres de largeur et de 41 à 46 mètres de longueur utile. Une grande écluse de 12 mètres de largeur et de 125 mètres de longueur est construite dans une courte dérivation contournant le barrage (fig. 153).

La caractéristique des barrages de l'Oise consiste dans l'établissement d'un pont supérieur et d'une passerelle de service suspendue au pont supérieur; sur cette dernière sont articulés, à leur partie supérieure, les cadres qui butent du pied contre des heurtoirs en saillie sur le radier et qui supportent la bouchure constituée par des vannettes à roulement sur billes.

Dans ces conditions les dimensions et par suite le poids des cadres sont réduits dans de fortes proportions; les cadres articulés sur la passerelle peuvent être facilement enlevés, chargés sur wagonnets et transportés à terre, où leur visite et leur réparation se font aisément. L'enlèvement des vannettes qui forment la bouchure est effectué à la main.

Le pertuis, profond de 3m,20, sert à l'écoulement des glaçons en cas de besoin. Le niveau de la retenue se règle facilement au moyen des vannettes, sans qu'il soit besoin de recourir à des déversoirs (fig. 155).

Pont supérieur. — L'élévation d'une passe, qui est donnée ci-après, figure 154, montre les principales dispositions qui ont été admises.

Le pont supérieur, de 4m,50 de largeur, comporte trois travées de 31m,20 de longueur entre piles et culées, correspondant les deux premières aux passes, la troisième au pertuis et à l'écluse. La poutre en forme de croix de Saint-André supporte, au moyen d'entretoises et de longerons établis à mi-hauteur, un platelage pour la circulation et la manœuvre des treuils fixes destinés à produire le relèvement de la passerelle et des engins du pertuis.

Passerelle mobile. — La passerelle mobile de 2m,50 de lar-

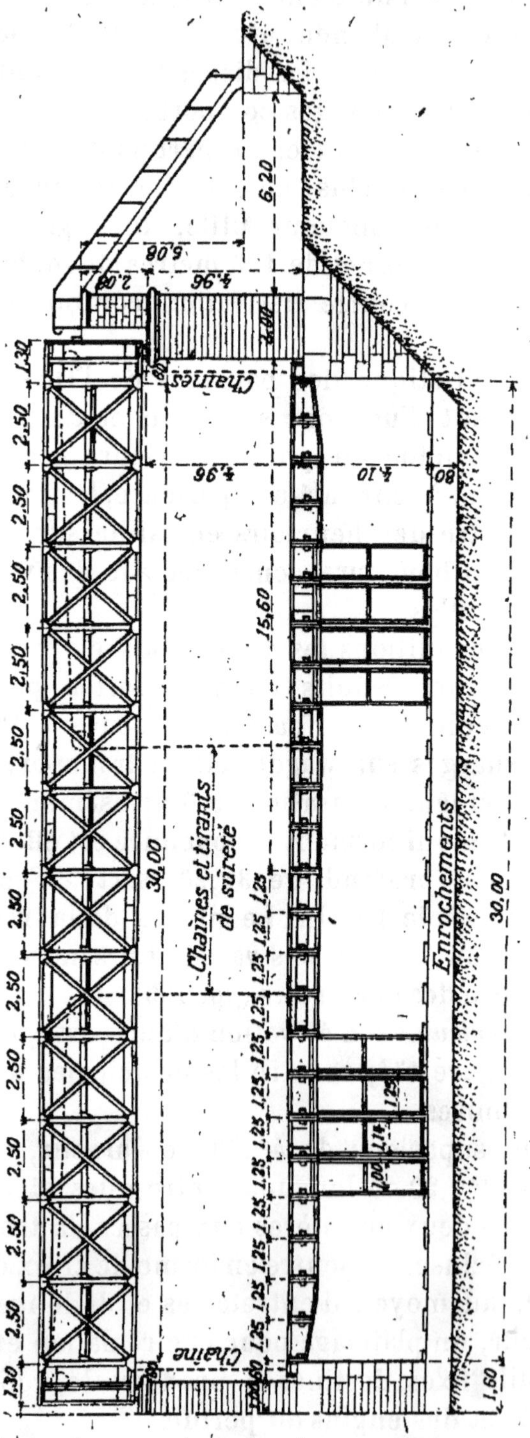

Fig. 154. — Barrage de Creil. Passe de rive droite.

geur, sur laquelle viennent s'articuler les cadres, est placée à 5 mètres environ en contre-bas du pont supérieur. Elle comprend quatre travées, deux de 30^m,50 pour les passes, une de 13^m,20 pour le pertuis et enfin une de 6 mètres au-dessus de l'écluse. Cette dernière travée, qui sert au passage de la voie ferrée de 0^m,80 régnant sur toute la longueur de l'ouvrage pour le transport des engins au magasin, est constamment relevée en temps normal ; elle n'est abaissée que lorsqu'il convient d'enlever ou de remettre en place les cadres et les vannettes.

Constituée par deux poutres verticales de 0^m,90 de hauteur, entretoisée par une poutre horizontale de 2^m,50 de largeur, la passerelle pèse 25 tonnes au-dessus des passes et 10 tonnes sur le pertuis. Elle porte un platelage, sur lequel est établie la voie ferrée de 0^m,80 de largeur pour la circulation des wagonnets servant au transport du matériel et d'une grue roulante destinée à la manœuvre des cadres.

Elle est suspendue au pont supérieur par des chaînes, qui passent sur des poulies de renvoi fixées à ce pont, puis sur une poulie à empreintes montée sur l'arbre d'un treuil fixe. Les chaînes viennent aboutir à un contrepoids, placé à chaque extrémité de la poutre, qui fait équilibre au poids de la passerelle. Le relèvement ou l'abaissement s'opère sans difficulté, puisqu'il suffit de vaincre les frottements et la raideur des chaînes.

La passerelle est encore rattachée au pont de service par des tirants de sûreté, qui doublent les chaînes et peuvent les suppléer au besoin.

Ces tirants, articulés à leur partie supérieure sous le platelage, peuvent être relevés et amarrés parallèlement à l'axe du barrage au moyen d'une petite poulie et d'une cordelette (*fig.* 134).

Cadres et vannettes des passes. — Les cadres des passes de 3^m,963 de longueur sont formés par deux montants en fer en ⊔ de $\frac{220 \times 70}{10}$ reliés par trois traverses également en fers en ⊔ de $\frac{160 \times 65}{7}$. Ils mesurent 1^m,14 de largeur hors fer ; l'intervalle de 0^m,11 qui les sépare est rempli au moyen d'aiguilles couvre-joints de 0^m,140 de largeur sur 0^m,035

Coupe transversale

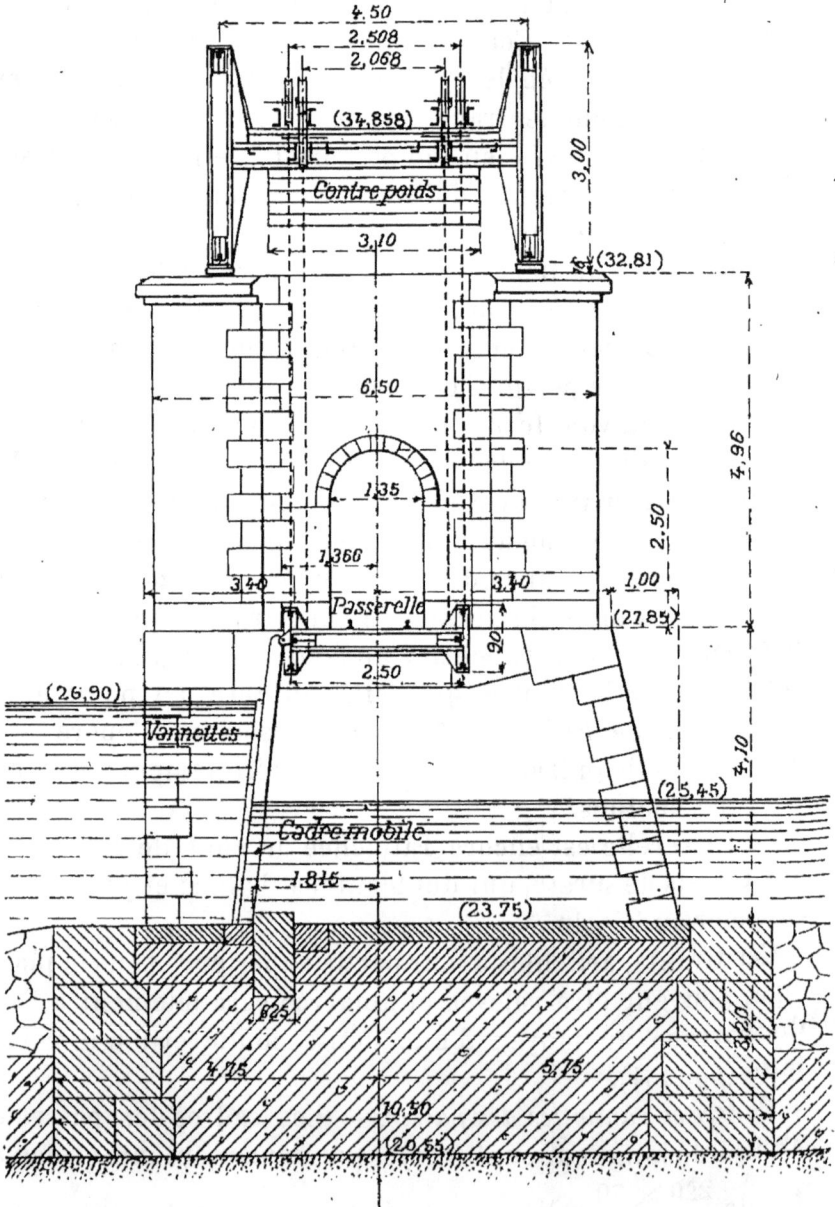

Fig. 155. — Passe fermée.

d'épaisseur. Chaque passe comprend 24 cadres. Leur enlèvement s'opère au moyen de la grue roulante, qui circule sur la voie ferrée établie sur la passerelle. Relevés horizon-

Coupe transversale

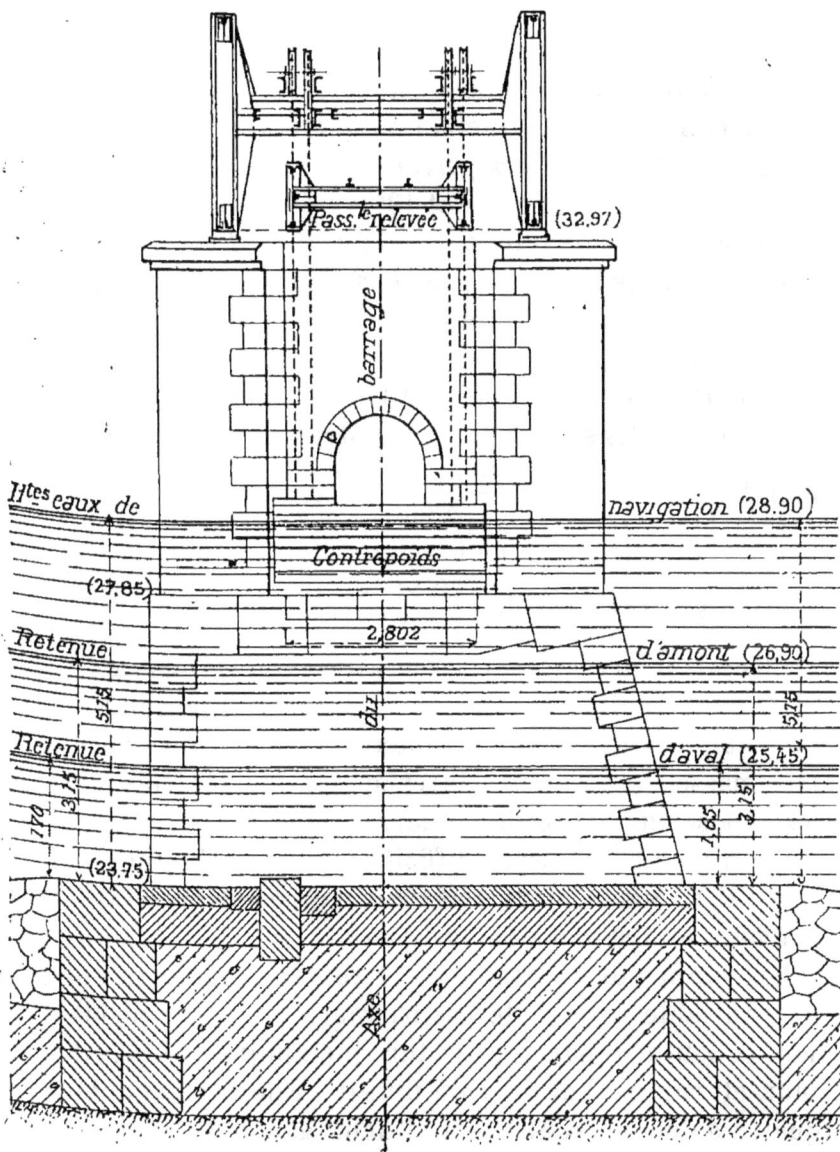

FIG. 156. — Passe ouverte.

talement, détachés de leur palier, ils sont mis sur wagonnets
et emportés au magasin.

Les vannettes, longues de 1^m,066, hautes de 0^m,420 et épaisses de 0^m,047, qui constituent la bouchure, sont identiques à celles qui ont été étudiées plus haut. Les galets de guidage sont remplacés par des appendices de guidage venus de fonte, chacun avec la bride d'un des galets de roulement, et affectant la forme d'un segment sphérique. Chaque cadre porte six vannettes à galets surmontées d'une septième sans galets constituée par une simple planche.

Cadres et vannes des pertuis. — Les pertuis destinés à l'évacuation des glaçons ont 13^m,20 de largeur. Le pont supérieur et la passerelle sont identiques à ceux qui ont été établis au-dessus des passes. Les cadres et les vannes, qui forment bouchure, diffèrent complètement du type qui vient d'être décrit (*fig.* 157).

Le pertuis ne comporte que trois cadres, de 4^m,40 de largeur chacun. Ils se composent de deux montants formés chacun d'un fer en $\mathbf{I}$ de $\dfrac{400 \times 150}{12,5}$ renforcé par deux plate-bandes de 150 $\times$ 20 et réunis l'un à l'autre par trois traverses en fer à $\mathbf{L}$ de $\dfrac{220 \times 70}{10}$.

Chacun d'eux, pesant 1.950 kilogrammes, est enlevé au moyen de treuils fixes placés sur le pont supérieur au droit de chaque cadre. Leur dimension ne permet pas de les faire passer par les ouvertures ménagées dans les piles ; on les dépose sur un ponton amarré à l'amont.

Cette manœuvre assez difficile ne doit s'effectuer que très rarement ; jusqu'à présent, elle n'a pas été pratiquée aux barrages de Creil et de l'Isle-Adam.

Les vannes des pertuis ont 4^m,20 de longueur et une hauteur variable avec celle des barrages (0^m,55 environ). Elles sont constituées par une ossature métallique de 0^m,20 d'épaisseur et par un bordage de 0^m,040. Elles sont guidées par quatre galets de roulement et deux galets de guidage. Leur dimension et leur poids ne permettent pas leur manœuvre à main ; on se sert à cet effet des treuils qui sont utilisés pour la manœuvre des cadres. Chaque vanne porte extérieurement, sur chacune de ses faces latérales verticales, un axe muni d'un ergot où vient s'engager l'œil d'une

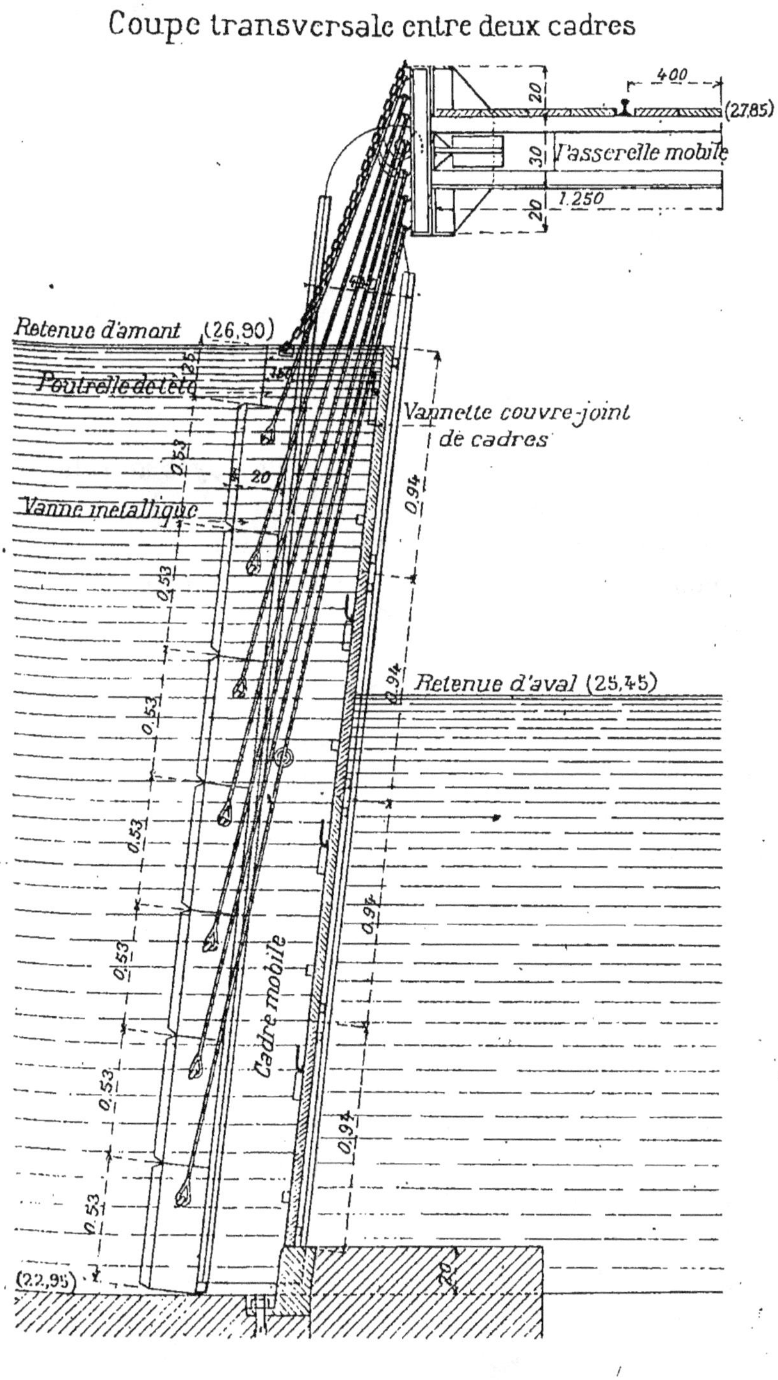

Coupe transversale entre deux cadres

Retenue d'amont (26,90)

Poutrelle de tête

Vanne metallique

Vannette couvre-joint de cadres

Retenue d'aval (25,45)

Passerelle mobile

Cadre mobile

FIG. 157. — Barrage de Creil.

tringle ; à son autre extrémité, cette tringle porte également un œil, qui permet de la fixer à un crochet supporté par la partie amont de la passerelle. Les tiges sont superposées ; en accrochant l'œil supérieur des tringles à l'extrémité de deux chaînes enroulées sur le treuil, on attire successivement chacune des vannes qu'on amène sur des wagonnets au magasin.

Chaque cadre porte sept vannes surmontées d'une poutrelle de même longueur.

Manœuvre. — On a vu comment s'effectuaient les manœuvres de relèvement des éléments qui composent le barrage. Les opérations de relevage du barrage s'effectuent en sens inverse des précédentes.

Avec huit hommes, dont quatre employés au relevage des cadres et quatre à leur déchargement, il faut compter dix heures en moyenne pour la manœuvre complète de débouchage des deux passes. La durée de relèvement des passerelles est de un quart d'heure.

100. Barrage sur la Mulde à Bitterfeld. — On a résolu, en Allemagne pendant le même temps, d'une tout autre manière, le problème d'assurer le passage des glaces au travers d'un barrage. On peut citer tout d'abord la solution qui a été adoptée sur la Mulde à Bitterfeld. La Mulde est un affluent assez important de l'Elbe ; son débit peut devenir considérable à un moment donné, et doit être évacué aussi rapidement que possible. Les eaux sont retenues par un ouvrage fixe servant de déversoir, et un barrage mobile décomposé en cinq pertuis de $11^m,27$ de largeur.

A la suite d'une crue importante survenue en 1897, le système primitif, composé de poteaux et de vannes en bois prenant appui sur un pont supérieur, a été remplacé par une bouchure formée par des montants verticaux, distants de $2^m,246$ les uns des autres, et d'un vannage métallique de $2^m,13$ de hauteur, guidé par quatre galets en acier coulé (*fig.* 158).

Les vannes, dont le poids est de 500 kilogrammes environ, sont suspendues par des chaînes jumelées, capables de porter le double de cette charge ; elles sont maintenues dans toutes les positions au moyen d'un engrenage, avec vis sans fin et embrayage automatique, dont la puissance est également double de l'effort à développer.

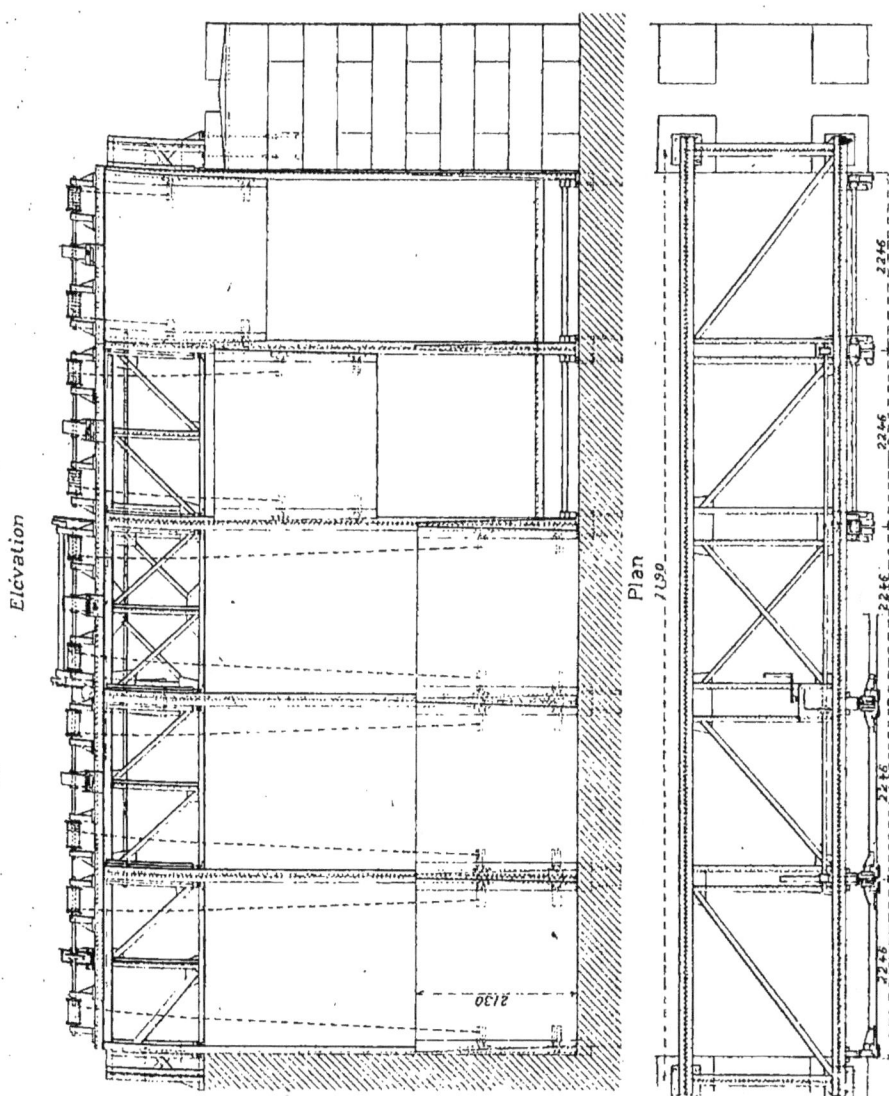

Fig. 158. — Barrage sur la Mulde à Bitterfeld.

Les poteaux, qui ont une section ⊐⊏, ne reposent pas sur le fond du radier, mais laissent un jeu de 0ᵐ,02 entre ce fond et leur extrémité inférieure. Ils présentent à leur partie supérieure une articulation au droit de la membrure inférieure de la poutre amont du pont de service. Les poteaux sont

prolongés en contre-haut de ces articulations et aboutissent
à un chapeau, qui est continu sur toute la longueur
des ouvertures, d'une part pour porter les appareils de manœuvre des vannes, d'autre part pour maintenir l'écartement des poteaux. Cet écartement est obtenu à la partie
inférieure par un fer cornière et par un assemblage avec
l'arbre de verrouillage du système.

Le pont de service comprend deux poutres distantes de
2 mètres l'une de l'autre et reliées par des entretoises placées au droit des poteaux. La poutre amont, plus haute et
plus résistante que celle d'aval, est constituée par un treillis. Un treuil placé dans l'axe du pont actionne, au moyen
de cadrans, le système composé par les poteaux.

La manœuvre peut être effectuée par un seul homme
(fig. 159). Ce qu'il y a de remarquable, c'est que la paroi de
retenue s'ouvre dans le sens de la pression de l'eau. Lorsque
les vannes sont complètement levées, le centre de gravité du
système se trouve légèrement en contrebas des charnières
des poteaux, et ceux-ci sont redressés sans difficulté sous le
tablier avec leurs vannes par un seul homme, au moyen du
treuil de manœuvre. Celui-ci a une puissance suffisante pour
permettre à deux hommes de relever le cadre avec les
vannes en place.

La manœuvre du rideau dépend essentiellement du dispositif adopté pour le verrouillage des poteaux à leur base.
Des sabots ancrés sur le radier au droit des poteaux sont
munis latéralement de faces verticales; contre les saillies
viennent buter des cames, montées sur un arbre continu,
qui entretoisent l'extrémité inférieure des poteaux. Cet
arbre, commandé du haut de la passerelle par une tige verticale au moyen de bielles et de manivelles, tourne d'une
quantité suffisante, suivant la position que l'on veut obtenir,
pour dégager ou engager la came, c'est-à-dire pour ouvrir
ou fermer la passe. Le dispositif appliqué comprend donc,
en dehors du mécanisme qui commande le vannage, le
treuil de manœuvre du cadre constitué par les poteaux,
et celui qui actionne le verrouillage.

La mise en place du barrage s'effectue de la manière
suivante : l'ouvrage étant dégagé et les vannes levées, l'a-

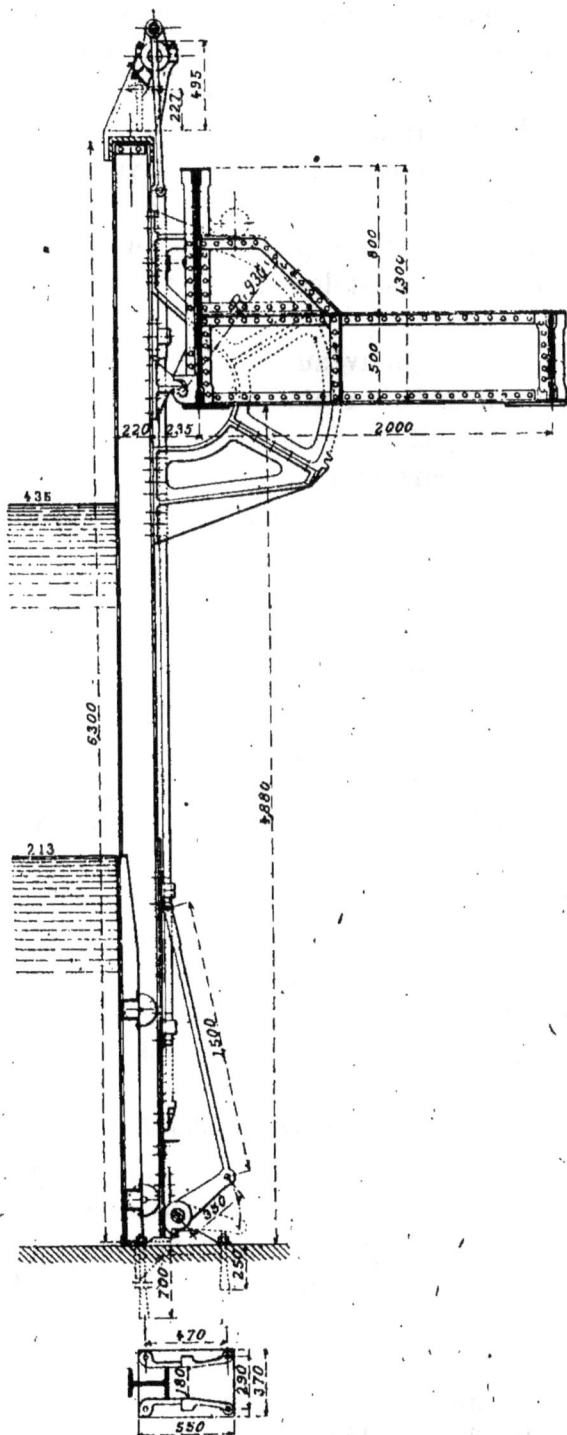

Fig. 159. — Coupe en travers du barrage.

gent préposé à la manœuvre embraye l'arbre du treuil de manœuvre du cadre relevé sous le tablier, et le fait tourner jusqu'à ce qu'il se trouve un peu au delà de la position verticale. L'opération exige quatre ou cinq minutes. Puis on agit sur l'arbre de manœuvre du verrouillage et on ramène le cadre en arrière, jusqu'à ce que la came vienne frapper la saillie correspondante du sabot. On descend ensuite successivement les vannes au fur et à mesure de la baisse des eaux.

Pour ouvrir de nouveau le barrage, on peut, après avoir levé les vannes, soit embrayer directement le treuil du cadre, et relever celui-ci après avoir dégagé le verrouillage, soit dégager d'abord ce mécanisme et laisser décrire à l'appareil la moitié du chemin qu'il doit parcourir, sauf à continuer ensuite à le relever complètement au moyen du treuil de manœuvre.

En cas de nécessité absolue, on peut aussi ouvrir la passe sans avoir enlevé le vannage ; on dégage le verrouillage ; la pression de l'eau suffit pour repousser la paroi de la retenue ; l'opération s'achève au moyen du treuil de manœuvre.

Toutes les parties de la construction peuvent être sorties de l'eau pour être visitées et entretenues. Les vannes peuvent être enlevées facilement.

La fourniture et le montage de la partie métallique du barrage, qui a 56^m,40 de longueur, ont coûté 52.500 francs. Un barrage semblable, mais de dimensions plus importantes, est actuellement en construction sur le Weser. Le projet en est dû à l'éminent ingénieur Sympher, « Gepeimer Baurat ».

La longueur des passes est de 30 mètres ; les vannes, qui doivent supporter une charge de 3^m,50 ont une largeur de 4 mètres. Le pont de service devant servir au passage des piétons est constitué par des poutres en treillis. Les poteaux, qui constituent le cadre mobile sont prolongés jusqu'à la membrure supérieure de la poutre d'amont et sont mobiles autour de charnières établies au droit de la membrure inférieure ; les vannes peuvent être suffisamment levées pour que le centre de gravité de la paroi de la retenue se trouve légèrement en contre-haut de l'axe de rotation du système.

De cette façon, cette paroi a constamment une tendance à se placer d'elle-même horizontalement sous le tablier. L'effort à faire est donc minime, et s'exerce sur les chaînes comme s'il s'agissait de monter ou de descendre une charge. On prévoit pour la manœuvre du système des installations électriques, qui permettront le levage simultané des diverses vannes d'une même paroi de retenue.

101. Barrages à tambour. — On doit ranger dans la catégorie des barrages mobiles à pont supérieur, les barrages à tambour, dont l'emploi s'est généralisé en Allemagne depuis quelques années, et dont l'application semble être très intéressante.

Les tambours consistent en cylindres de fort diamètre et de grande longueur immergés au fond de la rivière pour former la retenue, et susceptibles d'être relevés au-dessus des plus hautes eaux pour dégager la passe.

102. Barrage sur la Brahe à Brahemünde. — Le barrage sur la Brahe, affluent de la Vistule, a été construit, de 1904 à 1906, afin d'augmenter la surface du bassin de Brahemünde.

La différence de niveau entre le seuil fixe du barrage et la hauteur de la retenue est de $2^m,50$; la largeur de l'ouverture entre les parements des maçonneries est de 22 mètres. La figure 162 donne une idée exacte de l'ouvrage. Le tambour qui forme la retenue a $2^m,50$ de diamètre.

Il est manœuvré au moyen d'une crémaillère et d'une roue dentée, qui est actionnée par une chaîne de Galle d'un type particulier (*fig.* 160). Les chevilles de la chaîne ordinaire ne prennent appui sur la roue qui les porte que dans leur partie centrale entre les lamelles latérales ; les chevilles de la nouvelle chaîne sont prolongées de part et d'autre au delà des lamelles, ce qui leur donne dans ces parties extérieures deux autres points d'appui. Les tensions dues à la flexion se trouvent notablement réduites de ce fait, et les dimensions de la cheville sont calculées de façon à ce qu'elle supporte toute la charge (*fig.* 161).

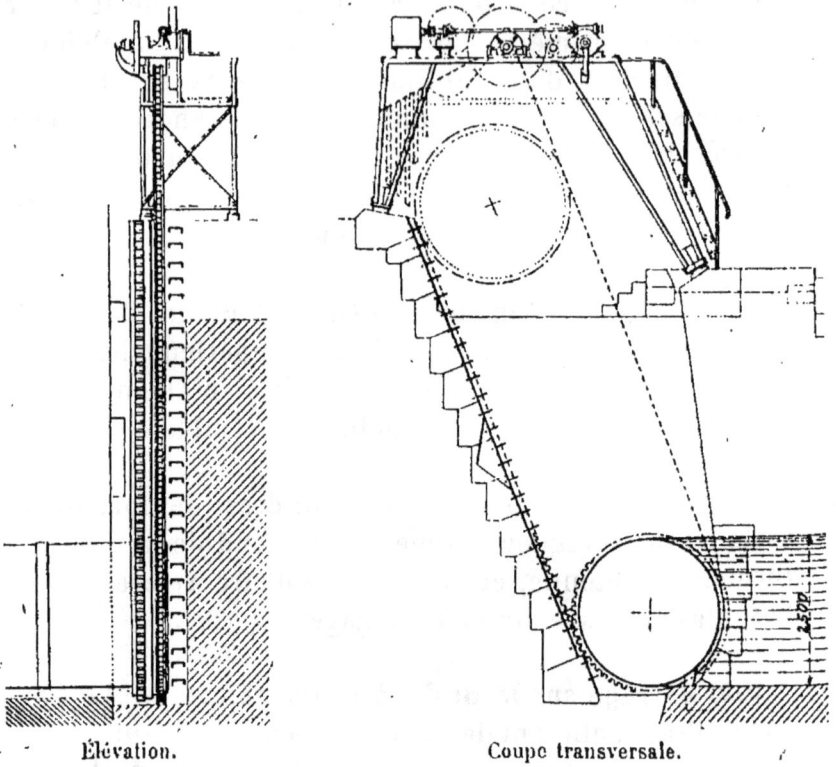

Élévation.   Coupe transversale.

Fig. 160. — Barrage sur la Brahe.

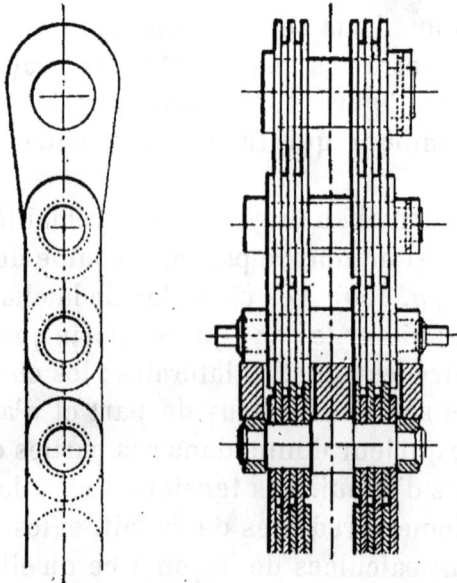

Fig. 161. — Chaîne de Galle du barrage sur la Brahe.

Lorsque le barrage est fermé, la semelle, qui assure l'étanchéité au plafond, se trouve un peu en amont du plan, qui

FIG. 162. — Barrage sur la Brahe.

contient l'axe du tambour. Il en résulte que, lorsque le niveau des eaux d'aval est plus bas ou légèrement en contre-haut du seuil fixe du barrage, le tambour est toujours assiégé d'une montée suffisante.

Lorsque le niveau des eaux d'aval s'élève pour atteindre le niveau d'amont, ce qui se produit fréquemment, parce que les eaux de la Vistule remontent jusqu'au barrage, l'eau pénètre par des ouvertures pratiquées sur la face aval de l'enveloppe métallique et sur les deux parois latérales, à l'intérieur du cylindre de retenue, pour s'écouler ensuite librement lorsque le niveau d'aval baisse ou lorsque le barrage est soulevé. La vitesse de l'eau pénétrant dans le tambour est assez grande pour qu'avec des ouvertures de faible dimension le niveau d'aval s'établisse à l'intérieur du cylindre. La rapidité des manœuvres pourrait être telle, que l'eau à l'intérieur du tambour atteignît un niveau plus élevé qu'à l'extérieur; il en résulterait un supplément d'effort en raison de la masse supplémentaire à soulever. Mais on ne doit pas envisager ce cas, car on doit manœuvrer une retenue avec beaucoup de circonspection pour éviter toute variation brusque du niveau.

L'étanchéité est réalisée latéralement au barrage de la Brahe comme au barrage déversoir de Schweinfurt, au moyen de bourrelets plats en chanvre goudronné, ou mieux encore en fibres de coco entourant les extrémités du tambour, et par l'intermédiaire desquels ce dernier est pressé en vertu de son propre poids contre des encoches pratiquées dans la maçonnerie. Le seul inconvénient à signaler, c'est que, dès qu'on soulève le cylindre, l'eau passe entre les bourrelets et la maçonnerie, entraînant ainsi dans le joint formé les corps flottants qui se trouvent en amont.

Cet inconvénient est évité en faisant usage du mode d'étanchement pratiqué aux barrages établis sur la Bode à Nienbourg et à Neugattersleben.

On s'était imposé l'obligation de maintenir autant que possible le niveau du bief d'amont. Le réglage de la retenue se fait d'une façon sûre et aisée. Dans la salle des machines, la chaîne passe sur un indicateur, et ses articulations portent des divisions telles que l'on puisse constater, au passage de ces divisions devant l'indicateur, la hauteur de l'ouverture ménagée entre le tambour et le seuil fixe du barrage.

L'ouvrage, s'est parfaitement comporté pendant la période des gelées, notamment pendant l'hiver rigoureux de 1906-1907. Les eaux de la Brahe ont été couvertes de glace depuis le mois de décembre jusqu'au mois de mars ; son épaisseur a atteint $0^m,25$ au droit du fil de l'eau et $0^m,50$ sur les rives. Néammoins on a pu tenir libre de glaces le barrage à tambour et les parties attenantes, en maintenant pendant la journée une ouverture de $0^m,04$ à $0^m,08$ de hauteur entre le tambour et le seuil fixe de l'ouvrage. Il n'y a pas eu de débâcle proprement dite, les glaçons isolés ont été évacués par l'ouverture ménagée sous le tambour.

103. Barrage sur la Mangfall à Kolbermoor en Haute-Bavière. — On a construit en 1904-1905 un barrage sur la Mangfall, qui se jette à Rosenheim dans l'Inn (Haute-Bavière), pour augmenter la force hydraulique d'une filature de coton. L'installation comprend un déversoir fixe de 20 mètres de largeur et une passe de 30 mètres de largeur fermée par un barrage à tambour. La figure 163 donne une vue de l'ouvrage fixe de la retenue et du barrage à tambour ; on voit à gauche le vannage à coulisses du canal aboutissant aux turbines : L'ouvrage se trouvant établi au pied des Alpes, on a à craindre des crues importantes et subites, charriant de grandes quantités de galets volumineux ; le charriage des glaces est beaucoup moins à craindre par suite de la forte pente des eaux.

Le tambour a $1^m,80$ de diamètre, il est semblable à celui qui a été décrit plus haut et qui ferme la passe de Brahemünde. L'étanchéité, qui faisait défaut à ce dernier barrage, est complètement obtenue grâce à une ceinture en bois ajustée et vissée à l'extrémité du tambour, et sur laquelle on cloue un bourrelet en chanvre goudronné. Il y a un ajustage parfait, ce qui empêche les corps flottants et les glaces de s'accumuler au droit du barrage.

En raison des gros galets, qui sont roulés dans le lit du cours d'eau, l'étanchéité de fond n'est pas réalisée au moyen d'une semelle en bois, mais au moyen d'un solide tranchant métallique, qui vient buter contre une plaque d'étanchement en fonte bétonnée dans le seuil du barrage.

Au moment des crues subites, le barrage peut être ouvert

Fig. 163. — Barrage sur la Mangfall.

en quelques minutes au moyen de l'électro-moteur, qui a été installé. Après l'écoulement des crues, on trouve généralement de gros bancs de gravier amassés sur le seuil même du barrage. Ces bancs disparaissent aisément par la manœuvre bien comprise de l'appareil de manœuvre; on intercale à l'arrière du moteur une résistance dont l'effet est de modérer la vitesse de descente du tambour.

La vitesse du courant sous le cylindre est suffisante pour entraîner les galets, et celui-ci vient reposer à sa place sans rencontrer de résistance.

104. Barrages sur la Bode à Nienbourg et à Neugattersleben. — On a établi, sur la Bode inférieure, de 1905 à 1906, dans un but d'économie rurale, deux ouvrages à pertuis de fond constitués par des barrages à tambours. L'un de ces ouvrages est situé près de l'embouchure de la Bode dans la Saale à Nienbourg, et comporte deux ouvertures de 10 mètres de largeur. La hauteur de la retenue au-dessus du seuil du barrage est de 2^m,65. L'autre ouvrage est placé à quelques kilomètres en amont à Neugattersleben, et comprend une ouverture de 17^m,50 de largeur utile avec une retenue de 2^m,95 au-dessus du seuil du barrage.

La figure 165 fait connaître d'une manière générale les dispositions qui ont été adoptées à Neugattersleben.

La figure 164, qui est donnée ci-après, indique les détails de l'installation. Le corps de retenue se compose d'un bouclier, qui opère la fermeture proprement dite du barrage, d'un cylindre porteur, auquel est fixé le bouclier et qui transmet les pressions exercées à des disques placés aux extrémités. Ceux-ci reportent les efforts sur les voies de roulement et sur les maçonneries; une roue montée sur leur axe permet le mouvement de l'appareil.

Le bouclier en bois est composé de madriers horizontaux en chêne superposés les uns aux autres, de 0^m,06 à 0^m,04 d'épaisseur, entre lesquels les joints sont rendus étanches par calfatage.

L'étanchéité est assurée à la partie inférieure de l'ouvrage par une poutre en chêne, qui vient se poser sur un seuil en fonte bétonné dans le radier du barrage.

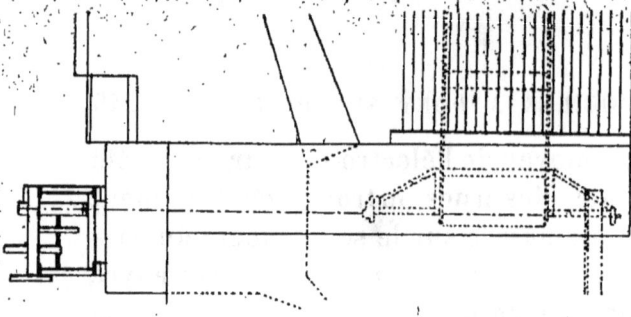

Élévation.

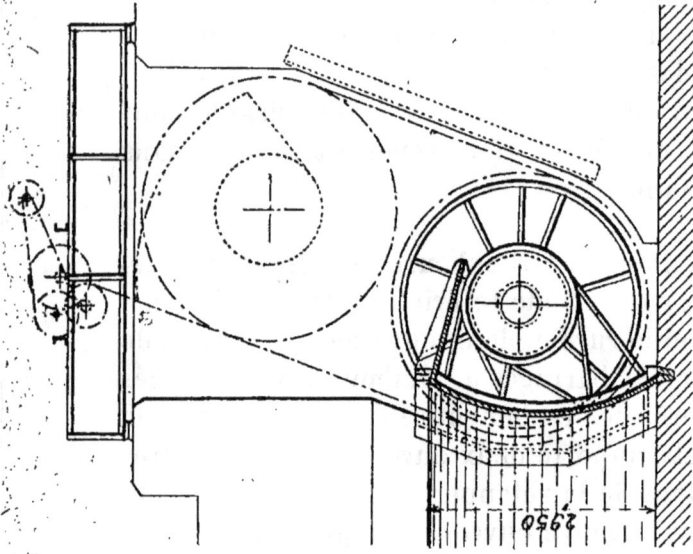

Coupe à l'une des extrémités.

2950

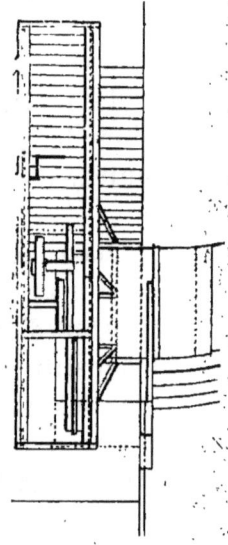

Plan.

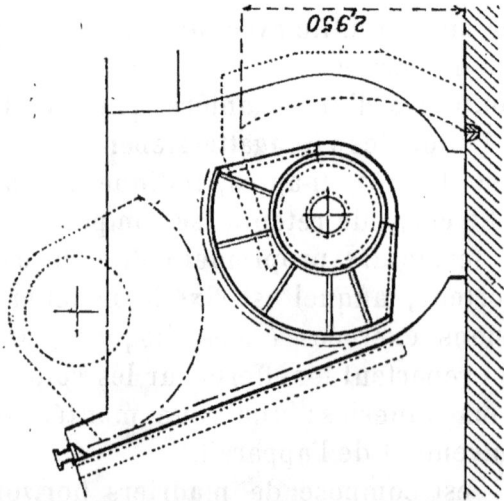

2950

Coupe en travers.

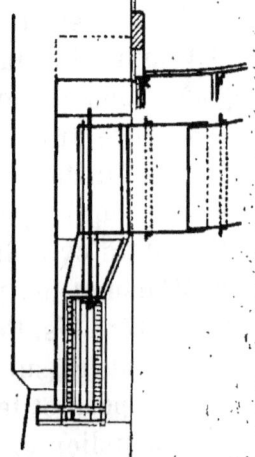

Plan.

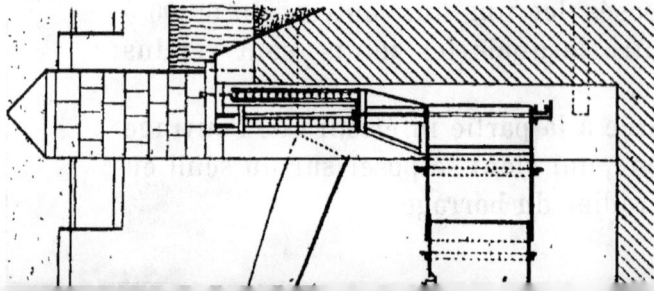

Coupe en long.

Fig. 164. — Barrage sur la Bode.

Latéralement elle est obtenue au moyen de tôles minces assez flexibles, assujetties aux extrémités des tambours et

Fig. 165. — Barrage sur la Bode.

parallèlement aux parois des maçonneries, de façon à fermer complètement tout joint au droit des ouvertures dans les maçonneries. Leurs bords libres sont garnis de lattes en bois que la pression de l'eau presse contre les maçonneries.

105. Barrage sur le Neckar, à Poppenweiler. — On construit actuellement à Poppenweiler, un peu en aval de Ludwigsbourg, pour l'usine d'électricité de la ville de Stuttgart, un barrage à tambour, qui aura deux ouvertures de 28 mètres de largeur chacune et une hauteur de retenue de 3m,60 en contre-haut du radier de l'ouvrage. La figure 166 donne des indications détaillées au sujet de cette installation.

On peut se servir indistinctement de l'un ou l'autre des treuils établis sur la pile centrale, pour actionner les deux tambours. Si l'un d'entre d'eux venait à faire défaut, l'autre pourrait être embrayé sur l'arbre du tambour pour le remplacer.

Sauf cette particularité, le barrage de Poppenweiler est en tout semblable à ceux qui ont été décrits plus haut.

106. Barrages basculants. — Il semble qu'actuellement on cherche à simplifier autant que possible la manœuvre des barrages et à composer la bouchure d'une seule pièce, qu'il est aisé de remonter au-dessus des plus hautes eaux. Les barrages à tambour, que l'on vient de faire connaître, tendent à se généraliser de plus en plus.

Ils ont été appliqués jusqu'à présent avec succès à la fermeture des passes de 30 mètres de longueur.

On a étudié en Autriche le type de barrages à adopter pour la régularisation des rivières. Un concours a été ouvert à cet effet en 1906. Les types de barrages déjà connus avaient été exclus du concours. La plupart des projets soumis au jury appartenaient à la catégorie des barrages basculants. Dans ce système on arrive à régler l'écoulement des eaux, ou à obtenir leur libre écoulement en imprimant au corps de retenue du barrage un mouvement de rotation autour d'un axe horizontal, qui prend appui, soit directement sur les murs du barrage, soit sur des contreforts destinés à en augmenter la résistance. Le jury a retenu trois projets, les deux premiers se rapportent à des barrages basculants avec axe de rotation placé en contre-haut du niveau de l'eau, le

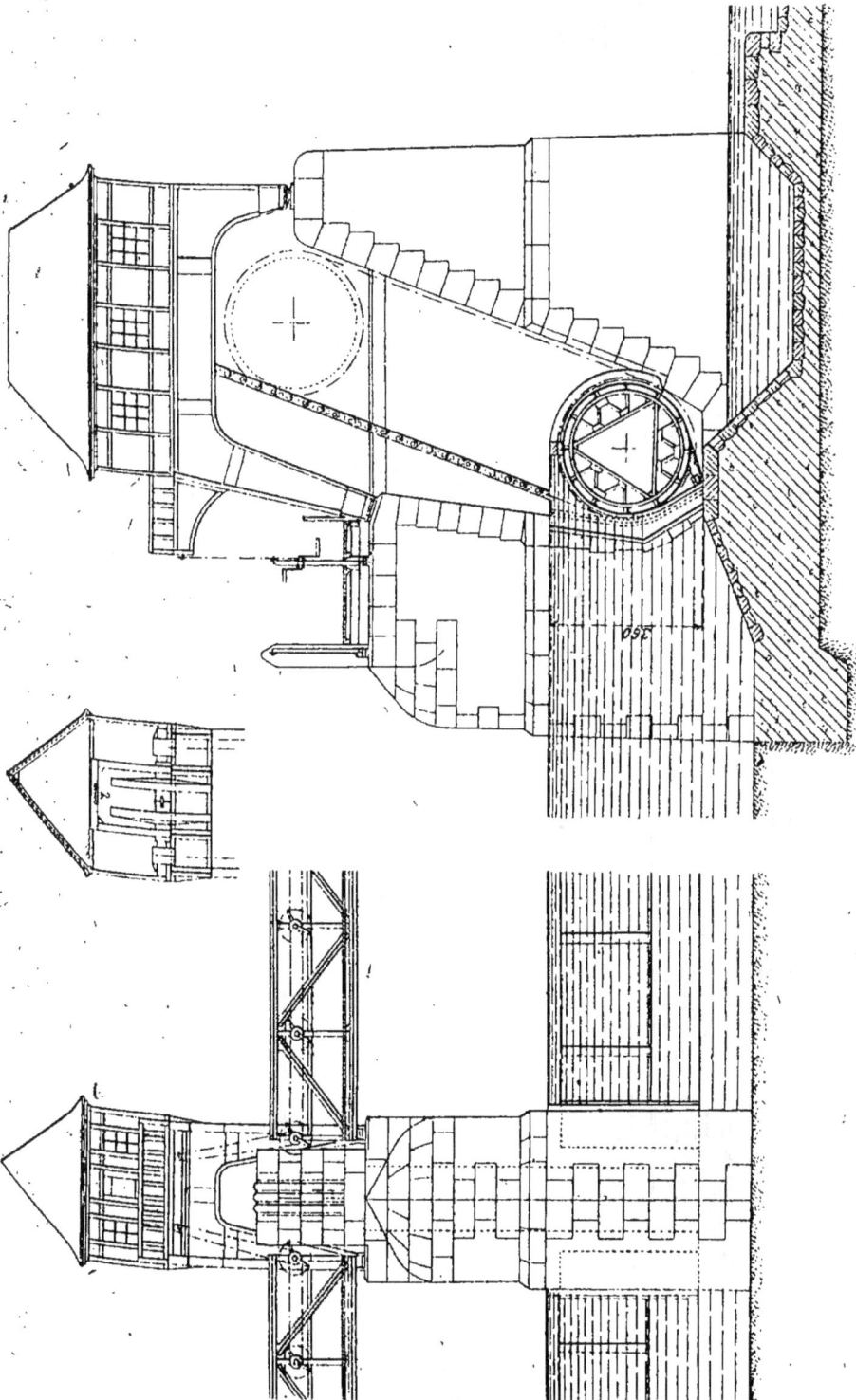

Coupe en travers.

Coupe en long.

Fig. 166. — Barrage sur le Neckar.

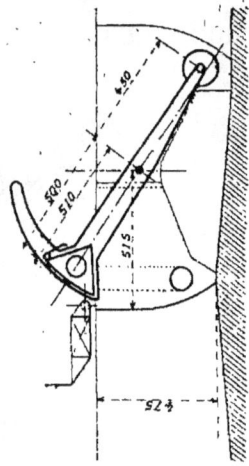

Coupe. La vanne est relevée.

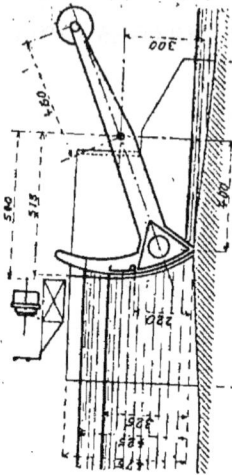

Coupe. La vanne repose sur son seuil.

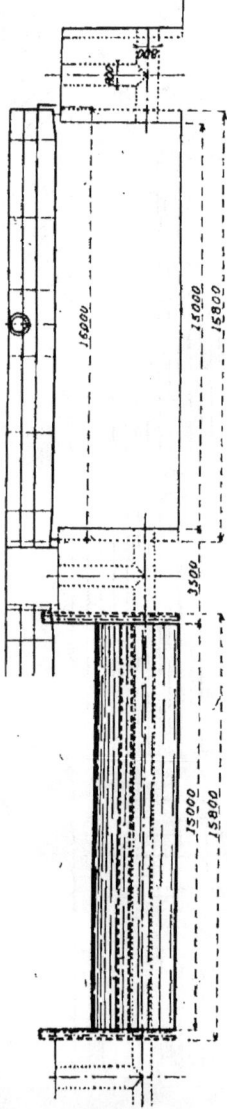

Élévation.

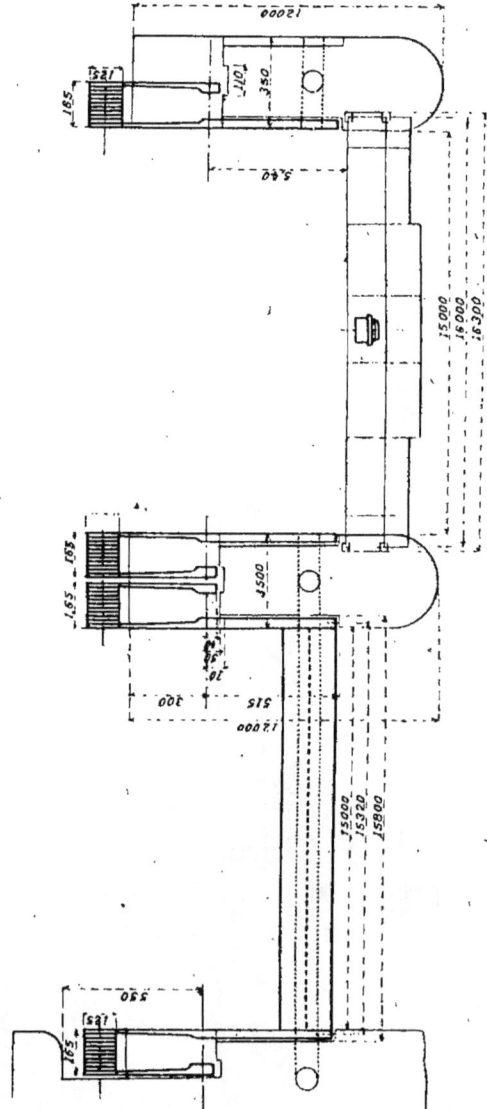

Plan.

Fig. 167. — Barrage segment des frères Prasil.

troisième qui consiste en un barrage à poutrelles roulantes.

On ne fera connaître que le barrage segment, dû à la collaboration des frères Prasil, qui a obtenu le premier prix (fig. 167).

La passe est fermée par un corps de retenue de section triangulaire, profilé sous forme de segment et porté de chaque côté par de solides bras de levier, mobiles dans des niches ménagées dans les piédroits, et équilibrés par des contrepoids.

Par la rotation des balanciers autour des tourillons qui sont placés à la hauteur du niveau de la retenue, le corps du barrage peut être abaissé pour fermer la passe, ou bien relevé au-dessus du niveau des plus hautes eaux.

Toutes les actions qui sollicitent le corps du barrage, de même que le poids propre de la construction, se transmettent par l'intermédiaire des balanciers aux tourillons et sont reportés par ceux-ci sur les maçonneries latérales.

Les manœuvres du corps de retenue s'effectuent à l'aide de chaînes actionnées au moyen d'un mécanisme automatique à déclic installé dans l'axe d'une passerelle de service. Les chaînes sont fixées aux extrémités du balancier et permettent de lever ou d'abaisser le corps de retenue. La manœuvre des chaînes se fait à bras d'homme au moyen d'un treuil; car les pressions sont reportées par l'axe de rotation sur les tourillons; et on n'a à vaincre que les résistances au frottement que présentent ces pièces.

107. Avantages et inconvénients des barrages à pont supérieur.

On a examiné tous les systèmes à pont supérieur, qui ont été établis pendant ces dernières années. Le premier en date et le plus intéressant est le barrage de Poses, qui constitue un progrès marqué et qui ouvre la voie à de nouvelles solutions. Il s'agissait de soutenir une charge considérable due à une chute de 4m,18. Les fermettes ou les hausses auraient eu dans ce cas des dimensions inusitées.

C'était donc là une solution d'espèce et qui était justifiée. Les autres applications qui ont été faites en France, sur la basse Seine et sur l'Oise, n'ont pas autant de raisons d'être. Il ne faut pas oublier que les barrages à pont supérieur ont été conçus par l'ingénieur en chef de la navigation du Rhône en vue de la canalisation des rivières charriant une grande quantité de matériaux ou des glaces. Les fermes, contre lesquelles prend appui la bouchure, sont relevées au-dessus du pont; les organes de rotation sont toujours accessibles et visibles. Cet avantage, qui est très appréciable dans certaines circonstances, ne doit pas être pris en considération sur des rivières à cours paisible, où tous les autres systèmes de barrage ont fonctionné ou fonctionnent encore sans encombre.

On peut à la rigueur accepter cette solution à Genève sur le Rhône, où les cadres se couchent sur le radier et où le pont supérieur, servant d'appui aux cadres, permet la circulation, mais on ne saurait pas admettre la même solution, à moins de circonstances exceptionnelles, sur les rivières qui ne charrient pas de matériaux. M. l'inspecteur général de Mas fait remarquer que le prix de revient du barrage de Poses est de 28.150 francs par mètre courant de débouché linéaire. Il en déduit que si, à Poses, la hauteur exceptionnelle de la chute peut justifier la solution extrêmement onéreuse qui a été adoptée, pareille justification fait défaut pour les barrages de la basse Seine. Il conclut que si le barrage à pont supérieur peut être une solution nécessaire, lorsqu'il est impossible de laisser aucun organe mobile au fond de l'eau, en temps de crue; une solution avantageuse, lorsqu'on peut utiliser pour le service du barrage un pont existant, il doit être laissé de côté dans tous les autres cas.

Aussi M. l'inspecteur général de Mas, frappé de la complication du système adopté sur l'Oise pour une très faible hauteur de chute (1m,50), attribue-t-il à des considérations très sérieuses, parmi lesquelles celle des glaces, la solution qui a été adoptée. Nous pensons, avec une autorité et une expérience qui sont beaucoup moins grandes, que ce type de barrage, très intéressant sans doute, n'est pas à imiter.

Nous préférons de beaucoup les barrages à tambour et les barrages basculants qui ont été expérimentés en Allemagne et en Autriche. Le tambour peut être équilibré dans la mesure où on le désire, la manœuvre est facile; la passe de 30 mètres de largeur est démasquée pour ainsi dire instantanément. La retenue est maintenue au niveau que l'on veut ; les glaces, les galets passent au-dessous de l'ouvrage sans aucune espèce de difficulté. Nous croyons donc que l'avenir réside dans l'adoption de ce type, qui, à notre connaissance, n'a jamais été appliqué en France.

On ne saurait mieux faire en terminant que d'indiquer les conclusions du rapporteur général Maximoff au congrès de Saint-Pétersbourg en 1908 sur les dispositions à donner aux barrages des rivières à grandes variations de débit et éventuellement à fort charriage de glace :

1° Il y a tendance, partout ou l'on construit des barrages, à augmenter la précision du réglage du niveau de la retenue, à obtenir une manœuvre plus rapide de l'ouvrage et à garantir plus de sûreté à cette manœuvre, en reportant l'action des engins de manutention sur les culées ou sur les piles intermédiaires ;

2° L'emploi d'un mode de fermeture permettant de dégager l'ouverture du barrage, dans un espace de temps aussi réduit que possible, est désirable dans tous les cas de la pratique, mais cette condition est de toute importance sur les rivières à crues subites et charriant des glaçons en grande quantité.

Il est désirable également que toutes les parties mobiles de l'ouvrage puissent sortir de l'eau.

Parmi les systèmes de barrages mobiles propres à réaliser de fortes retenues, le système Stoney est à mettre au premier rang.

Les barrages à vannes avec poteaux amovibles ont fait jusqu'ici un progrès incontestable ; mais ils peuvent souvent être remplacés avec succès par des barrages à tambour, qui ont fait leurs preuves. Grâce à la conformation du tambour, ce genre d'ouvrage possède la qualité précieuse de permettre le passage de glaces en faible quantité sous le corps de retenue sans détruire la chute.

L'emploi des poteaux amovibles est moins favorable sous ce rapport ; il est toujours désirable que l'enlèvement des poteaux puisse se faire par un mouvement dirigé dans le sens du courant.

L'ouverture maximum donnée jusqu'ici aux barrages dont

le corps de retenue est réalisé par une pièce unique a atteint aujourd'hui 30 mètres.

Lorsque le développement du profil transversal de la rivière peut être fractionné en une série d'ouvertures de 30 mètres de largeur au moins, l'emploi de barrages de ce système semble justifié. Cette limite pourra être dépassée au fur et à mesure des progrès à accomplir dans l'application de ce mode de fermeture.

CHAPITRE VI

UTILISATION DES DIVERS SYSTÈMES DE BARRAGE MOBILE A L'ÉTABLISSEMENT D'UNE RETENUE D'EAU

---

108. Considérations générales. — On a examiné les divers systèmes de barrage mobile qui sont usités ; et on a fait connaître les avantages et les inconvénients qu'ils présentent. On doit se demander quel choix doit être fait entre eux pour l'établissement d'une retenue d'eau, qui est destinée à augmenter très notablement le mouillage des rivières navigables.

M. l'inspecteur général de Mas résume ainsi les conditions auxquelles doit satisfaire l'établissement d'une retenue :

1° Assurer aux bateaux un mouillage suffisant sans porter préjudice aux propriétés riveraines ;

2° Fournir en tout temps aux bateaux un moyen facile et sûr de passer d'un bief à l'autre dans l'un et l'autre sens ;

3° Laisser, en temps de crue, à l'écoulement des eaux un passage suffisant pour que les conditions dans lesquelles se fait cet écoulement et la situation des propriétés riveraines ne soient pas aggravées ;

4° Donner le moyen de faire avec le plus de facilité et de sécurité possibles, toutes les manœuvres que peut comporter le règlement de la retenue.

109. Nature des passes. — Le passage des bateaux aux barrages s'effectue normalement par une écluse à sas. C'est un moyen commode et sûr ; les bateaux se trouvent dans une eau tranquille, et l'effort auquel ils sont soumis est limité.

Cependant on considère sur certaines rivières que, lorsque le débit assure aux bateaux un mouillage suffisant, il convient de rétablir le cours naturel des choses, et de laisser la navigation s'effectuer librement.

On place donc dans le barrage une passe profonde, appelée *pertuis* ou *passe navigable*, qui reste ouverte tant que le débit est suffisant.

En dehors de la passe navigable, la retenue comprend généralement plusieurs passes dont le seuil est placé à une cote plus élevée : ce sont des passes déversoirs ou passes hautes ou simplement déversoirs. Il existe aussi des passes surélevées, dont le seuil est placé plus haut que celui des passes navigables et plus bas que celui des déversoirs.

110. Passes profondes. — L'utilité des passes profondes ou navigables, qui était très grande autrefois, est contestable actuellement.

Ces passes avaient été créées en vue de la navigation par éclusées. Elles ont été ensuite utilisées pour la navigation continue pendant les périodes assez longues où le mouillage relativement faible ($1^m,20$ à $1^m,60$) était réalisé. On s'affranchissait ainsi du passage aux écluses, et on gagnait tout au moins le temps nécessaire à ce passage. Actuellement, avec des mouillages de 2 mètres, de $2^m,50$ et même de $3^m,20$ comme sur la basse Seine, les périodes pendant lesquelles on peut naviguer librement sont beaucoup plus rares et plus courtes. Et encore le courant est-il si violent dans ces pertuis que la navigation y est impossible. Il en résulte qu'à mesure que les bateaux deviennent plus forts, c'est-à-dire moins maniables, les pertuis ont perdu de leur intérêt au point de vue du trafic ; car le flottage par trains du bois à brûler n'existe pour ainsi dire plus.

Néanmoins, les passes profondes peuvent rendre encore de grands services ; M. l'inspecteur général de Mas fait connaître que sur la haute Seine les passes profondes des barrages de Varennes, de Melun et de Port-à-l'Anglais restent ouvertes pendant cinq ou six semaines chaque année. Il relate aussi un accident survenu à l'écluse d'Ablon, qui aurait complètement interrompu la navigation, si on n'avait pas pu se servir d'une passe profonde. Il conclut donc qu'il y a un intérêt sérieux au maintien des passes.

M. l'inspecteur général Guillemain estime que, quand on a troublé violemment le régime d'une rivière par l'établissement d'un barrage à forte chute, il est nécessaire que l'on puisse revenir, temporairement au moins, à ce régime. Cela est utile au moment des crues, alors que la rivière charrie des matériaux qu'il y aurait inconvénient à laisser s'accumuler en amont de l'ouvrage. Cela est non moins utile au moment des basses eaux pour faciliter la réparation des ouvrages d'art, qui sont compris dans l'étendue du remous.

La passe profonde répond donc à ce double besoin.

On place son seuil dans le thalweg autant que possible et au niveau des hauts fonds voisins, de manière à ce qu'il n'apporte pas à la navigation une gêne plus grande que les hauts fonds eux-mêmes. La largeur de la passe doit être telle qu'en hautes eaux, le pertuis serve pour la plus grande part à l'écoulement des crues, et qu'au moment de l'étiage, la bouchure étant enlevée, le remous soit aussi peu sensible que possible.

111. Passes surélevées. — Passes déversoirs. — Le profil d'un cours d'eau présente, à partir du thalweg, une série de gradations, qui aboutissent aux rives. Il serait intéressant de reproduire par des ouvrages appropriés cette sorte d'échelle, en cherchant à restituer au cours d'eau sa section naturelle. C'est là chose impossible, et on doit se contenter d'ouvrages en petit nombre, deux ou trois au moins étagés à diverses hauteurs, dont les dimensions sont calculées de manière à assurer l'écoulement des crues.

On aura à l'étage inférieur, la passe profonde dont on a étudié précédemment la fonction et l'utilité; à l'étage intermédiaire, une passe surélevée d'une construction plus simple et plus économique que la première, servant à l'écoulement des crues moyennes; à l'étage supérieur, soit un déversoir fixe, soit une passe haute avec engins mobiles dans le but de fixer le niveau de la retenue et de livrer passage aux petites crues, aux corps flottants et aux glaces.

Cette combinaison de deux ou trois passes a été adoptée

sur presque toutes les rivières de France. Sur la haute
Seine, sur l'Yonne et sur la Marne, on trouve une passe profonde (passe navigable) et une passe haute (déversoir) accolées ensemble. Sur l'Yonne les passes navigables ont leur
seuil à 0^m,50 ou 0^m,60 au-dessus de l'étiage. Leur largeur
varie de 30 mètres à 35^m,15. Les passes-déversoirs ont leur
seuil uniformément à 1^m,10 au-dessus de celui de la passe
navigable soit de 0^m,60 à 0^m,50 au-dessus de l'étiage. Leur
largeur varie de 25 à 65 mètres.

Au barrage de Suresnes on trouve une passe profonde
(passe navigable), une passe surélevée et une passe déversoir.

112. Niveau de la retenue. — On fixe le niveau de la
retenue d'après le mouillage à assurer sur les hauts fonds
du bief et sur le busc aval de l'écluse d'amont, au moment
des plus basses eaux. Ce mouillage doit être supérieur de
0^m,20 au tirant d'eau des bateaux, qui fréquentent la
rivière. Par contre, le niveau de la retenue est supérieur de
quelques centimètres à celui des ouvrages régulateurs pour
permettre l'écoulement des plus basses eaux, qui ne correspond pas nécessairement avec l'étiage conventionnel.

Cet état des eaux, qui détermine la tenue des eaux dans
le bief et le mouillage sur les hauts fonds, fixe le niveau de
la retenue, qui est susceptible de se relever en même temps
que le débit augmente. Il est nécessaire de manœuvrer les
ouvrages régulateurs de manière à éviter la submersion des
propriétés riveraines; la revanche des terres au-dessus du
niveau de la retenue étant généralement assez faible. Il est
difficile de se rendre compte de l'importance du remous
produit par une retenue sur un cours d'eau naturel. Les
formules qui donnent la courbe du remous ne s'appliquent
guère dans l'espèce, car elles sont basées sur une section
constante, une pente uniforme.

Il est préférable, pour éviter tout mécompte, de supposer
la retenue horizontale, c'est-à-dire au-dessus de la courbe
parabolique qui figure avec quelque exactitude le remous.
C'est pour n'avoir pas suivi cette règle si simple, et avoir
exagéré l'étendue du remous en basses eaux, que l'on dût

vers 1860, remanier les travaux de canalisation de la basse Seine, qui venaient à peine d'être terminés.

On pourra néanmoins se servir des formules pour apprécier la revanche des berges au-dessus de la retenue [1], en divers états des eaux, l'influence du remous augmentant avec le débit. L'établissement de digues au droit des parties basses serait un palliatif insuffisant, les eaux s'infiltrant en arrière et devant être évacuées au moyen de fossés d'assainissement en aval de la retenue.

On doit aussi se préoccuper : de l'écoulement des eaux souterraines, dont l'émergence peut être contrariée ; de la situation des usines, dont la force hydraulique peut être dimi-

1. Parmi ces formules, une des plus simples est celle qui est donnée par M. l'inspecteur général Poirée. Elle consiste à assi-

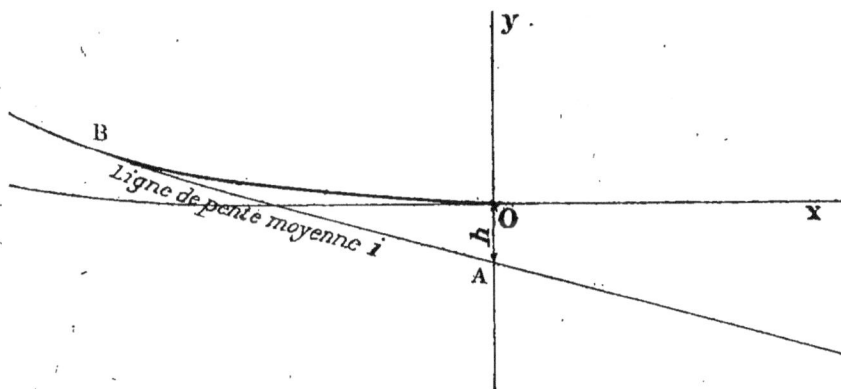

Fig. 168. — Schéma.

miler la ligne d'eau, dans l'amplitude du remous, à une parabole à axe vertical, dont le sommet coïnciderait avec le niveau de la retenue au droit du barrage et qui serait tangente à la ligne de pente moyenne du cours d'eau supposé libre.

Si on prend pour axe des coordonnées (fig. 168) la tangente au sommet Ox et l'axe Oy de la parabole, l'équation de la courbe est :

$$x^2 = \frac{4h}{i^2} y,$$

équation dans laquelle h désigne le relèvement, i la pente moyenne.

L'étendue du remous AB est donnée par la formule :

$$AB = \frac{2h}{i},$$

nuée ; du débouché des égouts, enfin de la hauteur libre sous les ponts qui sont situés dans l'étendue des remous.

113. Emplacement des barrages. — Les barrages sont généralement construits un peu en aval des principaux hauts fonds. De cette façon ils peuvent noyer le haut fond supérieur de toute la hauteur de la retenue, tandis qu'en aval le bief inférieur présente naturellement un bon mouillage. La question de fondation joue un rôle important, aussi l'emplacement d'un barrage est-il quelquefois déterminé, indépendamment des considérations qui précèdent, par l'existence d'un banc de rocher important, sur lequel l'ouvrage peut être solidement installé.

114. Espacement des barrages. — Il est certainement avantageux de diminuer le nombre des barrages en augmentant leur hauteur.

On réduit ainsi les pertes de temps au passage des écluses et les frais de premier établissement, parce que le prix d'un ouvrage ne croît pas comme sa hauteur.

Dans tous les cas, quelle que soit la solution que l'on adopte, qu'il s'agisse d'un barrage de faible hauteur ou d'un barrage élevé, l'ouvrage doit être établi de façon à assurer sur les hauts fonds du bief qu'il commande et sur le busc aval de l'écluse supérieure le mouillage que l'on veut atteindre. On peut à la rigueur supprimer ou atténuer par des dragages appropriés les seuils existants, mais on ne peut pas modifier les conditions d'établissement du busc aval, qui sont commandées par la position même de l'écluse.

115. Détermination du débouché d'un barrage. — Les dimensions des ouvrages composant un barrage doivent être telles que : si la bouchure est enlevée et la rivière rendue à son cours naturel, la chute, produite au passage de la partie fixe des ouvrages, ne dépasse pas une quantité déterminée, pour ne pas arrêter la navigation ; et que le gonflement, qui est la conséquence de la surélévation du plan d'eau, n'aggrave pas la situation des propriétés riveraines soumises à la submersion.

Il est facile de déterminer l'importance de la chute formée au passage des parties fixes saillantes des ouvrages.

M. Chanoine a donné à ce sujet la formule empirique suivante :

$$ z = \frac{V^2}{2g} \left(m' \, \frac{S^2}{S'^2} - 1 \right), $$

dans laquelle z représente la chute ou la surélévation du plan d'eau, V la vitesse du courant avant l'établissement du barrage, S la section du cours d'eau dans les mêmes conditions, S' la section après l'établissement du barrage [1]. Dans cette formule, S et S' sont connus, V est déterminé par l'expérience ; m' est un coefficient plus grand que l'unité, que M. Chanoine a calculé expérimentalement au barrage de Conflans sur la petite Seine.

Il varie de 2,1 lorsque le niveau de l'eau est à 1 mètre au-dessus de l'étiage à 1,1 lorsque ce niveau est à 3 mètres ou 3m,50 au-dessus de l'étiage.

[1]. En désignant par Q le débit du cours d'eau correspondant à S et V, on a :

$$ Q = SV. $$

Après l'établissement de l'ouvrage, on a :

$$ Q = m \, S'V', $$

m étant le coefficient de contraction au droit du passage rétréci. On en déduit, S' étant plus petit que S :

$$ V' > V. $$

La charge correspondant à la vitesse V et qui produit l'écoule-

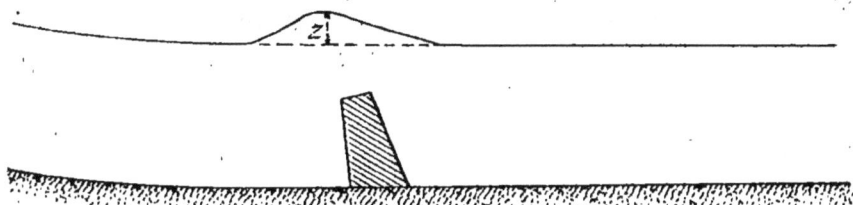

Fig. 169. — Schéma.

ment est $\frac{V^2}{2g}$. Lorsque l'ouvrage est établi, la charge devient $\frac{V'^2}{2g}$.

La différence $\frac{V'^2 - V^2}{2g}$ représente l'accroissement de charge, qui

De cette formule on déduit :

$$S'^2 = \frac{m'V^2S^2}{2gz + V^2}.$$

S', c'est-à-dire la section du cours d'eau après l'établissement du barrage, est ainsi déterminée, puisque tous les éléments de cette expression sont connus, y compris la dénivellation z, qu'on se donne *a priori*.

Sur la haute Marne, on a adopté pour z la valeur $0^m,20$, ce qui rend difficile le passage à la remonte. Sur la basse Saône, on a admis $0^m,10$ comme chute maxima, ce qui rend la remonte facile. Aux nouveaux barrages de l'Oise, la dénivellation est complètement supprimée ; la rivière est donc rendue à son état naturel lorsque la passe est ouverte. En résumé, il faut autant que possible donner au barrage une longueur telle que le cours d'eau reprenne sa section naturelle quand l'ouvrage n'exerce plus son influence.

Le débouché total nécessaire pour l'écoulement des crues étant fixé, il y a lieu de le répartir entre la passe navigable, les passes surélevées et le déversoir. On supposera, pour fixer les idées, que l'établissement du barrage ne comporte qu'une passe navigable et un déversoir.

La longueur de la passe navigable doit être telle qu'elle permette le croisement de deux convois. Elle doit être au moins de 40 mètres ; elle peut être fixée à 60 mètres, comme sur l'Oise, et être divisée en deux travées de 30 mètres de largeur.

se traduit par l'exhaussement du plan d'eau en amont de l'ouvrage, et la chute que l'on cherche à déterminer. On a donc :

$$z = \frac{V'^2 - V^2}{2g}.$$

Mais $V' = \frac{V}{m}\frac{S}{S'}$, d'où on déduit

$$z = \frac{V^2}{2g}\left(\frac{1}{m^2}\frac{S^2}{S'^2} - 1\right)$$

et, en posant $m' = \frac{1}{m^2}$:

$$z = \frac{V^2}{2g}\left(m'\frac{S^2}{S'^2} - 1\right).$$

Le radier de la passe doit être établi à 0m,20 au moins au-dessous des hauts fonds du bief, de manière à ne pas former d'obstacle.

La longueur du déversoir, la cote de son seuil sont déterminées par la condition de réaliser le débouché, qui a été calculé pour l'écoulement des plus hautes eaux. Il peut être nécessaire de munir la partie fixe de l'ouvrage d'engins mobiles pour maintenir, au moment des basses eaux, la retenue à la cote fixée.

Sur la haute Seine les déversoirs ont une longueur de 40 à 70 mètres; leur seuil est placé à 0m,50 au-dessous de l'étiage.

116. Choix du type des barrages. — On a vu de quels éléments devait être composé un barrage : passe profonde pour l'écoulement des crues, passe déversoir pour la fixation du niveau de la retenue et l'écoulement des crues de faible importance.

Il reste à examiner, puisque le mérite respectif de chaque système a été défini, quel choix doit être fait entre les divers engins pour la fermeture de ces passes.

Déversoir fixe. — Pour les passes hautes, quand les lieux s'y prêtent, le déversoir fixe est une très bonne solution. Il faut que le débit des crues ne soit pas très important, et que le niveau de la retenue varie dans des limites restreintes.

Déversoir du système Desfontaines. — Lorsque ces conditions ne se rencontrent pas, on a recours au système de hausses à tambour de M. Desfontaines. Il est d'une manœuvre facile et sûre pour l'écartement des crues ordinaires. Il se laisse traverser par les glaces et les corps flottants, et se règle de la rive par un seul homme.

Déversoir avec hausses Chanoine. — Le règlement du bief supérieur par déversement est une nécessité qui évite la surprise d'une crue imprévue et permet l'écoulement de nombre de crues de peu d'importance. Il peut s'effectuer aussi au moyen des hausses Chanoine, en plaçant le centre de rotation suffisamment haut (passes profondes de la haute Seine et de l'Yonne), ou bien encore avec des fermettes en adoptant, pour la bouchure, des vannes ou des rideaux articulés surmontés d'une vannette.

Fermeture des passes profondes. — Les passes hautes ou les déversoirs prémunissent contre les éventualités subites. Les passes profondes doivent être munies d'organes solides, que l'on soit toujours certain de pouvoir manœuvrer, et qui aient une stabilité suffisante pour éviter les mouvements spontanés.

Le barrage à fermettes, qui est simple, robuste et même rustique, est aussi très économique quand on emploie les aiguilles, qui reportent la plus grande partie de la pression de l'eau sur le radier. Avec le crochet Guillemain, les aiguilles peuvent avoir des dimensions importantes, sans cesser d'être facilement manœuvrables à la main. Le barrage Poirée avec aiguilles constitue donc une excellente solution.

Avec des vannes ou des rideaux articulés, ce même barrage rend aussi de très bons services. On peut citer le barrage de Suresnes, qui rachète une chute de $3^m,27$, et permet le règlement de la retenue par déversement.

Les barrages à pont supérieur, qui ont l'avantage de ne rien laisser des organes mobiles au fond de l'eau lors de l'ouverture, résolvent le problème d'une façon très satisfaisante, quoique très coûteuse, lorsqu'il s'agit de provoquer l'écoulement de matériaux considérables ou de glaces, ou bien encore quand le pont supérieur existe déjà ou doit être construit pour d'autres besoins.

Il ne faut pas oublier que la tendance actuelle est de composer la fermeture d'une passe du moins grand nombre d'éléments possibles, d'employer à leur manœuvre soit la force hydraulique créée par la retenue, soit même un moteur indépendant de cette force, et que dans cet ordre d'idées les barrages à tambour, tels qu'ils ont été appliqués en Allemagne et en Autriche, présentent des avantages incontestables, d'autant qu'ils permettent le passage des matériaux et des glaces.

Fermeture des passes moyennes. — Les passes moyennes peuvent remplacer jusqu'à un certain point les passes hautes, lorsque la disposition des lieux ne permet pas l'établissement d'un déversoir.

Il faut donc que les ouvrages dont sont munies les passes moyennes aient une grande régularité et une sensibilité suffisante.

Les hausses Chanoine semblent particulièrement indiquées ; leur axe est placé assez bas pour que le basculement spontané puisse se produire.

Il y a à ce basculement un inconvénient : le bief d'amont se vide presque complètement dans le bief d'aval, le barrage suivant s'abat à son tour sous l'action du flot de la crue et du flot dû à la retenue amont ; le volume d'eau s'accroît au fur et à mesure que l'on s'avance vers l'aval, produisant ainsi, d'une part, une crue factice beaucoup plus importante qu'à l'origine, et d'autre part, un affameur qui arrête la navigation.

On doit encore préférer aux systèmes automobiles, qui paraissent séduisants au premier abord, les engins qui permettent le règlement de la retenue par déversement. On doit citer en première ligne les vannettes système Boulé, dont la manœuvre est très facile.

L'emploi des hausses Chanoine exige le plus souvent l'établissement d'une passerelle de service, qui est montée sur fermettes et qui peut être un obstacle au passage des corps flottants et des glaces.

On s'est demandé s'il ne serait pas avantageux de remplacer la passerelle mobile par une fermette fixe à grande portée établie sur piles fixes.

M. l'inspecteur général Guillemain estime que ce serait là une excellente solution, qui permettrait de corriger les défauts d'un excès d'automobilité et de conserver la sensibilité et l'effacement rapide du système Chanoine. M. l'inspecteur général de Mas pense au contraire que la présence d'une passerelle fixe, dont l'établissement serait coûteux, serait la source de difficultés très sérieuses dans la pratique.

Entre ces deux affirmations contradictoires que l'expérience n'a pas encore tranchées, il est difficile de prendre parti; nous nous rangerions plutôt à la manière de voir de M. l'inspecteur général Guillemain. Seules les dépenses de premier établissement pourraient empêcher la construction d'une passerelle mobile.

117. Résumé et conclusions. — Dans les diverses parties constitutives d'une retenue d'eau, le choix des engins mobiles n'est pas indifférent. Les diverses passes ne sont pas indépendantes; elles se portent constamment dans la pratique une aide mutuelle : c'est en fermant un peu les passes profondes ou moyennes, qu'on se procure la chute nécessaire à relever les hausses Desfontaines au déclin d'une crue; c'est par une manœuvre opportune du déversoir qu'on modifie parfois temporairement les courants qui gênent la manœuvre des pertuis; quelques basculements de vannes effectués çà et là en temps utile corrigent parfois les bizarreries qui accompagnent toujours la formation de courants latéraux.

M. l'inspecteur général Guillemain conclut donc qu'il ne faut pas envisager une retenue d'eau comme formée d'ouvertures indépendantes, mais s'attacher à corriger avec l'aide de l'une ce qui peut manquer à l'autre, de façon à en faire un tout dont on soit le maître.

En pareille matière, il est indispensable d'être éclectique, et de prendre partout ce que l'on trouve de bon. Chaque système a ses partisans : avec de bons agents, de la prudence et de la persévérance, on se sert bien de tous les types, une fois que le personnel y est habitué.

Les passes profondes doivent présenter une certaine élasticité, qui leur permette de supporter sans changement quelques variations de régime du cours d'eau; la manœuvre des engins, qui peut être lente, doit être sûre, afin d'éviter des mécomptes.

Aux passes hautes, on doit demander une disparition facile et assurée, une gradation d'ouverture appropriée aux besoins essentiellement variables de l'écoulement sous un niveau fixe et une ouverture suffisante pour donner le temps nécessaire à préparer la manœuvre des passes profondes.

Aux passes moyennes, s'il y en a, ce sont les qualités intermédiaires qui doivent dominer. Elles peuvent remplacer les passes hautes et répondre en partie au programme que ces dernières doivent remplir. Elles peuvent aussi suppléer les pertuis, au cas où ils seraient insuffisants, et par suite se rapprocher de leur type.

118. Prix de revient de divers barrages. — Après avoir montré le choix que l'on devrait faire entre les différents types d'engins mobiles, destinés à constituer une retenue, il reste à donner les prix de revient de chacun d'entre eux. C'est là une considération importante et qui peut faire pencher la balance d'un côté ou de l'autre.

Ces renseignements sont condensés dans un tableau dressé par M. l'inspecteur général de Mas qui donne : 1° la désignation des passes considérées; 2° la longueur de chacune d'elles ; 3° la hauteur de la retenue au-dessus du seuil; 4° la chute du barrage ; 5° le prix par mètre courant, parties fixes et parties mobiles ensemble.

Ces prix de revient n'ont pas une valeur absolue, et ne sauraient pas être pris comme termes de comparaison entre eux. Ils varient, en effet, suivant les prix unitaires des maçonneries, des charpentes, des métaux, qui les composent et qui sont eux-mêmes différents non seulement dans chaque contrée, mais encore à chaque époque. Il est vraisemblable qu'ils devraient être augmentés dans une large proportion pour tenir compte de la majoration que subit actuellement la main-d'œuvre.

Il sera donc toujours intéressant, quand on aura à établir une retenue, d'étudier comparativement les diverses solutions possibles ; seule cette étude renseignera exactement sur le meilleur parti à prendre.

DÉSIGNATION DES BARRAGES ET DES PASSES	LONGUEUR des PASSES	HAUTEUR DE LA RETENUE au-dessus du seuil	CHUTE	PRIX PAR MÈTRE COURANT	OBSERVATIONS
	M.	M.	M.	FR.	
BARRAGES A FERMETTES					
Barrage de l'Uf sur la Meuse française :	26.20				Barrage avec aiguilles. Le prix de 1.740 fr. par mètre courant peut être considéré comme le prix de revient moyen des 21 barrages construits sur la Meuse ardennaise de 1873 à 1877. Le mouillage réalisé est au minimum de 2 mètres.
3 Passes moyennes................	27.30	2 »	2.30	1.740 »	
	26.20				
5 Barrages de la grande Saône (moyenne) :					Barrages avec aiguilles, construits de 1866 à 1871 et de 1873 à 1879 en vue d'obtenir un mouillage de 2 mètres au minimum.
Passe haute (déversoir)................	116.82	2.50	2.30	1.834 »	
6 barrages de la Meuse belge (moyenne) :					Barrages avec aiguilles, construits de 1874 à 1880 en vue d'obtenir un mouillage de 2m,10 au minimum (*Mémoire sur les travaux de canalisation de la Meuse entre Namur et la frontière française*, par M. Martial Hans).
Passe profonde (passe navigable)...........	43.41	3.10	2.415	2.423 »	
Barrage de Martot sur la basse Seine :					Barrage avec aiguilles, construit de 1863 à 1866 en vue d'un mouillage de 2 mètres et maintenu sans changement avec celui de 3m,20.
3 Passes semblables......................	51.60	3 »	3 »	4.050 »	
Barrage de Suresnes sur la basse Seine :					Barrage avec rideaux Caméré et vannes Boulé, construit de 1880 à 1885 en vue du mouillage de 3m,20. Le prix moyen pour l'ensemble des trois passes serait de 10.373 francs.
Passe navigable...............	72.38	4.56		12.276 »	
Passe déversoir...........................	62.38	3.08	3.27	7.727 »	
Passe surélevée...........................	62.38	4.08		10.817 »	
Barrage du Moulin-Rouge sur le Loing :					Barrage avec vannettes à galets roulant sur billes, construit en 1900 pour l'alimentation du canal du Loing. L'élévation du prix est due à ce qu'il comprend la démolition d'un ancien barrage de moulin et des dragages en amont de l'ouvrage nouveau.
Passe non navigable......................	49.50	1.80	1 »	2.513 »	
BARRAGES A PONT SUPÉRIEUR					
Barrage de Poses, sur la basse Seine :					Barrage avec rideaux Caméré, construit de 1878 à 1885 en vue du mouillage de 3m,20. Le prix de 16.536 francs s'applique à l'ensemble des sept passes ; il a été contesté.
1 Passe navigable......................	30.24	5 »			
1 Passe navigable......................	32.48	5 »			
2 Passes déversoirs....................	30.16	3 »	4.18	16.536 »	
2 Passes non navigables................	30.16	5 »			
1 Passe non navigable..................	27.92	5 »			
Passes navigables des nouveaux barrages de l'Oise.............................	90.40	3 »	1.45	9.000 »	

DÉSIGNATION DES BARRAGES ET DES PASSES	LONGUEUR des PASSES	HAUTEUR DE LA RETENUE au-dessus du seuil	CHUTE	PRIX PAR MÈTRE COURANT	OBSERVATIONS
	M.	M.	M.	FR.	
BARRAGES A HAUSSES					Barrages construits de 1860 à 1869 en vue du mouillage de 1m,60. Le prix du mètre courant de passe haute ne comprend pas la passerelle de service ajoutée postérieurement en amont des hausses. Il y aurait, de ce chef, une majoration de 286 fr. par mètre courant (*Cours de navigation intérieure* de M. H. de Lagrené, t. III, p. 273 et suivantes).
12 barrages de la haute Seine (moyenne) :					
Passe profonde (passe navigable)..........	30 »	3.01	1.78	3.070 »	
Passe haute (déversoir)...................	65 »	1.90	1.78	1.421 »	
6 barrages de la Meuse belge (moyenne) :					Barrages construits de 1874 à 1880 en vue d'obtenir un mouillage de 2m,10 au minimum. Une passerelle de service sur fermettes est établie en amont des hausses (*Mémoire sur les travaux de canalisations de la Meuse entre Namur et la frontière française*, par M. Martial Hans).
Passe haute (déversoir)...................	54.60	2.25	2.415	2.502 »	
5 barrages de la grande Saône (moyenne) :					Barrages construits de 1866 à 1871 et de 1873 à 1879 en vue d'obtenir un mouillage de 2 mètres au minimum. Une passerelle de service sur fermettes mobiles est établie en amont des hausses.
Passe profonde (passe navigable)..........	49.21	3.50	2.30	3.763 »	
Barrage de la Mulatière sur la Saône :					Barrage du système Pasqueau construit de 1879 à 1882. Le système comporte l'établissement d'une passerelle de manœuvre sur fermettes, en amont des hausses. Le prix ci-contre s'applique à l'ensemble de la passe profonde et du déversoir long de 84 mètres.
Passe profonde (passe navigable)..	103.60	4 »	2.60	3.668 »	
BARRAGES A TAMBOUR					
8 barrages de la Marne (moyenne) :					Barrages construits de 1860 à 1865 en vue du mouillage de 1m,60. Ce prix ne comprend pas les béquilles et les barres à coches dont tous les déversoirs ne sont pas munis. Il y aurait de ce chef une majoration de 75 francs par mètre courant.
Passe haute (déversoir)...................	59 »	1 »	2.04	2.282 »	
BARRAGE GIRARD					
Barrage de l'Ile-Brûlée sur l'Yonne :					Barrage construit près d'Auxerre en vue du mouillage de 1m,60, terminé en 1873 (*Annales des Ponts et Chaussées*, 1873, 2e semestre, p. 360, notice de M. Remise).
Passe haute (déversoir)...................	25 »	2 »	1.85	3.000 »	

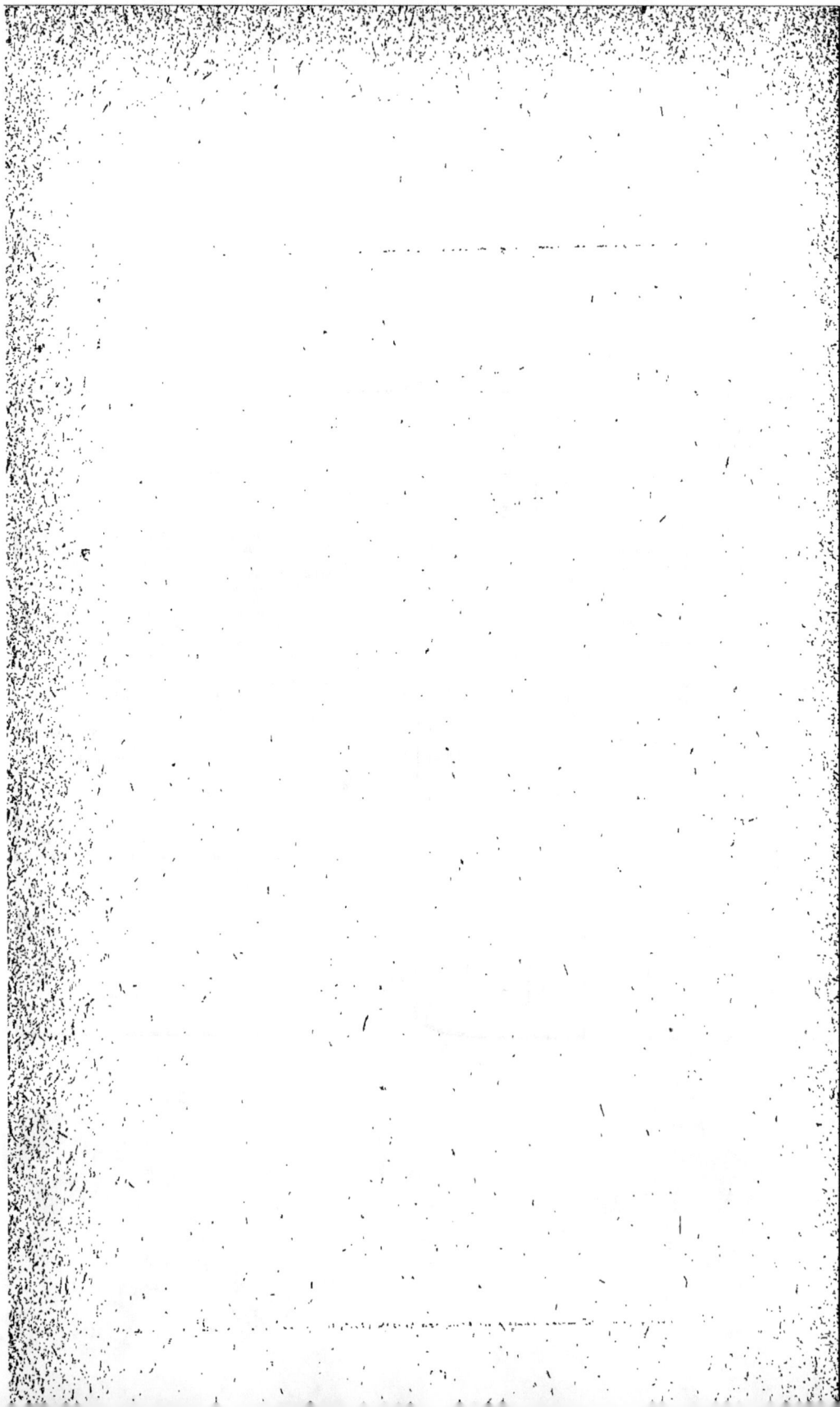

DEUXIÈME PARTIE

DES MOYENS
DE FRANCHIR LES BARRAGES

CHAPITRE I

NAVIGATION PAR ÉCLUSÉES ET FLOTTAGE

---

119. Principe du système. — L'établissement des barrages le long d'un cours d'eau conduit à la formation d'une série de biefs qu'il s'agit de franchir. Comme il a été déjà dit, on passe généralement d'un bief dans un autre au moyen d'une écluse à sas ; mais on peut aussi profiter de l'ouverture des pertuis ou passes profondes, au travers desquels le libre écoulement se trouve rétabli. Ce procédé a été pendant longtemps le seul usité sur les rivières. Il constitue ce qu'on appelle la navigation par éclusées.

120. Navigation par éclusées. — Flottage. — Cette navigation, qui profitait du flot obtenu en ouvrant brusquement le pertuis, n'est plus guère usitée aujourd'hui. Le train de bois destiné à l'approvisionnement de Paris était pris dans ce flot et emmené vers l'aval en franchissant, grâce à cette surélévation momentanée du bief, les maigres placés sur son passage.

Il n'est pas besoin de signaler les dangers de cette navigation, auxquels les bateaux fréquentant les canaux ne pourraient guère s'exposer, ni l'impossibilité de remonter le courant violent auquel donneraient lieu les « lâchures ».

Ces inconvénients ont donc fait renoncer à ce mode de navigation, qui a fait place à la navigation continue.

---

121. Ouvrages qui composent une écluse.— Les écluses à sas, imaginées par Léonard de Vinci vers 1480, ont été appliquées pour la première fois en France aux canaux de Briare et de Languedoc dans la seconde moitié du XVIIe siècle. Cette invention a été la source des progrès de la navigation intérieure ; elle a permis, en effet, de remonter les vallées et surtout de franchir les faîtes qui séparent deux bassins.

Une écluse à sas se compose de deux écluses simples ou pertuis séparés par un intervalle que l'on nomme *sas*, et que l'on met en communication successivement avec le bief d'amont et avec le bief d'aval. Le bateau, qui vient de l'un pour passer dans l'autre, franchit un des pertuis, pénètre dans le sas au niveau du bief qu'il quitte, puis, grâce à la fermeture de ce pertuis et à l'ouverture de l'autre, est élevé ou abaissé au niveau du second bief. Un simple écoulement d'eau suffit pour permettre au bateau de franchir la différence de niveau entre les deux biefs, la chute qui les sépare.

Le plus souvent le sas est compris entre les deux têtes, et ces trois portions de l'ouvrage ont le même axe longitudinal. La tête qui donne accès au bief d'amont s'appelle *tête d'amont*, celle qui donne accès au bief d'aval *tête d'aval*.

Le sas a ordinairement la capacité nécessaire pour renfermer un seul bateau, et dans ce cas les murs latéraux sont placés dans le prolongement des murs qui limitent les têtes. On les nomme *bajoyers* (*fig.* 170). Dans d'autres cas, les sas sont disposés pour recevoir plusieurs bateaux à la fois ; les têtes d'amont et d'aval peuvent alors être placées d'une manière indépendante l'une de l'autre.

Chaque écluse simple est fermée au moyen d'une porte comprenant : soit un vantail unique mobile autour d'un axe vertical ou horizontal, soit le plus souvent jusqu'ici deux vantaux mobiles autour d'un axe vertical.

Lorsque les portes sont fermées, elles butent l'une contre l'autre, de manière que l'arête suivant laquelle elles se rencontrent fasse vers l'amont une saillie qui peut varier du sixième au cinquième de la largeur du passage. Les portes tournent autour d'un axe vertical, nommé *poteau tourillon;*

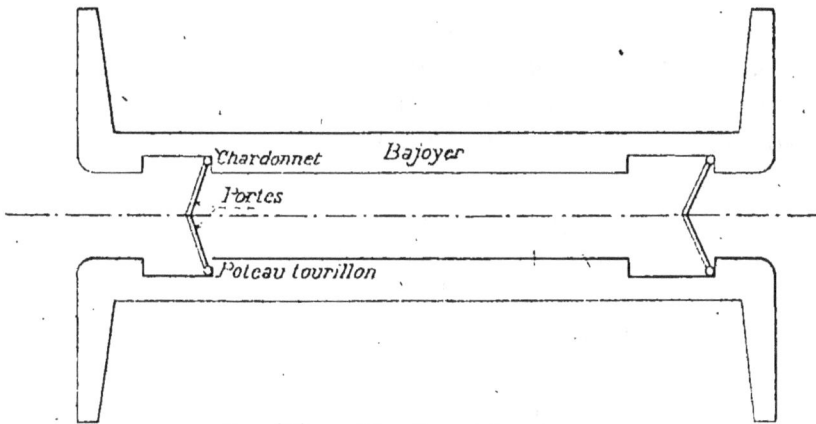

Fig. 170. — Plan d'une écluse à sas.

il est logé dans un refouillement qui se prolonge vers l'amont, de manière qu'un vantail entier puisse y trouver place lorsqu'on ouvre les portes pour livrer passage aux bateaux.

Ce refouillement porte le nom d'*enclave ;* la partie où prend appui le poteau tourillon est le *chardonnet.* La partie inférieure du *chardonnet* qui fait partie du radier et reçoit le pivot ou *crapaudine* de la porte se nomme *bourdonnière* ou *pierre de crapaudine.*

Pour que les vantaux puissent tourner facilement, il ne faut pas que la porte frotte par le bas dans son mouvement de rotation ; et cependant il est nécessaire d'empêcher l'eau de s'échapper en dessous. On satisfait à cette double condition en établissant sur le radier une saillie, sur laquelle les vantaux viennent s'appuyer, au moment où ils butent l'un contre l'autre sur toute leur hauteur. On a donné à cette saillie le nom de *busc*, et les deux poteaux, suivant lesquels les vantaux butent l'un contre l'autre, s'appellent *poteaux busqués*. Le système de fermeture porte le nom de *portes busquées*.

La partie de l'écluse comprise, d'une part, entre les deux enclaves, et, de l'autre, entre le busc et le plan vertical passant par l'extrémité des enclaves se nomme la *chambre des portes*.

La portion surhaussée du radier ou busc est généralement construite en pierres de taille assemblées comme les claveaux d'une voûte. A la tête d'amont ces claveaux se terminent d'habitude par un mur cylindrique concave que l'on appelle *mur de chute*.

122. Largeur d'une écluse. — L'ouverture ou la largeur d'une écluse, comprise entre les deux bajoyers, doit être telle que les plus grands bateaux en usage sur la voie navigable puissent y passer aisément.

Elle variait depuis 2^m,70 sur le canal du Berry, jusqu'à 16 mètres sur la basse Saône. La plupart des canaux, notamment ceux du Centre, de Bourgogne, etc., présentaient une largeur de 5^m,20.

123. Longueur d'une écluse. — La longueur utile d'une écluse est la distance comprise entre la corde du mur de chute d'amont et l'origine de la chambre des portes d'aval. Elle était déterminée par la plus grande longueur des bateaux que l'écluse pouvait recevoir; elle variait de 25 mètres au canal de Berry à 46 mètres sur le canal de l'Est. Les écluses de l'Yonne ont 96 mètres de longueur pour contenir à la fois six bateaux de canal ou deux trains de bois à brûler. Les écluses de la Seine, avec 180 à 188 mètres de longueur, admettent douze bateaux ou quatre trains de bois à brûler.

124. Type adopté par l'Administration. — La loi du 5 août 1879 a fixé les dimensions minima que devaient présenter les lignes principales :

Profondeur d'eau................ 2^m,00

Largeur des écluses............. 5^m,20

Longueur des écluses entre la corde
  du mur de chute et les enclaves
  de la porte d'aval............ 38^m,50

Hauteur libre sous les ponts (pour
  les canaux)................... 3^m,70

On a reproché à cette loi de créer une uniformité qui, dans certains cas, pourrait être préjudiciable à l'utilisation de la voie navigable et exclurait les types de bateaux susceptibles d'un rendement supérieur à celui que l'on avait en vue (péniche flamande). Ce reproche n'est pas fondé, si l'on considère que l'on n'a eu en vue que des dimensions minima, et que l'on peut toujours donner à une voie très fréquentée, le canal du Nord, par exemple, qui relie la région minière du Nord à Paris, le mouillage convenable correspondant au tirant d'eau des bateaux de grande capacité (2^m,50) et la pourvoir d'écluses suffisamment larges et longues pour permettre leur passage (6 mètres de largeur, 40^m,50 de longueur).

125. Dimensions correspondantes des bateaux. — La loi de 1879 a donc marqué un progrès sensible; désormais les bateaux ayant au maximum 38^m,50 de longueur, 5 mètres de largeur, peuvent, sans rompre charge, passer d'une extrémité à l'autre du réseau des voies principales. Toutes les écluses des voies navigables ont été mises au gabarit légal; sur les voies les plus fréquentées on a même été plus loin.

On a vu que les bateaux avaient une largeur de 5 mètres, inférieure de 0^m,20 à celle des ouvrages, afin de leur laisser un jeu qui n'est pas toujours atteint. Il arrive fréquemment, en effet, que les bateaux se gauchissent, s'ouvrent à leur partie supérieure, tout en restant à la dimension voulue dans leur sole. Le parallélipipède qui les circonscrit ne trouve pas ainsi toujours place entre les bajoyers. Il en résulte des frottements, des avaries, qui peuvent donner lieu à des retards. On doit donc éviter de donner aux bateaux une largeur supérieure à 5 mètres.

La longueur utile de 38^m,50 n'est pas toujours suffisante, et les bateaux doivent souvent, eu égard à leur trop grande longueur, retirer ou replier leur gouvernail. On prévient ces inconvénients en donnant à l'écluse des dimensions supérieures à celles du gabarit légal, en adoptant, par exemple, celles qui ont été admises pour le canal de Saint-Quentin (largeur, 6 mètres; longueur utile, 40^m,50).

126. Profondeur des écluses. — La profondeur de 2 mètres assignée à la voie navigable détermine le tirant d'eau des bateaux appelés à la fréquenter. Ce tirant d'eau ne doit pas être supérieur à 1^m,80; le jeu de 0^m,20, qui est ainsi réalisé, est à peine suffisant en voie courante, mais il devient trop faible au passage des écluses. Aussi a-t-on généralement porté le mouillage à 2 mètres en voie courante, et à 2^m,50 sur le busc des écluses.

127. Hauteurs de chute. — Les chutes sont commandées en rivière par l'échelonnement des barrages, et dans un canal par le tracé. Elles ne dépassaient pas généralement 2^m,50 sur les anciens canaux; actuellement, elles sont plus fortes et atteignent couramment 5 mètres. On trouve sur le canal de Roanne à Digoin des chutes de 5^m,97, 6 mètres, 7^m,19; sur le canal de Saint-Denis à Paris, une écluse présente une chute de 9^m,22.

128. Résumé. — Comme on le voit, les progrès réalisés au point de vue de l'établissement des écluses vont toujours en s'accentuant. L'abaissement du fret, qui se généralise en même temps que la concurrence augmente, ne peut être obtenu que par des moyens plus perfectionnés, par l'augmentation des dimensions des bateaux, et en particulier par l'accroissement de leur tirant d'eau, qui entraîne un plus fort mouillage. L'établissement d'une écluse d'un type déterminé, répondant à un moment donné à l'écoulement d'un certain trafic, peut donc être sur une rivière canalisée un obstacle à la réalisation d'un progrès continu. On ne peut pas facilement modifier les conditions de navigabilité qu'elle présente, supprimer ou du moins atténuer le seuil que l'on

rencontre à son passage. En d'autres termes, la canalisation
d'une rivière, qui, à un moment donné, constitue une solution excellente, peut dans certains cas devenir un obstacle
au développement de la navigation, et par suite à l'abaissement du fret qui est le but vers lequel on doit tendre.

Pour obtenir ce résultat, on dispose de deux moyens : ou
bien élargir, ou bien approfondir les bateaux qui fréquentent
la voie navigable. Le mouillage donné aux ouvrages d'art,
les dimensions choisies pour les écluses rendent ce progrès
impossible, à moins de modifications importantes, qui équivalent à la création d'une voie nouvelle. On a vu que, depuis
la loi de 1879, en vue d'uniformiser le gabarit des voies
navigables, on avait dû retoucher la plupart des écluses
existantes ; à peine ce travail était-il achevé, qu'on s'est
aperçu que les conditions réalisées n'étaient pas satisfai-
santes et on a augmenté le mouillage et les dimensions des
écluses sur les nouvelles voies à aménager.

Il devait en être ainsi : la péniche flamande, qui a servi
de type pour la réalisation du programme de 1879, ne pouvait pas être considérée comme le meilleur et surtout
comme susceptible de desservir dans les meilleures conditions possibles un courant commercial important. Il en est
de ce type comme du wagon de marchandises de 10 tonnes,
qui jusqu'à présent a été exclusivement employé ; dans la
plupart des cas, il est suffisant, mais n'empêche que, pour
un trafic intense, pour une marchandise pondéreuse, un
wagon de tonnage supérieur (de 50 tonnes par exemple
comme sur la Compagnie du Nord) rendra de meilleurs services.

Il ne faut donc pas s'imaginer, comme le pensent certains
esprits superficiels, que la canalisation d'une rivière, c'est-à-
dire la fixation des conditions de navigabilité dans un cadre
étroit, soit toujours la meilleure solution parce qu'elle est
au premier abord la plus simple. On dira volontiers qu'elle
est un pis aller et que, lorsque les conditions de débit, de
fond, sont telles qu'on ne puisse pas améliorer la rivière
sur place, on se résoudra à canaliser et à substituer à la voie
naturelle, souple par essence, une voie artificielle figée une
fois pour toutes dans un cadre immuable.

C'est ce que les Allemands ont parfaitement compris, et c'est pourquoi ils ont préféré améliorer la navigation de la plupart de leurs rivières par des moyens souvent très onéreux plutôt que de recourir à la canalisation.

L'Elbe, le Danube, le Rhin en donnent le meilleur exemple, et donnent passage à un trafic intense. Il valait certes mieux modifier le type des bateaux fréquentant ces voies, augmenter leur largeur en se contentant d'un faible tirant d'eau, modifier la forme et la puissance des remorqueurs, plutôt que de recourir à la canalisation. L'initiative privée a fait ce qui aurait dû incomber à l'État : les résultats obtenus ont démontré que la meilleure solution était bien celle que l'on avait adoptée.

Il est inutile d'insister pour le moment sur ces conditions, qui trouveront plutôt leur place dans l'ouvrage consacré aux rivières à fond mobile. Il semble nécessaire, avant de poursuivre en détail l'étude des écluses, de faire connaître les raisons qui justifiaient leur établissement, mais surtout de prémunir contre une tendance bien naturelle qui voudrait de chaque rivière faire un canal. En dehors de toute autre considération, la loi de 1879, les applications qui en ont été faites, les modifications qui y ont été apportées, l'augmentation continue des dimensions données aux écluses pour accroître la capacité des bateaux et réduire le prix, tout démontre que la canalisation d'une rivière doit être entreprise avec une certaine circonspection, et que c'est imprudence d'y recourir avant d'avoir épuisé tous les moyens de tirer parti de la voie naturelle.

129. Description d'une écluse du type légal. — Quoi qu'il en soit, les voies artificielles ont un rôle important à remplir; elles comblent les lacunes du réseau fluvial et mettent en communication les bassins des différentes rivières. On a vu comment les écluses parvenaient à racheter la différence de niveau existant entre les points que la voie navigable doit desservir, et comment elles devaient être échelonnées.

Il nous reste à examiner, dans le détail, les diverses parties qui constituent une écluse, en prenant comme exemple

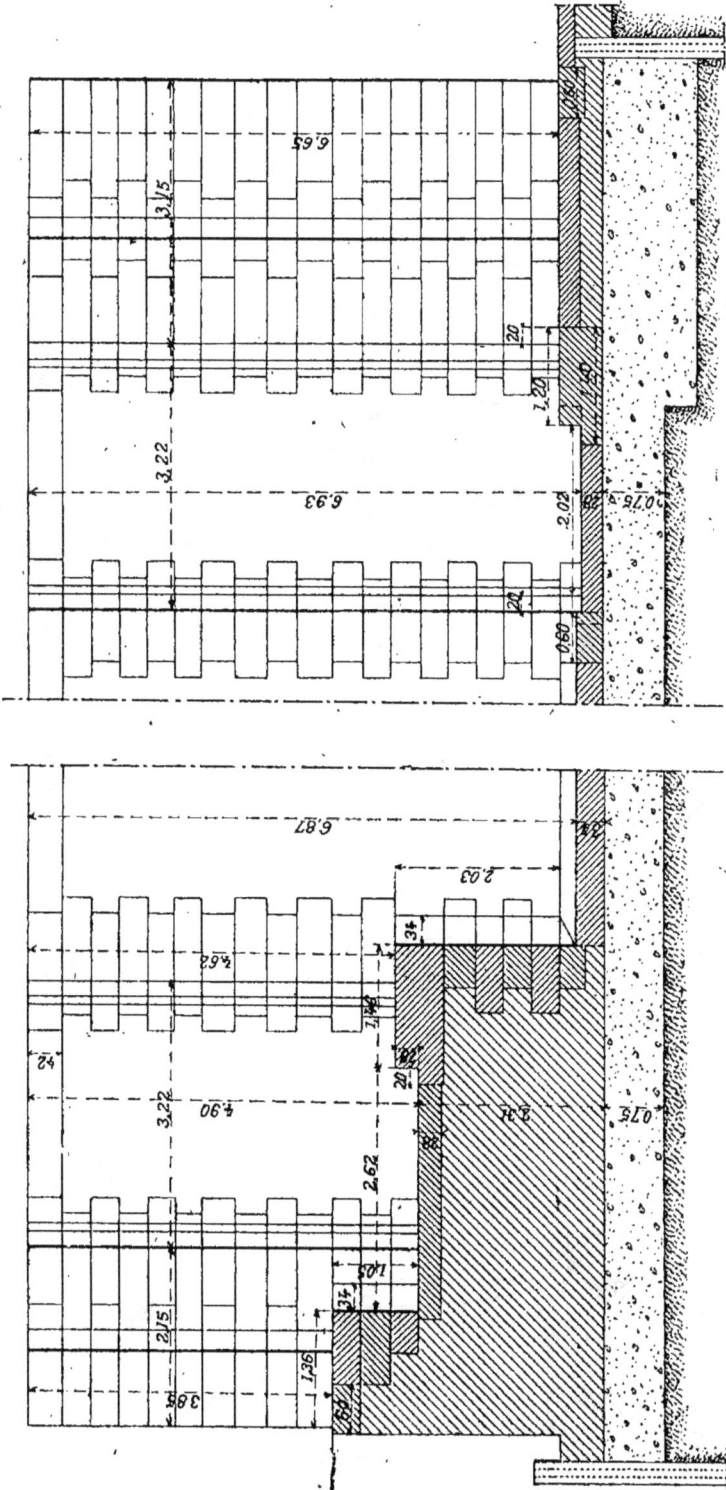

FIG. 171. — Coupe d'une écluse à sas.

Coupe longitudinale sur l'axe du sas

Plan

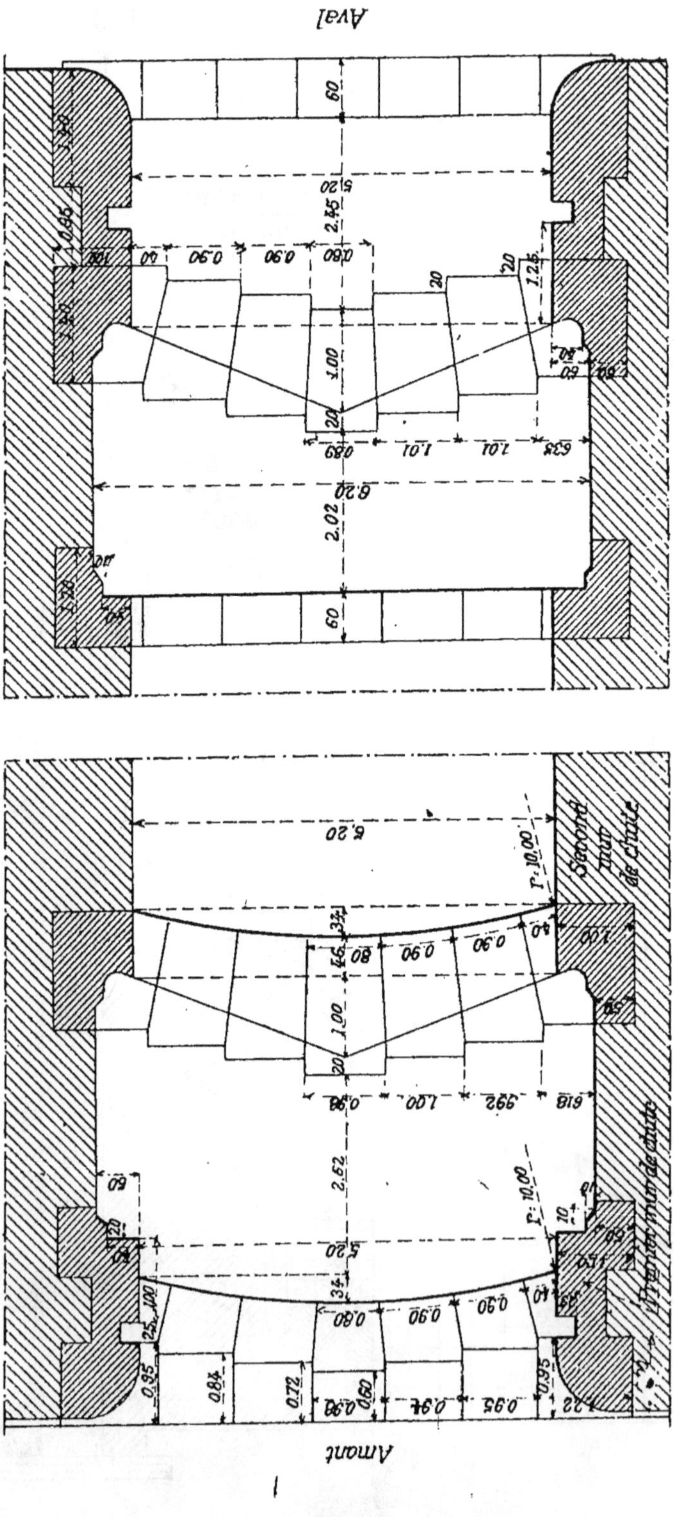

Fig. 172. — Plan des têtes d'une écluse à sas.

une écluse du type légal. On ne s'occupera dans ce chapitre
que des parties fixes de l'ouvrage, se réservant d'étudier plus
loin la construction des portes d'écluse.

Les figures 171-172 permettront de suivre la description
qui va être donnée de chacun des éléments qui constituent
l'ouvrage.

130. Musoir d'amont. — Les murs en retour d'amont et les
bajoyers prolongés chacun suivant leur direction se rencon-
treraient suivant une arête vive, qui serait, en cas de choc,
un danger pour les bateaux. Pour éviter cet inconvénient,
on raccorde ces deux murs par des musoirs en forme de
quart de cercle, de 0^m,50 à 1 mètre de rayon, suivant l'ouverture de l'écluse et le tonnage des bateaux qui la fréquentent.

131. Coulisses pour bâtardeaux. — A 0^m,10 ou 0^m,20 en
arrière du musoir, on trouve une coulisse allant jusqu'au radier et dans laquelle peuvent se loger des poutrelles destinées à former bâtardeau. Cette coulisse a une largeur variant de 0^m,20 à 0^m,40; sa profondeur est égale à sa largeur.

Dans les anciennes écluses, on trouve souvent deux paires
de rainures successives permettant l'établissement de deux
rideaux de poutrelles. L'espace entre ces rideaux pouvait
être rempli de terre pour servir de bâtardeau ; on a reconnu
que l'étanchéité était suffisante avec un seul rideau de
poutrelles, et on a abandonné cette ancienne disposition
comme étant inutile.

132. Largeur entre la coulisse et l'enclave. — La largeur entre la coulisse et l'enclave des portes d'amont
doit être suffisante pour que la maçonnerie ne cède pas
sous la pression exercée par les poutrelles inférieures. On
admet généralement 0^m,60 à 1 mètre pour cette longueur.

133. Enclaves et chambre de la porte d'amont. — La
longueur de l'enclave est déterminée par celle du vantail
qui s'y rabat ; un jeu de 0^m,10 à 0^m,15 est ménagé entre
l'extrémité du vantail et celle de l'enclave pour permettre à

l'eau de se dégager derrière la porte pendant la manœuvre d'ouverture.

La profondeur de l'enclave doit être au moins égale à celle du vantail, ferrures et ventellerie comprises. Mais il est sage de l'augmenter : car les portes se détériorent avec le temps et ont besoin d'armatures, qui augmentent leur épaisseur. Il faut aussi, lorsqu'elles sont ouvertes, que leurs faces antérieures soient en retrait sur le parement du bajoyer, afin d'éviter les chocs et de permettre aux herbes et aux corps étrangers de venir se loger derrière les vantaux. En un mot, il convient que ceux-ci soient très à leur aise dans leur enclave, sur toutes leurs faces ; c'est la meilleure manière de les protéger et d'en rendre la manœuvre et l'entretien faciles.

La chambre de la porte, qui comprend les deux enclaves, est limitée à l'aval par le busc dont la flèche est généralement de 1/6 à 1/5 de la largeur de l'écluse.

Le radier de la chambre de la porte est en contre-bas du busc de toute la saillie de ce dernier.

134. Murs de chute sur les canaux. — La chambre de la porte d'amont est suivie par le mur de chute, qui présente en plan la forme d'un arc de cercle, et qui dessine un ressaut dans le radier pour racheter une partie de la différence de niveau du plafond des biefs d'amont et d'aval.

A la rigueur, sur les canaux, ce mur de chute pourrait avoir une hauteur précisément égale à la chute de l'écluse, mais cette disposition donnerait lieu, dans certains cas, à des inconvénients graves. Lorsque le remplissage du sas s'effectue au moyen de ventelles ménagées dans la porte d'amont, le mur de chute doit être assez bas pour que les ventelles soient toujours noyées et que les bateaux montants n'aient pas à souffrir, au début de l'éclusée, de la violence du courant qui jaillit de ces émissaires.

Il est bon aussi de régler le plafond du bief d'amont aux abords de l'écluse avec une légère pente dirigée vers cet ouvrage pour faciliter la vidange et de ménager en amont une petite fosse susceptible de recevoir en dépôt les vases ou autres matériaux amenés par le mouvement de l'eau.

Ceux qui sont entraînés dans le sas de l'écluse sont emportés par les courants.

De cette manière, les ventelles de la porte d'amont sont
toujours noyées, et la vidange du bief d'amont est assurée
sans aucune difficulté.

135. Murs de chute dans les rivières. — Dans les rivières
où le lit ne présente que bien rarement des ressauts brusques analogues à ceux du plafond des canaux, on se dispense généralement de murs de chute. Les deux buscs sont
de niveau et les portes ont la même hauteur. Cette règle
n'est pas absolue; lorsque l'écluse est établie sur une dérivation, ce qui arrive fréquemment, il y a intérêt à établir
le plafond de cette dérivation à des niveaux différents à
l'amont et à l'aval, et par suite à construire un mur de
chute.

136. Sas proprement dit. — Chambres des portes d'aval. — Murs de fuite. — A l'aval du mur de chute, commence le
sas proprement dit; il se prolonge jusqu'à la chambre des
portes d'aval, qui est identique, sauf la hauteur des bajoyers,
à la chambre des portes d'amont.

On trouve ensuite les murs de fuite, qui doivent résister
à la poussée de l'eau sur les portes d'aval, poussée qui
tend soit à les renverser, soit à les faire glisser parallèlement
à eux-mêmes suivant les cas. M. Mary rapporte qu'il a vu
trois écluses, dans lesquelles les murs de fuite d'aval étaient
séparés par une lézarde des murs d'enclave. Quand on remplissait le sas, ces murs s'inclinaient du haut vers l'aval;
quand on vidait les sas, ils revenaient en place, obéissant
alternativement à la poussée de l'eau et à l'élasticité du
sol qui leur rendait leur position primitive quand la pression n'existait plus. Ce retour en place est une circonstance
très heureuse, sur laquelle on ne peut guère compter; dans
tous les cas, de semblables mouvements ne peuvent être que
très préjudiciables aux maçonneries; la dimension des murs
de fuite doit être calculée de manière que les maçonneries
ne soient pas soumises à des efforts d'extension ou de
compression dépassant la limite de sécurité.

Il est difficile de soumettre la question au calcul, ou du moins d'en tirer une solution rigoureuse. On connaît la pression totale Q qu'exerce l'eau sur la face amont d'un vantail, et qui est représentée par l'expression :

$$Q = l \frac{p^2 - q^2}{2},$$

dans laquelle l désigne la largeur du vantail, p et q les hauteurs respectives de l'eau à l'amont et à l'aval. On en déduit la valeur commune de la réaction des vantaux N l'un sur l'autre et de la réaction des maçonneries R (*fig.* 173). L'action exercée par le vantail, qui est égale et de sens contraire à cette réaction, peut être décomposée en deux forces horizontales, l'une parallèle à l'axe de l'écluse, qui tend à faire glisser les maçonneries parallèlement à elles-mêmes, l'autre, qui les renverserait, est perpendiculaire à cet axe. C'est ce qui se passerait théoriquement si le vantail ne s'appuyait pas à sa partie inférieure sur le busc ; cette surface d'appui, qui intervient et qui prend une partie de l'effort transmis au vantail, d'autant que celui-ci est plus raide, rend le problème très complexe et impossible à résoudre sans le secours d'hypothèses. Le point d'application de la pression n'est pas moins inconnu parce qu'il change avec la déformation des vantaux.

Le problème est donc très difficile à poser, et sa solution n'est jamais bien satisfaisante. M. de Lagrené, qui a traité ce sujet avec beaucoup de développement dans son *Cours de Navigation intérieure*, constate qu'en faisant les hypothèses les plus favorables, les dimensions résultant des calculs restent encore très inférieures à celles que l'on rencontre sur les ouvrages existants,

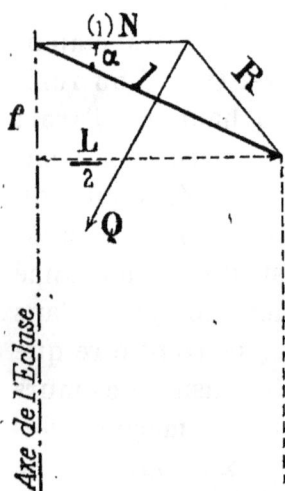

Fig. 173. — Schéma.

$$(1) \qquad \operatorname{tg} \alpha = \frac{2f}{L},$$

$$N = R = \frac{Q}{2 \sin \alpha}.$$

notamment en ce qui concerne la longueur. Il propose comme règle empirique de multiplier par 1,5 et par 2 les largeurs et les longueurs calculées.

En fait, il est rare que la longueur des murs de fuite soit inférieure à la hauteur qui sépare le niveau du bief d'amont de la partie inférieure de la construction. Un peu plus grande quand la chute est forte, l'écluse large et les fondations douteuses ; un peu plus faible, dans les circonstances opposées. Cette proportion conduit peut-être à des dimensions qui paraissent exagérées au premier abord ; mais il ne faut pas perdre de vue que les murs de fuite ne sont pas seulement soumis à la charge normale produite par le jeu périodique de l'écluse, mais peuvent encore supporter une poussée plus forte en cas de réparations entraînant un abaissement partiel ou total du bief d'aval.

On est aussi généralement amené à se servir des murs de fuite pour l'établissement d'une passerelle au-dessus de l'écluse : on utilise ainsi la longueur donnée à cette partie de l'ouvrage, et qui est peut-être plus grande qu'il ne faudrait pour assurer la stabilité.

137. Musoirs d'aval. — A l'extrémité des murs de fuite, on trouve des musoirs absolument semblables aux musoirs d'amont et raccordant les bajoyers avec les murs en retour. Ces derniers, qui limitent l'ouvrage, ont pour but de soutenir le terre-plein de l'écluse et de s'opposer aux filtrations, de l'amont à l'aval de l'écluse le long du parement extérieur des bajoyers.

138. Coulisses d'aval. — On rencontre dans ces mêmes murs de fuite des coulisses, comme à l'amont, qui permettent l'établissement d'un bâtardeau, et par suite la vidange complète du sas pour la réparation des portes ou du radier entre les deux biefs maintenus à leur niveau normal.

CONSTRUCTION D'UNE ÉCLUSE

139. Section des bajoyers. — La section à donner aux bajoyers a une grosse importance pour l'établissement d'une écluse ; le cube des maçonneries qui entrent dans la construction doit être déterminé avec un grand soin, puisqu'il est un des principaux éléments de la dépense.

Mais on ne perdra pas de vue, indépendamment de l'économie que l'on cherche à réaliser, que le bajoyer doit résister au renversement auquel il est soumis lorsque le sas est vide, et qu'il soutient les terres plus ou moins humides du terreplein. Il peut être considéré comme un véritable mur de soutènement. Il présente du côté du sas une paroi verticale, afin de diminuer autant que possible l'eau nécessaire pour les manœuvres. Du côté des terres, on l'élargit du sommet à la base, de manière à lui donner une forme trapézoïdale. La différence de largeur est rachetée tantôt par une série de retraites, tantôt par un plan incliné.

La largeur au sommet est déterminée par la condition de réunir : le couronnement en pierre de taille de $0^m,60$ à $0^m,80$ de largeur et de $0^m,40$ d'épaisseur au moins, et en arrière un pavage maçonné d'une longueur suffisante pour que l'ensemble résiste à la poussée au vide en cas de gelée du sol avoisinant. L'expérience montre qu'une largeur de $1^m,20$ à $1^m,30$ au sommet du bajoyer est suffisante.

Cette dimension étant arrêtée, et la hauteur de l'écluse étant déterminée, il reste à calculer la largeur du bajoyer à sa base, en s'imposant pour règle que la maçonnerie ne doit pas travailler à l'extension et ne doit pas être soumise à un effort de compression supérieur à une limite donnée.

On aura recours à un procédé graphique, indiqué par M. Mary, qui permet d'arriver au résultat cherché après quelques tâtonnements, en partant d'un profil arbitrairement choisi à l'avance. Le mur est soumis à son poids d'une part et à la poussée qu'il reçoit du côté des terres, en supposant le sas vide. On supposera que cette poussée sera exercée par une colonne d'eau de hauteur égale à celle du bajoyer, ou mieux encore par un liquide plus lourd que l'eau, auquel on peut attribuer une densité de 1,20.

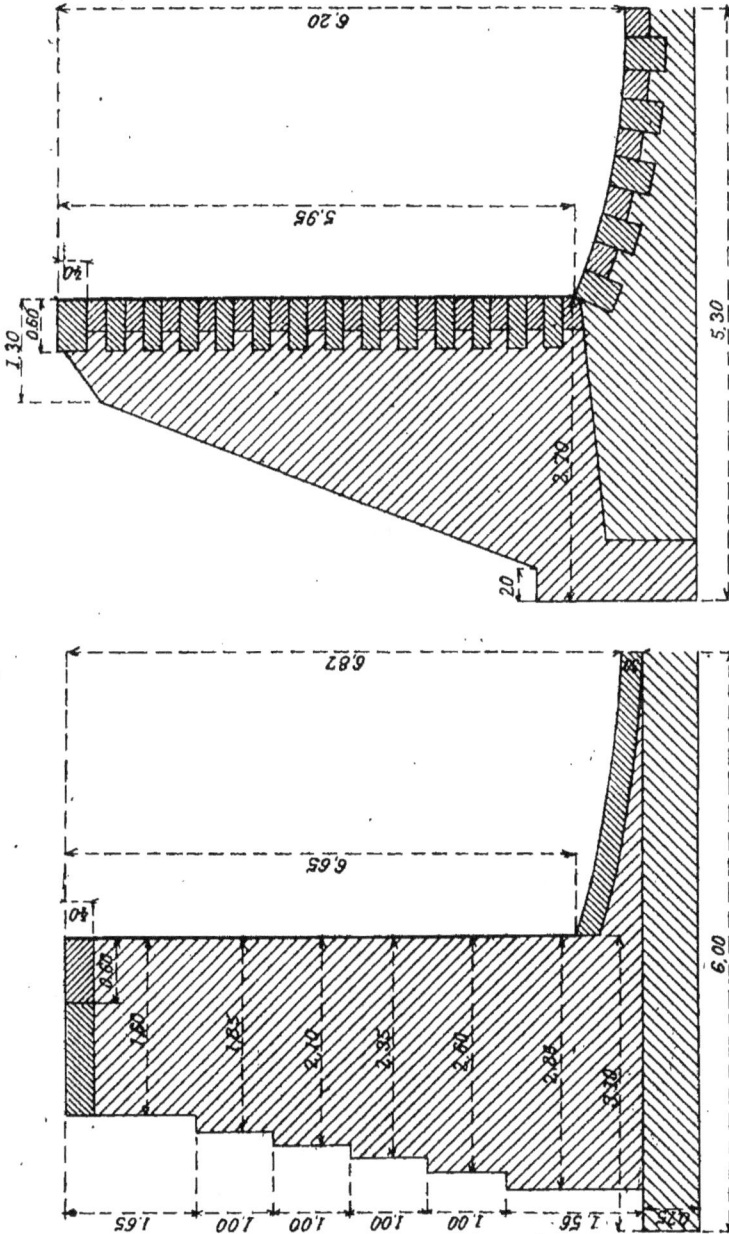

Fig. 174. — Coupe des bajoyers d'écluses des canaux du Nord et de l'Est.

La résultante des deux forces auxquelles le bajoyer est soumis passe à une certaine distance de son parement. C'est en faisant varier cette distance convenablement de manière que l'effort maximum ne dépasse pas la limite voulue, que l'on arrive à déterminer le profil à adopter.

Dans la première étude à faire, on pourra adopter une épaisseur moyenne égale à 0,40 de la hauteur ; l'expérience montre que cette proportion assure une sécurité suffisante.

La figure 174 donne la coupe courante des bajoyers d'une écluse des canaux du Nord et du canal de l'Est. Pour les premiers on remarque que la hauteur est de 6m,65 au-dessus du radier du sas ; l'épaisseur, qui est de 1m,70 au sommet, atteint 3m,10 à la base. Pour racheter cette différence de largeur, on a établi sur le parement, du côté des terres, cinq retraites, quatre de 0m,30 et une de 0m,20. L'épaisseur moyenne est de 2m,29, soit 0,35 environ de la hauteur.

Pour les seconds, dont le type a été appliqué aux 200 écluses du canal de l'Est, la hauteur est de 5m,95 au-dessus du radier du sas. L'épaisseur de 1m,30 au sommet est de 2m,50 au niveau du radier, où elle atteint 2m,70. Pour racheter cette différence, le parement du mur est disposé, du côté des terres, suivant un plan incliné. Cette disposition a été recommandée par M. l'inspecteur général Graëff, comme facilitant le tassement des remblais, et évitant par conséquent les filtrations longitudinales qu'il y a tout intérêt à prévenir. L'épaisseur moyenne de ce type de bajoyers n'a que les 35 0/0 de la hauteur ; cette proportion est en réalité plus élevée, si on remarque que des contreforts verticaux sont établis tous les 6 ou 7 mètres dans le but de consolider le mur, et de couper, le cas échéant, les filtrations longitudinales.

Le profil courant des bajoyers doit être renforcé au droit des portes ; car les deux vantaux en pleine charge réagissent l'un sur l'autre et tendent à renverser le mur contre lequel ils s'appuient. Le renforcement s'effectue au droit du chardonnet, ce qui permet de fournir aux colliers un solide massif de maçonnerie pour le scellement des boulons qui les tiennent en place.

Le calcul est impuissant à fournir les dimensions à donner à ce massif de maçonnerie, parce qu'il est impossible d'ap-

précier l'effort de renversement. On ignore, en effet, comme
on l'a indiqué plus haut, la part de la poussée dont le
busc et le radier soulagent les portes, le point d'application
de la pression qui varie avec la raideur de la porte. L'expérience a donné pour règle de supprimer, sur la longueur
nécessaire au scellement des colliers, les retraites ou le
plan incliné, qui, sur le profil normal, dessinent le parement
du côté des terres. Ce parement devient vertical et la forme
du bajoyer parallélipipédique. On étend ce profil spécial à
toute la surface du terre-plein, sur laquelle on établit les
appareils de manœuvre des portes et de la ventellerie, quand
cette ventellerie ne fait pas partie des vantaux.

140. Nature des maçonneries. — D'une manière générale,
on emploie la pierre de taille pour toutes les parties saillantes des bajoyers vues en élévation, telles que les cou-
ronnements, les musoirs, les rainures à poutrelles, les angles
des enclaves et surtout les chardonnets, qui sont des pierres
de grandes dimensions ; en outre, toutes les arêtes doivent
être arrondies, pour éviter les épaufrures sous le choc des
bateaux.

Les chaînes de pierre de taille sont réunies généralement
par des assises de moellon smillé ou piqué, ou en briques
d'une hauteur moitié moindre. De distance en distance et en
quinconce, on place dans le parement des pierres de taille,
appelées carreaux, qui forment boutisses et réunissent le
parement au massif de maçonnerie. Au centre de ces carreaux, on ménage une cavité, où les mariniers peuvent
appuyer leurs gaffes, crocs, bâtons de manœuvre, etc., et
où on peut aussi placer une boucle d'amarre.

La liaison du parement avec le massif de maçonnerie est
importante à obtenir et difficile à réaliser. Le décollement
du parement se produit souvent avec toutes ses conséquences
fâcheuses, bombement, réduction de largeur du sas ; le remède n'est pas facile à trouver. On devrait ou bien augmenter le nombre des boutisses, ou bien relier au moyen de
crampons métalliques le parement avec le corps de la
maçonnerie.

L'appareil généralement adopté n'est peut-être pas le seul

qui puisse être employé; sur le canal de Saint-Denis, les écluses nouvellement reconstruites ont été établies exclusivement en maçonnerie de meulière hourdée au mortier de ciment avec parements à joints incertains. Rien n'empêcherait que les corps des bajoyers ne fussent constitués par du béton de ciment armé, et que le parement fût un simple enduit de ciment. Il semble qu'on n'aurait pas ainsi à craindre le décollement, qui peut être la source de gros inconvénients.

141. Détail de l'appareil. — Le mur de chute, qui supporte la poussée du busc d'amont, reçoit une forme circulaire, qui lui permet de résister comme une voûte à la pression d'amont. Les extrémités aval des claveaux du busc forment, à la partie supérieure, la douelle de la voûte (*fig.* 175). Les

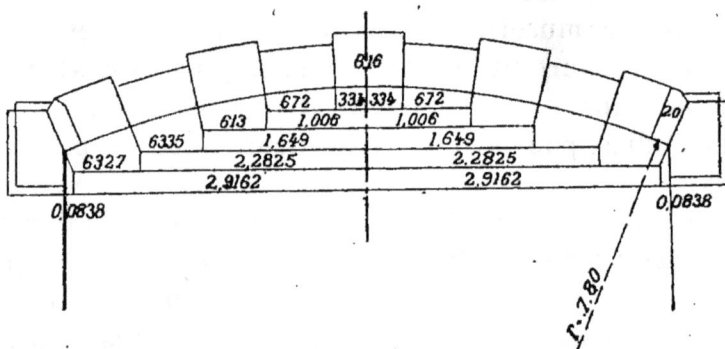

Fig. 175. — Plan du mur de chute.

buscs ont une saillie de 0^m,25 à 0^m,30 sur le radier. Ils sont composés d'une suite de musoirs, qui viennent s'appuyer sur les bourdonnières comme culées, et dont les rèdents amont et aval se raccordent avec les assises des moellons smillés du radier et de la chambre des portes.

La partie de chaque claveau noyée dans le radier doit avoir une épaisseur au moins égale à la saillie qu'il présente au-dessus du radier, c'est-à-dire avoir au moins 0^m,25. L'épaisseur des claveaux varie donc entre 0^m,50 et 0^m,60; leur longueur oscille entre 1^m,40 et 1^m,70.

Les claveaux extrêmes de chaque busc, les bourdonnières s'engagent sous le chardonnet et sous le bajoyer, qui les en-

castrent, et servent de culées à la voûte ou à la plate-bande
du busc. Elles forment la première assise du chardonnet et
reçoivent un refouillement pratiqué au droit du poteau tourillon, qui permet d'y sceller la crapaudine. Elles ont une
épaisseur plus considérable que les claveaux et sont posées
avec un grand soin, en raison du poids qu'elles ont à supporter. C'est pourquoi il est indispensable que l'emplacement
de la crapaudine ne soit pas trop voisin du bord de la pierre,
qui pourrait être brisée. Si cette condition était difficilement

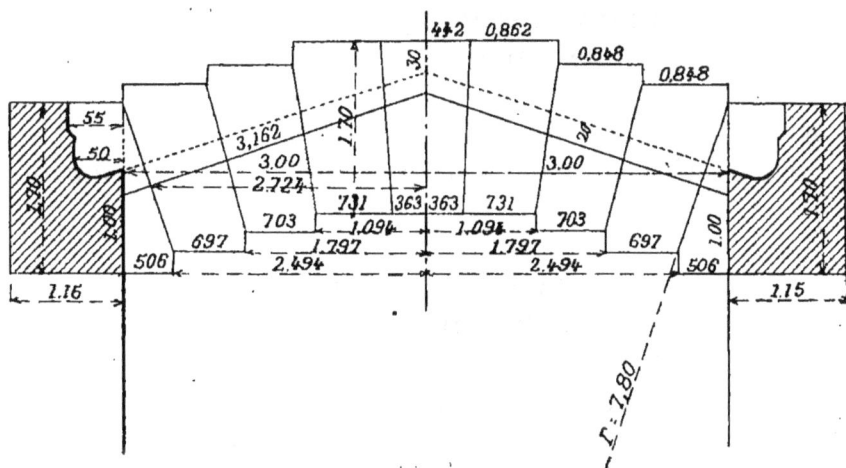

Fig. 176. — Plan du busc d'aval.

remplie en raison des dimensions considérables à donner à
la pierre, il vaudrait encore mieux composer la bourdonnière de deux morceaux.

Les chardonnets dont les bourdonnières forment l'amorce
doivent être dressés avec le plus grand soin.

On doit employer pour les buscs, ainsi que pour les chardonnets, la pierre la plus résistante qu'il soit possible de se
procurer. Le granit semble indiqué, toutes les fois qu'on l'a
facilement à sa disposition.

Des plates-bandes en pierre de taille sont posées à l'extrémité amont du radier, à l'origine amont de la chambre
des portes d'amont, à l'origine amont de la chambre de la
porte d'aval et à l'extrémité aval du radier.

142. Joints des claveaux. — Les joints des claveaux sont en général des plans verticaux passant par les différents rayons d'un arc de cercle dont le centre est placé sur l'axe de l'écluse, et dont le rayon est à peu près égal à l'ouverture.

Les claveaux résistent de cette façon à la pression des portes; on peut dans certains cas chercher à se prémunir contre la sous-pression des eaux. Dans ce but, on donne au busc dans le sens vertical la forme d'une plate-bande renversée. Les joints sont des plans ayant pour trace horizontale les mêmes rayons que précédemment, mais qui au lieu d'être verticaux passent tous par une ligne inclinée sur l'axe d'une quantité qui varie entre 45° et 1 de base pour 1 1/2 de hauteur.

M. de Mas estime que cette complication dans la taille et dans la pose est hors de proportion avec la sécurité qu'elle apporte.

143. Radier. — On donne généralement au radier la forme d'un arc de cercle renversé, ayant une flèche de 1/20 environ (0^m,25 pour une écluse de 5^m,20) au-dessous du niveau du busc d'aval, de manière à augmenter la résistance de cette partie de l'ouvrage contre les sous-pressions. Le parement est constitué par de la maçonnerie en moellon smillé ou piqué, et les joints continus sont disposés normalement au courant.

Le corps du radier est généralement formé d'un massif de béton posé à sec ou immergé dans une enceinte de pieux et de palplanches. L'épaisseur de ce massif peut être calculée d'après l'importance des sous-pressions possibles, soit comme une pièce encastrée à ses deux extrémités sous les bajoyers, soit comme une voûte. En fait, les sous-pressions sont notablement amorties, même lorsqu'elles sont transmises à travers un terrain perméable; et on les atténue autant qu'on le peut en établissant un parafouille sous le mur de chute d'amont pour couper les filtrations qui se produiraient de l'amont à l'aval sous le radier. On établit aussi un parafouille sous la plate-bande d'aval pour prévenir tout affouillement sous l'action des courants de vidange.

Ces ouvrages suffisent pour garantir le radier contre
tout mouvement; en fait on lui donne une épaisseur de
0^m,80 à 1 mètre quand le sol n'est pas très perméable, et
de 1^m,30 à 1^m,50 dans le cas contraire. Il s'agit de l'écluse
de 5^m,20 de largeur; pour une dimension supérieure, il y
aurait lieu d'augmenter l'épaisseur du radier (3^m,50 pour
l'écluse de Bougival de 17 mètres de largeur).

144. Arrière-radier. — Le mouvement de l'eau, qui se
produit par le jeu des ventelles d'aval, demande que le radier soit prolongé au delà des murs de fuite sur une certaine longueur. S'il en était autrement, il se produirait des
affouillements dans le sol naturel à l'aval de l'écluse, de
nature à provoquer plus loin des dépôts et à constituer des
seuils dangereux pour la navigation.

L'arrière-radier, d'une épaisseur de 0^m,50 au moins, est
constitué par de gros enrochements, ou des pierres plates
posées à la main. Il est quelquefois nécessaire, quand les
murs de fuite ne sont pas suffisamment longs, de maçonner
ces matériaux, qui risqueraient d'être entraînés et de former
des seuils autrement dangereux que les dépôts de terres.

145. Variétés d'écluses à sas. — La loi du 5 août 1879
a posé la règle de l'uniformité dans les dimensions à donner
aux écluses des voies principales. Néanmoins, cette uniform-
mité n'est pas réalisée d'une façon complète; est-ce un
bien, est-ce un mal? il est difficile de se prononcer d'une
façon absolue, Cependant sur ce point, il faut être extrêmement réservé, et la variété dans la forme et dans les dimensions est peut-être un avantage : les bateaux qui fréquentent
une voie de dimensions moindres que les dimensions
légales desservent une région qui serait autrement déshé-
ritée, et apportent à la voie principale un trafic dont elle
serait privée.

Il en est des voies plus étroites comme des chemins de
fer d'intérêt local : les uns comme les autres présentent
leur utilité, et on ne songerait pas à leur donner le gabarit normal. Il faut aussi envisager le sens du courant
qu'emprunte la navigation; s'il est établi de la voie étroite à

la voie plus large, il n'y a aucun inconvénient, puisque les bateaux peuvent continuer leur route jusqu'à ce point où on les vide, puis revenir soit à vide, soit avec une charge à leur port d'attache. Dans le cas contraire, si le trafic passe de la voie large à la voie étroite, s'il est nécessaire de transborder les marchandises pour les faire suivre sur la voie étroite, l'augmentation du fret est presque chose négligeable, eu égard aux moyens perfectionnés dont on dispose actuellement. C'est à peine 0 fr. 20 par tonne, ce qui représente un allongement de parcours de 15 kilomètres environ. Cet allongement ne doit pas être pris en considération, si le parcours total est important, et si le chemin de fer, trop éloigné ou trop chargé, ne peut pas remplacer économiquement la voie d'eau.

Cette considération sert cependant à expliquer que, sur certains canaux, les écluses ont des dimensions inférieures aux dimensions légales. C'est ainsi que sur le canal du Berry, les écluses n'ont que $2^m,70$ de largeur et $31^m,85$ de longueur utile. Les écluses du canal de l'Ourcq, qui aboutit au bassin de la Villette, à Paris, n'ont que $3^m,20$ de large, avec une longueur de $58^m,80$ destinée à recevoir deux bateaux à la suite l'un de l'autre.

Certaines écluses ont une largeur supérieure, mais une longueur inférieure à la dimension légale correspondante, par exemple : les écluses du canal du Midi, larges de $5^m,74$ et longues de 31 mètres ; celles du canal latéral à la Garonne, larges de 6 mètres, avec $30^m,65$ de longueur utile, etc.

On trouve aussi certaines écluses présentant des dimensions supérieures à celles du type légal. Il suffira de citer celles de l'Yonne canalisée qui ont $10^m,50$ sur 96 mètres ; celles de la grande Saône, qui présentent 16 mètres de largeur avec $150^m,40$ de longueur ; enfin la grande écluse de Bougival, qui a 17 mètres de largeur sur 220 mètres de longueur.

Sans avoir besoin d'insister, cette diversité des types, qui ont été établis pour la plupart récemment, démontre que l'uniformité que l'on a essayé de créer est impossible à réaliser et que chaque voie possède actuellement les ouvrages correspondant à l'importance du courant commer-

cial qu'elle dessert. Les ouvrages et les bateaux ont été mis
à la mesure du trafic. Les besoins qui se manifesteront, le
trafic qui se développera, apporteront sans doute des modifications, et on réalisera tout au moins le type légal; il est
même probable qu'on ira au delà.

146. Écluses primitives du canal du Midi. — D'une manière générale, les bajoyers du sas sont verticaux et forment
le prolongement des bajoyers des têtes. Mais dans nombre
d'écluses anciennes, les bajoyers du sas présentent un fruit;

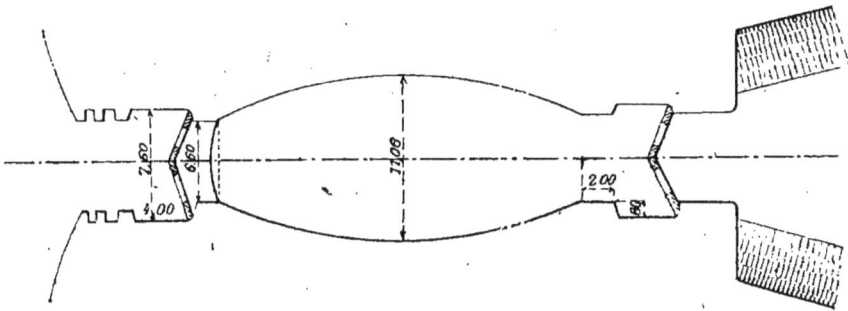

Fig. 177. — Plan de l'écluse.

au canal du Midi, les bajoyers ont une forme courbe en
plan, soit pour permettre à ces murs de résister à la façon
des voûtes, soit dans le but d'écluser à la fois deux bateaux
de petite dimension. Cette disposition ne semble pas justifiée et n'a pas été reproduite : la complication de l'appareil-
lage, la plus grande consommation d'eau, la plus grande
durée de l'éclusage, ont fait renoncer à un système qui ne
présentait par contre aucun avantage (*fig.* 177).

147. Écluse ronde d'Agde. — On trouve sur le canal du
Midi à Agde une écluse ronde destinée à établir une communication entre la voie navigable et le port d'Agde
(*fig.* 178).

Le sas est circulaire et quatre paires de portes permettent
aux bateaux de se mouvoir dans tous les sens. Cela semble
une simplification au premier abord ; mais la construction
d'un sas circulaire coûte au moins autant que l'établissement
de deux sas ordinaires, et son remplissage exige un temps

au moins double. Il eût été probablement préférable et plus économique d'établir deux écluses.

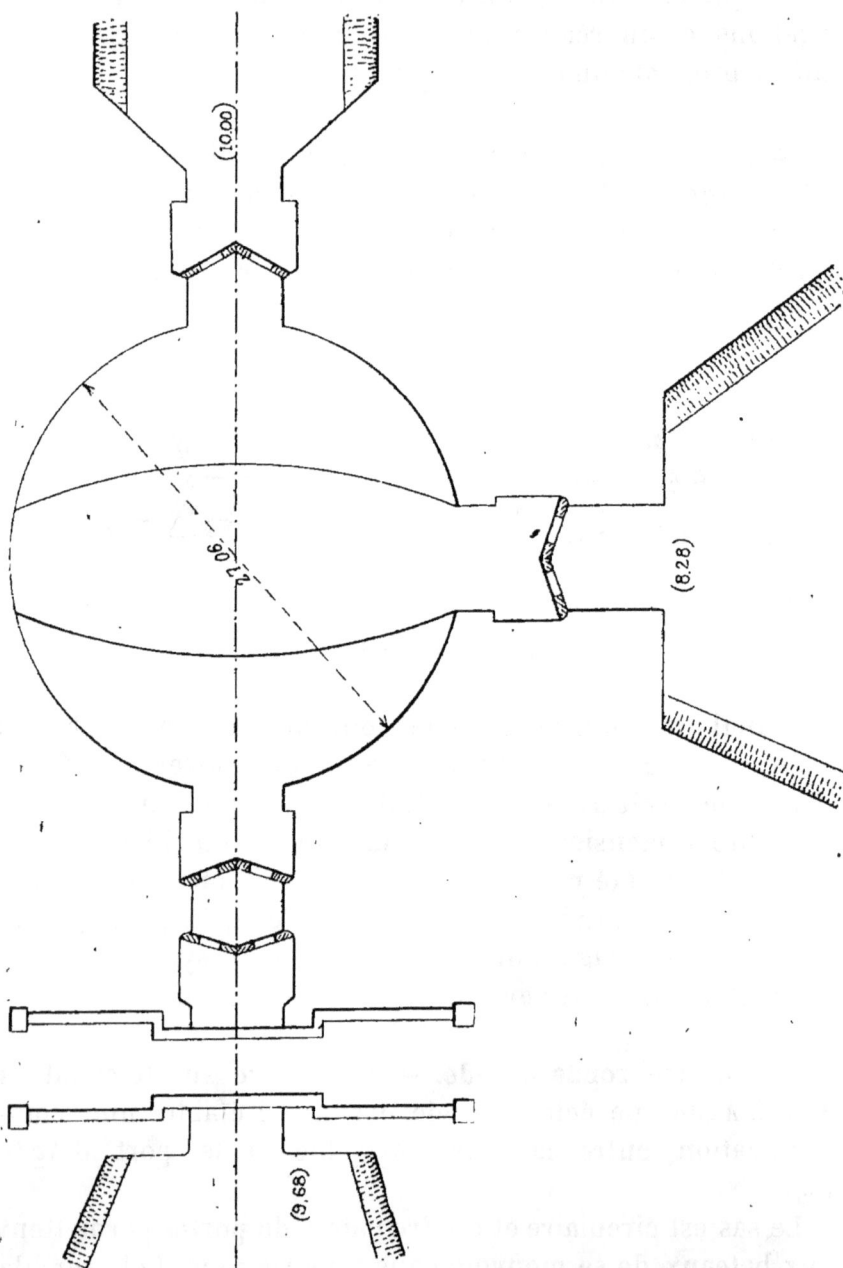

FIG. 178. — Plan de l'écluse d'Agde.

148. Écluses de Bougival. — On donne fréquemment au sas une largeur supérieure à celle des têtes, de façon à

permettre le rangement des bateaux sur plusieurs files et l'éclusage en une seule fois de grands
convois. Cette disposition est
adoptée pour la grande écluse
de Bougival, où le sas a 17 mètres
de largeur sur 220 mètres de longueur, alors que la largeur aux
têtes n'est que de 12 mètres. A
Marly-Bougival, on a placé dans
le sas de 12 mètres de largeur
trois paires de portes (*fig*. 179).

Grâce à cette disposition, on a
trois sas, le premier de 60 mètres,
le second de 40 mètres et le troisième de 100 mètres. On les utilise suivant les exigences de la
navigation.

149. Écluses à têtes séparées.

— Pour la navigation en rivière,
où l'eau est surabondante, où
les fondations sont souvent très
difficiles, on a exécuté des écluses
à deux têtes indépendantes l'une
de l'autre. Le sas qui les réunit
est limité par des talus inclinés,
revêtus de perrés, dont la base
repose sur une file de pieux et
de palplanches.

Cette disposition a été adoptée
sur l'Yonne et sur la haute Seine.
Les figures 180 et 181 qui s'appliquent à la haute Seine montrent que les têtes, larges de
12 mètres et longues chacune de
15 mètres, sont séparées par un
sas de 172 mètres de longueur.

Les revêtements du sas sont des perrés inclinés à 45°, faits

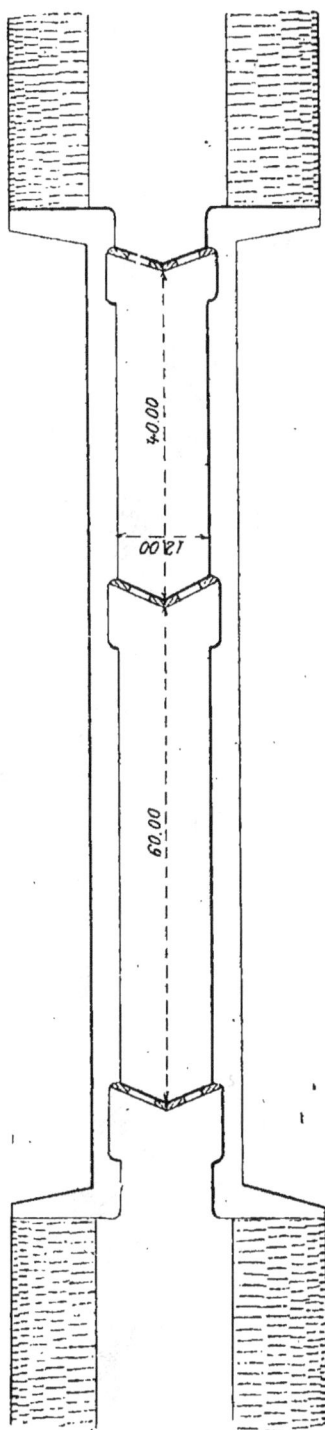

Fig. 179. — Plan de l'écluse de Marly-Bougival.

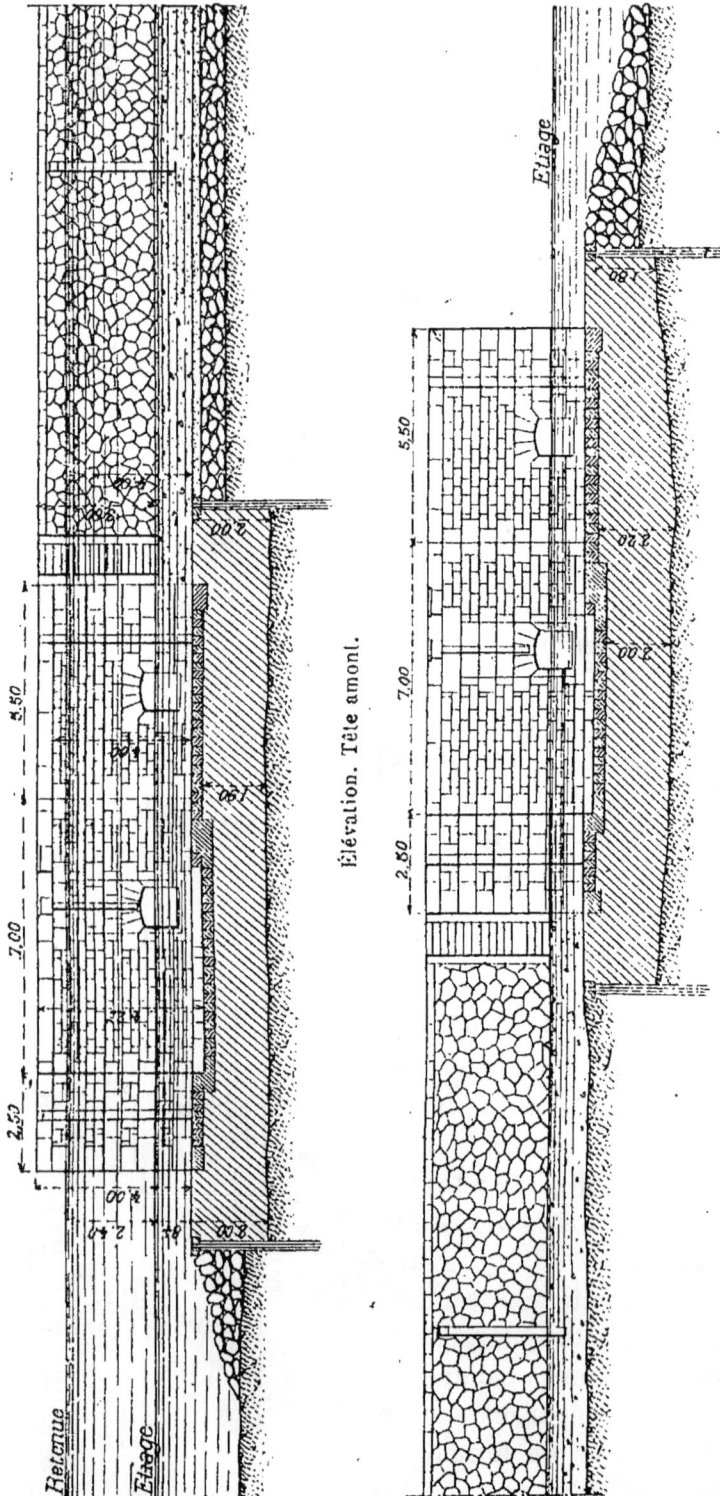

Fig. 180. — Écluses de la haute Seine.

avec des pierres sèches et
brutes, reposant sur un noyau
de béton coulé sous l'eau ; la
digue du côté de la rivière,
constituée par un noyau en
terre glaise, a 3 mètres d'épaisseur en couronne. Son talus
extérieur est revêtu d'un perré
en pierres sèches reposant sur
des enrochements.

Le sas n'a pas de radier ; le
plafond est seulement protégé
à l'aval de la tête amont sur
une longueur suffisante pour
éviter les affouillements provenant du jeu de la ventellerie.

M. l'inspecteur général Guillemain signale que, depuis la
construction, les talus ont subi
des mouvements qui ont
donné naissance à des avaries
gênantes pour la navigation.
Aussi a-t-on reconstruit en maçonnerie les revêtements des talus et de la plate-forme de couronnement de la digue du large.

M. de Mas fait remarquer que
l'économie espérée, par rapport aux bajoyers en maçonnerie à parement vertical, s'est
trouvée singulièrement diminuée, d'autant plus que le système des têtes indépendantes
conduit à donner à ces dernières des dimensions plus importantes et un plus grand développement de parements, ce
qui les rend plus coûteuses.

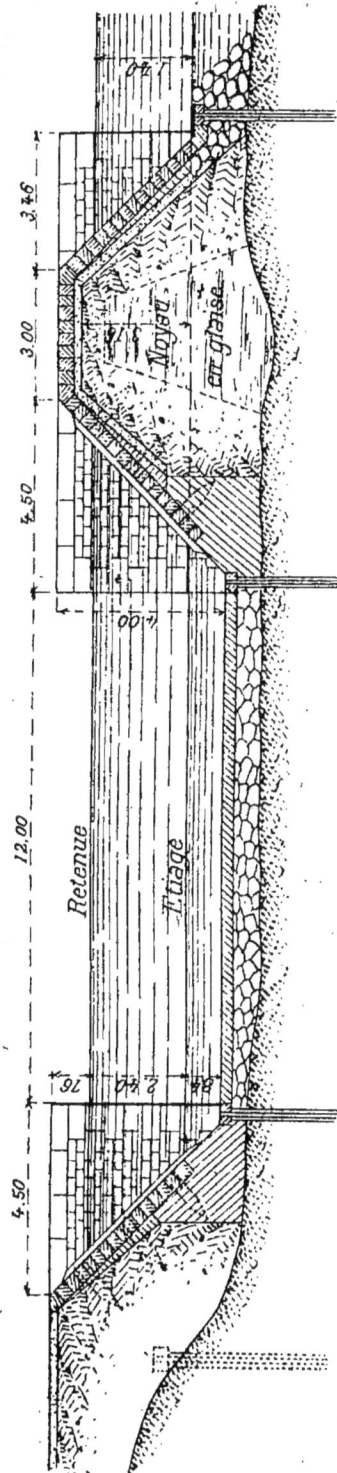

Fig. 181. — Écluses de la haute Seine. Coupe en travers.

L'entretien des perrés est dispendieux, et, quel que soit le soin apporté à leur établissement, des cavités se forment avec le temps sous le revêtement qui doit être refait.

La durée des manœuvres, par suite de la grande capacité du sas, est très augmentée. On a donc renoncé d'une manière à peu près générale au système des écluses à têtes indépendantes, qui ne peut être accepté que dans des cas particuliers, comme par exemple sur la Charente. Il s'agissait de donner au passage d'une écluse établie sur une dérivation le tirant d'eau nécessaire ; il a suffi d'allonger l'écluse existante par l'aval, et de se servir de la tête aval de cette écluse comme tête amont du nouvel ouvrage. La condition d'économie était prépondérante; la durée du sassement n'était pas à considérer.

150. Écluses accolées. — Lorsque la navigation est très active, on est amené à doubler le nombre des ouvrages, qui peuvent limiter le trafic, en accolant deux écluses séparées par un bajoyer commun.

Ces dispositions sont adoptées sur le canal de l'Ourcq, où les écluses permettent le passage simultané de deux bateaux montants et de deux bateaux descendants.

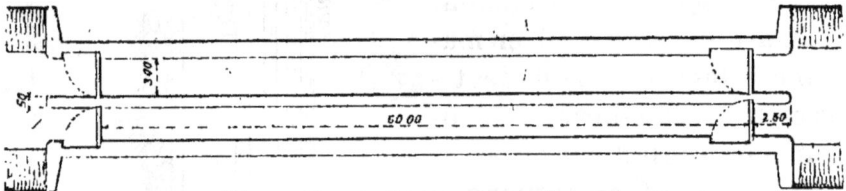

Fig. 182. — Plan de l'écluse du canal de l'Ourcq.

Les deux sas sont parallèles et séparés par un mur de $0^m,60$ d'épaisseur. Ils ont 50 mètres de longueur et 3 mètres de largeur. Les portes qui les ferment à l'amont et à l'aval sont à un seul vantail (*fig.* 182).

On retrouve cette même disposition sur la dérivation de la Scarpe autour de Douai (*fig.* 183). Les écluses établies sur cette dérivation ont $38^m,50$ de longueur utile, 6 mètres de largeur et présentent un mouillage de $2^m,50$. Le bajoyer commun, de 8 mètres de largeur, reçoit les enclaves de la porte à vantail unique.

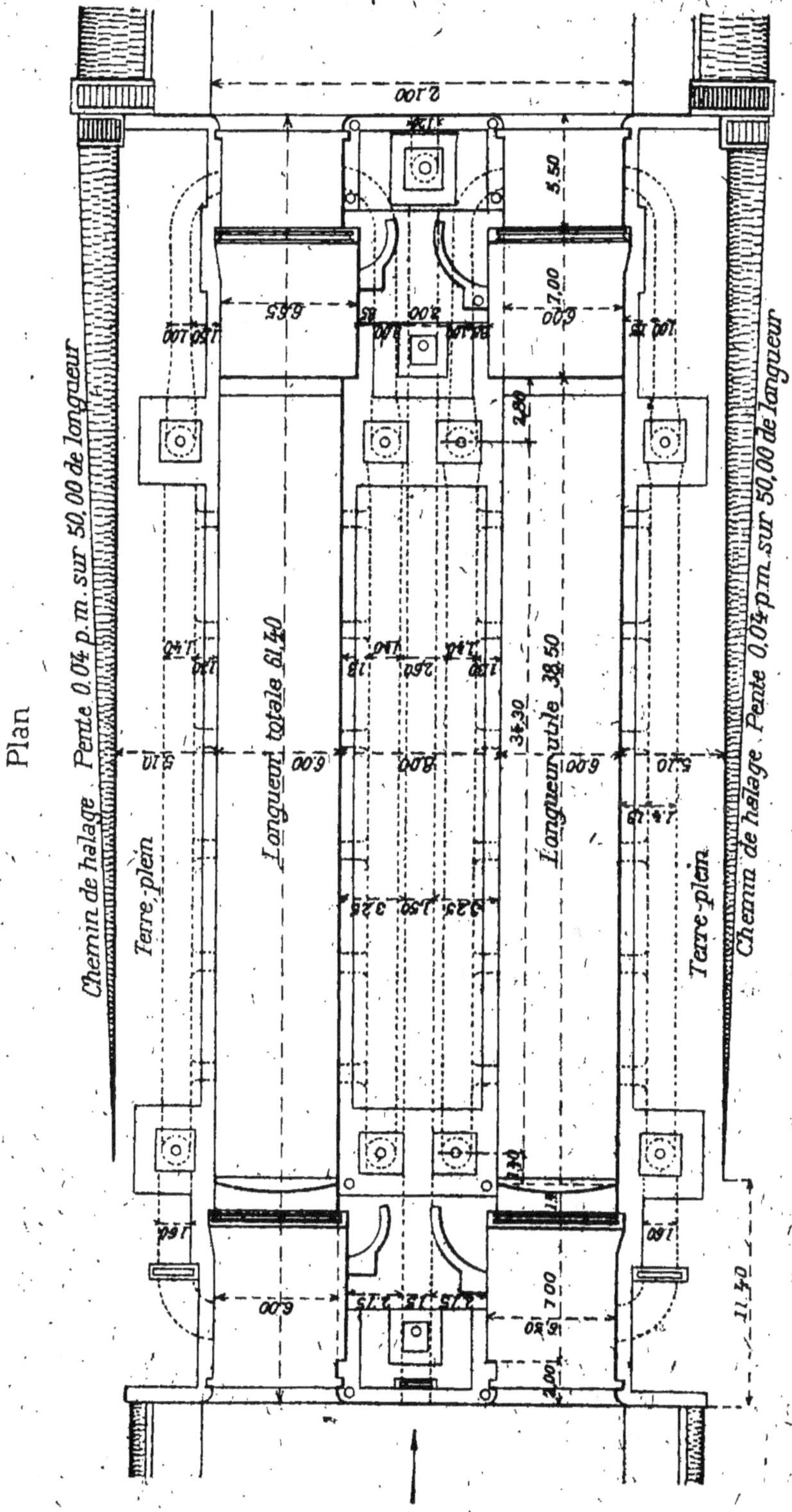

Plan

Fig 183. — Plan des écluses accolées sur la dérivation de la Scarpe.

La plus grande partie des appareils de manœuvre est assemblée sur ce bajoyer, de manière à laisser toute commodité au halage, qui se pratique sur les bajoyers des rives.

On peut aussi citer dans un type analogue les nouvelles écluses du canal de Saint-Denis. Les deux écluses accolées ont des dimensions différentes : l'une a 5^m,20 de largeur sur 38^m,85 de longueur utile, l'autre a 8^m,20 de largeur sur 45 mètres de longueur, pouvant même être portée à 62 mètres pour recevoir les plus grands bateaux qui fréquentent la basse Seine.

Dans ce but, on trouve à chaque barrage, entre Paris et Rouen, deux écluses accolées : l'une de 8^m,20 de largeur et 53^m,75 de longueur utile ; l'autre de 12 mètres aux têtes, avec un sas de 17 mètres de largeur et 140 mètres de longueur. La première sert aux bateaux isolés, la seconde aux convois.

A Bougival, on rencontre trois écluses accolées, dont l'une a 220 mètres de longueur pour permettre l'éclusage simultané de tous les bateaux qui composent les plus grands convois remorqués par la Compagnie du touage, c'est-à-dire 17 péniches et 1 tonneau.

151. Écluses superposées. — Lorsqu'on doit racheter une grande différence de niveau sur un faible parcours, on peut recourir à des écluses superposées, c'est-à-dire placées à la suite les unes des autres, de telle sorte que la tête aval de l'une serve de tête amont à la suivante et ainsi de suite. La figure 184 fait connaître les dispositions qui ont été adoptées aux Fontinettes, sur le canal de Neuffossé, pour racheter une chute de 13^m,13.

Cette disposition, contemporaine des premiers canaux à point de partage, se rencontre fréquemment, puisqu'on n'établissait pas alors d'écluses à forte chute. Sur le canal de Briare à Rogny, sept écluses superposées rachetaient une chute totale de 24^m,85 ; elles ont été abandonnées en 1882, ainsi que celles de Chesnay près Montargis, à la suite d'une modification dans le tracé du canal lors des travaux d'amélioration et de mise au gabarit légal.

On peut citer dans le même ordre d'idées : les sept écluses

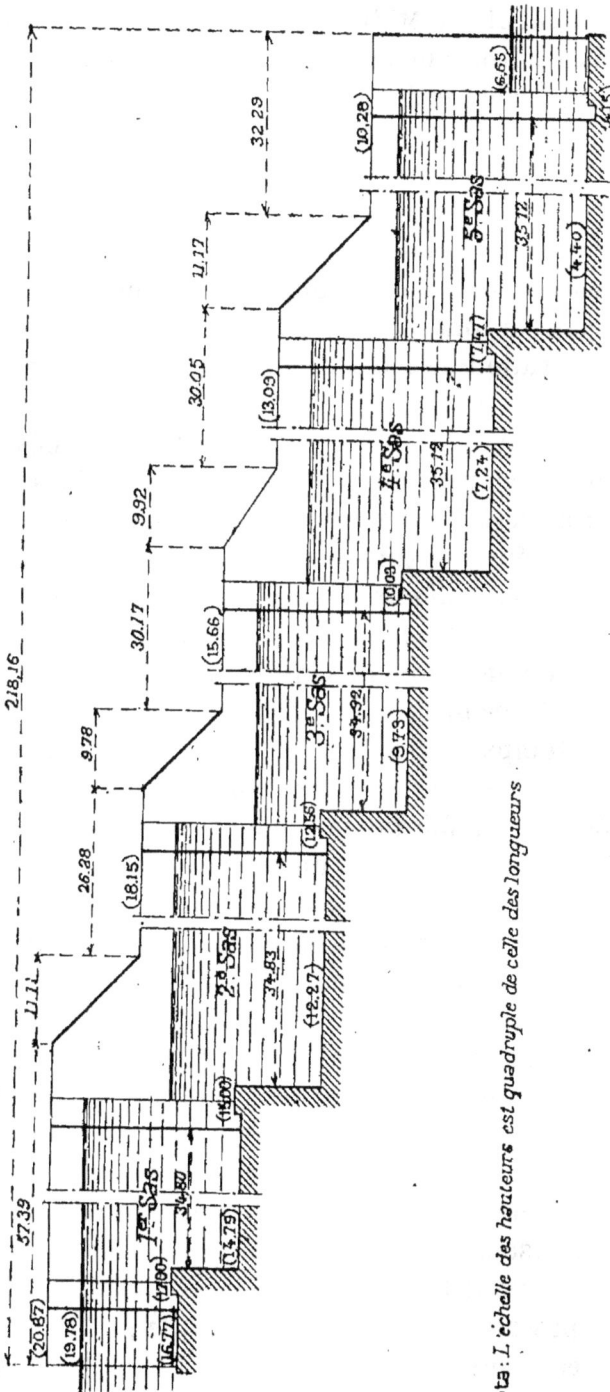

Nota: L'échelle des hauteurs est quadruple de celle des longueurs.

Fig. 184. — Coupe en long. Écluses des Fontinettes.

superposées du canal du Midi à Béziers ; les trois écluses superposées du Guétin, sur le canal latéral à la Loire ; les deux écluses superposées de Frouard pour relier le canal de la Marne au Rhin à la Moselle canalisée.

Les écluses des Fontinettes, qui datent du XVIIIe siècle et qui ont été justement regardées à l'époque comme des œuvres admirables, ont été délaissées, à partir de 1888, pour un ascenseur, construit tout à côté. Depuis elles ont été mises au gabarit légal, et ont encore rendu de grands services pendant la réparation de l'ascenseur auquel était survenue une avarie grave.

Ces ouvrages, qui sont généralement abandonnés soit parce que l'on a recours à des écluses à forte chute, soit parce que l'on se sert d'ascenseurs ou de plans inclinés, présentent les inconvénients suivants :

Le croisement des bateaux est impossible sur toute la longueur de l'ouvrage. On ne peut pas songer à les faire passer alternativement dans un sens ou dans l'autre, comme cela a lieu aux écluses ordinaires ; car on accroîtrait ainsi l'intervalle de temps entre le passage de deux bateaux allant dans le même sens. On est conduit à réglementer l'usage de l'écluse en faisant marcher successivement une série de bateaux descendants et une série de bateaux ascendants.

Les portes et les bajoyers sont soumis à des pressions plus considérables que dans les cas ordinaires. L'un des sas peut être plein, et le suivant au niveau du sas qui lui succède ; la porte se trouve alors tout à fait à découvert du côté d'aval et supporte une pression plus grande qu'en fonctionnement normal, due à la hauteur totale du plan d'eau dans le sas.

La consommation d'eau est importante pour le passage des bateaux montants, sensiblement la même que s'il y avait une chute unique rachetant la hauteur totale.

La durée du passage et le temps pendant lequel l'ouvrage est immobilisé est considérable. Aux Fontinettes, les bateaux montants mettaient en moyenne une heure et demie pour traverser les cinq écluses ; les bateaux descendants une heure dix. Le passage alternatif d'un bateau montant et d'un bateau descendant aurait exigé 2 heures quarante-cinq, ce qui aurait limité le débit de l'écluse à dix-huit bateaux par vingt-quatre heures.

La réglementation du passage, ayant pour objet d'affecter un jour spécial aux bateaux marchant dans le même sens, permettait d'écouler trente-sept bateaux et doublait le débit par vingt-quatre heures. Il n'en est pas moins vrai que la traversée de cet ouvrage était un gros inconvénient pour la navigation, et la cause de graves retards, qui pouvaient atteindre quarante-huit heures.

Néanmoins l'établissement des écluses superposées réalisait, au moment où il a été fait, un grand progrès, et la réglementation permettait d'en tirer un parti important. Il aurait sans doute mieux valu, si la question de dépense n'était pas intervenue, accoler deux échelles d'écluses, l'une pour les bateaux montants, l'autre pour les bateaux descendants.

152. Écluses à grande chute. — On abandonne aujourd'hui complètement les écluses superposées, sauf à adopter, comme on le verra dans l'étude consacrée aux canaux, des ascenseurs ou des plans inclinés dans des cas exceptionnels. On n'hésite plus aujourd'hui à franchir, au moyen d'une seule écluse, des différences de niveau importantes.

Telles sont les écluses accolées de la Villette, sur le canal de Saint-Denis, établies pour racheter une différence de niveau de 9m,92 et pour remplacer deux groupes de deux écluses chacun [1].

L'une de ces écluses est du type légal, correspondant à une largeur de 5m,20, une longueur utile de 38m,85 ; l'autre a 8m,20 de largeur, 48m,90 de longueur utile, pour livrer passage aux plus grands bateaux fréquentant la Seine. Le mouillage est de 3m,50 sur les buscs.

Les écluses sont séparées par un terre-plein de 29m,10 de largeur, sur lequel sont installés les appareils de manœuvre.

Les têtes sont fermées par des portes à un seul vantail. La

1. Note de M. l'ingénieur Renaud insérée dans les *Annales des Ponts et Chaussées*, 1893, 2ᵉ trimestre.

porte d'amont est établie au-dessus du mur de chute, qui a la hauteur même de la chute, ce qui est sans inconvénient puisque le vantail n'est pas muni de ventelle à sa partie inférieure et que le remplissage et la vidange du sas se font par des moyens spéciaux. La porte d'aval n'a pas toute la hauteur du sas, c'est-à-dire près de 14 mètres; elle a seulement 10m,24 dans le grand sas. Elle s'appuie, en effet, à sa partie supérieure, sur un masque en maçonnerie reliant les deux bajoyers et se terminant en forme de voûte. Une hauteur libre de 5m,25 au minimum est ménagée entre l'intrados de la voûte et le niveau de la retenue d'aval. La porte fermée est soutenue sur ses quatre côtés, ce qui la met dans d'excellentes conditions de résistance (*fig.* 185).

En dehors de ces particularités, qui présentent un grand intérêt, il convient de signaler les dispositions prises pour l'établissement des bajoyers, elles sont tout à fait nouvelles.

Les bajoyers ont une hauteur de 13m,92 au-dessus des fondations; ils sont soumis à une pression horizontale de l'eau, qui varie de 6 tonnes par mètre courant quand le sas est rempli au niveau du bief d'aval à 90 tonnes quand il se trouve en communication avec le bief d'amont. Ils sont également exposés à supporter la poussée des terres qui est d'autant plus forte que celles-ci sont plus humides, ce qui arrive nécessairement après un éclusage, l'eau filtrant à travers les maçonneries et venant mouiller les terres. Pour éviter cet inconvénient, qui se traduirait à la longue par une dislocation du mur, soumis alternativement sur chacune des extrémités de sa base à de fortes pressions, on a adopté, eu égard aux fortes dimensions de l'ouvrage, une solution tout à fait différente de celle qu'on avait suivie jusqu'alors.

Dans toutes les écluses existantes, la pression est reportée sur le sol de fondation arasé horizontalement; ici la poussée de l'eau agit, pour la plus grande partie, sur le parement vertical de la fouille. A cet effet, cette fouille a été ouverte absolument verticalement, à 6 mètres en arrière du nu du mur du bajoyer. La maçonnerie a été bloquée contre le parement de la fouille, formant autant que possible corps avec le ter-

Élevation de la tête aval

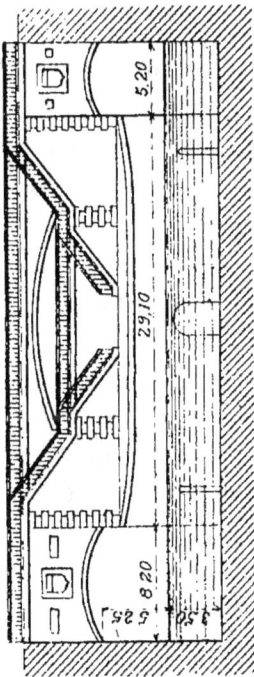

Coupe longitudinale par l'axe du grand sas

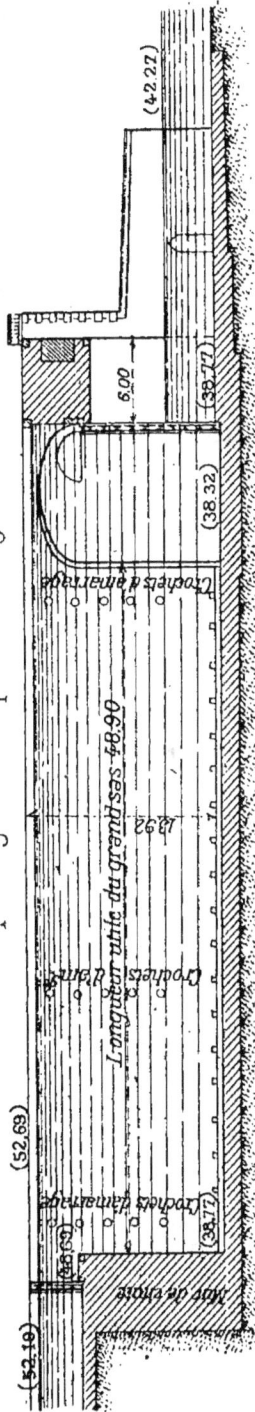

Fig. 185. — Écluses accolées de la Villette sur le canal Saint-Denis.

rain naturel assez résistant et susceptible de supporter au moins 3 à 4 kilogrammes par centimètre carré.

Pour obtenir ce résultat, le bajoyer est pour ainsi dire composé de deux parties distinctes : la première contre les terres reporte contre celles-ci la pression qu'elle reçoit, c'est le radier de l'ouvrage ; la seconde, faisant face au sas, est constituée par une série de voûtes à génératrices verticales, séparées par des murs de refend remplissant l'office de piles. L'ensemble de l'ouvrage représente comme une sorte de viaduc renversé : les piles reportent sur le radier, qui soutient les terres, et par conséquent sur la fouille elle-même, la pression provenant de l'eau du sas. Les voûtes qui reçoivent cette pression sont renforcées et l'empâtement des piles augmente en même temps que la pression de l'eau. L'ensemble de l'ouvrage se termine par deux culées pleines, établies, la première au droit du mur de chute, la seconde au droit du masque formant pont au-dessus de la porte d'aval.

Le mur de soutènement des terres, qui forme le radier de l'ouvrage, est muni de barbacanes qui assèchent le terrain et aboutissent dans le vide constitué par le viaduc. Les piles, entre les voûtes, et la culée d'aval sont percées d'un orifice permettant à l'eau provenant, soit des filtrations à travers les maçonneries du côté du sas, soit de l'assèchement des terres au moyen des barbacanes, de s'écouler à l'aval.

Le bajoyer a une épaisseur uniforme de 6 mètres, qui représente les 0,43 de sa hauteur (13^m,92 au-dessus des fondations) (fig. 186). Il est plein jusqu'à 1^m,50 au-dessus du niveau d'aval ; au delà il est constitué, comme il a été expliqué plus haut, avec un vide central entre deux masques, dont l'un forme mur de soutènement et l'autre en forme de voûte résiste à la pression de l'eau.

Les dispositions adoptées pour l'écluse de Saint-Denis sont tout à fait intéressantes et marquent un progrès sensible dans l'établissement d'une écluse. Lorsque le sas est vide, ou du moins lorsqu'il est en communication avec le bief d'aval, le bajoyer se comporte sur la hauteur du vide comme un mur ordinaire ayant à résister à la poussée des terres asséchées. Lorsque le sas est plein, la fouille

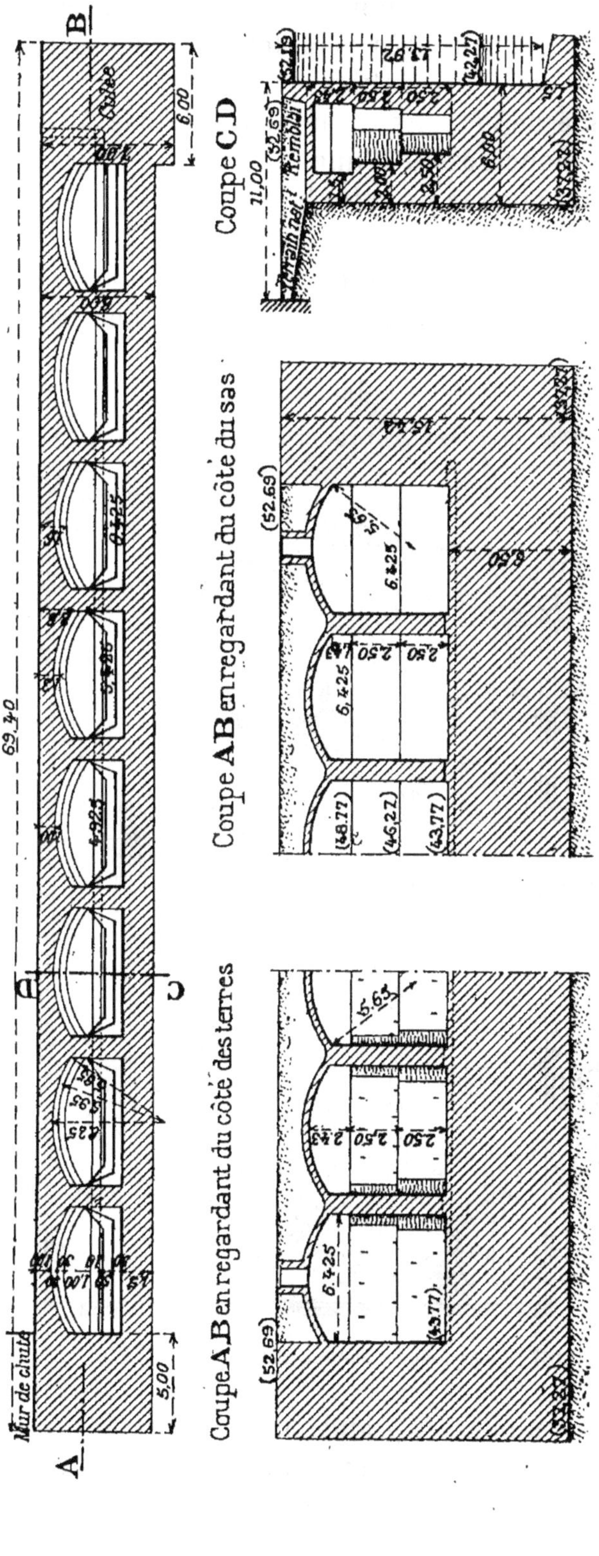

Fig. 186. — Écluse sur le canal Saint-Denis.

étant garantie contre les infiltrations, la poussée horizontale se transmet à peu près complètement au sol latéral,
et non plus au sol de fondation.

Le problème de l'établissement d'une écluse à forte hauteur semble donc résolu d'une manière très satisfaisante ;
sans limitation aucune de cette hauteur.

**153. Ouvrages accessoires en vue du remplissage et de
la vidange du sas.** — Les moyens employés pour remplir et

Tête d'amont

Plan du radier.__Coupe au niveau du cintre des aqueducs

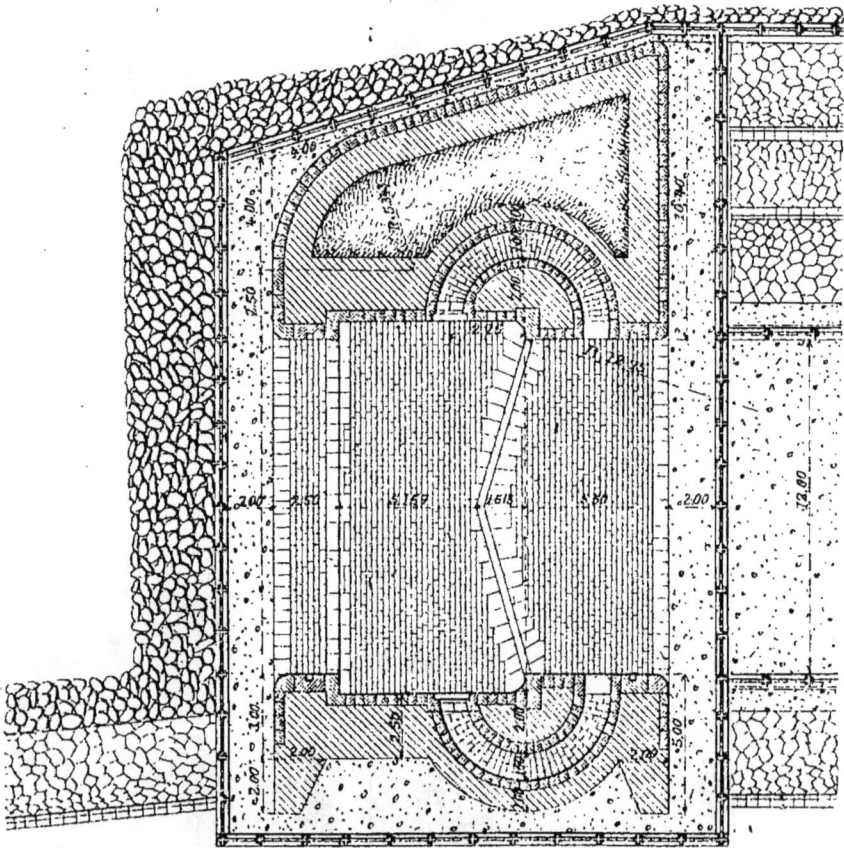

Fig. 187. — Aqueducs contournant les chardonnets.

vider le sas ont une assez grande importance, au point de
vue de la durée des manœuvres qui en résultent. Ils en-

traînent même dans la construction des écluses des modifications qu'il est utile de faire connaître.

Ventellerie dans les portes.
— On a recours le plus généralement à des ventelles placées à la partie inférieure des portes, entre les entretoises extrêmes. On examinera ultérieurement la forme et les dimensions de ces engins, qui sont un accessoire des portes. On se bornera pour le moment à faire connaître les dispositions qui sont adoptées pour augmenter les moyens de remplissage et de vidange du sas.

Aqueducs contournant les chardonnets. — Dans ce but, on établit dans les bajoyers des aqueducs, dont la tête est placée dans la chambre des portes, et qui débouchent à l'aval du chardonnet, lequel se trouve ainsi contourné. Une vanne, manœuvrée du couronnement, permet d'établir ou d'interrompre la communication entre l'amont et l'aval. Les figures 187 et 188 font connaître les dispositions qui ont été adoptées pour les écluses de la haute Seine. L'aqueduc a 1 mètre de largeur sur 1 mètre de

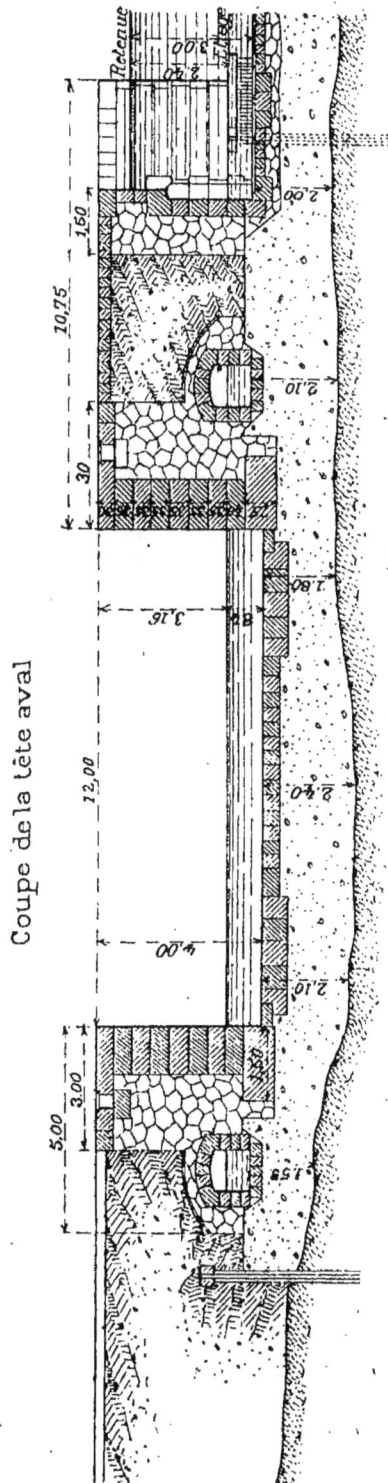

Fig. 188. — Aqueducs contournant les chardonnets.

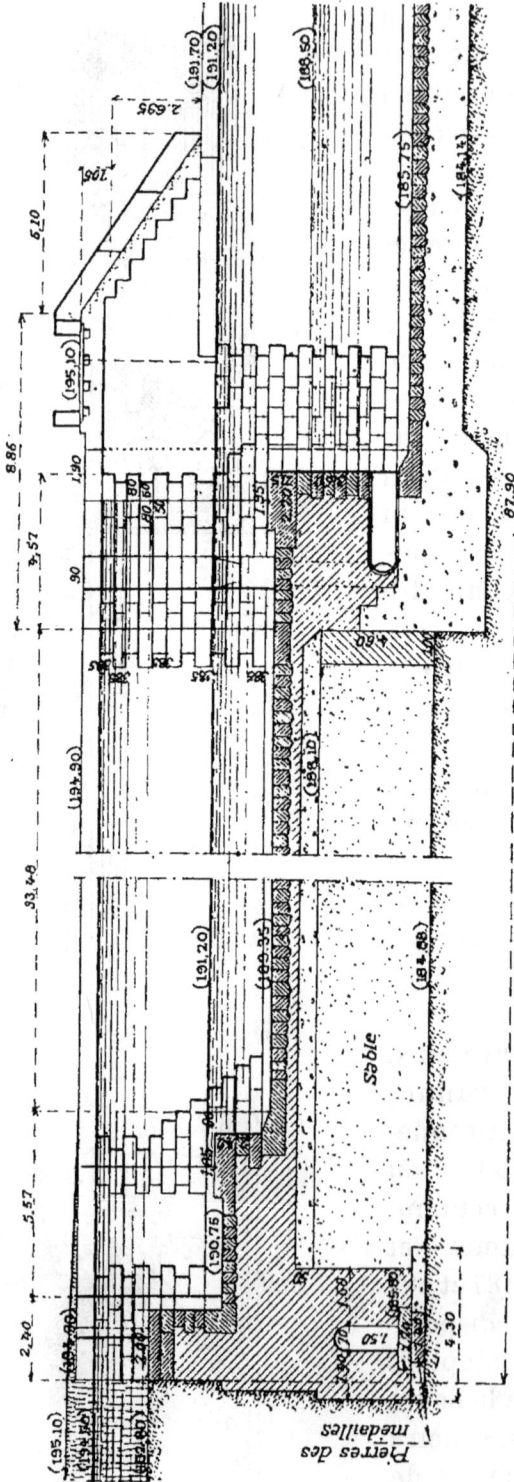

Fig. 189. — Aqueduc débouchant dans le mur de chute. Coupe en long.

hauteur, avec voûte en arc de cercle surbaissée à un dixième.

Ces aqueducs présentent toutefois l'inconvénient de créer des courants violents à leur débouché, qui se traduisent par une poussée latérale sur les bateaux montants, s'il n'y a qu'un émissaire, et par une agitation violente de l'eau, s'il y en a deux en face l'un de l'autre.

Aqueducs débouchant dans le mur de chute. — On a remédié à cet inconvénient en faisant déboucher ces aqueducs dans la paroi verticale du mur de chute. La figure 189 montre les dispositions qui ont été adoptées à l'écluse de Frouard. Les eaux suivent un tuyau de 0^m,70 de diamètre, contourné deux fois à angle droit et aboutissant au sas dans l'axe même de l'écluse. Le courant frappe le bateau dans le sens de l'amarrage, et se perd dans la longueur de l'écluse.

Aqueducs débouchant sous le mur de chute. — On a encore perfectionné ce mode de remplissage sur le canal de la Marne à la Saône. Les deux aqueducs latéraux, au lieu d'aboutir à un orifice de faible dimension placé dans l'axe de l'écluse, déversent l'eau qu'ils amènent dans une cavité placée sous le mur de chute disposé en forme de voûte (*fig.* 190).

Ces aqueducs sont des puits verticaux creusés dans les bajoyers de la chambre des portes : ils débouchent l'un en face de l'autre, de telle sorte que les remous formés par la rencontre des courants s'amortissent en dehors du sas et ne gênent en aucune façon les bateaux qui sont dans l'écluse.

Aqueducs prolongés jusqu'aux portes d'aval. — On a aussi prolongé les aqueducs sur toute la longueur des bajoyers jusqu'à l'enclave d'aval, en les faisant déboucher soit à leur extrémité dans le sas par un orifice unique pour chaque aqueduc, soit par plusieurs orifices répartis sur la longueur du sas.

C'est la disposition qui a été adoptée notamment sur le canal du Centre (*fig.* 191) et à Port-à-l'Anglais sur la haute Seine.

La communication entre le bief d'amont et celui d'aval, le remplissage et la vidange du sas, s'effectuent au moyen

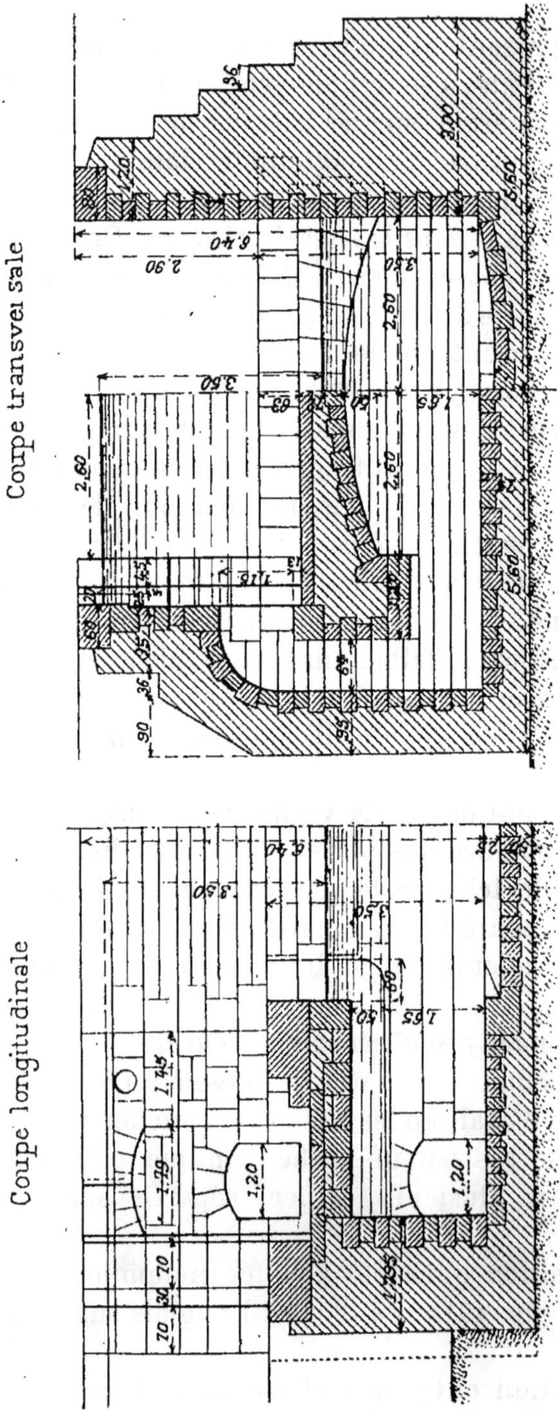

Fig. 190. — Aqueducs débouchant sous le mur de chute.

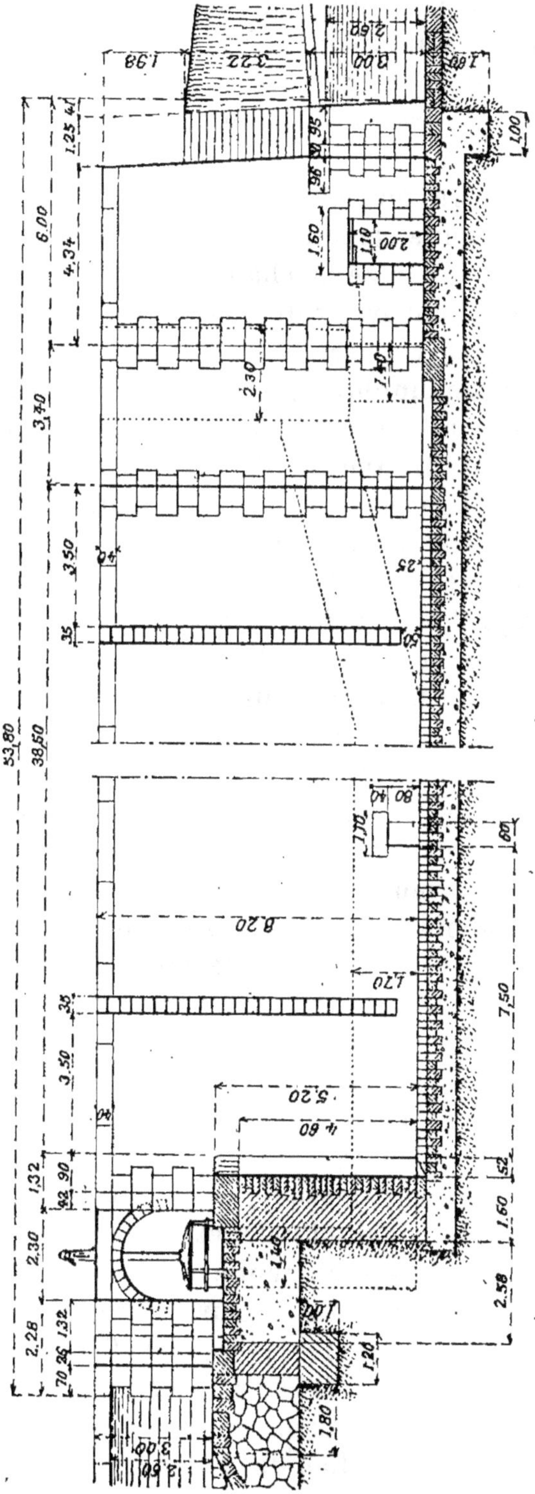

Fig. 191. — Aqueducs prolongés jusqu'aux portes d'aval. Canal du Centre.

d'une vanne cylindrique, dont on verra ultérieurement les dispositions et le fonctionnement.

Il suffira d'indiquer comment les maçonneries ont été établies pour permettre l'utilisation de ce mode de fermeture.

Au canal du Centre, on rencontre dans le bajoyer de l'enclave d'amont un puits carré de 2^m,30 de côté, dont le fond est au niveau du radier de la chambre de la porte, et qui communique librement avec cette chambre par une baie en plein cintre de 2^m,30 de large sur 2^m,55 de haut.

Ce puits carré communique avec un puits vertical circulaire de 1^m,40 de diamètre, dont l'orifice est surmonté d'une vanne cylindrique. L'aqueduc de remplissage, en plein cintre de 1 mètre de largeur sur 1^m,70 de hauteur, fait suite au puits circulaire et débouche dans le sas au moyen de quatre dallots de 0^m,60 à 0^m,80 de largeur sur 0^m,80 à 1 mètre de hauteur. L'aqueduc de vidange, qui se trouve au delà, se relève un peu avant la chambre des portes d'aval, pour déboucher au niveau du fond, dans un puits rectangulaire ménagé dans le bajoyer de l'enclave, mais dépourvu de toute communication avec la chambre de la porte. Au fond de ce puits, placé à 0^m,65 au-dessous du plan d'eau d'aval, s'ouvre un puits circulaire analogue au premier, de 1^m,40 de diamètre, et surmonté d'une vanne cylindrique ; ce puits circulaire aboutit à une galerie dallée, qui, après un quart de cercle, débouche dans le mur de fuite par une baie rectangulaire de 1^m,10 de largeur sur 2 mètres de hauteur.

Si l'on veut remplir le sas vide, on ouvre les vannes d'amont, on ferme celles d'aval. L'eau du bief d'amont, qui communique librement avec chaque puits carré, se précipite, par l'orifice annulaire ainsi démasqué, dans le puits circulaire, de là dans la galerie longitudinale et finalement dans le sas par les quatre orifices rectangulaires.

Pour la vidange, on fait la manœuvre inverse; on ferme les vannes d'amont, on ouvre les vannes d'aval. L'eau du bief d'amont passe par les orifices rectangulaires dans la galerie longitudinale, de là dans le puits carré, puis dans l'aqueduc qui aboutit au milieu du mur de fuite.

A Port-à-l'Anglais, les aqueducs logés dans les bajoyers présentent une largeur de 2^m,20 et une hauteur de 2^m,50. Les aqueducs communiquent avec le sas par une série d'orifices appelés lacunes, ménagés dans l'épaisseur des bajoyers et débouchant immédiatement au-dessus du radier. La surface totale de ces lacunes est deux fois celle de la section de l'aqueduc.

Les aqueducs sont en communication avec chacun des biefs par l'intermédiaire de larges puits circulaires de 1^m,80 de diamètre. Chacun des puits débouche dans une chambre de 2^m,20 × 2^m,80; une vanne cylindrique commande l'orifice de chacun d'eux.

L'aqueduc longitudinal à nombreuses ouvertures est une règle presque absolue pour les écluses de grandes dimensions que l'on construit en Allemagne. On ne s'en dispense que dans le cas des écluses à talus perréyés. A la grande écluse du Mühlendamm, à Berlin, les sujétions locales ont empêché d'établir l'aqueduc sur toute la longueur de l'ouvrage; il ne court que sur la moitié de la longueur de l'écluse à l'amont.

Au canal de Dortmund à l'Ems, dont les écluses ordinaires ont 67 mètres de long sur 8^m,60 de large, les aqueducs ont reçu de grandes dimensions et sont capables de débiter 20 mètres cubes par seconde en pleine charge. Des expériences exécutées sur des modèles à échelle réduite ont montré que, pour réaliser dans les différentes sections du sas l'afflux égal de l'eau, il fallait donner aux ouvertures latérales des sections décroissantes de l'amont vers l'aval. La section totale de ces ouvertures latérales doit être dans un rapport de 1,25 à 1,50 avec la section de l'aqueduc longitudinal; on obtient ainsi le maximum de tranquillité durant la manœuvre. Une pente assez forte donnée aux ouvertures latérales a une bonne influence au point de vue de la rapidité de la manœuvre de remplissage; il en résulte un inconvénient pour la vidange, mais il n'y a pas lieu d'en tenir compte, en raison tout d'abord de la plus grande hauteur de l'eau au-dessus des ouvertures, et aussi parce que les grands bateaux semblent moins influencés par le départ de l'eau que par son arrivée.

Il se produit assez souvent dans les aqueducs longitudinaux des phénomènes d'entraînement d'air, qui peuvent ne
pas être sans inconvénients, et auxquels il est bon de prêter
quelque attention lorsqu'on établit un projet.

L'eau qui se précipite dans l'aqueduc entraîne l'air qui est
aspiré par l'ouverture de la vanne ; cet air se loge à la partie supérieure de l'aqueduc, se met en pression, à mesure
que le niveau monte, tend à s'échapper une fois le remplissage terminé, et donne sur les appareils des coups de bélier.
On remédie à cet inconvénient en mettant la partie supérieure de l'aqueduc longitudinal en communication directe
avec l'atmosphère au moyen d'un puits, qui permet l'évacuation de l'air entraîné.

En résumé, l'emploi d'aqueducs établis dans les maçonneries des écluses en vue d'accélérer les manœuvres a fait
ses preuves d'une manière complète. Ce dispositif avec tous
ses accessoires ne laisse pas d'être coûteux, et n'est vraiment justifié que sur les voies à grande fréquentation.

154. Vannes. — Les acqueducs dont on a étudié les dispositions sont généralement commandés par des vannes :
cylindriques, roulantes.

1° *Vannes cylindriques.* — La surface d'écoulement que
donnent les ventelles est nécessairement limitée, ainsi
qu'on l'a vu plus haut, surtout si l'on tient compte de la
nécessité de placer ces émissaires entièrement au-dessous
du niveau d'aval. On a remédié à cet inconvénient en établissant des aqueducs tout le long des bajoyers et en commandant ces aqueducs au moyen de vannes appropriées aux
dimensions de l'écluse. On a vu aussi que cette solution permettait de répartir l'écoulement de l'eau entre plusieurs
émissaires et d'obtenir moins d'agitation.

Les premières vannes employées étaient des vannes ordinaires simplement glissantes. La pression de l'eau sur ces
pièces donnait lieu à des frottements considérables, et rendait la manœuvre difficile, à mesure qu'augmentait la chute
des écluses.

L'usage des vannes cylindriques a permis d'éviter cet inconvénient, et d'alimenter les aqueducs, par suite le sas,

aussi abondamment et aussi rapidement qu'il est possible de le souhaiter.

La vanne cylindrique haute consiste essentiellement en un cylindre creux, reposant par une de ses bases sur l'orifice d'un puits, qui s'ouvre dans une chambre en libre communication avec le bief amont, et qui est en relation avec le bief aval par un aqueduc (*fig.* 192). Lorsque le cylindre, dont la base supérieure dépasse le niveau d'amont, repose à joint hermétique sur l'orifice du puits, toute communication

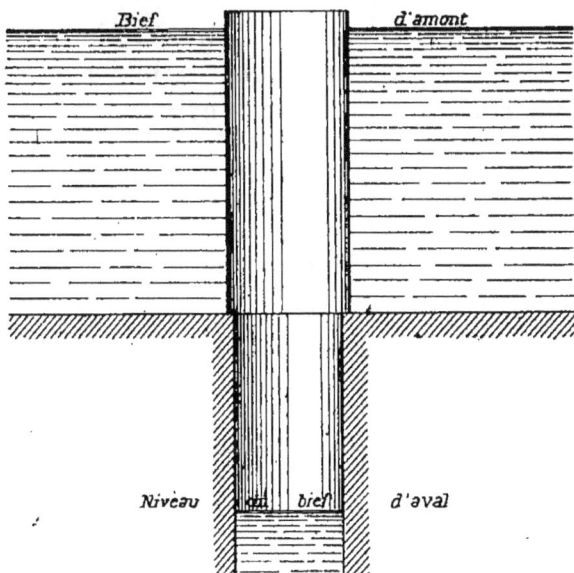

Fig. 192. — Vanne cylindrique haute.

est interceptée entre le bief d'amont et le bief d'aval ; lorsqu'il est soulevé, on découvre l'orifice, et on met en communication les deux biefs.

Cette vanne présente les trois avantages suivants :

1º La levée n'exige que l'effort nécessaire pour soulever son poids propre et vaincre les frottements d'eau sur le fer, la pression de l'eau, qui s'exerce sur le pourtour du cylindre, étant annulée en chacun de ses points par une pression égale et contraire;

2º L'utilisation de la section totale de l'orifice de rayon r s'obtient en soulevant le cylindre de la hauteur $h = \dfrac{r}{2}$. Le débouché périmétrique sous la vanne est $2\pi r h$, soit πr^2, pour $h = \dfrac{r}{2}$;

3° La charge sur l'orifice de section donnée est plus grande que quand cet orifice est pris dans un plan vertical [1].

La vanne cylindrique haute a été établie en 1881 sur le canal du Centre ; elle a fait place en 1884 à la vanne cylindrique basse, qui est un dérivé de la première, et qui repose sur le même principe.

Elle se compose essentiellement de deux cylindres de faible hauteur, l'un fixe, et l'autre mobile, ce dernier destiné à obturer le vide existant entre le cylindre fixe et l'orifice du puits. Lorsque le cylindre mobile est soulevé, il rentre en glissant dans le cylindre fixe et découvre l'orifice du puits.

La partie fixe entièrement en fonte comprend :

1° Un siège ou couronne circulaire de 1^m,40 de diamètre intérieur encastré et fortement scellé dans les maçonneries ; ce siège porte trois montants en forme de nervure reliés à leur partie supérieure par une seconde couronne ;

2° Un cylindre creux fixé sur cette seconde couronne recevant la vanne quand elle est levée ;

3° Un couvercle en fonte boulonné au-dessus de ce cylindre muni de six fortes nervures et percé au centre d'un trou de 0^m,15 de diamètre ;

4° Un tuyau adapté à ce trou est engagé à son extrémité supérieure dans une ouverture circulaire traversant la voûte de la chambre de la vanne ; ce tuyau, dans lequel passe la tige de manœuvre, sert en outre au dégagement de l'air.

---

1. Pour une ouverture rectangulaire de 1 mètre de hauteur et de 1 mètre de largeur, pratiquée verticalement dans le bajoyer, la hauteur d'eau sur le seuil étant de 2^m,85, la charge est :

$$2^m,85 - \frac{1,00}{2} = 2^m,35.$$

Avec la vanne cylindrique de même section de 1 mètre carré correspondant à un diamètre de 1^m,13, la charge est :

$$2^m,85 - \frac{1,13}{8} = 2^m,71.$$

La hauteur de la partie fixe au-dessus du seuil, non compris le couvercle et le tuyau d'évent, n'est que de 0m,87.

La vanne proprement dite, ou partie mobile, est une couronne en fonte de 467 millimètres de hauteur et de 1m,42 de diamètre intérieur, renforcée intérieurement par quatre bras ou rayons en fonte réunis au centre par un moyeu percé d'un trou pour le passage de la tige de la vanne (fig. 193).

La pression verticale de l'eau est supportée par le couvercle ; la partie mobile ne reçoit que des pressions latérales, qui se font équilibre. On n'a donc à soulever que le poids propre de la vanne environ 370 kilogrammes. Celle-ci glisse dans la partie fixe et dégage ou ferme le vide qui existe sur tout le pourtour, entre le siège et le cylindre supérieur. Pendant le mouvement, elle est guidée à la fois par sa nervure horizontale supérieure, qui s'appuie sur trois nervures verticales également espacées entre elles, en saillie de 1 centimètre sur la paroi intérieure du cylindre fixe, et par sa nervure horizontale inférieure, qui glisse sur les trois montants.

La vanne repose, quand elle est fermée, sur un petit boudin en caoutchouc de 15 millimètres de diamètre, engagé dans une rainure pratiquée dans la partie horizontale sur tout le pourtour du siège, et faisant une saillie de 3 millimètres sur la face supérieure de ce siège. L'étanchéité du joint supérieur est assurée par une bande de cuir de 65 millimètres de largeur et 5 millimètres d'épaisseur, serrée entre les deux couronnes de fonte qui réunissent le cylindre creux au montant du support et appliquée sur le joint par la pression de l'eau (fig. 194).

La manœuvre se fait au moyen d'un cric placé sur un support cylindrique creux en fonte. L'effort à faire est d'environ 7 kilogrammes. Il faut, pour lever la vanne de 0m,385, douze à treize secondes.

L'opération du remplissage ou de la vidange d'un sas de dimensions légales, de 600 mètres cubes environ, se fait en deux minutes.

La dépense d'établissement d'une vanne cylindre basse atteint environ 800 francs.

La vanne cylindrique due à MM. les ingénieurs Fontaine

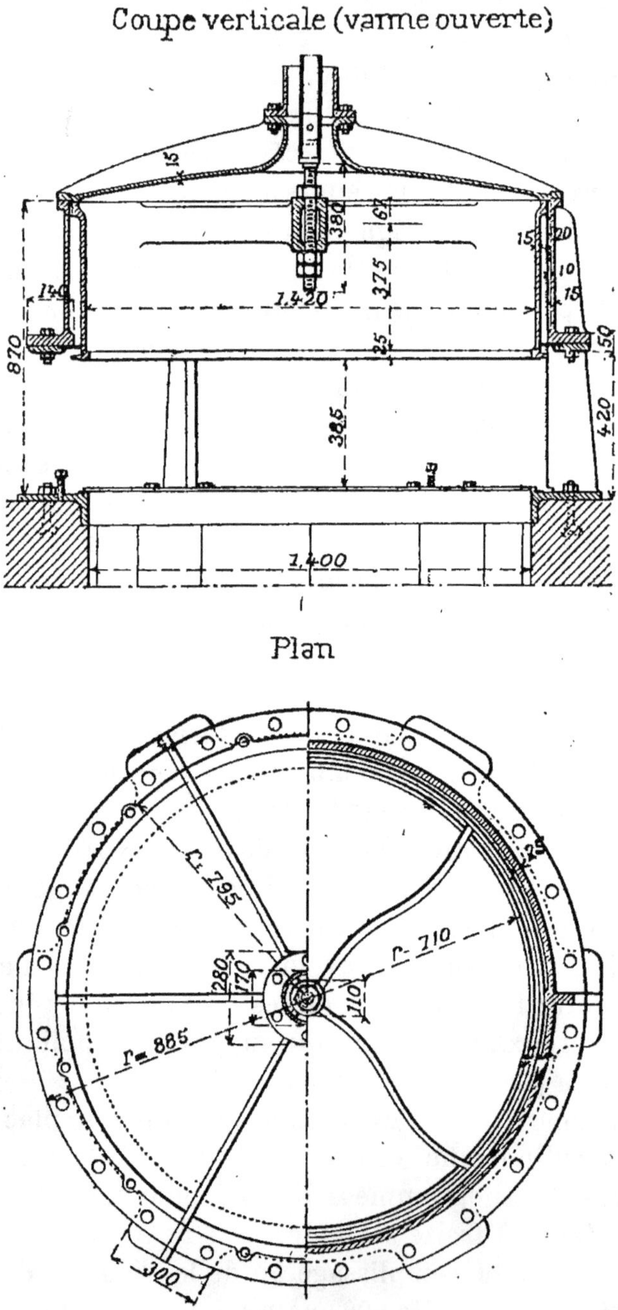

Coupe verticale (vanne ouverte)

Plan

Fig. 193. — Vanne cylindrique basse.

et Moraillon, d'abord installée sur le canal du Centre, est d'un excellent usage et a été appliquée à un très grand nombre d'écluses, notamment à la nouvelle écluse de Port-à-l'Anglais, dont le sas a 180 mètres de longueur utile et 16 mètres de largeur entre les bajoyers.

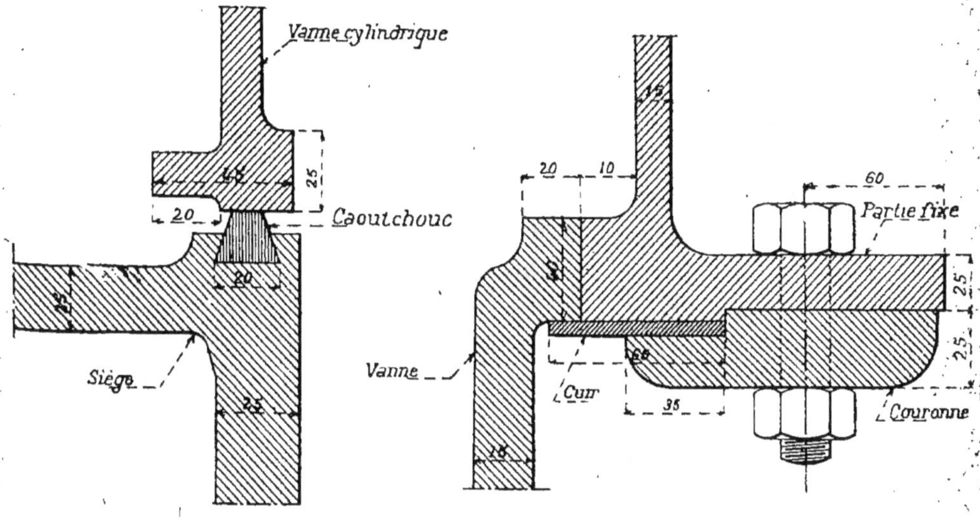

Fig. 194. — Détail du siège de la vanne.

M. l'ingénieur Alby rend compte, dans un mémoire inséré aux *Annales des Ponts et Chaussées* (1902, 3e trimestre), que le débit des appareils n'est pas aussi considérable qu'on l'avait espéré, en raison des pertes de charge produites par le passage des eaux dans les aqueducs coudés et à travers les vannes. La durée effective du remplissage ou de la vidange est de neuf minutes au lieu de six, durée pour laquelle la section de l'aqueduc avait été calculée.

Il fait remarquer que le jaillissement de l'eau dans les chambres des vannes d'aval détermine sur ces vannes une pression latérale, qui rend leur manœuvre un peu dure pour la force des éclusiers et par suite un peu plus longue que celle des vannes d'amont.

Il conclut que si les vannes cylindriques ont donné généralement d'excellents résultats dans les écluses de taille moyenne, il y a lieu de prendre des dispositions spéciales, en ce qui concerne les écluses plus importantes, notamment augmenter les dimensions des chambres dans lesquelles les vannes à gros débit doivent fonctionner.

2° *Vannes roulantes.* — La vanne cylindrique est pour ainsi dire inconnue en Allemagne ; on la rencontre seulement et à titre exceptionnel aux bassins d'épargne de l'écluse de Münster (canal de Dortmund à Ems), et c'est la simple vanne cylindrique haute, équilibrée par des contrepoids. Au dire des ingénieurs allemands, la vanne cylindrique fait payer cher les avantages, réels d'ailleurs, qu'elle présente ; son rendement est faible, l'écoulement auquel elle donne lieu est tourmenté et met sa solidité à de rudes épreuves. Aussi a-t-on préféré conserver le principe de la vanne plane, et porter toute son attention sur les perfectionnements dont elle est susceptible. Les résultats sont entièrement satisfaisants, puisque les vannes de dimensions très considérables, que l'on a établies tant sur le canal de Dortmund à l'Ems que sur la Moldau, se manœuvrent toujours et sans difficultés par un seul homme.

Les vannes verticales du canal de Dortmund à Ems, qui commandent les aqueducs longitudinaux, se composent

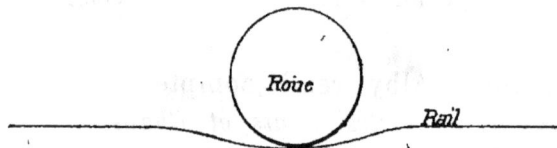

Fig. 195. — Schéma.

d'un cadre rectangulaire reposant sur les quatre roues d'un chariot. Ces roues roulent sur deux rails. Lorsque la vanne atteint la position de fermeture, les roues échappent dans un renfoncement pratiqué sur le rail ; la vanne peut alors venir s'appliquer par les quatre côtés de son cadre contre l'orifice correspondant et réaliser ainsi la fermeture étanche.

L'étanchéité est obtenue simplement par le contact du métal sur le métal et par la pression de l'eau. Le dispositif a un inconvénient ; car tant que les roues n'ont pas dépassé l'excavation pratiquée sur la surface supérieure du rail (*fig.* 195), il faut surmonter la totalité de l'effort qui correspond au frottement de glissement sur la longueur du renfoncement

(65 millimètres). On a cherché à remédier à cet inconvénient
soit en imaginant des dispositifs d'étanchement au moyen
de cuir embouti, soit en permettant aux roues du chariot,
au moyen d'un excentrique, de prendre un léger mouvement
qui fait varier la distance de leur axe au cadre. Mais ces dispositifs compliqués n'ont pas prévalu, et l'on s'en tient au système primitif, sauf à faire varier la multiplication du treuil de
manœuvre pendant
les deux parties dis-
tinctes de l'opération.
Les vannes sont équi-
librées au moyen d'un
contrepoids, qui est
relié à la vanne par
la chaîne Galle ser-
vant à la manœuvre.

Aux écluses de la
Moldau, on a employé
deux systèmes de
vannes. A l'amont,
une vanne horizon-
tale, à l'aval une
vanne verticale ana-
logue à celles du ca-
nal de Dortmund à
Ems.

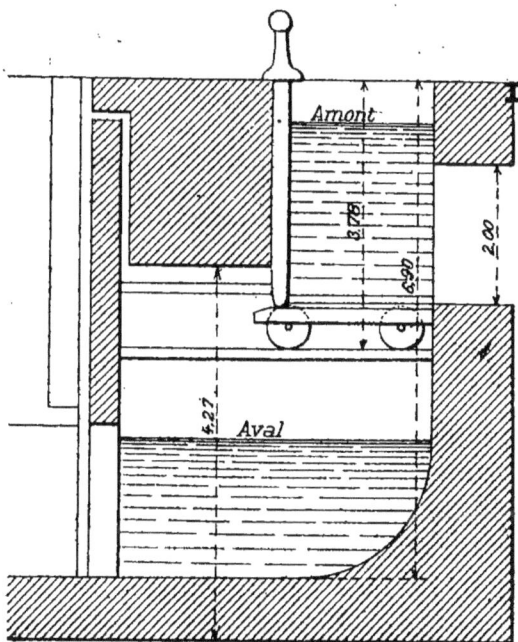

Fig. 196. — Coupe suivant l'axe d'une vanne.

Les vannes horizontales, installées par M. l'ingénieur en
chef Mayer, se composent d'un cadre porté sur quatre roues,
et qui en se déplaçant sur des rails, peut obturer ou, au
contraire, laisser libre l'ouverture destinée au passage de
l'eau (fig. 196). Le cadre a une forme légèrement convergente,
ce qui permet sur trois des faces ainsi formées d'obtenir un
étanchement sérieux; une simple fermeture en bois suffit.
Sur la quatrième face il faut recourir à un dispositif plus
complexe; un fer cornière fixé au cadre vient s'appliquer
sur une tôle fixe de 35 millimètres d'épaisseur.

La tôle d'étanchement (fig. 197) découvre la cornière sur
40 millimètres de hauteur, ce qui permet à la pression de
l'eau de s'exercer en A, et aussi en B, où la fourrure en bois

déborde le nu de la maçonnerie d'appui, et de faciliter le commencement de la manœuvre. Pour la mise en mouvement du cadre, on n'a à vaincre que l'effort de traction dû au poids de l'eau ; la pression de l'eau en A et B intervient pour diminuer cet effort. Les rails et les roues sont construits de façon à assurer le guidage dans la vanne pendant le mouvement;

Disposition de l'étanchement

Forme du cadre

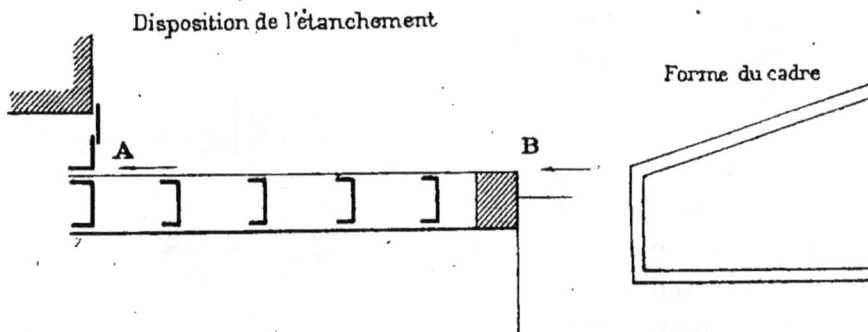

Fig. 197. — Etanchement et cadre.

celui-ci est transmis au cadre au moyen de deux crémaillères actionnées par deux roues dentées. La vanne étant placée au-dessus du niveau d'aval peut être facilement visitée ; il suffit pour cela d'isoler la chambre du bief d'amont au moyen d'un barrage à poutrelles.

Les vannes verticales, installées à l'extrémité aval des aqueducs, sont en gros une application de la vanne Stoney. Le cadre ressemble à celui de la vanne horizontale en forme de coin vers le bas étanché au moyen de trois fourrures en bois sur trois des côtés, le quatrième étant disposé comme dans le cas de la vanne horizontale. La pression de l'eau est transmise à trois paires de rouleaux montés sur des rails. Le poids de la vanne et du train de galets est équilibré au moyen d'un contrepoids. La vanne est suspendue au moyen de deux chaînes qui passent sur les treuils de manœuvre et vont rejoindre les contrepoids. Quand on lève la vanne, elle agit de tout son poids, quand on la baisse, le contrepoids se trouve au-dessous du niveau d'amont, et agit avec moins d'intensité. Un homme soulève facilement la vanne de 2 mètres en une minute, même sous une pression de 5m,40 d'eau et avec une section d'aqueduc de 3m,714 (écluse de Tréja). L'effort exigé par la manœuvre est le $\frac{11}{1\,130}$ environ du poids à mettre en mouvement.

Pour la grande écluse de Melnik, qui aura plus de 9 mètres de chute, on a hésité à employer à l'aval la vanne verticale. La forte pression de l'eau donnerait lieu à des efforts trop

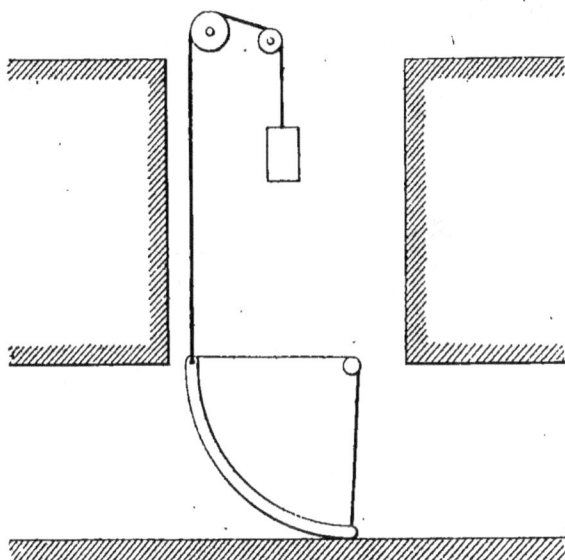

FIG. 198. — Vanne de l'écluse de Melnik.

considérables, et la vanne deviendrait d'une construction difficile. La vanne sera en forme de secteur cylindrique (*fig.* 198), équilibré par un contrepoids et se mouvant dans une niche appropriée.

155. Siphon. — Les différents types de vannes qui ont été décrits ne sont que des modifications heureuses de systèmes déjà connus. Les Allemands ont introduit par l'emploi du siphon une innovation bien autrement intéressante dans le mode d'ouverture et de fermeture des aqueducs longitudinaux. La première application en a été faite sur le canal de l'Elbe à la Trave, construit de 1896 à 1900 par M. le professeur Hottop. Les aqueducs se terminent tant à l'amont qu'à l'aval, par des siphons dont le seuil est exactement au niveau de l'eau du bief supérieur.

Un réservoir d'amorçage, récipient cylindrique horizontal
en fer forgé, ayant sa génératrice supérieure au niveau de la
retenue d'amont et offrant un volume plus grand que celui
de l'air contenu dans les différents siphons susceptibles de
fonctionner simultanément, est logé dans un des bajoyers.
Ce réservoir est relié par des tuyaux à eau avec les deux
biefs et par des tuyaux à air avec l'air libre et avec les
sommets des différents siphons. Tuyaux à eau et tuyaux
à air sont ouverts ou fermés à volonté au moyen de soupapes et de robinets susceptibles d'être manœuvrés du
même point, de telle sorte qu'un homme peut, à l'aide du

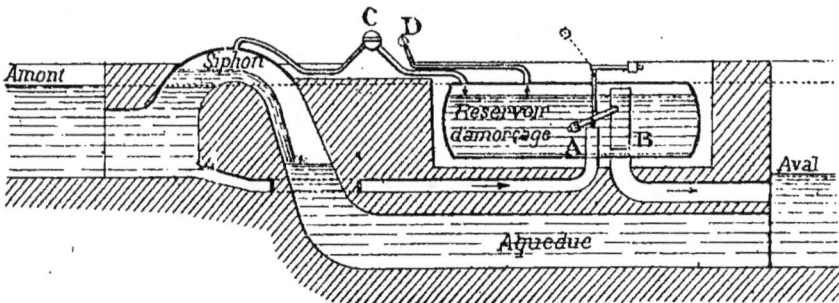

Fig. 199. — Vanne-siphon.

réservoir d'amorçage, en réglant convenablement le jeu des
soupapes et des robinets, mettre en action tels ou tels groupes
de siphons, et déterminer par suite le remplissage ou la vidange du sas (fig. 199).

On peut aisément comprendre comment fonctionne le
système. Supposons le sas vide et le réservoir d'amorçage
plein, et qu'on veuille remplir le sas. On tiendra fermés le
robinet D du tube à l'air libre et la soupape A du tuyau de
communication du réservoir d'amorçage avec le bief supérieur. La soupape B établissant la communication avec le
bief inférieur et le robinet C seront ouverts. Le réservoir
d'amorçage se videra donc d'eau; l'air occupant le coude du
siphon se trouvera aspiré, celui-ci entrera en fonction et le
sas se remplira.

Le siphon présente en tête une diminution de section, qui
produit, lors de l'écoulement de l'eau, une diminution de
pression. Le siphon aspire alors l'air contenu dans le réser-

voir d'amorçage, et celui-ci se remplit automatiquement d'eau venant par le tuyau de communication avec le bief d'aval. Le réservoir se trouve ainsi prêt à amorcer un autre siphon, et on ne recourt au remplissage par l'eau d'amont qu'après de longs arrêts de fonctionnement ou bien pour compenser des fuites qui peuvent se produire.

L'appareil de vidange et de remplissage, le siphon, semble définitivement entré dans la pratique allemande ; les nouvelles écluses du canal de l'Oder à la Sprée, l'écluse du Teltow-Kanal sont munies de siphons. Mais ces siphons, du moins ceux du canal de l'Oder à la Sprée, fonctionnent sans cloche à air. Les siphons Hollop ont leur point haut au niveau du bief supérieur, les siphons du canal de l'Oder à la Sprée sont établis au-dessus de ce niveau.

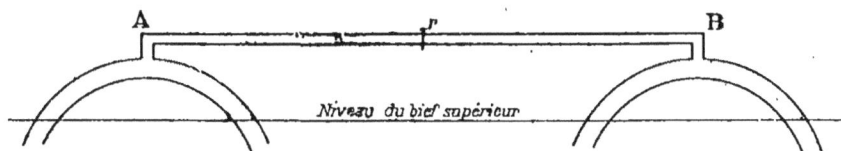

Fig. 200. — Schéma.

Supposons l'eau dans le sas au niveau du bief supérieur, et vidons-le dans le bief inférieur au moyen du siphon B supposé amorcé. Si l'on met ce siphon en communication avec le siphon A en ouvrant le robinet r, l'air contenu dans A se partagera entre les deux appareils. A sera amorcé et B désamorcé, si on prend le soin de le mettre en communication avec l'air extérieur. Le sas se remplira, et les appareils se trouveront dans la situation inverse de celle qui existait au début. La manœuvre inverse produira les effets contraires.

En France on ne trouve qu'une application du siphon à l'écluse d'Ablon, sur la Seine, en vue du remplissage et de la vidange du sas. M. l'ingénieur en chef Luneau, qui les a établis, les désigne sous le nom de siphons auto-amorceurs parcequ'ils s'amorcent d'eux-mêmes par déversement.

Cet emploi a paru justifié par les trois faits suivants constatés à Trouville ou à Honfleur, où l'on a expérimenté des siphons pour la vidange des bassins de chasse :

1° Un tuyau en forme de siphon par-dessus débite autant

qu'un tuyau droit, pourvu que les courbes du siphon n'entraînent pas une augmentation sensible de la longueur totale du tuyau.

2° L'amorçage par déversement se produit pour ainsi dire instantanément, dès que l'épaisseur e de la lame d'eau déversante atteint ou dépasse le tiers de la hauteur verticale h au-dessus de la selle du siphon (*fig.* 201).

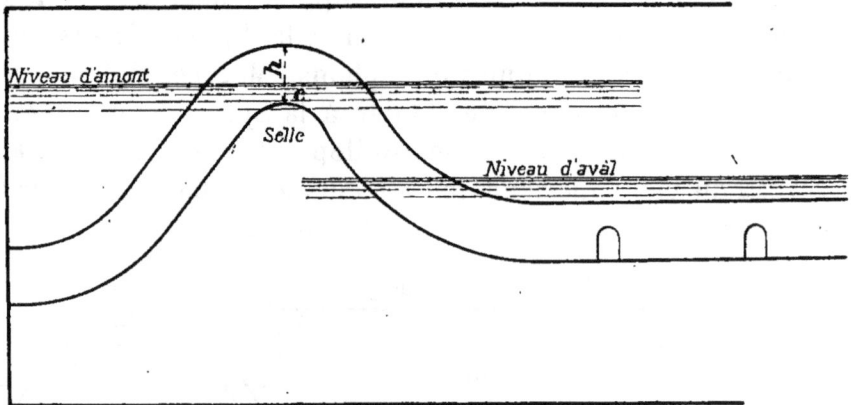

FIG. 201. — Amorçage par déversement.

3° Quand un siphon est amorcé, il faut faire d'assez larges ouvertures à sa partie supérieure pour provoquer le désamorçage par la rentrée de l'air. A Honfleur un trou de 4 centimètres de diamètre ne suffisait pas à désamorcer un siphon de 60 centimètres. A Trouville, il a fallu employer un robinet vanne de 25 centimètres pour désamorcer l'ensemble des six tuyaux de chasse de 1m,30 de diamètre.

Les dispositions adoptées à l'écluse d'Ablon sont les suivantes :

Un aqueduc longitudinal est établi à la partie inférieure de chaque bajoyer et mis en communication avec le sas par de nombreux aqueducs transversaux (larrons).

Cet aqueduc est relevé au droit de chaque chambre des portes de manière à former un siphon. La section de l'aqueduc, qui est constante, se modifie progressivement dans les parties en courbe pour prendre, au-dessus de la selle du siphon, la forme d'un rectangle de 5 mètres de largeur sur 1m,50 de hauteur, sans entraîner aucune saillie sur le terre-plein du bajoyer.

La section rectangulaire étant occupée à la moitié de sa hauteur par le niveau supérieur, l'amorçage se produit toujours instantanément.

Le siphon est fermé au droit de la selle par une vanne métallique tournant autour d'un axe vertical, dans une plus petite écluse, il pourrait aussi bien être fermé par une vanne d'un autre système, vanne à papillon, à jalousie, rideau lanière, etc.

Un trou d'homme en amont permet de visiter les parties supérieures du siphon.

Un tuyau de prise d'air en aval, fermé par un robinet-vanne, assure le désamorçage quand la vidange ou le remplissage du sas sont terminés.

Une rainure de 50 centimètres de largeur sur 5m,50 de longueur est ménagée dans la maçonnerie du bajoyer, au-dessus de la selle du siphon, pour permettre de sortir la vanne et de la remettre en place après visite et réparation. Ces ouvertures sont fermées au moyen de bandes ou de rondelles en caoutchouc comprimées entre des pièces métalliques pour obtenir une étanchéité suffisante contre les infiltrations de l'air.

Les avantages de ce système, qui fonctionne depuis 1906, sont les suivants :

1° Aussitôt la vanne ouverte, l'amorçage se fait pour ainsi dire instantanément, et le remplissage et la vidange du sas se font à peu près dans le même temps que si l'aqueduc était droit.

2° La vanne qui ferme l'aqueduc, étant située à la partie supérieure du bajoyer, n'a à supporter qu'une très faible charge d'eau. Son prix de revient sera peu élevé ; sa manœuvre facile et rapide ; ses pertes d'eau pendant la fermeture seront peu importantes [1].

156. Résumé. — On a vu que les engins employés pour le remplissage et la vidange du sas d'une écluse consistaient : en ventelles placées à la partie inférieure des

1. Note de M. l'ingénieur en chef Luneau (*Annales des Ponts et Chaussées*, 1902, 4ᵐᵉ trimestre).

portes ; en vannes glissantes ou roulantes, en vannes cylindriques, ou siphons, commandant l'ouverture des aqueducs longitudinaux. Il convient de faire un choix entre ces divers engins, et d'indiquer la préférence, qui doit être accordée à chacun d'eux pour remplir efficacement le rôle qui lui est échu.

Les ventelles ne sont plus guère conservées que sur les anciennes écluses, où les aqueducs font défaut ; quand les portes sont remplacées, les portes en bois par des portes métalliques ou mixtes, on ménage dans la carcasse l'emplacement des ventelles, qui constituent le seul moyen de remplissage ou de vidange.

On ne peut que remplacer, pour ainsi dire sans modification, ce qui existe. Il n'en est pas de même quand on exécute une écluse nouvelle, ou bien quand on apporte des changements considérables à une écluse existante. On doit se demander quel est le système le meilleur à adopter parmi ceux qui ont été décrits.

Il semble que le choix soit assez facile à faire d'après les considérations exposées plus haut. Les vannes glissantes sont à abandonner d'une manière générale ; les vannes cylindriques sont indiquées pour les écluses de dimensions moyennes ; on devra au contraire recourir aux vannes roulantes, mieux encore aux siphons, quand les écluses sont importantes et que la circulation est intense.

157. Portes d'écluse. — Chaque tête d'une écluse à sas est munie d'une porte, qui peut être *busquée* ou non *busquée*.

Jusqu'à ces dernières années, le mode de fermeture employé était, d'une manière presque exclusive, la porte à deux vantaux mobiles respectivement autour d'un axe vertical. Quand elle est fermée, elle est soutenue latéralement par les bajoyers, en bas par le busc ; dans l'axe de l'écluse, les deux vantaux butent l'un contre l'autre.

On a adopté aussi la porte à un seul vantail, mobile autour d'un axe horizontal ou d'un axe vertical. Quand elle est fermée, le vantail s'appuie des deux côtés sur les chardonnets, en bas sur le busc. Ce mode de fermeture devient de plus en plus fréquent ; on le rencontre notamment à la dérivation de la Scarpe autour de Douai, et au canal de Saint-Denis à Paris.

Tout vantail se compose d'une ossature et d'un bordage, la première destinée à fournir la résistance, le second à réaliser l'étanchéité.

L'ossature comprend un cadre rectangulaire formé de deux montants verticaux et de deux traverses horizontales. Dans le cas d'un vantail busqué, le montant du côté de l'axe de rotation prend le nom de poteau tourillon, et le montant opposé celui de poteau busqué. Les deux traverses constituent respectivement l'entretoise supérieure et l'entretoise inférieure.

Le cadre ainsi formé est relié par des pièces intermédiaires dans le but de soutenir ou compléter l'ossature. Ce sont, ou bien des pièces horizontales ou verticales, qui sont des entretoises intermédiaires, ou bien des pièces inclinées suivant les diagonales du cadre, bracon allant de l'extrémité supérieure du poteau busqué au pied du poteau tourillon, écharpe de la partie supérieure du poteau tourillon, à l'extrémité inférieure du poteau busqué.

158. Classification des portes. — L'ossature et le bordage peuvent être tous les deux en bois ou en métal, ou bien composés de bois ou de métal.

Dans le premier cas, on a une porte en bois ou une porte métallique ; dans le second cas, on a une porte mixte, dans laquelle l'ossature est en métal et le bordage en bois.

159. Nature et importance des efforts auxquels sont soumis les vantaux des portes d'écluse. — Voici, d'après M. l'inspecteur général de Mas, la nature et l'importance des efforts auxquels sont soumis les vantaux.

1° La porte fermée et en charge est soumise à la pression de l'eau, dont la valeur exprimée en tonnes de 1.000 kilogrammes est :

$$Q = l \frac{p^2 - q^2}{2};$$

formule dans laquelle l est la largeur totale d'un vantail,

p et q les hauteurs respectives de l'eau d'amont et de l'eau d'aval au-dessus de l'arête inférieure.

2° Chaque vantail d'une porte busquée fermée et en charge est soumis dans son plan suivant sa largeur à un effort de compression résultant de la réaction du vantail opposé. Cette compression C a pour valeur :

$$C = \frac{Q}{4} \frac{L}{f},$$

formule dans laquelle Q a la valeur précédemment définie, L représente la largeur de l'écluse, f la flèche du busc.

3° Quand la porte est fermée et en charge, la sous-pression qui s'exerce de bas en haut sur la face inférieure de chaque vantail tend à le soulever et à le déformer dans son plan. Cet effort est négligeable dans les portes de navigation intérieure.

4° La porte étant ouverte, le poids de chaque vantail, qui le sollicite de haut en bas, tend à le déformer dans son plan, à transformer le rectangle du cadre en parallélogramme, à lui faire *donner du nez*, suivant l'expression consacrée dans la pratique. Cet accident se produit fréquemment sur les portes d'écluse.

5° Lors des manœuvres d'ouverture et de fermeture des portes, les vantaux sont soumis alternativement, dans un sens et dans l'autre, à des efforts de torsion résultant de l'inertie de l'eau dans laquelle ils plongent par leur partie inférieure, et de l'application en un point de leur partie supérieure de la force destinée à vaincre cette inertie. Ces efforts tendent à la gauchir.

160. Composition de l'ossature d'une porte d'écluse. — L'ossature d'une porte d'écluse peut être constituée, ainsi qu'il a été exposé plus haut, soit par des entretoises horizontales, réunissant les poteaux tourillons et busqués, soit par des pièces verticales, qui relient les entretoises inférieure et supérieure.

On pourrait croire *a priori* que les entretoises horizontales doivent être adoptées lorsque le vantail est plus haut que large, et réciproquement qu'on doit préférer les entretoises verticales lorsque le vantail est plus large que haut. La question est plus complexe. M. l'inspecteur général Pasqueau en a donné une solution très simple et très élégante ; il a trouvé, en appelant H la hauteur de la porte, L sa largeur, qu'on doit préférer par économie les entretoises verticales quand

$$H < \frac{4}{5} L$$

et qu'on doit adopter les entretoises horizontales quand

$$H > \frac{4}{5} L. \tag{1}$$

161. Calcul d'un vantail composé d'entretoises horizontales[1]. — Lorsque l'ossature d'un vantail est composée d'entretoises horizontales, on peut le considérer comme com-

[1]. La pression supportée par le vantail est $Q = \frac{lh^2}{2}$.

Le moment fléchissant d'une aiguille verticale de hauteur h est déterminé par l'équation :

$$M = \frac{lh^3}{9\sqrt{3}} = \frac{RL}{n} = \frac{Rab^2}{6}$$

en appelant b l'épaisseur des pièces, a la somme de leurs largeurs.

PREMIER CAS : *Entretoises horizontales.* — La somme des sections des entretoises est déterminée par la relation :

$$\frac{Ql}{8} = \frac{Rab^2}{6}$$

ou

$$\frac{l^2h^2}{16} = \frac{Rab^2}{6}$$

et le cube du métal ou bras :

$$C = lab = \frac{3}{8} \frac{l^2h^2}{Rb}.$$

DEUXIÈME CAS : *Entretoises verticales.* — L'entretoise supérieure porte le 1/3 de la pression :

$$\frac{Q}{3} \quad \text{ou} \quad \frac{lh^2}{6},$$

posé d'éléments horizontaux superposés et indépendants, l'assimiler pour ainsi dire à un rideau de poutrelles.

Le cas le plus défavorable est celui où le niveau de l'eau d'amont atteint le dessus du vantail, et où le niveau de l'eau

son équation de résistance est :

$$\frac{Q l}{8} \quad \text{ou} \quad \frac{l^2 h^2}{48} = \frac{R a' b^2}{6}$$

et son cube est :

$$C'_1 = \frac{l^3 h^2}{\gamma R b} = \frac{1}{3} C.$$

Quant à l'ensemble des aiguilles, leur section est déterminée par l'équation :

$$\frac{l h^3}{9 \sqrt{3}} = \frac{R a'_1 l^2}{6}$$

et son cube :

$$C'_2 = h a'_1 b = \frac{2}{3 \sqrt{3}} \frac{l h^4}{R b}.$$

L'égalité du cube a lieu dans les deux systèmes, quand :

$$C = C'_1 + C'_2$$

ou quand

$$C'_2 = \frac{2}{3} C \text{ puisque } C'_1 = \frac{1}{3} C.$$

Cette égalité est réalisée quand on a :

$$\frac{2}{3 \sqrt{3}} \times \frac{l h^4}{R b} = \frac{2 \times 3}{3 \times 8} \frac{l^2 h^2}{R b}$$

ou

$$h^2 = \frac{3 \sqrt{3}}{8} l^2,$$
$$h^2 = 0,65 l^2,$$
$$h = 0,806 l.$$

On en déduit que les entretoises verticales sont préférables, quand :

$$h < 0,806 l \quad \text{ou} \quad h < \frac{4}{5} l.$$

et que les entretoises horizontales doivent être adoptées quand :

$$h > 0,806 l \quad \text{ou} \quad h > \frac{4}{5} l.$$

d'aval est inférieur à l'entretoise inférieure. Ce cas est figuré par le croquis (*fig.* 202) où *a*, *b*, *c*, *d* sont les entretoises. L'entretoise *b* par exemple supporte une pression représentée par le trapèze *mnpq*, dont la hauteur *nq* est égale à la demi-somme de l'écartement des entretoises voisines $\frac{ab + bc}{2}$, et dont les bases *mn*, *pq* sont respectivement égales à *an* et *aq*.

Si on emploie, pour la facilité des constructions, des entretoises de même section transversale, et, par conséquent, de même résistance, on est amené à les distribuer suivant une loi d'écartement inversement proportionnelle à la pression de l'eau. Cette disposition est fréquemment usitée.

Dans l'hypothèse que l'on fait, on considère les entretoises isolément, et on suppose

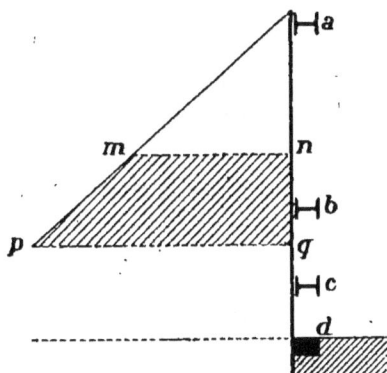

Fig. 202. — Schéma.

que chaque élément de bordage transmet intégralement à chacune de ces pièces la pression qu'il reçoit, entre des limites bien déterminées. Il n'en est pas ainsi ; le bordage n'est pas seul à solidariser les diverses entretoises ; le poteau tourillon et le poteau busqué, les pièces inclinées comme le bracon, y contribuent également. L'entretoise inférieure s'appuie sur le busc et s'oppose à toute déformation du bas du vantail. La pression de l'eau sur les pièces inférieures, plus forte que sur les pièces supérieures, est donc reportée sur ces dernières par les éléments verticaux, et cela d'autant plus que le vantail présente plus de raideur dans le sens vertical.

M. l'inspecteur général Chevallier, dans un mémoire qui figure aux *Annales* de 1850 (1er semestre), a étudié cette question expérimentalement et analytiquement. Il est arrivé à cette conclusion que dans une porte d'écluse de raideur ordinaire, si l'on se sert d'entretoises de force égale, il vaut mieux, au point de vue de la résistance, les espacer également que les disposer suivant une loi d'écartement inversement proportionnelle à la pression exercée par l'eau.

M. l'ingénieur en chef Lanime (*Annales* de 1867, 1ᵉʳ semestre) a démontré que si l'on veut former un cadre dans lequel chaque pièce concoure, de la manière la plus convenable, à la résistance commune, il faut renforcer le système des pièces horizontales par un système vertical, dans lequel le bordage entre naturellement comme élément de force. La raideur des deux systèmes doit être, dans un rapport déterminé, variable avec les données du problème.

Il semble donc qu'il est avantageux de se servir d'entretoises équidistantes, à la condition de les rendre solidaires dans une mesure que l'on peut évaluer.

162. Cas d'un vantail avec entretoises verticales. — L'ossature du vantail consolidée par des entretoises verticales

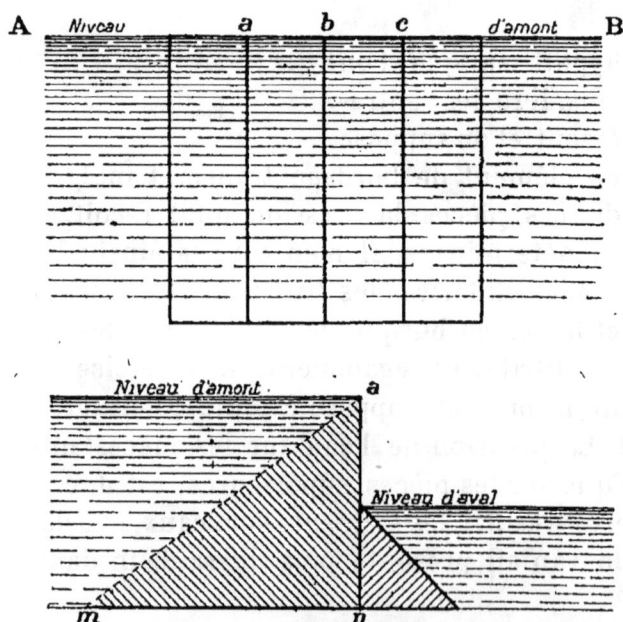

Fig. 203. — Schéma.

peut être considérée comme formée par des éléments verticaux juxtaposés et indépendants. Le schéma du cas actuel est le suivant (*fig.* 203); le vantail est représenté en élévation, et les entretoises équidistantes figurées par des traits verticaux.

Chaque entretoise supporte, par mètre courant, une pression qui est représentée par l'aire du triangle rectangle isocèle *amn*; c'est le cas le plus défavorable. Cette pression serait réduite, si le niveau de l'eau à l'aval s'élevait au-dessus du pied de l'aiguille. Il est préférable de ne pas compter sur cette réduction, et de supposer l'entretoise comme soumise uniquement à la charge d'amont. On la calculera comme une pièce reposant sur deux appuis, et soumise à une charge uniformément répartie égale à la pression maxima *mn*, sur la largeur correspondant à l'espacement des pièces.

On déterminera les dimensions des entretoises supérieure et inférieure, en supposant que la première supporte, uniformément répartie sur sa longueur, une charge égale au tiers de la pression de l'eau sur le vantail, les deux autres tiers étant reportés sur l'entretoise inférieure. L'entretoise supérieure est en outre soumise à l'effort de compression résultant de la réaction du vantail opposé, s'il s'agit d'une porte busquée.

163. Expériences de M. Guillemain. — M. l'inspecteur général Guillemain a déterminé expérimentalement les pressions auxquelles est soumis le vantail d'une porte d'écluse, et par suite la manière dont il doit être constitué. Il est arrivé aux conclusions suivantes :

Donner à l'entretoise supérieure des dimensions suffisantes pour qu'elle puisse supporter, uniformément répartie, une pression égale au tiers de la pression totale de l'eau sur le vantail ;

Appliquer au centre du vantail une résistance sensiblement égale aussi au tiers de la pression totale de l'eau sur le vantail.

Si le vantail est plus haut que large, la pièce destinée à soutenir le centre sera horizontale; s'il est plus large que haut, elle sera verticale; s'il est carré, on pourra se servir de deux pièces, l'une horizontale, l'autre verticale, qui, étant égales, se partageront également l'effort pour une flexion commune.

Cette première division faite, on traitera chaque panneau comme on a traité le vantail tout entier, et l'on poursuivra ces divisions successives jusqu'au moment où le bordage suffira seul à supporter la pression, qui correspond à sa portée. On augmentera d'ailleurs l'épaisseur de ce bordage dans la mesure nécessaire à réduire ces subdivisions au plus petit nombre possible.

164. Détermination de l'épaisseur du bordage. -- *1° Bordage en bois.* — Les expériences de M. Chevallier mettent en évidence que la flexion d'un madrier est à peu près identique sous une pression graduée comme une charge d'eau ou sous la même pression uniformément répartie. On peut donc poser

$$\frac{pL^2}{8} = \frac{Rbh^2}{6},$$

formule dans laquelle p désigne la charge uniformément répartie correspondant à la charge d'eau, L est la portée du bordage, b la largeur du madrier, h son épaisseur, R le coefficient d'élasticité, qui est égal à 900.000. Si $b = 1$ mètre, on trouve pour une pression d'eau de 3 mètres que le bordage doit être 1/20 de la portée, tandis qu'il devient 1/15 pour une pression d'eau de 5 mètres.

2° Bordage en tôle. — M. l'ingénieur en chef Galliot a fait des expériences sur les bordages en tôle, et a déterminé par des formules très simples l'épaisseur à donner aux bordages plans et emboutis [1]. Il est arrivé, en effet, aux expériences suivantes :

Pour des bordages plans $\varepsilon = 2hc$;

Pour des bordages emboutis, $\varepsilon = 2hc \dfrac{c}{100f_0}$.

ε désigne l'épaisseur exprimée en millimètres, h la hauteur d'eau en mètres sur le centre du panneau, c la longueur en mètres des petits côtés du panneau, f_0 la flèche de la tôle.

---

1. *Annales des Ponts et Chaussées*, 1902, 2e trimestre, p. 196.

165. Qualités que doivent présenter les portes d'écluse. — Les qualités que doivent présenter les portes d'écluse peuvent être ainsi résumées, d'après M. Guillemain :

1º Être étanches : l'étanchéité n'est pas absolument nécessaire ; elle est néanmoins désirable, parce que le courant provoqué dans le sas par suite du manque d'étanchéité des portes est toujours une cause de retard et de gêne dans les manœuvres, et aussi parce que l'on doit, sur les canaux, économiser autant que possible la quantité de l'eau destinée à leur alimentation ;

2º Se manœuvrer vite et facilement, ce qui est important sur les voies navigables à grande fréquentation ;

3º Etre rigides dans le sens vertical, afin de ne pas s'abaisser et « donner du nez », c'est-à-dire frotter sur le radier, ce qui entraîne une usure rapide, et une interruption possible dans les manœuvres ;

4º Etre roides dans tous les sens, c'est-à-dire fonctionner comme une seule pièce, afin de présenter une résistance suffisante à la déformation, sous les efforts opposés que subit chaque vantail, soit en charge, soit pendant les manœuvres ;

5º S'entretenir aisément pour demeurer le plus longtemps possible dans les hypothèses initiales ;

6º Résister dans les conditions les plus sûres et les plus économiques à la principale des forces qui agissent sur les portes, c'est-à-dire à la poussée de l'eau, quand elles sont en charge.

On passera rapidement en revue les différentes qualités auxquelles doit satisfaire une porte pour être aussi bien conditionnée que possible, et on verra de quelle manière on peut les obtenir.

ETANCHÉITÉ. — On doit assurer l'étanchéité sur le vantail lui-même et sur le joint, qui, pendant que la porte est en charge, règne sur le chardonnet, sur le busc et le long du poteau busqué, à la jonction des deux vantaux.

L'étanchéité propre du vantail est obtenue au moyen du bordage, lequel, soit en tôle, soit en madriers à joints calfatés, forme un panneau qui s'appuie sur la carcasse de la porte. Le bordage en tôle assure à la porte une étanchéité complète, en même temps qu'il consolide les assemblages d'une manière parfaite.

L'étanchéité sur le pourtour du vantail s'obtient aisément en composant les surfaces qui arrivent en contact de substances faciles à dresser.

Lorsque la porte est en bois, il suffit de laisser les pièces un peu fortes et d'y noyer assez profondément les ferrures pour que l'ajustage soit parfait.

Quand l'ossature de la porte est métallique, on a soin de disposer une fourrure en bois au droit du chardonnet du busc et du poteau busqué, pour obtenir une étanchéité parfaite.

Chaque vantail ainsi préparé est mis en place dans l'enclave des portes et rendu mobile sur son axe de rotation ; on l'approche isolément du busc et des maçonneries, et on dresse sa face aval au contact, sans se préoccuper du poteau busqué.

Les deux vantaux sont rapprochés l'un de l'autre, amenés au contact, et les poteaux busqués dressés à la demande l'un de l'autre jusqu'à ce que le contact soit bien réalisé dans le joint.

On scelle généralement une fourrure en bois contre le busc, ce qui constitue un faux busc, contre lequel la porte vient buter. Le scellement doit être fait avec un soin extrême pour éviter que la pièce de bois ne se déplace et empêche la fermeture de la porte. Le joint entre le busc et la fourrure sera garni de substances imputrescibles pour arrêter le passage de l'eau ; on emploiera le cuir, le suif ou le goudron, de préférence le suif, qui très fortement comprimé et maintenu à la température ordinaire, acquiert une grande dureté.

Le bois destiné au faux busc doit être choisi avec soin ; on éliminera les pièces qui présentent le moindre aubier, et qui sont susceptibles de pourrir avec le temps.

Facilité de manœuvre. — La facilité de manœuvre dépend principalement des organes sur lesquels tourne la porte pour se déplacer. Ces organes sont la crapaudine et le pivot, qui supportent le poteau tourillon, le tourillon et le collier, qui dirigent le mouvement.

Pivot et crapaudine (fig. 204). — Le pivot est une pièce verticale scellée au radier, en forme de cylindre ou de tronc de cône terminé par un segment sphérique de $0^m,09$ à $0^m,12$ de rayon. Il est supporté par une masse de fonte, dont il fait géné-

Elevation

Elevation

Plan

Plan

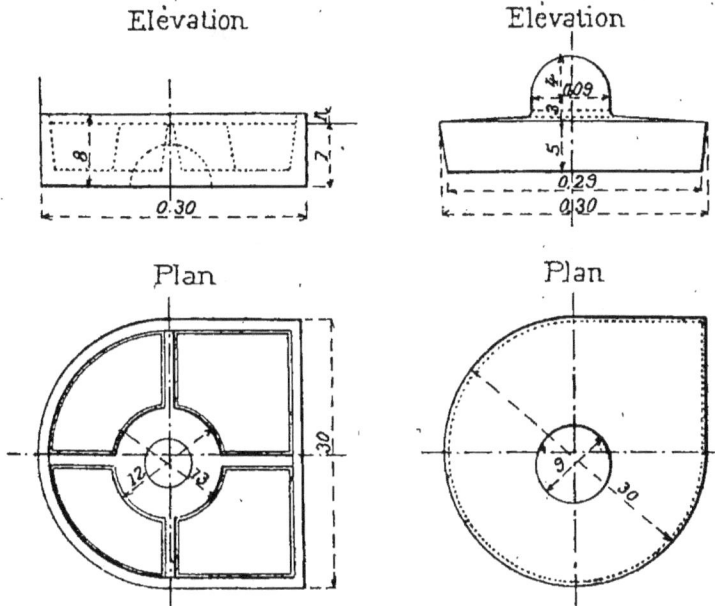

Fig. 204. — Crapaudine, pivot.

ralement partie et qui reporte le poids du vantail sur la pierre dite bourdonnière et sur les maçonneries de fondation.

La crapaudine vient coiffer le pivot par un segment de sphère creuse d'un diamètre de 2 à 3 centimètres supérieur au diamètre de la sphère saillante. Cette surface rentrante est venue de fonte dans un massif de 0m,08 à 0m,10 de hauteur, évidé à sa partie supérieure, pour réunir la base du poteau tourillon, lequel s'y engage de quelques centimètres.

Crapaudine

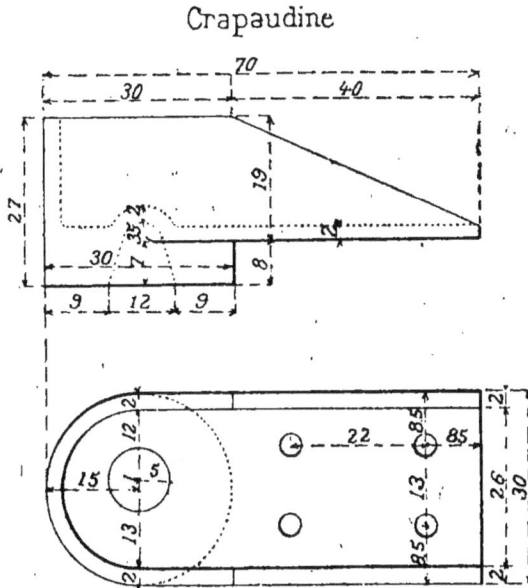

Fig. 205. — Détails d'un sabot métallique.

L'attache ainsi réalisée entre la crapaudine et le poteau tourillon n'est pas très intime; il est préférable de réunir ces deux pièces avec des boulons, et d'employer un sabot métallique (*fig.* 206), qui embrasse tout l'assemblage du poteau avec l'entretoise inférieure.

Coupe suivant A B

Plan suivant C D

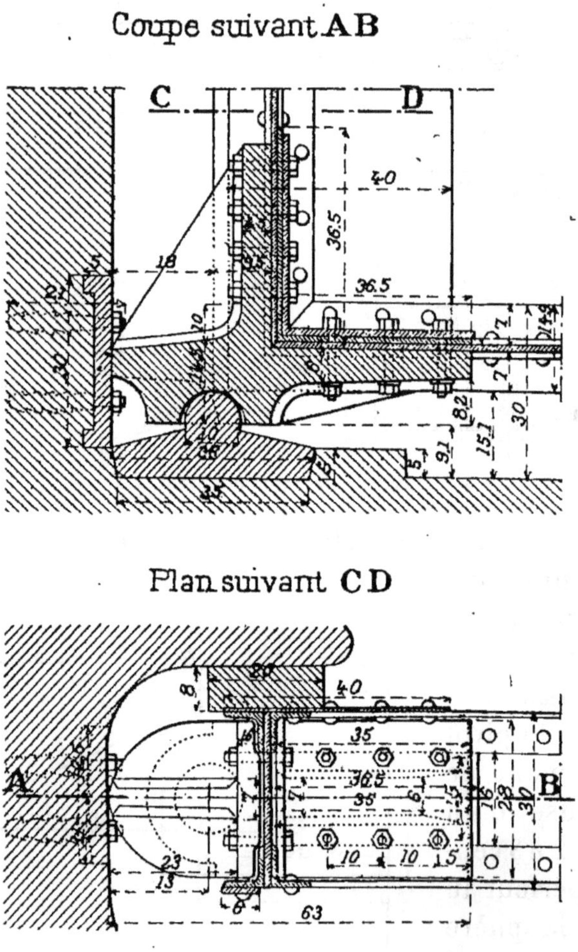

FIG. 206. — Pivot et crapaudine.

Lorsque la porte est métallique ou mixte, la crapaudine fait partie d'une robuste équerre en fonte ou en acier, qui assemble le poteau tourillon avec l'entretoise inférieure au moyen de forts boulons (*fig.* 206). Cette équerre se prolonge d'ailleurs horizontalement suivant un disque, qui reporte la butée du vantail contre le chardonnet.

Tourillon. — Le vantail est maintenu et dirigé à sa partie supérieure au moyen du tourillon et du collier, qui entoure cet organe et est fixé lui-même aux maçonneries. C'est en

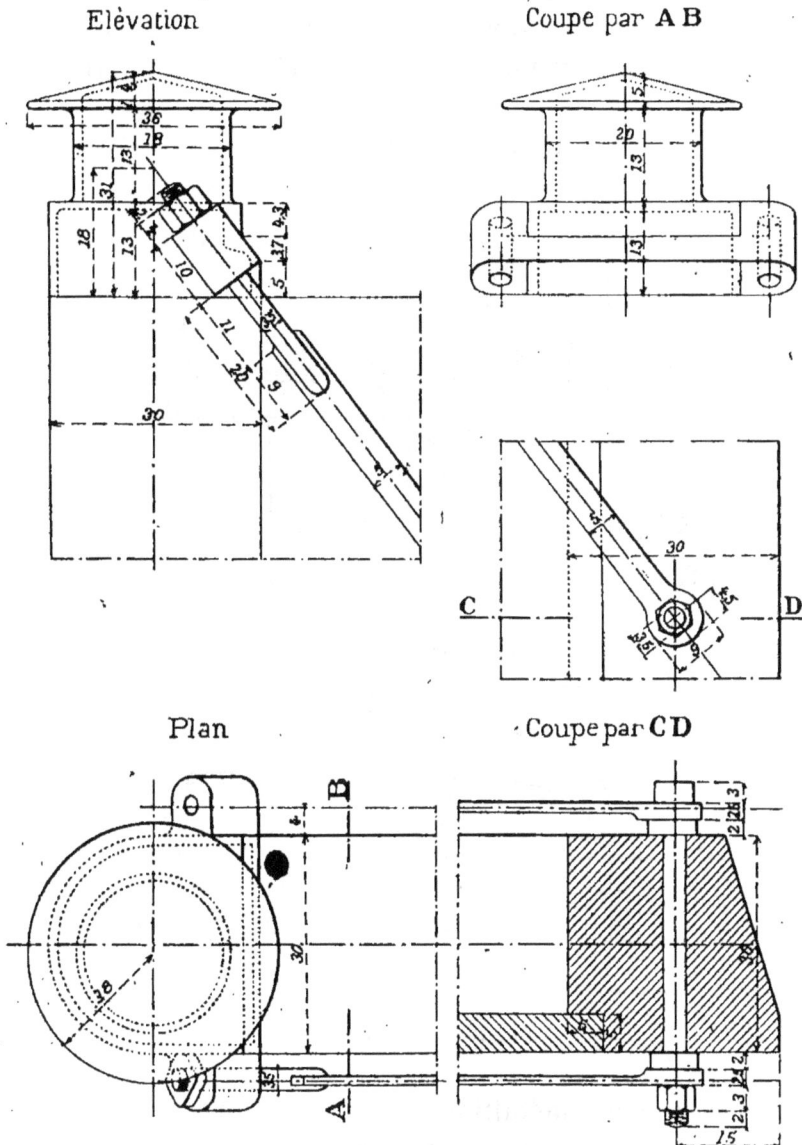

Elévation

Coupe par **A B**

Plan

·Coupe par **C D**

FIG. 207. — Chapeaux en fonte.

tournant dans ce collier et sur le pivot que le vantail décrit sa révolution.

Quand la porte est en bois, le poteau tourillon s'arrondit généralement pour constituer l'axe supérieur. Il est coiffé

d'un chapeau en fonte, dans lequel il pénètre par son extrémité, et dont la partie supérieure forme le tourillon (*fig.* 207).

Comme on le voit sur les figures qui précédent, l'écharpe,
c'est-à-dire la pièce qui réunit l'extrémité supérieure du poteau tourillon au pied du poteau busqué a son point d'at-

Coupe suivant **A B**

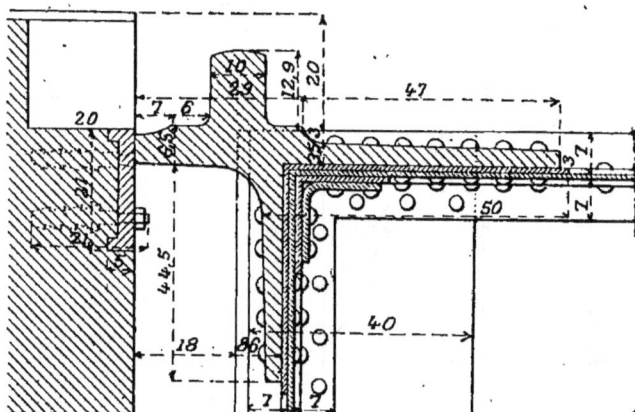

Plan

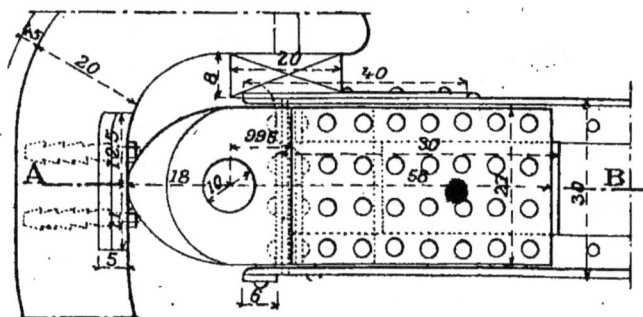

Fig. 208. — Tourillon.

tache sur la pièce métallique, qui constitue le tourillon.
C'est là une disposition à recommander.

S'il s'agit d'un vantail métallique ou mixte, le tourillon
fait partie d'une équerre, qui embrasse l'angle formé par le
poteau tourillon et l'entretoise supérieure, et qui est fixé
sur ces deux pièces (*fig.* 208). La branche horizontale de cette
équerre se prolonge contre un disque scellé dans la maçonnerie pour reporter la pression sur le chardonnet. On a repro-

duit ci-dessous les dispositions qui ont été adoptées à l'écluse de Charenton. Le tourillon est en fer forgé et rivé sur le poteau tourillon et l'entretoise supérieure. On trouve sur le canal du Centre le même agencement, avec cette différence cependant que l'équerre est fixée avec des boulons. On emploie généralement l'acier fondu au lieu du fer forgé, qui est plus coûteux, en raison de la difficulté d'obtenir par ce procédé une pièce aussi compliquée.

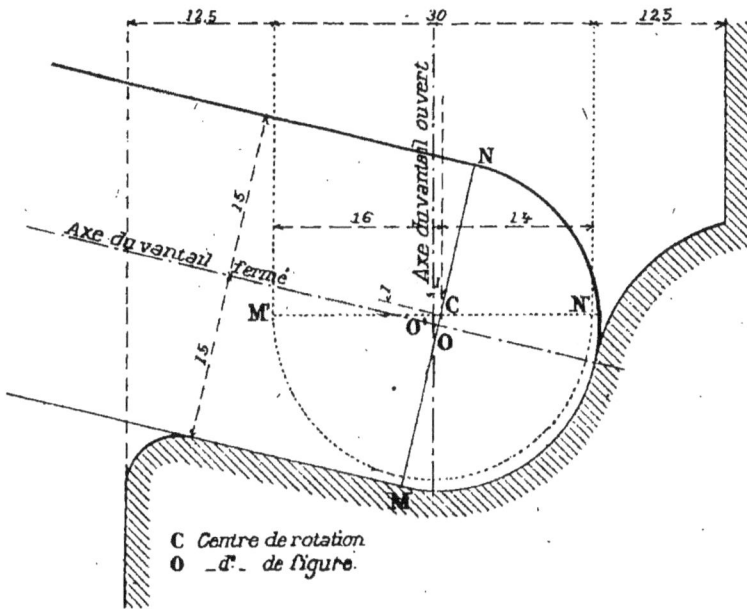

Fig. 209. — Poteau tourillon en bois.

Collier. — L'axe de rotation du vantail est déterminé par le centre du pivot et de la crapaudine, et par celui du collier qui embrasse le tourillon disposé à la demande du collier.

Il doit être rigoureusement vertical ; s'il en était autrement, le mouvement du vantail amènerait un déplacement en hauteur du centre de gravité du vantail ; celui-ci serait très dur à manœuvrer dans un sens et pourrait être entraîné par son poids dans l'autre.

Le centre de rotation du vantail n'est pas placé au centre de figure du poteau tourillon, fourrure comprise ; il est plus rapproché de la face d'amont que de la face d'aval. Lorsque la porte est en bois, le poteau tourillon de forme demi-cir-

culaire (*fig.* 209) s'appuie sur toute sa hauteur contre le fond
de l'enclave. Si l'axe de rotation coïncidait avec l'axe de figure de la partie demi-circulaire du poteau tourillon, il y aurait entre le bois et la pierre des frottements qui empêche-
raient le mouvement ou amèneraient la dislocation des
ouvrages. L'axe de rotation doit donc être distinct de l'axe de
figure en question ; l'excentricité, qui peut n'être que de 0ᵐ,01,

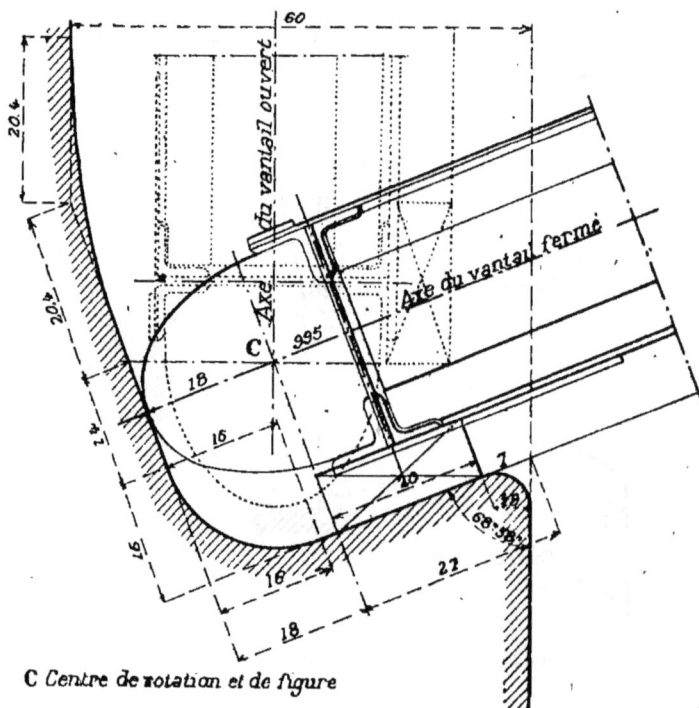

C *Centre de rotation et de figure*

Fɪɢ. 210. — Porte métallique. Disque de friction.

suffit pour que la porte, dans sa rotation, se sépare partout
à la fois du chardonnet. Cette disposition est d'ailleurs favorable à l'équilibre, en ce que la partie amont étant plus
lourde que la partie aval, l'excentricité rapproche l'axe de
suspension du plan vertical passant par le centre de gravité.

Lorsque les portes sont métalliques ou mixtes (*fig.* 210), la
butée se produit au fond de l'enclave au moyen de disques
fixés au vantail, qui viennent au contact de heurtoirs, scellés
dans les maçonneries, seulement au moment de la fermeture
de la porte. Il en résulte que l'excentricité n'est plus néces-

saire, et que la porte se dégage aisément de la maçonnerie dès que son mouvement de rotation commence.

Les colliers ont les formes les plus diverses (*fig.* 211). Ils

Elévation

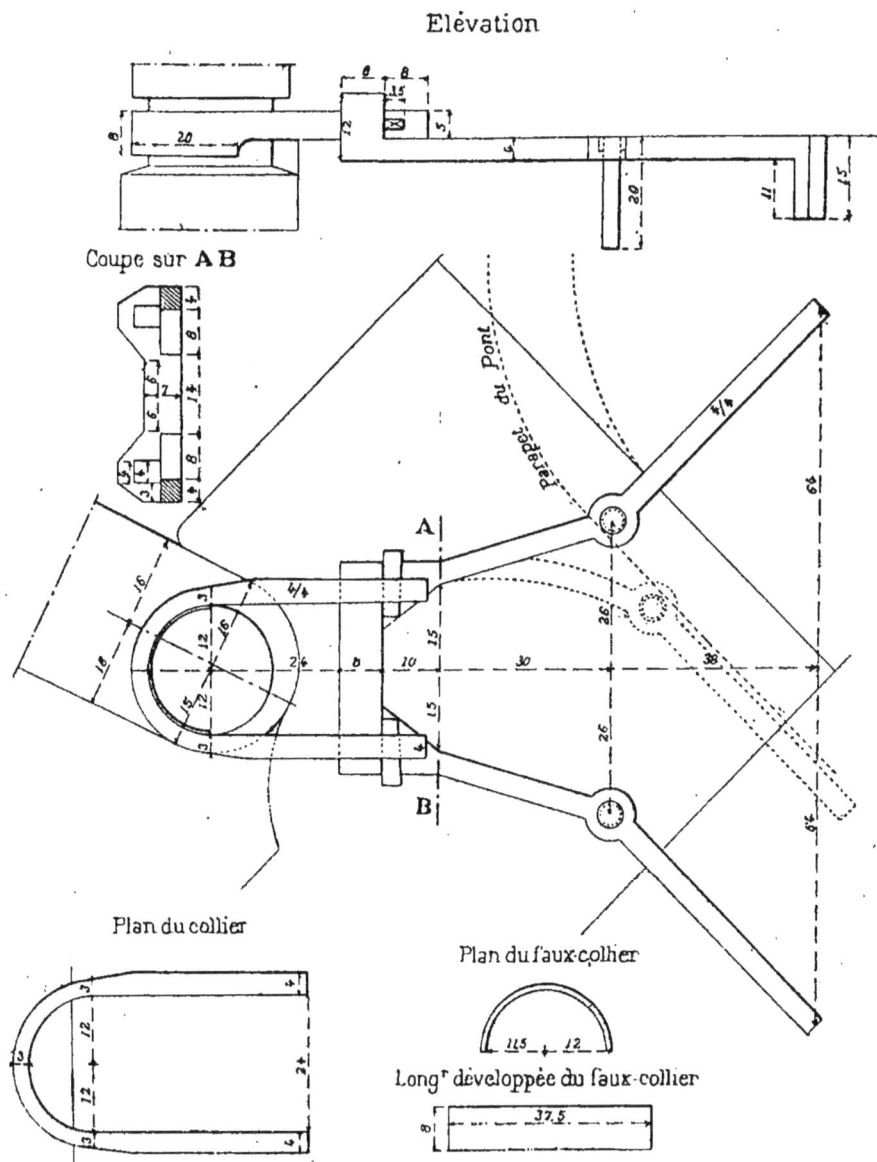

Coupe sur **A B**

Plan du collier

Plan du faux-collier

Long.^r développée du faux-collier

Fig. 211. — Collier et tirants.

sont souvent constitués par un simple morceau de fer replié suivant le rayon de courbure de la pièce enveloppée, et dont les deux extrémités s'attachent à deux branches solidement scellées aux maçonneries par de longs boulons verticaux.

Parfois c'est un cercle complet et ajusté, se liant comme le précédent aux branches de scellement, qui sont générale- ment orientées suivant des directions voisines des positions extrêmes du vantail ; c'est-à-dire que l'une est parallèle au busc et que l'autre est parallèle au bajoyer.

Souvent les branches de scellement faisaient partie du collier lui-même et étaient noyées dans les maçonneries. Il en résultait un grave inconvénient au moment du rempla- cement d'un vantail ; on devait démolir le bajoyer, tout au moins les scellements, ce qui causait une interruption à la navigation. Actuellement, les chômages sont de courte durée ; il faut donc faire en sorte que les colliers s'ouvrent ou s'en- lèvent à volonté, pour qu'on puisse, à tout moment, changer un vantail défectueux, ou le restaurer, s'il y a lieu. Dans ce but, le collier, qui était souvent noyé dans les maçonneries au-dessous du couronnement, devra être placé sur le terre- plein de l'écluse.

Il se composera de deux parties, l'une mobile qui embrasse le tourillon, l'autre fixe et scellée aux maçonneries. La réu- nion de la partie mobile avec la partie fixe se fera : comme à Ablon, au moyen de clavettes ; comme au canal du Centre, au moyen de tiges filetées, ou bien par tout autre procédé permettant de détacher la partie mobile sans détacher la partie fixe. Les maçonneries, qui constituent le couronne- ment, sont entaillées et recouvertes de plaques de tôle ou de fonte, affleurant exactement le parement de ce couronne- ment. La pose verticale de l'axe de rotation n'allait pas sans difficulté : on plaçait d'abord le pivot, puis le collier à l'aplomb du pivot, et le vantail était présenté de façon que l'axe supérieur tombe au centre du collier. Cette difficulté n'existe plus avec les colliers, qui possèdent des moyens de réglage permettant, soit au moment de la pose, soit plus tard quand le vantail est en service, d'obtenir l'absolue ver- ticalité de l'axe de rotation du vantail.

A l'écluse d'Ablon (*fig.* 212), le collier d'une épaisseur de $0^m,07$ est prolongé par des tirants noyés dans la maçonnerie. Une douille en bronze de $0^m,21$ de diamètre intérieur est placée dans l'évidement que présente le collier ; le tourillon

de forme octogonale passe à l'intérieur de la douille et est
calé, suivant les exigences de la pose du vantail, au moyen

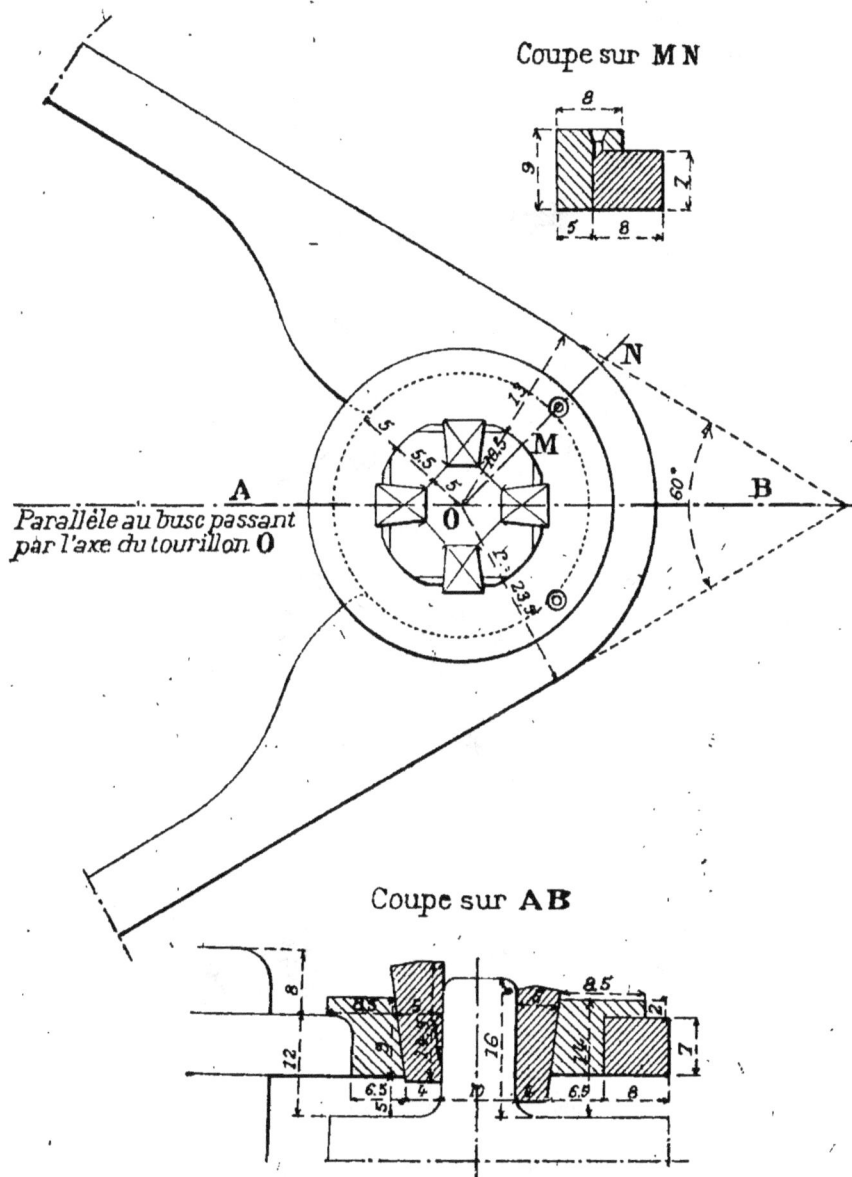

Coupe sur **M N**

Parallèle au busc passant
par l'axe du tourillon O

Coupe sur **AB**

Fig. 212. — Collier des portes de l'écluse d'Ablon (Haute-Seine).

de quatre clavettes, qui permettent un réglage rigoureux de
l'axe de rotation.

Aux écluses du canal du Centre, la disposition adoptée
semble encore plus pratique. Le tourillon vient se placer

exactement au centre du collier, qui peut être déplacé horizontalement pour obtenir le réglage (*fig.* 213).

La pièce d'ancrage en forme de trapèze curviligne est encastrée dans la pierre, et maintenue dans son encastrement

Coupe A B C D

Coupe E F G H I J

Plan

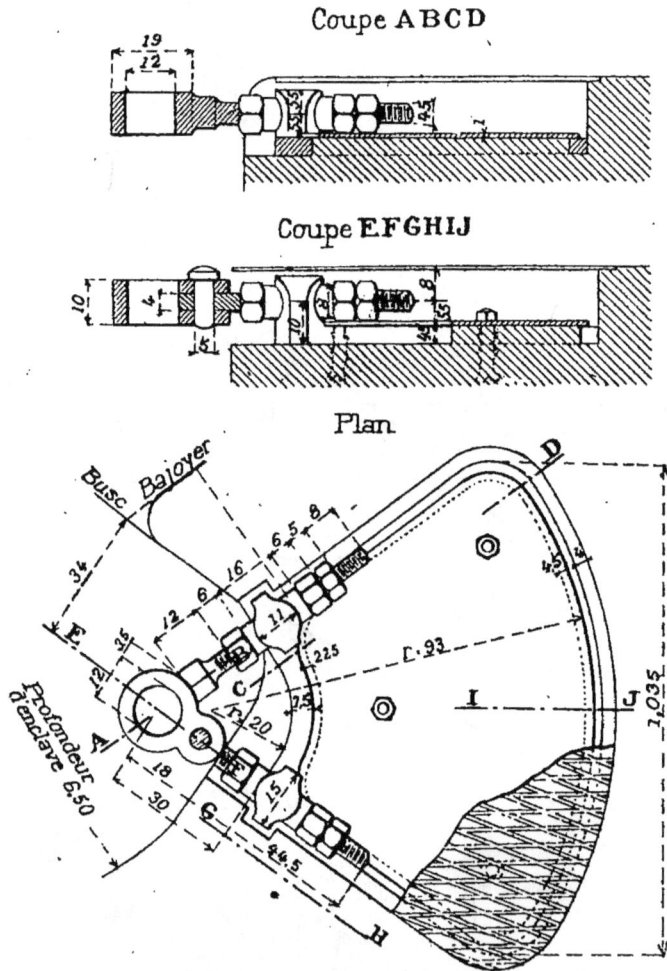

Fɪɢ. 213. — Canal du Centre.

par une tôle de 10 millimètres d'épaisseur. Elle présente deux bornes verticales, dans lesquelles passent, avec un jeu de 6 millimètres, les tiges filetées, qui constituent les tirants du collier. Ces tiges sont munies d'écrous et de contre-écrous, qui permettent d'en faire varier la longueur. L'une d'elles est articulée à un axe vertical, autour duquel elle peut prendre un mouvement angulaire.

En combinant le mouvement des écrous et celui de l'articulation, on peut déplacer horizontalement le centre du collier dans tous les sens et rendre rigoureusement vertical l'axe de rotation du vantail.

Bien d'autres systèmes analogues à ceux qui viennent d'être décrits permettent de régler la position de l'axe de rotation. Parmi ceux-ci, on doit citer le collier des portes d'écluse de la deuxième section du canal de Nantes à Brest, qui se compose d'une partie fixe, ou faux collier, faisant corps avec les tirants scellés dans la maçonnerie, et d'une partie mobile dans le faux collier constituant le collier proprement dit, et susceptible d'être déplacé au moyen d'écrous de réglage.

166. Engins de manœuvre des vantaux. — Le vantail étant en place et bien d'aplomb, on n'a plus à vaincre que les frottements et la résistance de l'eau au déplacement sous l'action de la manœuvre. Les forces à vaincre ont peu d'importance, en raison de la faible longueur du bras de levier des frottements et de la lenteur de la manœuvre; la puissance peut être appliquée à l'extrémité de la porte, c'est-à-dire au poteau busqué. L'effort à faire n'est donc pas considérable; aussi avait-on admis dans les anciennes écluses, munies de portes de faible dimension, la manœuvre à la main soit au moyen de béquilles, soit au moyen du balancier. Le balancier est une pièce en bois horizontale, placée à 1 mètre environ au-dessus du terre-plein de l'écluse, et qui prend appui sur le poteau tourillon et le poteau busqué prolongés en conséquence. Il présente le triple avantage de faire contrepoids à la porte, de fournir à l'éclusier un bras de levier qui lui permet d'agir directement, et de reporter l'effort de torsion sur tout le vantail, au lieu de l'appliquer à un seul point.

Mais on ne peut pas toujours faire usage des balanciers à cause de l'espace qu'exigent les pièces en mouvement, et de la gêne qu'ils apportent à la circulation des hommes et des chevaux sur les terre-pleins de l'écluse.

Il faut aussi remarquer que l'usage des balanciers conduit à augmenter de 1 mètre au moins la longueur des poteaux tourillon et busqué, et accroît la difficulté de se procurer des pièces de bois d'aussi forte dimension.

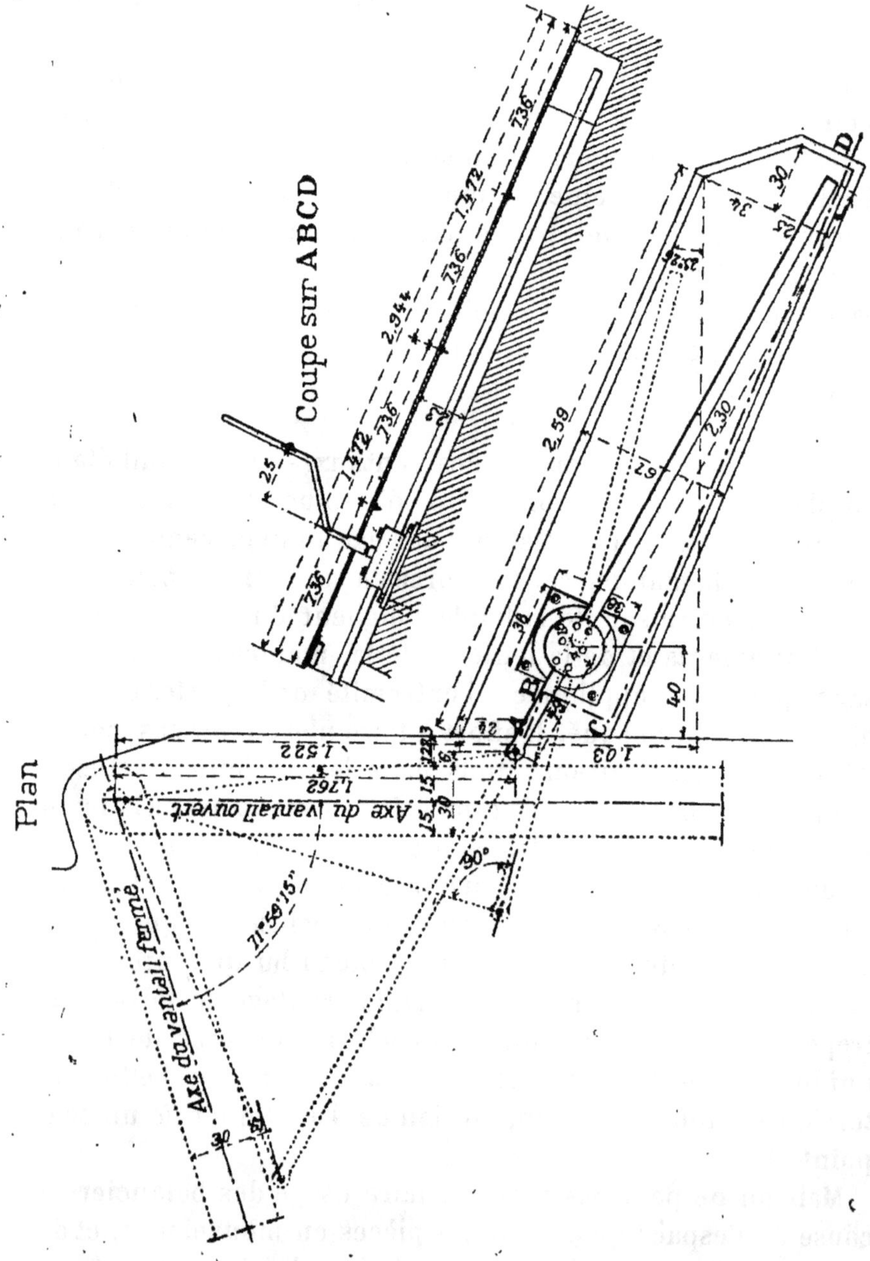

Fig. 214. — Canal de l'Est. Appareil de manœuvre.

La manœuvre des vantaux à la main peut aussi s'effectuer au moyen de béquilles; ce sont de simples perches en bois, ou bien des tiges en fer creux se terminant par un crochet fixé à l'entretoise supérieure. En tirant ou en poussant la béquille, on ouvre ou on ferme la porte.

Ces procédés de manœuvre à la main sont pénibles ; aussi depuis longtemps a-t-on eu recours à des treuils, des arcs dentés et autres mécanismes qui permettent d'exercer sans difficulté un effort plus puissant.

Dans cet ordre d'idées, on peut citer le cric à crémaillère construit pour les écluses du canal de l'Est (*fig.* 214). La crémaillère est fixée à l'entretoise supérieure du vantail, et se loge dans un refouillement du couronnement de 0ᵐ, 23 de profondeur, recouvert par une plaque de tôle. Le cric proprement dit, renfermé dans une boîte circulaire, qui s'oriente à la demande de la crémaillère, comprend deux pignons, que l'on manœuvre à volonté au moyen d'un levier coudé, et qui permettent de disposer de deux forces et de deux vitesses.

Au canal du Centre, on trouve la béquille manœuvrée au moyen d'un treuil sollicité par une roue à manettes (*fig.* 215). La chaîne fixée aux deux extrémités de la béquille passe sur un tambour ; la béquille est guidée dans son mouvement par un manchon faisant partie du bâti, lequel, mobile autour d'un axe vertical, s'oriente à la demande du vantail.

Aux écluses exceptionnellement fréquentées, on s'est servi des procédés mécaniques les plus perfectionnés pour faciliter les manœuvres et abréger leur durée. L'eau sous pression a été souvent employée à cet effet, notamment aux écluses de Bougival, où tous les mécanismes sont actionnés par l'eau refoulée dans un accumulateur sous une pression de 60 atmosphères.

Aux écluses du canal de Saint-Denis, à celles de la dérivation de la Scarpe autour de Douai, à l'écluse de Port-à-l'Anglais, les vantaux sont commandés directement par des turbines établies pour utiliser la chute des écluses. Ces installations sont assez coûteuses[1], et ne sont justifiées que dans des cas spéciaux, lorsque la fréquentation de la voie est considérable.

En Allemagne, les écluses du canal de l'Elbe à la Trave sont

1. A Bougival, les frais de premier établissement se sont élevés à 275.000 francs, les frais annuels d'exploitation à 7.200 francs.

manœuvrées au moyen de l'air comprimé. M. l'ingénieur Aron, dans un rapport de mission inséré aux *Annales des Ponts et Chaussées* (1904, 2ᵉ trimestre), ne cache pas

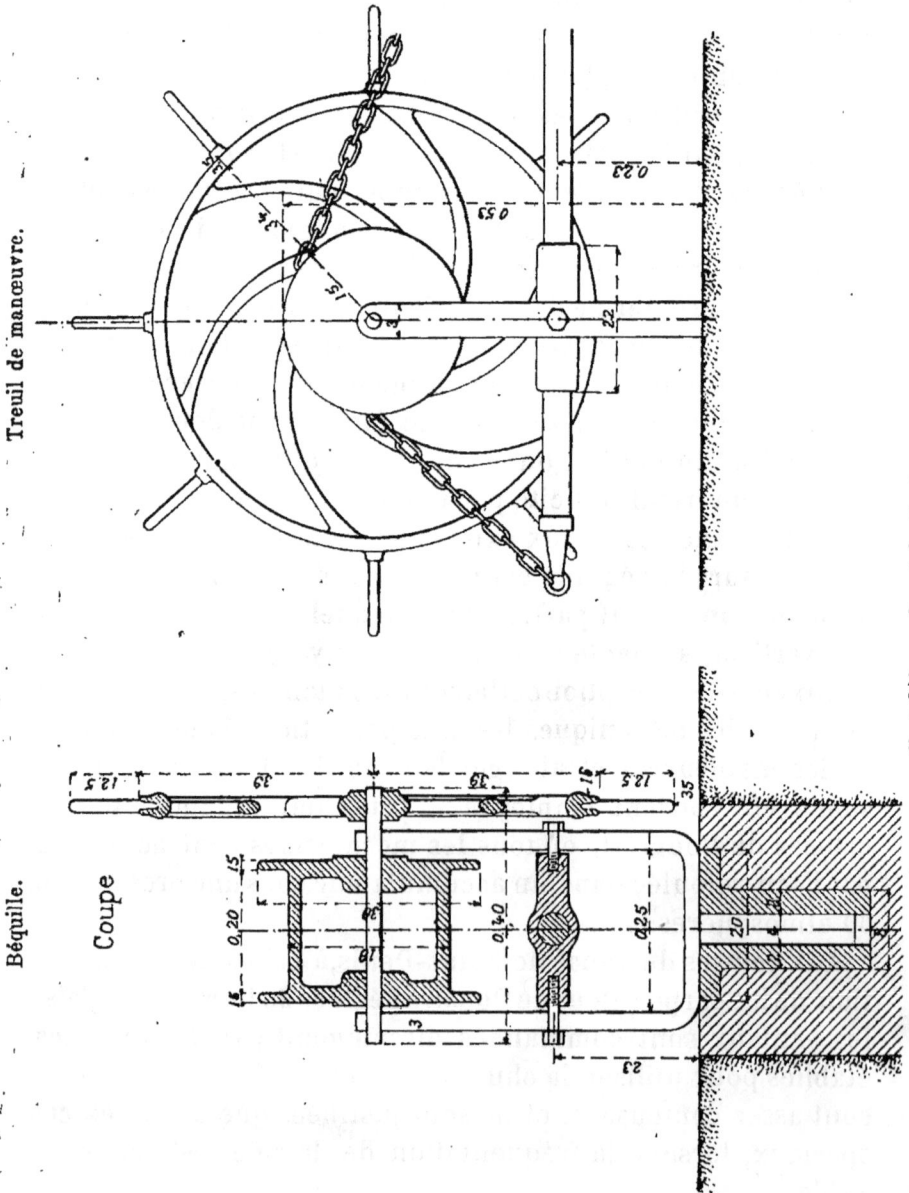

Treuil de manœuvre.

Béquille.

Coupe

Fig. 215. — Canal du Centre.

«l'étonnement et l'admiration, dont il ne sait pas se défendre, à voir fonctionner ces écluses : un tour de clef donné par l'éclusier, et l'on voit tout d'abord se soulever et se lever lentement la porte d'amont de l'écluse, puis l'écluse se vide elle-même ; d'elles-mêmes aussi les portes d'aval s'ouvrent, une fois l'équilibre atteint. Tout s'exécute sans choc, avec la précision et la douceur d'un mouvement d'horlogerie complètement dissimulé d'ailleurs,et l'on ne peut s'empêcher de songer que l'unique éclusier, le servo-moteur qui a mis en mouvement tout cela, est lui-même bien inutile et que le marinier s'acquitterait fort bien lui-même de cette manœuvre, guère plus compliquée que celle qui consiste à tourner le loquet d'une porte pour l'ouvrir ».

Mais un mécanisme aussi compliqué n'est peut-être pas de mise dans les appareils de manœuvre d'une écluse. Aussi les Allemands ont-ils renoncé à la manœuvre des portes au moyen de l'air comprimé dans les nouvelles écluses du canal de l'Oder à la Sprée et de l'écluse du Teltow-Kanal. Ils ont recours à la force motrice produite par la chute de l'écluse, et le courant électrique qui en résulte sert à la manœuvre des portes.

C'est du reste un principe reconnu actuellement : l'électricité est la forme d'énergie mécanique la plus commode pour la manœuvre des écluses. L'eau et l'air comprimés sont abandonnés : tous les grands ports allemands, qui se sont outillés dans ces dernières années, ont employé uniquement l'électricité ; il en est de même pour les écluses à grand trafic.

167. Remplissage et vidange du sas. — Le remplissage et la vidange du sas se rattachent indirectement à la facilité de manœuvre. La facilité de manœuvre des portes importerait peu, en effet, si le remplissage et la vidange du sas prenaient un temps considérable. Mais, en même temps, il faut éviter que l'écoulement de l'eau dans le sas ne devienne tumultueux par suite d'une trop forte émission, qui pourrait compromettre la sécurité du bateau et les portes sur lesquelles il pourrait être lancé. L'écoulement doit donc se faire par des orifices un peu étroits, tant que la vitesse est grande, et par de larges ouvertures quand la chute tend à disparaître. Les grands aqueducs placés dans les bajoyers permettent de résoudre la question, en distribuant les émissaires tout le long du sas, et en augmentant la section d'écoulement à mesure que la vitesse diminue.

M. l'inspecteur général de Mas montre avec documents à l'appui qu'il ne faut cependant pas se préoccuper outre mesure de la durée des manœuvres d'écluse proprement dites. Il fait remarquer que sur le canal du Centre et la dérivation de la Scarpe cette durée est de neuf minutes environ. Ce qui varie dans des proportions énormes, c'est le temps absorbé par les mouvements des bateaux pour s'approcher de l'écluse et y pénétrer, en sortir et s'en éloigner. Ce temps représente, quand les bateaux marchent dans le même sens, 38 0/0 de la durée totale d'une manœuvre complète aux écluses de la dérivation de la Scarpe ($5^m,30$ sur $44^m,30$) et 58 0/0 à celles du canal du Centre (douze minutes sur vingt et une minutes). Le débit horaire de ces écluses est donc de 4 bateaux à la Scarpe et de 3 au canal du Centre.

L'attention des ingénieurs doit se porter d'une façon toute particulière sur les dispositions et les procédés à adopter pour rendre plus faciles et plus rapides les mouvements des bateaux tant aux abords qu'à l'intérieur des écluses.

Il importera dans tous les cas d'ouvrir progressivement les appareils de remplissage ou de vidange du sas, de manière à éviter les mouvements d'eau tumultueux, et de ne manœuvrer les portes que lorsque le même niveau sera obtenu sur les faces amont et aval.

168. Ventelles. — Les procédés le plus fréquemment usités pour le remplissage et la vidange du sas consistaient jusqu'à ces dernières années dans l'établissement de ventelles dans les vantaux des portes d'écluse. Ces ventelles étaient de types différents; on peut citer :

1° Les ventelles glissantes ordinaires, comportant un orifice unique, fermé par une vanne unique, qui doit être levée ou abaissée de toute la hauteur de l'orifice pour en découvrir ou en masquer l'ouverture entière. L'appareil est simple et étanche, mais demande beaucoup de force et de temps;

2° Les ventelles glissantes à jalousies composées d'une série de petits orifices étagés, qu'on démasque tous à la fois par un mouvement de peu d'amplitude imprimé à une vanne unique percée d'ouvertures correspondantes. Il faut autant de force qu'avec le système précédent, mais beaucoup moins de temps. On peut aussi signaler une plus grande contraction de la veine liquide et une moindre étanchéité. M. l'ins-

Elevation.   Coupe AB

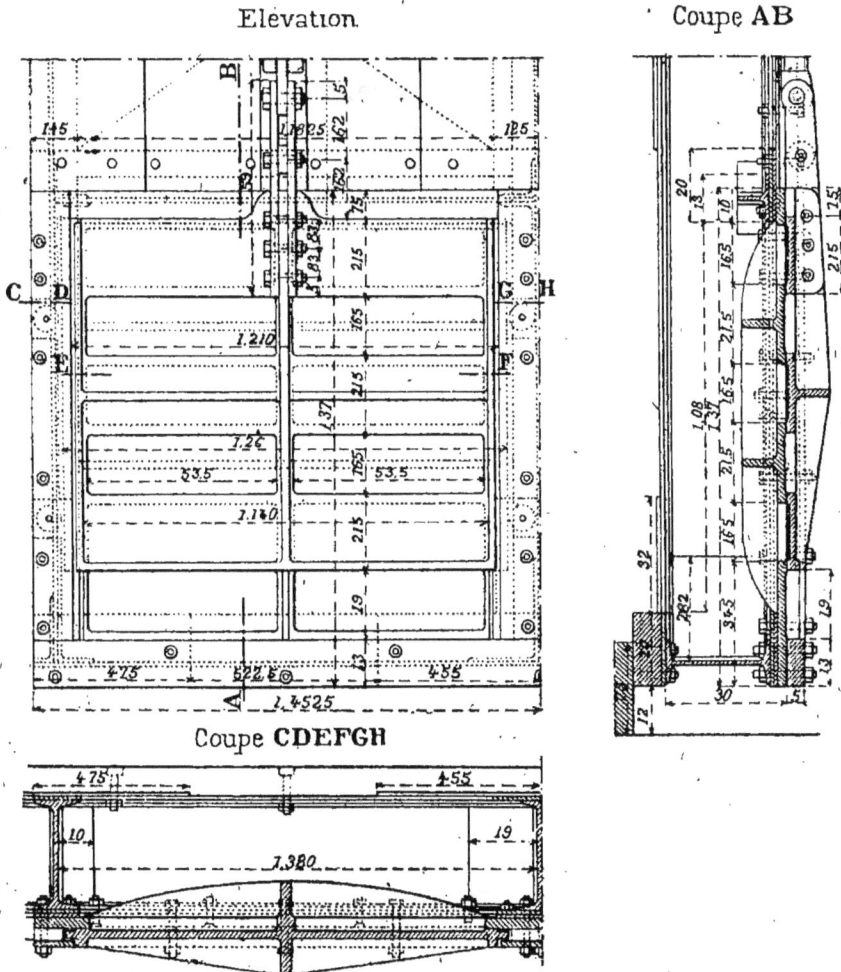

Coupe CDEFGH

Fig. 216. — Écluse de Monéteau. Ventelle glissante à jalousie.

pecteur général de Mas cite cependant la parfaite étanchéité des ventelles à jalousie de l'écluse de Monéteau (*fig.* 216), qui sont exécutées en fonte douce et rabotées comme des tiroirs de machine à vapeur;

3° Les ventelles tournantes ordinaires comportant un orifice unique, fermé par une vanne unique mobile autour d'un axe placé au centre de figure. L'effort est réduit autant qu'on le désire, mais l'étanchéité laisse à désirer ;

4° Les ventelles tournantes à jalousie comprenant un orifice unique, fermé au moyen de lames en tôle susceptibles de tourner chacune de 90° autour d'un axe horizontal sous l'action d'un même levier.

Les lames se recouvrent l'une l'autre, quand elles sont verticales ; la manœuvre est facile, le débouché offert à l'eau considérable, mais l'étanchéité est médiocre. Ces ventelles sont à recommander pour les écluses en rivière.

On trouvera ci-dessous (*fig.* 217) le type adopté sur la haute Seine à Varennes.

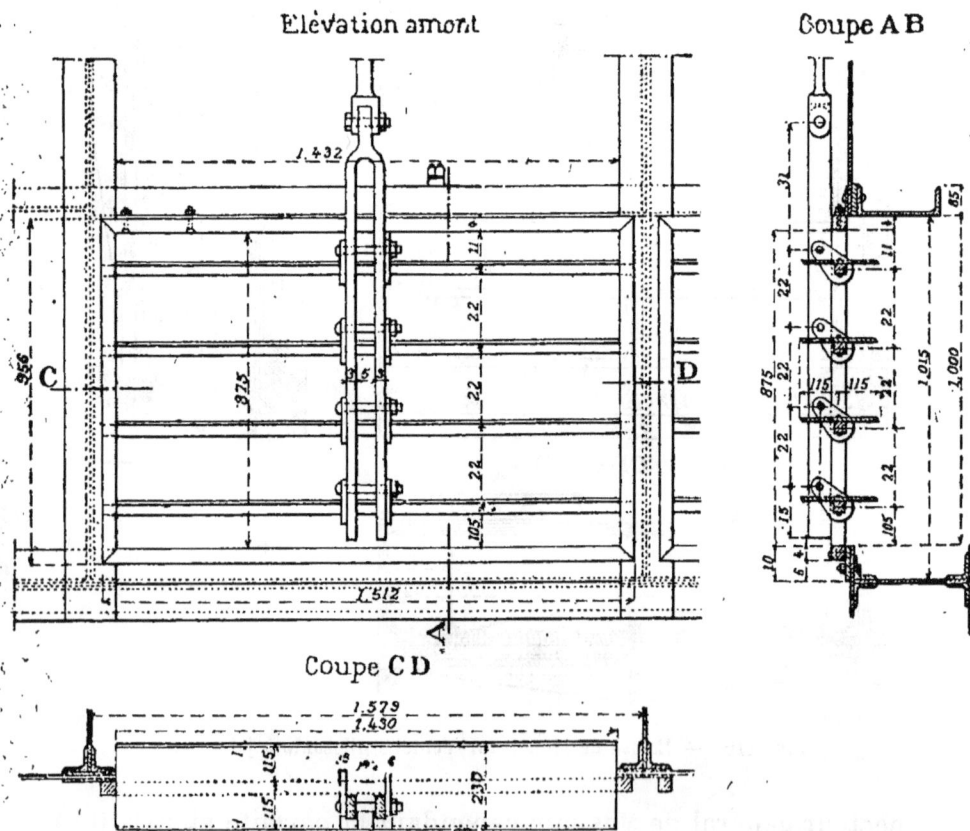

FIG. 217. — Ventelle tournante à jalousie.

Rapport entre la section transversale de l'écluse et la surface libre des ventelles.— La surface libre totale des ventelles doit être en rapport avec la surface de la section transversale de la tête de l'écluse et doit être d'autant plus grande que la fréquentation de l'écluse est plus importante. M. l'inspecteur général de Mas a étudié ce rapport sur un certain nombre d'écluses et a trouvé qu'il était environ de 6 0/0.

Appareils de manœuvre des ventelles. — La manœuvre des ventelles s'effectue d'une passerelle adaptée en porte à faux à la partie supérieure de la porte, et placée du côté de l'amont. Le mode d'attache de cette passerelle, qui a de $0^m,50$ à $0^m,60$ de largeur, dépend de la construction de la partie supérieure de la porte : si la porte est métallique ou mixte, la console qui soutient le tablier de la passerelle est fixée sur l'âme de l'entretoise supérieure au moyen de goussets et de cornières.

Les appareils de manœuvre sont de types extrêmement variés, depuis le simple levier actionnant une crémaillère par l'intermédiaire d'un pignon jusqu'aux crics plus ou moins compliqués suivant l'amplitude du mouvement à donner à la vanne, suivant la résistance à vaincre, et aussi suivant les traditions locales.

On devra dans tous les cas tenir compte des difficultés de manœuvre qu'éprouvent les éclusiers sur une passerelle de faible largeur, et on fera en sorte que les appareils soient aisément maniables, et que l'effort à réaliser ne dépasse pas la limite admise.

169. Construction des portes d'écluse. — Les portes d'écluse doivent être suffisamment rigides pour se maintenir verticalement et suffisamment résistantes pour ne pas se vider.

170. Rigidité dans le sens vertical. — Les portes d'écluses sont forcément composées d'éléments résistants, tantôt horizontaux, tantôt verticaux. Il en résulte des assemblages carrés, et par cela même de déformation facile. Les assemblages carrés sont d'ailleurs soumis à deux efforts dans le sens vertical, l'un ascendant dû à la sous-pression, quand l'écluse est en charge, l'autre descendant, dû au poids de la porte, et qui s'exerce en sens contraire, quand les vantaux sont dans une eau en équilibre.

On peut négliger, du moins pour les portes de navigation

intérieure, les effets de la sous-pression ; car l'expérience prouve que les portes en bois des rivières et des canaux tendent toujours à donner du nez, lorsque leurs liaisons sont insuffisantes ou s'affaiblissent. Elles arrivent alors avec le temps à frotter sur le radier, et le frottement rend la manœuvre si difficile que la porte doit être relevée ou remplacée.

171. Consolidations des assemblages à angle droit. — On consolide l'assemblage carré en employant des écoinçons en fonte, des équerres ou des brides en fer méplat, des boulons traversiers ou des moises pendantes.

Les écoinçons, les équerres et les brides en fer ont pour objet direct de consolider l'angle des pièces, sur lesquelles ils sont fixés. Ces pièces sont placées à l'origine de l'angle à consolider ; il suffit donc du moindre jeu résultant de la compression ou de la pourriture du bois, ou encore de l'usure du métal, pour permettre à l'autre extrémité un jeu beaucoup plus fort. La consolidation n'est donc pas durable.

Il n'en est pas de même en ce qui concerne les boulons traversiers, inextensibles, susceptibles d'être resserrés, quand le besoin s'en fait sentir. Il est cependant à craindre qu'on ne puisse pas toujours les resserrer, quand l'oxydation aura envahi les extrémités filetées et leur écrou.

Ces trois moyens de consolidation ont d'ailleurs un défaut commun : les liaisons du fer avec le bois sont imparfaites dans les ouvrages exposés alternativement à la sécheresse et à l'humidité.

Les moises pendantes, en solidarisant toutes les pièces horizontales, ont le plus heureux effet au point de vue de la conservation du système rectangulaire.

172. Consolidations triangulaires. — On préfère recourir à la véritable liaison invariable, à la liaison triangulaire par l'emploi d'un bracon ou d'une écharpe.

Le bracon est une pièce de bois, qui réunit le pied du tourillon à l'extrémité de l'entretoise supérieure (côté du poteau busqué), et constitue avec ces deux pièces un système triangulaire invariable. Il travaille à la compression, au point même où a lieu la déformation maxima.

L'écharpe est une pièce de fer, qui réunit le sommet du poteau tourillon à l'extrémité de l'entretoise inférieure, et qui, par sa résistance à l'extension, s'oppose à l'abaissement de cette entretoise, au point où il atteint le maximum.

173. Bracon. — Le bracon est généralement formé de deux pièces, ayant chacune la moitié de l'épaisseur du cadre. La pièce du côté d'amont est seule continue et s'assemble à mi-bois avec les entretoises qu'elle rencontre, celle du côté d'aval est interrompue au droit des entretoises. Il en résulte un affaiblissement de ces pièces, qui peut être préjudiciable à la résistance.

Le bracon transmet la compression aux fibres du bois sur lesquelles il s'appuie obliquement, ce qui facilite leur pénétration. Pour y remédier, on emploie des sabots en fonte, qui reçoivent les abouts du bracon ; mais on prive ainsi d'air les surfaces en contact, et la qualité du bois s'altérant plus rapidement, l'effet du bracon y est moins durable.

Son action est d'autant plus efficace qu'il est moins incliné sur la verticale, c'est-à-dire que le rapport de la hauteur du vantail à sa largeur est plus élevé.

Le bordage disposé parallèlement au bracon et encastré dans des feuillures, qui le font travailler à la compression en même temps que cette pièce, en augmente l'effet utile.

174. Écharpe. — L'écharpe, d'après la définition qui en a été donnée plus haut, travaille à l'extension, et doit être composée d'une pièce métallique suffisamment résistante pour supporter l'effort que l'on a en vue. Il est préférable de doubler l'écharpe, d'en placer une sur chaque face, afin d'éviter le gauchissement du vantail.

L'attache de l'écharpe avec chacune de ses extrémités doit être très solide ; un simple boulon traversant une pièce de bois serait certainement insuffisant. Le mieux est de mettre un chapeau en fonte ou en tôle sur le tourillon, un sabot au pied du poteau busqué, et de réunir ces deux pièces par deux bandes de tôle, de section suffisante, qui, sur chaque face, maintiendront invariable l'angle au sommet duquel est la crapaudine.

Il est inutile de munir les écharpes de tendeurs, qui compliquent la construction, y introduisent des points faibles et se rouillent assez vite, pour que le plus souvent la manœuvre soit impossible. Ils sont d'ailleurs sans action pour le relèvement d'un vantail, qui a pris du nez; il faut se résoudre à assécher la chambre des portes, relever le vantail de la quantité voulue au moyen d'un cric, et régler ensuite la longueur de l'écharpe.

L'écharpe constitue un excellent moyen de consolidation, lorsque le rapport de la hauteur à la largeur du vantail est faible.

Une porte métallique, revêtue d'un bordé en tôle continue, n'a besoin ni de bracon ni d'écharpe, le bordé rivé à la carcasse jouant à la fois le rôle de l'un et de l'autre. Les portes ne donnent jamais du nez, et n'ont besoin, quand elles sont bien établies, d'aucune consolidation spéciale.

175. Gauchissement du vantail. — Un vantail de porte busquée a tendance à se gauchir dans deux plans différents :

1° Dans son propre plan en raison de la butée qu'exerce sur lui le second vantail ; pour éviter cet effet, on augmente l'équarrissage des poteaux busqué et tourillon, et on appuie, comme il a été dit plus haut, le poteau tourillon contre les maçonneries, soit en ajustant ce poteau contre le chardonnet, soit en le munissant de disques métalliques qui reportent la pression sur des butoirs scellés dans la maçonnerie ;

2° Dans un plan perpendiculaire ; car l'angle formé par le poteau busqué et l'entretoise supérieure est libre et tend à fléchir ; la partie supérieure du vantail est aussi exposée à se déformer pendant le mouvement de la porte, puisque la puissance est généralement appliquée à l'entretoise supérieure, et que la résistance de l'eau en mouvement s'exerce à la partie inférieure.

La raideur, qui s'oppose à cette déformation, s'obtient en augmentant l'épaisseur de la porte, en renforçant le poteau busqué, afin qu'il ne fléchisse en aucun sens, en donnant au bordage une résistance propre, qui n'en fasse pas un simple revêtement, mais bien une armature, et en réunissant les entretoises par des liens verticaux, qui ne permettent pas à l'une d'elles de se déformer sans déformer les autres. Cette disposition est à recommander pour les portes en tôle comme pour les portes en bois : pour celles-ci, on doit recommander le bracon, qui réunit les entretoises et raidit le vantail.

La raideur générale des vantaux garantit d'ailleurs les maçonneries contre la poussée qui résulte de leur butée réciproque. Si les portes étaient absolument invariables, appuyées qu'elles sont par le chardonnet et le busc, elles ne se comprimeraient pas réciproquement le long du poteau busqué. C'est en se voilant qu'elles arrivent à se repousser, et d'autant plus qu'elles se gauchissent davantage.

Les portes métalliques présentent, à ce point de vue, un grand avantage ; quand elles sont bien établies, suffisamment résistantes, elles peuvent être considérées comme étant faites d'une seule pièce et ne se déforment dans aucun sens.

176. Facilité d'entretien. — La facilité d'entretien des portes d'écluse doit être envisagée avec beaucoup d'attention, surtout actuellement que l'on a tendance à diminuer ou même à supprimer les chômages périodiques.

Les bois qui entrent dans la composition d'un vantail sont pour partie toujours à l'air, pour partie toujours immergés, pour partie enfin, tantôt immergés tantôt à sec. Ces derniers sont évidemment dans de très mauvaises conditions au point de vue de la conservation.

Les bois ayant au moins deux ans de coupe doivent donc être de bonne qualité, de bonne provenance, bien secs et exempts d'aubier. Leur mise en œuvre exige des précautions spéciales : on évitera les trous verticaux, où l'eau séjourne, et qui deviennent à la longue des foyers de pourriture. On apportera les plus grands soins à la confection des assemblages, qui sont le point faible des portes ; le bois y est, en effet, découpé, présentant une moindre résistance, en raison des épaisseurs plus faibles et est exposé à se fendre en cas de déformation du vantail et à pourrir. On en déduit qu'il vaut mieux, au point de vue de l'entretien, n'employer que quelques pièces de bois de fort équarrissage, aussi peu entaillées que possible. La peinture et le goudronnage, qui soustraient la surface des bois aux influences atmosphériques, sont à recommander et sont susceptibles de prolonger longtemps la durée d'une porte, qui est en moyenne de vingt-cinq ans.

Les mêmes inconvénients ne se présentent pas pour les portes métalliques ou mixtes; les assemblages solidement établis ne constituent pas un point faible. Il appartient au contraire au constructeur d'en faire une des parties les plus solides. Il sera toujours avantageux de concentrer la résistance sur un petit nombre de pièces, facilement accessibles, et de donner au bordage, qui solidarise les différentes pièces, une épaisseur assez forte, pour que l'oxydation, si par hasard elle se produisait, n'ait aucune action fâcheuse. Le bordage en bois présente *a priori* de grands avantages : on peut le remplacer aisément pièce par pièce en substituant un madrier au madrier avarié. La réparation sera exécutée par un ouvrier quelconque, au besoin par l'éclusier.

L'absence de chômages périodiques obligera souvent à enlever les portes de leurs enclaves pour les nettoyer, les gratter, les goudronner, ou même les changer. Leurs divers organes seront, autant que possible, d'un type et d'une dimension uniforme pour faciliter les remplacements. L'enlèvement d'un vantail ne présente aucune difficulté, mais doit être exécuté avec précaution pour éviter des déformations aux points d'attache, qui seront s'il y a lieu renforcés.

En résumé, l'entretien facile des portes s'obtiendra :

1° En réduisant le plus possible la quantité de pièces et d'assemblages, pour ne se servir que d'un petit nombre d'éléments plus puissants ;

2° En plaçant autant que faire se peut les pièces les plus résistantes dans la partie de la porte toujours accessible et visible ;

3° En prévoyant, dès le début, les moyens de réparation et de changement des vantaux.

177. Examen des divers types des portes d'écluse. — On a fait connaître les différents types de portes d'écluse qui sont usités, et qui comprennent des portes busquées, en bois, en métal ou mixtes, et des portes non busquées. On a indiqué les qualités que doit présenter une porte : être résistante, étanche, de manœuvre et d'entretien faciles ; on passera en revue les différentes portes, qui ont été établies, et montrera de quelle manière on a satisfait à ces conditions.

178. Portes busquées. — Les portes busquées se composent de deux vantaux destinés à supporter la chute d'eau rachetée par l'écluse qu'elles desservent. Elles sont soutenues latéralement par les bajoyers, à leur partie inférieure par le busc ; enfin elles s'appuient l'une sur l'autre au milieu du passage. Il en résulte, ainsi qu'il a été indiqué plus haut, des conditions d'équilibre extrêmement complexes qui sont modifiées avec le temps, lorsque l'usure se fait sentir, et qui rendent difficile la détermination théorique des différents éléments de la porte.

PORTES BUSQUÉES EN BOIS. — Les vantaux en bois ne sont plus en usage aujourd'hui que pour les faibles portées. Leur emploi se limite donc de plus en plus aux portes busquées des canaux.

Portes du canal de Saint-Quentin. — Les portes du canal de Saint-Quentin sont du type dit à balancier, c'est-à-dire manœuvrées à l'aide de l'entretoise supérieure prolongée sur le terre-plein (*fig.* 218). Cette entretoise fait, dans une certaine mesure, contrepoids au vantail et offre à l'éclusier chargé de la manœuvre un bras de levier plus ou moins long, à l'aide duquel il peut vaincre les résistances au mouvement. L'équilibre autour de l'axe de rotation du vantail, d'une part, et du balancier, d'autre part, est d'autant mieux réalisé que le vantail immergé au moment de la manœuvre perd une notable partie de son poids.

Les pièces du cadre ont $\frac{0,30}{0,30}$ d'équarrissage ; le poteau tourillon a même $\frac{0,30}{0,35}$· Les entretoises intermédiaires, au nombre de quatre, espacées à peu près également, ont respectivement, en les considérant du haut en bas $\frac{0,25}{0,30}$, $\frac{0,28}{0,25}$, $\frac{0,28}{0,25}$, $\frac{0,30}{0,30}$ d'équarrissage. Le boulage continu de 0m,05

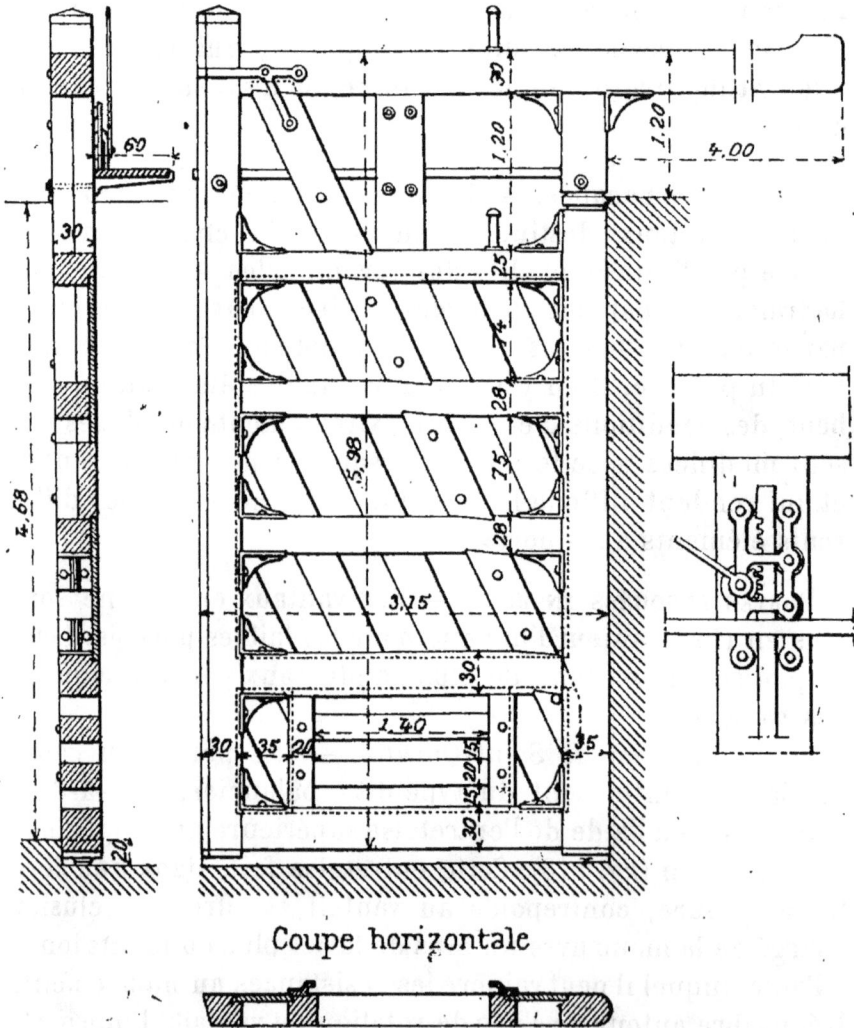

Coupe horizontale

Fig. 218. — Porte du canal de Saint-Quentin.

d'épaisseur est dirigé dans le sens de la diagonale de la porte, et formé par des madriers.

Un bracon de même épaisseur que le cadre (0m,30) est disposé depuis le pied du poteau tourillon jusqu'à l'extrémité de l'entretoise supérieure, voisine du poteau busqué, pour combattre la déformation dans le sens vertical. Le bracon est constitué par une pièce de bois double, dont la partie amont est continue et entaillée au passage de chaque entretoise et dont la partie aval est formée de morceaux séparés, assemblés à embrèvement avec les entretoises et réunis par des boulons à la partie continue de la pièce.

L'assemblage des pièces horizontales et verticales est consolidé par l'apposition dans chaque angle d'un fort écoinçon en fonte, fixé par des vis à bois aux pièces qu'ils réunissent.

Entre l'entretoise inférieure et l'entretoise intermédiaire la plus basse, se trouve disposée une ventelle glissante à jalousie, qui mesure $1^m,40$ de largeur, avec trois vides de $0^m,15$ de hauteur chacun. La ventelle se manœuvre au moyen d'un simple levier adapté à l'arbre d'un pignon qui commande une crémaillère. Le mécanisme est monté sur un potelet réunissant en leur milieu l'entretoise supérieure et la première entretoise intermédiaire.

La passerelle de service de $0^m,60$ de largeur est fixée sur le potelet et sur les poteaux tourillon et busqué, au moyen de consoles en fer.

Ces portes excellentes ont fait, suivant M. Lermoyez, un service aussi régulier que possible, sur le canal de Saint-Quentin, qui dessert une circulation intense. Elles ont duré une trentaine d'années ; en n'employant que des bois de chêne payés 270 francs le mètre cube, elles n'ont coûté que 135 francs par mètre carré. Elles ont été remplacées par des portes mixtes.

Portes du canal de Roanne à Digoin. — Les portes du canal de Roanne à Digoin sont du même type ; elles présentent certaines différences utiles à signaler. Les équerres d'angle sont supprimées ; on trouve des boulons traversiers horizontaux, qui compriment les entretoises entre les deux poteaux. On peut assurer constamment la tension des boulons par un serrage convenable de l'écrou, et entretenir ainsi dans tout le vantail une compression très favorable à la résistance comme à la rigidité de la porte.

On enlève les morceaux isolés du bracon par une bande de fer, qui les rend solidaires et empêche qu'ils ne se déplacent sous l'action des chocs.

Elévation d'amont

Coupe **AB**

Plan

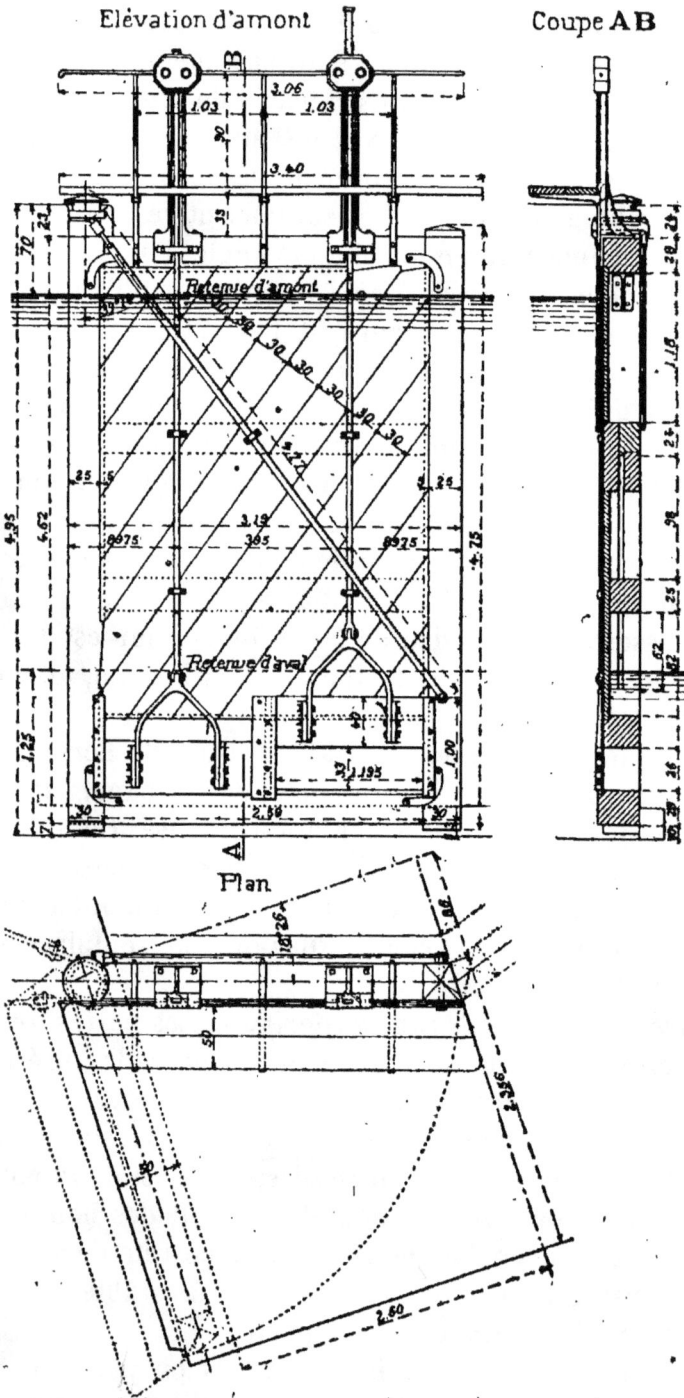

Fig. 219. — Porte du canal de l'Est.

Les embrèvements du bracon affaiblissent les entretoises, précisément au milieu de leur portée. Les entretoises sont inégalement espacées, mais la variation est peu sensible. Les portes qui ont fait un excellent service ont coûté 110 francs le mètre carré.

Portes du canal de l'Est (fig. 219). — Les portes du canal de l'Est sont du même type, avec quelques différences qu'il est intéressant de noter.

Le balancier est supprimé, et la porte n'a plus que la hauteur du bajoyer. Les entretoises sont espacées inégalement, et leur espacement augmente en allant de bas en haut.

Le bracon, semblable à ceux déjà décrits, est plus oblique, puisque la porte arasée au niveau des bajoyers est moins haute.

Les écoinçons et les boulons traversiers consolident les assemblages; il y a en outre une écharpe en fer, qui réunit l'extrémité supérieure du tourillon à la base du poteau busqué et qui empêche l'abaissement du vantail. Il y a donc là deux moyens de consolidation, l'un par le bracon, l'autre par l'écharpe; avec le temps, le bois s'altérant, l'écharpe supporte la plus grande partie de la charge.

Les ventelles sont glissantes et pleines; elles obturent deux orifices de 1^m,20 de largeur chacune sur 0^m,33 de hauteur. Elles sont manœuvrées par des crémaillères actionnées par des crics.

Portes de l'écluse du Haut-Pont sur l'Aa (fig. 220). -- Largeur de l'écluse, 5^m,20 ; hauteur du couronnement des bajoyers au-dessus du busc, 4^m,22 ; chute normale, 1^m,51; mouillage sur le busc aval, 2 mètres.

Largeur de chaque vantail, 3^m,16, hauteur, 4^m,23.

Equarrissage des pièces du cadre, $\frac{0^m,35}{0^m,30}$ pour les poteaux tourillon et busqué, $\frac{0^m,30}{0^m,30}$ pour les entretoises supérieure et inférieure, $\frac{0^m,30}{0^m,30}$ pour les entretoises intermédiaires au nombre de deux, inégalement espacées.

Bracon continu de $\frac{0^m,30}{0^m,30}$; bordage discontinu, c'est-à-dire

interrompu à la rencontre de chaque entretoise de 0m,05 d'é-
paisseur. Consolidation au moyen d'écoinçons en fonte et
de brides en fer.

Elévation d'un vantail vu d'aval   Coupe **A B**

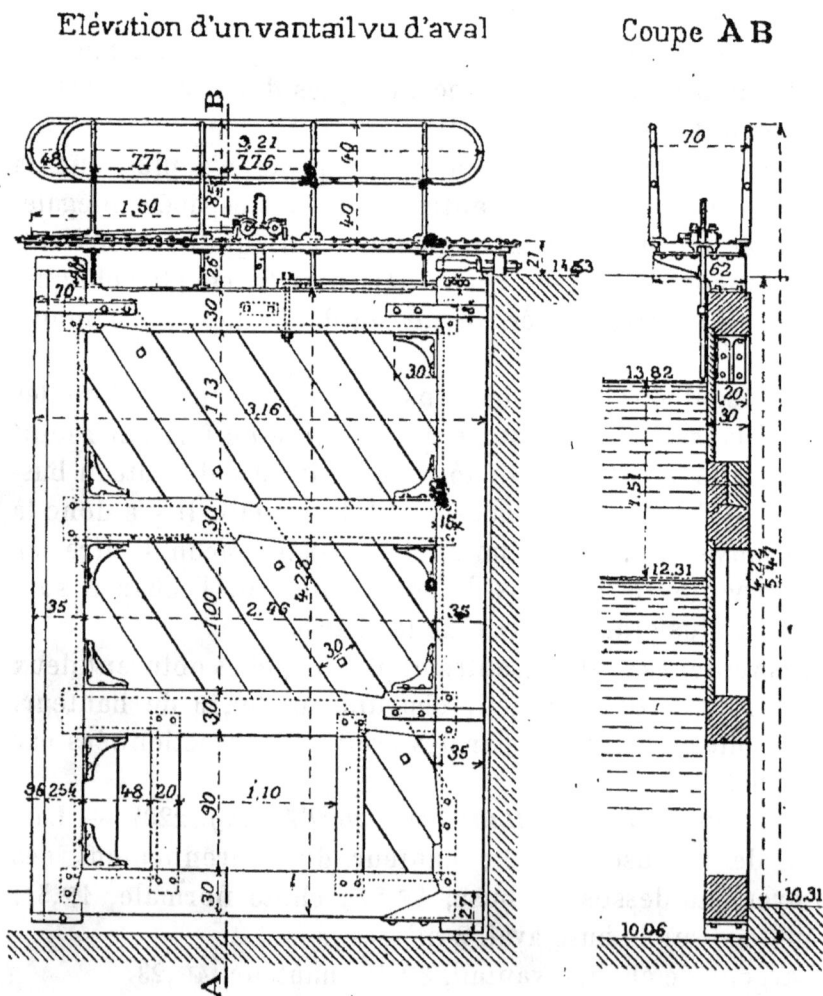

Fig. 220. — Porte de l'écluse du Haut-Pont sur l'Aa.

Ventelle à jalousie d'une surface totale de 0mq,5088.
Manœuvre au moyen d'un levier et d'un mécanisme fixé sur
la passerelle de service.

Porte d'amont de l'écluse de Péchoir sur l'Yonne (fig. 221). —
Largeur de l'écluse, 10m,50 ; hauteur du couronnement des
bajoyers au-dessus du busc, 3m,99; chute normale, 2 mètres;
mouillage sur le busc, 3m,49.

Largeur totale de chaque vantail, 6 mètres ; hauteur, 3^m,95.

Equarrissage des pièces du cadre, $\dfrac{0^m,40}{0^m,35}$ pour les poteaux tourillon et busqué et $\dfrac{0^m,35}{0^m,35}$ pour les entretoises au nombre de quatre, également espacées.

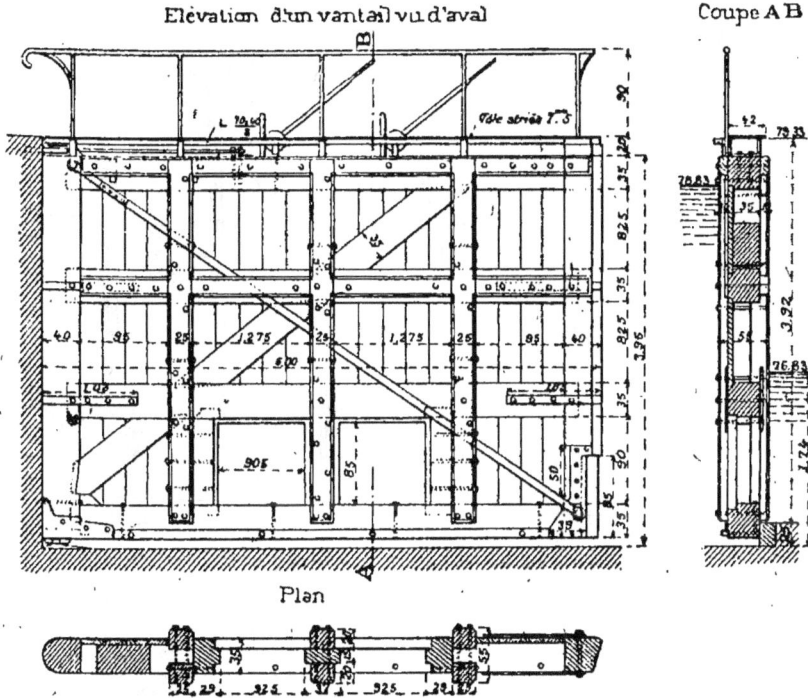

Fig. 221. — Porte de l'écluse de Péchoir sur l'Yonne.

Bracon de $\dfrac{0^m,35}{0^m,30}$ discontinu ; bordage discontinu de 0^m,05 d'épaisseur formé de madriers verticaux.

Consolidation des assemblages au moyen de brides en fer. Echarpe double reliant le sommet du poteau tourillon à un fort sabot en tôle, dans lequel sont engagés le pied du poteau busqué et l'extrémité contiguë de l'entretoise inférieure. Trois cours de moises pendantes solidarisant les entretoises et maintenant en place les différents tronçons du bracon.

Deux orifices de 0^m,905 de largeur sur 0^m,85 de hauteur,

Coupe AB   Elévation d'amont

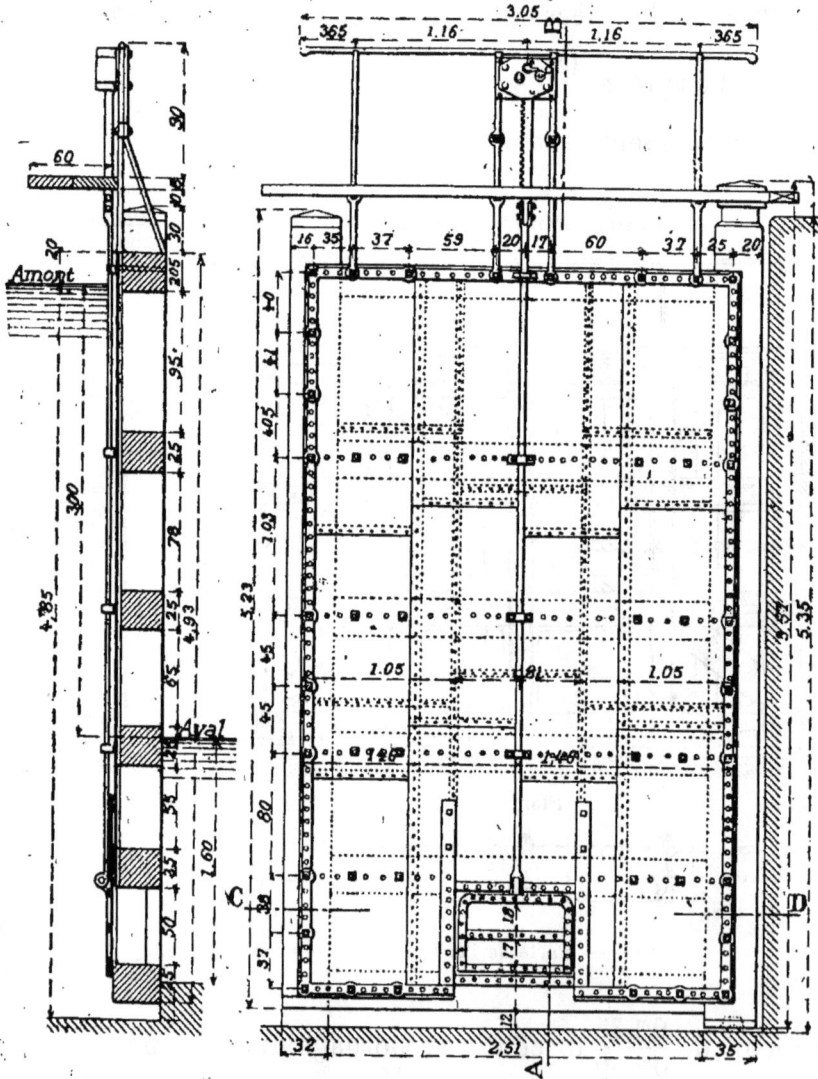

Coupe CD

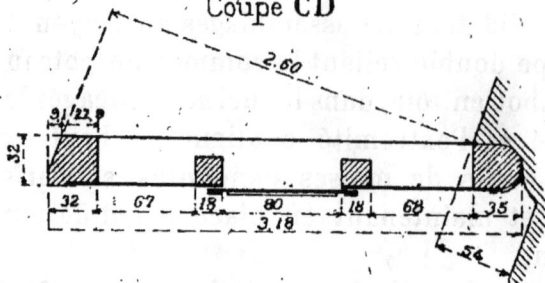

Fɪɢ. 222. — Porte du canal de la Marne au Rhin.

obturés par des ventelles tournantes à jalousie de $0^{mq},61925$ de surface.

Passerelle de service métallique de $0^m,42$ de largeur placée du côté de l'amont en dehors du garde-corps unique, et comprise tout entière dans l'épaisseur de la porte.

Porte du canal de la Marne au Rhin (fig. 222). — Il est inutile de passer en revue les différentes portes en bois encore en usage sur le réseau de navigation intérieure. Elles se rapportent toutes plus ou moins aux types que l'on vient de décrire, et qui sont caractérisés par une carcasse en bois très résistante, réunie par des entretoises horizontales, consolidée par un bracon et des écharpes.

On peut citer à titre de curiosité la disposition spéciale adoptée sur un certain nombre d'écluses du canal de la Marne au Rhin, et qui n'a pas été adoptée ailleurs.

On a fixé du côté d'amont sur une carcasse en bois une vaste plaque en tôle, remplaçant le bordage et reliée aux cadres et aux entretoises par des vis à becs et des boulons. De fortes équerres en bois rattachent les entretoises aux poteaux.

Le bord rigide en tôle constitue, du côté de l'amont, la liaison diagonale ; sur la face aval, on a disposé une écharpe analogue à celle que l'on trouve pour les portes du canal de l'Est.

179. Portes busquées mixtes. — Les portes mixtes proprement dites se composent d'une carcasse et d'entretoises métalliques, sur lesquelles on fixe un bordage en bois.

Porte d'aval de l'écluse d'Ablon sur la haute Seine (fig. 223). — Les portes mixtes de l'écluse d'Ablon, construites en 1889 d'après les expériences de M. l'inspecteur général Guillemain, constituent un type classique qu'il est intéressant de décrire.

Largeur de l'écluse, 12 mètres ; hauteur du couronnement du bajoyer au-dessus du busc, $4^m,90$; chute normale, $1^m,84$; mouillage sur le busc, $2^m,01$; largeur de chaque vantail, $6^m,83$; hauteur, $4^m,85$.

Cadre formé de quatre poutres en ⊥ de 0^m,40 de hauteur totale.

Entretoises supérieure et inférieure, poteau tourillon et busqué : âme $\frac{384}{8}$; quatre cornières de $\frac{80 \times 80}{10,5}$, semelles de $\frac{300}{8}$.

Entretoise de soulagement verticale : âme $\frac{384}{8}$; quatre

Élevation d'un vantail vu d'aval   Coupe AB

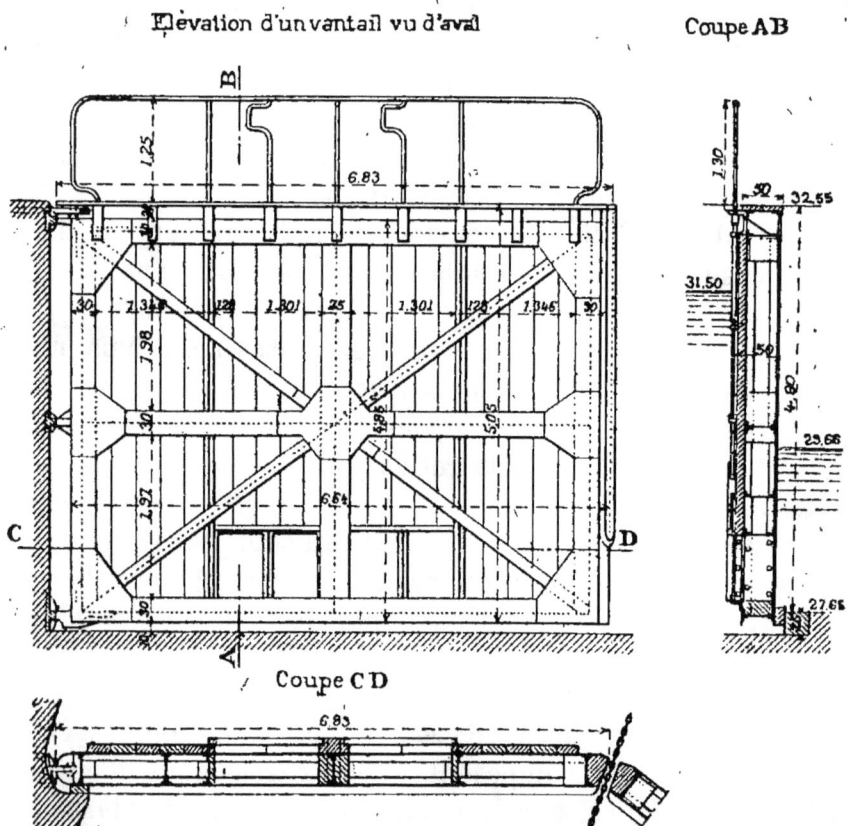

Coupe CD

Fig. 223. — Porte de l'écluse d'Ablon.

cornières de $\frac{100 \times 100}{11}$; semelles de $\frac{350}{8}$; cette entretoise

décompose le vantail en deux panneaux, qui sont à leur tour divisés chacun en deux par une poutre horizontale formée d'une âme de $\frac{384}{8}$; de quatre cornières de $\frac{60 \times 60}{8}$, et de

deux semelles de $\frac{300}{8}$.

Ces quatre nouveaux cadres sont soutenus en leur milieu par quatre poutres verticales formées de simples cornières de $\frac{60 \times 60}{8}$ réunies par un treillis. La carcasse métallique est consolidée aux quatre angles par de forts goussets, par un bracon et une double écharpe.

Le bordage est formé de madriers de chêne verticaux de $0^m,10$ d'épaisseur.

Les fourrures des poteaux tourillon et busqué sont entaillées pour livrer passage à la chaîne du touage.

Deux vannes manœuvrées au moyen de vilebrequins ont chacune une largeur de $0^m,60$ et une hauteur de $0^m,80$. La surface libre pour le passage de l'eau est de $1^{mq},96$ par vantail.

La passerelle de service de $0^m,50$ de largeur est supportée par des consoles métalliques et constituée par des madriers en chêne.

Porte d'aval d'une écluse sur le canal de l'Aisne à la Marne. — Largeur de l'écluse, $5^m,20$; hauteur du couronnement des bajoyers au-dessus du busc, $4^m,992$; chute variable entre $2^m,67$ et $2^m,71$; mouillage sur le busc, $2^m,072$.

Largeur de chaque vantail, $3^m,198$; hauteur, $5^m,04$ (*fig.* 224).

La porte étant plus haute que large, l'entretoise de soulagement est horizontale ; elle divise le vantail en deux vantaux, chacun d'eux étant soutenu en son milieu par une pièce horizontale et une pièce verticale.

Les pièces horizontales et verticales de l'ossature sont composées de fers I formés par une âme de $\frac{224}{8}$, quatre cornières de $\frac{80 \times 80}{8}$; et des semelles de $\frac{168}{8}$. Une double écharpe de $\frac{160}{8}$ et de forts goussets en tôle consolident le système.

Le bordage en madriers de chêne verticaux a $0^m,06$ d'épaisseur.

Une ventelle à jalousie en fer et fonte offre à l'eau une surface libre de $0^m,7292$; elle est manœuvrée au moyen d'un cric.

La passerelle de service de $0^m,50$ de largeur est formée

de madriers en bois de chêne soutenus par des consoles métalliques.

Coupe AB

Elévation d'un vantail vu d'aval

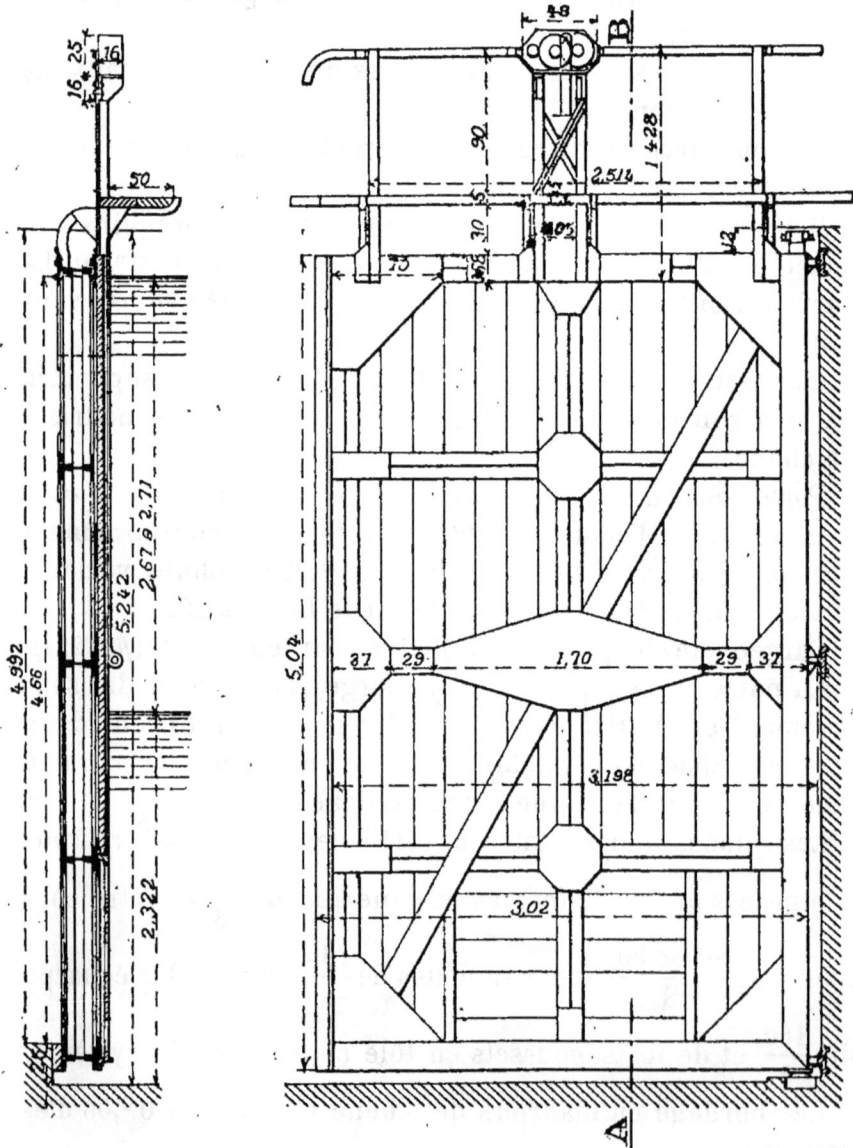

FIG. 224. — Porte d'écluse sur le canal de l'Aisne à la Marne.

Porte d'amont de l'écluse de Monéteau sur l'Yonne (fig. 225).
— Largeur de l'écluse, 10m,50; hauteur du couronnement

des bajoyers au-dessus du busc, 3^m,96 ; chute normale, 1^m,82 ; mouillage sur le busc, 3^m,43.

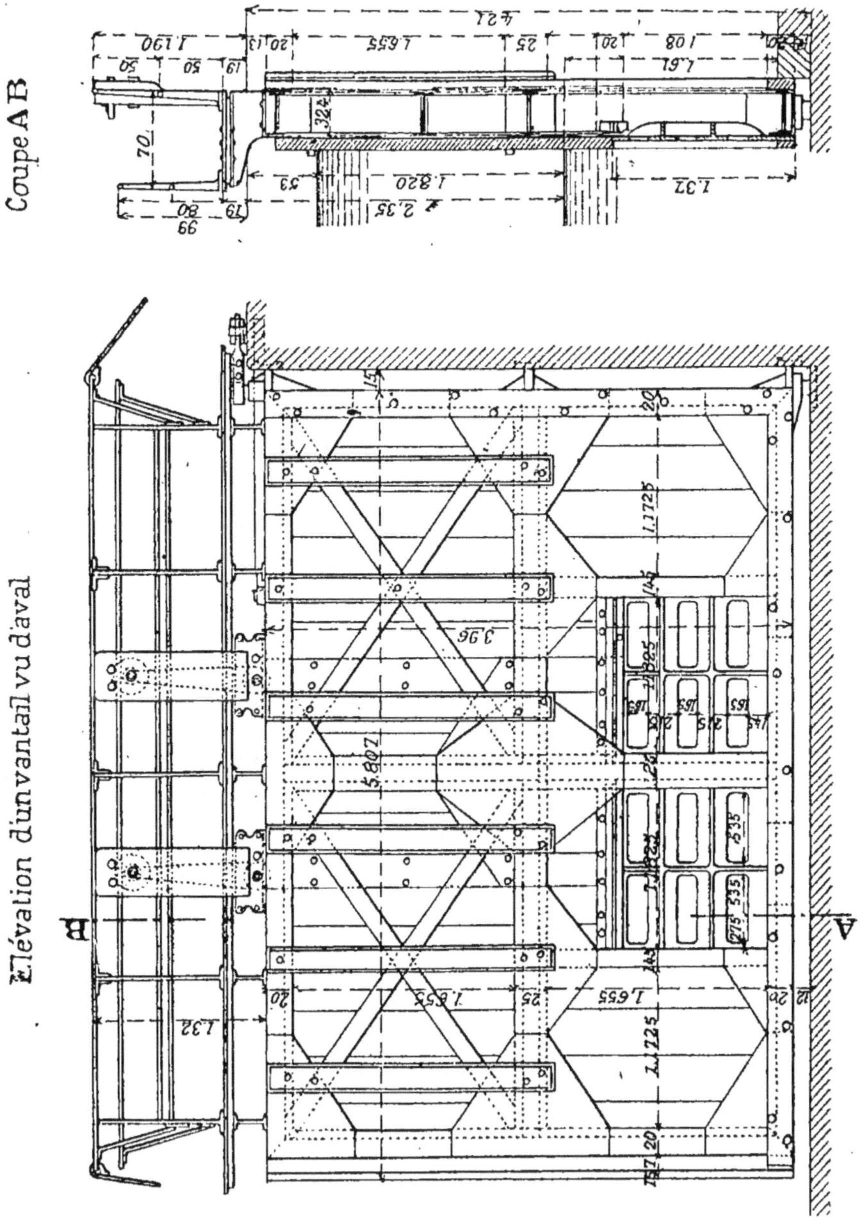

Fig. 225. — Porte de l'écluse de Monéteau sur l'Yonne.

Largeur de chaque vantail, 5^m,957 ; hauteur, 3^m,960. Ossature en acier composée en dehors du cadre d'une entretoise de soulagement verticale et d'une entretoise horizontale. Ces deux pièces décomposent le vantail en quatre panneaux : les deux inférieurs étant traversés en leur milieu par des fers à I verticaux ; les deux supérieurs étant consolidés par un bracon et une écharpe double. Les fers à I ont un équarrissage de $\dfrac{300 \times 145}{11 \times 10}$.

Le bordage, en madriers de chêne verticaux, a $0^m,05$ d'épaisseur.

Les ventelles à jalousie en fonte offrent au passage de l'eau une surface de $1^{mq},0593$ et sont manœuvrées au moyen de crics.

La passerelle de service, de $0^m,70$ de largeur, est entièrement métallique.

Porte d'aval de l'écluse de Jussy sur le canal de Saint-Quentin. — Largeur de l'écluse, 6 mètres ; hauteur du couronnement des bajoyers au-dessus du busc, $6^m,30$; chute normale, $3^m,20$; mouillage sur le busc, $2^m,50$.

Largeur de chaque vantail, $3^m,617$; hauteur, $6^m,805$ (*fig.* 226).

Poteau-tourillon busqué et entretoise inférieure formés de fer à I de $\dfrac{300 \times 145}{11}$; entretoise supérieure de $0^m,25$ de hauteur constituée par deux fers à C de $\dfrac{250 \times 80}{10}$ tournant leurs branches l'un vers l'autre et solidement entretoisés. Entretoises horizontales intermédiaires au nombre de huit, constituées à la partie inférieure par des fers à C de même échantillon que l'entretoise supérieure, à la partie supérieure par des I de $\dfrac{300 \times 145}{11}$.

Les entretoises inférieures sont distantes de $0^m,24$; l'espacement des entretoises va en augmentant de bas en haut.

L'ossature métallique est consolidée par un bracon de $\left(\text{fer à } \mathrm{U} \text{ de } \dfrac{200 \times 7}{8,5}\right)$ et une écharpe $\left(\text{fer plat de } \dfrac{180}{8}\right)$.

Le bordage, en madriers verticaux de $0^m,07$ d'épaisseur, affleure le parement amont du cadre. Les madriers sont discontinus et fixés par chaque extrémité sur des longrines en bois soutenues par des tasseaux en métal fixés aux différentes entretoises intermédiaires.

L'épaisseur de la porte est réduite autant que possible par la suppression de toute fourrure entre le vantail et les maçonneries, contre le chardonnet et le busc.

Elévation d'un vantail vu d'aval   Coupe A B

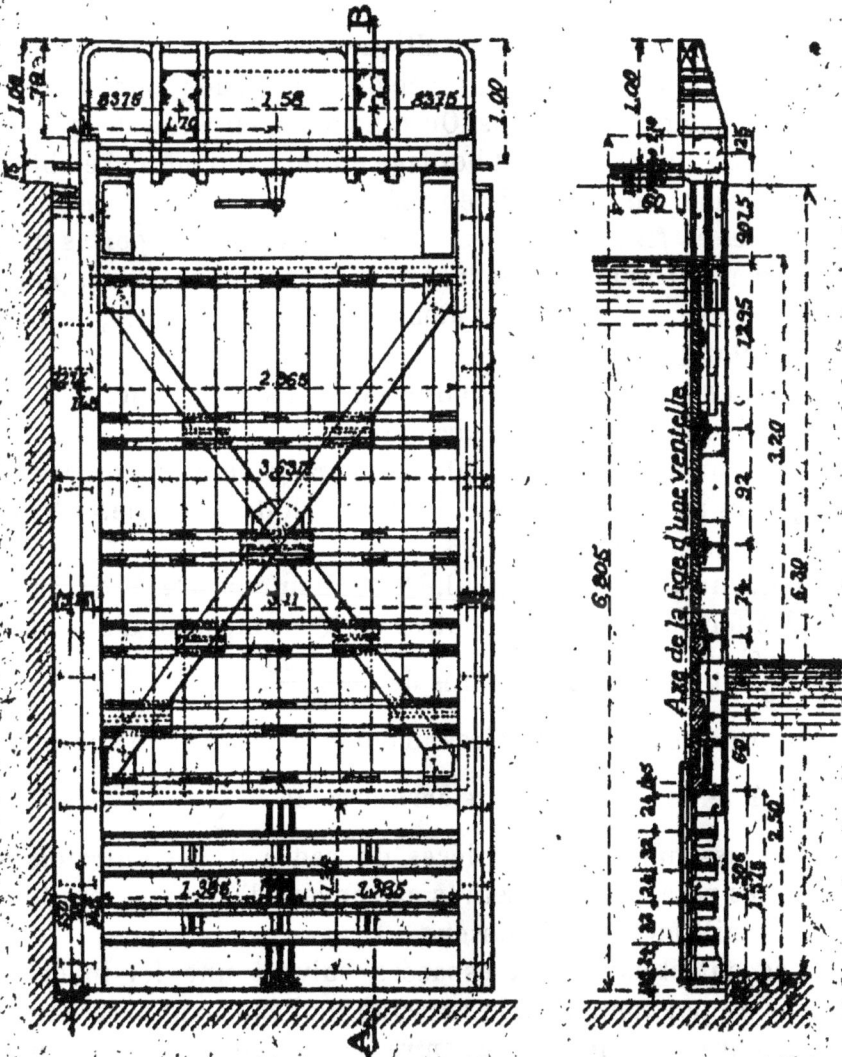

Fig. 226. — Porte de l'écluse de Jussy sur le canal de Saint-Quentin.

La pression du vantail contre les bajoyers est reportée par un poteau tourillon en bois, qui est boulonné sur le montant en fer correspondant.

La porte est munie d'une double ventelle à jalousie d'une

surface de $1^m,9944$ dont les parties pleines sont constituées par les entretoises inférieures.

La passerelle de service, en bois de sapin, fixée par des consoles à la partie inférieure de l'entretoise supérieure a $0^m,60$ de largeur.

180. Portes busquées métalliques. — Les portes entièrement métalliques sont en usage depuis fort longtemps sur le réseau navigable français. On rencontre, en effet, des portes avec ossature en fonte et bordage en tôle, qui ont été établies sur le canal du Nivernais en 1828.

Portes en fer de la Marne. — Sur la Marne, les portes métalliques ferment des écluses de $7^m,80$ d'ouverture, dont quelques-unes, celles de Charenton et de Neuilly, à très forte chute (4 à 5 mètres).

On décrira celles de Charenton, construites en 1864 et répondant aux données suivantes :

Largeur de l'écluse, $7^m,80$; hauteur du couronnement des bajoyers au-dessus du busc, $7^m,80$; chute normale, $4^m,25$; mouillage sur le busc, $2^m,05$.

Largeur de chaque vantail, $4^m,57$; hauteur, $7^m,76$ (*fig.* 227). Cadre formé par quatres poutres en $\mathbf{I}$, composées d'une âme de $\dfrac{300}{9}$ et de quatre cornières de $\dfrac{70 \times 70}{9}$.

Entretoises intermédiaires au nombre de dix en forme de $\mathbf{I}$ avec âme de $\dfrac{300}{8}$ bordée de cornières de $\dfrac{60 \times 60}{8}$.

Les assemblages des pièces du cadre et des entretoises avec les poteaux sont assurés au moyen d'équerres en tôle de 12 millimètres d'épaisseur.

Les entretoises sont espacées suivant une loi inversement proportionnelle à la pression de l'eau, sauf à la partie inférieure, où les deux entretoises extrêmes sont distantes de $0^m,50$ pour donner aux ventelles une hauteur suffisante.

Le bordage est formé de cinq feuilles de tôle de 4 millimètres d'épaisseur posées verticalement et rivées entre elles, ainsi qu'au cadre et aux entretoises sur la face amont. Il donne aussi une grande rigidité au système et empêche

Elévation d'un vantail vu d'aval

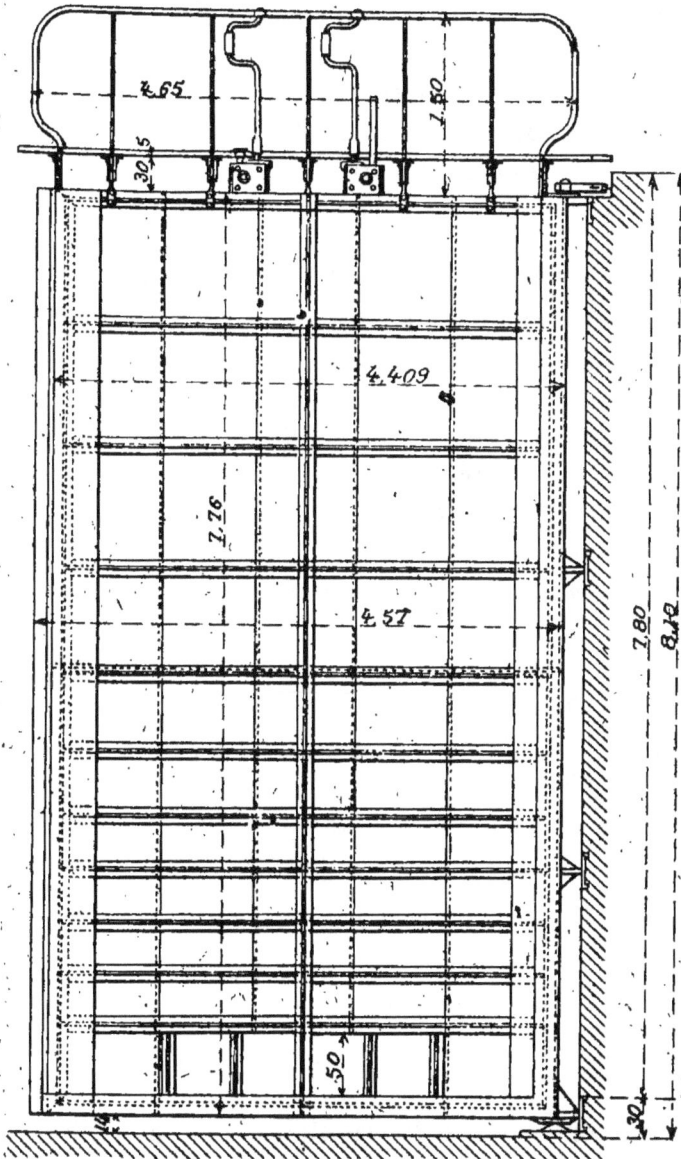

Coupe horizontale

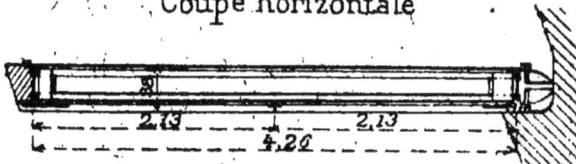

Fig. 227. — Porte en fer de Charenton.

toute déformation dans le sens vertical ; cette consolidation est renforcée sur la face aval par deux larges feuilles en tôle appliquées près des poteaux et un fer à **T** central qui rendent les entretoises solidaires, et les préservent du gauchissement sur les efforts longitudinaux.

Le poteau tourillon, en forme de **I**, porte à l'extérieur quatre disques en fonte, qui reportent sur les bajoyers la poussée de l'eau, lorsque la porte est fermée.

Le poteau busqué, comprend une pièce de bois enchâssée entre les ailes du **I** et entaillée à la demande.

Des fourrures en bois sont interposées entre le vantail et les maçonneries, tout le long du chardonnet et du busc pour assurer l'étanchéité du système.

Les ventelles, constituées par des vannes pleines de $1^{mq},05$, sont manœuvrées par des crics.

La passerelle de service, de $0^m,60$ de largeur, est formée par un plancher en bois supporté par des consoles en fer.

Porte d'aval d'une écluse à grande chute du canal du Centre. — Largeur de l'écluse, $5^m,20$; hauteur du couronnement des bajoyers au-dessus du busc, $8^m,20$; chute, $5^m,20$; mouillage sur le busc, $2^m,20$.

Largeur de chaque vantail, $3^m,029$; hauteur, $8^m,092$ (*fig.* 228). L'ossature entièrement en acier doux comprend :

1° Un cadre formé par quatre poutres en **I**, assemblées au moyen d'équerres en tôle. Poteaux tourillon et busqué : âme de $\dfrac{360}{9}$ avec quatre cornières de $\dfrac{70 \times 70}{9}$; entretoises

supérieure et inférieure : âme de $\dfrac{360}{6}$ avec quatre cornières

de $\dfrac{65 \times 65}{8}$.

2° Huit entretoises horizontales intermédiaires en **I**, composées d'une âme de $\dfrac{360}{8}$ et de quatre cornières $\dfrac{65 \times 65}{8}$, espacées de manière à supporter sensiblement la même charge et reliées entre elles par une entretoise verticale. Le bordage en dix-huit plaques de tôles de fer embouties, bombées vers l'amont, de 7 millimètres d'épaisseur et de 7 centimètres de flèche, rivées sur la face amont de l'ossature en

Elevation d'un vantail vu d'aval   Coupe ABCD

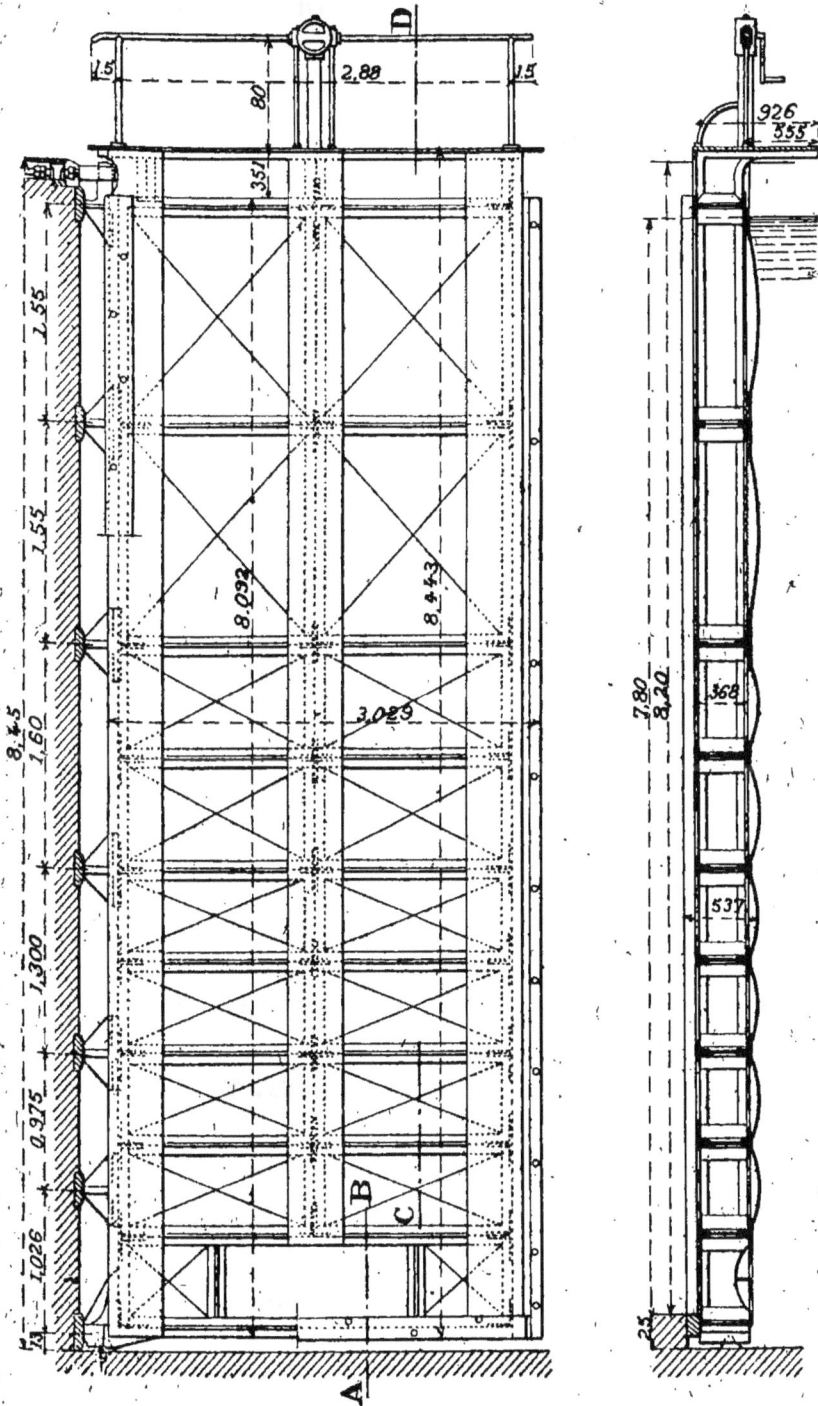

FIG. 228. — Porte d'écluse à grande chute du canal du Centre.

acier; elle ne prend sous la charge aucune déformation sensible.

Le système est consolidé sur la face aval par trois bandes de tôle de $\frac{400}{8}$ appliquées contre les poteaux tourillon et busqué et l'entretoise verticale.

La pression du vantail est reportée contre le fond de l'enclave par sept disques en fonte sur des plaques de friction.

L'étanchéité du vantail est obtenue par l'interposition de fourrures en bois entre les vantaux et les maçonneries, tout le long des chardonnets et du busc.

Le poteau busqué est constitué comme à l'écluse de Charenton par une pièce en bois, enchâssée entre les ailes du fer à $\mathbf{I}$ et entaillée à la demande.

On a ménagé, à la partie inférieure de chaque vantail, entre l'entretoise inférieure et la suivante, une baie rectangulaire de 1^m,327 de largeur sur 0^m,512 de hauteur, formée au moyen d'une vanne à jalousie en fonte.

La passerelle de service entièrement métallique a une largeur de 0^m,926, dont 0^m,555 en amont, et 0^m,371 en aval du garde-corps.

Tout le métal, mis en œuvre sur les portes du canal du Centre, est galvanisé.

Porte d'aval de l'écluse de Varennes sur la haute Seine. — Largeur de l'écluse, 12 mètres ; hauteur du couronnement des bajoyers au-dessus du busc, 4^m,40 ; chute normale, 1^m,42 ; mouillage sur le busc, 2 mètres.

Largeur d'un vantail, 6^m,837 ; hauteur, 4^m,35 (*fig.* 229).

L'ossature en acier comprend :

1° Le cadre formé de quatre poutres assemblées au moyen de simples cornières : poteau tourillon en $\mathbf{L}$ de $\frac{350 \times 150}{10}$; avec cornières de $\frac{70 \times 70}{7}$ aux angles intérieurs ; poteau busqué en $\mathbf{I}$ avec âme de $\frac{330}{10}$, avec quatre cornières de $\frac{70 \times 70}{7}$ et deux semelles de $\frac{200}{10}$; entretoise supérieure en $\mathbf{I}$

avec âme de $\frac{330}{10}$, quatre cornières de $\frac{90 \times 90}{9,75}$ et deux

Coupe A B

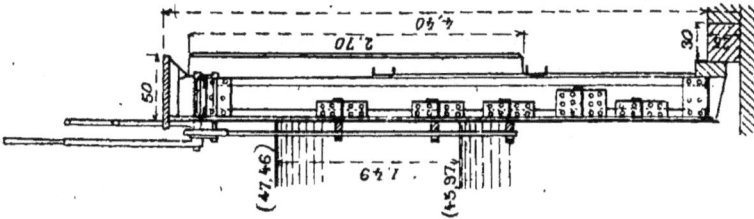

Élévation d'un vantail vu d'aval

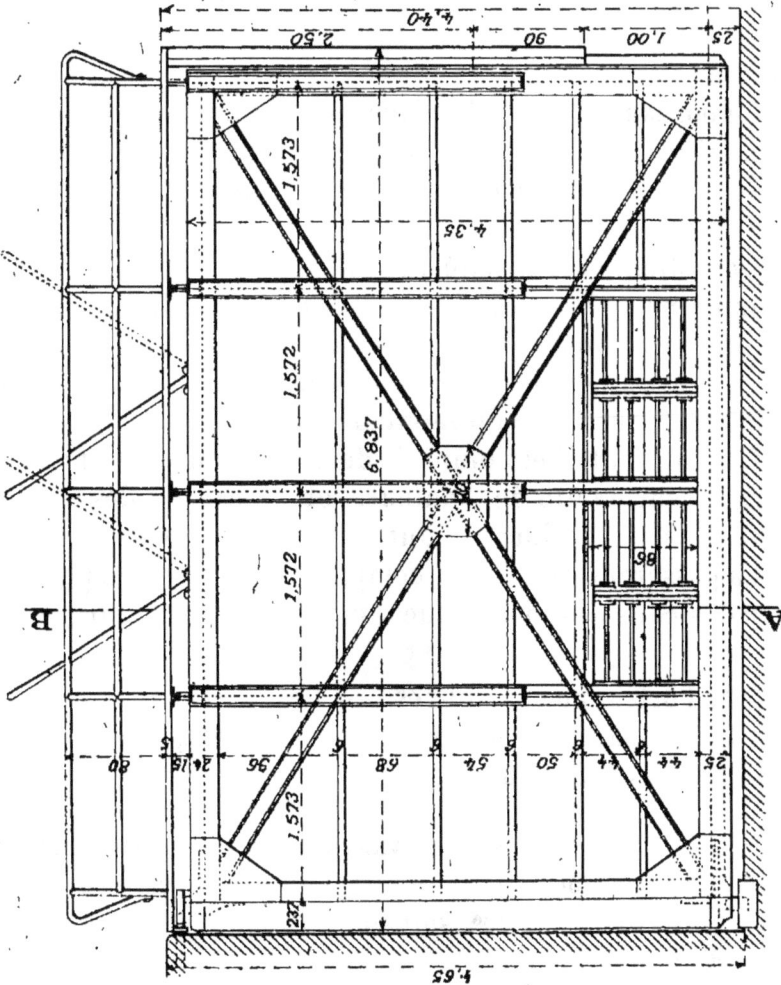

Fig. 229. — Porte de l'écluse de Varennes sur la haute Seine.

semelles de $\frac{240}{10}$; entretoise inférieure en $\mathbf{I}$, avec âme de

$\frac{330}{10}$, quatre cornières de $\frac{70 \times 70}{7}$ et deux semelles de 10 millimètres d'épaisseur, ayant respectivement 0^m,20 de largeur à l'amont et 0^m,25 à l'aval;

2° Les entretoises verticales, au nombre de trois, divisant le cadre en quatre panneaux, en forme de **I** avec âme de $\frac{330}{7}$ et cornières de $\frac{70 \times 70}{7}$, et reliées par cinq membrures horizontales (**⊔** de 60 millimètres de largeur) pour soutenir le bordage ;

3° Deux pièces diagonales (**⊔** de 110 millimètres de largeur) pour consolider les angles du cadre à l'aval et relier les entretoises entre elles.

Le bordage est en tôle plane de 7 millimètres d'épaisseur. Les pièces de l'ossature sont garanties contre les chocs des bateaux par des fourrures disposées contre les faces aval des entretoises.

On obtient l'étanchéité du système au moyen de fourrures comme pour les portes précédemment décrites ; le poteau busqué est constitué de la même manière, mais le poteau tourillon est complété par une fourrure en bois, solidement boulonnée sur l'âme du montant vertical.

Chaque vantail est muni de deux ouvertures de 1^m,632 de largeur sur 0^m,915 de hauteur, obturées par des ventelles transversales à jalousie d'une surface libre totale de 1^m,9308.

La passerelle de service, composée de madriers en bois fixés sur des consoles métalliques, mesure 0^m,50 de largeur.

181. Portes non busquées. — Les portes non busquées, dont la plupart ont été établies récemment, peuvent être à un ou à deux vantaux.

PORTES NON BUSQUÉES A UN VANTAIL. — Les portes non busquées se composent généralement d'un vantail unique, pouvant tourner de 90°, soit autour d'un axe vertical, soit autour d'un axe horizontal.

Les premières s'effacent dans une enclave ménagée dans un des bajoyers ; quand la porte est fermée, le vantail s'appuie d'un côté sur le chardonnet, de l'autre sur une feuillure verticale pratiquée sur le bajoyer opposé, enfin sur le busc, qui est rectiligne.

Dans le second cas, c'est-à-dire si l'axe est horizontal, la porte ouverte s'efface dans un logement ménagé dans le radier de la chambre de la porte ; la porte fermée s'appuie contre des feuillures verticales ou voisines de la verticale, disposées dans l'un et l'autre bajoyer, et aussi contre la saillie rectiligne, qui remplace le busc.

En dehors de ces deux cas, on peut citer : les portes levantes ou à guillotine, assimilables aux vannes, que l'on étudiera en parlant des ascenseurs et des plans inclinés ; les portes à translation horizontale, glissantes ou roulantes, enfin les bateaux-portes usités dans les ports maritimes.

PORTÉS NON BUSQUÉES A UN VANTAIL TOURNANT AUTOUR D'UN AXE VERTICAL. — *Ancienne porte du petit sas de l'écluse du Haut-Pont sur l'Aa.* — Largeur de l'écluse, 4 mètres ; hauteur du couronnement des bajoyers au-dessus du busc, $3^m,76$; chute normale, $1^m,51$; mouillage sur le busc aval, $1^m,53$.

Largeur totale du vantail, $4^m,53$; hauteur, $3^m,77$ (*fig.* 230). L'ossature du vantail en bois comprend :

1° Un cadre composé : pour le poteau tourillon de pièces de $\frac{0,35}{0,30}$; pour le poteau busqué et les entretoises supérieure et inférieure de $\frac{0,30}{0,30}$;

2° Des entretoises horizontales intermédiaires, au nombre de deux, de $\frac{0,30}{0,30}$ d'équarrissage, divisant le cadre en deux panneaux de hauteur sensiblement égale ;

3° Un bracon continu de $\frac{0,30}{0,30}$ d'équarrissage.

Le bordage discontinu de $0^m,05$ d'épaisseur est formé de madriers parallèles au bracon. Ses assemblages sont consolidés au moyen d'écoinçons en fonte et une bride en fer.

Une ouverture de $1^m,10$ de largeur sur $0^m,90$ de hauteur est fermée par une ventelle à jalousie entièrement en fonte d'une surface totale de 0^{mq},5088. La manœuvre s'effectue au moyen d'un levier.

Elévation vue d'aval   Coupe AB

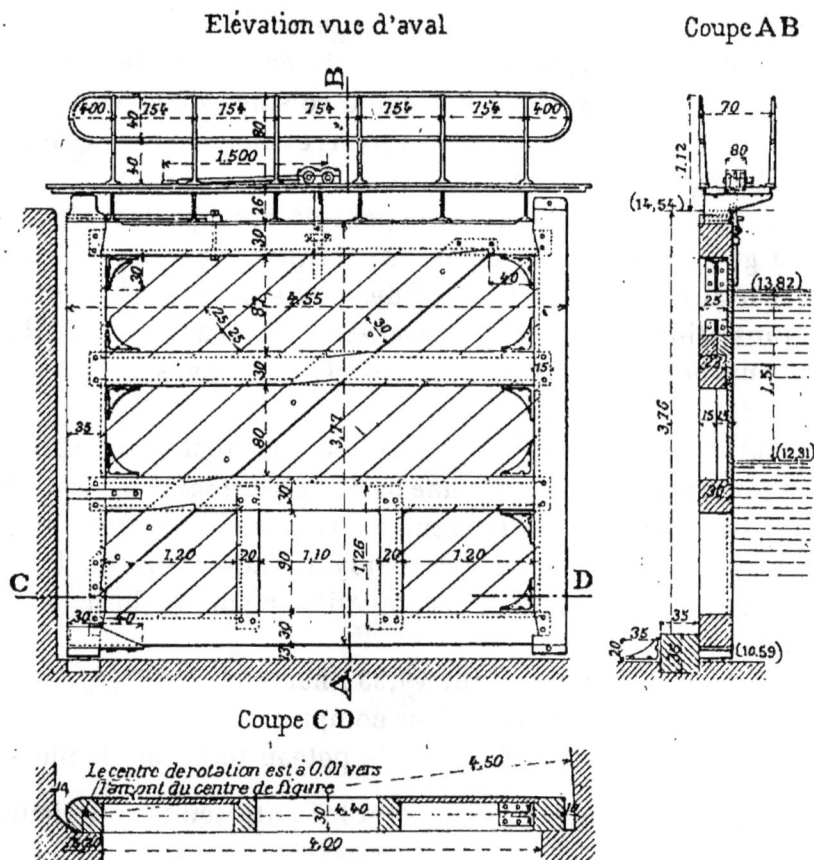

Coupe C D

Fig. 230. — Ancienne porte de l'écluse du Haut-Pont sur l'Aa.

La passerelle, entièrement métallique, mesure 0^m,70 de largeur.

Porte d'aval d'une écluse de la dérivation de la Scarpe autour de Douai. — Largeur de l'écluse, 6 mètres; hauteur du couronnement des bajoyers au-dessus du busc, 7^m,60; chute, 4^m,10; mouillage sur le busc, 2^m,50.

Largeur du vantail, 6^m,64; hauteur, 7^m,60 (*fig.* 231).

L'ossature en fer comprend :

1° Le cadre formé de poutres en $\mathbf{I}$ avec âme de $\dfrac{360}{5}$, quatre cornières de $\dfrac{150 \times 150}{15}$ et quatre semelles de $\dfrac{400}{10}$;

2° Une entretoise de soulagement horizontale en forme de

Elévation vue d'amont

Coupe AB

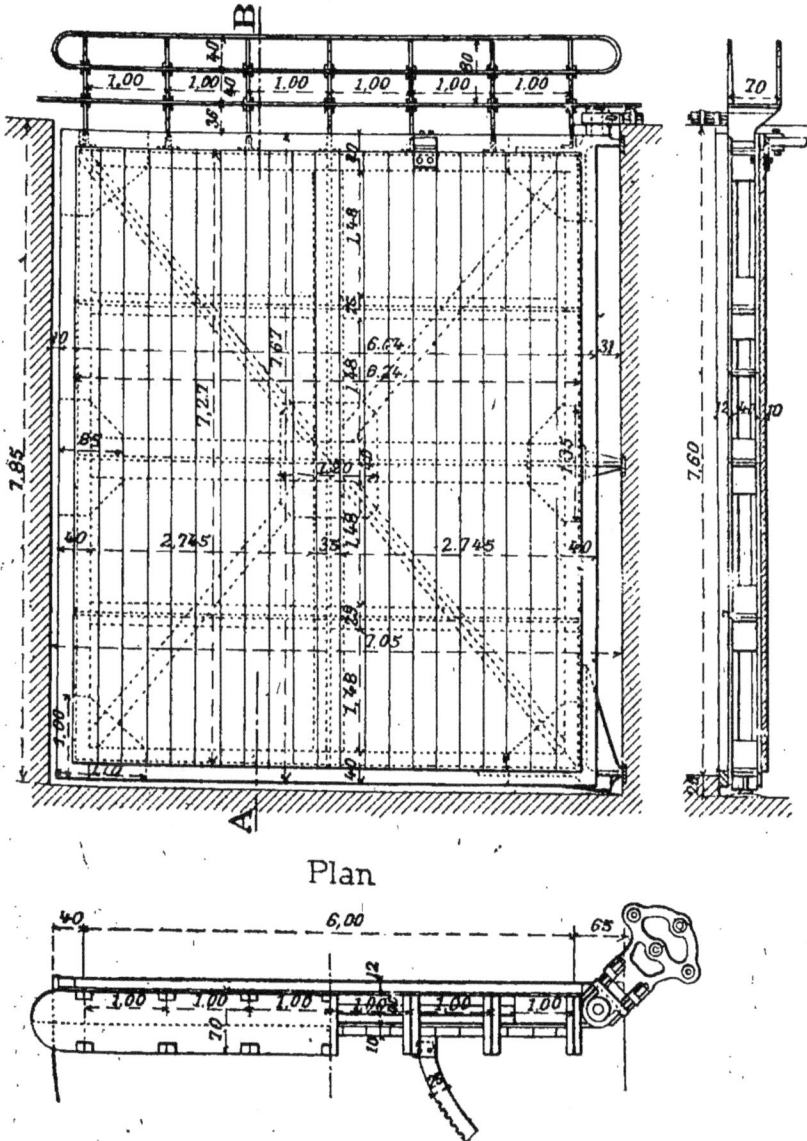

Plan

Fig. 231. — Porte d'écluse de la dérivation de la Scarpe.

$\mathbf{I}$ avec âme de $\dfrac{360}{15}$, quatre cornières de $\dfrac{150 \times 150}{15}$, cinq semelles de $\dfrac{450}{20}$, deux vers l'amont, trois vers l'aval ;

Une entretoise verticale, divisant les deux panneaux ainsi obtenus, en quatre autres et formée par un $\mathbf{I}$ avec âme de $\frac{360}{150}$. quatre cornières de $\frac{100 \times 100}{10}$ et quatre semelles de $\frac{350}{10}$;

Deux entretoises horizontales intermédiaires, divisant en deux parties égales les panneaux ainsi obtenus, et composées par un $\mathbf{I}$, avec âme de $\frac{380}{10}$, quatre cornières de $\frac{80 \times 80}{10}$ et deux semelles de $\frac{250}{10}$.

Les assemblages sont consolidés au moyen d'équerres en tôle; un bracon et une double écharpe complètent le système.

Le bordage de madriers en chêne verticaux a $0^m,10$ d'épaisseur. Des fourrures en bois de $0^m,12$, appliquées sur les poteaux et sur l'entretoise inférieure, assurent l'étanchéité.

Le vantail ne comporte aucune ventelle; la passerelle entièrement métallique a $0^m,70$ de largeur.

Porte d'aval du grand sas de l'écluse du canal de Saint-Denis. — Largeur de l'écluse, $8^m,20$; hauteur du couronnement des bajoyers au-dessus du busc, $13^m,92$; chute, $9^m,92$; mouillage sur le busc, $3^m,50$.

Largeur du vantail, $8^m,75$, non compris la saillie des pièces qui composent la crapaudine et le pivot, $9^m,455$ toutes saillies comprises; hauteur, $10^m,24$ (*fig.* 232). On a vu plus haut que les deux bajoyers sont réunis vers l'aval par un masque en maçonnerie, contre lequel vient s'appuyer la partie supérieure du vantail, ce qui a permis de réduire la hauteur de la porte.

Le cadre entièrement en fer comprend :

1° Un cadre formé de $\mathbf{I}$, avec âme, quatre cornières et des semelles en nombre variable, ayant pour les poteaux tourillon et busqué une hauteur de $0^m,826$ avec des semelles de $0^m,45$ de largeur; pour les entretoises supérieure et inférieure, $0^m,802$ de hauteur avec des semelles de $0^m,40$;

2° Les entretoises horizontales intermédiaires, au nombre de cinq, espacées inégalement pour assurer à peu près le même travail dans chaque travée; leur hauteur étant de $0^m,802$ avec semelles de $0^m,45$;

Elévation d'amont (bordage enlevé)

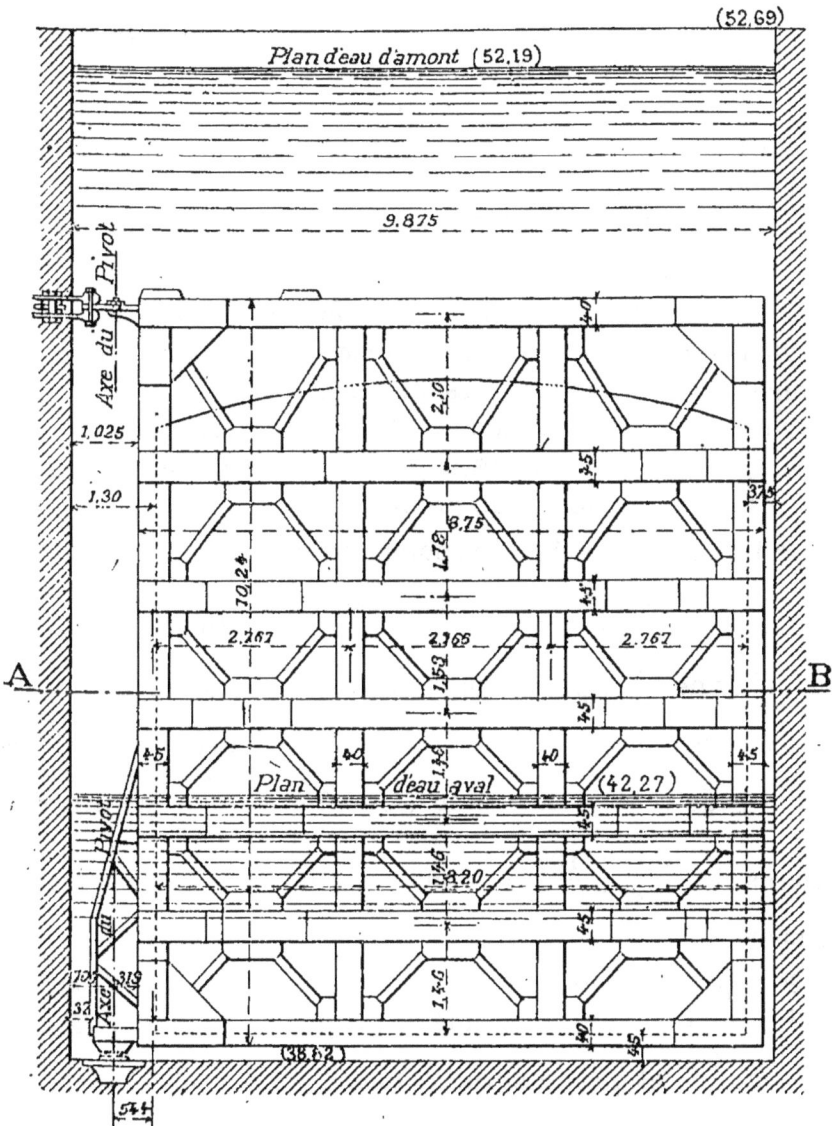

(52,69)

Plan d'eau d'amont (52,19)

Coupe AB

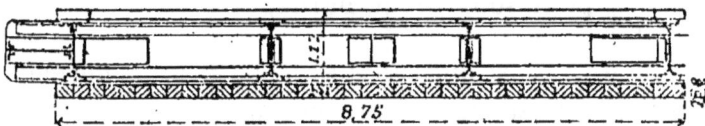

FIG. 232. — Porte de l'écluse du canal de Saint-Denis.

Des entretoises verticales, au nombre de deux de $0^m,826$ de hauteur avec semelles de $0^m,40$, qui relient toutes les pièces du système;

Enfin des fers à ⊔ sur chaque face, qui contreventent les éléments de chaque panneau.

Le bordage de $0^m,188$ d'épaisseur est formé de madriers verticaux boulonnés sur le cadre et les cinq entretoises horizontales intermédiaires.

Des fourrures en bois assurent l'étanchéité du vantail, qui ne comporte ni ventelles, ni passerelle de service.

Porte aval de la nouvelle écluse de Port-à-l'Anglais sur la haute Seine. — Largeur de l'écluse, 12 mètres ; hauteur du couronnement des bajoyers au-dessus du busc, $7^m,20$; chute normale, $2^m,66$; mouillage sur le busc, $3^m,20$.

Largeur du vantail, $13^m,15$; hauteur, $7^m,15$ (*fig.* 233).

L'ossature en acier comprend :

1° Un cadre formé : par le poteau tourillon d'un ⊔ de $0^m,70$ avec âme de $\dfrac{676}{10}$. deux cornières de $\dfrac{100 \times 100}{10,75}$ et deux semelles de $\dfrac{210}{12}$; puis le montant extrême correspondant au poteau busqué par les entretoises supérieure et inférieure d'un ⊥ de 1 mètre de hauteur, une âme de $\dfrac{976}{10}$, quatre cornières de $\dfrac{100 \times 100}{10,75}$ et deux semelles de 12 millimètres d'épaisseur;

2° Sept entretoises verticales intermédiaires, divisant le cadre en huit panneaux de même largueur, formées de ⊥ avec âme de $\dfrac{976}{7}$ et quatre cornières de $\dfrac{70 \times 70}{7}$, et reliées sur leur face amont par des membrures horizontales ⊔ de $\dfrac{140 \times 65}{10,5 \times 5,5}$ pour soutenir le bordage;

3° Une entretoise horizontale en fer ⊥ de même échantillon que les entretoises inférieure et supérieure;

4° Quatre pièces de contreventement ⊔ de $\dfrac{250 \times 85}{15 \times 9}$ disposées sur la face aval, suivant les diagonales des deux moitiés de la partie haute du vantail.

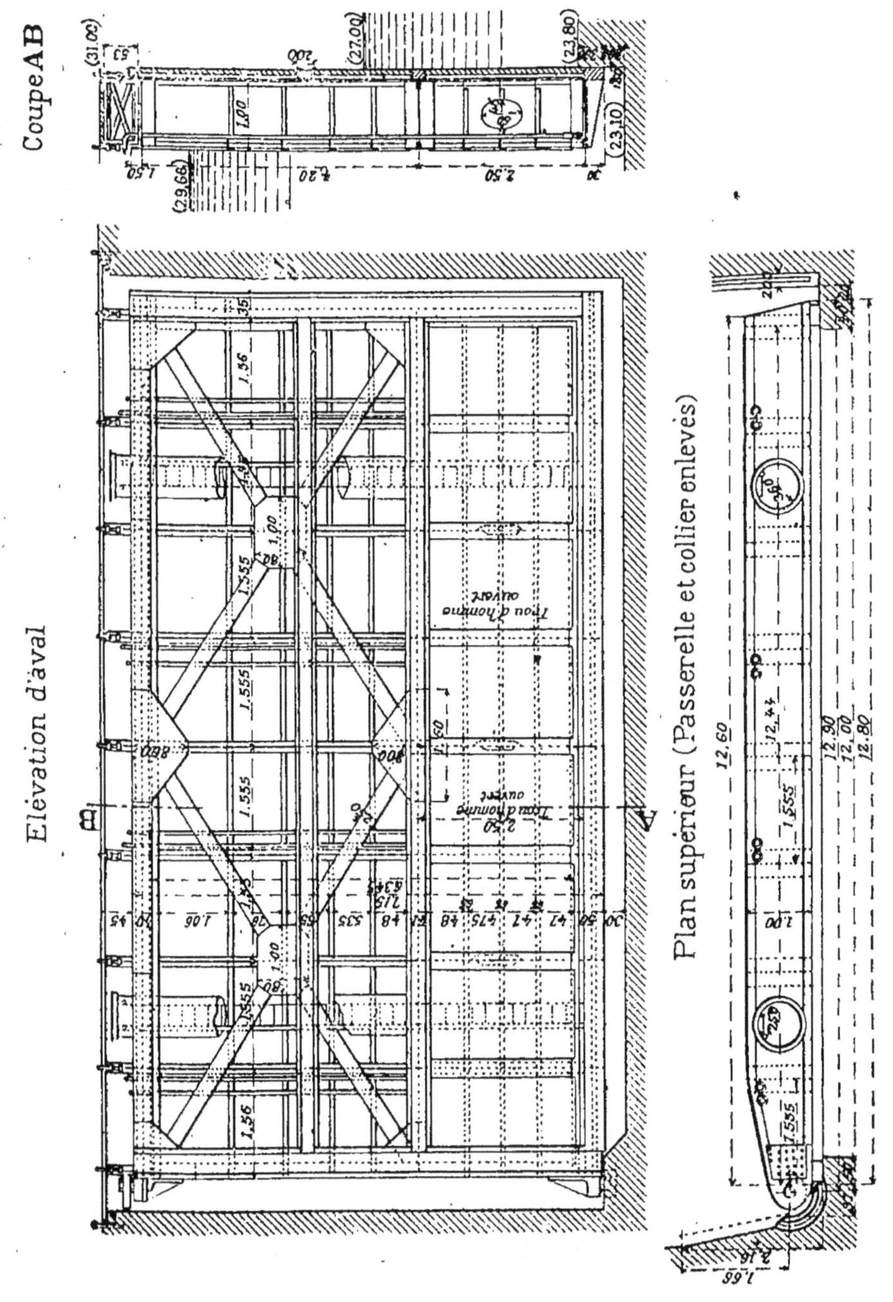

Fig. 233. — Porte de l'écluse de Port-à-l'Anglais.

Les bordages en tôle plane ont 7 millimètres d'épaisseur, des fourrures en bois le long des montants extrêmes, et de l'entretoise inférieure assurent l'étanchéité du vantail. La passerelle de service, composée de madriers en bois de chêne, fixés sur des consoles métalliques, mesure 1 mètre de largeur entre garde-corps.

La partie du bas, revêtue d'un bordage à l'amont comme à l'aval, forme des compartiments étanches qui permettent au vantail de flotter. Elle comprend huit compartiments, qu'on peut mettre en communication les uns avec les autres par des trous d'homme ménagés dans l'âme des montants intermédiaires. Une tuyauterie spéciale permet d'employer l'air comprimé pour en faire la vidange. On peut pénétrer dans ces compartiments au moyen d'une échelle logée dans un cylindre vertical en tôle de $0^m,60$ de diamètre intérieur.

Le remplissage et la vidange du sas s'effectuent au moyen de vannes cylindriques basses de $1^m,80$ de diamètre ; les manœuvres d'ouverture et de fermeture des portes se font au moyen d'arcs dentés commandés par des turbines utilisant la chute de l'écluse.

PORTES NON BUSQUÉES A UN SEUL VANTAIL TOURNANT AUTOUR D'UN AXE HORIZONTAL. — *Portes américaines à rabattement.* — M. l'inspecteur général Malézieux a signalé cette disposition comme adoptée aux États-Unis, notamment aux écluses du canal Erié, au moment d'une mission qu'il a accomplie en 1870.

Largeur du sas, $5^m,80$; hauteur totale des bajoyers audessus du plancher de fondation, $6^m,10$.

Un avant-mur en maçonnerie de $1^m,52$ d'épaisseur, arasé à $0^m,23$ en contre-bas du plafond du bief supérieur, précède un grand coffre en charpente, sur lequel la porte est adaptée et se rabat (*fig.* 234). La partie supérieure forme le radier de la chambre de la porte, la partie inférieure constitue le mur de chute.

La porte est redressée au moyen d'une chaîne sans fin, fixée à la tête de la porte, passant sur des poulies de renvoi et s'enroulant sur un treuil de manœuvre placé sur le bajoyer. La porte redressée reste un peu en deçà de la verticale, de telle sorte qu'elle retombe par son propre poids, dès que le sas est plein.

Coupe longitudinale sur tête

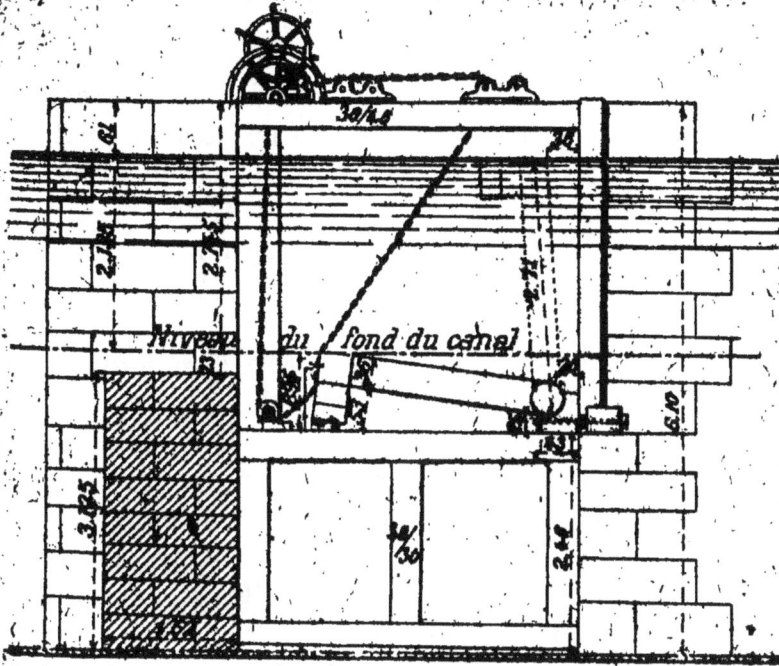

Niveau du fond du canal

Demi-plan (Porte fermée)   Demi-plan (Porte enlevée)

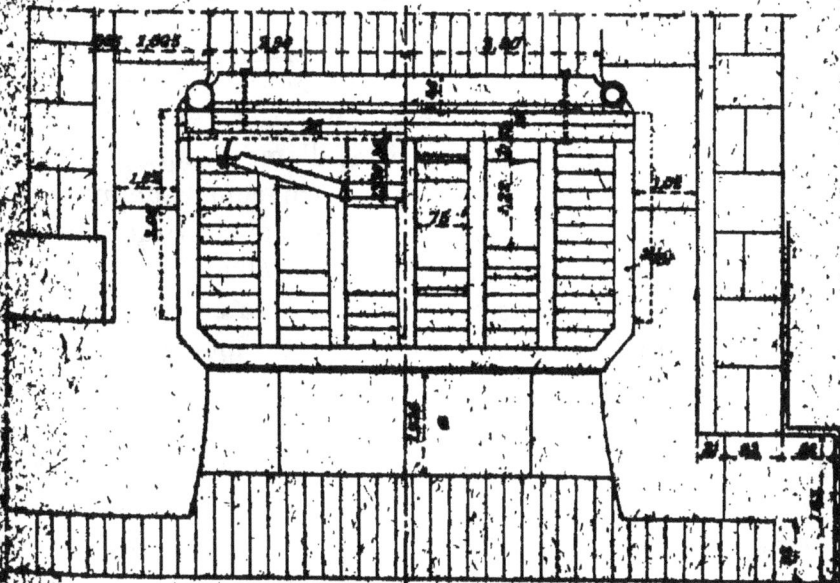

Fig. 234. — Porte américaine à rabattement.

Elle est constituée par un bâti rectangulaire de 6^m,40 de largeur sur 2^m,77 de hauteur, consolidé par sept montants et deux traverses, y compris celle qui forme charnière.

La traverse supérieure est renforcée de manière à constituer une sorte de poutre armée ou de forme basse. Le bâti reçoit un double platelage, entre lequel on dispose de la pierraille. La porte se ferme en s'appliquant sur des montants fixes à face plane. Elle ne s'applique pas sur le radier, quand elle est ouverte, laissant ainsi à découvert quatre orifices servant au remplissage du sas.

Ces orifices de 0^m,75 de largeur sur 1^m,22 de longueur, sont fermés par des vannes susceptibles de tourner autour d'un axe horizontal dirigé dans le sens de la longueur. Elles sont manœuvrées du haut des bajoyers au moyen de leviers, dont le mouvement se transmet, par des pignons et des crémaillères, à des tiges descendant dans l'enclave, et se reliant au bas, par des mouvements de sonnette, à autant de tiges horizontales, qui commandent séparément chacune des vannes.

La longueur de la chambre de la porte dépend uniquement de la hauteur de cette dernière, c'est-à-dire du mouillage, s'il s'agit d'une porte d'amont. Lorsque la porte est mobile autour d'un axe vertical, la longueur de la chambre doit excéder un peu la largeur du vantail qui croît avec l'ouverture de l'écluse. On peut donc être amené à choisir le type à rabattement pour les portes d'amont, lorsque la largeur de l'écluse est assez grande. On remarque aussi que dans ce type, le busc et les chardonnets disparaissent avec leur forme compliquée ; que la porte s'efface complètement et demeure à l'abri des chocs ; qu'enfin la composition d'un vantail unique plan et appuyé sur tout son pourtour est d'une construction courante et facile.

On peut objecter que l'axe de rotation est tout entier sous l'eau et demeure noyé ; que les dépôts, que les courants peuvent amener, viennent précisément se former à l'emplacement sur lequel la porte vient se rabattre. On aura donc à envisager ces éventualités et à en tenir compte dans l'établissement du projet.

Portes allemandes à rabattement du canal de l'Elbe à la

Trave. — Les ingénieurs allemands ont employé, sur le canal de l'Elbe à la Trave, la porte à rabattement à vantail unique pour la fermeture d'amont. Les écluses ont 12 mètres de largeur; le mouillage sur le busc est de 2^m,50.

Le vantail entièrement métallique forme un caisson à compartiments étanches, dont l'un placé à la partie supérieure, dit caisse à air peut être alternativement rempli d'air ou d'eau.

Si la caisse est remplie d'eau, le vantail, plus lourd que le volume d'eau qu'il déplace est couché, la porte est ouverte. Si on chasse l'eau et si on la remplace par de l'air, le vantail flotte et vient spontanément s'appliquer contre les feuillures : la porte est fermée. On pourra vider le sas; en même temps, la caisse à air se remplira d'eau, et la porte sera prête pour une nouvelle manœuvre. Quand le sas sera rempli de nouveau, la porte lestée se couchera sous l'action de son propre poids, et ainsi de suite.

L'air est comprimé à la pression d'une atmosphère et demie environ; cette compression est obtenue en utilisant la chute de l'écluse.

Ces ingénieuses dispositions, qui fonctionnent d'une manière très satisfaisante, sont dues à M. l'ingénieur Hottop, qui a combiné également le système de remplissage et de vidange du sas par siphonnement, ainsi qu'il a été expliqué plus haut.

On a appliqué le même dispositif à l'écluse de Troya sur la Moldau ; mais on a voulu manœuvrer la porte en la soulevant au moyen de chaînes actionnées par deux hommes, un sur chaque bajoyer. On a été obligé d'y renoncer, en raison de la difficulté que présentait la dernière partie de la manœuvre, quand la porte commence à sortir de l'eau, et on a été obligé de recourir à une action mécanique.

PORTES NON BUSQUÉES A DEUX VANTAUX. — Les portes non busquées à deux vantaux ressemblent complètement à des portes d'appartement à deux battants ; elles tournent, en effet, de 90° et se joignent sur l'axe de l'écluse au moyen d'une feuillure. De cette manière, on s'affranchit du buscage des vantaux et de ses inconvénients, et en même temps on réduit la longueur de l'enclave au minimum.

Écluse de Bourg-le-Comte sur le canal de Roanne à Digoin. — Largeur de l'écluse, 5m,20 ; hauteur du couronnement des bajoyers au-dessus du busc, 10m,29 ; chute normale, 7m,19 ; mouillage sur le busc aval, 2m,60.

Largeur totale du vantail, 3m,211 ; hauteur, 7m,292.

L'ossature et le bordage sont entièrement en fer.

La porte d'aval vient s'appuyer par le haut contre un masque métallique (*fig.* 235), qui réunit les deux bajoyers ; elle bute par sa partie inférieure contre le seuil rectiligne qui tient lieu du busc.

L'ossature du vantail comprend :

1° Un cadre, constitué par les montants extrêmes et les entretoises supérieure et inférieure, en forme de $\mathbf{I}$ avec âme de $\frac{500}{12}$, quatre cornières de $\frac{100 \times 100}{12}$ et semelles en nombre variable, de largeurs et d'épaisseurs différentes suivant les exigences de la résistance ou de l'assemblage des pièces ;

2° Un montant vertical intermédiaire de même forme et de même échantillon que les montants extrêmes ; les entretoises horizontales, inégalement espacées en forme de $\mathbf{I}$, constituées par des cornières de $\frac{70 \times 70}{10}$ réunies par un treillis en fers plats de $\frac{60}{10}$ et renforcées par des semelles.

L'ossature est renforcée par un bracon (poutre à treillis), des tendeurs $\left(\text{fers plats de } \frac{70}{12}\right)$, et par de solides goussets en tôle établis sur la face aval à la rencontre des montants et des entretoises extrêmes.

Le bordage est constitué par dix plaques en tôle emboutie, bombées vers l'amont, de 8 millimètres d'épaisseur et de 70 de flèche.

L'étanchéité de la porte est obtenue au moyen de fourrures en bois de $\frac{0,22}{0,10}$, qui règnent tout le long des montants et des entretoises extrêmes. La fourrure le long des montants extrêmes, côté opposé au tourillon, est entaillée à mi-bois pour former la feuillure de jonction.

Elévation d'un vantail

vue d'aval

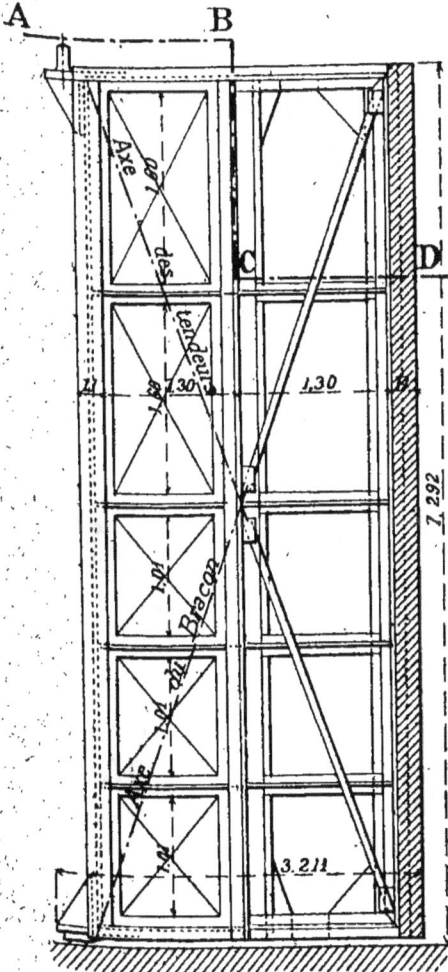

Coupe **ABCD**

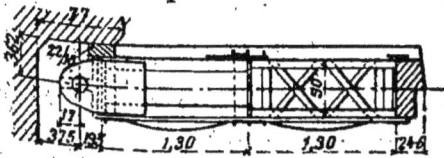

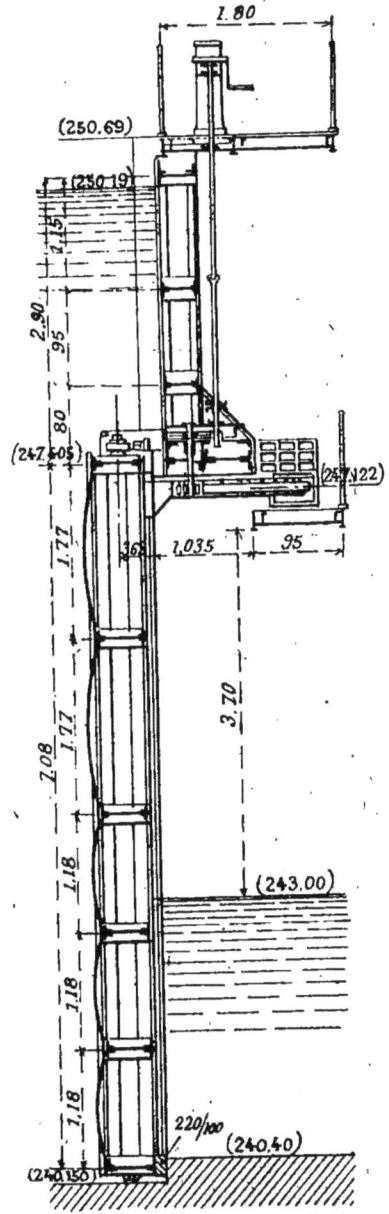

Coupe transversale d'un

vantail et dumasque

Fig. 235. — Porte à deux vantaux de Bourg-le-Comte.

Les vantaux ne comportent ni ventelles, ni passerelle de service.

Chacun d'entre eux est manœuvré au moyen d'un arc denté commandé par un mécanisme, qui peut être mis en mouvement du haut d'une passerelle fixe établie au niveau du couronnement des bajoyers. Cet arc denté et le mécanisme sont placés à l'aval du vantail, et sont par conséquent toujours hors de l'eau, faciles à visiter et à réparer.

182. Comparaison entre les divers systèmes de portes d'écluse. — 1° Prix de revient. — Le prix de revient est un des éléments importants de comparaison entre les divers systèmes de portes d'écluse.

M. l'inspecteur général de Mas a donné ce prix de revient, en prenant le soin de refaire les métrés de la même manière, limitant le calcul des quantités aux vantaux et aux organes qui y sont invariablement fixés, tels que la crapaudine, le tourillon, la passerelle de service ; et en appliquant à ces quantités la même série de prix unitaires ainsi définie.

		Le m. cube.
Bois de chêne.	Pour les portes en bois des rivières .	275 fr. »
	Pour les portes en bois des canaux..	250 »
	Pour les portes métalliques ou mixtes	225 »
Bois de sapin.		100 »

	Le kilogr.
Fers laminés et gros fers forgés.	0 fr. 40
Menus fers forgés travaillés à la lime ou taraudés.	0 70
Fonte.	0 30
Acier laminé.	0 45
Acier forgé.	2 50
Acier coulé	1 25

Les prix des métaux comprennent la peinture à trois couches dont une au minium.

Les prix de la charpente comprennent en tant que de besoin la peinture ou le goudronnage et le calfatage.

Le prix de revient est rapporté non pas au mètre carré de vantail, mais au mètre carré de surface utile, que le vantail forme. Cette surface utile s'obtient en faisant le produit de la largeur de l'écluse aux têtes par la hauteur du couronnement des bajoyers au-dessus du busc, s'il s'agit d'une porte à vantail unique, et en prenant la moitié du même produit, s'il s'agit d'une porte à deux vantaux.

Le tableau qui suit fait connaître le prix de revient.

DÉSIGNATION DES ÉCLUSES	Porte Amont	Porte Aval	Largeur aux têtes	Hauteur du couronnement des bajoyers au-dessus du busc	Surface utile par vantail	Chute	Mouillage sur le busc	Largeur du vantail	Hauteur du vantail	Rapport de la hauteur à la largeur	Prix du vantail Total	Prix du vantail par mètre carré de surface utile	OBSERVATIONS
			mètres	mètres	m²	mètres	mètres	mètres	mètres		francs	francs	
I. PORTES EN BOIS													
1° Busquées													
Ecluse ancienne du canal de St-Quentin	»	Aval	5,20	4,68	12,1680	»	»	3,15	5,98	1,90	1.271	104	Porte à balancier.
Ecluse du Haut-Pont, sur l'Aa (grand sas)	»	Aval	5,20	4,22	10,9720	,51	2 »	3,16	4,23	1,34	1.044	95	Passerelle entièrement métallique.
Ecluse de Cumières, sur la Marne	Amont	»	7,80	5,22	20,3580	,02	2,27	4,65	5,18	1,11	2.010	99	
Ecluse de Pêchoir, sur l'Yonne (2° section)	Amont	»	10,50	3,99	20,9475	»	3,49	6 »	3,95	0,66	2.480	118	Passerelle entièrement métallique.
Ecluse de Hun, sur la Meuse belge	Amont	»	12 »	5,94	35,6400	,82	4,92	6,743	5,73	0,85	3.659	103	
2° Non busquées													
Ecluse du Haut-Pont, sur l'Aa (petit sas)	»	Aval	4 »	3,76	15,0400	,51	1,53	4,55	3,77	0,83	1.355	90	Passerelle entièrement métallique.
Ecluse n° 39 du canal Erié	Amont	»	5,80	2,745	15,9100	,02	2,135	6,40	2,77	0,43	1.508	95	Vantail sans ventelles ni passerelle. Métré approximatif.
II. PORTES MÉTALLIQUES													
1° Busquées													
Ecluse à grande chute du canal du Centre	»	Aval	5,20	8,20	21,3200	,20	2,60	3,029	8,092	2,67	3.305	155	Passerelle entièrement métallique.
Ecluse de Charenton, sur le canal Saint-Maurice	»	Aval	7,80	7,80	30,4200	,25	2,05	4,57	7,76	1,70	2.726	90	Ce prix extraordinairement bas tient, pour une bonne partie, à la faible épaisseur du bordage (0ᵐ,004). Si cette épaisseur était portée à 0ᵐ,007 comme sur le canal du Centre et la haute Seine, il s'élèverait à 100 francs.
Ecluse de Varennes, sur la haute Seine	»	Aval	12 »	4,40	26,4000	,49	2 »	6,837	4,35	0,64	3.730	141	

DÉSIGNATION des écluses	Porte Amont	Porte Aval	Largeur aux têtes	Hauteur du couronnement des bajoyers au-dessus du buse	Surface utile par vantail	Chute	Mouillage sur le buse	Largeur du vantail	Hauteur du vantail	Rapport de la hauteur à la largeur	Prix du vantail Total	Prix du vantail par mètre carré de surface utile	OBSERVATIONS
			mètres	mètres	m³	mètres	mètres	mètres	mètres		francs	francs	
II. PORTES MÉTALLIQUES (*suite*)													
2° *Non busquées*													
Ecluse de Bourg-le-Comte, sur le canal de Roanne à Digoin.	»	Aval	5,20	10,29	26,75	7,19	2,60	3,211	7,292	2,27	4.645	174	Pas de ventelles ni de passerelle. Le masque n'est pas compté. Avec le masque, les mécanismes, etc..., le prix par mètre carré s'élève à 305 francs.
Ecluse nouvelle de Port-à-l'Anglais, sur la haute Seine.....	»	Aval	12 »	7,20	86,40	2,66	3,20	13,15	7,15	0,54	19.335	224	Vantail sans ventelles.
III. PORTES MIXTES													
1° *Busquées*													
Ecluse du canal de l'Aisne à la Marne	»	Aval	5,20	4,992	12,97	2,71	2,072	3,198	5,04	1,58	1.414	109	
Ecluse de Jussy (nouvelle), sur le canal de Saint-Quentin...	»	Aval	6 »	6,30	18,90	3,20	2,50	3,6317	6,805	1,87	3.153	167	
Ecluse de Monéteau, sur l'Yonne (1ʳᵉ section)...............	Amont	»	10,50	3,96	20,70	1,82	3,43	5,957	3,96	0,66	3.387	163	Passerelle entièrement métallique.
Ecluse d'Ablon, sur la haute Seine...................	»	Aval	12 »	4,90	29,40	1,84	2,01	6,83	4,85	0,71	3.864	131	
2° *Non busquées*													
Ecluse de la dérivation de la Scarpe autour de Douai.....	»	Aval	6 »	7,60	45,60	4,10	2,50	6,64	7,67	1,16	10.390	228	Pas de ventelles dans le vantail. Passerelle entièrement métallique.
Ecluse n° 1 du canal Saint-Denis, à Paris grand sas..........	»	Aval	8,20	13,92	114,14	9,92	3,50	8,75	10,24	1,17	25.406	223	Pas de ventelles ni de passerelle. Le masque n'est pas compté.

2° Choix a faire entre les différents types des portes d'écluse. — *a) Portes busquées.* — Le tableau qui précède fait ressortir le faible prix de revient des portes en bois par rapport à celui des portes mixtes ou entièrement métalliques. Les premières doivent être préférées sur les voies navigables à faible section, et sur celles qui sont déjà munies de portes en bois. La question du renouvellement n'est guère à envisager : car des portes en bois bien entretenues peuvent durer trente ans au moins, et sont faciles à remplacer, sans que le trafic ait à en souffrir, si l'on adopte un aménagement judicieux.

Lorsque les dimensions des écluses s'accroissent, il est souvent difficile de trouver pour les bois, les dimensions et les qualités exceptionnelles qui sont nécessaires, et l'on doit employer le métal au moins pour la constitution de l'ossature. Il n'y a aucun doute sur ce point ; la seule question litigieuse est de savoir si le bordage doit être en bois (portes mixtes) ou en métal (portes métalliques).

On objectait que le bordage métallique de faible épaisseur pouvait être facilement avarié sous le choc des bateaux ; qu'il était susceptible d'être plus aisément percé que les madriers plus épais et plus élastiques d'un bordage en bois ; qu'enfin en cas de réparation, le plus souvent en rase campagne, il serait difficile de se procurer le matériel et les ouvriers nécessaires.

Aussi M. l'inspecteur général Guillemain n'hésitait pas à recommander l'emploi des portes mixtes, en composant la carcasse d'éléments rigides et durables, et en facilitant au contraire le remplacement du bordé.

M. l'inspecteur général de Mas est d'un avis contraire ; il fait observer que l'emploi du métal se vulgarise de plus en plus, et qu'on trouvera toujours dans le moindre village un ouvrier capable de faire une réparation de fortune.

Il est du reste extrêmement rare d'avoir à y recourir. Les portes entièrement métalliques de la Marne, du canal de l'Aisne à la Marne et du canal de l'Oise à l'Aisne, qui ont en moyenne plus de quarante ans d'existence, n'ont jamais subi le moindre accident.

Les avaries aux passerelles sont très fréquentes ; mais l'expérience prouve que la crainte de voir les bordages en tôle crevés par les chocs des bateaux n'est pas justifiée.

On peut, au contraire, citer en faveur du bordage métallique une étanchéité parfaite, une dureté égale à celle de
l'ossature, si son épaisseur (au moins 7 ou 8 millimètres)
est suffisante, enfin les avantages d'une grande rigidité qu'il
communique à l'ossature en la consolidant mieux que ne
le saurait faire un assemblage quelconque.

Le bordage en bois, dans le système mixte, ne concourt
aucunement à la rigidité du vantail, qui doit être consolidé
au moyen de larges goussets, disposés aussi bien sur la face
amont que sur la face aval. Il a la même étanchéité et la
même durée que dans les portes en bois ; son renouvellement complet donne lieu à un chômage.

Les portes entièrement métalliques présentent donc un
grand avantage au triple point de vue de l'économie, de la
durée et de la rigidité.

b) Portes busquées et non busquées. — Les portes à deux
vantaux non busquées, comme celles de l'écluse de Bourg-
le-Comte, constituent une solution exceptionnelle, qui ne
peut être adoptée qu'en cas de forte chute, permettant
l'établissement d'un masque entre les murs de fuite pour
servir d'appui à l'entretoise supérieure.

On doit donc écarter ce cas particulier, et comparer
entre elles les portes non busquées à un vantail, et les portes
busquées à deux vantaux.

Aux portes non busquées à un vantail, on peut reprocher
l'obligation d'allonger les bajoyers, d'employer des pièces
de plus grande longueur, partant de plus forte résistance.
Par contre, on citera à leur avantage, une plus grande
facilité de construction, de pose, d'entretien, enfin la
simplification et la concentration des manœuvres. Il est inutile d'insister sur ces différents points qui se conçoivent
aisément ; la porte à vantail unique ne transmet aux maçonneries que des efforts parallèles à l'axe longitudinal
de l'écluse ; elle n'est pas soumise aux efforts de torsion qui
proviennent surtout du gauchissement résultant d'un ajustage imparfait ; elle est ouverte ou fermée par une seule
manœuvre.

Les portes busquées à deux vantaux sont plus économiques au point de vue du premier établissement, mais pré-

sentent une série d'inconvénients notamment au point de vue de la construction et de l'ajustage. Si les vantaux sont trop longs, ils ne s'appuient pas sur le busc, et supportent un excès de fatigue ; s'ils sont trop courts, ils laissent un vide entre eux, et, sous la pression de l'eau, ont une tendance à se gauchir au détriment des assemblages.

La manœuvre des deux vantaux se fait successivement et exige un assez long temps.

Dans ces conditions l'emploi des portes à un seul vantail tend à se généraliser et doit être recommandé surtout sur les voies navigables à exploitation intensive.

183. Mode de calcul des portes d'écluse. — Il pa-

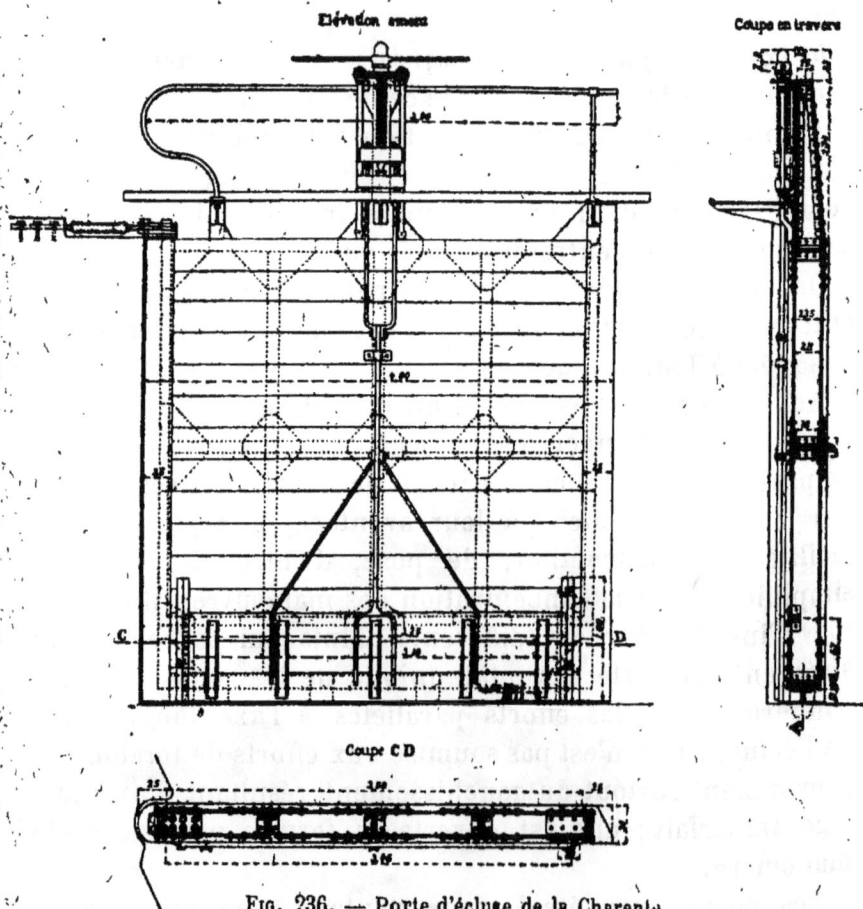

Fig. 236. — Porte d'écluse de la Charente.

raît intéressant, avant de clore ce chapitre sur les portes

d'écluse, de faire connaître le type de porte d'écluse adopté sur la Charente, et surtout le mode de calcul très simple qui a été suivi.

Coupe **A B**

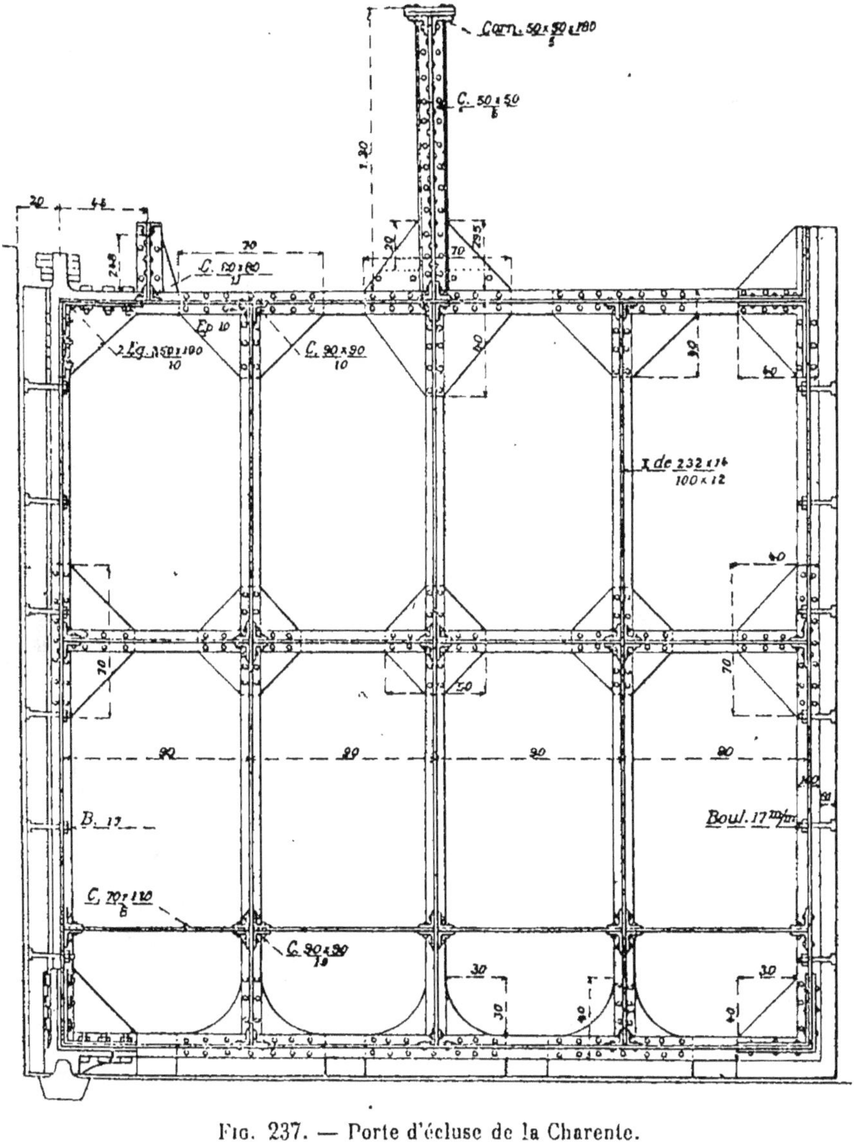

Fig. 237. — Porte d'écluse de la Charente.

Description de la porte d'écluse. — Les écluses de la Charente (*fig.* 236 et 237) sont ainsi caractérisées :

Largeur, 6 mètres ; longueur utile du sas, 38ᵐ,50 ; hauteur

du couronnement des bajoyers, au-dessus du busc, 3^m,50 ; chute normale, 1^m,20 ; mouillage sur le busc amont, 2^m,60.

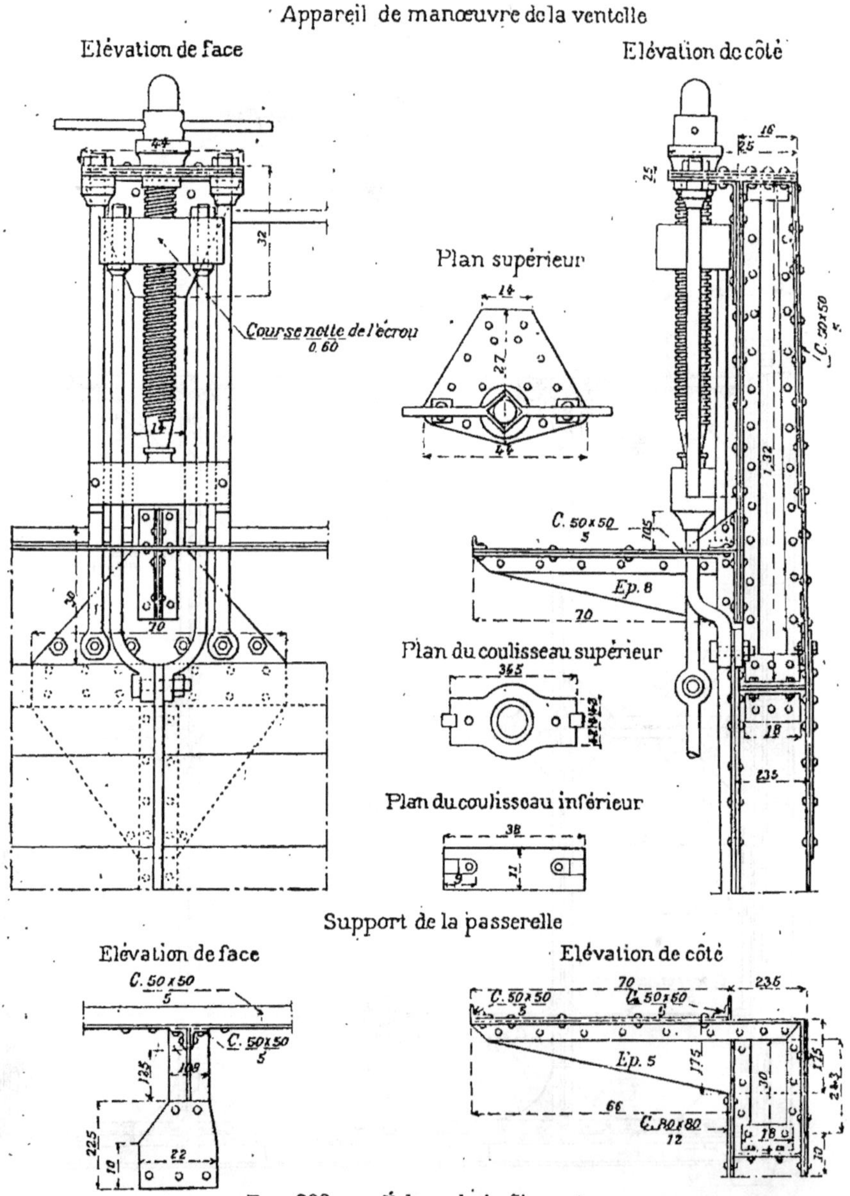

Appareil de manœuvre de la ventelle

Elévation de face

Elévation de côté

Plan supérieur

Course nette de l'écrou 0.60

Plan du coulisseau supérieur

Plan du coulisseau inférieur

Support de la passerelle

Elévation de face

Elévation de côté

FIG. 238. — Écluse de la Charente.

Largeur totale d'un vantail, 4 mètres ; hauteur, 3^m,58. L'ossature est entièrement en fer et comprend :

1° Un cadre formé de I, de $\dfrac{232 \times 14}{100 \times 12}$;

2° Trois aiguilles intermédiaires du même échantillon espacées de 0^m,90 et reliées par une entretoise médiane ; une cornière de $\dfrac{70 \times 110}{8}$, sur laquelle s'appuie la ventelle.

De forts goussets placés à l'amont et à l'aval consolident les assemblages.

Les madriers de bois de $\dfrac{0^m,25}{0^m,04}$, qui constituent le bordage, sont disposés horizontalement en deux aiguilles consécutives.

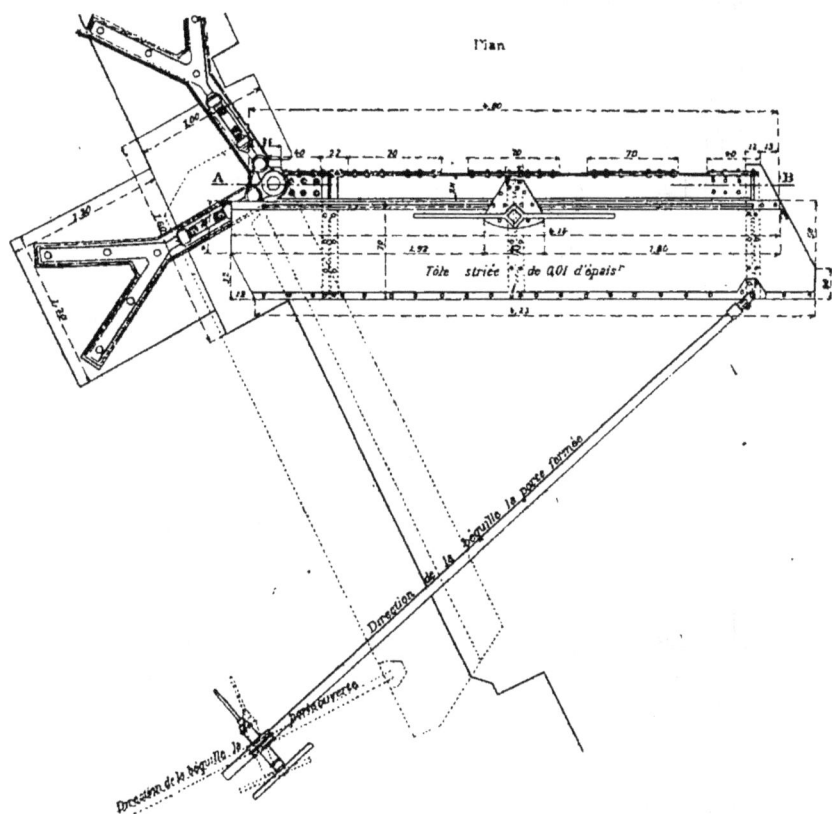

Fig. 239. — Passerelle de service, écluse de la Charente.

La ventellé qui règne sur toute la largeur du vantail est manœuvrée au moyen d'une vis sans fin actionnée par un tourne-à-gauche.

Une passerelle de service est établie à l'amont du vantail et repose sur des consoles qui s'appuient sur l'entretoise supérieure.

Les figures 235 à 244 font connaître les dispositions générales et de détail qui ont été adoptées.

CALCUL DE RÉSISTANCE ET D'ÉQUILIBRE. — (NOTA. — Dans les calculs qui suivent, on a considéré la porte fermée et le vantail coupé par un plan normal à sa direction.)

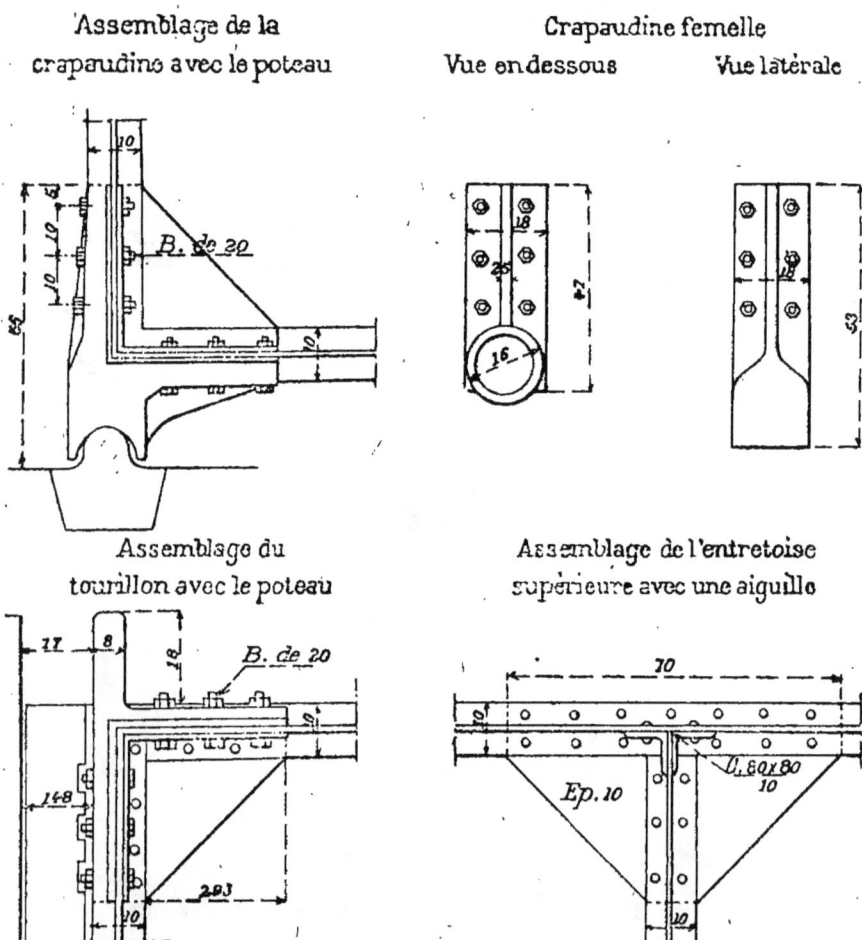

Assemblage de la
crapaudine avec le poteau

Crapaudine femelle

Vue en dessous

Vue latérale

Assemblage du
tourillon avec le poteau

Assemblage de l'entretoise
supérieure avec une aiguille

FIG. 240. — Porte d'écluse de la Charente.

A. VANTAIL-TYPE. — 1° *Pression sur un vantail.* — La pression de l'eau, exercée sur la face amont d'un vantail, est représentée par la surface d'un triangle rectangle isocèle ayant pour base et pour hauteur la distance qui sépare le

Assemblage du poteau tourillon
avec l'entretoise médiane

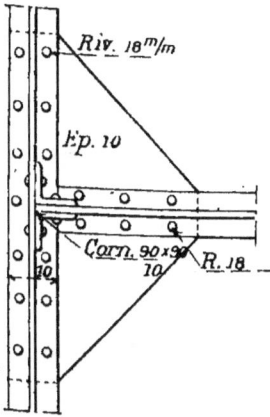

Assemblage de l'entretoise
médiane avec une aiguille

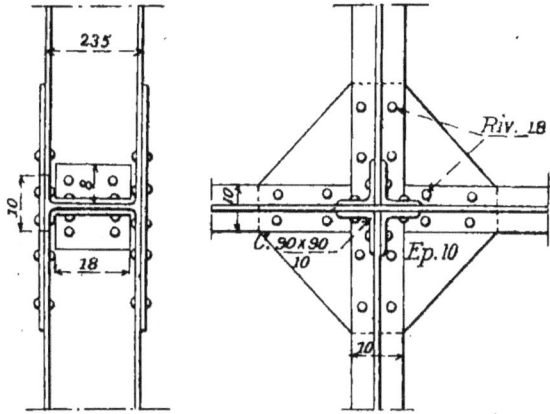

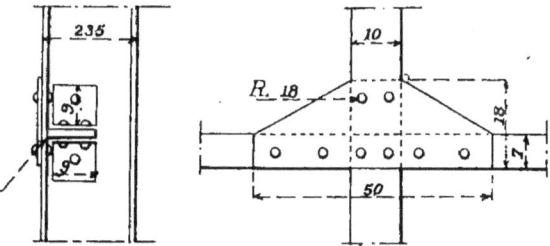

Assemblage de la cornière de la ventelle

avec les poteaux

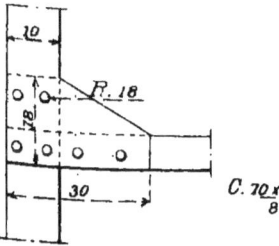

avec une aiguille

Assemblage de l'entretoise inférieure

avec le poteau busqué

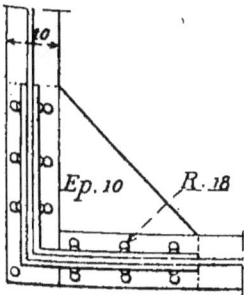

avec les aiguilles

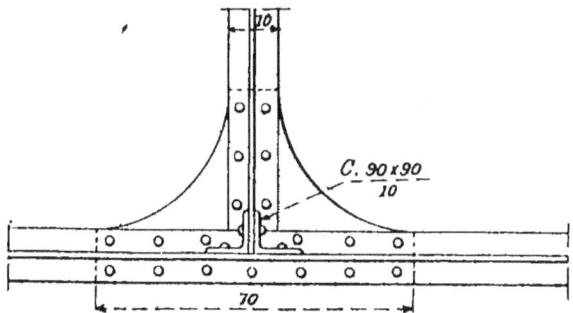

Fig. 241. — Porte d'écluse de la Charente.

dessus du busc du niveau légal de la retenue d'amont, surface multipliée par la densité de l'eau.

Support de la passerelle sur le poteau busqué

Elévation

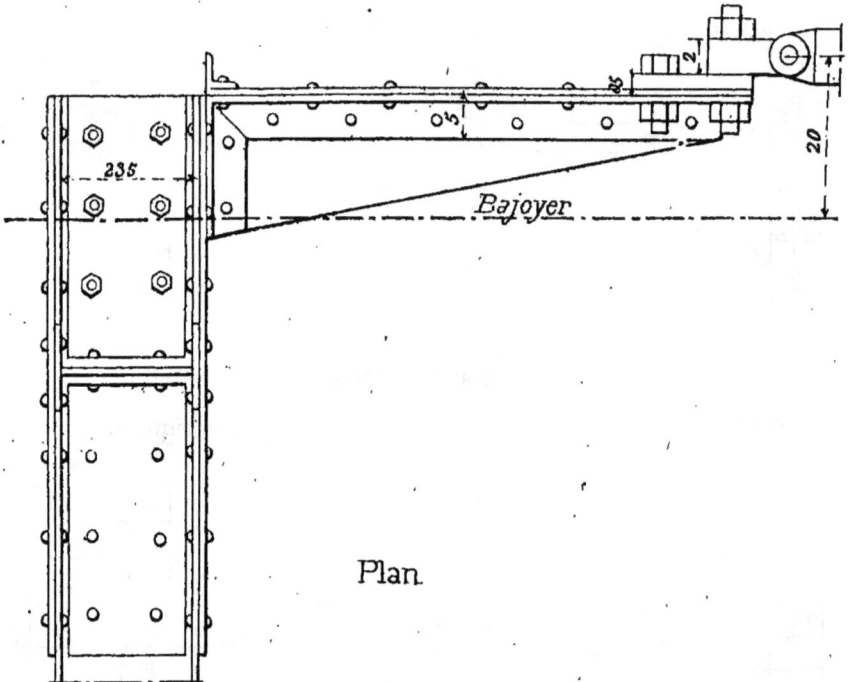

Plan

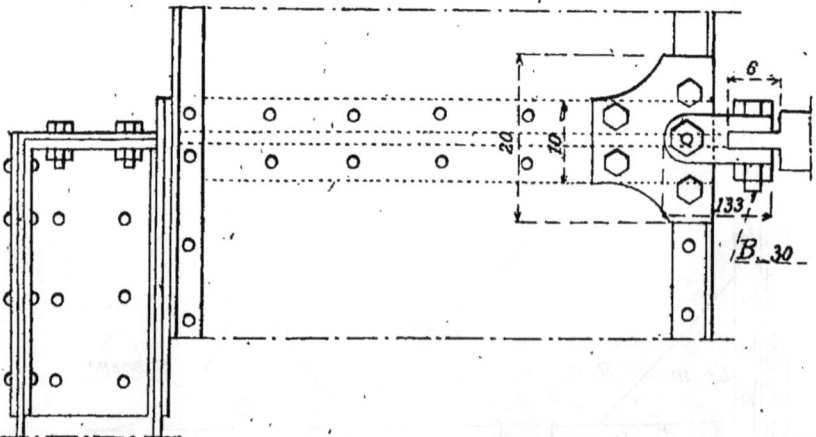

Fig. 242. — Porte d'écluse de la Charente.

La contre-pression exercée sur la face aval est représentée par la surface d'un triangle rectangle isocèle ayant pour

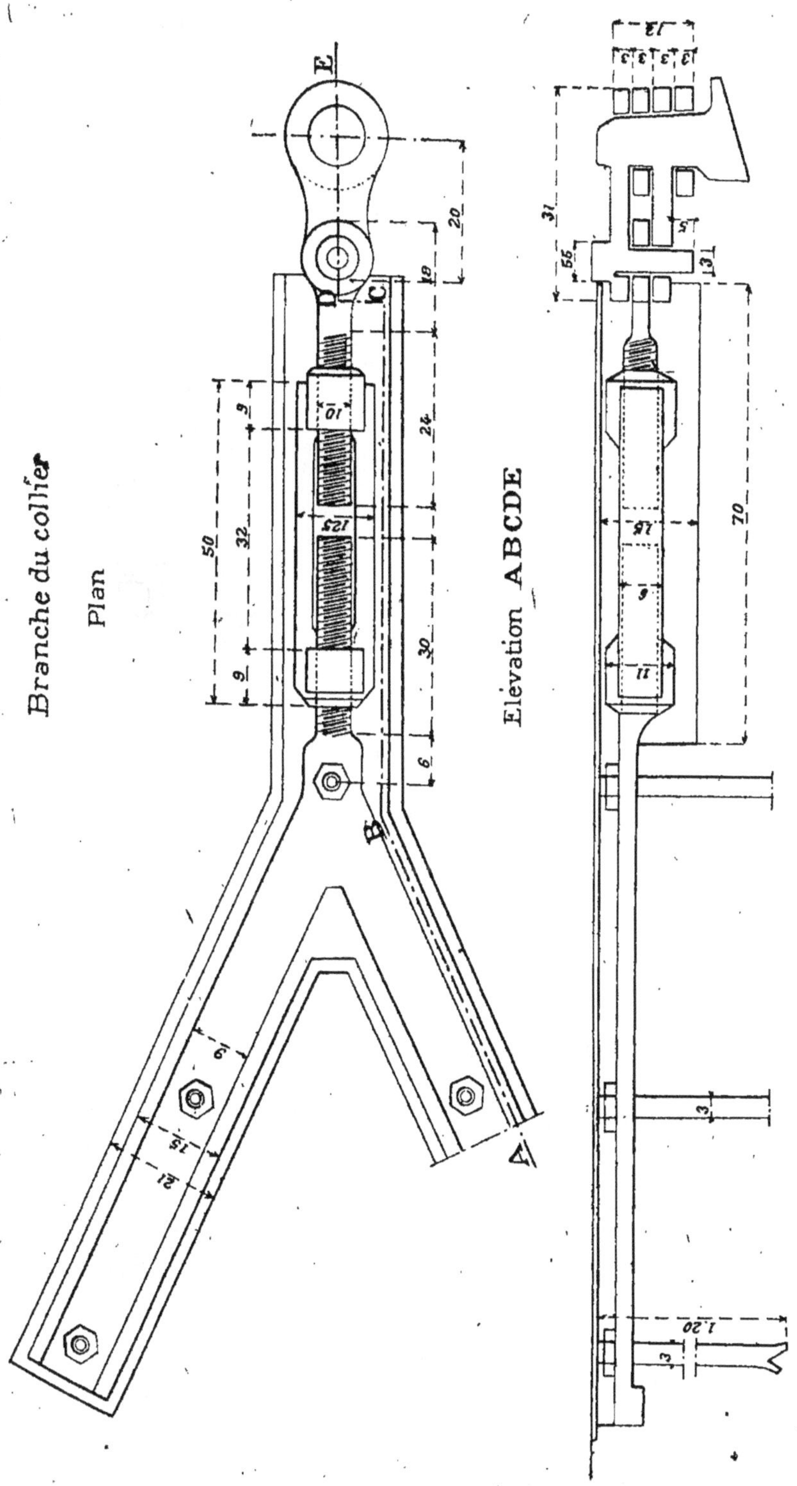

Branche du collier

Plan

Élevation ABCDE

Fig. 243. — Porte d'écluse de la Charente.

base et pour hauteur la distance, qui existe entre ce même busc et le niveau de l'eau à l'extrême étiage d'aval, surface multipliée par la densité de l'eau.

La hauteur de l'eau à l'étiage amont dans les diverses écluses considérées ne diffère pas beaucoup, elle est en moyenne de $2^m,60$ au-dessus du busc. Prise dans les mêmes

Attache de la béquille sur la passerelle

Elévation

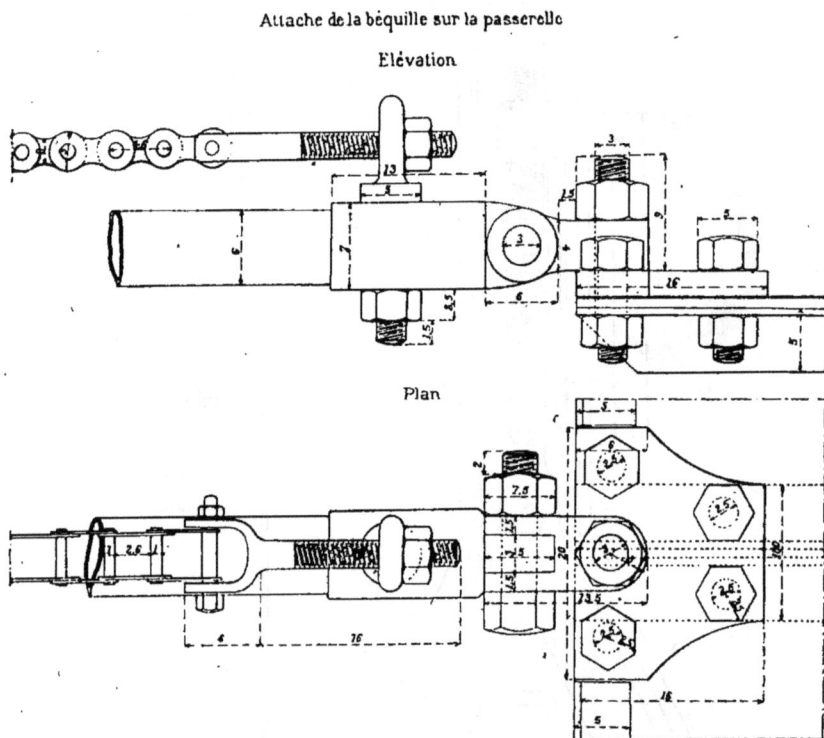

Plan

Fig. 244. — Porte d'écluse de la Charente.

conditions, la hauteur de l'étiage extrême est de $1^m,20$, de sorte que la différence, $1^m,40$, peut être considérée comme étant rarement dépassée.

Ces données étant établies, la pression par mètre courant de vantail sera représentée par le trapèze AHST (*fig.* 245); elle sera par conséquent de ;

$$\frac{2,60 + 1,20}{2} \times 1,40 \times 1\,000 = 2660 \text{ kilogrammes,}$$

soit 2.700 kilogrammes par mètre courant.

En supposant cette pression appliquée au centre de gravité du trapèze et au milieu du vantail, les réactions sur chacun

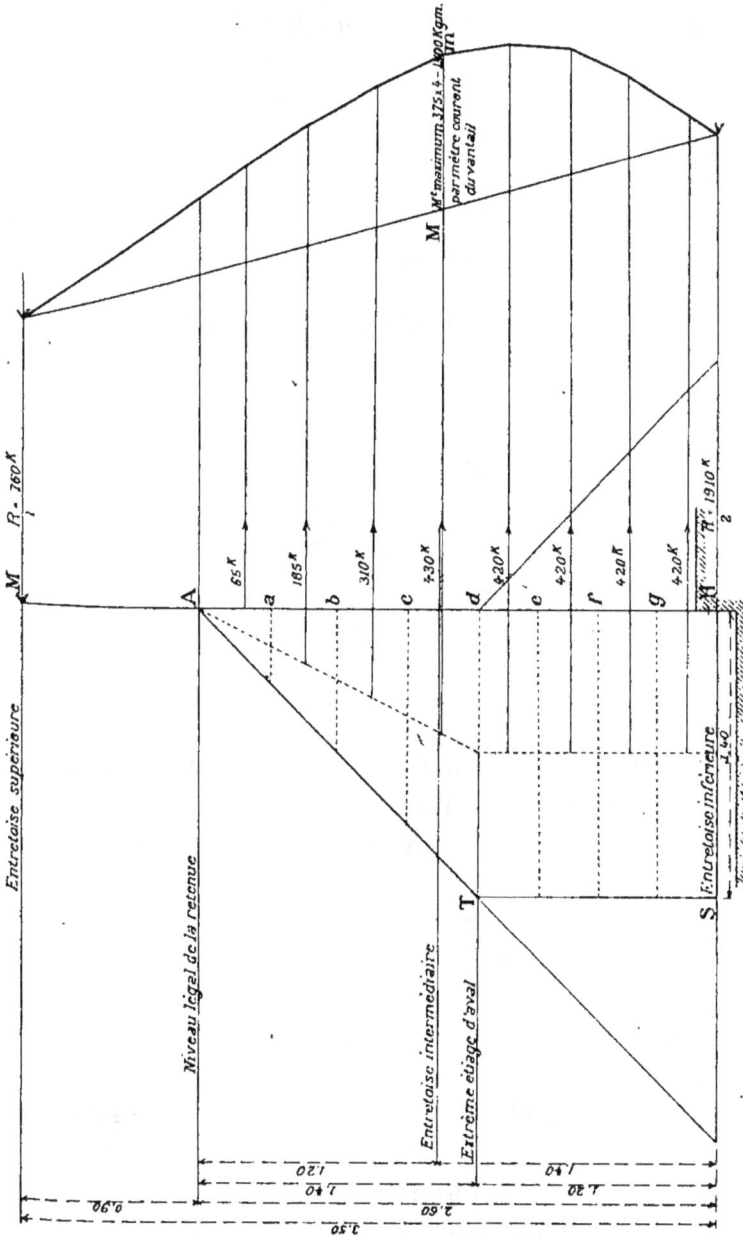

Fig. 245. — Schéma.

des poteaux tourillon et busqué sont la moitié de la pression totale, soit :

$$\frac{10\,800}{2} = 5\,400 \text{ kilogrammes.}$$

La réaction du côté du poteau tourillon est produite par le bajoyer de l'écluse ; du côté du poteau busqué, la pression est équilibrée par deux réactions dirigées suivant les axes des deux vantaux. On obtient la valeur de ces deux forces en construisant le parallélogramme, dont on connaît la résultante et la direction des composantes.

Ainsi la réaction totale du côté du poteau busqué produit une compression sur les vantaux, qui est égale pour chacun d'eux à la somme des forces :

$$9350 + 7650 = 17000 \text{ kilogrammes } (\textit{fig. } 246).$$

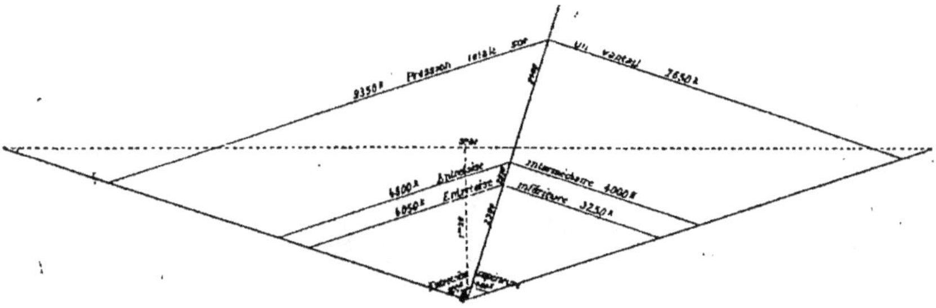

Fig. 246. — Schéma.

Mais cette compression n'est pas répartie uniformément sur toute la hauteur du vantail ; elle est proportionnelle à la pression normale sur le vantail, qui est elle-même représentée par un trapèze.

2° *Compression sur les entretoises.* — Il résulte de ce qui précède que la compression sur chaque entretoise se calcule en suivant la même méthode, mais en appliquant à chaque entretoise la pression correspondante à la portion du vantail qu'elle soutient.

L'entretoise inférieure devra être capable de résister à la compression correspondant à la surface d'un rectangle de base SH (*fig.* 245) et d'une hauteur égale à la moitié de la distance qui sépare cette entretoise de l'entretoise médiane.

Cette surface, multipliée par la largeur du vantail et par la densité de l'eau, correspond à une pression de :

$$1,40 \times \frac{1,70}{2} \times 4 \times 1000 = 4760 \text{ kilogrammes.}$$

La réaction sur chacun des poteaux tourillon ou busqué sera de :

$$\frac{4760}{2} = 2380 \text{ kilogrammes.}$$

Le parallélogramme des forces (*fig.* 246) donne pour les deux réactions et la compression totale exercée sur l'entretoise inférieure :

$$4050 + 3250 = 7300 \text{ kilogrammes.}$$

On trouve de même que l'entretoise intermédiaire supporte par mètre courant une pression de 1.405 kilogrammes, soit une pression totale de 5.620 kilogrammes qui donne pour chacun des poteaux tourillon et busqué 2.810 kilogrammes.

Le parallélogramme des forces (*fig.* 246) montre que la compression totale sur cette entretoise intermédiaire est de :

$$4800 + 4000 = 8800 \text{ kilogrammes.}$$

Enfin l'entretoise supérieure supporte une pression de 270 kilogrammes qu'elle transmet par moitié au poteau tourillon et au poteau busqué.

La compression totale sur cette entretoise donnée par le parallélogramme des forces (*fig.* 246) est de :

$$500 + 400 = 900 \text{ kilogrammes.}$$

3° *Moments fléchissants des aiguilles et des entretoises.*

a) *Aiguilles.* — La pression par mètre courant de vantail est représentée par le trapèze AHST (*fig.* 245). Si l'on décompose la surface du rectangle et celle du triangle, qui composent le trapèze, chacune respectivement en quatre parties égales, et que l'on applique les huit forces correspondantes aux centres de gravité des surfaces, on pourra construire le polygone des forces et le polygone funiculaire correspondant (*fig.* 245).

Le moment maximum de flexion a lieu au point M du polygone funiculaire ; il est égal à M*m* multiplié par la distance polaire ou à

$$375 \times 4 = 1500 \text{ kilogrammes.}$$

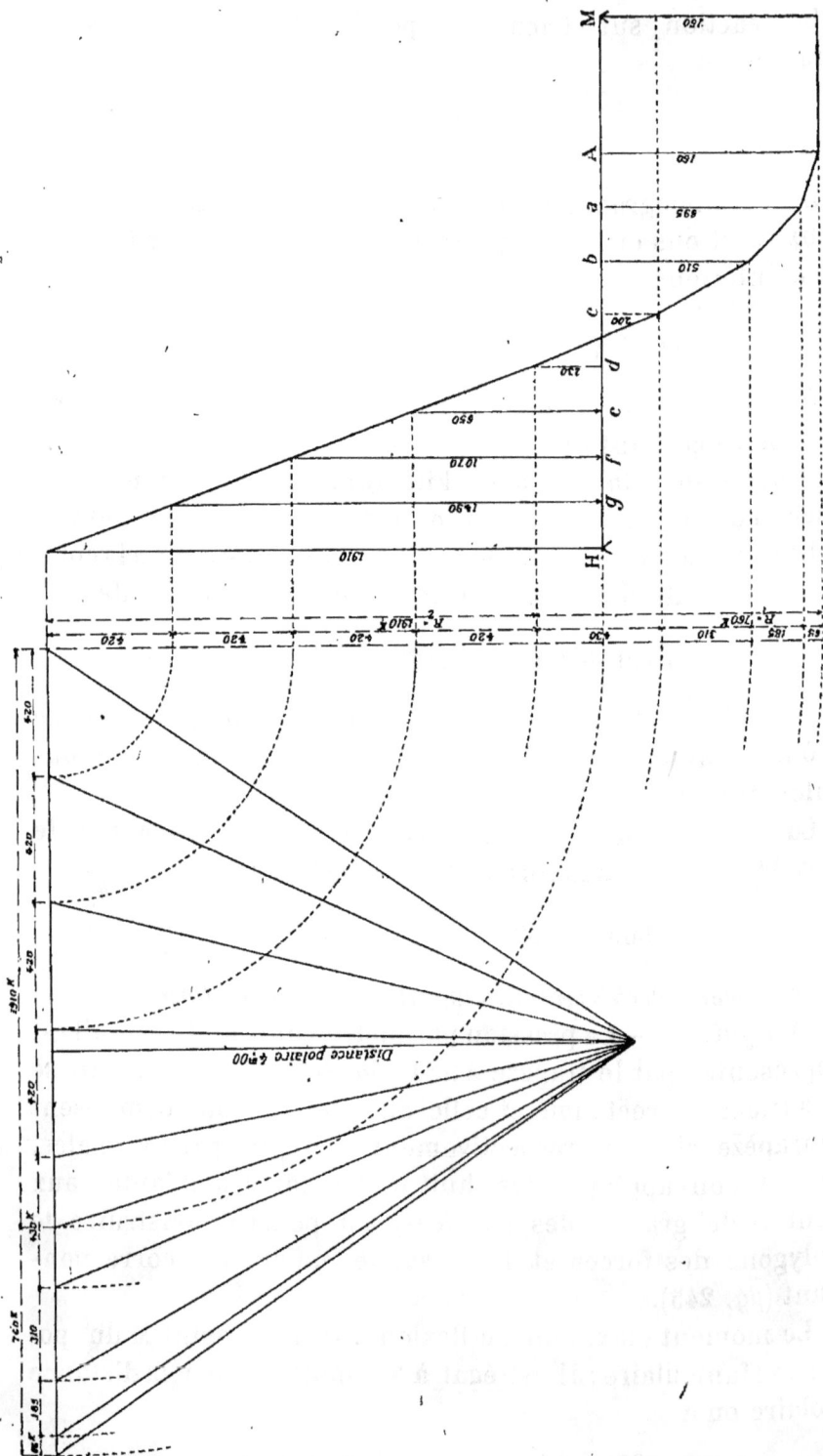

Fig. 247. — Schéma.

Les montants étant espacés de 0ᵐ,90, le moment de flexion pour un montant sera les 9/10 du précédent, soit 1.350 kilogrammes.

b) *Entretoises*. — Les entretoises sont supportées à leurs extrémités par le poteau tourillon et le poteau busqué; l'entretoise intermédiaire étant coupée au droit des aiguilles a une très faible portée, il est inutile de calculer les moments fléchissants qui s'y produisent; mais les entretoises supérieure et inférieure reçoivent la poussée des trois aiguilles et doivent y résister.

Or le polygone des forces montre (*fig.* 247) que la réaction produite par une aiguille sur l'entretoise supérieure est égale à :

$$760 \times 0,90 = 684 \text{ kilogrammes}$$

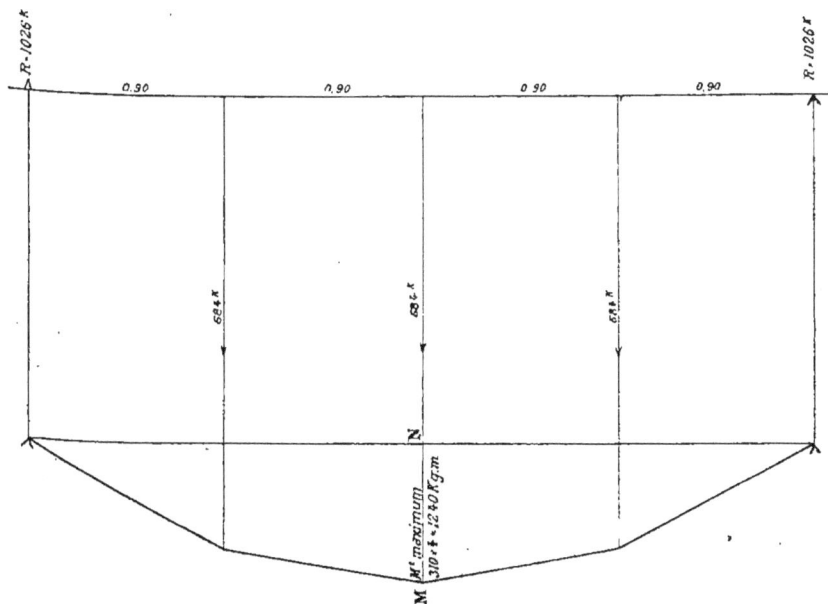

Fig. 248. — Schéma.

(0ᵐ,90 représente l'écartement des aiguilles) et que cette même réaction sur l'entretoise inférieure est de :

$$1910 \times 0,90 = 1719 \text{ kilogrammes.}$$

Mais cette dernière étant appuyée sur le busc, on peut admettre qu'elle ne pourra fléchir, et lui donner les mêmes dimensions qu'à l'entretoise supérieure.

D'autre part, l'entretoise supérieure doit résister à l'action de trois forces égales à 684 kilogrammes également espacées (*fig.* 248).

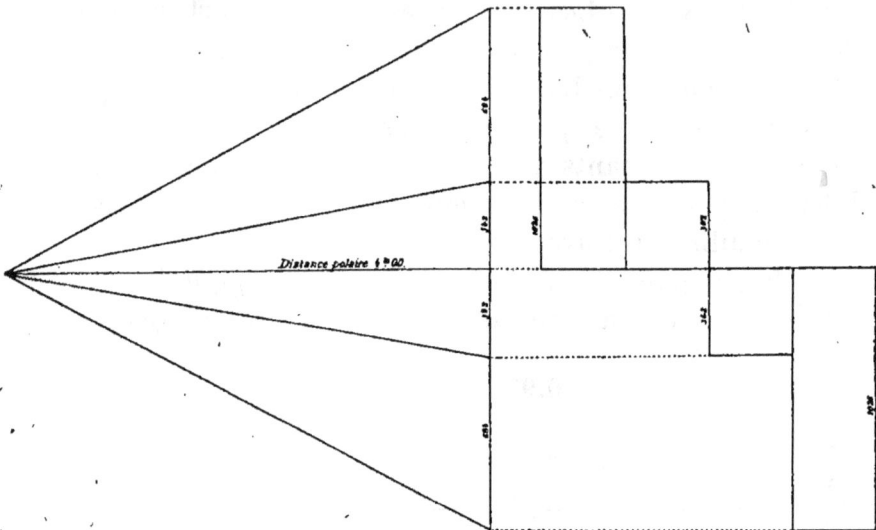

FIG. 249. — Schéma.

Le moment maximum de flexion de l'entretoise est au point M du polygone funiculaire, il est égal à MN multiplié par la distance polaire, soit :

$$310 \times 4 = 1\,240 \text{ kilogrammes.}$$

4° *Travail des fers de l'ossature du vantail.* — a) *Aiguilles verticales.* — Les dimensions des aiguilles verticales étant celles du croquis ci-contre, on a, déduction faite des trous des rivets, et en appliquant la formule :

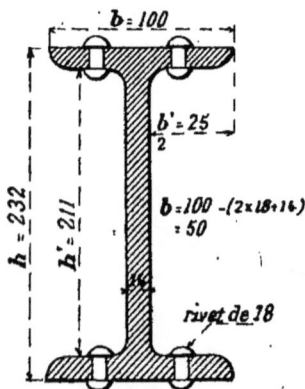

FIG. 250. — Aiguille verticale.

$$\frac{1}{n}\,\frac{bh - b'h'}{6h}.$$

Le moment maximum, qui s'exerce dans cette pièce, étant de 900 kilogrammètres, le travail de la fibre extrême dû à la flexion sera de :

$$\frac{1\,350}{225} = 5^{\text{kg}},30 \text{ par millimètre carré de section.}$$

L'effort tranchant maximum, qui s'exerce aux extrémités ne porte que sur l'âme de la barre, puisque les ailes sont coupées ; il s'ensuit que le travail maximum dû à l'effort tranchant sera de :

$$\frac{1\,719}{2\,115} = 0^{kg},81,$$

1.719 kilogrammes étant égal au produit de la pression (1.910 kilogrammes) qui s'exerce sur l'extrémité inférieure du vantail par 0,90, écartement des aiguilles, et 2.115 représentant la section de l'âme en millimètres.

b) *Entretoise supérieure.* — L'entretoise supérieure ayant la même section que les aiguilles, le travail de la fibre extrême dû à la flexion sera de :

$$\frac{1\,240}{210} = 5^{kg},90.$$

Mais cette barre est en même temps soumise à un effort de compression dû à la réaction du second vantail ; cet effort fait travailler la fibre extrême à :

$$\frac{900}{4\,500} = 0^{kg},20.$$

[900 kilogrammes pression donnée par le parallélogramme des forces (*fig.* 246) ; 4.500, section totale.]

Cette entretoise travaille donc à :

$$5,90 + 0,20 = 6^{kg},10 \text{ par millimètre carré.}$$

L'effort tranchant maximum aux extrémités étant de 1.026 kilogrammes (*fig.* 248) le travail du métal dû à cet effort sera de :

$$\frac{1\,026}{2\,115} = 0^{kg},49.$$

c) *Entretoise intermédiaire.* — L'entretoise intermédiaire supporte une compression de 8.900 kilogrammes ; le travail par millimètre carré sera de :

$$\frac{8\,900}{4\,500} = 1^{kg},98.$$

d) *Entretoise inférieure*. — L'entretoise inférieure, ne travaillant qu'à la compression, est soumise à un effort de

$$\frac{7500}{4500} = 1^{kg},67 \text{ par millimètre carré.}$$

5° *Bordage*. — Une travée de bordage comprise entre deux montants verticaux et entre deux plans horizontaux est considérée comme un solide reposant sur deux appuis espacés de 0^m,80.

La partie la plus chargée supportera par mètre courant une pression de :

$$0,25 \times 1 \times 1000 = 250 \text{ kilogrammes.}$$

Par suite, le moment de flexion maximum est donné par :

$$\frac{pl^2}{8} = \frac{250 \times \overline{0,08}^2}{8} = 20 \text{ kilogrammètres.}$$

Le profil ci-contre d'une planche du bordage de 0^m,25 de large donne :

Fig. 251. — Profil.

$$\frac{I}{n} = \frac{0,25 \times \overline{0,04}^2}{6} = 0,000\,067.$$

Le travail maximum ne dépassera donc pas :

$$\frac{20}{0,67} = 30 \text{ kilogrammes par centimètre carré.}$$

Le coefficient admissible est de 60 kilogrammes.

B. CRAPAUDINE ET COLLIERS. — 1° *Efforts sur la crapaudine et le collier*. — Le poids d'un vantail repose complètement sur la crapaudine et sur le collier. Il se composera dans le cas le plus défavorable (vantail aval de l'écluse) de :

1^{m3},26 de bois de chêne à 1.000 kilogrammes   Kilogr.
le mètre cube 1.260

3.000 kilogrammes d'acier de 2ᵉ catégorie..   3.000

40 kilogrammes d'acier de 1ʳᵉ catégorie (tourillon)...............................   40

300 kilogrammes de fer et fonte provenant
de l'ancien vantail (appareil de manœuvre
de la ventelle).......................   300

60 kilogrammes de fonte (crapaudine femelle)   60

     TOTAL (non compris la sous-pression)..   4.660

A déduire : la perte de poids des parties immergées...........................   660 environ

       Reste à compter 4.000

Le diamètre du pivot de la crapaudine étant de 80 millimètres, la charge à l'écrasement est de :

$$\frac{4000}{\pi \times \overline{40}^2} = 0^{kg},800 \text{ par millimètre carré.}$$

La limite admise pour la fonte soumise à un effort de compression est de 6 kilogrammes par millimètre carré.

La crapaudine repose sur une
base circulaire de 0^m,20 de diamètre. La pression sur la bourdonnière en pierre de Vilhonneur
est par conséquent de :

$$\frac{4000}{\pi \times \overline{10}^2} = 12^{kg},7 \text{ par cent. carré.}$$

Le poids de la porte, supposé
appliqué à son centre de gravité,
produit sur la crapaudine un effort de renversement et sur le
collier un effort d'arrachement.
Ces deux efforts considérés
comme égaux, parallèles et de
sens contraires, constituent un couple de moment $\mathbf{D}x$

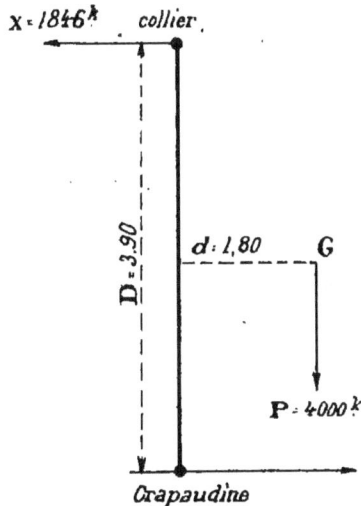

FIG. 252. — Schéma.

(*fig.* 252). [D, distance entre le collier et la crapaudine $= 3^m,90$ (écluse du Touérat); x, valeur cherchée d'une des composantes du couple.

Ce couple doit faire équilibre au moment Pd dû au poids P du vantail, appliqué à une distance $d = 1^m,80$ de la verticale passant par la crapaudine et le collier.]

Donc :

$$Dx = Pd,$$

d'où :

$$x = \frac{Pd}{D} \quad \text{et} \quad \frac{4\,000 \times 1,80}{3,90} = 1\,846 \text{ kilogrammes.}$$

L'effort de cisaillement sur la crapaudine correspond par suite à un travail de :

$$\frac{1\,846}{\pi \times \overline{40}^2} = 0^{kg},37 \text{ par millimètre carré.}$$

La limite admise pour la fonte travaillant dans ces conditions est de $2^{kg},500$ par millimètre carré.

Le travail à l'extension du fer du collier, dont la section minima est de $50 \times 25 = 1.250$ millimètres carrés, est de :

$$\frac{1\,846}{1\,250} = 1^{kg},48 \text{ par millimètre carré.}$$

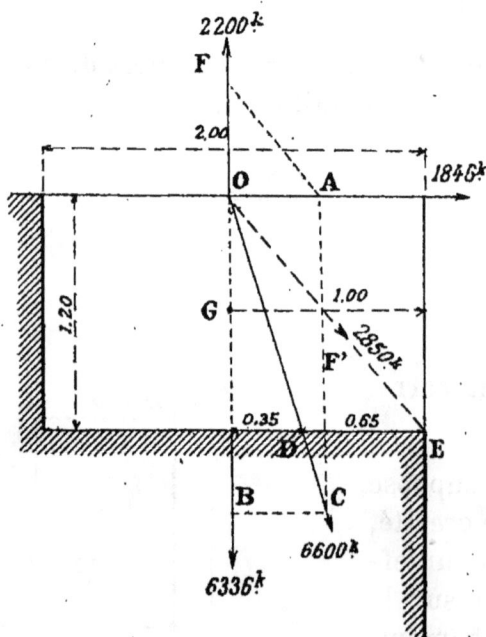

Fig. 252 *bis.* — Schéma.

2° *Efforts sur les boulons de retenue du collier.* — Les efforts à supporter par les boulons de retenue du collier sont de deux sortes :

a) Arrachement vertical ;
b) Cisaillement.

a) Arrachement vertical et stabilité du massif. — L'arrachement est produit par la traction sur le collier, qui tend à faire tourner le massif de pierre de taille de l'ancrage autour de son arête inférieure E. Pour que ce mouvement n'ait pas lieu, il faut que le moment de la traction sur le collier par rapport à l'arête horizontale inférieure du massif soit plus faible que le moment du poids de ce massif par rapport à cette même arête.

Or, le massif de maçonnerie servant d'attache et que l'on peut considérer comme faisant corps avec le collier a 2 mètres de longueur, 1m,20 de largeur et 1m,20 de hauteur. Son poids, à raison de 2.200 kilogrammes par mètre cube, est de :

$$2 \times 1{,}20 \times 1{,}20 \times 2200 = 6336 \text{ kilogrammes ;}$$

son moment par rapport à l'arête inférieure E est de :

$$6336 \times 1 = 6336 \text{ kilogrammes.}$$

Le moment de la traction sur le collier (1.846 kilogram-mètres) par rapport à cette même arête est de :

$$1846 \times 1{,}20 = 2215 \text{ kilogrammes.}$$

Le renversement n'est donc pas à craindre.

D'autre part, les forces OA (traction du collier) et OB (poids du massif) se composent pour donner une résultante qui passe par un point D situé à 0m,65 de l'arête E.

Il faut qu'il n'y ait pas écrasement de la maçonnerie sur l'arête E. Or, le travail de la maçonnerie en ce point calculé par la formule

$$R = \frac{P}{\Omega}\left(1 + \frac{3bx}{a^2}\right)$$

est de 0kg,54 par centimètre carré, en ne tenant compte que de la partie du massif pour laquelle le point D se trouve à la limite du tiers moyen, c'est-à-dire d'un massif de 1,95 (3 × 0,65) de longueur à la base.

L'écrasement de la maçonnerie n'est donc pas à craindre.

Enfin la traction du collier qui tend à faire tourner le massif autour de l'arête E peut être remplacée par deux forces F et F', l'une tendant à soulever verticalement le massif, l'autre passant par le point E. On trouve que la première de ces forces est égale à 2.200 kilogrammes. Si l'on admet qu'elle se répartit également entre les cinq boulons qui fixent les branches du collier au massif, on trouve que chaque boulon, dont la section est de $\pi \times 15^2 = 706$ millimètres carrés, travaillera comme suit à la traction :

$$\frac{2\,200}{5 \times 706} = 0^{kg},62 \text{ par millimètre carré.}$$

b) *Cisaillement.* — L'effort de traction du collier étant de 1.846 kilogrammes, chaque boulon travaillera au cisaillement à :

$$\frac{1\,846}{5 \times 706} = 0^{kg},52 \text{ par millimètre carré.}$$

C. Système de manœuvre des portes. — La résistance à vaincre pour la manœuvre des portes est due :

1° A la résistance opposée par l'eau ;

2° Aux frottements du tourillon et de la crapaudine.

La résistance opposée par l'eau est égale à la pression que supporterait la porte plongée dans une eau courante, dont la vitesse serait égale à celle de la porte pendant son ouverture.

Cette résistance est donnée par la formule générale :

$$F = \frac{PVS}{g},$$

dans laquelle :

F représente la résistance à vaincre ;

P, le poids de l'eau $= 1000$ kilogrammes ;

V, la vitesse moyenne de la porte. En supposant que la manœuvre du vantail dure 60 secondes, la vitesse au poteau busqué (l'espace parcouru étant de $4^m,50$ à l'extrémité de ce poteau) sera de $4,50 : 60 = 0^m,075$ par seconde. La vitesse du poteau tourillon étant zéro, la vitesse moyenne sera au milieu du vantail de 0,075 : 2 = 0^m,0375, soit 0^m,04.

S représente la surface amont du vantail immergée au moment des plus hautes eaux navigables, soit 3^m,94 × 4 = 15^{mq},76.

Ces nombres substitués dans la formule donnent :

$$F = \frac{1\,000 \times 0,04 \times 15,76}{9,81} = 64^{kg},22.$$

Les différents éléments de force qui composent cette résistance sont représentés par des lignes horizontales, parallèles à la base d'un triangle rectangle isocèle dont le second côté de l'angle droit figure le poteau busqué (*fig.* 253) ; le point d'application de cette résistance se trouve donc aux 2/3 de la distance qui sépare l'axe de rotation de l'extrémité du poteau busqué, soit à 2^m,66 de cet

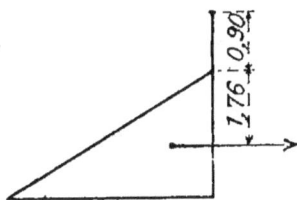

Fig. 253. — Schéma.

axe. Mais, comme le point d'attache de la bielle ou béquille sera placé à 3^m,70 du point de rotation, l'effort F' à exercer pour vaincre cette résistance est déterminé par l'équation des moments :

$$F \times 2,66 = F' \times 3,70,$$

d'où :

$$F' = \frac{F \times 2,66}{3,70} = 46^{kg},17.$$

Les frottements du tourillon et de la crapaudine sont occasionnés par le poids total de la porte. En effet, si l'on suppose le poids du vantail appliqué en son centre de gravité la crapaudine le supporte en entier, mais il se produit en outre sur la crapaudine et le tourillon deux efforts égaux, parallèles et de sens contraires constituant un couple. La valeur de chacune des composantes du couple a été trouvée précédemment de 1.846 kilogrammes pour l'écluse de Thouérat.

Les moments des frottements sur la crapaudine et le tourillon, supposés équilibrés par la puissance placée au point d'attache de la béquille, sont donnés par les formules :

Pour le tourillon :

$$Pp = f\mathrm{R}r, \qquad \text{d'où :} \qquad P = \frac{f\mathrm{R}r}{p} ;$$

Pour la crapaudine :
Frottement latéral :

$$Pp = f'\mathrm{R}r', \qquad \text{d'où :} \qquad P = \frac{f\mathrm{R}r'}{p} ;$$

Frottements sur le pivot :

$$Pp' = f'\mathrm{R}'r' \frac{2}{3}, \qquad \text{d'où :} \qquad P = \frac{\frac{2}{3} f'\mathrm{R}'r'}{p}.$$

Additionnant, on a la formule :

$$p = \frac{f\mathrm{R}r + f'\mathrm{R}r' + \frac{2}{3} f\mathrm{R}'r'}{p},$$

dans laquelle :

P représente l'effort à exercer au point d'attache de la béquille pour vaincre la résistance due à tous les frottements;

R, la composante du couple = 1.846 kilogrammes ;

R', le poids total d'un vantail = 4.000 kilogrammes en tenant compte de la sous-pression ;

f, le coefficient de frottement du tourillon, supposé lubrifié d'un enduit gras = 0,08 ;

f', le coefficient de frottement de la crapaudine supposée non lubrifiée = 0,16 ;

r, le rayon du tourillon = 0m,04 ;

r', le rayon du pivot de la crapaudine = 0m,04 ;

p, la distance de l'axe de rotation au point d'attache = 3m,70.

Ces nombres substitués, la formule devient :

$$P = \frac{1846 \times 0,08 \times 0,04 + 1846 \times 0,16 \times 0,04 + 4000 \times 0,16 \times \frac{2}{3} 0,04}{3,70} = 9^{kg},4.$$

La résistance totale à vaincre pour manœuvrer le vantail

serait donc de :

$(46^{kg},17 + 9^{kg},4) = 55$ kilogrammes en nombre rond.

Mais la bielle exercera sur le vantail un effort, dont la direction, dans le plan horizontal, sera oblique à la face de ce vantail. Une partie de cet effort se dirigera suivant une composante passant par l'axe de rotation et tendra à atténuer les frottements du tourillon. L'angle compris entre la bielle et la face du vantail est au début de 40°; mais, pendant la manœuvre, cet angle s'ouvre progressivement et atteint 90° à l'arrêt. L'effort à exercer sera donc maximum au départ.

Sa valeur à ce moment est de :

$$\frac{55}{\sin 40°} = 85^{kg},56.$$

La traction pour ouvrir le vantail sera exercée par la chaîne s'enroulant sur l'engrenage du treuil et les deux galets. Cette chaîne est ramenée par les galets sensiblement dans la direction de l'effort exercé et devra par suite subir une traction de $85^{kg},56$.

La bielle, en glissant dans l'appareil, provoquera un mouvement giratoire de cet appareil autour de son axe vertical et un mouvement d'oscillation verticale du manchon. Ce dernier mouvement en raison de l'horizontalité approximative de la bielle, peut être négligé.

La résistance résultant du mouvement autour de l'axe vertical est égale à la somme des frottements produits :

1° Par le poids de l'appareil sur la face horizontale du collet ;

2° Par l'effort transmis par la bielle et reporté sur la face verticale du pivot.

L'expression du premier de ces frottements est donnée par la formule :

$$F = Rf \times \left(1 + \frac{1}{12}\frac{l^2}{r^2}\right);$$

Celle du deuxième, par :

$$F' = R'f.$$

La somme de ces frottements est donc :

$$\mathrm{R}f\left(1 + \frac{1}{12}\frac{l^2}{r^2}\right) + \mathrm{R}'f,$$

dans laquelle :

R est le poids de l'appareil $= 250$ kilogrammes ;

R', force exercée aux extrémités du pivot et donnée par :

$$\mathrm{R}' = \mathrm{R}_1 \times \frac{0,60}{0,30}.$$

R_1, effort exercé par la bielle $= 86$ kilogrammes; 0,60 et 0,30, distances du manchon aux extrémités du pivot, d'où :

$$\mathrm{R}' = 86^{\mathrm{kg}} \times \frac{0,60}{0,30} = 172 \text{ kilogrammes};$$

f, coefficient de frottement égal à 0,08 (en supposant un graissage);

l, largeur de la couronne (dont les rayons sont respectivement $0^{\mathrm{m}},075$ et $0^{\mathrm{m}},05$) égale à $0^{\mathrm{m}},075 - 0^{\mathrm{m}},05 = 0^{\mathrm{m}},025$;

r, rayon moyen de la même couronne :

$$\frac{0.075 + 0,05}{2} = 0^{\mathrm{m}},0625 ;$$

p, longueur de la bielle comprise entre le vantail et l'appareil, variera pendant le mouvement entre 5 mètres et 1 mètre.

La puissance P à exercer pour déterminer le mouvement de rotation du support est donnée par l'équation :

$$\mathrm{P}_p = rf\left[\mathrm{R}\left(1 + \frac{1}{12}\frac{l^2}{r^2}\right) + \mathrm{R}'\right],$$

d'où l'on déduit :

$$\mathrm{P} = \frac{(0,0625 \times 0,08)\left[250\left(1 + \frac{1}{12}\frac{\overline{0,025}^2}{\overline{0,0625}^2}\right) + 172\right]}{5} = 0^{\mathrm{kg}},43,$$

qui représente l'augmentation de force produite par les frottements occasionnés par le mouvement de l'appareil du pivot au début de l'ouverture du vantail.

Lorsque le vantail arrivera près du bajoyer, p, longueur de la bielle, sera réduite à 1 mètre et la puissance P à exercer sera 5 fois plus grande et atteindra $2^{kg},130$.

Les frottements, qui viennent d'être calculés, sont les plus considérables de l'appareil. Ceux qui seront exercés aux tourillons des arbres et au contact des dents des engrenages seront certainement moins importants.

En les supposant égaux et les ajoutant, l'effort maximum à développer par l'appareil sur la chaîne sera de :

$$85^{kg},56 + (2 \times 2,13) = 89^{kg},82,$$

soit 90 kilogrammes.

Le rayon de la roue dentée est de $0^m,30$, celui de l'engrenage de la chaîne $0^m,10$; le bras de la manivelle est de $0^m,32$ et le rayon du pignon $0^m,04$.

L'effort à exercer sur la manivelle sera de :

$$\frac{90 \times 0,10 \times 0,04}{0,32 \times 0,30} = 3^{kg},75.$$

L'effort maximum admis est de 8 kilogrammes.

Résistance des organes de l'appareil de manœuvre du vantail. — En considérant le pivot comme encastré dans le sol, la traction, opérée par la chaîne sur les dents supérieures de l'engrenage, tendra à renverser l'appareil.

Le moment fléchissant maximum se produit au collet du pivot, où il est égal à 27 kilogrammètres :

$$90 \times 0,30 = 27 \text{ kilogrammes,}$$

Le diamètre du pivot étant de $0^m,06$, on a :

$$\frac{I}{n} = \frac{\pi \times \overline{0,06}^3}{32} = 0,0000212 \quad \text{et} \quad R = \frac{26}{21,2} = 1^{kg},27 \text{ par mm}^2.$$

L'effort tranchant est de 90 kilogrammes, la résistance au

cisaillement de :

$$\frac{90}{\pi \times \overline{0,03}^2} = 0^{kg},032 \text{ par millimètre carré.}$$

La résistance P d'une dent de l'engrenage est donnée par la formule :

$$P = \frac{Rbh^2}{6L} = \frac{1500000 \times 0,05 \times 0,0001}{6 \times 0,015} = 83 \text{ kilogrammes,}$$

dans laquelle :

R $= 1.500.000 = 1^{kg},5$ par millimètre carré ;
b, largeur de l'engrenage $= 0,05$;
h, épaisseur de la dent $= 0,01$;
L, longueur de la dent $= 0,015$.

Cette résistance P, égale à 83 kilogrammes, représente la pression que peut supporter la dent dans le cas le plus défavorable, c'est-à-dire même soumise à des chocs.

Or, d'après les calculs précédents, la pression ordinaire sur une dent sera de :

$$86 \times \frac{0,10}{0,30} = 30 \text{ kilogrammes.}$$

La bielle est un cylindre creux en fer de $0^m,06$ de diamètre extérieur et de $0^m,045$ de diamètre intérieur.

Sa section S est égale à $0^{m2},001236$ et la plus grande portée de 5 mètres.

Dans ces conditions, elle fléchira sous son propre poids d'une quantité donnée par la formule :

$$f = \frac{5}{384} \times \frac{pL^4}{EI},$$

dans laquelle : $p = 9^{kg},88$ par mètre courant, L $= 5$,

E $= 12.000.000.000$ et I $= \frac{\pi}{64} = 0,000000434$, d'où :

$$f = \frac{5}{384} \times \frac{9,88 \times 625}{5210} = 0^m,015.$$

L'effort maximum dû à la flexion de cette barre sera donné en son milieu par la formule :

$$\frac{pL^2}{8} = R \frac{1}{n},$$

dans laquelle p, l et l ont les valeurs ci-dessus, et $n = 0,03$,

d'où :

$R = 2^{kg},13$ par millimètre carré,

Mais, indépendamment de son propre poids, la béquille supporte un effort de compression qui a été trouvé de 90 kilogrammes, soit de :

$$\frac{90}{1236} = 0^{kg},072 \text{ par millimètre carré.}$$

En tenant compte du flambage, l'effort R' est donné par la formule :

$$R' = R\left(1 + 0,0001 \frac{1}{S} l^2\right) = 0^{kg},62.$$

L'effort total supporté par la fibre neutre (flexion et compression) est de :

$$R_1 = 2^{kg},13 + 0^{kg},62 = 2^{kg},75 \text{ par millimètre carré.}$$

D. Manœuvre de la ventelle. — La ventelle se trouve appliquée contre la porte par une force représentée, par mètre courant de ventelle, par un rectangle ayant pour base la différence entre les retenues amont et aval, et pour hauteur celle de la ventelle, qui est de 0m,70.

SH = 1m,65 (fig. 245)

Cette pression pour 3m,25 de longueur de la ventelle est donc :

3,25 × 1,65 × 0,70 × 1000 = 3754 kilogrammes.

Le frottement de la ventelle sur la porte sera :

$$Q = 3754 × f.$$

(*f*, coefficient de frottement de chêne sur chêne au départ = 0,50), soit :

$$Q = 3754 \times 0,50 = 1877 \text{ kilogrammes.}$$

Dans les appareils actuellement en service, et qui seront
adaptés aux nouvelles portes, cet effort est transmis à la vis
par un levier dit tourne-à-gauche, de 1m,40 de longueur.

Soit :

P, l'effort exercé sur le tourne-à-gauche ;

r, la longueur du bras de levier = 0m,70 ;

r', le rayon moyen de la vis = 0m,04 ;

r'', le rayon de la surface, par laquelle l'embase de la vis
appuie sur son support = 0m,05 ;

h, le pas de la vis = 0m,02 ;

f, le coefficient de frottement de métaux sur métaux légèrement lubrifiés = 0,10 ;

Q, la résistance de la ventelle = 1877 kilogrammes.

$$P = Q\left[\frac{r''}{r} \times \frac{h + (2\pi r'f)}{2\pi r' - fh} + \frac{2}{3}f\frac{r''}{r}\right]$$

ou

$$P = 1877\left[\frac{0,04}{0,70} \times \frac{0,02 + (2\pi \times 0,04 \times 0,10)}{(2\pi \times 0,04) - (0,10 \times 0,02)} + \frac{2}{3} \times 0,10 \times \frac{0,05}{0,70}\right]$$
$$= 19^{kg},90.$$

Pour la manœuvre d'une ventelle des portes de l'écluse de
Sireuil, la pression à vaincre serait de :

3,25 × 1,45 × 0,70 × 1000 = 3299 kilogrammes.

On aurait alors :

$$Q = 3299 \times 0,50 = 1649,5,$$

soit 1.650 kilogrammes, et

$$P = 17^{kg},50.$$

Pour une ventelle des portes de Malvit, la pression serait de :

3,25 × 0,83 × 0,70 × 1000 = 1888 kilogrammes.

On aurait par conséquent :

$$Q = 944 \text{ kilogrammes} \quad \text{et} \quad P = 10 \text{ kilogrammes.}$$

L'effort qu'un homme ordinaire peut exercer couramment sur le bras du tourne-à-gauche étant d'environ 12 kilogrammes, deux hommes seront nécessaires pour le relèvement de la ventelle au début de l'opération ; mais il faut remarquer que, pendant le mouvement, l'effort sera moins considérable, puisque l'on a adopté le coefficient du frottement au départ.

Il y a lieu de remarquer en outre que, dans les calculs qui précédent, on a pris pour bases les pressions existant au moment de l'étiage extrême, lequel ne se produit que pendant des périodes généralement très courtes, quelquefois même pas toutes les années.

CHAPITRE III

FONDATIONS DES ÉCLUSES A SAS

184. Considérations générales. — Les écluses à sas, avec leur appareil compliqué, avec leur état habituel d'immersion complète, avec le poids considérable de leurs parties constitutives, ont besoin de fondations inébranlables assez difficiles parfois à réaliser. On examinera sommairement les procédés de fondation qui peuvent être employés.

Fondations à flanc de coteau. — Lorsque la fouille d'une écluse ou de tout autre ouvrage hydraulique se pratique dans un sol situé au-dessus de la nappe des eaux souterraines, à flanc de coteau par exemple, le travail s'exécute comme dans un déblai quelconque, à la pioche et à la pelle, sans aucune précaution spéciale.

Fondations dans un terrain meuble peu perméable. — Si la fouille doit être ouverte dans un terrain meuble peu perméable, au-dessous de la nappe des eaux souterraines, on exécutera la fouille par les moyens ordinaires à la pelle et à la pioche, en entourant le chantier d'un fossé d'assainissement, qui conduira les eaux au puisard où se trouve la pompe. On prendra soin de donner aux talus de déblai l'inclinaison voulue pour éviter des éboulements susceptibles d'obstruer le fossé d'assainissement, d'interrompre l'écoulement des eaux et de désorganiser le chantier.

Fondations dans un rocher dur et peu perméable. — Si le sol de fondation est constitué par une roche dure et peu perméable, on peut asseoir directement les palayers sur cette roche ; les buscs sont construits dans des encoffrements spéciaux soigneusements remplis de maçonnerie, qui devra se relier intimement au rocher et faire corps avec lui.

Fondations dans un rocher tendre et peu perméable. — On adoptera la même solution, sauf à établir un revêtement maçonné sur toute la longueur du sas susceptible d'être attaquée par le courant des ventelles, soit sur une dizaine de mètres au moins en aval de chaque busc. Ce revêtement est exécuté en forme de voûte renversée pour résister à la sous-pression, quand l'écluse est en charge.

Fondations dans un gravier dur peu perméable, mais affouillable. — Sur un gravier peu perméable, on descendra la fouille au niveau voulu au moyen d'épuisements, et on établira un radier général en maçonnerie ou en béton. On prendra la précaution de placer en amont et en aval des parafouilles destinés à interrompre le passage des eaux à la jonction du sol naturel et des fondations.

On rencontrera sans doute, au moment où cesseront les épuisements, des sources de fond capables de soulever les maçonneries encore fraîches. On leur ménagera un écoulement autour des maçonneries, et on ne les étouffera qu'au dernier moment, lorsque les mortiers auront pris toute leur consistance. Cette opération, assez difficile à effectuer, ne sera entreprise que dans des cas spéciaux, quand les sources, jaillissant ainsi, causent une déperdition sérieuse dans l'alimentation du bief amont.

Fondations dans les terrains perméables et incompressibles. — La plupart du temps, on rencontre dans le fond des vallées, où l'on doit établir les écluses, des bancs de gravier incompressibles et perméables, qui laissent passer l'eau comme un crible.

Cette grande perméabilité serait non seulement un obstacle à la construction de l'ouvrage, mais une gêne pour les réparations à y faire, et pour la rapidité des manœuvres de passage d'un bief à l'autre. Il faut donc superposer au banc de gravier un radier général relié aux bajoyers, et formant une vaste cuvette, où se feront sans difficulté les opérations de remplissage et de vidange du sas.

L'établissement de cette cuvette présente de grosses sujétions, en raison de l'étanchéité qu'elle doit avoir, des dimensions importantes de la fouille, de l'abondance des filtrations, et de la profondeur considérable de la fondation.

Les écluses antérieures à ce siècle, celles mêmes qui datent de ses premières années, ont été fondées à l'abri d'un bâtardeau d'enceinte, formé d'une double ligne de pieux et de palplanches, entre laquelle on pilonnait de la terre argileuse. On descendait la fouille dans cette enceinte au niveau voulu, en forçant les épuisements, et l'on construisait les maçonneries du radier et des bajoyers. Les difficultés d'exécution étaient grandes, les accidents nombreux, et l'on était exposé à toutes les éventualités, que présentent les variations de régime des rivières.

L'usage de plus en plus fréquent des chaux hydrauliques et du béton a permis l'emploi d'un procédé plus économique, plus rapide et presque aussi sûr.

On circonscrit la fouille dans une enceinte de pieux et de palplanches, et on enlève au moyen d'une drague la couche de gravier, qui doit être remplacée par la maçonnerie de l'écluse.

Dans l'enceinte on coule la couche de béton destinée à former le radier général; sur le pourtour on la surélève entre la pile de pieux et de palplanches et un vannage spécial, que l'on ajuste sur des piquets en bois ou en fer enfoncés quelque peu dans le béton coulé. On forme ainsi, sur tout le périmètre de la fouille, et à 1 mètre au-dessus de l'étiage, les bords d'un vase étanche, dont le radier général est le fond. Lorsque ce béton a fait prise, on épuise ce vase, et la construction s'y achève à l'abri des eaux. Si une crue inattendue vient à le remplir, il suffira de le vider pour reprendre les travaux, lorsque le niveau de la rivière sera descendu au-dessous de l'arête des bourrelets.

Ces bourrelets sont ultérieurement amenés à vif, taillés à redans et incorporés aux bajoyers, dont ils se trouvent ainsi faire partie. La liaison du béton constituant les bourrelets avec la maçonnerie du bajoyer doit être faite avec le plus grand soin; il faut réaliser un bloc unique susceptible de résister aux efforts, auxquels le bajoyer est soumis.

On doit faire disparaître les bourrelets d'amont et d'aval, qui s'opposeraient au passage des bateaux; on les ruine du dedans en les étayant, autant que faire se peut, puis on enlève ce qui reste au scaphandre ou à la drague.

M. Malézieux attribue à M. Bommart le premier emploi de cet ingénieux procédé pour la fondation de l'écluse de Venette, sur l'Oise, en 1827.

Ce mode de fondation est encore utilisé avec succès pour les écluses de grandes dimensions. C'est ainsi qu'on a opéré en 1900 pour la construction de l'écluse de Nussdorf, située sur le canal de jonction du Danube avec le canal du Danube à Vienne. Cette écluse a 85 mètres de longueur utile sur 15 mètres de largeur. Le cube de béton coulé sous l'eau est donc considérable; on y est parvenu dans les meilleures conditions possibles d'économie et de temps en employant pour le coulage de ce béton des cheminées à entonnoirs déplacées méthodiquement sur l'étendue de la surface à bétonner à l'aide d'estacades supportant des voies ferrées, longitudinales et transversales.

185. Épaisseur à donner au radier général. — L'épaisseur à donner au radier doit être calculée, dans deux hypothèses, soit pendant l'exécution des travaux, soit en temps normal quand l'écluse est achevée.

Forces qui agissent sur le béton pendant l'exécution des travaux. — La partie inférieure de la couche de béton est soumise, pendant l'exécution des travaux, à une sous-pression mesurée par la hauteur d'eau qui la charge. Pour résister à cette sous-pression, on ne dispose que du poids des maçonneries, c'est-à-dire de celui du béton, bourrelets compris. La couche de béton peut être considérée comme une poutre droite chargée uniformément et reposant sur deux appuis; dans ce calcul, qui ne peut que donner des résultats approchés, on n'attribuera à la résistance maxima du béton qu'une valeur de 1 kilogramme par centimètre carré, le béton coulé étant moins résistant que le béton pilonné.

Il vaut mieux augmenter la résistance du radier en lui donnant la forme d'une voûte renversée, et calculer l'épaisseur du radier comme si cette voûte devait s'opposer à la sous-pression.

Il est bon, dans tous les cas, de charger le radier général, avant de procéder aux épuisements, des matériaux destinés à entrer plus tard dans la construction. Cet approvisionnement, sur le lieu d'emploi lui-même n'est pas une fausse manœuvre et donne toute sécurité.

Fonctionnement du radier en temps normal. — Lorsque les travaux sont terminés, la sous-pression n'est plus à craindre. La couche de béton a reçu son revêtement en maçonnerie ; les bajoyers augmentent le poids, qui fait équilibre à la sous-pression. Le radier fortement engagé sous les bajoyers peut être considéré comme une poutre encastrée, ce qui double à peu près sa résistance. Les mortiers ont fait prise complète et peuvent résister à des efforts plus considérables. La période critique est donc passée.

Filtrations et sources de fond. — Cette période, qui coïncide avec l'exécution de l'ouvrage, est d'autant plus à craindre que des filtrations peuvent se produire à travers la couche de béton, la délayer et lui faire perdre l'imperméabilité, qui fait son avantage. Il est donc essentiel que l'enceinte de fondation soit aussi étanche que possible ; dans ce cas, on ne coulera le béton que lorsque le niveau d'équilibre sera établi. Si on ne pouvait pas réaliser cet étanchement, on immergerait au fond de la fouille un lit d'enrochements avant la couche de béton ; les sources s'écouleraient au travers de ces enrochements et en laissant les mortiers intacts leur permettraient de durcir.

186. Remblais autour des fouilles. — Les remblais sont montés autour de l'enceinte au fur et à mesure de l'immersion du béton, de façon à prévenir les poussées, à fermer la fouille d'une manière progressive et à faciliter ainsi l'adhérence des terres aux maçonneries. On fera en sorte de multiplier les redans aux surfaces de contact, de soigner les remblais autour des angles pour éviter les filtrations longitudinales du bief d'amont au bief d'aval.

187. Fondations dans les terrains perméables et compressibles. — Lorsqu'on rencontre, comme sol de fondation, un terrain perméable et compressible, on doit remplacer ce terrain d'une manière artificielle.

Si la couche solide est à une faible profondeur, on établira sur elle une enceinte double en pieux et palplanches, qui forme bâtardeau ; on draguera l'espace compris entre le bâtardeau, on le remplira, jusqu'au niveau inférieur fixé pour le radier, de sable, de gravier ou de moellons, et on coulera une couche de béton avec l'épaisseur voulue. On se retrouve alors dans le cas précédent.

Si la couche solide se trouve à 12 ou 15 mètres de profondeur, on bat des pieux jusqu'à la rencontre de cette couche, pieux qui supporteront l'ouvrage.

Entre ces pieux, on immerge des enrochements qui consolident le terrain, et lui permettent de supporter au moins une faible pression, en même temps qu'ils rendent les pieux solidaires. Les enrochements sont arrêtés à 1 mètre environ au-dessous de la face inférieure du radier ; les pieux, qui sont arasés à ce niveau, sont emprisonnés dans la couche générale de béton qui constitue le radier. Celui-ci, après durcissement, se trouve ainsi solidement appuyé, en même temps qu'il relie tous ses supports par une sorte d'encastrement.

Si la profondeur de la couche solide est telle que l'emploi des pieux soit impossible, on aura recours à l'air comprimé pour établir soit tout l'ouvrage, soit des piliers en nombre suffisant pour le supporter.

188. Fondations dans les terrains compressibles et imperméables. — On rencontre fréquemment à l'embouchure de certains fleuves d'immenses bancs d'argile tendre, d'une très grande puissance, et qui ne peuvent supporter que des charges insignifiantes.

a) *Fondations à faible profondeur.* — Lorsque le terrain compressible n'a qu'une faible épaisseur, on a recours pour la fondation de l'ouvrage à des pieux, dont la tête sera empâtée dans le massif du radier général sur 1 mètre ou 1^m,50 de hauteur, afin de rendre toute la masse parfaitement solidaire.

Pour éviter des accidents, des éboulements capables de bouleverser le chantier, il convient de maintenir les talus de la fouille pendant la durée des travaux. Il sera bon, dans ce but, de dresser la fouille suivant des talus très doux (2 à 3 de base pour 1 de hauteur), d'assainir les environs du chantier, de ne pas charger en quoi que ce soit les bords de la fouille, et surtout d'aller aussi vite que possible dans l'exécution des travaux.

b) *Fondations à grande profondeur.* — Lorsque la fouille à exécuter est plus considérable et doit être descendue à plus de 5 mètres au-dessous de la couche compressible, il est nécessaire de prendre de grandes précautions pour éviter que les talus s'ébranlent et coulent en s'affaissant; les premiers mouvements sont suivis d'autres, qui se produisent en arrière des premiers. De proche en proche, on voit le sol se fendre et se mouvoir jusqu'à des distances très considérables, 30, 40, 60 mètres, suivant la profondeur de l'excavation qui fait appel.

Si l'ouvrage à établir est de petite dimension, on l'entoure d'une enceinte de pieux jointifs, étayés intérieurement les uns par les autres, et descendus jusqu'au terrain solide.

Si la fouille à creuser est grande, on a recours aux fondations tubulaires. On établira une enceinte de puits à ciel ouvert, maçonnés, à l'intérieur de laquelle on effectuera les déblais par les procédés ordinaires. Ou bien encore, si la profondeur de la fouille dépasse 12 mètres, on se servira de l'air comprimé pour descendre jusqu'au rocher, soit tout l'ouvrage, si ses dimensions sont faibles, soit son enceinte maçonnée, s'il s'agit d'une grande écluse, qu'on ne peut songer à construire dans un caisson.

189. Fondations en terrain de vase indéfinie. — Les fondations en terrain de vase indéfinie ne présentent pas autant de difficultés. Les ouvrages, qui sont établis sur ce terrain, sont maintenus par le frottement latéral des pieux, ou des puits que l'on peut descendre à travers la couche vaseuse. Ils flottent pour ainsi dire dans le milieu fluide, sur lequel ils reposent. On envisageait naguère avec crainte l'établissement d'une écluse de fortes dimensions dans un terrain de cette nature. Il serait certainement plus facile actuellement de résoudre la question, grâce aux progrès effectués dans les procédés de construction et à l'emploi facile et méthodique du béton armé.

CHAPITRE IV

EMPLACEMENT. — ABORDS ET ACCESSOIRES DES ÉCLUSES

On a étudié successivement les trois parties dont se compose une retenue d'eau, le pertuis ou passe navigable, le déversoir et l'écluse. Il reste à examiner leur position respective.

Le barrage composé du pertuis et du déversoir est nécessairement placé dans le cours d'eau même, mais il n'en est pas toujours ainsi de l'écluse. Elle peut être accolée au barrage, et, comme lui, en rivière, ou bien elle peut être placée sur une dérivation.

190. Écluse placée en rivière. — Lorsque les fondations en rivière sont faciles, lorsque le remous produit par le barrage inférieur est suffisant pour donner sur le busc aval de l'écluse le tirant d'eau voulu ; enfin, lorsque aucun seuil intermédiaire dans le bief ne vient gêner la navigation, on réunit tous les ouvrages hydrauliques ensemble en plaçant l'écluse sur la rive du halage, le déversoir sur la rive opposée et le pertuis dans le thalweg.

191. Barrage oblique. — L'écluse doit évidemment être dans la direction même du cours d'eau. La passe navigable doit être normale à cette même direction, mais le barrage peut être ou perpendiculaire ou oblique.

Les dispositions représentées sur les figures 254 à 256 montrent que le courant a tendance à être rejeté sur les bateaux, qui entrent dans l'écluse ou en sortent, ce qui constitue une gêne pour la navigation.

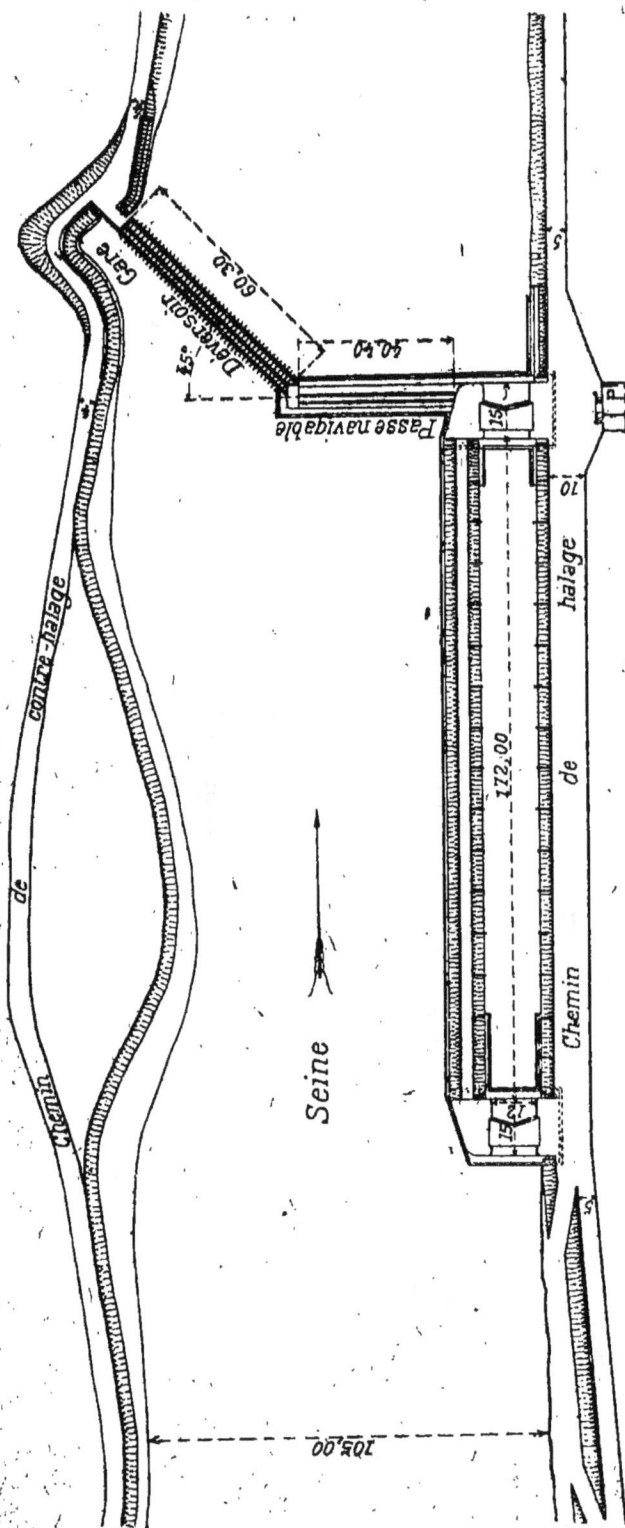

Fig. 254. — Barrage de la Madeleine.

établie l'écluse, et si on oriente le déversoir de ce côté,

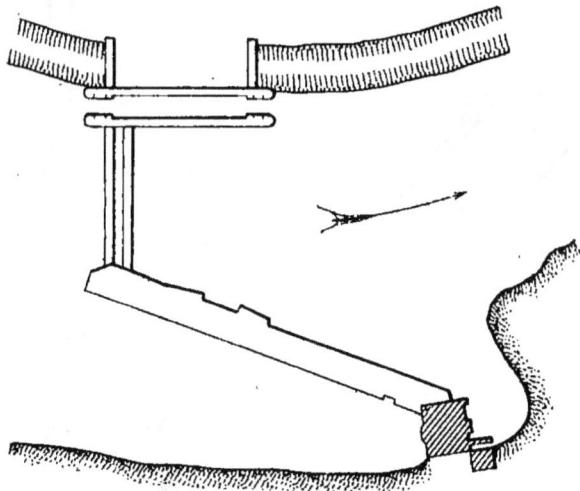

FIG. 255. — Barrage oblique.

la batellerie subit aussi des inconvénients, puisque de cette façon le chenal est éloigné de la direction que doit suivre la navigation, et que d'autre part la rive est susceptible d'être attaquée par le courant.

Avec les ouvrages mobiles, il n'y a aucune raison d'allonger les barrages, et il est préférable de se placer normalement au courant, en même temps qu'à l'écluse.

Il reste à examiner, s'il convient de les rattacher à la tête amont ou à la tête aval de l'écluse ; cette ques-

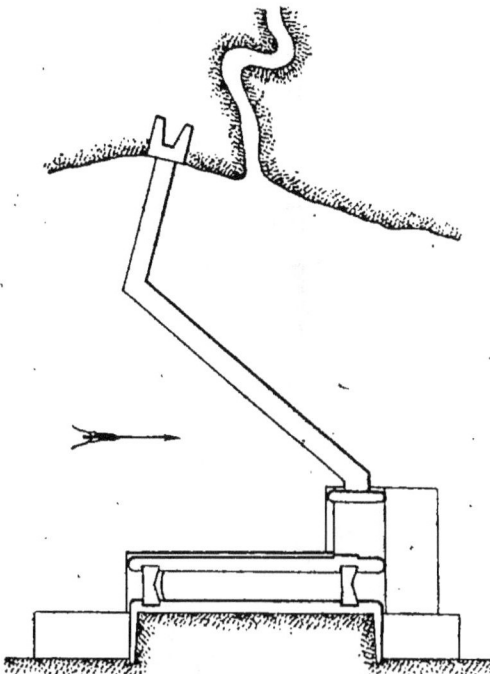

FIG. 256. — Barrage oblique.

tion est d'autant plus importante que cet ouvrage est plus long.

192. Barrage placé à l'amont de l'écluse. — Le barrage placé à la tête amont présente l'inconvénient de créer à côté de l'écluse et à son entrée un courant latéral faisant appel, qui peut entraîner les bateaux avalants sur le musoir du bajoyer du large ou même dans le barrage. Le courant, que produit le déversement de la lame sur l'ouvrage, longe le bajoyer sur toute sa longueur, et risque de l'affouiller, s'il n'a pas été très solidement fondé.

193. Barrage placé à l'aval de l'écluse. — Si le barrage est rattaché à la tête aval de l'écluse, on évite ces deux inconvénients, mais les bateaux, qui se présentent à l'entrée ou à la sortie de l'ouvrage, sont exposés aux remous que forme le voisinage immédiat de la lame déversante et qui tendent à les rejeter sur la rive. Ils risquent aussi d'échouer sur les dépôts qui se forment dans le chenal en aval de l'écluse.

194. Emplacement à adopter pour le barrage. — Il y a presque autant d'inconvénients à adopter la première solution que la seconde. Les ingénieurs les plus compétents, MM. Guillemain et de Mas, se prononcent en sens contraire, l'un pour la position amont, l'autre pour l'emplacement à l'aval.

Il est difficile de prendre parti ; le mieux est d'envisager la navigabilité aux abords du barrage, les courbes de la rive de halage plus ou moins facile aux abords, et de prendre une décision d'après cette étude.

195. Estacades. — Dans tous les cas, les inconvénients, qui ont été signalés tant à l'amont qu'à l'aval, sont atténués dans une large mesure par l'établissement d'estacades d'embouquement en charpente, qui facilitent l'entrée ou la sortie.

La figure 257 donne la disposition, qui a été adoptée sur la haute Seine à Champagne. L'estacade composée de pieux est consolidée au moyen d'un fort massif d'enrochements, qui intercepte les courants venant du large. Des madriers horizontaux placés au-dessous du niveau normal de la retenue empêchent que les moellons de l'enrochement ne roulent dans le chenal; des madriers verticaux jointifs constituent au-dessus de ce niveau une glissière, qui guide les bateaux dans leur mouvement.

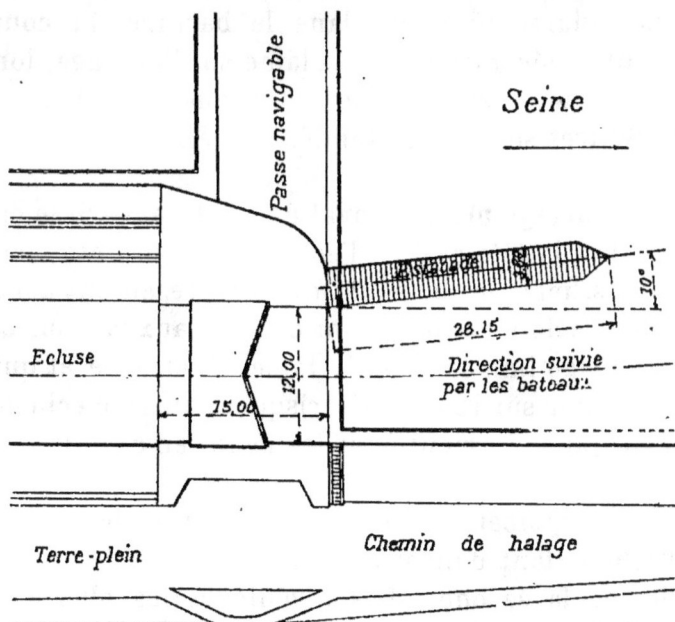

FIG. 257. — Estacade sur la haute Seine, à Champagne.

196. Difficultés d'établissement des écluses en rivière. — Les écluses en rivières ont des inconvénients inhérents à leur position ; elles peuvent en avoir d'autres. Il peut se faire qu'à l'emplacement prévu pour le barrage le lit soit assez étroit pour qu'on hésite à le diminuer encore de la largeur de l'écluse.

Il se peut aussi que le voisinage d'usines ou l'existence de seuils naturels s'opposent à un relèvement efficace du plan d'eau immédiatement à l'aval du barrage.

Enfin le cours d'eau peut présenter des sinuosités gênantes pour la navigation.

Il y a donc des cas où il y a intérêt à abandonner le lit naturel du cours d'eau et à le remplacer par un lit artificiel, commençant à l'amont du barrage et finissant à une distance plus ou moins grande à l'aval, dans lequel on place l'écluse. Ce lit artificiel constitue une dérivation ; l'écluse prend alors le nom d'écluse en dérivation.

197. Dispositions générales relatives aux dérivations. — On ne s'occupera dans l'étude qui va suivre que des cas où la dérivation, pourvue d'une écluse unique, qui rachète la chute du barrage, est un accessoire de la canalisation. On écartera donc les longues dérivations pourvues d'un certain nombre d'écluses, qui se substituent à la rivière et qui constituent, à part quelques rentrées en rivière commandées par la présence d'une ville ou par d'autres considérations, un véritable canal.

PROFIL EN TRAVERS. — Le profil en travers d'une dérivation est réglé par les considérations suivantes :

Le plafond est établi à une hauteur telle, au-dessus du niveau normal de la retenue, que le mouillage dépasse de $0^m,30$ à $0^m,40$ le tirant d'eau des bateaux les plus chargés. Sa largeur doit être double de celle d'un bateau, afin de rendre les croisements faciles.

L'inclinaison des talus, susceptible de varier avec la nature du sol, est, en général, de 1,50 de base pour 1 de hauteur. Ces talus sont prolongés sur chaque rive un peu au-dessus du niveau des plus hautes eaux navigables de la rivière.

La cuvette ainsi constituée est bordée, d'un côté, par un chemin de halage de 4 mètres de largeur en prolongeant, autant que possible, celui de la rivière, de l'autre côté, par un chemin de contre-halage ayant au moins 2 mètres de largeur.

On établira ces chemins insubmersibles, autant que possible, toutes les fois qu'il n'en résultera aucune gêne pour la navigation. On exécutera, en arrière de ces chemins, des cavaliers assez élevés au-dessus du sol pour rendre la dérivation insubmersible. Il faut éviter, en effet, que les crues n'envahissent la dérivation par déversement, ce qui causerait aux talus de graves avaries, et rendrait critique la situation des bateaux, qui s'y réfugient volontiers en cas d'inondation.

La revanche, que l'on donne d'habitude au-dessus des plus hautes eaux connues, est de 1 mètre, pour parer à l'action des lames et aux autres imprévus.

Tracé de la dérivation. — Le tracé d'une dérivation de faible longueur, comme celle que l'on a en vue, est toujours à peu près commandé ; et il n'y aurait pas lieu d'en parler, s'il n'y avait pas à envisager l'entrée, qui prend une importance réelle en raison du changement qui en résulte pour le mode de navigation.

Placée nécessairement dans une courbe concave, elle doit être assez éloignée du barrage pour que les bateaux ne soient pas sollicités par le courant produit par le déversement de l'eau sur l'ouvrage. Son axe doit faire avec l'axe du cours d'eau un angle aussi petit que possible pour faciliter l'entrée des bateaux.

Ainsi placée, comme le prolongement du lit principal, la dérivation peut être aisément abordée par la navigation.

Il y a cependant un inconvénient à cette disposition, car les eaux troubles de la rivière viennent, au moment des crues, perdre leur vitesse à l'entrée de la dérivation et y occasionner des dépôts, qu'il faut enlever d'une manière continue.

On est quelquefois obligé, au lieu de suivre la direction du cours d'eau, d'établir

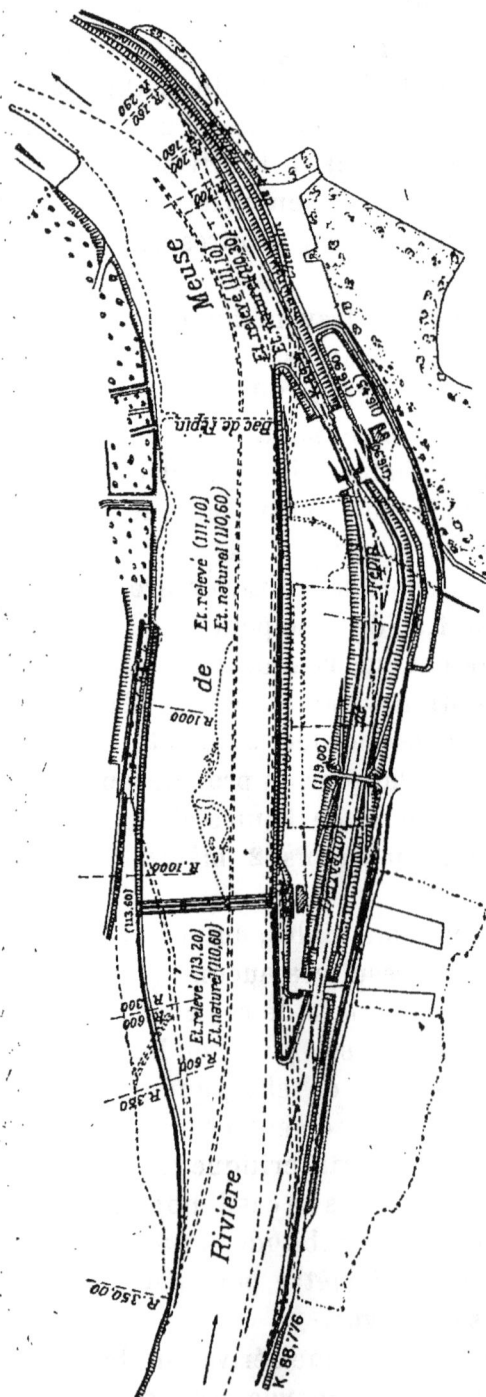

Fig. 258. — Dérivation de Fépon (Meuse).

la dérivation suivant un rebroussement en sens contraire de cette direction, sauf à la reprendre peu après par une courbe, parcourue en eau tranquille. Cette disposition est indiquée quand les bateaux doivent subir un arrêt avant d'entrer dans la dérivation ; c'est le cas qui se présente dans la partie maritime des rivières, où les bateaux entrant dans une dérivation sont obligés de changer de mode de propulsion.

Profil en long. — Le profil en long d'une dérivation doit être envisagé au double point de vue du plafond et du plan d'eau.

Le plan d'eau est fixé par la hauteur de la retenue du barrage qui règle le niveau du bief où commence la dérivation ; il est limité par le niveau des plus hautes eaux navigables dans la rivière, niveau qui limite l'usage de la dérivation.

Le plafond doit être établi à un niveau tel que le mouillage au-dessous du plan d'eau normal dépasse de $0^m,30$ à $0^m,40$ l'enfoncement habituel des bateaux, dans le but de faciliter la navigation, et aussi de loger les dépôts, qui ne manqueront pas de s'effectuer dans les eaux tranquilles.

Il serait même nécessaire que le niveau du plafond soit réglé non pas par rapport au plan normal de la retenue, mais par rapport à un plan inférieur, pour que les bateaux puissent pénétrer dans la dérivation au moment du relevage du barrage.

Le plafond sera disposé suivant une légère pente de 1 millimètre par mètre environ, pour permettre de faire un certain courant dans la dérivation, courant qui opérera des chasses lorsqu'on ouvrira les ventelles des portes.

198. **Position de l'écluse dans une dérivation**. — L'écluse peut être placée soit à l'entrée de la dérivation, soit près de son extrémité aval.

Il y a généralement avantage à la disposer à l'aval, parce que, le niveau du plan d'eau sur toute la longueur de la dérivation étant celui du bief d'amont, le cube des déblais à effectuer pour l'ouverture de la cuvette se trouve réduit autant qu'il est possible.

En même temps on évite l'envasement de la dérivation

soit par l'amont, soit par l'aval : par l'amont parce que les dépôts se forment à l'entrée, par l'aval parce que la manœuvre des ventelles suffit pour chasser les dépôts qui tendraient à se former.

On sera cependant amené dans certains cas, surtout quand la dérivation a une faible longueur, à placer l'écluse à l'amont. On rendra de cette manière la dérivation insubmersible ; il suffira en effet de surélever la tête de l'écluse et de la rattacher aux digues de protection pour soustraire la dérivation à l'effet des inondations. On devra en même temps surhausser la porte d'amont.

Ce moyen d'obtenir l'insubmersibilité n'est pas usité lorsque la dérivation présente une grande longueur. Il vaut mieux, dans ce cas, établir l'écluse à l'aval et placer à l'amont un ouvrage spécial pour garantir la dérivation contre les inondations.

199. Écluse de garde. — Cet ouvrage porte le nom d'écluse de garde ; il consiste en une tête d'écluse munie d'une porte qui s'ouvre du côté de la rivière.

Cette tête d'écluse ne présente aucune disposition particulière : on y rencontre successivement, comme à toutes les écluses, le mur de tête d'amont, le musoir d'amont, l'enclave, le chardonnet, le mur de fuite, etc.

L'écluse de garde est quelquefois munie de deux portes s'ouvrant en sens contraire, la première pour garantir la dérivation contre les crues, la seconde pour la maintenir en eau, quand la retenue du barrage est momentanément effacée. La dérivation forme dans ce cas comme un port de refuge pour les bateaux.

Il n'est pas nécessaire, mais utile d'établir des ventelles dans les portes pour permettre l'alimentation de la dérivation. On pourra aussi ménager des aqueducs longitudinaux dans les bajoyers pour créer des chasses, ou bien laisser passer un volume d'eau suffisant pour la marche d'une usine de force motrice à l'écluse à sas située à l'extrémité aval de la dérivation.

L'écluse de garde aura généralement des dimensions supérieures à celles de l'écluse à sas (8 mètres par exemple au lieu de 5^m,20) pour faciliter le passage des bateaux dans la dérivation.

Celle-ci étant établie sur une rive concave est souvent voisine du coteau. Il suffit dans ce cas, pour soustraire aux crues la partie de la vallée située entre la digue insubmersible le long de la rivière et la dérivation, de rattacher la tête de l'écluse de garde à la digue. Du côté opposé, la digue de protection de la dérivation sera établie à un niveau dépassant les plus hautes eaux navigables.

Cette disposition peut avoir des inconvénients, car elle ne permet pas le relèvement des plus hautes eaux navigables dans la dérivation, fait qui peut se produire dans la rivière, par exemple après la reconstruction d'un pont. Pour obvier à cet inconvénient, qui supprimerait la navigation dans la dérivation, alors qu'elle serait encore possible dans la rivière, on transforme l'écluse de garde en une écluse à sas, ce qui permet l'entrée et la sortie de la dérivation par tout état des eaux.

200. Ponts sur les dérivations. — Les dérivations dessinent, avec le cours d'eau principal, des îles ; il est nécessaire de leur donner accès au moyen d'un certain nombre de ponts, lorsqu'elles sont suffisamment longues.

Il est naturel que le premier à construire soit établi sur l'écluse, dont les bajoyers offrent des culées toutes préparées.

Ponts sur écluses. — Les ponts sur les écluses doivent être assez élevés, pour que les plus hauts chargements des bateaux passent par dessous. On placera donc ces ponts sur la partie de l'écluse où les bajoyers présentent la plus grande hauteur au-dessus du plan d'eau, c'est-à-dire sur la partie qui correspond au bief d'aval, et sur les murs de fuite, qui nécessitent à cet effet une longueur suffisante.

Le tablier doit être établi à une hauteur telle qu'elle satisfasse aux prescriptions de la circulaire ministérielle du 30 mai 1879. Il doit donc laisser, au-dessus des plus hautes eaux navigables, une hauteur libre de 3^m,70 au moins pour les écluses de 5^m,20 de largeur, que l'on rencontre communément sur les canaux. Sur les rivières, où les écluses ont de plus grandes dimensions, la hauteur disponible est supérieure ; elle atteint 5ᵐ,50 pour des écluses de 12 mètres de largeur.

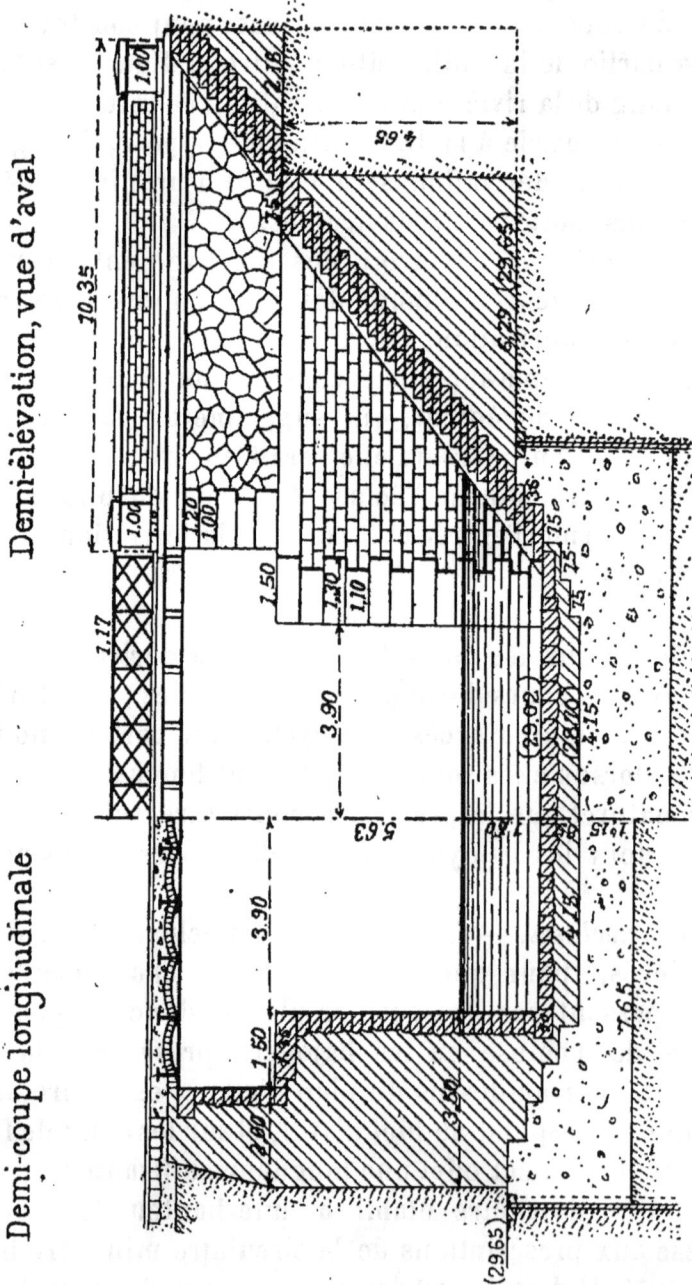

Fig. 259. — Pont sur l'écluse de Gravelle au canal Saint-Maurice.

La largeur de ces tabliers et le mode de construction des ponts sur écluses dépendent des exigences de la circulation. Il est inutile de s'en occuper ici ; il est au contraire intéressant de connaître les conséquences de leur établissement au point de vue de la circulation et de la traction des bateaux.

Sur beaucoup de canaux, on a franchement interrompu le chemin de halage, et on a surélevé les murs de fuite pour réunir le tablier ou la voûte du pont. Le débillage devient obligatoire ; c'est-à-dire que le bateau est obligé de quitter la corde de halage, en arrivant au pont, pour la reprendre, quand il l'a franchi. Il en résulte un ralentissement dans la marche du convoi, ralentissement, qui s'ajoute encore aux lenteurs de l'éclusage. On doit donc autant que possible renoncer à cette disposition.

Une solution meilleure a été adoptée sur le canal Saint-Maurice (dérivation de la Marne canalisée). On a construit, à 1m,50 en arrière des murs de fuite, deux culées spéciales pour le pont ; l'ouverture a été augmentée de 3 mètres, mais laisse de chaque côté, le long des bajoyers, un petit chemin de halage, sur lequel les mariniers peuvent entretenir la vitesse du bateau et le diriger d'une manière efficace.

Les poutres du pont sont établies à 2 mètres au-dessus de la banquette de halage pour permettre le passage et rendre les manœuvres faciles. La circulation sur les voies de terre n'en est pas aggravée, puisque le mur de fuite a été abaissé en conséquence sous le pont, et que la différence de niveau avec le terre-plein de l'écluse est rachetée par un escalier, que suivent les haleurs.

Des rampes, dont l'inclinaison ne dépasse pas 10 0/0, relient le terre-plein de l'écluse, les chemins de halage, de contre-halage et les levées d'accès du pont.

Ces dispositions sont heureuses et économiques ; elles ménagent à la fois les intérêts de la navigation et celles de la circulation sur les voies de terre.

Chemin de halage complet. — Une autre solution consiste à relever le pont et à agrandir suffisamment son ouverture, puisque les manœuvres s'exécutent comme s'il n'existait pas. Elle impose une dépense coûteuse et hors de proportion avec les avantages qu'elle procure : une simple banquette de halage, permettant de diriger le bateau aux abords de l'écluse, est suffisante.

Pont mobile sur écluses. — Lorsqu'on ne dispose pas d'une hauteur suffisante pour adopter cette solution d'un pont fixe avec banquette de halage, on peut recourir à un pont mobile.

Ce pont sera placé de préférence au centre du sas plutôt que sur les murs de chute, et devra être adopté, s'il s'agit d'assurer la circulation sur des chemins peu fréquentés, où la question économique est prédominante.

On étudiera ultérieurement les types, qui sont en usage.

Ponts sur les dérivations. — En dehors des ponts à établir sur les écluses, il convient, ainsi qu'il a été indiqué plus haut, de construire un certain nombre de ponts pour rétablir les communications avec les propriétés voisines.

La hauteur libre à laisser sous les ponts est celle qui a été indiquée plus haut : 3^m,70 pour les cours d'eau dont les écluses ont 5^m,20 d'ouverture, 5 mètres au moins pour les rivières munies d'écluses moyennes ou grandes.

Section rétrécie pour le passage d'un bateau. — Mais on devra aussi donner à la section rétrécie, que présente nécessairement le pont, des dimensions telles que l'effet du rétrécissement ne se fasse pas trop sentir sur la force motrice. Pour obtenir ce résultat dans le cas du passage d'un seul bateau, la largeur du passage sera égale à celle des écluses voisines, augmentée de 0^m,60 à 1 mètre, et la profondeur devra être telle que la section mouillée soit égale au moins à une fois et demie et même à deux fois celle du bateau.

La nécessité de continuer le chemin de halage au-dessous du pont, d'en établir un second sur la rive opposée, ce qui est évidemment préférable, fait que tout pont placé sur un passage rétréci, à un seul bateau, doit présenter une ouverture plus grande de 4 mètres à 6 mètres que la largeur du bateau qui le traverse.

Section rétrécie pour le croisement de deux bateaux. — Dans ce cas on adoptera pour largeur de la section une dimension égale à deux largeurs de bateau, plus 1^m,50 ou 2 mètres.

La profondeur peut demeurer celle de la dérivation, parce que les bateaux, qui se croiseront sous le pont, auront sur le déplacement de l'eau deux effets en sens contraire, qui tendront à se neutraliser.

L'obligation d'établir un double chemin de halage fait que l'ouverture doit dépasser de 4^m,50 à 7 mètres la double largeur d'un bateau.

On raccorde la partie rétrécie qui a une section rectangulaire avec les talus de la dérivation, au moyen d'une surface gauche s'étendant sur une vingtaine de mètres à l'amont et à l'aval.

Le développement des ouvrages accessoires qui accompagnent un pont sur une section rétrécie est tel qu'il peut être plus économique d'établir un pont franchissant d'une seule travée la section normale du canal ou de la dérivation.

201. Types de ponts à adopter. — On adoptera avec avantage, pour le passage des chemins peu fréquentés, des tabliers en bois portés par des poutres métalliques. On n'aura recours aux parties métalliques reliées par des tôles ondulées ou par des voûtes en brique qu'autant que la circulation à desservir sera importante. On pourra aussi employer utilement les ponts en ciment armé, dont l'usage va en se généralisant; la solution qu'ils procurent est généralement économique.

Ce n'est pas ici le lieu d'étudier comparativement les avantages que donne chacun des types envisagé, non plus que de faire connaître l'usage que l'on peut faire dans certains cas des ponts mobiles. On verra plus loin, lorsque l'on étudiera les accessoires des canaux, les services qu'ils sont susceptibles de rendre.

202. Avantages et inconvénients des dérivations. — Les dérivations étaient jadis très en faveur; on leur attribuait les avantages suivants :

Les bateaux y trouvent une eau tranquille, ce qui est toujours très favorable, et facilite les communications dans l'un et l'autre sens.

Les écluses s'y construisent en pleine terre sur un emplacement choisi à la sonde, par suite plus facilement qu'en lit de rivière ; elles sont moins exposées aux avaries et s'entretiennent plus commodément.

La construction d'une dérivation permet, parfois, d'éviter l'établissement d'un barrage, quand la partie de rivière abandonnée renferme des seuils naturels ou artificiels retenant les eaux à un certain niveau.

Enfin les dérivations diminuent d'ordinaire le parcours en se substituant aux portions les plus sinueuses du cours d'eau naturel.

Mais M. l'inspecteur général de Mas n'hésite pas à signaler les dérivations comme constituant, dans bien des cas, une solution fâcheuse. Il cite, en regard des avantages souvent plus apparents que réels, les inconvénients suivants :

Les dérivations coûtent fort cher ; elles obligent à des acquisitions de terrains très onéreuses, parce qu'elles morcellent les propriétés, et qu'au voisinage des rivières, ces dernières ont souvent plus de valeur. Elles coupent tous les chemins, tous les cours d'eau et nécessitent le rétablissement des communications ou des écoulements d'eau au moyen d'ouvrages par-dessus ou par-dessous. On est souvent obligé de leur donner une profondeur plus considérable que celle jugée d'abord suffisante, et aussi de remplacer par une écluse à sas l'ouvrage de garde beaucoup moins coûteux, primitivement établi. Enfin l'entretien des parties de rivière délaissées peut, surtout depuis la loi du 8 avril 1898, imposer à l'État des charges très sensibles et sans profit pour la batellerie.

On ne peut guère faire état de l'eau calme, dont profitent les bateaux sur les quelques kilomètres de la dérivation, parce qu'ils doivent être armés et équipés pour naviguer sur la rivière ; on ne doit pas non plus compter comme avantage la diminution de parcours, qui est plutôt illusoire. Par suite du rétrécissement de section, qui s'impose dans la dérivation, la vitesse de marche diminue, et par suite la durée du trajet ne varie guère.

Quand il s'agit de rivières, où les bateaux naviguent par convois, il est généralement nécessaire de modifier la composition de ces derniers au passage de chaque dérivation, d'où perte de temps et d'argent.

M. de Mas conclut donc, avec sa grande expérience, qu'une navigation entièrement en rivière ou une navigation entièrement en canal paraît bien préférable à ce système intermédiaire qui ne fait, en général, que cumuler les inconvénients de l'une et de l'autre.

203. Accessoires des écluses. — *Terre-plein.* — Le terre-plein d'une écluse en rivière ne doit avoir, du côté du large, que la largeur commandée par les exigences de la stabilité et les sujétions d'autre nature, auxquelles il peut avoir à satisfaire. Du côté opposé, il doit être assez vaste et bien dégagé pour rendre faciles et rapides les opérations qui s'y font. Normalement, la largeur sera égale à celle du chemin de halage augmentée de l'épaisseur des bajoyers.

Le terre-plein est limité à l'amont et à l'aval par des murs en retour, dont la longueur est réduite, autant que possible, par l'établissement de perrés revêtant les berges sur une certaine distance.

Moyens d'amarrage. — Le terre-plein doit présenter des moyens d'amarrage, bornes, champignons ou anneaux, les uns plantés dans le terre-plein, les autres scellés sur le couronnement des bajoyers. Lorsque le sas ne peut recevoir qu'un bateau, les moyens d'amarrage doivent être suffisants pour frapper quatre amarres, deux à l'avant, deux à l'arrière. Il est utile de placer dans le parement vertical des bajoyers, à diverses hauteurs, quelques organeaux ou boucles d'amarre scellées dans des boutisses et entièrement masqués dans des cavités.

Echelles de sauvetage. — *Escaliers.* — *Gares à batelets.* — On placera dans des refouillements spéciaux, où elles seront complètement effacées, des échelles de sauvetage, allant du couronnement des bajoyers au niveau du bief d'aval. En amont et en aval du terre-plein, immédiatement contre les murs en retour, on disposera des escaliers donnant accès à la rivière, et permettant à l'éclusier de surveiller de plus près le niveau des biefs.

Un garage sera ménagé, immédiatement en amont de l'escalier d'amont et en aval de l'escalier d'aval, pour permettre aux batelets de trouver un abri hors de l'atteinte des bateaux de commerce.

Echelles hydrométriques. — *Télégraphe.* — *Téléphone.* — *Tableau pour l'affichage.* — Des échelles hydrométriques sont généralement fixées à chaque tête pour permettre de relever les cotes d'eau.

Les rivières navigables de quelque importance sont munies d'un poste télégraphique ou téléphonique. Les bureaux télégraphiques des écluses peuvent être ouverts au public.

Chaque écluse reçoit un tableau, sur lequel est inscrit, chaque jour, le tirant d'eau qu'offrent aux bateaux les écluses les plus voisines d'amont et d'aval, ce qui permet aux mariniers de régler leur marche et leur chargement suivant l'état des eaux.

Maison éclusière. — La maison éclusière est généralement placée en bordure du terre-plein à mi-distance des deux têtes, de manière à permettre à l'éclusier de tout surveiller à l'aide de ses vues de face et de côté.

Le logement doit être salubre, propre, disposé suivant les habitudes du pays, et comprendre suffisamment de pièces, pour que la famille du titulaire y soit logée à l'aise. Il faut prévoir au moins trois chambres logeables, une pour les parents, et une pour les enfants de chaque sexe. Une cave, une écurie, un chai, un grenier, un puits, un jardin sont des accessoires obligés, si l'on veut que les postes soient enviés, et, par suite, occupés par des ouvriers de choix. Car il ne faut pas oublier que l'éclusier doit toujours rester à son poste, et qu'il doit trouver le moyen de s'occuper soit pour son compte, soit pour celui de l'Administration.

Il n'est pas nécessaire de reproduire le même type de maison sur toute l'étendue de la voie navigable ; car il n'y a aucune raison pour astreindre le personnel à une uniformité de logement qui ne cadrerait pas avec ses convenances.

Il est inutile de faire observer que les logements, et que toutes les constructions dépendant de ce logement, doivent être maintenus intérieurement et extérieurement dans un parfait état d'entretien et de propreté.

Magasin. — Le magasin, qui doit abriter des engins de la nature la plus diverse, doit être nettement séparé de tout ce qui est logement et servitudes.

CHAPITRE V

RÉSULTATS FINANCIERS

---

204. Établissement des rivières canalisées. — Les dépenses de premier établissement des principales rivières canalisées sont ainsi fixées d'après les renseignements statistiques donnés par le ministère des Travaux publics depuis 1814 jusqu'au 31 décembre 1909.

MARNE ENTRE ÉPERNAY ET CHARENTON SUR 183 KILOMÈTRES

Mouillage, 2 mètres ; 19 écluses simples de 45 mètres de longueur utile, sur 7ᵐ,80 de largeur

Total des dépenses............ 33.395.753 fr.

Dépense kilométrique........   188.000

SEINE ENTRE MONTEREAU ET PARIS (HAUTE SEINE)
SUR 98 KILOMÈTRES

Mouillage, 2 mètres ; longueur utile des écluses, 172 mètres ; largeur, 12 mètres

Total des dépenses............ 28.607.734 fr.

Dépense kilométrique........   292.000

YONNE ENTRE AUXERRE ET MONTEREAU SUR 108 KILOMÈTRES

Mouillage, 2 mètres ; 26 écluses de 96 mètres de longueur utile et de 10ᵐ,50 de largeur

Total des dépenses............ 26.463.993 fr.

Dépense kilométrique........   245.000

Le montant total des dépenses, tel qu'il a été relevé dans les documents du ministère des Travaux publics, peut être considéré comme un maximum ; car il comprend nombre de dépenses antérieures ou étrangères à la dernière transformation de ces rivières.

205. Frais d'entretien et de manœuvre des ouvrages de navigation. — Le tableau ci-après contient tous les éléments nécessaires pour faire ressortir l'importance, en 1909, des frais d'entretien et de manœuvre des ouvrages de navigation sur les rivières canalisées, dont il a été question plus haut.

	MARNE entre ÉPERNAY et CHARENTON	SEINE entre MONTEREAU et PARIS	YONNE entre AUXERRE et MONTEREAU
1. Total des frais d'entretien et d'exploitation.	194.059^{fr}	(1) 655.028^{fr}	172.599^{fr}
2. Longueur de la voie navigable.............	183^{km}	132^{km}	108^{km}
3. Montant des frais par mètre courant......		(2)	
4. Produit du domaine...	67.740^{fr}	250.000^{fr}	22.542^{fr}
5. Montant net des frais d'entretien et d'exploitation..............	126.319^{fr}	405.028^{fr}	150.057^{fr}
6. Tonnage kilométrique.	87.648.350^{tk}	263.453.112^{tk}	34.884.997^{tk}
7. Tonnage ramené à la distance entière.....	478.952^{t}	2.688.297^{t}	323.009^{t}
8. Montant (net) des frais d'entretien et d'exploitation par tonne kilométrique..........	0^{fr},0014	0^{fr},0016	0^{fr},0043

1. 655.028 francs pour l'ensemble de la section de Montereau à Epinay.
2. 250.000 francs pour l'ensemble de la section de Montereau à Epinay.

On entend par produit du domaine les revenus que l'État tire des voies navigables, et dont les principaux sont : la location du droit de pêche, les redevances pour occupations temporaires, usines et prises d'eau, la vente des osiers, herbes, joncs et roseaux accrus dans le lit et sur les bords ; la vente des produits des plantations.

206. Prix du fret. — D'après M. l'inspecteur général de Mas, le prix du fret oscille autour de 0 fr. 015 (15 millimes) par tonne kilométrique ; il peut descendre exceptionnellement à 8 millimes.

TROISIÈME PARTIE

CANAUX

CHAPITRE I

CONSIDÉRATIONS GÉNÉRALES. — CANAUX LATÉRAUX

---

207. Considérations sur les cours d'eau. — Les cours d'eau constituent le moyen de transport le plus économique, eu égard à la faible résistance que l'élément liquide oppose aux corps qui tendent à le déplacer.

Mais il n'est pas toujours possible d'utiliser les cours d'eau naturels, qui ne présentent presque jamais toutes les conditions requises pour une bonne navigabilité, c'est-à-dire une faible pente, un débit important et peu variable, une section uniforme, enfin un tracé régulier. Il est donc nécessaire de corriger par la canalisation, toutes les fois que cela est possible, les irrégularités, les défauts que l'on rencontre, et qui rendraient la navigation difficile, sinon impossible.

On a étudié dans les chapitres qui précèdent de quelle manière cette canalisation était effectuée, et quels résultats elle donnait.

Mais elle n'est pas toujours réalisable, soit que les cours d'eau aient une pente trop rapide, un lit trop mobile, des crues trop violentes, soit que l'existence sur leurs rives, l'agglomération d'usines, de vals plats et fertiles, s'opposent à toute modification du plan d'eau naturel. C'est le cas de nos principales rivières, la Loire, la Garonne et le Rhône, qui ne présentent pas les conditions requises pour être canalisées, en raison de leur pente excessive, de leur débit irrégulier et de la mobilité de leur lit.

Il faut donc renoncer à toute navigation sur des rivières de cette espèce, et chercher à les régulariser quand la chose est possible, ou bien encore recourir à des voies artificielles, c'est-à-dire à des canaux,

208. Canaux latéraux. — Le canal est donc une voie d'eau créée de toutes pièces et composée d'une série de biefs horizontaux séparés par des écluses.

S'il longe le cours d'eau naturel à une distance plus ou moins grande, il est un *canal latéral*. Il fait généralement suite à une autre portion de rivière navigable ou canalisée, et permet aux bateaux d'arriver plus haut vers la source. Tels sont les canaux latéraux à la Loire, à la Garonne, à l'Oise, à l'Aisne, etc.

209. Canaux à point de partage. — Pour passer d'une vallée dans une autre, en franchissant la ligne de partage des eaux qui se dresse entre les deux, on aura aussi recours à un canal, qui prend le nom de *canal à point de partage*.

Les canaux de cette espèce complètent le réseau formé par les rivières navigables et les canaux latéraux. On peut citer dans cette catégorie: les canaux de Briare et d'Orléans, reliant la Loire à la Seine par le canal du Loing ; le canal du Midi, de la Méditerranée à l'Océan par la Garonne et la vallée de l'Aude ; le canal de Bourgogne, de la Seine à la Saône par l'Yonne ; le canal de Saint-Quentin, de l'Escaut à l'Oise et à la Seine ; le canal du Centre, de la Loire à la Saône ; le canal de l'Est, de la Saône à la Meuse et à la Moselle, etc.

210. Détermination de la section transversale d'un canal. — Les dimensions transversales d'un canal dépendent des dimensions des bateaux qui le fréquentent.

En France, la question a été résolue législativement : la loi du 5 août 1879 a fixé les dimensions minima des lignes principales.

L'article 2 de cette loi porte en effet :

« Les lignes principales doivent avoir au minimum les dimensions suivantes :

Profondeur d'eau............................	2ᵐ,00
Largeur des écluses......................	5ᵐ,20
Longueur des écluses entre la corde du mur de chute et les enclaves de la porte d'aval........................	38ᵐ,50
Hauteur libre sous les ponts (pour les canaux)............................	3ᵐ,70

« Il ne peut être dérogé à cette règle que par mesure législative. »

Les bateaux, qui fréquentent les voies de cette catégorie, ont les dimensions suivantes : longueur, 38ᵐ,50 ; largeur, 5 mètres ; enfoncement ou tirant d'eau, 1ᵐ,80, dimensions. qui permettent des chargements de 300 tonnes.

On remarquera qu'il y a une différence de 0ᵐ,20 seulement entre le mouillage et le tirant d'eau, ce qui est une bien faible revanche. Aussi le plafond, qui correspond à la profondeur de 2 mètres, est-il souvent appelé *plafond théorique*.

Deux bateaux doivent pouvoir se croiser, c'est-à-dire qu'à 0ᵐ,20 au-dessus du plafond théorique, la largeur de la section doit être de 10ᵐ,60, représentant la largeur des deux bateaux (10 mètres), et la revanche de 0ᵐ,20 nécessaire entre les parois des bateaux, d'une part, entre leur paroi extérieure et le talus de la cuvette, d'autre part.

La largeur du plafond théorique est de 10 mètres ; la surlargeur de 0ᵐ,60, qui est strictement nécessaire pour le croisement de deux bateaux, est obtenue grâce à l'inclinaison des talus, qui sont généralement réglés à 3 de base pour 2 de hauteur.

La revanche de 0ᵐ,20, ménagée entre les parois du canal et des bateaux, n'est généralement pas suffisante. Le plafond s'envase et s'ensable ; les talus se déforment et s'adoucissent par le pied. Il en résulte que les bateaux naviguant avec leur tirant d'eau maximum viennent bientôt labourer le fond ou toucher les parois au moment des croisements.

Il faut alors recourir à des dévasements et à des dragages d'autant plus sérieux qu'ils sont plus fréquents.

L'Administration s'est préoccupée de cette situation fâcheuse, et au lendemain même de la loi du 5 août 1879, elle reconnut que les dimensions légales (10 mètres au plafond, 2 mètres de mouillage) devaient être majorées. Le mouillage de 2m,20 en pleine voie, de 2m,50 sur les buscs des écluses sont aujourd'hui chose courante ; quant à la largeur, on donne toute celle que les circonstances permettent de réaliser sans trop de frais.

211. Risberme de protection. — On constate généralement dans les canaux en service une déformation des talus au niveau de la retenue normale. C'est une érosion pouvant amener la chute de la crête, et qui est produite par les ondes des éclusées, le batillage de l'eau, le sillage des bateaux, ou encore les alternatives de sec et d'humide, de gel et de dégel. Pour l'éviter, on ménage quelquefois, à peu près au niveau normal de l'eau, une risberme de 0m,40 à 0m,60 de largeur, que l'on défend par des fascinages, des gazonnements, et le plus souvent par des plantations de joncs, d'iris, de roseaux, s'opposant au clapotage de l'eau.

Mais les fascines et les gazons doivent être fréquemment renouvelés ; les plantations ne réussissent que dans les pays où la végétation est active, et apportent une gêne au mouvement de l'eau, rendant ainsi la navigation plus difficile. D'autre part, l'établissement de la risberme entraîne une augmentation sensible de dépenses en terrassements. Aussi renonce-t-on de plus en plus à cet établissement.

212. Chemins de halage et de contre-halage. — On ménagera, à 0m,70 environ au-dessus du niveau de l'eau, sur l'une des rives, le chemin de halage, auquel on donnera généralement 4 mètres de largeur, non compris une banquette gazonnée de 0m,30 à 0m,40 de hauteur du côté du canal. Sur la rive opposée, on disposera le chemin de contre-halage de 2 mètres de largeur et bordé par une petite banquette.

Lorsque le canal est à flanc de coteau, le chemin de halage se place habituellement du côté de la vallée, et le marchepied vers le coteau, afin de diminuer le cube des déblais. Il faut aussi tenir compte de la direction des vents dominants, et éviter de placer le chemin de halage sous le vent, lorsqu'il est possible de le placer au vent.

Les deux chemins sont empierrés, ou au moins sablés respectivement sur 2 mètres et 1 mètre de largeur au minimum.

Il y a intérêt, sur les voies navigables à circulation intensive, d'établir deux chemins de halage semblables, permettant de réserver un côté à la navigation descendante et l'autre à la navigation montante.

213. Cavalier. — On place du côté de la vallée, en cavalier, les excédents de déblais sur les remblais, que procure presque toujours l'ouverture des canaux. Ce cavalier sert, d'une part, à renforcer la digue, qui forme l'un des côtés de la cuvette, et, d'autre part, à garantir le canal contre les inondations de la rivière qu'il longe.

Les talus du cavalier sont réglés à 3 de base pour 2 de hauteur, avec 4 mètres au moins de largeur en couronne, s'il porte le chemin de halage.

214. Contre-fossés. — Deux contre-fossés doivent séparer les dépendances du canal des propriétés riveraines : le premier établi sur la crête des tranchées pour réunir les eaux d'égouttement des terres et les conduire aux aqueducs placés sous le canal, le second creusé au pied de la levée renforcée par le cavalier pour recueillir les filtrations du canal et les diriger dans le lit des ruisseaux, que rencontre le tracé.

215. Profil courant de la section du canal. — La section transversale couramment admise en France pour les canaux de première catégorie est la suivante :

La section mouillée est de 29^{mq},26. — Le mouillage de 2^m,20 assure une revanche de 0^m,40 entre la sole des bateaux à enfoncement maximum et le plafond du canal; de même il existe une marge de 0^m,40 entre les parois des bateaux et de la cuvette au moment des croisements.

216. Surlargeur dans les courbes. — La section transversale qui a été décrite s'applique dans les alignements droits. Il est indispensable d'augmenter la

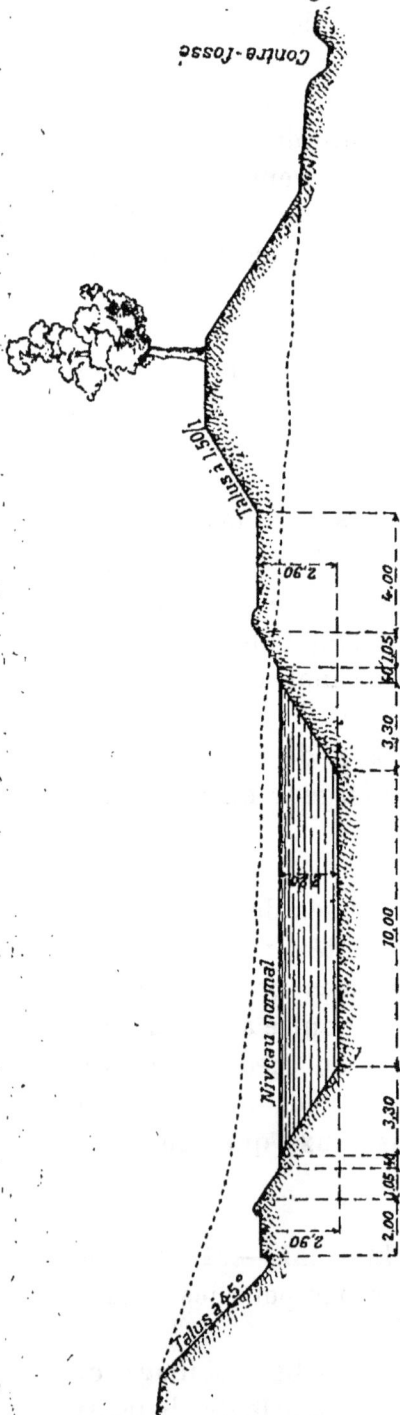

Fig. 260. — Section transversale légale en France.

Nota : *Les dimensions inscrites dans la loi du 5 Août 1879 ont été strictement appliquées.*

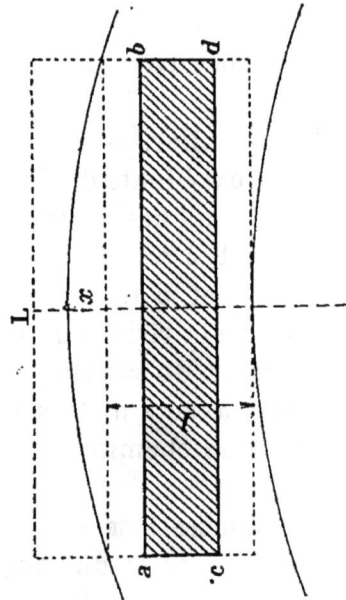

Fig. 261. — Passage en courbe.

largeur au plafond dans les courbes.

Soit *abcd*, le rectangle circonscrit à un bateau placé dans une partie du canal en courbe; *l*, la largeur du canal en alignement droit; *x*, la surlargeur géométrique à donner, et qui est égale à la flèche de l'arc de la courbe extérieure qui a pour corde la longueur L du bateau; R, le rayon de courbure de l'axe du canal, la surlargeur x a pour expression :

$$\frac{L^2}{4\,(2R + l)}\,^{(1)}.$$

L'expérience a montré que la surlargeur ainsi calculée n'est pas suffisante, et la circulaire ministérielle du 19 juillet 1880 a recommandé la formule empirique suivante, aujourd'hui admise presque partout :

$$l_p = l + \frac{380}{R} = 10^m + \frac{380}{R},$$

l_p désignant la largeur au plafond. La surlargeur représentée par le terme $\frac{380}{R}$ est au moins le double de celle qui est donnée par le calcul.

L'emploi de la formule empirique conduit ainsi à multiplier par un coefficient supérieur à 2 les surlargeurs géométriques. On a trouvé que ce coefficient n'était pas encore suffisant, et sur le canal de l'Elbe à la Trave, dont les dimensions transversales sont, il est vrai, supérieures à celles des canaux français, on l'a porté à 3.

217. Profils exceptionnels. — La section du canal, telle qu'elle a été déterminée en alignement droit et en courbe, doit subir des modifications consistant notamment à raidir les talus, en les soutenant, en tant que de besoin, par des perrés ou des murs. Les modifications s'imposeront, soit à la traversée des centres de population, soit au passage de coteaux rocheux et abrupts.

1. On a, effet, en désignant par R_e le rayon de la courbe extérieure :

$$R_e = R + \frac{l + x}{2},$$

$$x\,(2R_e - x) = \frac{L^2}{4},$$

$$x\,(2R + l) = \frac{L^2}{4},$$

$$x = \frac{L^2}{4\,(2R + l)}.$$

Mais il est toujours fâcheux d'adopter, par mesure d'économie, une section rétrécie, surtout quand elle s'étend sur une longueur assez grande pour que l'une des extrémités ne soit pas visible de l'autre.

218. Gares d'évitement. — Dans ce cas on ménagera de distance en distance des gares d'évitement assez rapprochées pour que les bateaux puissent ne s'engager dans chaque passage rétréci qu'après avoir constaté qu'il était libre.

219. Bassins de virement. — On dispose aussi de distance en distance des bassins de virement, où les bateaux puissent tourner de bout en bout, lorsqu'il n'existe pas à proximité de port assez large pour permettre d'effectuer cette opération. On évite ainsi aux bateaux de faire un long parcours la poupe en avant.

220. Plantations. — Les gazonnements, les semis, les plantations d'arbustes sont appliqués dans une large mesure sur les canaux, où les talus exposés à des alternatives d'humidité et de sécheresse doivent être protégés très efficacement.

Les plantations d'arbres à haute tige sont aussi d'un usage courant le long des canaux. Elles rendent moins pénible le travail des haleurs; elles atténuent aussi l'évaporation de l'eau résultant du vent et du soleil. A ce titre, elles présentent un avantage important, qui est encore augmenté par le revenu, que l'on peut en tirer.

221. Influence de la section transversale de la cuvette sur la résistance des bateaux. — Un bateau flottant sur une nappe d'eau indéfinie dans tous les sens éprouve une résistance, qui ne dépend que de ses formes, de ses dimensions, de la nature et de l'état de sa surface, de sa vitesse relativement à l'eau. Cette résistance est la résistance propre du bateau.

Si ce même bateau s'engage sur un cours d'eau de dimensions limitées comme un canal, il éprouve une résistance qui n'est plus seulement fonction de sa forme et de sa nature, mais qui dépend encore de la voie particulière où il se trouve.

En désignant par r la résistance propre du bateau, par R celle qu'il éprouve dans une voie de dimensions limitées, on admet que :

$$R = Cr,$$

C, coefficient de résistance de ladite voie, étant supérieur à l'unité.

Ce coefficient varie suivant une foule de circonstances ;

Il croît avec la vitesse et varie avec les formes et l'état de la surface des bateaux, avec la nature et l'état de la surface des parois de la voie navigable.

Il augmente également quand le rapport de la section mouillée Ω de la voie à la surface ω de la partie immergée du maître-couple du bateau diminue. Ce rapport est désigné généralement par la lettre n.

M. l'inspecteur général de Mas a poursuivi pendant de longues années des expériences sur la résistance à la traction des bateaux de navigation intérieure.

De ces expériences il résulte que les formes les plus avantageuses pour la navigation sur une nappe d'eau indéfinie sont aussi les meilleures sur les voies navigables de dimensions limitées. Sur ces dernières, comme l'eau que le bateau déplace pendant son mouvement doit s'écouler de l'avant à l'arrière par le canal à section rétrécie, qui se trouve compris entre la coque et les parois de la partie navigable, le passage de l'eau se fera d'autant plus aisément que la résistance sera moindre. Une première condition essentielle est donc que les modifications de section résultant du passage du bateau ne soient pas brusques ; qu'elles s'opèrent au moyen de surfaces courbes continues, et suffisamment prolongées. Les bateaux doivent avoir ainsi à leurs extrémités des formes convenables ; la forme de *cuiller* est assurément satisfaisante à ce point de vue.

Le rapport de la section mouillée Ω de la voie à la surface ω de la partie immergée du maître-couple désigné par n a une importance considérable.

Sur les canaux français donnant passage à des bateaux

ayant 5 mètres de largeur au maître-couple et $1^m,80$ d'enfoncement, $n = 2,89 \left(\dfrac{26}{9} \right)$ et le coefficient de résistance est de 3,67 avec une vitesse de $0^m,75$ par seconde. M. l'inspecteur général de Mas a établi que, pour avoir des coefficients de résistance modérés (2 environ), c'est-à-dire une traction économique, n devrait toujours être supérieur à 4.

Il faut donc augmenter la surface mouillée de la cuvette, autant que faire se peut, ce qui implique la suppression des risbermes ménagées au niveau normal du plan d'eau, suppression n'entraînant qu'une majoration insignifiante du cube total des terrassements.

En résumé, grâce aux expériences de M. l'inspecteur général de Mas, à celles de MM. Haack sur le canal de Dortmund à l'Ems et de M. Ewald Sachsenberg sur la Havel, il est possible de déterminer *le profil courant d'un canal qui permettra à un bateau, dont les formes et les dimensions sont données, de réaliser une vitesse voulue avec un effort de traction déterminé.*

222. Résistance dans les courbes. — On a étudié dans ce qui précède la résistance des bateaux en alignement droit, elle augmente encore dans les courbes. M. l'inspecteur Flamant estime que l'effort nécessaire pour mener un bateau avec une vitesse donnée dans une courbe de 100 mètres de rayon dépasse le double de celui qui produirait la même vitesse dans un canal rectiligne; tandis que, si la courbe a 500 mètres de rayon, cet effort ne doit être augmenté que de 1/25 environ.

CHAPITRE II

TRACÉ

I. — CANAUX LATÉRAUX

On a vu plus haut que les canaux se divisaient en canaux latéraux suppléant au défaut de navigabilité de certaines rivières, et en canaux à point de partage reliant les voies navigables de bassins différents.

223. Tracé en plan des canaux latéraux. — On sait qu'un canal se compose d'une suite de biefs, disposés en gradins et séparés par des écluses, et que chaque bief comprend un lit artificiel, à profil régulier, à plafond généralement horizontal, et dans lequel on maintient l'eau à un niveau sensiblement constant.

C'est pourquoi un canal latéral ne doit pas être placé dans la plaine, la pente uniforme de la vallée d'eau se prêtant mal à la création des biefs horizontaux, qui devraient être fortement encaissés à l'amont et surélevés à l'aval pour racheter la chute des écluses. Il doit être établi au pied de l'un des coteaux de la vallée. De cette manière, on évite non seulement l'inconvénient qui a été signalé, mais encore on constitue au canal une cuvette peu perméable, qu'il ne posséderait pas, s'il était ouvert dans la couche de gravier perméable, rencontrée généralement dans le fond de la vallée. On peut ainsi maintenir le plan d'eau à un niveau déterminé, et on n'a plus à craindre l'effet des inondations tant par-dessus les digues qu'à travers le sous-sol. Les affluents sont traversés, en amont de leur confluent, au niveau choisi, ce qui facilite à la fois l'écoulement de leurs eaux et la construction de l'ouvrage destiné à l'assurer.

On suivra bien entendu celui des deux coteaux, qui est le moins abrupt, qui présente le sol le plus favorable, ou qui porte le moins d'habitants.

224. Embranchements. — Quand la vallée renferme des centres importants à desservir, on y descend par un embranchement qui, de distance en distance, relie le cours d'eau naturel à la voie artificielle. Elle profite donc directement du trafic local sans qu'il soit besoin de recourir à des transbordements ou à des transports par terre.

225. Étude technique. — Une fois la direction générale du canal arrêtée, la rive à suivre fixée, les points obligés connus, ainsi que les niveaux imposés, on procède aux études.

Elles se feront sur un plan coté au 1/10000 pour la fixation de la direction générale, au 1/1000 pour les détails. Au moyen des cotes qui y sont inscrites, on tracera les courbes de niveau, on indiquera la limite du champ des inondations, les cours d'eau rencontrés par le canal, les voies de communication de toute espèce, chemins de fer, routes, chemins vicinaux, et en général tous les accidents de nature à influer sur la détermination du tracé.

Le canal doit racheter la pente totale de la vallée; le nombre des biefs, et par suite des chutes qu'il comprend est indéterminé *a priori*. Mais ce nombre dépend, comme on le verra plus loin, de conditions multiples, auxquelles le profil en long doit satisfaire, et est ainsi fixé sur des considérations impérieuses, telles que la traversée des affluents, d'une route, d'un chemin de fer, d'une agglomération, l'obligation de se tenir au-dessus des crues, etc.

Une fois que l'on a arrêté le nombre des biefs et l'échelle des chutes, on tracera sur le plan coté les courbes de niveau correspondant aux gradins de l'échelle; ces courbes fixeront, à peu de choses près, l'emplacement des futurs biefs, leurs tangentes communes détermineront l'emplacement des écluses. On s'arrangera de manière que les courbes aient au moins 200 mètres de rayon et que les alignements, de part et d'autre des écluses, atteignent 50 mètres de longueur.

On pourra aussi calculer, sur le profil en travers du canal, la ligne, qui, suivant l'inclinaison du coteau, donne l'égalité des déblais et des remblais, et qui permettra de fixer l'axe du canal pour réaliser cette égalité. Mais c'est là un résultat qu'il n'est pas nécessaire de rechercher, car, en matière de navigation, la question de l'alimentation est prépondérante, et la qualité principale d'un canal est de bien tenir l'eau. On aura donc avantage à négliger l'égalité des déblais et des remblais, à se jeter en déblai et à fortifier les digues pour les rendre moins perméables.

226. Points de contact avec le cours d'eau naturel. — On rencontre souvent, dans l'étude du tracé d'un canal latéral, des points où le cours d'eau naturel vient s'appuyer sur le coteau choisi et barre le passage au canal.

On peut envisager trois solutions :

1° Descendre en rivière par une écluse, suivre le lit naturel sur un parcours plus ou moins long et rentrer ensuite dans le canal ;

2° Franchir la rivière sur un pont-canal pour changer de coteau ;

3° Déplacer le cours d'eau, lui ouvrir un nouveau lit et placer le canal dans l'espace conquis sur l'ancien.

La première solution doit être évitée comme créant un passage dangereux pendant les fortes eaux, impraticable pendant l'étiage. Elle n'est acceptable qu'autant que la présence d'une ville barrerait toute autre route.

La seconde solution est fort coûteuse, si le cours d'eau est important et est sujet à de fortes crues. Le pont-canal, qui barre la vallée, doit être placé à une hauteur suffisante pour livrer passage à ces crues.

La troisième solution est la plus habituellement adoptée, quand les circonstances locales ne s'y opposent pas. Le canal s'adosse au coteau, et doit être défendu d'une manière énergique contre les attaques du cours d'eau, qui tend toujours à reprendre son lit naturel.

La disposition la plus souvent usitée consiste à séparer franchement les deux voies d'eau, à englober le lit même de la rivière dans le canal et à reporter ce lit à côté (*fig.* 262).

Au lieu d'une digue longitudinale coûteuse, on aura deux digues de faible longueur, barrant le lit en amont et en aval, qu'on peut renforcer au moyen des déblais en excès, provenant du nouveau lit de la rivière.

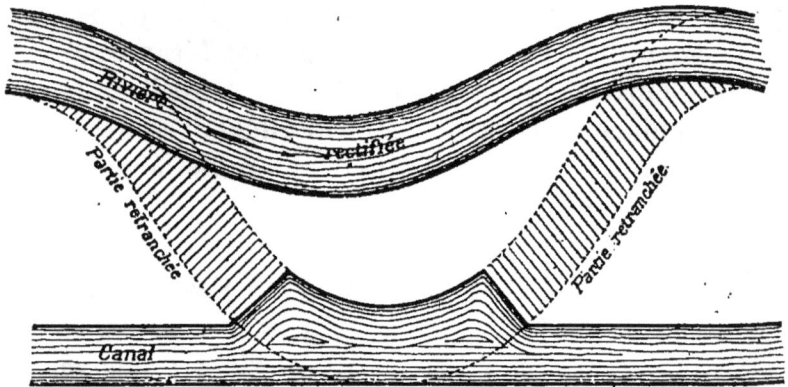

FIG. 262. — Déviation d'une rivière.

Cette disposition permet aussi la création de garages et de bassins de virement.

227. Profil en long. — Comme on l'a vu, le canal doit être maintenu en dehors du champ d'inondation, au pied du coteau, dans les terrains les plus favorables au point de vue de l'étanchéité de la cuvette. Ces conditions réagissent sur la détermination du profil en long.

En outre la hauteur du passage est commandée par la rencontre des principaux affluents du cours d'eau latéral, des chemins de fer, des autres voies de communication par terre les plus importantes.

Il faut aussi éviter les biefs trop courts, pour que chaque éclusée n'y produise pas une dénivellation sensible. On regarde comme court un bief de 1.000 mètres de longueur ; au-dessus de cette dimension, il convient de l'élargir, mieux encore, comme le préconise M. l'inspecteur général de Mas, de l'approfondir en portant le mouillage à 2^m,50 au lieu de 2^m,20, pour éviter que dans aucun cas le jeu des éclusées ne fasse descendre le mouillage au-dessous du nécessaire.

La détermination des chutes est chose fort complexe. On

devra tenir compte, pour cette détermination, du niveau, auquel sont établis certains points obligés, tels que la traversée d'une route, d'un chemin de fer, d'une agglomération, etc. On se placera au-dessus des crues; on suivra de préférence de longs alignements, des courbes à inflexions douces; on évitera les biefs courts, les tranchées profondes ou mauvaises, les remblais élevés, les ouvrages d'art importants, etc. Mais ce n'est pas tout : il faut envisager la question de l'uniformité et de la grandeur des chutes, et leur influence sur les dépenses en eau, c'est-à-dire sur les besoins de l'alimentation.

Il est bon que les chutes des écluses ne soient pas trop dissemblables, dans un but non seulement de simplification et d'économie dans le premier établissement, mais encore de facile entretien. Les portes étant du même type sont interchangeables; il suffit d'une paire de portes de chaque espèce (amont et aval) pour parer à toute éventualité.

Il est difficile de se prononcer *a priori* sur l'avantage ou sur l'inconvénient de recourir à de grandes chutes; en cas de grandes chutes, on a économie sur les maçonneries qui composent l'écluse; par contre, le cube des terrassements augmente, et la dépense en eau devient plus considérable. On ne peut donc pas résoudre la question d'une manière générale : on devra l'étudier dans chaque cas particulier et la solutionner au mieux des données dont on dispose.

II. — CANAUX A POINT DE PARTAGE

Un canal à point de partage, comme on l'a expliqué, réunit deux vallées, en traversant la ligne de faîte qui les sépare. On a cité les principaux canaux de cette catégorie : canal de Briare réunissant la Loire à la Seine (107 kilomètres); canal du Midi réunissant les vallées de la Garonne et de l'Aude (240 kilomètres); canal de Bourgogne réunissant l'Yonne à la Saône (242 kilomètres), etc.

Il reste à faire connaître, comment est établi un semblable canal. Il peut en général être considéré comme formé de trois sections, dont les deux extrêmes ne sont, en réalité, que des canaux latéraux aux deux rivières qu'il réunit, ou à des affluents importants de ces rivières. Dans la partie intermédiaire, le tracé se détache de l'un des canaux latéraux, s'élève en suivant quelque vallée secondaire, s'établit horizontalement à la hauteur où il est possible d'ouvrir un bief unique traversant de part en part le massif, qui sépare les deux vallées principales, et redescend également par une vallée secondaire jusqu'à l'autre canal latéral.

Ainsi, le canal de Briare est, à une de ses extrémités, latéral à la Trézée, affluent de la Loire, et, à l'autre, latéral au Loing, affluent de la Seine.

Le canal de Bourgogne est, à une de ses extrémités, latéral à l'Armançon, affluent de l'Yonne, et, à l'autre, latéral à l'Ouche, affluent de la Saône.

228. Tracé sur les versants. — Il est inutile de s'occuper des deux sections extrêmes, qui sont des canaux latéraux, et doivent être traitées comme tels. Il faut étudier la traversée de la ligne de faîte, qui est toujours délicate à réaliser, parce qu'aux difficultés d'ordre technique, s'ajoutent celles, non moins importantes, de l'alimentation qu'il faut assurer.

229. Bief de partage. — La question capitale à résoudre est le choix de l'emplacement du bief de partage, le choix du col le plus avantageux pour franchir la ligne de faîte.

Il est évident qu'il y a intérêt à prendre pour le passage le col le moins élevé, pour réduire autant que possible la hauteur, à laquelle les bateaux sont obligés de s'élever sans profit, montant sur un versant pour redescendre sur l'autre. Mais il est aussi intéressant de pouvoir recueillir sur les hauteurs avoisinant ce col, et au-dessus de son niveau, le volume d'eau nécessaire à l'alimentation du bief de partage.

Ces deux conditions, à savoir la moindre altitude et la facile alimentation du bief, sont généralement remplies en même temps.

D'habitude, les plus fortes dépressions de la chaîne sont celles où l'on peut le plus facilement accumuler les eaux. Mais il n'en est pas toujours ainsi; et on peut citer à titre d'exception le tracé du canal de Briare par cette ville et par le Loing. On aurait pu emprunter la vallée de l'Essonne et profiter d'un col plus bas ; mais les ressources alimentaires auraient certainement fait défaut, et cette considération justifie la solution adoptée.

230. Étude sommaire sur la carte. — On recourra donc, pour l'étude des points de partage, à une carte cotée fournissant l'étendue de chacun des bassins des cours d'eau supérieurs aux cols que l'on compare, on appréciera, en s'aidant des jaugeages sommaires et de considérations hydrologiques, la richesse en eau qui peut être accumulée pendant l'été à chaque passage possible, et l'on choisira le tracé le plus court parmi ceux qui satisfont au programme.

231. Tranchée ou souterrain. — Le bief de partage a pu s'établir, dans certains cas, à l'aide d'une simple tranchée ; mais le plus souvent on doit recourir à un souterrain pour traverser la ligne de faîte. Il faut alors choisir l'emplacement de ce souterrain, et tenir compte de sa longueur, aussi bien que des terrains qu'il traversera.

On reconnaît facilement, au moyen des cartes et des études sur le terrain, qui complètent un premier examen, les cas où le passage en souterrain est indispensable et ceux où il peut être évité.

On peut tout d'abord s'inspirer des règles, qui ont été formulées jadis par l'éminent ingénieur Brisson, et qui sont le fruit de nombreuses observations.

D'après cet ingénieur, les dépressions du sol, qui permettent de passer, dans les meilleures conditions, d'un bassin dans un autre contigu, se rencontrent d'habitude :

1° Lorsque deux thalwegs secondaires partent de deux versants opposés d'une même chaîne de montagne en deux points très rapprochés ;

2° Lorsque deux thalwegs principaux, jusque-là parallèles, ayant leurs pentes dans le même sens, divergent brusquement dans des directions opposées ;

3° Quand deux thalwegs principaux parallèles ont leurs pentes en sens inverse.

Le premier cas conduit presque toujours à un souterrain,

tandis que des tranchées suffisent généralement dans les deux autres. Le troisième correspond, toutes choses égales d'ailleurs, au plus large approvisionnement d'eau.

Au canal de Saint-Quentin et au canal de Bourgogne le bief de partage est en souterrain ; car les sources de la Somme et de l'Escaut, d'une part, de l'Armançon et de l'Ouche, d'autre part, sont situées sur les deux versants opposés d'une même chaîne de montagnes.

Au contraire, sur le canal du Midi, le col de Naurouze a pu être franchi au moyen d'une simple tranchée, au point où les deux rivières, la Garonne et l'Aude, qu'il relie, viennent à diverger brusquement.

Le canal du Centre, établi entre la Saône et la Loire, qui dans cette partie de leur cours coulent parallèlement, mais en sens contraire, est un exemple du troisième cas.

Les souterrains ont quelquefois une longueur considérable : ainsi, sur le canal de Saint-Quentin, on rencontre deux souterrains, l'un de 5.670 mètres, l'autre de 1.098 mètres de longueur ; sur le canal de Bourgogne, le souterrain a 3.330 mètres de longueur ; sur le canal du Nivernais, trois souterrains ont respectivement 758, 268 et 202 mètres de longueur.

232. Souterrains des biefs de partage. — *a*) Souterrains à voie unique. — Les frais d'établissement des souterrains des canaux, qui sont toujours élevés, ont conduit à établir ces ouvrages pour une seule voie de bateaux. On ne les a munis la plupart du temps que d'une seule banquette de halage, avec une largeur réduite au strict nécessaire.

Il en résulte que le passage se fait exclusivement dans un sens ou dans l'autre pendant des périodes alternatives plus ou moins longues.

Les souterrains à voie unique ont généralement une largeur voisine de 8 mètres au niveau du plan d'eau, largeur, qui correspond à celle des souterrains pour chemins de fer à deux voies. Les procédés de construction employés ne diffèrent donc pas dans les deux cas, ce qui dispense de les faire connaître ici.

Mais il convient de montrer comment le gabarit des tunnels est approprié aux besoins de la navigation. La figure 263 représente la coupe transversale du plus long des souterrains du canal de Saint-Quentin. Son ouverture est de 8 mètres aux naissances, dont 6^m,60 de cuvette et 1^m,40 de banquette. Les piédroits sont verticaux et ont 3 mètres de hauteur du côté du halage et 4 mètres du côté opposé. Le plafond est horizontal et le mouillage atteint 2^m,60. Il en résulte que la surface mouillée de la cuvette est de 17^{m2},16, et que le rapport de cette surface à celle de la partie immergée du maître couple pour des bateaux du type normal (5 mètres de largeur avec 1^m,80 d'enfoncement)

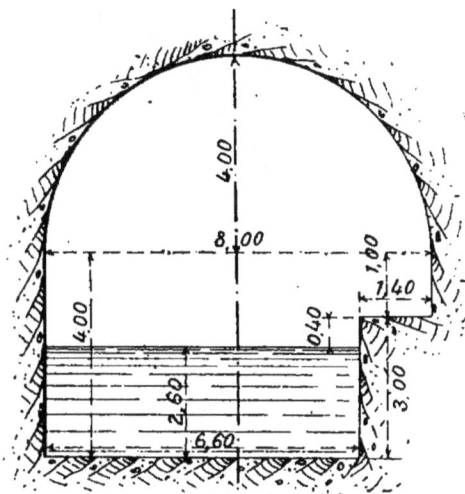

FIG. 263. — Grand souterrain du canal de Saint-Quentin.

est de 1,91. La traction des bateaux au passage de ce souterrain est assurée par des moyens mécaniques installés et exploités par l'État.

L'établissement de piédroits verticaux présente un assez sérieux avantage sur les piédroits avec fruit. Dans ce dernier cas, si les bateaux frottent contre les parois de la cuvette, le frottement se produit sous l'eau, sur l'angle vif que forment à leur rencontre le bordage et le fonçage. Dans le premier cas, le frottement a lieu sur le plat bord au-dessus de l'eau, en un point que l'on peut d'ailleurs protéger au moyen de cordages.

Les figures 264 et 265 représentent les dispositions du souterrain de Mauvages, ouvert de 1841 à 1846 sur le bief de partage du canal de la Marne au Rhin qui réunit les deux versants de la Marne et de la Meuse.

Sa longueur est de 4.877 mètres ; la voûte en plein cintre a 7^m,80 de diamètre. Il a été l'objet de travaux considérables de consolidation et d'élargissement ; les profils, qui sont donnés ci-dessus, représentent l'état actuel du souterrain. Le profil normal, appliqué sur la plus grande partie de la longueur, comporte une banquette de halage de 1^m,40 de largeur soutenue par un mur vertical en maçonnerie. Le

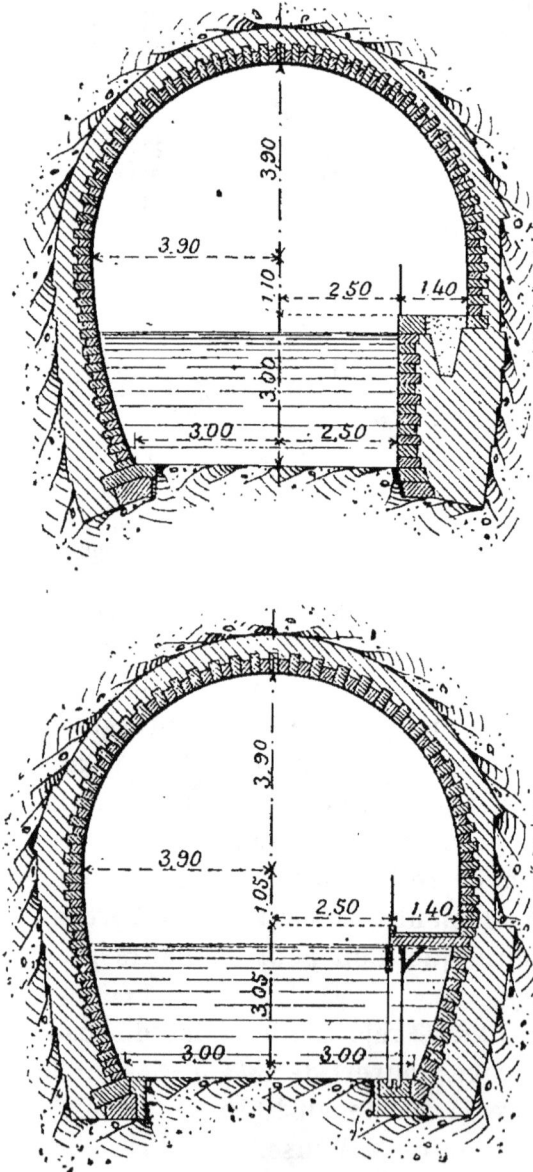

FIG. 264 et 265. — Profil du souterrain de Mauvages.

mouillage est de 2^m,60 ; la largeur de la cuvette est de 5^m,50 au plafond et de 6^m,28 au plan d'eau. La surface mouillée est de 15^m2,49 ; le rapport de cette surface à celle de la partie immergée du maître couple pour des bateaux du type normal est de 1,72.

Sur deux parties de 600 mètres de longueur chacune, prises au tiers et aux deux tiers de la longueur du souterrain, la cuvette a été élargie en établissant le chemin de halage sur une estacade en bois. Cette estacade est formée par des poteaux, encastrés par le pied et solidarisés vers le haut par un cours de moises longitudinales. Des hausses rattachent cette charpente au piédroit et supportent le tablier de halage.

La section mouillée s'élève à 17^{m2},87, et le rapport précédemment défini s'élève à 1,99. C'est là une amélioration sensible, au point de vue de l'effort de traction à exercer sur les convois, bien qu'elle ne soit réalisée que sur le quart environ de la longueur du souterrain. Elle permet, en effet, l'épanouissement du flot soulevé à l'avant des convois de bateaux, qui circulent alternativement dans un sens et dans un autre.

Le souterrain de Balesmes, construit de 1879 à 1885, est

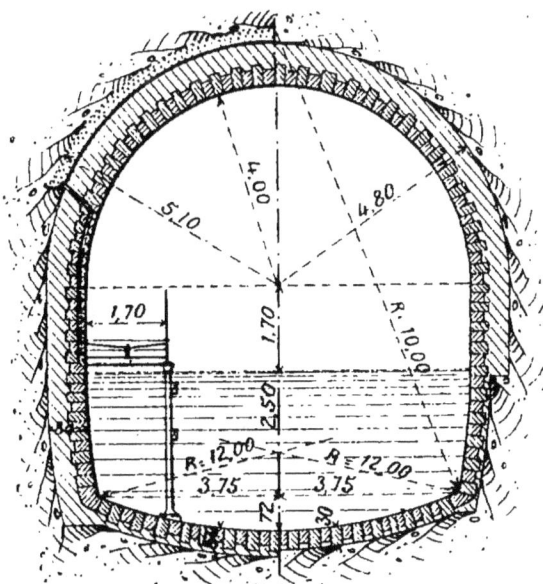

Fig. 266. — Souterrain de Balesmes.

établi sur le bief de partage du canal de la Marne à la Saône. Sa longueur est de 4.820^m,45 ; la voûte en plein cintre a 8 mètres de diamètre (fig. 266).

Le chemin de halage, de 1m,70 de largeur, a été établi sur toute sa longueur sur une estacade métallique.

Cette estacade est portée par des voûtelettes en briques, reposant sur des entretoises ancrées dans le piédroit et appuyées à leur autre extrémité sur une poutre longitudinale; cette dernière est soutenue par des colonnes en fonte espacées de 7 mètres. Ces colonnes et trois ⊔ verticaux intermédiaires soutiennent deux cours de guide-bateaux en chêne.

La largeur de la cuvette est de 8 mètres au plan d'eau et de 7m,50 au plafond. Le mouillage varie de 3m,22 sur l'axe à 2m,50 contre les piédroits. La section mouillée est de 23m2,20, et le rapport précédemment défini s'élève à 2,58.

Le prix du mètre courant de cet ouvrage est de 2.490 fr. 05, dont 95 fr. 15 pour la passerelle métallique de halage.

On a remarqué que la hauteur d'eau dans les souterrains est toujours supérieure à 2 mètres : 2m,60 au souterrain du canal de Saint-Quentin, 2m,50 à 3m,22 au souterrain de Balesmes. Cette surprofondeur permet de ne pas réduire outre mesure la section mouillée dans les passages rétrécis. Elle réserve aussi une marge suffisante pour parer aux abaissements du plan d'eau plus fréquents et plus considérables dans les biefs de partage que partout ailleurs, soit à raison de l'importance des filtrations dans les rochers fissurés, où ils sont souvent ouverts, soit à raison des émissions d'eau par les deux écluses extrêmes.

Résistance à la traction dans les souterrains à bief de partage. — Dans les longs souterrains à voie unique, la résistance à la traction prend une importance considérable. Aussi l'Etat a-t-il dû y installer et y exploiter des moyens de traction mécaniques. Tel est le cas des souterrains de Mauvages, de Pouilly et du canal de Saint-Quentin, où les convois, comprenant jusqu'à 35 bateaux, et présentant un développement de 1.800 mètres, produisent un refoulement de l'eau en avant tel qu'il en résulte en arrière une dénivellation suffisante pour arrêter la marche, et même pour réduire le mouillage d'une façon dangereuse pour les bateaux de queue.

M. l'inspecteur général des Ponts et Chaussées Bazin a fait, dans le souterrain de Pouilly, des expériences sur la résistance à la traction des bateaux. Ces bateaux étaient d'un type plus réduit que celui, qui circule généralement sur les voies navigables françaises, n'ayant que 30 mètres de longueur, 5 mètres de largeur et $1^m,40$ de tirant d'eau.

L'effort de traction était représenté avec une approximation suffisante par la formule :

$$E = 1.200V^2,$$

quand il s'agissait d'un seul bateau.

L'effort de traction diminuait, lorsque les bateaux étaient remorqués en convoi; si ce convoi comprenait m bateaux, on pouvait appliquer la formule :

$$E_m = 600(m + 1)V^2.$$

En résumé, l'effort nécessaire pour remorquer dans le souterrain de Pouilly, à la vitesse de $0^m,76$ par seconde, un bateau du type défini plus haut, était de 693 kilogrammes environ, le rapport de la section mouillée à celle du maître couple étant de 1,98.

Au souterrain de Balesmes, M. l'inspecteur général de Mas a trouvé un effort de 281 kilogrammes pour un rapport de 2,74. Cet effort est donc, au moins, moitié moindre.

On peut noter en passant l'avantage qu'il y a de former des convois, et d'attacher les bateaux aussi près que possible les uns des autres, puisque l'effort de traction pour chacun des bateaux suivant le premier est beaucoup moindre que pour celui-ci.

b) SOUTERRAINS A DEUX VOIES. — Les longs souterrains à voie unique sont justifiés à l'emplacement des biefs de partage malgré les inconvénients qu'ils présentent : perte de temps par suite de l'obligation pour les bateaux de ne passer dans un sens donné qu'à des heures déterminées; augmentation des frais de traction par suite de l'exagération des résistances, etc. Mais on ne saurait admettre cette solution, en dehors du bief de partage, pour un petit souterrain placé vers la base d'un versant.

C'est ainsi que sur le canal de la Marne à la Saône, le tunnel de Balesmes, long de 4.820 mètres et situé sur le bief de partage, n'a été établi qu'à une voie, tandis que celui de

Condes, long de 308 mètres, et qui se trouve au tiers inférieur
du versant Marne, a été exécuté pour deux voies.

Le souterrain de Condes, terminé en 1886, présente la forme
d'une demi-ellipse ayant 5ᵐ,15 de montée et 16 mètres d'ouverture, dont 11 mètres pour le passage des bateaux et
5 mètres pour deux chemins de halage, de 2ᵐ,50 de largeur
chacun, établis sur des estacades métalliques semblables à
celle du souterrain de Balesmes.

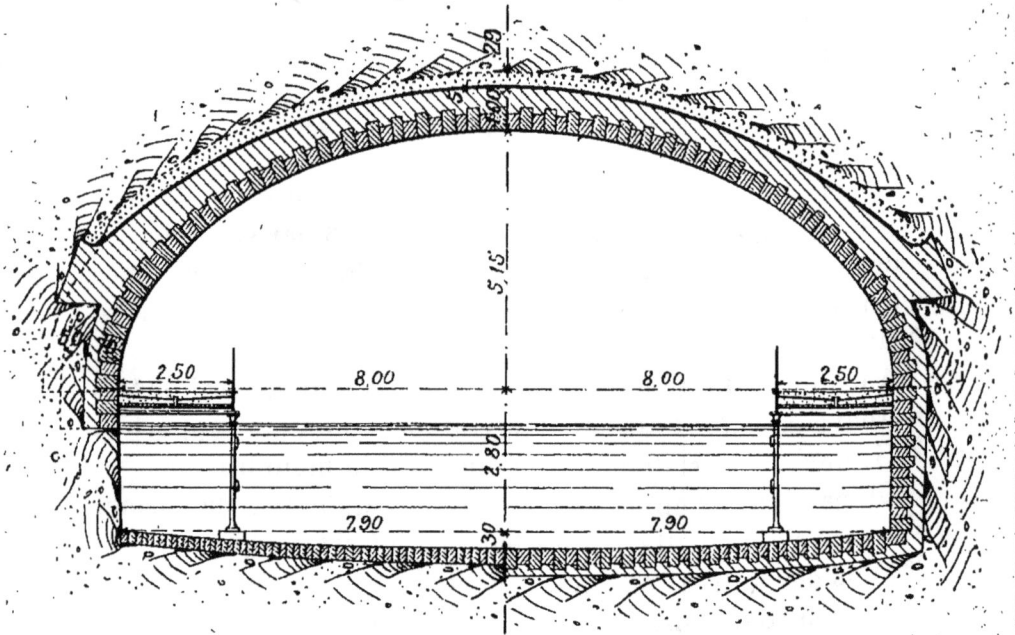

Fig. 267. — Profil du souterrain de Condes.

Les piédroits ont 2ᵐ,80 de hauteur avec un léger fruit, réduisant à 15ᵐ,80 la largeur à la base; ils sont reliés par un
radier concave de 0ᵐ,30 de flèche et de 0ᵐ,50 d'épaisseur. La
voûte a 1 mètre au sommet et 1ᵐ,50 aux naissances; elle est
recouverte par une chape en ciment de 0ᵐ,05 d'épaisseur,
terminée à la base en forme de cuvette d'où partent des
barbacanes en fonte de 0ᵐ,10 de diamètre débouchant au-
dessus du plan d'eau.

On a interposé entre la chape et le massif rocheux supérieur une couche de pierre cassée de 0ᵐ,29 d'épaisseur formant filtre pour l'écoulement des eaux d'infiltration.

La dépense totale a été de 964.273 francs, ce qui fait ressortir la dépense par mètre courant à 3.133 fr. 30, dont 240 fr. 05 pour la passerelle métallique de halage[1].

---

1. Pour plus de détails, voir le mémoire inséré dans les *Annales des Ponts et Chaussées*, 1899, 4ᵉ trimestre.

CHAPITRE III

CONSOMMATION D'EAU DES CANAUX

233. Considérations générales. — L'alimentation d'un canal comprend l'ensemble des procédés mis en œuvre en vue d'assurer à chaque instant, en chaque point, l'adduction de la quantité d'eau nécessaire pour maintenir dans la cuvette le niveau d'eau correspondant au mouillage réclamé par la batellerie.

Tout canal est soumis à deux genres de déperditions bien distinctes : les unes faciles à déterminer correspondent à la consommation d'eau qu'entraînent les éclusées ; les autres, comme l'évaporation, l'imbibition, les écoulements d'eau par fausse manœuvre ou pour réparations d'avaries, enfin les pertes à travers le sol, par suite du défaut d'imperméabilité de celui-ci, ont une grande importance et sont difficiles à évaluer.

On étudiera successivement les unes et les autres, et on verra quels moyens peuvent être employés pour atténuer autant que possible les pertes, soit lors de l'exécution d'un canal, soit ultérieurement à titre de travaux d'entretien ou de grosses réparations.

234. Consommation d'eau par les écluses. — La consommation d'eau à prévoir pour l'éclusage des bateaux doit être regardée comme égale, pour chaque bief, à autant de fois le volume d'une éclusée qu'il y a de bateaux qui franchissent son écluse d'aval.

On réalisera des économies sur ce volume, si on peut profiter d'une même manœuvre pour faire passer deux bateaux marchant en sens contraire. Mais c'est là une combinaison qui ne se réalisera pas ordinairement; et il vaut mieux admettre qu'une écluse consomme autant de fois le volume d'une éclusée qu'il y passe de bateaux dans l'un et l'autre sens.

La consommation en eau dépend du tonnage à desservir et de l'importance des chutes terminales. Pour une écluse du type légal, ayant en nombre rond une longueur de 43 mètres et une largeur de $5^m,35$, le volume de l'éclusée correspondant à 1 mètre de chute est de 230 mètres cubes environ. Si la hauteur de chute est h, ce volume sera de $230 \times h$.

La hauteur de chute étant en moyenne de 3 mètres, la consommation de chaque éclusée sera de 700 mètres cubes environ. Aux écluses de $5^m,20$ du canal du Centre, le volume d'une éclusée est 1.200 mètres cubes; au grand sas de l'écluse de Saint-Denis, il atteint 4.000 mètres cubes.

Si l'on admet que la circulation, sur la voie navigable, est annuellement de T tonnes, que chaque bateau porte en moyenne 200 tonnes, enfin que le rapport des bateaux vides aux bateaux pleins est de $\frac{1}{3}$, le nombre des bateaux fréquentant le canal sera de :

$$\frac{T'}{200} \times \frac{4}{3},$$

soit par jour, en comptant 300 jours de navigation :

$$\frac{T}{45.000}.$$

C'est là une moyenne qu'il faut majorer de $\frac{1}{4}$ au moins pour avoir la fréquentation maxima diurne représentée par la formule :

$$\frac{T}{36.000}.$$

Si l'on considère un canal à point de partage, ayant h' et h'' pour chutes terminales et livrant passage à n bateaux, de bout en bout, la consommation c sera :

$$c = 230 \times n(h' + h''),$$

et dans l'hypothèse la plus défavorable où l'on s'est placé :

$$c_{max} = 230(h' + h'') \frac{T}{36.000}.$$

235. Bassins d'épargne. — Cette formule qui n'a, du reste, rien d'absolu, puisqu'une chute exceptionnelle sur le parcours du canal peut augmenter la consommation journalière utile de la voie navigable, permet de se rendre compte de la dépense, qu'il est nécessaire de prévoir.

Elle est toujours élevée, et pour la réduire dans une certaine proportion, on a recours aux bassins d'épargne.

Ces bassins établis à proximité du sas de l'écluse sont susceptibles d'être mis en communication avec lui.

Au début de la vidange du sas, on dirige les eaux dans les bassins d'épargne, au lieu de les envoyer dans le bief inférieur. Le cube ainsi emmagasiné servira à commencer le remplissage lors de la manœuvre suivante, au cours de laquelle on n'aura à prendre au bief supérieur que le complément, c'est-à-dire une fraction seulement du volume d'une éclusée.

Supposons que l'on ait recours à un seul bassin, et que celui-ci ait même surface que le sas, et son plafond arasé à une hau-

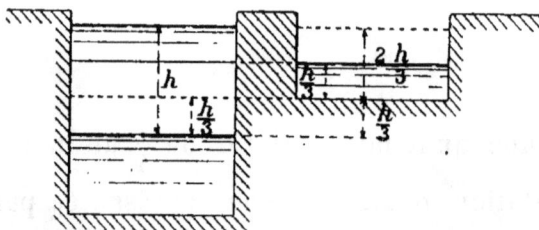

Fig. 268. — Schéma.

teur $\frac{h}{3}$ au-dessus du niveau du bief d'aval, h étant la hauteur de chute de l'écluse.

Si on ouvre la communication, entre l'écluse et le bassin d'épargne, le sas étant plein se videra d'un tiers, tandis que le bassin se remplira de moitié. On fermera alors la communication, et au remplissage suivant, l'eau ainsi mise en réserve pourra remplir le tiers inférieur du sas; on n'aura donc à emprunter au bief supérieur que les deux tiers du cube total. En faisant varier la capacité du bassin d'épargne, et surtout, en en étageant plusieurs les uns au-dessus des autres, on pourra économiser telle fraction que l'on voudra du volume de l'éclusée.

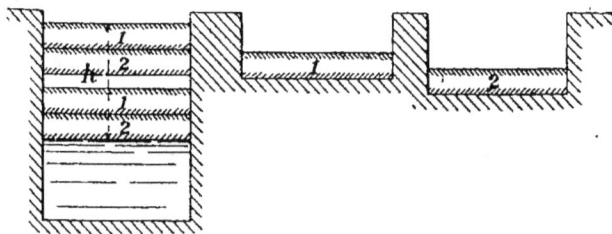

Fig. 269. — Schéma.

Avec deux bassins étagés comme il est indiqué ci-dessus (*fig.* 269), l'économie pourrait atteindre $\frac{2}{4}$ ou $\frac{1}{2}$; elle arriverait à $\frac{3}{5}$ avec trois bassins (*fig.* 270) :

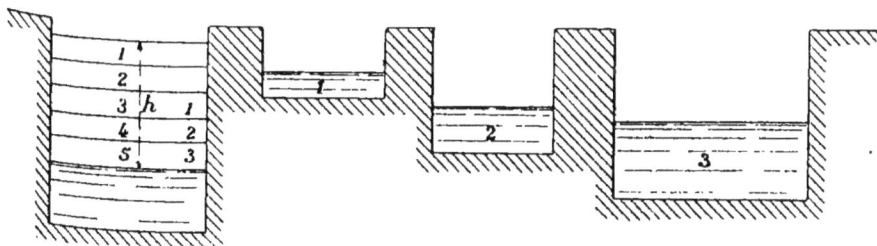

Fig. 270. — Schéma.

La dépense en eau est donc très atténuée; mais dans quelle mesure peut-on obtenir cette atténuation ?

Doit-on ménager plusieurs bassins d'épargne ?

Et dans ce cas combien serviront utilement ?

On parvient à résoudre la question en analysant leur fonctionnement.

Si on suppose que les bassins d'épargne sont à parois verticales sur toute leur partie utile, si l'on désigne par *m* la surface des bassins aux différentes hauteurs, la surface du sas étant égale à 1 ; si *n* est le nombre de ces bassins, l'économie E en eau résultant de l'utilisation des bassins est donnée par la formule :

$$E = \frac{100mn}{m(n+1)+1}.$$

L'abaque ci-contre donne les résultats généraux, auxquels conduit l'application de cette formule.

L'économie en eau augmente avec n, et pour $n = 8$ la dépense en eau devient nulle.

Pratiquement, l'abaque conduit aux conclusions suivantes: il y a peu de bénéfice à construire plus de trois bassins, et le plus souvent on n'aura qu'à choisir entre l'établissement d'un ou de deux bassins. Si la surface de ces bassins est égale à deux fois celle de l'écluse, l'économie réalisée avec un seul bassin sera de 40 0/0; avec deux bassins elle atteindrait 57 0/0.

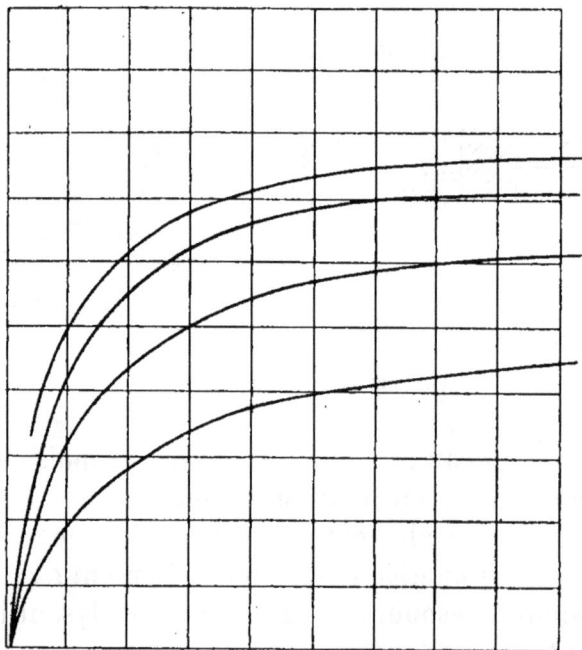

Fig. 271. — Abaque.

Telle est l'économie en eau, mais ce n'est pas la seule à considérer, car il faut aussi se préoccuper des dépenses d'établissement d'un semblable ouvrage. On ne peut pas donner une solution générale; on devra dans chaque cas particulier étudier la question, et comparer les frais d'établissement des bassins d'épargne, avec les dépenses qu'entraînerait une alimentation plus abondante.

Des bassins d'épargne ont été aménagés pour atténuer la consommation en eau de certains canaux, notamment en Belgique et en Allemagne.

Bassins d'épargne des écluses de Charleroi a Bruxelles. — Les écluses de 5^m,20 de largeur et de 40^m,80 de longueur utile présentent une chute de 4^m,10 et un mouillage de 2^m,90 sur le busc aval.

Deux bassins d'épargne, d'une superficie un peu supérieure à celle du sas, sont disposés latéralement, et à des niveaux différents : le radier du bassin supérieur est établi à une hauteur correspondant à la moitié de la hauteur de la chute ; le radier du bassin inférieur correspond aux trois quarts de cette hauteur. Voici d'ailleurs quel est le schéma des dispositions qui ont été adoptées (fig. 272).

Lorsqu'on fait la vidange, on envoie la première tranche hachurée dans le bassin d'épargne supérieur, puis la seconde dans le bassin inférieur. On voit sur le schéma que la communication entre le sas et le bassin supérieur cesse lorsque la chute est réduite à 0^m,205, et qu'elle est interrompue entre le sas et le bassin inférieur lorsque la chute est de 0^m,518.

L'eau emmagasinée dans les bassins sert d'abord à remplir le sas sous une chute qui n'est pas inférieure à 0^m,20. L'économie d'eau correspond à une tranche de 1^m,775 de hauteur, soit 43,3 0/0 de la chute de 4^m,10.

Les deux bassins, disposés sous forme de secteurs et séparés par un mur de 1^m,20, ont été accolés au bajoyer droit de l'écluse (fig. 273).

A la gorge des secteurs, se trouvent deux puits de 2^m,40 de diamètre, ouverts au-dessus de l'aqueduc longitudinal servant aux manœuvres d'eau :

Des vannes cylindriques de 1^m,40 de diamètre sont installées sur l'axe de ces puits, et permettent d'établir la communication entre les bassins et l'aqueduc de remplissage et de vidange du sas. Leur seuil est placé à 0^m,35 au-dessus du niveau d'aval.

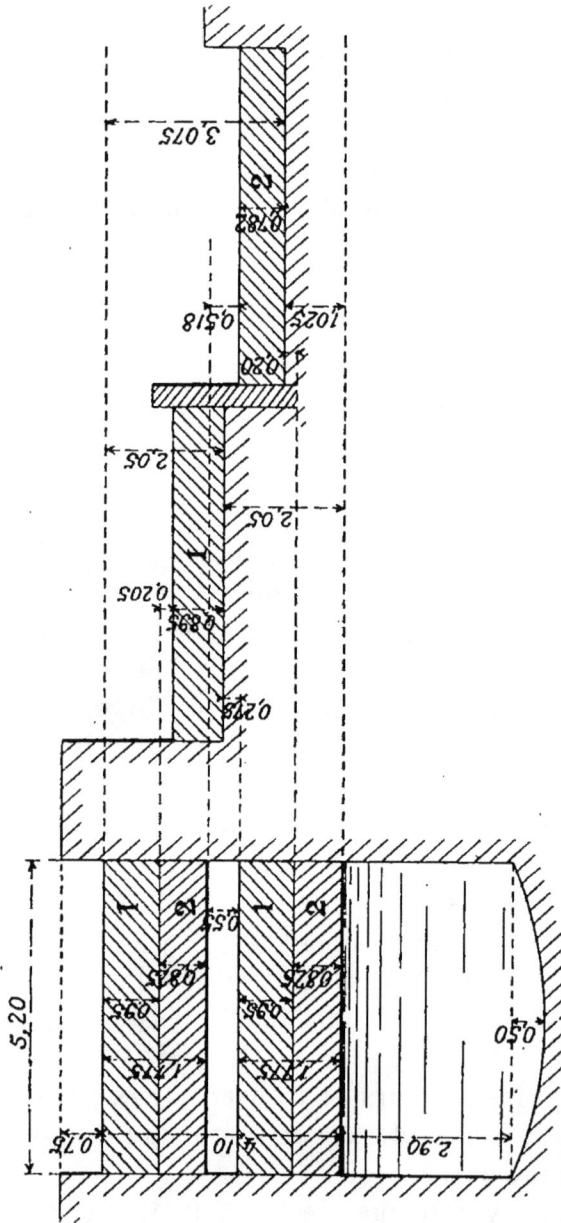

Fig. 272. — Bassins d'épargne des écluses du canal de Charleroi à Bruxelles. — Coupe.

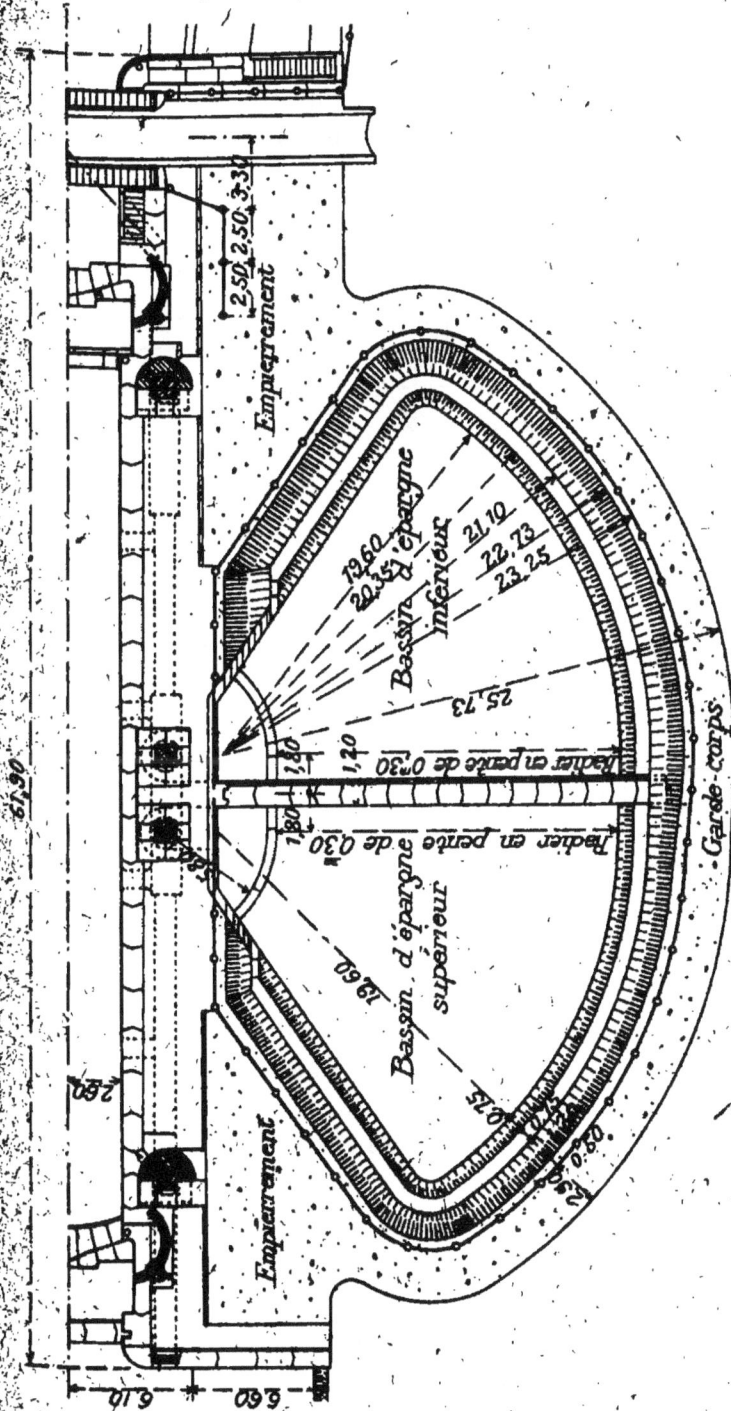

Fig. 273. — Bassin d'épargne des écluses du canal de Charleroi à Bruxelles. — Plan.

Avec ces dispositions la durée du passage d'un bateau de 300 tonnes est, dans les différents cas, la suivante :

Pour	{ Sans l'emploi des bassins d'épargne...	14'25"
un avalant	{ Avec l'emploi des bassins d'épargne...	16'11"
Pour	{ Sans l'emploi des bassins d'épargne...	15'25"
un montant	{ Avec l'emploi des bassins d'épargne...	17'30"

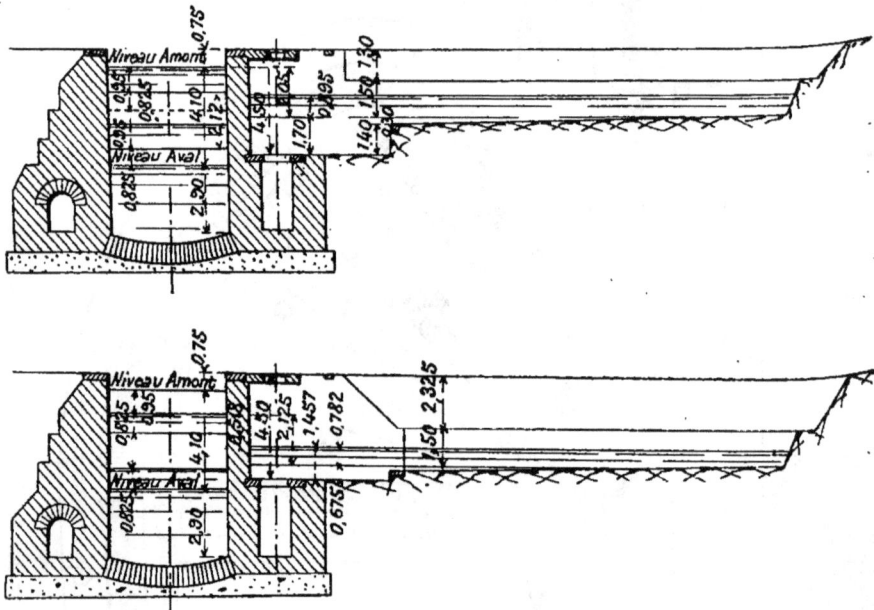

Fig. 274. — Coupe transversale.

Vanne cylindrique basse à double effet. — Les communications entre le sas et les bassins sont assurées au canal de Charleroi à Bruxelles par des vannes cylindriques basses analogues à celles qui ont été décrites plus haut pour le remplissage et la vidange d'un sas. Elles en diffèrent cependant sur quelques points : il faut, en effet, que l'écoulement ait lieu du sas vers les bassins et réciproquement des bassins vers le sas, ce qui implique que les vannes de communication doivent être étanches aussi bien contre la pression intérieure que contre la pression extérieure. Pour arriver à ce résultat, on adapte à l'intérieur de la vanne et à la partie supérieure du cylindre mobile une rondelle de cuir gras, qui rend le joint étanche dans les deux sens.

De plus le couvercle du cylindre fixe est supprimé, pour éviter l'effet de bas en haut, auquel il serait soumis au moment de l'introduction de l'eau à l'intérieur du puits et auquel on ne pourrait résister que par un fort ancrage. Le

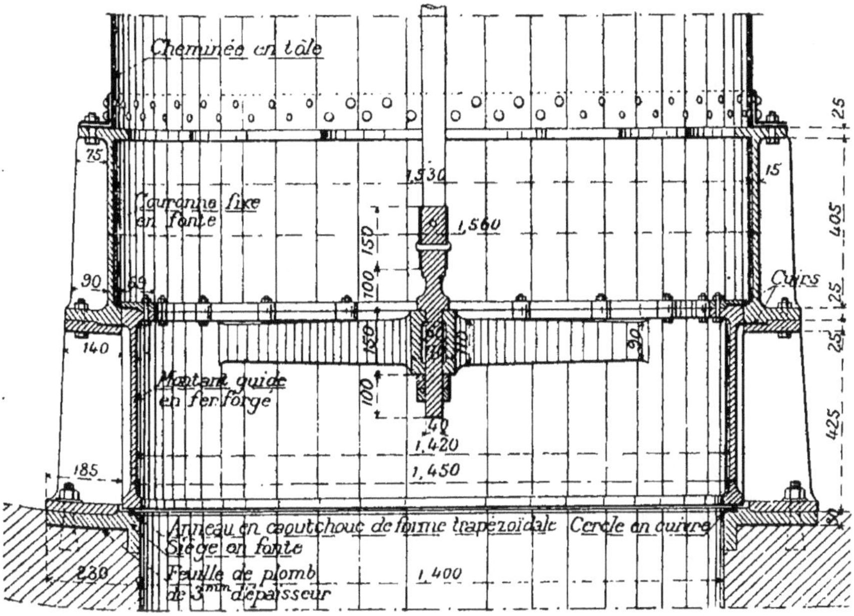

Fig. 275. — Vanne cylindrique basse à double effet.

cylindre fixe est prolongé jusqu'au-dessus du plan d'eau d'amont, ce qui évite toute tendance au soulèvement.

Bassins d'épargne en Allemagne. — Le bassin d'épargne de l'écluse de Krummesse (canal de l'Elbe à la Trave) a la forme d'un vaste entonnoir, dont le point bas est dans le voisinage de l'écluse.

A l'écluse de Münster, on rencontre deux bassins d'épargne disposés symétriquement par rapport à l'axe de l'écluse.

Afin d'éviter une trop grande perte de temps, on n'attend pas que l'équilibre complet soit atteint pour chaque opération. On arrête l'opération, lorsque la différence de niveau entre le bassin d'épargne et l'écluse n'est plus que de 15 centimètres. L'économie réalisée est encore de 52 0/0.

Le plafond incliné des bassins d'épargne est entièrement revêtu d'un dallage en béton, le mur de séparation du bassin est construit en béton maigre parementé. Les manœuvres se font au moyen de vannes cylindriques guidées verticalement et équilibrées par un contrepoids.

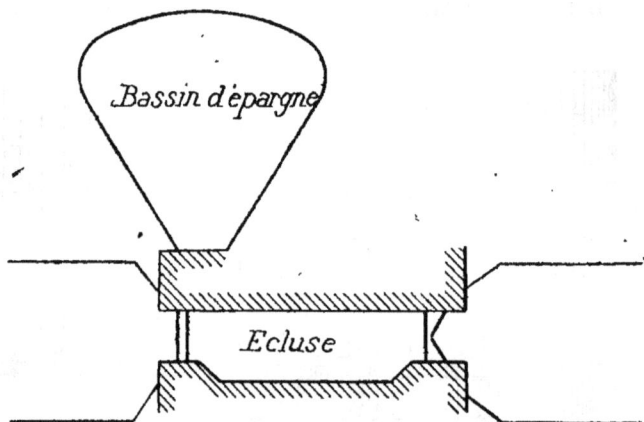

Fig. 276. — Écluse de Krummesse. Schéma.

La durée d'une manœuvre de remplissage ou de vidange de l'écluse est de cinq minutes.

A l'écluse double du Beltow-Canal, chaque écluse sert de bassin d'épargne à l'autre. L'exploitation se fait méthodiquement, de manière à avoir toujours une écluse vide et une pleine. Chacune sert alors de bassin d'épargne à sa voisine, et l'économie à chaque éclusée est de 50 0/0.

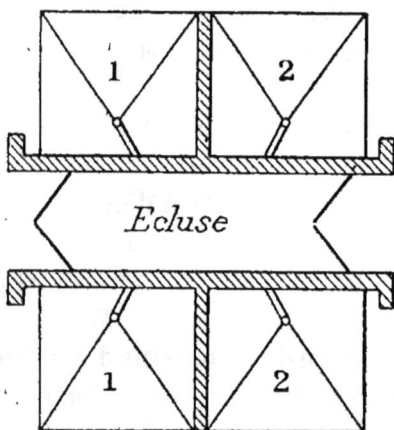

Fig. 277. — Écluse de Münster. Schéma.

BASSIN D'ÉPARGNE DE L'ÉCLUSE DE SAINT-DENIS. — On a aménagé des bassins d'épargne dans le terre-plein, qui sépare les deux sas de l'écluse double du canal de Saint-Denis, présentant 9m,92 de chute ; leur radier est placé sensiblement aux deux tiers de la hauteur de la chute, et leur superficie est la même que celle du sas correspondant. Des vannes cylindriques à double effet, analogues à celles qui ont été décrites plus haut, assurent la communication entre les écluses et les bassins.

236. Avantages et inconvénients des bassins d'épargne.
— L'établissement de bassins d'épargne est onéreux, et susceptible d'augmenter au moins d'un bon tiers le prix d'une écluse simple. Ainsi les écluses du canal de Dortmund à l'Ems (67 mètres sur 8^m,60) ont coûté, pour une chute de 4^m,50, 300.000 marks environ ; l'écluse de Münster, de mêmes dimensions, est revenue, pour une chute de 6^m,20, avec ses deux bassins d'épargne, à 700.000 marks, sans compter les installations mécaniques de manœuvre. La dépense causée par l'établissement des bassins peut être évaluée sans exagération à 150.000 marks environ.

Le bassin d'épargne complique la manœuvre et l'allonge sensiblement, puisqu'on opère toujours le remplissage et les vidanges sur charge réduite ; sur un canal à trafic intense, il rend presque indispensable l'emploi de l'énergie mécanique pour effectuer toutes les manœuvres ; les courants assez violents, qui se produisent toujours dans le bassin, exigent un revêtement solide.

En revanche, le bassin d'épargne présente de sérieux avantages. Il permet de remédier au grave inconvénient d'une échelle de chute défectueuse au point de vue de la dépense d'eau pour le service des éclusées. En évaluant les dépenses supplémentaires non utilisées des écluses à forte chute, et en les munissant de bassins d'épargne appropriés, on économisera le cube d'eau correspondant. C'est ce que l'on a fait au canal de l'Elbe à la Trave, où l'on a établi des bassins d'épargne aux quatre écluses ayant les plus fortes chutes. La même solution a été adoptée sur le canal de Dortmund à l'Ems, où les deux écluses ayant les plus fortes chutes (6^m,20, 6^m,34) ont été pourvues de bassins d'épargne, économisant 52 0/0 et 47 0/0 du volume de leur éclusée.

Dans d'autres cas assez fréquents, par exemple au canal de Saint-Denis, les bassins d'épargne ne sont utilisés que quand il y a pénurie d'eau.

Système de M. de Caligny. — En dehors des bassins d'épargne, d'autres moyens ont été proposés pour réduire la consommation en eau.

M. de Caligny, notamment, a cherché à utiliser la force motrice produite par la chute d'un sas, qui se remplit ou se vide, pour remonter une partie de l'eau inférieure dans le bief supérieur. La difficulté principale réside dans la variabilité de la force motrice, décroissante pendant la durée de l'éclusée.

Le remplissage et la vidange du sas s'effectuent au moyen d'un long aqueduc, qui communique à volonté avec le bief supérieur et le bief inférieur. Pour remplir le sas, on laisse écouler l'eau du bief supérieur par l'aqueduc; on ferme brusquement la communication établie, et on ouvre celle du même aqueduc avec le bief inférieur.

Le liquide animé d'une vitesse assez grande dans l'aqueduc continue sa marche, et opère une succion du bief inférieur dans le sas. Lorsque cette succion cesse, le liquide aspiré aurait une tendance à revenir sur ses pas; on ferme alors la communication avec le bief inférieur, et l'on ouvre celle avec le bief supérieur.

Il se produit ainsi une nouvelle émission d'eau que l'on interrompt pour faire rentrer une certaine quantité d'eau du bief inférieur. On continue ainsi jusqu'à ce que la chute soit devenue assez faible pour que la force motrice soit absorbée par les frottements.

L'expérience de ce système a été tentée à l'écluse d'Aubois, sur le canal latéral à la Loire. La complication des appareils, la difficulté des manœuvres ont fait renoncer à continuer cette expérience, qui ne semble pas non plus avoir donné des résultats économiques satisfaisants.

Flotteur de M. de Béthancourt. — M. de Béthancourt a imaginé un autre procédé consistant dans l'emploi d'un flotteur pouvant se mouvoir dans un bassin contigu au sas, comme un bassin d'épargne, mais en communication constante avec lui. Les dimensions et les dispositions du bassin et du flotteur sont telles que, lorsque ce dernier est complètement immergé, l'eau atteint dans le sas le niveau du bief supérieur et qu'elle descend, au contraire, au niveau du bief inférieur, lorsque le flotteur émerge suffisamment. Toute consommation d'eau est ainsi supprimée. On devait obtenir ce résultat en fixant le flotteur à une des extrémités d'un levier coudé, dont l'autre extrémité portait un contrepoids, tel que le système fût toujours en équilibre. Dans la pratique, l'importance du contrepoids (230 tonnes avec les données ordinaires), la longueur du bras de levier (7^m,50) ont fait abandonner cette conception.

Écluses sans consommation d'eau. — Le principe du flotteur de Béthancourt a été combiné avec celui des bassins d'épargne par M. Schnapp, inspecteur des travaux hydrauliques à Berlin. Il a inspiré le projet qu'il a présenté au congrès international de Dusseldorf, en 1902.

L'auteur ajoute à l'écluse ordinaire un certain nombre de bassins d'épargne A et un flotteur F comportant un nombre égal de chambres d'eau (*fig.* 278).

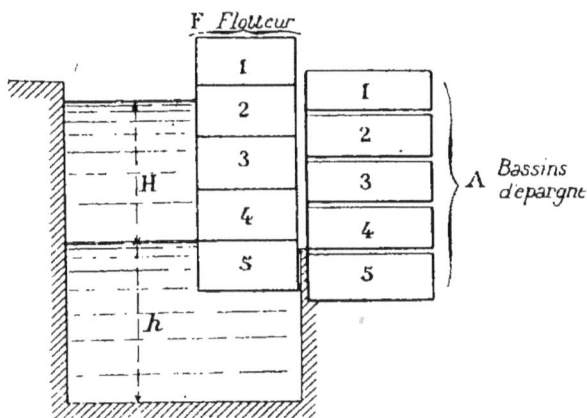

Fig. 278. — Schéma.

Le contenu des bassins ne se vide pas dans le sas, mais dans les chambres correspondantes du flotteur, ou inversement suivant que ce flotteur descend ou monte, et cela au moyen de simples pendules tubulaires allant des bassins au flotteur, et oscillant vers le haut ou vers le bas d'une quantité égale à partir de la position horizontale. Pour le mouvement ascendant ou descendant du flotteur, il suffit d'une force de peu d'importance, en raison de l'appoint qu'apporte l'eau s'écoulant du flotteur vers le bassin et inversement.

Le plan d'eau du sas passe, comme dans le cas du flotteur de Béthancourt, du niveau d'aval à celui d'amont, pendant que le flotteur s'abaisse de sa position la plus haute à celle plus basse et réciproquement. Le passage des bateaux d'un bief à l'autre se ferait donc sans dépense d'eau. Ce système n'a encore été l'objet d'aucune application pratique et ne saurait être retenu qu'à titre documentaire. Il a été présenté pour un projet d'écluse de 36 mètres de chute au concours international ouvert à Vienne en 1903, et y a obtenu une mention honorable.

Écluse oscillante de Cardot. — On peut citer dans le même ordre d'idées, et sans qu'aucune application pratique ait été effectuée, l'écluse à sas oscillant de M. Cardot[1]. Un caisson à double paroi et à double fond est susceptible d'osciller autour d'une articulation, placée au quart environ de sa longueur, à partir de l'amont, dans un bassin en maçonnerie en libre communication avec le bief d'aval. Ce bassin flottant constituerait le sas proprement dit ; l'émission d'eau dans les chambres latérales, le mouvement d'un contrepoids dans le double fond modifieraient l'équilibre et amèneraient le caisson en communication soit avec le bief amont, soit avec le bief aval (*fig.* 279).

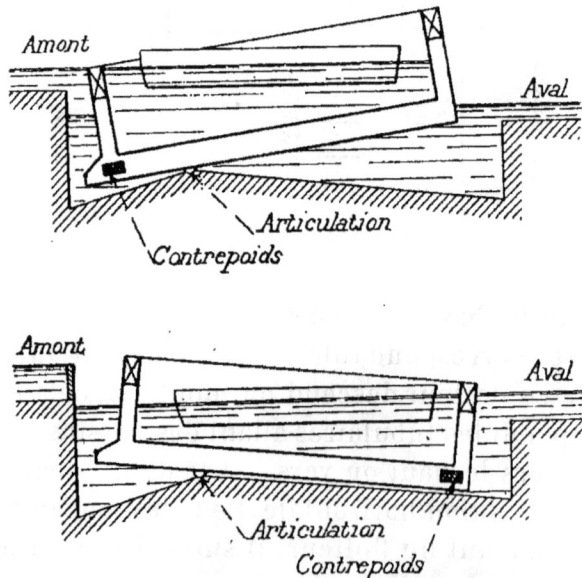

Fig. 279. — Écluse oscillante Cardot.

CONSOMMATION D'EAU AUX ÉCLUSES SUPERPOSÉES. — L'établissement d'écluses superposées réduit sensiblement la consom-

1. *Revue technique* du 10 mai 1903 (*Annales des Ponts et Chaussées*, 1903, 1ᵉʳ semestre, p. 56).

mation d'eau. Avec une chute H, la dépense d'une écluse du type normal est de $230 \times H$. Si cette chute est répartie entre n écluses, la consommation ne sera plus que de $\dfrac{230H}{n}$. L'économie réalisée est donc importante, mais on sait que les écluses superposées présentent d'assez graves inconvénients pour qu'on les évite autant que possible, et qu'on les remplace par des élévateurs mécaniques, ascenseurs et plans inclinés.

On étudiera plus loin leur établissement, et on verra que la quantité d'eau nécessaire à leur fonctionnement est indépendante de la hauteur à franchir, elle ne comprend, en dehors de ce qui est nécessaire pour produire la force motrice, que la tranche liquide formant le lest supplémentaire du sas descendant et le volume d'eau dépensé au moment de l'ouverture des portes de communication des biefs et des sas mobiles. Les plans inclinés, dits « summits planes », n'exigent même aucune consommation.

Résumé. — En résumé, en dehors des bassins d'épargne, il n'existe actuellement aucun système pratique, ou ayant fait ses preuves, capable de réduire la consommation en eau des écluses. On ne doit pas oublier non plus que l'on doit alimenter le canal par l'amont, combler les pertes propres des biefs, et qu'ainsi toute réduction de consommation n'est vraiment acceptable que si elle correspond au régime du canal, à une dépense inutile sans profit pour la voie navigable. C'est pourquoi on ne doit recourir à des dispositions spéciales que lorsque l'on rencontre des chutes exceptionnelles, susceptibles d'appauvrir à chaque éclusée le bief amont qu'elles commandent. C'est le principe qui a été suivi en Allemagne, notamment sur le canal de Dortmund à l'Ems.

237. Pertes dues aux portes d'écluse. — A la consommation par éclusée, que l'on vient d'étudier, et dont l'effet est utile, lorsqu'elle sert à l'alimentation de la voie d'eau, se rattachent étroitement les fuites qui se produisent par les portes d'écluse. On conçoit, en effet, que ces fuites, dont l'importance n'est pas négligeable (de 300 à 1.000 mètres cubes par vingt-quatre heures pour des portes busquées de $5^{m},20$ de largeur et de hauteur ordinaire) servent dans bien des cas à couvrir les pertes propres des biefs en aval, et évitent des lâchures par les vannes. Il n'y a de perte réelle qu'à la dernière écluse du canal ou à chaque portion du canal pourvue d'une alimentation spéciale.

Aussi ne se préoccupe-t-on pas généralement des fuites parles portes d'écluse, et ne cherche-t-on pas à les réduire, ce qui ne serait assurément pas difficile.

238. Déperditions.

— La consommation utile, dont on vient d'analyser l'importance, n'est qu'une faible partie de la quantité d'eau, dont on doit pourvoir une voie navigable. On doit compter sur les déperditions qui se produisent par évaporation, par infiltration et imbibition, par suite de fausses manœuvres, ou par accident, enfin comme conséquence du remplissage des biefs après chômage. Ce sont là des pertes non apparentes et qui ne s'apprécient que par la pénurie qu'elles causent.

Pertes par évaporation. — Les pertes par évaporation dépendent naturellement de la température, de l'état hygrométrique de l'air, de la quantité de pluie tombée, de l'intensité du vent, par conséquent du climat et de la saison.

Il est donc difficile de donner des chiffres s'appliquant à toutes les régions et à toutes les époques de l'année.

L'évaporation moyenne dans le bassin de Paris, qui est représentée journellement par une tranche d'eau de $0^m,004$, doit être comptée à un taux plus élevé pour tenir compte des chaleurs exceptionnelles et du vent. On l'estimera à $0^m,01$ par 24 heures, ce qui correspondra pour un canal qui mesure environ 20 mètres de largeur au plan d'eau, à une déperdition moyenne et journalière de 200 mètres cubes.

Pertes par infiltration et imbibition. — Les pertes par infiltration et imbibition sont bien plus importantes. Il ne s'agit pas dans l'espèce des fuites apparentes ou *renards*, qui se font jour à travers les parois de la cuvette ; dès qu'on les a constatées, on doit s'efforcer de les faire disparaître au moyen de procédés d'étanchement appropriés.

Les pertes, que l'on va estimer, ne sont pas apparentes : elles varient avec la nature du sol, dans lequel le canal est creusé, avec ses dimensions, et principalement avec l'importance du mouillage. Elles dépendent aussi du climat et de la saison, qui font le sol plus ou moins sec, du colmatage et de l'envasement de la cuvette, qui la rendent plus imperméable avec le temps.

Elles sont donc difficiles à évaluer d'une manière générale, passant sur certains canaux, au moment de leur mise en eau, de 105 mètres cubes par mètre courant et par jour à 13^{mc},5 au maximum.

Ce qu'il faut retenir de l'expérience acquise jusqu'à ce jour c'est que, pour un canal de dimensions légales en France, les pertes par imbibition et filtration ne sont pas inférieures à 500 mètres cubes par kilomètre et par jour, et peuvent atteindre 700 mètres cubes. Elles peuvent encore augmenter avec le mouillage, comme on l'a constaté sur le canal de la Marne au Rhin, où elles ont passé du simple au double, à la suite de la réalisation du mouillage de 2 mètres, au lieu de celui de 1^m,60.

PERTES PAR FAUSSES MANŒUVRES. — Les pertes par fausse manœuvre sont celles qui se produisent par l'inattention ou le défaut de surveillance des agents, qui font des lâchures trop prolongées, ou trop abondantes, occasionnant le déversement des biefs inférieurs, ou bien qui alimentent le canal brusquement et cessent l'alimentation de la même manière, provoquant ainsi des ondes d'amplitude suffisante pour que l'eau s'échappe par les déversoirs.

D'autre part, tous les biefs n'ont pas la même longueur, et telle lâchure, qui n'a aucune influence fâcheuse sur la tenue d'un bief, peut occasionner des débordements sur un bief court.

Il est difficile d'apprécier les pertes en eau qui résultent des fausses manœuvres; M. Comoy les avait évaluées à 34 mètres cubes par kilomètre et par jour sur le canal du Centre à section réduite. On peut les porter sans exagération à 50 mètres. Pour les atténuer autant que possible, il faut recourir à un personnel de choix et exercer une surveillance attentive sur la consommation journalière.

PERTES ACCIDENTELLES. — Les pertes, qu'il est impossible de chiffrer, sont dues à la formation de renards à travers les digues, à l'interposition de cales entre les portes, ou les ventelles et leurs surfaces d'appui, avarie quelconque à un ouvrage de retenue, ou nécessitant la vidange partielle d'un bief.

239. Remplissage des biefs après chômage. — Lorsqu'une période de chômage expire, il faut pouvoir remplir les biefs vidés dans une période très courte. On doit alors recourir aux ressources alimentaires du canal, qui doivent être abondantes, et distribuées convenablement sur tout le parcours.

Ces ressources ne doivent pas être seulement suffisantes pour remplir les biefs, mais elles doivent aussi parer aux pertes résultant de l'imbibition et des filtrations, car les terres, dans lesquelles est ouverte la cuvette, sont plus ou moins desséchées par suite de leur exposition à l'air.

240. Consommation totale d'un canal. — Si l'on met de côté les volumes d'eau nécessaires pour les remplissages accidentels après chômages, la consommation totale d'un canal du type courant en France, de longueur L, ayant h et h' pour chutes terminales, peut être évaluée de la manière suivante :

1° Pour le service des éclusées :

$$230^{mc} \times n \text{ bateaux} \times (h + h');$$

2° Pertes par évaporation, imbibition et filtration :

$$(200 + 700)L ;$$

3° Pertes par les portes :

$$1.000 \text{ mètres cubes} ;$$

4° Pertes accidentelles pour fausses manœuvres :

$$50 \times L.$$

Ce qui donne en totalité :

$$C = 230 \times n(h + h') + 900L + 1000 + 50L,$$

ou bien :

$$C = 230n(h + h') + 1000L,$$

en admettant que les pertes de toute nature soient de 1 mètre cube par mètre courant et par jour.

Ce chiffre, qui correspond à 1.000 mètres cubes par kilomètre et par vingt-quatre heures, est celui qu'il est prudent d'admettre pour assurer une alimentation suffisante dans les conditions ordinaires d'étanchéité. S'il était trop faible, c'est que des déperditions exceptionnelles se produiraient, et que des travaux d'étanchement seraient nécessaires.

La formule précédente montre que la consommation d'eau pour le fonctionnement des écluses n'est qu'une partie restreinte de la consommation totale.

Si on suppose, en effet, que $h = h' = 3$ mètres, que $n = 20$, ce qui correspond à un trafic de 1.000.000 tonnes environ :

$$C = 27\,600 + 1\,000L,$$

et les déperditions deviennent prépondérantes, à partir de $L = 27^{km},600$.

On voit également qu'il y a avantage à ce que la chute des écluses terminales soit modérée. Il y a aussi intérêt à ce que les écluses à chute exceptionnelle ne soient pas trop rapprochées du terminus.

241. Rigoles compensatrices ou d'équilibre. —

On a vu plus haut que, par suite de fausses manœuvres, un bief pouvait être alimenté surabondamment, et que l'eau en excès s'échappait au-dessus des berges du canal, mieux encore par un déversoir réglant la tenue du bief.

Pour éviter que cette eau recueillie dans les ruisseaux du voisinage ne soit perdue pour le canal, on dispose à la suite du déversoir une rigole, qui contourne l'écluse et vient déboucher au moyen d'un aqueduc dans le bief d'aval. Les eaux surabondantes dans un bief servent ainsi à alimenter le bief inférieur ; et cette disposition, qui peut être établie entre plusieurs biefs consécutifs, réalise une compensation, de telle sorte que la tenue normale est maintenue en tout état de cause.

Des rigoles compensatrices ont été aménagées sur le canal du Centre pour régulariser l'alimentation des écluses 29, 30 et 31 du versant de la Méditerranée.

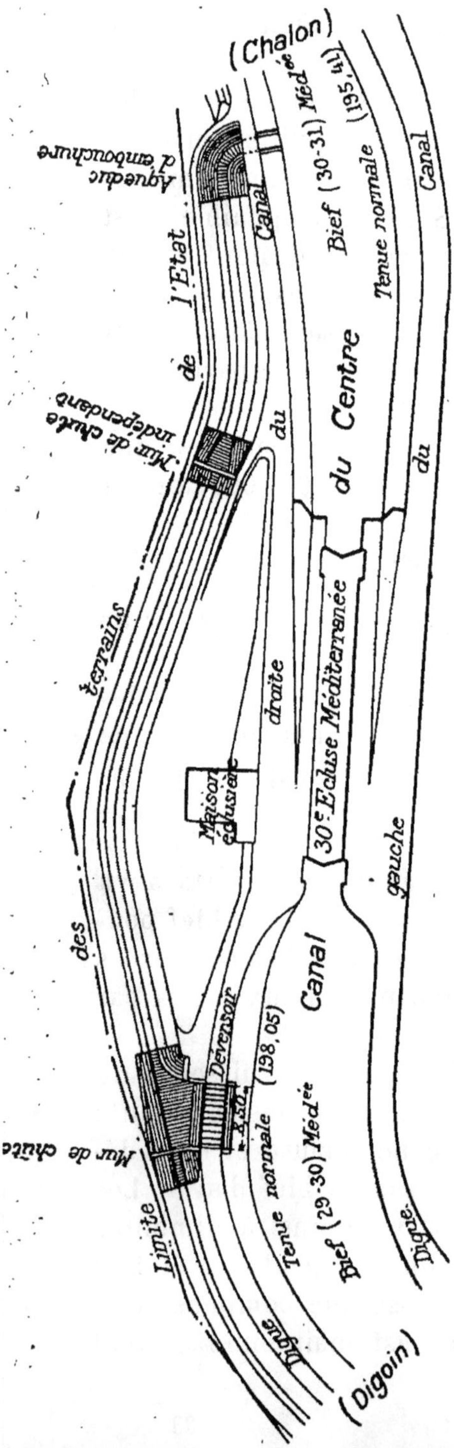

La figure 280 indique les dispositions qui ont été adoptées sur ce canal pour l'établissement de la rigole et du déversoir.

On remarquera que le déversoir est installé près de la tête amont de l'écluse, et l'aqueduc de rentrée dans le voisinage de la tête aval pour réduire autant que possible la longueur de la rigole.

242. Alimentation automatique.

— Les rigoles compensatrices peuvent aussi être remplacées, dans certains cas, par un appareil spécial imaginé par M. l'ingénieur en chef Galliot, et appliqué d'abord aux écluses du canal de Bourgogne, puis à celles du canal de la Marne à la Saône.

Sa fonction consiste à fermer la communication entre les deux biefs amont et aval, tant que ces biefs sont à leur tenue réglementaire; et, au contraire, à ouvrir cette communication, soit quand le bief amont est trop plein, soit quand le bief aval ne l'est pas assez.

Fig. 280. — Rigole régulatrice du canal du Centre. Plan.

La conduite en ciment de $0^m,50$ de diamètre, qui établit la communication entre le bief amont et le bief aval, est fermée à l'amont par une vanne commandée par un flotteur placé dans un puits communiquant avec le bief d'aval (*fig.* 281).

Quand celui-ci est à son niveau réglementaire, le flotteur ferme la vanne; quand il baisse, le flotteur ouvre la vanne et permet à l'eau du bief amont de s'écouler dans le bief aval.

L'augmentation du tirant d'eau du bief amont produit le même effet, grâce à un réservoir, qui termine le flotteur à sa partie supérieure, et qui reçoit l'eau du bief amont par déversement au-dessus d'un seuil arasé au niveau réglementaire.

La vanne, qui ferme ou ouvre la conduite de communication entre les deux biefs, est une vanne cylindrique à mouvement horizontal, posée à son extrémité amont.

Cette vanne se compose d'une partie fixe, scellée au mur en retour, et d'une partie mobile pouvant prendre un mouvement pendulaire sous l'action du flotteur placé dans l'eau du bief d'aval.

La partie fixe comporte un corps cylindrique fermé par un bout, et présentant à l'autre bout la collerette permettant de sceller le tout contre le mur en retour devant la conduite de communication.

Ce corps cylindrique en forme de chapeau est percé de deux fenêtres séparées par des parties pleines capables de résister à la pression, que l'eau exerce sur le bout fermé du cylindre.

Ce chapeau comporte en outre deux parties tournées destinées au repos de la partie mobile, quand l'appareil est fermé.

Cette partie mobile consiste en une bague cylindrique pouvant coulisser avec un jeu suffisant sur la partie fixe et s'appuyer par deux sièges tournés sur les parties réservées sur la partie fixe.

Cette bague est suspendue par un triangle métallique sur deux coussinets scellés dans le couronnement de l'écluse.

Il suffira d'une oscillation de la bague pour découvrir plus

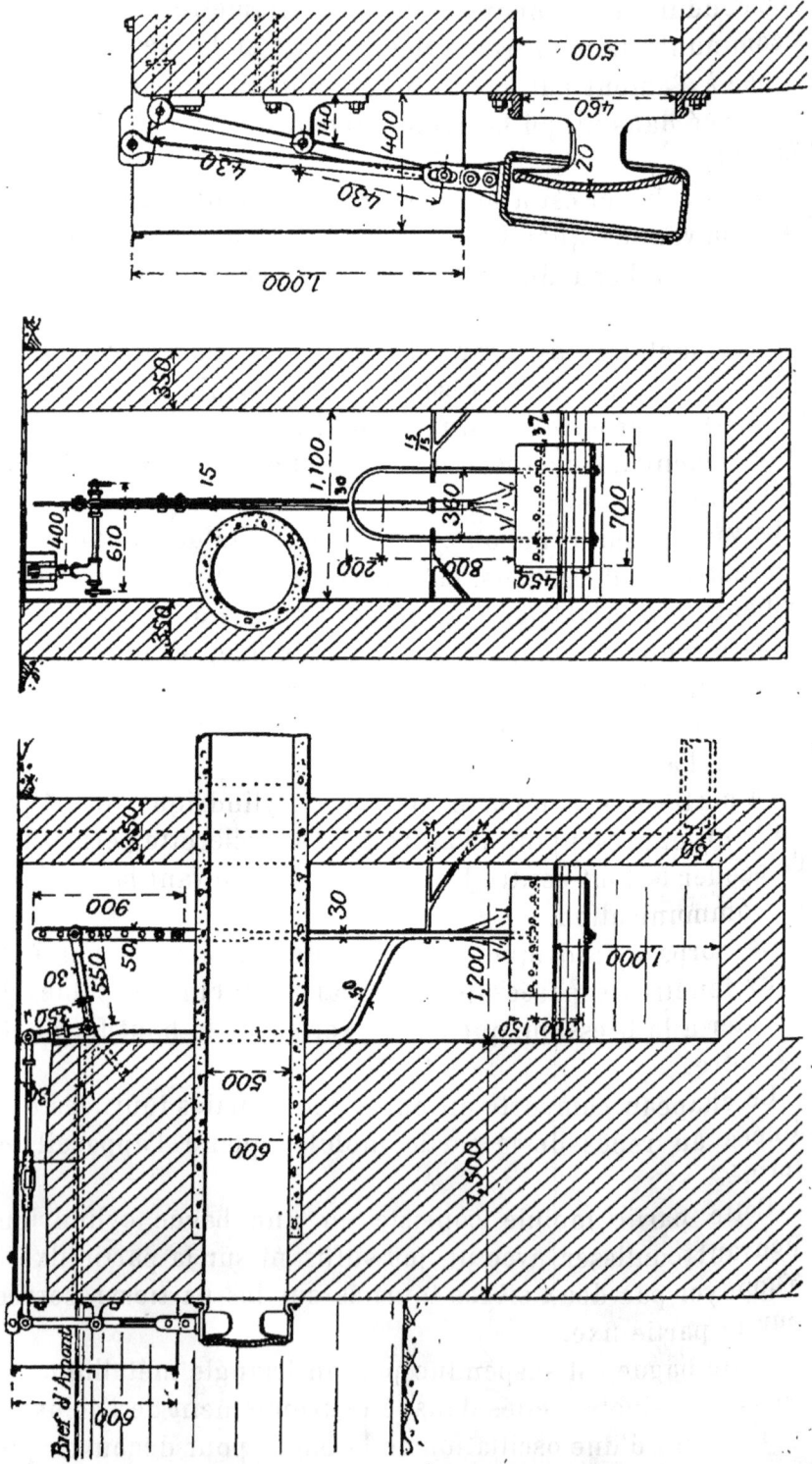

Fig. 281. — Alimentateur automatique.

ou moins les fenêtres du chapeau fixe et mettre ainsi le bief
d'amont en communication avec le bief d'aval.

Grâce au mode de suspension et à la forme cylindrique
de la vanne, ces oscillations se feront à peu près sans effort.

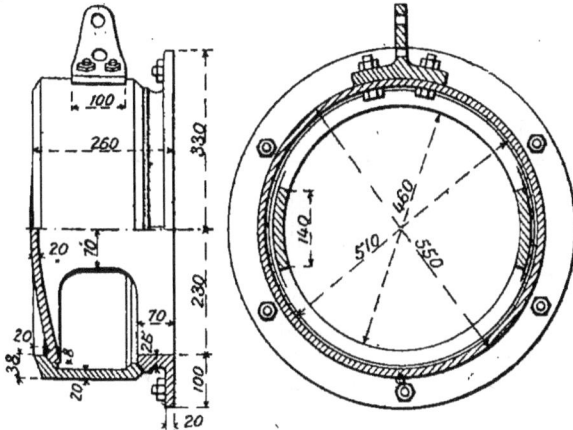

Fig. 282. — Vanne d'alimentateur automatique.

Suivant la hauteur du triangle de suspension de la bague,
est placée une tige de fer reliée à ce triangle à sa partie inférieure, embrassant en son milieu par une boutonnière un
axe fixe, perpendiculaire au plan d'oscillation de la bague
et relié à sa partie supérieure à une tringle horizontale en
relation avec le flotteur par un mouvement de sonnette.

Le flotteur est une caisse cylindrique étanche en tôle surmontée d'une cuvette pour recevoir l'eau du bief amont,
quand celui-ci est trop plein. Cette cuvette est percée de
trous à sa base pour écouler l'eau qui lui a été amenée du
bief amont, et ne plus rester chargée quand ce bief est revenu
à sa cote normale.

L'alimentateur peut débiter 40.000 mètres cubes par jour.

Les résultats obtenus ont été des plus satisfaisants. La
chaîne d'écluse de Masigny en particulier, où les écluses se
succèdent à 300 mètres environ d'intervalles, en est entièrement pourvue, et l'alimentation de ces petits biefs y est
devenue très régulière, sans que les éclusiers aient à s'en
préoccuper.

Chaque appareil revient à 1.150 francs environ.

243. Sectionnements de biefs. — Les pertes d'eau que peut éprouver un long bief par suite d'avaries ou d'accidents, nécessitent le sectionnement de ces biefs en plusieurs parties,

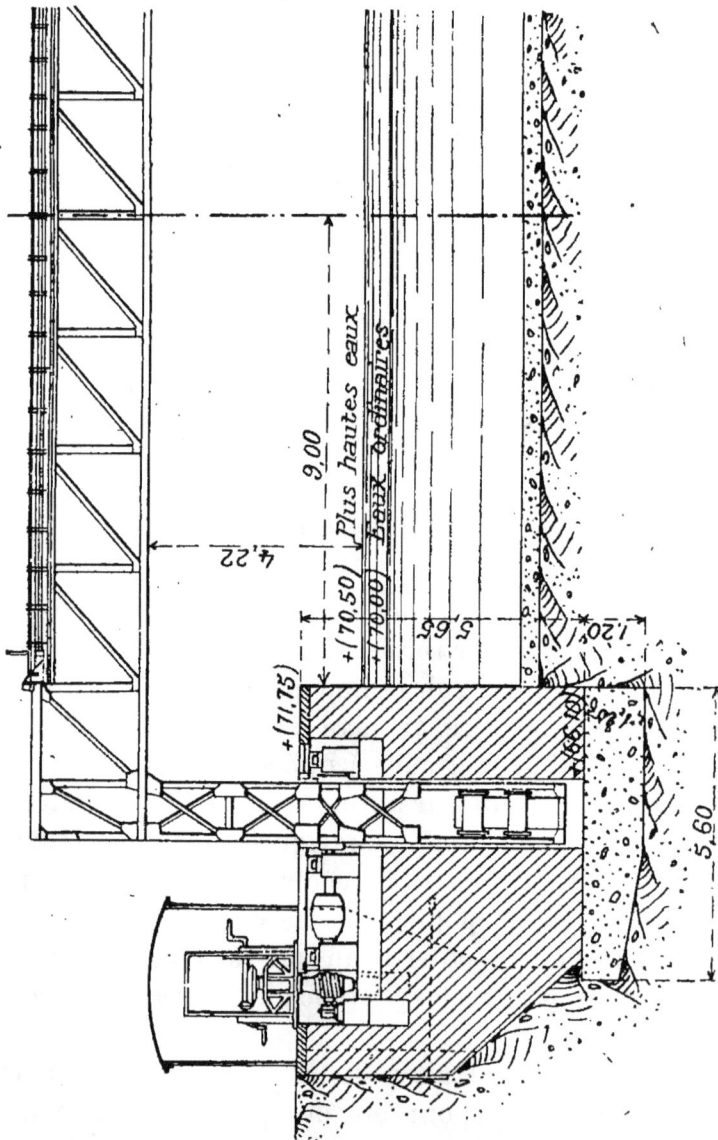

FIG. 283. — Canal de Dortmund à l'Ems. Portes de sûreté.

de manière à limiter ces pertes et à permettre les réparations qui en évitent le retour.

A cet effet, on profite généralement des passages rétrécis que peuvent présenter certains ponts pour y établir les rainures à poutrelles, ou même des portes de garde. Dans ce dernier cas, deux portes sont nécessaires pour pouvoir résister à la charge de l'eau, de quelque côté qu'elle se produise.

Sur le canal de Dortmund à l'Ems, où l'on rencontre des biefs exceptionnellement longs, on a installé, pour pouvoir les fractionner, le cas échéant, des portes de sûreté d'un système particulier, ne comportant pas le rétrécissement de la voie navigable. Les portes, ayant la forme d'une surface cylindrique à génératrices horizontales, sont disposées en temps

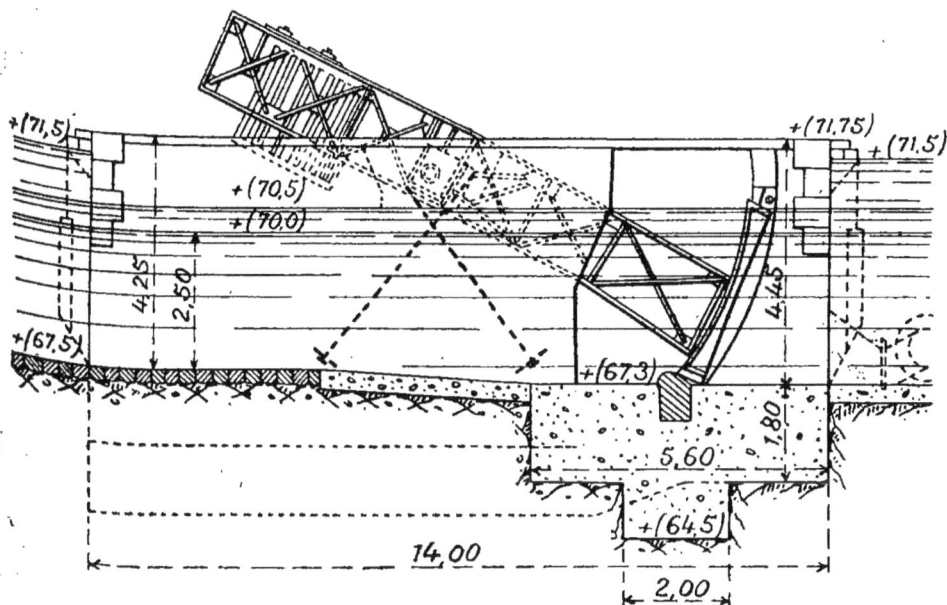

Fig. 284. — Canal de Dortmund à l'Ems. Portes de sûreté.

ordinaire à la partie supérieure d'une poutre tubulaire à treillis dont les culées sont mobiles autour d'un axe horizontal.

Elles viennent barrer le passage, lorsque, par une manœuvre convenable, on a fait basculer la poutre autour de l'axe de rotation.

Toutes les pressions de l'eau sont reportées sur l'axe de rotation, et le mouvement de la porte est possible par tout état des eaux, même dans l'eau courante, de quelque côté que se produise la pression. Un contrepoids rend encore la manœuvre plus facile.

244. Sujétions dans l'exécution des terrassements. — On a vu l'importance qu'avaient, dans la consommation d'un canal, les pertes par infiltration et imbibition. On doit chercher à les réduire autant qu'il est possible, et, à cet effet, prendre des précautions spéciales pour l'exécution des terrassements.

La cuvette doit être établie dans des terrains imperméables, et autant que possible en déblai. Dans tous les cas, les remblais qui les constituent doivent être étanches en même temps que solides. On est donc obligé de prendre des précautions spéciales, qui seront indiquées et analysées dans chaque cas particulier.

245. Exécution des tranchées. — Il n'y a rien de spécial à dire, en ce qui concerne l'exécution des tranchées dans un terrain solide. On ne doit prendre de précautions spéciales que lorsque la cuvette est établie dans un rocher fissuré, et on aura tout avantage à revêtir la cuvette et les talus d'un parement maçonné, ce qui évitera pour l'avenir des étanchements coûteux et difficiles.

Si la tranchée est ouverte dans l'argile, ce qui est souvent impossible à éviter, il ne faut pas hésiter à exécuter préventivement tous les travaux de consolidation, qui semblent nécessaires. La tranchée comporte généralement deux étages, le premier pour l'établissement de la cuvette, le second pour l'emplacement de la banquette de halage. Il ne faut pas hésiter à prendre toutes les mesures utiles pour que les talus, que surplombe le chemin de halage, soient aussi stables que possible. Il faut d'abord détourner, au moyen de fossés longitudinaux, de contre-fossés dans lesquels elles sont recueillies, toutes les eaux qui pourraient s'infiltrer dans le sol voisin des talus, les ramollir et y provoquer des affaissements. Ces fossés doivent être maçonnés et déboucher de distance en distance dans le canal au moyen de descentes d'eau maçonnées. En dehors de ces ouvrages, il est aussi nécessaire d'assainir les talus et de capter toutes les eaux de suintement, qui pourraient s'en échapper et provoquer des éboulements.

On ne saurait assez recommander à ce sujet les piersées transversales, espacées de 10 mètres environ, qui drainent le terrain avec grande efficacité, découpant la masse, et préviennent des éboulements importants. Ce procédé semble plus efficace et moins coûteux que l'emploi des drains longitudinaux, qui doivent être établis au-dessous du niveau de la cuvette pour être efficaces, et qui risquent par une simple obstruction de provoquer des éboulements importants.

On fera bien de prolonger les drains jusque dans la cuvette elle-même, qui devra être revêtue avec soin, pour éviter les mouvements provoqués par l'alternance de la sécheresse et de l'humidité.

Ces précautions, quand elles sont prises au moment de la construction du canal, sont généralement suffisantes pour prévenir tout mouvement. Si par hasard un éboulement se produisait, il ne faudrait pas hésiter à enlever toute la masse en mouvement, à augmenter le nombre et l'importance des drains, enfin à asseoir sur les talus préalablement décapés un revêtement de bonne terre, que l'on consoliderait encore au moyen de perrés, de plantations et de gazonnements.

Exécution des remblais. — Les précautions à observer pour l'exécution des remblais destinés à l'assiette d'un canal sont les mêmes que celles que l'on prend pour l'établissement d'un chemin de fer ou d'une route.

On les rappellera sommairement : elles consistent à décaper avec soin le sol sur lequel le remblai doit être installé; à arracher tous les arbres et arbustes qui y sont accrus ; à enlever le gazon et toute trace de végétation, à multiplier les enrochements et même à ameublir par un labour la partie supérieure du sol naturel ainsi décapée, de manière que les premières couches de remblai puissent s'y souder plus intimement.

Les terres, amenées par le moyen le plus économique, sont émottées, brisées et régalées par couches de 0m,15 à 0m,20 au plus. On les pilonne soit avec des pilons échancrés, soit à l'aide de rouleaux cannelés, en les arrosant légèrement dans la mesure nécessaire pour les rendre un peu compressibles, sans les détremper assez pour qu'elles deviennent glissantes.

Ces précautions doivent être observées principalement

autour des ouvrages d'art pour obtenir une bonne liaison des terres et des maçonneries, ainsi qu'aux points de passage de la cuvette du déblai au remblai.

On doit éviter autant que possible les grands remblais, qui tassent lentement et ne deviennent étanches qu'après un

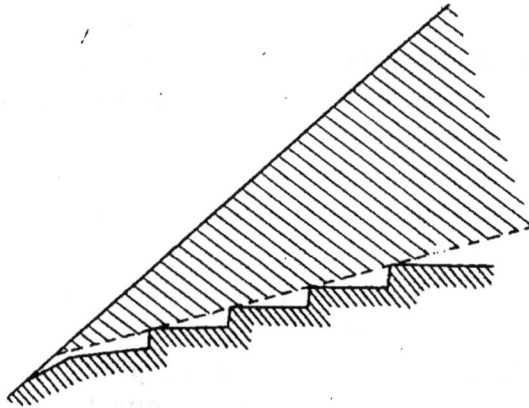

Fig. 285. — Schéma.

long temps. Le terrain sur lequel ils sont assis doit être assez solide pour n'être pas écrasé ; et les terres, qui les composent, doivent être de bonne qualité, c'est-à-dire formées d'un mélange de sable et d'argile, l'argile étant seulement en quantité suffisante pour agréger le sol.

Il n'est pas besoin de dire qu'on doit éviter autant que possible l'emploi de l'argile pure ; si cependant on était obligé d'y recourir, on pourrait encore s'en servir en prenant le soin d'émotter avec soin les déblais, de les pilonner, de constituer ainsi un noyau argileux et de le revêtir avec de bonnes terres sur 1 mètre au moins d'épaisseur. Cette méthode, employée sur la ligne de chemin de fer de Marmande à Angoulême pour l'établissement de remblais de 10 mètres de hauteur, a permis d'employer les déblais tout venants : aucun accident ne s'est produit depuis plus de quinze années.

Ce que l'on peut dire d'une manière générale, en ce qui concerne les tranchées et les remblais argileux, c'est qu'on ne doit pas les proscrire d'une manière absolue. En exécutant, au fur et à mesure des terrassements, les travaux de consolidation nécessaires, et qui ont été sommairement décrits plus hauts, on évite généralement les accidents, qui compromettent l'assiette du chemin de fer ou du canal. La méthode du point à temps est le seule vraie et la seule qui prévient tout mécompte, en même temps que la plus économique.

246. Travaux d'étanchement. — Toutes les précautions prises pour l'exécution des terrassements ne suffisent généralement pas pour éviter les pertes d'eau, qui se produisent surtout pendant les premières années d'exploitation. Ces pertes amènent avec elles non seulement des chômages et une grande gène pour la navigation, en raison des courants alimentaires qui se forment dans la cuvette, mais encore elles nécessitent une augmentation des réserves d'été, ce qui oblige à dériver les cours d'eau de la région et à troubler d'une façon aussi regrettable que dispendieuse le régime hydraulique de tout un pays.

On doit donc réduire à leur strict minimum les besoins de l'alimentation et, dans ce but, diminuer autant que possible les filtrations à travers le sol, qui, de toutes les déperditions, ont, comme on l'a vu, une importance de premier ordre.

247. Nature des filtrations. — Les filtrations sont de deux sortes : les unes locales et apparentes, les autres générales et le plus souvent non apparentes. Dans le premier cas, il s'agit de fissures qu'il convient de fermer ; dans le second, on doit chercher à faire disparaître l'absorption par le sol perméable. On aura recours à deux catégories d'ouvrages distinctes.

Filtrations locales et apparentes. — Les filtrations locales se produisent par des fissures, des trous de taupes, des renards. Leur existence se révèle généralement par des suintements, par des sources, que l'on voit sourdre sur le talus extérieur des digues ou à leur base.

Si on peut mettre à sec le bief intéressé, on dégage le terrain vif de la cuvette, pour reconnaître l'orifice de la fuite. On remplace ensuite la partie enlevée, soit au moyen de maçonnerie ou de béton, soit au moyen de bonne terre franche bien pilonnée. La réparation doit s'étendre sur une surface assez grande, pour que les eaux ne reprennent pas leur passage, en se creusant un conduit latéral.

Si on est obligé de laisser le bief en eau, l'opération est plus délicate. On juge généralement de la position de la filtration par l'appel d'eau qu'elle détermine. On jette à l'endroit qui semble suspect des petits graviers et du sable, que la pression de l'eau entraîne, dans les sinuosités de la fissure. Ils diminuent la déperdition en brisant le courant; du sable plus fin que l'on jette ensuite rend l'obstruction plus complète. L'argile, que l'eau tient en suspension, et les dépôts qu'elle forme avec le temps achèvent l'opération.

Filtrations à la jonction des remblais et du sol. — Souvent la fuite ou le renard ne se manifestent que sur le talus extérieur du canal. Elle existe sur une longueur assez considérable du canal, et se traduit par des suintements plus ou moins importants. Cette déperdition est due généralement à une jonction imparfaite des remblais avec les déblais et proviennent : ou d'une exécution première mal soignée, ou de variations hygrométriques dans les terres en contact, qui ont amené des changements de volume. On recoupe alors la digue au moyen d'une tranchée ouverte généralement sur l'axe de la digue et on remplit la fuite avec une matière imperméable (argile sableuse) formant clef ou ancrage (*fig.* 286).

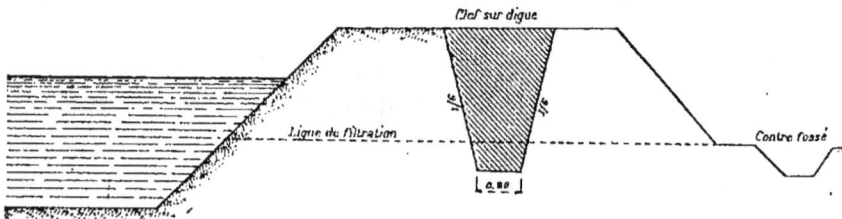

Fig. 286. — Clef sur digue.

Il n'est pas besoin de faire remaquer que la ligne de filtration n'est pas toujours en ligne droite, et que l'on est obligé dans bien des cas, après avoir reconnu la direction qu'elle suit, d'exécuter la tranchée et le corroi, qui la remplit sur une longueur assez considérable.

On peut aussi obtenir de bons résultats en comprimant les remblais qui sont perméables. A cet effet on bat des pieux dans la masse jusqu'au terrain solide, on les arrache, et on remplit les vides correspondants avec de la terre argileuse, que l'on y tasse fortement au moyen d'un pieu et d'une sonnette Ainsi on introduit dans la digue une série d'éléments étanches et on comprime le remblai dont on diminue la perméabilité. Si l'espacement de ces éléments est encore trop grand, on renouvelle l'opération et on réduit l'intervalle entre chacune de ces clefs, jusqu'à ce que l'étanchéité soit obtenue.

On peut aussi encastrer dans le sol une clef en terre corroyée au pied du talus intérieur (*fig.* 287), mais ce travail ne peut être exécuté qu'autant que la cuvette a été mise à sec.

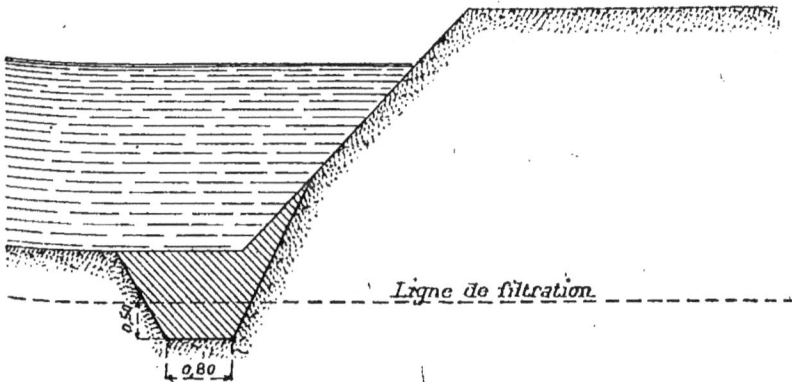

Ligne de filtration

FIG. 287. — Clef en terre.

Filtrations générales et inapparentes. — Les filtrations générales sont dues à la perméabilité du sol, dans lequel la cuvette est ouverte. Elles se manifestent : en déblai, dans les terrains de gravier et dans certaines roches fissurées ; dans les remblais établis en matériaux perméables ou insuffisamment corroyés. Elles sont généralement inapparentes et ne s'accusent que par des abaissements anormaux du plan d'eau, qui entraînent une consommation d'eau excessive et souvent, quand le canal est tracé à flanc de coteau, la formation de petits cours d'eau parallèles au canal.

Deux cas sont à considérer :

1° Ou le canal est à un niveau assez élevé au-dessus du

cours d'eau pour n'être exposé à aucune sous-pression, et les filtrations se produisent du dedans au dehors de la cuvette ;

2° Ou bien il est placé à un niveau assez bas, pour que les eaux des cours d'eau tendent, au moment des crues, et en raison de la perméabilité du sol, à rentrer dans la cuvette.

Dans ce second cas, on a à se défendre aussi bien contre les filtrations du dehors en dedans, que contre celles qui peuvent se produire du dedans au dehors. Le problème à résoudre devient plus compliqué, ainsi qu'on le verra plus loin.

248. Etanchement à l'eau trouble. — Lorsqu'on se trouve dans le premier cas, c'est-à-dire lorsque les filtrations se produisent du canal au thalweg de la vallée, on peut employer plusieurs procédés. Le premier porte le nom d'étanchement à l'eau trouble et a pour but de reproduire artificiellement ce qui se produit naturellement dans les biefs légèrement perméables abandonnés à eux-mêmes. On sait que les eaux d'alimentation plus ou moins chargées de matières vaseuses tapissent la cuvette de dépôts, qui s'introduisent dans les interstices, et rendent avec le temps le terrain imperméable.

On a cherché à obtenir le même résultat en jetant, sur le talus et sur le plafond du canal, du sable argileux ou de la sciure de bois. Ces matières sont mises en suspension dans l'eau au moyen d'une sorte de herse en bois traînée par des chevaux, qui cheminent sur les banquettes du halage.

Le sable argileux semble mieux convenir que l'argile, employée cependant avec succès sur le canal Louis, en Bavière. Le sable descend le premier et forme dans les fissures un premier lit d'étanchement, l'argile suit et remplit les vides existants.

Cette opération, qui a presque toujours réussi, exige que l'on ait au moins 1 mètre d'eau dans le canal. Sans la pression qui résulte de cette hauteur d'eau, l'entraînement des matières est insuffisant et l'étanchement n'a pas lieu.

Il est bon d'éviter, autant que possible, la mise à sec du

canal, qui entraîne la dessiccation des dépôts, et le retrait de l'argile ; il s'ensuit que les eaux trouvent un nouveau passage, qu'il faut fermer de nouveau.

L'étanchement des canaux à l'eau trouble est un procédé très économique ne représentant guère qu'une dépense de 4 à 5 francs par mètre courant. Il n'est malheureusement pas d'une efficacité suffisante, lorsque le canal est ouvert dans des terrains composés de graviers, pierrailles et roches fissurées.

249. Corrois argileux. — Le *corroyage* consiste à émotter soigneusement la terre, à la débarrasser de tout corps étranger, et à la régaler par couches minces soumises à une compression énergique.

L'argile pure doit être proscrite d'une manière absolue ; car elle éprouve des retraits considérables et des gerçures, lorsqu'elle se dessèche au cours d'un chômage, et se délaye au contact de l'eau. La meilleure terre à corroi est formée de sable et d'argile dans la proportion de 3 à 4 de sable pour 2 d'argile. Lorsqu'on n'a pas à sa disposition une composition de cette matière, on a recours à des mélanges. On ajoute aussi quelquefois de la chaux à la terre du corroi dans la proportion de 1/200 à 1/100, en poudre si les terres sont humides, en lait si elles sont sèches. Cette pratique n'est pas toujours admise ; car elle ne paraît pas avoir d'action sensible sur la résistance, non plus que sur l'imperméabilité des corrois. La chaux peut cependant être d'un emploi utile pour absorber l'excès d'humidité des terres après une pluie et permettre de reprendre le travail plus rapidement.

La terre, préparée comme il a été dit plus haut, est employée pour former le revêtement des parois de la cuvette. Elle est régalée par couches successives et minces de 0m,10 d'épaisseur en général.

Les couches sont énergiquement comprimées et arrosées plus ou moins abondamment, suivant les saisons, de manière qu'elles se soudent intimement et même qu'elles se pénètrent. Cette compression peut être obtenue, soit par le pilonnage à main, soit par l'emploi de cylindres corroyeurs à traction de chevaux ou même à traction mécanique. Ces derniers engins donnent, à moins de frais, un résultat plus satisfaisant que le pilonnage à la main.

Les corrois en terre constituent un moyen d'étanchement très pratique, se moulant sur le terrain, en épousant les déformations, sans s'altérer sensiblement. Mais ils ne s'appliquent pas aux larges fissures, et ne résistent pas aux sous-pressions. Ils ont aussi l'inconvénient d'être onéreux, car ils doivent être exécutés sur une épaisseur de $0^m,50$ à $0^m,80$ au moins, ce qui exige en outre une fouille de même dimension. Le prix de revient du mètre cube de corroi est d'environ 2 francs, lorsque les terres sont prises dans les tranchées ; il peut atteindre 5 francs, quand elles proviennent d'un emprunt.

Applications sur le canal de la Marne à la Saône. — Ce prix est élevé, et peut être équivalent à celui d'un revêtement en béton. Néanmoins, on a quelquefois intérêt à employer ce mode d'étanchement, dans le cas notamment, où l'on utilise pour l'établissement des remblais les déblais rocheux des tranchées, sauf à les revêtir du côté du canal d'une couche de terre imperméable.

C'est ce qui a été fait, au canal de la Marne à la Saône, entre Rolampont et le bief de partage, dans la partie supérieure du versant de la Marne.

Bief d'Humes. — La cuvette du bief d'Humes avait été constituée au moyen de remblais de calcaire noduleux provenant d'une tranchée voisine, et simplement versés au wagon. On s'était contenté, au moment de l'exécution des travaux, de disposer, à l'emplacement des talus, un massif de bonne terre, ayant $4^m,30$ de largeur au niveau du plafond, et $1^m,30$ environ au niveau du plan d'eau. En outre, le plafond en remblai pierreux avait été revêtu en bonne terre sur $0^m,40$ d'épaisseur environ.

Ces dispositions n'ont pas été suffisantes ; dès le premier essai de mise en eau, de vastes entonnoirs se creusèrent dans le plafond. Le mince revêtement en terre fut perforé de toutes parts ; les eaux s'échappèrent par-dessous les massifs latéraux de bonne terre pour sortir au pied des talus extérieurs des remblais.

On dut donc compléter et modifier les travaux d'étanchement qui avaient été entrepris. On ouvrit une fouille à l'aplomb des talus, à l'emplacement du plafond, et on la

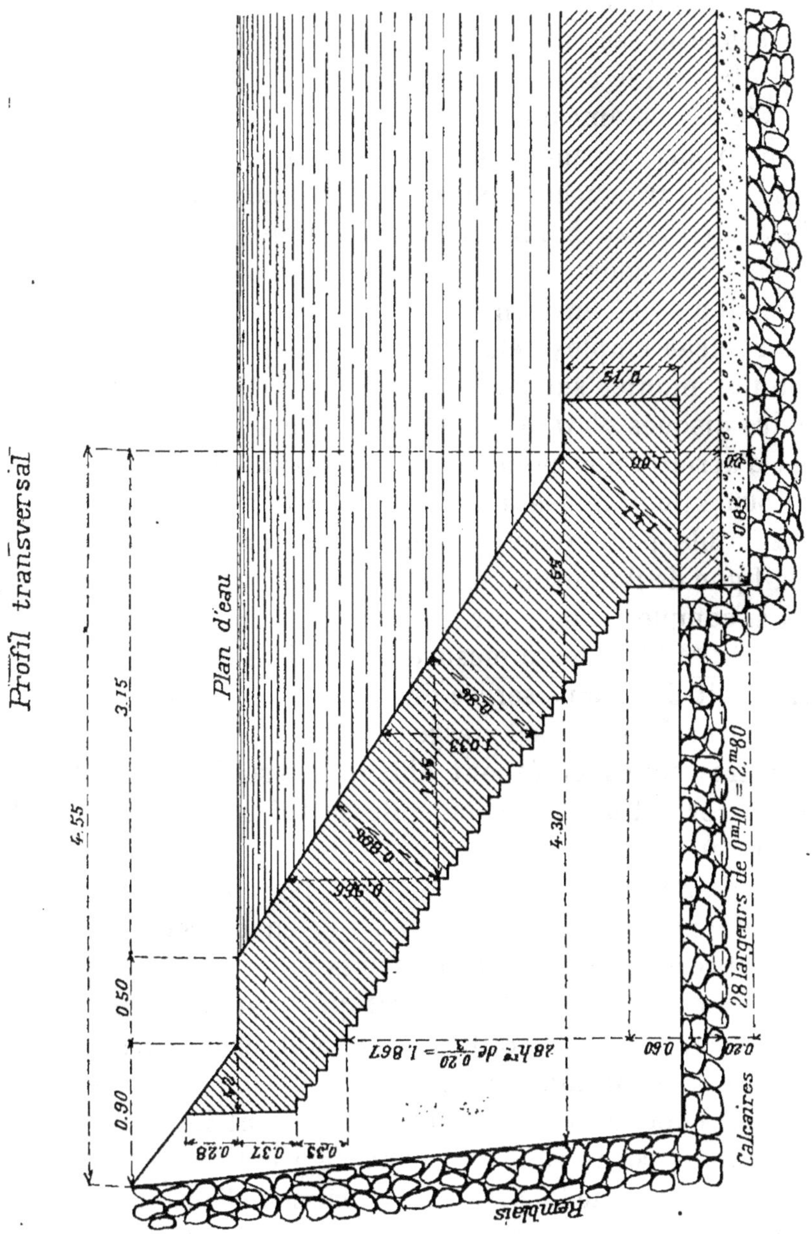

Fig. 288. — Bief d'Ilumes.

remplit au moyen d'un corroi en bonne terre exécuté au rouleau, dont l'épaisseur était de 1 mètre sous le plafond et de 0m,80 au moins sous les talus (*fig. 288*).

Au-dessous du corroi, sur le plafond, on établit une couche de 0^m,20 d'épaisseur en matériaux pierreux, cassés à l'anneau de 0^m,075, et dont le rôle est de former un écran infranchissable à l'entraînement des particules de terre délayées et mises en suspension pendant le passage de ces eaux à travers le corroi. Pour remplir ce rôle, cette couche a été exécutée comme une véritable chaussée d'empierrement; les matériaux, répandus sur une épaisseur de 0^m,30, ont été cylindrés par couches de 0^m,10 d'épaisseur chacune.

Les corrois en bonnes terres additionnées de chaux ont été faits par couches de 0^m,10 d'épaisseur, que le roulage ramenait à 0^m,07 environ.

Le rouleau employé était formé de deux séries de disques en fonte, montés sur deux essieux parallèles, de telle sorte que les disques d'avant pénétraient dans les intervalles de ceux d'arrière. Son poids était de 600 kilogrammes à vide et de 1.600 kilogrammes à charge complète. Sa largeur était assez faible pour qu'on ait pu l'employer jusqu'au niveau de la ligne de flottaison, sur 0^m,92 de largeur. Le corroyage était si complet que, pour produire 1 mètre cube de corroi, il fallait 1^{m3},10 de terre mesurée au déblai de la feuille. La terre était donc plus serrée dans les corrois exécutés qu'à l'état naturel dans le sol vierge.

Les travaux exécutés ont obtenu un succès complet. Le prix de revient du mètre cube de corroi a été en moyenne de 3 fr. 50.

Bief de Saint-Menge. — Le corps des digues du bief de Saint-Menge avait été exécuté au moyen de remblais marneux, et revêtu de bonne terre sur la paroi interne. Soit que le revêtement fût insuffisant, soit qu'il eût été composé de terre mélangée de pierrailles, de nombreuses fuites se manifestèrent dès la mise en eau du canal. On dut y remédier, et, à cet effet, on exécuta, sur le parement intérieur de la digue, un corroi au rouleau suivant le profil de la figure 289.

On remarque que le corroi a une épaisseur d'au moins 0^m,80, et qu'il vient s'ancrer, sur 0^m,50 de profondeur, dans le terrain naturel pour suppléer à la porosité et au peu de consistance de la couche superficielle.

Le corroyage a été exécuté, mécaniquement, comme au

bief d'Humes, avec cette différence cependant qu'on a

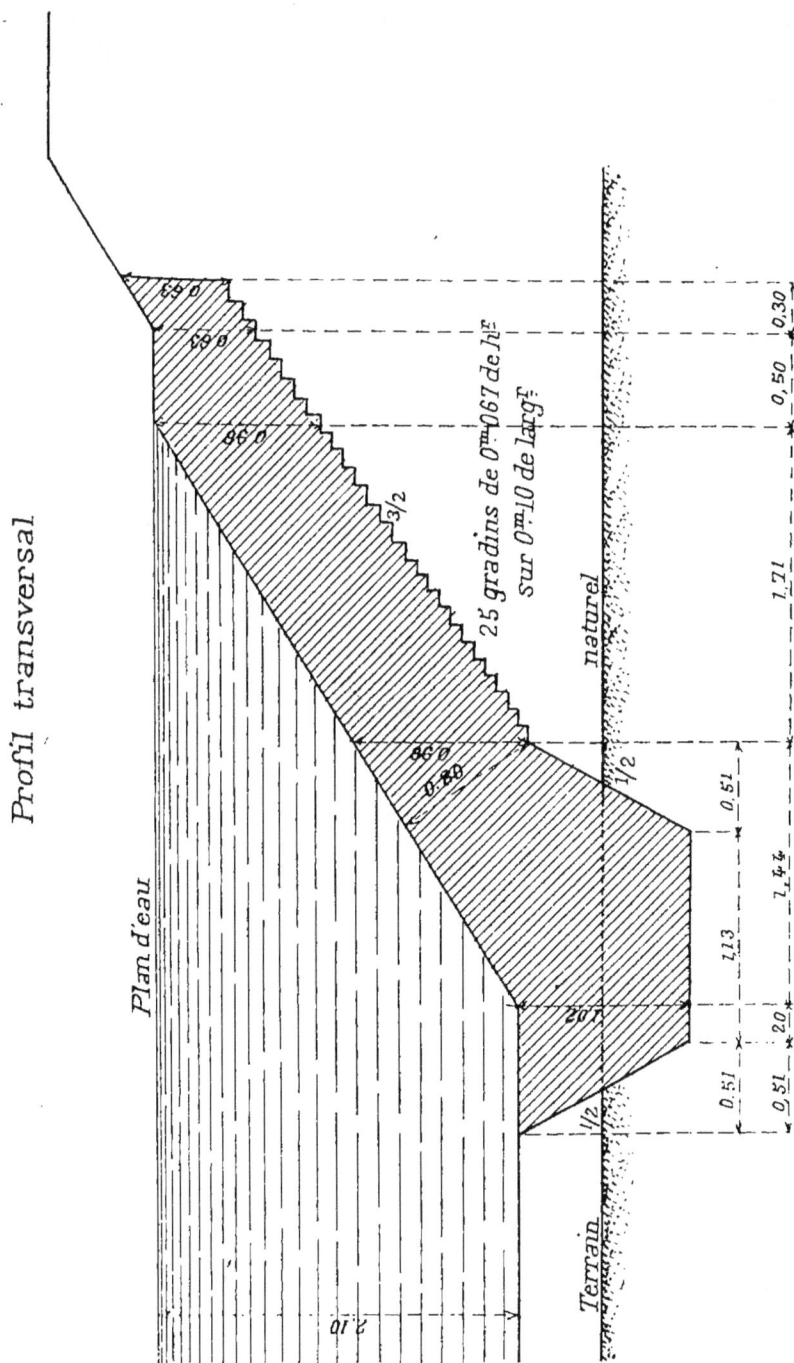

Profil transversal

Plan d'eau

25 gradins de 0ᵐ067 de hᵗ sur 0ᵐ10 de largᵗ

naturel

Terrain

Fig. 289. — Bief de Sainte-Menge.

renoncé au répandage de la chaux en poudre, dont l'utilité avait paru contestable.

Le résultat obtenu a été satisfaisant. Le prix de revient moyen du mètre cube mis en œuvre a été de 2 fr. 20.

Digues du canal de Dortmund à l'Ems. — Les digues du canal de Dortmund à l'Ems, composées de remblais en sable ou en marne, ont été rendues étanches au moyen de corroi d'argile de 0m,70 à 1 mètre d'épaisseur, enveloppant toute la cuvette et revêtu d'une chemise sablonneuse, pour soustraire l'argile à l'action des intempéries (*fig.* 290).

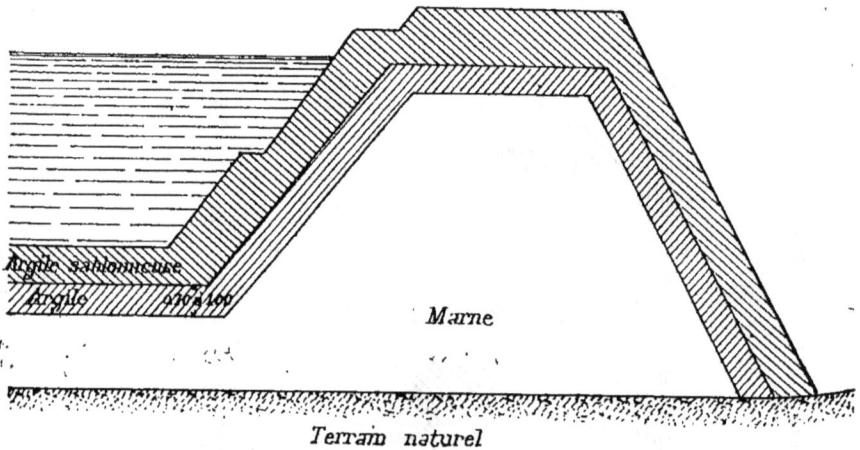

Fig. 290. — Digues du canal de Dortmund à l'Ems.

250. Étanchement à la craie. — Au canal de l'Aisne à la Marne, creusé dans un terrain crayeux des plus perméables, on a étanché quelques biefs au moyen de la craie prise dans la cuvette même.

Le bief à étancher était divisé en sections de 100 mètres. On décapait le plafond et les talus sur une profondeur de 0m,40 ; on transportait les déblais à l'extrémité de la partie du bief à étancher, et on rapportait dans la fouille les déblais crayeux de la section suivante par couches successives de 0m,08 d'épaisseur. Ces déblais, découpés et brisés avec la bêche, étaient pilonnés, jusqu'à ce que leur épaisseur fût réduite à 0m,05. Le terrassement ainsi exécuté était abondamment arrosé, et recouvert successivement d'autres matériaux, sur lesquels on prenait le soin de faire passer les brouettes transportant les déblais de la section voisine. Dans les talus, les fouilles étaient exécutées par gradins analogues à ceux qui sont représentés sur la figure 289.

Le procédé semble avoir donné des résultats satisfaisants, du moins pendant les premières années. Les pertes, qui atteignaient 27.000 mètres cubes par kilomètre et par jour, furent réduites à 700 ou 800 mètres cubes. Mais avec le temps elles augmentèrent de nouveau, sans doute parce que la craie avait peu à peu perdu la cohésion que lui avaient donnée le battage et le roulage, notamment vers la ligne d'eau.

En fin de compte, les déperditions augmentèrent, à tel point que l'on dut substituer la maçonnerie à ce revêtement trop impressionnable. Le remède avait été efficace, mais non pas définitif.

Le même inconvénient a été signalé sur d'autres canaux, même avec des corrois exécutés en bonne terre, notamment sur le canal de la Marne au Rhin. Il est vrai que ces revêtements exécutés à la main n'avaient qu'une épaisseur de 0^m,30 à 0^m,40. On peut espérer un meilleur résultat de ceux qui ont été effectués sur le canal de la Marne à la Saône. Mais les uns comme les autres sont soumis à une série de causes de destruction ; ils sont, en effet, exposés au contact et au batillage de l'eau ; à l'action immédiate des intempéries, aux alternatives d'humidité et de sécheresse, de gel et de dégel ; aux chocs et frottements des bateaux ; au coup des gaffes et des autres engins, dont se servent les mariniers, etc.

251. Emploi de la maçonnerie et du béton. — Aussi a-t-on recours à la maçonnerie et au béton pour l'exécution des travaux d'étanchement des canaux.

Il suffit seulement d'un rocaillage par place et d'un rejointoiement soigné, lorsque la cuvette est ouverte dans des roches de bonne qualité, compactes et ne présentant que d'assez rares fissures. Si la roche est médiocre, gélive, fortement fissurée, il faut exécuter un revêtement général.

C'est ce que l'on a fait sur le canal de Saint-Quentin, où le revêtement est formé par des briques posées à plat sur une couche de 0^m,09 de béton. L'épaisseur totale est de 0^m,15 ; le prix de revient est de 4 francs environ le mètre carré.

On peut employer aussi la maçonnerie ordinaire à joints incertains, et utiliser ainsi une partie des matériaux extraits des tranchées. Le revêtement aura en général 0ᵐ,30 d'épaisseur et sera soigneusement rejointoyé.

Ce procédé n'est pas le plus usité, et on applique couramment, sur toute la paroi mouillée de la cuvette, une chemise continue et sans joints en béton hydraulique.

Bétonnage du canal de la Marne au Rhin. — Les premiers bétonnages, qui depuis sont classiques, ont été effectués de 1849 à 1851 au bief de Mauvages, sur le canal de la Marne au Rhin. Ils ont été effectués suivant les dispositions du croquis (*fig.* 291).

La chemise en béton, qui règne jusqu'à 0ᵐ,20 au-dessus du plan d'eau, a une épaisseur normale de 0ᵐ,15, qui est réduite progressivement à 0ᵐ,10 à la partie supérieure. Cette chemise est recouverte à sa face supérieure par une chape générale en mortier de

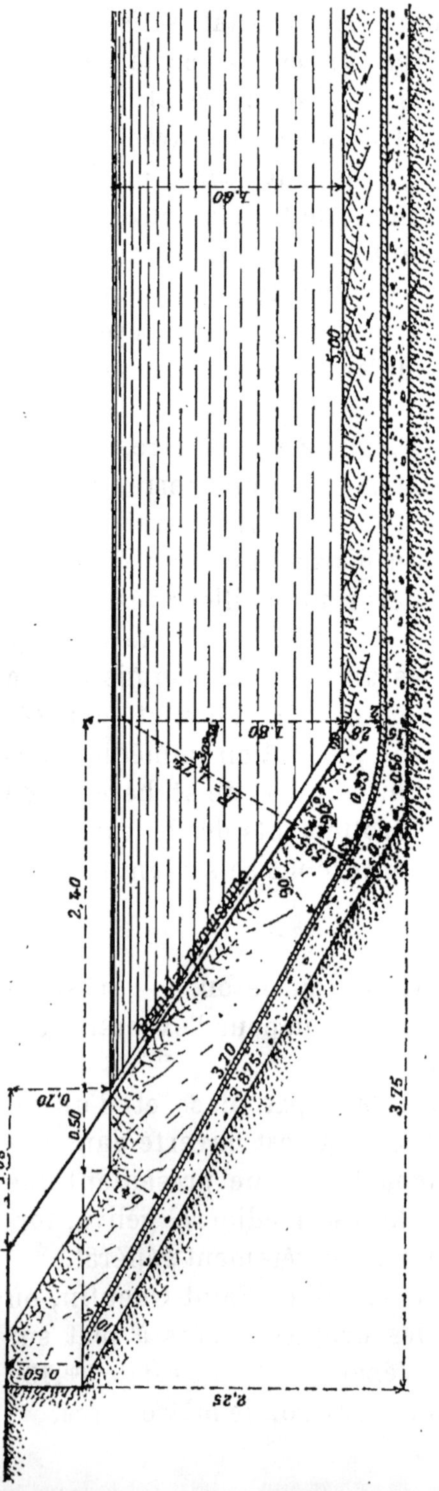

Fig. 291. — Bétonnage du canal de la Marne au Rhin.

Section transversale

$0^m,02$ d'épaisseur. Cet ensemble est revêtu d'une couche de terre de $0^m,30$ à $0^m,40$ d'épaisseur.

L'exécution de ce travail a exigé un soin tout particulier.

La fouille a été ouverte avec les dimensions voulues, et le sol nettoyé de toutes les parties meubles, pour que la couche de béton adhérât à une surface aussi dure et résistante que possible.

Le béton a été régalé uniformément sur le plafond avec un léger excédent d'épaisseur, puis pilonné énergiquement, jusqu'à ce qu'il fût bien compact, et que le mortier refluât à la surface.

Pour l'application sur les talus, on procédait par couches de $0^m,20$ d'épaisseur au plus, pilonnées verticalement au moyen de dames rondes, puis normalement au talus avec des dames plates, jusqu'à ce que chaque partie fût bien unie à celle qui la précédait et convenablement ramollie.

Ce pilonnage était immédiatement suivi d'un battage à la dame légère pesant 4 kilogrammes environ et formée de deux cuirs superposés garnis de clous à tête. L'opération était continuée, quand le béton avait pris un peu de consistance, avec une savate de 10 kilogrammes environ, formée de quatre cuirs armés de clous à grosse tête. Elle était abandonnée, lorsqu'aucune pierre n'était plus apparente, et que le mortier refluait sur le béton et le recouvrait partout.

Vingt-quatre heures au moins après le dernier savatage, on nettoyait et on arrosait le béton, on le grattait même à vif, s'il commençait à durcir, et on appliquait la chape à la truelle en fouettant le mortier sur le béton, pour que l'adhérence fût intime. On la lissait, en lui donnant une épaisseur de $0^m,020$ à $0^m,025$, et le lendemain, quand elle commençait à durcir et à se gercer, on la damait avec une dame légère, en ayant soin de ne frapper les fentes qu'après en avoir rapproché les lèvres par un damage sur le mortier voisin, pour faire affluer le mortier dans le fond de la fissure.

Un battage à la savate légère complétait l'opération, assurant la liaison de la chape et lui donnant de l'homogénéité. Les gerçures, qui venaient à se manifester, étaient fermées à la truelle. Dès que la prise était faite, on effectuait le revêtement en bonne terre, en prenant le soin de n'employer sur la chape que les matériaux les plus fins pour éviter le contact des pierres et de la chemise.

A chaque arrêt du chantier, la dalle, que l'on menait de front sur le plafond et les talus pour réduire au minimum la longueur de la soudure, était terminée en biseau.

On s'arrangeait d'ailleurs pour que les reprises de la chape ne coïncidassent pas avec celles du béton.

Les résultats obtenus ont été excellents; la dépense par mètre courant de cuvette ne s'est élevée qu'à 65 francs, ce qui fait ressortir le prix par mètre superficiel à 3 fr. 40.

Bétonnages du canal de la Marne à la Saône. — De 1886 à 1897, des bétonnages très importants ont été exécutés sur le canal de la Marne à la Saône, entre Rouvray et Chaumont.

Le profil adopté (*fig.* 292) est sensiblement le même que celui qui a été appliqué sur le canal de la Marne au Rhin.

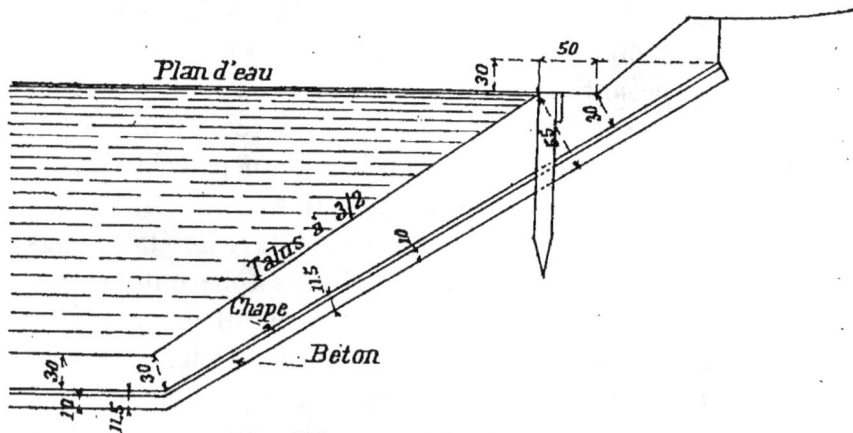

Fig. 292. — Profil de bétonnage.

On note cependant les différences suivantes : des piquets et des planches sont établis à la partie supérieure pour défendre la risberme ménagée au niveau du plan d'eau; les épaisseurs du béton et de la chape sont respectivement réduites à 0m,10 et 0m,015 (au lieu de 0m,15 et 0m,020).

Les ingénieurs ont pensé que la chape seule devait assurer l'étanchéité, et que la couche de béton, dont l'étanchéité était impossible à obtenir, devrait simplement servir de support à la chape. Celle-ci était exécutée au moyen de mortier de ciment de laitier au lieu de mortier de chaux hydraulique.

Le prix de ce bétonnage s'est élevé à 2 fr. 58 par mètre carré, non compris les divers travaux payés sur la somme à valoir.

Rideaux de béton dans les digues du canal de Bourgogne. — Le service du canal de Bourgogne poursuit depuis deux ans l'essai d'un système d'étanchement des biefs au moyen de rideaux de béton placés verticalement dans les digues ; il est arrivé à des résultats qui, au point de vue de l'étanchéité, sont aussi satisfaisants que ceux obtenus par les anciens procédés, tout en exigeant une dépense bien moindre et en donnant des facilités d'exécution bien supérieures ; en particulier, le nouveau système permet de travailler en tout temps sans avoir à mettre le canal en chômage.

On a vu comment étaient exécutés les bétonnages sur les canaux de la Marne au Rhin et de la Marne à la Saône ; ils sont évidemment très efficaces, mais ont le grave inconvénient de revenir entre 50 et 60 francs le mètre courant pour un seul côté du canal, et d'exiger la mise en chômage de la voie navigable.

Le système consistant à creuser au milieu du chemin de halage une tranchée étroite, qu'on remplit ensuite de terre pilonnée, est réalisable en cours de navigation ; mais il a une faible puissance et n'est guère applicable à des filtrations placées à plus de 1 mètre ou 1^m,50 au-dessous du plan d'eau.

Son prix de revient est de 10 à 20 francs par mètre courant.

Le système d'étanchement par rideaux verticaux de béton est imité de celui par clef de corroi ; la fouille en est faite d'une façon toute particulière, qui permet d'atteindre une profondeur quelconque. Voici en quoi consiste essentiellement le procédé :

Sur le bord intérieur du chemin de halage, on plante une série de palplanches jointives (*fig.* 293), descendant sensiblement au-dessous des filtrations les plus profondes. On retire ensuite ces palplanches et on bourre de béton l'excavation qu'elles ont laissée. On a créé ainsi verticalement dans la digue un rideau de béton, qui intercepte les filtrations et qui présente les avantages suivants : ne rien craindre des tassements possibles de la digue, être absolument protégé contre les coups de gaffe, et enfin, au point de vue économique, n'avoir comme développement que la hauteur qu'on veut rendre étanche, au lieu du développement des talus, qui est généralement près du double.

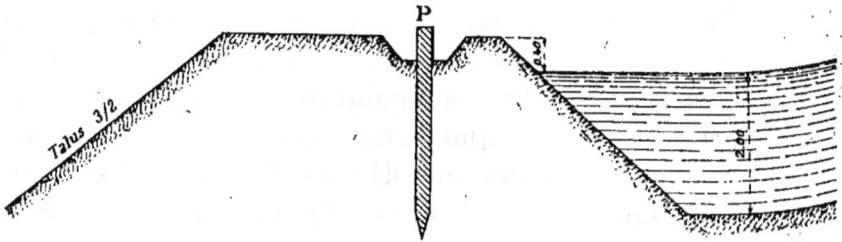

Fig. 293. — Rideaux verticaux en béton.

Les palplanches ont une épaisseur de $0^m,12$ à leur base, et $0^m,18$ à $2^m,50$ plus haut. Le coin comprime puissamment la terre en s'enfonçant ; on l'arrache d'abord doucement de $0^m,10$ à $0^m,20$ de hauteur, de façon à le décoller de la terre voisine ; on peut alors l'enlever sans grand effort, bien verticalement, sans produire aucun arrachement dans son alvéole. En général, le tassement produit par l'enfoncement de la palplanche a été tel qu'au moment où on l'arrache, les filtrations sont momentanément arrêtées, de sorte qu'on y coule le béton à sec.

Les palplanches doivent être arrachées l'une après l'autre, de façon à empêcher les éboulements, ou bien à les limiter, s'il s'en produit.

Ce procédé est particulièrement pratique pour l'étanchement des digues composées de terres argileuses, argilo-sableuses ou sableuses. Il s'applique également aux terrains composés de gravier et de pierrailles : les palplanches en bois peuvent être remplacées par des palplanches en ciment, que l'on laisse en place et entre lesquelles on bourre du mortier formant joint étanche.

Les palplanches, d'abord battues à la sonnette à tiraudes, et arrachées au moyen d'un cric, sont actuellement mises en place avec une sonnette à pétrole. L'arrachage est commencé, sur $0^m,10$ à $0^m,20$ de hauteur au moyen de deux crics ou d'un vérin, puis terminé au moyen d'une corde et d'une poulie portée par un trépied, simplement constitué de trois morceaux de sapin reliés en tête par des cordes.

On ne donnera pas les détails d'organisation d'un chantier, qui sont très importants et dont le fonctionnement est indiqué dans l'article publié par M. Galliot dans les *Annales des Ponts et Chaussées* (1910, fascicule VI, p. 112).

On se contentera de faire remarquer que le prix de revient de la construction de rideaux de 0^m,12 d'épaisseur et de 2 mètres de hauteur dans un terrain argilo-sableux est de 15 francs environ par mètre courant, en y employant de la chaux lourde, à raison de 500 kilogrammes par mètre cube de sable et de gravier.

Les résultats obtenus sont excellents, et les parties étanchées ne présentent plus aucune perte apparente. M. l'ingénieur en chef Galliot estime que ce procédé n'est pas seulement applicable aux parties de digues, où les filtrations se produisent au-dessus du plafond, ce qui est le cas général, mais encore à celles où le plafond lui-même n'est pas étanche.

Dispositions spéciales au cas de sous-pression. — On doit prendre des précautions et modifier les procédés de bétonnage indiqués ci-dessus, lorsqu'on redoute des sous-pressions qui pourraient soulever le béton.

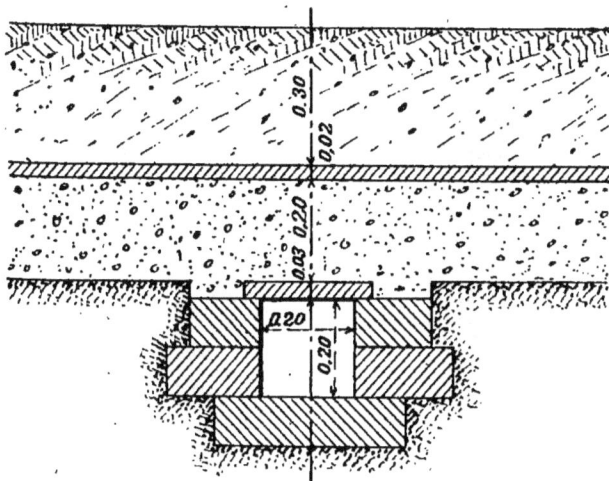

FIG. 294. — Drains longitudinaux.

Voilà comment M. Malézieux a résolu le problème sur le canal de la Marne au Rhin. On a placé au-dessous de la dalle trois drains longitudinaux de $\frac{0,20}{0,20}$ formés de deux murettes en moellons posés à sec, et soutenant des madriers en chêne de $0^m,03$ d'épaisseur ou des pierres plates (*fig.* 294). Les eaux, recueillies par ces drains longitudinaux, s'écoulent dans des collecteurs transversaux (*fig.* 295), espacés de 20 mètres, et remontent sous les talus pour venir déboucher dans la cuvette un peu au-dessus du plafond, au moyen d'ouvertures à clapet.

Grâce à ces dispositions, tant que le niveau du canal est supérieur à celui des eaux extérieures, les clapets s'appliquent sur leur siège et s'opposent à tout échappement des eaux de la cuvette.

Si au contraire, la souspression devient prépondérante, les clapets se soulèvent, l'équilibre hydraulique s'établit et la chemise de béton ne subit plus aucun effort du dehors au dedans.

Au canal de la Marne à la Saône, des drains sont constitués par des tuyaux en ciment de $0^m,10$ à $0^m,20$ de diamètre intérieur. La chemise en béton est renforcée, au-dessus des drains, par une couche de béton maigre de $0^m,10$ d'épaisseur. Les drains débouchent dans un puits

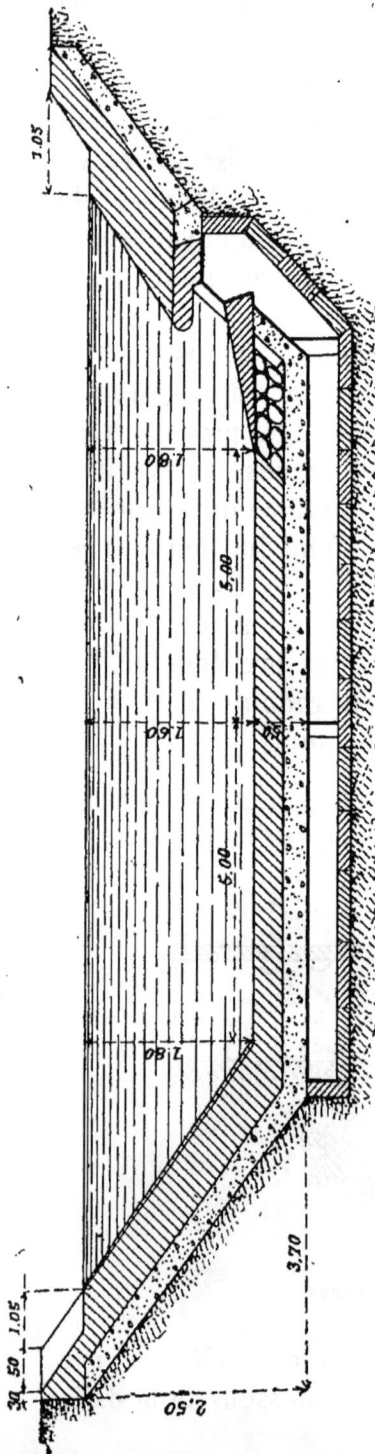

FIG. 295. — Collecteur transversal.

vertical fermé par un clapet s'ouvrant du dedans au dehors, quand la sous-pression est supérieure à la charge exercée par l'eau du canal (*fig. 296*).

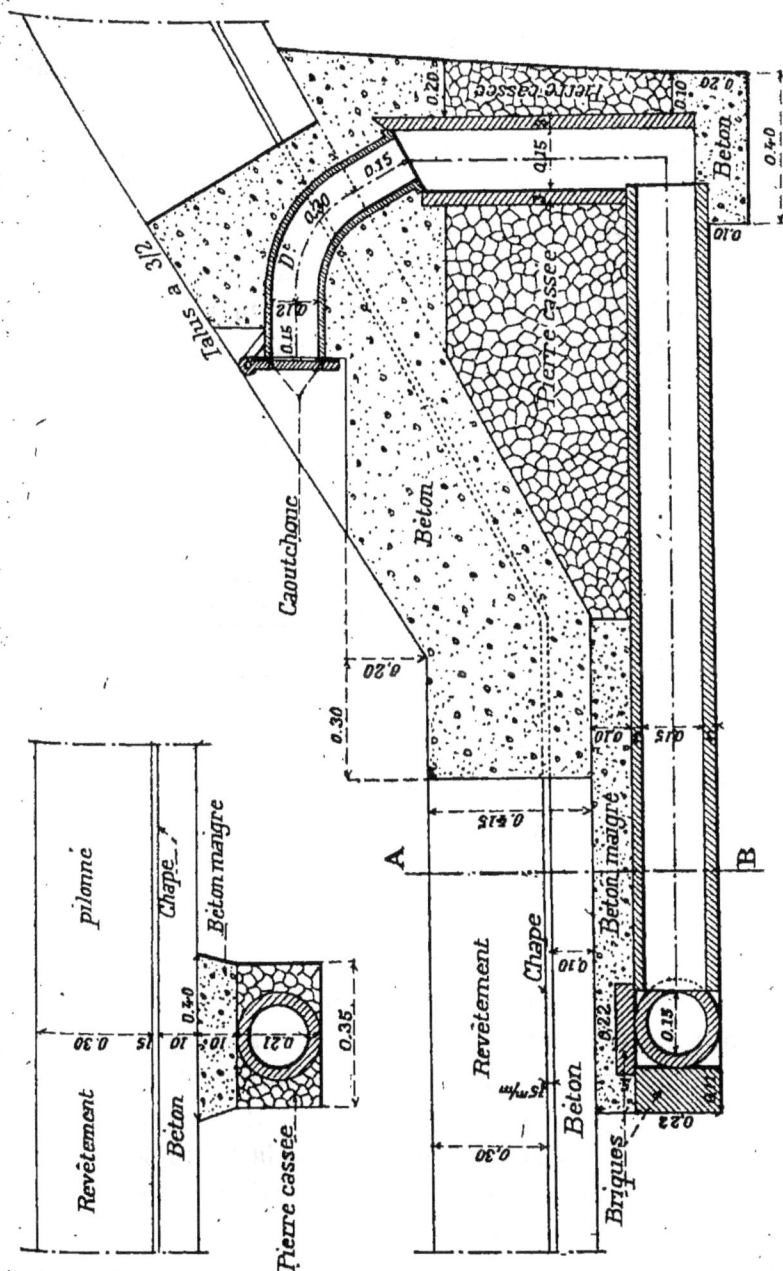

Fig. 296. — Coupes d'un puits.

252. Détails d'exécution. — *Chemise d'étanchement armé.* — L'étanchement des parties d'un canal en déblai s'effectue de préférence au moyen de bétonnages, qui peuvent être exécutés immédiatement après les terrassements. Lorsque le canal est établi en remblai, on effectuera de préférence des rideaux en béton, comme sur le canal de Bourgogne, mais il sera prudent d'attendre, avant d'y avoir recours, que le remblai ait subi un tassement complet, ce qui exige souvent beaucoup de temps.

Les mortiers et les bétons doivent être aussi étanches que possible, et pour cela il faut que, dans les mortiers, la chaux ou le ciment remplisse bien exactement les vides du sable, et que dans les bétons il en soit de même du mortier, par rapport aux interstices du gravier ou de la pierre cassée. Le dosage doit donc être déterminé avec beaucoup de soin dans chaque cas particulier.

Revêtement en ciment armé

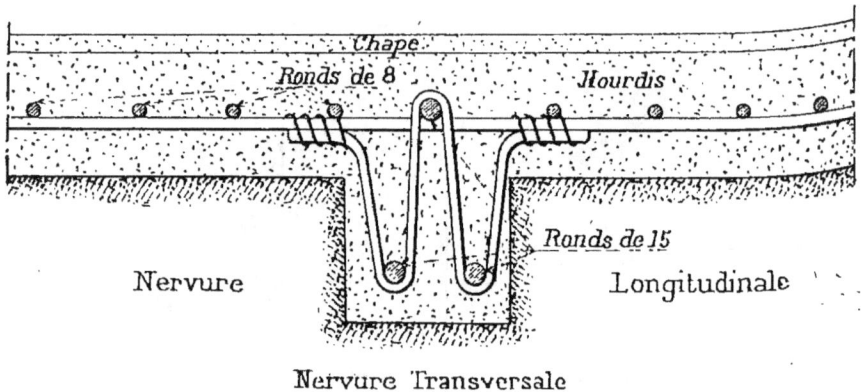

Fig. 297. — Dalle armée.

La chaux hydraulique est presque exclusivement employée pour la confection du béton ; c'est exceptionnellement que l'on s'est servi du ciment de laitier. Celui-ci est préféré pour la confection de la chape. Il est quelquefois nécessaire, en dehors des drainages sous la chemise d'étanchement, d'armer cette chemise, pour qu'elle puisse résister à l'effort de bas en haut, égal à la différence de niveau pouvant se produire entre les cours d'eau voisins sujets à des crues et le canal établi dans la vallée et soustrait aux inondations par une digue de protection.

La dalle armée convient particulièrement sur un sous-sol sujet à crevasses et à gouffres. Ce procédé a été employé notamment sur le canal de l'Est, à la patte d'oie d'accès au port d'Epinal. Le revêtement a été constitué par un hourdis en ciment armé de 0m,12 d'épaisseur, renforcé par des nervures transversales et longitudinales (*fig. 297*).

Goudronnage des chemises d'étanchement. — On augmente sensiblement l'étanchéité d'une chape et même d'un béton par un badigeonnage ultérieur au lait de chaux ou de ciment, ou mieux encore par un goudronnage.

D'après certains ingénieurs, le goudron, flambé de manière à lui donner une consistance sirupeuse et appliqué à chaud en deux couches consécutives, bouche toutes les gerçures, ferme les fentes capillaires, qu'il est à peu près impossible d'éviter lors de la dessiccation du béton ou du mortier. Il semble donc que ce procédé constitue le meilleur moyen et le plus économique pour obtenir une étanchéité complète.

Sur le canal de la Marne au Rhin, on a constaté les écarts suivants dans les pertes par mètre carré et par vingt-quatre heure :

Chemise en béton sans chape et non goudronnée	17l,85
La même sans chape mais goudronnée..........................	1l,67
La même avec chape, en mortier de ciment et non goudronnée, suivant le dosage du mortier.......	9l,3 à 1l,4
La même avec chape en mortier de ciment et goudronnée	Néant.

Cette dernière, exposée pendant cent vingt heures consécutives à une charge d'eau de 2m,50, n'a laissé apparaître aucune trace de suintements.

Néanmoins, et malgré ces résultats, qui sont très probants, on renonce généralement au goudronnage, car cette opération, qui n'est possible que dans certaines circonstances atmosphériques, est toujours longue et recule le moment où peut être effectué le revêtement en terre. C'est donc un inconvénient, puisque les travaux de cette nature sont exécutés pendant la courte durée d'un chômage.

Défense des bétonnages. — Les chemises en béton doivent être mises à l'abri des intempéries, des chocs et du frottement des bateaux, etc., par un revêtement en terre. Celui-ci doit avoir au moins 0ᵐ,30 d'épaisseur. On doit prendre des précautions toutes particulières aux environs de la ligne d'eau ; car, au bout d'un certain temps, par les effets du batillage, des alternatives de sécheresse et d'humidité et surtout par la présence de la surface de glissement, que constitue le dessus de la chemise, les terres ont une tendance à couler et à laisser à nu la surface du béton. Celle-ci se fissure longitudinalement et provoque d'abondantes déperditions.

C'est pour obvier à cet inconvénient que, sur le canal de la Marne à la Saône, on a placé (*fig.* 292) des piquets et des madriers horizontaux, dont le but est de protéger l'arête intérieure de la risberme. Les piquets traversent le béton et déterminent une série de trous au contre-bas du plan d'eau, ce qui n'est pas à recommander.

Aussi a-t-on abandonné ce dispositif, et a-t-on préféré le profil suivant (*fig.* 298) :

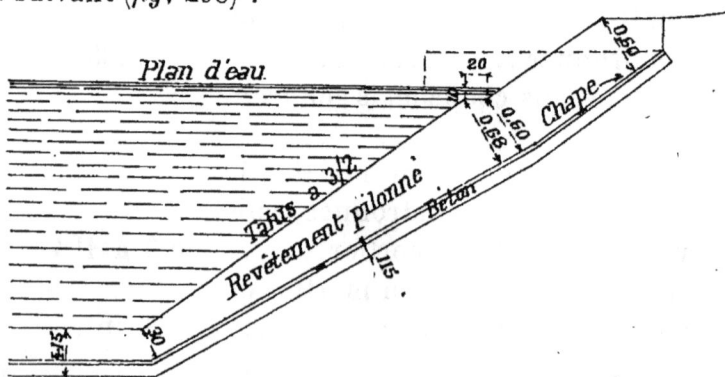

Fɪɢ. 298. — Protection du bétonnage.

Comme on le voit, la risberme n'a plus que 0ᵐ,20 de largeur, et se trouve placée à 0ᵐ,10 au-dessous du plan d'eau. L'épaisseur du revêtement en ce point est de 0ᵐ,60.

Sur le canal de la Marne à la Saône on a protégé également le béton par un revêtement perreyé à sec (*fig.* 299), lorsque les tranchées correspondantes fournissaient le moellon nécessaire.

Comme on le voit sur la figure 300, il suffit que le perré règne à la partie supérieure du talus. Dans ce cas, il est indispensable de soutenir son pied ; la solution que l'on a

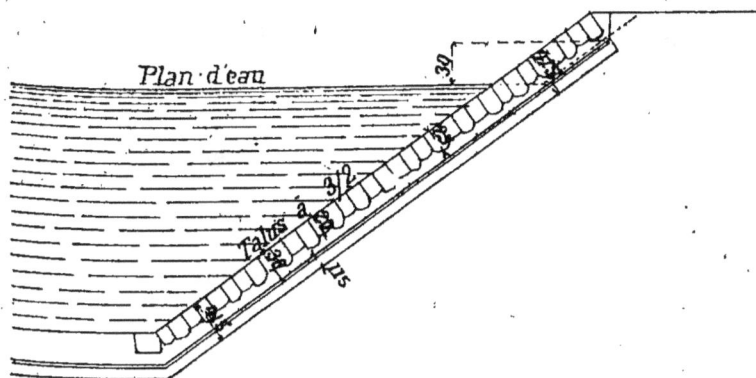

Fig. 299. — Perré de protection, canal de la Marne à la Saône.

adoptée consiste à ménager une risberme de 1 mètre de largeur dans le revêtement en terre, dont l'épaisseur, à la partie inférieure du talus, a été augmentée en conséquence.

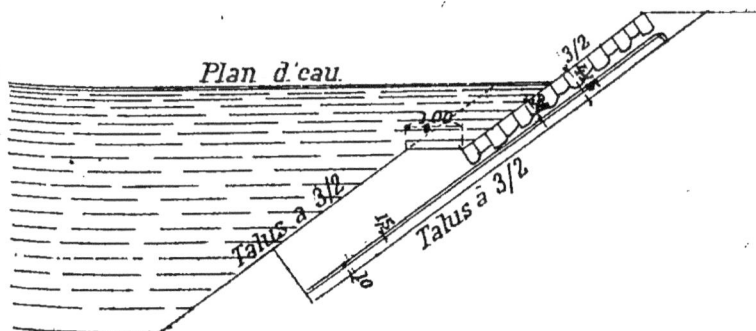

Fig. 300. — Perré à la partie supérieure du talus.

253. Résumé sur les travaux d'étanchement. — Les travaux d'étanchement des canaux sont toujours très onéreux, en raison des fouilles supplémentaires qu'ils nécessitent et de l'établissement des chemises imperméables, qui en sont la base. On ne devra donc les entreprendre qu'à bon escient, après avoir examiné les conditions d'alimentation de la voie navigable et apprécié la solution la plus économique, soit une alimentation plus abondante, soit la réalisation de l'étanchement aux points où les pertes sont les plus importantes.

Pour réaliser une imperméabilité moyenne, on pourra

recourir à l'étanchement à l'eau trouble ; ce procédé sera employé également avec succès pour compléter l'œuvre déjà réalisée sur les points les plus mauvais par d'autres procédés. On devra dans tous les cas proportionner le volume des matières mises en suspension avec la nature des parois.

Les corrois en terre donnent d'excellents résultats au début, mais semblent perdre de leur efficacité avec le temps.

Les jointoiements, les muraillements seront appliqués dans les tranchées rocheuses, suivant la nature de la roche. Dans les gros graviers, les cailloux, les pierrailles et sur les roches très fissurées, on emploiera avec succès les chemises en béton, complétées, s'il est besoin, par un drainage inférieur.

Quoi qu'on fasse, il faut se résoudre à compter sur une perte moyenne, qui est au moins de 1 mètre cube par mètre courant et par vingt-quatre heures.

CHAPITRE IV

ALIMENTATION DES CANAUX

CANAUX LATÉRAUX

254. Prises d'eau. — Les quantités d'eau nécessaires au fonctionnement d'un canal étant connues, on doit se demander comment on peut se les procurer.

Un canal latéral se trouve généralement, à son origine, en communication avec la rivière dont il suit la vallée. Il est donc tout naturel de faire une prise d'eau en ce point, et de dériver une partie du débit de la rivière pour alimenter la voie artificielle. On pourrait être tenté de faire cette prise d'origine assez importante pour ne pas avoir à en établir d'autres en cours de route. Mais des difficultés d'ordre pratique s'opposent à l'adoption de cette solution. Car, pour peu que le canal soit long, les cubes à écouler à l'origine deviendraient assez considérables pour y gêner la navigation ascendante. Les arrêts, puis les émissions brusques du courant alimentaire au moment des éclusées, provoqueraient le déversement ou l'affaissement de certaines parties de biefs, notamment aux abords des écluses et des passages rétrécis. Enfin, lors des remplissages du canal après chômage, toute l'eau devrait venir de l'amont, d'où des pertes de temps et des détériorations dans la cuvette par le courant que l'on serait amené à y admettre.

Sur le canal latéral à la Loire, l'alimentation, en cas de sécheresse suffisante pour tarir le débit des petits affluents se fait exclusivement jusqu'au delà du Guétin, c'est-à-dire sur une longueur de 161 kilomètres, au moyen de la prise d'eau établie à Roanne dans la Loire. La capacité à remplir étant de 4.830.000 mètres cubes, et le débit maximum à admettre dans le canal étant de 3 mètres cubes par seconde, pour une vitesse de 0^m,10 par seconde, il faudrait dix-neuf jours, c'est-à-dire près de trois semaines, pour fournir le cube indiqué plus haut. Le remplissage après chômage dans ces conditions causerait donc une gêne considérable à la navigation.

Aussi est-il nécessaire, quelle que soit l'importance de la prise d'eau en amont, de sectionner le canal en un certain nombre de groupes de biefs, et d'assurer l'alimentation de chacun de ces groupes par des moyens distincts. C'est le principe qu'a posé M. Comoy, pour que « l'eau ait la moins grande longueur possible de *canal* à parcourir pour arriver au point où elle est utile ».

Il est impossible de poser à ce sujet des règles fixes et de déterminer *a priori* le nombre des prises d'eau secondaires. C'est là une question d'espèce, que l'on résout au mieux, en tenant compte du plus ou moins de perméabilité des terrains traversés, de l'activité de la voie navigable et des dépenses à effectuer pour l'établissement de prises d'eau supplémentaires.

On s'attachera dans tous les cas à ne pas avoir dans la cuvette un courant d'un débit supérieur à 1 mètre cube par seconde, pour éviter que la navigation ascendante soit gênée.

255. Prise d'eau principale à l'origine du canal. — Quoi qu'il en soit, la prise d'eau à l'origine du canal, qui est généralement la plus sûre, doit avoir une importance particulière, pour qu'elle puisse suffire, en tout état de cause, à l'alimentation de la voie jusqu'à la rencontre d'une autre prise également sûre et suffisante pour la suppléer et au delà. La prise d'eau se fera dans le remous d'un barrage fixe ou mobile, établi en travers de la rivière, et sera, autant que possible, établie sur une rive concave où le courant se porte naturellement.

On se garde généralement d'établir une communication libre entre la rivière principale que l'on quitte et le premier bief du canal. On trouve à leur rencontre une écluse de tête de 0ᵐ,50 à 0ᵐ,60 de chute, c'est-à-dire que le niveau du plan d'eau dans ce premier bief est notablement inférieur à celui de la retenue du barrage de prise d'eau. On se réserve ainsi la possibilité de relever à volonté, dans certaines limites, le plan d'eau du premier bief, qui est susceptible de s'envaser.

L'écluse de tête ne doit pas non plus servir à l'introduction de l'eau d'alimentation, dont le courant pourrait gêner la navigation. On placera dans le remous du barrage un ouvrage spécial de prise d'eau absolument indépendant de l'écluse. Cet ouvrage pourra consister en un vannage, et ce vannage sera placé à la partie postérieure d'un bassin alimenté par un long déversoir. La lame déversante n'ayant pas une vitesse supérieure à l'eau en rivière entraînera aussi peu que possible les matières en suspension.

En dehors des avantages qu'on vient d'énumérer, l'établissement de deux ouvrages distincts permet de continuer l'alimentation, quand l'un d'eux se trouve momentanément hors de service.

Prise d'eau de tête du canal de Roanne à Digoin. — A titre d'exemple, on peut citer la prise d'eau de Roanne, établie en tête du canal de Roanne à Digoin pour l'alimentation de ce canal et du canal latéral à la Loire.

Ce fleuve, dans le remous d'un barrage mobile, est en communication avec un grand bassin de 800 mètres de longueur et de 80 mètres de largeur, qui forme le port de Roanne (*fig.* 304). Cette communication est assurée au moyen d'une porte de garde, qui n'est fermée qu'au moment des grandes crues. Les bateaux peuvent ainsi passer de la Loire au bassin, et réciproquement. L'écluse de tête, commandant l'entrée du canal, est établie à l'extrémité aval du bassin. Le mouillage n'est que de 2ᵐ,20 dans le premier bief; mais son plan d'eau est à 0ᵐ,60 au-dessus de celui du bassin.

Dans le bassin, le mouillage est de 2ᵐ,60, pour tenir compte des dépôts que l'on y drague, et aussi pour obtenir toujours la hauteur d'eau voulue, même avec l'abaissement de niveau que peut produire l'abatage du barrage.

Les variations du niveau de l'eau en Loire ne se font

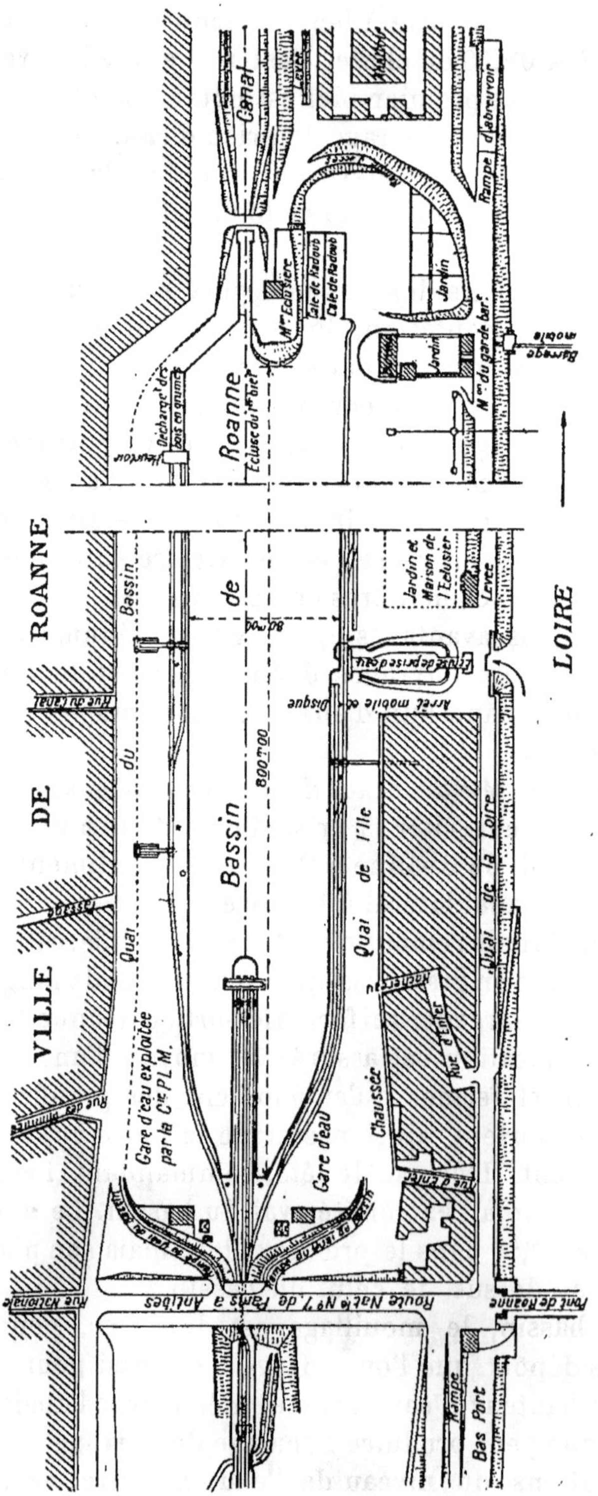

Fig. 301. — Prise d'eau du canal de Roanne à Digoin.

sentir que dans le bassin, sans pouvoir s'étendre au premier bief du canal.

256. Prises d'eau secondaires. — Le canal latéral, en quittant le cours d'eau naturel dont il suit la vallée, est établi à flanc de coteau, et s'y maintient, sauf à se relier au thalweg par des embranchements, comme on les trouve sur le canal latéral à la Loire, à Decize, à Nevers, à Fourchambault et à Saint-Satur.

On pourrait donc recourir, pour les prises d'eau secondaires, au cours d'eau principal, au moyen de rigoles, qui, ayant une moindre pente que lui, viendraient rejoindre la voie navigable en des points déterminés. Mais cette solution n'est guère acceptable, parce que les rigoles seraient placées dans le champ d'inondation et dans les terrains perméables, que l'on a voulu éviter pour le canal ; elles couperaient enfin les terrains les plus riches et les plus peuplés.

On s'adressera donc de préférence aux affluents du cours d'eau principal, et on leur empruntera la quantité d'eau nécessaire, en la faisant parvenir aux niveaux voulus au moyen de rigoles à pente rapide et de peu de longueur.

Rigoles alimentaires. — Les rigoles alimentaires doivent donc amener l'eau le plus régulièrement possible à la tête d'un groupe de biefs.

Quelques-unes d'entre elles ont été rendues navigables sur tout ou partie de leur cours. On peut citer dans ce cas la rigole de la Bébe, entre Dompierre et le canal latéral à la Loire, et la rigole de l'Arroux, entre Gueugnon et le canal du Centre. On ne s'occupera pas de ce type de rigoles, qui doivent être établies suivant les mêmes règles que les canaux et qui ne présentent aucune particularité.

On envisagera simplement le cas des rigoles, qui jouent le rôle d'aqueduc et qui à ce titre comportent des dispositions autres que celles qui s'appliquent aux canaux. Les rigoles alimentaires des canaux latéraux n'ont généralement qu'un développement médiocre, en raison de la faible différence de hauteur à racheter. Leur construction ne présente donc aucune particularité qu'il soit intéressant de faire connaître. On verra plus loin qu'il n'en est pas ainsi, lorsqu'il s'agit des rigoles alimentant les canaux à bief de partage, et on étudiera la manière de les établir économiquement, d'après les données qu'a fournies l'expérience.

CANAUX A POINT DE PARTAGE

257. Alimentation des canaux à point de partage. — L'alimentation des canaux latéraux est chose facile par les prélèvements, que l'on peut faire au cours d'eau principal et à ses affluents; il n'en est pas de même en ce qui concerne les canaux à point de partage établis dans des vallées abruptes, et en particulier pour leur bief supérieur.

Celui-ci, placé en un point culminant, n'a pas à sa disposition les ressources, que fournit aux canaux latéraux la prise d'eau qui leur sert d'origine. On éprouve donc, pendant la saison d'été, sur la plupart des canaux à point de partage, de grandes difficultés à assurer la navigation, et il faut à tout prix obtenir de l'eau en quantité abondante et même surabondante.

Il est rare qu'on n'éprouve pas de mécomptes, même quand on a très largement prévu. Tantôt c'est le débit d'étiage des cours d'eau naturels qui a diminué; tantôt c'est le trafic du canal qui a augmenté dans des proportions considérables et qui nécessite une consommation plus importante que celle que l'on avait en vue; tantôt c'est le mouillage de la voie navigable qu'on a dû augmenter pour le mettre en rapport avec les exigences de la batellerie.

On n'est d'ailleurs pas maître de limiter la consommation, qui se produit forcément aux biefs de partage : d'une part, parce que ces biefs, souvent ouverts dans des rochers fissurés, ont des déperditions importantes, et un mouillage supérieur à celui que l'on donne aux autres biefs ; d'autre part, parce que les écluses qui les terminent, à cheval sur les deux versants, perdent à chaque passage de bateau deux éclusées. Ils doivent aussi fournir, sur chaque versant, à la consommation des biefs qui les séparent de la première rigole alimentaire.

Il faut donc calculer très largement tous ces éléments de

consommation, en tenant compte des besoins de l'avenir et des périodes de sécheresse, pendant, lesquelles le trafic est le plus élevé et la pénurie d'eau la plus importante.

258. Eaux pérennes. — Il faut d'abord utiliser les eaux de source, qui se trouvent dans la région supérieure au bief de partage, et les y amener par la gravité au moyen de rigoles. Malheureusement leur débit est faible pendant l'été, et par conséquent insuffisant.

Quoi qu'il en soit, comme ils constituent l'approvisionnement le plus économique, il faut commencer par les prendre, et la première étude à faire est celle des cours d'eau supérieurs au bief de partage. Chacun d'eux doit être l'objet de jaugeages aussi prolongés que possibles, afin d'en constater le débit général, et principalement le volume d'étiage pendant les années les plus sèches, en tenant compte de la diminution possible de ce volume et des besoins de la vallée secondaire, à laquelle doit se faire l'emprunt. On ne saurait, en effet, sous prétexte d'intérêt général, sacrifier les droits des vallées inférieures, au point de vue de l'irrigation, de la salubrité, et en même temps compromettre plus ou moins gravement le fonctionnement des usines étagées sur le cours d'eau dont on veut utiliser le débit. On ne prendra que les eaux surabondantes, et si l'on est forcé d'aller au delà, on se rendra compte, à défaut de conventions amiables, du chiffre des indemnités à payer.

259. Réservoirs. — A défaut d'eaux pérennes, il faut nécessairement recourir aux eaux d'hiver, les emmagasiner dans des réservoirs établis sur les parties de vallées plus élevées que le bief alimentaire pour les employer ensuite à la demande des besoins.

On apprécie la capacité à donner à ces réservoirs, en effectuant des jaugeages fréquents des ruisseaux susceptibles d'être utilisés, et en les poursuivant pendant plusieurs années, pour se rendre compte de l'approvisionnement disponible en tout état des eaux. Cet approvisionnement disponible peut être nul, insuffisant ou suffisant, et les eaux pérennes qui alimentent le canal sont dites basses, moyennes ou abondantes. Dans cé dernier cas, l'alimentation se trouve assurée, et les ouvrages à établir se réduisent à des rigoles d'adduction. Autrement, l'établissement de réservoirs deviendra nécessaire, et leur capacité totale, déterminée par les besoins de la voie navigable, devra combler très largement le déficit, y compris les pertes de toute nature, tant des réservoirs que des rigoles les reliant au canal.

Les réservoirs recueillent, soit exclusivement et directement les eaux tombées sur les versants des vallées où ils sont établis, soit les eaux qui leur sont amenées dans des rigoles tracées à flanc de coteau, et qui proviennent de vallées autres que celles où ils ont été construits.

Dans le premier cas, d'après l'expérience acquise, la proportion de l'eau recueillie à l'eau tombée ne saurait dépasser les 2/3 et ne descend guère au-dessous de 1/4. On doit admettre la proportion de 1/3.

Dans le second cas, pour les réservoirs qui reçoivent l'eau des bassins étrangers, cette proportion descend à 0,24, 0,22, 0,17 et même 0,11.

Toute l'eau emmagasinée dans les réservoirs ne doit pas être considérée comme utile à l'alimentation du canal.

Tout d'abord, pour passer des réservoirs dans le canal, l'eau doit suivre des rigoles plus ou moins longues; il y a donc forcément déperdition en route.

Ensuite, dans les réservoirs, une certaine partie de l'eau se perd, soit par évaporation, soit par imbibition, filtrations, fuite à travers les digues, etc. L'évaporation est susceptible d'affaiblir momentanément les réserves à la suite d'une sécheresse intense et prolongée. Cependant pour l'ensemble de l'année, elle est généralement compensée, et même au delà, par l'eau de pluie, qui tombe sur la surface du réservoir. Ainsi, au réservoir des Settons en 1894, l'évaporation absolue n'a été que de $0^m,77$, tandis que la hauteur de pluie tombée s'est élevée à $1^m,41$, de telle sorte que la perte annuelle par évaporation a été négative.

Néanmoins on devra tenir compte, dans le calcul de la quantité d'eau que pourra fournir un réservoir, de l'évaporation absolue.

Les pertes par imbibition, filtrations, etc., ne sont pas

importantes ; car les ouvrages, digues, prises d'eau sont aussi étanches que possible, et les réservoirs ne doivent être établis que dans des terrains imperméables, ou susceptibles de le devenir par colmatage.

Il faut aussi tenir compte de l'envasement de certains réservoirs, dont la marche est parfois si rapide, qu'en peu d'années leur capacité se trouve réduite au point de les rendre inutilisables.

260. Rentrées alimentaires. — A côté des réservoirs et des prises d'eau opérées dans les cours d'eau supérieurs, il faut mentionner comme concourant à l'alimentation des canaux, en particulier des biefs de partage, certaines rentrées libres de petits ruisseaux, thalwegs secondaires ou fossés, reçues directement dans la cuvette. Les rentrées sont surtout importantes pendant les périodes pluvieuses, c'est-à-dire le plus souvent quand l'alimentation est déjà surabondante par ailleurs. Elles ne présentent donc pas de grands avantages, mais produisent par contre des envasements qui demandent un supplément d'entretien.

261. Alimentation mécanique. — Lorsque les eaux pérennes et les réservoirs ne fournissent pas les ressources suffisantes, il faut avoir recours à l'alimentation au moyen de machines.

L'eau peut être relevée mécaniquement de bief en bief ; généralement, on remonte immédiatement et directement l'eau puisée dans quelque rivière importante jusqu'au bief le plus élevé du groupe, dont l'alimentation est en jeu, le plus souvent jusqu'au bief de partage.

L'élévation mécanique des eaux peut se faire de trois manières différentes, savoir :

1° Par usine hydraulique et refoulement ;

2° Par usine à vapeur ou à gaz pauvre et refoulement ;

3° Par élévations de bief en bief, au moyen de l'électricité.

D'importantes usines hydrauliques ou à vapeur existent depuis longtemps en France. Parmi les usines hydrauliques, on peut citer celles de Condé-sur-Marne pour l'alimentation du canal de l'Aisne à la Marne au moyen des eaux de la

Marne, de Pierre-la-Treiché et de Valcourt, pour l'alimentation, par les eaux de la Moselle, du canal de la Marne au Rhin et du canal de l'Est; de Bourg-et-Comin pour l'alimentation du canal de l'Oise à l'Aisne au moyen des eaux de l'Aisne. Parmi les usines à vapeur, on peut énumérer celles de Lille (Saint-André) pour l'alimentation du canal de Roubaix au moyen des eaux du marais de la Deule ; de Vacon pour l'alimentation du bief de partage de Mauvages sur le canal de la Marne au Rhin; de Briare pour l'alimentation du canal du même nom au moyen des eaux de la Loire; de Valcourt doublant l'usine hydraulique mentionnée plus haut.

La troisième solution, comportant l'emploi de l'électricité, a été appliquée, timidement il est vrai, sur le canal de Bourgogne à Saint-Jean-de-Losne, et sur le canal de Lens près de Liévin. On vient de parfaire par le même moyen l'alimentation naturelle du canal d'Orléans, et on pense l'appliquer également à l'alimentation du canal du Nord.

On n'a pas à décrire ici en détail les machines motrices et les pompes, que comportent ces diverses installations. On indiquera simplement le principe de ces installations et on donnera des renseignements circonstanciés sur les dépenses de premier établissement, les résultats obtenus, les rendements et le prix de revient de l'eau montée.

Elévation mécanique de l'eau par usine hydraulique. — En cas d'insuffisance de l'alimentation naturelle, il est tout indiqué de demander aux rivières elles-mêmes la force motrice nécessaire pour élever une partie de leurs eaux; et ce moyen constitue le mode d'alimentation le plus économique au point de vue des dépenses d'exploitation.

Le principe de ces installations est partout le même. Un barrage établi sur une rivière ou sur une dérivation crée la chute nécessaire à la commande des pompes par l'intermédiaire de turbines.

Les pompes sont, soit horizontales à piston plongeur et à double effet, soit verticales aspirantes et foulantes, soit encore, mais plus rarement, rotatives.

L'eau refoulée s'engage d'abord dans un réservoir à eau, où la pression s'uniformise, puis de là repart en conduite forcée jusqu'au niveau voulu, pour qu'elle puisse ensuite continuer sa route par simple gravité jusqu'au lieu de sa destination.

Dans le calcul de la puissance de ces installations, on doit tenir compte des pertes de force motrice, que peuvent occasionner dans la suite, d'une part, l'appauvrissement toujours croissant des débits d'étiage, d'autre part, l'utilisation chaque jour plus grande des eaux courantes par l'agriculture et l'industrie.

Le tableau de la page suivante donne les principales caractéristiques des usines hydraulique précitées, et fait connaître les résultats obtenus.

Élévation mécanique de l'eau par usine à vapeur ou par moteur à gaz pauvre. — On n'a pas toujours à sa disposition une chute motrice pour l'alimentation des canaux : il faut, en effet, que le cours d'eau qui la fournit ait un débit important et suffisamment constant, et de plus que l'utilisation que l'on a en vue ne porte pas atteinte à des intérêts préexistants.

Ces deux conditions ne sont pas souvent réalisées, et l'on doit recourir à des machines à vapeur ou à gaz pauvre.

Le mode d'alimentation par usine à vapeur est certainement plus onéreux d'exploitation que celui par usine hydraulique, puisque aux frais de personnel et d'entretien viennent s'ajouter les dépenses de combustible et de personnel plus nombreux pour une même puissance utile.

Mais il faut tenir compte aussi des dépenses de premier établissement, qui peuvent être moins élevées avec la vapeur ou le gaz pauvre qu'avec une chute d'eau, toujours coûteuse à aménager.

Il peut se faire, en effet, que l'intérêt de la somme économisée sur l'établissement d'une usine à vapeur par rapport à l'aménagement d'une chute hydraulique compense et au delà les frais supplémentaires d'exploitation, qu'entraîne l'utilisation de l'énergie thermique.

On peut citer, dans cet ordre d'idées, l'usine de Jonage sur le Haut-Rhône établie à 10 kilomètres environ de Lyon, aménagée pour une chute de 10 mètres et produisant une énergie de 10.000 chevaux, qui aurait été remplacée avantageusement par quatre ou cinq groupes d'usines à vapeur établies dans cette ville aux points où leur utilisation était assurée.

On aurait pu aussi n'engager le capital de premier établissement qu'au fur et à mesure des besoins manifestés, et profiter pendant ce temps de l'intérêt des sommes qui ont été dépensées sans aucune utilité.

On n'insistera pas sur ces considérations qui ont leur importance, et qu'il suffit d'avoir fait connaître pour montrer qu'entre les deux solutions qui se présentent généralement, force hydraulique, énergie thermique, il est difficile de se prononcer a priori, et qu'on ne doit se décider qu'après une étude sérieuse.

On n'oubliera pas non plus que les moteurs à gaz pauvre ont déjà atteint un degré de perfectionnement suffisant pour pouvoir concurrencer la machine à vapeur. Ils se prêtent bien à la division du travail, à l'utilisation rationnelle et fractionnée de l'énergie.

Les gazogènes inexplosibles remplacent avantageusement et économiquement les chaudières.

Qu'il s'agisse d'une machine à vapeur ou d'un moteur à gaz pauvre, l'installation est la même : une salle destinée aux générateurs ou aux gazogènes ; une salle de machines actionnant, soit directement, soit par balancier, les pistons de pompes à double ou à simple effet.

A partir du puisard d'aspiration, une installation à vapeur est identique à une installation hydraulique ; l'eau s'élève dans les tuyaux d'aspiration, passe dans les corps de pompe et dans le réservoir d'air, puis dans les tuyaux de refoulement constituant la conduite forcée, et enfin dans la rigole d'amenée à la suite.

On donne dans le tableau suivant les caractéristiques des principales usines établies en France, les résultats obtenus et le prix de revient de l'eau montée.

RENSEIGNEMENTS GÉNÉRAUX et résultats		USINES HYDRAULIQUES DE :			
		CONDÉ-SUR-MARNE	PIERRE-LA-TREICHE	VALCOURT	BOURG-ET-COMIN
Année de mise en service		1869	1880	1880	1890
Nature des	moteurs	5 turbines Kœchlin à axe vertical.	2 turbines Fontaine à libre déviation.	2 turbines Fontaine à libre déviation.	Turbines Girard à axe vertical.
	pompes	6 pompes verticales aspirantes et foulantes à double effet.	6 pompes horizontales à double effet à piston plongeur du système Girard.	6 pompes horizontales à double effet à piston plongeur du système Girard.	Pompes horizontales à double effet à piston plongeur du système Girard.
Puissance totale de l'usine		400 chevaux	300 chevaux	300 chevaux	500 chevaux
Volume d'eau maximum susceptible d'être élevé par seconde		1.200 litres	300 litres	300 litres	1.500 litres
Hauteur de l'élévation maximum		$19^m,30$	$40^m,20$	$40^m,95$	$16^m,70$
Dépenses de premier établissement — Machines ensemble		490.000 fr.	132.000 fr.	142.400 fr.	360.000 fr.
Machines par cheval		1.225 fr.	440 fr.	475 fr.	720 fr.
Bâtiments ensemble		435.000 fr.	114.982 fr.	151.673 fr.	554.000 fr.
Bâtiments par cheval		1.087 fr.	383 fr.	505 fr.	1.108 fr.
Ensemble par cheval		2.312 fr.	823 fr.	980 fr.	1.828 fr.
Canaux d'amenée des eaux motrices, conduites de refoulement et rigoles		1.930.000 fr.	350.667 fr.	742.575 fr.	3.334.000 fr.
Volume effectivement élevé par an		$23.000.000^{m3}$	$2.492.500^{m3}$	$2.548.500^{m3}$	$18.000.000^{m3}$
Hauteur de l'élévation effective moyenne		$18^m,90$	$40^m,10$	$40^m,65$	$16^m,40$
Rendement des pompes		93 0/0	98 0/0	98 0/0	99 0/0
Rendement utile de l'ensemble de l'usine (en eau montée)		55 0/0	61,5 à 68 0/0	61,5 à 65 0/0	54 0/0
Frais annuels d'entretien et d'exploitation		18.000 fr.	7.200 fr.	7.800 fr.	14.500 fr.
Prix de revient — par 1.000 mètres cubes à 1 m. de hauteur effective		0 fr. 04	0 fr. 07	0 fr. 08	0 fr. 045
par 1.000 mètres cubes effectivement amenés		0 fr. 73	3 fr. 00	3 fr. 30	0 fr. 81

RENSEIGNEMENTS GÉNÉRAUX ET RÉSULTATS	USINES À VAPEUR DE :			
	SAINT-ANDRÉ (LILLE)	VACON	BRIARE	VALCOURT
Année de mise en service	1878 et 1901	1880 et 1898	1895	1898
Nature des machines et des pompes	Machines à balancier du système Woolf avec pompes verticales aspirantes et foulantes. Machine Corliss av. pompes horizontales dit système Girard.	Machines horizontales à condensation et à détente variable et pompes horizontales du système Girard.	Machines verticales à balancier à 2 cylindres accolés genre compound. Pompes verticales aspirantes à simple effet.	Machines horizontales à condensation et à détente variable et pompes horizontales du système Girard.
Puissance des machines en chevaux indiqués	291 chevaux	446 chevaux	640 chevaux (2)	305 chevaux
Volume d'eau maximum susceptible d'être élevé, par seconde	670 litres	750 litres	800 litres	500 litres
Hauteur d'élévation maximum	19m,47	37m,05	43m,09	40m,95
Dépenses de premier établissement { machines	368.510 fr.	461.350 fr.	573.684 fr. 40	324.250 fr.
bâtiments	»			
canaux d'amené, de conduites de refoulement et rigoles	491.425 fr. 42 (1)	262.255 fr. 30	610.807 fr. 51 (3)	139.836 fr. 53
(total)		903.567 fr. 25	1.626.906 fr. 59 (4)	263.667 fr. 35
Volume effectivement élevé par an	5.431.813 m3	4.467.000 m3	7.734.000 m3	1.730.000 m3
Hauteur d'élévation effective moyenne	19m,47	36m,95	42m,39	40m,75
Rendement des pompes en volume	79,9 et 97,70,0	93 0/0	95 0/0	98 0/0
Consommation de combustible par cheval et par heure, en une montée	1k,428 à 1k,600	1k,400	1k,055	1k,350
Frais annuels d'entretien et d'exploitation	41.864 fr.	46.000 fr.	67.105 fr. 66	24.0 0 fr.
Prix de revient (a) par 1.000 mètres cubes à 1 mètre de hauteur effective.	0 fr. 396	0 fr. 366	0 fr. 204	0 fr. 339
Prix de revient (b) par mètre cube effectivement amené	0 fr. 007707	0 fr. 013900	0 fr. 009500	0 fr. 014000

1. Y compris les conduites de refoulement; canal d'amené existant.
2. Puissance effective.
3. Y compris l'établissement d'une gare d'eau avec pont tournant et le souterrain de prise d'eau en Loire.
4. Ce chiffre est grevé de la totalité des frais d'étude et des acquisitions de terrains.

Elévation mécanique de l'eau par relèvement de bief en bief au moyen de l'électricité. — L'emploi de l'électricité a permis de résoudre, autrement qu'on ne l'avait fait jusqu'à présent, le problème de l'alimentation des canaux, en relevant l'eau de bief en bief, jusqu'au point où la consommation est nécessaire, au lieu de l'envoyer jusqu'au bief de partage pour la laisser redescendre ensuite. De cette façon on fait l'économie de la conduite de refoulement, et on n'élève l'eau que de la quantité strictement nécessaire entre la rivière où elle est puisée et le point de consommation. Le système présente aussi une très grande souplesse d'extension, puisqu'il suffit d'accroître, dans la mesure voulue, la puissance des appareils pour pouvoir élever n'importe quel débit, et une grande souplesse de fonctionnement, puisque chaque appareil est indépendant des autres, et fonctionne pour donner au point voulu l'eau qui est nécessaire.

Par contre, le rendement n'est pas parfait : une station centrale distribue l'énergie à une ligne, qui alimente une série de sous-stations placées au droit de chacune des écluses du versant, aboutissant à la rivière alimentaire. La sous-station de l'écluse terminale prélèvera à cette source l'eau nécessaire à l'alimentation du canal et l'élèvera dans le bief d'amont. La sous-station suivante prendra à son tour dans ce bief, l'eau nécessaire en amont et ainsi de suite jusqu'au bief de partage, à partir duquel les eaux s'en iront par la gravité alimenter l'autre versant. Chaque sous-station aura ainsi à remonter le cube, qu'aura monté la sous-station en aval, moins les pertes propres et la consommation du bief intermédiaire. Il y a double transformation : d'énergie mécanique en énergie électrique à la station centrale, puis d'énergie électrique en énergie mécanique aux sous-stations. Le rendement final en eau montée ne dépasse guère 50 0/0, tandis qu'il s'élève à plus de 70 0/0 avec les installations à vapeur.

La première application de ce système a été faite en 1897 par M. l'ingénieur en chef Galliot pour parfaire l'alimentation des trois biefs inférieurs du canal de Bourgogne[1]. Une

1. *Annales*, 1898, 2ᵉ semestre.

usine hydro-électrique a été établie à l'extrémité d'un barrage, construit pour la canalisation de la Saône, à 2 kilomètres en aval de l'embouchure du canal. La chute normale du barrage est de 1^m,40, et le débit disponible d'au moins 6 mètres cubes par seconde. Il actionne une turbine centripète du type Hercule à axe vertical, commandant un alternateur triphasé à huit pôles, qui fournit le courant à 2.000 volts. Aux sous-stations secondaires, la tension de la ligne primaire est ramenée par des transformateurs à 110 volts dans la ligne secondaire. Celle-ci actionne un moteur, qui commande à son tour une pompe centrifuge, logée comme lui dans une chambre ménagée sur le terre-plein de l'écluse contre la tête amont. Enfin l'eau est refoulée dans une buse en ciment de 0^m,50 de diamètre, qui la conduit au bief supérieur. Les cubes remontés sont respectivement de 15.000, 6.000 et 3.000 mètres par jour pour chaque bief à partir de la Saône. On a pu ainsi, moyennant une dépense de premier établissement de 80.000 francs et pour un prix de revient de 0 fr. 002 par mètre cube envoyé au canal, assurer en tout temps l'alimentation des trois biefs, sans faire appel aux réserves de l'alimentation naturelle.

Une installation analogue a été réalisée en 1903 sur le canal de Lens pour remonter les eaux du bief de Courrières dans le bief inférieur de Lens. L'énergie électrique est fournie gratuitement par la société de Liévin, qui est le principal usager du canal. Une ligne de transport de force, longue de 6.845 mètres, actionne à l'écluse d'Harne les moteurs électriques de deux pompes centrifuges débitant 500 mètres cubes à l'heure chacune, et à l'écluse de Lens une pompe semblable. L'énergie électrique est transportée sous forme de courant triphasé à 5.000 volts, ramené à 110 volts aux réceptrices par des transformateurs. Les appareils sont logés dans un petit bâtiment spécial. La dépense a été de 45.000 francs, non compris l'usine génératrice.

262. Rigoles alimentaires.

262. Rigoles alimentaires. — Avant de recourir aux moyens mécaniques énumérés ci-dessus, on doit faire appel aux réserves, aux prises d'eau faites dans le cours d'eau principal ou à ses affluents. Les rigoles alimentaires, qui ont pour but d'amener en tête d'un certain nombre de groupe de biefs l'eau nécessaire pour réparer les pertes de toute espèce que subit ce groupe, ont un rôle important à remplir, et doivent être étudiées avec détail, puisque leur prix de revient intervient dans le choix de la solution la meilleure et la plus économique à adopter.

Les rigoles d'alimentation des canaux latéraux sont peu longues et faciles d'exécution. Il n'en est pas de même en ce qui concerne les rigoles alimentaires des canaux à point de partage. La voie artificielle s'écarte forcément des eaux courantes du thalweg pour la traversée de la ligne de faîte : de longues rigoles deviennent nécessaires. On peut citer notamment : la rigole de Saint-Privé, amenant les eaux du Loing au bief de partage du canal de Briare, qui a une longueur de 20^{km},700 ; la rigole de Courpalet, longue de 31.228 mètres, alimentant le canal d'Orléans, avec une pente de 0^m,036 par kilomètre; la rigole d'Yonne, sur le canal du Nivernais, longue de 29 kilomètres, et la rigole de l'Oise et du Noirrieu, ayant ensemble 24^{km},900 sur le canal de Saint-Quentin.

Ces rigoles sont souvent ouvertes dans des terrains accidentés et nécessitent, sur certaines parties de leur parcours, d'importants ouvrages d'art. La rigole d'Yonne comporte plusieurs ponts-aqueducs sur arcades, dont celui de Montreuillon ne mesure pas moins de 155 mètres de longueur sur 33 mètres de hauteur. Sur la rigole du Noirrieu, on trouve un souterrain de 13^{km},800 de longueur ; sur la rigole de Briare, on peut citer un siphon de 661 mètres, dont 170 mètres sur viaduc métallique à cinq travées de 34 mètres chacune.

Débit à demander aux rigoles. — M. l'inspecteur général Guillemain pose en principe, dans son *Cours de navigation intérieure*, que chaque groupe de biefs pourvu d'une alimentation spéciale ne devrait jamais avoir besoin de recevoir plus de 1 mètre cube en moyenne par seconde. Mais, en raison des variations nécessaires des niveaux des biefs, des pertes propres des rigoles par évaporation, filtration et imbibition, par accidents ou fausses manœuvres, il faut introduire dans le canal alimentaire plus de 1^{mc},500 au départ.

Il faut même faire la part de l'avenir et se réserver le moyen de parer à l'interruption possible de l'alimentation par une des rigoles voisines, en rendant possible l'augmentation du débit de celles qui resteront à même de fonctionner.

On est donc amené, lorsque le débit des sources utilisées le permet, à construire les rigoles de telle façon, que leur débit maximum à pleins bords puisse être au moins double ou triple du volume moyen qu'elles doivent fournir au canal à leur tenue normale. Ainsi on pourra remplir la voie navigable, après un chômage, dans les conditions les plus favorables et les plus rapides.

Section et pente à donner aux rigoles. — Le débit de la rigole étant déterminé, d'une part, d'après le volume des basses eaux, des sources que l'on peut dériver, d'autre part, par les besoins de l'alimentation, il convient de fixer la section à adopter qui dépend de la pente, c'est-à-dire de la vitesse moyenne que l'on peut y admettre. Cette vitesse ne doit pas être inférieure à 0m,30 par seconde, sous peine de voir une végétation aquatique abondante envahir la cuvette; par contre, elle doit rester au-dessous du chiffre correspondant à la résistance des talus, suivant leur nature, c'est-à-dire 0m,80 dans la terre ordinaire. On adoptera généralement la vitesse de 0m,50.

La section admise est presque toujours trapézoïdale avec des talus dont l'inclinaison varie, suivant la nature des terrains traversés, entre 1 pour 1 et 3 de base pour 2 de hauteur. Les deux digues latérales s'élèveront de 0m,40 à 0m,60 au-dessus du niveau d'étiage de la rigole. La largeur des digues ne sera pas inférieure à 2 mètres, et l'une des deux, au moins, devra être assez large pour permettre le passage d'une voiture capable de transporter à pied d'œuvre les matériaux nécessaires à l'entretien.

Le profil de la rigole d'Yonne (canal du Nivernais) (*fig.* 302), établi mi-partie en déblai et en remblai, est à recommander.

Du côté du remblai, la digue a en couronne une largeur de 3 mètres, suffisante pour le passage d'une voiture. Du côté du coteau, en déblai, un simple marchepied de 0m,75 est bordé par un fossé de 0m,75 en gueule et de 0m,25 de profondeur.

La section et la vitesse moyenne étant arrêtées, la pente de la rigole s'en déduit directement, en se servant des formules d'hydraulique, qui sont, dans l'espèce, rigoureusement applicables. Ces formules ont, en effet, été déterminées, en se servant de rigoles semblables à celles dont il est question.

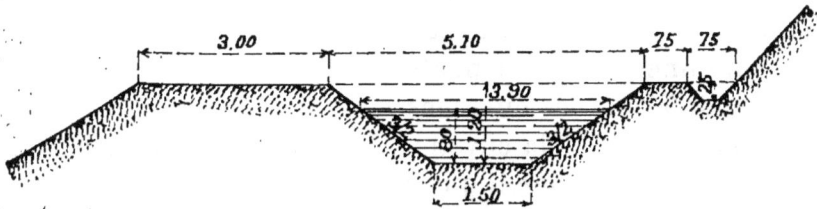

Fig. 302. — Profil de la rigole d'Yonne.

On calcule ainsi la pente, qui peut ne pas toujours convenir si le tracé entre les points extrêmes est commandé par des considérations particulières. Dans ce cas, la pente et la vitesse moyenne étant fixées, on obtiendra le rayon moyen [1], et par suite la section convenable.

Les déclivités admises dans le tracé des rigoles varient entre 0m,10 et 0m,90 par kilomètre ; on considère 0m,50 comme étant une bonne moyenne. Il n'est pas nécessaire que la pente soit uniforme sur toute la longueur de la rigole. On pourra, dans les passages difficiles, augmenter la pente de manière à réduire la section et à permettre des économies importantes dans les dépenses de construction, tout en écoulant le même débit.

En définitive, on dispose pour l'établissement des rigoles de cinq éléments : le débit à écouler, la vitesse moyenne, la pente, la section, la nature des parois. Il existe entre eux une corrélation étroite et complexe : on devra dans chaque cas particulier étudier le moyen le meilleur et le plus économique de les combiner entre eux ; cette étude fournira la solution la plus avantageuse.

1. Le rayon moyen est le rapport $\frac{\omega}{\chi}$ de la section mouillée au périmètre mouillé. Il y a indétermination, puisqu'on connaît seulement le rapport $\frac{\omega}{\chi}$; on arrive par tâtonnements à trouver la section capable d'écouler le débit Q avec la vitesse moyenne admise.

Ouvrages d'art sur les rigoles. — On n'est généralement pas maître du tracé des rigoles ; celles-ci, en effet, partent d'un niveau fixé à l'avance pour aboutir à un autre niveau également défini, en suivant une pente sensiblement constante. On est donc obligé de les ouvrir dans des terrains accidentés ou peu propices : coteaux abrupts, thalwegs encaissés, roches fissurées, terres perméables. Il en résulte des ouvrages d'art exceptionnels, tunnels, ponts par-dessus et par-dessous, etc., qui ne diffèrent des ouvrages similaires des canaux que par les dimensions de la cuvette. Il n'y a pas lieu d'insister sur ces ouvrages autrement qu'en indiquant qu'ils ont beaucoup moins d'importance que sur les canaux, et qu'il n'y a pas de tirant d'air réglementaire à ménager, ni de chemins de halage à réserver en dehors des marchepieds de service.

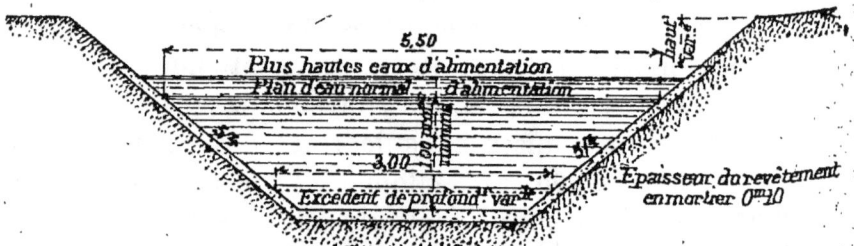

Fig. 303.

En dehors de ces ouvrages spéciaux, il y a souvent lieu de prévoir des travaux d'étanchement sur les grands remblais, ou à la traversée des terrains perméables. Les corrois, muraillages et bétonnages reçoivent ici leur application. Seulement, comme on n'a pas à redouter, dans l'espèce, les chocs, les frottements des bateaux, ni les coups de gaffe et autres engins des mariniers, on a tout avantage à supprimer le revêtement en terre. On supprime en même temps la végétation aquatique, qui se développe plus facilement dans les rigoles, où la hauteur de l'eau est faible, que sur les canaux, où le mouillage est au moins double. L'expérience faite sur la rigole de l'usine de Briare est concluante : la végétation aquatique avait fait remonter le plan d'eau de 0m,16 sur certains points. La suppression du revêtement mit fin à cette situation, et la chemise de béton seule s'est très bien comportée. Aussi a-t-on établi, sur la rigole de

Saint-Privé, un bétonnage avec enduit superficiel en ciment, qui résiste parfaitement bien aux intempéries sans protection en terre, et qui ne subit aucune dégradation, même au niveau du plan d'eau.

Le croquis (*fig.* 303) fait connaître les dispositions adoptées :

Ouvrages d'art spéciaux aux rigoles. — Autrefois la traversée des vallées se faisait exclusivement au moyen de ponts-aqueducs de grande importance, tels que celui de Montreuillon sur la rigole de l'Yonne. Outre que ces ouvrages sont très dispendieux, ils présentent les inconvénients des ponts-canaux, étant exposés aux effets de la gelée, et subissant les dégradations, qui en sont la conséquence inévitable.

Aujourd'hui, la traversée des vallées se réalise dans des conditions incomparablement plus économiques par l'établissement de simples tuyaux, posés à la manière des conduites d'eau et enterrés dans le sol, qui épousent la forme de la vallée, et réunissent les deux parties de la rigole tracées de chaque côté à flanc de coteau.

Les eaux s'y écoulent en siphonnant, ce qui donne lieu à une perte de charge, qu'il est facile de calculer dans chaque cas particulier, et dont on doit tenir compte dans l'établissement du profil en long général de la rigole.

Les tuyaux, en tôle, en fonte ou en ciment armé, ont de 0^m,80 à 1 mètre de diamètre. Des tuyaux d'un diamètre supérieur sont d'une pose très difficile sur des versants escarpés et donnent lieu en outre à des tassements, qui peuvent amener des ruptures, quand la conduite est en service.

Il est quelquefois nécessaire de réunir plusieurs tuyaux pour réaliser le débit voulu. Dans tous les cas, il vaut mieux avoir deux tuyaux, afin qu'en cas d'accident l'un d'eux puisse suppléer à l'autre, au moins partiellement.

L'établissement des siphons ne comporte aucune sujétion spéciale, pourvu qu'on les enterre suffisamment pour les mettre à l'abri des chocs et de la gelée, s'il est possible. Il est cependant nécessaire de signaler dans leur construction deux points essentiels : les têtes des siphons et les bondes de fond à ménager à leur point bas.

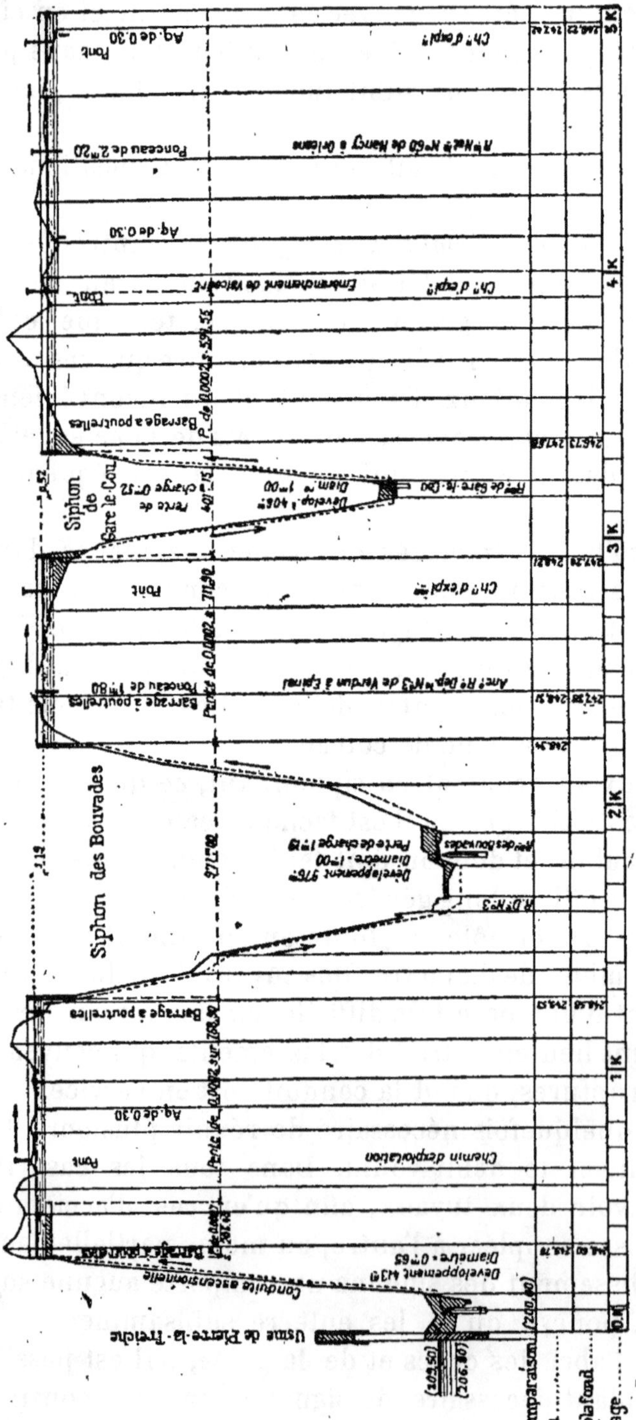

Fig. 304. — Profil en long de la rigole de Pierre-la-Treiche.

Les dispositions qu'on va faire connaître ont été appliquées aux rigoles alimentaires du canal de la Marne au Rhin et du canal de l'Est. Le profil en long (*fig.* 304) indique le tracé de la rigole de Pierre-la-Treiche.

On remarque sur ce profil deux siphons très importants; l'un d'eux, celui des Bouvades, traverse une vallée sur une longueur de 1 kilomètre environ.

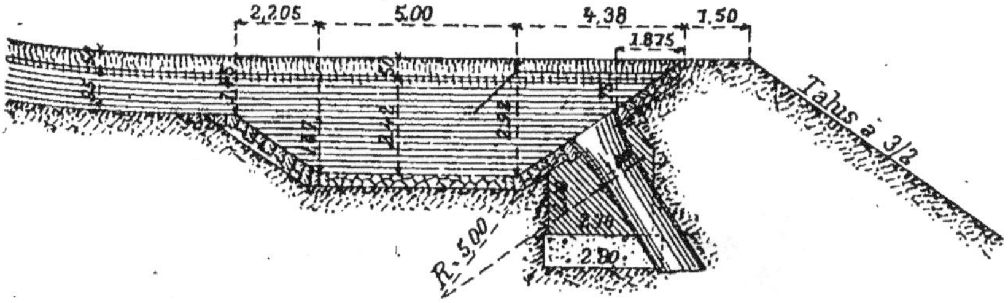

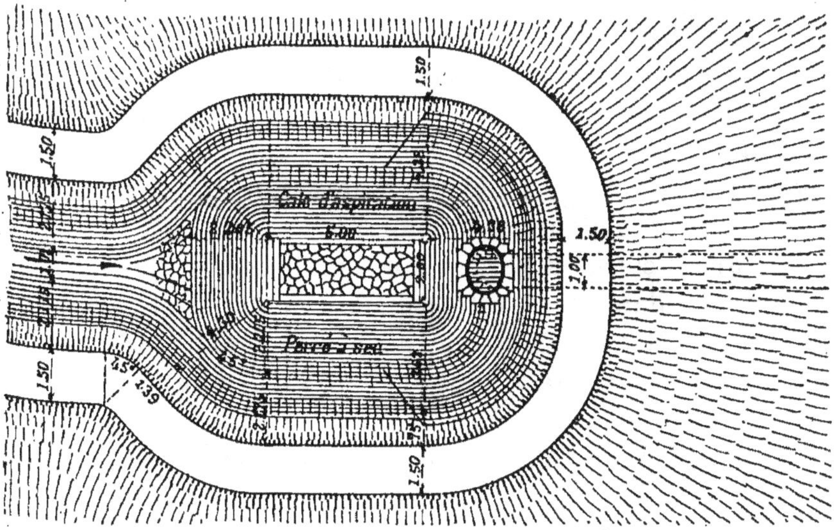

FIG. 305. — Raccords des tuyaux de siphon.

Les têtes des siphons débouchent dans de larges bassins perreyés, où l'eau se décante avant de descendre. La même disposition se retrouve à l'aval; l'eau arrive dans un vaste bassin, d'où elle continue sa route par simple gravité. Les tuyaux se raccordent avec les parois de ces bassins par des trompes évasées, ménagées dans de petits murs, qui supportent leurs abouts (*fig.* 305).

Souvent les têtes de siphon sont établies en remblai; mais ce remblai est exposé aux infiltrations et n'offre pas une sécurité suffisante. Il faut donc, même au prix d'une augmentation de dépenses, placer la tête en déblai, ou tout au moins au niveau du sol naturel.

Les bondes de fond sont établies au point bas des siphons, pour en permettre la vidange en cas de gelée ou d'accident et aussi la visite et le nettoyage. Elles comprennent généralement un trou d'homme, fermé par des tampons; le tout est placé dans un regard fermé par une dalle (*fig.* 306).

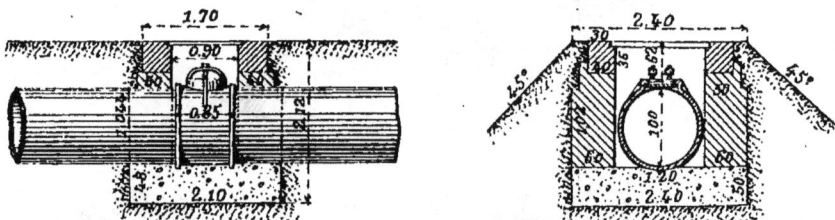

FIG. 306. — Bondes de fond de siphon.

Autres ouvrages et entretien des rigoles. — Les rigoles comportent aussi certains ouvrages accessoires, qui permettent d'en vérifier facilement le débit.

De distance en distance, on établira des ouvrages jaugeurs, soit dans la cuvette, soit latéralement et permettant de reconnaître les parties où les pertes importantes se produisent. Ces jaugeages sont surtout utiles aux points de départ et d'arrivée.

L'entretien des rigoles se borne aux soins de conservation de la section mouillée et des parois par l'enlèvement des atterrissements et par la défense des talus. Il faut aussi effectuer des faucardements fréquents, parce que la végétation aquatique s'y développe rapidement, grâce à la faible hauteur de l'eau et à la tranquillité du courant.

263. Alimentation du canal d'Orléans. — Le canal d'Orléans, établi au XVIIe siècle, est ouvert entre la Loire, à 5 kilomètres en amont d'Orléans, et le point de démarcation des canaux de Briare et du Loing, à 3 kilomètres en aval de Montargis,

L'alimentation du canal était assurée par treize étangs, d'une capacité totale de 4.357.000 mètres cubes, huit cours d'eau de moyenne ou de faible importance, 57 kilomètres de rigoles et enfin de nombreuses rentrées d'égouttement des terres.

L'alimentation propre du bief de partage comprend onze réservoirs ou parties de réservoirs d'une contenance totale de 3.334.000 mètres cubes, une rigole principale, dite de Cour-palet, huit rigoles secondaires et enfin vingt-neuf rentrées d'égouttement des terres.

Mais cette alimentation, surabondante pendant les périodes pluvieuses, était tout à fait insuffisante au moment de la sécheresse, au point que la navigation du canal n'était as-surée avec le tirant d'eau normal que pendant les deux tiers de l'année en moyenne. On a donc eu recours à une instal-lation électrique avec une usine centrale à vapeur ; l'énergie est distribuée par une ligne de transport à onze sous-sta-tions établies au droit de chacune des écluses du versant Loire. L'eau prise dans le fleuve est amenée au point de consommation avec le minimum de dépenses possibles. Cette amélioration de l'alimentation du canal d'Orléans, qui vient d'être effectuée, a exigé une dépense de 1 million de francs environ.

264. Alimentation du canal de Briare. — Le bief de par-tage du canal de Briare est alimenté au moyen des eaux du Loing amenées par la rigole de Saint-Privé, de celles qui sont emmagasinées dans douze étangs, et enfin des eaux de la Loire élevées dans une usine établie à Briare.

Les eaux du Loing, dont une partie est emmagasinée dans le réservoir, dit étang de Moutiers, pendant la période d'hiver, augmentées des réserves puisées dans le Bourdon, affluent du Loing, sont amenées au bief de partage par la rigole de Saint-Privé, longue de 20.700 mètres.

Les douze étangs, qui concourent à l'alimentation du bief de partage, d'une superficie totale de près de 400 hec-tares, sont susceptibles d'emmagasiner ensemble plus de 10 millions de mètres cubes d'eau. Les rigoles destinées, d'une part, à faciliter leur remplissage, d'autre part, à les mettre en communication entre eux et avec le bief de partage. forment un réseau dont le développement total atteint 33.279 mètres.

Depuis 1895, le bief de partage peut recevoir les eaux de la Loire élevées dans une usine établie à Briare et amenées par une rigole de 14.457^m,50 de longueur, dont 3.420^m,35 en conduite forcée et 11.037^m,15 à ciel ouvert. Le cube élevé peut atteindre 800 litres par seconde, et la hauteur d'élévation variable avec l'état des eaux de la Loire, 42^m,39.

L'usine comporte quatre machines à vapeur d'une force totale de 640 chevaux, qui actionnent autant de groupes de pompes. La consommation par cheval et par heure en eau montée est de 1 kilogramme.

L'usine de Briare fournit en moyenne annuellement 7.734.000 mètres cubes avec une élévation moyenne de 42^m,39.

Le prix de revient de 1 mètre cube arrivant au canal par ce moyen est de 0 fr. 0095.

265. Alimentation par machines du canal de la Marne au Rhin et du canal de l'Est. — L'alimentation du canal de la Marne au Rhin et du canal de l'Est, dans leur partie commune, du bief de partage de Mauvages et de ses deux versants jusqu'à Saint-Joire sur la Marne, est assurée au moyen d'usines hydrauliques et à vapeur.

Les usines hydrauliques de Valcourt et Pierre-la-Treiche, établies sur la Moselle canalisée, refoulent dans le bief de Pagny-sur-Meuse 500.000 mètres cubes en vingt-quatre heures. Une usine à vapeur installée à Valcourt peut envoyer dans le même bief 40.000 mètres cubes en vingt-quatre heures.

L'usine à vapeur de Vacon, susceptible de refouler 60.000 mètres cubes en vingt-quatre heures, prend l'eau dans le bief de Pagny et l'envoie dans le bief de partage de Mauvages, pour compléter l'alimentation de ce bief, ainsi que des deux versants du canal de la Marne au Rhin jusqu'à Saint-Joire d'une part (sur la Marne), et jusqu'à Void d'autre part, en amont du bief de Pagny.

Chacune des usines hydrauliques de Valcourt et de Pierre-

la-Treiche comprend deux turbines Fontaine à libre déviation, actionnant chacune trois pompes horizontales du système Girard à piston plongeur et à double effet. La force
brute maximum de chacune des deux usines hydrauliques
est de 300 chevaux. Le rendement utile (en eau montée) est
de 0,650 pour les turbines dénoyées et de 0,615 pour les
turbines noyées.

L'usine à vapeur de Valcourt comporte trois machines à
vapeur horizontales actionnant trois pompes également horizontales. La puissance totale de l'usine est de 350 chevaux
indiqués. La consommation moyenne de combustible par
cheval et par heure, en eau montée, est de $1^{kg},35$.

Les eaux, refoulées dans des conduites en fonte, débouchent
dans deux rigoles distinctes, une pour les usines de Valcourt,
une pour l'usine de Pierre-la-Treiche. Le développement des
rigoles est de $13^{km},5$; elles comprennent deux siphons importants en fonte et un petit souterrain. Elles ont été bétonnées
sur une partie de leur longueur, en raison de la perméabilité du sol.

La dépense totale afférente aux deux usines de Pierre-la-
Treiche et de Valcourt s'est élevée à 2.361.753 fr. 88.

L'usine à vapeur de Vacon est du même type que celle de
Valcourt. Sa puissance totale est de 446 chevaux, la consommation moyenne de combustible par cheval et par heure, en
eau montée, est de $1^{kg},40$.

La rigole, qui conduit les eaux jusqu'au bief de Mauvages,
a une longueur de 3 kilomètres dont 900 mètres en siphon.
Elle est tout entière maçonnée.

La dépense totale s'est élevée à 1.627.172 fr. 55. Le prix de
revient du mètre cube d'eau amené au canal est le suivant :

Usine hydraulique de Pierre-le-Treiche . $0^f,0030$

—　　　— 　　 de Valcourt.......... $0^f,0033$

Usine à vapeur de Valcourt .... $0^f,0140$

—　　 — 　　 de Vacon .... $0^f,0139$

**266. Comparaison et emploi simultané des différents
modes d'alimentation.** — Comme on vient de le voir, les différents modes d'alimentation se complètent les uns les

autres et souvent de la manière la plus avantageuse. Il est difficile de donner une règle absolue pour le choix que l'on aura à faire ; c'est là une question d'espèce, que l'on résoudra aisément, en s'entourant de tous les renseignements utiles.

On devra tenir compte, non seulement du prix de revient de l'eau amenée au canal, mais encore des dépenses de premier établissement, des ouvrages ou des usines projetés. La solution, qui semble *a priori* la plus favorable au point de vue de l'exploitation, n'est pas toujours la plus économique, si on la prend dans son ensemble.

On retiendra de l'étude qui vient d'être faite, et qui est résumée dans les tableaux des pages 559 et 560, que les 1.000 mètres cubes, élevés à 1 mètre de hauteur, reviennent entre 0 fr. 04 et 0 fr. 08 pour les usines hydrauliques, et entre 0 fr. 19 et 0 fr. 40 pour les usines à vapeur, soit 0 fr. 06 et 0 fr. 30 comme moyennes respectives. Les données manquent encore en ce qui concerne le prix de revient de l'eau remontée de bief en bief par la voie électrique. En raison de la double transformation que l'on opère, d'énergie mécanique en énergie électrique et réciproquement, qui diminue le rendement final d'au moins 30 0/0, il semble que les prix ci-dessus doivent être majorés de 50 0/0 au moins, de telle sorte qu'ils seraient respectivement de 0 fr. 09 et de 0 fr. 45, suivant que la force motrice initiale est produite par une machine hydraulique ou une machine à vapeur.

Les chiffres qui suivent, et qui résument les dépenses de premier établissement des ouvrages existants peuvent être pris comme base d'un avant-projet :

Pour les usines hydrauliques et par cheval de puissance brute.	Bâtiments .	500ᶠ	Ensemble 1.000ᶠ
	Machinerie .	500ᶠ	
Pour les usines à vapeur et par cheval de puissance effective.	Bâtiments .	500ᶠ	Ensemble 1.500ᶠ
	Machinerie .	1.000ᶠ	
Dans les installations électriques et par kilowatt aux bornes de sortie de l'usine.	Pour l'ensemble de l'usine centrale......	2.000ᶠ	Ensemble 3.000ᶠ
	Pour la ligne et les sous-stations...	1.000ᶠ	

Cette première évaluation ne dispensera pas d'étudier la question avec soin dans chaque cas particulier ; souvent la solution, qui paraîtra la plus avantageuse *a priori*, sera abandonnée, et on aura recours à un mode d'alimentation que l'on aurait d'abord jugé trop dispendieux. C'est ce qui est arrivé pour l'alimentation du canal d'Orléans. On a écarté la création d'une usine hydraulique, parce qu'elle aurait nécessité l'ouverture, à travers le val très riche de Châteauneuf-sur-Loir, d'une dérivation large de 20 mètres en gueule et profonde de plus de 5 mètres, dérivation qui, au surplus, aurait été submersible par les fortes crues. On a préféré élever l'eau de bief en bief au moyen d'un transport d'énergie électrique.

On trouve dans les tableaux qui précèdent le prix de revient du mètre cube effectivement amené au canal ; aucun d'eux n'est comparable, puisqu'il dépend de deux éléments variables, la hauteur d'élévation et le cube d'eau élevé. Aussi est-il très différent d'un canal à l'autre avec les mêmes moyens d'élévation. Le prix de revient de l'eau, remontée au moyen d'usines hydrauliques, passe de 0 fr. 000728 à Bourg-et-Comin à 0 fr. 003300 à Valcourt ; avec des usines à vapeur, il est de 0 fr. 014 à Valcourt et de 0 fr. 00777 à Saint-André (Lille).

L'amenée des eaux pérennes au moyen de rigoles entraîne aussi certaines dépenses, qui sont loin d'être négligeables. M. l'inspecteur général de Mas fait remarquer qu'en ce qui concerne la rigole d'Yonne, qui alimente le bief de partage du canal du Nivernais, le prix de revient de l'eau amenée au canal (0 fr. 000784) est sensiblement le même que celui qui a été relevé pour les usines hydrauliques de Condé-sur-Marne et de Bourg-et-Comin (0 fr. 0008067 et 0 fr. 000728).

CHAPITRE V

RÉSERVOIRS

CONSIDÉRATIONS GÉNÉRALES

267. Objet des réservoirs. — Comme on l'a vu dans le chapitre précédent, le moyen le plus simple, sinon le plus économique, de parer à l'insuffisance des eaux pérennes consiste à recueillir les eaux en excès pendant la saison pluvieuse et à les emmagasiner dans des réservoirs créés à cet effet, d'où on peut les reprendre pour les envoyer au canal pendant la saison sèche.

L'établissement d'un réservoir consiste essentiellement dans la construction d'une digue qui barre une vallée et qui retient les eaux dans le bassin ainsi formé à l'amont.

268. Emplacement et capacité. — L'emplacement, qui est choisi pour cet établissement, doit satisfaire aux conditions suivantes :

1° Être à une altitude telle, que les eaux du réservoir puissent être amenées, par la simple gravité, au plus élevé des biefs de la portion de canal, dont l'alimentation est en jeu ;

2° Présenter, à l'aval d'un épanouissement naturel, un resserrement favorable à l'exécution de la digue ;

3° Se trouver sur une partie de la vallée suffisamment imperméable pour ne pas absorber les eaux recueillies ;

4° Ne pas comprendre, dans le périmètre susceptible d'être submergé, des terrains ayant une trop grande valeur ;

5° Être situé assez loin en amont des agglomérations,

par crainte des désastres qui pourraient résulter d'une rupture éventuelle de la digue.

Toutes ces conditions doivent être satisfaites à la fois ; l'ingénieur devra donc faire une étude détaillée et complète de la région, de sa topographie, de la nature du sol et du débit des eaux pérennes, avant de fixer son choix sur tel ou tel emplacement.

Quand il aura été fait, on devra s'assurer que la capacité du réservoir est en rapport avec le volume des eaux susceptibles d'être recueillies dans la partie supérieure de la vallée. On n'oubliera pas qu'il y a intérêt, comme dépenses de premier établissement et d'entretien, à faire de grands réservoirs, pourvu que leur remplissage soit assuré au moins une fois par an, plutôt que d'en multiplier le nombre.

On connaît pratiquement la hauteur de digue qu'il n'est pas possible de dépasser. Si cette hauteur correspond au volume maximum des eaux dont on dispose, le niveau normal de la retenue se trouve déterminé *ipso facto*. Si au contraire le bassin ainsi fixé n'est pas capable de se remplir pendant une année, rien ne sera plus facile que de calculer le niveau correspondant au volume à emmagasiner, et par suite le profil longitudinal de la digue à construire.

269. Divers genres de digues. — L'ouvrage principal, destiné à la création d'un réservoir, consiste dans l'établissement d'une digue.

Trois systèmes de barrages sont également employés. La digue peut être entièrement en terre, ou bien composée d'un masque en terre avec noyau central en maçonnerie ou en béton, ou bien construite entièrement en maçonnerie. A ce dernier type, on peut rattacher les barrages en ciment armé, qui commencent à entrer dans la pratique.

Les digues en terre sont généralement employées pour les retenues peu importantes, ou encore lorsque le sol de fondation n'est pas absolument incompressible et nécessite par conséquent une grande largeur d'empattement. Pour les retenues moyennes, on s'est quelquefois arrêté aux digues mixtes ; enfin pour les grandes retenues, on a eu généralement recours aux barrages en maçonnerie, seuls suscep-

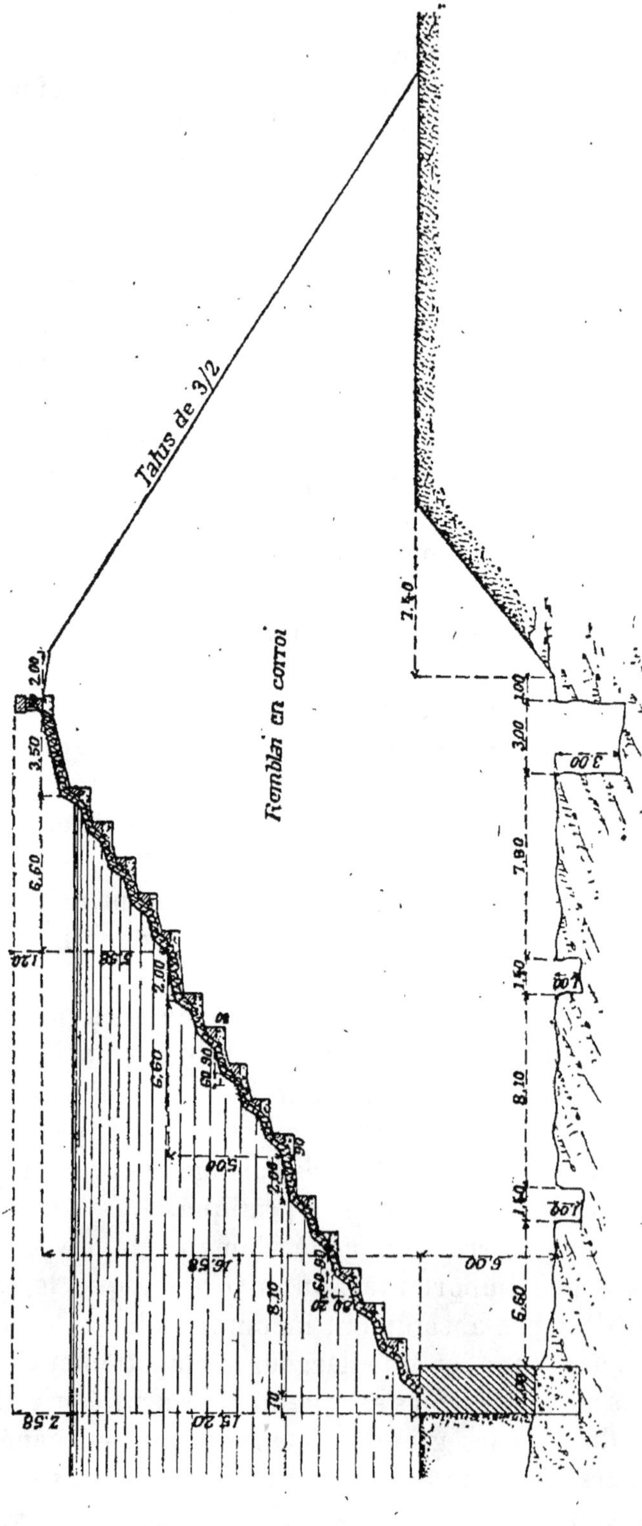

Fig. 307. — Digue du réservoir de Montaubry. — Canal du Centre.

tibles de résister aux fortes pressions qui en résultent.

On ne saurait cependant poser à cet égard des règles précises ; le choix du système dépendra des circonstances locales, par exemple de la présence de bonnes terres, et de l'absence de matériaux assez durs pour être mis en œuvre dans les conditions voulues.

§1. — Digues en terre

Le profil des digues en terre varie peu d'un réservoir à l'autre. Le corps du barrage est formé par un massif homogène entièrement composé de bonne terre bien corroyée. Sur la face amont, on place un revêtement maçonné pour garantir le massif contre l'action des vagues à tous les niveaux, au fur et à mesure du remplissage et de la vidange. La face amont est disposée suivant une succession de plans inclinés, séparés par des banquettes horizontales dont l'espacement vertical peut varier de 3 à

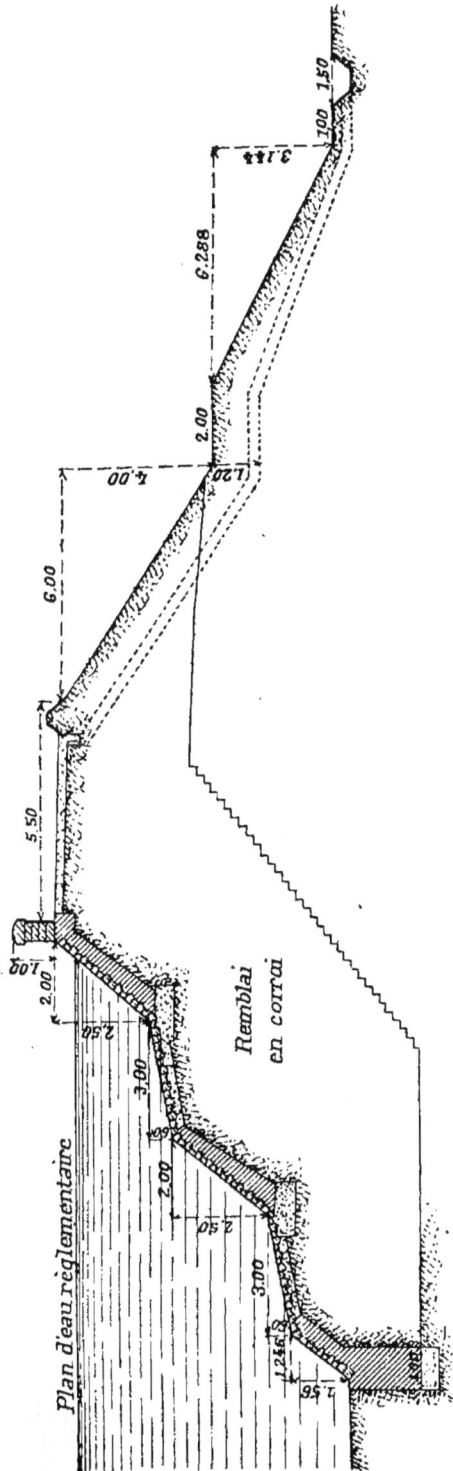

Fig. 308. — Digue du bassin de Mittersheim (canal des Houillères de la Sarre).

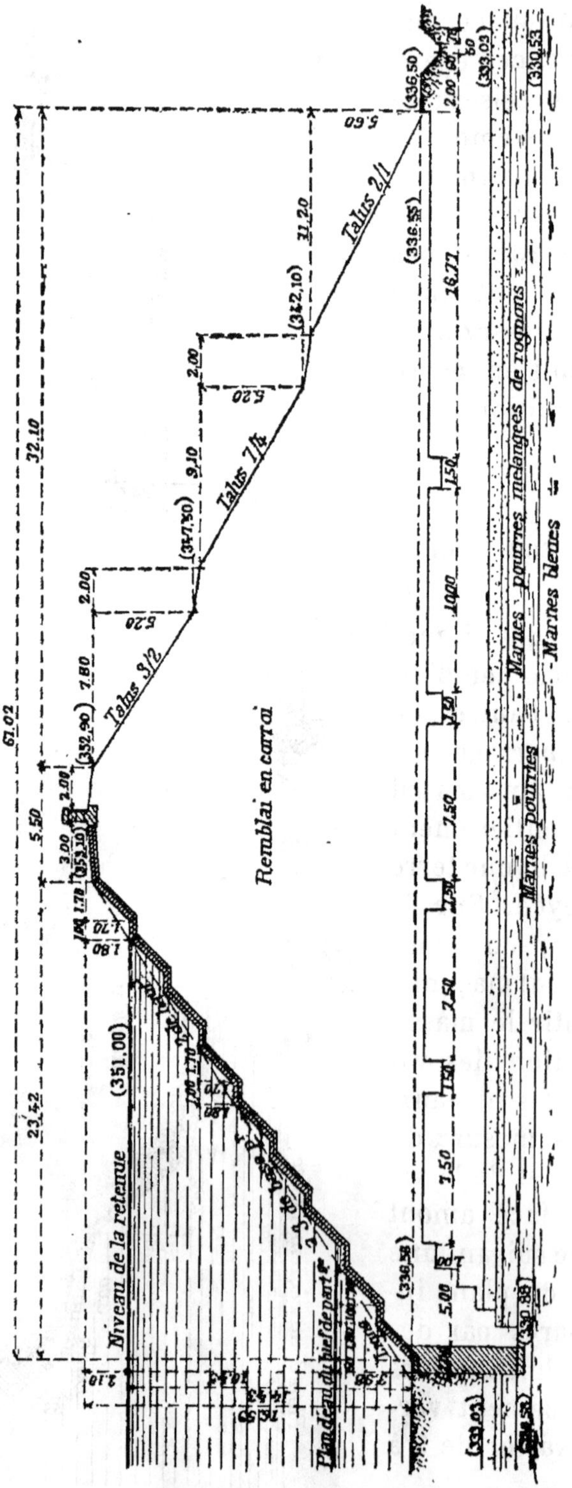

Fig. 309. — Digue du réservoir de la Liez (canal de la Marne à la Saône).

6 mètres. L'inclinaison de ces plans n'est pas uniforme. Quelquefois la paroi aval présente la même pente du sommet à la base, mais la disposition par gradins paraît avoir été préférée dans les digues les plus récentes.

Les figures 307 à 309 donnent les profils transversaux des principales digues construites en France.

Toutes ces digues dérivent du type établi par M. l'inspecteur général Duverger au réservoir de Montaubry en 1859. Leur largeur en couronne varie de 5 à 8 mètres, tant pour assurer le passage d'une voie de communication, ou tout au moins de service, sur la crête et faciliter les réparations, que pour donner une stabilité suffisante à la partie supérieure de l'ouvrage battue par les lames et les glaçons flottants pendant les périodes parfois longues où le réservoir reste plein. La crête de l'ouvrage est toujours surmontée d'un solide parapet de 1 mètre au moins, destiné à arrêter l'embrun provenant des lames et à empêcher les dégradations, qui pourraient résulter de cette projection d'eau sur le couronnement et les talus extérieurs.

Au pied de la paroi amont, on trouve un solide mur de garde en maçonnerie ou en béton descendant jusqu'au rocher à travers les couches perméables et affouillables de la surface du sol.

Enfin on établit presque toujours dans la largeur de l'empattement une ou plusieurs clefs d'ancrage longitudinal s'opposant au passage des filtrations entre le massif de la digue et le terrain naturel.

270. Composition du massif de la digue. — On a vu comment était constituée dans ses grandes lignes la digue qui permet de créer un réservoir. On montrera de quelle manière elle est formée dans chacune de ses parties.

Le massif du barrage doit être formé de corroi, c'est-à-dire d'une substance bien homogène et imperméable. Ce que l'on a trouvé de meilleur est un mélange d'argile et de sable dans des proportions telles, que chaque grain de sable soit parfaitement empâté dans l'argile et que celle-ci ne soit nulle part en assez grande quantité pour permettre au mélange d'être compressible. MM. Mary et Vallée estimaient que la bonne terre à corroi était celle qui, composée principalement de sable, ne contient que la quantité d'argile nécessaire pour lier entre elles les parties sablonneuses ; le meilleur sable est le plus gros, parce que chaque grain, une fois à sa place, a plus de stabilité.

La proportion la meilleure est celle de 2/3 de sable et 1/3 d'argile, ce qui représente la composition naturelle des terres, que l'on trouve sur une grande partie du parcours du canal du Centre.

Pour la digue de Mittersheim (canal des Houillères de la Sarre), la terre employée contenait à peu près moitié de sable et d'argile. On la mélangeait d'une faible proportion de chaux hydraulique à l'état de poudre ou de lait de chaux, suivant que le terrain était plus ou moins humide. La proportion de chaux semble pouvoir être de 12 litres de chaux en poudre par mètre cube de corroi. En prenant ces précautions, le remblai obtenu, après battage et dessiccation, était tellement dur, d'après M. Vallée, que le pic était nécessaire pour y creuser une fouille, et que l'on éprouvait, pour se servir de cet instrument, autant de difficulté que dans les terres vierges se rapprochant le plus par leur nature du rocher.

La digue de la Liez, sur le canal de la Marne à la Saône, était constituée par un massif en corroi, comprenant un mélange de terres argileuses avec du menu gravier, dans la proportion de 2 volumes de terre pour 1 de gravier calcaire de la vallée de la Marne. Le résultat obtenu a été excellent, et l'imperméabilité de la digue absolue.

Au réservoir du Bourdon, établi pour l'alimentation du canal de Briare, on a employé des terres où l'argile n'entre guère que pour un quart. La digue est tout à fait imperméable.

M. Vallée a proposé de ne corroyer qu'une partie du massif de la digue, la moitié d'amont par exemple, ce qui permettrait de réaliser une importante économie. Ce serait certainement une économie dangereuse ; car du défaut d'homogénéité résulteraient des inégalités de tassement, et par suite des fissures capables d'amener les pires désastres.

271. Préparation du sol de fondation. — Le sol de fondation doit être résistant et imperméable, comme la terre servant au corroi ; il doit en outre être relié intimement au massif, pour qu'aucune filtration ne puisse se produire entre le remblai et le sol naturel.

On est donc amené à enlever les terres de la surface du sol, généralement perméables et compressibles, et à descendre la fouille jusqu'au terrain résistant et imperméable sur une partie au moins de la largeur du massif. De nombreux arrachements sont pratiqués, et même des clefs longitudinales en corroi sont descendues dans le terrain naturel, en vue de faciliter la liaison avec le remblai. Enfin un mur de garde est établi au pied du remblai et est descendu jusqu'aux couches absolument imperméables.

Les figures 307 à 309 montrent les précautions qui ont été prises pour l'établissement du massif des digues de Montaubry, Mittersheim et de la Liez.

272. Exécution du corroi.

— Sur la fondation ainsi préparée, le sable argileux est régalé par couches, bien émottées, de 8 à 10 centimètres d'épaisseur, et additionnées quelquefois d'un peu de chaux hydraulique en poudre ou en lait suivant son état hygrométrique.

Le corroyage se faisait autrefois à main d'homme, au moyen de battes ou de pilons. Il était incomplet et coûtait très cher. On a substitué à ces instruments primitifs des engins mécaniques traînés par des chevaux. On fait passer sur chaque couche un rouleau corroyeur, formé de deux séries de disques en fonte, montés sur deux axes parallèles, de telle façon que les pleins de la première série correspondent aux vides de la seconde et réciproquement, afin d'éviter l'engorgement du rouleau par les terres écrasées.

A Mittersheim, les disques étaient au nombre de onze; ils avaient 0m,55 de diamètre, 0m,05 d'épaisseur, et étaient espacés de 0m,11 de milieu en milieu. Les deux axes parallèles, qui les supportaient, étaient distants de 0m,42, de telle sorte qu'il y avait croisement sur 0m,13. Le poids de l'appareil était de 1.200 kilogrammes, et une surcharge de 900 kilogrammes l'élevait à 2.100 kilogrammes. Il fallait de quatre à six chevaux pour le traîner; douze passages suffisaient pour réduire cette épaisseur de plus d'un tiers et donner au corroi une compacité complète. Le prix de révient du corroyage a été de 0 fr. 21 le mètre cube.

On se servait de dames en fonte du poids de 19 kilogrammes pour serrer les terres sur les parties que le rouleau corroyeur ne pouvait pas atteindre.

A la digue du réservoir de Torcy-Neuf (canal du Centre), on a employé des rouleaux cannelés à traction de chevaux ou à vapeur. Les premiers pesaient de 700 à 750 kilogrammes, les seconds, 5.000. Un rouleau de 750 kilogrammes traîné par un cheval, battait par jour 80 mètres cubes de terre mesurés après tassement ; le rouleau à vapeur donnait un rendement de 500 mètres cubes. Le prix de revient du mètre cube corroyé a été de 0 fr. 23.

Dans les travaux les plus récents (réservoir du Bourdon pour le canal de Briare, réservoir de Grosbois pour le canal de Bourgogne), on s'est servi de rouleaux cannelés, mus par la vapeur, par l'électricité et même par le pétrole. Les cannelures ont : à Grosbois une profondeur de 0m,05, sur le canal de la Marne à la Saône 0m,040. On aura, dans tous les cas, avantage à employer des rouleaux lourds, travaillant toujours à pleine charge, c'est-à-dire avec un poids de 200 kilogrammes environ par décimètre de longueur de jante. Le prix de revient du corroyage, qui ne peut guère être inférieur à 0 fr. 16 par mètre cube avec des rouleaux à traction de vapeur ou électrique, peut tomber à 0 fr. 10 avec la traction à pétrole.

Les rouleaux mécaniques ne peuvent pas passer trop près des rives ; il faut donc donner au remblai une surlargeur d'au moins 0m,50, que l'on découpe ensuite de manière à mettre à nu un talus parfaitement corroyé.

Le long des ouvrages d'art, et sur les parties que ne peut atteindre le rouleau corroyeur, on bat les remblais avec une dame en fonte de forme sphérique, du poids de 17 à 18 kilogrammes.

273. Revêtement du talus d'amont. — Le revêtement du talus d'amont, constitué comme on vient de le voir, doit être effectué assez solidement pour résister au choc des lames et à celui des glaçons flottants.

Lorsque la retenue est peu élevée, les vents qui poussent à la digue peu violents, la surface du réservoir peu étendue, et enfin les terres employées de bonne qualité, on peut se contenter des perrés ordinaires, à condition de leur donner une épaisseur importante, $0^m,50$ au sommet et $0^m,80$ à la base, et d'asseoir solidement leur pied. On les établit en outre sur une couche de pierre cassée et de gravier ou de sable sur une épaisseur de $0^m,10$ au moins, de manière à amortir la vague, et éviter tout affouillement, tout entraînement des particules de terre constituant le massif de la digue, lorsque l'eau ressort. Cependant, malgré toutes les précautions, le revêtement, réglé suivant une pente uniforme, présente le grand inconvénient d'être solidaire sur toute l'étendue de la digue, ce qui propage les avaries et rend les réparations très difficiles.

Quand la profondeur augmente, ou quand la disposition des lieux fait craindre quelques accidents locaux, on a recours aux perrés maçonnés à gradins et à zones indépendantes. On fractionne l'inclinaison générale du talus, en assises d'environ 2 mètres de hauteur, dans chacune desquelles on place la fondation en retraite sur le couronnement de l'assise inférieure. De la sorte les différentes parties de revêtement sont suffisamment solides pour résister aux actions extérieures et intérieures ; elles sont assez indépendantes pour que les avaries, s'il en survient, soient localisées, enfin elles sont assez accessibles pour rendre les réparations faciles.

Le révêtement du réservoir de Montaubry peut être considéré comme un type (*fig.* 310). Il a été composé d'une succession de petits murs en maçonnerie, indépendants les uns des autres, ayant $0^m,80$ de hauteur, $0^m,30$ de largeur au sommet et $0^m,90$ à la base, et fondés sur un massif de béton de $0^m,40$ d'épaisseur et $0^m,90$ de largeur.

Deux murs successifs sont placés à $1^m,50$ de distance horizontale l'un de l'autre et à 1 mètre de distance verticale. Leur crête est disposée suivant une ligne inclinée à 3 de base pour 2 de hauteur, qui est interrompue par deux banquettes de 2 mètres, partageant le talus en trois parties égales.

Entre deux murs, se trouve une berme présentant une pente transversale de 0ᵐ,20. Les bermes avaient d'abord une épaisseur totale de 0ᵐ,20, dont 0ᵐ,185 de béton et 0ᵐ,015 d'un

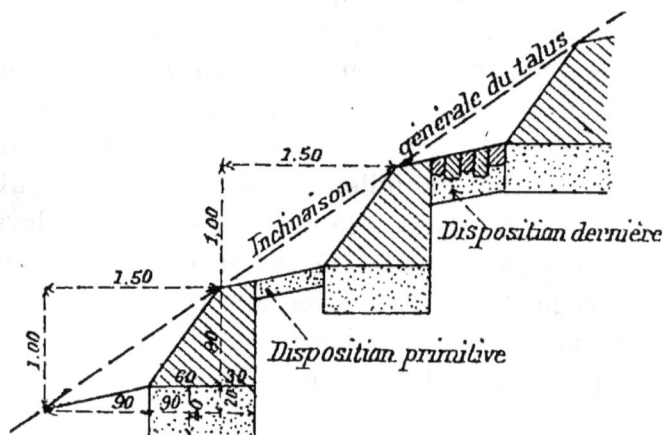

Fig. 310. — Revêtement du réservoir de Montaubry.

enduit de bitume. Cet enduit, qui s'est rapidement altéré, a été remplacé par un revêtement en maçonnerie de moellons.

A Torcy-Neuf (canal du Centre), les murettes inclinées à 45° ont 1ᵐ,50 de hauteur, 0ᵐ,50 d'épaisseur, et sont séparées par des bermes de 0ᵐ,90 de largeur. Le revêtement est en moellons épincés posés sur béton. Au réservoir de la Liez (canal de la Marne à la Saône) et au Bourdon (canal de Briare), les murettes sont aussi inclinées à 45° et ont 1ᵐ,70 de hauteur. Leur épaisseur moyenne est de 0ᵐ,45, dont 0ᵐ,30 environ de moellons et 0ᵐ,15 de béton.

Au réservoir de Mittersheim (*fig.* 311), les murettes, fondées sur un massif de 0ᵐ,50 de béton, ont un fruit de 4/5, une hauteur de 2ᵐ,50 et une épaisseur moyenne de 0ᵐ,60 en maçonnerie. Les bermes, larges de 3 mètres et inclinées de 0ᵐ,60, sont formées d'un reposant de 0ᵐ,12 sur 0ᵐ,18 de béton.

Comme on le voit, les dispositions suivies se ressemblent toutes, et sont caractérisées par la division du talus en un certain nombre de gradins établis suivant une inclinaison générale de 3/2. Le succès a consacré la méthode employée, qui est passée dans la pratique.

On n'a cependant pas suivi cette règle au réservoir de Grosbois, sur le canal de Bourgogne, terminé en 1904, et créant une retenue de 15m,35. La paroi amont a été établie suivant trois talus, séparés par une berme de 1 mètre et ayant respectivement comme pente, à partir du sommet,

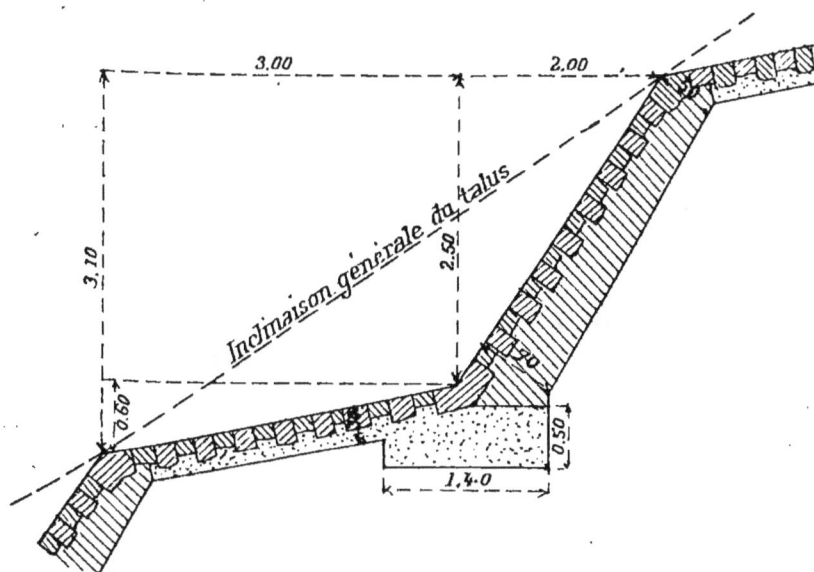

FIG. 311.

3/2, 4/2 et 6/2, pente qui représente les talus d'éboulement des terres sous l'eau.

Le revêtement du talus d'amont se relie : par son extrémité inférieure au mur de garde établi au pied du talus; par son extrémité supérieure au parapet en maçonnerie construit sur le couronnement.

On a remarqué que le revêtement était généralement constitué par une maçonnerie de moellons reposant sur un massif de béton. Cette superposition de deux espèces de maçonneries de faible épaisseur n'est-elle pas sans inconvénient? Ne voudrait-il pas mieux employer une seule espèce de maçonnerie? C'est ce qu'ont pensé les ingénieurs du canal de la Marne à la Saône, qui ont revêtu les parois des digues les plus récentes au moyen de dalles en béton de ciment de 20 centimètres d'épaisseur avec joints tous les 3 mètres pour éviter les cassures, et avec banquettes horizontales tous les 1m,70 pour la facilité des visites et des réparations. Le nombre des joints serait ainsi considérablement réduit, et leur entretien par conséquent moins dispendieux.

L'expérience ne s'est pas encore prononcée sur la durée de la résistance de ces dalles.

Dans le même ordre d'idées, on a aussi proposé d'employer des dalles en ciment armé.

274. Couronnement et parapet. — Le couronnement a généralement une largeur de 6 mètres. Le parapet maçonné, de 1 mètre de hauteur environ et de 0m,50 d'épaisseur, a été posé de différentes manières.

Au canal du Centre, on l'a placé en arrière du parement, à l'extrémité d'une plate-forme plus large que les autres. (Montaubry, 3m,50; Torcy-Neuf, 3m,50).

A Cercey (canal de Bourgogne), le parapet est formé par un relèvement de la digue en doucine faisant suite au parement très incliné du côté de l'eau. A Mittersheim, il a été établi immédiatement au-dessus du parement d'amont, qu'il termine verticalement.

Ces dispositions diverses n'ont pas une grande importance au point de vue de la résistance. M. l'inspecteur général Guillemain estime qu'il est préférable d'établir le parapet sur la crête amont, parce que, dans cette position, le couronnement a le plus large développement possible, ce qui facilite les transports et les aménagements d'un chantier, sans avoir à passer sur les maçonneries.

La crête du parapet présente, au-dessus de la tenue normale, une revanche d'au moins 0m,70, qui est portée quelquefois à 2 mètres, suivant l'importance des eaux surabondantes ou des vagues à craindre.

On établira, en arrière du parapet, s'il est disposé à l'amont, comme on l'a indiqué, une chaussée, qui sera soigneusement drainée, pour que les eaux pluviales, qui pourraient la traverser, ne séjournent pas sur les remblais.

275. Talus d'aval. — Le talus d'aval est généralement revêtu de terre végétale et gazonné, ou encore planté d'arbustes. Il est aussi nécessaire de le drainer jusqu'à 1m,20 de profondeur, non seulement pour donner un libre écoulement aux filtrations, qui pourraient se produire, mais encore pour empêcher leur introduction dans le corps de la digue.

La partie postérieure du remblai sera donc utilement partagée par des drains en contreforts, parfaitement assainis et compacts, qui soutiendront contre la poussée de l'eau la paroi antérieure formant cloison étanche.

Ce système de drainage appliqué à Montaubry et à Mittersheim ont donné les meilleurs résultats, et a certainement préservé le massif étanche de toute espèce de filtration.

276. Glissement des digues en terre. — Les digues en terre construites en France n'ont pas subi d'avaries graves. On peut citer les glissements qu'a éprouvés la digue de Cercey (canal de Bourgogne) pendant sa construction et au moment de son remplissage. Ces glissements étaient dus à l'emploi de terres trop argileuses. On a dû adoucir les talus et sectionner la paroi amont par des cloi-

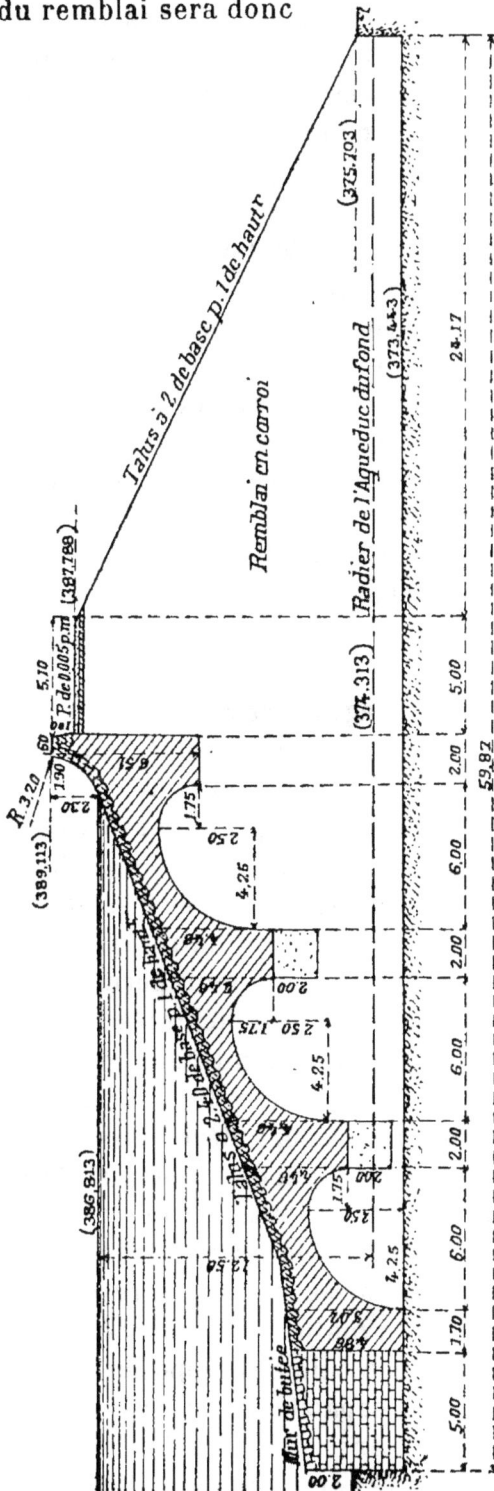

Fig. 312. — Digue de Sercey (canal de Bourgogne).

sons en maçonnerie, larges de 2 mètres et distantes de 12 mètres, reposant sur des arceaux rampants descendus au-dessous des surfaces de glissement (*fig.* 312).

Il n'est cependant pas impossible de se servir de terres argileuses; M. l'ingénieur Bazin a pu relever de 6 mètres la digue de Panthier en employant des terres de cette nature. Le massif de remblai a été protégé contre l'action des agents atmosphériques sur les deux talus et sur le couronnement; enfin des cloisons en maçonnerie, établies suivant la ligne de plus grande pente et espacées de 40 à 60 mètres, s'enfoncent dans le corps de la digue jusqu'au-dessous de la surface inférieure des glissements. Elles sont destinées à empêcher la propagation en long des affaissements qui viendraient à se produire sur le talus intérieur par l'effet de l'imbibition. Pareille mesure avait été prise en 1836 par M. Comoy pour la consolidation de la digue du réservoir de Torcy.

277. Ouvrages accessoires. — La digue, constituée comme on vient de l'indiquer, doit être munie d'ouvrages accessoires qui assurent l'adduction et l'émission de l'eau.

Les premiers comprennent des bassins de décantation ou des fossés de ceintures, qui empêchent l'admission des eaux troubles et préviennent l'envasement.

Les seconds ne sont autres que :

1° Une prise d'eau pour permettre les emprunts, en vue desquels la retenue a été créée ;

2° Une bonde de fond pour mettre l'étang à sec en cas de réparations à faire aux fondations ;

3° Un ou plusieurs déversoirs de superficie pour laisser passer le trop plein de la retenue, le cas échéant.

Bassins de décantation et fossés de ceinture. — Il est nécessaire de laisser décanter, dans des bassins, les eaux qu'amènent les ruisseaux dans le réservoir, et qui contiennent de nombreuses matières en suspension. Ces matières, arrivant dans une eau calme, se déposeraient et diminueraient notablement la capacité du réservoir. Ce fait s'est produit pour plusieurs étangs du canal du Centre, qui ont dû être abandonnés, après avoir été complètement ensablés. Il est d'ailleurs plus facile de draguer les matières arrêtées dans le bassin de décantation que de les extraire au fond du réservoir.

Dans le même ordre d'idées, et si les eaux de source sont suffisamment abondantes, on recueillera les eaux superficielles dans un fossé de ceinture, et on les écoulera en dehors du réservoir.

278. **Ouvrages de prise d'eau.** — Les ouvrages de prise d'eau et les bondes de fond constituent toujours un point faible dans les ouvrages de retenue, en raison des orifices et des galeries qu'elles nécessitent. La meilleure solution consiste incontestablement à établir les conduites de prise d'eau dans un tunnel creusé à travers le rocher de l'un des coteaux, contournant le massif de l'ouvrage, pour en respecter le profil. C'est la solution qui a été adoptée pour la nouvelle digue du Bourdon.

Mais on conçoit que, dans certains cas, on n'a pas pu y recourir, surtout pour les retenues de faible hauteur, et on a simplement ménagé les émissaires voulus à travers le massif même des digues. Un seul orifice sert à la fois de prise d'eau et de bonde de fond. Il consiste en une galerie maçonnée ou même en une conduite métallique traversant la levée au niveau du thalweg et se terminant par deux têtes fermées par une vanne.

Ouvrages de prise d'eau du réservoir de Montaubry. — Cette disposition si simple n'a pas pu être adoptée pour les retenues plus importantes. A Montaubry, le déversoir de superficie de 8 mètres de longueur est placé dans le coteau à l'extrémité gauche de la digue ; la prise d'eau et la bonde de fond ont été réunies dans un ouvrage unique établi sur le thalweg, vers l'extrémité droite de la digue (*fig.* 313).

Cet ouvrage consiste essentiellement en un puits de $1^m,10$ de diamètre, ménagé au centre du massif sur toute sa hauteur, et qui communique vers l'aval avec un aqueduc voûté de 1 mètre de largeur et 2 mètres de hauteur. Ce puits est percé vers l'amont de trois ouvertures, dont la première est à $5^m,20$ au-dessous de la retenue normale, la seconde à $10^m,20$, et la troisième en face de l'aqueduc d'évacuation. Aux deux

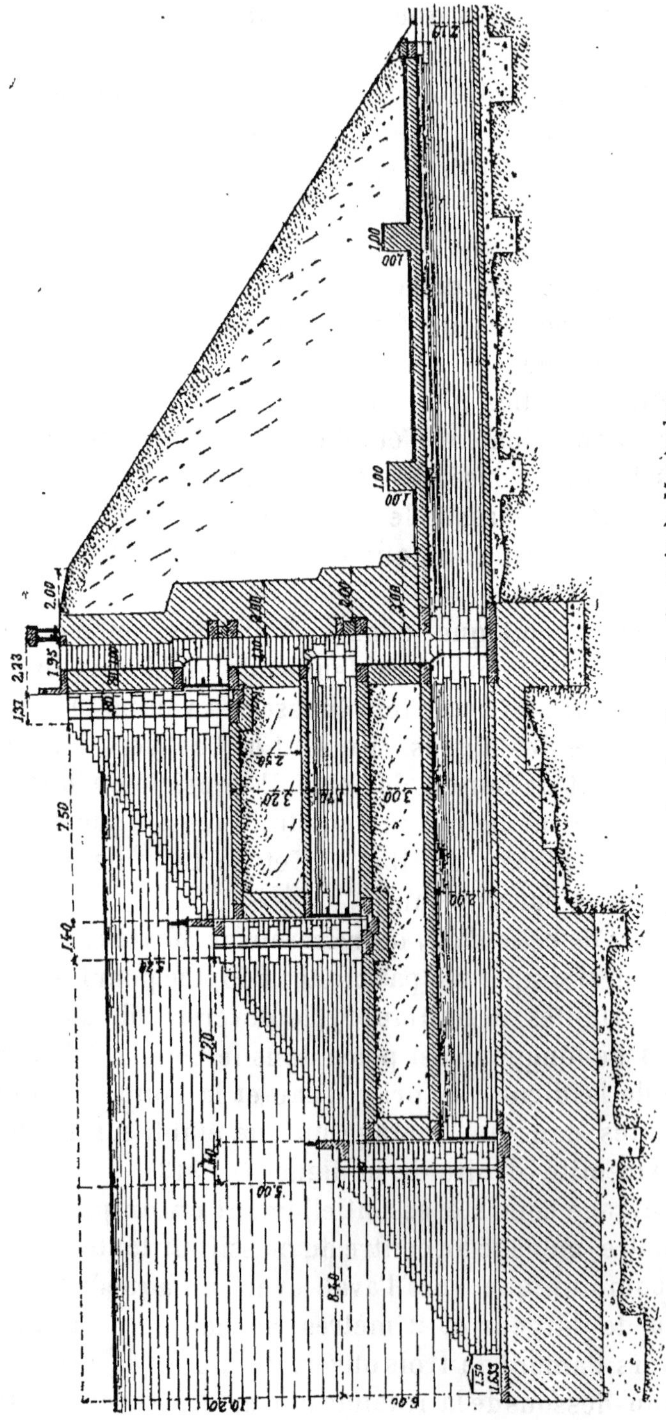

Fig. 313. — Ouvrages de prise d'eau du réservoir de Montaubry.

ouvertures supérieures aboutissent des aqueducs de 1 mètre sur 1^m,70, fermés par une vanne placée sur la plateforme immédiatement supérieure.

On peut ainsi prélever une première tranche d'eau de 5^m,20, puis, quand la première plateforme est découverte, prendre une seconde tranche de 5^m,20 jusqu'à la seconde plateforme. La vidange s'achève et les vases s'évacuent par l'aqueduc de fond ; on n'aura jamais à manœuvrer les vannes sous une pression d'eau supérieure à 5^m,20.

Des barrages à poutrelles placés à la tête des aqueducs permettent de suppléer au besoin à l'insuffisance des vannes, et d'effectuer les réparations nécessaires.

Pour protéger la maçonnerie du fond du puits, l'eau tombe sur un matelas liquide obtenu en barrant partiellement l'aqueduc d'évacuation vers l'aval.

Cet ouvrage résout la question d'une façon fort intéressante ; on remarquera qu'il n'exige qu'une seule fondation relativement de peu d'étendue. Par contre, étant établi sur le thalweg de la vallée, il constitue un point faible au point où la digue, présentant la plus grande hauteur, est susceptible d'éprouver des fuites, par suite de la charge à laquelle elle est soumise et du raccordement difficile des maçonneries et du corroi.

Séparation des ouvrages de prise d'eau. — C'est pourquoi on a préféré dans bien des cas étager les prises d'eau sur les flancs de la vallée, en construisant des ouvrages distincts, chacun avec sa fondation séparée.

Il y a avantage évident, au point de vue de la sécurité et de la facilité des manœuvres ; il peut même se faire que la construction soit plus économique. C'est là une question d'espèce, dont on devra se préoccuper, le cas échéant.

La solution des ouvrages séparés a été adoptée notamment aux réservoirs de la Liez et de Panthier. A la Liez, les vannes de prise d'eau, au nombre de deux, ont leurs seuils respectivement à 5^m,50 et 11^m,09 au-dessous de la retenue. Le seuil de la bonde de fond est à 14^m,67 au-dessous du même niveau. Les ouvrages régulateurs de la retenue, établis dans le prolongement de la digue, à son extrémité rive gauche, comprennent un déversoir de 25 mètres de longueur et un vannage formé de cinq vannes de 1ᵐ,25 de largeur libre sur 1ᵐ,25 de hauteur en contrebas de la retenue.

A Panthier, la bonde de fond est constituée par une simple vanne. La prise d'eau placée à flanc de coteau se compose de deux vannes supérieures larges de 0ᵐ,70 et hautes de 1 mètre, ayant leur seuil à 3 mètres au-dessous du niveau normal de la retenue. A 4ᵐ,50 au-dessous de ce premier groupe, on a placé une autre vanne de 0ᵐ,70 sur 1 mètre.

Prise d'eau de Torcy-Neuf. — La solution qui est aujourd'hui préférée est celle qui a été adoptée à Torcy-Neuf. Elle consiste à réunir dans un même ouvrage les prises d'eau, la bonde de fond, et même un déversoir de superficie (*fig.* 313).

Cet ouvrage est constitué par une tour carrée de 3ᵐ,50 de côté en couronne, haute de 16ᵐ,30, avec fruit de 1/20 sur les faces, établie dans le réservoir au pied de la digue, dont elle est complètement indépendante. Cette tour est évidée par un puits vertical de 1ᵐ,50 de diamètre, se prolongeant au-dessous du radier de l'aqueduc de fond, pour former matelas d'eau sur 2 mètres de hauteur.

Les prises d'eau, au nombre de trois, y compris la bonde de fond, sont étagées verticalement à 4ᵐ,80 l'une au-dessus de l'autre. Les deux prises supérieures sont de simples ouvertures rectangulaires, mesurant 0ᵐ,80 de largeur sur 0ᵐ,40 de hauteur, et percées sur les faces latérales de la tour. La bonde de fond, ouverte sur la face amont, est suivie de l'aqueduc de vidange, qui est lui-même obturé par une vanne.

Le déversoir se compose de quatre ouvertures de 2ᵐ,20 de longueur chacune, pratiquées au sommet de la tour dans les quatre faces. Les tablettes de ces déversoirs sont arasées à 0ᵐ,40 en contre-bas du niveau de la retenue. Chacune d'elles est surmontée d'une hausse en chêne de 0ᵐ,40 de hauteur, maintenue par des fers en ⊔ adossés aux piédroits. Ces hausses sont retirées en cas de crue.

Les vannes sont d'un type spécial, dans lequel le frottement par glissement est remplacé par le frottement de roulement.

Indépendamment des quatre ouvertures de 2ᵐ,20 au som-

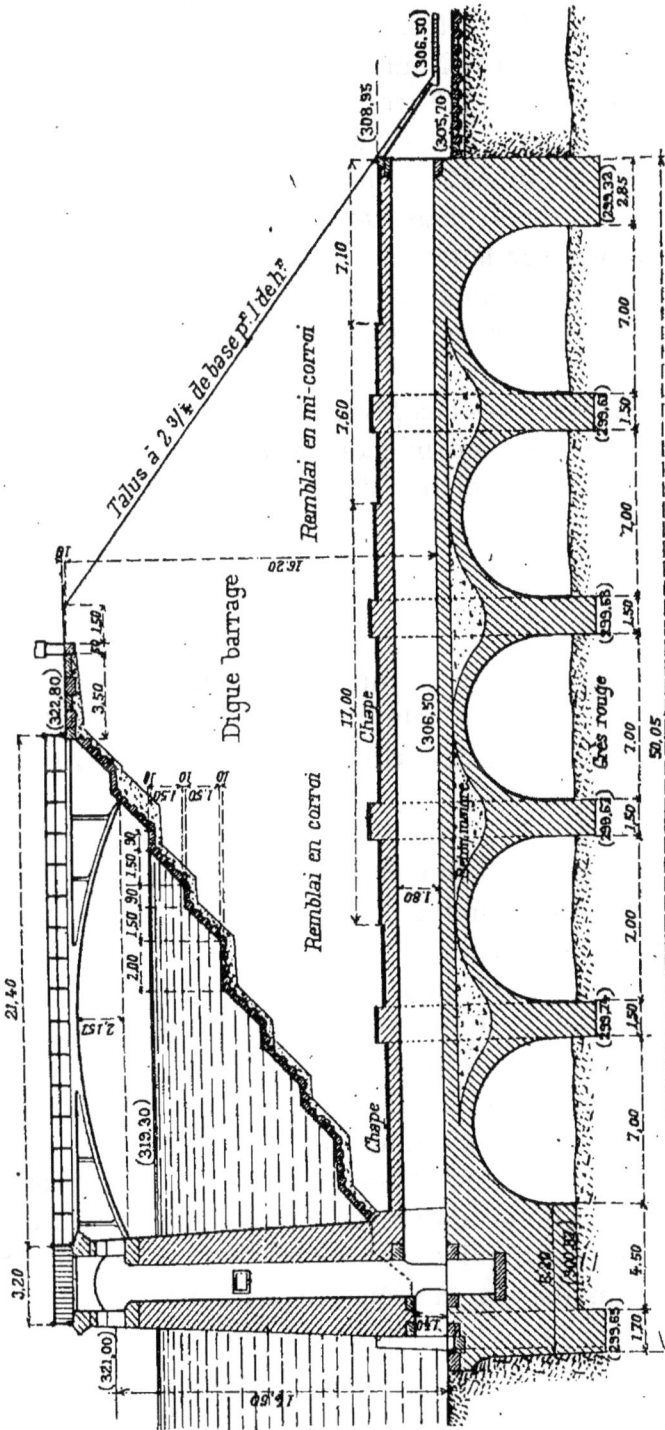

Fig. 314. — Prise d'eau de Torcy-Neuf.

met de la tour, et formant déversoir, il existe un déversoir
de décharge de 12 mètres de longueur à l'extrémité gauche
de la digue de Torcy-Neuf.

Le type d'ouvrage de Torcy-Neuf a été adopté pour beaucoup
de digues en terre, et des barrages en maçonnerie. On citera
notamment l'application qui en a été faite à la nouvelle
digue de Grosbois; mais, tandis que la tour de Torcy-Neuf
communique avec la levée au moyen d'une passerelle, celle
de Grosbois est reliée au coteau; et l'aqueduc de vidange
contourne la digue au lieu de la traverser.

279. Déversoirs. — Les déversoirs doivent pouvoir écouler,
sans surélévation sensible de la retenue, toutes les eaux
surabondantes provenant d'une pluie exceptionnelle, ou
d'une fonte de neige. On conçoit qu'une surélévation importante aurait les plus graves conséquences, et compro-
mettrait la solidité de la digue établie pour résister à une
charge déterminée.

Un réservoir doit donc nécessairement être pourvu d'un
déversoir. Quelquefois celui-ci sera réuni, comme à Panthier,
aux autres ouvrages de prise d'eau; le plus souvent, il en
sera indépendant.

Il sera placé, soit le long de l'un des versants, soit à l'une
des extrémités, ou même dans le prolongement de la digue,
pour que la chute immédiate de l'eau soit faible, et que les
fondations soient faciles. Mais l'eau déversée doit rejoindre
le thalweg, ce qui oblige généralement à établir, le long du
radier du canal de fuite, une série de gradins, séparés par
des plans légèrement inclinés (*fig.* 315).

Le déversoir doit être susceptible d'écouler par seconde
le volume d'eau maximum, qui peut affluer au réservoir
dans les circonstances les plus défavorables. Si sa crête est au
niveau de la retenue, ou en est très voisine, on doit lui donner une longueur qui est pratiquement irréalisable. Si, au
contraire, on abaisse sa crête, on diminue la hauteur de la
retenue, par conséquent, la capacité du réservoir.

On doit choisir entre ces deux solutions; mais, pour éviter l'inconvénient que l'une et l'autre présentent, on a accolé au déversoir un vannage de décharge. A la Liez, le dé-

Coupe sur l'axe

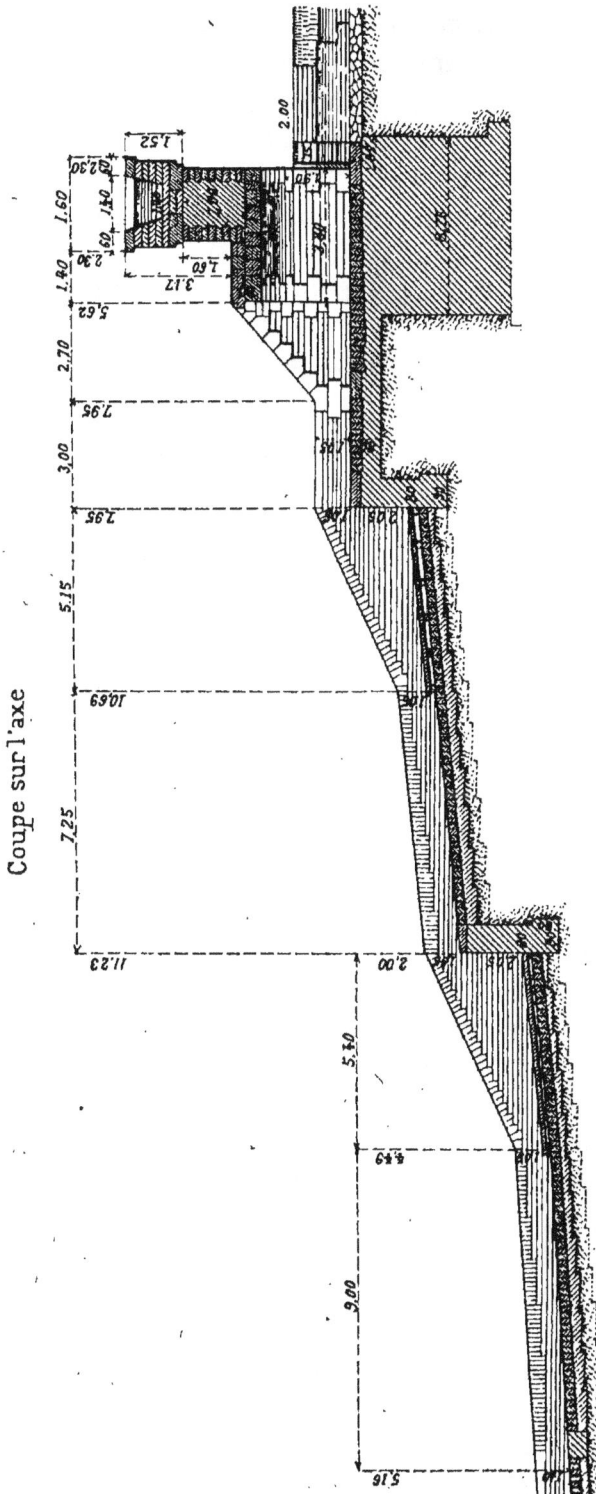

Fig. 315. — Réservoir du Tillot. Canal de fuite.

versoir, long de 25 mètres, arasé au niveau de la retenue, est accompagné d'un vannage composé de cinq vannes de 1ᵐ,25 de largeur libre et de 1ᵐ,25 de hauteur au-dessous de la retenue.

A Torcy-Neuf, le déversoir devient un véritable vannage de décharge. Il est arasé à 0ᵐ,70 en contre-bas du niveau de la retenue, et surmonté de hausses de 0ᵐ,70 de hauteur, manœuvrables à la main. L'inconvénient que présente l'adoption de ces solutions, c'est de supprimer l'automatisme du déversoir.

Déversoir-siphon de Mittersheim. — M. Hirch a employé, il y a quarante ans, au réservoir de Mittersheim, le siphon pour servir de régulateur automatique.

On sait qu'une fois amorcé, un siphon écoule tout le débit correspondant à son diamètre et à sa chute. Le cube à écouler étant connu, on en déduit le diamètre. Il suffirait donc de trouver le moyen d'amorcer ou de désamorcer un siphon suivant les circonstances.

Voici comment M. Hirch a résolu le problème. Le siphon de 0ᵐ,70 de diamètre est en communication, dans sa partie haute, avec un tuyau amorceur de 0ᵐ,15, dont l'extrémité supérieure débouche dans le réservoir, et dont l'extrémité inférieure vient aboutir dans le puisard d'aval, comme le siphon amorceur. La tête de l'amorceur se termine par deux lèvres, dont l'une est exactement au niveau normal, et dont l'autre est à 0ᵐ,005 au-dessus. Lorque le niveau normal est légèrement dépassé, l'eau s'échappe entre les lèvres; et en raison de cet écoulement, l'air contenu dans la partie supérieure du siphon est aspiré. L'eau y monte et le siphon est amorcé. Lorsque le niveau de la retenue s'est suffisamment abaissé, pour laisser émerger la lèvre supérieure de la tête de l'amorceur, l'air rentre et va se loger dans la partie supérieure du siphon; celui-ci se désamorce et cesse de fonctionner.

L'appareil est donc bien automatique; deux siphons suffisent pour écouler les 6ᵐᶜ,500 par seconde que peuvent donner les affluents de l'étang de Mittersheim.

Les siphons et leur appareil d'amorçage sont abrités dans une tour en maçonnerie, contre les intempéries, les vagues et les corps flottants (*fig.* 316).

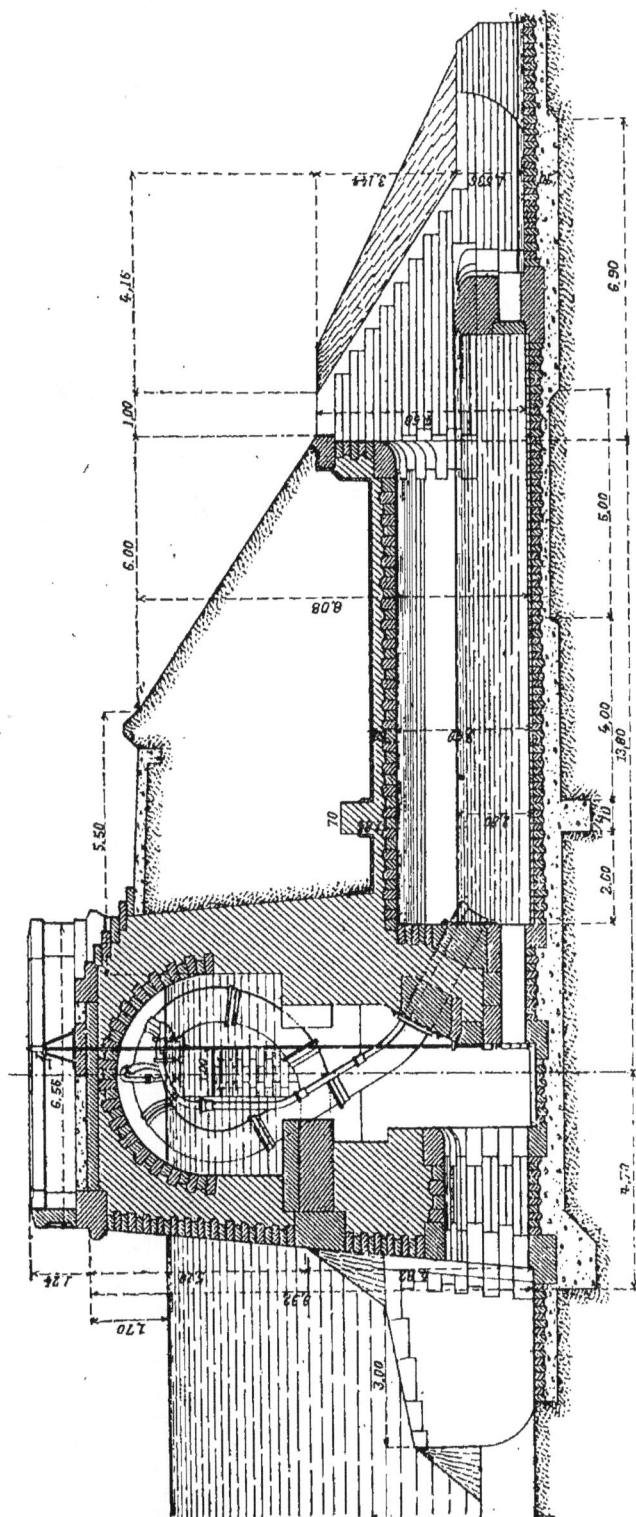

Fig. 316. — Siphon et appareil d'amorçage de Mittersheim.

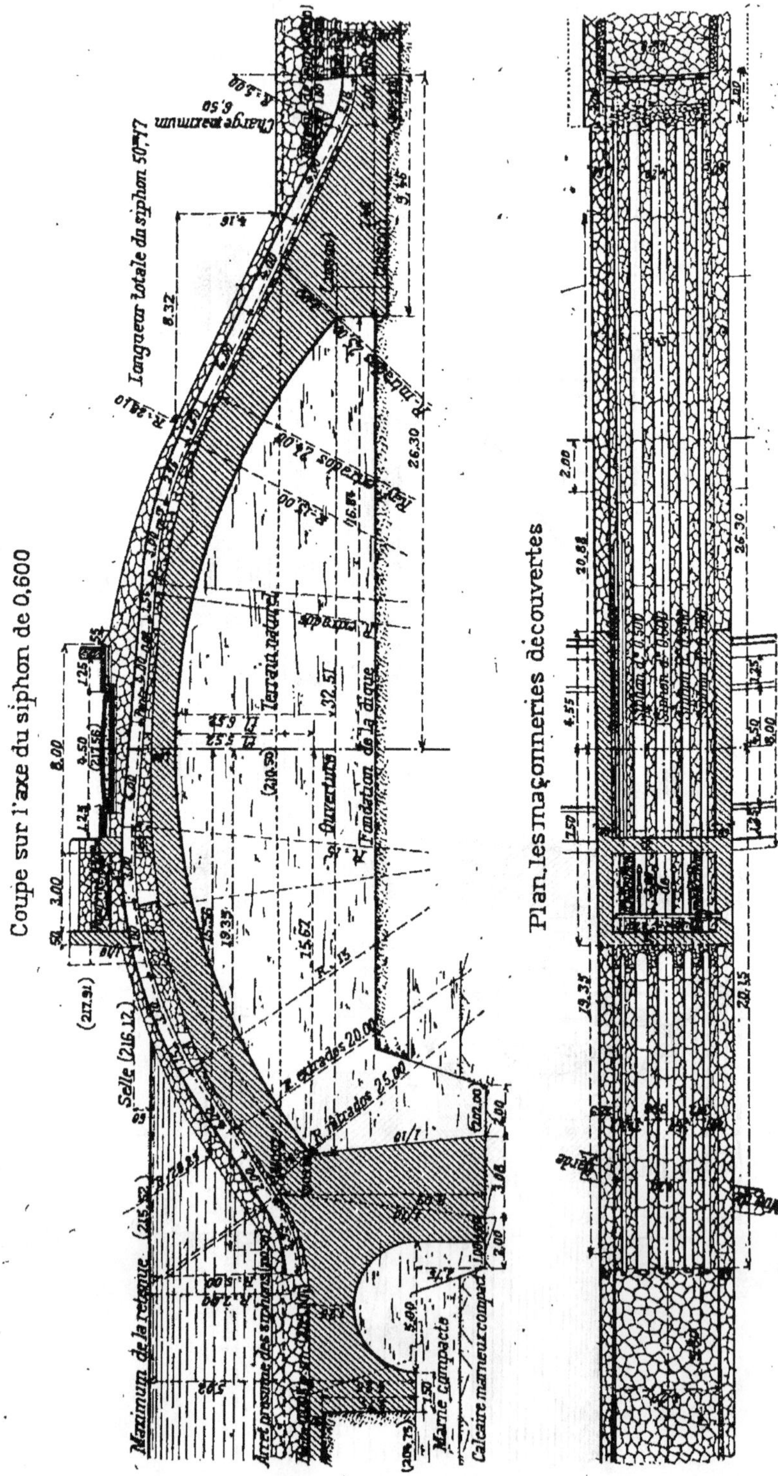

Coupe sur l'axe du siphon de 0,600

Plan, les maçonneries découvertes

Fig. 317. — Siphons du réservoir du Bourdon.

Siphons du réservoir du Bourdon. — On s'est également servi du siphon, au réservoir du Bourdon, établi pour l'alimentation du canal de Briare, afin de régulariser le débit, et de concourir à l'évacuation des eaux de crue, dans le cas où le déversoir de superficie serait insuffisant. Il existe, en effet, indépendamment des buses de fond de 0^m,50 de diamètre, une batterie de quatre siphons ayant respectivement 0^m,30, 0^m,40, 0^m,50 et 0^m,60 de diamètre, et amorcés par un siphon de 0^m,20 de diamètre. Cette variété de diamètre permet de régler le débit, conformément aux besoins de l'alimentation.

Les quatre siphons sont placés côte à côte dans une sorte de couloir en maçonnerie, ils sont portés par une voûte, qui contourne le noyau de la digue (*fig.* 317).

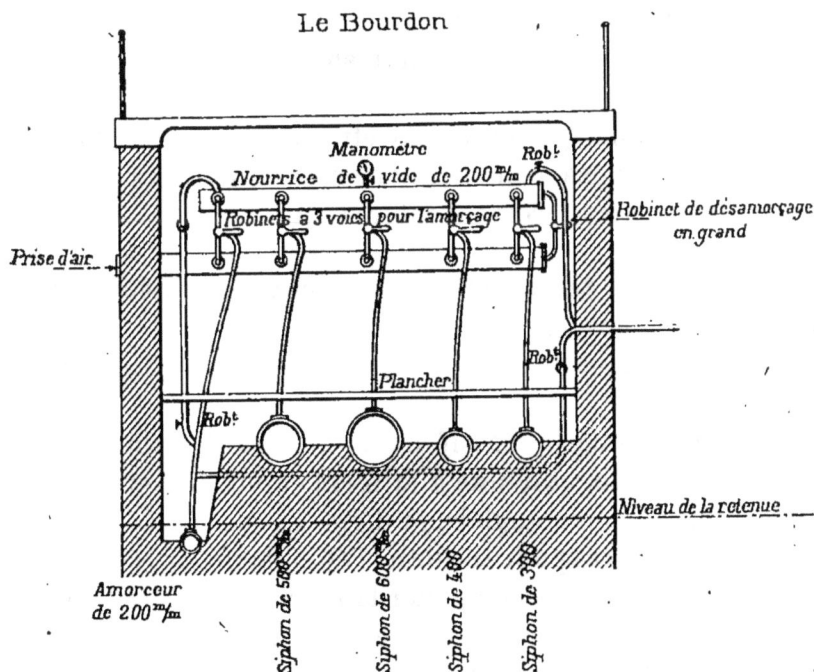

Fig. 318. — Siphons du réservoir du Bourdon.

L'expérience montre que l'amorçage d'un siphon se produit quand le plan d'eau d'amont dépasse, le dessus de la selle de ce siphon, d'une hauteur égale au tiers du diamètre du tuyau. La selle de l'amorceur étant placée à 0^m,07 au-dessous du niveau normal de la retenue, le siphon commence à fonctionner lorsque le plan d'eau dans le réservoir atteint ce niveau (*fig.* 318).

Il suffit alors de mettre les siphons en communication avec l'amorceur. Chacun d'eux est relié, à sa partie supérieure, par un tuyau de plomb de $0^m,06$ de diamètre, à un tuyau en fonte de $0^m,20$ de diamètre, formant nourrice pour l'amorçage, ce dernier tuyau étant en communication avec l'amorceur. Un double jeu de robinets permet de mettre en communication chaque siphon soit avec la nourrice pour l'amorçage, soit avec l'atmosphère pour le désamorçage.

Pour pouvoir mettre l'amorceur en fonction pour tout niveau du plan d'eau sur la hauteur de 5 mètres de la tranche supérieure, puisque la batterie doit concourir à l'évacuation de cette tranche, pour les besoins de l'alimentation du canal, on fait le vide dans l'amorceur au moyen de la vidange d'un réservoir supérieur de 4 mètres cubes.

Cette installation, qui n'est peut-être pas tout à fait justifiée, en raison de sa complication, mérite d'être signalée comme étant particulièrement intéressante.

280. Digues en terre établies suivant le système anglais. — Les digues exécutées suivant le système anglais sont conçues de tout autre façon que celles qui ont été décrites.

On se rappelle que le massif dont elles sont formées est compact, homogène, et donne à la fois l'étanchéité et la stabilité ; dans le système anglais, la digue se compose de deux parties, la première pour assurer l'étanchéité, la seconde pour procurer ou plutôt compléter la résistance nécessaire.

L'ouvrage de retenue comporte un massif central en argile corroyée formant écran et s'enfonçant jusqu'au terrain imperméable. Deux autres massifs en matériaux fins et doux, en terre végétale par exemple, préservent le noyau central contre l'action de l'eau à l'amont, contre l'action de l'air à l'aval, actions qui auraient l'une et l'autre pour résultat la production de fissures. Cet ensemble est complété par des remblais en matériaux, moins bien triés, pour assu-

rer la stabilité de l'ouvrage; leur empattement est généralement considérable. Ces
terrassements doivent
être exécutés avec des
précautions spéciales,
déposés et pilonnés par
couches de 0^m,15 envi-
ron d'épaisseur.

D'après les ingénieurs
anglais, le noyau d'ar-
gile corroyée doit pré-
senter en chaque point
une épaisseur au moins
égale au tiers de la dis-
tance verticale entre la
section considérée et le
niveau maximum de
l'eau dans le réservoir;
les massifs latéraux doi-
vent avoir à chaque ni-
veau une épaisseur au
moins égale à celle du
noyau (*fig.* 319).

Dans une digue de ce
genre, on ne doit pas
admettre d'orifices d'é-
coulement. Aqueducs ou
tuyaux en fonte doivent
aboutir à un puits cons-
truit à l'intérieur du
réservoir, en dehors de
la digue, et être établis
sur l'un des versants de
la vallée, en tranchée
dans des terrains résis-
tants et même en tun-
nel, si cela est néces-
saire pour éviter des ter-
rains meubles. Mieux vaut encore sacrifier la bonde de fond

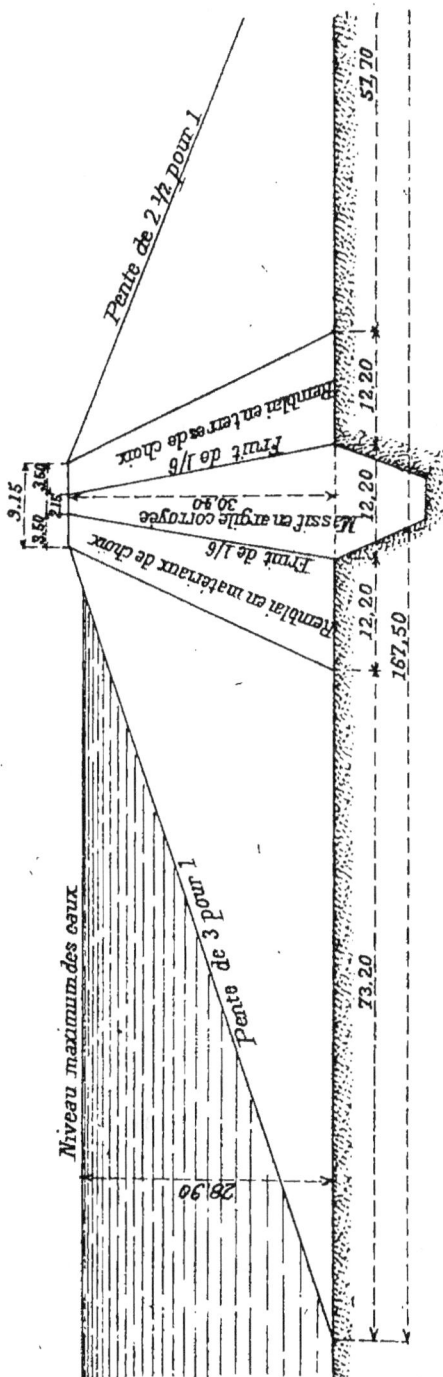

Fig. 319.

et placer l'aqueduc à quelques mètres au-dessus du fond du réservoir, dût-on vider celui-ci, si la chose est nécessaire, à l'aide d'un siphon.

Accident du réservoir de Bradfield. — Les diverses précautions énumérées ci-dessus étaient loin d'avoir été toutes prises au réservoir de Bradfield, destiné à l'approvisionnement de la ville de Sheffield.

C'est ainsi que le massif central d'argile corroyée, de 27 à 28 mètres de hauteur au-dessus du fond de la vallée, n'avait que 5m,50 de largeur à la base, et qu'il était traversé à son point le plus bas par deux tuyaux en fonte.

Un véritable désastre s'ensuivit : une commission d'enquête constata que la manière dont les tuyaux de vidange traversaient le corroi était la cause probable de la rupture. L'état de porosité des matériaux du sommet de la digue aurait laissé libre passage aux eaux, qui auraient cherché une route dans le corroi et l'auraient trouvée autour des tuyaux.

Digues de l'Inde. — Dans l'Inde, le développement des irrigations a donné lieu à l'établissement de réservoirs aussi nombreux que variés. La plupart des digues sont en terre, sans corroi, la masse entière des remblais étant capable de résister dans toutes ses parties à l'action des eaux. Quelques-unes remontent à l'antiquité la plus reculée, et ont été construites avec les moyens les plus rudimentaires.

Des populations entières y étaient occupées : hommes, femmes, enfants, munis d'une pelle, venaient gratter un peu de terre sur les coteaux voisins, la transportaient au moyen d'un panier et la déposaient à l'emplacement de l'ouvrage. Les remblais ainsi effectués étaient foulés chaque jour sous les pieds des travailleurs, des animaux, ce qui constituait un merveilleux corroyage ; ce travail était complété par l'action successive des pluies torrentielles et des rayons brûlants du soleil. Les digues s'élevaient ainsi peu à peu dans des conditions exceptionnelles d'homogénéité, de compacité et d'étanchéité. Ce sont de véritables collines artificielles, dont la figure 320 fait connaître un spécimen intéressant.

Il s'agit de la digue du réservoir du Cummun, dans la présidence de Madras, digue construite aux premiers temps de l'histoire des Hindous.

La hauteur de la digue est de 31 mètres; sa largeur en couronne, de 23ᵐ,20.

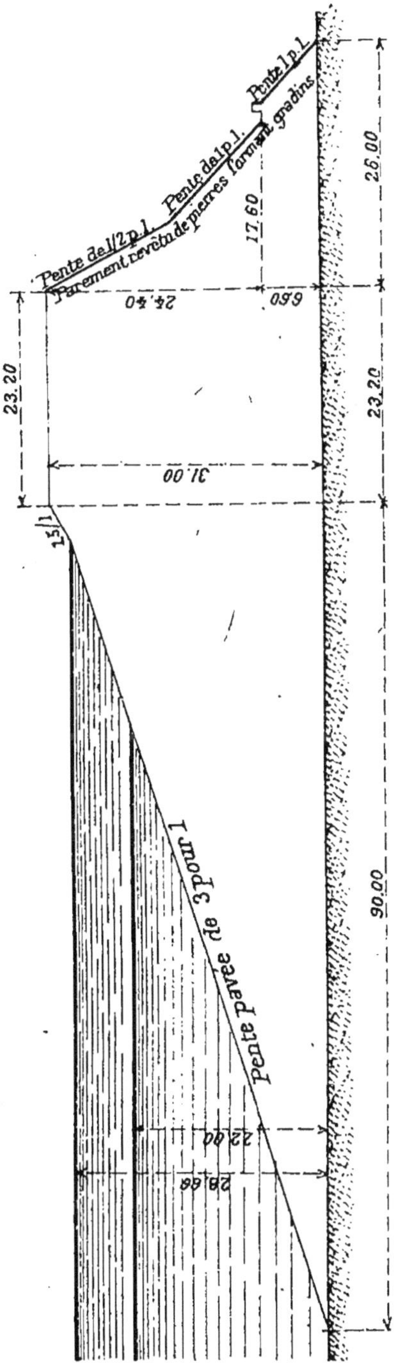

La pente à l'amont est de 3 pour 1; à l'aval, elle est beaucoup plus rapide. La première est simplement pavée, la seconde est revêtue de fortes pierres de taille disposées en escalier.

Des aqueducs d'écoulement, très solidement fondés, ont été établis aux deux extrémités de la digue, c'est-à-dire au point où elle s'appuie sur le coteau.

Le déversoir a été construit à 2 kilomètres et demi de la digue à l'aide d'une tranchée creusée dans les collines voisines.

Ces anciens errements sont encore en usage dans le pays. Cependant on tend à adopter le système anglais ou encore celui des digues mixtes, principalement quand les terres dont on dispose sont perméables. On établit alors sous le perré d'amont, ou mieux dans l'axe, un noyau d'argile corroyée ou un mur en maçonnerie ou en béton, que l'on descend jusqu'au terrain imperméable.

Rupture de digues en terre. — Après avoir décrit les principaux types adoptés pour la construction des digues, tant en France qu'à l'étran-

Fig. 320. — Digue du réservoir de Cummin.

ger, il est intéressant de signaler les accidents subis par quelques-uns de ces ouvrages, et les circonstances dans lesquelles ils se sont produits.

Rupture de la digue de Longpendu, au canal du Centre, occasionnée par des filtrations à travers le corps de la digue. Dégâts considérables, quatre victimes.

Rupture de la digue du Plessis, au même canal, le 5 décembre 1825, causée par l'obstruction des déversoirs au moment de pluies abondantes, digue surmontée et emportée.

Rupture de la digue de l'étang Berthaud, au canal du Centre, le 14 avril 1829, par suite de la surélévation du plan d'eau au-dessus de la retenue normale et du déversement des eaux au-dessus de la digue surmontée, par suite de la formation de vagues de grande hauteur.

Rupture de la digue de la Tabia, en 1856, en Algérie, par suite d'infiltrations et de la crue rapide du cours d'eau barré.

Rupture de la digue de Bradfield, en Angleterre, survenue le 12 mars 1864, et étudiée plus haut.

Rupture de la digue du réservoir de South-Fork, près de Johnstown, en Amérique, survenue en 1889, causée par le relèvement de la retenue et l'arrivée soudaine de pluies torrentielles, l'insuffisance du déversoir et le défaut d'entretien de la bonde de fond. Dégâts considérables ; 10.000 victimes.

Résumé et conclusions sur les digues en terre. — Les ruptures survenues dans les digues en terre sont dues, comme on l'a vu précédemment, à deux causes principales :

1° Déversement de l'eau par-dessus la digue, déversement qui cause la ruine de l'ouvrage ;

2° Établissement des ouvrages de prise d'eau au travers de la masse du remblai qui constitue la digue, établissement qui favorise un chemin d'eau.

Il faut donc donner à la digue une revanche notable par rapport au niveau de la retenue normale et assurer des moyens d'évacuation suffisants pour que, dans tous les cas, l'eau ne puisse pas dépasser un certain niveau maximum.

Il faut aussi éloigner toujours du remblai les orifices d'écoulement et les placer dans le terrain naturel, là où il est solide.

Il est inutile de faire remarquer que la digue doit être étanche, composée d'une masse bien homogène.

Sous ce rapport, le mode d'exécution des digues hindoues est la perfection même, mais est absolument incompatible avec l'état actuel de notre civilisation.

Le système français s'en rapproche beaucoup au point de vue de l'homogénéité; le corroyage mécanique remplace, dans la mesure du possible, l'action du temps et des foules humaines.

Le système anglais a sans doute fait ses preuves, mais ne semble pas devoir être recommandé en raison de son défaut d'homogénéité et de la complication d'exécution qu'il implique.

Le tableau de la page suivante, dressé d'après les indications données par M. l'inspecteur général de Mas, fait connaître les dimensions d'un certain nombre de digues françaises et leur dépense de premier établissement.

Il résulte de ce tableau qu'en France les retenues avec digues en terre n'atteignent pas 20 mètres de hauteur et dépassent à peine 15 mètres.

On y voit aussi que, sauf pour les digues de Grosbois et de Bourdon, la largeur totale de la plateforme ne dépasse pas 6 mètres.

M. l'inspecteur général Guillemain estime qu'il est inutile de donner à la plateforme une largeur égale à la demi-hauteur de la digue. Il pense qu'il ne faut jamais descendre au-dessous de 5 mètres, en raison des fissures qui pourraient se produire, et qu'il convient de se rapprocher de 8 à 10 mètres, si l'on a à craindre l'action successive du soleil et des grandes pluies.

On constate que le prix de revient du mètre cube de capacité, comme dépenses de premier établissement, varie dans de grandes proportions, de 0 fr. 12 à 0 fr. 34, et est en moyenne de 0 fr. 22.

Ce prix n'a aucun rapport avec celui du mètre cube d'eau fourni à l'alimentation. Pour l'obtenir, il suffirait de diviser le montant annuel moyen des dépenses d'entretien et d'exploitation de chaque réservoir par le volume d'eau moyen annuellement emprunté.

DÉSIGNATION DES DONNÉES	RÉSERVOIRS DE							
	Cercey	Montaubry	Mittersheim	Plessis	La Liez	Torcy-Neuf	Grosbois	Bourdon
Hauteur du couronnement au-dessus du seuil de la bonde de fond....	13m,80	16m,38	8m,82	9m,30	16m,77	16m,30	16m,35	17m,54
Hauteur de la retenue normale............	12 50	15 20	8 12	7 75	14 67	14 50	15 35	15 26
Revanche............	1 30	1 38	0 70	1 55	2 10	1 80	1 00	2 28
Hauteur du parapet....	1 00	1 20	1 00	1 20	1 25	1 20	1 40	0 91
Revanche totale.......	2 30	2 58	1 70	2 75	3 35	3 00	2 10	3 19
Largeur du parapet....	1 40	0 50	0 50	0 50	0 50	0 50	0 75	0 40
Largeur totale du couronnement..........	5 70	6 00	6 00	3 00	5 30	5 50	10 00	8 42
Époque de construction	1830-38	1859-61	1864-66	1866-70	1880-86	1883-87	1898-1904	1901-04
Capacité............	»	5.030.000m3	7.100.000m3	1.320.000m3	16.100.000m3	8.760.000m3	820.000m3	8.123.000m3
Dépenses de premier établissement. { totales..	»	610.000 fr.	»	356.000 fr.	2.992.000 fr.	2.233.000 fr.	»	2.772.000 fr.
{ par m3.	»	0 fr. 12	»	0 fr. 27	0 fr. 49	0 fr. 25	»	0 fr. 34

§ 2. — Digues mixtes. — Béton armé

281. Divers types de digues mixtes. — En dehors des digues en terre, que l'on vient d'étudier, et des digues en maçonnerie, que l'on examinera plus loin, il existe un système mixte, dans lequel la terre, la maçonnerie, le béton, le bois, le métal même, sont diversement combinés pour réaliser la stabilité et l'étanchéité nécessaires.

Ainsi les barrages établis en Russie sur la haute Volga et sur la Tsna, un affluent de ce fleuve, sont exécutés en bois ; la hauteur de retenue est faible (5 à 6 mètres au-dessus de l'étiage, au plus). Néanmoins, les réservoirs de la haute Volga, qui sont fermés par ces barrages et qui emmagasinent l'eau destinée à soutenir le débit du fleuve à l'étiage, permettent d'augmenter ce débit de 60 mètres cubes par seconde pendant quatre-vingts à quatre-vingt-dix jours.

Sur le Mourgab, en Asie centrale, les Russes ont employé, pour la constitution d'un barrage, des matières ligneuses en fascines, en tapis, en papiers lestés avec des briques.

En Californie, pour emmagasiner les eaux nécessaires au traitement des sables aurifères, on a employé, pour la construction des barrages, dans une large mesure, les bois fournis en abondance par les forêts du voisinage.

En France et dans l'Europe occidentale, on a seulement associé la terre avec la maçonnerie. Dans ce système, le mur en maçonnerie ou en béton joue le rôle d'écran, que remplit le noyau d'argile dans les digues anglaises.

282. Digues mixtes avec maçonnerie et remblai. — *Réservoir de Saint-Ferréol.* — Ainsi, dans les digues mixtes en terre et en maçonnerie, les deux éléments dont se compose la digue jouent chacun un rôle distinct. Le réservoir de Saint-Ferréol, destiné à l'alimentation du canal du Midi, est le plus célèbre. Construite en 1667 par Riquet, la digue supporte une retenue de 31 mètres de hauteur, et se compose d'un immense remblai de 140 mètres de largeur à la base environ, soutenu à ses deux extrémités par des murs de 10 et de 20 mètres de hauteur, et divisé en deux massifs distincts par un mur médian qui s'élève sur toute la hauteur de la digue (*fig.* 320).

Le remblai d'amont est profilé en pente douce ; sa crête est arasée à 10 mètres au-dessous du niveau de la retenue. Le remblai d'aval s'élève jusqu'à ce niveau, et forme plate-forme sur 13m,30 de largeur ; son talus est disposé en gradins à inclinaisons décroissantes du sommet vers la base. Le mur central, qui a 6 mètres d'épaisseur sur toute la hauteur de la digue, forme diaphragme au milieu du remblai. Cette maçonnerie donne à la digue l'étanchéité nécessaire ; les remblais lui fournissent la résistance au renversement.

Malheureusement, il est douteux que les rôles se répartissent d'une manière aussi simple ; le mur central supporte sans doute sa part de la

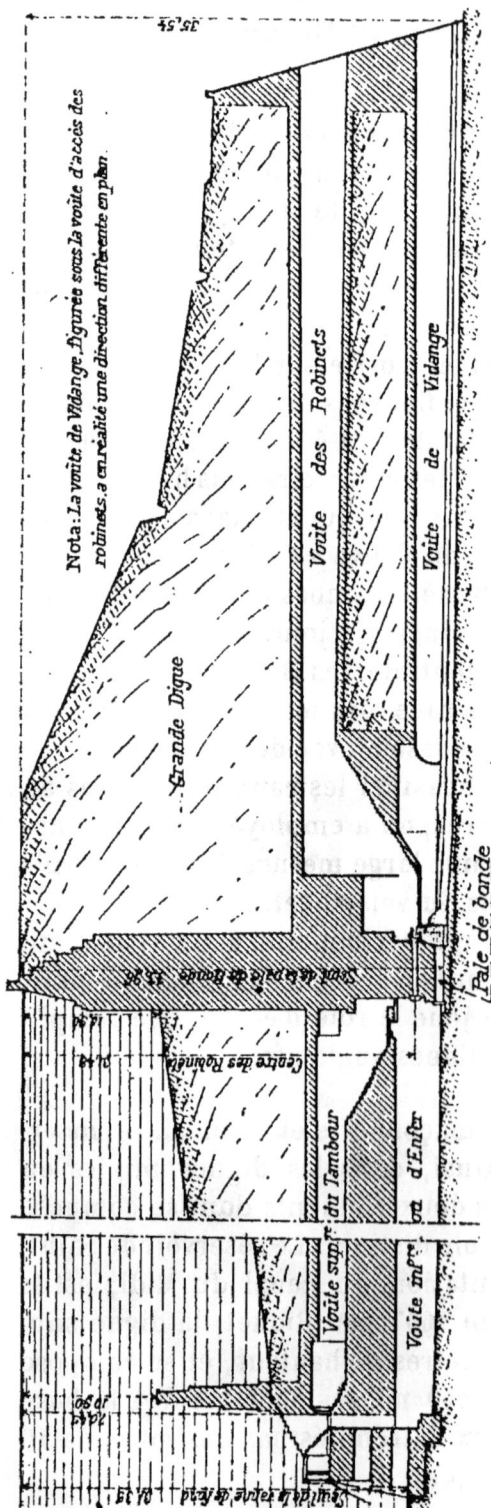

Fig. 321. — Réservoir de Saint-Ferréol.

poussée qu'exerce l'eau sur tout le système, mais le défaut d'homogénéité de la masse ne permet pas d'apprécier si chaque partie de la construction supporte exactement la part des efforts qui lui incombe. Il semble que les murs de Saint-Ferréol aient un peu cédé sous la poussée des terres; mais il est probable que ce mouvement a rétabli l'équilibre, car ce remarquable ouvrage n'a pas cessé de fonctionner depuis deux siècles pour l'alimentation du canal qu'il dessert.

L'émission des eaux se pratique au moyen de trois gros robinets, placés à l'extrémité de trois tuyaux, qui traversent le mur central et débouchent dans deux galeries, l'une d'arrivée, l'autre de départ, construites sous les talus de la digue.

Deux galeries, l'une supérieure, l'autre inférieure, traversent le massif, et donnent accès d'une part aux robinets, d'autre part à la bonde de fond.

Cet ouvrage, extrêmement intéressant, n'est pas à imiter; du moment où le rocher est assez voisin pour permettre une fondation facile, il serait plus rationnel de recourir à un mur maçonné, qui réunirait, à lui seul, les deux qualités d'étanchéité et de résistance.

Réservoir du Couzon. — Ce réservoir a été établi de 1789 à 1812, pour l'alimentation du canal de Givors, en barrant le ruisseau du Couzon. Le barrage, qui ferme la vallée, assure une retenue de 31 mètres de hauteur, et a été construit sur le type de la digue de Saint-Ferréol. Un mur de 10 mètres de hauteur sur 4 mètres d'épaisseur soutient les terres à l'amont; les remblais d'aval sont retenus par un mur de 18m,50 de hauteur sur 5 mètres d'épaisseur moyenne. Le mur central a 6m,80 d'épaisseur à la base et 3m,20 au sommet; l'épaisseur totale du massif à la base est de 117m,77.

Réservoir de Duming. — La digue de ce réservoir, construit de 1887 à 1889 aux États-Unis pour l'alimentation de la ville de Scronton, comprend deux parties distinctes : la première établie en maçonnerie, la seconde constituée par un énorme remblai, divisé en son milieu par un mur en maçonnerie. C'est le système de Saint-Ferréol et du Couzon, mieux encore le système anglais, où le rideau en corroi est remplacé par un diaphragme en maçonnerie.

Réservoir de Solingen. — La digue mixte de Solingen a été établie de 1900 à 1901 pour les besoins en eau et en force motrice de la ville de ce nom en Prusse. Cet ouvrage, qui se rapproche beaucoup du type anglais, comporte un noyau central en béton de $1^m,50$ d'épaisseur moyenne, reposant sur le rocher et s'élevant jusqu'à la plate-forme. Les talus amont et aval de la digue sont dressés suivant une pente, le premier de 1/2,5, le second de 1/2. La paroi amont est

Solingen (Prusse)

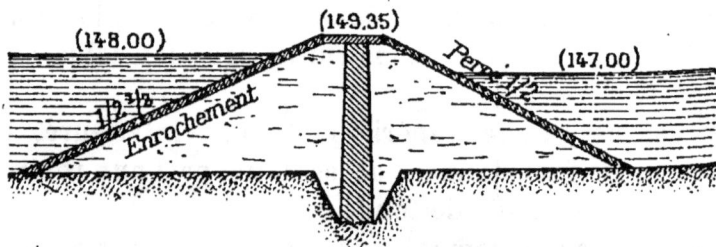

Fig. 322. — Réservoir de Solingen. Coupe.

défendue par un enrochement général ; celle d'aval est protégée par un perré contre l'action des eaux d'une retenue immédiatement inférieure (*fig. 322*).

Réservoir du Gasco, sur le Guadarrama. — Le barrage projeté pour ce réservoir mérite une mention particulière, puisqu'il devait être monté à la hauteur extraordinaire de 93 mètres. Il devait être constitué par deux murs en maçonnerie de $2^m,80$ d'épaisseur reliés par des murs de refend, avec lesquels ils constituaient des compartiments. Ceux-ci devaient être remplis avec des pierres noyées dans l'argile. L'ouvrage monté jusqu'à $57^m,12$ fut renversé sur une partie de sa longueur, le 14 mai 1789, à la suite de pluies qui avaient fait gonfler l'argile. Il n'a jamais été repris.

Réservoir de Kabra. — La digue de ce réservoir est établie suivant un type assez répandu aux Indes anglaises, et dont le profil rappelle celui d'un mur de quai ou d'un bajoyer d'écluse (*fig. 323*).

Ce type est certainement préférable à celui de Saint-Ferréol, puisque la maçonnerie concentrée à l'amont défend efficacement le remblai d'aval ; il prête cependant à la critique. Ou le mur assure seulement l'étanchéité et alors son épaisseur est excessive ; ou bien il concourt avec le remblai à la stabilité, dans ce cas, il est impossible de déterminer la part qu'il prend à la résistance.

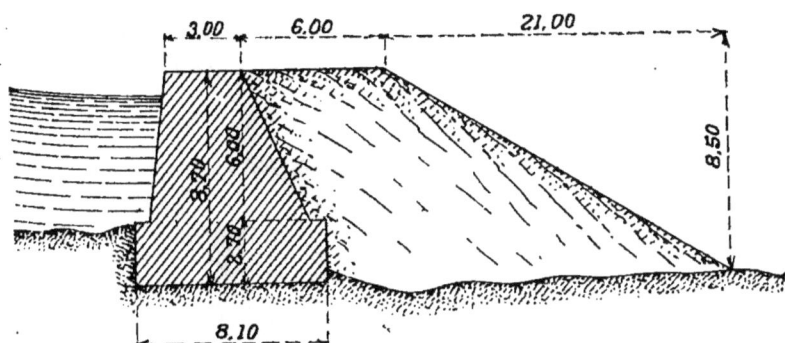

FIG. 323. — Réservoir de Kabra. Coupe.

Réservoir du lac d'Orédon. — Une disposition toute spéciale a été prise pour l'établissement de la digue mixte du réservoir du lac d'Orédon dans les Pyrénées, en vue d'accroître la capacité de ce lac. On est parvenu à différencier d'une façon très nette la partie de l'ouvrage assurant l'étanchéité de celle qui procure la stabilité.

Le corps de l'ouvrage, qui donne la résistance, est formé de matériaux perméables, sables, graviers et cailloux, préalablement purgés de toute matière terreuse. C'est une masse ayant une incompressibilité absolue. Son talus amont est pourvu d'un revêtement en maçonnerie, qui réalise une étanchéité suffisante. Ce revêtement se compose : d'un perré à pierres sèches incliné à 3/2, appuyé sur le remblai incompressible ; d'une première couche superposée de béton de 0m,20 d'épaisseur ; d'un deuxième perré à pierres sèches de 0m,30 d'épaisseur ; d'une seconde couche de béton de 1m,60 d'épaisseur à la base et 1m,20 au sommet ; d'une chape en bitume de 0m,02 ; enfin d'un troisième perré de 1 mètre d'épaisseur, protégeant l'ouvrage contre le choc des lames et des glaçons (*fig.* 324).

Le second perré de 0m,30 d'épaisseur est destiné à recueillir les infiltrations et forme un drain général, dont la couche de béton sous-jacente est le radier. Il s'appuie sur le cerveau d'une galerie transversale de 1 mètre de largeur et de 1^m,50 de hauteur, qui recueille les eaux par des barbacanes et les conduit à l'aqueduc de vidange .

Les dispositions prises pour empêcher les filtrations de pénétrer dans le corps du remblai ont parfaitement réussi, bien que la chape en bitume présente des boursouflures et adhère d'une façon incomplète à la couche de béton.

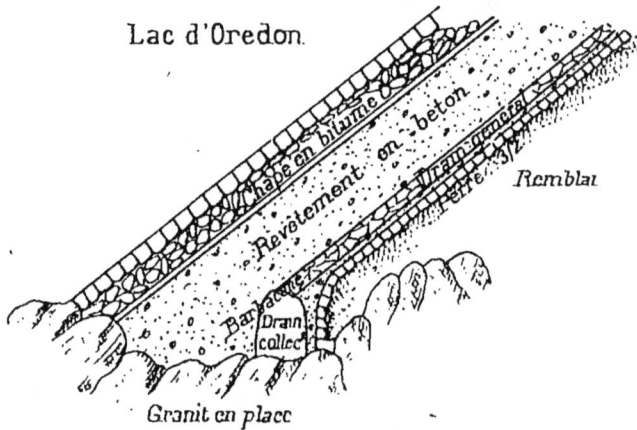

Fig. 324. — Réservoir du lac d'Orédon. Coupe.

Quoi qu'il en soit, l'ouvrage créé pour augmenter la capacité du lac d'Orédon a donné les meilleurs résultats, et mérite d'être reproduit dans des cas semblables. La combinaison de la maçonnerie et du remblai incompressible présente un caractère rationnel et satisfaisant, parce que chaque élément du système remplit exactement le rôle pour lequel il a été établi.

283. Digues mixtes avec emploi de métal. — *Réservoir du Rio-Rimac.* — On trouve dans la vallée supérieure du Rio-Rimac (Pérou) des lagunes situées à des altitudes comprises entre 4.287 et 4.867 mètres au-dessus du niveau de la mer. Les lagunes ont été aménagées en vue de prévenir les dégâts causés pendant la saison des pluies, et de fournir l'eau nécessaire aux irrigations, en même temps qu'à l'alimentation des villes de Lima et de Callao.

A cette altitude, les intempéries, la fréquence des tremblements de terre, l'absence de voies de transport praticables, rendaient fort difficile et fort aléatoire l'établissement de barrages en maçonnerie. On s'est donc contenté de conserver le niveau primitif des lagunes et d'assurer leur vidange par l'ouverture, à travers les seuils naturels, de tranchées de $4^m,20$ à $16^m,50$ de hauteur, que l'on a ensuite fermées par des écrans métalliques de 3 mètres de largeur appuyés sur des piles et des culées, encastrées dans le rocher. L'ossature de l'écran a été constituée par des poutres horizontales espacées de $0^m,38$, formées, les unes par un fer à $\mathbf{I}$ de $\dfrac{220 \times 110}{10}$, les autres par deux fers en $\sqcup$ accolés de $\dfrac{300 \times 75}{12}$, suivant la charge d'eau qu'elles ont à supporter. Les plaques en tôle, qui remplissent ces intervalles, ont 3 mètres de longueur, $0^m,38$ de hauteur et $0^m,0175$ d'épaisseur ; leurs joints sont recouverts d'une lame de feutre, que protège un fer plat de $0^m,120$ de largeur, formant couvre-joint. Toutes ces pièces sont réunies par des boulons.

A la partie inférieure des écrans métalliques se trouvent des vannes manœuvrées du haut du barrage.

Réservoir d'Ash-Fork. — Le barrage établi à Ash-Fork, aux États-Unis, dans l'Arizona, pour la création d'un réservoir destiné à fournir de l'eau à la ville de ce nom, a été établi en acier. Sa longueur est de 56 mètres à la crête, entre les deux culées en béton, dans lesquelles il s'encastre. La longueur totale de l'ouvrage est de $91^m,20$; sa hauteur maximum, de 14 mètres.

L'ossature est composée de 24 fermes triangulaires en acier, dont le montant d'aval est vertical et le montant d'amont est incliné à 45°. Ces fermes sont contreventées transversalement par quatre séries d'entretoises en croix de Saint-André, et reposent sur une fondation en béton ancrée dans une roche ignée extrêmement dure. Le bordage est en tôles d'acier de $0^m,009$ d'épaisseur cintrées transversalement et rivées de chaque bord sur les fermes.

Le barrage forme déversoir ; la prise d'eau se fait au moyen d'une buse en fonte de $0^m,15$ de diamètre, noyée dans une gaine en béton, et placée au fond d'une tranchée creusée dans le roc de fondation.

L'emploi du métal pour la construction des barrages ne semble pas recommandable, en raison de l'influence des variations de température, qui produisent successivement des dilatations et des contractions du métal, et de l'effet de la rouille au contact de l'eau qui doit diminuer rapidement la résistance des matériaux mis en œuvre.

284. Barrages en béton armé. — L'emploi du béton armé pour la construction intégrale des barrages devient actuellement de pratique courante.

Barrage de Schuylerville

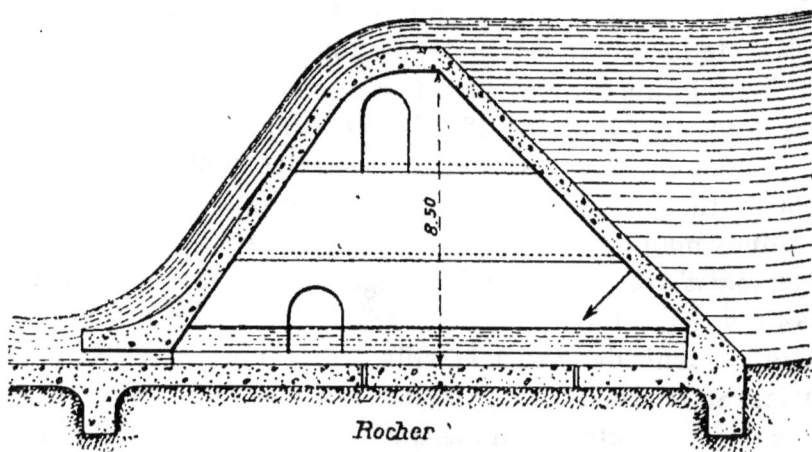

Fig. 325. — Barrage de Schuylerville. Coupe.

On profite, en effet, des qualités de résistance, de souplesse, des facilités d'adaptation, de rapidité d'exécution du béton armé pour obtenir un ouvrage homogène et solidaire dans toutes ses parties et répartir la pression uniformément sur la base d'appui, en lui donnant un empattement suffisant. On conçoit qu'on puisse arriver à ce résultat en constituant le barrage proprement dit par un écran vertical en béton armé, relié par des barres de fer ou d'acier à une dalle rectangulaire horizontale, constituant la fondation de dimensions telles que la pression, résultante de la poussée horizontale et de la charge d'eau passe par le pied de l'écran vertical.

On peut citer dans cet ordre d'idées le barrage de Schuylerville, dans l'Etat de New-York, construit en 1904 en moins de trois mois (*fig.* 325).

Le barrage a 8^m,50 de hauteur, 15^m,85 de largeur à la base et 75 mètres de longueur. Son profil est triangulaire ; la face amont, inclinée à 45°, s'appuie sur des contreforts espacés de 2^m,46 d'axe en axe, ayant 0^m,457 d'épaisseur à la base et 0^m,305 au sommet. Elle repose sur le rocher au moyen d'une fondation de 1^m,50 de largeur sur 0^m,90 de profondeur. Son épaisseur est uniformément de 0^m,230 ; le béton, qui constitue cette dalle est armé, de barres d'acier de 19 millimètres. La face aval est constituée de la même manière et sert de déversoir. La dalle qui sert de fondation à l'ouvrage et qui relie, indépendamment des contreforts, la paroi d'amont à celle d'aval, repose sur le rocher simplement lavé par un jet d'eau sous pression. Des ouvertures ménagées dans la face aval permettent l'écoulement des eaux d'infiltration et l'accès de l'air sous la nappe déversante pour éviter le tremblement du barrage. Une passerelle intérieure portée par les contreforts assure la communication des deux rives.

§ 3. — BARRAGES EN MAÇONNERIE

285. Considérations générales. — Une troisième catégorie de réservoirs est celle, où l'ouvrage de retenue est entièrement en maçonnerie. Les barrages en maçonnerie ont permis de créer des retenues d'une hauteur très supérieure à celles obtenues avec les digues en terre, et même avec les digues mixtes. Au point de vue de la résistance, comme à celui de la durée et d'un facile entretien, la maçonnerie offre des garanties que ne peut pas donner un remblai, quel qu'il soit. On peut, en outre, se rendre compte, dans une certaine mesure, par le calcul, des efforts auxquels sont soumises les différentes parties d'un barrage en maçonnerie, tandis qu'on ne peut apprécier le degré de stabilité d'une digue en terre ou mixte que par comparaison avec des ouvrages semblables.

Les digues en maçonnerie comportent, comme les autres digues, des ouvrages accessoires : prises d'eau, bondes de fond, etc., qui, construits avec les mêmes matériaux que l'ouvrage, ne présentent pas de difficultés spéciales.

On fera d'abord connaître les principaux barrages construits en divers pays et ressortir les avantages ou les inconvénients que présente chacun des types adoptés ; puis on indiquera sommairement la méthode actuellement employée, et qui doit être suivie pour la détermination du profil à adopter.

On signalera dans tous les cas l'absolue nécessité de ne fonder les ouvrages de cette espèce que sur un rocher vif et compact. Les énormes pressions qui se développent dans ces grandes masses de maçonnerie exigent que celles-ci reposent sur une base inébranlable.

ANCIENS BARRAGES ESPAGNOLS. — Les premiers barrages en maçonnerie ont été construits en Espagne pour le service des irrigations.

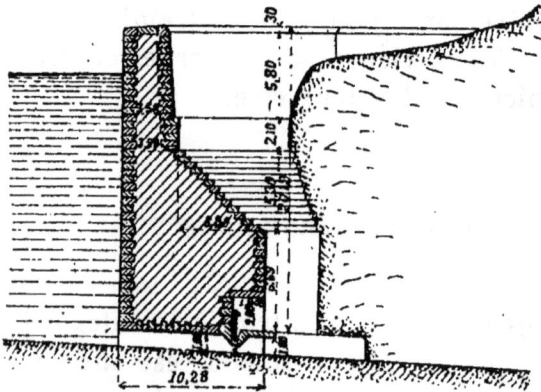

FIG. 326. — Barrage d'Almanza.

Le barrage d'Almanza, le plus anciennement connu puisqu'il existait déjà en 1586, présente, à sa partie inférieure, un pan coupé vertical ; il est revêtu en grosses pierres de taille. Sa plus grande hauteur est de 20^m,69 ; sa largeur, de 10^m,28 à la base, se réduit à 2^m,90 au sommet (fig. 326).

Le barrage d'Alicante, établi à la fin du XVIe siècle sur le río Monègre pour l'arrosage de la huerta d'Alicante, a détenu le record de la hauteur, avec 41 mètres de hauteur, jusqu'en 1866, date de l'achèvement du barrage du Gouffre d'Enfer sur le Furens. Sa largueur, de 37^m,70 à la base, est encore de 20 mètres au sommet (fig. 327).

Le barrage d'Elche, établi vers la fin du xvie siècle sur le

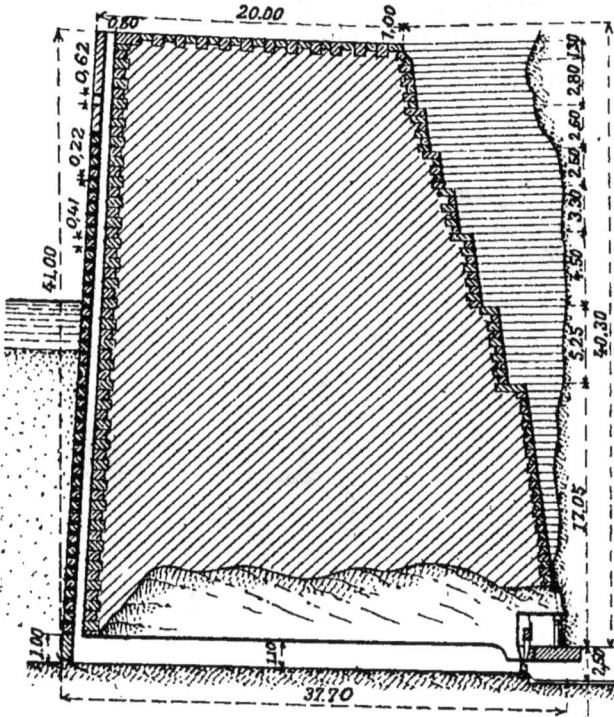

Fig. 327. — Barrage d'Alicante. Coupe.

rio Vinalopo, a un profil à peu près rectangulaire. Sa hauteur totale est de 23ᵐ,20 ; sa largeur ne dépasse pas 12 mètres à la base et 9 mètres vers le sommet (fig. 328).

Le barrage de Puentès, construit à la fin du xviiie siècle sur le Guadalantin, un peu en aval du confluent du rio Luchena, n'a fonctionné que pendant onze ans, car il a été emporté en 1812, sous 47 mètres d'eau, par la destruction des fondations. Sa hauteur totale était de 50ᵐ,06 ; la largeur, de 46 mètres à la base,

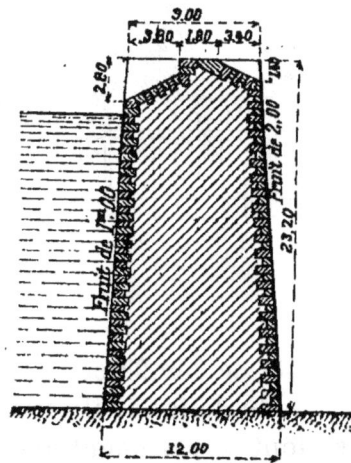

Fig. 328. — Barrage d'Elche.

se réduisait à 10ᵐ,89 au sommet (fig. 329).

Le barrage du Val de Infierno, aujourd'hui complètement envasé, est constitué par un massif tellement puissant qu'il est plus large que haut (*fig.* 330).

Le barrage de Nijar, construit de 1843 à 1850, a une hau-

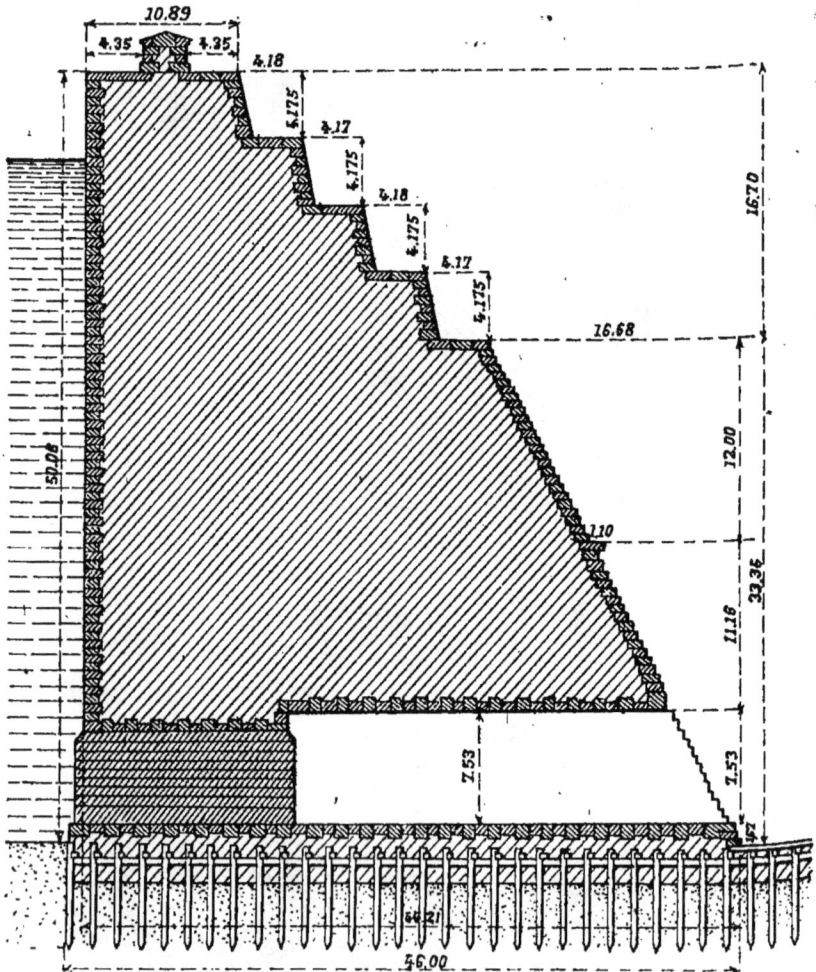

Fig. 329. — Barrage de Puentès. Coupe.

teur totale de 30^m,93 et retient les eaux à 27^m,55 au-dessus de la bonde de fond ; il est constitué par un bloc de maçonnerie, dont le parement amont est vertical, et dont le parement aval dessine, à l'aide de retraites, un contour général convexe (*fig.* 331).

Ce qui résulte de l'examen rapide qui vient d'être fait,

et qu'aucune règle précise ne semble avoir été appliquée

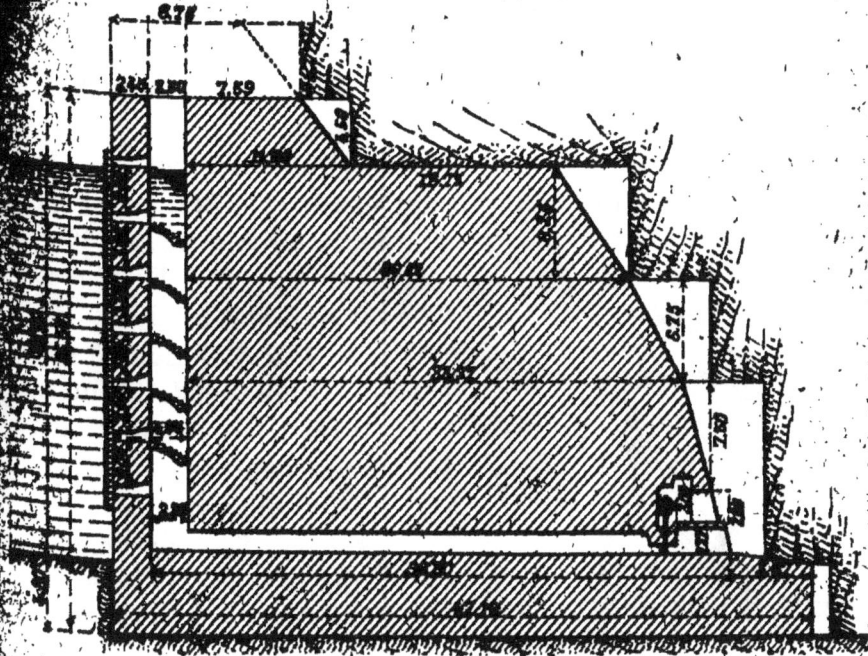

Fig. 303. — Barrage du Val de Infierno.

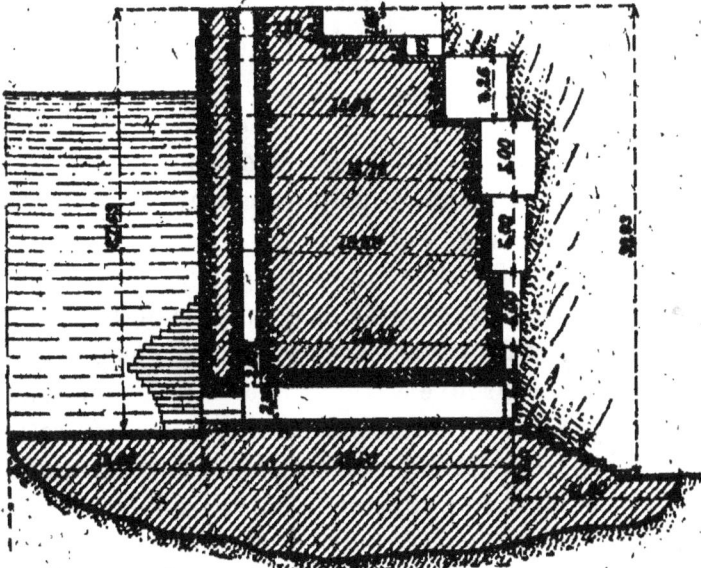

Fig. 331. — Barrage de Nijar.

pour l'établissement de ces ouvrages. Ils présentent cependant certains traits communs : leur parement est presque

toujours vertical ; leur empattement est toujours considérable pour diminuer la charge sur le sol de fondation. En
plan, ils sont tracés suivant une courbe dont la convexité
est tournée du côté de l'eau, et ils sont établis sur un rocher
particulièrement solide.

ANCIENS BARRAGES FRANÇAIS. — En France, le barrage le
plus ancien est celui de Lampy, construit de 1777 à 1780, pour
concourir avec le réser-
voir de Saint-Ferréol à
l'alimentation du canal
du Midi. Sa longueur en
couronne est de 126 mè-
tres, sa largeur de $5^m,20$
et sa hauteur de $16^m,20$
pour une retenue de
$15^m,65$. Son parement
intérieur est à peu près
vertical ; son parement
extérieur est assez in-
cliné, et est de plus
contre-buté par dix con-
treforts. Cet ouvrage
aurait fléchi sous l'in-
fluence de la poussée de
l'eau et aurait donné lieu, dès les premières années de sa
construction à d'abondantes filtrations qui ont à peu près
disparu aujourd'hui (*fig.* 332).

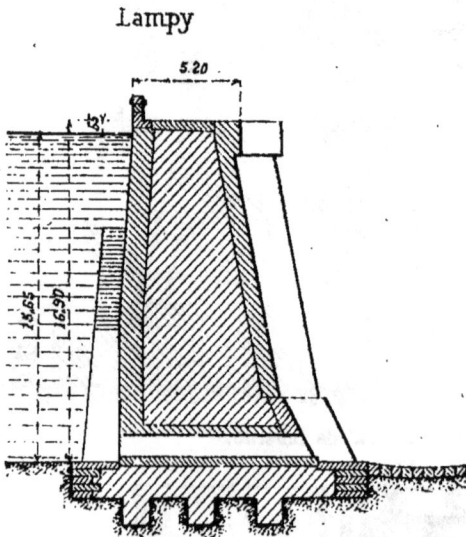

Lampy

FIG. 332. — Barrage du Lampy.

Les deux réservoirs de Grosbois (*fig.* 333) et de Chazilly,
créés de 1830 à 1838 pour l'alimentation du canal de Bourgogne, sont établis suivant le même profil, avec des dimensions
peu différentes. Ce profil est trapézoïdal ; le parement amont
présentant une forte inclinaison avec une série de retraites
successives, le parement aval ayant un fruit uniforme de 1/20.

Ces murs ont fléchi et se sont fissurés ; on les a consolidés au moyen de puissants contreforts, neuf à Grosbois, six
à Chazilly. On a dû en outre, à Grosbois, le remède étant insuffisant, construire à l'aval du barrage une digue en terre
constituant un second réservoir, et divisant ainsi la retenue
en deux parties.

Les réservoirs du Vioreau, de Glomel et de Bosméléac ont
été construits à la même époque pour l'alimentation du ca-

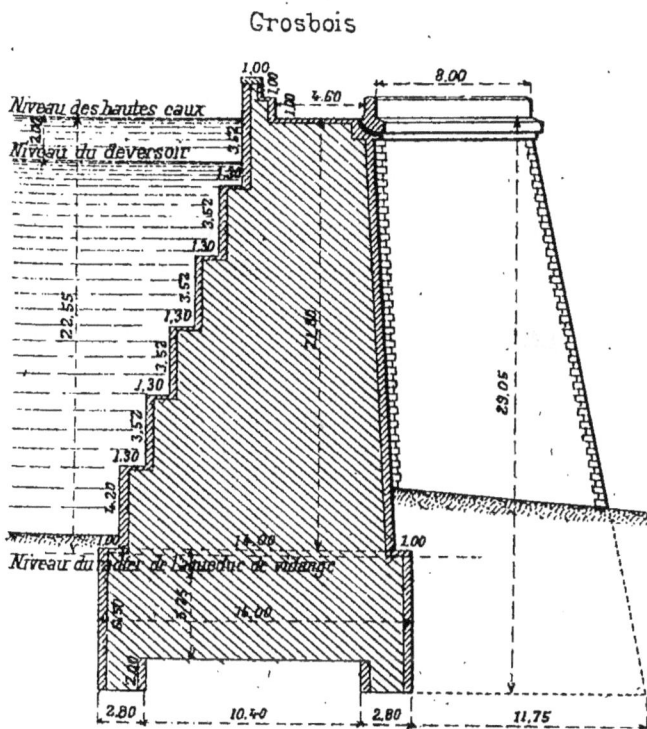

FIG. 333. — Barrage de Grosbois.

nal de Nantes à Brest. De faible hauteur, chaque barrage a
été établi suivant un profil spécial.

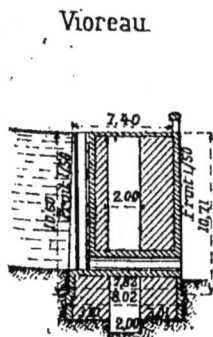

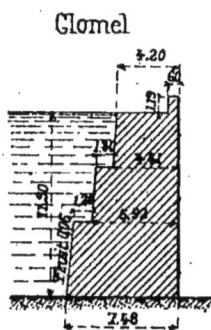

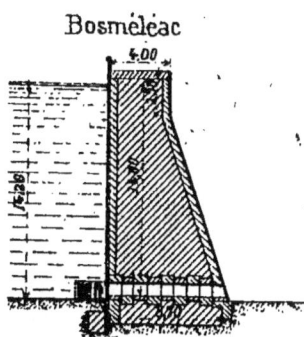

FIG. 334.   FIG. 335.   FIG. 336.

A Vioreau, il est constitué par deux murs verticaux, entre
lesquels on a coulé du béton. Le peu d'homogénéité du mas-

sif a donné lieu à des suintements, auxquels on a remédié par des coulis de ciment (*fig.* 334).

A Glomel, on retrouve le profil de Grosbois, qui a parfaitement résisté à la poussée de l'eau, sans doute à cause de la faible retenue (11ᵐ,90) (*fig.* 335).

A Bosméléac, on a appliqué un profil semblable à celui du Lampy, qui, dans l'espèce, n'a éprouvé aucune déformation (*fig.* 336).

Le barrage des Settons, construit sur la Cure, affluent de l'Yonne, ressemble aussi au précédent ; sa plus grande hauteur est de 20 mètres environ ; il est presque vertical à l'amont, et présente un fruit très incliné vers l'aval (*fig.* 337).

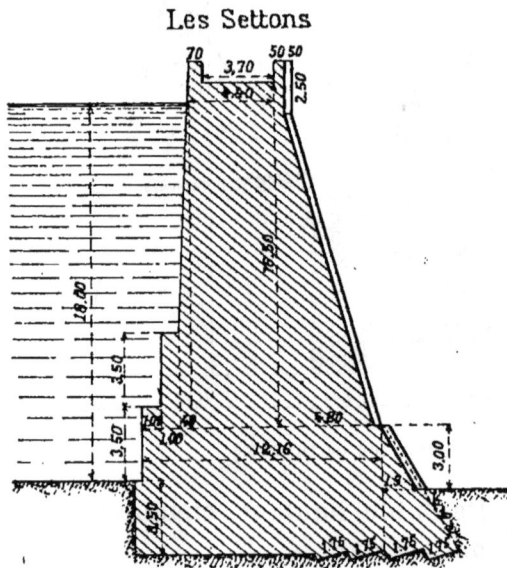

Les Settons

Fig. 337. — Barrage des Settons.

Les types qui viennent d'être étudiés ne sont presque pas différents les uns des autres, et semblent avoir été établis sans règle précise, dans tous les cas, sans appliquer aucune considération théorique. Les constructeurs se sont cependant préoccupés : de ne charger le sol de fondation que dans certaines limites ; d'éviter le renversement du massif par rotation autour de l'arête inférieure de la face d'aval ; de rendre impossible le glissement sur la base en suivant une assise horizontale quelconque.

M. de Sazilly le premier, en 1853, fit remarquer, à la suite des accidents survenus aux barrages de Grosbois et de Chazilly, que cette triple préoccupation n'était pas suffisante. Il montra qu'il fallait encore que la *pression maximum ne dépassât pas les limites convenables en aucun point des maçonneries ou du sol de fondation.*

Cette théorie nouvelle, complétée par M. Delocre, et basée sur la répartition des pressions suivant la loi du trapèze, a été appliquée pour la première fois à la construction du célèbre barrage du Gouffre-d'Enfer, sur le Furens, près du village de Rochetaillée, à 10 kilomètres en amont de Saint-Etienne.

NOUVEAUX BARRAGES FRANÇAIS. — *Barrage du Gouffre-d'Enfer.* — Établi entre des roches granitiques très escarpées, ce barrage opère une retenue de 50 mètres, pour une longueur de 100 mètres en couronne. En plan, il est disposé en arc de cercle tournant sa convexité du côté de l'eau et est encastré à ses extrémités dans le rocher (*fig.* 338).

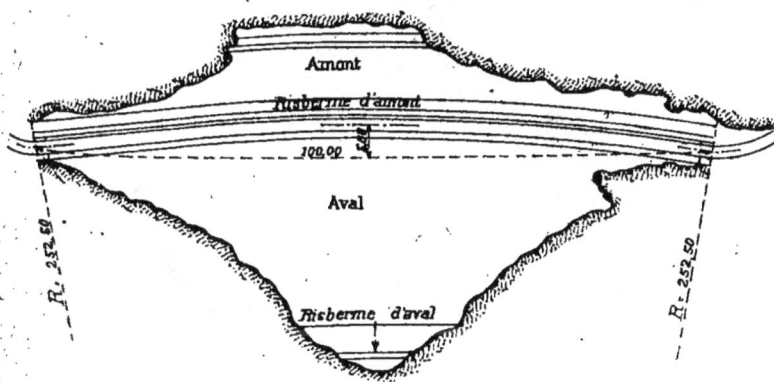

Fig. 338. — Barrage du Gouffre-d'Enfer. Plan.

Le profil du barrage est très sensiblement celui d'un profil d'égale résistance. Les contours polygonaux déterminés à l'aide des formules ont été remplacés par des lignes droites et des courbes tangentes, de façon à éviter des jarrets (*fig.* 339).

Les pressions maxima supportées par la maçonnerie à diverses hauteurs, sur le parement d'amont, quand le réservoir est vide, et sur le parement d'aval, quand il est plein, ne devaient dépasser en aucun point 6 kilogrammes par centimètre carré.

Deux parapets limitant une voie charretière de 2m,92 de largeur, à 2 mètres au-dessus de la retenue normale, contribuent à l'ornementation de l'ouvrage, surtout celui d'aval qui repose sur une série d'arcades. En outre, on a disposé en quinconce sur la face aval de grosses pierres formant

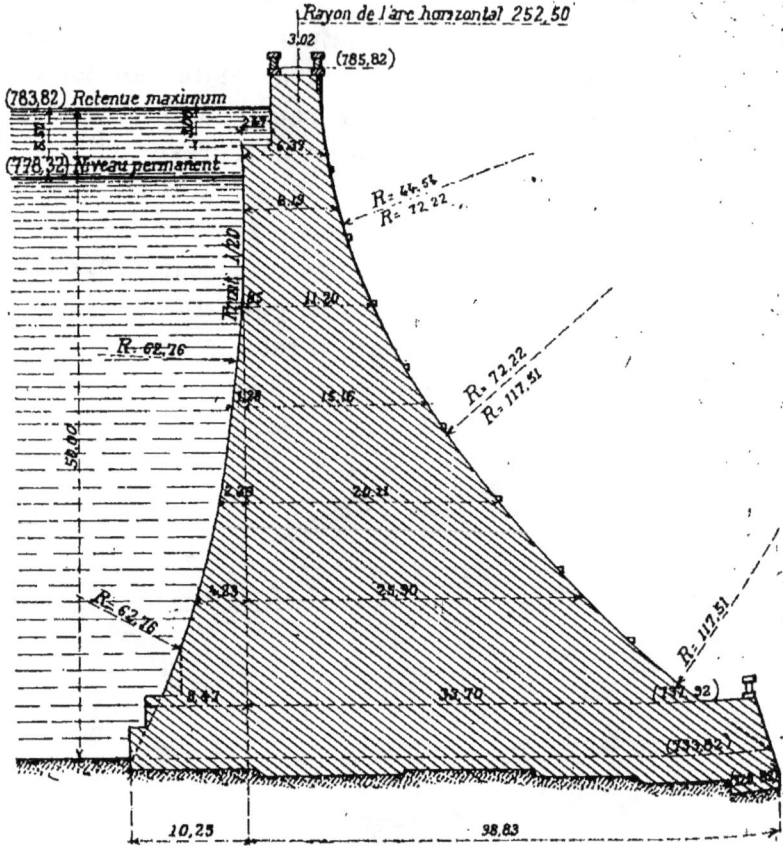

Fig. 339. — Barrage du Gouffre-d'Enfer. Coupe.

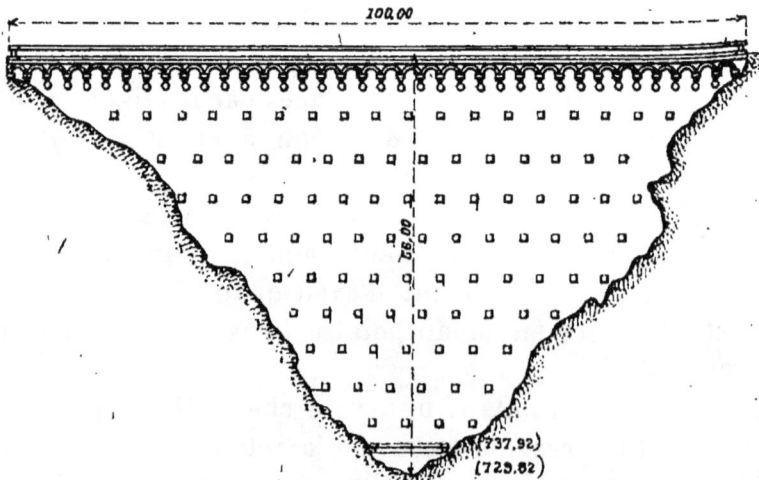

Fig. 340. — Barrage du Gouffre-d'Enfer. Vue de face.

saillies, destinées à recevoir des échafaudages, en cas de réparation, et rompant d'une manière heureuse la monotonie qu'aurait présentée une aussi grande surface (*fig.* 340).

Barrages de la Rive ou du Ban et du Pas-du-Riot. — Le barrage de la Rive, exécuté de 1866 à 1870 pour régulariser

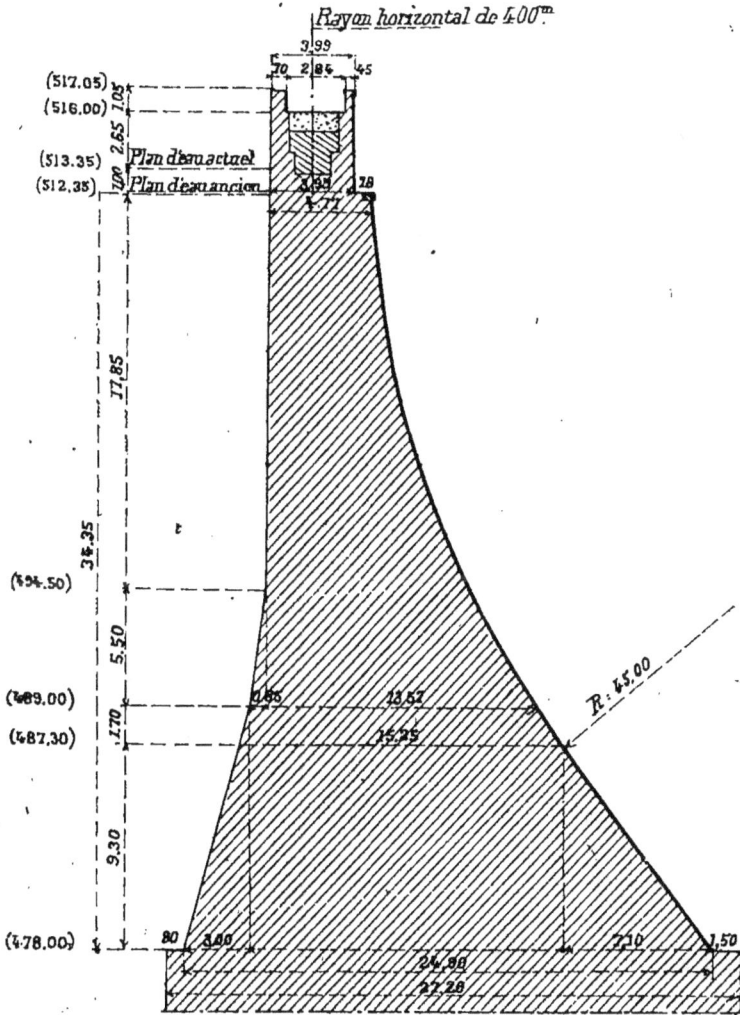

Fig. 341. — Barrages du Ternay. Coupe.

le jeu des usines du Giers et fournir des eaux potables à la ville de Saint-Chamond, et celui du Pas-du-Riot, construit de 1873 à 1878 à 5 kilomètre en amont de celui du Gouffre-d'Enfer, également sur le Furens, ont été établis sur le même type. La limite du travail a été portée à 8 kilogrammes pour le premier et à 7^{kg},50 pour le second.

Le barrage du Ban crée une retenue de 45^m,90, non compris une revanche de 1^m,90, et sa largeur de 4^m,50 au sommet est de 37^m,20 à la base. Il a 165 mètres de longueur en couronne, suivant un arc de cercle de 404 mètres de rayon.

Le barrage du Pas-du-Riot crée une retenue de 33^m,50 avec une revanche de 1 mètre ; sa largeur, de 4^m,90 au sommet, est de 21^m,86 à la base. Il est disposé suivant un arc de cercle de 350 mètres de rayon.

Barrage du Ternay. — Le barrage du Ternay, construit de 1861 à 1867 pour l'alimentation de la ville d'Annonay, crée une retenue de 35^m,35 ; il a 3^m,99 de largeur au sommet et 24^m,90 à la base. Sa longueur en couronne est de 161 mètres, se développant suivant un arc de cercle, convexe vers l'amont, de 400 mètres de rayon. Le profil adopté diffère de celui du Gouffre-d'Enfer, principalement en ce que son parement d'amont, vertical sur 21^m,50 de hauteur, s'évase suivant deux fruits rectilignes.

La pression maximum, qui était primitivement de 9^{kg},30 par centimètre carré, a été portée ensuite à 12 kilogrammes à la suite du relèvement du plan d'eau de 1 mètre (*fig.* 341).

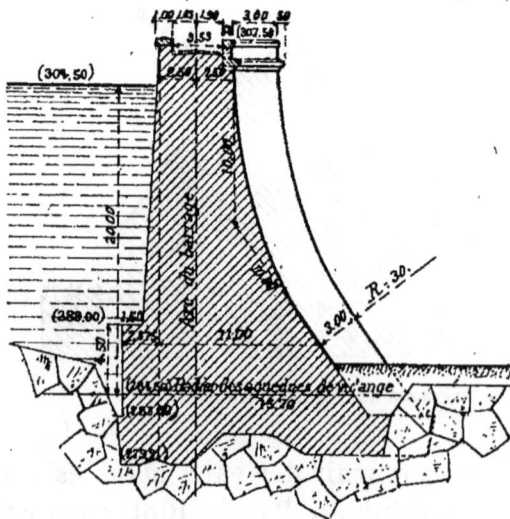

FIG. 342. — Barrage de Pont. Coupe.

Barrage de Pont. — Le barrage de Pont, établi de 1878 à 1881 sur l'Armançon, pour l'alimentation du canal de Bourgogne, crée une retenue de 20 mètres. Tracé en plan suivant un arc de cercle de 400 mètres de rayon, il n'a que 150 mètres de développement et 7^m,10 de flèche. Il est profilé comme le barrage du Furens, avec cette différence cependant que le parement d'amont est rectiligne avec un fruit de 1/20, tandis que le parement d'aval est disposé suivant un arc de cercle de 30 mètres de rayon.

Sa largeur, de 5 mètres au sommet, est portée à 15m,70 à la base. Le profil normal est renforcé par huit contreforts de 3 mètres de saillie, dont le parement aval est semblable à celui du barrage (fig. 342).

Barrage de Bouzey. — Le barrage de Bouzey, construit pour l'alimentation du canal de l'Est, a été mis en service en 1884, renforcé en 1888-1889, et emporté en 1895. Son profil, analogue à celui du Gouffre-d'Enfer et du Ternay, était le plus effilé des trois. La retenue créée était de 15 mètres au-dessus du seuil de la vanne de vidange (fig. 343).

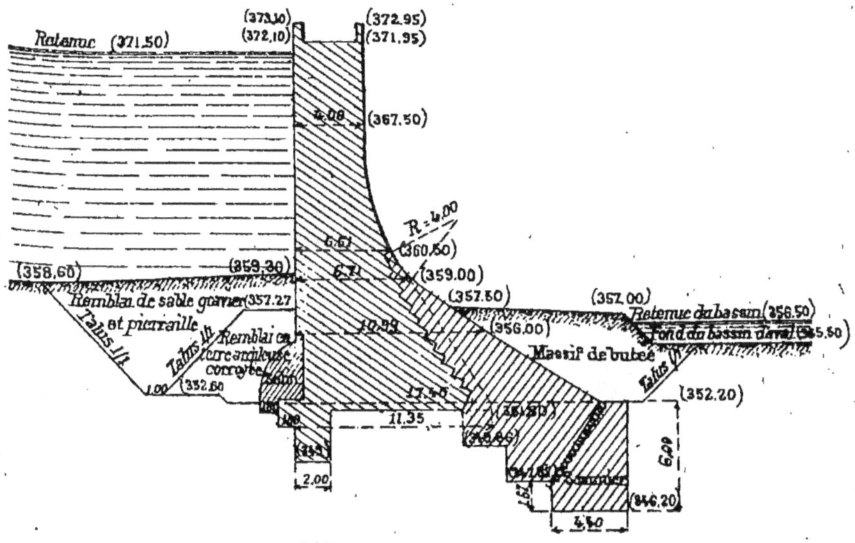

Fig. 343. — Barrage de Bouzey.

Barrage de la Mouche. — Le barrage de la Mouche a été établi de 1885 à 1890 pour l'alimentation du canal de la Marne à la Saône. Il est rectiligne en plan et mesure 410 mètres de longueur en couronne. Il crée une retenue de 22m,55 et présente jusqu'à ses fondations une hauteur totale de 34m,92. Il devait donner passage à un chemin vicinal de 7 mètres de largeur ; aussi, pour ne pas lui donner une aussi grande largeur, M. l'inspecteur général Carlier a-t-il imaginé d'appliquer sur sa face aval une sorte de viaduc de quarante arches de 8 mètres d'ouverture. Les voûtes ont 3^m,50 de largeur à

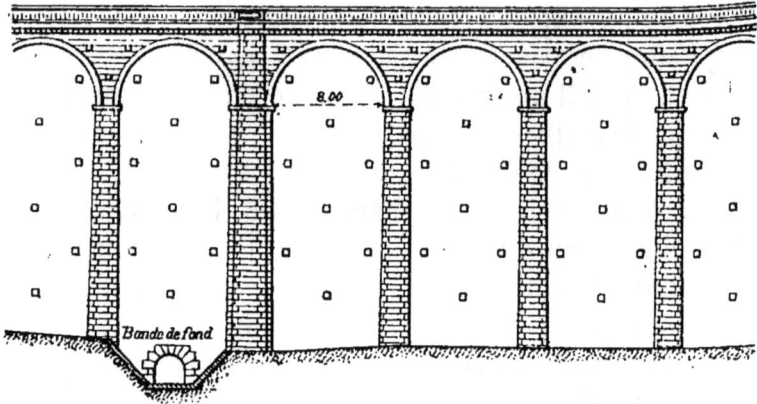

Fig. 344. — Barrage de la Mouche. Élévation.

la clef, de telle sorte que l'épaisseur du barrage au sommet a pu être réduite à 3^m,50 (*fig.* 344 et 345).

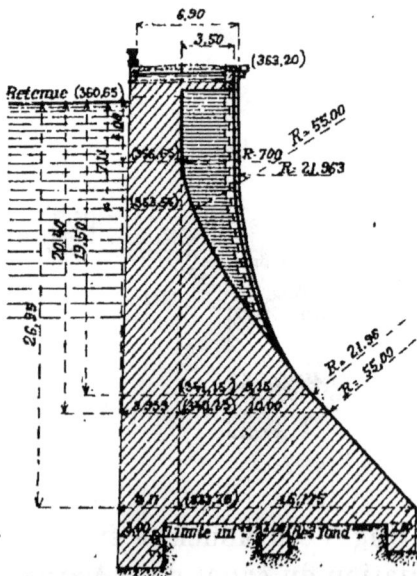

Fig. 345. — Barrage de la Mouche. Coupe.

Barrage de Chartrain. — Le barrage de Chartrain, sur le ruisseau la Tâche, affluent du Renaison, qui se jette dans la Loire à Roanne, a été construit pour l'alimentation de cette ville. Il crée une retenue de 46 mètres, non compris une revanche de 1 mètre. Son épaisseur varie entre 4 mètres au sommet et 41^m,30 à la base (*fig.* 346).

Ce barrage est tracé en plan suivant une courbe convexe vers l'amont de 400 mètres de rayon; il donne passage à un chemin de 4 mètres de largeur entre deux parapets, dont celui d'aval est porté par une série de voûtes d'évidement et de pilastres servant à l'ornementation. Le profil adopté est sensiblement celui du Ternay, son parement amont étant vertical sur une grande hauteur ; il se rapproche singulièrement du profil triangulaire.

La pression maximum qu'il supporte est de 11 kilogrammes par centimètre carré, et a été calculée en se servant des formules proposées par MM. Delocre, Bouvier et Guillemain. On s'est d'ailleurs attaché à supprimer tout

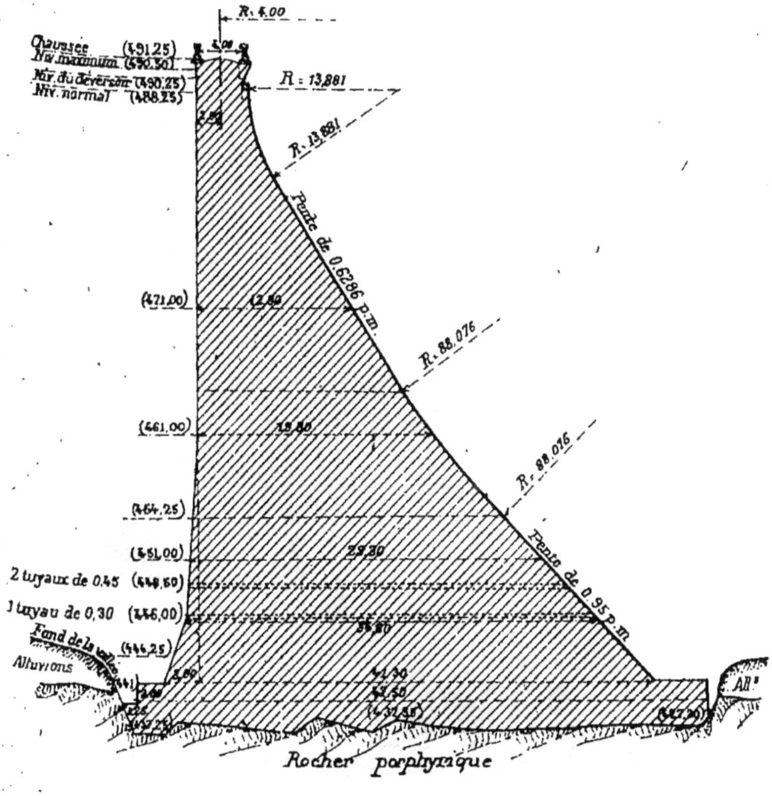

Fig. 346. — Barrage de Chartrain. Coupe.

travail à l'extension sur le parement amont, lorsque le réservoir est plein.

Le barrage de Chartrain a été considéré comme le spécimen le plus parfait du type français au V⁰ Congrès de Navigation intérieure, tenu à Paris en 1892.

Barrage de Saint-Marien. — Ce barrage, construit sur le Cher pour l'alimentation de la ville de Montluçon et les besoins industriels de la région, crée une retenue de 45 mètres. Il diffère de ceux qui ont été étudiés précédemment, en ce que ses deux parements présentent un fruit uniforme, celui d'amont de 0,18, celui d'aval de 0,72 (*fig. 347*).

La largeur de ce barrage varie entre 43 mètres à la base et 4ᵐ,70 au sommet; sa longueur en couronne est de 98ᵐ,50,

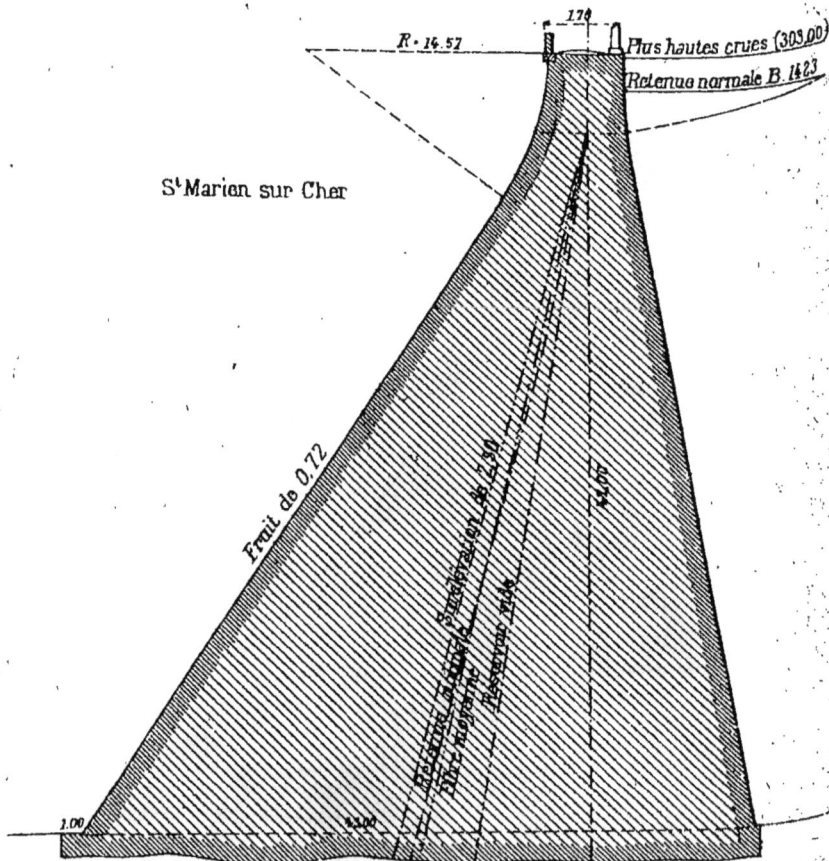

Fig. 347. — Barrage de Saint-Marien-sur-Cher. Coupe.

suivant un rayon de 200 mètres. La pression maximum ne dépasse pas 10ᵏᵍ,6.

BARRAGES ALGÉRIENS. — Les profils adoptés pour l'établissement des barrages algériens ne diffèrent pas notablement de ceux qui viennent d'être étudiés. Un des plus intéressants est celui de l'Habra; ce barrage, établi au confluent de l'Habra et de l'oued Ferguig, a été commencé en 1856 et terminé en 1871. Sa longueur en crête est de 455 mètres, y compris un déversoir de superficie de 125 mètres.

La hauteur de la retenue est de 27 mètres au-dessus du radier de la bonde de fond (*fig.* 348). La capacité du réservoir est de 30 millions de mètres cubes. Le barrage s'est rompu

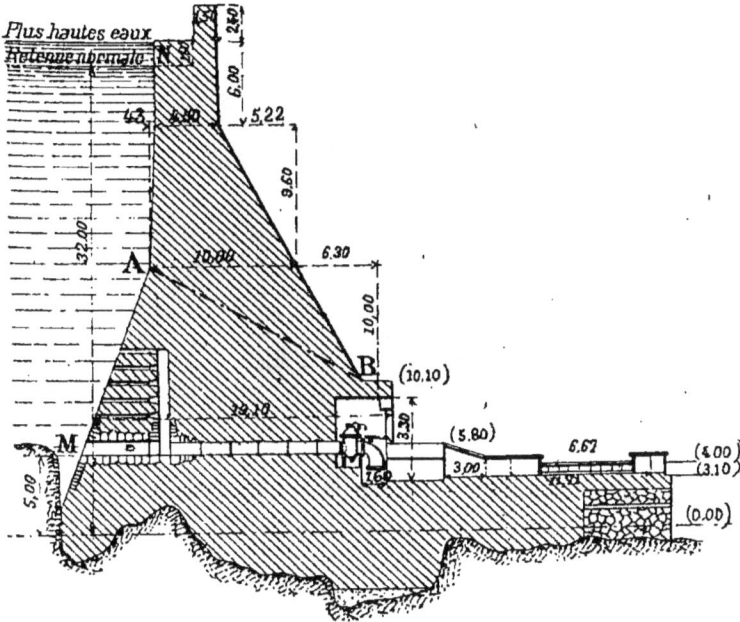

Fig. 348. — Barrage de l'Habra.

en 1881 et a été réparé de 1883 à 1887; son profil primitif a été renforcé.

NOUVEAUX BARRAGES ÉTRANGERS. — *Barrage de la Gilippe.* — Le barrage, construit de 1870 à 1875 pour assurer l'alimentation de la ville de Verviers (Belgique), n'a pas été établi suivant le type économique appliqué au Furens, au Ternay et à la Rive. Car son profil est excessivement massif, et le volume de maçonnerie qu'il comporte est environ le double de ce qu'il pourrait être, si l'on avait adopté les formules françaises et les limites du travail compatibles avec la résistance des matériaux.

Sa largeur est de 15 mètres au sommet et de 65^m,13 à la base, correspondant à une retenue de 45 mètres; la capacité du réservoir est de 14 millions de mètres cubes (*fig.* 349).

Barrage du Vyrnwy. — Le barrage de Vyrnwy, en Angleterre, fut construit de 1881 à 1888 pour l'alimentation de la ville de Liverpool. Sa longueur est de 355 mètres, et la hau-

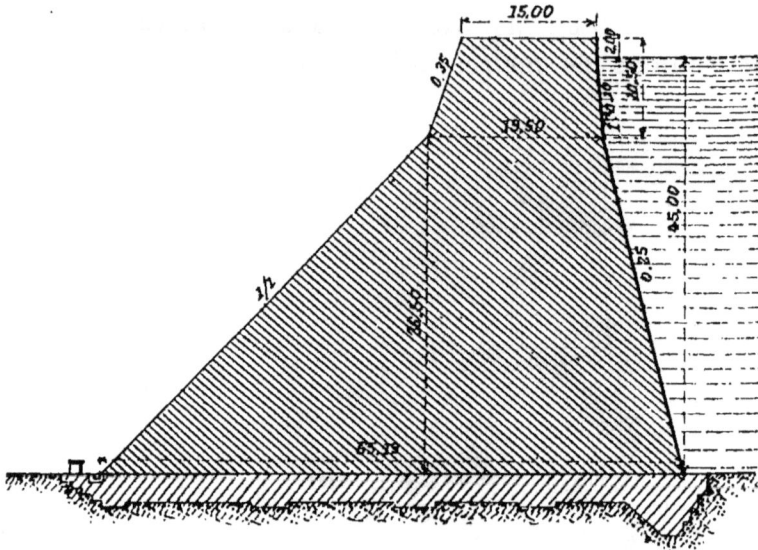

FIG. 349. — Barrage de la Gilipe. Coupe.

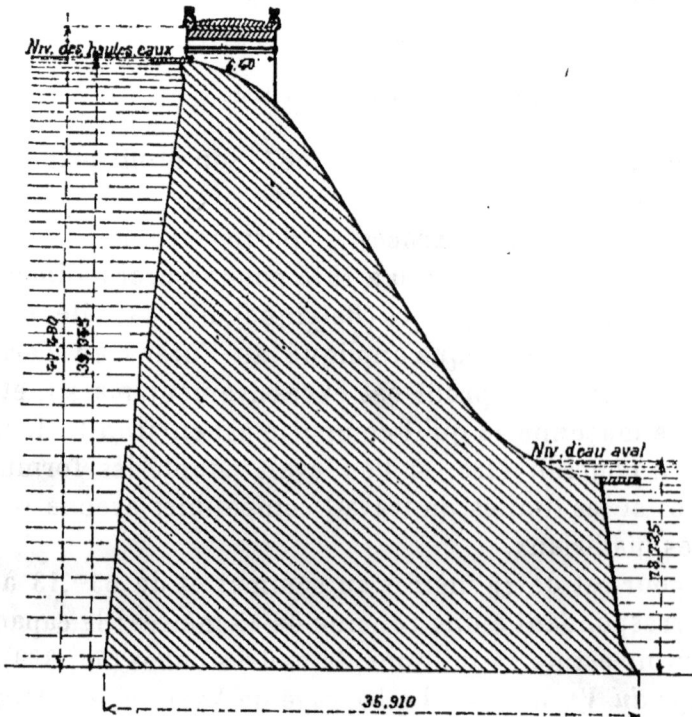

FIG. 350. — Barrage du Wyrnwy. Coupe.

teur de la retenue de 26m,62, correspondant à un réservoir qui peut contenir 55 millions de mètres cubes. Le profil adopté diffère complètement du type français ; le parement amont est légèrement incliné $\left(\dfrac{1}{7,27}\right)$ et le parement aval est disposé en forme de doucine, sur laquelle les eaux peuvent se déverser.

Le barrage est surmonté d'un viaduc pour le passage d'une route de 6m,40 de largeur (fig. 350).

Barrage de Solingen. — Ce barrage, construit en Allemagne de 1900 à 1902, en aval de la digue mixte étudiée précédem-

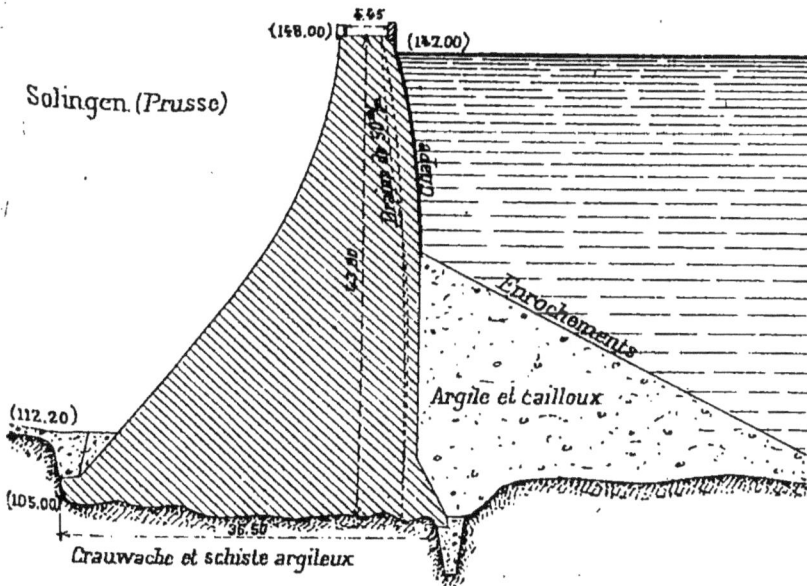

Fig. 351. — Barrage de Solingen. Coupe.

ment, se rapproche davantage des formes françaises. Sa hauteur totale est de 45 mètres pour une retenue de 38 mètres ; son épaisseur varie entre 36m,50 à la base et 4m,45 entre parapets au sommet. Cet ouvrage est renforcé sur sa face amont par un contrefort en argile et cailloux avec enrochements superficiels. Ce contrefort remplit un double rôle : le premier, de contribuer à l'étanchéité du barrage à sa partie inférieure ; le second, de ramener la résultante des pressions sur l'axe de l'ouvrage. Quand le réservoir est vide, la poussée des terres s'exerce et éloigne la résultante du parement amont; quand il est plein, la poussée de l'eau est réduite, la résultante s'éloigne du parement aval. En dehors de cette disposition spéciale, on peut signaler le drainage du parement amont, par des tuyaux de 0ᵐ,05 espacés de 0ᵐ,25, et répartis dans la maçonnerie pour capter les suintements, pouvant traverser une chape en ciment de 0ᵐ,025 (*fig.* 351).

Barrage de la Betwa. — Ce barrage, établi sur la rivière de ce nom, pouvant débiter pendant les crues 20.000 mètres

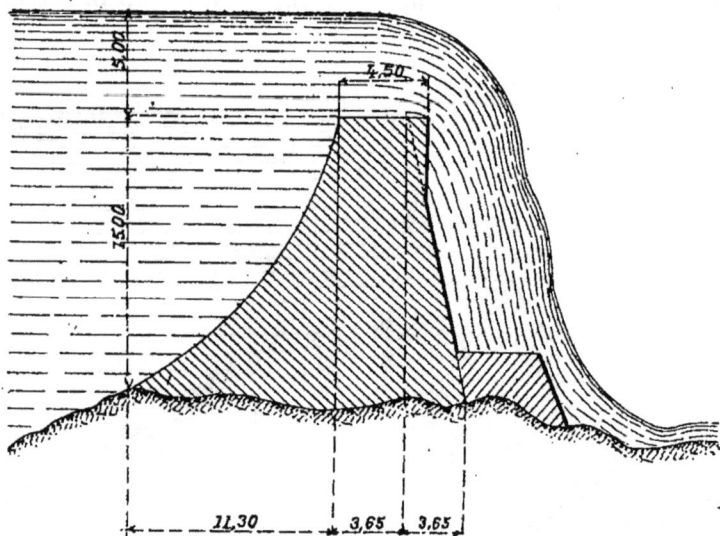

Fig. 352. — Barrage de la Betwa. Coupe.

cubes par seconde, s'élève à plus de 15 mètres au-dessus du point le plus bas de la vallée. Sa largeur varie de 4ᵐ,50 au sommet à 18ᵐ,60 à la base. Son parement amont est très incliné; son parement aval, vertical sur une certaine hauteur, est ensuite incliné suivant un fruit de 0ᵐ,24 par mètre. Ce barrage forme déversoir et est protégé à son pied contre le déversement par un contrefort en maçonnerie (*fig.* 352).

Barrage d'Assouan. — Le gigantesque réservoir d'Assouan, sur le Nil, pour régulariser le débit de ce fleuve, est commandé par un barrage qui a 1.950 mètres de longueur. Sa capacité est de 1 milliard 65 millions de mètres

cubes. La hauteur de la retenue peut atteindre 20 mètres
(fig. 353).

Le barrage doit laisser passer pendant les crues les eaux du
fleuve chargées du limon fertilisant, puis retenir les eaux
claires devenues surabondantes, pour les rendre plus tard
à l'irrigation pendant la période sèche. L'ouvrage se partage

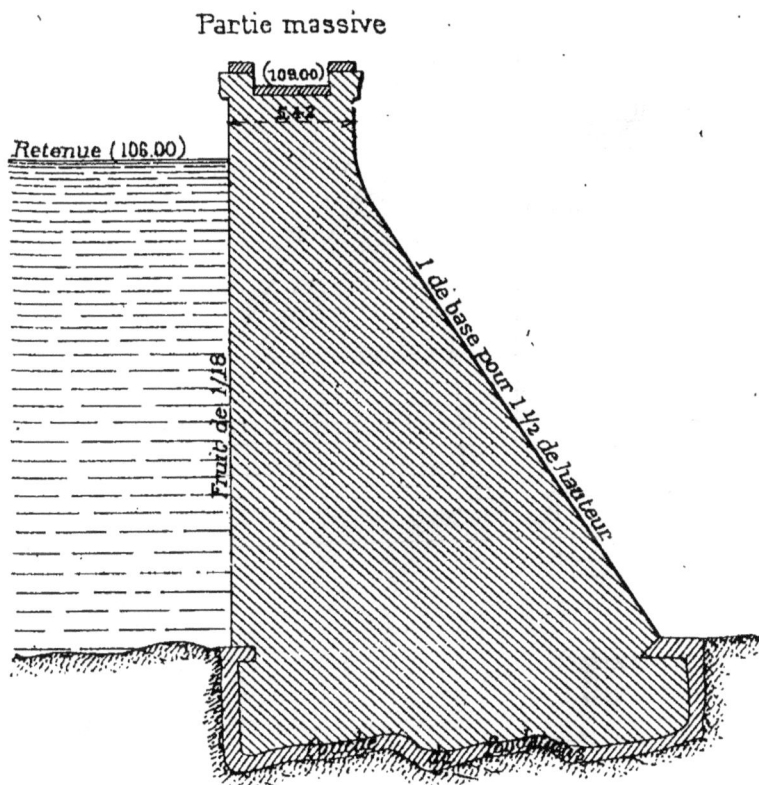

Fig. 353. — Barrage d'Assouan. Coupe.

donc inégalement entre deux sections : la première pleine
de 550 mètres de longueur sur la rive droite, la seconde de
1.400 mètres joignant la rive gauche et divisée en cent
quatre-vingts pertuis de 2 mètres chacun. Cent trente de
ces pertuis sont munis de vannes Stoney, les cinquante autres
de vannes ordinaires (fig. 354).

C'est par la manœuvre convenable des vannes que l'on
retient ou que l'on laisse passer les eaux. L'eau en parcourant les pertuis peut atteindre des vitesses considérables ;

aussi sont-ils établis en maçonnerie de pierres de taille, quelques-uns sont même revêtus de fonte.

Cet ouvrage remarquable a été commencé en 1899 et terminé en 1902. La dépense s'est élevée à 61.250.000 francs, ce qui correspond, en nombre rond, à 0 fr. 06 par mètre cube de capacité.

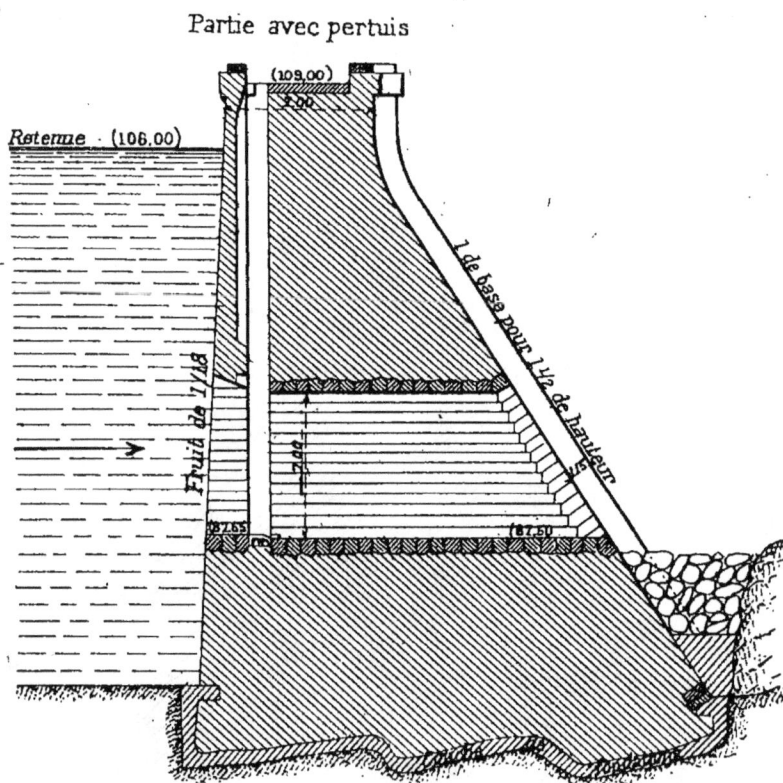

Fɪɢ. 354. — Barrage d'Assouan. Coupe.

AUTRES BARRAGES ÉTRANGERS. — En Amérique, on a adopté des formes qui se rapprochent du type français pour le barrage du Croton, établi de 1892 à 1906, pour l'alimentation de la ville de New-York, et celui de Roosevelt, qui vient d'être terminé pour assurer un service d'irrigation.

Le premier rappelle le barrage du Gouffre-d'Enfer par son profil et son épaisseur, dans sa partie supérieure seulement, car sa hauteur totale atteint 90^m,52 (fig. 355).

Le barrage de Roosevelt est profilé comme celui de Chartrain. Sa hauteur est de 79^m,25, et son épaisseur varie entre 48^m,16

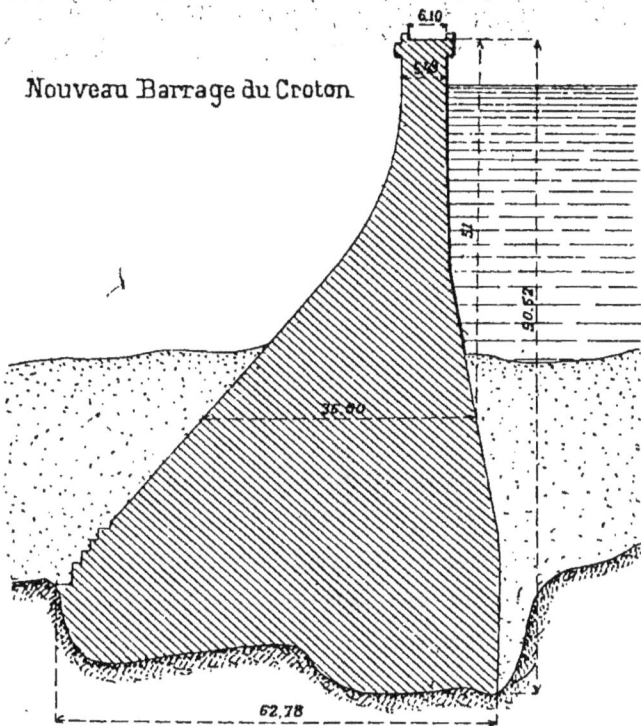

Nouveau Barrage du Croton

Fig. 355. — Coupe.

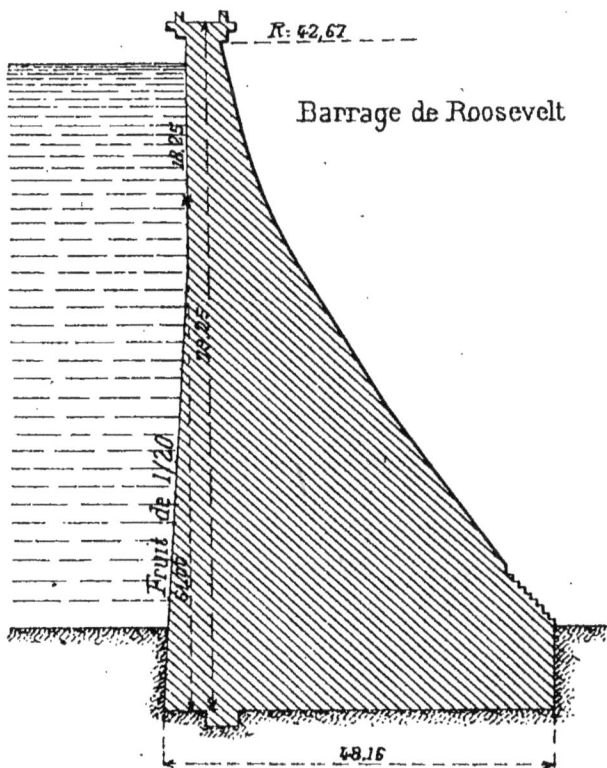

R: 42,67

Barrage de Roosevelt

Fruit de 1/20

Fig. 356. — Coupe.

à la base et 4ᵐ,88 au sommet. Le parement amont est vertical sur 18ᵐ,29, puis incliné à 1/20. Celui d'aval est tracé suivant un arc de cercle de 42ᵐ,67 de rayon. La longueur en couronne est de 196 mètres suivant un rayon de 125 mètres (*fig.* 356).

ETUDE DE LA RUPTURE DES BARRAGES EN MAÇONNERIE. — L'examen, que l'on vient de faire des principaux types de barrages, serait incomplet sans l'étude des accidents qui sont survenus à quelques-uns d'entre eux et des causes, qui ont pu les occasionner.

1° *Rupture du barrage de Puentès, le 30 avril 1802.* — Ce barrage, construit de 1785 à 1791 pour créer une retenue de 50 mètres de hauteur, était fondé sur pilotis dans sa partie centrale et sur le rocher solide à ses deux extrémités. A la suite de pluies abondantes, le réservoir se remplit rapidement, et toute la partie centrale de l'ouvrage fut emportée avec sa fondation. La trombe d'eau qui s'abattit dans la région fit 600 victimes, détruisit 89 maisons et occasionna une perte de 5.500.000 francs. La catastrophe est évidemment due à l'insuffisance des fondations, faites sur un terrain peu résistant.

2° *Rupture du barrage de l'Habra, le 16 décembre 1881.* — Ce barrage, terminé en 1871, a cédé à la suite d'une forte crue ; la partie supérieure du mur a été renversée sur 140 mètres de longueur. Le déversoir accolé à l'ouvrage avait été surmonté d'une lame d'eau de 2ᵐ,25, supérieure à celle de 1ᵐ,60 qui avait été prévue. Les conséquences de cette rupture furent désastreuses : un village entièrement dévasté, et 400 victimes environ.

L'accident serait dû à ce que, sur une partie du parement d'amont, les maçonneries étaient soumises à des efforts d'extension lorsque le réservoir était plein, ce qui est absolument inadmissible. Sous l'effet de ces efforts, une fissure se produisait sur le parement d'amont; des sous-pressions s'exerçaient sur le joint mis à nu, allégeaient de plus en plus, à mesure que la fissure se développait, la partie supérieure du mur, et reportaient en même temps la pression sur le parement aval, jusqu'au moment où la limite étant dépassée, les matériaux étaient écrasés et le mur renversé.

3° *Rupture du barrage de Bouzey, le 27 avril* 1895. — Ce barrage avait subi, dès sa mise en service, un mouvement d'une certaine gravité. Il s'était, en effet, déplacé tout entier vers l'aval, et avait subi de ce fait de nombreuses déformations, qui avaient occasionné des fissures au centre, aux extrémités et jusque dans le terrain de fondation.

D'importants travaux de consolidation furent entrepris : on élargit notamment l'assiette du barrage. Néanmoins le barrage se rompit soudainement à peu près au niveau de la partie supérieure du renforcement opéré en 1888-1889, et fut emporté sur une longueur de 170 mètres, dévastant la région et faisant au moins une centaine de victimes.

Quelques ingénieurs ont pensé que cette catastrophe, semblable à celle de l'Habra, devait avoir la même cause et l'ont attribuée aux efforts d'extension qui devaient se produire sur le parement amont quand le barrage était en pleine charge. M. l'inspecteur général Maurice Lévy a soutenu que la rupture s'était produite par glissement. Il est difficile de se prononcer entre ces deux explications plausibles émanant d'ingénieurs également compétents.

Ce qu'il faut retenir de l'examen des divers accidents qui se sont produits, c'est que la rupture des barrages a été occasionnée par deux causes principales : la première, parce que l'on a imposé à la maçonnerie ou au sol de fondation une compression trop forte ; la seconde, parce que l'on a fait subir au parement amont des efforts d'extension incompatibles avec la résistance de la maçonnerie.

M. l'inspecteur général Maurice Lévy a montré qu'il ne suffisait pas d'observer ces deux règles, mais qu'il fallait encore tenir compte d'une nouvelle condition de résistance. Sans doute la maçonnerie d'amont ne doit pas supporter d'efforts de traction, qui tendent à ouvrir les joints et à former des fissures, mais encore l'eau ne doit pas pouvoir pénétrer dans la fissure, qui s'est formée par des effets calorifiques ou autres. Il suffit pour cela que la pression élastique à l'extrémité amont d'un joint soit supérieure à la pression de l'eau du réservoir en ce point. L'eau, qui pénétrerait dans la maçonnerie, en serait expulsée.

M. l'inspecteur général de Mas résume ainsi les conditions qui doivent être remplies pour l'établissement d'un barrage :

1° Le travail élastique développé dans le parement amont ou intérieur doit toujours s'exercer à la compression et être compris entre une valeur un peu supérieure à la pression hydrostatique, lorsque le réservoir est complètement rempli, et une valeur un peu inférieure à la limite de sécurité convenue C', lorsque le réservoir est vide ;

2° Le travail à la compression, sur le parement aval ou extérieur, ne doit pas dépasser la limite convenue C généralement très inférieure à C', lorsque le réservoir est à pleins bords [1] ;

3° Enfin le barrage en charge ne doit pas être exposé à glisser sur une de ses assises quelconques.

DÉTERMINATION DE LA FORME D'UN MUR. — Pour déterminer le profil d'un mur de barrage, il convient d'étudier les forces qui sont mises en jeu, en dehors de la poussée d'eau.

Densité de la maçonnerie. — La première est le poids du mur. Généralement, ce poids est une des données du problème que l'on a à résoudre ; car, pour des raisons économiques, on doit utiliser les matériaux que l'on rencontre dans le pays. Quoi qu'il en soit, le mur aura d'autant moins d'épaisseur que les maçonneries seront plus denses. On commencera donc à déterminer la densité des maçonneries édifiées au moyen du sable et des moellons dont on dispose.

Résistance à l'écrasement. — La seconde force naturelle mise en jeu est la résistance des maçonneries. On admettra, à défaut d'expériences directes, les moyennes suivantes :

Pour du béton coulé, 3 à 4 kilogrammes par centimètre carré ;

Pour de la maçonnerie avec moellons calcaires ordinaires et chaux peu hydraulique, 5 kilogrammes par centimètre carré ;

Pour maçonnerie en calcaire dur avec chaux hydraulique de bonne qualité, 6 à 7 kilogrammes ;

Pour maçonnerie en moellons granitiques avec chaux éminemment hydraulique, 10 à 12 kilogrammes.

1. D'après M. J. Résal, C' peut dépasser C de 50 0/0 et même de 100 0/0.

Ce chiffre de 12 kilogrammes est celui que certains ingénieurs proposent d'adopter comme un maximum, et qui a été adopté par le V° Congrès international de navigation intérieure. Il s'agit, bien entendu, de maçonneries exécutées avec beaucoup de soin, en matériaux de première qualité, avec une chaux éminemment hydraulique. Ces maçonneries doivent être absolument homogènes, toute inégalité de tassement ou de résistance pouvant amener des disjonctions, des fissures. M. l'inspecteur général de Mas estime cependant qu'un parement en pierres de taille très soigné, avec des joints peu nombreux et très minces, peut opposer un obstacle très efficace à la pénétration de l'eau dans la maçonnerie qui constitue le corps du barrage ; et cette pénétration est une cause de destruction par excellence.

La résistance du sol de fondation doit être envisagée au même titre que celle des maçonneries. Elle est essentielle, ce qui implique que la fondation doit être entièrement sur le rocher compact incompressible et imperméable et préparé de façon que les maçonneries reposent sur une assise bien homogène.

Rapport de la densité à la résistance. — La résistance des maçonneries et leur densité sont liées l'une à l'autre et croissent ensemble d'habitude. L'expérience fournira à ce sujet les données qui sont indispensables.

Tracé du barrage en plan. — On a recommandé, au point de vue de la conservation des maçonneries, la forme courbe en plan, comme permettant d'éviter les fissures verticales qui se produisent dans les barrages rectilignes, par suite des variations de température.

Cette disposition n'a pas été toujours suivie. Aussi M. l'inspecteur général Maurice Lévy a fait connaître que, sur 50 barrages en maçonnerie, 21 sont établis en courbe et 29 ont un tracé rectiligne.

La forme courbe semble avoir été adoptée pour les barrages de faible longueur, et le tracé rectiligne pour les barrages d'un développement plus important.

Parmi les barrages établis en courbe en France, deux : ceux du Ternay et de Pont, présentent des fissures verticales ; on ne peut donc pas conclure que le tracé du mur suivant une courbe est le meilleur au point de vue de la conservation des maçonneries.

Mise en charge progressive des maçonneries. — La mise en charge progressive des maçonneries constitue une excellente précaution à prendre. Il est sage de n'imposer aux maçonneries la pression maximum, à laquelle elles sont soumises, que quand elles ont acquis une dureté à peu près complète. C'est ainsi qu'on n'a mis en eau le barrage du Furens que progressivement, chaque tranche effectuée pendant une année n'étant noyée que quatre années après son achèvement.

La conservation des maçonneries, que cette mise en charge progressive ne peut que faciliter, exige qu'on empêche toute solution de continuité de se produire. C'est pourquoi on doit procéder à des rejointoiements minutieux, exécuter des enduits, ou appliquer du goudron sur le parement amont des barrages.

Le Vᵉ congrès international de navigation intérieure a appelé « l'attention des ingénieurs sur les mesures à « prendre pour éviter les infiltrations dans les maçonneries « et pour en atténuer les effets, au cours de l'exploitation ».

Détermination du profil transversal d'un barrage de réservoir en maçonnerie. — La méthode qui est actuellement recommandée pour déterminer le profil transversal d'un barrage de réservoir est indiquée dans le cours de l'Ecole des Ponts et Chaussées (*Stabilité des constructions*, par M. J. Résal, éditée par la librairie Béranger),et développée dans le cours de l'Ecole de Travaux publics (*Barrages pour retenues d'eau* par M. Bonnet).

Ce serait sortir du cadre de cet ouvrage que de l'exposer en détail, et de donner les calculs assez longs et assez compliqués qui servent à déterminer pratiquement l'épaisseur du mur à différentes hauteurs [1].

Il suffira de faire connaître dans ses parties essentielles les règles qui sont actuellement suivies.

Le profil est déterminé pour une tranche isolée de 1 mètre de longueur, abstraction faite du supplément de résistance

1. Voir à ce sujet l'ouvrage *Résistance des matériaux*, par E. Aragon (B. C. T. P.).

provenant du tracé en plan du barrage et de son encastrement dans les flancs de la vallée. Le réservoir est supposé plein jusqu'au niveau du sommet du mur.

Le profil transversal est partagé en une série de tranches horizontales, pour chacune desquelles on détermine l'épaisseur du mur. Le parement amont est d'abord supposé vertical.

L'épaisseur en couronne étant une des données du problème, on la maintiendra invariable jusqu'au niveau où, sous l'influence de la charge, le travail sur la paroi amont sera égal à la pression hydrostatique.

A partir de ce point, on procédera par tranches successives de faible épaisseur. Le parement amont restera vertical et l'épaisseur croîtra à l'aval. Dans cette partie, le travail en pleine charge, sur le parement amont, demeure toujours égal à la pression hydrostatique, et est inférieur à la limite de sécurité convenue C sur le parement aval.

Quand cette limite est atteinte, les épaisseurs seront déterminées par la condition que le travail sur le parement extérieur reste toujours égal à C. La compression sur le parement amont, qui continue à être vertical, sera supérieure à la pression hydrostatique, ce qui est favorable à la stabilité.

Enfin, à partir d'un certain niveau, on aura à augmenter simultanément l'empattement par l'amont et par l'aval pour maintenir le travail de compression respectivement égal à C' sur la paroi amont, quand le réservoir est vide, et à C sur la paroi aval, quand le barrage est en charge.

Le profil du barrage ainsi établi constituera le « profil minimum », ou encore le profil « d'égale résistance ». On conçoit qu'il est indispensable de le retoucher, soit pour substituer des courbes continues au polygone trouvé, soit pour satisfaire à une question d'esthétique, soit enfin pour donner un léger fruit au parement amont.

Il sera nécessaire, après cette retouche, de s'assurer que les modifications introduites ne changent pas les conditions de résistance que l'on s'est imposées. S'il en était autrement, une nouvelle retouche serait nécessaire, suivie d'une nouvelle vérification, et ainsi de suite jusqu'à ce qu'on soit arrivé à un profil satisfaisant.

Résistance au glissement. — La résultante du poids P du massif supérieur et de la pression hydrostatique H fait avec la verticale un angle α déterminé par l'équation (*fig.* 357) :

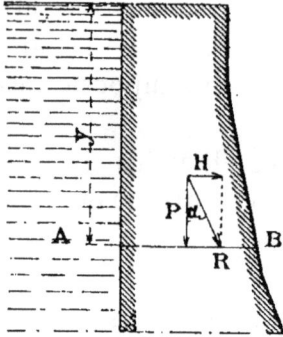

$$\operatorname{tg} \alpha = \frac{H}{P}.$$

La composante horizontale H doit être détruite par la cohésion des maçonneries et par le frottement. On néglige généralement la cohésion des maçonneries de telle sorte que le frottement seul doit faire équilibre à la poussée de l'eau, et on doit écrire :

$$Pf \geqq H,$$

f étant le coefficient de frottement, d'où on déduit :

$$f \geqq \operatorname{tg} \alpha.$$

Fig. 357. — Schéma.

Cette condition doit être vérifiée sur chaque tranche horizontale et plus particulièrement sur la base, parce que les sous-pressions peuvent annuler P en partie, et que le coefficient de frottement *f* (0,75 pour les maçonneries) peut être plus faible pour la maçonnerie sur le sol.

Pression maximum sur une tranche horizontale. — M. l'inspecteur général Guillemain a établi que le calcul appliqué à la section horizontale, passant par un point du parement d'aval d'un mur de réservoir, était loin de donner la valeur des pressions qui se développent en ce point lorsque le mur a toute sa charge. Les sections inclinées sur l'horizon fournissent des résultats sensiblement différents. La valeur de la pression à l'arête du renversement croît d'abord, puis décroît ensuite, prenant son maximum pour une inclinaison qui varie avec la charge d'eau, avec la forme du mur et avec la compression limite admise.

M. Bouvier estime que le travail maximum en chaque point du parement aval se produit suivant un élément, qui

serait normal à la courbe des pressions. M. l'inspecteur général Maurice Lévy pense que ce travail a lieu suivant un
élément normal à la paroi aval.

Si donc on désigne le travail suivant l'élément horizontal
par t, le travail maximum sera :

$$t_m = t\,(1 + \mathrm{tg}^2\,\alpha), \text{ d'après M. Bouvier,}$$

ou

$$t_m = t\,(1 + \mathrm{tg}^2\,\beta), \text{ d'après Maurice Lévy,}$$

α étant l'angle du joint horizontal et de la normale menée
par son extrémité à la courbe des pressions, β étant l'angle
que fait ce même joint avec la normale au parement à son
extrémité.

De même, en ce qui concerne la résistance au glissement
M. l'inspecteur général Maurice Lévy a démontré que l'effort
de cisaillement suivant un joint horizontal avait pour
valeur :

$$l = \frac{t}{2}\,\sin 2\beta,$$

et que, par suite, l'effort de cisaillement maximum en un
point du parement aval est égal à $\frac{t}{2}$ et se produit suivant la
direction inclinée à 45° sur la normale.

On fera donc bien, après avoir déterminé, comme il a été
indiqué plus haut, les limites du travail suivant les joints
horizontaux, d'appliquer les formules précédentes et de se
rendre compte si la pression maximum ou l'effort de cisaillement ne dépasse pas le coefficient de sécurité admis.

Largeur du couronnement. — *Revanche.* — La largeur du
couronnement est une des données du problème, comme on
l'a vu plus haut, en ce qui concerne la détermination du
profil transversal d'un barrage. Elle doit être de 4 mètres
environ, parapets compris, pour permettre le passage d'une
voiture; une partie de cette largeur peut être en encorbellement sur consoles, comme au barrage du Gouffre-d'Enfer.
La voie charretière peut aussi être placée sur arcades, comme
au barrage de la Mouche.

La revanche du couronnement au-dessus du niveau de la retenue doit être en rapport avec la hauteur des vagues qui peuvent se former sur le réservoir. Il varie donc dans d'assez larges limites, de 2ᵐ,65 à Ternay à 0ᵐ,75 à Chartrain.

DISPOSITIONS SPÉCIALES DE PROTECTION ET DE CONSOLIDATION DES BARRAGES. — Les murs de barráge doivent être étanches et résister à la poussée de l'eau. Quelques précautions que l'on prenne, à la suite du contact direct et permanent avec l'eau, les massifs en maçonnerie qui les composent sont exposés à des infiltrations et à des altérations qui diminuent leur résistance. Aussi s'est-on préoccupé de remédier à cet inconvénient, et a-t-on proposé à cet effet divers moyens, dont quelques-uns méritent d'être retenus. M. l'inspecteur général Maurice Lévy et M. l'ingénieur Le Rond ont préconisé l'établissement sur la paroi amont d'un mur de garde formant écran, et s'appuyant sur des piliers appliqués eux-mêmes sur le massif principal. On réalise ainsi entre les piliers une série de puits verticaux, dans lesquels l'eau traversant l'écran s'écoule sans pression, et est recueillie dans un drain longitudinal aboutissant à l'aqueduc de vidange.

Par le volume d'eau évacué par ce drain, on a une indication précieuse sur l'état du masque et sur la nécessité d'y faire des réparations. De la sorte le mur du barrage ne court plus le risque de se fissurer au contact de l'eau, et reste simplement chargé d'assurer la résistance.

Une application de ce système ingénieux a été faite au barrage du réservoir des Settons, au travers duquel se produisaient d'importantes filtrations. La figure montre les dispositions qui ont été prises : les puits espacés de 4 mètres d'axe en axe communiquent entre eux par des tuyaux qui amènent les eaux à l'aqueduc de vidange. Les eaux qui s'infiltrent à travers la roche fissurée des fondations sont drainées et amenées dans les puits (fig. 358).

On a fait un essai en ciment armé sur 8 mètres de longueur; la figure 359 fait connaître les dispositions adoptées

Au barrage de la Mouche, l'écran est en ciment armé. Il est constitué par une dalle de 0ᵐ,12 d'épaisseur à la base et de 0ᵐ,08 au sommet, s'appuyant sur le massif de l'ouvrage

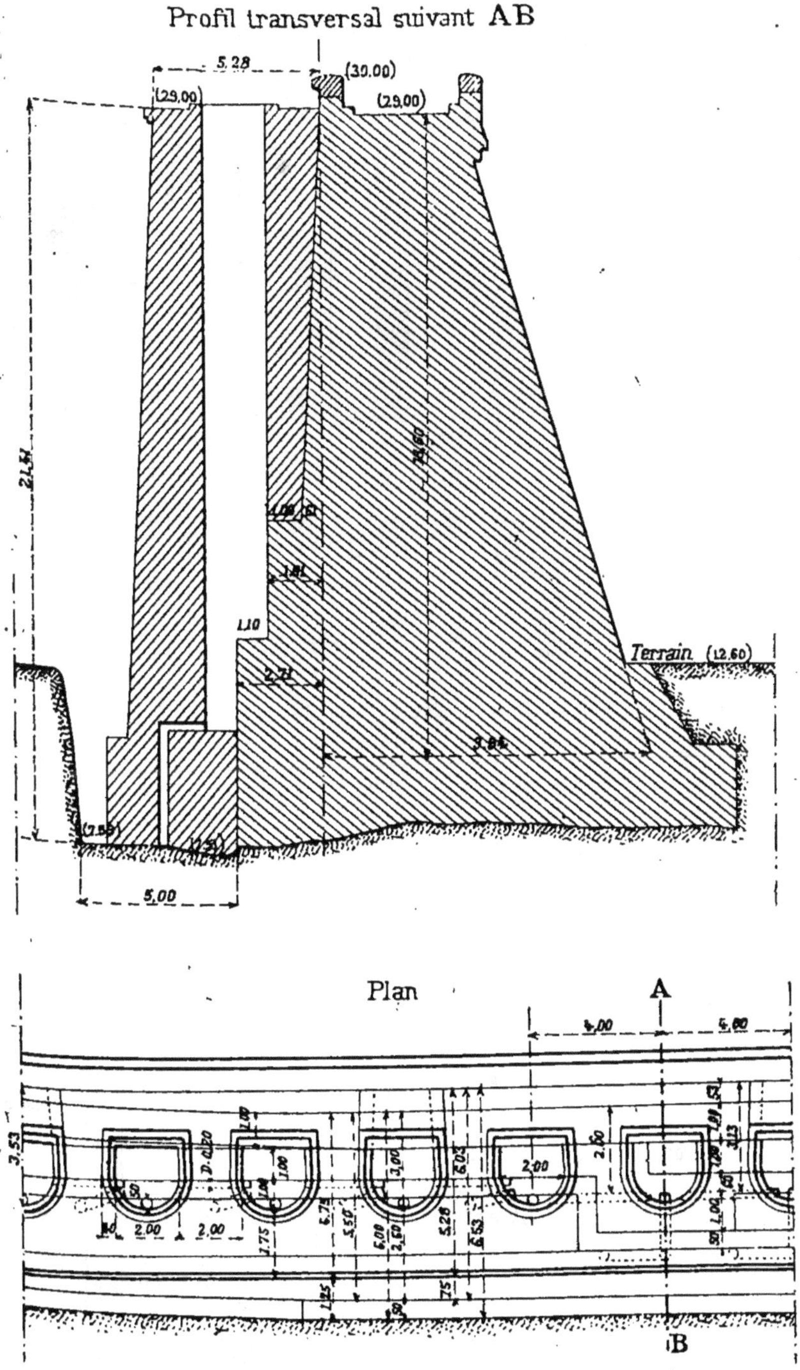

Profil transversal suivant AB

Fig. 358. — Barrage des Settons, coupe et plan.

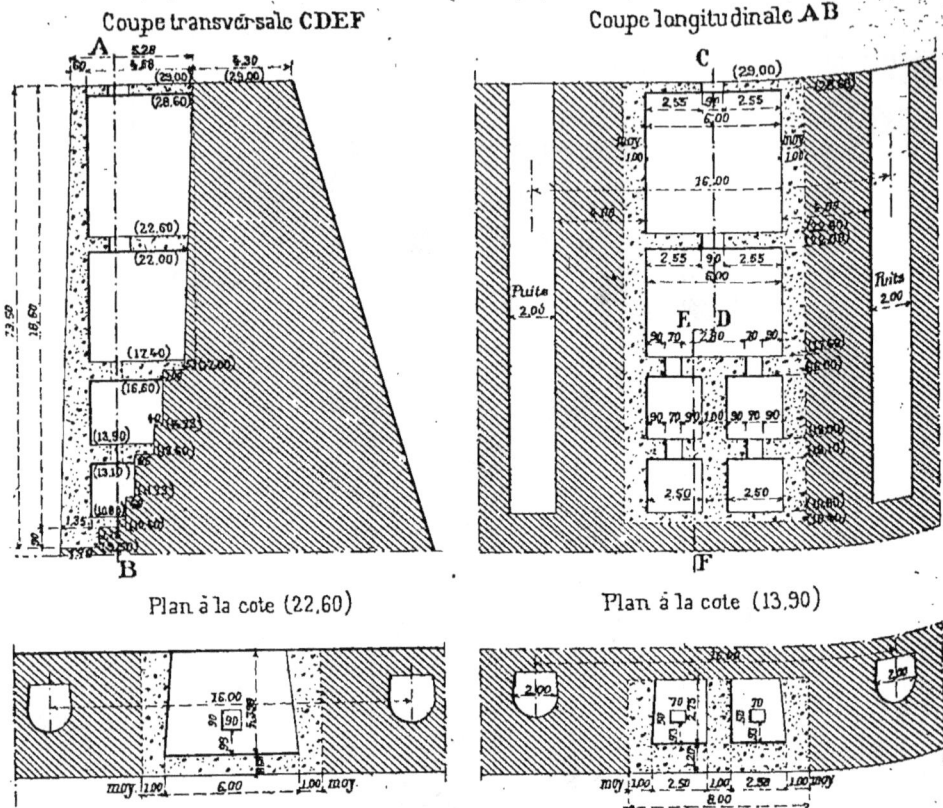

Coupe transversale **CDEF**

Coupe longitudinale **AB**

Plan à la cote (22,60)

Plan à la cote (13,90)

Fig. 359. — Barrage des Settons. Coupes et plans.

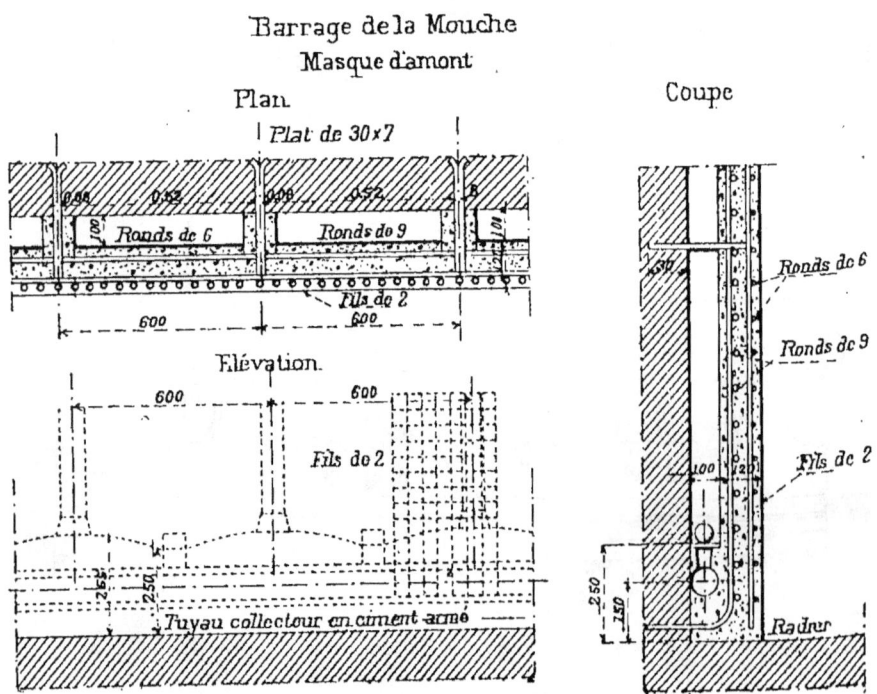

Barrage de la Mouche
Masque d'amont

Plan

Coupe

Plat de 30×7

Ronds de 6

Ronds do 9

Fils de 2

Ronds de 6

Ronds de 9

Fils de 2

Élévation.

Tuyau collecteur en ciment armé

Radier

Fig. 360. — Barrage de la Mouche. Coupe et plan.

par l'intermédiaire de nervures espacées de 0ᵐ,60 d'axe en axe, larges de 0ᵐ,08 et profondes de 0ᵐ,010. On forme ainsi une série de puits de 0ᵐ,52 × 0ᵐ,10, qui recueillent les eaux d'infiltration, drainés à leur partie inférieure par un tuyau (fig. 360).

On a encore expérimenté à ce barrage un système d'étanchement consistant en un enduit drainé, appliqué sur la paroi amont.

Les résultats obtenus avec ces deux procédés ont été très satisfaisants, et sont à recommander dans des cas semblables. Le béton armé semble tout à fait indiqué pour constituer l'écran, qu'on pourrait d'ailleurs rendre tout à fait étanche par l'interposition d'une feuille de tôle dans le béton.

En dehors du dispositif, que l'on a signalé, et qui a pour but de garantir les joints horizontaux, M. l'inspecteur général Maurice Lévy et M. Pelletreau préconisent, pour éviter les fissures verticales, l'établissement du barrage suivant une série de voûtes cylindriques à génératrices verticales de 15 à 30 mètres de flèche, avec contreforts aux extrémités de chaque voûte.

La pression de l'eau contre les voûtes cylindriques serrerait les joints verticaux. Ce serrage, sauf les effets de la température, remplirait de lui-même la condition d'être supérieur à la pression de l'eau.

Ce dispositif aurait le double avantage :

1° De donner à l'ouvrage une grande liberté de dilatation sous l'influence de la chaleur ;

2° Selon toute vraisemblance, de limiter une brèche, qui viendrait à se produire, à la voûte où elle se serait produite.

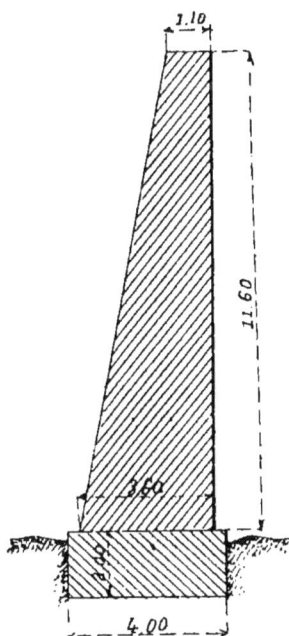

Fig. 361. — Barrage du Rio Grande.

Différentes applications de ce système ont été faites. Ainsi le barrage du Rio Grande, construit en 1888 par la Compagnie de Panama, peut être considéré comme étant constitué par une voûte cylindrique à axe vertical de 15 mètres de rayon et qui reporterait la pression de l'eau sur les appuis latéraux. Sa hauteur est de 11ᵐ,60 et sa longueur de 32ᵐ,17. Son épaisseur varie de 3ᵐ,60 à la base à 1ᵐ,10 au sommet (*fig.* 361). C'est un ouvrage très léger, puisque son épaisseur aurait été triple, s'il avait été calculé d'après la méthode ordinaire ; il s'est néanmoins parfaitement comporté depuis l'époque de sa construction.

Le barrage de Barossa, construit de 1901 à 1903 en Aus-

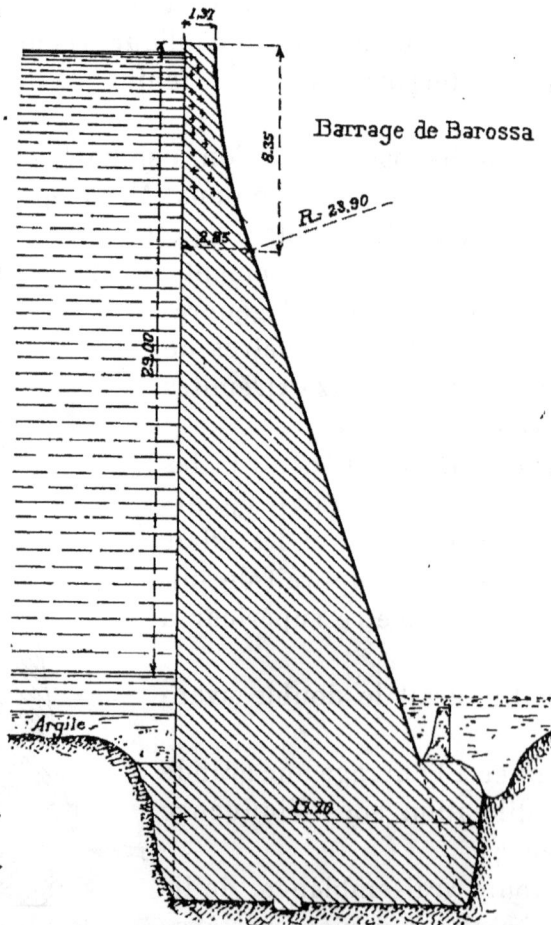

FIG. 362. — Barrage de Barossa. Coupe.

tralie, est établi dans le même ordre d'idées. Son épaisseur au sommet, qui est de 1ᵐ,37, atteint seulement 11ᵐ,10 à la base pour une hauteur de retenue de 29 mètres (*fig.* 362).

Le rayon de la voûte est de 60m,95, sa corde de 112m,77, et son développement de 143m,86. Cet ouvrage a été exécuté en béton de différents dosages, suivant la hauteur. La dépense a été réduite aux 3/4 de ce qu'elle eût été avec un profil calculé par la méthode ordinaire.

OUVRAGES ACCESSOIRES DES BARRAGES. — Les fossés de décantation et les fossés de ceinture doivent être établis, comme on l'a vu précédemment. pour éviter l'envasement des réservoirs.

Il est aussi nécessaire de prévoir largement, pour l'évacuation des eaux, les dimensions des déversoirs, prises d'eau, bondes de fond, etc. Un barrage en maçonnerie surmonté n'est pas nécessairement perdu ; on a vu que quelques-uns forment déversoir. Mais on doit cependant éviter que le niveau de la retenue normale soit notablement dépassé, ce qui aurait pour effet d'augmenter la compression sur le parement aval, et peut-être de causer des efforts d'extension sur la paroi amont.

Les dispositions, l'emplacement des ouvrages accessoires sont les mêmes que pour les digues en terre. Il convient aussi d'éloigner autant que possible du barrage les ouvrages d'évacuation, qui constituent une cause de faiblesse pour les massifs de retenue.

Au barrage du Gouffre-d'Enfer, la vidange s'effectue au moyen de deux tunnels, ouverts dans le contrefort de rive droite pour éviter tout vide dans la maçonnerie du barrage. Le premier, mesurant 185 mètres de longueur et ayant 2 mètres de hauteur sur 1m,80 de largeur, est fermé à l'amont par un masque en maçonnerie de 11 mètres d'épaisseur et débouche dans le réservoir à 8 mètres environ au-dessus du fond. La vidange du bassin s'effectue au moyen de trois tuyaux, qui traversent le tunnel, et qui sont munis, à l'amont, de valves manœuvrées du bout du réservoir, et, à l'aval, d'un double jeu de robinets.

Le second tunnel, placé directement au-dessus du premier, sert à évacuer la tranche d'eau de 5m,50 de hauteur, comprise entre la retenue permanente et la retenue maximum. Il est fermé à l'amont par une vanne en tôle et (*fig.* 363) débouche librement dans le canal de dérivation du Furens. Ce canal, qui se détache de la rivière à 450 mètres en amont du remous du barrage, permet d'écouler, en cas de crue, les 90 mètres cubes jugés inoffensifs pour l'aval. Il reçoit également les eaux du déversoir de 20 mètres de longueur ménagé sur la rive droite.

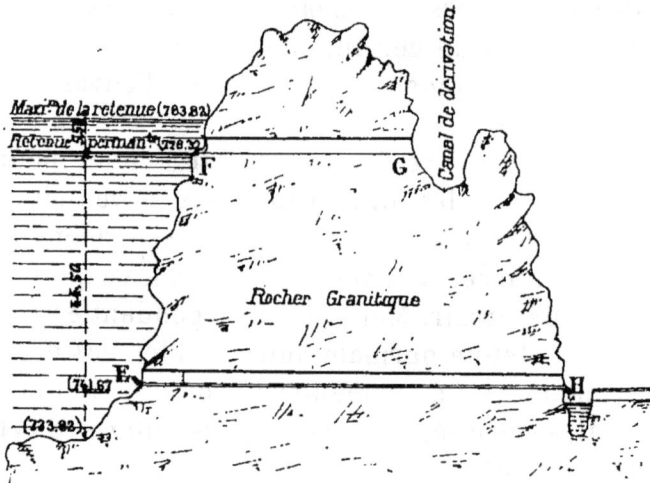

Fig. 363.

Ce mode de prise d'eau par tunnel se rencontre également aux barrages de la Rive et du Pas-de-Riot, et à certains barrages espagnols.

Ce dispositif n'est pas adopté pour les prises d'eau peu profondes : ainsi, au barrage du Lampy, la vidange s'effectue au moyen de quatre aqueducs ménagés dans l'ouvrage et fermés à l'amont par des vannes, qui se manœuvrent soit du couronnement, soit par un escalier d'accès.

Au barrage de la Mouche, les prises d'eau, au nombre de quatre, sont réunies dans une demi-tour accolée au parement amont du barrage, ayant extérieurement la forme d'un demi-décagone régulier de 3^m,15 d'apothème et évidée par un puits en demi-cercle de 1^m,15 de rayon (*fig.* 364).

Les prises d'eau étagées sont fermées par de simples plaques de fer, placées dans des glissières rabotées de même métal, et actionnées par l'intermédiaire de tiges métalliques et de crics placés sur le couronnement du barrage. Les trois premières, à partir du sommet, ont 0^m,80 de largeur sur

Coupe verticale suivant AB

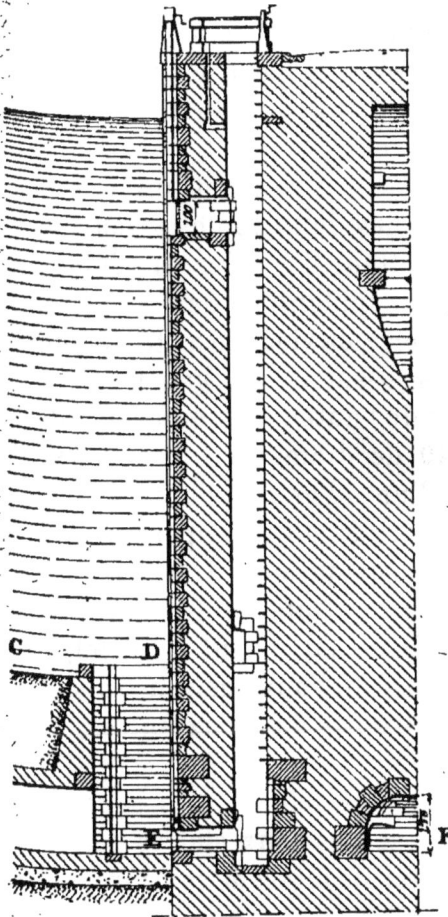

Elévation vue d'amont

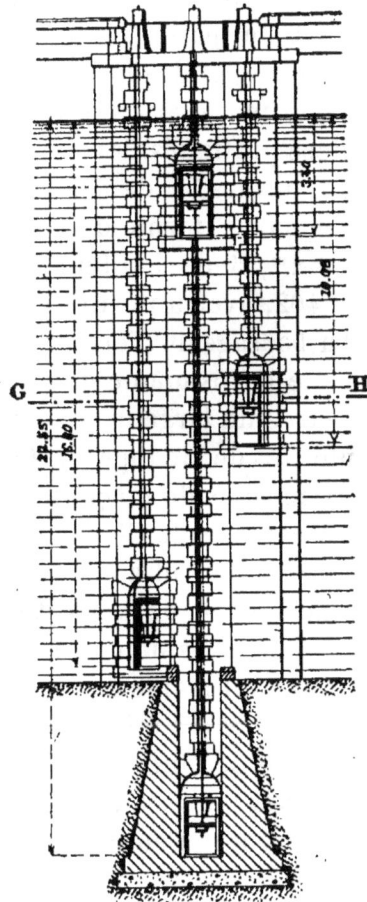

Coupe horizontale suivant CDEF

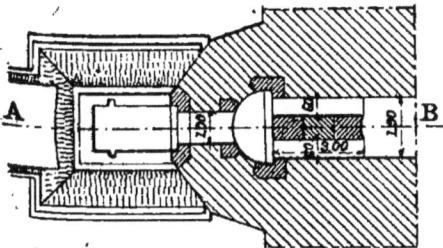

Coupe horizontale suivant GH

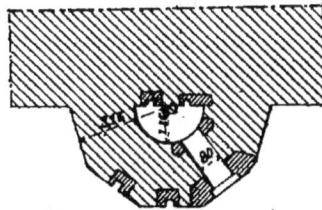

FIG. 364. — Ouvrage de prise d'eau du barrage de la Mouche.

1 mètre de hauteur; la quatrième n'a que 0^m,80 de largeur.
La face plane du puits porte deux vannes de garde pla-

cées au niveau de l'aqueduc de fuite et fermant deux orifices de 0^m,60 de large sur 0^m,67 de haut. Cette double garde permet de parer à un accident qu'éprouverait une vanne extérieure, et de disposer du niveau de l'eau à l'intérieur de la tour, ce qui atténue les effets de la chute de l'eau par les orifices pratiqués dans la demi-tour.

Un déversoir de 30 mètres de longueur et un vannage de décharge, formé de trois vannes de 1^m,25 de largeur libre et de 1^m,25 de hauteur, permettent d'écouler un débit de 17^{m3},462, avec une surélévation accidentelle de 0^m,20.

Au barrage du Ternay, la galerie de vidange a été ménagée dans le corps même de l'ouvrage sur la rive gauche. Elle a 2 mètres de largeur sur 3^m,50 de hauteur et renferme deux conduites de vidange de 0^m,40 de diamètre, qui traversent deux massifs de maçonnerie, l'un à l'amont, l'autre à l'aval.

Au barrage de Chartrain, la prise d'eau s'opère à 41^m,75 de profondeur et à 4^m,25 au-dessus du fond. L'évacuation se fait au moyen de deux tuyaux en fonte de 0^m,45 de diamètre, enrobés dans un rocaillage en ciment artificiel, qui est noyé lui-même dans le massif de l'ouvrage. Un troisième tuyau, situé à 2 mètres en contre-bas des deux autres, sert de bonde de fond.

DÉVASEMENT DES RÉSERVOIRS. — Quelque soin que l'on prenne pour n'emmagasiner que des eaux claires (établissement de bassins de décantation, de fossés de ceinture, etc.), les réservoirs finissent cependant par s'envaser plus ou moins rapidement.

La bonde de fond peut permettre de donner issue aux vases molles ou mises en suspension dans l'eau, et fournit un moyen de dévasement.

En Espagne, où les ravins barrés sont torrentiels, et où les dépôts se forment avec une rapidité surprenante, la bonde de fond a été utilisée non seulement à la vidange du réservoir, mais encore et surtout à l'écoulement des dépôts. Elle a reçu le nom de *desarenador*. Voici comment elle est manœuvrée au barrage d'Alicante.

Dans l'axe même du thalweg, à la suite de la bonde de fond, on a établi un aqueduc ayant en tête 1^m,80 de largeur sur 2^m,70 de hauteur, et s'élargissant dans tous les sens, afin de faciliter l'entraînement des vases. Cette galerie, entièrement en pierres de taille, est fermée du côté de l'amont par une solide porte constituée par des pièces de bois juxtaposées et calfatées, que soutiennent en arrière d'autres pièces de bois pour offrir à la poussée de l'eau une résistance inébranlable.

L'expérience a montré qu'en quatre ans le fond du réservoir se remplissait sur 12 à 16 mètres de hauteur de vase, que la pression agglutine et rend assez compacte pour qu'elle se soutienne seule pendant quelque temps au moins. On peut donc pénétrer dans la galerie de curage par l'aval, et miner la porte en bas, sans que la croûte adjacente cède à la pression hydrostatique.

La porte enlevée, on détermine le mouvement des vases en les perçant au droit de la galerie au moyen d'une longue barre à mine. Grâce au renard que l'on détermine ainsi, on amène l'eau supérieure avec sa pression jusqu'aux couches inférieures, qui ne sont plus soutenues par la porte. Celles-ci se mettent en mouvement, d'abord lentement, puis plus rapidement, jusqu'à ce qu'une débâcle se produise, entraînant des quantités considérables de vases et de boues. L'opération de dévasement est terminée par une brigade d'ouvriers, qui jettent le reste des vases dans le lit du ruisseau.

On a employé le même procédé pour le dévasement des barrages algériens de l'Habra et des Cheurfas.

On a eu recours aussi à des dragues suceuses, qui par leur aspiration ont suffi à provoquer l'entraînement des dépôts peu consistants. Pour les autres, on a adapté à l'entrée du tuyau une petite turbine actionnant une scie, qui découpe dans la vase des fragments que le courant entraîne.

Un moyen qui semble efficace consiste à placer les prises d'eau assez près du fond, pour que leur courant aspire les dépôts du voisinage.

DÉPENSES DE PREMIER ÉTABLISSEMENT DES BARRAGES. — Le tableau suivant, emprunté au cours de navigation de M. l'inspecteur général de Mas, fait connaître, pour un certain nombre de réservoirs avec barrage en maçonnerie construits en France, la dépense de premier établissement et le prix de revient du mètre cube de capacité.

La dépense de premier établissement par mètre cube varie de 0 fr. 34 à 0 fr. 99, avec une moyenne de 0 fr. 57. On remarque que cette dépense varie du simple au triple, suivant la contenance des réservoirs et la plus ou moins grande facilité d'exécution. Très élevée pour les barrages du Gouffre-d'Enfer et du Pas-du-Riot, en raison de la configuration des lieux et de leur faible capacité, elle se réduit pour les quatre autres réservoirs plus importants et placés dans une situation plus favorable.

DÉSIGNATION DES RÉSERVOIRS	ÉPOQUE de CONSTRUC.	CAPACITÉ	DÉPENSE DE PREMIER ÉTABLISS¹	
			totale	par mc
		mc	francs	francs
R. du Gouffre-d'Enfer...	1861-1866	1.600.000	1.590.000	0,99
R. du Ternay...........	1861-1867	3.000.000	1.020.000	0,34
R. de la Rive ou du Ban.	1866-1870	1.850.000	950.000	0,51
R. du Pas-du-Riot.......	1873-1878	1.300.000	1.280.000	0,98
R. de la Mouche........	1885-1890	8.648.000	5.020.000	0,58
R. du Chartrain........	1888-1892	4.500.000	2.100.000	0,47
Totaux et moyennes...		20.898.000	11.960.000	0,57

Le barrage des Settons montre l'intérêt qu'il y a de choisir avec soin un emplacement; établi dans une gorge étroite à l'aval d'un épanouissement de vallée, il forme un réservoir permettant d'emmagasiner 22 millions de mètres cubes, pour une dépense de 0 fr. 06 par mètre cube : c'est là qu'il faut chercher l'économie. Il faut surtout se garder de la poursuivre en réduisant l'épaisseur des ouvrages; celle qu'on réaliserait ainsi pourrait être la cause de terribles accidents.

286. Comparaison entre les divers types de digues. — On peut résumer ainsi l'étude qui vient d'être faite des différents types de digues de barrages.

Les digues en terre ne sont guère usitées que pour des retenues inférieures à 20 mètres, en raison du danger que de plus fortes charges feraient éprouver au parement amont, aux massifs eux-mêmes par les infiltrations.

Les digues mixtes associant dans un même ouvrage la terre et la maçonnerie ne semblent pas devoir être recommandées, en raison de la difficulté de les liaisonner à leur point de contact, et de les disposer de telle sorte que chaque élément remplisse un rôle bien défini et lui convenant.

Les barrages en maçonnerie seront employés quand les retenues dépasseront 20 mètres. Les méthodes actuellement employées, les principes formulés par M. l'inspecteur général Maurice Lévy, permettent d'établir un profil économique et résistant. On n'oubliera d'ailleurs jamais que le mur doit être fondé sur un terrain très résistant et très homogène et que les maçonneries qui le forment doivent être composées avec des matériaux de premier choix et exécutées avec le plus grand soin.

On se rappellera aussi qu'en pareille matière la hardiesse doit être sévèrement proscrite, et « qu'on doit se prémunir contre tous les dangers, même les plus improbables[1] ».

1. *Cours de navigation* de M. l'inspecteur général Guillemain.

CHAPITRE VI

ASCENSEURS ET PLANS INCLINÉS

287. Considérations générales. — On a vu dans les chapitres qui précèdent quelles étaient les difficultés d'alimentation des canaux et combien il fallait être ménager des ressources dont on disposait. On a constaté aussi combien il était malaisé de racheter une grande différence de niveau sur un parcours restreint. Avec les écluses multipliées, on a de petits biefs avec tous les inconvénients qui leur sont inhérents, sans compter la perte de temps pour la batellerie.

Avec les écluses superposées, on est forcé d'établir la navigation par convois, à moins d'exécuter une échelle double d'écluses et d'augmenter sensiblement les dépenses de premier établissement.

Les écluses à forte chute remédient en partie aux inconvénients signalés plus haut, mais entraînent une consommation d'eau considérable.

Aucune de ces solutions n'est donc satisfaisante. C'est pourquoi les ingénieurs ont cherché à échapper à ces sujétions, en étudiant l'application de divers appareils mécaniques à l'élévation des bateaux.

Ce sont des *ascenseurs* ou des *plans inclinés*, suivant que les bateaux sont élevés verticalement ou qu'ils sont montés ou descendus par glissement sur des surfaces en pente.

Pour les ascenseurs, le transport des bateaux se fait toujours dans un sas plein d'eau ; il n'en est pas de même en ce qui concerne les plans inclinés, les bateaux peuvent être élevés soit à sec, soit dans un sas plein d'eau dans lequel ils flottent.

ASCENSEURS

288. Divers systèmes. — Les ascenseurs peuvent être de trois systèmes différents, suivant que les sas conjugués sont suspendus comme les deux plateaux d'une balance, qu'ils sont fixés au sommet des pistons de deux presses hydrauliques, ou bien qu'un sas unique repose sur des flotteurs immergés dans des puits et de volume correspondant au poids total de l'appareil.

On a ainsi :

Des ascenseurs funiculaires ;

Des ascenseurs hydrauliques ;

Ou des ascenseurs flottants.

ASCENSEURS FUNICULAIRES

Dans ce système, les deux sas, ou bien un sas et un contrepoids, sont suspendus et se font équilibre de part et d'autre de grandes poulies par l'intermédiaire de chaînes Galle. Le sas, ou chacun des sas, est amené alternativement en regard et au contact de l'un et de l'autre des deux biefs, séparés par la chute à racheter. Le sas et le bief sont mis en communication au moyen de portes, dont ils sont tous deux munis pour permettre le passage d'un bateau.

Le mouvement ascensionnel est commandé par une légère surcharge d'eau ajoutée au sas descendant, ou par une couronne dentée dont est munie l'une des poulies de renvoi et qui reçoit l'action d'engrenages. Pour éviter que les chaînes de suspension ne troublent l'équilibre entre les deux plateaux de la balance, une chaîne pareille est attachée à la partie inférieure de chaque sas, en sorte que la force verticale qui agit dans chaque puits demeure constante et suffit à la manœuvre.

Sept ascenseurs de ce type ont été installés de 1834 à 1836 sur le Great Western pour racheter des chutes, dont la plus élevée atteignait 14 mètres. Ils n'existent plus depuis longtemps déjà. Ils fonctionnaient bien, et la durée d'une opération n'était que de trois minutes; mais il faut faire remarquer qu'il s'agissait d'assurer le transport de simples barques ne portant que 8 tonnes.

Au concours institué en 1881 pour l'étude de la descente en Saône du canal de la Marne à Saône (41 mètres de chute), deux projets d'ascenseurs funiculaires ont été présentés ; l'un d'eux, comprenant un sas unique équilibré par des contrepoids, a été retenu et classé en première ligne parmi les treize projets produits.

ASCENSEURS HYDRAULIQUES

289. Principe. — Deux sas identiques portés par les pistons de deux presses hydrauliques, à la manière d'une balance de Roberval, avec oscillations analogues, constituent les ascenseurs hydrauliques. Une conduite d'eau sous pression met en communication les cylindres pleins d'eau des deux presses.

290. Ascenseur d'Anderton. — Une application de ce principe a été réalisée en 1875 à Anderton, non loin de Liverpool, par l'ingénieur anglais Edwin Clark, pour mettre en communication le canal de Trent et Mersey avec la rivière Wheawer, affluent de la Mersey. Celui-là est amené par un pont-aqueduc en fer, au-dessus d'une des rives de la rivière, à un niveau supérieur à 15 mètres.

Cette chute est rachetée par un ascenseur hydraulique constitué par deux sas identiques, reposant sur les têtes des énormes pistons de deux presses hydrauliques, dont les cylindres descendent dans le sol, qui forme le fond de la rivière. Les deux cylindres sont égaux et reliés par un tuyau ; le volume d'eau compris entre les deux pistons est dès lors invariable, et l'un des sas ne peut descendre sans que l'autre remonte d'une quantité égale. Le mouvement de cette balance hydraulique est déterminé par un lest d'eau de 15 tonnes environ ajouté au sas descendant.

Chaque sas, arrivé au haut de sa course, se raccorde à joint étanche par son extrémité avec la tête du bief supérieur, et un système de portes levantes permet d'établir la communication. Au bas de la course, le sas s'immerge dans l'eau de la rivière, et la porte n'est ouverte que quand les plans d'eau se sont mis de niveau à l'intérieur et à l'extérieur du caisson. Mais, en s'immergeant, le sas perd une partie de son poids, cesse de faire équilibre au sas montant; la course s'arrêterait donc si des dispositions spéciales n'avaient pas été prises.

A cet effet, la communication entre les deux cylindres est établie, non pas par un simple tuyau à robinet, mais par une distribution permettant de mettre chaque cylindre en relation soit avec le cylindre voisin, soit avec un échappement sans pression, soit enfin avec une conduite d'eau comprimée. Lorsque le mouvement de l'appareil s'arrête par suite de l'immersion partielle du sas descendant, on ferme la communication entre les deux cylindres, puis on met le cylindre du sas descendant en relation avec l'échappement et le cylindre du sas montant en relation avec l'eau comprimée. Celui-ci est ainsi élevé jusqu'au niveau supérieur; celui-là achève sa course par son propre poids (fig. 365).

La hauteur de l'eau dans le sas montant est réglée par des déversoirs d'une forme particulière, de telle sorte qu'elle est toujours plus petite que dans l'autre sas.

Les quatre angles de chaque sas sont munis de patins en fonte d'une grande hauteur, glissant dans des guides fixés à des colonnes verticales parfaitement stables et solidement contreventées pour résister à toute poussée oblique.

L'ascenseur d'Anderton donne passage à des bateaux dont le chargement peut aller jusqu'à 100 tonnes. Chaque sas de l'élévateur a 22m,85 de longueur, 4m,73 de largeur et une hauteur d'eau minimum de 1m,37. L'eau sous pression est fournie par un accumulateur de force, que charge une machine à vapeur actionnant des pompes foulantes.

Cet ascenseur, qui fonctionne depuis 1875, a subi, le 18 avril 1882, un grave accident. La virole supérieure en fonte de l'un des cylindres s'est rompue au moment où le sas arrivait au sommet de sa course; ce sas est retombé dans la rivière sans autre avarie toutefois. On a attribué cet accident surtout à un défaut de guidage. En effet, les patins placés aux quatre coins des sas doivent nécessairement ménager le jeu nécessaire à la dilatation des tôles. Les presse-étoupes du sommet des cylindres doivent, au contraire, pour

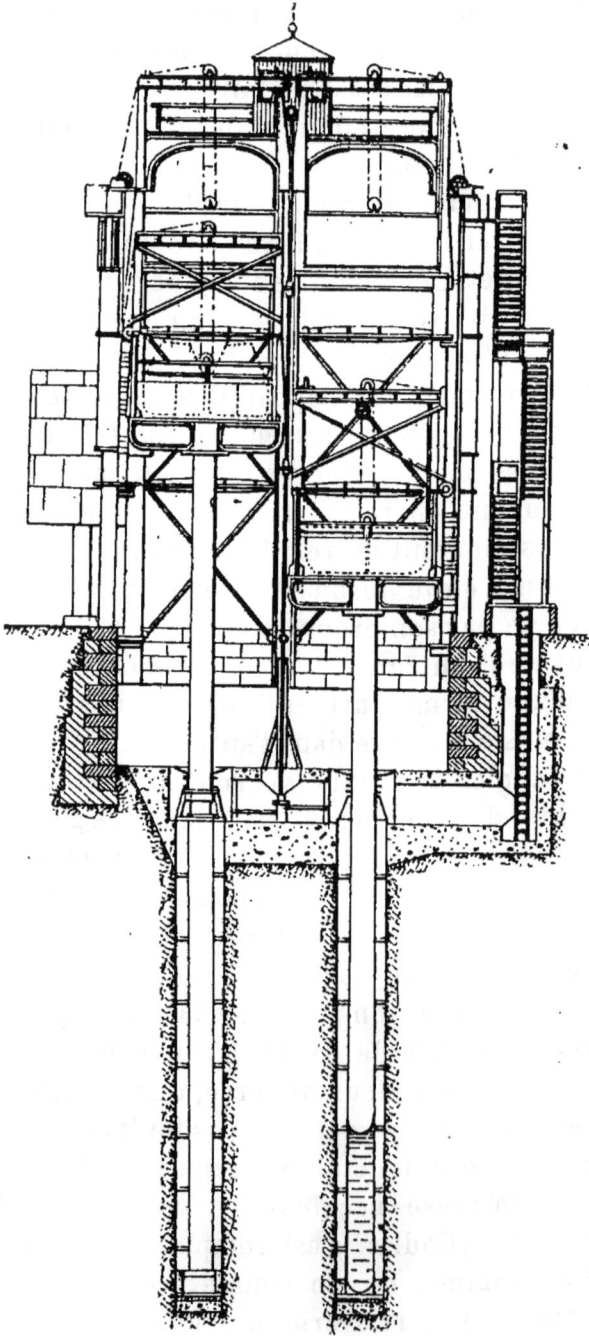

Fig. 365.

être étanches, ne laisser aucun jeu aux pistons. Ils supportaient donc nécessairement la presque totalité des efforts longitudinaux et transversaux s'exerçant sur le sas, et la transmettaient à la virole supérieure des cylindres des presses, qui était exposée à travailler au delà de la limite de résistance, d'ailleurs faible pour la fonte.

On a remédié à cet inconvénient lorsqu'on a procédé postérieurement à l'établissement de nouveaux ascenseurs.

Le coût de l'ouvrage, avant la réparation qui a suivi l'accident, a été de 1.200.000 francs, et la dépense annuelle, intérêts et amortissement compris, s'est élevée à 117.000 francs.

291. Ascenseur des Fontinettes. — L'ascenseur des Fontinettes est placé sur le canal de Neufossé, qui fait partie de la grande ligne de Paris à la mer du Nord et qui est une des voies navigables les plus importantes de la France. La différence de niveau (13^m,03) qu'il rachète était franchie par une échelle simple de cinq écluses superposées. Un tel système ne pouvait plus suffire à assurer un trafic, qui dépassait déjà 12.000 bateaux par an. On avait dû réglementer le passage aux Fontinettes et réserver chaque semaine quatre jours pour la navigation ascendante et trois jours pour la navigation descendante, ce qui obligeait certains bateaux à attendre leur tour pendant quarante-huit heures. De plus, les écluses avaient au plus une longueur utile de 35^m,10, inférieure de 3^m,50 environ à la longueur légalement admise.

La construction d'un ascenseur était donc pleinement justifiée. Il a été établi sur une dérivation du canal de Neufossé, ouverte parallèlement aux écluses, et qui traverse le chemin de fer de Boulogne à Saint-Omer, à l'aide d'un pont-canal à deux voies isolées de 20^m,80 de portée. La figure 366 montre les dispositions générales qui ont été prises.

La culée aval de ce pont forme mur de chute, contre lequel vient s'accoler la face amont des deux sas mobiles (*fig.* 367).

Chacun d'eux a 40^m,35 de longueur totale et 39^m,50 de longueur utile. Il est formé de deux poutres longitudinales espacées de 5^m,60 d'axe en axe, ayant 5^m,50 de hauteur au milieu et 3^m,50 aux extrémités ; ces poutres sont réunies par des entretoises de 0^m,525 de hauteur, espacées de 1^m,50. Le bordage a couramment 0^m,01 d'épaisseur et 0^m,015 dans

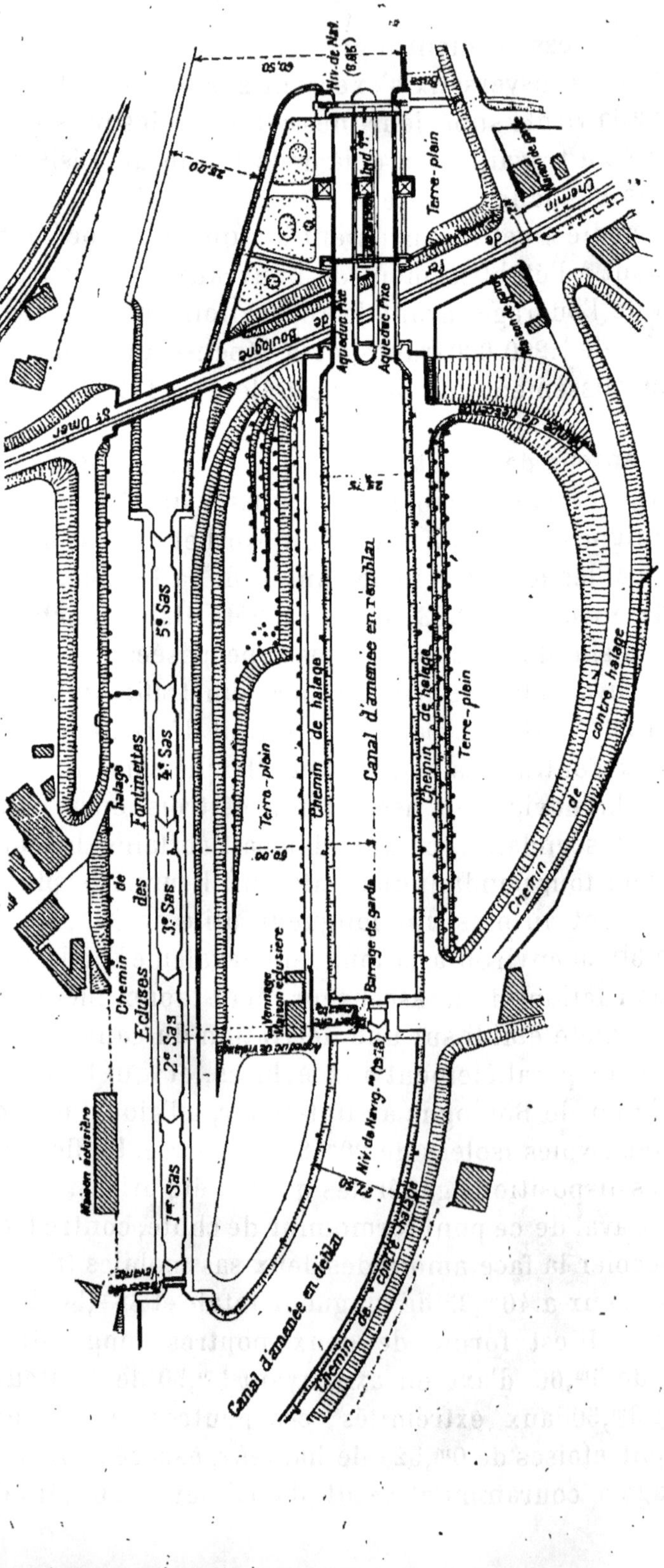

Fig. 366. — Ascenseur des Fontinettes. Plan général.

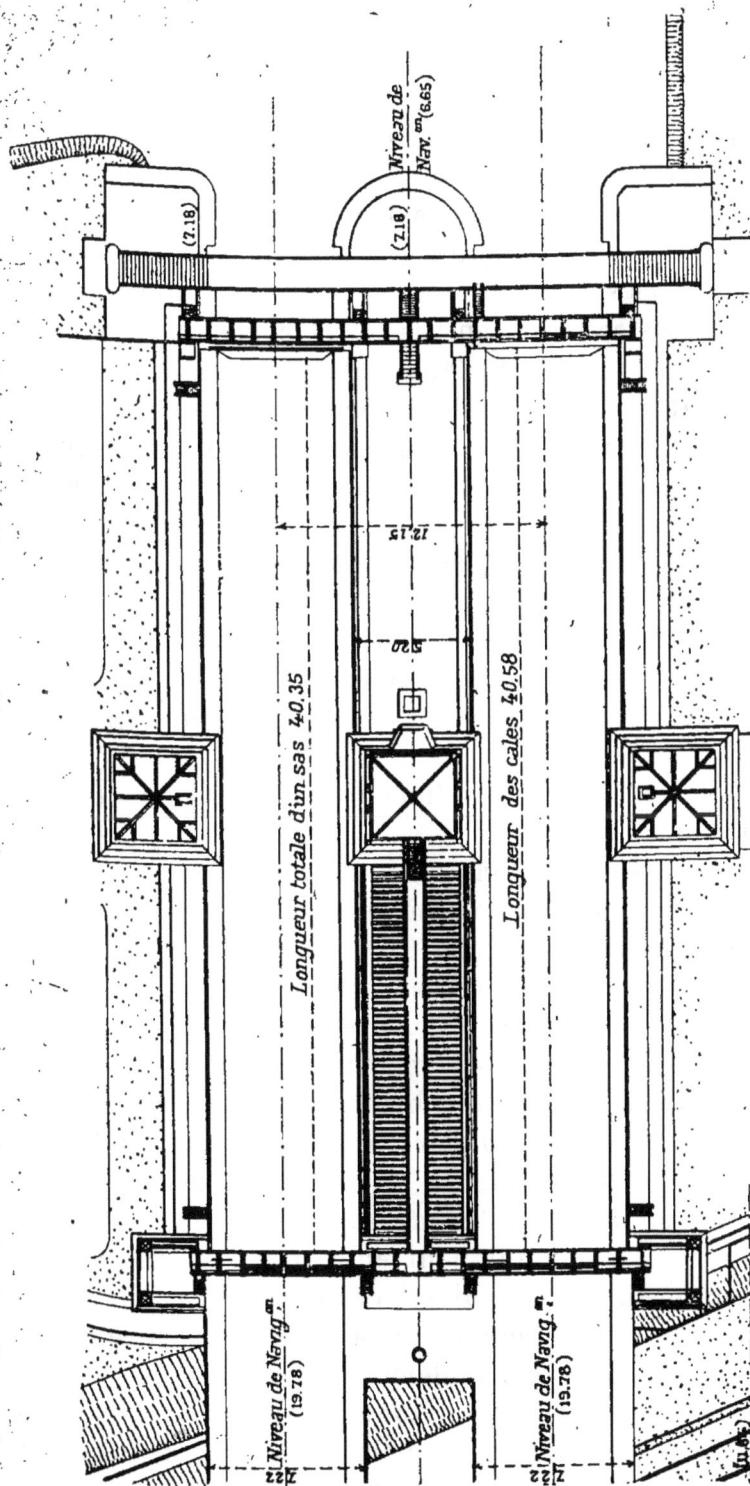

Fig. 367. — Ascenseur des Fontinettes. Plan des sas.

la partie centrale. La hauteur d'eau est de 2^m,10 au minimum.

Chaque sas repose sur un piston central unique, dont la tête s'évase au moyen de fortes nervures, de manière à présenter la forme d'un rectangle de 3^m,40 sur 3^m,10 de côté. Quatre sommiers de 1^m,50 de hauteur, espacés de 1 mètre, sont boulonnés sur la tête du piston de la presse. Les abouts de chaque sas sont fermés par des portes levantes.

Chaque sas est reçu, au bas de sa course, dans une cale sèche en maçonnerie de 6^m,95 de largeur sur 40^m,58 de longueur, établie dans le prolongement et en contre-bas du bief inférieur; ces cales sont séparées par un massif en maçonnerie de 5^m,20 de largeur et fermées à l'aval par une porte levante, identique à celle des sas et du pont-canal. Toutes ces portes s'accrochent deux à deux, au moyen d'un mécanisme spécial, pour leur manœuvre simultanée par des appareils hydrauliques disposés sur des portiques. Elles sont d'ailleurs équilibrées en grande partie par des contrepoids, et, quand elles sont levées, elles ménagent un tirant d'air de 3^m,70.

Les figures 368 et 369 indiquent les dispositions de détail qui ont été adoptées.

Les pistons creux en fonte ont une longueur totale de 17^m,16, un diamètre extérieur de 2 mètres et une épaisseur de 0^m,07. Ils sont constitués par des tronçons de 2^m,30 de hauteur maximum assemblés intérieurement au moyen de boulons et de brides, entre lesquelles on intercale une feuille de cuivre pour assurer l'étanchéité. Ils sont logés chacun dans un cylindre de presse hydraulique, ayant 15^m,682 de hauteur et 2^m,08 de diamètre intérieur, reposant à l'intérieur d'un puits de 4 mètres de diamètre, cuvelé en fonte, sur un massif de béton de ciment.

Les presses communiquent entre elles au moyen d'un tuyau en fer de 0^m,25 de diamètre intérieur, partant du fond de chaque cylindre, remontant dans le puits correspondant, et se retournant horizontalement au niveau du fond des cales. Dans cette partie horizontale se trouvent la valve de communication et les branchements d'arrivée de l'eau comprimée et d'échappement sans pression.

Les sas sont guidés à l'amont et au centre dans leurs déplacements verticaux. Les guides d'amont sont fixés sur le

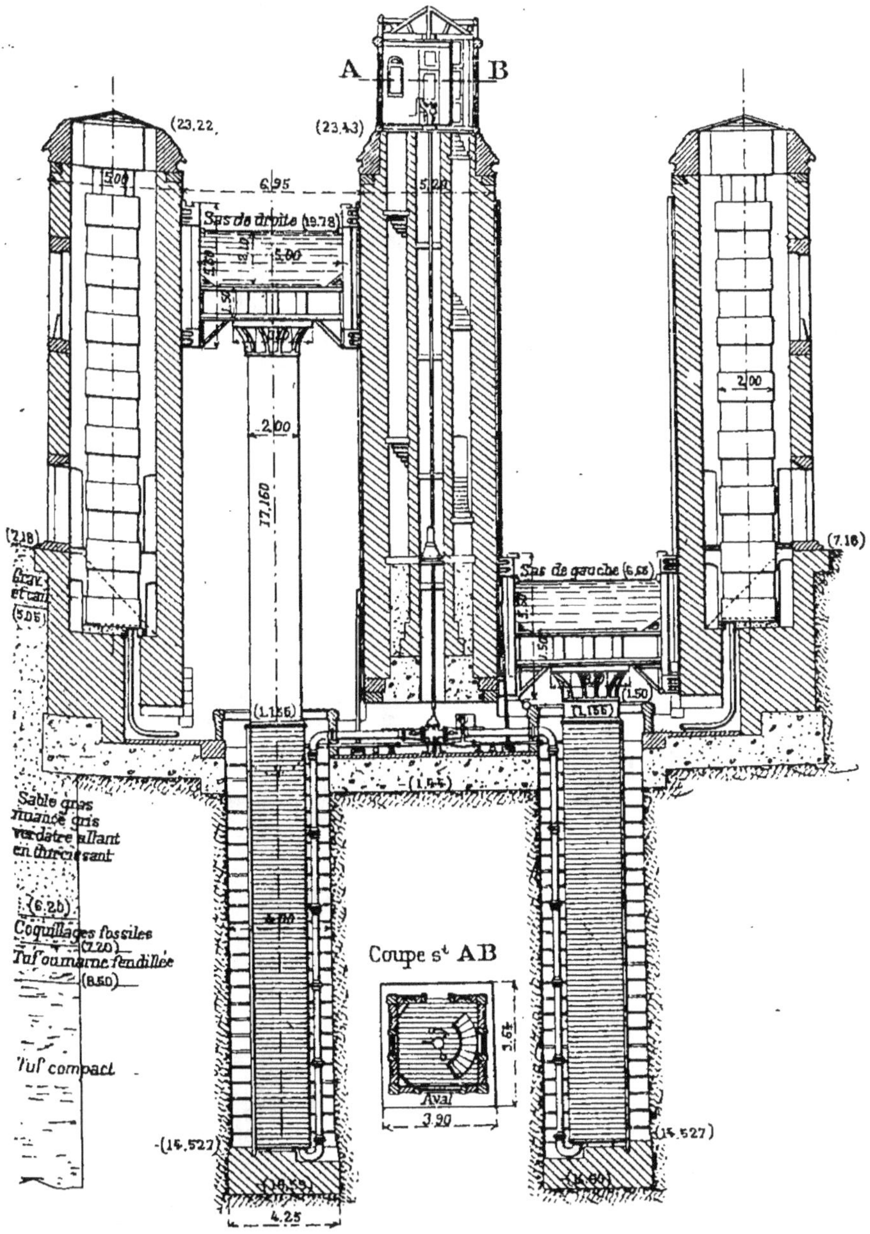

FIG. 1368. — Ascenseur des Fontinettes. Sas mobiles. Coupe transversale.

parement aval du mur de chute qui termine le bief d'amont, les guides du centre sur les faces latérales de trois tours carrées en maçonnerie, très massives.

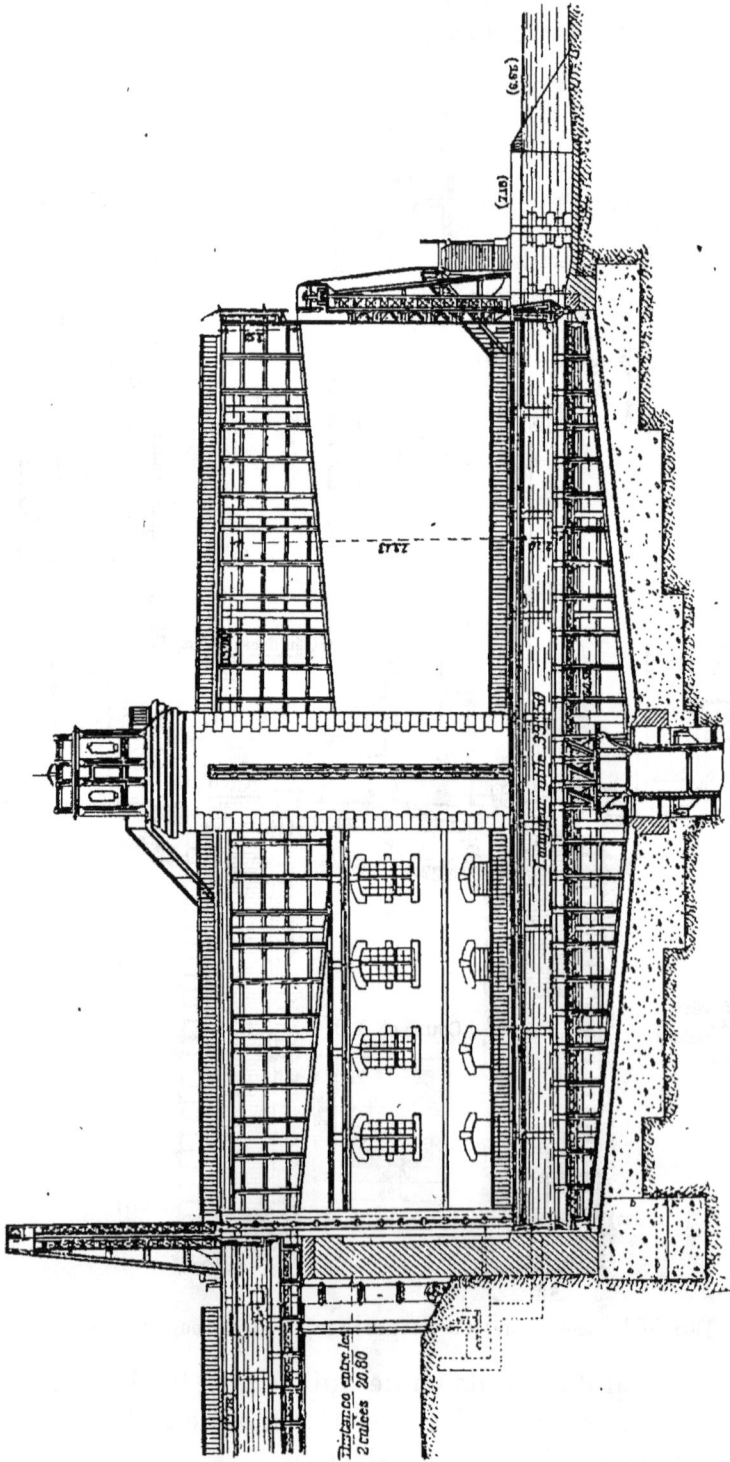

Fig. 369. — Ascenseur des Fontinettes. Sas mobiles. Coupe longitudinale.

Le guidage central est de beaucoup le plus efficace, comme étant indépendant des dilatations et pouvant avoir par suite un très petit jeu. Il est composé de forts sabots en acier fixés au sas et embrassant des glissières en fonte boulonnées sur la face de la tour voisine (*fig.* 370).

La manœuvre des vannes de communication et des distributeurs des presses s'effectue du sommet de la tour centrale.

Le jeu ménagé entre l'extrémité d'une tête de sas et l'extrémité du bief correspondant est de 0^m,045 environ. Avant de lever les portes pour faire entrer ou sortir un bateau, on ferme le joint par des pneumatiques fixés à demeure sur la tête du bief, et que l'on gonfle par injection d'air comprimé à 1 atmosphère et demie. De petites ventelles ménagées dans les portes permettent de remplir le vide existant.

La force motrice nécessaire à la mise en mouvement de l'ascenseur et à la manœuvre des portes levantes est fournie par une usine hydraulique (*fig.* 369) installée entre les deux compartiments de la cale sèche, entre la tour centrale et le mur de chute.

Cette usine comprend deux turbines actionnées par les eaux du bief supérieur. L'une, de 50 chevaux, fait fonctionner quatre pompes de compression à double effet pour charger un accumulateur de 1.200 litres de capacité ; l'autre, de 15 chevaux, commande un compresseur d'air pour le gonflement des pneumatiques et une pompe centrifuge pour épuiser les eaux qui peuvent arriver par infiltration dans les cales sèches ou dans les puits des presses. Une petite machine à vapeur du type pilon permet de continuer les épuisements, quand le bief supérieur est à sec.

Le poids à élever, comprenant un piston, un sas et l'eau qu'il peut contenir, poids invariable, qu'il y ait ou non un bateau dans le sas, est de 800 tonnes. La pression dans l'accumulateur est de 30 atmosphères et de 25 atmosphères dans les presses.

Les manœuvres de l'ascenseur s'effectuent avec une grande facilité et exigent seulement dix-huit minutes pour permettre le passage simultané d'un bateau montant et d'un bateau avalant. On trouve dans l'ouvrage de navigation inté-

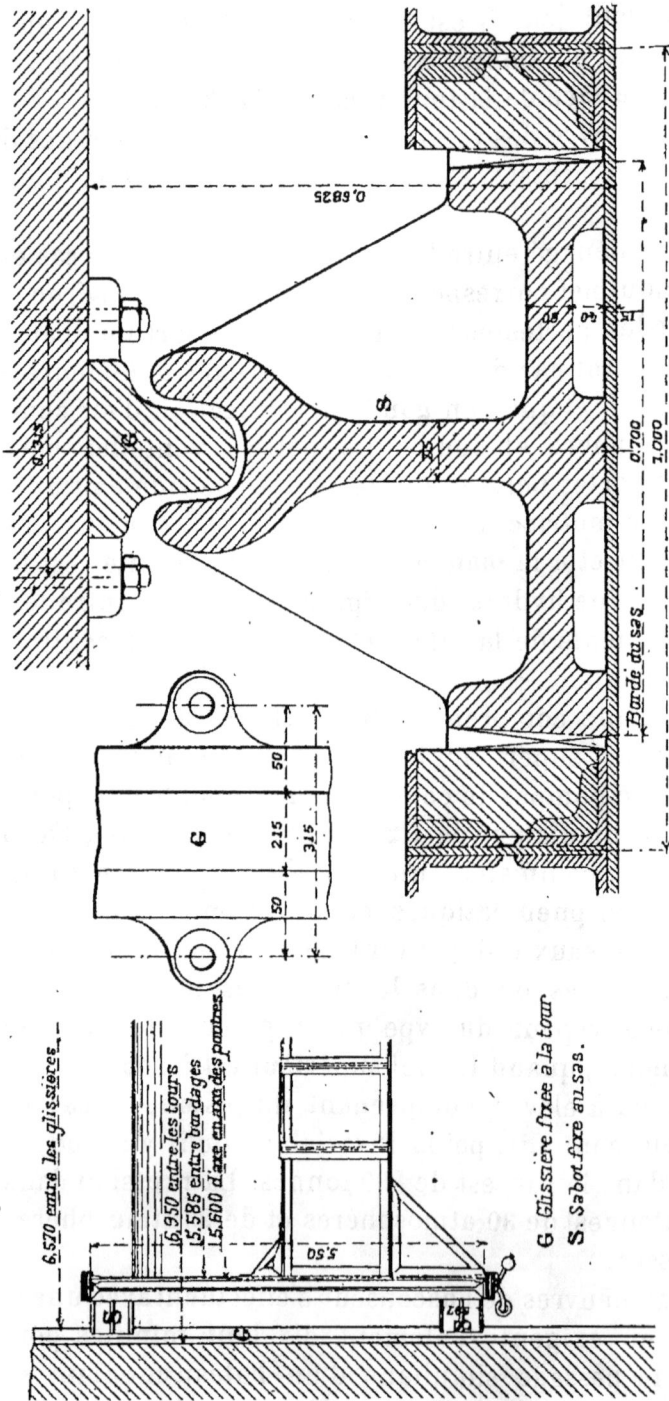

FIG. 370. — Ascenseur des Fontinettes. Guidage par sabots et glissières. Élévation et coupe.

rieure de M. l'inspecteur général de Mas le détail des manœuvres, qui ont été simplifiées depuis que l'appareil fonctionne.

Les travaux commencés à la fin de l'année 1883 ont été terminés en novembre 1887. L'ascenseur a été mis en service le 20 avril 1888.

Les dépenses se sont élevées à 1.870.000 francs ; elles seraient probablement réduites actuellement, en raison de l'expérience acquise, à 1.400.000 francs. Les frais annuels d'entretien et d'exploitation s'élèvent en moyenne à 14.500 francs.

L'ascenseur des Fontinettes a subi une avarie grave, qui a nécessité sa mise en chômage à partir du 7 avril 1894. L'une des presses s'est déversée par suite d'un mouvement dans les fondations, et le sas correspondant n'a plus pu fonctionner. Le chômage s'est prolongé pendant trois ans : les réparations à effectuer ont présenté des difficultés extraordinaires. On a dû recourir à la congélation du sol autour de la fondation endommagée pour pouvoir la reprendre en sous-œuvre dans des conditions donnant toute sécurité. Depuis 1897, l'ascenseur fonctionne d'une manière absolument satisfaisante.

Néanmoins, on a conservé l'échelle d'écluses, qui a été utilisée fort heureusement pendant le chômage forcé de l'ascenseur, et qui sert encore le dimanche, pendant la visite et la remise en état de l'appareil.

292. **Ascenseurs du canal du Centre en Belgique.** — Les quatre ascenseurs, établis sur le canal du Centre en Belgique, qui réunit le canal de Bruxelles à Charleroi à celui de Mons à Condé, rachètent, sur une longueur de 7 kilomètres environ, une différence de niveau de 66m,197, savoir :

Ascenseur n° 1 de La Louvière.......	15m,397
— n° 2 de Hondeng-Aimeries.	16 . 934
— n° 3 de Bracquegnies.....	16 933
— n° 4 de Thien...........	16 933
TOTAL ÉGAL..........	66m,197

Ils ont été projetés d'après les principes mêmes qui ont été admis aux Fontinettes ; les seules différences qu'ils présentent avec l'ouvrage français proviennent de leurs dimensions et par conséquent des poids à mettre en mouvement, ainsi que de certains détails de construction.

Ils doivent livrer passage à des bateaux longs de 40^m,50, larges de 5 mètres, susceptibles de porter 360 tonnes environ, à l'enfoncement maximum de 2^m,10. Le poids total à soulever peut varier de 975 à 1.162 tonnes ; les pressions correspondantes dans les presses sont de 30, 32,4 et 35^{atm},8

Les modifications aux dispositions de l'ascenseur des Fontinettes ont été apportées dans la construction des corps des presses et dans la formation du joint étanche entre les extrémités des sas mobiles et des biefs.

Ce joint a été assuré par un segment de pont-canal, pouvant s'insérer entre le sas et le bief, dont la face côté du sas est inclinée à 1/10 et vient s'appliquer contre l'extrémité du sas, taillée suivant la même inclinaison. Cet appareil constitue donc un véritable coin inséré entre le sas et le bief, auquel il est fixé, et établit la continuité de l'un à l'autre. L'étanchéité du joint est assurée par des bourrelets en caoutchouc, fixés sur chacune des faces du coin.

Le serrage du coin entre le sas mobile et le bief fixe s'obtient simplement par le mouvement du sas, sans dépense de force spéciale, ni aucune manœuvre autre qu'un réglage chaque matin pour tenir compte du niveau du bief et de la température.

Les cylindres des presses constituent l'organe délicat du système ; établis avec des dimensions inusitées, et ayant à supporter des pressions considérables, ils doivent présenter une résistance à toute épreuve, l'accident d'Anderton ayant montré la nécessité de prendre des précautions exceptionnelles.

En France, on avait renoncé à l'emploi de la fonte, de l'acier fondu, de tôles soudées et de tôles en acier, et on avait composé les presses d'anneaux en acier laminé sans soudure, fabriqués comme les bandages des roues de locomotives, de 0^m,155 de hauteur et de 0^m,06 d'épaisseur. Ces anneaux étaient empilés les uns sur les autres et emboîtés à mi-épaisseur sur 0^m,005 de hauteur (*fig.* 371).

L'étanchéité était obtenue au moyen d'une chemise continue en cuivre de 0^m,003 d'épaisseur appliquée à l'intérieur.

La rigidité du système était assurée par des cornières verticales, reliées en bas à un poutrellage hexagonal établi sous la presse, en haut à une collerette entourant le cylindre. Le fond de la presse était constitué par une plaque de blindage de 2^m,25 de côté sur 0^m,55 d'épaisseur.

En Belgique, on a employé la fonte pour l'établissement

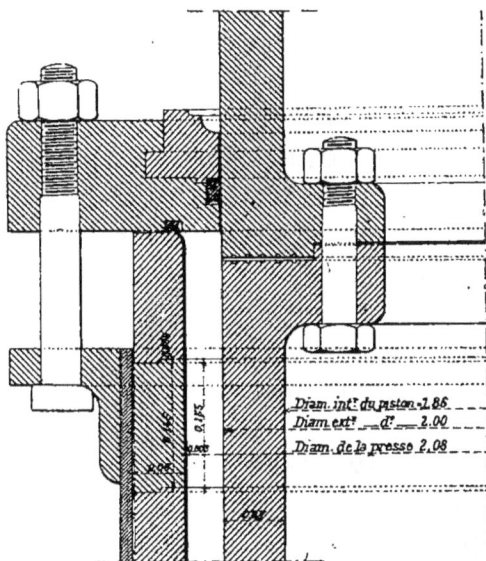

Fig. 371. — Anneaux de presse sans soudure.

ment des cylindres des presses, en prenant cependant certaines précautions. Les cylindres sont constitués par huit anneaux cylindriques de 2^m,06 de diamètre intérieur et de 0^m,10 d'épaisseur, et frettés au moyen de cercles jointifs en acier laminé, posés à chaud et ayant 0^m,05 d'épaisseur. La dernière frette de chaque virole est laminée en forme de cornière, et constitue le collet de la virole, ce qui permet de boulonner les viroles entre elles après interposition d'une plaque de plomb dans le joint pour assurer l'étanchéité. La colonne ainsi formée présente une rigidité parfaite ; une virole ainsi frettée ne s'est rompue que sous une pression de 265 atmosphères, huit fois plus grande que les efforts auxquels la presse peut être soumise (30 et 36 atmosphères). La disposition qui a été adoptée a fonctionné jusqu'à présent d'une manière absolument satisfaisante.

On a vu que l'accident survenu à l'ascenseur d'Anderton était dû notamment à l'affaiblissement produit dans la virole supérieure des cylindres des presses par la tubulure de raccordement avec le tuyau de communication entre lesdites presses.

Aux Fontinettes, pour éviter cet inconvénient, on a fait déboucher le tuyau de communication dans le plateau formant le fond de chaque cylindre.

En Belgique, la distribution de l'eau sous pression s'effectue, vers la partie supérieure de chaque presse, au moyen d'un distributeur, dans le but de ne pas affaiblir le cylindre pour livrer passage à l'eau. Ce distributeur est constitué par un tore en saillie sur le cylindre, et un anneau cylindrique venu de fonte avec le tore, et intercalé entre deux viroles ordinaires, qu'il remplace sur une faible hauteur. Cet anneau est percé, sur tout son pourtour, d'une série d'ouvertures de $0^m,05$ sur $0^m,05$ faisant communiquer l'intérieur du tore avec l'intérieur du cylindre. Les tores des deux presses sont mis en communication par un tuyau rectiligne de $0^m,25$ de diamètre.

Avec cette disposition, le segment de presse constitué par le distributeur présente une résistance au moins égale à celle du corps de la presse.

Comme on l'a vu, les cylindres des presses ont en Belgique $0^m,10$ d'épaisseur, afin de former enveloppe étanche ; ce résultat est obtenu aux Fontinettes avec une feuille de cuivre de 3 millimètres. Il semble donc que cette dernière disposition doit être la plus rationnelle.

293. Ascenseur de Peterboro (Canada). — L'ascenseur de Peterboro, au Canada, est le plus grand ascenseur du monde ; il a été mis en service le 9 juillet 1904 sur le canal du Trent.

Ce canal a pour objet de relier la baie de Géorgie, ce grand bras oriental du lac Huron, avec la partie inférieure du lac Ontario, formant ainsi une voie directe entre les grands lacs et la partie maritime du Saint-Laurent. Commencé il y a soixante-dix ans environ, il n'est pas encore terminé. Ce canal traverse une région parsemée d'innombrables petits lacs dont un certain nombre doivent être reliés entre eux, soit par des tronçons de canal, soit par des rivières, de manière à former une voie navigable assez hétérogène, puisque sur la distance totale de 322 kilomètres environ, il y aura seulement 32 kilomètres de canal proprement dit. Les écluses furent d'abord construites en bois, puis on les fit en pierre et en béton ; finalement, on décida de remplacer celles qui existaient aux passages les plus escarpés par des ascenseurs hydrauliques. Celui de Peterboro est le premier ouvrage de cette espèce construit sur le continent américain, et qui fonctionne actuellement. Il rachète une chute de 19^m,81.

Les deux sas sont des caissons en acier mesurant chacun 42^m,67 de longueur sur 10^m,06 de largeur et 3 mètres de hauteur, avec un mouillage de 2^m,44. Ils sont supportés chacun par un piston plongeur central, qui leur imprime un mouvement d'ascension ou de descente sous l'action d'une surcharge d'eau introduite dans le sas descendant. Les presses sont mises en communication par une conduite de 305 millimètres. Leur diamètre intérieur est de 2^m,349. Chaque piston a un diamètre de 2^m,286. Il est formé de tronçons en fonte de 1^m,60 de longueur, de 0^m,08125 d'épaisseur et portant à chaque extrémjté une bride intérieure permettant de les assembler. Les joints sont garnis d'une rondelle en cuivre rouge mince de 1^{mm},6 d'épaisseur et 19 millimètres de largeur, brasée aux extrémités en contact.

Les presses sont en acier fondu et formées de tronçons de 1^m,60 de longueur et de 89 millimètres d'épaisseur. Le joint est formé intérieurement d'une rondelle en cuivre rouge et extérieurement d'un anneau en plomb.

L'eau sous pression de 42 atmosphères et demie est fournie par un accumulateur, qui fournit également l'eau pour la manœuvre des portes.

Celles-ci, au nombre de huit, une à l'extrémité de chaque sas et une à l'extrémité de chacun des biefs, tournent autour de leur arête inférieure. Chaque paire, celle du sas et celle du bief, est manœuvrée à la fois au moyen d'un moteur hydraulique.

Ces portes sont entièrement construites en acier et constituées par des montants verticaux en ⊥. Le jeu existant entre le sas et le bief est racheté par un tube en caoutchouc qui est gonflé sous une pression d'environ 7 kilogrammes par centimètre carré.

La durée effective du passage d'un bateau d'un bief dans

l'autre est de douze minutes, dont une minute et demie pour la course verticale.

La dépense s'est élevée à 500.000 dollars.

On construit actuellement un ascenseur analogue à Kirk-field, entre le lac Balsam et le lac Simcoc sur le même canal. La chute à racheter est de 15ᵐ,24.

ASCENSEURS FLOTTANTS

La première application d'un ascenseur flottant a été faite en 1899 en Allemagne, sur le canal de Dortmund à l'Ems, à Henrichenbourg, pour donner passage à des bateaux de 600 tonnes, et racheter des différences de niveau pouvant varier entre 12 et 16 mètres.

L'ascenseur consiste essentiellement en un sas de tôle, reposant, par l'intermédiaire de vingt pylônes métalliques et de ressorts, sur cinq flotteurs, qui restent constamment immergés et qui déplacent un volume d'eau de poids égal à celui à soulever. Le sas est ainsi susceptible d'être amené alternativement en regard du bief inférieur et du bief supérieur.

Il mesure 68 mètres de longueur utile, 8ᵐ,60 de largeur libre et 2ᵐ,50 de hauteur d'eau (*fig.* 372).

Les flotteurs ont 8ᵐ,30 de diamètre extérieur et 13 mètres de hauteur totale; ils se meuvent dans des puits de 9ᵐ,20 de diamètre intérieur, espacés de 14ᵐ,80 d'axe en axe, communiquant entre eux et ayant leur radier à 30 mètres environ au-dessous du sas parvenu au bas de sa course. Un tuyau cylindrique dépassant le niveau commun des puits permet en tout temps l'accès de l'intérieur des flotteurs, que l'on maintient constamment à sec et que des lampes électriques éclairent.

Le poids total étant équilibré par la poussée des flotteurs, les auteurs du projet de l'ascenseur d'Henrichenbourg comptaient que les manœuvres se feraient avec une surcharge d'eau à introduire dans le sas, pour provoquer sa descente et à laisser écouler dans le bief inférieur, pour permettre au sas d'opérer son ascension. On attribuait aux ascenseurs de ce système l'avantage de n'avoir à vaincre

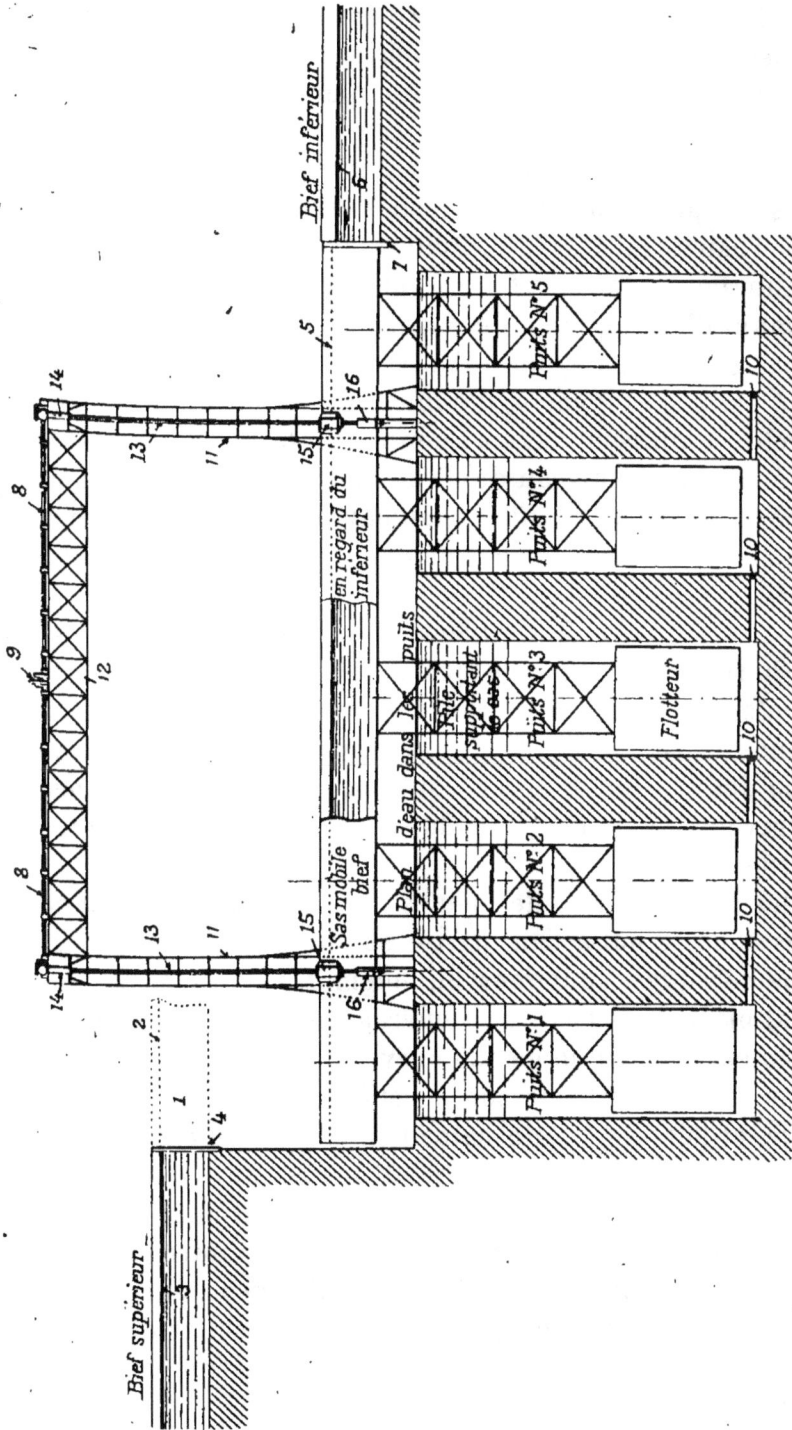

Fig. 372. — Ascenseur flottant d'Henrichenbourg. Coupe longitudinale.

que des frottements très faibles, et on avait calculé qu'une tranche d'eau de 0^m,04 à 0^m,05 d'épaisseur suffirait pour provoquer le mouvement. Or l'expérience a démontré la nécessité *absolue* d'équilibrer d'une manière parfaite la charge et la poussée des flotteurs; dans la pratique, la surcharge est limitée à 0^m,02 et ne sert qu'à contre-balancer la perte de poids des piliers de support, qui s'enfoncent graduellement dans l'eau à la descente. Pour obtenir à tout instant un équilibrage parfait des forces opposées agissant sur le sas, on l'a muni d'un appareil de vidange, que l'on utilise, durant la manœuvre même, pour abaisser le plan d'eau, s'il est trop élevé ; si c'est l'inverse, il faut procéder, avant la mise en marche, à un remplissage complémentaire du sas. On est forcé de tenir le niveau de l'eau dans le sas constamment en observation pendant la manœuvre, et de substituer à la surcharge, prévue pour *entraîner* le mouvement, des moteurs électriques puissants.

Pour *déterminer* le mouvement du sas, tout en assurant son horizontalité, la cage qui le supporte est reliée par sa partie supérieure à de grandes vis verticales fixées à quatre pylônes de guidage. Ces vis, de 24^m,60 de longueur, font monter ou descendre des écrous, qui sont portés par les pièces de contreventement supérieur du sas et qui entraînent tout le système mobile.

Elles produisent à elles seules tout le mouvement, et sont reliés dans ce but à leur partie supérieure par des engrenages coniques, actionnés eux-mêmes par un arbre horizontal placé dans l'axe de l'ouvrage, et sur lequel est calé un moteur électrique de 150 chevaux.

L'ascension ou la descente s'effectue en deux minutes et demie, et l'éclusage d'un bateau en cinq minutes.

Le plan des écrous se trouve à 27 mètres environ au-dessus du fond des flotteurs; bien que ce plan soit théoriquement absolument horizontal, on conçoit que la moindre oscillation pendant le mouvement puisse produire des dénivellations dans l'eau du sas, et qu'il puisse en résulter des efforts fatiguant les vis et produisant les vibrations qu'on observe en effet pendant la manœuvre.

Les vis ne devant, en raison de leur grande longueur,

travailler qu'à l'extension, on a dû limiter la surcharge d'eau à une tranche d'eau de 0m,02. C'est ce qui a fait modifier le mode de manœuvre prévu par les auteurs du projet.

En dehors de cet inconvénient, on doit signaler l'instabilité du système, en raison de la vitesse [1] avec laquelle il se meut dans les puits pleins d'eau, produisant des remous qui ne s'éteignent pas instantanément lorsqu'on arrête la manœuvre. Il est arrivé que le sas ayant paru arrêté au bas de sa course est remonté de 1 mètre, sans que rien ait pu le faire prévoir.

Les extrémités du sas mobile et les têtes des biefs sont munies de portes levantes. Les deux portes correspondantes sont accrochées l'une à l'autre pour la manœuvre et se lèvent ou s'abaissent simultanément comme aux Fontinettes. Elles sont équilibrées de façon qu'il ne leur reste qu'un excédent de poids de 1.000 kilogrammes pour chacune. On les manœuvre à l'aide d'un moteur électrique de 100 chevaux. Chaque extrémité du bief est munie, pour la jonction avec le sas, d'un cadre mobile en forme de coin, que l'on déplace à l'aide d'un treuil à main, analogue à celui qui a été employé pour les ascenseurs belges.

Les appareils de sûreté de l'ascenseur d'Henrichenbourg fonctionnent tous électriquement; le courant électrique, qui actionne le moteur des grandes vis, peut être interrompu à tout instant pendant la manœuvre du sas. Un coupe-circuit du courant moteur des vis est d'ailleurs disposé de façon à fonctionner automatiquement, quand le sas arrive à ses positions extrêmes.

L'ascenseur d'Henrichenbourg est un ouvrage remarquable dont l'aspect monumental et la parfaite exécution font le plus grand honneur aux ingénieurs allemands. La dépense s'est élevée à 3.250.000 francs, malgré la nature exceptionnellement favorable du terrain, dans lequel les puits des flotteurs ont été creusés.

Les frais annuels pour l'exploitation et l'entretien, qui avaient été évalués à raison de cinquante éclusées simples en douze heures, à 2 fr. 50 par éclusée, soit 45.000 francs par

1. 0m,111 par seconde,

an, atteignent en réalité 93.750 francs, non compris le traitement du personnel. Ce chiffre est à rapprocher des dépenses d'entretien et d'exploitation de l'ascenseur hydraulique des Fontinettes, qui ne sont que 14.400 francs par an, y compris les frais du personnel qui atteignent 8.000 francs.

C'est en vue de diminuer ces dépenses annuelles, qui sont considérables, mais aussi et surtout dans le but de parer au défaut de stabilité et de sécurité de l'ascenseur d'Henrichenbourg, que l'on se prépare à exécuter une échelle d'écluses sur une dérivation du canal latérale à l'ascenseur[1].

PLANS INCLINÉS

294. Considérations générales. — Dans la plupart des cas, lorsque la pente du terrain est modérée, et que l'alimentation est facile à assurer, les écluses fournissent le meilleur moyen de passage des bateaux d'un bief au suivant. Cette solution devient d'autant moins avantageuse que la déclivité s'accentue à cause des chutes plus fortes, de l'augmentation de la consommation d'eau et de la réduction de la longueur des biefs. On peut alors recourir soit à des ascenseurs, soit encore à des plans inclinés, lorsque la pente a une allure régulière, est modérément accentuée et suffisamment prolongée.

Ainsi les plans inclinés font franchir aux bateaux des différences de niveau considérables par glissement sur des pentes plus ou moins rapides et au moyen de voies ferrées et de chariots transporteurs. L'usage de ce système paraît remonter à une époque extrêmement ancienne. On peut mentionner dans cet ordre d'idées les overdracks qui fonctionnaient en Flandre dès le moyen âge. Ces plans inclinés en bois servaient à la translation de simples barques; la force motrice nécessaire était demandée à des moyens variés (roues à chevilles, manèges à chevaux, treuils, etc.). On trouve une disposition analogue sur la Sèvre Niortaise, où

1. Voir le rapport de MM. Bourguin et La Rivière sur le canal de Dortmund à l'Ems (*Annales des Ponts et Chaussées*, 1904, 3ᵉ trimestre, p. 131).

elle fonctionne de temps immémorial pour franchir la chute des nombreux barrages qui existent sur son cours.

Les bateaux peuvent être transportés sur plans inclinés de trois manières différentes : à sec, à flot dans un sas plein d'eau, enfin échoués dans un sas à charge d'eau diminuée.

265. Plans inclinés pour transport des bateaux à sec. — *Summit planes.* — On peut citer dans ce premier groupe les plans inclinés du canal Morris, dans l'Amérique du Nord, du canal prussien dit « Oberland Kanal », près d'Elbing, du canal de l'Ourcq à la Marne et de l'isthme de Chignecto (Canada).

Les premiers plans inclinés de ce système ont été établis dès le commencement du XIXᵉ siècle pour le transport à sec des bateaux ayant déjà un certain tonnage. Ils ont reçu en Amérique la dénomination de *summit planes* (plans inclinés à sommet). Ce sont en réalité deux plans inclinés en sens contraire, formant dos d'âne et dont le pied baigne l'un dans le bief d'aval, l'autre dans celui d'amont. Le sommet dépasse quelque peu le niveau de ce dernier bief, pour empêcher tout déversement d'eau. Les bateaux sont transportés à sec, échoués sur la plateforme d'un chariot métallique qui plonge alternativement dans l'un et l'autre bief pour y prendre ou y laisser son fardeau.

Le chariot circule sur une voie ferrée et est actionné par un moteur hydraulique agissant sur un système funiculaire, qui passe sur une poulie horizontale fixée au sommet de la pente. Généralement, il y a une double voie, et les deux chariots, l'un montant, l'autre descendant, sont réunis par un câble sans fin, de manière qu'ils se fassent contrepoids l'un à l'autre. Le moteur n'a à vaincre que les différences de poids des chargements et les résistances passives.

Aux États-Unis, le canal Morris comprend vingt-trois plans inclinés à double voie, établis en 1835, rachetant des chutes de 10ᵐ,70 à 30ᵐ,50 avec des pentes de 1/10 à 1/12 et donnant passage à des bateaux de 24 mètres ×3ᵐ,20, qui jaugent 70 tonnes. Le poids total en mouvement, y compris le chariot et la coque du bateau, est de 110 tonnes. Il porte sur huit essieux.

Le canal de l'Oberland prussien, ouvert en 1860, comporte cinq summit planes à double voie ; ceux-ci rachètent des différences de niveau de 18ᵐ,80 à 24ᵐ,50 au moyen de déclivités de 1/12 et donnent passage à des bateaux de 80 tonnes portés par des chariots de 25 tonnes sur quatre essieux ; le poids total mis en mouvement est de 105 tonnes et est porté sur quatre essieux. Le sommet des plans inclinés est à 0ᵐ,31 au moins au-dessus du plan d'eau du bief d'amont.

En France, un summit plane a été établi vers 1888 pour mettre en communication le canal de l'Ourcq et la Marne. Il est à simple voie et rachète une différence de niveau, qui est normalement de 12ᵐ,17 par deux plans inclinés ayant 391ᵐ,500 de longueur du côté Marne et 61ᵐ,50 du côté du

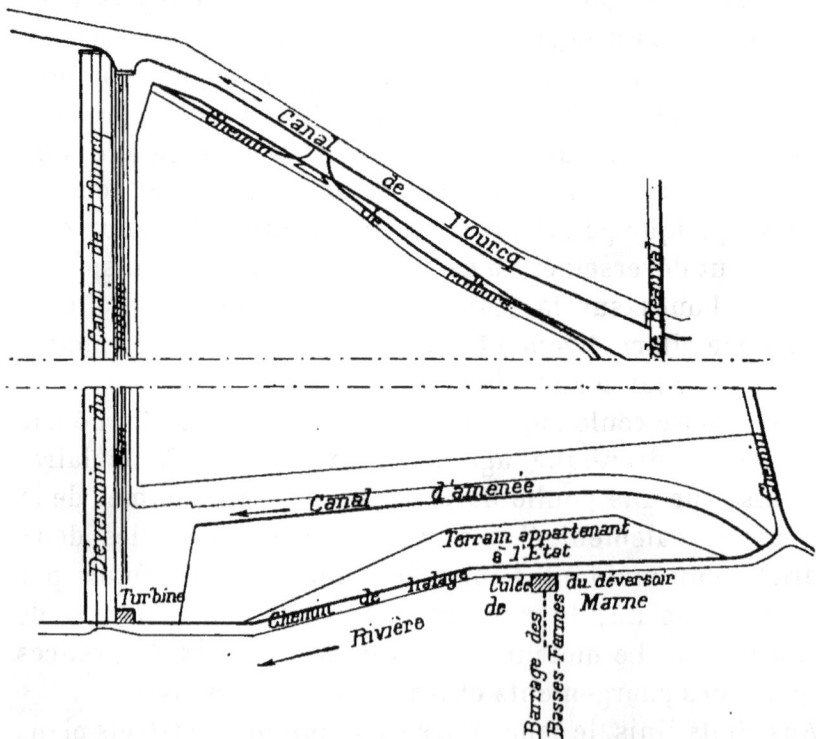

Fɪɢ. 373. — Communication de la Marne et du canal de l'Ourcq.

canal, avec des déclivités respectives de 1/25 sur un versant et de 1/16 sur l'autre. Les bateaux transportés, longs de 28 mètres et larges de 3ᵐ,10, jaugent 70 tonnes au maximum ; le poids total en mouvement, y compris le chariot et la coque, est de 110 tonnes, et est réparti sur quatre essieux.

À Beauval, près de Meaux, où est établi le summit plane, le canal de l'Ourcq ne se trouve guère qu'à 450 mètres de la rivière.

Le plan d'eau du canal de l'Ourcq est à 12^m,17 au-dessus du niveau normal de l'eau, à l'amont d'un barrage sur la Marne, et dans le bassin inférieur. Ce bassin (fig. 373) est relié avec la rivière par une dérivation formant canal d'amenée, longue de 373 mètres. L'eau qui y circule est rendue à l'aval, après avoir actionné une turbine de 50 chevaux, qui met en mouvement un câble télédynamique. Celui-ci agit sur une roue dentée du chariot transbordeur, laquelle engrène à son tour avec une crémaillère posée dans l'axe et sur les traverses en chêne de la voie. Celle-ci, en rails Vignole en acier pesant 42 kilogrammes, est large de 1^m,94.

Le chariot transbordeur est formé d'une plateforme métallique de 24 mètres de longueur sur 3 mètres de largeur d'axe en axe des longerons et portant sur deux trucks à quatre roues espacés de 12 mètres (fig. 374).

En voie courante, la plateforme du chariot a la même inclinaison que les rails, ce qui ne présente aucun inconvénient pour le bateau échoué. Mais, au

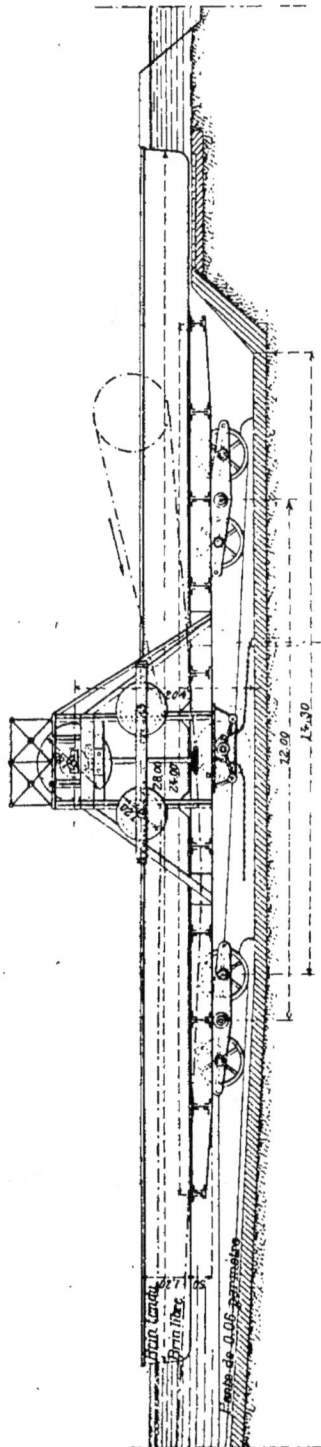

Fig. 374. — Summit plane reliant le canal de l'Ourcq à la Marne.

départ et à l'arrivée, il est essentiel que la plateforme reste horizontale jusqu'à complète émersion ou immersion du bateau. Pour obtenir ce résultat, on a eu recours au dispositif suivant.

La voie principale, à l'écartement de 1^m,94, est doublée à chaque extrémité par une voie spéciale, large de 1^m,50 dans le bassin côté Marne et de 2^m,40 dans le bassin côté canal (*fig.* 375).

Ces voies sont surélevées par rapport à la voie normale, à laquelle elles se raccordent par un quasi-palier (*fig.* 376).

Les roues des trucks sont à double jante avec boudin intermédiaire. A l'entrée dans l'un des bassins, il y a changement de jante d'appui ; le truck d'avant s'élève en passant sur la voie spéciale, tandis que l'autre continue à suivre la pente ; la plateforme devient ainsi horizontale. L'inverse se produit au départ des bassins.

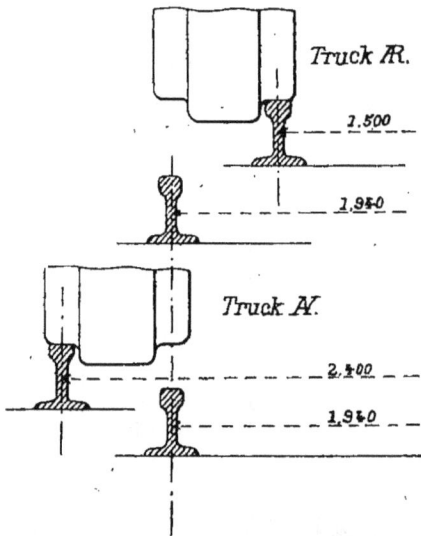

Fig. 375. — Disposition des rails du chariot transbordeur.

La vitesse de marche du chariot est de 0^m,25 par seconde, ce qui correspond à une durée totale de trente minutes pour un parcours de 450 mètres. A la montée, il faut compter quarante minutes environ. Un voyage double exige une heure et quart environ.

On ne citera que pour mémoire l'application de ce système à des bateaux de 1.000 tonnes au Canada, à Chignecto, où il s'agissait de faire franchir à ces bateaux l'isthme qui sépare la Nouvelle-Écosse du Nouveau-Brunswick, sur une longueur de 27.330 mètres. Dans cette application, les bateaux, après avoir été soulevés hors de l'eau par des pistons hydrauliques, devaient être déposés sur des bers en acier divisés en sections de 22^m,86 de longueur, et transportés ainsi sur rails au travers de l'isthme. C'était en réalité des chemins de fer pour bateaux. Cet ouvrage a dû être arrêté

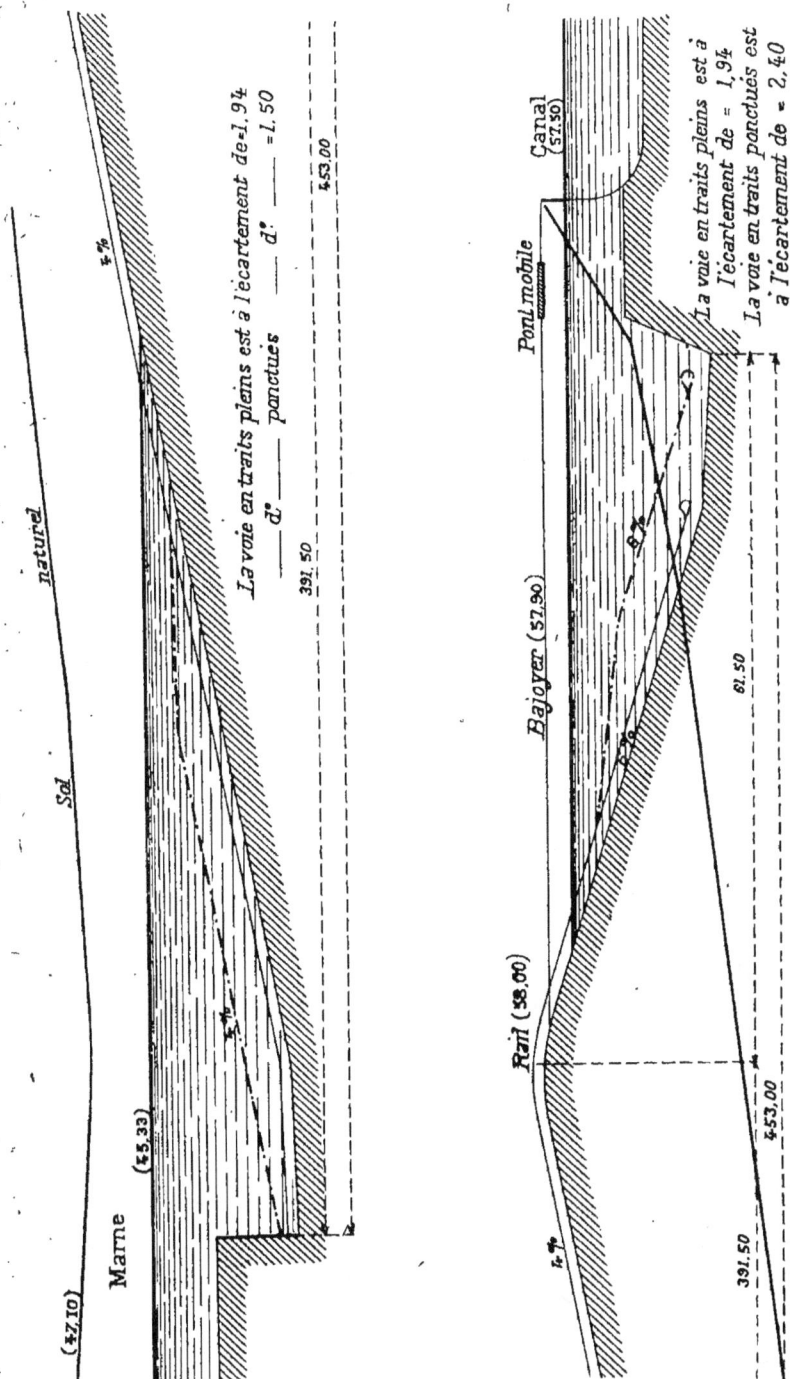

Fig. 376. — Disposition des voies du chariot transbordeur.

en 1891, après avoir été achevé aux trois quarts, faute de

fonds. Il n'est donc pas possible de se prononcer sur les avantages qu'il aurait procurés.

296. Plans inclinés pour tranporst des bateaux à flot. — Dans ce système, les bateaux sont transportés à flot dans un caisson ou sas mobile supporté horizontalement par des trains de roues circulant sur une voie ferrée. Le sas est muni à ses extrémités de deux portes, qui le mettent en communication soit avec le bief d'amont, soit avec le bief d'aval, avec lesquels il vient se raccorder alternativement.

La force nécessaire pour équilibrer la composante de la gravité parallèle au plan incliné, c'est-à-dire pour provoquer le mouvement du sas, est constante, que le bateau soit lège ou chargé, puisqu'il déplace au moment de son immersion un poids d'eau égal au sien.

Elle peut être obtenue par l'emploi de deux sas identiques ou d'un contrepoids relié à un sas unique au moyen d'un câble et de poulies de renvoi placées au sommet de la pente, ou encore par deux contrepoids disposés symétriquement de part et d'autre du sas unique et rattachés à lui par des câbles.

La translation du sas s'opère soit dans le sens de sa longueur, soit transversalement.

Des applications de ce système ont été faites en Écosse, sur le canal de Monkland, à Black-Hill près de Glasgow ; aux États-Unis, sur le canal de Chesapeake et Ohio, pour établir une jonction entre le canal et la rivière Potomac, enfin en Angleterre, à Foxton sur le canal de Grande-Jonction, pour remplacer une échelle de dix écluses.

PLANS INCLINÉS A DÉPLACEMENT LONGITUDINAL. — 1° *Plan incliné de Black-Hill.* — Le plan de Black-Hill rachetait une hauteur de 29 mètres franchie par le canal de Monkland (Écosse), qu'il desservait concurremment avec quatre écluses doubles. Son inclinaison était de 1/10, et deux voies ferrées parallèles y supportaient deux chariots reliés par un câble, dont l'un montait pendant que l'autre descendait.

Chaque chariot supportait un sas mobile de 21^m,34 $\times$ 4^m,36 $\times$ 0^m,84, dans lequel la hauteur d'eau ne dépassait pas d'habitude 0^m,61. Ce qui explique cette faible profondeur, c'est que le plan incliné n'était utilisé qu'au passage des bateaux vides, ceux chargés empruntant les écluses. On réduisait ainsi sensiblement le poids de la masse en mouvement, et on empêchait pendant le transport les ballottements et les heurts du bateau, qui portait légèrement sur le fond.

Le chariot s'immerge dans le bief d'aval ; le bateau entrait ou sortait, après la levée des portes, sans qu'il en résultât aucune déperdition d'eau. Arrivé au haut de sa course, le sas montant était fortement appuyé par des presses hydrauliques contre une fourrure formant garniture étanche sur une tête d'écluse ; et il suffisait de soulever les portes, après avoir rempli d'eau l'espace nuisible, pour que le bateau pût passer. La consommation d'eau se réduisait donc au volume de l'espace nuisible.

Le poids total de l'appareil, chariot, bateau et eau contenue, était de 70 à 80 tonnes. Le mouvement était déterminé par une machine à vapeur, qui n'avait guère à vaincre que les résistances passives, les deux sas ascendant et descendant se faisant sensiblement équilibre.

Le plan incliné de Black-Hill n'existe plus et a été remplacé depuis plusieurs années par deux escaliers de huit écluses chacun.

2° *Plan incliné de Georgetown*. — Ce plan incliné, mis en service à la fin de 1876, est aujourd'hui en ruines et abandonné.

Destiné à établir une jonction entre le canal de Chesapeake et Ohio et le Potomac, il rachetait une chute de hauteur variable avec l'état des eaux en rivière et qui ne dépassait pas 11^m,60 en eaux moyennes. Les bateaux qui fréquentaient le canal portaient de 110 à 115 tonnes avec une longueur de 27^m,40, une largeur de 4^m,39 et un tirant d'eau de 1^m,52.

Le sas mobile unique roulait sur une voie ferrée inclinée à 1/12, en s'y appuyant sur quatre rails parallèles. Il était équilibré par deux wagons-contrepoids, qui roulaient sur deux autres voies latérales placées de chaque côté de la première, mais inclinées à 1/10. Le câble, qui réunissait le sas à chacun des contrepoids, s'amarrait par une extrémité au sas, et par l'autre à un point fixe. Dans sa partie intermédiaire, il se mouflait sur le wagon, de façon que la course des contrepoids ne fût que la moitié de celle du chariot.

Le sas en tôle rivée et fers spéciaux, avait 34^m,12 de longueur sur 5^m,10 de largeur et 2^m,39 de creux; il portait sur trente-six roues. L'ensemble des poids en mouvement atteignait 950 tonnes, dont 390 tonnes pour le sas plein et 280 tonnes pour chaque wagon.

A la suite de divers accidents, pour diminuer les poids des masses en mouvement, on avait été amené à transporter les bateaux chargés à sec et échoués sur le fond du sas. Les bateaux vides seuls restaient à flot; mais on ne laissait dans le sas qu'une hauteur d'eau de 0^m,76 seulement, indispensable pour faire équilibre aux wagons-contrepoids.

PLANS INCLINÉS A DÉPLACEMENT TRANSVERSAL. — L'idée première de disposer le sas mobile, non plus suivant une ligne de plus grande pente, mais suivant une horizontale du plan incliné, et de le mouvoir non plus en long et en travers, est due à M. l'inspecteur général Flamant. Celui-ci présenta, en effet, en 1890, un projet d'une installation de ce genre pour bateaux de 300 tonnes, appliquée à une hauteur de chute de 30 mètres.

Ce dispositif augmente notablement la largeur du plan, mais permet aussi d'accroître son inclinaison, de la porter à 1/5 par exemple, en réduisant par conséquent sa longueur, la durée de la manœuvre, et par suite le travail des résistances passives.

En outre, la construction du chariot qui porte le sas est bien simplifiée, puisque l'on n'a plus, pour prendre la plate-forme horizontale, qu'à racheter la pente du plan incliné sur la largeur du sas au lieu de la longueur. Les oscillations de la masse liquide paraissent aussi moins à redouter.

Plan incliné de Foxton. — Une application de ce système a été faite en 1900 sur le Jonction-Canal à Foxton, pour racheter une chute de 22^m,93 et remplacer un escalier de dix écluses.

La figure 377 reproduit schématiquement les dispositions adoptées :

Deux sas conjugués S et S′, ayant 24ᵐ,40 de longueur sur 4ᵐ,57 de largeur et 1ᵐ,52 de creux, et permettant un mouil-

Coupe longitudinale suivant AB

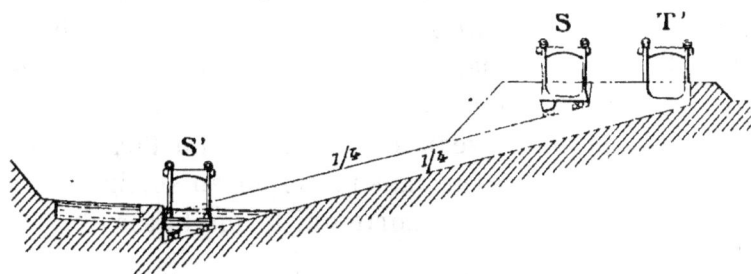

Plan

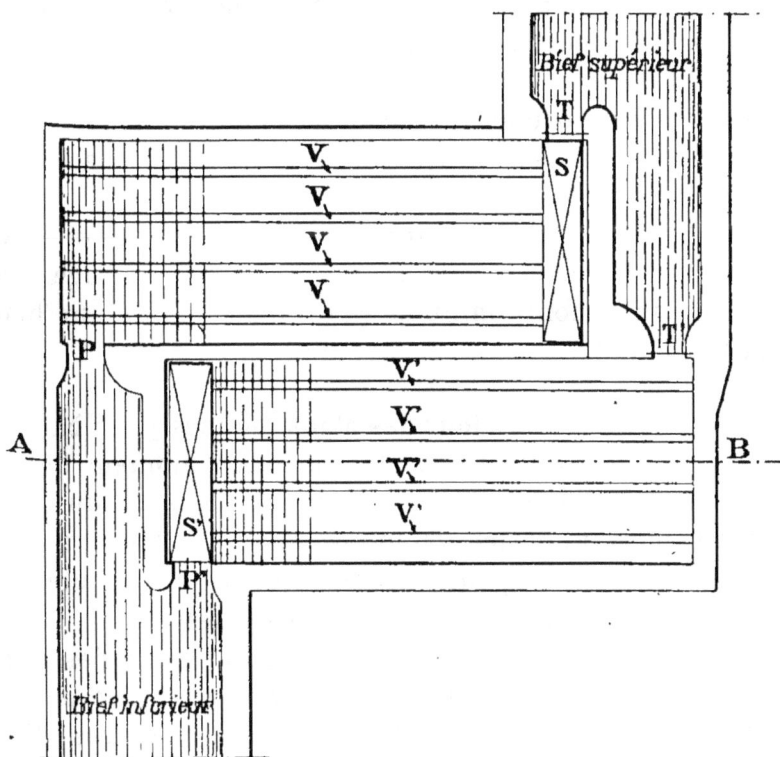

Fig. 377. — Plan incliné de Foxton.

lage de 1ᵐ,20, peuvent recevoir deux bateaux de 33 tonnes ou un de 70. Ils se déplacent sur deux plans inclinés accolés et se font équilibre par un câble indépendant qui les relie.

A chaque sas sont attachés deux câbles de halage, qui s'enroulent suivant des directions contraires autour d'un tambour-treuil actionné par une commande à engrenages avec vis sans fin, recevant le mouvement d'un moteur. Les plans inclinés communiquent avec le bief inférieur par les deux pertuis P et P'; les sas, dans le cas de la figure le sas S', arrivés au bas de leur course, sont immergés dans ce bief; l'eau est au même niveau à l'intérieur et à l'extérieur. Un bateau peut donc entrer dans le sas ou en sortir sans difficulté : il suffit de lever la porte qui ferme le sas du côté du bief inférieur.

Au sommet de la pente, les plans inclinés se terminent au regard des têtes d'écluses, fermées par des portes T et T', et contre lesquelles les sas sont fortement appliqués par des presses hydrauliques. On remplit d'eau l'espace nuisible entre les deux portes contiguës, on les lève, et la communication est établie.

Les chariots portent sur huit paires de roues portant sur quatre doubles files de rails. L'inclinaison des plans inclinés est de 1/4.

Cet ouvrage économise près de 90 0/0 de l'eau que consommaient les écluses, et réduit la durée du passage d'une façon notable (douze minutes environ au lieu de une heure vingt).

297. Autres applications des plans inclinés pour bateaux.
— Comme on le voit, il n'existe pas en ce moment de plan incliné susceptible de livrer passage aux bateaux du réseau français, pouvant porter 300 tonnes environ. Mais le nombre des projets dressés pour racheter les hautes chutes des canaux par des plans inclinés est considérable.

On peut citer, parmi ceux qui ont donné lieu à des études approfondies, les suivants, qui donnent une idée de l'importance des appareils projetés et des principes divers appliqués dans leur conception :

1° Le projet de MM. Gonin et Huc-Mazelet pour remplacer sept écluses du canal du Centre français, et racheter une différence de niveau de 18 mètres par une pente de 1/10. Le sas unique devrait être équilibré par un accumulateur;

et aux câbles ordinaires passant sur des poulies de renvoi, on aurait substitué un tube propulseur, dans lequel se serait mû un piston actionné par l'eau comprimée ;

2° Le projet de M. Peslin et de la Société anonyme des anciens établissements Cail, de Paris, avec sas formé de plusieurs tronçons juxtaposés pour la chute de $15^m,397$ que devait présenter le canal du Centre à la Louvière (Belgique), chute qui a été rachetée par un ascenseur hydraulique ;

3° Les projets présentés pour racheter la chute de 41 mètres pour la descente en Saône du canal de la Marne à la Saône (France), savoir :

a) Projet de M. Barret et de l'usine du Creusot, comprenant deux plans inclinés, pour racheter $20^m,50$ de hauteur chacun, et deux sas à chaque plan. La traction se serait opérée à l'aide de chaînes Gall attachées sur le caisson par l'intermédiaire de petites presses hydrauliques, qui auraient permis un mouvement de rappel et le maintien d'une égale tension des chaînes ;

b) Projets de MM. Thomasset, Vollet et Cⁱᵉ, le premier comportant deux sas supportés par des patins glissants, le second un seul sas, également supporté par des patins glissants, mais remorqué par des locomotives ;

4° Le projet de M. Peslin en vue de franchir une différence de niveau de 50 mètres sur le canal projeté de l'Escaut à la Meuse, puis pour l'étude du Danube à l'Oder pour bateaux de 600 tonnes. Cet ingénieur a essayé de résoudre par le système suivant le problème de l'égale répartition de la charge sur un grand nombre d'appuis, malgré les déformations inévitables de la voie. Le sas était fractionné en cinq tronçons, portés chacun par deux paires de trucks à quatre roues. La continuité de la bâche aurait été assurée, soit par des garnitures en caoutchouc appliquées sur les contours extrêmes des divers tronçons, la traction s'effectuant au moyen d'un câble fixé au tronçon inférieur, soit par des soufflets en lames d'acier flexibles analogues à ceux qui relient entre eux les wagons des trains, soit encore par des toiles caoutchoutées ;

5° Le projet de MM. Haniel et Lueg pour le canal du Danube à la Moldau et le canal de Schwerin à Wismar (pour bateaux de 600 tonnes), qui ont proposé de racheter des différences de niveau de 50 à 100 mètres par des voies longitudinales en pente de 1/8, avec organes de support, des patins hydrauliques du système Girard ;

6° Le projet de M. Th. Hoech et des cinq usines de constructions mécaniques réunies de Bohême pour le canal du Danube à la Moldau, qui ont fait choix de la disposition transversale du sas sur une voie en rampe de 1/5, rachetant une hauteur de 100 mètres. Le sas unique et équilibré par des contrepoids serait divisé en deux tronçons assemblés par un joint élastique. La charge totale serait répartie sur quatre groupes de vingt-huit rouleaux, dont douze porteurs seulement, remplaçant les roues ordinaires, reliés entre,eux par une chaîne et roulant sur quatre rails ;

7° Le projet de MM. Daydé et Pillé (pour bateaux de 800 tonnes), qui ont proposé de relier les essieux deux à deux par des balanciers s'appuyant sur les boîtes à graisse, et de recevoir le poids du châssis correspondant au milieu de la traverse qui réunirait les deux balanciers, de sorte que les quatre roues seraient uniformément chargées.

298. Concours ouvert en Autriche en 1904 pour franchir, en vue de l'exécution d'un canal entre le Danube et l'Oder, une différence de niveau de 35ᵐ,90. — Les projets, que l'on vient de citer, qui présentent tout au moins un grand intérêt historique, montrent, d'une part, que les ingénieurs de tous les pays se sont efforcés de résoudre le problème qui était proposé à leur science, et d'autre part, que les administrations, chargées de l'exécution, ont hésité à entreprendre un travail nouveau, craignant avec juste raison les accidents ou les aléas possibles avec des ouvrages aussi importants.

Le gouvernement autrichien a ouvert en 1903 un concours pour l'étude d'un appareil susceptible de faire franchir en une fois de grandes chutes à des bateaux de navigation intérieure.

On avait choisi, sur le tracé du futur canal du Danube à l'Oder, au voisinage de Prerau, en Moravie, un point où les deux biefs à relier sont séparés par une différence de niveau de 35ᵐ,90.

Il s'agissait de transporter des bateaux ayant au maximum 67 mètres de longueur, 8^m,20 de largeur et 1^m,80 de tirant d'eau en charge, en réduisant au minimum la dépense d'eau, et en assurant par vingt-quatre heures le passage de trente bateaux dans chaque sens.

Cent quatre-vingt-dix-huit projets ont été présentés, comprenant 34 projets d'ascenseurs, 24 projets d'écluses, 32 projets de plans inclinés et 27 divers.

Dix projets ont été réservés, parmi lesquels cinq études de plans inclinés. Le premier prix a été décerné à un projet de plan incliné et le second à un projet d'élévateur tournant.

Ascenseurs rotatifs. — On a écarté les systèmes tournants et les systèmes oscillants, les premiers dérivant des grandes roues qui fonctionnent dans beaucoup de villes importantes pour l'amusement des populations, les seconds construits pour osciller autour de leur axe de figure et se composant en réalité de deux secteurs d'une grande roue.

Le jury a retenu un appareil, qui, au point de vue mécanique, est d'une ingéniosité remarquable, et qui mérite une mention spéciale.

Cet appareil comprend un grand tambour de 52^m,5 de diamètre et de 70 mètres de longueur, dont les deux bases et toute la surface cylindrique sont fermées, couvertes par des tôles rivées. Il constitue donc un sas formidable, qui flotte dans un bassin plein d'eau formant prolongement du bief inférieur, ce qui supprime toute difficulté pour établir des fondations et supporter un poids aussi considérable. Dans ce grand cylindre sont fixés deux tambours de 12 mètres de diamètre formant sas, dans lesquels les bateaux sont montés ou descendus à flot. Ces tambours sont amenés successivement par la rotation du grand cylindre au niveau des biefs inférieur et supérieur. Sur la circonférence des deux bases du cylindre, sont fixées des roues dentées engrenant avec des pignons calés sur l'arbre moteur, installé au bord du bassin, parallèlement à l'axe du cylindre. Deux tourillons en acier, fixés au centre de ces deux bases, sont reliés à cet arbre par deux bielles, de sorte qu'en réalité le cylindre extérieur ne peut tourner que sur lui-même sous l'action des pignons moteurs, ou bien s'il doit subir des déplacements quelconques, du fait de sa charge ou des variations du niveau de l'eau autour de l'arbre qui porte les pignons. Pendant la rotation, l'eau contenue dans les sas reste à leur partie inférieure avec le bateau, qui est entouré d'une sorte de gril en bois. Le bief d'amont est fermé par une porte levante verticale; les fermetures correspondantes des deux sas sont également des portes levantes, qui se ferment et s'ouvrent en même temps que la porte du bief. Les portes opposées sont de simples portes coulissantes.

Avec ses sas normalement chargés, avec toutes les dispositions destinées à assurer sa rigidité, le tambour pèse 10.000 tonnes. La vitesse de rotation est lente, l'équilibrage parfait: il suffit, pour assurer les manœuvres d'une machine, de 75 à 80 chevaux.

Quelque mérite qu'ait cet appareil très séduisant, il ne semble pas applicable dans l'espèce, à cause de la configuration du terrain et des dépenses énormes qu'entraînerait l'exécution. On est obligé de constater qu'un ascenseur rotatif n'est utilisable que dans fort peu de cas, pour racheter des différences de niveau de 20 mètres au minimum. On ne saurait non plus dépasser 36 mètres, à cause des dimensions extraordinaires qu'il faudrait donner au cylindre de levée.

Ascenseurs verticaux. — Le concours n'a révélé aucune disposition nouvelle pratique en ce qui concerne les ascenseurs verticaux.

Écluses. — Jusqu'à présent, la hauteur de chute des écluses est limitée pratiquement à 10 mètres; la forte consommation d'eau peut être réduite de 50 0/0 à l'aide de bassins d'épargne; cette économie en eau n'est réalisable qu'aux dépens de la durée d'éclusage, et entraîne une augmentation importante des frais de premier établissement. On s'est efforcé dans le concours de dépasser ces limites.

Ainsi un des projets d'écluse comporte dix-huit bassins d'épargne de chaque côté du sas unique de 36 mètres de dénivellation.

Les projets d'écluses, qui rachètent la chute par deux gradins de 18 mètres chacun, prévoient six bassins d'épargne de part et d'autre du sas.

Une idée toute nouvelle s'est fait jour dans la construction des écluses à sas. Elle consiste dans l'emploi de bassins hermétiquement fermés, et de pompes pour le remplissage et la vidange de ces bassins. La dénivellation totale de 36 mètres est rachetée par deux écluses accolées, de 18 mètres de chute chacune. De chaque côté des écluses se trouvent trois bassins d'épargne, dont l'intérieur est rendu hermétique et étanche. Le fonctionnement de l'ouvrage est tel que la vidange d'une écluse produit le remplissage de l'autre. L'eau s'écoule de l'écluse remplie dans les bassins latéraux, et en chasse ainsi une partie de l'air qu'ils contiennent. L'air chassé comprimé est conduit par une canalisation dans les bassins latéraux de l'écluse vide ; un volume d'eau correspondant à celui de l'air introduit s'en échappe et est refoulé dans l'écluse. Dans cet état d'équilibre, les deux écluses ainsi que leurs bassins d'épargne sont remplis partiellement et de la même quantité. Pour terminer l'éclusage, on se sert des pompes ; l'air est aspiré dans les bassins latéraux de l'écluse, qui était primitivement remplie, et ces bassins se vident complètement. Par contre, l'air aspiré est refoulé dans les bassins latéraux de la seconde écluse, qui se remplit.

D'autres projets mériteraient aussi d'être analysés, mais cela serait dépasser le but que l'on s'est proposé. Il suffira d'indiquer qu'ils sont tous basés sur l'emploi de nombreux bassins d'épargne, et que la dépense d'eau pour une éclusée (un bateau montant et un descendant) peut être réduite à environ 5.000 mètres cubes, soit une économie des trois quarts du volume d'eau correspondant à un sas unique d'une écluse de 36 mètres, ou au double sas de deux écluses de 18 mètres.

On doit aussi faire remarquer que le prix d'une double écluse est infiniment moindre que celui d'une écluse unique de hauteur double : moitié d'après les devis fournis avec quelques projets. En dépit de l'avantage qu'il y aurait à transporter un bateau d'un bief à l'autre en une seule fois, on se rend compte qu'il est à la fois plus prudent et plus économique de fractionner l'opération.

Plans inclinés. — Avec les plans inclinés naît la question du transport à sec ou à flot. Le premier a l'avantage de di-

minuer dans une forte proportion l'importance du poids à
traîner. Plusieurs études ont été fournies ; aucune, avec des
complications de presses ou de balanciers, n'a paru satisfaisante. L'économie de poids devient faible, et la sécurité
du bateau et de l'appareil lui-même semble incertaine.

Reste le plan longitudinal ou transversal. La majorité des
projets présentés se rapportent à l'établissement d'un plan
longitudinal, justifié d'ailleurs par la pente modérée du terrain.

On a adopté généralement la pente de 1/20 correspondant
à une longueur de voie voisine de 800 mètres.

Presque tous les projets ont placé sur le chariot les moteurs
destinés à le faire mouvoir. Cette disposition, qui présente de
grands avantages, devient facile grâce aux moteurs électriques.

Les sas rendus autonomes peuvent être manœuvrés par un
conducteur placé dans une cabine installée sur le chariot.
Ils peuvent ainsi aborder, chacun pour leur compte, les têtes
de bief ; et, en cas d'avaries ou de réparations, ils peuvent
fonctionner seuls sur tout le parcours. Le service est ainsi
assuré, sans qu'il soit besoin de doubler le plan par un escalier d'écluses.

Le sas descendant doit être retenu : il est tout indiqué de
le freiner en faisant fonctionner comme génératrices les
dynamos qui, pour la montée, servent de machines motrices.
En fait, pour indépendants que soient les sas, le service doit
être organisé rationnellement de façon que, l'un montant
quand l'autre descend, le courant produit par ce dernier
vienne en déduction de ce que le premier doit demander à
l'usine génératrice ; la récupération du travail peut, dans
ces conditions, atteindre environ 45 0/0. En cas exceptionnel
de marche avec un seul sas, il est possible d'utiliser comme
appareil récepteur pendant la descente une pompe centrifuge remontant l'eau du bief inférieur au bief supérieur. Ce
procédé, qui correspond au minimum de récupération, peut
encore faire retrouver environ 18 0/0 du travail disponible,
tous rendements comptés.

La suppression de tous organes d'équilibrage mécanique
ne s'applique évidemment qu'au cas de plans à très faibles
déclivités. Sur des pentes plus fortes, les seules considéra-

tions de sécurité obligeraient soit à équilibrer mécaniquement l'un par l'autre, soit à équilibrer individuellement par des contrepoids les sas qui, sans cela, en cas d'accidents, risqueraient, quand ils auraient pris un peu de vitesse, de ne pouvoir plus être sûrement arrêtés par des freins.

On a proposé, en raison de la faible pente considérée, de faire cheminer le sas par simple adhérence. La sécurité de marche peut être insuffisante, notamment en cas de gelée. Il semble donc préférable de recourir à l'emploi de crémaillères : l'augmentation de dépenses de la voie est tout au moins atténuée par la simplification des mécanismes moteurs ; la sécurité est beaucoup augmentée, d'autant plus que la crémaillère permet l'introduction de moyens de freinage d'une grande efficacité.

L'équipement de chaque chariot comprenant : la charpente du chariot avec ses roues ou rouleaux ; la ou les dynamos motrices ; la cabine du conducteur avec ses rhéostats et les appareils de manœuvre et de prise de courant ; une installation capable de fournir l'air comprimé nécessaire, notamment pour assurer les joints de fermeture des portes, etc., pèse environ 2.000 tonnes.

En général, les projets présentés admettent que le chariot est simplement porté par des roues, avec ressorts interposés sur des voies établies dans des conditions de grande rigidité, presque toutes prévues avec traverses en fer noyées dans un important massif de béton. Ces roues sont distribuées et les ressorts sont réglés de façon à obtenir autant que possible une répartition uniforme de la charge.

Dans le projet classé le premier, le sas est porté sur deux rails, et sur chacun d'eux par une file de cinquante-deux roues. Les roues sont à jante cylindrique très large, circulant sur un très gros rail à tête plate, et portant chacune 10 tonnes. Dans ce projet, la crémaillère, très robuste, a sur sa face supérieure une denture à chevrons, et latéralement deux fortes saillies servant de chemin de roulement : 1° à des roues à axe horizontal qui portent les poids supplémentaires des parties du sas surchargées, par exemple, par la cabine de manœuvre et les installations de compresseurs d'air ou d'eau, et une partie des chariots moteurs ; 2° à des roues à axe vertical qui, placées en tête et en queue du chariot, assurent son guidage.

Ce projet apporte encore une solution ingénieuse, en comprenant l'emploi de deux moteurs indépendants l'un de l'autre. Chacun d'eux, avec ses organes de réduction de vitesse et son pignon à axe horizontal, qui engrène avec la crémaillère, est porté sur un petit chariot complètement distinct de celui du sas, dans lequel il est simplement enclavé, et auquel il est relié élastiquement. Il pousse ou retient le grand chariot par pression des cadres qui le limitent et porte, partie sur les saillies de la crémaillère par des roues qui lui sont propres, partie sur la crémaillère elle-même par un pignon, mais toujours avec un poids constant, quelle que soit la charge du sas.

On a étudié aussi les moyens d'atténuer autant que possible l'effet des variations de vitesse, soit sur l'eau contenue dans le sas, soit et surtout sur le bateau flottant.

La douceur des démarrages obtenus sous l'action de moteurs électriques apporte un important élément de sécurité. On a même proposé de régler de façon rigoureuse l'accélération en faisant dépendre automatiquement les positions successives de la manette de manœuvre sur les touches d'un rhéostat, des positions successives du chariot sur le plan. Mais ces précautions ne sont pas suffisantes, et il faut envisager l'éventualité d'un arrêt brusque en cas d'accident.

Dans l'un des projets, on propose de disposer sur le fond du sas des pneus d'assez grand diamètre et à échouer légèrement le bateau dessus. Il suffirait, d'après les auteurs de cette proposition, pour empêcher tout mouvement du bateau, même en cas d'arrêt brusque, alors que le sas marcherait à une vitesse de 1 mètre par seconde, de le faire reposer partiellement, de manière à l'alléger d'environ 1/5 de son poids [1].

Dans ces conditions, les flancs restent suffisamment soutenus, et les parties du fond posées sur un matelas d'air élastique ne fatiguent pas d'une manière anormale. Il serait peut-être préférable de disposer les pneus en travers au lieu

1. Pour un bateau chargé au tirant d'eau de 1^m,80, il faudrait vider le sas sur 0^m,36 de hauteur seulement.

de les placer en long, pour soustraire à un mouvement d'ensemble la couche d'eau de hauteur correspondante, et aussi de les couvrir, au lieu d'une tôle, d'une enveloppe plus souple.

En résumé, une évolution très nette s'est produite au sujet de l'établissement des plans inclinés. Le chariot-sas automoteur doit être actionné électriquement, porté sur des roues, débarrassé des longs organes de traction d'une sécurité douteuse et des préoccupations d'un équilibrage méticuleux, qui compliquait les installations primitives. Cette solution ne s'applique, il est vrai, qu'à de très faibles pentes, mais rien ne s'oppose à ce qu'un plan incliné soit établi, en tout état de cause, sur une déclivité très faible et qu'il permette de racheter de très grandes dénivellations.

299. Dépense de force motrice. — Tous les appareils qui ont été décrits exigent une certaine dépense de force motrice, mais elle n'est importante que dans le cas des plans inclinés établis dans l'ordre d'idées qui a été indiqué. Il faut en ce cas prévoir une usine capable de fournir 1.200 à 1.500 chevaux pour faire face momentanément aux à-coups qui sont inévitables avec l'indépendance des chariots, avec le fonctionnement d'un seul sas.

A ce sujet une remarque s'impose. On a vu que dans les projets d'écluse, poussant au maximum l'utilisation des bassins d'épargne, la dépense d'eau pour une éclusée complète semble pouvoir être réduite à 5.000 mètres cubes, ce qui correspond, pour une hauteur verticale de 36 mètres, à un travail théorique de 180 millions de kilogrammètres.

Pour être élevé à la même hauteur, un sas pesant 2.200 tonnes demande théoriquement une dépense de 80 millions de kilogrammètres, de sorte que, même en tenant compte du rendement de tous les appareils à faire intervenir, l'eau à dépenser pour une éclusée serait susceptible de fournir plus que le travail nécessaire à la manœuvre du plan, sans même avoir égard à la possibilité de la récupération électrique.

Si donc il y a assez d'eau dans le canal pour admettre la dépense nécessaire au fonctionnement des écluses, et si on a recours aux plans inclinés, l'usine génératrice peut être alimentée par le volume d'eau disponible.

Si au contraire on ne peut admettre aucune dépense d'eau, et si cependant on veut marcher avec des écluses, le moyen le plus sûr est de relever avec des pompes l'eau de chaque éclusée, et d'installer une usine plus puissante que celle qui suffirait au fonctionnement d'un plan incliné.

Ces considérations ne devront pas échapper aux ingénieurs chargés d'une étude semblable à celle qui vient d'être faite. Les frais de premier établissement devront être aussi sérieusement envisagés. La dépense pour l'installation des plans inclinés à faible pente sans équilibrage mécanique, avec double voie et deux chariots-sas, était estimée à une somme voisine de 5 millions en y comprenant l'usine de force motrice. Celle d'un groupe de deux écluses de 18 mètres de chute avec bassins d'épargne arrive au même chiffre ; pour une seule écluse de 36 mètres, elle est en général estimée à environ le double. Dans l'un et l'autre cas, il s'agit d'écluses simples.

Avec des ascenseurs verticaux, la chute étant aussi fractionnée en deux parties égales, les frais d'installation dépasseraient ceux d'écluses établies dans les mêmes conditions. Le grand tambour flottant coûterait environ 6 millions.

300. Comparaison entre les divers modes d'élévation des bateaux. — On connaît maintenant l'emploi qui a été fait des écluses, des ascenseurs et des plans inclinés pour racheter les grandes chutes entre les biefs des canaux. Il est intéressant, après l'expérience acquise, de pouvoir choisir celui des appareils qui convient le mieux dans une situation déterminée. L'analyse qui suit, et qui résume le rapport de M. Vernon Harcourt au Congrès de Milan, permettra peut-être de fixer les idées.

I. *Écluses.* — L'écluse constitue l'ouvrage d'art le plus convenable et le plus sûr pour transporter les bateaux d'un bief de canal au suivant, lorsque l'eau est abondante, la pente générale du pays traversé très douce, et que des biefs d'une longueur suffisante peuvent être répartis entre des écluses à chute modérée. Ces conditions sont généralement réalisées pour les rivières canalisées, spécialement dans la partie inférieure de leur cours, ainsi que pour les canaux latéraux alimentés par les rivières, qu'ils sont destinés à suppléer.

Elles ne se rencontrent, pas du moins aussi favorablement, lorsqu'il s'agit de réunir deux cours d'eau navigables par un cours d'eau transversal, aux abords de la crête de partage. Aussi les écluses sont-elles moins faciles à établir. Ce sont, d'une part, une augmentation de la raideur des pentes du terrain, et, d'autre part, une pénurie d'eau causée par la réduction de la surface du bassin alimentaire. On est donc forcé, ou de rapprocher les écluses, ou de leur donner une chute considérable, et l'on doit recourir à des dispositifs spéciaux pour économiser l'eau nécessaire aux éclusées. Ces écluses multiples, ainsi que les travaux nécessaires à l'emmagasinage de l'eau alimentaire et à la diminution de sa consommation, augmentent beaucoup les frais de construction dans le voisinage de la ligne de partage des bassins à réunir. En outre, le passage d'écluses nombreuses occasionne à la navigation des pertes de temps considérables.

La construction d'écluses à forte chute n'a été adoptée jusqu'ici que dans des circonstances exceptionnelles. Si, d'une part, la concentration des chutes et la réduction du nombre des écluses ont pour effet de diminuer les pertes de temps dues aux éclusages, par contre les frais de construction des biefs qui les séparent sont considérablement augmentés par suite de l'impossibilité de suivre d'aussi près l'allure du terrain naturel que pour un profil à écluses nombreuses [1].

La plus grande chute réalisée jusqu'à présent pour une écluse est celle de 9m,92 adoptée au canal de Saint-Denis pour une écluse à sas de 58m,50 sur 8m,20 avec un mouillage de 3m,20. Une écluse beaucoup plus grande a été construite sur le canal latéral à la Moldau : cette écluse mesure 225 mètres de longueur et 20 mètres de largeur, mais son mouillage n'est que de 2m,10 et sa chute de 8m,90. Son alimentation est largement assurée par la Moldau.

1. Une écluse de 36 mètres de chute est estimée le double qu'un groupe de deux écluses de 18 mètres de chute.

Dans le cas même où l'eau ne manque pas, les écluses à forte chute exigent des installations spéciales dispendieuses pour assurer le remplissage et la vidange rapides et sans danger de leur sas, en tenant compte des fortes pressions s'exerçant sur les portes d'aval. Il est aussi nécessaire de prévoir plusieurs bassins d'épargne de dimensions appropriées, afin de réduire le volume des éclusées à une valeur admissible, ce qui nécessite, outre de grands frais de construction supplémentaires, l'usage d'installations mécaniques fort compliquées pour régulariser avec la précision voulue le remplissage et la vidange des divers bassins d'épargne. Dans ces conditions, les écluses cessent absolument d'être les ouvrages si simples et si durables que l'on est tenté de se représenter.

La chute de 5 mètres qui a été adoptée sur le canal du Centre et sur le canal de la Marne à la Saône pour racheter une dénivellation de 41 mètres semble être une limite à l'emploi avantageux des écluses. M. l'ingénieur G. Cadart, spécialisé dans ces questions, reconnaît qu'une chute de 5 mètres environ est, d'une manière générale, le maximum désirable pour une écluse. Il constate que, pour des chutes sensiblement supérieures, le coût par unité de hauteur augmente considérablement, et que de telles écluses cessent d'être des ouvrages simples et durables pour devenir des installations compliquées. Cette complication limite l'emploi des écluses, de même façon que l'insuffisance de l'eau disponible.

La pente du terrain doit d'ailleurs influer sur le choix du système. On a une tendance à exagérer l'importance de la hauteur à franchir par un canal, en la mentionnant en tout premier lieu, comme ce fut le cas pour le concours relatif au canal de la Marne à la Saône et pour celui du Danube à l'Oder, où les chiffres de 41 mètres et de 35^m,90 figuraient comme le point capital du problème.

La hauteur totale à racheter n'est qu'un des divers éléments essentiels à la détermination du moyen qu'il convient d'employer. Sans doute, l'altitude du sol la plus favorable dans la ligne de partage des bassins des deux rivières est l'élément que l'on doit considérer en premier lieu, en étudiant la possibilité de réunir ces deux rivières par un canal de navigation. En effet, une trop grande différence de niveau entre l'origine du canal et la ligne de partage des deux bassins peut suffire pour montrer l'impraticabilité du projet, surtout à une époque où les canaux doivent lutter contre les chemins de fer.

C'est ainsi qu'actuellement on hésiterait à exécuter le canal du Danube au Mein, réunissant deux des plus importants réseaux de voies navigables de l'Europe, celui du Rhin et celui du Danube à cause de la dénivellation de 183 mètres entre le Mein et le bief de partage, à cause aussi du manque de profondeur et de la pente rapide des parties supérieures des deux cours d'eau. De même encore l'élévation du bief supérieur du canal du Midi en France (186 mètres au-dessus du niveau de la mer) forme le principal obstacle au projet ambitieux de convertir ce canal qui, par la Garonne, réunit le golfe de Gascogne à la Méditerranée, en un canal maritime permettant aux navires d'éviter le détour par le détroit de Gibraltar.

Mais, lorsque l'altitude de la crête de partage entre deux cours d'eau navigables ne paraît pas présenter un obstacle exagéré à la construction d'un canal de jonction et que celle-ci est mise à l'étude, la distance sur laquelle se répartit la chute devient un élément aussi important du projet que la chute elle-même. C'est donc la combinaison de la longueur et de la chute, c'est-à-dire la pente générale du terrain, qui doit servir de base à la détermination du système à adopter pour racheter cette différence de niveau.

On doit dire aussi, dans un ordre d'idées semblable, qu'il n'est pas rationnel d'abstraire une dénivellation spéciale du tracé, et de choisir le système propre à la racheter, indépendamment des appareils qui ont été adoptés sur le restant du parcours, à moins qu'il ne s'agisse d'une expérience à faire. Toutes les parties du canal sont solidaires les unes des autres, et le choix que l'on fait doit porter sur les appareils les mieux appropriés au trafic, au volume d'eau dont on dispose pour l'alimentation. En agissant autrement, en prenant en un point déterminé un système qui semble le plus rationnel, on risquerait de rompre l'unité économique de la voie navigable, et de diminuer le rendement que l'on a en vue. On en verra plus loin les conséquences.

L'influence de la pente générale du terrain est donc très importante : ainsi, sur la partie reconstruite du canal de Charleroi à Bruxelles, où l'inclinaison moyenne du sol est de 1/250, la longueur des biefs varie de 1.496^m,90 à 623^m,35. Sur le canal de la Marne à la Saône, dans la partie supérieure du bassin de la Saône, la pente générale est de 1 sur 98 environ, c'est-à-dire qu'elle est beaucoup plus prononcée; il a fallu adopter pour les écluses des chutes plus élevées de 0^m,625 à 1^m,025, et donner à six des biefs du canal français des longueurs variant de 401^m,7 à 418^m,08, réduisant ainsi la moyenne des sept biefs à 435 mètres seulement.

En résumé, pour employer des écluses dans des canaux traversant une région inclinée de plus de 1 0/0, il serait nécessaire de leur donner une chute supérieure à 5^m,125, qui a été adoptée pour la partie la plus rapide du canal de la Marne à la Saône, à moins de réduire encore la longueur des biefs. Mais toute augmentation notable de la hauteur au delà de la limite de 5 mètres admise comme convenant aux écluses ordinaires entraînerait des complications nuisibles tant dans le fonctionnement que dans la construction des écluses. D'autre part, une réduction nouvelle de la longueur des biefs de 400 mètres environ occasionnerait des retards dans la marche des bateaux, et des fluctuations inadmissibles dans le niveau des biefs amont et aval, au cas où plusieurs bateaux se suivraient dans le même sens.

On doit donc dire que, *si les écluses constituent l'installation la plus simple et la plus durable, qui permette de faire passer les bateaux d'un bief au suivant, quand la pente du sol est modérée, elles perdent une grande partie de leurs avantages lorsque cette inclinaison dépasse sensiblement 1 0/0; on doit donc étudier d'autres solutions.* On a même parfois renoncé à les adopter pour des inclinaisons encore moindres.

C'est ainsi pour la partie supérieure du canal du Centre en Belgique, où l'on a prévu quatre ascenseurs hydrauliques équilibrés pour racheter la chute de 56^m,20, bien que celle-ci soit répartie sur une longueur de 7.033 mètres avec une pente moyenne de 1 sur 125 seulement. Mais la pente du tracé choisi est très irrégulière et se concentre surtout en quatre passages rapides, qui conviennent fort bien à l'emploi d'ascenseurs hydrauliques.

Des écluses à forte chute ou des échelles d'écluses peuvent, dans certains cas, s'employer avec avantage pour racheter des dénivellations importantes, lorsque l'eau nécessaire ne fait pas défaut. Mais une rampe régulière de grande longueur peut difficilement être gravie par les gradins successifs d'un canal à écluses, et cela d'autant plus que son inclinaison est plus prononcée.

II. *Ascenseurs*. — L'endroit le plus favorable à l'établissement d'un ascenseur est celui où une chute brusque considérable se produit sur le profil en long du terrain.

Les avantages principaux d'un ascenseur vertical sont au nombre de trois :

1º La rapidité avec laquelle il permet à un bateau de franchir une chute considérable ;

2º La faible consommation d'eau que comporte sa manœuvre ;

3º L'espace réduit qu'il occupe.

Un ascenseur remplit exactement les mêmes fonctions qu'une échelle d'écluses doubles et dans des cas analogues ; mais le transport des bateaux se fait beaucoup plus rapidement et avec une dépense d'eau beaucoup moindre.

Les ascenseurs hydrauliques d'Anderton, des Fontinettes et de la Louvière ont été établis de 1875 à 1888 ; l'ascenseur à flotteurs de Henrichenbourg fut mis en service en 1899, enfin l'ascenseur de Peterborough, en principe semblable aux trois premiers, a une levée supérieure, des sas beaucoup plus grands, et peut recevoir des bateaux de 800 tonnes. Cet ascenseur a une course de $19^m,81$; ses sas équilibrés ont $42^m,67$ de longueur, $10^m,06$ de largeur, et la hauteur normale de l'eau qu'ils contiennent est de $2^m,41$.

Quatre ascenseurs seulement ont été construits depuis trente-cinq ans ; il faut donc reconnaître que les applications de ce système sont singulièrement limitées. C'est que les ascenseurs ne sont avantageux en fait que lorsque la pente du terrain est en même temps considérable et rapide. Leur adoption, au lieu de celle d'une échelle d'écluses, dépend donc de la hauteur à franchir en un seul point et de l'importance relative que l'on attache, d'une part, à la rapidité des manœuvres et à la réduction de la consommation d'eau, et d'autre part, à l'économie de construction et à la durée des ouvrages.

Il ne conviendra pas sans doute de dépasser la levée de l'ascenseur de Peterborough (19^m,81), mais les dimensions des sas pourront être appropriées au service des bateaux de plus grande longueur. Quant aux ascenseurs à flotteur, ils paraissent convenir à l'emploi de sas à grandes dimensions à cause des nombreux supports qu'on peut leur donner. Mais le creusement de puits nombreux et rapprochés pour les flotteurs ne peut se faire sans difficulté que dans un terrain particulièrement favorable; si on a recours à un flotteur unique de grande surface horizontale, le cube des terrassements et la difficulté du guidage augmenteront beaucoup. Enfin, malgré l'apparente simplicité de l'appareil, la régularisation du mouvement par des tiges filetées ou vis de sûreté rend nécessaire un réglage très précis de la hauteur de l'eau dans le sas pour éviter des oscillations. Les ingénieurs eux-mêmes, qui ont conçu les plans de l'ascenseur d'Henrichenbourg et en ont dirigé l'exécution, estiment que si le trafic du canal de Dortmund se développait au point d'exiger une augmentation de sa capacité, il y aurait lieu de construire en cet endroit une échelle d'écluses, de préférence à un second ascenseur flottant.

En résumé, on ne peut employer les ascenseurs, de quelque type qu'ils soient, que dans des cas bien déterminés et bien limités. Néanmoins les constructeurs se sont ingéniés à présenter de préférence des projets d'ascenseurs aux concours ouverts pour le canal de la Marne à la Saône et celui du Danube à l'Oder.

Dans ce dernier cas, ces projets avaient tous le tort irrémédiable de ne convenir en aucune façon aux conditions toutes spéciales qui étaient imposées, à la configuration du terrain, dont la pente uniforme ne convenait aucunement à la solution proposée.

III. *Plans inclinés.* — On a vu que, lorsque l'inclinaison du terrain naturel dépasse notablement 1 0/0, les écluses deviennent des ouvrages coûteux nécessitant l'emploi de dispositifs compliqués. On a remarqué aussi qu'aux changements brusques de niveau, des échelles d'écluses ou, si la chute est considérable, des ascenseurs fourniront respectivement le moyen le plus satisfaisant de pourvoir au passage des bateaux. Entre ces deux cas extrêmes, se présente celui où, sur une certaine distance, la pente est trop prononcée pour permettre l'emploi économique d'écluses réparties à intervalles convenables, sans être cependant assez rapide et assez variable pour justifier une échelle d'écluses ou des ascenseurs. Pour une semblable inclinaison, d'allure régulière, modérément accentuée et suffisamment prolongée, le système des plans inclinés se présente comme un auxiliaire précieux des écluses, et des ascenseurs, même pour les bateaux modernes de fort tonnage. Le dernier concours du canal du Danube à l'Oder a montré que l'on avait trouvé la solution du problème.

On aura à choisir entre le transport des bateaux à sec ou à flot; ce dernier système semble préférable, que le plan incliné soit disposé longitudinalement ou transversalement.

Les plans inclinés possèdent les mêmes avantages que les ascenseurs au point de vue de l'économie du temps et de l'eau nécessaire à leur manœuvre.

En fait, ils l'emportent même sur les ascenseurs au point de vue de la rapidité des transports, car ils font effectuer aux bateaux, en même temps que l'ascension ou la descente, un certain trajet horizontal. Les seules pertes de temps proprement dites se produisent pendant le passage du bateau du canal dans le caisson à une extrémité, et du caisson dans le canal à l'autre extrémité du plan incliné. Mais ces opérations doivent se faire également pour les écluses et les ascenseurs, et leur durée est indépendante de celle du remplissage et de la vidange du sas de l'écluse ou du trajet vertical de l'ascenseur. Le plan incliné présente le grand avantage que ni la résistance de ses éléments, ni par suite leurs dimensions et leur coût n'augmentent en proportion de la hauteur à racheter. La partie la plus coûteuse de l'installation est le sas mobile et est indépendante de la longueur du plan incliné; lorsque celui-ci est plus long, il

suffit simplement d'allonger la voie ferrée, avec les accessoires qui s'y rattachent. En conséquence, les avantages des
plans inclinés par rapport aux autres systèmes s'accentuent,
à mesure que la chute rachetée augmente. Ils n'exigent pas
non plus de fondations profondes, dont l'exécution entraîne
des difficultés en rapport avec la nature du terrain, et
pourvu que le poids à transporter soit convenablement
réparti sur les rails, il ne peut se produire aucun tassement dangereux. Le véhicule et la voie ferrée, sur laquelle il
roule, sont hors de l'eau et facilement accessibles pour leur
visite et les réparations à effectuer, et, à cet égard, les plans
inclinés sont dans des conditions plus favorables que les
écluses et les ascenseurs. Ils participent également, par leur
nature même, à l'avantage, que possèdent les chemins de fer
proprement dits, de pouvoir suivre approximativement la
pente naturelle du sol au lieu de la gravir par des gradins,
comme le font les écluses et les ascenseurs. Il faut remarquer
cependant que le profil des plans inclinés ne peut varier
de pente suivant l'allure du terrain, mais doit, sur toute sa
longueur, conserver une pente uniforme, en vue de laquelle
est disposé l'organe de transport : ber ou sas roulant.
Cette condition est surtout rigoureuse, lorsque les bateaux
voyagent à flot sur le plan incliné. Enfin l'établissement de
la voie ferrée permet d'économiser le coût de construction
d'une longueur correspondante du canal.

Par contre, les plans inclinés présentent sur les deux
autres systèmes un certain nombre de désavantages.

Une de leur cause d'infériorité réside d'abord dans l'absence de tout progrès réalisé depuis trente ans au point de
vue de leur adaptation à des bateaux de dimensions plus
considérables. Pendant cette période, de grandes améliorations ont été apportées dans cette voie aux ascenseurs.

Chacun des deux systèmes de transport sur plan incliné
présente en outre des inconvénients qui lui sont propres. Le
transport à sec, qui réduit au minimum le poids mort à
déplacer, convient le mieux à la manœuvre de bâtiments de
fort tonnage, construits assez solidement pour supporter sans
avaries la mise à sec sous pleine charge, et le transport dans
les mêmes conditions.

Par contre, le transport à flot dans un sas roulant, qui supprime ce grave danger, et s'applique à toute catégorie de bateaux, nécessite la surélévation des supports à la partie inférieure, afin de maintenir le caisson horizontalement. Cette surélévation, combinée avec le poids considérable de l'eau transportée, augmente notablement la charge imposée aux châssis et trains de roues, ainsi qu'à la voie, et la puissance dépensée pour la traction. De plus le bateau, qui flotte librement dans le sas, est exposé à en heurter violemment les extrémités, lorsque le transport occasionne des oscillations marquées de l'eau qui le soutient.

Quoi qu'il en soit, les progrès qui ont été réalisés dans la science mécanique et dans la fabrication de l'acier, depuis la construction du plan incliné de Georgetown, rendraient parfaitement possible la construction d'un sas contenant un bateau à flot et de son truc de support, de manière à répartir assez uniformément la charge sur une série de trains de roues. La circulation doit se faire aisément en toute sécurité avec la vitesse réduite, qui convient à ce genre de transport, sur une voie solidement et soigneusement construite ne comportant pas plus de quatre files de lourds rails d'acier.

Il est possible de maintenir le bateau en repos dans l'eau pendant son trajet sur le plan incliné, soit en le reliant par des amarres tendues aux deux côtés du sas, soit en le maintenant immobile par une série de longs butoirs en bois ou en caoutchouc pneumatique serrés contre lui par des pistons mus par l'air comprimé; soit encore en retirant du sas assez d'eau pour permettre au bateau de reposer légèrement sur une série de tubes pneumatiques en caoutchouc placés transversalement sur le fond du sas.

En outre, l'emploi de la traction électrique permettra de régler avec une précision remarquable l'accélération au départ et le ralentissement à l'arrivée, ce qui supprimera les plus importantes oscillations de l'eau.

L'emploi de sas équilibrés paraît abandonné en raison de la difficulté de la manœuvre et des sujétions qu'entraîne l'usage des câbles ou des chaînes. On préfère, en se servant de moteurs électriques montés sur le châssis, rendre chaque sas indépendant et automoteur. Ces moteurs peuvent, soit venir en aide à l'autre sas à la montée, soit emmagasiner de l'énergie électrique pour leurs besoins futurs. Cette disposition a de plus l'avantage de permettre de se servir au début d'un seul sas roulant jusqu'à ce que l'accroissement du trafic rende nécessaire l'adjonction d'un second sas.

Il n'existe pas d'obstacle insurmontable au transport satisfaisant et sûr de bateaux de 600 à 800 tonnes à flot dans un sas roulant sur un plan incliné. Il faudra évidemment beaucoup de soin, de prudence et de réflexion pour l'étude du premier sas mobile de pareilles dimensions, et pour les détails de sa manœuvre.

En résumé, pour des pentes *longues et uniformes*, variant de 1 sur 75 environ à 1 sur 4, ni les écluses ni les ascenseurs ne fournissent le moyen convenable de permettre aux bateaux d'en effectuer la montée. Dans les régions où se rencontrent de telles pentes, on aura donc recours aux plans inclinés, qui présentent dans ce cas une supériorité considérable sur les autres systèmes, le supplément de dépense ne comprenant qu'un allongement de la voie ferrée correspondant à la longueur de la déclivité à franchir.

On est obligé d'abandonner le transport longitudinal des sas de grande longueur en raison de la surélévation de la partie inférieure du truc qui les supporte, lorsque la pente est comprise entre 1 sur 10 et 1 sur 8, et de placer dans ce cas le sas transversalement à la voie.

On voit donc que, dans l'état actuel de la science de l'ingénieur :

1º Les écluses constituent, dans les conditions de pente modérée (au-dessous de 1 0/0) qui se rencontrent généralement, les ouvrages les plus simples et les plus durables ;

2º Les échelles d'écluses ou, si l'eau est rare et le trafic intense, les ascenseurs conviennent aux brusques changements de niveau, ceux-ci n'étant pas avantageux pour des chutes inférieures à 12 mètres, ce qui exigerait une échelle de trois écluses au moins ;

3º Les plans inclinés paraissent destinés à suppléer les écluses et les ascenseurs pour le développement des voies navigables en pays accidentés, parce qu'ils fournissent le moyen le plus convenable à l'ascension de rampes longues et régulières, sensiblement plus rapides que 1 0/0.

En dehors de ces considérations qui ont leur importance, il faut aussi, comme on l'a indiqué plus haut, étudier dans leur ensemble les systèmes à appliquer (écluses, ascenseurs, plans inclinés) pour desservir une voie navigable déterminée, et ne pas se borner à adopter sur un point déterminé un appareil qui semble le plus judicieux et le mieux approprié à la configuration du terrain. Il convient, en effet, pour une même importance de trafic, que le rendement ait une valeur aussi constante que possible pour les divers systèmes adoptés. Les conditions locales ne permettent que rarement de remplir cette condition ; il y a cependant lieu de ne pas descendre, pour la valeur du rendement, au-dessous d'un certain minimum correspondant à l'importance du trafic que l'on a en vue. Il faut aussi prévoir la possibilité d'augmenter ultérieurement le rendement, en doublant ou en triplant les installations primitives ; le choix du système et l'aménagement des installations devront être faits en conséquence.

Le tableau qui suit et qui est dû à M. Smreck, professeur à l'école supérieure de Bohême, à Brunn, fait connaître, pour les appareils que l'on a considérés jusqu'ici et pour différentes hauteurs de chute, la valeur théorique de leur *faculté de rendement* et la valeur probable qu'elle atteindrait en pratique.

On a supposé un trafic intense, et admis pour la navigation le cas le plus défavorable qui puisse se présenter, celui de quatre bateaux se présentant au droit de l'ouvrage, et dont trois doivent passer dans le même sens et le quatrième en sens contraire ; on a encore admis qu'au lieu de 600 tonnes les bateaux ne portent qu'un tonnage moyen de 375 tonnes, et que l'exploitation se poursuit pendant 250 jours par année pour un service journalier de 15 heures.

Il est intéressant de montrer, sur un exemple particulièrement instructif, le projet de canal du Danube à l'Oder, l'influence que peut avoir à l'heure actuelle la question des appareils destinés à racheter les différences de niveau sur le tracé d'un canal.

TYPES D'ÉLÉVATEURS [1]	Durée de stationnement du bateau au droit de l'élévateur.	Intervalle entre les bateaux se suivant à la file.	Temps nécessaire au croisement de deux bateaux.	RENDEMENT THÉORIQUE			Rendement probable par an. Tonnes
				NOMBRE DE BATEAUX par jour	NOMBRE DE BATEAUX par an	Tonnes	
A) *Élévateurs à un bateau :*							
1. Ecluse à sas de 5 mètres de chute	9m	12m	20m	82	20.500	7.687.500	5.766.000
2. Ecluse à sas à 2 bassins d'épargne et 10 mètres de chute	13m	20m	28m	53	13.250	4.968.750	3.627.000
3. Ascenseur à flotteur de 20 mètres de hauteur	14m	20m	30m	51	12.750	4.781.250	3.586.000
4. Plan transversal incliné à 1/4 pour 40 m. de hauteur et $v = 0^m,5$	18m20s	28m40s	38m40s	37	9.250	3.468.750	2.602.000
B) *Élévateurs pour deux bateaux :* [2]							
5. Ecluses accolées de 5 m. de chute	10m	7m	11m	144	36.000	13.500.000	10.125.000
6. Id. de 10 mètres de chute	12m	9m	13m	116	29.000	10.875.000	8.156.000
7. Ecluses à sas à pistons-plongeurs de 20 mètres de hauteur.	14m	10m	15m	103	25.750	9.656.250	7.242.000
8. Plan transversal incliné à 1/4 de 40 m. de hauteur et $v = 0^m,5$	18m20s	14m20s	19m20s	75	18.750	7.031.250	5.273.000
9. Plan longitudinal incliné à 1/25, de 40 m. de hauteur et $v = 0^m,5$	46m20s	42m20s	47m20s	27	6.750	2.531.250	1.898.000
10. Id. pour $v = 1$ mètre	31m40s	27m40s	32m40s	41	10.250	3.843.750	2.883.000
Id. pour $v = 3$ mètres [3]	(21m)	(17m)	(22m)	(64)	(16.000)	(6.000.000)	(4.500.000)
11. Ascenseur tournant de 40 mètres de hauteur.	19m	15m	20m	72	18.000	6.750.000	5.062.000

1. On admet que le transport des bateaux se fait *à flot* ; il exige une durée moindre que le transport à sec.
2. On n'a pas pris en considération le retard qui peut survenir du fait que les bateaux n'opèrent pas exactement au même moment leur entrée ou leur sortie dans les sas de l'écluse ou dans ceux de l'élévateur. On n'a pas eu égard non plus à la perte de temps assez sensible qu'entraînent, pour des ascenseurs à sas mobiles, les variations des niveaux de flottaison des biefs attenants pour établir la compensation nécessaire entre ces biefs et les sas.
3. Résultats peu sûrs par suite de la valeur trop élevée de la vitesse.

Le canal doit relier le Danube à partir de Vienne, à la cote 160, au point Marisch-Ostrau sur l'Oder, situé à la cote 200. La longueur du canal varie entre 265 et 275 kilomètres, la cote du bief de partage entre 284,1 et 260,0 ; la hauteur totale à franchir est ainsi comprise entre 124 mètres d'un côté et 84 mètres de l'autre.

La figure 378 représente le projet à écluses dressé en 1873. Le nombre des écluses, la faible longueur des biefs (ayant

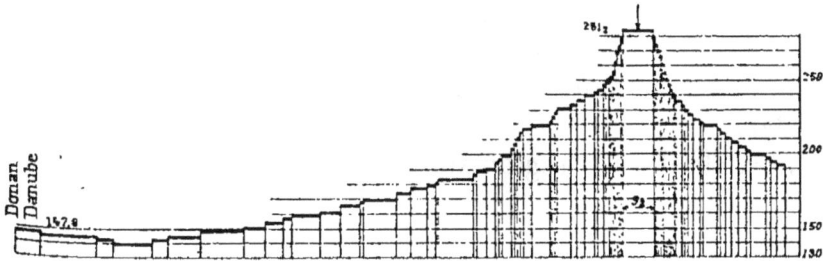

Fig. 378. — Projet à écluses.

souvent 500 mètres seulement) ont fait abandonner ce projet.

Le projet de 1894 (*fig.* 379), qui se compose exclusivement de plans inclinés, pour obtenir des biefs aussi longs que possible pour trains de bateaux, n'a pas pu être mis à

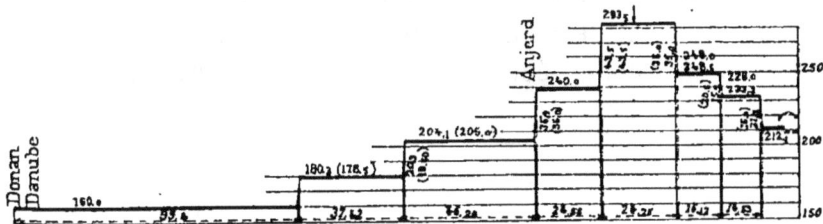

Fig. 379. — Projet à plans inclinés.

exécution, parce que l'on a constaté que le système d'appareils adopté n'était pas réalisable.

La figure 380 représente un projet récent, qui comprend une série d'écluses de 5 mètres de chute ; la figure 381 donne une combinaison d'écluses et de plans inclinés. La figure 382 montre une étude à l'aide d'écluses d'une chute approximative de 10 mètres. Les traits pointillés figurent une solution

avec bief de partage à la cote 260 ; mais elle entraînerait
la construction d'un tunnel de 3.050 mètres de longueur

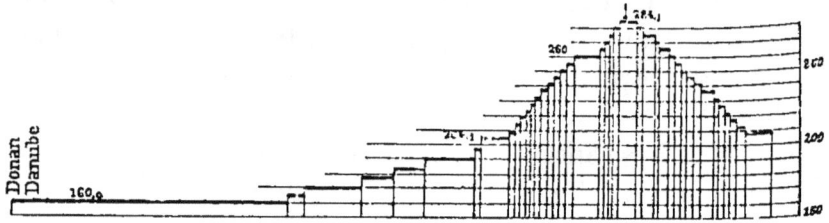

FIG. 380. — Projet pour écluses de 5 mètres de chute.

à la ligne de faîte et une tranchée profonde du côté de
l'Oder.

Il existe dans la région suffisamment de vallées dans les-

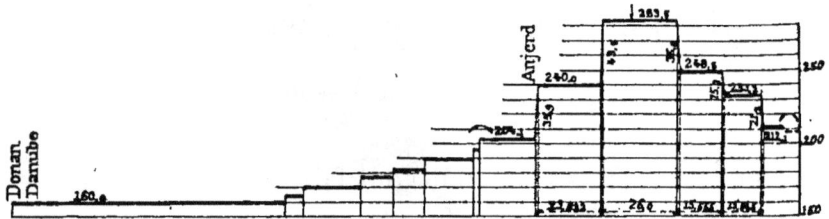

FIG. 381. — Projet pour écluses et plans inclinés.

quelles on pourrait emmagasiner, au moyen de barrages,
4 à 13 millions de mètres cubes pour alimenter le bief de
partage en cas de sécheresse prolongée. Pour un trafic de

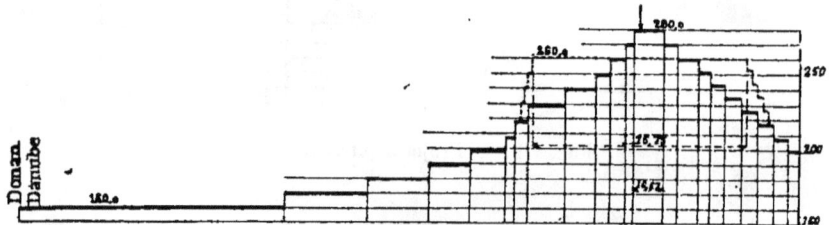

FIG. 382. — Projets pour écluses de 10 mètres de chute.

4 millions de tonnes par an, avec des écluses à bassins
d'épargne de 10 mètres de chute, ou des écluses ordinaires
de 5 mètres de chute, la dépense en eau d'éclusage s'élè-
verait en chiffres ronds à 50 millions de mètres cubes, dont

l'approvisionnement entraînerait une dépense de 20 à 30 millions de francs. Cet approvisionnement se ferait très aisément en établissant un certain nombre de barrages dans la région, qui emmagasineraient les eaux et mettraient les populations à l'abri des inondations. C'est là une considération à ne pas perdre de vue.

Il résulte de l'étude qui vient d'être faite :

1° Que la solution d'un plan incliné, qui peut convenir en un point du tracé, doit être écartée sur le restant du parcours en raison de la configuration du terrain ;

2° Que l'adoption du plan incliné dans l'espèce ne semble pas indiquée en raison de son faible rendement possible, 2.602.000 tonnes.

Doit-on chercher à réaliser de longs biefs en tout état de cause, c'est-à-dire placer en des points déterminés des appareils rachetant de grandes chutes? La solution n'est pas aussi simple qu'elle le paraît au premier abord; M. l'ingénieur Smreck a montré que *les avantages des longs biefs se trouvent fortement réduits par suite du stationnement des trains partiels de bateaux aux appareils élévateurs, et qu'ils deviennent tout à fait illusoires dans le cas de plans longitudinaux se déplaçant à la vitesse de $0^m,5$ par seconde*[1]. Il a fait voir, en effet, que dans le cas du tracé de la figure 379 (plans inclinés sur tout le parcours), un train composé de cinq bateaux mettrait $90^h 35^m$ pour parcourir le canal de bout en bout, tandis qu'un bateau isolé ne mettrait par le tracé représenté à la figure 382 (écluses de 10 mètres de chute) que $71^h 10$. On doit donc se demander, avant d'adopter telle ou telle solution, si les frais d'exploitation et de remorquage relatifs aux trains de bateaux sont moins élevés que ceux qui se rapportent aux bateaux isolés dans le cas d'une traction mécanique bien organisée et pour des biefs de moindre longueur. Il ne faut pas oublier non plus de mettre en balance les frais de premier établissement, les frais d'exploitation ; et, dans l'espèce, les frais de premier établissement des appareils élévateurs peuvent être ainsi estimés :

---

1. Rapport au Congrès de navigation intérieure de Milan (1905).

Pour des écluses de 5 mètres de chute, 40 écluses simples
à 450.000 couronnes[1] 18.000.000c

Ou le même nombre d'écluses accolées à 760.000
couronnes................................. 30.400.000c

Pour des écluses de 10m de chute, 20 écluses
ordinaires à bassins d'épargne à 600.000 couronnes.................................... 12.000.000c

Ou 20 écluses accolées à 900.000 couronnes... 18.000.000c

Pour 7 plans inclinés longitudinaux à double voie et une
écluse de 5 mètres de chute à l'extrémité du canal :

7 ascenseurs à 4.000.000 de couronnes. 28.000.000c
1 écluse de 5 mètres de chute à 450.000c..   450.000c

TOTAL......... 28.450.000c

Il faut ajouter aux frais de premier établissement des
écluses les dépenses relatives à leur alimentation, et qui
sont évaluées à 25.000.000 de couronnes environ.

Le coût total serait ainsi :

Pour les écluses de 5 mètres de chute :
  a) Écluses simples 43.000.000c
  b) Écluses accolées........... 55.400.000c

Pour les écluses de 10 mètres de chute :
  a) Écluses simples............ 37.000.000c
  b) Écluses accolées 43.000.000c

Il semble donc a priori que le projet avec plans inclinés
longitudinaux est le plus économique. Mais il faut aussi
tenir compte des frais d'exploitation, qui ont une très grande
importance, plus grande que les frais de premier établissement.

Ces frais s'élèvent approximativement à la même somme
pour des écluses à sas de hauteur de chute différente ; aussi
doit-on, sous réserve des observations précédentes sur le
rendement, en réduire le nombre autant que possible. La

[1]. La couronne vaut 1 fr. 05.

dépense en eau est très peu différente pour des écluses ordinaires de 5 mètres de chute et pour des écluses de 10 mètres de chute avec bassins d'épargne bien aménagés; et même les écluses accolées de 10 mètres de chute, avec une économie d'eau de 43 0/0 par an. n'exigent qu'un volume d'eau légèrement supérieur à celui d'une écluse ordinaire sans bassin d'épargne et d'une hauteur de chute moitié moindre.

En ce qui concerne les autres appareils élévateurs, et en particulier les plans inclinés, pour lesquels il est nécessaire d'établir de grandes installations mécaniques, les frais d'exploitation sont très élevés, bien au-dessus de ceux qui correspondent au même nombre d'écluses.

MM. Hermann, conseiller technique supérieur à l'administration du canal de Dortmund à l'Ems, et Prüsmann, conseiller technique, attaché à la légation impériale allemande à Vienne, ont évalué avec une grande précision les frais d'exploitation inhérents à chaque appareil élévateur dans le rapport qu'ils ont soumis au Congrès de navigation intérieure de Milan. Ces ingénieurs ont étudié le cas d'un canal ayant à racheter une dénivellation de 36 mètres, que suit une chute de 4 mètres franchie au moyen d'une écluse. Ils ont pris pour base du trafic de marchandises: 2.430.000 tonnes correspondant au rendement maximum d'un ascenseur de 30 mètres de hauteur; 3.500.000 tonnes (rendement maximum des écluses de 12 mètres de chute); 4.370.000 tonnes (rendement maximum de l'écluse de 4 mètres supposée établie à l'amont de la dénivellation de 36 mètres). Dans ces trois cas, les écluses présentent une grande supériorité économique. Lorsqu'on utilise complètement le rendement des écluses (3.500.000 tonnes), les frais nets d'exploitation et d'entretien par bateau franchissant le passage sont seulement le 1/3 ou le 1/4 des valeurs correspondantes au cas des autres systèmes d'appareils élévateurs, et les frais annuels, y compris les intérêts, l'amortissement, les dépenses des pompes à eau et la valeur de la durée de l'éclusage, ne s'élèvent pour les écluses qu'à la moitié de ce qu'elles sont pour les autres systèmes. Dans les deux autres cas étudiés (2.430.000 et 4.370.000 tonnes), les écluses donnent lieu, pour les frais nets d'exploitation et d'entretien, à la moitié des dépenses relatives aux autres systèmes; pour les dépenses annuelles totales, le montant des frais est à peu près équivalent, mais on n'utilise que les 60 0/0 environ de la faculté de rendement des écluses. Parmi les autres systèmes élévateurs, ce sont les plans transversaux qui, après les écluses, conduiraient aux évaluations les plus favorables. Le système le moins avantageux est celui des ascenseurs à flotteurs, parce que la hauteur de 36 mètres doit être rachetée par deux ascenseurs de 18 mètres chacun.

Le Congrès international de navigation intérieure de Milan a sanctionné le résultat des études qui lui était présenté et a voté les conclusions suivantes :

Les écluses à sas restent les engins les plus simples et les plus robustes pour franchir les chutes des canaux. Les bassins d'épargne permettent de réduire notablement leur consommation d'eau, sans augmentation exagérée de la durée des éclusages.

Il y a lieu d'encourager les études et les essais ayant pour but de diminuer encore davantage cette durée et cette consommation.

Si les ressources alimentaires font défaut, les ascenseurs verticaux constituent une solution qui a la sanction de l'expérience. Le concours de Vienne a donné naissance à un grand nombre de conceptions très intéressantes. Le Congrès attache une grande importance à ce qu'une application en grand permette à l'expérience, seul juge en dernier ressort, de se prononcer sur leur valeur pratique, en prenant en considération la vitesse de marche des bateaux, la capacité de trafic des canaux, ainsi que la sûreté, la régularité et l'économie du service.

On terminera en recommandant aux ingénieurs la plus grande circonspection dans le choix des appareils élévateurs. Telle solution, qui semblait excellente *a priori*, est détestable au point de vue économique. On mettra donc en parallèle non seulement les frais de premier établissement des divers appareils, mais encore leurs frais d'exploitation qui ont une très grande importance. On se gardera bien d'adopter, à moins de circonstances particulières, des appareils de type différent, écluses, plans inclinés, etc., si l'on veut garder à la voie navigable une certaine unité, et obtenir le maximum de rendement. Les écluses de 10 mètres avec bassins d'épargne sont recommandables à tous les points de vue ; on ne devra cependant pas chercher systématiquement à allonger les biefs autant que possible ; c'est là une question d'espèce qui ne sera résolue dans chaque cas particulier qu'en tenant compte du trafic à desservir, des frais d'exploitation et de remorquage des trains de bateaux.

CHAPITRE VII

OUVRAGES A LA RENCONTRE DES VOIES DE COMMUNICATION

301. Considérations générales. — Les canaux rencontrent des voies de communication, soit voies de terre, soit cours d'eau, qu'ils doivent traverser par-dessous, par-dessus, quelquefois à niveau.

On est ainsi amené à envisager trois solutions pour le creusement des canaux et des voies de terre ou d'eau, savoir :

Les ponts supérieurs ;

Les traversées à niveau (en cas de cours d'eau) ;

Les ponts inférieurs, parmi lesquels les ponts-canaux.

Les ponts supérieurs se divisent eux-mêmes en ponts pour voies de terre ou ponts-routes et en ponts pour voies d'eau ou ponts-rivières.

I. — OUVRAGES A LA RENCONTRE DES VOIES DE COMMUNICATION PAR TERRE

302. Ponts fixes au-dessus des canaux. — Ces ouvrages doivent laisser au-dessus du niveau des plus hautes eaux navigables assez de hauteur libre, assez de *tirant d'air* pour livrer passage aux bateaux.

Cette hauteur est de 3^m,70 pour les cours d'eau dont les écluses ont 5^m,20 d'ouverture, aux termes de l'arrêté ministériel du 30 mai 1879 ; elle s'élève à 5^m,50 sur la Seine canalisée, où la largeur des écluses est de 12 mètres.

En dehors de ce tirant d'air nécessaire, il faut aussi que

la traction ne soit pas interrompue et que la vitesse acquise utile à l'effet du gouvernail ne soit ni perdue, ni même trop sensiblement amoindrie.

303. Ponts à une seule voie de bateau. — Il ne s'agit pas dans l'espèce d'un arrêt nécessaire, comme au passage d'une écluse ; il faut éviter les pertes de temps, modifier la section de la voie navigable et lui donner le profil nécessaire pour que le bateau franchisse aisément la section rétrécie. Ce profil doit être bien supérieur à celui du bateau, sans quoi celui-ci, ayant à lutter contre le remous qui se produit de l'avant à l'arrière dans le passage trop étroit et contre le courant descendant, ne pourrait plus progresser et se mettrait en travers, attendant une occasion favorable pour poursuivre sa route.

Il faudra donc donner à la section mouillée du rétrécissement une largeur égale à celle des écluses voisines augmentée de 0m,60 à 1 mètre. Quant à la profondeur, elle devra être telle que cette section mouillée soit égale au moins à une fois et demie et mieux à deux fois celle du bateau. Pour y arriver, on approfondira le canal ou la dérivation, on mettra au besoin le chemin de halage en porte-à-faux. Dans ces conditions, le rétrécissement sera acceptable et n'aura d'autre effet qu'un léger ralentissement compensé par la vitesse acquise, vitesse qu'on aura pu développer un peu aux abords afin de mieux surmonter la résistance.

Le halage à l'aide d'animaux ne s'effectuait le plus souvent jusqu'ici que d'un seul côté du cours d'eau. On donnera à la banquette servant à cet usage 2m,50 de largeur, en lui réservant une hauteur libre de 2m,70 au moins. Pour le passage des hommes, il suffit à la rigueur d'un marchepied de 1 mètre de largeur, et la hauteur libre peut se réduire à 2 mètres.

Il est bon, même lorsque la traction ne se fait que d'une rive, d'établir une seconde banquette de halage quand cela ne serait que pour faciliter certaines manœuvres, pour permettre notamment au bateau *de se livrer droit dans le pont*.

Ces conditions peuvent être résumées de la manière suivante :

Ouverture minimum d'un pont à une seule voie de bateau de largeur L :

L + 4^m,50 avec banquette de halage et marchepied ;
L + 6 mètres avec deux banquettes de halage.

Ce qui correspond à 9^m,50 et à 11 mètres pour les bateaux du type légal en France.

304. Ponts à double voie de bateau. — Lorsque la circulation de la voie navigable semble devoir être assez importante, il convient d'établir les ponts fixes par-dessus avec une double voie de bateau.

Faut-il modifier la section transversale de la voie d'eau au passage des ponts, afin de réduire autant que possible l'ouverture de ces ouvrages, ou bien vaut-il mieux donner à cette ouverture l'ampleur nécessaire pour éviter toute modification du profil en travers de la voie d'eau ?

C'est là une question d'espèce que l'on résoudra suivant les circonstances, en tenant compte des dépenses à effectuer dans l'un et l'autre cas.

Si on modifie la section transversable de la voie d'eau, la passe navigable sera comprise entre deux murs verticaux, dont l'écartement doit être supérieur de 1^m,50 à 2 mètres au double de la largeur L d'un bateau. Il faut bien, en effet, laisser entre deux bateaux, qui se croisent et qui sont animés de vitesses en sens contraire, un espace de 1 mètre. Un jeu de 0^m,25 à 0^m,50 sur chaque rive n'est pas moins nécessaire pour éviter les chocs sur l'un des murs qui rejetteraient sur l'autre bateau celui qui aurait touché. Pour les bateaux du type légal en France, la largeur minimum de la passe sera donc de 11^m,50 à 12 mètres. Quant à la profondeur, elle peut demeurer celle de la dérivation, parce que les bateaux qui se croiseront sous le pont auront sur le déplacement de l'eau deux effets en sens contraire, qui tendront à se neutraliser.

Les banquettes de halage et de contre-halage devront avoir les dimensions respectives de 2^m,50 et de 1 mètre fixées plus haut. Il est bien évident qu'un double chemin de halage est tout à fait indiqué ; ainsi la largeur à prévoir en dehors de la passe navigable est de 5 mètres.

En résumé, l'ouverture d'un pont à double voie pourrait être à la rigueur de :

$$2L + 1^m,50 + 2^m,50 + 1^m = 2L + 5^m,$$

mais il est préférable d'adopter :

$$2L + 2^m + 2 \times 2^m,50 = 2L + 7^m,$$

ce qui correspond, pour les bateaux du type légal en France, respectivement à 15 et 17 mètres.

Pour que les changements de section s'effectuent avec le moins de perte de force possible, et en même temps pour que la direction du halage ne se modifie que progressivement, on doit recourir pour le raccordement de la section rectangulaire avec les talus de la dérivation à une surface gauche s'étendant sur une vingtaine de mètres à l'amont et à l'aval. Cette surface gauche sera construite en maçonnerie ordinaire depuis l'arête verticale jusqu'à la génératrice inclinée à 45°, et en pierre sèche pour le surplus.

Le rétrécissement de la section normale de la voie navigable, destiné à diminuer l'ouverture du pont, entraîne donc l'exécution de nombreux ouvrages accessoires : murs des banquettes de halage, murs gauches, perrés. L'élévation des dépenses ainsi nécessitées peut être telle que l'on peut être amené à préférer un pont franchissant d'une seule travée la section normale du canal ou de la dérivation, en lui laissant ses dimensions ordinaires ou à très peu près. Seule la largeur du chemin de halage peut être réduite à 2^m,50 sur la longueur des culées. L'augmentation d'ouverture du pont dans ce dernier cas ne dépasse pas 6^m,70, 7^m,70 au plus, s'il existe des banquettes de batillage au niveau de l'eau. La comparaison des prix de superstructure et de fondation peut seule guider l'ingénieur dans les choix qu'il est appelé à faire. En général, plus les fondations seront aisées et les maçonneries à bon marché, plus le rétrécissement sera justifié ; au contraire, plus les fondations seront difficiles,

difficiles, plus il sera rationnel d'accroître la portée et d'éviter les ouvrages accessoires.

Il est presque inutile de faire remarquer que les ponts supérieurs ne doivent présenter qu'une seule travée. Toute pile intermédiaire placée dans le canal constituerait une gêne et même un danger pour la navigation.

305. Ponts en maçonnerie. — L'emploi des ponts en maçonnerie n'est guère justifié en dehors des passages rétrécis. La construction de voûtes très surbaissées, 1/10, pouvant aller jusqu'à 20 ou 25 mètres, et reposant sur des culées très solides, entraîne, en effet, des dépenses importantes; elle conduit aussi à placer la voie de terre à un niveau plus élevé, ce qui oblige à exécuter des rampes assez longues et impose aux voitures une ascension plus forte que dans tout autre système.

306. Ponts métalliques. — Aussi préfère-t-on généralement les tabliers métalliques. Les anciens ponts étaient en fonte; c'étaient des arcs plus ou moins décoratifs, que l'on surmontait généralement d'un platelage en bois. Actuellement, surtout lorsque les besoins de la circulation n'exigent qu'une seule voie charretière, on emploie de préférence les tabliers métalliques droits avec platelage en bois, comportant deux poutres de rive, qui reposent simplement sur deux culées.

Dans le cas de routes ou chemins plus fréquentés, qui exigent une double voie charretière et par suite une plus grande largeur de tablier, les ponts droits avec de longues entretoises perdraient la plus grande partie de leurs avantages. On leur substitue volontiers des arcs en tôle, rapprochés et multipliés autant qu'il est nécessaire, et réunis au moyen d'un plancher mixte en fer et maçonnerie, qui supporte l'empierrement.

La forme de l'arc surbaissé est très rationnelle sur les canaux; car au droit des retombées de l'arc règnent les chemins de halage, au-dessus desquels la hauteur libre peut être moindre que dans l'axe du canal.

307. Ponts en béton armé. — On ne connaît pas encore, dans cet ordre d'idées, d'applications faites du béton armé. Mais nul doute que son emploi ne se fasse et qu'il ne rende de grands services, notamment dans les travaux de transformation des canaux, en permettant des augmentations du mouillage par la réduction de l'épaisseur des ouvrages en maçonnerie.

308. Ponts oscillants. — Le pont oscillant imaginé par M. l'inspecteur général de Mas permet, aux abords des écluses, d'éviter toute interruption de la traction, en s'ouvrant, au moment voulu, de la quantité nécessaire pour laisser passer la corde de halage.

Il se compose d'un tablier métallique ordinaire, divisé en deux parties inégales comme longueur, mais sensiblement de même poids, par un axe horizontal placé un peu en arrière du parement du bajoyer opposé au halage. Le pont peut pivoter autour de cet axe de l'angle nécessaire pour ouvrir entre la volée et l'arête de l'autre bajoyer le vide nécessaire au passage de la corde (*fig.* 383).

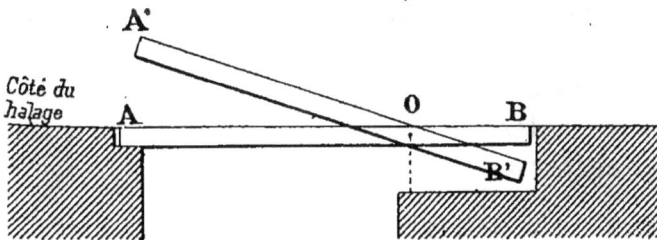

Fig. 383. — Pont oscillant.

L'ouvrage reprend ensuite sa position fermée, et y est fixé par deux verrous, qui soutiennent sa culasse au repos. C'est en dégageant les verrous et en appuyant de son poids sur la culasse que l'éclusier détermine le petit basculement en arrière, détachant la volée de son appui. Au contraire, en se portant sur la volée, il la fait abaisser, tandis que des contrepoids referment automatiquement les verrous.

309. Ponts mobiles. — Les ponts mobiles peuvent être assimilés aux passages à niveau des chemins de fer; ils en ont les inconvénients et les avantages.

Ces ponts sont assurément gênants pour la circulation sur les voies de terre, en raison des interruptions plus ou moins fréquentes, plus ou moins prolongées, provenant du passage des bateaux ; mais, en revanche, ils n'exigent aucune modification dans le profil en long de la voie de communication, et constituent par cela même une solution économique, qui est volontiers acceptée dans les pays plats comme le nord de la France, l'ouest de la Belgique, la Hollande, comme contrariant le moins les habitudes de la circulation routière.

Les inconvénients, que l'on a signalés au sujet de cette circulation, se présentent aussi au point de vue de la navigation, en obligeant les bateaux à s'arrêter, quand le passage est fermé. Par contre, les difficultés du halage disparaissent complètement au moins sur une rive, et la manœuvre des ponts mobiles se fait aisément par les soins des éclusiers, ou même des femmes des gardes ou des cantonniers. Ces ouvrages sont donc placés de préférence aux abords des écluses, sur les murs de fuite, employés directement comme culées, au point où le canal présente la moindre largeur, ce qui permet de rendre le tablier aussi léger et la manœuvre aussi rapide que possible.

Quatre types de ponts mobiles sont particulièrement usités, ce sont : les *ponts-levis*, les *ponts levants*, les *ponts tournants* et les *ponts roulants*.

PONTS-LEVIS. — Un pont-levis à flèche comprend essentiellement (*fig. 386*) :

1° Un tablier mobile autour de l'axe horizontal h de deux tourillons fixés à une de ses extrémités, et portés dans des paliers scellés sur une des culées ;

2° Deux montants verticaux, établis un peu en arrière de l'axe de rotation du tablier, entretoisés à leur partie supérieure et scellés par une semelle aux maçonneries ;

3° Une flèche formée de deux poutres solidaires et pouvant osciller autour d'un axe de rotation l porté par des paliers au sommet des montants ;

4° Deux chaînes de suspension allant de l'extrémité o de la volée de la flèche à l'extrémité p de la volée du tablier ;

5° Une troisième chaîne dite de manœuvre et pendant au bout de la culasse de la flèche.

Les figures 384 et 385 donnent les dispositions d'un type entièrement métallique, appliqué dans le nord et l'est de la France.

Le tablier se compose de deux poutres de rive à âme pleine de 0m,50 de hauteur environ et 0m,30 de largeur de semelle, reliées par des entretoises, qui supportent un double platelage en bois, formant chaussée. Cette chaussée, généralement de 2m,50 de largeur, peut être limitée par les poutres de rive ; elle peut aussi être encadrée par deux trottoirs en encorbellement de 0m,80 de largeur. Deux garde-corps complètent le tablier, que deux verrous immobilisent dans la situation fermée, après le passage des bateaux.

Les montants, qui supportent la flèche, sont en treillis, sauf à leur partie inférieure où ils présentent une semelle en fer méplat permettant de les fixer à la maçonnerie au moyen de boulons de scellement.

Les deux poutres parallèles, qui composent la flèche, en treillis sur la plus grande partie de leur longueur, se terminent par des tôles pleines aux deux extrémités de la volée, tôles que traverse un fer rond servant d'entretoise et d'attache pour les chaînes de suspension. A l'extrémité de la culasse, l'entretoisement est assuré par une pièce de fonte creuse, servant à la fois de contrepoids principal et de boîte où l'on peut mettre des contrepoids d'appoint.

La manœuvre est des plus simples : si l'on veut dégager la passe, on relève les verrous et on tire sur la chaîne de manœuvre ; la culasse s'abat et la volée s'élève, entraînant le tablier avec elle par les chaînes de suspension.

Si, au contraire, on veut fermer le passage, on imprime un léger mouvement de bas en haut à la culasse ; et on active la manœuvre, dans le cas où le pont est un peu paresseux à la descente, en pesant sur le tablier, ce qui détermine l'abaissement complet. Lorsque la rotation est achevée et le tablier en place, le verrou, qui doit le maintenir, se referme automatiquement.

Pour que l'ouvrage fonctionne convenablement, il faut : d'une part, que le quadrilatère *hlop* soit un parallélogramme

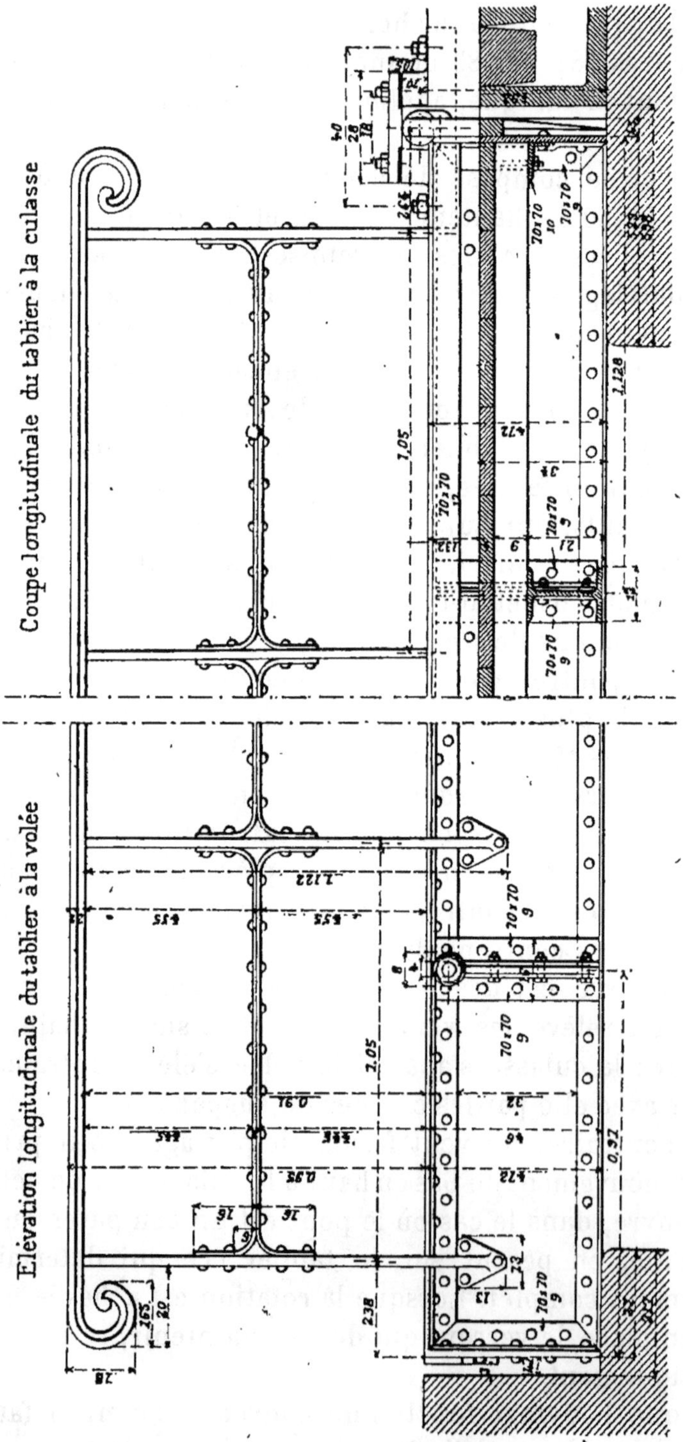

Coupe longitudinale du tablier à la culasse

Elévation longitudinale du tablier à la volée

Fig. 384. — Pont-levis. type du nord et de l'est de la France.

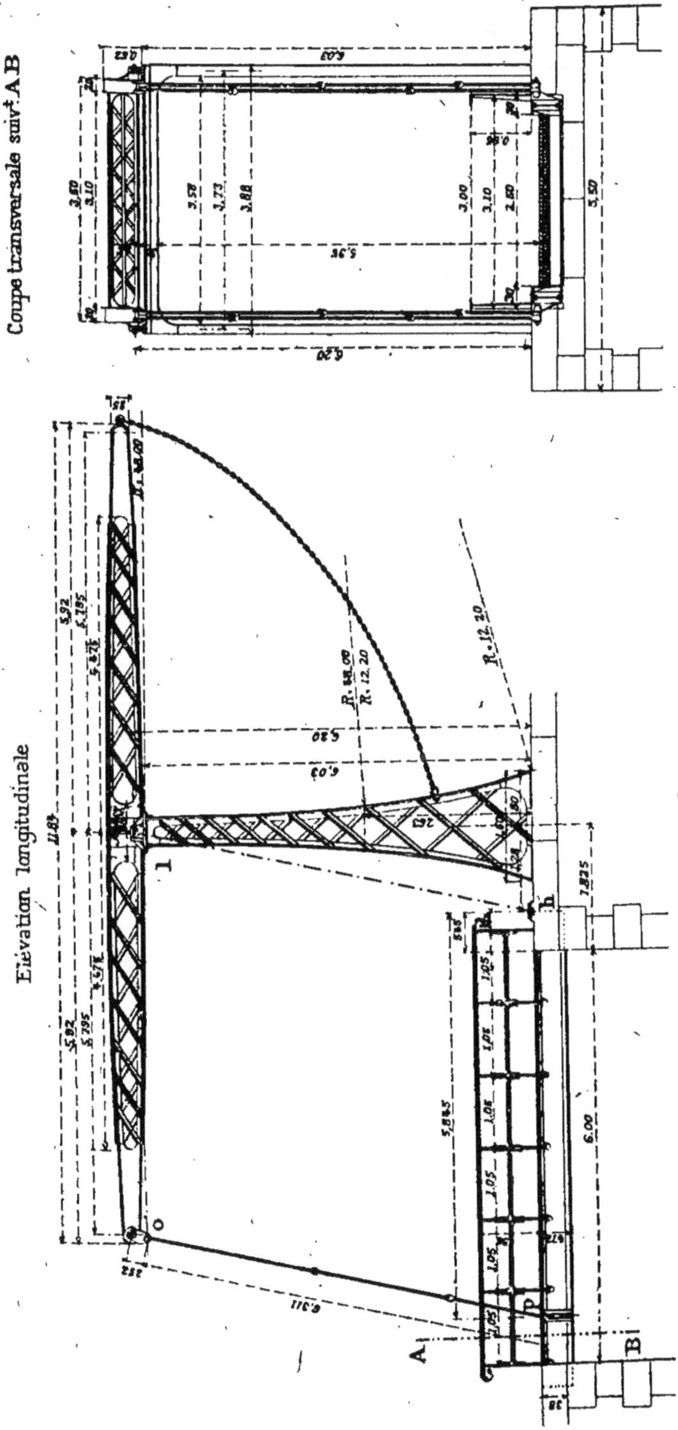

Coupe transversale suiv.^t A B

Élévation longitudinale

Fig. 385. — Pont-levis, type du nord et de l'est de là France.

par raison de symétrie; d'autre part, que le système soit en
équilibre dans toutes ses positions, de manière à n'avoir,
dans les manœuvres, que les résistances passives à vaincre
(*fig.* 386).

La seconde condition sera réalisée : si les lignes, qui joignent
les centres de gravité de la flèche et du tablier à leurs axes

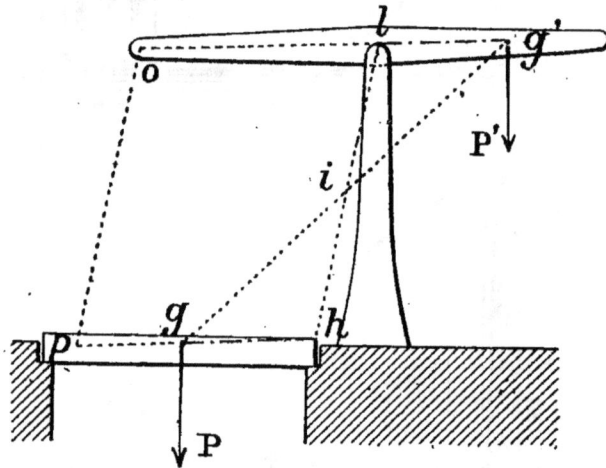

Fig. 386.

de rotation respectifs sont parallèles, et si les distances entre
ces axes et les centres de gravité sont inversement propor-
tionnelles aux poids des parties mobiles.

Cela est suffisant, car l'on a :

$$\frac{P}{P'} = \frac{lg'}{hg} \, ;$$

d'autre part, les triangles ghi et $g'li$ sont semblables,
puisque les lignes gh et lg' sont parallèles. Il en résulte que

$$\frac{lg'}{hg} = \frac{ig'}{ig}$$

et que

$$\frac{P}{P'} = \frac{ig'}{ig} = \text{constante},$$

d'où

$$P \times ig = P' \times ig,$$

de sorte que le centre de gravité des parties mobiles de l'ouvrage se trouve en i, et y reste, quelle que soit la position du système. Mais le centre de gravité du système étant fixe, le travail développé dans la rotation est nul, et par suite l'effort à vaincre se réduit à celui qui est nécessaire pour vaincre les résistances passives.

Le parallélisme des lignes hl et op d'une part, ol et ph d'autre part est une donnée de la construction. Le métal est distribué dans le tablier et dans la flèche, de telle sorte que les poids respectifs ainsi que les positions des centres de gravité satisfassent aux relations nécessaires. On s'en assure d'abord par le calcul, et on arrive au résultat que l'on a en vue par un réglage définitif au moment du montage. C'est par le poids d'appoint mis dans la caisse de la culasse que l'on parvient à réaliser complètement l'équilibre. Toutefois cet équilibre n'est pas très constant en raison des variations de l'état hygrométrique du platelage en bois, qui tantôt s'alourdit après une pluie abondante, et tantôt devient plus léger après une longue sécheresse.

On remédie à cet inconvénient en employant, à la place du platelage en bois tendre, un tapis formé de vieux câbles d'aloès, provenant des mines. Ces câbles, découpés à la longueur voulue, puis juxtaposés et fortement serrés, après avoir été enduits de goudron, forment une couverture à peu près imperméable sur laquelle l'eau glisse sans y pénétrer. Les platelages ainsi formés ont une longue durée et conviennent bien aux pas des chevaux; ils sont employés pour certains ponts fixes.

Les ponts-levis à flèche ne conviennent qu'aux ouvertures de 5 à 7 mètres, 8 mètres au plus, pour une voie unique de bateau seulement. Aussi ne doit-on pas en recommander l'emploi en voie courante, leur usage étant limité sur les murs de fuite des écluses, là où le halage ne se pratique que d'un côté.

PONTS LEVANTS. — Les ponts levants sont peu en usage sur les canaux; il n'en est pas moins intéressant d'en exposer le principe, d'autant qu'ils présentent l'avantage de ne presque pas empiéter sur les terre-pleins.

Ils se relèvent, en effet, parallèlement à eux-mêmes de la quantité voulue pour laisser aux bateaux la hauteur libre nécessaire. Leurs organes moteurs sont généralement des presses hydrauliques, combinées avec un jeu de contrepoids.

On peut citer deux types de ponts levants établis depuis moins de trente ans; il s'agit du pont levant de la rue de Crimée, à Paris, et de celui de Larrey, à Dijon.

Pont levant de la rue de Crimée. — Ce pont est placé sur une passe marinière large de 15 mètres sur le canal de Saint-Denis (*fig.* 387).

Coupe transversale

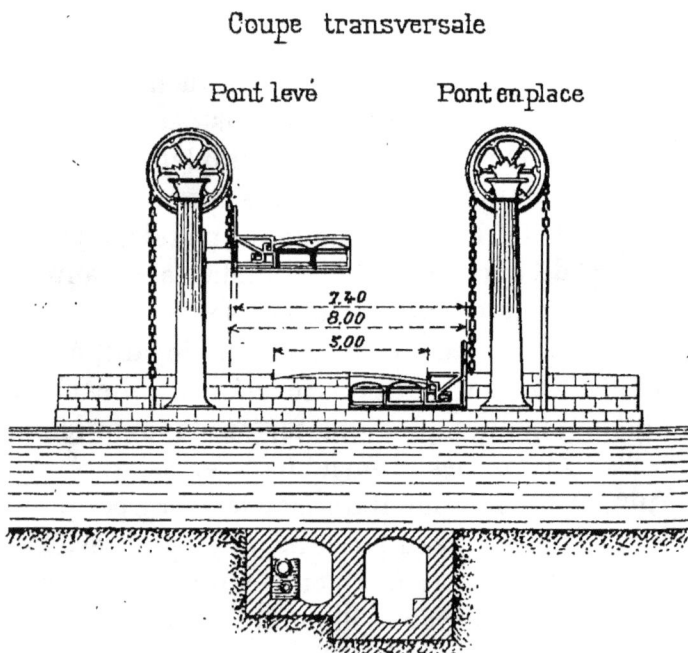

FIG. 387. — Pont levant de la rue de Crimée.

Cet ouvrage comporte une chaussée de 5 mètres de largeur, et deux trottoirs de 1^m,20. Il ne laisse que 0^m,65 de tirant d'air, quand il est fermé ; mais il peut se relever de 4^m,60 en soixante secondes environ, ce qui porte la hauteur libre à 5^m,25.

Le pont pèse, avec son tablier, 85 tonnes, et est équilibré par des contrepoids d'angle (*fig.* 388), qui évoluent au-dessous du plan d'eau dans des puits en maçonnerie étanches. La manœuvre se fait par l'intermédiaire de chaînes de suspension passant sur de grandes poulies que portent des colonnes en fonte.

Le pont étant équilibré, les efforts d'ascension et de descente sont égaux et ne dépassent pas 5 tonnes.

Élévation longitudinale

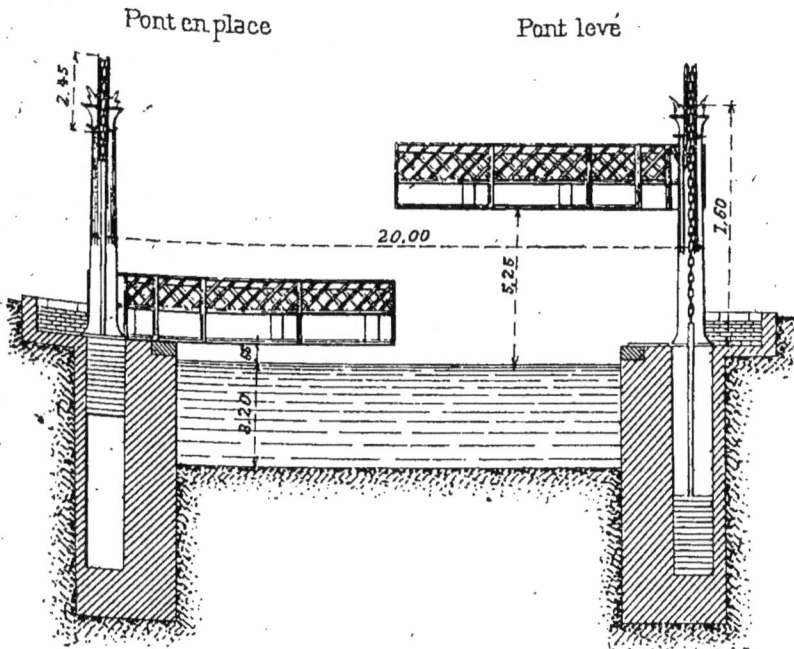

Fig. 388. — Contrepoids d'angle du pont levant.

Les organes moteurs sont deux presses hydrauliques B et B' alimentées par les eaux de la ville et placées dans les culées de l'ouvrage, de part et d'autre de la passe. Les cylindres sont fixés aux maçonneries des culées, et les pistons sont assemblés à demeure au tablier. Le synchronisme nécessaire au mouvement simultané des pistons est assuré de la manière suivante.

Le tablier porte longitudinalement un arbre aa', qui commande, par des engrenages coniques, deux autres arbres c, c, logés également dans le tablier mais transversalement et à ses deux extrémités (fig. 389).

Ces arbres se terminent à chaque extrémité par une roue d'engrenage cylindrique, qui engrène avec une crémaillère, solidaire des colonnes, qui portent les poulies d'équilibre.

On maintient autant que possible la même pression dans les presses, en établissant entre les dessous et les dessus des pistons une communication permanente.

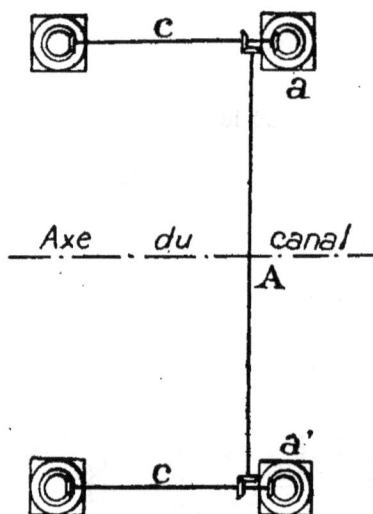

FIG. 389.

L'assemblage des pistons avec le tablier se fait au moyen d'articulations, qui permettraient au système de se déformer, si un guidage ne s'y opposait. Ce guidage est formé par quatre tenons faisant saillie sur les poutres du pont, et se déplaçant dans une glissière venue de fonte sur chaque colonne. Ces tenons sont réunis deux à deux, à chaque extrémité du pont, à une pièce unique très rigide, dénommée brancard, et à laquelle sont attachées les chaînes d'équilibre. Cette disposition a permis de monter isolément les appareils de manœuvre, et de construire séparément le tablier, qu'on n'a eu ensuite qu'à fixer aux brancards.

On trouvera des détails complémentaires sur cet intéressant ouvrage, qui fonctionne d'une manière très satisfaisante depuis 1885, dans un article des *Annales des Ponts et Chaussées* de 1886, 1er semestre [1].

Pont du Larrey. — Ce pont, établi en 1890 sur le canal de Bourgogne à Dijon, a une portée de 9m,80, ménageant une passe marinière de 6m,10, un chemin de halage de 2m,60 et un marchepied de 2m,10. Il comporte un tablier mobile, qui ne réserve à fond de course qu'un tirant d'air de 2m,40, mais qui peut s'élever de 1m,30, ce qui porte à 3m,70 la hauteur libre. La voie charretière a 4m,50 de largeur, non compris deux trottoirs de 0m,80 (*fig.* 390).

1. *Note sur la reconstruction du bassin de la Villette et du canal Saint-Denis*, par M. Le Chatelier, ingénieur des Ponts et Chaussées, p. 711.

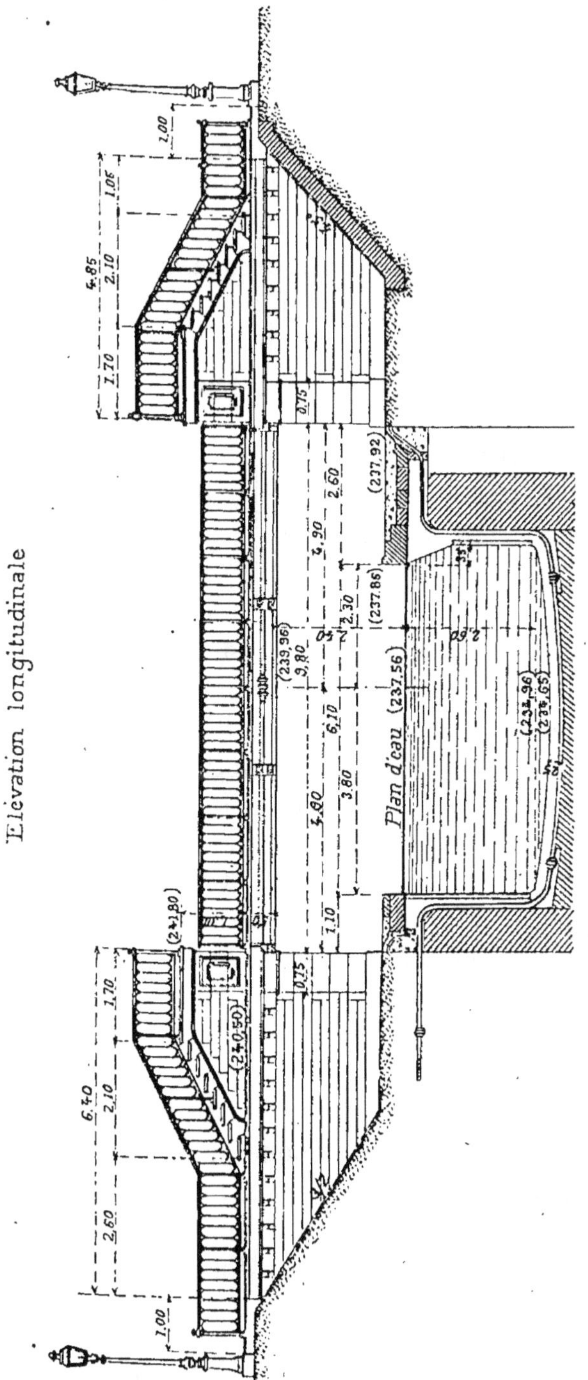

Elévation longitudinale

Plan d'eau (237.56)

Fig. 390. — Pont du Larrey.

Quand le tablier est abaissé, la circulation des voitures et des piétons est assurée; quand il est relevé, la voie charretière est interrompue, mais les piétons continuent à passer grâce à quatre passerelles métalliques, ayant chacune huit marches et un palier de 0m,70 au sommet.

Les mouvements du tablier s'effectuent par un compresseur hydraulique, qui commande les pistons de quatre presses, soutenant le tablier aux quatre angles. Chaque manœuvre dure à peine vingt secondes. En cas d'avarie du moteur, on peut se servir d'un appareil de levage à bras, comprenant quatre vis qui font mouvoir des leviers, comme celles d'un pressoir.

M. l'ingénieur Galliot a fait connaître les dispositions de cet ouvrage dans une notice insérée dans les *Annales des Ponts et Chaussées* (1893, 2e semestre, p. 261).

PONTS TOURNANTS. — Les ponts tournants sont des ouvrages mobiles, fermant ou dégageant une passe par rotation autour d'un axe vertical. Ils sont spécialement employés sur les canaux, pour franchir la cuvette en bief courant, quand la situation des lieux ou la présence d'habitations ne permettent pas de surélever la voie de terre, et que l'on veut ménager une passe double ou une passe simple très large.

Passe double. — Il est préférable, toutes les fois que la chose est possible et que l'économie n'impose pas une solution plus simple, d'établir un pont tournant à deux voies. C'est la disposition qui a été adoptée sur l'Aa, à Saint-Omer (*fig.* 391).

Comme on le voit, les deux passes marinières égales sont séparées par une pile portant le pivot et par suite l'ouvrage. Deux estacades en charpente, construites à l'amont et à l'aval, prolongent la pile et reçoivent, lorsque le passage est ouvert, l'une la volée, l'autre la culasse; l'ouvrage est alors complètement effacé, et on dispose d'une voie montante et d'une voie descendante pour la circulation des bateaux, qui n'est nullement gênée par la présence de la pile. Les mouvements de l'eau se font aisément, la continuité du halage est assurée sur les deux rives, sans qu'on ait à craindre aucun encombrement. La longueur totale de l'ouvrage entre culées est de 16 mètres, comprenant deux passes de 6 mètres et une pile de 4 mètres.

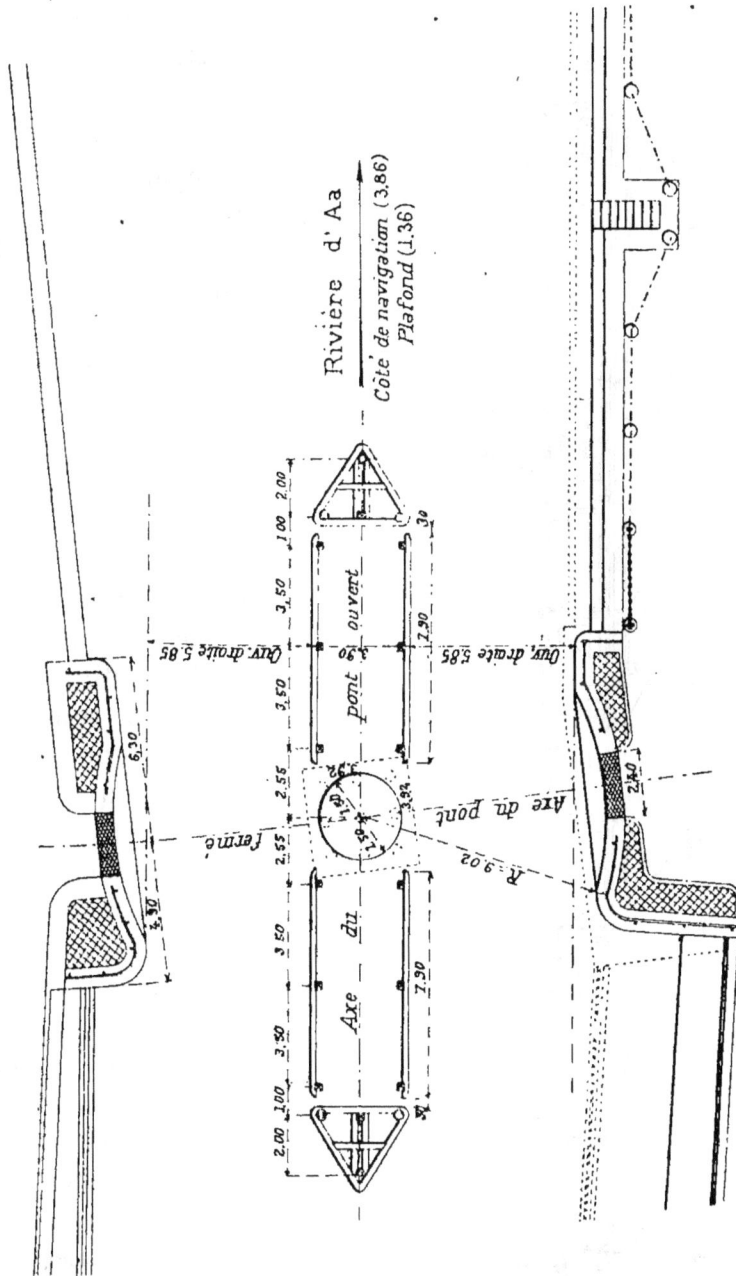

FIG. 391. — Pont tournant, passe double, sur l'Aa. — Plan général.

Passe simple. — Quand la largeur du canal est insuffisante, la pile est rapprochée de la rive opposée au halage, afin de ménager le long de l'autre rive une passe navigable (*fig.*393).

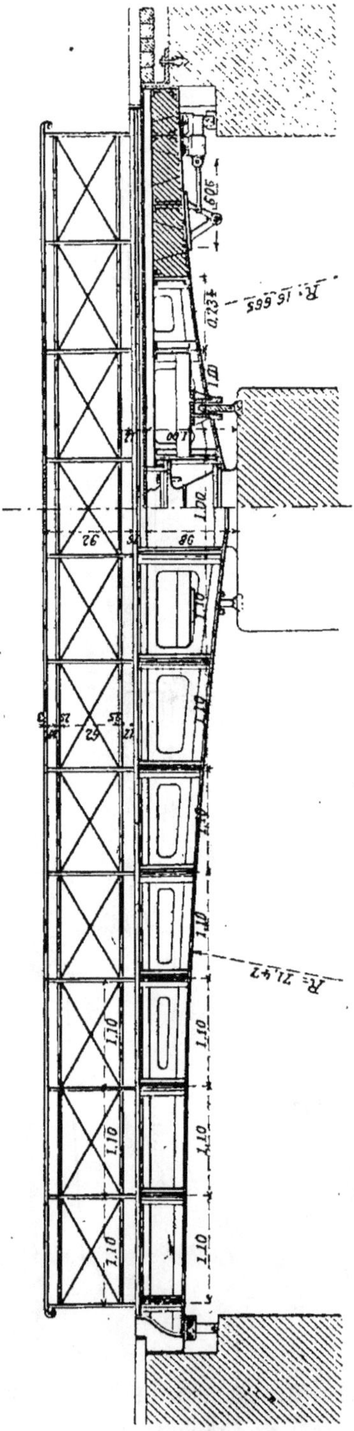

Demi-coupe sur l'axe

Demi-élévation

FIG. 392. — Pont tournant, passe simple.

Grâce à cette disposition, les mouvements de l'eau sont facilités, ce qui diminue la résistance à la traction. Il n'en est plus de même lorsqu'on est obligé de prolonger jusqu'à la passe navigable la culée de la rive opposée au halage. En dehors des difficultés opposées au mouvement de l'eau, il faut remarquer que cette solution entraîne un encombrement important sur le terre-plein de l'une des rives, qui gêne le halage (*fig. 394*).

Éléments constitutifs d'un pont tournant. — Les éléments qui constituent un pont tournant comprennent, quelle que soit la passe double ou simple : 1° un tablier ; 2° un pivot ; 3° un mécanisme de calage ; 4° un mécanisme de manœuvre.

Le tablier, symétrique ou non par rapport au pivot, se compose de deux poutres longitudinales ou longerons, réunis par des entretoises supportant le platelage ou l'empierrement formant chaussée. Les poutres ont leur semelle supérieure généralement horizontale, tandis que la

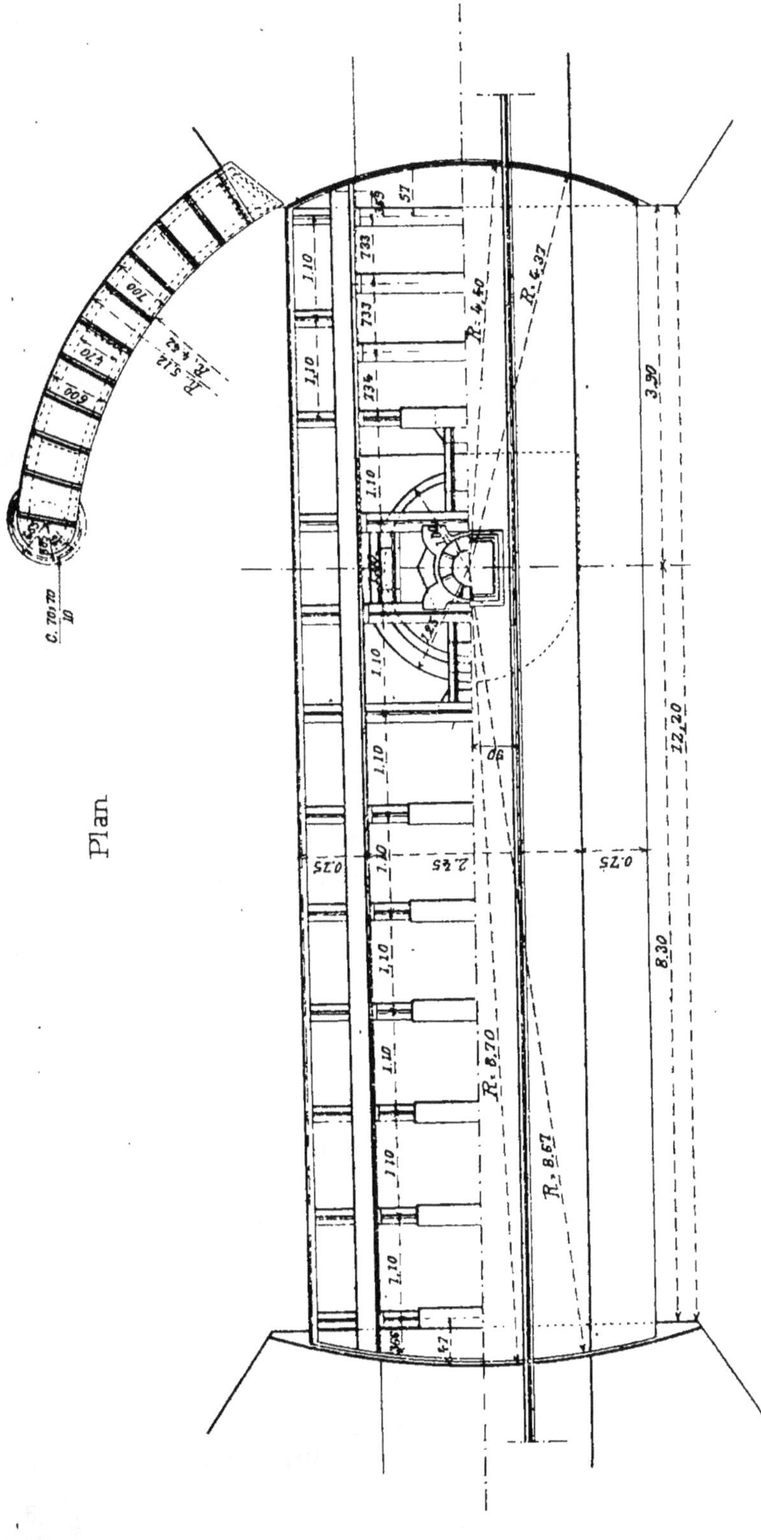

Plan

Fig. 393. — Pont tournant, passe simple.

semelle inférieure est profilée en courbe concave vers le bas, comme dans les pièces encastrées à une extrémité et libres à l'autre. La largeur de la chaussée, en rapport avec l'importance de la circulation, est réduite autant que possible, tant par raison d'économie que pour faciliter la manœuvre de l'ouvrage.

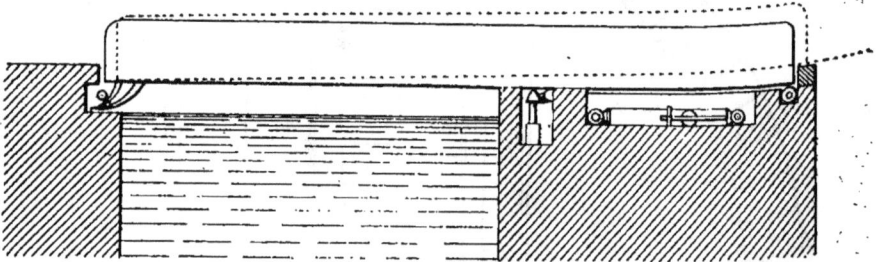

FIG. 394. — Pont tournant à une voie simple

La figure 395 donne les dispositions adoptées pour le pont tournant à deux voies sur l'Aa à Saint-Omer

Dans le type reproduit, le tablier est divisé par le pivot en deux parties égales qui se font équilibre. Si le pont est à une seule voie de bateau, la *volée* (côté de la passe navigable) est généralement plus longue que la *culasse*, et par suite cette dernière doit être plus lourde. Dans ce cas, l'équilibre est obtenu au moyen de contrepoids.

Le tablier repose sur le pivot au moyen d'un chevêtre ou sommier, constitué soit par une, soit par deux entretoises, et disposé pour pouvoir supporter le poids du pont. La disposition suivante, qui a été adoptée sur l'Aa à Saint-Omer est fréquemment employée (*fig.* 396).

Une pièce de fonte ou d'acier coulé, disposée en forme de tronc de cône, est scellée au centre de la pile. Elle pénètre dans une autre cône évidé à la demande et fixé invariablement au chevêtre. Le tout est surmonté d'un chapeau simplement boulonné après la pose et le réglage du tablier. Entre le tronc de cône et le chapeau sont intercalées deux lentilles en acier, l'une concave, l'autre convexe, qui supportent tout le poids de l'ouvrage et constituent le pivot proprement dit. Le rayon de la lentille femelle est un peu plus grand que celui de la lentille mâle pour réduire presque

Demi-coupe longitudinale

Demi-élévation

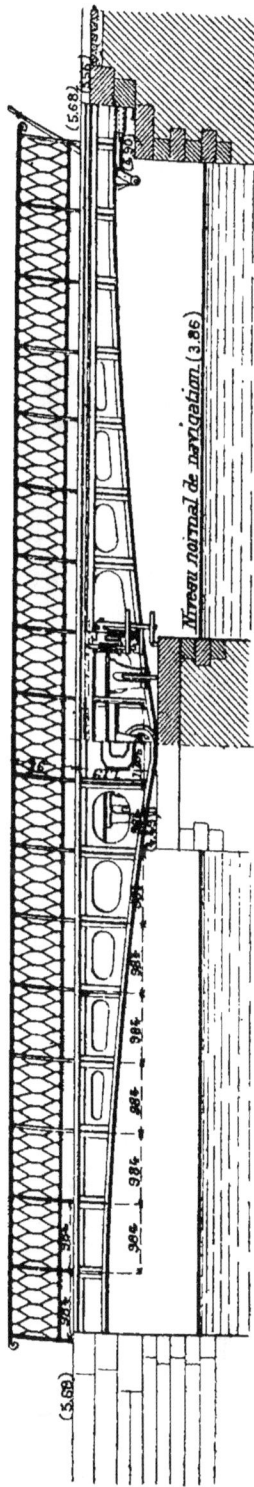

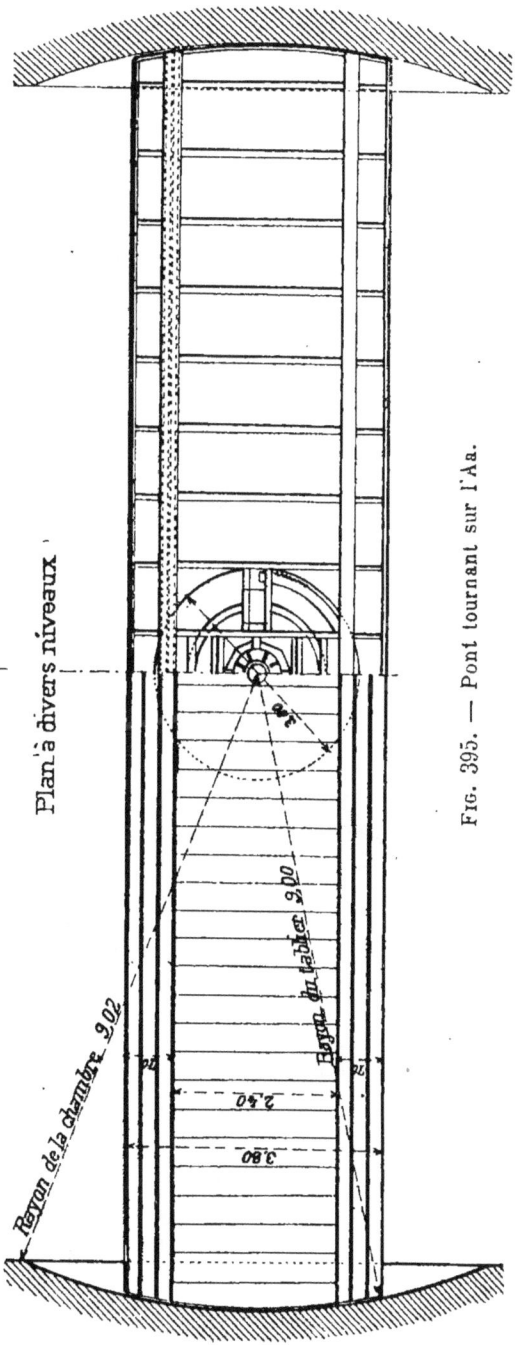

Niveau normal de navigation (3.86)

Plan à divers niveaux

Rayon de la chambre 9.02

Rayon du tablier 9.00

2.50

3.80

FIG. 395. — Pont tournant sur l'Aa.

à un point la surface frottante pendant la rotation, et aussi

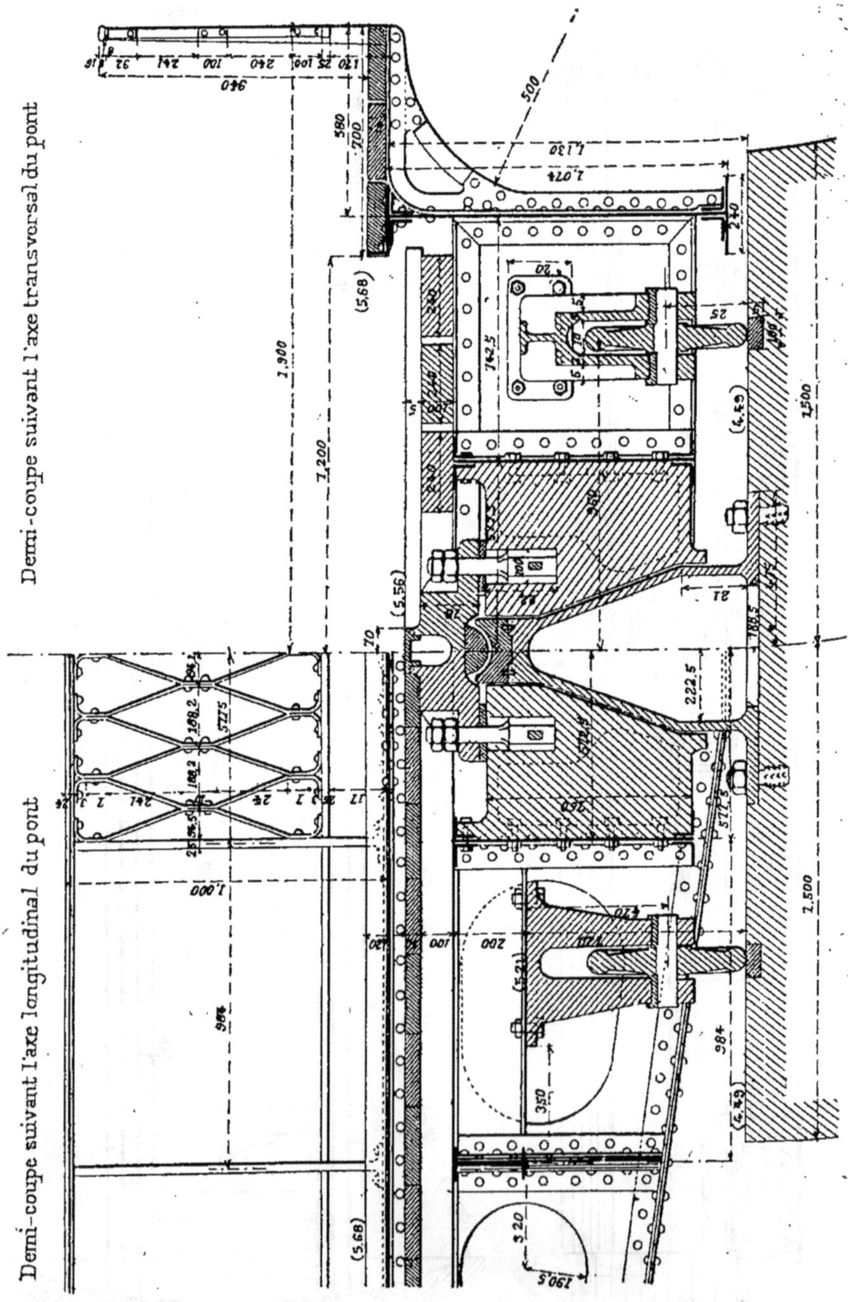

FIG. 396. — Pont tournant sur l'Aa.

pour permettre un léger basculement, qui est nécessaire pour le fonctionnement du mécanisme de calage. Enfin la lubrification se fait par un petit canal percé dans le chapeau et dans la lentille supérieure.

Le système comporte encore quatre galets, deux transversaux et deux longitudinaux, attachés au tablier et prenant appui sur un chemin de roulement en fonte, scellé sur le couronnement de la pile. Ces galets ont pour objet d'assurer la stabilité du tablier pendant sa rotation.

Dans une autre disposition, désignée sous le nom de *crapaudine à boulets*, le tablier est porté et tourne sur des boulets en bronze, interposés entre la gorge d'un chemin de roulement et celle d'un plateau annulaire fixé au chevêtre

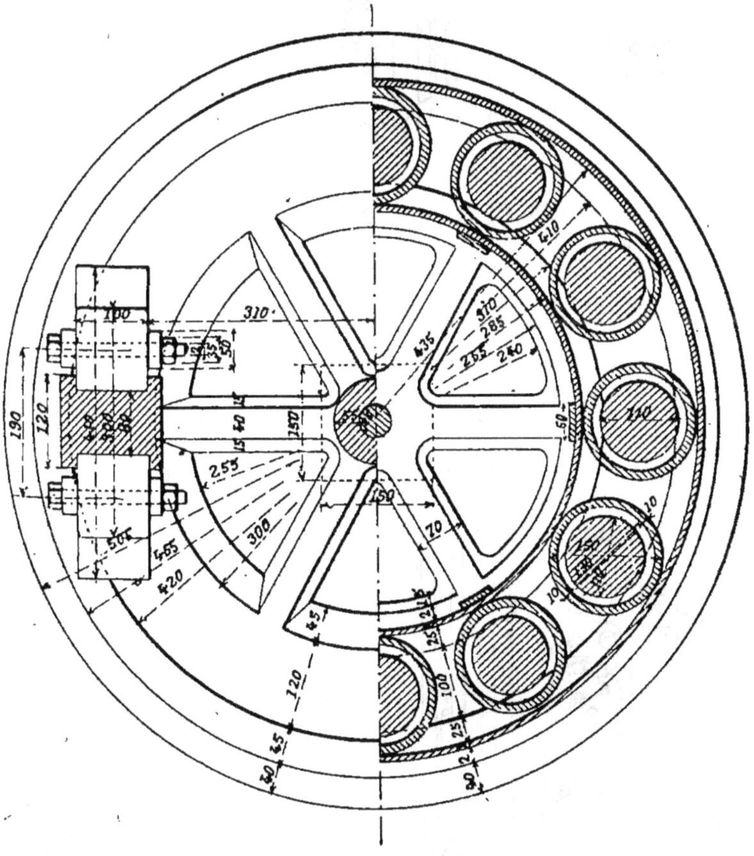

FIG. 397. — Crapaudine à boulets.

(*fig.* 397). Le premier plateau fixe est scellé dans la maçonnerie, le second mobile supporte le tablier (*fig.* 398).

L'équidistance des boulets est assurée par une sorte de

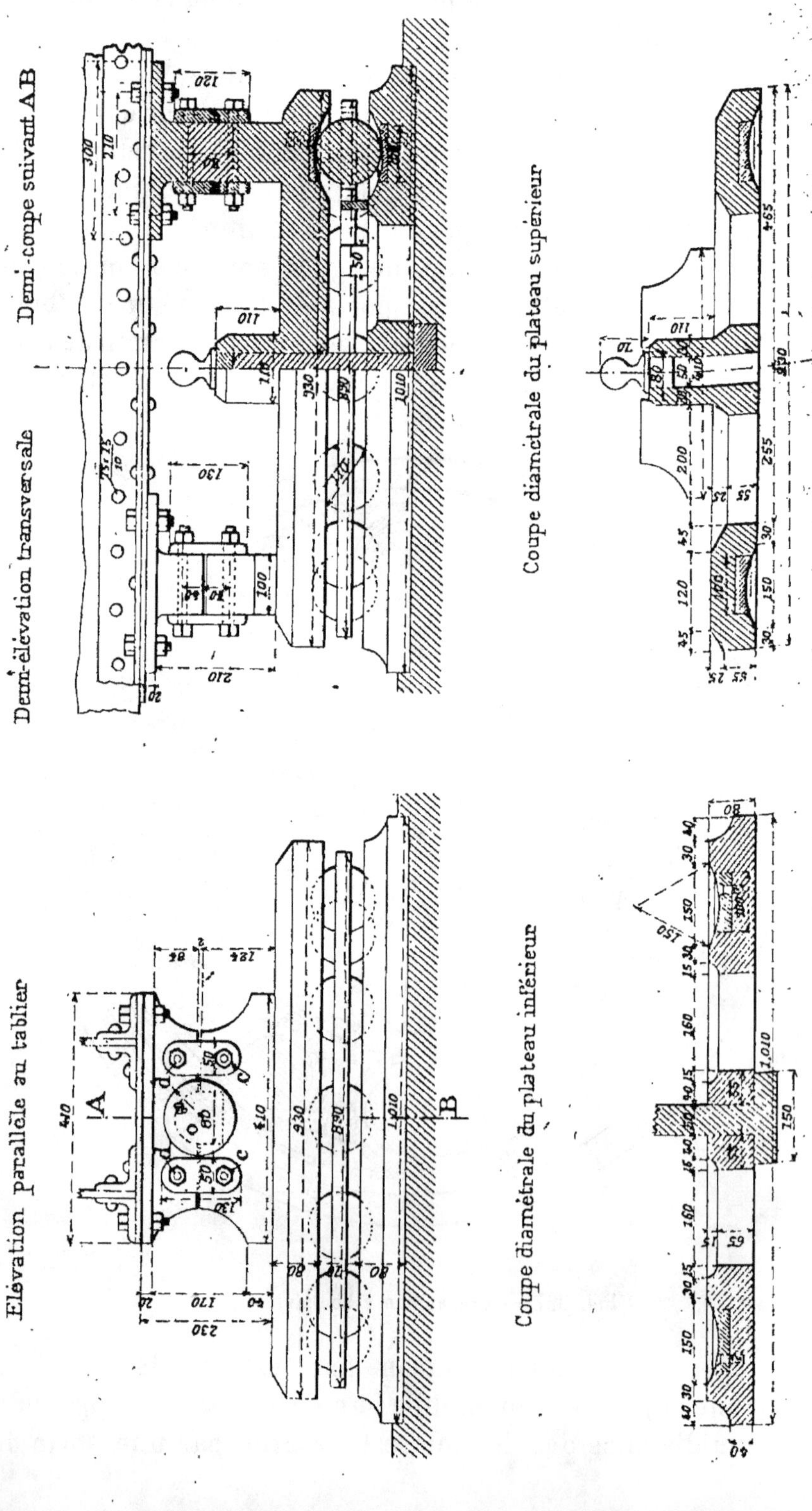

Demi-coupe suivant AB

Demi-élévation transversale

Coupe diamétrale du plateau supérieur

Élévation parallèle au tablier

Coupe diamétrale du plateau inférieur

Fig. 398. — Crapaudine à boulets.

cage placée au niveau des centres, et dans laquelle chaque boulet a sa place marquée.

Chaque gorge est doublée d'un chemin de roulement en acier; l'usure porte donc exclusivement sur les boulets, dont le remplacement est facile.

Le chevêtre est formé par une poutre tubulaire, dont la semelle supérieure est fixée au tablier, et la semelle inférieure à deux coussinets en fonte correspondant respectivement à deux autres venus de fonte avec le plateau supérieur de la crapaudine. Ces coussinets embrassent un arbre à base rectangulaire et à partie supérieure demi-circulaire, permettant un petit basculement longitudinal à amplitude limitée par deux brides, dont les trous de boulons sont légèrement ovalisés.

En dehors des deux systèmes indiqués, on peut citer encore une disposition consistant à opérer la rotation sur un seul boulet; mais alors l'ouvrage doit être maintenu dans les deux sens par des galets d'appui ou de butée.

Enfin, pour les ouvrages importants (pont de Bordeaux), on emploie le pivot hydraulique, qui porte et évolue sur l'eau d'une presse, de telle sorte que les frottements se trouvent réduits à ceux du plongeur sur la garniture du presse-étoupe.

Le système de calage, dont tout pont tournant doit être muni, permet, quand le pont est fermé, de reporter tout ou partie du poids du tablier sur les culées et de décharger d'autant le pivot. On a vu que, lorsque la passe est ouverte, les longerons travaillent comme des pièces encastrées à une extrémité et libres à l'autre; le calage du tablier a pour but de faire appuyer l'extrémité libre des longerons sur les culées et d'éviter les surcharges qu'ils auraient à supporter, et qui les exposeraient à des efforts excessifs.

Le mécanisme de calage n'existe généralement qu'à une des extrémités du tablier, l'autre extrémité reposant simplement sur les maçonneries de la culée correspondante, ou mieux sur un sommier de métal. Mais alors, pour éviter tout frottement au départ, il est indispensable que l'extrémité qui porte le mécanisme de calage s'abaisse, tandis que l'autre se relève légèrement et se détache de ses appuis. De là la nécessité du petit basculement dont il a été question.

Les dispositions des mécanismes de calage et de décalage sont nombreuses et variéés. On peut citer celle qui a été

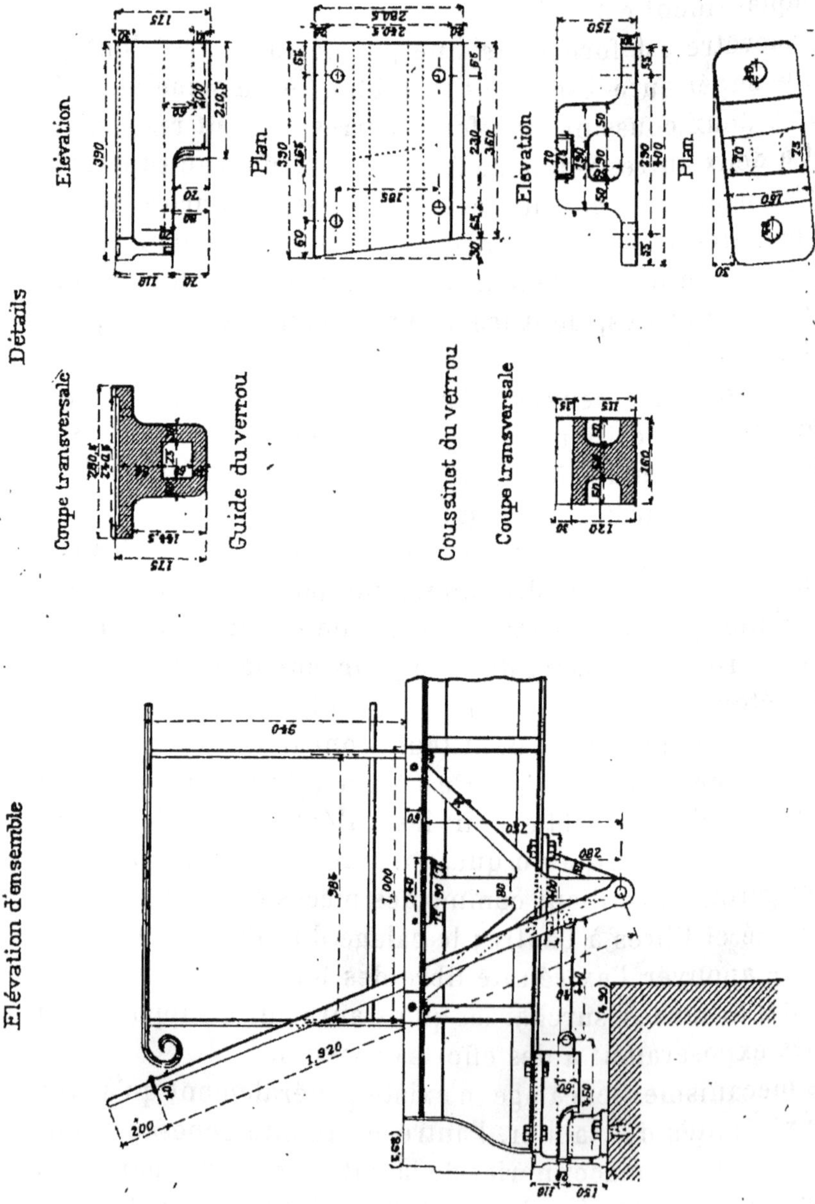

Fig. 399. — Mécanisme de calage du pont tournant sur l'Aa.

adoptée pour le pont tournant, dit Pont-Vert, établi sur l'Aa à Saint-Omer (fig. 399).

Dans ce système, chaque longeron porte, à l'une de ses

extrémités, boulonné à la semelle inférieure, un verrou en forme de coin très allongé, que guide une pièce de fonte évidée à la demande. Ce verrou est susceptible d'être manœuvré au moyen d'un levier par l'intermédiaire d'une manivelle calée sur le même arbre que ce dernier et par une bielle. Dans une position extrême du levier, le verrou est enfoncé à bloc dans un coussinet en fonte scellé sur la culée ; le tablier se trouve ainsi soutenu de côté, tandis qu'il repose de l'autre sur les sommiers métalliques. Dans l'autre position extrême du levier, le verrou est dégagé de son coussinet, le tablier fait son petit mouvement de bascule et la rotation peut commencer.

Un des avantages du système est que l'usure des surfaces flottantes peut être compensée, au fur et à mesure qu'elle se produit, par l'enfoncement plus ou moins profond du verrou.

Quelquefois les coussinets sont remplacés par des galets de calage, sur lesquels le verrou glisse et s'appuie à fond de course (fig. 400).

Quant au mécanisme de rotation du tablier, il consiste le plus souvent en un train d'engrenages à deux arbres verticaux. L'un d'eux est actionné par le pontier à l'aide d'une clef coudée, et commande l'autre, qui porte à sa partie inférieure un pignon avec un arc denté scellé sur le couronnement de la pile. Un écrou d'arrêt se déplaçant le long de l'arbre de commande limite automatiquement la manœuvre dans les deux sens, les deux positions extrêmes de l'écrou correspondant exactement aux deux positions respectives occupées par le tablier, quand le pont est ouvert ou fermé.

La figure 401 reproduit le dispositif employé au Pont-Vert.

Quand le pont est à passes inégales, le mécanisme peut être supprimé, et la manœuvre se fait alors à la main à l'aide d'une passerelle allant de la culée à l'estacade, suivant un arc ayant même centre que l'extrémité de la culasse.

La rotation d'un pont tournant ne se fait bien que, lorsque les poids de la volée et de la culasse se font équilibre dans toutes les positions et à tout moment, et que la résultante générale passe par le pivot. Mais les alternatives de sécheresse, d'humidité et de malpropreté font varier les poids et déplacent le centre de gravité. On doit donc recourir à de larges pivots, à la crapaudine à boulets, ou

Demi-élévation et demi-coupe longitudinales

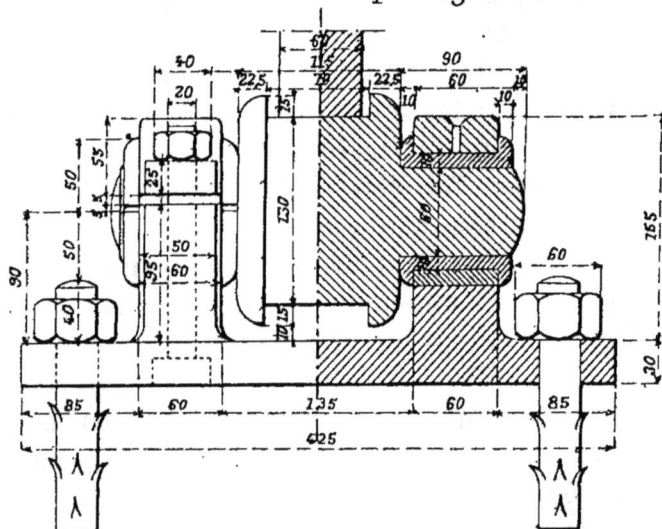

Plan

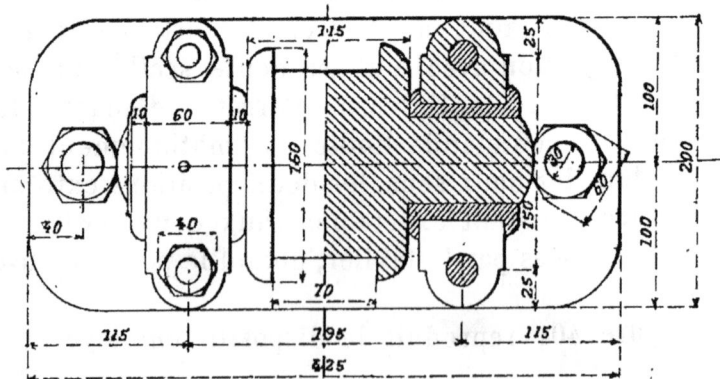

Fig. 400. — Galet de calage.

encore à des couronnes de galets d'appui ou de butée, circonscrivant toutes les positions possibles du centre de gravité. Dans certains cas, on a préféré donner à la culasse un excès de masse, qui assure en toute circonstance sa prédominance sur la volée. Mais alors on doit soutenir cette

surcharge dans toutes les positions par un galet d'appui
(*fig.* 401) placé sous la queue de culasse et se déplaçant sur un
chemin de roulement. Cette disposition permet de simplifier
baeucoup le pivot.

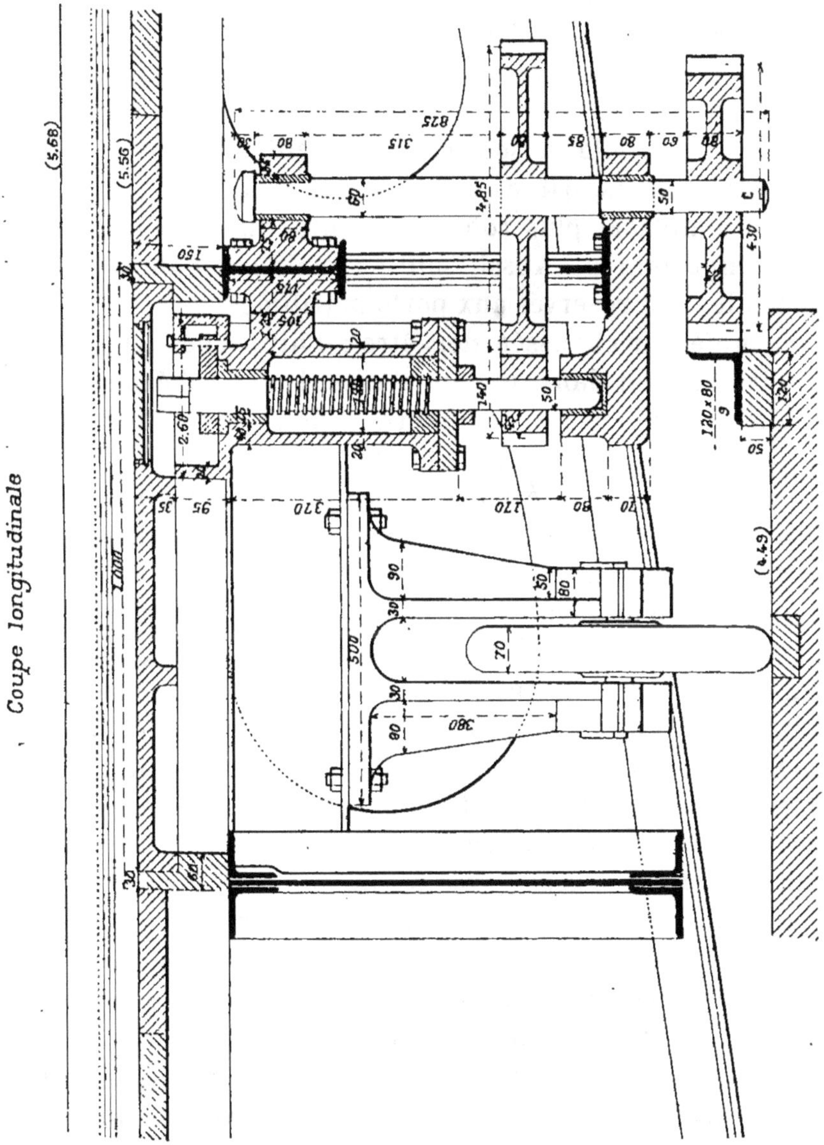

Coupe longitudinale

Fig. 401. — Galet d'appui.

Comme on le voit, les ponts tournants comportent des
solutions nombreuses variées et à détails compliqués. L'étude
de ces ouvrages demande donc des soins particuliers et
une attention sérieuse.

PONTS ROULANTS. — Les ponts roulants se déplacent horizontalement dans le sens de leur longueur et perpendiculairement aux bajoyers, par translation, sur un chemin de galets de roulement. Pour que leur stabilité soit assurée pendant toute la durée du mouvement, il faut que la résultante des forces agissant sur l'ouvrage, dans les circonstances les plus défavorables, passe toujours dans le périmètre circonscrit par les galets.

Les ponts roulants sont généralement plus lourds que les ponts tournants, parce qu'ils doivent avoir plus de raideur et des assemblages plus robustes. Leurs fondations sont aussi plus importantes. Aussi sont-ils moins employés et plus spécialement réservés aux ports maritimes.

Comme leur chaussée doit être au niveau des terre-pleins, on les établit dans un encuvement ayant l'épaisseur du tablier comme profondeur. On doit donc, avant de haler ces ouvrages, les soulever de la hauteur voulue.

En navigation intérieure, le système des ponts roulants est surtout employé sous forme de passerelles légères. Un ouvrage de ce genre a été établi sur le mur de fuite de l'écluse d'embouchure en Loire du canal d'Orléans. Il se compose essentiellement de deux poutres en N, reliées par un contreventement inférieur, et par des entretoises supportant un platelage de 2^m,30 de largeur pour voie charretière, plus deux trottoirs de 0^m,25. Le roulement se fait sur des rails par l'intermédiaire de quatre roues en fonte et à boudin intérieur. La propulsion s'opère par l'un des boudins, qui est dentelé et engrène avec un pignon, que commande une manivelle. Pour une portée de 6 mètres entre les bajoyers de l'écluse, l'ouvrage a 13^m,80 de longueur totale, dont 7^m,30 de culasse et 6^m,50 de volée. L'extrémité de la culasse se termine en sifflet pour se raccorder à la chaussée.

Les passerelles roulantes sur écluses rendent souvent de précieux services pour l'installation de passages provisoires pendant la reconstruction des ponts.

PONTS A BASCULE. — Les ponts à bascule sont des ouvrages mobiles à volée et culasse, pouvant pivoter d'un certain angle autour de l'axe transversal qui les sépare, de manière que la culasse descende dans une cave ménagée dans la culée, tandis que la volée s'élève pour réaliser sous elle le tirant d'air voulu. Le mouvement s'opère le plus souvent par un arc denté que porte la culasse et que commande un pignon actionné par une manivelle. L'amplitude de la course varie avec la hauteur supplémentaire à gagner.

PONTS FLOTTANTS. — Il reste à parler d'un type d'ouvrage extrêmement simple et économique, qui consiste en un ponton mobile, large de 3 à 4 mètres, dont la longueur est telle que, lorsqu'il est placé transversalement au canal, il joint deux murs verticaux en maçonnerie ou de simples estacades en charpente, établies en regard sur les rives opposées. Dans cette position, le ponton solidement amarré assure la communication entre les deux rives; il est généralement remisé dans un emplacement contigu, ce qui laisse le passage ouvert pour la navigation.

Cette solution est donc acceptable pour des voies peu fréquentées, comme par exemple des chemins de défruitement, et remplace avantageusement les bacs.

310. Ponts inférieurs. — Les ponts inférieurs sur route ou chemins de fer sont assez rares, parce que, d'une part, il est toujours assez coûteux et assez aléatoire d'établir les canaux sur les puissants remblais qui sont nécessaires, et que, d'autre part, il faut éviter sous les ouvrages la création de points bas, d'où les eaux pluviales ne pourraient s'échapper par simple gravité.

Il n'y a rien à dire au sujet de l'ouverture et du tirant d'air à adopter pour l'ouvrage en question ; cela dépend de l'importance et de la nature de la voie traversée.

On donne ci-dessous deux types de ponts inférieurs, le premier adopté sur le canal de l'Est à la traversée des Vosges, (fig. 402), le second établi à la rencontre d'une route départementale et du canal latéral à la Loire, près de Saint-Firmin (Loiret) (fig. 403).

Comme on le voit, la voûte en maçonnerie se trouve au-dessous du plafond de la cuvette et est prolongée de part et d'autre par un évasement, qui permet d'aérer le passage et d'y donner plus de jour et de lumière. On remarque aussi que le profil normal de la cuvette est réservé sur l'ouvrage,

Coupe longitudinale

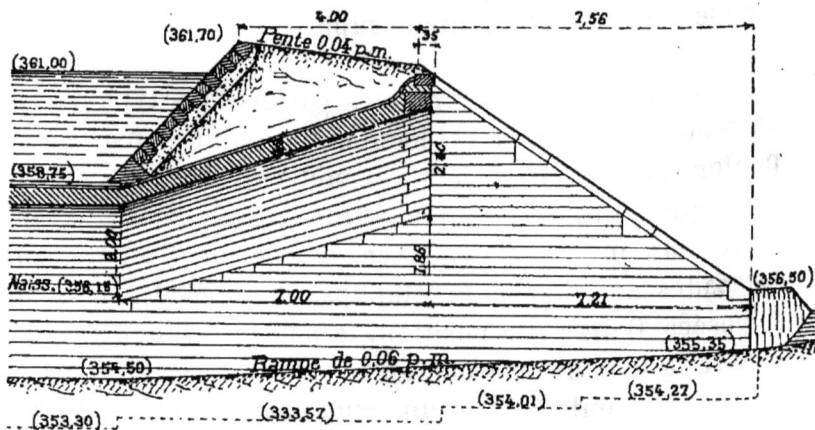

Coupe transv^{le} par l'axe du Canal

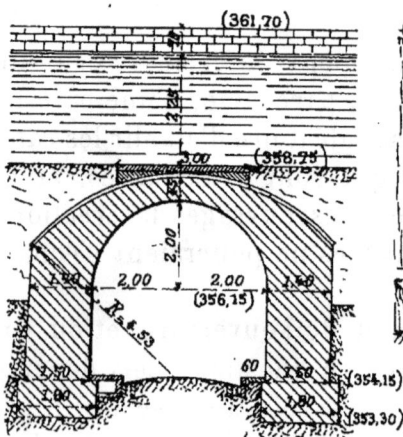

Elévation de la tête amont

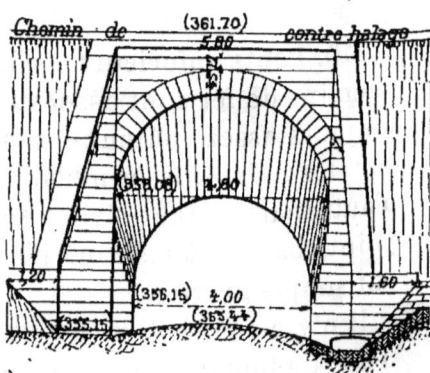

Fig. 402. — Pont inférieur sur le canal de l'Est à la traversée des Vosges.

son peu de largeur né justifiant pas un rétrécissement de la section courante.

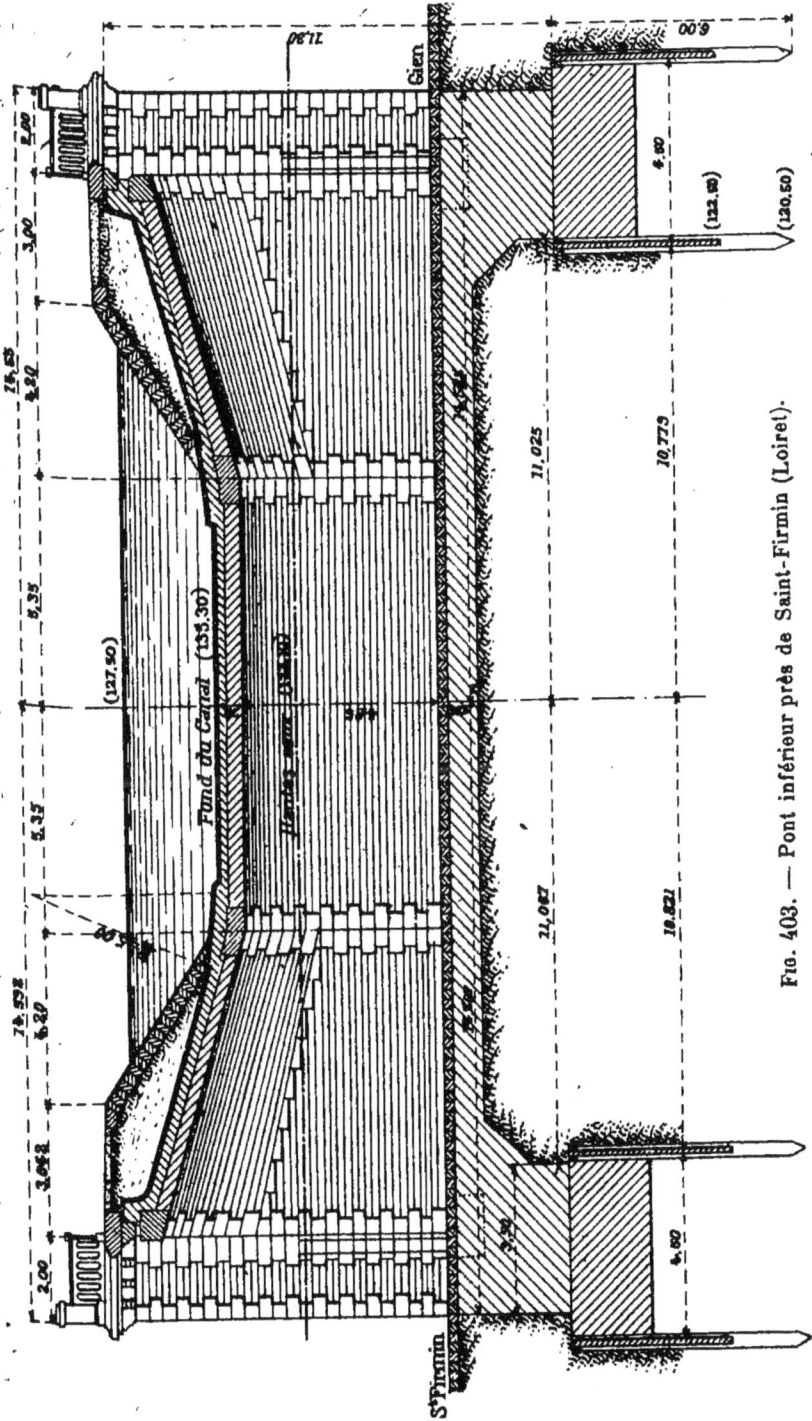

Fig. 403. — Pont inférieur près de Saint-Firmin (Loiret).

II. — Ouvrages a la traversée des cours d'eau

311. Considérations générales. — Suivant l'importance des cours d'eau rencontrés, et selon que le canal les franchit par-dessus, à niveau ou par-dessous, il y a lieu d'établir des aqueducs, des ponts-canaux, des traversées à niveau ou des ponts-rivières.

312. Aqueducs. — Les aqueducs sont les ouvrages les moins importants qu'il y ait lieu de construire pour livrer passage aux cours d'eau interceptés par le canal. Ils ont généralement une grande longueur et sont fondés à un ni-

Coupe en long du puisard

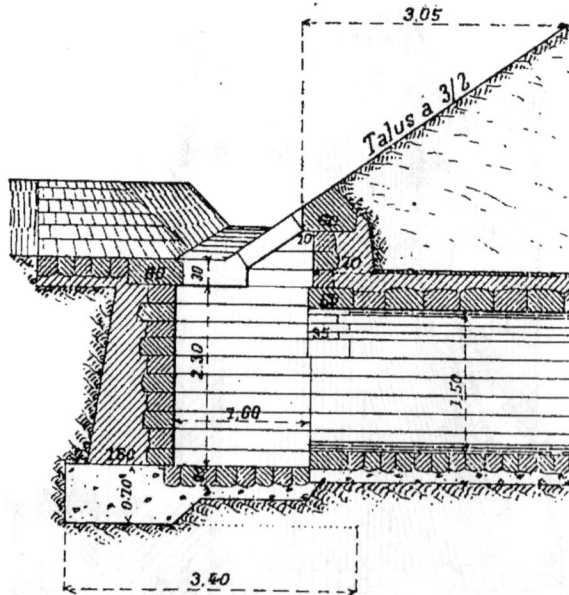

Fig. 404. — Aqueduc entre deux puisards.

veau assez bas, de telle sorte qu'ils sont presque toujours d'un prix élevé, et qu'il importe de réduire leur nombre au strict nécessaire.

La construction de ces ouvrages ne présente rien de par-

ticulier, lorsque les niveaux respectifs du canal et du ruisseau
sont tels que le croi-
sement peut s'opérer
sans difficulté. Elle de-
mande au contraire
quelques précautions,
quand les deux niveaux
sont voisins. Dans ce
cas, l'aqueduc fait si-
phon, la voûte reste
toujours noyée, et le
radier se place plus
bas que ne le sont les
parties du lit du ruis-
seau situées en amont
et en aval.

La figure 404 repré-
sente un aqueduc de ce
genre.

Cet aqueduc est com-
pris entre deux pui-
sards par lesquels l'eau
descend et remonte.
Ces puisards sont un
peu plus profonds que
le radier du corps de
l'aqueduc, de manière
que les pierres et les
gros graviers ne soient
pas entraînés dans le
passage rétréci. Il faut
aussi autant que pos-
sible donner à l'aque-
duc des dimensions
telles qu'un homme y
puisse circuler.

Il est avantageux,
quand l'état des lieux

Coupe suivant l'axe du canal

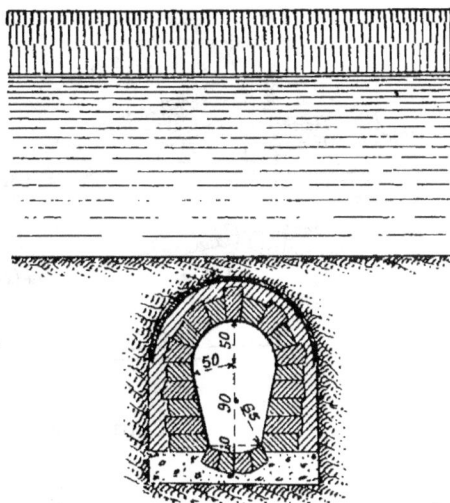

Coupe en travers du puisard

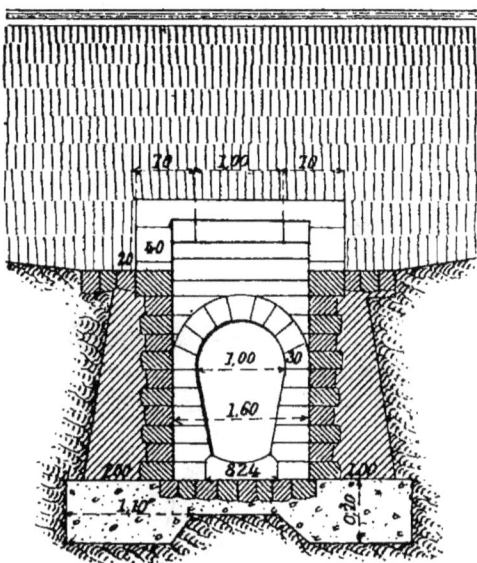

Fig. 405. — Aqueduc sur le canal de l'Est.

le permet, de substituer à l'aval une contre-pente à la chute

du puisard, parce qu'elle facilite beaucoup l'extraction des
branches d'arbre, et en général de tous les dépôts qu'amènent

Coupe longitudinale

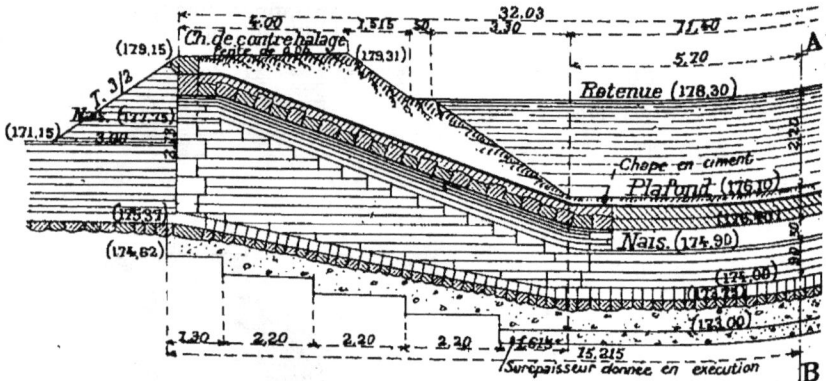

Coupe suivant AB

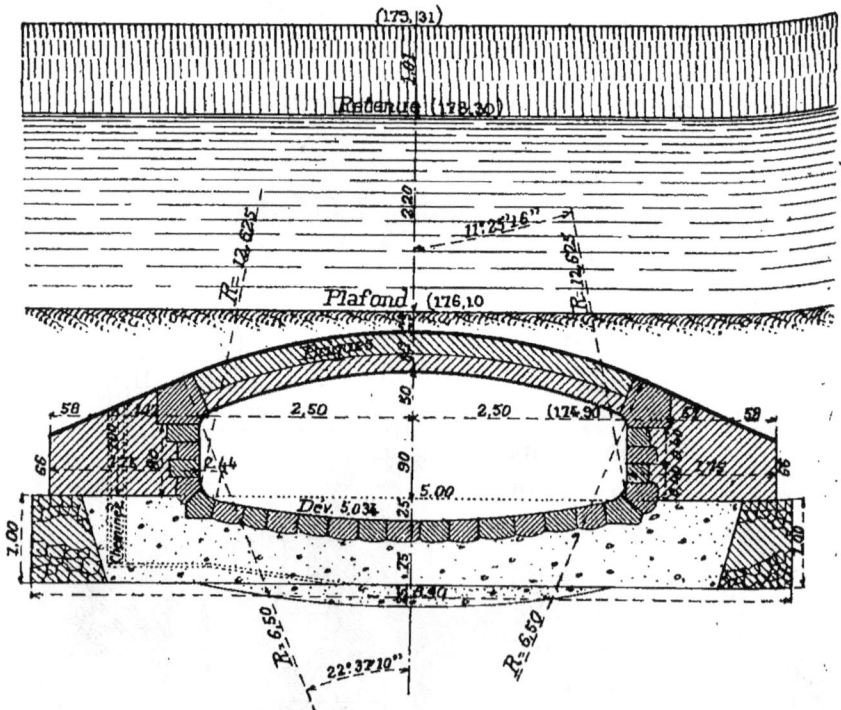

Fig. 406. — Aqueduc sur le canal de l'Est.

les orages. C'est la solution qui a été adoptée sur le canal de
l'Est à la traversée du canal de fuite de l'usine de Vilosnes,

empruntant le débit d'étiage de la Meuse (5 à 6 mètres cubes par seconde). Les figures 405 et 406 montrent la disposition adoptée.

Cet ouvrage a 33^m,23 de longueur totale ; le massif de fondation, de 8^m,90 de largeur, descend à 5^m,55 au-dessous du niveau de la retenue du canal. La dépense s'est élevée à 38.000 francs environ.

Les voûtes des aqueducs-siphons sont soumis à deux genres d'efforts différents. Lorsque le canal est plein et le ruisseau à l'étiage, la voûte est chargée de haut en bas et résiste comme dans les ponts ordinaires ; au contraire, quand le canal est vide et le cours d'eau en crue, elle tend à être soulevée. Il faut que son poids, joint à celui des remblais qui la surmontent, fasse équilibre à la sous-pression, car on ne saurait pas compter sur l'adhérence des mortiers.

Dispositions communes aux différents types d'aqueducs en maçonnerie. — L'ouvrage se termine aux deux têtes par des murs en aile ou en retour. On préfère ces derniers parce qu'ils s'opposent mieux aux filtrations qui tendent à s'établir à la jonction des terres et de la maçonnerie.

Les deux culées doivent être réunies par un radier, qui se terminera par un parafouille, toutes les fois que le sol est assez perméable pour inspirer quelques craintes.

Les aqueducs ont nécessairement une grande longueur, car on doit conserver au canal sa section normale permettant le croisement de deux bateaux. L'économie, que l'on a faite sur quelques canaux, en réduisant la longueur de l'aqueduc et la largeur de la cuvette à l'espace nécessaire au passage d'un seul bateau, a apporté une gêne si considérable qu'on a abandonné cet errement.

La section transversale à adopter dépend des circonstances locales et des matériaux dont on dispose. On donnera la préférence à celle qui a été indiquée plus haut (*fig.* 405) ; mais, si la hauteur libre au-dessous du plafond du canal est insuffisante, on pourra recourir, comme sur le canal de l'Est, à des aqueducs dallés (*fig.* 407) ou bien à des voûtes très surbaissées, comme au canal des houillères de la Sarre (*fig.* 408).

Quelle que soit la solution que l'on adopte, on devra chercher à faciliter l'entretien de l'ouvrage et rendre possible

l'augmentation du mouillage du canal, en abaissant, au besoin, son plafond, au cas où le relèvement ultérieur du plan
d'eau serait irréalisable. On devra d'ailleurs toujours ména-

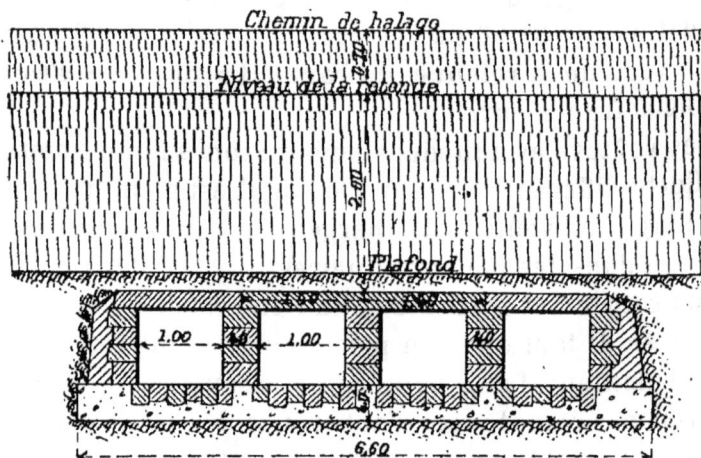

Fig. 407. — Aqueducs dallés sur le canal de l'Est.

ger une revanche de 0^m,20 ou 0^m,30 au moins entre la partie
supérieure de l'ouvrage et le plafond, pour mettre les maçonneries à l'abri des coups de gaffe.

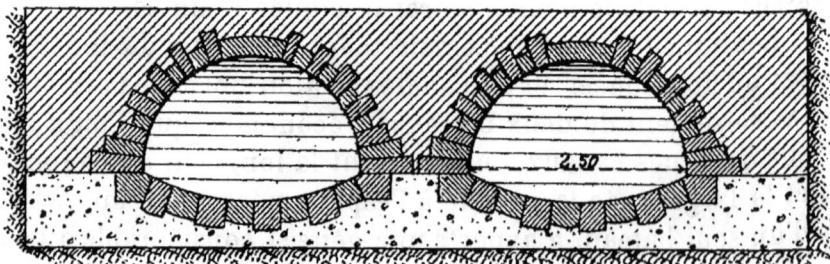

Fig. 408. — Voûtes surbaissées sur le canal des houillères de la Sarre.

Conduites en ciment et en métal. — Lorsque la hauteur
fait tellement défaut qu'on ne puisse pas employer les aqueducs en maçonnerie, on a recours à des conduites en ciment ou en métal. Pour les faibles charges, ce sont des
buses monolithes en ciment, entourées de béton. Pour les
fortes charges, on emploie des conduites en fonte et même
en tôle, enrobées dans du béton ou du mortier de ciment.

Elles présentent de nombreux avantages: d'avoir une résistance propre à l'abri des sous-pressions, de ne nécessiter qu'une faible épaisseur, ce qui réduit aussi la hauteur du siphonnement, d'être parfaitement étanches, et enfin avoir des parois lisses et résistantes permettant, sans inconvénient, des vitesses d'écoulement considérables.

Les conduites les plus usitées sont en fonte; leur diamètre dépasse rarement 1 mètre. Plutôt que d'augmenter leur diamètre, on préfère en juxtaposer plusieurs pour assurer le débit à écouler, sauf à réunir leurs têtes dans un aqueduc unique faisant suite au puisard et placé sous la banquette (*fig.* 409).

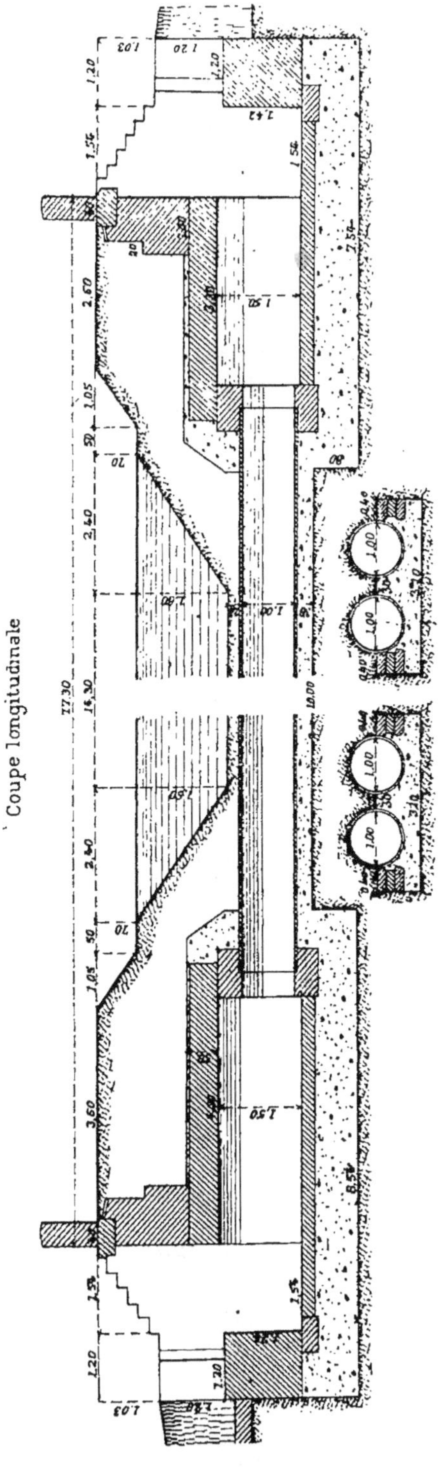

De cette façon les têtes sont facilement accessibles, et on réduit au minimum la longueur de l'ouvrage à section rétrécie. Les tuyaux sont posés sur un radier général en béton, parfois même enveloppés d'une couche de béton ou recouverts d'un briquetage posé à plat, qui les

Coupe longitudinale

Fig. 409. — Conduites en fonte sur radier en béton.

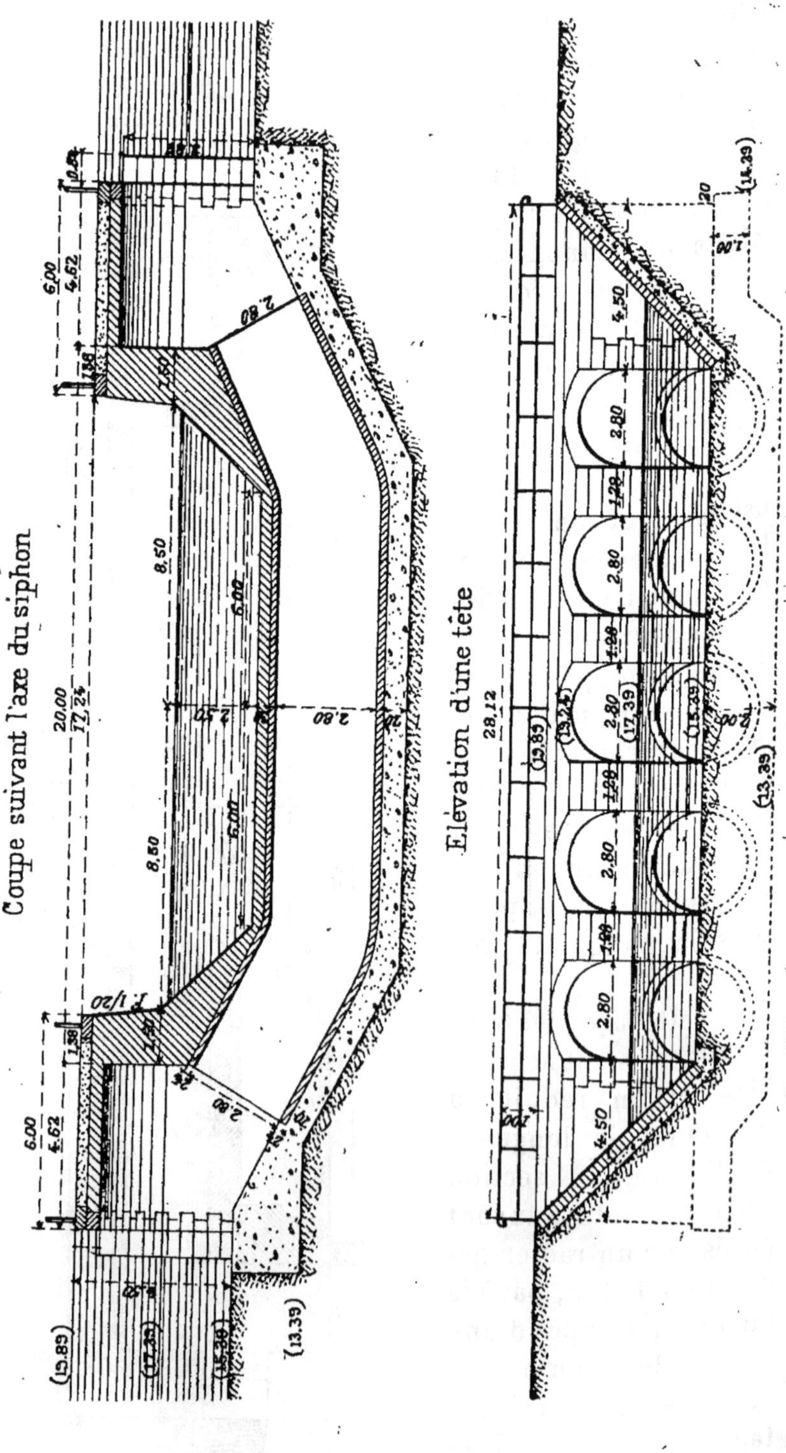

Coupe suivant l'axe du siphon

Élévation d'une tête

Fig. 410. — Conduites métalliques pour le passage de la rivière de Hayne.

protège contre les coups de gaffe. Les joints sont exécutés avec le même soin que pour les distributions d'eau, c'est-à-dire coulés au plomb et matés.

Quand le diamètre des conduites est inférieur à 1 mètre, il y a lieu de placer à leur intérieur une chaîne, de façon à pouvoir, après les orages ou les crues, faire passer un hérisson d'une tête à l'autre. Une application intéressante des conduites métalliques a été faite pour le passage de la rivière de Hayne au-dessous de l'Escaut canalisé à Condé. L'ouvrage comprend cinq conduites accolées de 2m,80 de diamètre, présentant un débouché total de 30m2,80, et pouvant débiter en crue 50 mètres cubes par seconde (*fig.* 410).

Chaque conduite se compose d'une enveloppe en tôle mince de 7 millimètres d'épaisseur et d'un revêtement intérieur en maçonnerie de briques de 0m,24 d'épaisseur. Elle repose sur un radier général en béton, est entourée de sable, et recouverte d'un lit supérieur de béton, affleurant le plafond de la voie navigable (*fig.* 411).

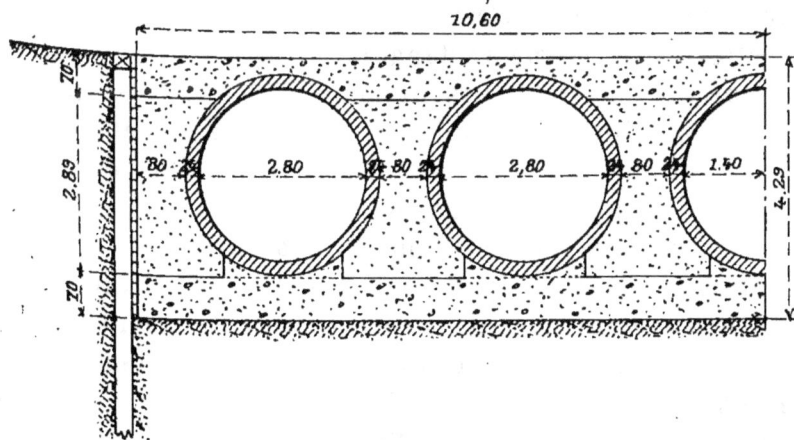

FIG. 411. — Détail des conduites pour le passage de la rivière de Hayne.

Le siphon de Hayne, exécuté en 1886 et 1887, et qui a donné depuis toute satisfaction, est revenu à 150.000 francs environ.

Pour terminer, on fera remarquer l'utilité qu'il y a à multiplier autant qu'il est nécessaire le nombre des ouvrages destinés à assurer l'écoulement des eaux. On a quelquefois, par raison d'économie, réduit ce nombre, et on en a éprouvé de très graves inconvénients, les usagers des sources interceptées s'étant déclarés lésés et ayant porté leurs griefs devant les juridictions administratives. On fera donc sagement d'adopter des dispositions telles que les intérêts des particuliers soient toujours nettement sauvegardés.

313. Ponts-canaux. — *Considérations générales.* — Lorsqu'un canal doit franchir un cours d'eau important, il faut nécessairement l'élever au-dessus des plus hautes eaux, et donner au pont à établir le débouché voulu pour écouler le débit des plus fortes crues. Les ponts-canaux sont souvent des ouvrages considérables, comportant plusieurs arches ou travées, auxquelles font suite des remblais élevés.

Les premiers qui ont été construits, ont été exécutés en maçonnerie ; puis on a employé la fonte, et on est arrivé à utiliser les tôles de fer et d'acier doux.

Section de la cuvette. — La dépense de ces ouvrages est nécessairement considérable ; aussi convient-il de la réduire autant que possible. Il est donc naturel de ne les établir que pour une seule voie ; c'est ce qui a été fait en France, où la cuvette a une forme rectangulaire ou à peu près, dont la largeur et la profondeur sont combinées de telle sorte que la section mouillée du canal soit égale à une fois et demie au moins, et mieux à deux fois la section mouillée du bateau, si le pont a une grande longueur.

Dans ce cas, le rétrécissement de la cuvette a nécessairement pour conséquence la réglementation de la circulation, les bateaux étant astreints à passer alternativement et exclusivement dans un sens, ce qui occasionne de sérieuses pertes de temps.

Il faut reconnaître qu'en France le souci de l'économie a été poussé trop loin, et qu'on a donné à la cuvette des dimensions trop exiguës, qui sont la cause de résistances excessives à la traversée de certains ponts-canaux.

On peut citer dans cet ordre d'idées les trois grands ponts-canaux du canal de la Marne au Rhin, dont la section mouillée n'atteignait pas 10 mètres carrés. On a relevé le plan d'eau de $0^m,40$ pour permettre la circulation des bateaux de $1^m,80$ d'enfoncement ; mais la situation ne s'est guère améliorée, sauf à l'un de ces ouvrages (celui de Liverdun), où la surface mouillée est actuellement de 15^{m2},772. Aussi M. l'inspecteur général Holtz, qui avait été chargé du service du canal de la Marne au Rhin, a-t-il pu écrire que « ces ouvrages, beaucoup plus que les écluses, limitent actuellement la capacité de trafic du canal ».

La situation n'est guère meilleure au canal latéral à la Loire, même après la transformation des deux grands ponts-canaux de Digoin et du Guétin, en vue du passage des bateaux de 1^m,80 de tirant d'eau. La surface mouillée ne dépasse pas 13 mètres carrés.

En Allemagne, du moins sur le canal de Dortmund à l'Ems mis en exploitation en 1899, les six ponts-canaux en maçonnerie établis sur l'Ems, la Lippe et la Stever, sont à deux voies de bateau. La cuvette mesure 28 mètres de largeur, avec 2^m,50 de mouillage au-dessous de la tenue normale des biefs.

Chemins de halage. — Deux chemins de halage, placés à 0^m,50 au-dessus du niveau normal des eaux, sont disposés de part et d'autre de la cuvette. On leur donne une largeur de 1^m,50 à 3 mètres, de 2 mètres le plus souvent, puisque le halage sur les ponts-canaux se pratique de préférence à bras d'homme, et qu'il ne doit pas y avoir croisement d'attelages sur l'ouvrage. On cherche, d'ailleurs, à placer ces banquettes le plus possible en encorbellement, par mesure d'économie, et aussi pour le bon aspect des ponts.

PONTS-CANAUX EN MAÇONNERIE. — Les ponts-canaux en maçonnerie sont relativement nombreux en France, et certains remontent à une époque déjà ancienne. On peut citer : les ponts de Digoin et du Guétin, ayant respectivement 11 et 18 arches de 16 mètres d'ouverture, sur le canal latéral à la Loire ; le pont d'Agen, de 23 arches de 20 mètres, sur la Garonne, à la traversée du canal latéral ; le pont de l'Orb, sur le canal du Midi ; les ponts de Saint-Phlin, de Troussey et de Liverdun sur le canal de la Marne au Rhin, à la traversée de la Meurthe, de la Meuse et de la Moselle.

On trouve aussi des ponts-canaux en maçonnerie à l'étranger ; ceux qui viennent d'être exécutés en Allemagne sur le canal de Dortmund à l'Ems sont particulièrement intéressants.

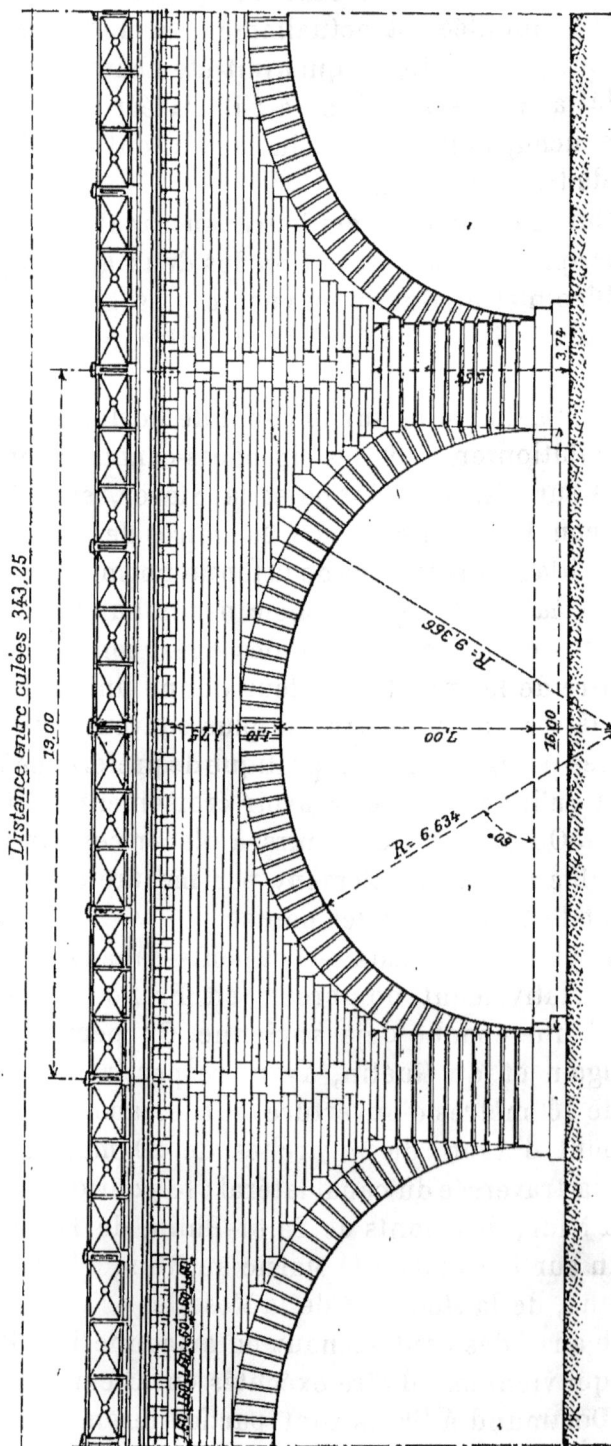

Fig. 412. — Pont-canal du Guétin. Elévation.

Distance entre culées 343,25

19,00

R: 9.365

R= 6.634

7,00

16,00

3.74

5.15

8°

1,10   1,75

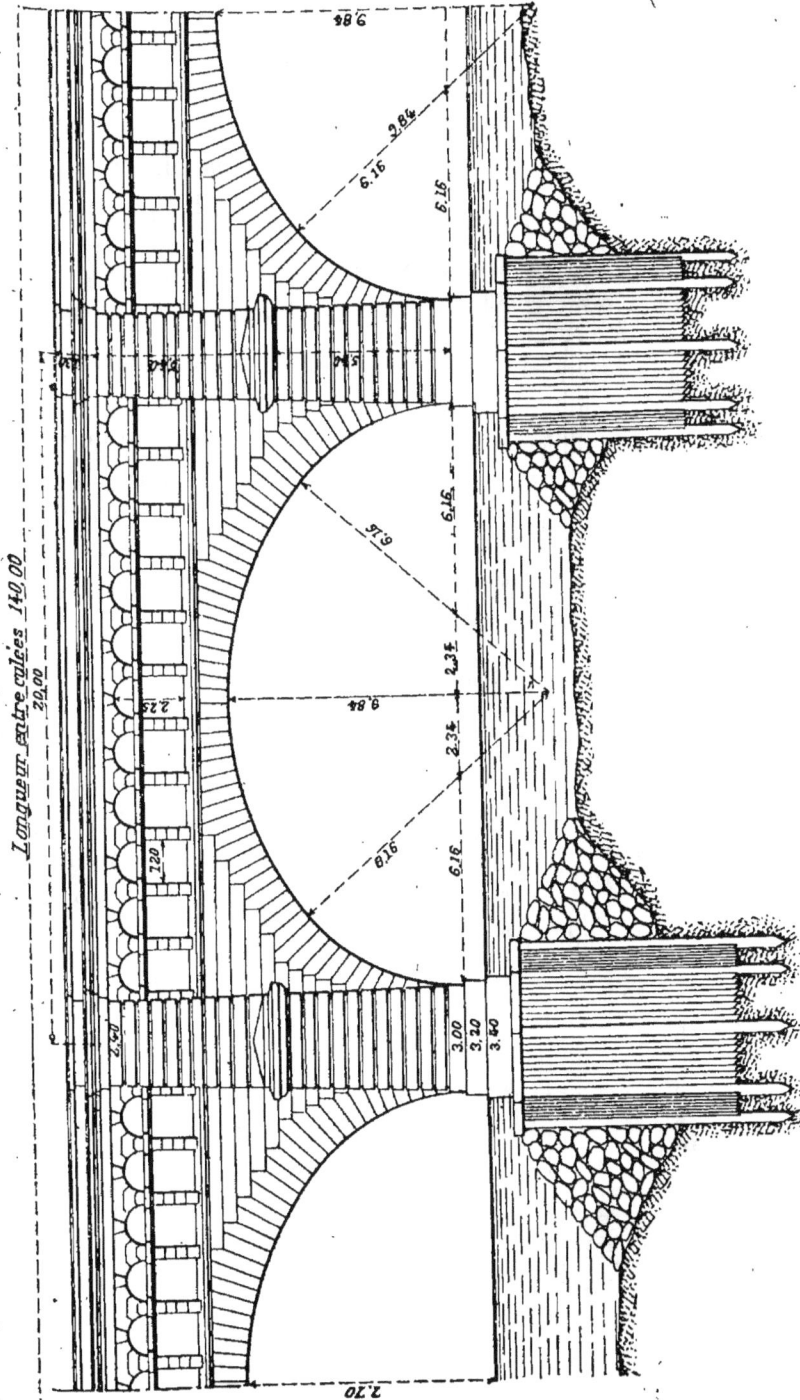

FIG. 413. — Galerie à jour des ponts-canaux de l'Orb et d'Agen.

L'aspect des ponts-canaux en maçonnerie est généralement lourd, en raison de la trop grande hauteur des tympans, qui constituent les parois de la cuvette.

Le pont du Guétin est précisément un de ceux où la grande hauteur des maçonneries contraste avec les proportions hardies que l'on recherche dans les ponts, et l'œil est assez désagréablement affecté (fig. 412).

Au pont-canal de l'Orb et à celui d'Agen, on a très heureusement ménagé sous les banquettes de halage une galerie à jour formant étage sur la voûte proprement dite (fig. 413).

Au pont-canal de Saint-Phlin, on a obtenu un effet satisfaisant en établissant un bandeau bien accusé au niveau du couronnement de la cuvette, et en divisant les tympans par des pilastres qui prolongent les piles.

Les ponts-canaux

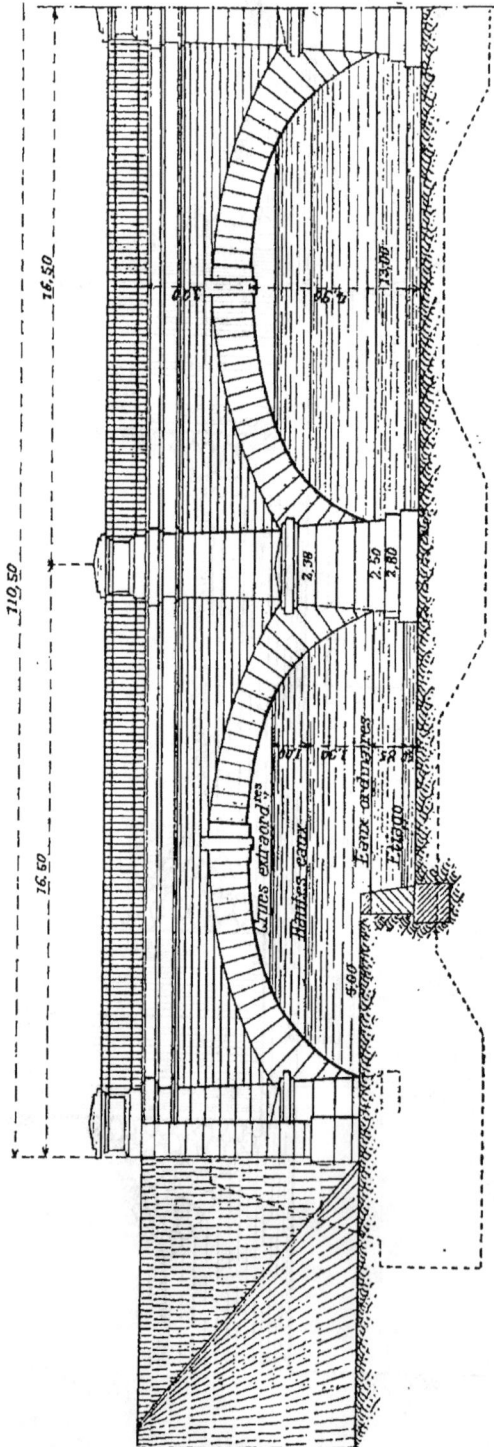

Fig. 414. — Pont-canal de Saint-Phlin. Élévation.

du canal de Dortmund à l'Ems ont été construits avec une grande recherche de l'effet esthétique. Les chemins de halage sont soutenus par des galeries voûtées, comme au pont de l'Orb, et on a employé des pierres de taille et des moellons de teintes différentes suivant les parties de l'édifice.

On voit quelles sont les principales dispositions qui ont été adoptées pour l'établissement des ponts-canaux. Peut-être obtiendrait-on un effet satisfaisant en établissant un bandeau accusé au niveau du plafond du canal, et en plaçant dans les maçonneries, qui soutiennent les chemins de halage, de simples refouillements figurant des arcades. On pourrait peut-être aussi varier la nature des matériaux, associer par exemple la brique à la pierre; on obtiendrait à peu de frais une dissemblance, qui romprait l'uniformité du parement et indiquerait les dispositions intérieures, ce qui est la meilleure des justifications.

Il n'y a rien à dire au sujet de la construction des ponts-canaux, qui ne diffère en rien de celle des autres ponts, sinon que leur fondation doit être absolument sûre, en raison de leur poids considérable (2.200 kilogrammes par mètre carré au lieu de 400 kilogrammes pour les autres ponts).

Étanchéité de la cuvette. — S'il est relativement facile de construire un ouvrage solide, reposant sur une base iné-branlable, il est au contraire très difficile d'assurer l'étan-chéité de la cuvette.

Sous l'influence des variations de température, la maçonne-rie se dilate ou se contracte. On sait que pendant l'été la voûte se relève, et que pendant l'hiver elle s'abaisse de quan-tités très appréciables. Pour suivre le mouvement, le tym-pan est obligé de se fissurer verticalement sur le point fixe, c'est-à-dire au droit de la pile. En été, le joint qui se forme de cette façon se ferme, et en hiver il s'ouvre, laissant suinter l'eau que contient la cuvette, ce qui a pour effet de délaver les mortiers, d'appauvrir peu à peu les ma-çonneries, et d'agrandir de plus en plus la fissure. Puis la gelée survient, ajoutant son action néfaste, provoquant près des parements des expansions et des retraits, auxquels les meilleurs matériaux ne peuvent pas résister.

On conçoit combien il est difficile de combattre des effets

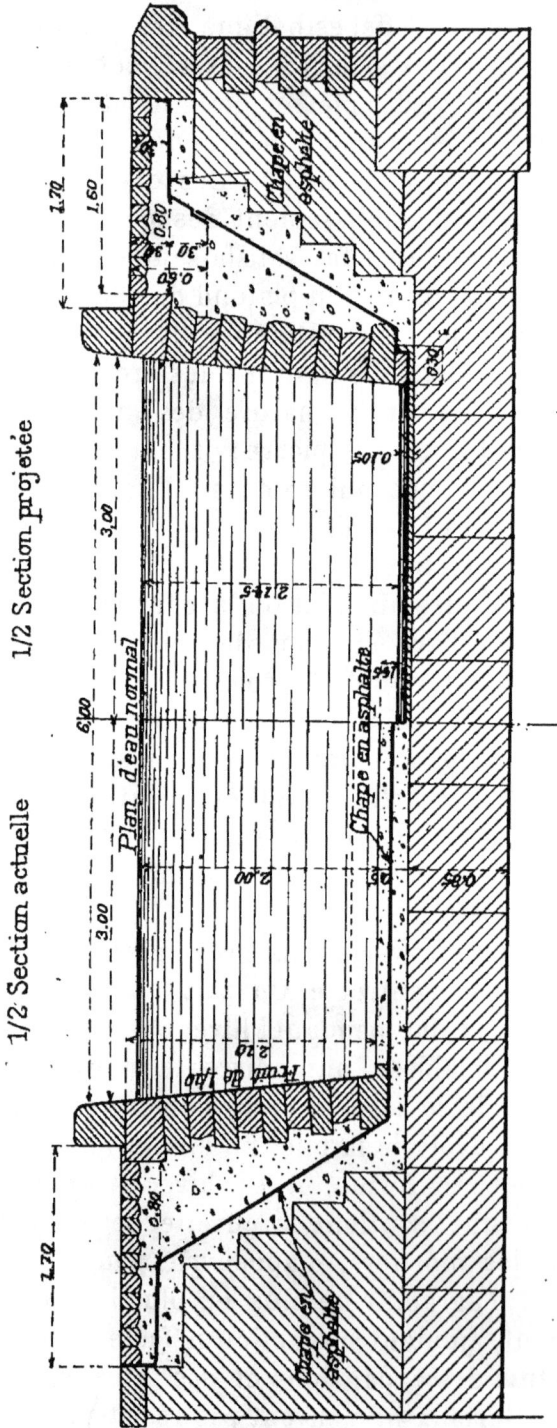

Fig. 415. — Pont-canal de Saint-Phlin, chape en asphalte.

de ce genre avec une substance aussi peu élastique que la maçonnerie, quelles que soient la qualité des matériaux et la perfection de l'exécution. On a donc dû se préoccuper de tout temps de réaliser des cuvettes étanches, ou en recourant à des dispositions spéciales, en employant, sous forme de chapes, des substances suffisamment élastiques pour supporter les effets de la dilatation sans se fissurer.

Au pont-canal du Guétin, M. Jullien avait revêtu la cuvette, sur tout son pourtour, avec des dalles en lave de Volvic bien jointives; sur ces laves il avait placé une double chape en bitume à joints croisés. Malgré les précautions prises, la perfection de l'exécution, le résultat n'a pas répondu à l'attente. Sous l'influence des variations de température, le bitume, beaucoup plus dilatable et plus contractile que les maçonneries, s'est séparé de celles-ci, et les filtrations ont reparu. Quand on a voulu les réparer, le mal n'a fait que s'aggraver, parce que l'ancien enduit, mis à l'air et alternativement exposé à la chaleur du jour et à la fraîcheur de la nuit, s'est détaché encore des maçonneries, auxquelles il adhérait. D'ailleurs cette chape placée extérieurement était trop directement exposée à toutes les causes de destruction provenant du fait de l'eau ou des bateaux.

Détails des dispositions projetées

au plafond de la cuvette

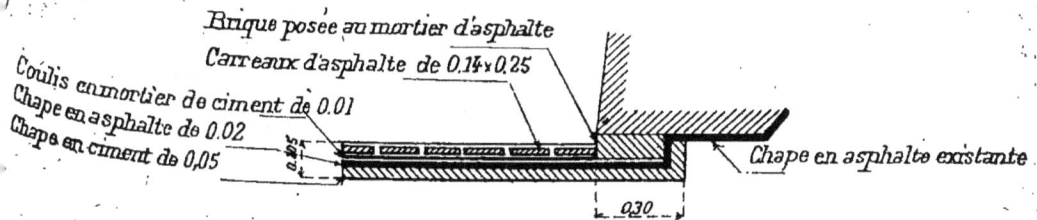

FIG. 416. — Pont de Saint-Phlin. — Chape.

Au pont-canal de Saint-Phlin, on a mieux réussi en plaçant la chape de bitume à l'intérieur des maçonneries (fig. 415-416).

La maçonnerie qui forme les parois de la cuvette est renforcée par un massif en béton de ciment, au milieu duquel l'on a établi la chape en asphalte. Cette chape est formée de panneaux de 0^m,70 de largeur, 0^m,45 de hauteur et 0^m,01 d'épaisseur, entre lesquels on a coulé du mastic minéral de même composition que les panneaux.

Sur le plafond, la chape est formée de deux couches d'asphalte recouvertes d'une couche de mortier de ciment de 0^m,10 d'épaisseur.

Les résultats obtenus par cette disposition, qui met la chape élastique à l'abri de l'air et des chocs, sont très satisfaisants, et peuvent être recommandés.

On peut également conseiller dans le même ordre d'idées le goudronnage souvent répété des parois de la cuvette des ponts-canaux. Le goudron appliqué à chaud bouche les fissures capillaires dues aux variations de température, forme joint élastique et remédie en même temps à la porosité des pierres. Cette opération, répétée tous les ans ou tous les deux ans, a permis de réduire dans une forte mesure les filtrations de certains ponts-canaux, et de préserver certains d'entre eux d'une ruine, qui paraissait imminente.

Sur le canal de Dortmund à l'Ems, la chemise étanche a été constituée par une feuille continue de plomb de 3 millimètres d'épaisseur. Le plafond de la cuvette a d'abord été revêtu d'une chape en mortier de ciment de 0^m,015. Sur le ciment on a placé à chaud un enduit isolant (goudron et soufre) ; on l'a recouvert de feuilles de carton bitumé, sur lesquelles reposent les plaques de plomb soudées à la flamme de l'hydrogène. Par-dessus, on a mis une nouvelle couche isolante avec recouvrement de carton. Sur les parois on a employé le même système, sauf que l'on a supprimé le carton bitumé : le plomb est entouré sur ses deux faces d'un enduit composé de ciment de bois avec un peu de coaltar.

Le prix de ce revêtement est revenu à 25 marcs ou 31 fr.25 par mètre carré, y compris le pavage, qui recouvre le fond du canal.

Cette chape est sérieusement protégée ; dans le plafond du canal, elle est recouverte d'une couche de 0^m,10 de sable (pont de l'Ems) (*fig.* 417) ou d'argile (pont de la Lippe), sur laquelle repose un pavage en briques de champ, maçonnées

au mortier de ciment ou d'asphalte; sur les côtés se trouve un garnissage en bois composé de deux parties superposées : la partie inférieure allant depuis le fond jusqu'à 0^m,30 en contre-bas de la retenue normale, constamment mouillée; la partie supérieure exposée à des alternatives de sécheresse et d'humidité, et susceptible d'être remplacée. Cette charpente, composée de deux longrines reliées par des pièces verticales, est revêtue de madriers jointifs en sapin du Nord de 0^m,07 d'épaisseur dans la partie inférieure, en pitchpin de 0^m,10 dans la partie supérieure, qui fait saillie de 0^m,03, et reçoit ainsi seule le frottement des bateaux[1].

Ces précautions si minutieuses ont eu d'excellents résultats ; les chapes paraissent complètement étanches.

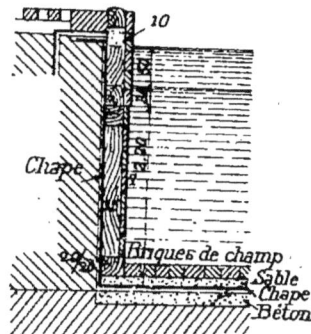

Fig. 417. — Chape du pont
de l'Ems.

Les effets de la gelée, que l'on a constatés si destructeurs en ce qui concerne la conservation des maçonneries et qui s'exercent à ce point de vue très lentement, peuvent aussi se produire brutalement en poussant les bajoyers au vide.

C'est ce que l'on a constaté pendant l'hiver de 1870-1871, sur le pont-canal de Troussey (canal de la Marne au Rhin),qui a subi de ce fait de graves avaries. On avait négligé de casser la glace au fur et à mesure de sa formation ; le bajoyer de la cuvette du côté opposé au nord a été poussé au vide, en même temps qu'une large fissure se produisait dans la voûte à 1 mètre environ de distance du tympan. Des réparations importantes et minutieuses ont été nécessaires, avant que l'on pût songer à utiliser l'ouvrage.

Comme on le voit, il est assez difficile d'obtenir des cuvettes assez étanches, du moins cela est très coûteux, et on doit s'efforcer autant que possible de prévenir les inconvénients dus aux variations de température; pour cela, il convient de

1. *Annales des Ponts et Chaussées*, 1904, 3e trimestre, p. 175 et suivantes.

réduire l'ouverture des arches, et d'adopter la forme de voûtes qui, toutes choses égales d'ailleurs, procure le moindre déplacement de la clef, c'est-à-dire le plein cintre ou les courbes s'en rapprochant.

Pertes à la jonction des maçonneries et des remblais. — Les filtrations que l'on a signalées ne se manifestent pas seulement sur les bajoyers de la cuvette et sur les voûtes; on doit encore beaucoup redouter les fuites, qui peuvent se produire à la jonction des maçonneries et des remblais autour

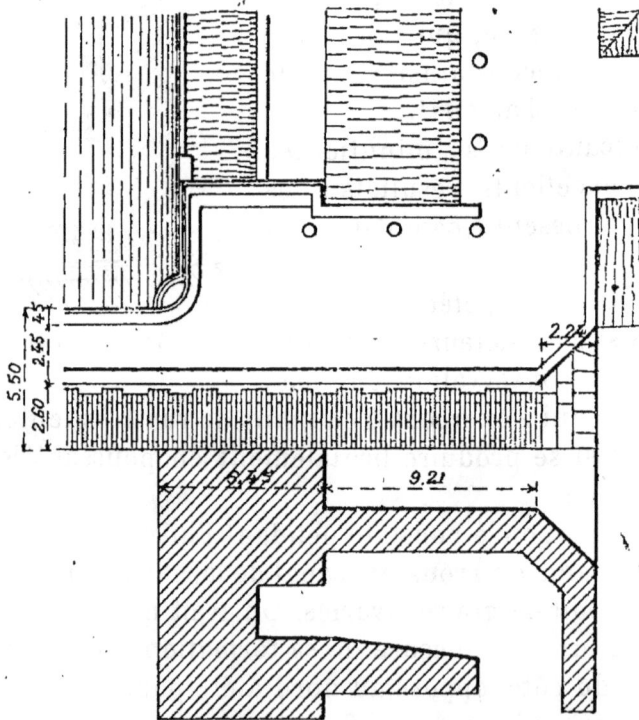

Fig. 418. — Pont de Saint-Florentin sur le canal de Bourgogne.

des culées. Ces fuites sont d'autant plus dangereuses que, sous l'influence de l'écoulement, les fissures, par où elles se produisent, s'élargissent rapidement et provoquent la vidange du bief en quelques heures avec toutes ses conséquences dommageables.

Pour parer à ces graves inconvénients, tout d'abord il convient de n'employer dans le voisinage des culées que d'excellents remblais, en apportant à leur mise en œuvre les plus grands soins. Il faut aussi élargir suffisamment les cu-lées de manière à constituer un puissant terre-plein au droit de l'origine des voûtes, entre la cuvette et les murs en re-tour, lesquels devront être reportés à quelques mètres des têtes.

Ces dispositions ont été prises au pont de Saint-Florentin sur le canal de Bourgogne; on a même établi dans l'épais-seur de ce terre-plein un diaphragme étanche en maçon-nerie, contournant l'extrémité de chaque mur en retour (fig. 418).

On force ainsi les filtrations, qui tendent à se produire le long des maçonneries, à suivre un parcours sinueux, qui les arrête et qui donne plus de facilité pour les intercepter, le cas échéant.

Il est aussi prudent de revêtir en béton sur une certaine longueur le plafond et les talus de la cuvette du canal en remblai, pour éviter les renards susceptibles de se pro-duire.

Ces précautions ne dispensent pas d'exercer une surveil-lance continue sur tous les points aux abords du pont-canal, afin d'arrêter tout suintement dès son apparition.

Prix des ponts-canaux en maçonnerie. — Le prix des ponts-canaux varie dans de très larges proportions, suivant les di-mensions adoptées, les matériaux employés et les difficultés de fondation. Ces ouvrages ont rarement coûté moins de 3.000 francs par mètre courant; les frais d'établissement des plus chers n'ont pas dépassé 10.000 francs.

PONTS-CANAUX EN MÉTAL. — Les ponts-canaux en maçonnerie présentent, comme on l'a vu, de grands inconvénients, no-tamment au point de vue de l'étanchéité de la cuvette, et de l'effet désastreux des eaux s'infiltrant à travers les maçonneries.

Aussi s'est-on préoccupé depuis longtemps de substituer le métal à la maçonnerie, et a-t-on finalement adopté des bâches métalliques, dont l'étanchéité est parfaite, et qui ont fait leurs preuves à l'heure actuelle.

On s'est efforcé surtout, dans les derniers ponts construits, à rompre le nu des parois verticales de leur cuvette au moyen de puissants encorbellements, qui contrastent heureusement par le jeu de leurs ombres avec les grandes lignes droites formant la silhouette générale des ouvrages.

PONTS-CANAUX EN FONTE. — On a commencé, comme pour les ponts-routes, à utiliser la fonte. Une des premières applications du métal à l'établissement des ponts-canaux a été faite en 1845 pour la traversée de la Seine par le canal de la haute Seine à Barbery, près de Troyes. La cuvette en fonte, constituée par des plaques de 2 centimètres d'épaisseur boulonnées entre elles, est supportée par des arcs également en fonte. Ce pont éprouva quelques avaries, lorsqu'il fut livré à la navigation, par suite de l'inégalité de retraits dans le métal, modifiant les conditions de résistance de certaines pièces. On a du reste remplacé les pièces brisées, et depuis le pont a convenablement rempli sa destination. Cet ouvrage n'est cependant pas à imiter : l'usage de la fonte entraîne toujours des aléas à cause de l'inégalité de son retrait, qui ne permet pas de réaliser la continuité de surfaces aussi grandes que celles de la cuvette des ponts-canaux.

On peut encore citer, comme exemple de l'emploi de la fonte, un type de pont-canal mixte (maçonnerie et métal), appliqué pour de petites ouvertures, quand on dispose seulement d'une très faible hauteur. Tel est le pont-canal de la Charité, à Charenton, qui fait traverser au canal Saint-Maurice le bras de la Marne, dit bras de Gravelle. Cet ouvrage se compose de quatre arches de 2^m,50 d'ouvertures séparées par trois piles de 0^m,80 d'épaisseur. Les bajoyers de la cuvette sont supportés par des voûtes en maçonneries en arc de cercle de 0^m,62 de flèche. Son plafond repose sur des plaques de fonte cintrées au même gabarit et renforcées chacune par quatre nervures, dont les deux extrêmes permettent d'assembler les plaques les unes aux autres au moyen de boulons. Une couche de béton, de 0^m,17 d'épaisseur minimum à la partie supérieure des plaques de fonte, protège ces dernières et relie les deux bajoyers en maçonnerie (fig. 419).

Grâce à cette disposition, l'épaisseur à la clef de cette voûte mixte n'est que de 0^m,20, de telle sorte que le bras de Gravelle dispose de toute la hauteur de débouché, que permettait de lui donner la situation respective du canal et du cours d'eau.

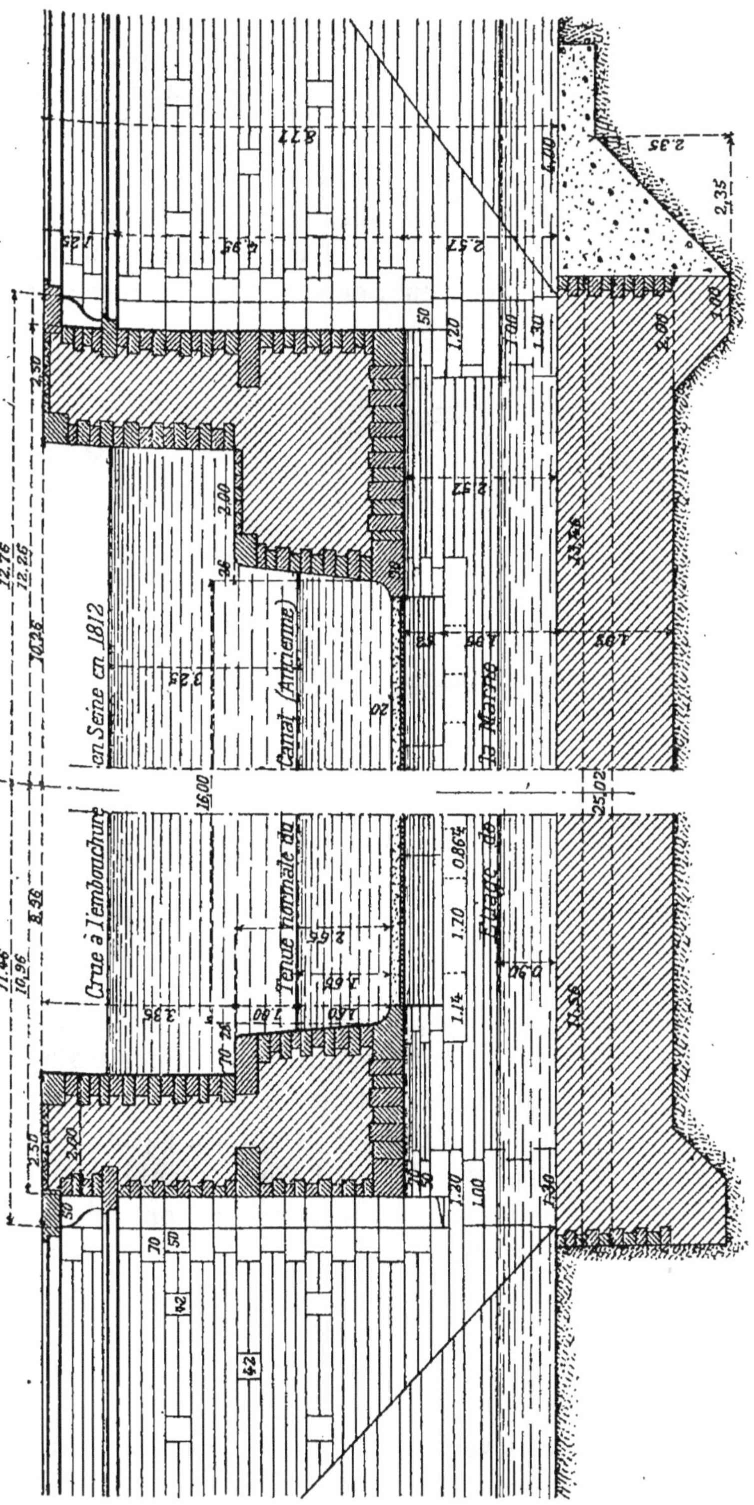

Fig. 419. — Pont-canal de la Charité, à Charenton.

Les grandes crues de la Marne dépassant le niveau normal du bief, les plaques ont été ancrées dans les piles et les culées à une profondeur suffisante, pour que la sous-pression soit équilibrée par le poids à soulever (*fig.* 420).

Ce système mixte a fourni de bonnes solutions dans quelques cas particuliers, malgré tous les inconvénients inhérents à la fonte et les difficultés d'assemblage qu'elle présente. Il est certain qu'actuellement le ciment armé serait employé avec plus de succès.

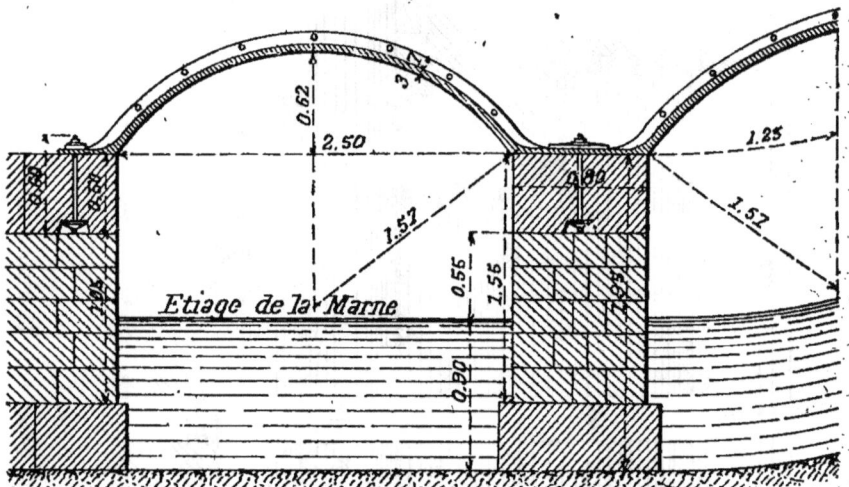

Fig. 420. — Pont de la Charité. Ancrage des plaques dans les piles et culées.

PONTS-CANAUX EN TOLE. — L'expérience n'a pas encore sanctionné cet emploi, tandis que l'on a eu recours avec avantage, dans ces dernières années, aux poutres droites en tôle et fers profilés pour la construction des ponts-canaux.

Pont-canal de l'Albe. — Un des premiers, parmi ces étuvages établis en tôle, est celui de l'Albe, exécuté avant 1867 sur le canal des houillères de la Sarre. Sa longueur est de 45 mètres entre culées et comprend trois travées métalliques, l'une centrale de 17 mètres de portée, les deux autres de 12m,50, séparées par des piles de 1m,50 d'épaisseur (*fig.* 421).

Deux poutres longitudinales de 3m,05 de hauteur, espacées de 6m,80 d'axe en axe, supportent le poids de la cuvette et constituent ses parois verticales. Elles sont reliées transversalement par des pièces de pont distinctes de 1m,40 d'axe en

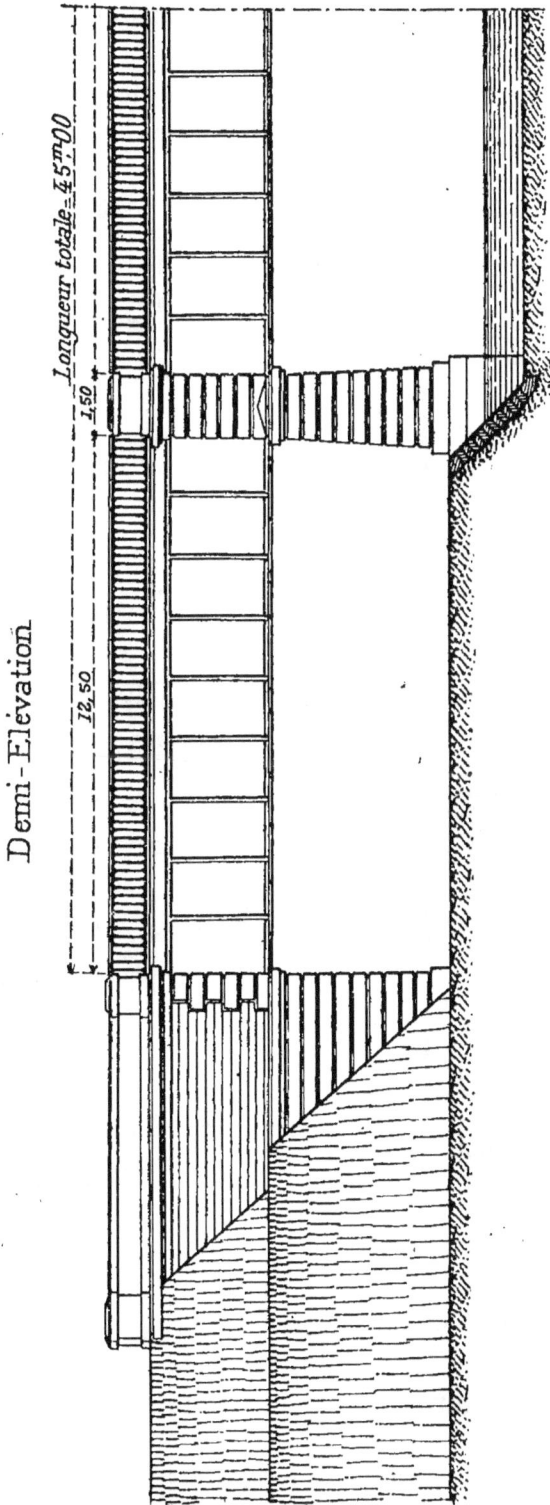

Demi-Elévation

Longueur totale = 45ᵐ00

1.50

12.50

Fig. 421. — Pont-canal en tôle de l'Albe.

axe, et portant avec trois longerons longitudinaux le fond
de la bâche (*fig.* 422).

Des consoles de 2m,10 de saillie, prolongeant les pièces de
pont, donnent aux poutres maîtresses la rigidité nécessaire

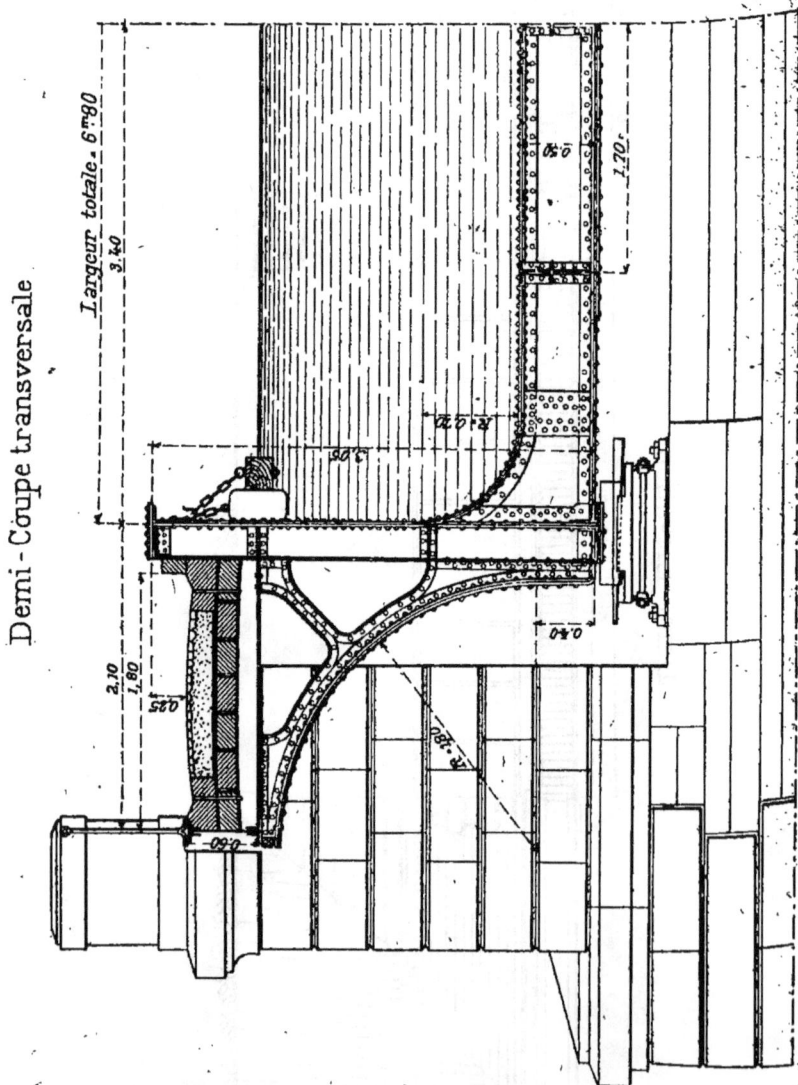

Demi-Coupe transversale

Largeur totale. 6m80

Fig. 422. — Bâche du pont de l'Aibe.

et soutiennent les banquettes de halage. Des pièces de bois
longitudinales, appuyées sur un certain nombre de cylindres
en fonte, protègent les parois latérales contre le choc des
bateaux.

La bâche métallique a une étanchéité complète : la seule

difficulté à résoudre consiste à former un joint étanche à ses extrémités contre les culées. On doit, en effet, permettre à la dilatation de s'exercer librement aux deux extrémités, ce qui exige l'emploi de rouleaux ou de plaques de friction ; mais on doit aussi prendre des précautions spéciales pour empêcher le passage de l'eau à la jonction de la bâche avec les culées.

Au pont-canal de l'Albe, on avait employé un matelas en laine, que l'on pensait suffisamment élastique pour assurer l'étanchéité tout en permettant la dilatation du métal. Ce dispositif, non plus que les joints avec étoupes goudronnées, n'a donné aucun résultat satisfaisant : au bout de peu de temps, des filtrations importantes se sont produites et ont détérioré les maçonneries des culées.

Pont-canal de Condes. — Le problème n'a été résolu que plus tard, vraisemblablement en 1881, au pont-canal du Sanon, sur une des rigoles alimentaires du canal de la Marne au Rhin, par l'emploi du caoutchouc. L'application, qui en a été faite au pont-canal de Condes, mérite d'être rapportée.

Cet ouvrage, établi en 1885 à la traversée de la Marne pour le canal de la Marne à la Saône, comporte deux travées de 18 mètres de portée, séparées par une pile de $1^m,50$ de largeur. La bâche métallique en fer galvanisé est fixée sur la pile et repose sur les culées par des chariots de dilatation. La bâche mesure $6^m,20$ de largeur à l'intérieur des bordages avec un mouillage de $2^m,30$. A l'extrémité de chaque culée, on a fixé un tronçon de bâche métallique de $0^m,93$ de longueur, faisant saillie de $0^m,145$ sur le parement, et prolongeant avec le même profil la bâche indépendante, qui constitue le pont. Les abouts des bâches sont distants de 3 centimètres pour permettre le jeu des dilatations. Cet intervalle est fermé, sur tout le périmètre de la cuvette, par une bande de caoutchouc formant joint étanche.

Cette bande, large de $0^m,31$, et épaisse de $0^m,012$ est pincée entre le dessous des tôles des abouts et deux cours de fer en ⊔ au moyen de boulons munis de rondelles de caoutchouc. La partie de cette bande laissée à nu sur la largeur du joint est garantie du contact des corps étrangers par une sorte de boîte renversée, fixée sur le tronçon de la bâche des culées, mais ne s'opposant pas au glissement de la bâche principale (*fig.* 423).

Le caoutchouc recommandé pour cet usage est connu sous le nom de *caoutchouc du Para flottant;* sa densité est égale à celle de l'eau et lui permet de flotter ou, au moins, de se maintenir entre deux eaux.

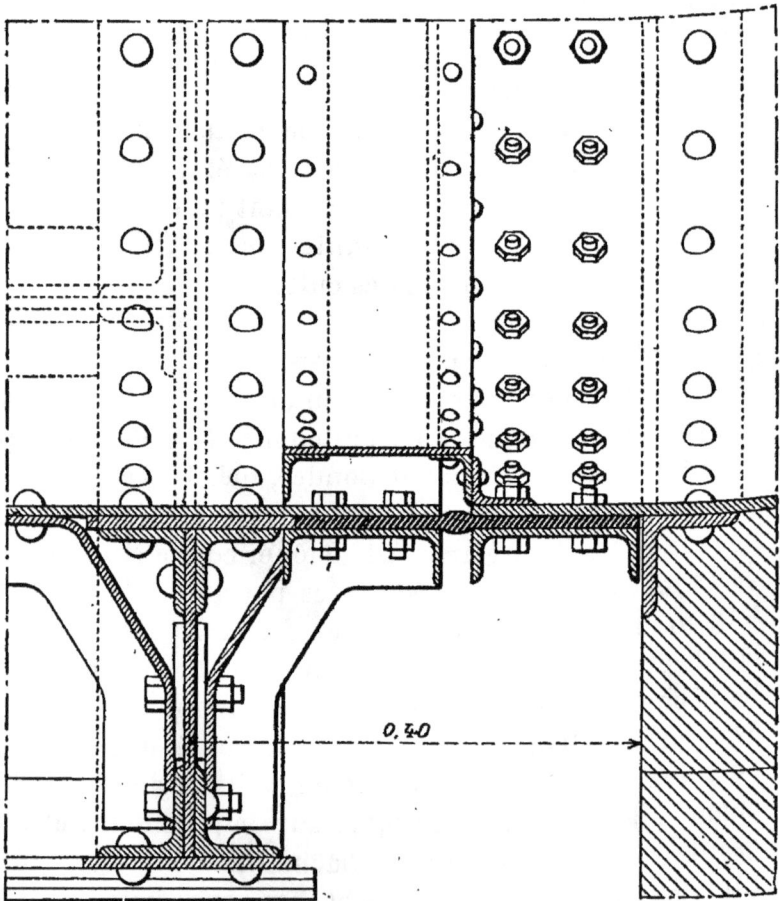

Fig. 423. — Pont-canal de Condes.

Pont-canal de Briare. — Le pont-canal de Briare, un des plus importants qui aient été construits jusqu'à ce jour, assure le passage, au-dessus de la Loire et au-dessus de l'ancienne branche du canal latéral longeant le fleuve, du nouveau bief de jonction entre le canal latéral et le canal de Briare. Il a été mis en service en 1894.

Cet ouvrage, qui remplace le passage en Loire du canal,

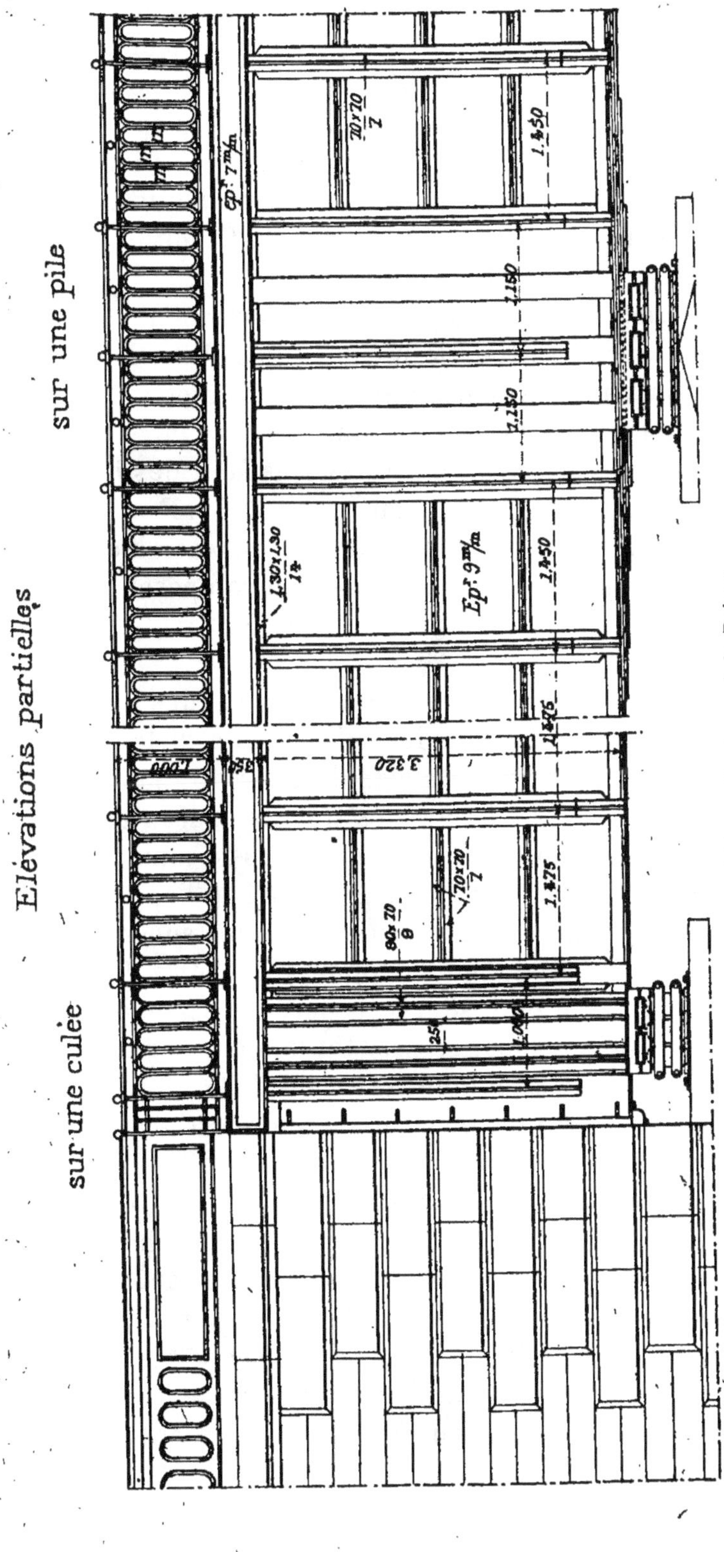

Fig. 424. — Pont-canal de Briare.

est constitué par une bâche métallique prévue pour une voie de bateau et reposant sur des piles en maçonnerie. Sa longueur totale est de 662^m,69, comprenant : pour la traversée de la Loire, quinze travées de 40 mètres d'axe en axe ; pour la traversée de l'ancienne branche du canal latéral, une travée de 10^m,15. C'est le plus long des ponts-canaux construits en France, celui d'Agen, sur la Garonne, n'ayant que 580 mètres de longueur totale.

Les dispositions adoptées se rapprochent beaucoup de celles du pont d'Albe ; le métal employé est de l'acier doux, travaillant à 10 kilogrammes par millimètre carré, ce qui était à l'époque une innovation.

Les poutres de rive, formant parois latérales pour la bâche, sont espacées de 7^m,50 et hautes de 3^m,40. Leur âme a 0^m,009 d'épaisseur ; les semelles, en nombre variable suivant l'intensité des moments fléchissants, se composent de tôles de 11 millimètres d'épaisseur sur 65 centimètres de largeur (*fig.* 424).

Ces poutres maîtresses sont reliées par des pièces de pont, qui sont disposées entre les piles, à une distance uniforme, mesurée suivant l'axe du canal, de 1^m,475 pour les travées extrêmes et de 1^m,45 pour les travées courantes.

Les pièces de pont sont rapprochées de manière à présenter les intervalles suivants : 1 mètre sur l'appui des culées, 1^m,15 de chaque côté de l'axe des appuis sur pile.

Sur ces pièces de pont s'appuient les tôles du fond de la bâche, qui viennent se raccorder, en se recourbant, avec l'âme des poutres maîtresses. Un longeron central et quatre cours de cornières doubles espacées de 1^m,13 relient longitudinalement les entretoises et supportent avec elle la tôle du fond de la bâche.

A chaque pièce de pont placée entre les deux poutres maîtresses correspondent, à l'extérieur de la bâche, une console qui sert à supporter les chemins de halage par l'intermédiaire de tôles embouties, qui vont d'une console à l'autre (*fig.* 425).

La largeur intérieure de la bâche est de 7^m,25, et le mouillage de 2^m,20. Les chemins de halage présentent une largeur de 2^m,50, suffisante pour assurer facilement le passage à une paire de chevaux.

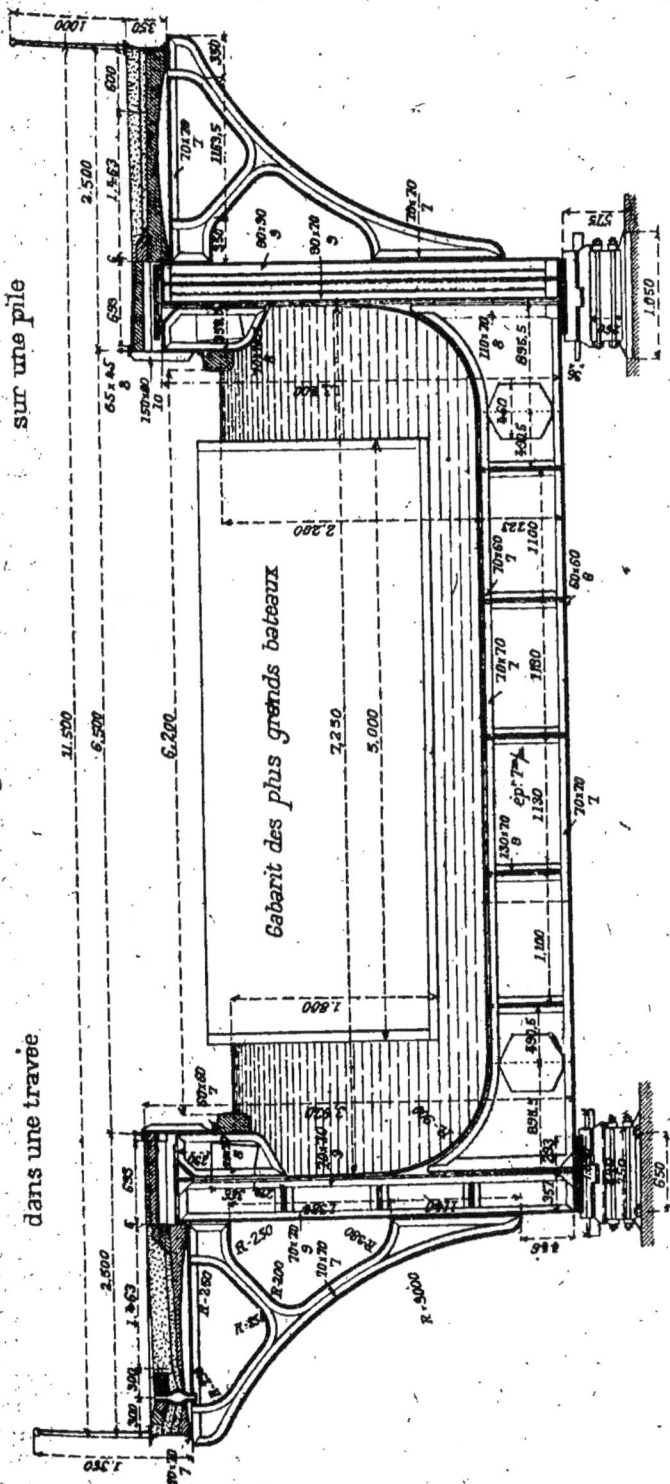

Fig. 425. — Pont-canal de Briare. Détails de la bâche métallique.

A chaque pièce de pont et à chaque console extérieure correspond également une petite console placée à l'intérieur de la bâche, au-dessus de la semelle supérieure.

Les consoles intérieures sont destinées à fixer les longrines en bois placées au niveau du plan d'eau, afin de préserver l'ossature en métal du choc direct des bateaux. Elles font une saillie de $0^m,525$ sur la paroi intérieure de la cuvette ; ce qui réduit à $6^m,20$ le passage réservé aux bateaux, sans diminuer sensiblement la largeur de la section mouillée. Cette disposition constitue une réelle amélioration sur ce qui a été fait au pont d'Albe, puisqu'on réduit ainsi sensiblement la tendance au renversement des poutres longitudinales sous l'action de la charge d'eau et du poids des banquettes. Ce poids est d'ailleurs bien diminué, puisqu'on a substitué des tôles embouties aux voûtelettes en brique du pont de l'Albe.

La disposition imaginée pour le joint, à la rencontre des culées et de la bâche métallique, est particulièrement intéressante. La poutre de 600 mètres de longueur est fixée sur la pile n° 8. De l'un des côtés se trouve un tronçon de huit travées et, de l'autre, un tronçon de sept travées, qui peuvent se dilater librement en pénétrant dans la chambre réservée à cet effet dans chaque culée.

La course de chacun de ces tronçons, pour des limites de température variant de — 20° à + 50°, c'est-à-dire pour un écart de 70°, est de 216 millimètres pour les sept travées de rive droite, et de 246 millimètres pour les huit travées de la rive gauche.

A cet effet, la bâche mobile peut plonger comme un piston dans une bâche fixe de faible longueur fixée aux culées, les deux bâches, fixes et mobile, étant séparées par des étoupes comprimées. Des tampons presse-étoupes maintiennent ces étoupes serrées.

D'autre part, une bande en caoutchouc en forme de ⊔ relie la bâche fixe et la bâche mobile à l'intérieur de la chambre d'étanchement. Cette bande de caoutchouc forme soufflet et permet à ses deux extrémités de prendre des positions variables avec la dilatation de la poutre et avec la température. Les eaux de la bâche ne peuvent arriver aux étoupes que si elles ont traversé le caoutchouc.

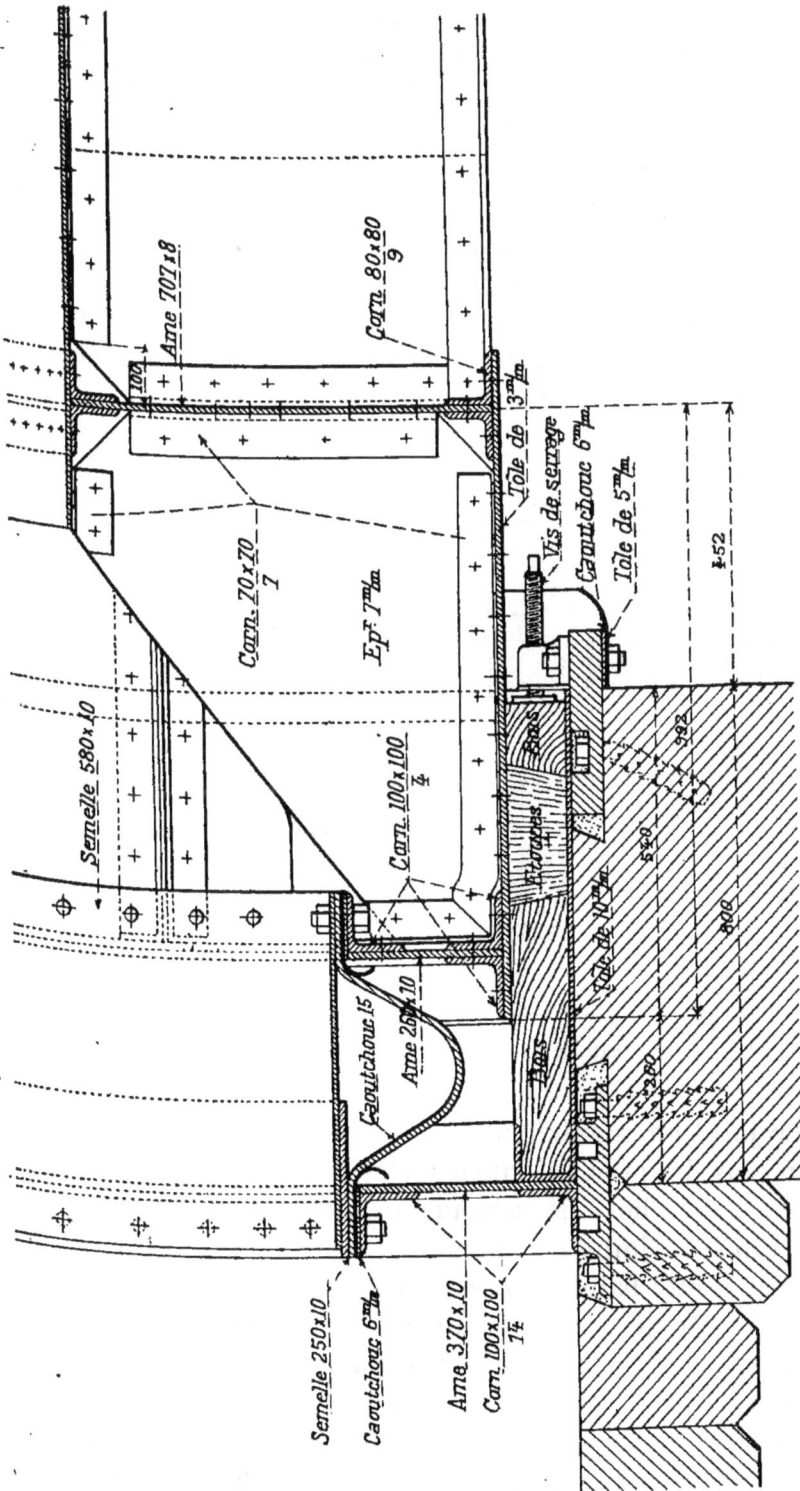

Fig. 426. — Pont-canal de Briare. Détails du joint en caoutchouc.

Enfin, pour que ce caoutchouc ne soit pas détérioré, le joint fermé par le caoutchouc en ⊔ est recouvert par deux tôles, l'une reliée à la bâche fixe et l'autre à la bâche mobile, qui se meuvent, l'une par rapport à l'autre, à frottement serré (*fig.* 426).

Ainsi les moyens d'étanchement, à la jonction de la bâche avec les culées en maçonnerie sont au nombre de trois, qui se succèdent dans l'ordre suivant, en allant de l'intérieur vers l'extérieur de la bâche : 1° tôles à frottement serré ; 2° joint en caoutchouc en forme de ⊔ ; 3° étoupes serrées entre les deux bâches et maintenues par des tampons presse-étoupes.

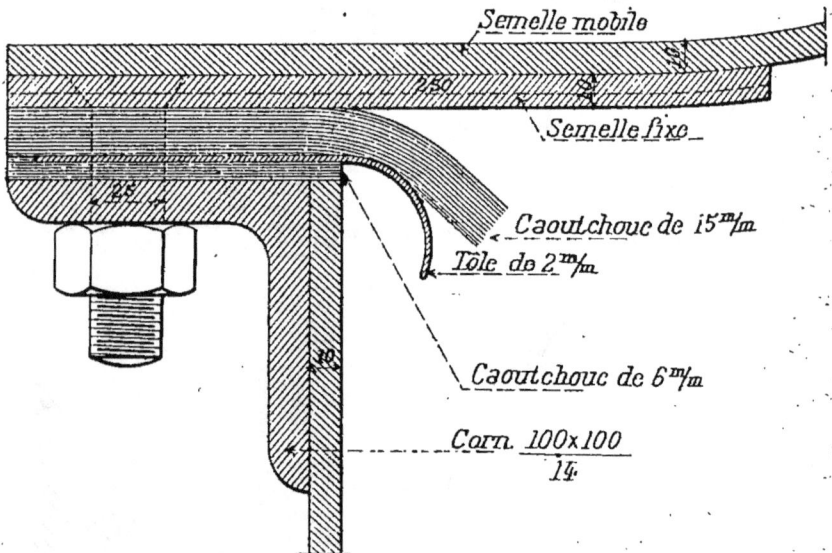

Fig. 427. — Pont-canal de Briare. Détails des bords de la bande de caoutchouc.

Le joint en caoutchouc a une grande importance ; aussi a-t-on pris des précautions spéciales pour assurer sa conservation. Chaque bord de la bande de caoutchouc est pincé entre les tôles de joint et une tôle mince en forme de volute, guidant cette bande et préservant les flexions brusques qui, souvent répétées, pourraient amener sa rupture. Entre cette tôle mince et la cornière, sur laquelle tout le système est boulonné, une autre bande de caoutchouc est interposée pour assurer l'étanchéité, et, du côté extérieur, la tôle mince n'affleure pas tout à fait le bord de la cornière, de telle sorte que les deux caoutchouc qu'elle sépare peuvent venir au contact (*fig.* 427).

La combinaison de ces derniers moyens d'étanchement a donné d'excellents résultats; les bandes de caoutchouc ont pu être changées sans trop de difficultés ni de dépenses.

OBSERVATIONS SUR LES PONTS-CANAUX. — Les ponts-canaux construits en France sont tous établis pour une seule voie, et les dimensions de la cuvette sont telles que le rapport de la section mouillée au maître couple reste compris entre 1,26 et 1,75. En voie courante, ce rapport est généralement supérieur à 3. Il en résulte, à la traversée de ces ouvrages, un accroissement très sensible de l'effort de traction à exercer, et par suite un ralentissement très sensible de la vitesse de marche.

Aussi M. l'inspecteur général de Mas estimait-il que, sur les canaux à grande fréquentation et pour les ponts-canaux de longueur modérée, il faudrait employer le type à double voie, ou tout au moins y installer des moyens de traction mécaniques, comme on l'a fait au passage des souterrains.

L'emploi du métal pour les canaux à une seule voie de bateau présente de sérieux avantages sur celui de la maçonnerie, au triple point de vue de la dépense, de la moindre hauteur disponible et de l'étanchéité de la cuvette. Ainsi le pont-canal de Briare n'a coûté que 4.400 francs le mètre courant; en maçonnerie, il aurait coûté près de 10.000 francs.

M. l'inspecteur général de Mas semble douter que le métal conserve ses mêmes avantages pour les ponts-canaux à double voie, en raison de la surcharge considérable qu'ils devraient supporter. D'autre part, on n'est pas encore complètement fixé sur la durée du métal, et on peut regretter que l'on ait fait des âmes des poutres de rive un élément constitutif de la bâche formant cuvette. Ces poutres, sur lesquelles reposent entièrement la solidité et la durée de la construction, sont en effet exposées au contact de l'eau, au choc des bateaux et des engins des mariniers. Il serait plus rationnel que la bâche fût absolument indépendante des poutres maîtresses, sur lesquelles elle reposerait. Elle serait réparée, remplacée aisément sans qu'on touchât aux parties essentielles de l'ouvrage.

L'esthétique des ponts-canaux ne serait-elle pas heureusement modifiée par cette disposition? Les poutres en treillis, revêtues de peintures claires, se détacheraient d'une façon heureuse sur le fond plus sombre de la bâche, et en rompraient la nudité par le jeu de leurs ombres.

Il n'est pas inutile de rappeler que tous les ponts-canaux, quels qu'ils soient, ont beaucoup à redouter l'effet des gelées intenses sur l'eau qu'ils contiennent. On devra donc toujours entretenir libre une zone d'une certaine largeur, en cassant la glace longitudinalement, à mesure qu'elle se forme, le long d'une des parois de la cuvette. On devra aussi, lors de la construction d'un pont-canal, se réserver les moyens de l'isoler du reste du canal et de mettre au besoin la cuvette complètement à sec.

314. Traversée des rivières à niveau. — Les difficultés que présente la construction des ponts-canaux, leur prix élevé, ont fait rechercher des moyens plus faciles et plus économiques pour traverser les grands cours d'eau. Le procédé le plus simple est celui de les traverser à niveau, ce qui comprend la descente des bateaux du canal dans la rivière au moyen d'une première écluse, la traversée du cours d'eau naturel et le passage dans la voie navigable artificielle sur la rive opposée au moyen d'une seconde écluse. Mais l'économie réalisée dans les frais de premier établissement a pour contre-partie des difficultés d'exploitation, qui deviennent intolérables, lorsque le trafic prend une certaine importance.

Traversée de la Loire à Châtillon par le canal latéral. — Une des traversées à niveau, les plus connues et les plus défectueuses, était la traversée de la Loire par le canal latéral à ce fleuve à Châtillon. Le canal latéral, établi sur la rive gauche, se relie au canal de Briare, qui se trouve tout entier sur la rive droite. La jonction se fait maintenant au moyen du pont-canal de Briare, dont on a donné plus haut

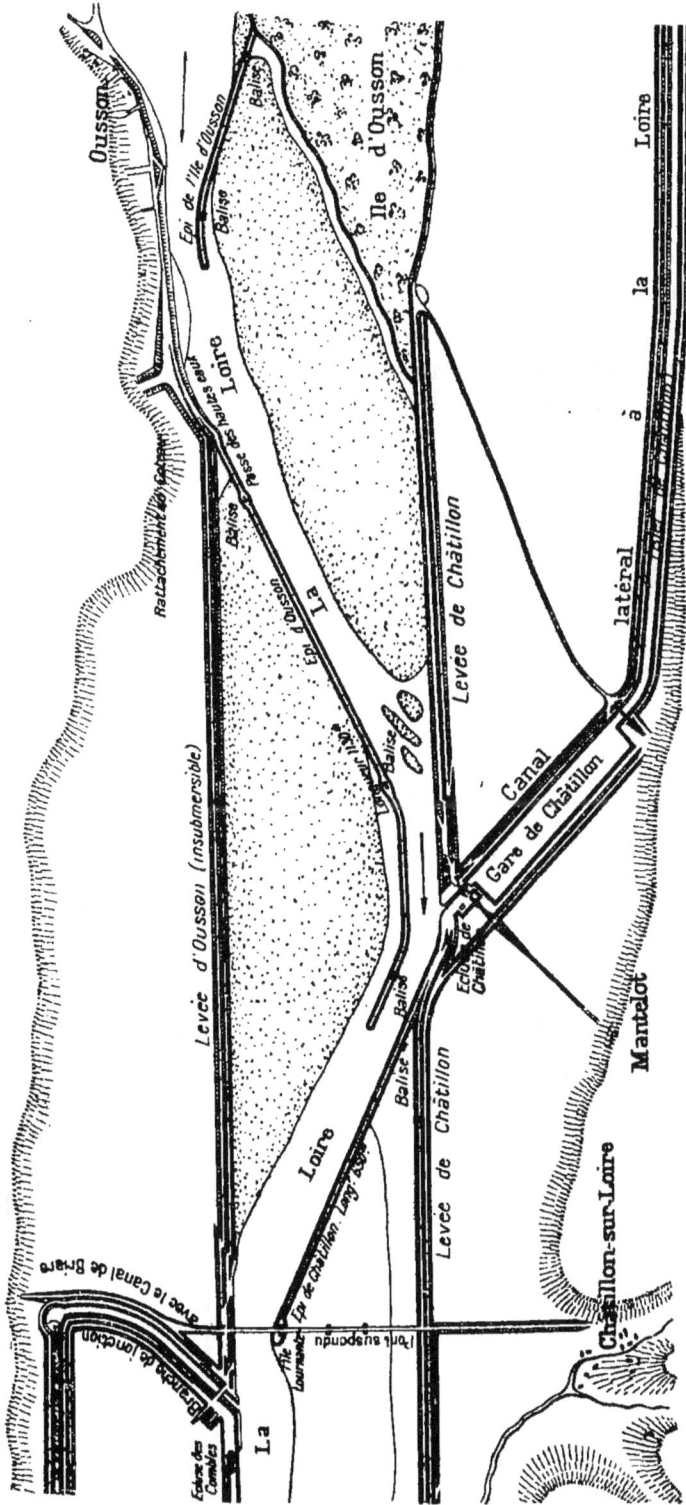

Fig. 428. — Tarversée de la Loire à Châtillon. — Plan.

la description. Néanmoins, on a conservé, et on entretient les ouvrages qui assuraient la traversée à niveau.

Ils comprennent notamment deux écluses de communication avec la Loire ; la première de Châtillon sur la rive gauche, la seconde de Combles sur la rive droite, distantes l'une de l'autre de 1 kilomètre environ (*fig.* 428).

Deux épis, ou digues submersibles, l'épi d'Ausson sur la rive droite, l'épi de Châtillon sur la rive gauche, dessinent et resserrent le chenal en Loire. Néanmoins la navigation, interrompue dès que les eaux s'élevaient à 1 mètre au-dessus de l'étiage, n'était plus possible, faute de mouillage, lors des basses eaux. Les bateaux étaient alors obligés d'attendre, quelquefois pendant plusieurs semaines, ou bien d'alléger leur chargement. Pendant les années 1894, 1895, 1896, on dut alléger 212 jours par an, pendant lesquels le mouillage a été inférieur à 1^m,60.

L'établissement du pont-canal de Briare a remédié à cette situation fâcheuse.

Traversée de la Loire à Decize à la jonction du canal latéral et du canal du Nivernais. — A Decize, où le canal de Nivernais, d'une part, et un embranchement du canal à la Loire, sur la rive opposée, doivent être réunis, la jonction s'opère dans le remous d'un barrage mobile. La tenue de ce bief spécial de la Loire a une grande analogie avec celle des biefs du canal ; la navigation y est d'ailleurs facilitée par l'existence d'un service de touage. La solution est meilleure qu'à Châtillon, tout en présentant encore bien des aléas inhérents au régime même du fleuve.

Traversée de l'Yonne à Basseville par le canal du Nivernais. — Cette traversée se fait dans le remous du barrage mobile de Basseville, établi en 1834 par M. Poirée. C'est la première application du système qui devait révolutionner la navigation intérieure (*fig.* 429).

La traversée se fait dans des conditions relativement faciles : deux écluses commandent le passage du canal dans l'Yonne ; la première ne présente aucune particularité ; la seconde, en raison du niveau variable de la rivière, qui peut être plus élevé que la tenue du bief, est munie de deux portes busquées en sens contraire.

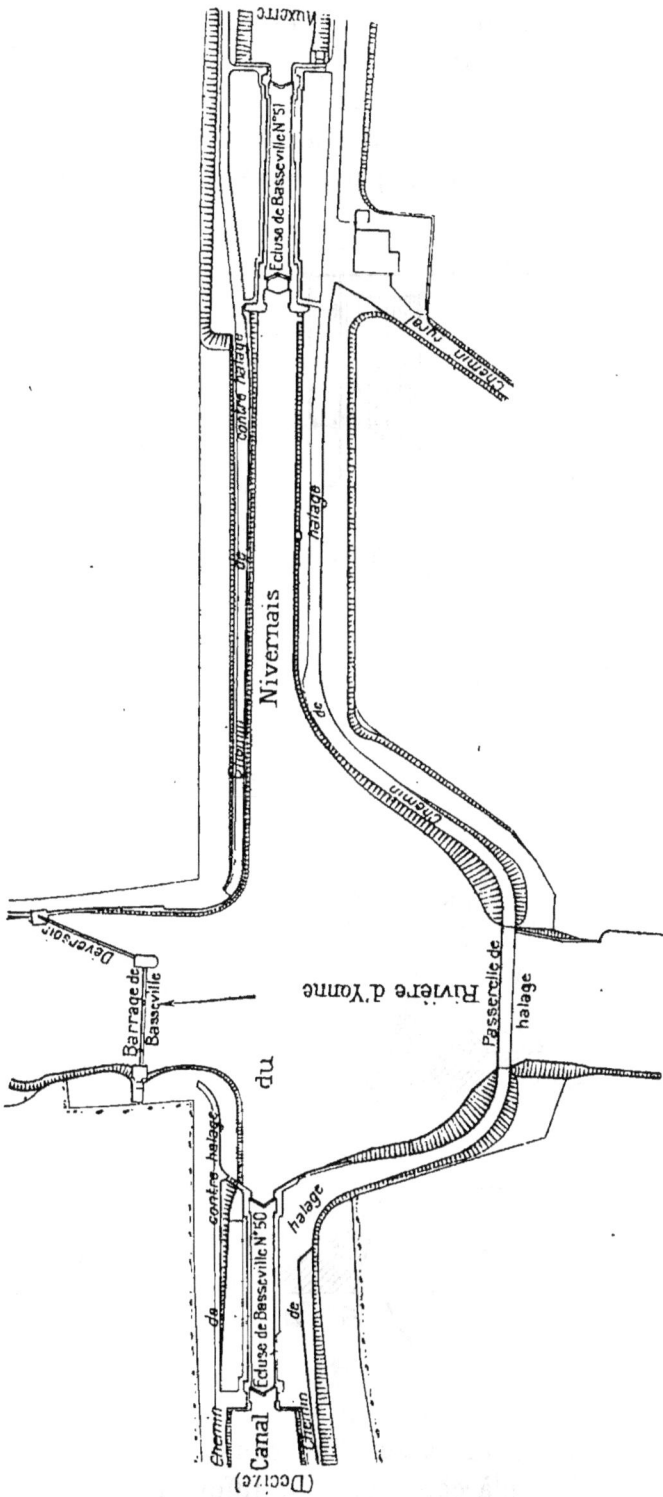

Fig. 429. — Traversée de l'Yonne à Basseville par le canal du Nivernais. — Plan.

RÉSUMÉ ET CONCLUSIONS. — En résumé, les traversées à niveau ne sont acceptables que quand elles peuvent s'effectuer à travers une rivière canalisée d'un régime presque aussi sûr que celui d'un canal. Elles sont justifiées près de l'embouchure des fleuves, parce que la navigation maritime s'oppose à la construction de tout passage supérieur. Mais, même dans ce cas, on peut avoir recours à des ponts-canaux tournants, dont on trouve en Angleterre un exemple sur le canal maritime de Manchester (fig. 430).

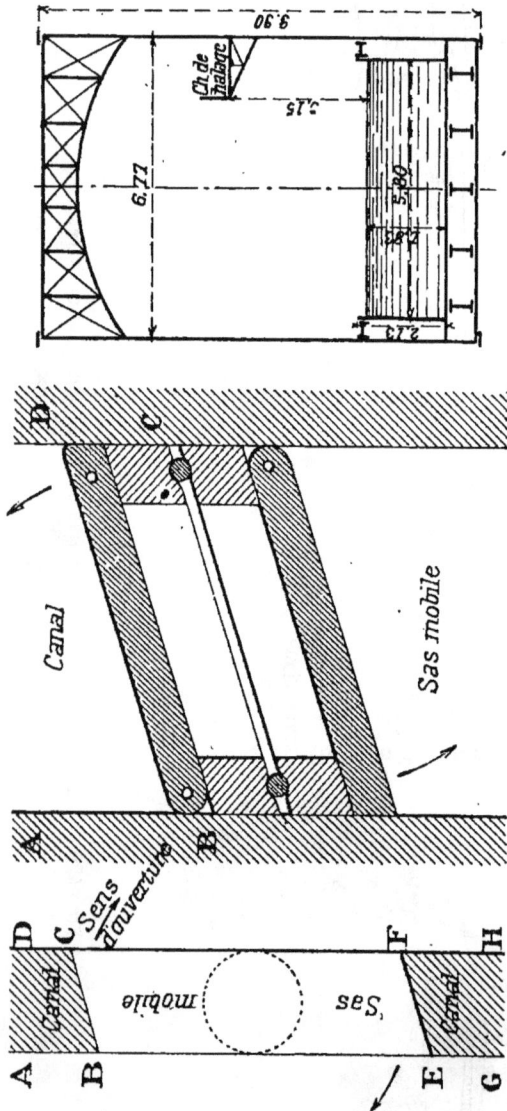

FIG. 430. — Pont tournant sur le canal de Manchester.

On peut conclure que, pour peu que le trafic à desservir soit un peu actif, la véritable solution du problème de la traversée des rivières consiste dans l'établissement de ponts-canaux.

315. Ponts-rivières. — *Pont-rivière d'Oudan.* — Il est extrêmement rare que l'on ait à faire passer un cours d'eau d'une certaine importance au-dessus d'un canal. Si le cas se présente, le pont-rivière à construire ne diffère d'un pont-canal

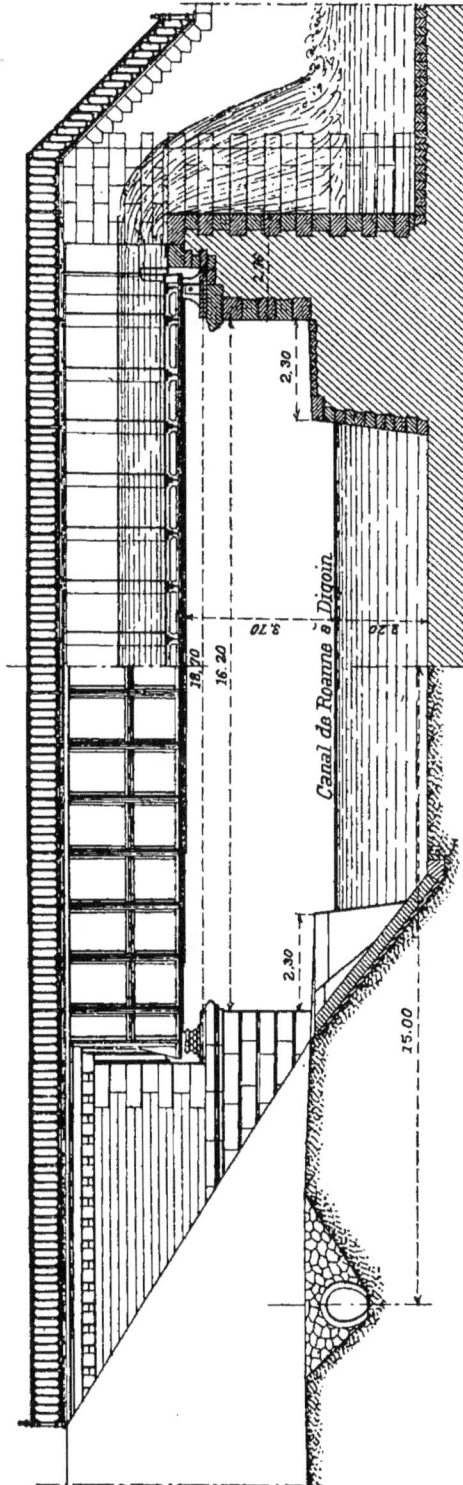

Fig. 431. — Pont-rivière d'Oudan. 1/2 élévation, 1/2 coupe transversale.

que par les dimensions de la cuvette, qui sont déterminées par la nécessité de donner passage aux plus grands débits de la rivière.

Tel est le pont-rivière d'Oudan, construit sur le cànal de Roanne à Digoin, à peu de distance de Roanne.

CHAPITRE VII

AMÉLIORATION ET TRANSFORMATION DES CANAUX

Les canaux ont été ouverts à l'origine pour desservir des trafics régionaux, ou relier tout au plus deux rivières navigables. On ne s'était pas préoccupé d'établir entre eux une uniformité de profil dont on n'entrevoyait pas encore l'utilité.

Peu à peu, à mesure qu'augmentait le trafic par les voies navigables et que les échanges entre elles devenaient plus importants, on chercha à réaliser sur l'ensemble du réseau une même section, pour assurer à tous les bateaux qui le fréquentaient un libre parcours.

La loi du 5 août 1879 a préparé la réalisation de cette grande amélioration, en stipulant que les lignes principales du réseau français recevraient au moins 2 mètres de mouillage, avec des écluses de $38^m,50$ de longueur utile et de $5^m,20$ de largeur, présentant un tirant d'air de $3^m,70$ sous les ponts.

L'uniformité de section est actuellement terminée sur les canaux les plus importants; elle est actuellement à l'étude sur les lignes de second ordre.

Les travaux que comporte cette amélioration sont parmi les plus difficiles que l'ingénieur ait à exécuter. Celui-ci n'est pas libre de choisir les types qu'il doit adopter; il est obligé de prendre ceux qui s'adaptent le mieux aux ouvrages existants, et qui entraînent une moindre dépense. De plus, la réalisation des projets est très délicate, car elle doit se poursuivre sur une voie exploitée, généralement pendant une courte période de chômage, que les besoins de la batellerie ont fait fixer à soixante jours.

316. Rectifications de l'axe. — Dans l'établissement des anciens canaux, on ne s'était pas toujours préoccupé de la régularité du tracé, et l'on admettait volontiers que les bateaux devaient pivoter sur place pour changer de direction ou pour s'engager dans une écluse.

On a rectifié l'axe, de manière à assurer un passage facile aux péniches de 38 mètres de longueur, et leur entrée facile dans les écluses précédées d'un alignement droit de 50 mètres au moins.

On s'est efforcé de ne pas réduire au-dessous de 150 mètres le rayon des courbes, qui apporte toujours une certaine gêne à la marche des bateaux.

317. Modification de la cuvette. — Quand ces rectifications ont été apportées dans le tracé du canal, il a fallu modifier la cuvette pour obtenir le mouillage de 2 mètres que l'on avait en vue. Ce résultat peut être obtenu, ou bien en abaissant le fond de la cuvette, ce qui implique son élargissement, ou bien en relevant le plan d'eau sur toute la longueur d'un bief, ce qui peut ne pas être sans inconvénient, et entraîne l'exécution de remblais importants. Généralement on a combiné ces deux moyens, on a exhaussé le plan d'eau de la quantité qui ne sera pas dommageable aux propriétés riveraines ou qui ne réduira pas le tirant d'air réglementaire au-dessous des ouvrages d'art ; on a approfondi en outre le plafond de la cuvette, en tenant compte des ouvrages importants que l'on est obligé de conserver, tels les radiers et les buscs des écluses, les chapes d'étanchement, etc.

On n'a donc pas pu suivre une règle générale : c'est en définitive, d'après les circonstances particulières à chaque bief ou à une série de biefs que l'on a été amené à déterminer le niveau de la nouvelle tenue des eaux.

Pour des modifications analogues à apporter, on s'inspirera des principes qui précèdent. On n'oubliera pas que le relèvement de la tenue sans approfondissement simultané peut être réalisé sans qu'on soit obligé de recourir à un chômage.

On utilise ainsi la voie d'eau pour le transport des déblais et des matériaux à mettre en œuvre, et on conserve la plus grande partie des anciennes parois colmatées, ce qui maintient l'étanchéité de la cuvette, souvent obtenue avec de grandes difficultés au bout d'un très long temps. Dans le même ordre d'idées, on aura intérêt à ne pas reprendre sans nécessité les parois de la cuvette déjà protégées par des revêtements en bon état, corrois, perrés à sec, perrés maçonnés, chemises d'étanchement, etc.

318. Transformation des ouvrages d'art. — *Allongement et approfondissement des écluses.* — Les anciennes écluses n'avaient généralement que 30 mètres de longueur utile, avec la largeur normale de 5m,20 ; elles offraient un mouillage variable entre 1m,60 et 1m,80. Par conséquent les transformations à faire ont porté sur leur allongement et sur leur approfondissement, mais non sur leur élargissement. Cet élargissement, qui serait d'ailleurs facile à exécuter en reportant un des bajoyers du côté de l'extérieur, a dû être effectué, pour réaliser un supplément de largeur, de 10 à 15 centimètres, à la suite d'une poussée au vide de l'un des bajoyers, à certaines écluses en retaillant les deux parois du sas.

L'allongement des écluses peut se faire soit par l'amont, soit par l'aval. L'allongement par l'amont est évidemment plus facile à réaliser que celui par l'aval, parce que le cube des maçonneries est plus faible, les fouilles moins hautes et les épuisements moins importants. Ainsi, au canal de Bourgogne, sur 189 écluses allongées, 182 l'ont été par l'amont ; au canal latéral de la Loire, sur 40 écluses, 15 seulement ont été allongées par l'aval.

On peut cependant être obligé à faire l'allongement par l'aval ; par exemple si l'on se trouve dans l'impossibilité d'établir un alignement à la tête amont, dans la situation de conserver, sans aucun changement, toute la tête amont, musoirs, chambre des portes, mur de chute, vantaux, ou bien en présence d'une fondation plus facile à l'aval qu'à l'amont. Mais ce sont là des exceptions et la règle générale est l'approfondissement par l'amont.

Il faut profiter des modifications que l'on doit apporter à l'écluse pour transformer le système de remplissage, composé d'un simple tambour à vannes, et qui est des plus rudimentaires. Généralement même l'aqueduc, que commandent ces vannes, n'existe que d'un seul côté; les bateaux sont poussés du côté opposé et sont exposés à des chocs dommageables.

On installera donc, autant qu'il sera possible, des vannes cylindriques basses dans la nouvelle tête, avec chambres et

Elévation

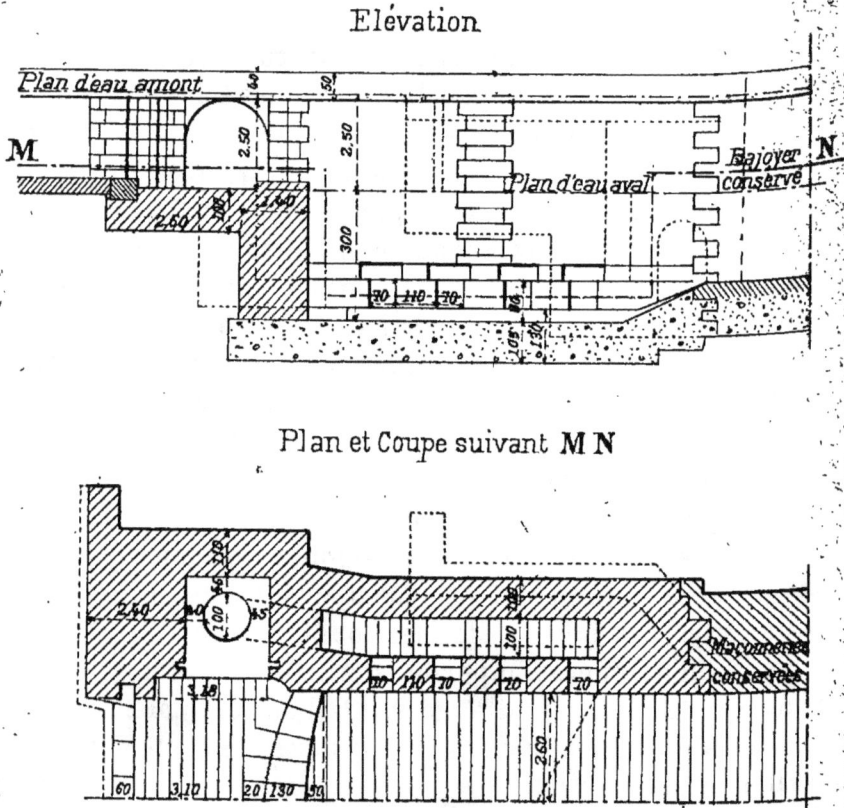

Plan et Coupe suivant **M N**

Fig. 432. — Modification du système de remplissage.

amorces d'aqueducs latéraux. On ne peut pas les faire régner tout le long des bajoyers existants, qui sont pleins; on se contente de ménager, dans chaque partie neuve des bajoyers un tronçon d'aqueduc allant du puits de la vanne jusqu'à l'ancien mur conservé, et de ce tronçon on fait partir quatre aqueducs ou larrons de $0^m,70$-$0^m,80$ le mettant en communication avec le sas (*fig. 432*).

Tout se passe, pour le remplissage, comme dans les écluses neuves, avec cette différence cependant que les larrons ne régnant que sur une partie de longueur du bateau, celui-ci se trouve entraîné vers la porte d'aval. Un solide amarrage du bateau à l'amont évite cet inconvénient. En outre, le sas est approfondi au droit de l'emplacement des larrons, ce qui évite les heurts que produirait l'eau en arrivant sur le bateau.

La vidange du sas continue à se faire comme par le passé, soit par les ventelles des portes d'aval, soit par un aqueduc latéral contournant le chardonnet pour venir déboucher dans les murs de fuite ou sur les murs de tête. La dissymétrie du flot de vidange a moins d'inconvénient que dans le cas du remplissage, le jet des ventelles ne pouvant pas inonder les bateaux, qui sont d'ailleurs solidement amarrés.

Il faut le plus souvent aussi approfondir les écluses pour réaliser le mouillage légal, qui est supérieur de 0^m,60 au moins à celui que l'on rencontre.

Après mise à sec des biefs respectifs, ou après exécution des bâtardeaux nécessaires, l'ancien radier est démoli, la fouille du nouveau radier est *effectuée*. Ce travail très délicat doit être exécuté par partie, après avoir contre-buté les deux bajoyers l'un sur l'autre, pour éviter la poussée au vide et le renversement des murs. On exécute le nouveau radier et on reprend, s'il y a lieu, en sous-œuvre les bajoyers, dans le cas où leur fondation serait à un niveau supérieur à celui de l'implantation du nouveau radier. Ces différents travaux ne sont à recommander que si l'état des vieilles maçonneries est satisfaisant. En cas contraire, il vaut mieux démolir l'écluse et la reconstruire en entier, car les reprises en sous-œuvre, très difficiles à exécuter, n'ajoutent rien à la solidité de l'ancien ouvrage.

Il vaut mieux, lorsque le tracé de la voie s'y prête, reconstruire la nouvelle écluse en dehors de la cuvette, parce qu'on peut l'exécuter sans interrompre la navigation.

Les écluses présentent le plus souvent un mouillage suffisant sur le busc amont; il n'en est pas de même sur leur busc aval, qui se trouve placé sur les rivières navigables à l'extrémité du remous du barrage, qui assure la tenue du plan d'eau dans le bief. Dans ce cas (c'est la solution qui a été admise sur la Charente), on construit, à la suite de l'ancienne écluse, une nouvelle écluse, en utilisant le sas existant comme chambre des portes d'amont. On n'a donc plus à construire que la chambre des portes d'aval, ce qui réduit sensiblement la dépense. Cette solution est encore avantageuse, quand l'allongement de l'écluse se fait en pleine rivière ; on peut en effet, en exécutant successivement chacune des parties du nouvel ouvrage, d'abord la chambre des portes d'aval, puis les bajoyers, assurer la continuité du passage de la batellerie. Les transformations, qui ont été apportées de la sorte aux écluses de la Charente, n'ont pas entraîné une dépense supérieure à 70.000 francs.

L'approfondissement des écluses a pour conséquence l'allongement des portes d'écluse, qui peut s'opérer soit par le bas, si l'on tient à ne pas toucher à la partie supérieure des vantaux, soit par le haut, si l'on veut conserver telle quelle la disposition existante des ventelles. Il vaudra mieux quelquefois remplacer les portes existantes, et se servir, le cas échéant, des anciennes à une écluse, où leurs dimensions seront utilisables.

Les travaux de transformation devront être exécutés pendant les courtes périodes de chômage réglementaire, soit pendant soixante jours. La dépense à faire, comprise entre 70.000 et 120.000 francs, est élevée sur un chantier qui ne comprend que la longueur d'une écluse. Les travaux doivent être menés avec une grande activité ; faut-il encore que les fondations des parties neuves soient faciles, c'est-à-dire établies sur des terrains incompressibles, argile, sable ou roche friable, et que l'on n'ait pas à battre des pilotis, ou à consolider le terrain sous-jacent. On emploiera le ciment de Portland, et parfois celui de Vassy, de préférence à la chaux hydraulique, pour que la prise des mortiers ait lieu avant la mise en charge des maçonneries.

Les scaphandriers peuvent rendre les plus grands services dans les travaux de cette nature, soit pour préparer certains ouvrages avant chômage, soit pour terminer certaines parties après la remise en eau.

Transformation des ponts-canaux. — La transformation des ponts-canaux, et en général de tous les ponts, doit se faire, autant que possible, sans altérer soit leurs conditions de stabilité et de durée, soit leur aspect architectural.

L'accroissement du mouillage, sur un pont-canal, ne peut se réaliser que par exhaussement du plan d'eau, parce qu'on ne peut pas songer à réduire l'épaisseur des voûtes, ni à retoucher le plafond des bâches métalliques, d'autant plus qu'on accroît notablement la surcharge d'eau. On doit donc, pour porter le mouillage de $1^m,60$ à $2^m,20$, exhausser de $0^m,60$ les bajoyers de la cuvette, et par suite les tympans. Cet exhaussement sera réalisé, sans trop nuire à l'aspect des ouvrages, en faisant reposer la plinthe de l'ouvrage sur des encorbellements suffisamment saillants dans la partie exhaussée des tympans.

La figure 412 montre comment on a procédé pour augmenter le mouillage des ponts du Guétin et de Digoin, sans nuire à leur effet monumental. Leur plinthe a été placée sur des consoles de $0^m,25$ de largeur, $0^m,60$ de hauteur, $0^m,37$ de saillie et $1^m,60$ d'espacement d'axe en axe. La saillie de leur corniche a été ainsi portée de $0^m,35$ à $0^m,72$, et l'ensemble de la plinthe et des consoles forme une sorte d'entablement de $1^m,25$ de hauteur totale, bien proportionné avec la nouvelle hauteur de l'ouvrage au-dessus du sol. Ces transformations ont permis de porter à 2 mètres la largeur du chemin de halage, qui n'avait primitivement que $1^m,70$. L'accroissement de mouillage de $0^m,60$, qui correspond à une augmentation de charge de $0^{kg},06$ par centimètre carré, modifie de façon insignifiante la stabilité de l'ouvrage et la pression supportée par le sol de fondation. Il n'en est pas de même en ce qui concerne les pertes, qui augmentent en même temps que la charge. Des dispositions spéciales pour l'étanchement doivent donc être prises, surtout avec les anciennes maçonneries, faites généralement avec des chaux ou des ciments de qualité ordinaire. Aux ponts de Digoin et du Guétin, on a refouillé, dans ce but, les anciennes maçonneries pour pouvoir établir sur le plafond une couche de béton de $0^m,15$ et une maçonnerie en ciment de $0^m,40$ d'épaisseur, reliée par des arrachements aux anciennes maçonneries. Le tout a été protégé par une chape en ciment de $0^m,05$ d'épaisseur, recouverte elle-même d'un goudronnage abondant, qu'on renouvelle périodiquement.

Les modifications à apporter aux voûtes sans cuvette sont généralement de peu d'importance. Si l'on rencontre des arches ou des parties d'arche en mauvais état, on met les voûtes correspondantes sur cintres, on démolit les mauvaises parties, et on met à leur place de bonnes maçonneries, que l'on relie soigneusement aux maçonneries conservées.

Les ponts-canaux métalliques ne se prêtent pas aussi facilement aux modifications qu'entraînerait l'augmentation du mouillage, par suite du surcroît de fatigue imposé au métal. On est généralement obligé de les remplacer par d'autres, soit en tôle, soit en maçonnerie, et de changer d'emplacement pour gagner du temps et faciliter la construction.

Transformation des ponts inférieurs. — La transformation des ponts inférieurs sur cours d'eau ou sur routes ne présente pas généralement de difficulté. L'accroissement de mouillage peut être obtenu, soit par relèvement du plan d'eau, soit par abaissement du plafond, dans des conditions analogues à celles de la cuvette courante. Rien n'empêche de réduire très sensiblement la revanche entre le plafond de la cuvette et le sommet de l'extrados des voûtes, en intercalant une dalle de béton, ou bien d'abaisser le sommet d'une voûte, en rediminuant sa flèche, en substituant par exemple une anse de panier à un plein cintre.

Transformation des ponts supérieurs. — Les modifications à apporter aux ponts supérieurs, pour réaliser le tirant d'air réglementaire de 3m,70, ne sont pas aussi faciles à effectuer. Le plus souvent, il faut démolir ces ouvrages pour les reconstruire plus haut, relever leur voûte ou leur tablier.

Il est nécessaire en même temps d'améliorer les passes marinières sous ces ponts, qui n'ont quelquefois que la largeur nécessaire au passage d'un bateau avec une étroite banquette de halage. Cette exiguïté du passage présente un obstacle sérieux à la marche des bateaux, qui peuvent même être arrêtés, et justifie la démolition de l'ouvrage, qui sera reconstruit généralement sur le même emplacement, avec deux voies de 16 à 17 mètres de portée, ménageant une passe marinière de 11m,50 à 12 mètres et deux banquettes de halage de 2m,25 à 2m,50.

Ces nouveaux ouvrages seront établis avec tablier métallique, par mesure d'économie, et aussi pour réduire au minimum l'exhaussement des chaussées aux abords, ou encore pour permettre éventuellement un relèvement ultérieur de leur ossature.

Leur largeur variera avec l'importance de la voie transversale. On les établira avec deux voies charretières pour le passage des routes nationales ou départementales, et même des chemins de grande et de moyenne communication. On se contentera d'une seule voie pour les chemins vicinaux et pour les chemins ruraux.

L'établissement d'une passe marinière pour deux voies de bateau n'est admissible qu'autant que le trafic sur la voie considérée a une certaine importance. Dans le cas contraire, on ajournera la dépense, qui peut atteindre au moins 30.000 francs, jusqu'au moment où les services rendus par la voie navigable justifieront ce nouveau sacrifice.

C'est ce que l'on a fait pour la transformation du canal d'Orléans, où l'on a conservé plusieurs ponts en maçonnerie à passe unique, mais en bon état, qui ne présentaient cependant le tirant d'air réglementaire de $3^m,70$ que sur 5 mètres de largeur. Dans ces ouvrages, la banquette de halage est placée en encorbellement, ou disposée sur une estacade, pour augmenter la section mouillée sous l'ouvrage, ce qui facilite le passage des bateaux. Le chemin de halage, reposant sur cette estacade ou cet encorbellement, est constitué par une dalle en ciment armé (fig. 433).

Au canal latéral à la Loire et au canal de Roanne à Digoin, les banquettes en maçonnerie pleine de halage et de contre-halage ont été remplacées par un platelage en bois, supporté par un encorbellement formé de consoles espacées de 2 mètres, ancrées dans la culée, contreventées horizontalement entre elles et soutenant la longrine de flottaison. Le système ne tient que par les ancrages des consoles et a une stabilité suffisante. La portée de l'encorbellement ne peut guère dépasser $1^m,50$, ce qui exclut le passage de deux chevaux de front.

Les ponts sur écluse, ne réalisant pas avec les nouvelles tenues le tirant d'air réglementaire, sont mis au gabarit, soit par la simple recoupe de l'intrados sur les naissances, s'il y a peu de hauteur à gagner, soit par un exhaussement de la

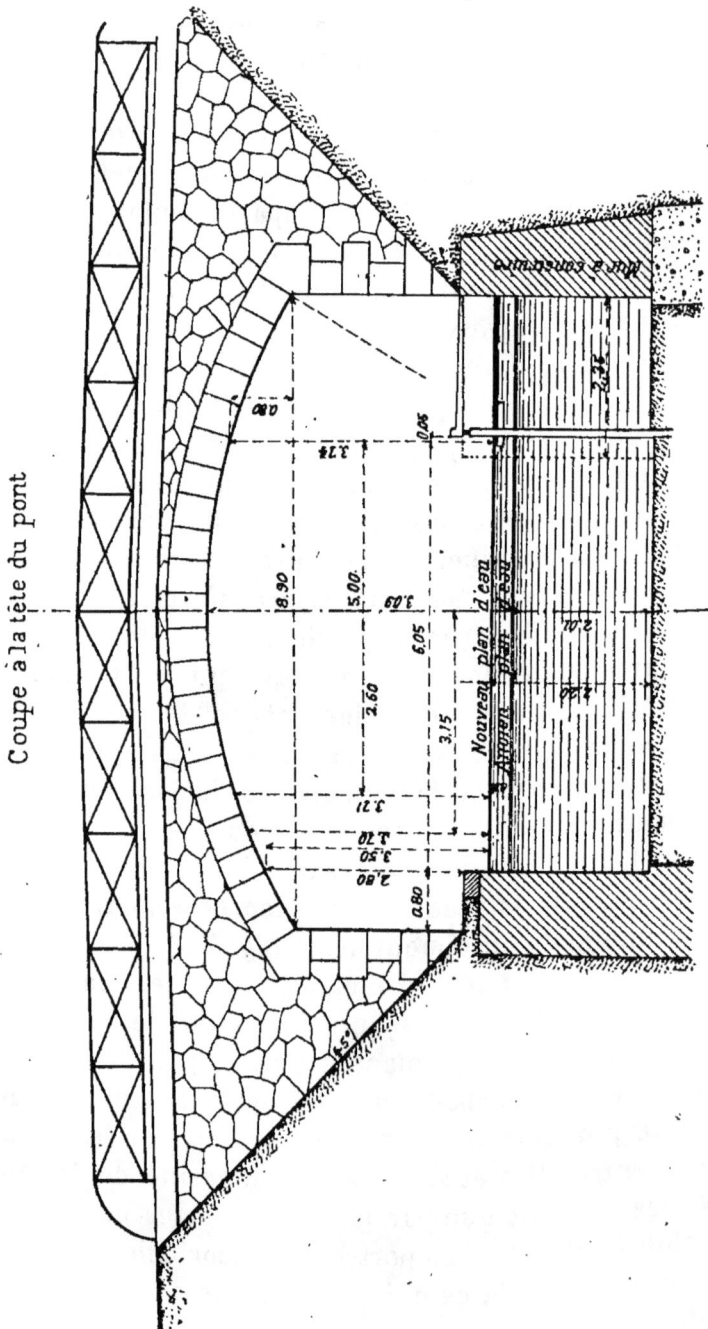

Coupe à la tête du pont

Nouveau plan d'eau 1.330

Ancien plan

Fig. 433. — Pont sur le canal d'Orléans.

voûte entière, soit par l'établissement d'un tablier métallique.
L'exhaussement des ponts en tôle ou en fonte se fait faci

lement, en plaçant le tablier ou les fermes sur cintres, et en les soutenant à la hauteur voulue au moyen de vérins.

Pour les ponts en maçonnerie, l'exhaussement de leur intrados peut se faire par trois procédés différents : 1° par la démolition de l'ancienne voûte et sa reconstruction sur cintres ; 2° par le relèvement de la voûte d'un seul morceau ; 3° par le rescindement pur et simple de la douelle, quand un surcroît d'épaisseur permet cette opération, sans compromettre la stabilité de l'ouvrage.

Le premier procédé, qui est aussi le plus usité, ne demande aucune explication spéciale. Le second a été employé avec succès par l'éminent ingénieur M. Alfred Picard au pont de la station de Frouard, puis au pont de Crévic, sur le canal de la Marne au Rhin. La voûte est mise sur cintres très rigides, en fer de préférence, coupée aux naissances, puis relevée d'un bloc avec son cintre au moyen de vérins.

Le troisième procédé a été appliqué au pont de Champigneules, sous le chemin de fer de Paris à Strasbourg, à la traversée du canal de la Marne au Rhin. Cet ouvrage, large de 11m,85 et biais à 30°, présente une ouverture droite de 10 mètres et une ouverture biaise de 19m,15 pour une flèche de 1m,65. L'arche est formée de six anneaux isolés en maçonnerie de pierre de taille, appareillés dans le système hélicoïdal, et de cinq anneaux intermédiaires en béton. La douelle a été fouillée au pic et au fleuret sur une profondeur de 0m,465 à la partie supérieure et sur la largeur d'un bateau. On a substitué à l'arc de cercle primitif une courbe à trois cintres, dont l'arc du milieu est concentrique au premier.

L'exhaussement des ponts est, dans tous les cas, une opération délicate, qui doit être menée très rapidement pour n'interrompre, que pendant un temps très court, le passage des bateaux et celui des voitures.

S'il s'agit d'un pont sur écluse, la circulation sur les deux voies peut être assurée au moyen d'un ponton flottant disposé sur les deux musoirs d'amont et que l'on range pour le passage des bateaux.

Pour les ponts isolés, on exécute la démolition et la reconstruction de l'ouvrage en deux parties, l'une d'entre elles étant réservée à la circulation. Dans le cas où la largeur du pont ne serait pas suffisante pour permettre sa réfection partielle et successive et assurer la circulation, on aurait recours à un pont de service, constitué par deux travées de rive reposant sur des pilotis, et un ponton flottant prenant appui sur les travées. Ce ponton est dégagé pour le passage des bateaux.

Transformation des souterrains, des parois muraillées, des consolidations. — Les travaux de transformation des souterrains peuvent consister en un agrandissement général de leur section par reprise de la voûte et des piédroits, ou en un abaissement du radier par augmentation de la hauteur des piédroits, ou plus simplement encore dans la substitution à la banquette pleine de halage d'une estacade métallique analogue à celle dont il a été question pour les ponts supérieurs.

On aura égard, pour déterminer les travaux à exécuter, à la nature du terrain à fouiller, à l'importance du trafic à desservir, au supplément de mouillage à donner. On fera ensuite l'application des procédés généraux de construction ou d'élargissement des souterrains, qui sont bien connus.

Le relèvement des parois muraillées, des murs de quai ou de soutènement ne présente aucune difficulté; il suffit de démonter leur couronnement et de le reposer ensuite sur les nouvelles assises de moellons. Les reprises en sous-œuvre, qui sont quelquefois nécessaires en cas d'abaissement du plafond, se font par parties, comme pour les bajoyers d'écluses.

On est souvent amené, pour gagner de la largeur, à substituer des murs verticaux ou à faible fruit à d'anciennes parois talutées, ou encore à construire de nouveaux murs, en arrière de ceux existants. Cette substitution se fait aisément en ménageant, en avant des fouilles, une épaisseur suffisante pour former bâtardeau. On procède par parties, ce qui permet de localiser les venues d'eau et de limiter les épuisements.

Les travaux de consolidation, que peut nécessiter la transformation d'un canal, sont identiques à ceux que l'on opère sur les canaux neufs, et qui ont été décrits précédemment. On se trouve cependant dans des conditions plus favorables, puisqu'on connaît la nature des parois et qu'on sait d'avance le genre de travaux à entreprendre.

319. Travaux d'étanchement. — *Exhaussement des anciennes chemises.* — L'accroissement du mouillage des biefs donne toujours lieu à des travaux complémentaires d'étanchement. La charge d'eau sur le plafond et sur les parois se trouve notablement augmentée ; la surface mouillée des talus est sensiblement accrue ; les parties de parois qui ont été reprises ont perdu leur colmatage ; enfin la tranche des digues en remblai correspondant aux relèvements des plans d'eau est précisément celle qui a été exécutée avec le moins de soins, se trouvant au-dessus de la retenue actuelle, et présentant le plus de trous de rats, de taupes.

Les travaux d'étanchement à entreprendre sont les mêmes que ceux qui ont été indiqués pour les canaux neufs. Notamment, pour couper court aux filtrations qui se produisent dans le corps des digues entre la nouvelle tenue et l'ancienne, on établira des corrois longitudinaux dans les conditions décrites plus haut.

Les chapes d'étanchement sont prolongées, s'il est nécessaire, avec du béton pilonné et relié par des arrachements au béton sous-jacent. Quelquefois, lorsque le terrain n'est pas trop fissuré, on se contente d'enrober la tête de la chemise existante dans un noyau de terre argilo-sableuse parfaitement corroyée et pilonnée.

320. Résumé. — **Estimation d'avant-projet.** — La transformation d'un canal constitue une opération beaucoup plus délicate que ne l'est un travail neuf. L'ingénieur n'est pas maître du choix de la solution à adopter, et qui dépend de bien des circonstances imposées par la nature des lieux, de l'obligation de ne pas interrompre ou de gêner le moins possible la circulation des bateaux sur la voie navigable et celle des voitures sur les voies rencontrées.

Chaque transformation d'ouvrage sera exécutée d'une manière spéciale, suivant les conditions que l'on rencontre, et qui varient continuellement. On exécutera, autant que possible, plusieurs améliorations à la fois : l'élargissement d'un

bief, son approfondissement, et en même temps, exhaussement d'un bief voisin, pour que les déblais d'une partie
servent aux remblais de l'autre. De cette façon les travaux
seront exécutés d'une façon relativement économique malgré les grosses sujétions qu'entraînent la division des travaux, les déplacements incessants des chantiers, les pertes
de temps qui en résultent, enfin l'importance considérable
des mains-d'œuvre accessoires. On devra d'ailleurs donner
aux ouvrages des dispositions, telles qu'ils puissent être utilisés après la première période de chômage, même s'ils
n'ont pas pu être achevés.

Il est difficile de donner des indications sur le montant
des dépenses à engager pour la transformation d'un canal,
ce montant dépendant de multiples circonstances, telles que
la région traversée, l'accroissement de section à réaliser
l'augmentation du mouillage, etc.

M. l'ingénieur Bonnet, dans son cours de navigation intérieure de l'Ecole spéciale de Travaux publics, donne les
chiffres approximatifs suivants pour la mise au gabarit légal
d'un canal ayant 1^m,60 de mouillage, des écluses de 30 mètres
de longueur utile sur 5^m,20 de largeur, et sans ouvrage exceptionnel. Il faut compter, pour l'agrandissement de la cuvette,
30.000 francs par kilomètre ; pour la démolition et la reconstruction d'une écluse de chute moyenne 125.000 francs ; pour
l'allongement d'une écluse et son approfondissement sur 0^m,60,
75.000 francs ; pour l'augmentation du mouillage par exhaussement des bajoyers de l'écluse, 50.000 francs ; pour la démolition, la reconstruction d'un pont métallique à deux
voies de bateaux, avec deux voies charretières, 30.000 francs ;
pour les chemises d'étanchement en béton et chape en ciment, 110.000 francs par kilomètre.

CHAPITRE IX

ENTRETIEN ET EXPLOITATION DES CANAUX

321. Considérations générales. — On ne traitera dans ce chapitre que ce qui concerne l'entretien et l'exploitation de canaux proprement dits ; on verra dans le volume qui sera consacré aux rivières à courant libre comment on doit entretenir et exploiter les voies navigables existant naturellement.

On divisera ce chapitre en trois parties distinctes correspondant aux principaux faits que l'on rencontre dans la pratique : entretien de la voie, matériel et traction, exploitation technique et commerciale.

ENTRETIEN DE LA VOIE

Les canaux, comme toutes les voies de communication, ont besoin d'un entretien continu, et cela d'autant plus qu'ils sont exposés d'une manière constante à l'action des eaux; et que, par suite de leur fonctionnement même, leur section est susceptible de s'altérer et doit être remise en état périodiquement par du curage et des faucardages.

322. Curage. Causes d'altération du profil. — Les eaux d'alimentation, animées d'une certaine vitesse dans les rigoles qui les transportent, abandonnent dans la cuvette du canal les matières faibles et solides qu'elles charriaient. On constate ces dépôts vaseux à toutes les rentrées d'eau; ils s'étendent de part et d'autre de la prise d'eau sur une distance plus ou moins considérable.

Cette cause d'altération du profil n'est pas la seule. Au niveau normal des eaux, le batillage, l'onde formée par le passage des bateaux, l'action successive de l'air et de l'eau, amènent des érosions. Les terres de la partie supérieure des berges glissent sur les talus, les engraissent et viennent aussi remblayer le fond. Dans les courbes, cet effet s'accentue par le frottement du bord inférieur des bateaux, que le halage attire vers la rive convexe ; les talus sont ainsi labourés de sillons profonds, dont la terre enlevée vient remblayer le fond.

Le profil primitif se transforme donc en une courbe irrégulière, dans laquelle deux bateaux chargés qui se croisent ne trouvent plus une largeur suffisante au plafond, tandis que le tirant d'eau, même au milieu, va sans cesse en diminuant.

De là la nécessité des dévasements et des curages périodiques pour rendre à la cuvette la partie de section mouillée qu'elle a perdue.

323. Moyen de diminuer les dépôts résultant de l'alimentation. — On peut diminuer l'importance de ces dragages en cherchant à atténuer les dépôts formés par l'eau d'alimentation. Dans ce but, on fera déboucher la rigole alimentaire dans un élargissement formant, hors de la cuvette, une sorte de bassin de dépôt où s'effectuera une première décantation, et qui sera facile à nettoyer sans gêner en quoi que ce soit la navigation.

324. Conservation des berges. — On s'efforcera aussi de protéger, au niveau normal de l'eau, la paroi du canal contre les érosions. Dans ce but, on construit, généralement un peu au-dessous du niveau de l'eau, une petite banquette horizontale coupant l'inclinaison des talus, et consolidée, suivant les circonstances locales, au moyen de fascines, de gazonnements, de plantations de roseaux ou d'arbustes.

Ces moyens sont souvent insuffisants lorsque le mouvement de la navigation prend une importance sérieuse, et doivent être complétés par des revêtements à pierres sèches ou maçonnés.

Des perrés de fond, régnant sur toute la hauteur du talus, jusqu'à une certaine hauteur au-dessus du plan d'eau, sont évidemment très efficaces, mais trop coûteux pour être recommandés en voie courante (*fig.* 434).

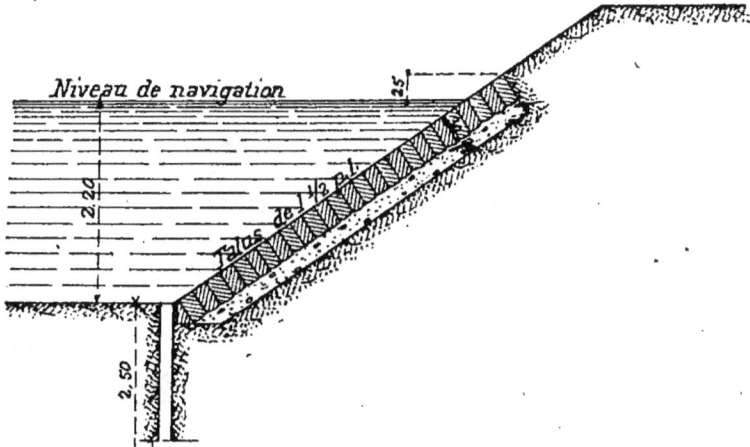

Fig. 434. — Perré de fond.

Il vaut mieux établir des perrés de flottaison pouvant être construits sans abaissement du plan d'eau derrière un petit bâtardeau. On peut citer dans cet ordre d'idées le type souvant adopté pour le canal de la Sensée (*fig.* 435).

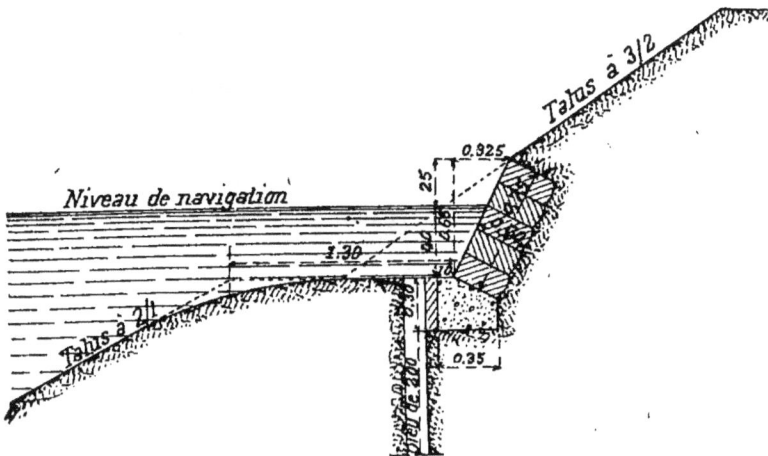

Fig. 435. — Perré de flottaison.

Le perré en maçonnerie, incliné à 1 de base pour 2 de hauteur, s'élève à 0ᵐ,25 au-dessus du plan d'eau normal et descend à 0ᵐ,40 au-dessus de ce même niveau. Il s'appuie sur un massif en fondation de béton, soutenu par des pieux espacés de 1 mètre d'axe en axe. La banquette a une largeur de 1ᵐ,30, et les pieux 2 mètres seulement de longueur.

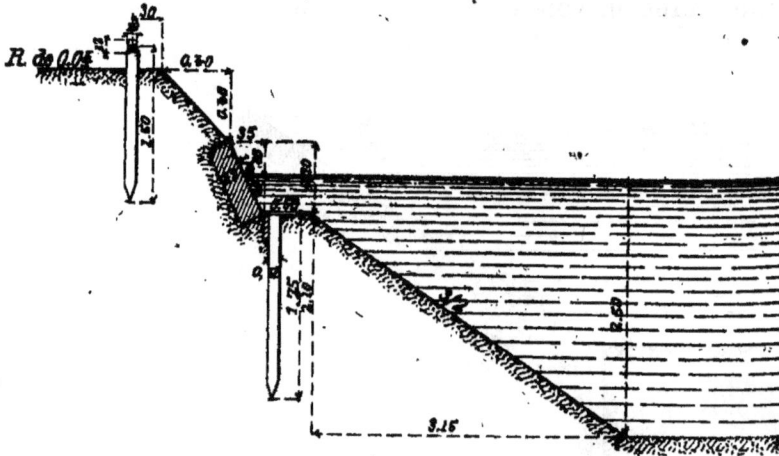

Fig. 436. — Perré de flottaison du canal de Saint-Quentin.

Ce type revient à 13 fr. 50 le mètre courant, dont 1 franc pour bâtardeau et épuisements.

Le type employé sur le canal de Saint-Quentin est identique au précédent (*fig.* 436).

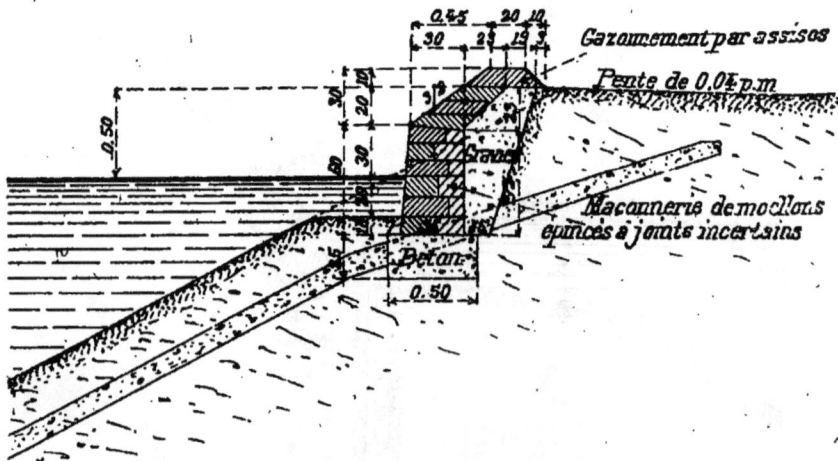

Fig. 437. — Muret de flottaison du canal de l'Aisne à la Marne.

Les types précédents ne s'appliquent pas sur les portions de canal où se trouvent des chemises d'étanchement en béton. On doit renoncer à l'emploi de pieux ou de piquets, et faire reposer le perré de flottaison sur la chemise d'étanchement, avec laquelle il fait corps.

Sur le canal de l'Aisne à la Marne, on a ainsi établi des murets de flottaison suivant des types, qui reviennent respectivement à 11 francs et 14 francs le mètre courant (*fig.* 437-438).

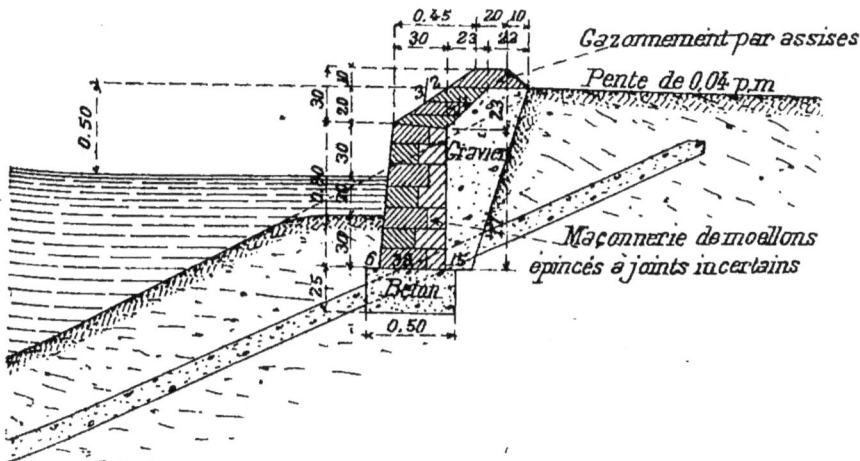

FIG. 438. — Muret de flottaison du canal de l'Aisne à la Marne.

325. Plantations. — Les plantations le long des canaux ont de très heureux effets au point de vue de la conservation des berges. Leurs racines consolident le sol des levées ; l'ombre, que projette leur feuillage, préserve la terre des gerçures pendant la saison d'été, en même temps qu'elle favorise la croissance d'un gazon utile au même point de vue.

En dehors de cette considération, qui a son importance, les plantations en rideau atténuent l'effet des vents violents qui, dans certaines contrées, poussent les bateaux à la rive, et par cela même augmentent l'effort de halage. Elles se développent d'ailleurs au contact de l'eau d'une manière si rapide que leur exploitation régulière peut donner un revenu susceptible d'atténuer les charges de l'entretien.

Le *Manuel d'Arboriculture*, attribué par l'Administration à tous les bureaux d'ingénieur, donne tous les renseignements utiles pour le choix d'une essence, et les soins à donner aux sujets. Il est inutile d'insister sur ce point ; il suffit d'indiquer qu'il est mauvais d'alterner les espèces, leur développement n'étant pas simultané, l'espèce la moins prompte étant atrophiée par l'autre.

Dans le même ordre d'idées, il est utile de n'avoir sur une même ligne d'une certaine étendue que des sujets du même âge, afin qu'il y ait une égale répartition de soleil, d'air et de nutrition. Les coupes successives que l'on pratiquera devront être complètes et laisser le canal à nu, pour que le remplacement y soit simultané.

326. Dévasement de la cuvette. -- Malgré toutes les précautions que l'on a prises, la cuvette se remplit plus ou moins rapidement, et des dévasements ou curages périodiques deviennent nécessaires.

On citera pour mémoire les bacs à râteau, qui sont employés pour l'entretien des canaux creusés dans les vases de l'embouchure de la Charente, de la Sèvre Niortaise, et sur le canal de la Somme. Ils comportent essentiellement un vannage trapézoïdal dessinant exactement le profil du canal et armé à sa partie inférieure de dents propres à attaquer le fond. Le vannage est soutenu à la hauteur voulue par un ou plusieurs bateaux ou radeaux; il barre complètement le canal, dont l'eau se gonfle à l'amont et s'abaisse à l'aval ; sous la poussée produite par cette dénivellation, l'appareil progresse en poussant devant lui jusqu'aux profondeurs les matières enlevées au sol. L'emploi de cet appareil suppose qu'on dispose de profondeurs pour y emmagasiner les vases ainsi rabotées, ce qui explique qu'il soit resté et reste à l'état d'exception.

On a donc recours à d'autres moyens. Le premier consiste, à la faveur d'un chômage, à enlever les déblais par les procédés ordinaires de terrassement, lorsque le canal est à sec. Mais il faut profiter d'un chômage occasionné par d'autres travaux, car il serait abusif d'interrompre la navigation sous prétexte de curages, cette opération pouvant être faite par des dragues, pendant que la cuvette est en eau. Néanmoins le dévasement à sec peut être considéré comme une nécessité, à laquelle il n'est guère possible de se soustraire.

Le système le plus employé aujourd'hui pour le dévasement des canaux pendant qu'ils sont en eau est celui des

dragues. La drague à main est encore utilisée pour l'enlèvement des dépôts locaux, principalement aux abords immé-
diats des rentrées d'eau. Le rendement de cet engin est très
faible, et le prix de revient très élevé. On emploie plus
couramment les dragues mécaniques: les dragues ordinaires
à godets, qui sont les plus usitées, ne sont pas d'un usage
très pratique dans les canaux ; d'une part, parce que l'enlèvement des dépôts de faible épaisseur exige des déplacements réitérés, et de nombreux passages sous les ponts, ce
qui implique tout au moins le démontage partiel de l'appareil; et d'autre part, parce que le papillonnage entraîne
l'établissement d'amarres qui gênent, sur les rives du canal,
la circulation de la navigation.

Il est difficile de limiter à un plan horizontal l'action des
machines. Tout ce qui reste au-dessus du plafond normal
peut être une gêne ; toute excavation faite au-dessous peut
être une cause sérieuse de déperditions.

La plupart des inconvénients signalés sont grandement
atténués par l'emploi de petites dragues à pétrole, imaginées
dans le service de la petite Seine, et introduites ultérieurement sur divers canaux, notamment sur le canal de Briare.

Cet appareil peut passer librement sous les ponts présentant le tirant d'air réglementaire de 3m,70, le moteur très
simple peut être conduit par un agent quelconque. Le prix
de revient moyen du mètre cube sur le canal de Briare a
été de 0 fr. 60, déchargement compris.

Sur la Sèvre Niortaise, et les nombreux canaux qui l'accompagnent, qui servent de voies de communication en
temps ordinaire, et d'écoulement pendant les crues, on a
aménagé sur la drague ordinaire du service un couloir de
30 mètres de longueur au minimum, permettant le déversement direct des produits dragués sur la rive. Les résultats
obtenus sont des plus satisfaisants ; le prix de revient du
mètre cube, mesuré au déblai, et mis en dépôt, est de 0 fr. 25.

327. Inconvénients des dévasements et des curages. —
L'enlèvement des dépôts présente de sérieux inconvénients
au point de vue de l'étanchéité du canal. Ces dépôts colmatent,
en effet, la cuvette et s'opposent peu à peu à la filtration de

l'eau à travers les parois plus ou moins perméables du canal. On ne devra donc les enlever qu'avec une grande circonspection, et on préférera, lorsque cela sera possible, regagner le mouillage par une légère surélévation du plan d'eau.

328. Faucardement des herbes. — Indépendamment des plantes, qui poussent à fleur d'eau sur les talus des canaux, il se développe, sur le plafond, une végétation aquatique qui met obstacle à la marche des bateaux, surtout des bateaux

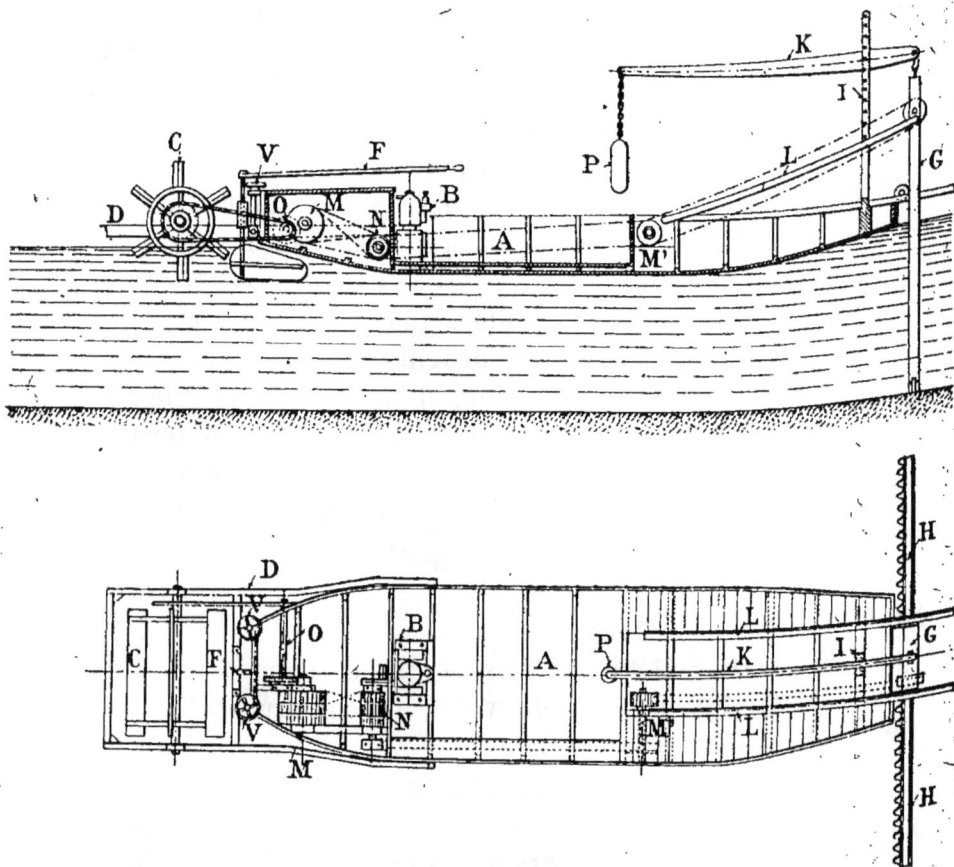

Fig. 439. — Bateau faucheur.

à vapeur, qui ont des propulseurs à hélice. — Il est donc indispensable de couper ces herbes, aussitôt qu'elles ont pris un développement susceptible de nuire, ordinairement pendant l'été.

Divers procédés sont employés. On peut citer, notamment,

une sorte de faux triangulaire à bords aiguisés, que de légères chaînes laissées à la traîne maintiennent sur le plafond pendant qu'on tire l'appareil de la rive en lui imprimant une succession de secousses. On se sert aussi d'une lame de faux qui scie les herbes sur tout le périmètre de la section, lorsqu'on lui imprime un mouvement de va-et-vient tout en progressant. On vient d'expérimenter un bateau faucheur automobile sur différents canaux et rivières. Ce bateau, dû à M. Amiot, ingénieur à Argence, semble donner de bons résultats, qui sont en même temps économiques. Le bateau porte à l'avant une roue à aubes C assurant le déplacement du bateau, et à l'arrière une faucheuse G, dont les barres occupent de 2 à 4 mètres de longueur, reçoivent, comme la roue à aubes, leur mouvement distinct ou simultané d'un moteur B placé vers l'avant.

La faucheuse G, suspendue à l'extrémité d'un levier équilibré par un contrepoids P, suit les variations du fond par l'oscillation verticale de ce levier (fig. 439).

Les dispositions des organes permettent le passage du bateau dans tous les endroits où la largeur du lit n'est pas inférieure à celle du bateau et où il n'existe pas en hauteur d'obstacle inférieur à 50 centimètres au-dessus du niveau de l'eau.

Le parcours fauché est d'environ 2 kilomètres par heure; le prix de revient du fauchage, amortissement et entretien compris, serait de 2 fr. 15 par kilomètre. Le prix du fauchage d'un hectare serait d'environ 5 fr. 40. La figure qui suit montre le bateau en marche (fig. 440).

Quel que soit le procédé employé, il convient de provoquer dans le canal un léger courant de sens inverse à celui de propulsion de l'engin, pour qu'aussitôt coupées, les herbes échappent à l'action de cet engin, grâce à la légère inclinaison qu'elles ont vers l'aval.

L'enlèvement des végétaux flottants se fait ensuite très facilement en les tirant sur la berge. Il n'en est pas de même de ceux qui restent entre deux eaux, et qu'il faut recueillir au moyen de filets. Cette opération difficile est nécessaire pour récolter les herbes, avant qu'elles ne s'engagent dans les ventelles, viennent se loger derrière les portes d'écluse, ou s'amonceler en masse, arrêtant la marche des bateaux.

On a cru reconnaître que ces plantes flottaient, lorsqu'elles n'étaient pas arrivées à maturité, et restaient au contraire immergées quand la saison était plus avancée. C'est donc vers le commencement de l'été qu'il faut faucarder de préférence.

Cette opération doit être renouvelée fréquemment, surtout sur les rigoles d'alimentation, où la végétation aquatique n'est pas contrariée par le passage des bateaux et se

FIG. 440. — Vue du bateau faucheur.

développe rapidement, grâce à la faible profondeur de l'eau. Les parties les plus exposées au soleil sont celles où la végétation se développe le plus rapidement, ce qui implique la nécessité de planter sur les bords des rigoles des arbrisseaux formant berceau.

Le faucardement ne donne que des résultats éphémères ; les dragages ou curages sont plus efficaces, puisqu'ils parviennent à arracher les plantes aquatiques et à labourer pour ainsi dire le fond du canal.

329. Déglaçage des canaux. — Les canaux dont l'eau est dormante sont bien plus susceptibles que les cours d'eau naturels de se prendre en une masse de glace, qui disparaît aussi plus lentement au moment du dégel. On peut retarder la formation de la glace ou hâter sa fusion en forçant le courant d'alimentation. Mais la formation de la glace sur toute la surface du canal et sur une certaine épaisseur est un mal inévitable, qu'il faut subir dans les climats froids. On ne peut pas, en effet, songer à assurer la navigation par le bris des glaces, dès qu'elles dépassent 2 ou 3 centimètres d'épaisseur. Les glaçons, ne pouvant être évacués, se ressoudent la nuit, et sont susceptibles de blesser les bateaux quand ils sont flottants, et même de s'opposer à leur passage comme si la glace était continue. Le déglaçage doit donc se limiter aux périodes de prise et de fonte de la glace, quand la température est assez voisine de zéro, pour que le bateau brise-glace suffise à assurer un chenal libre. Cette opération doit être entreprise avec le concours actif des mariniers, qui en profitent, ce qui prouve l'intérêt qui s'y attache.

Divers procédés ont été employés pour déglacer un canal Le plus simple consiste à ouvrir, au moyen de la hache, deux sillons espacés de la largeur d'un bateau, et à briser ensuite la surface intermédiaire. Mais c'est là une opération lente et coûteuse ; et on préfère se servir d'un bateau brise-glace dans les pays où le cassage de la glace est à prévoir d'une façon normale.

La forme des bateaux brise-glace diffère assez peu de celle des bateaux ordinaires. Quand la glace est peu épaisse, un simple batelet ordinaire peut suffire ; quand elle est, au contraire plus forte, on se sert d'un bateau plus puissant, pouvant peser avec son lest entre 2 et 5 tonnes, et dont la partie avant est assez élargie pour lui permettre de mieux se tenir sur la glace et de ne pas la fendre en couteau. Le bateau, dont la sole est solidement doublée en tôle pour résister à l'usure, est halé puissamment des deux rives dans la direction du chenal à créer ; son avant est engagé sur la glace, et son arrière flotte, de telle sorte que tout le poids du bateau pèse sur la croûte solide et la brise lorsqu'il avance. On augmente encore son effet par un mouvement de roulis que des hommes à bord lui impriment.

La figure 441 représente le bateau brise-glace usité sur le canal de l'Aisne à la Marne.

On peut aussi s'aider de la poudre et de la dynamite pour

Coupe suivant AB.

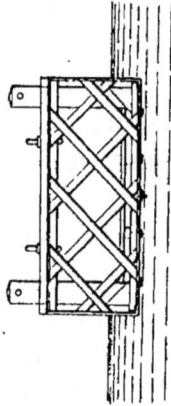

Position du bateau
dans les glaces de 0ᵐ.20

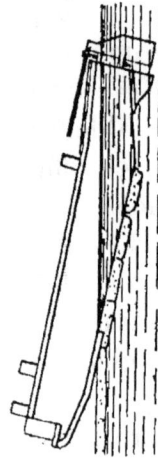

Coupe longitudinale

Chambre recevant au moment du
travail 2200ᵏ de gueuses en fonte

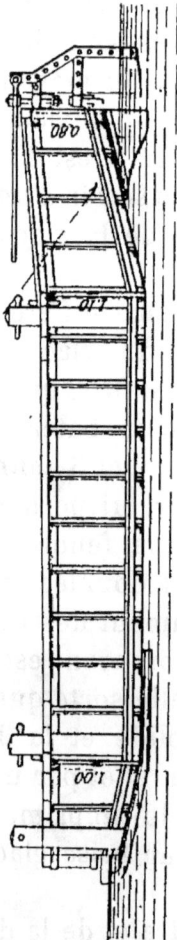

0.80

1.10

1.00

Demi-Coupe horizontale
(Le plancher enlevé)

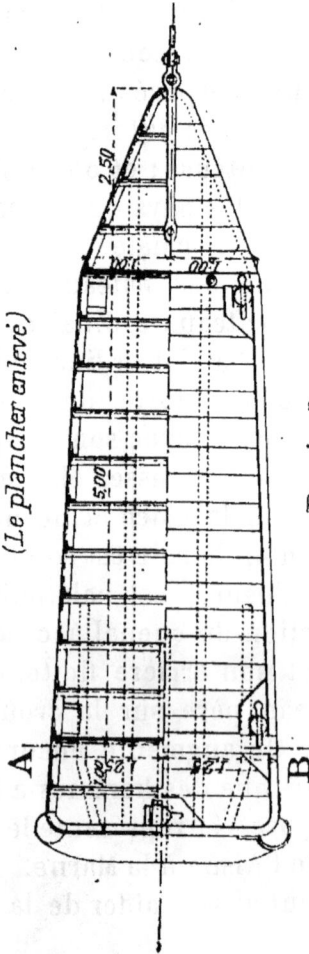

Demi-plan

2.50

0.70

0.70

5.00

Fᴵᴳ. 441. — Bateau brise-glace, en usage sur le canal de l'Aisne à la Marne.

briser la glace ; mais, avec ce moyen, on détruit le poisson, qui se trouve en ce moment dans le canal, ce qui n'est pas sans inconvénient.

330. Entretien des ouvrages d'art. — Les ouvrages d'art sur les canaux sont exposés à des causes de destruction beaucoup plus violente que sur les voies de terre, en raison du voisinage immédiat et permanent de l'eau. Il faut donc les entretenir avec soin, et veiller notamment à ce que les affouillements, s'il s'en produit, soient réparés le plus rapidement possible. La visite des ouvrages par un scaphandrier s'impose donc assez fréquemment ; le même ouvrier peut aussi, quand il est bien exercé, exécuter de la bonne maçonnerie sous l'eau, quand il n'y a pas de courant. Il place également, à la demande du travail, des sacs en toile à peu près remplis de béton de ciment.

Dans les maçonneries de mortier, il faut éviter avec soin toute végétation, qui ne peut se développer qu'à la faveur de la destruction des joints.

La peinture des ouvrages doit être renouvelée assez fréquemment. Il en est de même du goudronnage, qui peut être effectué avec du goudron végétal ou goudron de Norvège, ou avec du goudron minéral ou goudron de gaz. Le premier convient exclusivement aux bois qui restent à l'air ou qui sont soumis à des alternatives de sécheresse ou d'humidité ; le second, qui s'échauffe sous l'action du soleil et se boursoufle, doit être réservé pour les maçonneries, les fers et même, à la rigueur, pour les bois constamment noyés.

331. Chômages. — *Chômages généraux.* — Les chômages sont les interruptions de navigation, résultant d'une décision administrative prise en vue de faciliter les travaux, notamment ceux d'entretien et de réparation ordinaires. On distingue les chômages *réglementaires ou généraux*, qui s'exécutent à des intervalles plus ou moins rapprochés, pour visiter et mettre les ouvrages en état ; *les chômages accidentels*, occasionnés par des avaries survenues à quelques ouvrages ou à des bateaux qui peuvent encombrer en sombrant. Dans le même ordre d'idées, on peut citer les interruptions de la navigation sur les canaux à point de partage par suite du manque d'eau pendant les sécheresses, ce qui permet de réparer tout ce qui est en souffrance, en rendant le chômage complet sur la ligne entière pendant la période de pénurie d'eau.

On admettait autrefois la convenance de faire coïncider le chômage sur toutes les voies navigables d'un même réseau, car les bateaux, qui se trouvaient ainsi arrêtés pendant un certain temps, trouvaient ensuite toutes les voies libres à l'expiration de la période fixe.

La simultanéité des chômages n'est pas cependant sans présenter quelques inconvénients, parce que les systèmes de l'entretien, les ressources de l'alimentation, les besoins mêmes du commerce et de l'industrie sont loin d'être les mêmes pour toutes les régions que dessert un réseau.

La gêne apportée par les chômages a conduit les intéressés à demander la suppression complète des chômages et à réclamer la continuité des transports par eau aussi bien que celle des transports par voie ferrée. Cette suppression semble être, sur la plupart des canaux, une mesure irréalisable, à cause de certains travaux d'entretien, tels que ceux des ponts-canaux, des radiers d'écluses, des étanchements bétonnés, qui exigent impérieusement la vidange du canal. Mais on doit, sur chaque voie en particulier, chercher à espacer les chômages le plus possible et à les limiter aux longueurs les plus restreintes, aux durées les plus courtes, aux travaux qui exigent *absolument* la vidange du canal, dût-il en résulter un accroissement, même notable, du prix de revient. De cette manière on économise l'eau d'alimentation, on laisse la circulation s'exercer sur le restant du canal, et enfin on évite les inconvénients de la mise à sec au point de vue de l'hygiène ou de la remise en eau au point de vue de la dessiccation des parois. On s'efforce d'ailleurs à prévenir les causes de chômage lors de la construction et dans l'entretien des canaux. Pour cela on n'emploie dans les parties immergées des ouvrages que des matériaux de premier choix et de fortes dimensions, afin de leur assurer une grande durée.

On multiplie les rainures à poutrelles et les ouvrages de remplissage et de vidange pour faciliter les sectionnements.

On cherche à ramener les portes d'écluses à un type uniforme, pour en faciliter le remplacement en cas d'accident : et on dispose les colliers, tourillons et ventelles de telle sorte que les changements puissent s'effectuer sans chômage.

Enfin on fait emploi du scaphandre dans une large mesure pour exécuter les réparations peu importantes et urgentes.

Néanmoins, on ne peut pas éviter les chômages, et il faut déterminer l'époque à laquelle il convient de les placer. Les habitudes, les besoins de la région traversée par un canal étaient souvent prépondérantes, et servaient à fixer cette période : c'était au printemps pour la région du Nord, en hiver dans la région de l'Est, etc. Les considérations locales ne prévalent plus actuellement; on a aussi renoncé à l'échelonnement des chômages, qui consistait à les interrompre d'une manière successive dans les diverses sections d'une même ligne, en les échelonnant dans le sens du plus fort trafic, c'est-à-dire sur Paris, de manière qu'un bateau chargé, sortant de la section la plus éloignée, au commencement du chômage dans cette section, pût arriver à destination sans être arrêté en route. Ce système présentait de graves inconvénients en accumulant à l'extrémité de la ligne tous les bateaux vides à la fin du chômage.

Actuellement, les chômages se font simultanément sur toutes les voies du réseau français, et pendant la période qui s'étend du 15 juin au 15 juillet, et qui est également choisie, par suite d'une convention internationale, sur les voies traversant les frontières de Belgique et d'Allemagne.

Sur chaque voie en particulier, le chômage est limité aux seuls biefs dont la vidange est indispensable; sa durée est réduite autant que possible à quinze ou vingt jours au plus. Sur une même ligne, on ne fait d'ordinaire de chômage que tous les deux ans; quand deux ou plusieurs lignes réunissent deux centres importants, comme il arrive pour Paris et Lyon par exemple, on s'arrange pour que, chaque année, une au moins de ces lignes reste toujours libre.

En France, les chômages sont fixés par un arrêté ministériel, pris à la suite d'une instruction, au cours de laquelle tous les intéressés sont mis à même de se faire entendre.

MATÉRIEL ET TRACTION

332. Matériel de transport en usage sur les canaux. —
Les bateaux, qui circulent aujourd'hui sur les canaux, peuvent
être ramenés à trois types principaux : la péniche du Nord,
ou bateau du type légal, ayant 38 mètres de longueur, 5 mètres
de largeur, 1^m,80 d'enfoncement normal, pouvant porter de
250 à 300 tonnes ; le bateau de 30 mètres de longueur, 5 mètres
de largeur et 1^m,60 d'enfoncement, convenant aux anciennes
écluses et portant 140 à 160 tonnes ; enfin les bateaux dits
« berrichons », du nom du canal à section étroite du Berry,
ayant 28 mètres de longueur, 2^m,50 de largeur et 1^m,10 de
tirant d'eau normal.

Les bateaux du second type tendent à disparaître, en
même temps que les canaux, sont transformés et sont remplacés par les péniches flamandes. Mais les berrichons font
et feront longtemps encore une vive concurrence aux grands
bateaux, non seulement sur les canaux du Centre, mais
aussi sur toutes les voies navigables du bassin de la Seine.
Ces petits bateaux sont en effet très simples de manœuvre,
très rapides de marche, d'une faible résistance à la traction
et d'un prix de revient peu élevé.

Est-ce à dire que l'on doive s'en tenir à la péniche flamande de 300 tonnes, aux formes massives et antiration-
nelles, et s'interdire dans l'avenir de recourir à un matériel
plus puissant? Des ingénieurs[1] et des économistes éminents
pensent que, sur les voies à très gros trafic[2], ces dimensions sont aujourd'hui insuffisantes, et que, pour réduire les
frais d'exploitation de la batellerie et amener l'abaissement
nécessaire du fret, il faut songer hardiment, comme on l'a
fait en Allemagne, à créer des voies accessibles aux bateaux
de 600 tonnes ou plus.

La question s'est posée dans ces dernières années à propos
du nouveau canal du Nord. On a craint, en adoptant un

---

1. M. de Mas, au Congrès de Bordeaux (1907).
2. Il ne saurait s'agir d'une transformation générale du réseau
français, qui, tracé dans un pays accidenté, entraînerait une dépense colossale.

nouveau type, de révolutionner, sans un avantage économique suffisant, la vie familiale des pénichiens. On a admis,
en effet, que la péniche de 300 tonnes était le plus grand
bateau qui pût être conduit par un seul homme[1], et que
par suite on n'obtiendrait probablement pas un prix de
revient plus bas avec un bateau de 600 tonnes qu'avec le
convoi type de deux bateaux de 300 tonnes adopté sur le
canal du Nord.

Si l'on n'abandonne pas le type de la péniche flamande,
on s'efforcera de réaliser, sur la voie, des travaux d'amélioration qui diminuent dans une grande mesure les dépenses
d'exploitation de la batellerie, en lui permettant de circuler
plus facilement et plus rapidement. Il est intéressant, par
exemple, de porter de 2 mètres à 2m,50 le mouillage pour
permettre les convois de trois et quatre bateaux, d'augmenter la largeur du canal au niveau de la flottaison, de supprimer tous les ponts mobiles et passages rétrécis. qui sont
une cause d'arrêt ou de ralentissement, d'établir d'une façon
parfaite la continuité du halage, d'étudier tous les détails
des écluses et de leurs abords pour réduire au minimum la
durée des éclusées, enfin de débarrasser le canal des bateaux arrêtés, qui l'encombrent, en créant, hors de la voie
courante, des gares d'attente pour les bateaux en quête de
chargement, et des ports pour les bateaux en chargement ou
déchargement.

333. Traction des bateaux sur les canaux. — La traction
des bateaux sur les canaux s'opère actuellement au gré de
chacun, et il n'est pas rare de voir se succéder sur une
même voie d'eau les procédés les plus primitifs et les plus
perfectionnés, le halage à bras et le halage mécanique. A
condition de respecter les règles de la police de la navigation, tout usager des voies navigables françaises peut circuler à sa guise, marcher, s'arrêter, croiser et dépasser ses
confrères, quels que soient le tonnage, le mode de propulsion ou de traction de son bateau, la nature de son charge-

---

1. Certains constructeurs belges affirment qu'un seul batelier
suffirait à la conduite d'un bateau de 600 tonnes bien construit.
Il serait extrêmement intéressant d'être fixé sur ce point.

ment, sa nationalité. Est-ce là un avantage ? On verra plus loin, quand on traitera de l'exploitation des canaux, ce qu'il faut en penser.

Halage à bras ou à col d'homme. — Avec ce mode de traction, le bateau est traîné par deux hommes, un sur chaque rive, de telle sorte qu'il reste dans l'axe de la voie et n'a pas besoin d'être gouverné à bord.

C'est un moyen très économique (5 à 7 millimes par tonne kilométrique), mais excessivement pénible et très lent, puisque la vitesse atteint rarement 1 kilomètre à l'heure.

Halage mixte. — Le halage mixte usité par les Berrichons est effectué tantôt par un âne logé à bord, tantôt par le marinier, lorsque les circonstances l'exigent. Le prix de ce halage est sensiblement le même que celui du halage à bras ; mais le parcours journalier est plus que doublé.

Halage par chevaux. — Le halage par chevaux peut s'effectuer : soit au moyen d'animaux installés à bord, comme les ânes des Berrichons, ou au service des haleurs aux longs jours, et qui font avec le même bateau un certain nombre d'étapes ; soit au moyen de ceux qui sont groupés en relais par des entrepreneurs de transport (par exemple la Compagnie de halage du Nord-Est sur le canal de la Marne au Rhin).

Le mode de halage, usité sur le canal latéral à l'Oise entre Janville et Chauny, est économique, puisqu'il donne lieu à un tarif de 2,7 millimes à la descente et de 2,9 à la remonte par tonne kilométrique pour un chargement complet de 280 tonnes en moyenne.

Sur l'Escaut et sur les deux versants du canal de Saint-Quentin ainsi que sur le canal de la Sensée, soit de Condé à Chauny, d'une part, et à Courchelettes, d'autre part, sur une longueur de 146 kilomètres, le halage par relais constitue un service régulier établi par l'État en vertu d'un décret. Chacune de ces voies est divisée en lots, dont l'exploitation est concédée pour six ans à un entrepreneur par voie d'adjudication publique.

Le halage ainsi organisé est obligatoire pour tous les bateaux, à l'exception des bateaux à vapeur et des bateaux vides. Il doit être effectué avec une vitesse de 2 kilomètres à l'heure, moyennant les tarifs suivants par tonne kilométrique : à la remonte, de 3,4 à 4,9 millimes; à la descente, de 2,9 à 3,3 millimes.

L'intervention de l'État se justifie par l'intérêt public qu'il y a à éviter tout encombrement et tout retard sur une voie navigable aussi importante, qui dessert un trafic de plus de 6 millions de tonnes.

Traction mécanique dans les souterrains et biefs de partage des canaux français. — La traction mécanique a été appliquée depuis longtemps par l'État dans les parties des canaux où la navigation se heurte à des sujétions particulières, c'est-à-dire dans les biefs de partage avec souterrains.

Les souterrains à voie unique sont précédés et suivis de tranchées profondes, qui, souvent, ne présentent qu'une voie. La réglementation du passage et la marche en convois alternatifs s'imposent donc d'une façon absolue.

Au bief de partage du canal de Saint-Quentin, sur un parcours de 18^{km},800, dont près de 7 kilomètres de souterrain, et pour desservir un tonnage effectif de 6 millions de tonnes, l'État exploite en régie un service de touage sur chaîne noyée, avec moteur électrique, dont l'usage est obligatoire pour tirer les bateaux.

Le nombre des bateaux toués par convoi est de vingt en moyenne, ayant une longueur de 1.100 mètres environ, et un tonnage moyen de 5.000 tonnes.

La taxe imposée est 2 millimes par tonne kilométrique, environ le double du prix de revient, et laisse par conséquent un bénéfice considérable à l'État.

Au bief de partage de Mauvages, sur le canal de la Marne au Rhin, on trouve également un service de touage sur chaîne noyée avec un parcours de 7^{km},300, dont 4^{km},900 en souterrain. Les toueurs sont munis de machines du système Francq, marchant sans feu, au moyen de réservoirs à vapeur chargés à haute pression en dehors du souterrain.

L'emploi du toueur est obligatoire; la taxe de 5 millimes par tonne et kilomètre est à peine rémunératrice.

Le service de touage du bief de partage du canal de Bourgogne est installé sur 5^{km},700, dont 5^{km},200 de tunnel avec station génératrice, ligne à trolley et réceptrice sur toueur commandant une poulie à empreinte, sur laquelle passe la chaîne de touage. Les taxes perçues, assez élevées, sont au minimum : bateaux vides, 1 fr. 50 ; bateaux chargés, 1 fr. 50 pour la coque et 0 fr. 05 par tonne de chargement ; elles ne sont pas rémunératrices, eu égard au faible trafic du canal de Bourgogne.

Au bief de partage du canal de l'Aisne à la Marne, on a installé, sur un parcours de 2^{km},500, dont 2^{km},200 en souterrain, le halage funiculaire dont on fera connaître ultérieurement le mode de fonctionnement. Le tarif est de 0 fr. 02 par tonne de chargement pour le parcours total. Le halage est gratuit pour les bateaux vides ; les bateaux à vapeur sont autorisés à se servir de leurs moteurs. Avec un mouvement de 1.500.000 tonnes, l'entreprise est rémunératrice.

Au bief de partage du canal du Nivernais, le toueur est actionné par un moteur à pétrole de 10 chevaux. Les convois se composent de trois à douze bateaux, et le tonnage utile varie de 100 à 850 tonnes.

La durée de la traversée du bief de partage (3^{km},700) varie de une heure et demie à trois heures, et la consommation en essence de 7 à 18 litres.

Le système fonctionne très régulièrement et donne lieu à une dépense modérée, eu égard à la faiblesse du trafic (55.000 tonnes par an) et au tonnage réduit des bateaux.

334. Divers modes de halage mécanique sur les canaux en voie courante. — Le touage, qui est employé dans les passages exceptionnels, a été appliqué aussi en voie courante, concurremment avec divers procédés qu'il est intéressant de faire connaître.

La traction mécanique sur les canaux n'est pas sans présenter de grandes difficultés. Le grand nombre des écluses, qui ne peuvent généralement recevoir qu'un bateau à la fois, nécessite la navigation par bateaux isolés marchant d'une manière continue. D'autre part, en raison des dimensions réduites de la section mouillée, la vitesse doit y être très faible, sous peine de provoquer des résistances excessives (0^{m},75 par seconde, 2^{km},700 à l'heure). La traction de chaque bateau n'exige donc qu'une force très peu importante, et l'on doit chercher à obtenir économiquement cette division de la force motrice. Diverses solutions ont été proposées.

Toueur-porteur. — Chaque bateau devenait un *toueur-porteur*, portant un appareil de touage avec son moteur, et se halant sur une chaîne fournie et posée par l'Etat.

L'installation à bord d'une locomobile avec tous ses accessoires a paru peu pratique. M. de Bovet a proposé d'actionner l'appareil de touage par une dynamo empruntant l'énergie à une ligne établie le long du canal, ce qui réduit l'installation à faire sur le bateau à sa plus simple expression. Les essais, qui ont été faits dans cet ordre d'idées, en 1894, sur le canal Saint-Denis, n'ont pas eu de suite.

Bateau porteur à hélice. — On semble avoir renoncé à transformer temporairement chaque bateau en *toueur-porteur*, et on a cherché à en faire un *bateau porteur à hélices*. A cet effet, chaque bateau était muni d'un gouvernail spécial, dans lequel était installée une petite hélice mise en mouvement au moyen de l'énergie électrique empruntée à une ligne courant le long du canal. Les essais ont été faits dans cet ordre d'idées sur le canal de Bourgogne pendant l'hiver 1895-1896. Ils n'ont pas été poursuivis, sans doute à cause du faible rendement de l'hélice, dû aux formes défectueuses des bateaux.

Halage par locomotives à vapeur. — Le halage au moyen de locomotives à vapeur circulant sur une voie ferrée portée par le chemin de halage n'a pas eu plus de succès.

On peut citer les expériences faites par M. Larmanjat sur le canal de Bourgogne en 1873 avec une petite locomotive pesant 4 tonnes, et circulant sur un rail unique. Elles ont dû être abandonnées à la suite de mécomptes d'ordre technique et d'ordre financier.

Le service de traction par locomotive à vapeur, qui a fonctionné pendant quelques années sur les canaux de Neuffossé, d'Aire et de la Deule, entre les écluses des Fontinettes près de Saint-Omer et les abords de Douai, ont donné de meilleurs résultats. L'importance du trafic, le grand nombre de bateaux susceptibles d'être remorqués en convoi, l'absence d'écluses sur le parcours étaient des circonstances éminemment favorables à la réussite de l'entreprise. Les locomotives tenders à quatre roues couplées pesaient 14 tonnes en ordre

de marche, et circulaient sur une voie de 1 mètre à la vitesse
de 1.500 mètres à l'heure. Le prix de traction était, en 1885,
de 3,4 millimes par tonne kilométrique ; il était sans doute
peu rémunérateur, puisqu'en 1886 la société du halage à
vapeur a dû entrer en liquidation. Il faut reconnaître que
ce système essayé dans des conditions exceptionnelles ne
résout pas le problème d'une manière satisfaisante, puisqu'il
ne permet pas la traction individuelle des bateaux.

Halage funiculaire. — Le halage funiculaire consiste essentiellement dans l'emploi d'un câble sans fin actionné par un
moteur fixe. Les deux brins du câble courent sur des poulies, l'un à droite, l'autre à gauche du canal, et les bateaux
s'amarrent à l'un ou à l'autre de ces brins suivant le sens de
leur marche, de telle sorte que le câble opère simultanément la traction des bateaux montants et descendants
(*fig.* 442)

Le principe est simple et séduisant, mais l'exécution se
heurte à de nombreuses difficultés tenant, savoir :

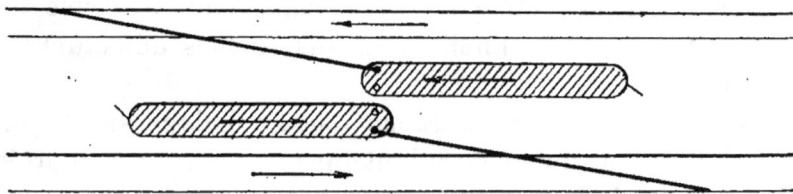

Fig. 442. — Halage funiculaire.

1° A l'instabilité du câble sur ses poulies par suite de la
traction oblique qu'il exerce sur les bateaux et qui peut
amener son déraillement ;

2° Au passage sur les poulies de la corde d'amarre ou remorque, qui doit s'en échapper spontanément, tandis que le
câble reste emprisonné dans la gorge ;

3° A la grande hauteur du câble au-dessus du chemin de
halage, qui rend difficile l'attache de la remorque ;

4° A l'obligation d'obtenir un démarrage lent et progres-
sif, permettant au marinier de remonter à bord avant le
départ ;

5° A la nécessité d'arrêter à volonté la marche du bateau
et de détacher la remorque ;

6° Au *vrillage*, mouvement de rotation du câble sur lui-même, qui accompagne toujours son mouvement de translation et tend à l'enroulement de la remorque ;

7° Aux sinuosités et obstacles de la voie astreignant le câble à suivre un tracé compliqué.

Les difficultés ont été résolues, sinon complètement, du moins d'une manière satisfaisante, par M. l'inspecteur général Maurice Lévy, dans le système installé d'abord à titre d'expérience sur les canaux de Saint-Maurice et de Saint-Maur, puis appliqué depuis 1894 au bief de partage du canal de l'Aisne à la Marne (souterrain du Mont de Billy).

Une machine fixe de 20 chevaux actionne un câble, dont les deux brins sont disposés l'un au-dessus de l'autre d'un même côté du canal, celui du halage, sur une longueur de 2.600 mètres. Ce câble, en fils d'acier de $0^m,03$ de diamètre, subit l'action d'un contrepoids de 10 tonnes lui donnant une tension de 5 tonnes en moyenne sur chaque brin.

L'appareil de tension est formé d'une poulie de 2 mètres, placée sur un chariot mobile, auquel est fixé le poids de 10 tonnes ; il est placé à une extrémité du câble, près du système d'entraînement, qui se compose de deux poulies fixes de 2 mètres : la poulie motrice, dont la gorge porte une garniture d'orme, et une poulie de direction destinée à faire embrasser au câble les deux tiers de la circonférence de la première. La poulie de retour de l'autre extrémité a aussi 2 mètres.

Les poulies de support du câble ont $0^m,50$ de diamètre à fond de gorge. Leurs joues sont munies de crans pour faciliter le dégagement des cordes des bateaux. Les poulies inférieures, plus basses que le point d'amarrage sur les bateaux, sont munies d'un fermoir pour empêcher que le câble ne saute. Des guidages scellés dans la masse empêchent les cordes, qui font un angle très aigu avec le câble, de s'engager dans les poulies supérieures (*fig.* 446).

Le vrillage qui se produit dans tous les câbles sans fin n'a pu être évité d'une manière absolue ; mais il a été rendu tout à fait exceptionnel par l'emploi du système d'attelage imaginé par M. Maurice Lévy. Des arrêts tous les 30 mètres constitués par une ficelle enduite d'un mélange de résine et de goudron, enroulée autour du câble sur 0^m,20 de longueur[1] et formant

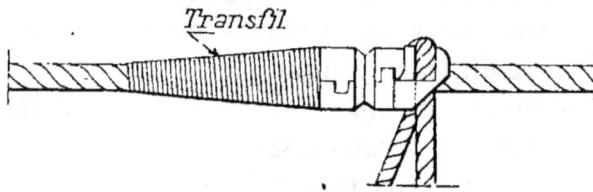

Fig. 443. — Arrêt de câble.

bourrelet, servent d'appui à une bague en acier coulé ayant le diamètre du câble, et formée de 2 parties réunies

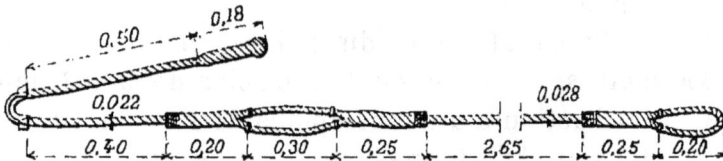

Fig. 444. — Détails de la corde d'attelage.

par des goupilles, de façon à pouvoir s'enlever très facile-

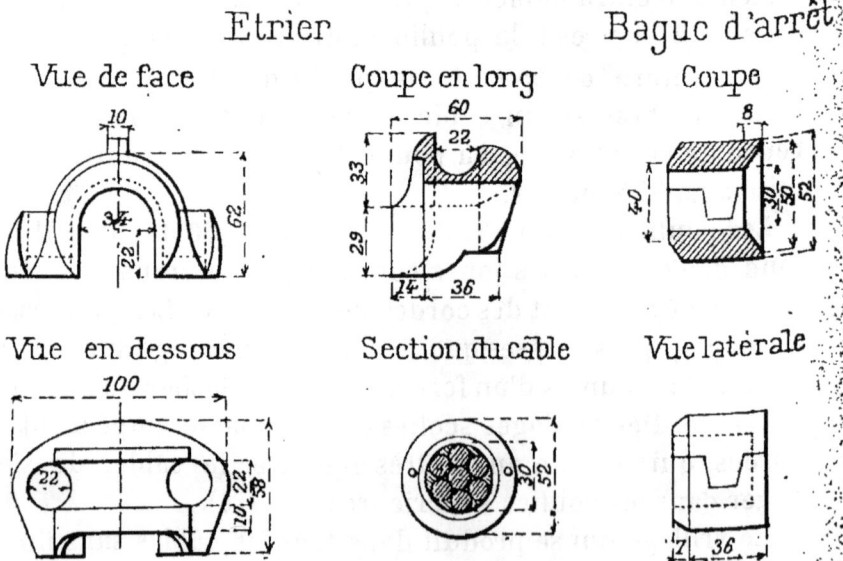

Etrier   Bague d'arrêt

Vue de face   Coupe en long   Coupe

Vue en dessous   Section du câble   Vue latérale

Fig. 445. — Détails de l'étrier et de la bague d'arrêt.

ment. Quelquefois, pour augmenter la mobilité du système d'attache, on ajoute une seconde bague, qui n'est en contact

1. Le bourrelet est appelé transfil.

Poulie supérieure
Élévation

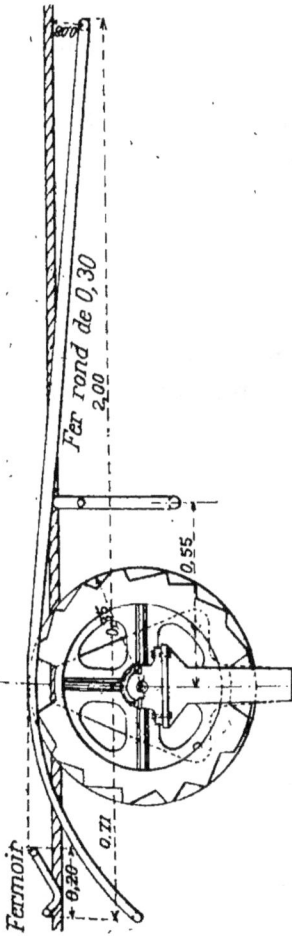

Plan

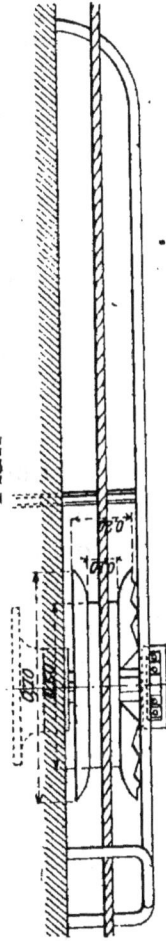

Poulie inférieure
Élévation

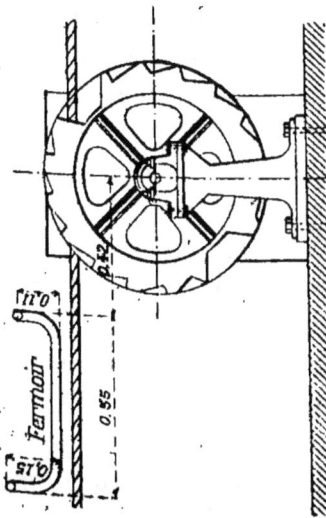

Plan

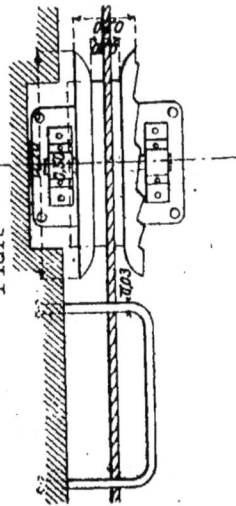

Fig. 446. — Détails des poulies.

avec la première que par des surfaces bien polies. Sur l'arrêt ainsi constitué buttent des étriers simplement fixés sur le câble, et qu'embrasse la corde d'attelage (*fig.* 444-445).

L'exploitation se fait par passages alternatifs à des intervalles de trois heures ; la vitesse du câble étant de 0m,30 à 0m,35, il faut deux heures pour traverser le souterrain. Chaque passage comprend quatre convois de deux et exceptionnellement de trois bateaux, distants de 120 mètres, afin de répartir l'effort de traction sur plusieurs points du câble.

Celui-ci s'allonge très sensiblement (35 mètres en deux ans et demi), et doit être changé tous les cinq ans au moins. Les poulies durent de un à deux ans et demi.

Avec un tonnage moyen de 1.500.000 tonnes par an, le prix de revient par tonne est de 0 fr. 0141 pour le parcours total de 2.500 mètres, soit de 5,64 millimes par tonne kilométrique.

Rien n'empêche d'appliquer le halage funiculaire en voie courante de canal, malgré le vrillage, sous la seule réserve d'avoir à terre un homme, un simple manœuvre, ayant pour mission d'accrocher et de décrocher la corde d'attelage du bateau et d'arrêter l'enroulement, s'il tendait à se produire par suite du vrillage du câble.

Halage électrique en France. — Cheval électrique. — Ce système de traction sur berge inventé par M. l'ingénieur en chef Galiot et breveté par MM. Denèfle et Cie n'emploie aucune voie ; les tracteurs roulent sur le chemin de halage ; construits pour haler les bateaux isolés à la vitesse de 3 kilomètres à l'heure, ils sont assez puissants pour traîner deux et trois bateaux de 300 tonnes aux vitesses de 2km,500 et 2 kilomètres à l'heure, dans un canal offrant une section de 27 à 30 mètres carrés.

Le système comporte une ligne répartissant le long du chemin de halage le courant électrique fourni par des usines génératrices espacées de 15 kilomètres environ. Des trolleys à chariot roulent sur les fils de la ligne et amènent par des câbles flexibles et isolés le courant aux appareils de halage. Ceux-ci consistent en tricycles pourvus d'un moteur électrique, qui actionne leur essieu d'arrière. La roue d'avant est simplement directrice ; la dynamo est placée entre elle et l'essieu moteur, à une distance telle que la majeure partie du poids total repose sur celui-ci pour augmenter l'adhérence ; la roue directrice n'est chargée que du poids juste suffisant pour assurer la régularité de la marche.

La dynamo réceptrice est construite pour absorber normalements 8 ampères sous 500 volts, soit 4.000 watts, ou de 5 à 6 chevaux ; mais elle peut prendre de 8 à 10 chevaux pendant plusieurs heures sans danger de détérioration.

La commande est faite au moyen d'une roue dentée calée sur l'essieu moteur, qui engrène avec une vis sans fin faisant corps avec l'arbre de la dynamo.

L'appareil pèse 2.200 à 2.300 kilogrammes. Il peut donner un effort de 500 kilogrammes d'une façon permanente et de près de 1.000 kilogrammes pendant un temps très court. Les roues ont des jantes très larges en vue d'augmenter l'adhérence et d'empêcher la détérioration du chemin.

Application sur les canaux du Nord. — Traction sur berge. — Les rapports de MM. La Rivière et Bourguin aux Congrès de navigation de Bruxelles et de Paris ont rendu compte des premiers essais et des débuts de l'exploitation de la traction électrique des bateaux sur les canaux du Nord. Limitée à 26 kilomètres en 1898, la section exploitée était de 55 kilomètres en juillet 1900 ; elle est actuellement de 83 kilomètres, s'étendant de Béthune, sur le canal d'Aire, au Bassin Rond, origine du canal de la Sensée et jonction de ce canal avec l'Escaut, comprenant 76 kilomètres de la ligne principale de Paris à la mer du Nord, et en outre l'embranchement de Don (4 kilomètres) et celui de Beuvry (3 kilomètres).

Les résultats de cette exploitation ont été tout à fait remarquables. Le trafic de la section de 55 kilomètres, qui en 1900 dépassait à peine 1 million de tonnes parcourant toute la section, a été en 1903 de 2.276.816 tonnes. L'énergie dépensée a été de 5,1 watts-heure par tonne kilométrique et 2,6 kilowatts-heure par bateau-kilomètre. Le rendement des tracteurs sur berge ne dépassait cependant pas 0,40 ; la faible consommation d'énergie s'explique par la très faible vitesse d'exploitation, qui ne dépasse pas, dans la pratique, 2^{km},2 sur la dérivation de la Scarpe et 2 kilomètres sur la Deule, c'est-à-dire la vitesse des chevaux de halage, qui continuent à traîner une partie du trafic et règlent la vitesse sur toute la section.

Quoi qu'il en soit, il ressort d'expériences répétées que le mode d'exploitation le plus avantageux avec le tracteur considéré consiste à remorquer des convois de deux bateaux de 290 tonnes à la vitesse de $2^{km},200$ environ, et un effort de traction de 300 kilogrammes environ [1].

Les résultats de l'exploitation ont été excellents, laissant un bénéfice important à la société. Le tarif par tonne kilométrique, de 4,12 millimes, laissait, en effet, une marge de 1,18 millimes.

Traction sur rails. — La traction sur rails paraît devoir être préférée à la traction sur berges au triple point de vue de l'économie d'entretien des chemins de halage, de l'économie d'entretien du matériel et de la consommation d'énergie.

Les dépenses d'entretien des chemins de halage des canaux du Nord étaient jusqu'en 1899 de 233 fr. 86 par kilomètre; elles se sont élevées du fait de la traction électrique à 875 fr. 58. L'entretien d'une voie ferrée de 1 mètre, bien ballastée, ne dépasserait pas 400 francs par an.

Le coût moyen de l'entretien du tracteur sur berge a été en 1903 de 478 fr. 60. Pour le tracteur sur rails, les dépenses d'entretien ne dépasseraient pas 375 francs, d'où une économie de 103 fr. 60. La durée de l'amortissement du tracteur sur berges exposé à des chocs et à des trépidations était de dix années; pour le tracteur sur rails, elle est prévue de quinze années.

L'absence de trépidations et la puissance plus grande des tracteurs sur rails permettent d'abord des vitesses plus grandes qu'avec les tracteurs sur berges. La vitesse maximum, limitée actuellement à 3 kilomètres à cause du mouillage réduit de $2^m,20$, est supérieure de moitié à celle des tracteurs sur berge. Il en résulte une économie de 1/3 au moins sur l'effectif du personnel et du matériel roulant en service. Lorsque le mouillage aura été porté à $2^m,50$, la vitesse pourra être comprise entre 3.500 et 4.000 mètres pour des convois de deux bateaux, et l'économie de personnel et de matériel atteindra 50 0/0.

1. Rapport de M. l'ingénieur en chef La Rivière au Congrès de navigation de Milan (1905).

L'économie dans la consommation d'énergie est aussi très appréciable. Il résulte, en effet, d'expériences effectuées sur la dérivation de la Scarpe et sur la Deule :

1° Que le rendement moyen du tracteur sur rails est de 0,675 ; tandis que celui du tracteur sur berge n'est que de 0,40 ;

2° Qu'il y a un très grand avantage, au point de vue de l'énergie consommée, à traîner les bateaux par convois de trois au lieu de les traîner isolément ou par convois de deux, étant entendu que le nombre des bateaux composant les convois doit être limité à celui que les dimensions des écluses permettent d'écluser à la fois ;

3° Que l'économie d'énergie du tracteur sur rails sur le tracteur sur berge, due au rendement supérieur et à la plus grande puissance de l'engin expérimenté, est compensée en grande partie par l'augmentation rapide de la puissance absorbée résultant de l'adoption de vitesses plus grandes, mais que néanmoins l'adoption de vitesses comprises entre $3^{km},500$ et 4 kilomètres paraît justifiée quand le rapport de la section du canal à la section du bateau est de 4 à 5.

Cette dernière considération est à retenir : l'adoption de la traction électrique sur les canaux dans les conditions les plus économiques est subordonnée à l'élargissement et à l'approfondissement de la section, telle qu'elle existe sur tout le réseau français. Elle dépend également du nombre et des dimensions des écluses, qui limitent la longueur des convois, en raison du temps perdu à chaque écluse pour écluser et pour former les convois, et du ralentissement qui en résulte pour la marche des bateaux.

Sur la section exploitée électriquement dont il est question, il n'y a que quatre écluses sur 83 kilomètres ; le bief le plus long a 40 kilomètres et le plus court 5 kilomètres ; les écluses sont doubles, avec deux sas accolés, et leurs abords sont aménagés de manière à réduire au minimum la durée d'une éclusée et à permettre de faire passer cinq à six bateaux à l'heure dans chaque sens. Les inconvénients de la traction par convois de trois et même de quatre bateaux seraient moindres, dans ces conditions, que sur une voie à biefs courts et à écluses simples rapprochées et moins bien aménagées ; ils pourraient même être compensés par d'autres avantages, et l'exploitation par convois ne réduirait en rien la capacité de trafic de la voie. Néanmoins, les convois de deux bateaux sont seuls autorisés jusqu'à présent.

Le tracteur se compose d'un bâti entièrement métallique, en tôle d'acier, reposant sur deux essieux distants de 1m,70. Sa longueur est de 4 mètres et sa largeur de 1m,60, toutes saillies comprises. Sa hauteur au-dessus des rails est de 2m,50.

Chaque essieu est actionné par un moteur électrique à courant continu d'une puissance de 20 chevaux. A l'avant et à l'arrière du bâti, sont placés deux crochets pour l'amarrage de la corde de traction des bateaux. Le poids total est de 8.000 kilogrammes et est complètement adhérent (fig. 447-448).

La mise en marche s'obtient à l'aide d'un combinateur série parallèle, permettant de marcher dans les deux sens avec l'un ou l'autre des moteurs, ou avec les deux ensemble groupés soit en tension, soit en quantité. Des résistances intercalées à volonté dans le circuit permettent de faire les démarrages.

On emploie le couplage en série pour la traction des bateaux chargés, et le couplage en parallèle pour la traction des bateaux vides et pour la marche du tracteur haut-le-pied.

On arrive ainsi à tracter deux, trois et quatre bateaux chargés à une vitesse variant de 3km30 à 2km,100 à l'heure, trois ou quatre bateaux vides à une vitesse de 6km,700 à 6km,200 à l'heure, et à réaliser dans la marche haut-le-pied du tracteur une vitesse de 10 à 12 kilomètres à l'heure.

Le poids adhérent du tracteur étant de 8.000 kilogrammes, l'effort de traction peut atteindre, sans patinage, en adoptant pour l'adhérence un coefficient de 0,16 (1/6) admissible avec les moteurs électriques, la limite de 1.300 kilogrammes. Le travail compté sur les arbres du moteur est de 17 chevaux environ ; les moteurs peuvent fournir 20 chevaux à vitesse normale, en absorbant environ 35 ampères sous 500 volts. A vitesse réduite, sous 250 volts, les moteurs peuvent donner environ 10 chevaux avec la même intensité absorbée et par suite avec le même échauffement.

Vue de face d'un tracteur

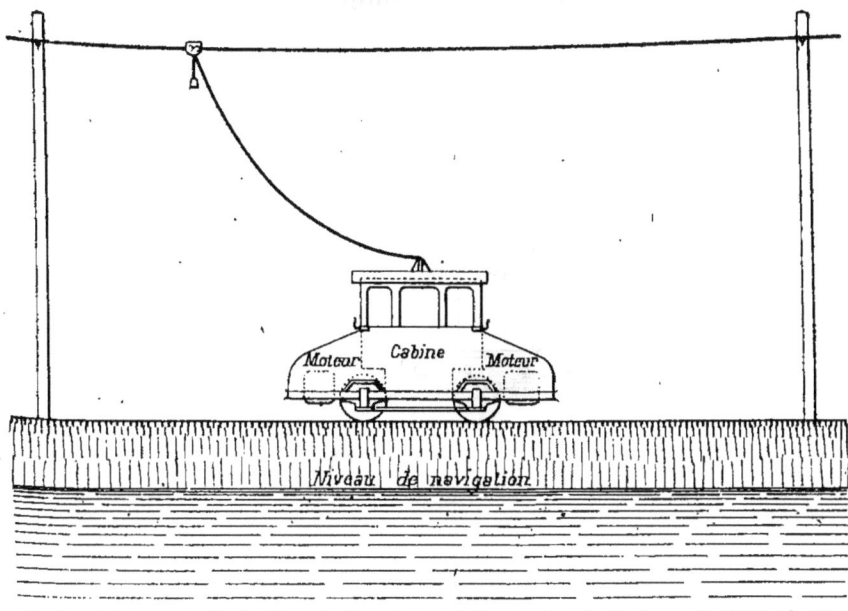

Plan

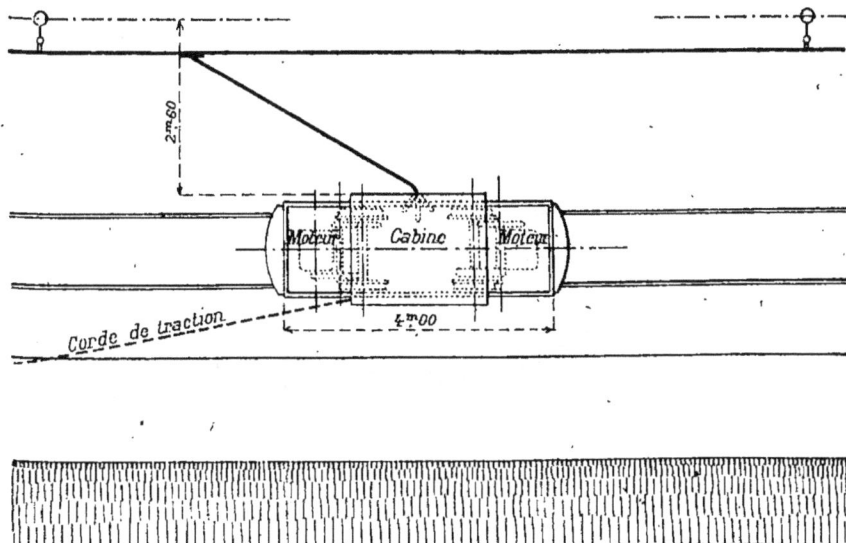

Fig. 447. — Tracteur. Élévation et plan.

La Compagnie électrique du Nord, dont le siège social est à Douai, a poursuivi depuis 1898 l'exploitation de la traction électrique sur les canaux du Nord. Les résultats qu'elle a obtenus sur lés 83 kilomètres de longueur, qui font

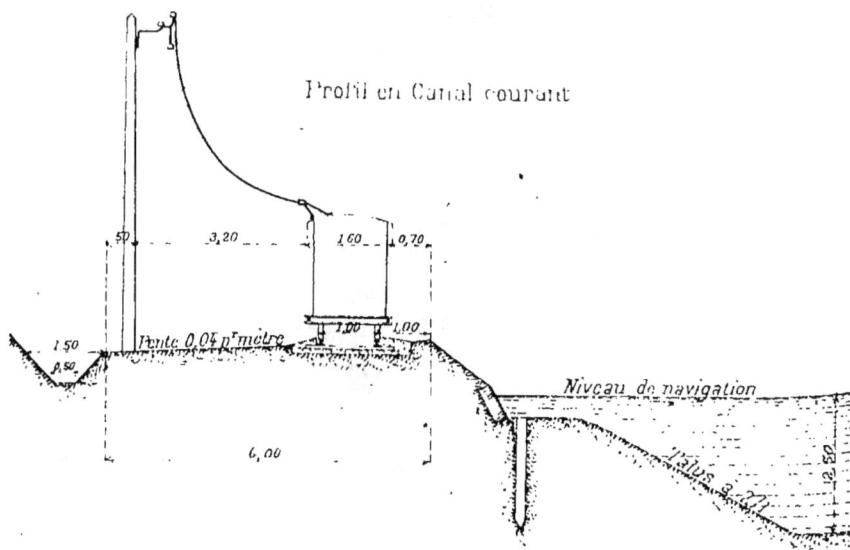

Profil en Canal courant

Profil sous les Ponts

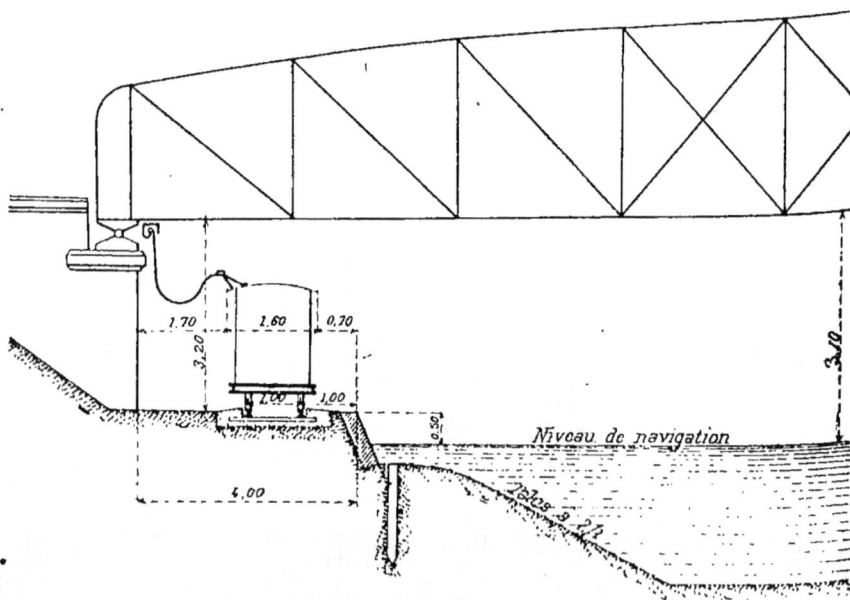

Fig. 418. — Profil du tracteur.

partie de sa concession, sont des plus intéressants et des plus encourageants dans des cas semblables (3.500.000 tonnes traversant la section de bout en bout).

Elle a modifié les installations primitives, et établi une ligne de transport d'énergie sous forme de courant triphasé à haut voltage. L'énergie est prise à la station centrale de Pont-à-Vendin, où la Compagnie des mines de Lens utilise les gaz de ses fours à coke.

Les quatre usines actuelles de Douai, Oignies, Bauvin et Beuvry, qui produisaient l'énergie sous forme de courant continu à 500 volts, sont aménagées en sous-station de transformation du courant triphasé à 26.000 volts en courant continu à 550 volts.

La Compagnie électrique du Nord a pris l'engagement de ne jamais dépasser les tarifs maxima suivants par tonne kilométrique : à la remonte, 0 fr. 004 ; à la descente, 0 fr. 0035. Elle doit pouvoir tractionner à un moment donné le trafic maximum du canal correspondant à la capacité de débit des écluses, soit cinq à six bateaux de 300 tonnes à l'heure dans chaque sens.

Halage par locomotives à pétrole. — M. l'ingénieur Galliot a eu l'idée de remplacer sur les tracteurs les moteurs électriques par un moteur à pétrole, en vue de permettre l'application de la traction électrique aux voies à faible trafic.

Mais cette application n'a pas encore été faite, et il ne semble pas qu'elle le soit jamais, en raison des inconvénients que présentent les tracteurs sur berges, et qui se traduisent, comme on l'a vu, par une augmentation de dépenses dans les frais d'entretien et d'exploitation.

335. Traction mécanique à l'étranger. — La traction mécanique a pris une certaine extension, surtout en Allemagne. Les voies navigables, formant jusqu'à un certain point un réseau de canaux, sont celles de la Marck et du Meklembourg et celles d'Alsace-Lorraine avec les canaux de la Saar. Ce dernier réseau a peu d'importance ; il n'en est pas de même des voies navigables de la Marck comprises entre l'Elbe et l'Oder et ayant Berlin pour centre. Celles-ci comprennent le canal de l'Oder à la Sprée, le canal de Teltow, le canal en cours d'exécution de Berlin à Hohensaathen ; dans ce groupe, on considère aussi le canal de l'Elbe à la Trave, celui de Dortmund à l'Ems.

L'achèvement du canal de l'Oder à la Sprée, la transformation des Plauer canal amèneront un changement dans les conditions d'exploitation habituelle. Ces voies navigables, destinées aux bateaux d'un tonnage de 400 à 600 tonnes, étaient dotées d'un profil à grande section et de biefs relativement longs. Il s'y développa rapidement un trafic intense au moyen de remorqueurs à vapeur. Les résultats de cette exploitation ayant paru satisfaisants, le même système a été appliqué successivement sur les canaux de Dortmund à l'Ems (construits de 1892 à 1899) et de l'Elbe à la Trave (construit de 1896 à 1900). Tandis que, sur le canal de l'Oder à la Sprée, on opérait le remorquage simultané de quatre bateaux, on se contentait, sur les deux dernières voies navigables, d'un train ne comportant que deux bateaux de 65 mètres de longueur et 8 mètres de largeur, pouvant être contenu dans le sas de toutes les écluses.

Mais les inconvénients de ce mode de traction se sont fait sentir au bout de quelque temps. On a constaté sur le canal de l'Oder à la Sprée des dégâts importants qui gênaient l'exploitation normale. Le plafond du canal, composé de sable facilement mis en mouvement, s'était beaucoup approfondi dans l'axe, par suite des tourbillons produits par l'hélice des bateaux, et le sable s'était déposé sur les parties latérales. Le profil trapézoïdal s'était transformé insensiblement en profil parabolique, qui ne présentait plus la largeur nécessaire pour le croisement de deux bateaux.

On s'est donc efforcé d'améliorer par des règlements cet état de choses, qui menace, d'une part, la conservation du canal, et cause, d'autre part, un préjudice au commerce par suite des fréquentes interruptions du trafic. Il a été interdit aux trains remorqués de bateaux en charge de se dépasser et d'atteindre une vitesse supérieure à $3^{km},500$. Pour les trains de bateaux à vide, on admit une vitesse de 5 kilomètres, à cause des difficultés de la gouverne. Les remorqueurs à vapeur ne durent pas présenter un tirant d'eau supérieur à $1^m,35$. Malgré ces restrictions, la crainte de nouveaux dommages subsiste encore, car tout bateau à vapeur circulant sur un canal de dimensions réduites constitue par cela même un danger permanent pour la conservation du profil.

Aussi MM. Brédow et Teubert, directeurs des voies navigables de la Marck[1], sont-ils d'avis de remplacer le mode de traction actuel par une exploitation par locomotives circulant sur le chemin de halage et de lui assurer le monopole. La vitesse de marche pourrait être portée de $3^{km},500$ à 5 kilomètres à l'heure, et on obtiendrait une notable économie d'eau dans les éclusages, à cause de la suppression du passage des remorqueurs.

Le canal de Teltow, construit de 1901 à 1901, relie au sud de Berlin la Sprée à la Havel. Il a des dimensions analogues à celles des canaux mentionnés précédemment et permet le parcours des bateaux de 65 mètres de longueur et de 8 mètres de largeur. Eu égard aux fâcheuses expériences de l'exploitation par remorqueurs à vapeur, la direction du canal de Teltow a résolu d'organiser la traction électrique au moyen de locomotives, ainsi que le monopole de l'exploitation.

Le système de locomotive des usines Siemens et Schuckert s'est bien comporté. Construites dissymétriquement dans le sens de la marche, ces locomotives présentent une plus grande stabilité, qui est nécessaire pour placer la cincenelle à une hauteur suffisante en vue de son passage au-dessus des bateaux amarrés à la rive[2] (fig. 449).

De plus, un dispositif spécial permet l'enroulement de la cincenelle, de telle sorte que le conducteur peut toujours, avec la promptitude désirée, modifier la longueur de la cincenelle et la hauteur de son point d'attache. Le mât de relèvement de la cincenelle est établi de manière à ce que le point d'attache puisse s'élever jusqu'à $3^m,75$ au-dessus du plan supérieur des rails.

La figure 450 représente un convoi de halage en pleine marche, et la figure 451 un convoi de halage au moment où la cincenelle passe au-dessus d'un bateau placé contre la rive.

Le canal de Teltow a une longueur de 37 kilomètres; la station électrique est établie dans le voisinage de la ville de

1. Rapport au Congrès de Saint-Pétersbourg (1908).

2. Rapport au Congrès de Navigation de Milan, de M. Kottgen, ingénieur en chef à Berlin (1905).

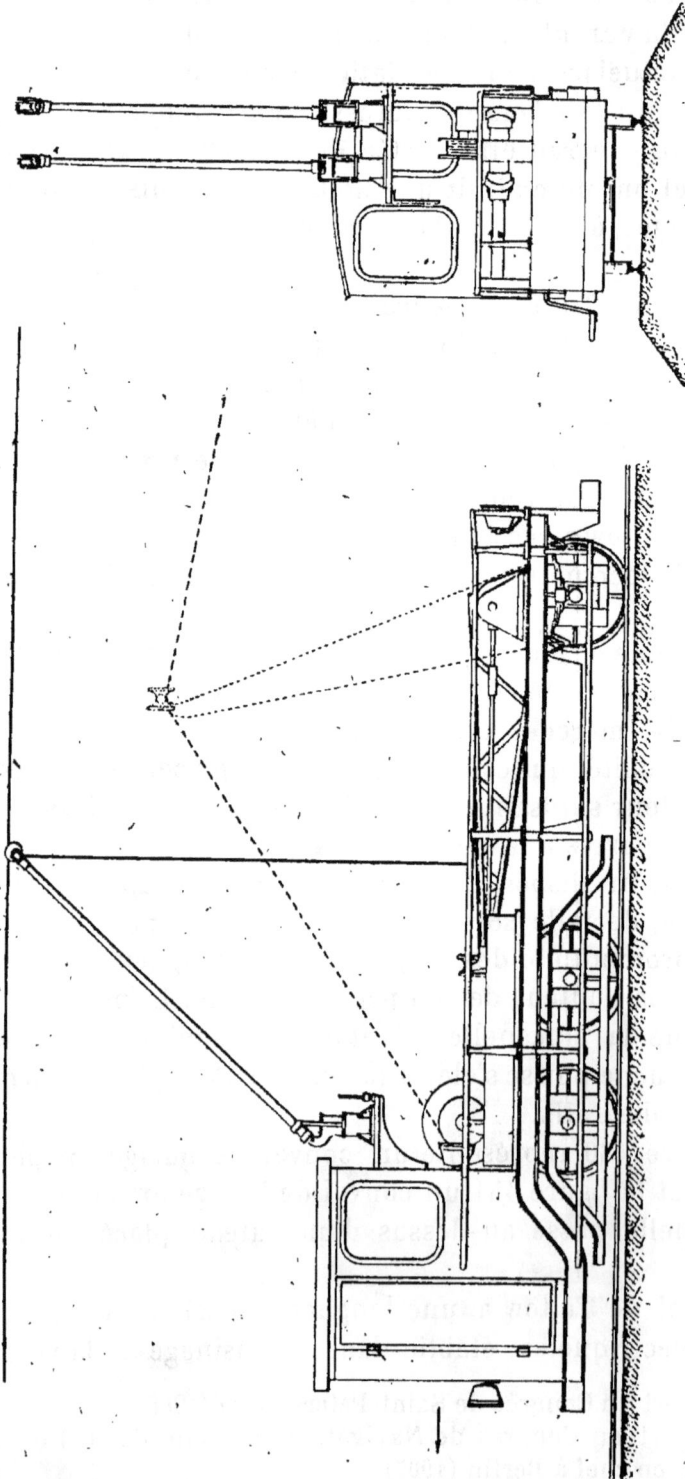

Fig. 449. — Locomotive Siemens et Schuckert.

FIG. 450. — Locomotive Siemens et Schuckert.

FIG. 451. — Convoi en marche.

Teltow. Cette station fournit, d'une part, un courant continu à la tension de 600 volts, utilisé directement par les locomotives, d'autre part, un courant alternatif à la tension de 6.000 volts, qui est transformé dans une sous-station près de Brietz en courant continu. Une partie en est utilisée par les locomotives et le reste par le service de nombreux établissements industriels, pour les opérations de chargement et de déchargement, par l'éclairage, et enfin par la manœuvre des écluses. L'exploitation se fait au moyen de vingt-deux locomotives. Les frais qu'elle entraîne s'élevaient au début à environ 1/4 pfennig[1] et oscilleront, lorsque le trafic sera suffisamment développé, entre 1/5 et 1/6 pfennig. Ils sont donc d'abord supérieurs aux frais de halage par remorqueurs et s'en rapprochent lorsque le trafic se développe. Les frais d'exploitation des chemins de fer sont incontestablement beaucoup plus élevés.

L'exploitation électrique du canal ne présente pas seulement l'avantage direct d'une diminution des frais de halage, mais elle offre encore d'autres avantages indirects importants.

En première ligne, on supprime le mouvement des eaux et des vagues résultant de la propulsion par hélices, ce qui préserve les talus et le plafond du canal et diminue sensiblement les frais courants d'entretien. Ensuite on peut augmenter la vitesse jusqu'à 6 kilomètres à l'heure, vitesse qui a été expérimentée au canal de Teltow.

Enfin l'existence d'une canalisation électrique d'un bout à l'autre du canal permet d'installer de la manière la plus simple l'éclairage indispensable à une éventuelle exploitation de nuit ou à une augmentation des heures de travail. Elle rend également possible la distribution en chaque point du canal, et dans un rayon de 5 à 6 kilomètres, de l'énergie électrique.

336. Traction mécanique en Amérique. — Application sur le canal Erié. — Le canal Erié relie le lac Erié à la rivière Hudson, de Buffalo-City à la ville de Troy, sur une longueur

[1] Le pfennig vaut 0 fr. 0125. Les frais de halage électrique sont donc de 0 fr. 003 au début, et peuvent descendre à 0 fr. 002.

de 565 kilomètres, et présente 72 écluses. Sa largeur est de 15ᵐ,80 à 18 mètres au plan d'eau, et son mouillage de 2ᵐ,10 à 2ᵐ,40.

Pour permettre d'augmenter la capacité du canal et d'obtenir une meilleure utilisation de cette voie d'eau, on a pensé à établir une voie et des moyens de traction d'une puissance considérable, puissance justifiée par la vitesse du régime

Fig. 452. — Traction mécanique du canal Érié.

adoptée, qui est de 7,420 mètres à l'heure avec des trains de quatre à cinq bateaux chargés de 250 tonnes, formant des transports de 1.000 tonnes et exigeant sur la remorque des efforts de traction en marche normale de 2.500 kilogrammes et au démarrage de près de 9.000 kilogrammes. On a en vue un trafic de 15 et même de 20 millions de tonnes, le trajet complet étant parcouru en quatre jours et quatre nuits. Le prix par tonne kilométrique serait 0 fr. 0031 pour un trafic de 2 millions de tonnes, et descendrait à 0 fr. 00124 pour 10 millions de tonnes.

Ce sont là des conditions économiques remarquables et

très favorables, en dépit des conditions anormales de vitesse de la remorque et de longs chômages d'hiver, cinq mois de chômage du fait des glaces.

Le prix du courant serait obtenu au prix de 300 francs par kilowatt-an. Le prix de la voie très robuste et très rigide (206 tonnes par kilomètre) reviendrait à 50.000 francs par kilomètre. Le prix du système complètement équipé serait de 58.500 francs par kilomètre sans les usines centrales.

Fig. 453. — Traction mécanique du canal Erié.

L'inventeur de ce mode de traction, M. Wood, a fait faire les premières expériences en 1903 avec l'aide des ingénieurs de la General Electric Company de Schenectady.

La voie est double, l'une montante, l'autre descendante; elle est composée de deux rails en double T, surélevés, portés par des supports communs, espacés de 7ᵐ,50. La voie la plus voisine du canal est en contre-bas par rapport à l'autre voie (fig. 452-453).

Cette double voie occupe un très petit espace, 1 mètre horizontalement; le rail le plus élevé est de 1ᵐ,35 au-dessus du sol. Chacune d'elles est constituée par des poutres lamihées en double ⏚ (45 1/2 × 15 centimètres) portant sur leur plat inférieur et supérieur un rail Vignole.

Le tracteur, qui circule sur ce monorail, a une puissance,

Fig. 454. — Tracteur du canal Erié.

de 100 chevaux et pèse seulement 6 tonnes (fig. 454-455). Ce poids serait insuffisant pour assurer à lui seul les efforts de traction atteignant jusqu'à 9.000 kilogrammes, et d'ailleurs le système ne serait pas suffisamment stable. La stabilité et l'adhérence sont assurées par des galets inférieurs fixés aux châssis du tracteur. Ces deux galets sont mobiles et sont serrés par le haut par un système de ressorts et de leviers, dont la pression peut être soit réglée à la main par boulons, soit commandée par le câble de touage.

Fig. 455. — Tracteur du canal Erié.

La ligne électrique étant unique, la seule manœuvre des conducteurs consiste, lors du croisement, pour l'un à larguer l'amarre de remorque, pour l'autre à abaisser le trolley de son appareil.

Les expériences effectuées sur une section du canal Erié ont démontré que le meilleur rendement du tracteur (66 0/0) était obtenu avec un train de quatre bateaux portant 1.000 tonnes à la vitesse de 6.600 mètres [1].

Mais ce système ne pouvait pas convenir à la traction sur les canaux avec une vitesse plus réduite, et avec un effort de traction en marche normale ne dépassant pas 1.000 kilogrammes. Le rendement, qui était de 65 0/0 dans les expériences citées plus haut, est tombé à 45 0/0, lorsque l'effort au crochet ne dépasse pas 1.000 kilogrammes. MM. Blackwell, John Clarke, de New-York, et Léon Gérard, de Bruxelles, ont combiné un appareil très intéressant, dénommé tracteur à adhérence proportionnelle.

La voie nouvelle étudiée pèse, par kilomètre de simple voie, 60 tonnes et, par kilomètre de voie double, 106 tonnes, au lieu de 206 tonnes par kilomètre de la voie double du type Erié.

Elle se compose de piliers verticaux en treillis, espacés de 6^m,35, pesant 46 kilogrammes par mètre courant. La voie proprement dite est une poutrelle de 250 millimètres de hauteur en double I, pesant 45 kilogrammes par mètre courant (fig. 456).

La figure 457 représente la voie posée en canal courant sur berge et en voie simple posée le long des chemins de halage, qu'elle laisse intacts et libres pour tous ses usages. C'est là un sérieux avantage sur les systèmes de traction à voie birail, parce qu'une voie birail de halage doit avoir une largeur suffisante pour donner à la fois de la stabilité aux engins de traction, dont le poids seul assure l'adhérence, et de la stabilité à la voie elle-même, qui est soumise aux efforts du ripage latéral. Une telle voie ne peut normalement être posée que sur le chemin du halage même, dont elle occupe au moins 1^m,80 de largeur en voie simple et qu'elle charge lourdement du poids de ses locomotives.

Le tracteur a une puissance normale de 45 HP. Son moteur est susceptible de fournir momentanément 55 HP. Son centre de gravité est placé sous la poutre guide de la

1. Rapport de MM. Clarke et Gérard au Congrès de Navigation de Milan.

voie ; son poids est de 2.920 kilogrammes environ. Le moteur attaque par un pignon une roue satellite, qui engrène sur deux roues dentées, calées directement sur les roues motrices.

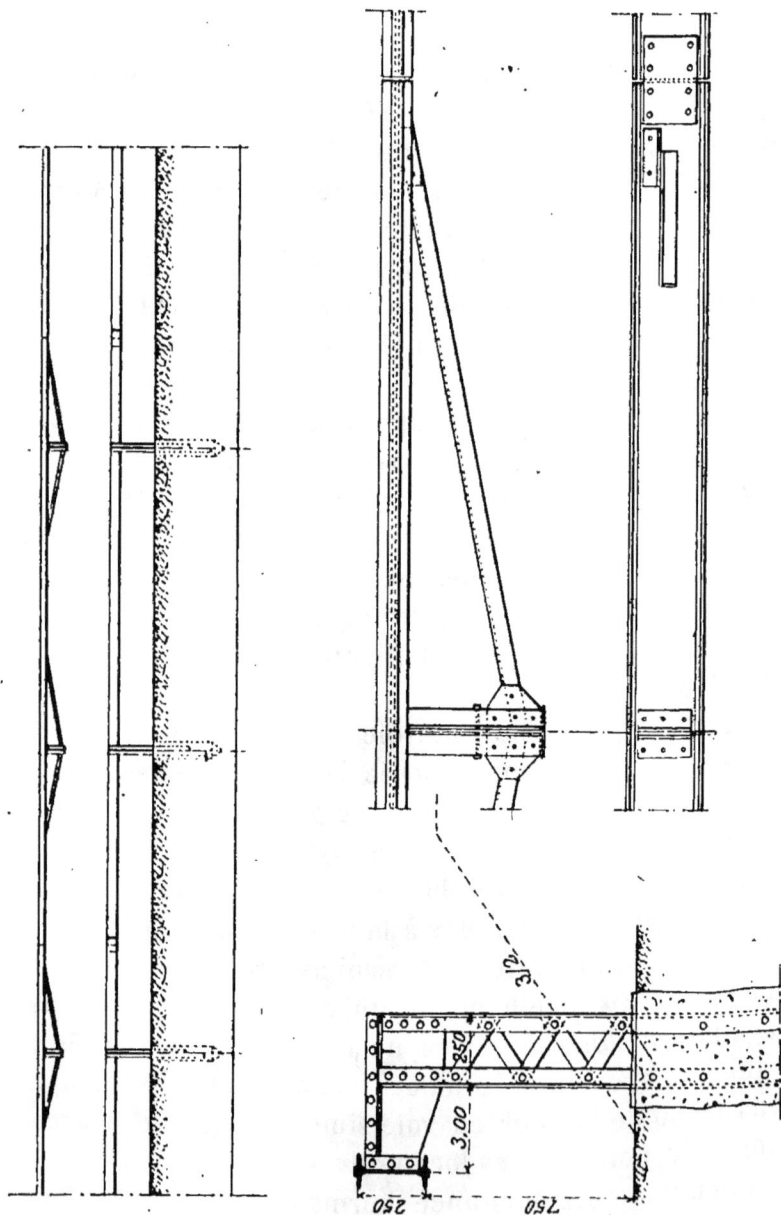

Fig. 456. — Poutrelle de la voie Blackwell, Clarke et Gérard.

L'adhérence supplémentaire à fournir au moment où naît l'effort de traction est donnée par les roues formant galets presseurs agissant sur la poutre-guide (fig. 458). La pression des galets inférieurs se produit, lorsqu'un effort de traction est appliqué au câble de remorque. Les deux ressorts visibles sous les galets presseurs sont ajustés légèrement pour ame-

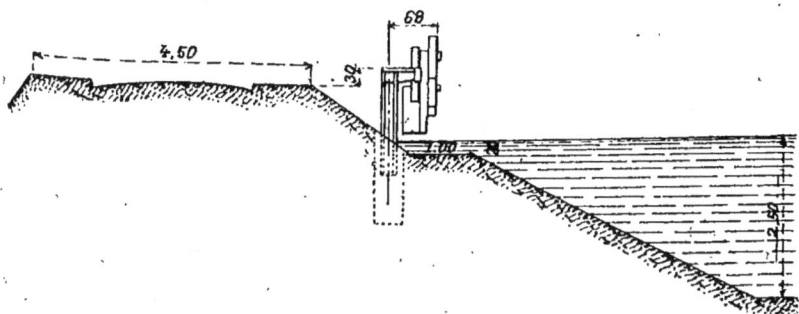

Fig. 457. — Voie posée en canal courant sur berge.

ner les galets au contact de la poutre sans excès de pression. Le câble de remorque est attaché soit au levier de droite, soit au levier de gauche, suivant que le tracteur marche dans un sens ou dans l'autre (*fig.* 459).

Il exerce une pesée sur le levier d'amarrage, dont il tend à relever le petit bras. Suivant l'état d'humidité de la voie, le crochet d'attelage peut être posé à différentes longueurs du grand bras de levier pour faire varier l'intensité de la pression d'adhérence.

La pression d'un des leviers se transmet à l'autre levier, qui est maintenu au contact par l'effet des ressorts de réglage, à l'aide d'un levier égalisateur.

Le tracteur a $1^m,50$ de longueur, $0^m,50$ de largeur et $0^m,1425$ de hauteur. Bien que son poids n'atteigne pas 3 tonnes, l'appareil est capable d'exercer un effort de traction d'une tonne à la vitesse de $7^{km},200$, avec une consommation de $21^{kw},84$ et un rendement de plus de 86 0/0, et des efforts au crochet de près de 3 tonnes à des vitesses moindres.

Les expériences ont établi que cet appareil peu coûteux et très léger a une adhérence très grande et un rendement mécanique élevé, dont la moyenne est de 75 0/0, et qui atteint 86 0/0 dans les cas les plus favorables.

Les rapports de la section mouillée du canal à la section du maître couple des bateaux sont plus faibles en Europe qu'en Amérique. Les vitesses admises dans ce dernier pays, qui

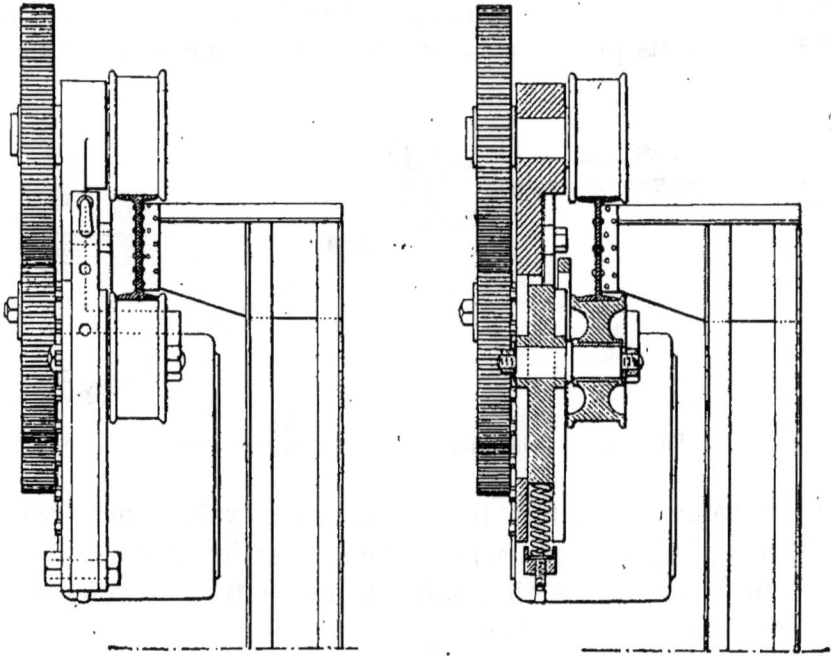

Fɪɢ. 458. — Roues formant galets presseurs.

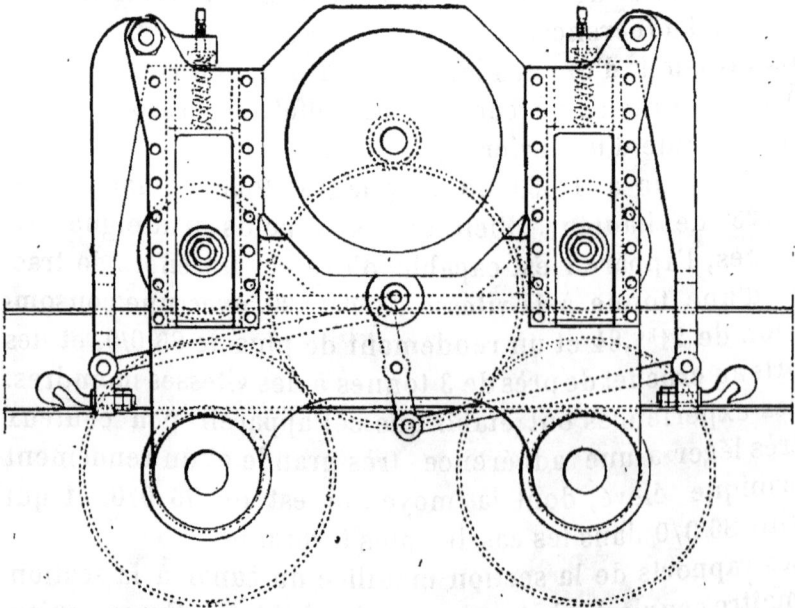

Fɪɢ. 459. — Attaches du câble de remorque.

sont de 5 1/2 à 7 kilomètres à l'heure, ne sont pas compatibles avec les conditions de navigabilité de la plupart des canaux anciens, dont le mouillage dépasse rarement 2ᵐ,20, l'enfoncement des bateaux étant de 1ᵐ,80. Dans ces conditions, les vitesses à considérer doivent être ramenées à 4.800 mètres au maximum, et les efforts de traction à 400 kilogrammes pour un bateau chargé de 280 tonnes à 680 kilogrammes pour deux bateaux, à 850 pour trois bateaux chargés et à 1.000 kilogrammes pour quatre bateaux chargés. On obtiendra d'excellents résultats en modifiant le rapport des engrenages; la consommation variera de 1 à 5 watts par tonne remorquée pour les trains de deux à quatre bateaux chargés avec des vitesses de 3 kilomètres à 4ᵏᵐ,8.

La comparaison entre le système américain à adhérence proportionnelle et le système avec tracteurs à adhérence simple semble être favorable au premier.

Le prix d'une voie birail pour locomotives de 30 à 40 chevaux serait d'environ 18.250 francs par kilomètre. La voie simple du nouveau type est de 16.000 francs par kilomètre.

En double voie, le système birail représentera une dépense de 36.500 francs, alors que la voie double du système américain serait de 25.000 francs par kilomètre.

En tunnel, la voie birail exige la création d'un encorbellement très coûteux et occupe une section d'au moins 4 mètres carrés; l'établissement de la voie américaine exige à peine trois quarts de mètre carré.

En voie courante, la voie américaine laisse absolument libre la voie charretière et n'apporte aucune gêne ni aux manœuvres de chargement sur les quais, ni à l'usage du chemin de halage.

Les mêmes avantages apparaissent en ce qui concerne le matériel roulant.

A puissance de traction égale, soit pour 3.000 kilogrammes de puissance de traction au crochet, le tracteur à adhérence proportionnelle pèse 2.920 kilogrammes, la locomotive à adhérence a un poids de 18.000 kilogrammes.

Le poids du matériel à mettre en œuvre est six fois plus faible dans le système américain que dans le système européen.

337. Résumé et conclusion. — On a vu que dans tous les pays, sur les canaux où le trafic a une importance considérable, dépassant au moins 2 millions de tonnes, on a appliqué la traction mécanique et cherché à remplacer le halage primitif, qui est une cause de la limitation de la capacité d'une voie navigable et de son encombrement.

Il faut, bien entendu, que la longueur des biefs soit assez grande, et surtout que les ouvrages aient été établis de telle sorte que les bateaux ne subissent pas de retard à leur passage. On arrive aisément à des tarifs qui varient entre 3 millimes et 1 millime 1/2, suivant l'importance du trafic ; on parvient aussi, ce qui est non moins désirable, à mettre de l'ordre là où régnait le désordre. On verra plus loin, lorsqu'on s'occupera de l'exploitation des voies navigables, que la traction mécanique implique le monopole et qu'on ne saurait imaginer que chaque batelier à sa guise choisisse le moyen qu'il juge le meilleur et encombre la voie au détriment du plus grand nombre. Quel doit être, parmi tous les systèmes expérimentés jusqu'à présent, celui auquel on doit donner la préférence ? On éliminera tout d'abord les remorqueurs à hélice, qui sont la cause de grosses détériorations pour les canaux, et qui ont un rendement très faible dans les voies navigables à section réduite ou les canaux à écluses multiples et de dimension ordinaire. Le touage sur chaîne mériterait d'être retenu, si les écluses avaient des dimensions telles que l'éclusage des toueurs ou leur évolution aux approches des écluses ne diminuait pas la capacité du trafic du canal. Mais le prix élevé de l'organe de traction et de la chaîne, les irrégularités de service résultant du bris ou des pertes de la chaîne et de son envasement, enfin les frais considérables d'entretien et de renouvellement et les pertes de temps à la rencontre des trains font écarter cette solution.

Reste donc la traction électrique ; quatre systèmes principaux sont éprouvés: le premier, constitué par les tracteurs sur berge Denèfle et Galliot, doit être abandonné en raison des dépenses élevées occasionnées par l'entretien des chemins de halage du matériel, le personnel et la consommation d'énergie ; le second et le troisième systèmes, représentés par des tracteurs électriques sur birail, qui fonctionnent sur les canaux du Nord en France et sur le canal de Teltow en Allemagne, semblent donner des résultats satisfaisants; le quatrième système, avec tracteurs électriques sur monorail, paraît être le plus séduisant: le prix de premier établissement de la voie est inférieur de 20 0/0 environ à celui des voies birail de même puissance; le prix du matériel roulant est inférieur de 40 0/0 à celui des locomotives à adhérence simple, à puissance de traction égale; enfin la consommation d'électricité est plus faible de 15 0/0.

EXPLOITATION TECHNIQUE ET COMMERCIALE

338. Régime actuel des voies navigables en France. — Les voies navigables, artificielles ou naturelles, font partie du domaine public au même titre que les voies de terre et de fer. Mais leur régime actuel se rapproche beaucoup plus des premières que des secondes. Comme sur les routes, en effet, et contrairement à ce qui se passe sur les chemins de fer, la circulation sur les voies navigables est *gratuite*, et elle est *libre*. Cette assimilation est-elle logique? C'est douteux, tout au moins au point de vue de la liberté complète et absolue.

On conçoit que pour les chemins de fer il a été nécessaire de centraliser et d'organiser de la façon la plus stricte et la plus précise leur exploitation en les dotant d'un monopole. On ne pouvait pas, en effet, laisser circuler sur une même voie des trains dans tous les sens, ni un train à marche rapide suivre un train à marche plus lente.

Il n'en est pas de même sur les routes où la capacité de transport est presque indéfinie. Le régime de la liberté absolue est celui qui leur convient.

De même: « Sur les voies navigables on a admis pendant longtemps que le rôle de l'Etat était, d'une part, d'entretenir, d'améliorer les voies naturelles, de les compléter par des voies artificielles, le tout aux frais de la collectivité, et, d'autre part, d'assurer la police sur ces mêmes voies en vue d'empêcher soit les dégradations du domaine public, soit les entraves à la navigation[1]. »

1. Note manuscrite de M. l'ingénieur La Rivière.

339. Police de la navigation. — L'Etat n'exerce donc qu'un droit de contrôle sur l'exploitation des canaux, qui est du domaine de l'industrie privée. Les règles à observer pour la batellerie ont fait l'objet de règlements administratifs spéciaux, fixant les mesures d'ordre et de police destinées à assurer le fonctionnement de ces voies.

Le plus important de ces textes est le décret du 8 octobre 1901 portant règlement général de police pour les voies de navigation intérieure et constituant pour ainsi dire un code de l'exploitation technique. Il contient toutes les dispositions d'un caractère général, et ne laisse à fixer par arrêtés préfectoraux, portant règlements particuliers, que des dispositions de détail, tout à fait spéciales et locales. Et ces arrêtés préfectoraux, préparés suivant un type annexé à la circulaire ministérielle du 20 janvier 1902, doivent être approuvés par le ministre des Travaux publics.

340. Utilisation du matériel. — L'Etat intervient, au point de vue de l'exploitation technique, pour assurer la meilleure utilisation du matériel. Il supprime, ou du moins il abrège autant que possible les chômages; il autorise, moyennant certaines conditions d'équipage et d'éclairage, la navigation de nuit (art. 7 du règlement de police).

Il facilite par des dispositions particulières et des manœuvres appropriées le passage des écluses.

C'est ainsi qu'il établit aux abords des écluses des garages, à la faveur desquels, les bateaux, qui doivent entrer dans l'ouvrage, peuvent s'en approcher sans gêner la sortie de ceux dont ils vont prendre la place. Il réglemente aussi le trématage[1]; en route, le bateau ou le convoi à marche lente doit se ranger devant celui, qui a une allure plus rapide. Sur certaines parties des canaux où la navigation est soumise à des sujétions spéciales, biefs de partage, souterrains, ponts-canaux, etc., il a été conduit à supprimer la liberté de la circulation et à prescrire certaines mesures, telles que : le passage alternatif dans un sens et dans l'autre, la marche

---

1. Le trématage est le fait d'un bateau qui, en cours de route, en dépasse un autre marchant dans le même sens.

en convoi, l'emploi exclusif des moyens de traction qu'il exploite.

Enfin, sur certaines voies navigables à trafic intense, notamment sur les canaux du Nord, on a dû imposer des consignes à tous les bateaux, à l'effet de régler leur ordre de marche d'après leur provenance, leur date de chargement, etc.

341. Exploitation commerciale. — En dehors de ces règles de police et de la restriction apportée à la liberté de la circulation sur certains passages spéciaux, le régime de la liberté absolue est la règle générale dans tous les pays, en France comme en Allemagne. Dira-t-on que ce régime a été favorable au développement des voies navigables? On répondra hardiment avec M. Marlio : « Non[1] ». Et si les faits semblent, au premier abord, contredire cette affirmation, puisque depuis vingt-cinq ans le tonnage des voies navigables françaises est passé de 2,1 à 5 milliards de tonnes kilométriques, et que la distance moyenne de transport est passée de 110 à 150 kilomètres, c'est là avant tout un résultat des perfectionnements de la voie, dont la puissance de transport a été accrue. Car, en même temps que le trafic augmentait, le fret, loin de décroître, suivait plutôt une marche ascendante. N'est-ce pas le résultat d'une exploitation défectueuse? C'est ce qu'ont pensé de bons esprits : M. La Rivière en particulier, n'a pas craint d'affirmer que le régime de liberté « conduit sur les voies navigables très fréquentées à une véritable anarchie ». Comment remédier à cette situation fâcheuse? Le rapport si intéressant de M. l'ingénieur Marlio au Congrès de Navigation de Saint-Pétersbourg (1908) permet de concevoir les réformes importantes qu'il y a lieu d'apporter à l'exploitation des voies navigables.

« Dans les chemins de fer, dit-il, au-dessus des trois services de la voie, de la traction et de l'exploitation, se trouve un service central plus ou moins développé, qui est constitué par la direction et ses satellites. Son rôle est de donner l'impulsion aux différents services, d'en coordonner les efforts,

1. Rapport au Congrès de Saint-Pétersbourg (1908).

de les mettre d'accord en cas de conflit, et d'une façon plus haute de traiter toutes les questions générales. Sur les voies navigables françaises, le service central n'existe pas. Le ministre des Travaux publics, ou plus spécialement le service des Ponts et Chaussées, a la gestion du service de la voie; les deux autres services sont pour ainsi dire inexistants. Mais surtout il n'y a aucune liaison entre eux. Quand on pense à la minutie, avec laquelle l'étude d'un nouveau type de locomotive est suivie par les services de la voie et de l'exploitation d'une compagnie de chemins de fer, on se rend compte de la gravité de ce fait que, sur nos canaux, la voie, le matériel et le moteur se transforment indépendamment les uns des autres. »

Et en France, du moins, aucun corps, aucune collectivité ne représente la navigation, ne parle en son nom et ne connaît ses besoins. On a bien cherché à diverses reprises à combler cette lacune : on a créé le Comité consultatif de la navigation et des ports, mais cet organe n'a eu qu'une activité momentanée. On a pensé à constituer des chambres de navigation, des syndicats des voies navigables, où devaient collaborer des représentants du gouvernement à côté des industriels et des bateliers ; mais ces projets n'ont eu aucune suite.

Tout récemment, en 1911, on a proposé la création d'un Office national de la Navigation intérieure, qui remédierait à ces inconvénients, à ces incohérences. M. le sénateur Aimond, dans son rapport sur le budget des Travaux publics pour l'année 1912, s'est exprimé dans ces termes à ce sujet :

« La création de l'Office national de la Navigation est destinée à exercer une influence considérable sur l'amélioration et le développement de la navigation intérieure en France.

« La crise qui, l'année dernière, a si gravement affecté l'industrie des transports dans les régions du Nord et de l'Ouest, a fait ressortir d'une manière frappante le manque d'organisation des voies navigables.

« Au moment où les transports par chemin de fer se trouvaient paralysés, au moment où les marchandises s'accumulaient sur les terre-pleins des ports et où les grandes villes étaient menacées de se voir privées des denrées et combustibles indispensables à la vie quotidienne, tout le monde savait que les voies navigables atténueraient dans une certaine mesure l'intensité de la crise et assureraient le transport des marchandises, que les chemins de fer étaient momentanément obligés d'abandonner.

« Seulement cette action bienfaisante ne s'est pas exercée dans toute la mesure où il est permis de l'espérer. C'est ainsi, par exemple, qu'à Dunkerque le nombre des bateaux vides présents dans le port n'a fait qu'augmenter à partir du 13 octobre 1910 (premier jour de la grève des chemins de fer); dans le courant de décembre, il y avait encore dans les canaux maritimes 175 bélandres vides, susceptibles d'emporter 50.000 tonnes de marchandises, c'est-à-dire un stock supérieur à celui qui était déposé sur les terre-pleins du port. Une pareille situation ne se serait probablement pas produite, s'il avait existé un *organisme vivant* en contact permanent avec la batellerie ainsi qu'avec les personnes qui utilisent les voies navigables et susceptibles, par suite, de faciliter les affrétements.

Ailleurs (sur la rivière Oise), un certain nombre de bateaux attendus à Paris avec impatience n'ont pu être expédiés en temps utile, par ce que les compagnies d'assurances, qui n'étaient pas au courant des dernières améliorations apportées aux voies navigables intéressées, ne s'étaient pas trouvées à même d'assurer les bateaux en question dans des conditions normales. Cet incident montre combien serait utile l'existence d'un service capable de se tenir en relation avec les compagnies d'assurances fluviales et de les amener à modifier leurs règlements comme conséquence des modifications apportées aux fleuves et aux rivières.

« Des incidents semblables à ceux que nous venons de rappeler ont très vivement ému et surpris l'opinion publique. Ils ont moins étonné les personnes, de plus en plus nombreuses, qui connaissent bien la navigation intérieure, qui savent qu'une *amélioration efficace de l'exploitation des voies navigables existantes* rendrait au moins autant de services que la création de voies nouvelles, et à qui la récente crise des chemins de fer a démontré la nécessité de plus en plus urgente d'organiser l'utilisation rationnelle des rivières et des canaux.

. . . .

« Ce n'est pas seulement à la suite des travaux de ses ingénieurs que l'Allemagne a vu prospérer chez elle la navigation fluviale, mais *surtout par la bonne* organisation de la batellerie.

« ... La batellerie n'utilise en France la capacité de son matériel que d'une manière bien imparfaite ; la navigation intérieure est l'auxiliaire indispensable des chemins de fer, et l'insuffisance périodique du matériel roulant fait mieux apprécier les services rendus par la batellerie.

« ... Le Conseil général des Ponts et Chaussées a montré, dans son rapport inséré au *Journal officiel* du 29 juillet 1909, que, tandis que l'exploitation des chemins de fer a pour base essentielle l'harmonie réalisée sous une direction unique entre les services de la voie, de la traction et de l'exploitation proprement dite, cette unité de direction fait défaut sur les rivières et canaux.

« ... Ce qui manque, c'est un organe d'exploitation renseigné à tout instant sur les demandes de matériel vide et sur les ressources disponibles dans chacun des centres d'affrétement et susceptible de mettre les ressources à la portée des demandes en restreignant autant que possible le temps perdu, de manière à faire rendre au matériel de la batellerie le maximum d'effet utile.

« Le Conseil estime qu'une bonne organisation de l'exploitation permettant d'augmenter la vitesse de marche des bateaux et le nombre de leurs voyages a au moins autant d'importance que peuvent en avoir les facilités et les diminutions de parcours résultant de l'amélioration des voies anciennes ou de la construction de voies nouvelles.

« En ce qui concerne plus particulièrement la traction des bateaux, le marinier est libre en principe de choisir le mode de traction ou de propulsion qui lui convient. Sur les canaux, d'ailleurs, la traction mécanique est encore peu développée, et les chevaux de halage sont tantôt au service des haleurs aux longs jours, tantôt groupés en relais par des entrepreneurs de transport. Mais ces services sont bien irréguliers, et le marinier n'est jamais sûr, en passant d'une entreprise à une autre, de trouver des chevaux qui lui permettent de poursuivre sa route immédiatement. Faute d'animaux de halage ou de tracteurs, les bateliers sont souvent obligés de perdre plusieurs jours en cours de route, et il est superflu de faire remarquer qu'une situation pareille ne peut manquer d'exercer l'influence la plus fâcheuse sur le prix de revient du transport.

« L'Office national de la navigation serait particulièrement bien placé pour établir un lien entre les diverses entreprises successives de traction et pour assurer de la sorte aux bateaux une marche régulière et continue, ce qui permettrait de fixer d'une manière précise les graphiques de marche sur les voies navigables. »

Il serait intéressant de reproduire en son entier ce rapport si remarquable, mais cela serait sortir du cadre de cet ouvrage. L'Office national dont la création est proposée, en réglementant le service du mouvement, atténuerait l'instabilité du fret et organiserait un service d'informations permettant d'obtenir un abaissement du prix de transport, tout en assurant une meilleure rémunération de la batellerie ; elle mettrait à l'étude la question du délai de chargement, qui a donné lieu, dans ces dernières années, entre les mines et la batellerie, à d'actives négociations, à la suite desquelles les compagnies houillères s'engagèrent en 1907 à charger les bateaux dans un délai fixé à partir d'une date déterminée et à payer des surtaxes pour chaque journée de retard. L'Office de la Navigation mettrait ainsi les intéressés à même de connaître les cours du fret pour différentes directions, ce qui permettrait la concurrence et empêcherait la disparition de la petite batellerie. Ces cours seraient fixés dans les centres comme Dunkerque, Douai, Paris, Nancy, comme ils le sont actuellement à Ruhrort, Aussig, Anvers, Rotterdam. L'organisme chargé de réaliser cette entente doit être indépendant ; il faut donc que sa vie matérielle soit assurée par l'État.

342. Monopole de la traction. — Quel doit être le rôle de l'État dans le mode d'exploitation de la voie navigable, dans l'application du système de traction adopté. Il n'y a pas de doute : « dans un canal où l'on n'a que la largeur nécessaire au croisement de deux bateaux, et qui est parcouru par deux courants commerciaux opposés très intenses, il devient matériellement impossible, au delà d'une certaine limite de fréquentation, d'assurer une circulation rapide et bien ordonnée quand les bateaux ont des vitesses différentes. Il peut y avoir un très important intérêt public à organiser un service de traction *unique et obligatoire* sur les voies navigables dont la circulation dépasse une certaine limite [1]. » Sur les voies où la traction électrique doit être installée de préférence à tout autre système, le monopole s'impose, et tout le monde est d'accord sur ce point. Mais à qui doit-on le confier ? A une société privée ou bien à l'État gérant directement ou par l'intermédiaire d'un établissement public ?

Des ingénieurs très distingués, parmi lesquels MM. La Rivière et Bourguin, ont pensé que le monopole devait être confié à une société privée. C'est la solution qui a été adoptée en Allemagne au canal de Tetow, où la traction se fait au moyen de tracteurs électriques sur double rail, et qui donne de bons résultats. Le tarif y est de 0,4 pfennig par tonne-kilomètre ; il est un peu plus élevé que celui du remorquage et du halage par chevaux : 0,3 pfennig environ. On a également confié à une société privée l'exploitation des canaux du Nord en France ; il n'y a cependant en droit aucun monopole ; on a simplement prévu qu'un monopole de fait pourrait s'établir à son profit dans un délai plus ou moins long.

Des inconvénients assez graves se sont révélés à l'usage, et on semble incliner actuellement pour le monopole d'État.

Le Gouvernement prussien a adopté cette solution pour l'exploitation du nouveau canal du Rhin au Weser. On a fait valoir en sa faveur les deux considérations économiques suivantes :

1° C'est seulement lorsque le même entrepreneur assurera

---

1. Rapport de M. le député Aimond en 1902 au sujet du programme des travaux neufs.

la traction sur le canal et le chemin de fer que l'on pourra dire, sans qu'il soit contraire à la vérité, ce mot si souvent répété que ces deux moyens de transport sont des associés ;

2° Ce monopole sera au profit de l'État un outil de politique extrêmement puissant permettant d'introduire à bas prix les matières premières nécessaires à l'industrie, de protéger l'agriculture nationale contre l'invasion des céréales étrangères, de faciliter l'exportation, de soutenir les intérêts de l'industrie nationale, d'empêcher les brusques perturbations dans l'équilibre intérieur du royaume, en un mot de combler la brèche que les voies navigables creusent dans l'édifice économique des tarifs des chemins de fer.

De ces deux considérations, la première n'a pas d'intérêt en France, où les chemins de fer ne sont pas exploités par l'État. Quant à la seconde, très compréhensible chez un peuple, qui met en pratique les enseignements de l'école de l'économie peuple nationale, elles ne peuvent pas se concilier avec le caractère, les doctrines économiques et la forme de gouvernement de la nation française.

Ces deux arguments doivent donc être mis de côté en France. Mais on peut faire valoir que l'État français, en matière de voies navigables, n'est guidé que par l'intérêt général, et que, puisqu'il assure le passage aux écluses et que personne ne s'en plaint, il peut aussi bien s'occuper du déplacement dans le sens horizontal et par conséquent de la traction. Cette manière de faire supprimerait toutes les difficultés avec le concessionnaire et permettrait de réaliser des économies par rapport à une industrie privée en tirant parti de locaux et de terrains dépendant du domaine public et en utilisant un personnel existant.

On reprochera aux partisans du monopole d'État de faire un pas de plus dans la voie de l'*étatisme*. C'est là un reproche peu fondé ; l'État, qui n'a en vue que l'intérêt général, est seul capable de gérer économiquement l'industrie de la traction électrique, qui n'exige pas des connaissances commerciales, mais des capacités techniques. Le monopole ne ferait d'ailleurs aucun tort à l'industrie privée, et les capitaux nécessaires à son fonctionnement se trouveraient aisément, soit en les prélevant sur les ressources du budget, soit mieux sur le montant d'un emprunt amortissable gagé sur des bénéfices certains. Il ne s'agit, en effet, que d'équiper des lignes à *gros trafic* ayant au moins 2 millions de tonnes.

L'État, ayant déboursé les frais de premier établissement, peut administrer soit directement, soit par l'intermédiaire d'une compagnie d'exploitation. Cette dernière solution semble être la meilleure et rassurerait les esprits craintifs contre les abus possibles d'un monopole d'État; il lui suffirait de déléguer à un syndicat de voie navigable la gestion économique et financière de l'entreprise, en conservant pour lui la direction technique.

343. Ports. — Les ports en voie courante sont constitués par un simple élargissement du profil du canal laissant complètement libre la place nécessaire au passage de deux bateaux. Le garage ainsi formé pour constituer un port aura la largeur d'un bateau et une longueur égale à celle d'un nombre de bateaux variable avec les circonstances.

Des ports particuliers de ce genre peuvent être autorisés sans inconvénient, pourvu qu'ils soient établis du côté opposé au halage. Si l'importance du canal exige que le chemin de halage reste complètement libre sur les deux rives, on établira un bassin extérieur au canal communiquant avec lui par une ouverture que forme une passerelle de halage mobile.

Les installations de ce genre sont nombreuses dans le Nord, dans l'Est et dans toutes les régions industrielles.

La gestion des ports et de leur outillage laisse généralement beaucoup à désirer.

Ces ports sont construits et entretenus, s'il s'agit de *ports privés*, par les intéressés, et, s'il s'agit de *ports publics*, par l'État, avec ou sans subvention des communes ou des départements. Les premiers sont généralement bien outillés. Qu'il s'agisse du transport des combustibles, des matériaux de construction, des grains, farines, vins, etc., partout les gens producteurs et les gens consommateurs, guidés par leur intérêt, ont su réaliser des installations de caractère privé répondant aux nécessités de leur industrie. Partout, au contraire, où l'intérêt général est seul en jeu, c'est-à-dire dans la généralité des ports publics, ces installations font défaut ou sont notoirement insuffisantes. C'est là une fâcheuse lacune, puisqu'en substituant les engins mécaniques à la main-d'œuvre pour la manutention des marchandises au départ et à l'arrivée, on peut compter, selon M. Delaunay-Belleville, sur une économie de 6 à 7 0/0 du prix de transport total.

Quelquefois ce n'est pas seulement l'outillage public qui manque, c'est le port public lui-même. C'est le cas de la Saône et surtout du Rhône, où tous les emplacements favorables sont aux mains d'une seule compagnie. M. l'ingénieur en chef Tavernier constate ce fait et attribue à cette insuffisance des ports et de l'outillage public la principale cause d'infériorité de nos voies navigables. Pour remédier à cette insuffisance, ce n'est pas à l'État, mais aux collectivités, qu'il conseille de s'adresser; mais, pour amener ces dernières à s'intéresser au développement de l'outillage des voies navigables, il faudrait que l'État leur abandonnât un peu de gestion plus ou moins complète. « Il suffirait, dit-il, pour atténuer considérablement le principal défaut du régime actuel, d'organiser de suite les administrations des ports intérieurs comme celles des ports de mer, en se réservant de faire bénéficier les unes et les autres des réformes étudiées dans le sens d'une autonomie plus complète. Dans les administrations locales, veillant au bon emploi des capitaux fournis par la collectivité, l'État lui-même, qui prend généralement à sa charge tout ou partie des dépenses d'infrastructure des ports, serait représenté. Étant informé exactement de tout, il exercerait sans retard, en connaissance de cause, ses droits de surveillance et de contrôle. »

344. Rapport entre les voies navigables et les voies ferrées. — L'exploitation des voies navigables françaises présente une grave lacune en raison de leur faible pouvoir de rayonnement. « Les voies navigables, dit M. Delaunay-Belleville [1], sont parcourues en proportion prépondérante par des matières premières de consommation industrielle ou alimen-

---

1. Sur les 34 millions de tonnes que transportent les voies navigables et les 138 millions de tonnes qui fréquentent annuellement les chemins de fer, 800.000 tonnes seulement, c'est-à-dire moins de 1/2 0/0, recourrent au transport mixte.

taire. Ces marchandises présentent ce caractère commun d'être produites et consommées sur les rivages mêmes des voies navigables; le rayon d'attraction ou d'expansion des ports de navigation intérieure, sur le territoire qui les entoure, est ainsi presque partout extrêmement faible. »

Cela tient à la nature même des marchandises qui s'accommodent du transport par eau. Cela tient aussi dans une forte mesure, à l'absence à peu près complète de liaison entre les voies navigables et les chemins de fer. Jusqu'à ce jour les compagnies de chemins de fer s'appuyant sur les clauses de leurs cahiers des charges et craignant que leurs points de jonction ne soient des points de fuite pour leur trafic et spécialement pour les produits de valeur, se sont opposées à la création et au développement des ports de transbordement.

Les pouvoirs publics, jugeant cette politique contraire à l'intérêt général, ont toujours cherché à vaincre cette résistance injustifiée. En 1903 d'abord, puis en 1908, on a déposé un projet de loi ayant pour but d'imposer purement et simplement aux compagnies de chemins de fer les raccordements avec les voies navigables. Il est d'accord avec la doctrine consacrée par le Conseil d'État, suivant laquelle l'autorité concédante, puissance publique, conserve, en matière de concessions, tous les pouvoirs d'intervention, de contrôle et de direction qu'une loi ou un règlement d'administration publique ayant force de loi ne lui ont pas formellement interdits par avance[1], tandis que les compagnies ont le droit de réclamer une indemnité, s'il est établi que les mesures prescrites introduisent dans les charges de l'exploitation des éléments qui n'ont pu entrer dans les prévisions des parties contractantes et qu'il est porté atteinte aux conventions intéressées entre les parties[2]. » Le projet de loi actuel reconnaît formellement le droit des compagnies à indemnité en cas de dommages. Il est à espérer qu'il amènera une solution équitable de cette question si difficile.

Cette solution est évidemment liée à une réforme des tarifs qui devront être combinés de telle façon que les transports

1. Projet de loi du 6 février 1908.
2. Arrêt du Conseil d'État du 9 décembre 1907.

directs ne bénéficient pas de prix très bas, tandis que les transports à destination des ports de transbordement seront taxés au prix fort.

On ne comprend guère, quand on veut réfléchir, l'hostilité que les compagnies de chemins de fer françaises montrent encore à l'heure actuelle aux raccordements des voies ferrées avec les voies navigables. Il n'en a pas toujours été ainsi ; dans leurs débuts, si difficiles qu'il a fallu l'intervention active et l'appui de l'État pour les sauver et les faire vivre, les compagnies ont cherché à s'entendre avec la navigation intérieure.

La soudure de leurs services était une préoccupation, et le rôle de la batellerie était ménagé dans l'économie générale des transports. Des ports fluviaux déjà existants se trouvèrent en jonction avec des voies ferrées nouvelles, et d'autres ports de raccordement furent créés sur divers réseaux. Les compagnies secondaires surtout cherchèrent le concours de la batellerie.

Peu à peu les principales compagnies absorbèrent les petites et cherchèrent à réduire la batellerie, qui devenait une concurrente. Ce ne fut pas seulement une lutte de prix entre les deux modes de transport, mais d'incessantes attaques contre les ports de raccordement.

Cette conception de la part des compagnies françaises a de quoi surprendre, et est contredite par un exemple concluant, celui du port de Roanne, terminus du canal de Roanne à Digoin. Après une résistance de quinze années, soutenue par tous les moyens, la Compagnie P.-L.-M. a dû finir par remplir les engagements qu'elle avait contractés et par raccorder ses rails avec le port.

Depuis cette époque, le tonnage du port de Roanne a passé de 269.448 tonnes en 1893 à 375.740 en 1902, c'est-à-dire augmenté de près de 40 0/0. Dans ce total, le mouvement des marchandises transbordées par l'embranchement des chemins de fer au port a passé de 53.929 tonnes à 280.674, s'étant accru de 500 0/0 et celui du chemin de fer au canal de 12.048 tonnes à 194.535, soit de 1600 0/0.

Ces faits n'ont pas ouvert les yeux des compagnies, qui continuent à résister, déclarant cependant que « la multiplication des raccordements entre la voie de fer et la voie d'eau est avantageuse au commerce, cela ne fait aucun doute ; avantageuse aux voies navigables, il n'y en a pas davantage ; avantageuse au chemin de fer, c'est une autre affaire ».

Elles ne se rendent pas compte encore, ce qui ne tardera pas, que leur intérêt principal est de desservir d'une manière satisfaisante le commerce et l'industrie, et que, par suite du développement que l'un et l'autre ont pris, leur installation, leur matériel sont insuffisants presque partout, et doivent être suppléés par les ressources qu'offre la navigation. Celle-ci deviendra à bref délai leur auxiliaire nécessaire ; la rivalité cessera et se transformera en une collaboration féconde.

Pour le moment l'hostilité des compagnies de chemins de fer subsiste, et l'État, tenant compte de l'opinion publique qui, depuis de longues années, demande une solution, a pris le parti de recourir à un acte législatif. Par la loi du 6 février 1908, il a étendu « aux propriétaires ou concessionnaires d'un outillage public et aux propriétaires d'un outillage privé, dûment autorisé, sur les ports maritimes ou de navigation intérieure, le droit d'embranchement retenu aux propriétaires de mines ou d'usines... » par l'article 62 du cahier des charges des concessions de chemins de fer d'intérêt général. Mais il est stipulé (art. 3) : les compagnies auront le droit de réclamer une indemnité à raison du préjudice qui leur serait causé par l'application de la loi.

Jusqu'à présent, il n'a pas été fait usage de cet instrument législatif, ce qui n'est pas à dire que l'on ne s'en servira jamais, malgré les difficultés contentieuses qu'offrirait l'appréciation des dommages dont il serait l'origine. Mais ce ne sont pas ces difficultés, qui constitueraient le principal obstacle ; il réside plutôt dans la conception des tarifs de chemin de fer. Les transports directs bénéficieront de prix très bas, tandis que les transports à destination des ports de transbordement pourront être taxés au prix fort.

En Allemagne, depuis longtemps, on a résolu le problème, car l'idée de combiner les deux modes de transport par eau et par voie de fer est logiquement sortie de la nature même des choses. Les transports par voie d'eau étant les moins coûteux[1] durent permettre à la navigation de rayonner et d'étendre sa zone d'action en dehors du point qu'elle dessert directement. On peut dire que l'étendue de la zone éloignée susceptible d'être influencée par la voie d'eau est en raison directe des tarifs du chemin de fer sur les parcours complémentaires de la marchandise transportée.

Les transports mixtes ne sont pas avantageux seulement pour les particuliers en leur offrant des prix moindres, mais encore pour les chemins de fer eux-mêmes, en leur permettant de se soulager, le cas échéant, d'une partie de leur trafic le moins rémunérateur, et en aidant au développement de celui qui l'est davantage. Ce qui s'est passé et se passe encore en Allemagne en donne la meilleure et la plus frappante démonstration.

« C'est pour développer le trafic de ses chemins de fer, disaient, il y quinze ans, MM. Holtz et Barlatier de Mas, que l'État badois a consacré 28 millions au port de Mannheim ; c'est le mobile qui a guidé les chemins de fer du Palatinat dans la construction du port de Ludwigshafen, la Compagnie hessoise a celle du port de Gustavenbourg, et qui a décidé toutes les compagnies du Nord de l'Autriche à prendre à leur charge l'établissement et l'exploitation des ports de Bohême. » L'idée déterminante était celle-ci : Utiliser les voies d'eau pour évacuer les marchandises partout où les chemins de fer peuvent les concentrer facilement sur leurs rives et inversement pour les amener en masse là où les voies ferrées les prendront directement pour les disperser dans toutes les directions. »

Cette conception du rôle que doivent remplir les deux grands modes de transport en combinant leur action dans l'intérêt général du pays est celle qui a prévalu dans la plus grande partie de l'Allemagne, dans la région de l'Elbe, du Mein et du Rhin. C'est elle qui a fait de Strasbourg un des plus grands ports de navigation intérieure de l'Allemagne.

Quels ont été les résultats de cette manière de voir ? La statistique comparée montre que, de 1875 à 1895, le tonnage

1. Prix du fret sur les canaux pour bateaux de 360 tonnes : 0 fr. 010 par tonne kilométrique ; tarif moyen sur les chemins de fer : 0 fr. 020.

de la navigation intérieure en Allemagne a augmenté de 159 0/0, et en France de 88 0/0 seulement ; le tonnage des chemins de fer s'est accrû de 44 0/0 en Allemagne, en regard d'une diminution de 4 0/0 en France, alors que le réseau allemand n'augmentait que de 70 0/0 et que le réseau français s'accroissait de 90 0/0. Cette comparaison ne montre pas seulement le développement plus grand de la navigation intérieure allemande, elle fait ressortir aussi le parallélisme de celui des chemins de fer. Elle prouve également, une fois de plus, qu'il n'y a pas antinomie entre eux.

En ce qui concerne les ports intérieurs, ceux d'Assig, Riesa, Magdebourg, etc., sont des exemples incontestables de l'influence des transports mixtes. Magdebourg seul, avec 992.371 tonnes transbordées en 1900, dépasse le mouvement de transbordement des 29 ports intérieurs français [1].

345. Résultats financiers. — *Dépenses de premier établissement.* — En France, avant la loi du 5 avril 1879, le type du canal le plus répandu permettait le passage de bateaux de 30 mètres environ de longueur, de 5 mètres de largeur et $1^m,40$ de tirant d'eau maximum portant à cet enfoncement un chargement utile de 150 tonnes, en nombre rond. Le canal de la Marne au Rhin, construit sur ce type, et le chemin de fer de Paris à Strasbourg, établi à la même époque et dans la même région, fournissent, au sujet des prix de revient respectifs de ces deux voies, des renseignements intéressants. M. l'inspecteur général Graëff fait connaître que la dépense moyenne kilométrique des chemins de fer a été de 270.000 francs; et celle du canal de 180.000 francs; et il en conclut que la dépense d'un chemin de fer est à la dépense d'un canal, construit dans les mêmes conditions, dans le rapport de 3 à 2.

Le type de canal, construit depuis la loi du 5 avril 1879, pour permettre le passage des bateaux de 5 mètres de largeur, $38^m,50$ de longueur, avec un enfoncement de $1^m,80$ et un

1. Voir le rapport de M. Captier au Congrès de Navigation de Milan en 1905 ; la belle étude de M. Lafûtte sur la navigation intérieure en Allemagne.

chargement utile de 300 tonnes environ, a modifié cette proportion.

M. l'inspecteur général de Mas, dans son traité magistral sur les canaux, fait connaître que la dépense moyenne de premier établissement pour les canaux établis à neuf est de 403.702 francs, c'est-à-dire qu'un canal pour bateaux de 300 tonnes coûte au moins aussi cher qu'un chemin de fer à double voie de largeur normale établi dans les mêmes conditions de relief et de nature du sol.

Le canal de Dortmund à l'Ems, établi pour bateaux de 600 tonnes, est revenu à 449.375 francs par kilomètre. Ce prix peu élevé tient assurément à la facilité et au peu de relief du terrain, qui ont permis de faire de très longs biefs sans souterrains, ainsi qu'à la simplicité de l'alimentation qui se fait naturellement sur une grande partie de la longueur. Il tient aussi, d'après M. l'inspecteur général de Mas, au soin avec lequel les études ont été faites, à la perfection avec laquelle les travaux ont été exécutés et surveillés. Les dépenses de personnel se sont élevées à plus de 10 0/0 de la dépense totale en travaux, ce qui montre qu'en matière de travaux neufs les économies du personnel sont absolument ruineuses.

Dépenses d'exploitation. — Les dépenses moyennes d'exploitation pour les canaux français, dont on a fait connaître les prix de premier établissement, se sont élevées, pour la période décennale de 1893-1902, à 1.267 francs par kilomètre.

346. Avenir de la navigation intérieure. — M. l'inspecteur général Colson et M. l'ingénieur Marlio ont démontré d'une façon irréfutable, dans leur intéressant rapport déposé au Congrès international des Chemins de fer, tenu à Berne en 1910, que le prix de transport de la tonne kilométrique par voie ferrée était égal, sinon inférieur, au fret normal sur les canaux les plus fréquentés du Nord et de l'Est de la France.

C'est là une constatation courante, car les tarifs de chemin de fer ne représentent pas uniquement les frais de transport proprement dits ; ils comprennent également les frais d'entretien et d'administration de la voie ferrée, et ils servent ensuite à amortir et à rémunérer le capital engagé. On arrive forcément à cette conclusion « que le canal de 300 tonnes, qui a servi de terme de comparaison aux auteurs du rapport cité ci-dessus, est une entité qui a vécu économiquement, et qui constitue un mode de transport peu recommandable [1] ».

Les dimensions du gabarit des canaux intérieurs, adoptés en 1879 en France pour l'exécution du programme Freyci vet, sont devenues trop faibles. « Créer dans cet ordre d'idées une nouvelle voie navigable, c'est fonder une œuvre stérile. »

Il faut donc prévoir l'amélioration du réseau des voies navigables, non pas pour concurrencer les chemins de fer, mais pour concourir avec eux à assurer les transports volumineux, pondéreux et de faible valeur intrinsèque à des prix inférieurs aux tarifs des voies ferrées, au grand avantage du commerce et de l'industrie.

La prospérité d'une nation dépend en grande partie de la puissance de ses voies de communication. La navigation intérieure ne pourra continuer à jouer son rôle de grand facteur de l'avenir économique d'un pays qu'à la condition de transporter les marchandises à des tarifs suffisamment bas pour faire profiter l'industrie d'une réduction de prix sur les autres moyens de transport quels qu'ils soient, sinon elle n'a pas de raison d'être : le wagon pénétrant dans l'usine et apportant la marchandise au lieu même d'emploi aura toujours un avantage marqué sur le bateau.

Pour que ce résultat soit atteint, il faut construire ou transformer les canaux pour permettre la navigation avec des bateaux de grande capacité. Il est un fait acquis : l'usage des bateaux de fort tonnage entraîne une réduction dans les prix de transport, parce que les frais de traction de personnel et d'entretien sont loin de croître en proportion du chargement. C'est ainsi que, sur le Rhin, le fret est descendu jusqu'à 3 millimes par tonne kilométrique, grâce à l'emploi de bateaux qui jaugent 1.500, 2.000 tonnes et parfois même davantage.

1. Rapport de M. l'ingénieur Claudot au Congrès international de Navigation de Philadelphie (1912).

En outre, plus la capacité du bateau sera grande, mieux la navigation sera à même de remplir sa mission, qui consiste à transporter des marchandises pondéreuses par grande masse, en provenance ou à destination des centres industriels ou des agglomérations importantes.

Le bon marché de l'emploi de cet outillage facilitera la lutte et la concurrence avec l'étranger. On peut se demander s'il ne serait pas préférable d'établir de nouvelles voies ferrées, de doubler celles existantes, plutôt que de construire des canaux permettant seulement le passage des bateaux de 300 tonnes, et cela en raison du tarif réduit et de la rapidité du transport.

On en arrive donc à se demander quelles sont les dimensions qu'il convient de donner aux nouveaux canaux. Il est impossible de généraliser et de fixer d'une manière absolue un type répondant à tous les cas. Il dépendra de la situation topographique de la région, mais surtout du trafic futur de la nouvelle voie; et on adoptera, suivant les circonstances un canal pour bateaux de 600 tonnes, 1.000 tonnes, 2.000 tonnes et au delà.

Il faut, en tout état de cause, avoir des voies larges et escompter l'essor que recevra une contrée industrielle, par suite de l'établissement de moyens de transports économiques.

Bien qu'aucune comparaison complète n'ait encore été faite entre les tarifs des chemins de fer et le prix réel du transport par bateaux de fort tonnage, tous les pays industriels ont senti la nécessité d'élargir considérablement le gabarit de leurs voies navigables. Ces nations ont compris la nécessité d'aborder cette importante question, dont la solution constitue un des facteurs les plus importants de leur puissance économique et de leur richesse publique.

C'est ainsi que l'Allemagne a livré à la navigation, il y a une dizaine d'années, le canal de Dortmund à l'Ems, premier tronçon du *Mittelland Kanal*, qui doit réunir le Rhin, l'Ems et le Wéser, le canal avait été établi pour la circulation des bateaux de 600 tonnes. Dans ce but les écluses présentèrent 67 mètres de longueur utile pour 8^m,60 de largeur. En 1910, une dépense supplémentaire de 11 millions de marks était déjà prévue, afin d'établir entre Bergen et l'Ems, pour le développement du trafic sur les ports de ce fleuve, des écluses pour paires de bateaux, qui seraient construites latéralement aux anciennes. Ces nouveaux ouvrages permettraient également le passage simultané de deux bateaux de 1.000 tonnes.

Ce type de bateaux, que l'on rencontre le plus fréquemment sur le Rhin, a été adopté pour les nouveaux canaux du Rhin à l'Herne. Les écluses auront 165 mètres de longueur utile pour 10 mètres de largeur. Elles permettront le passage simultané de deux bateaux de 1.000 tonnes (80 mètres sur 9 mètres), et accessoirement de paires de bateaux composés de deux chalands de 600 tonnes avec leur remorqueur.

La nouvelle voie navigable qui doit relier Berlin au port de Stettin sera également de grande navigation ; elle assurera la circulation des bateaux de 600 tonnes.

Mais déjà on considère que cette première étape n'est pas suffisante, et on équipe sur le Rhin, en vue des transports charbonniers de la Ruhr sur le Rhin supérieur, des bateaux dont la capacité minimum est de 1.750 tonnes.

Les chambres de commerce allemandes estiment que le bateau de 1.000 tonnes n'est déjà plus un outil de rendement maximum, et demandent que sa capacité soit portée à 2.000 tonnes au moins.

En France, les mêmes préoccupations se font jour : déjà, en 1904, M. l'inspecteur général de Mas écrivait dans son ouvrage sur les canaux : « Ce n'est pas qu'il entre dans notre pensée de préconiser un remaniement immédiat et complet de notre réseau des eaux ; on ne saurait songer à une pareille entreprise ; *mais nous croyons que toutes les fois que les circonstances s'y prêteront, et que l'importance du trafic à espérer le justifiera, ce sera des canaux à grande section qu'on sera désormais amené à construire.* »

La commission constituée en 1908 pour l'étude de l'amélioration du réseau des voies navigables, tout en montrant une certaine préférence pour le canal de 300 tonnes, a admis qu'il y avait lieu d'étudier dans chaque nouveau cas l'utilité de permettre la circulation des bateaux de fort tonnage, et en même temps d'augmenter les dimensions des écluses de façon à permettre également la circulation des trains de bateaux de 300 tonnes. Cette manière de voir a conduit à adopter des dimensions différentes pour chacun des deux grands canaux qui ont été construits en vertu d'une loi du 22 décembre 1903 et qui sont actuellement en cours d'exécution, savoir :

1º Le canal du Nord ;

2º Le canal de Marseille au Rhône.

Le canal du Nord a pour objet de doubler le canal de Saint-Quentin, tronçon de la voie navigable qui fait communiquer Paris avec la région du Nord de la France.

On a renoncé au passage des bateaux de 500 à 600 tonnes, mais on construit des écluses de manière à pouvoir réunir deux péniches en longueur, « en tandem ». Leur largeur est de 6 mètres, le mouillage de 2^m,50 ; leur longueur utile est portée à 85 mètres. On a adopté l'écluse double en longueur avec bassin d'épargne de préférence à l'écluse à sas jumeaux accolés et conjugués, en raison de l'économie de temps sur la durée de l'éclusage, de la moindre complication dans la manœuvre des portes et des vannes et des économies sur les les dépenses d'établissement.

Les ouvrages ainsi établis permettent le passage de 7 millions de tonnes pendant quinze heures. Le canal sera exploité à la vitesse de 3 kilomètres à l'heure avec des convois de deux péniches halés mécaniquement. Le prix du fret, basé sur un trafic annuel de 7 millions de tonnes, s'abaissera aux environs de 0 fr. 012 par tonne kilométrique, y compris un péage de 0 fr. 006 sur la partie neuve du canal. Le prix du transport proprement dit, net de péage, ressortira à 0 fr. 010.

Le même prix de transport est prévu pour le canal du Nord-Est, qui est destiné à relier le bassin métallurgique et minier de Meurthe-et-Moselle aux houillères et à la région industrielle du Nord et du Pas-de-Calais. Le péage de 0 fr. 006 par tonne kilométrique, perçu sur la partie neuve du canal représenterait pour l'ensemble du parcours entre la houillère ou mine et les usines 0 fr. 004. Le fret serait ainsi de 0 fr. 014 : les tarifs de chemin de fer sont actuellement de 0 fr. 016 pour le minerai de fer et 0 fr. 021 pour les houilles et coke.

La dépense prévue pour l'exécution de ce canal serait de 150 millions, dont une moitié serait fournie par l'État ; l'autre moitié étant assurée par les intéressés et gagée sur le péage.

Le canal de Marseille au Rhône est de dimensions beaucoup plus grandes. Les écluses ont 160 mètres de longueur utile, 16 mètres de largeur, 3 mètres de mouillage. Il fait suite au Rhône d'Arles à Lyon à la grande Saône, et il serait ainsi la section terminus d'une voie d'eau accessible aux plus grands bateaux de navigation intérieure sur un parcours de 540 kilomètres.

La section transversale en voie courante rectiligne présente une largeur de 25 mètres à la profondeur de 2 mètres[1]. La largeur de la cuvette est réduite à 18 mètres à la traversée du massif montagneux de la Nerthe, que le canal traverse en souterrain sur 7 kilomètres de longueur. Elle a été déterminée d'après la dimension actuelle des barques du Rhône, qui mesurent environ 8 mètres de large sur 60 mètres de long, de telle façon que l'exploitation du canal puisse se faire en double voie, sans aucune sujétion d'horaire.

Le canal peut desservir un trafic de 15 millions de tonnes ; le fret serait de 0 fr. 010 par tonne kilométrique, et s'abaisserait probablement à 0 fr. 006, comme sur les fleuves à courant libre, tel que le Rhin ou la Volga. La traction pourrait se faire sur ce canal aussi économiquement qu'en rivière au moyen de remorqueurs, mieux encore avec des tracteurs sur rails.

Il ne semble pas qu'en France on poursuive actuellement l'exécution de canaux semblables à celui de Marseille au Rhône ; on a d'ailleurs renoncé à la création des « grandes lignes de navigation intérieure ». « Il convient, en effet, de ne pas se leurrer sur les services que peuvent rendre les longues voies d'eau tracées d'une extrémité à l'autre du territoire, qui ont été parfois préconisées, telles que la voie de pénétration de Nantes à Bâle ou la voie du transit du

---

1. Cette section correspond à plus de quatre fois les sections du maître-couple du bateau immergé.

Havre à Marseille. La configuration du sol, sans parler des conditions économiques, ne s'y prête pas. Par contre, le dessin des rivages maritimes est si favorable au commerce par mer qu'il n'y a aucun bénéfice à attendre de la création d'une grande ligne de navigation intérieure, telle, par exemple, celle du Havre à Marseille. Le fret par mer entre Marseille et le Havre est inférieur à 0 fr. 009 par tonne kikilométrique, et la durée du trajet par voie de navigation serait, quoiqu'on fît, plus longue que sur mer [1].

Ce serait aussi une folie que de construire des canaux latéraux à nos grands fleuves, la Loire et le Rhône.

On a calculé que, pour le Rhône, cette entreprise imposerait à l'État une charge quadruple de l'économie que pouraient en retirer les usagers.

Pour la Loire, on a écarté le projet présenté, « parce que la création de cette voie navigable n'aurait, au point de vue de la fortune publique, d'autre résultat que de faire payer par la collectivité une somme probablement très supérieure aux économies à réaliser par les usagers de cette voie ».

N'y a-t-il rien à faire pour améliorer la navigation sur ces fleuves ? Si, il y a beaucoup à faire ; on verra dans la seconde partie de cet ouvrage tout le parti qu'on pourrait tirer de ces voies navigables merveilleuses, qui méritent d'être exploitées d'une manière satisfaisante.

La tendance que l'on a constatée d'établir les nouveaux canaux pour assurer la circulation des bateaux de grande capacité est générale. En Italie, les dimensions actuelles préconisées correspondent au bateau de 600 tonnes. En Russie, les canaux sont établis en vue de livrer passage aux plus grands bateaux fréquentant les fleuves, bateaux qui ont 110 mètres de longueur, 16 mètres de largeur, 1m,80 de tirant d'eau et une capacité de transport de 1.700 tonnes. Le canal du Don à la Volga doit avoir une largeur en plafond de 42m,60, et une section mouillée quadruple environ de la section immergée des plus grands bateaux fluviaux. Aux

---

1. Rapport de M. l'ingénieur en chef Bourgougnon au Congrès de Philadelphie (1912).

Etats-Unis, l'un des plus anciennement exploités, le canal Erié, dont le trafic annuel atteint 2 millions de tonnes, doit être remplacé par le Barge Canal, accessible à des bateaux d'une capacité de 2.000 tonnes.

347. Conclusion. — Au terme de cette longue étude, on ne peut mieux faire, pour résumer tout ce qui vient d'être exposé, que de s'en référer à la conclusion que M. l'inspecteur général de Mas mettait à la fin de son traité si remarquable sur les canaux :

« Notre conviction absolue est que, pour la navigation intérieure comme pour les autres industries de transport, l'augmentation de la capacité des véhicules et à cet effet des dimensions de la voie s'impose et doit être poursuivie dans la mesure du possible. »

Pour cet éminent ingénieur, il n'y a pas à s'arrêter à la différence de gabarit des voies de navigation, et la crainte du transbordement, qui est peut être le commencement de la sagesse, n'en est pas le dernier mot. Cette opération, grâce aux appareils de levage très perfectionnés, n'est pas très coûteuse (0 fr. 20 par tonne) ; elle se traduit simplement par un allongement de parcours ; elle se fait sans inconvénients pour la plupart des marchandises. Ne se pratique-t-elle pas communément sur les chemins de fer, malgré l'uniformité de la voie, où l'on forme des wagons complets de marchandises ayant même destination ?

Cette objection ne saurait donc pas être retenue ; chaque voie doit être établie d'après les services qu'elle est appelée à rendre, et c'est vraiment aller au delà de ce qui est raisonnable que de vouloir établir un réseau de navigation sur le même gabarit. En matière de chemins de fer, ne rencontre-t-on pas des lignes d'intérêt local à voie d'un mètre à côté des lignes à voie normale ? Les premières ne sont-elles pas devenues les meilleures clientes des secondes ? Elles drainent le trafic où ne peut arriver la grande ligne, et le lui apportent pour l'amener au lieu de consommation.

C'est cette collaboration intime qu'il faudrait établir ; on ne devrait pas parler de concurrence, qui n'a rien à voir dans l'espèce, mais de travail commun, la navigation étant l'auxiliaire du chemin de fer. Il ne s'agit pas de faire vivre l'une au détriment de l'autre, mais d'assurer d'une manière féconde la vie économique et la prospérité du pays. Puisse ce vœu se réaliser dans un avenir prochain !

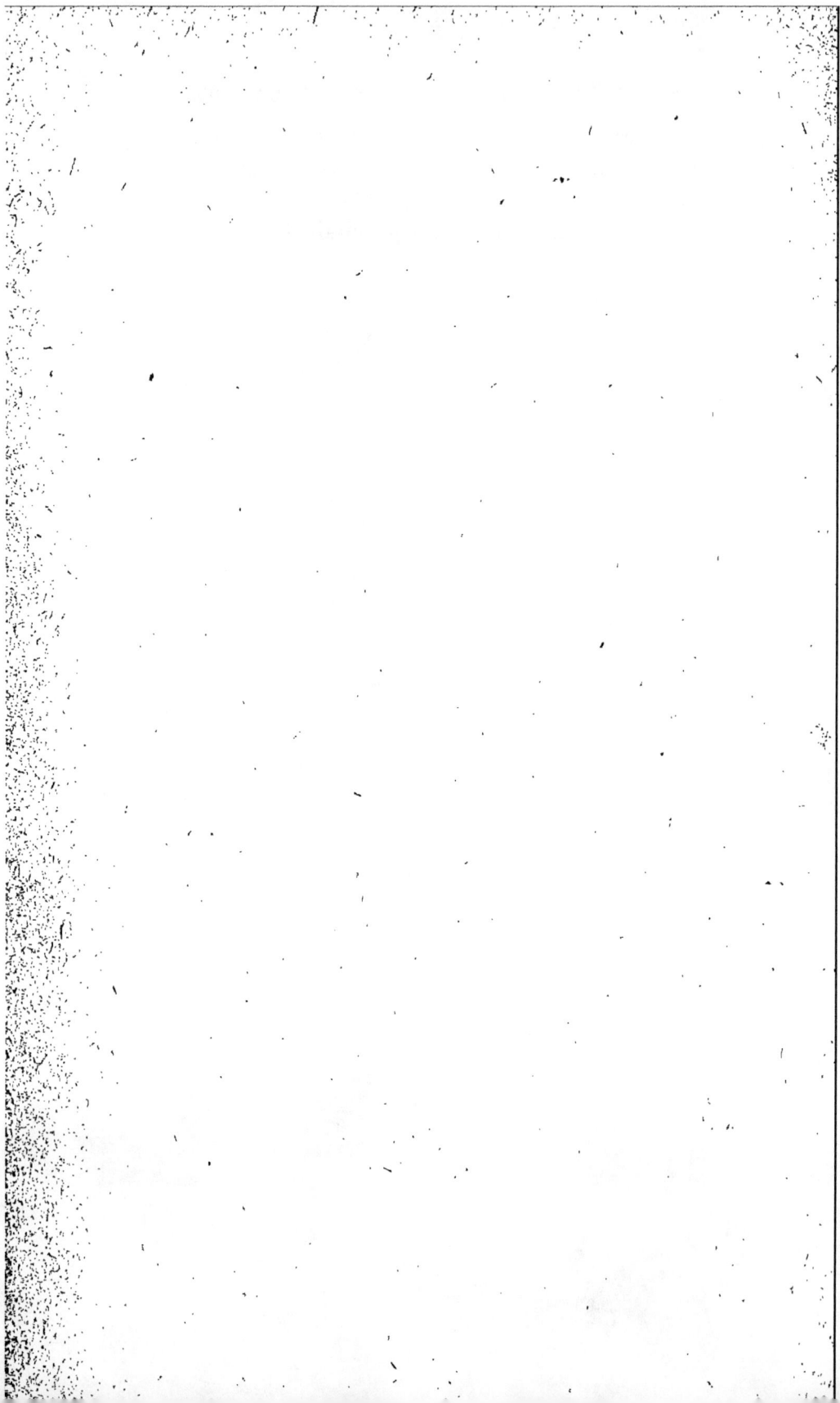

TABLE DES MATIÈRES

CHAPITRE II

BARRAGES MOBILES A FERMETTES

CHAPITRE III

BARRAGES MOBILES A HAUSSES

CHAPITRE IV

BARRAGES MOBILES A TAMBOUR

CHAPITRE V

BARRAGES MOBILES A PONT SUPÉRIEUR

CHAPITRE VI

UTILISATION DES DIVERS SYSTÈMES DE BARRAGE MOBILE A L'ÉTABLISSEMENT D'UNE RETENUE D'EAU

DEUXIÈME PARTIE

DES MOYENS DE FRANCHIR LES BARRAGES

CHAPITRE PREMIER

NAVIGATION PAR ÉCLUSÉES ET FLOTTAGE

CHAPITRE II

ÉCLUSES A SAS

CHAPITRE III

FONDATION DES ÉCLUSES A SAS

CHAPITRE IV

EMPLACEMENT. — ABORDS ET ACCESSOIRES DES ÉCLUSES

CHAPITRE V

RÉSULTATS FINANCIERS

TROISIÈME PARTIE

CANAUX

CHAPITRE PREMIER

CONSIDÉRATIONS GÉNÉRALES. — CANAUX LATÉRAUX

CHAPITRE II

TRACÉ

CHAPITRE III

CONSOMMATION D'EAU DES CANAUX

CHAPITRE IV

ALIMENTATION DES CANAUX

Canaux latéraux.

Canaux à point de partage.

CHAPITRE V

RÉSERVOIRS

Considérations générales.

CHAPITRE VI

ASCENSEURS ET PLANS INCLINÉS

CHAPITRE VII

OUVRAGES A LA RENCONTRE DES VOIES DE COMMUNICATION

BIBLIOTHÈQUE DU CONDUCTEUR

DE

TRAVAUX PUBLICS

PUBLIÉE

SOUS LES AUSPICES

DE

**MM. les Ministres des Travaux publics, de l'Agriculture,
de l'Instruction publique,
du Commerce et de l'Industrie, de l'Intérieur,
des Colonies, de la Justice.**

———

ENSEMBLE DES CONNAISSANCES
INDISPENSABLES AUX CONDUCTEURS DES PONTS ET CHAUSSÉES
ET CONDUCTEURS MUNICIPAUX, AGENTS VOYERS,
CONTRÔLEURS DES MINES, CHEFS DE SECTION, ARCHITECTES VOYERS, ENTREPRENEURS
CONDUCTEURS DE TRAVAUX, CHEFS DE DISTRICT, INSPECTEURS,
VÉRIFICATEURS, ETC.

———

Programme. — Conditions de souscription.
Abrégé de la table des matières des 70 volumes parus.

———

PARIS

H. DUNOD ET E. PINAT, ÉDITEURS

47 et 49, Quai des Grands-Augustins

———

1912

PROGRAMME ET PRIX DES VOLUMES
PARUS ET A PARAITRE

GÉNÉRALITÉS

*	1	Mathématiques (2ᵉ édition)...	12	»		
*	2	Mécanique, hydraulique et thermodynamique (2ᵉ édition)	15	»		
*	3	Chimie et physique appliquées	12	»		
*	4	Résistance des matériaux : T. I	15	»		

* 1 Mathématiques (2ᵉ édition)... **12** »
* 2 Mécanique, hydraulique et thermodynamique (2ᵉ édition) **15** »
* 3 Chimie et physique appliquées **12** »
* 4 Résistance des matériaux : T. I **15** »
* 5 Résistance des matériaux : T. II **15** »
* 5ᵇⁱˢ T. III **12** »
  Topographie. Etudes et opérations sur le terrain :
* 6 1ᵉʳ vol. : Instruments **12** »
* 7 2ᵉ vol. : Méthodes **15** »
* 8 Travaux graphiques **12** »
* 9 Maçonneries **10** »
* 10 Bois et métaux **8** »
* 11 Tracé et terrassements **15** »
* 12 Fouilles et fondations **12** »
* 13 *Droit civil* **8** »
* 14 *Droit administratif général* **9** »

15 *Economie politique et statistique* **15** »
* 16 *Droit commercial et industriel* **10** »
* 17 *Procédure civile et droit pénal* **8** »
* 18 *Exécution des travaux publics* **12** »
* 19 *Organisation des services de travaux publics* **8** »
* 20 *Comptabilité des travaux publics et tenue des bureaux* **12** »
* 21 *Comptabilité départementale, vicinale, communale et commerciale* **12** »
* 22 *Rôle social et économique des voies de communication* **10** »
* 23 *Rapports de service* **12** »
* 24 Hygiène **7 50**

SPÉCIALITÉS

Section I. — Chaussées et ponts

* 25 Ponts en maçonnerie **15** »
* 26 Ponts en bois et en métal... **15** »
* 27 Routes et chemins vicinaux.. **12** »
* 28 *Législation de la voirie et du roulage* **12** »

Total **54** »

4 volumes. — Ensemble, **49** fr.

Section II. — Service municipal

* 29 Voie publique **12** »
* 30 Distribution des eaux **15** »
* 31 Egouts. — Assainissement. **18** »
* 32 Plantations, jardins et promenades **11** »
* 33 Eclairage (2ᵉ édition) **15** »

Total **71** »

5 volumes. — Ensemble, **64** fr.

Section III. — Navigation

34 Fleuves et rivières navigables. **12** »
* 35 Rivières canalisées et canaux. **20** »
* 36 Ports maritimes. 1ᵉʳ volume.. **15** »
* 37 — — 2ᵉ volume.. **15** »
38 Exploitation des ports **15** »
* 39 Zoologie appliquée. Pisciculture, ostréiculture **12** »
* 40 *Législation des eaux* **15** »

Total **104** »

7 volumes. — En souscription, **94** fr.

Section IV. — Chemins de fer et tramways

* 41 Construction et voie **12 50**
* 42 Locomotive et matériel roulant **12** »
* 43 Exploitation technique **16** »
* 44 Exploitation commerciale **16** »
* 45 Tramways et automobiles (2ᵉ édition) **15** »
* 46 *Législation des chemins de fer et tramways* **10** »
* 47 *Contrôle des chemins de fer.* **12** »

Total **93 50**

7 volumes. — Ensemble, **84** fr.

SECTION V. — MINES. — MACHINES

* 48 Géologie et minéralogie appliquées .... 12 »
* 49 Exploitation des mines (2ᵉ éd.). 9 »
* 50 Chaudières à vapeur........ 12 »
* 51 Machines à vapeur.......... 15 »
* 52 Machines hydrauliques...... 10 »
* 53 *Législation et contrôle des mines* .... 12 »
* 54 *Législation et contrôle des appareils à vapeur......* 8 »

Total........... 78 »

7 volumes. — Ensemble, 71 fr.

SECTION VI. — CONSTRUCTIONS CIVILES, ADMINISTRATIVES ET MILITAIRES

* 55 Architecture .... 15 »
* 56 Charpente et couverture..... 10 »
* 57 Menuiserie, serrurerie, plomberie, peinture, vitrerie... 10 »
* 58 Fumisterie, chauffage et ventilation.............. 10 »
* 59 Devis et évaluations........ 15 »
* 60 Edifices publics pour villes et villages .... 18 »
* 61 *Législation du bâtiment....* 8 »

Total............. 93 »

7 volumes. — Ensemble, 84 fr.

SECTION VII. — AGRICULTURE

* 62 Agriculture............... 9 »
* 63 Hydraulique agricole. 1ʳᵉ et 2ᵉ parties (2ᵉ édit.). 15 »
* 64 Id. 3ᵉ partie .... 15 »
* 65 Id. 4ᵉ à 8ᵉ partie.......... 15 »
* 66 *Génie rural...............* 10 »
  67 *Code rural...............* 8 »

Total.......... 72 »

6 volumes. — En souscription, 65 fr.

SECTION VIII. — ÉLECTRICITÉ. — PHOTOGRAPHIE

* 68 Théorie et production de l'électricité .... 12 »
* 69 Applications industrielles de l'électricité .... 12 »
* 70 Photographie. Reproduction des dessins............. 9 »

Total........... 33 »

3 volumes. — Ensemble, 30 fr.

SECTION IX. — SCIENCES MILITAIRES

* 71 Génie .... 12 »
* 72 Sciences et arts militaires.... 12 »

Total.......... 24 »

2 volumes. — Ensemble, 22 fr.

Les volumes précédés d'un astérisque sont parus (la table des matières de chacun d'eux est envoyée franco sur demande), et tous les autres sont à l'impression ou en préparation.

CONDITIONS DE SOUSCRIPTION

Tous les volumes de la Bibliothèque du Conducteur des Travaux publics, *dont chaque page contient la matière des livres grand in-8°*, sont de format in-16 (19 × 13), composés avec des caractères neufs, de lecture facile, imprimés sur beau papier, pourvus d'une solide et élégante reliure en peau souple ; ils peuvent être aisément portés sur les travaux.

Pour éviter les surprises désagréables auxquelles ont souvent donné lieu les souscriptions à certaines publications de longue haleine par l'augmentation inattendue du nombre de volumes et du prix prévu, *nous avons décidé de fixer dès maintenant la quantité des livres à paraître, leurs prix et les conditions de souscription : soit à la collection entière, soit à un certain nombre de volumes.*

Les prix de SOUSCRIPTION *que nous indiquons sur le programme ci-contre représentent un maximum : dans aucun cas ils ne pourront être dépassés pour les volumes demandés avant leur apparition. Ils seront, au contraire, diminués si le développement de la question traitée n'atteint pas le nombre de pages et de figures sur lesquelles nous avons basé ces prix.*

Avantages des souscriptions immédiates. — Toutefois nous nous réservons d'augmenter le prix de vente, suivant l'importance des ouvrages, pour les exemplaires qui nous seront demandés *après l'apparition des volumes ;* les nombreuses personnes susceptibles d'acquérir un, plusieurs ou l'ensemble des livres de notre Bibliothèque ont donc grand intérêt à nous adresser, dès maintenant, la liste des livres qu'elles désirent recevoir. Plus élevé sera le nombre des souscripteurs, plus grands seront les soins que nous apporterons, à la satisfaction de tous, dans l'exécution, plus parfaite encore, de nos éditions.

Souscription complète. — *Nous acceptons, dès à présent, des souscriptions à la collection entière, qui comprendra 73 volumes, au prix ferme de 590 francs, payables 50 francs en souscrivant et 25 francs par mois ou 75 francs par trimestre.* Ce prix réduit de 590 francs représente une réduction de plus de 30 0/0 sur le prix des volumes achetés séparément.

Clients étrangers. — Nos clients étrangers, moins intéressés aux divers volumes traitant des questions de droit et d'administration, peuvent souscrire à la partie technique seule pour un prix ferme de 490 francs, payables 50 francs en souscrivant et 75 francs par trimestre. Les questions de droit et d'administration, 19 volumes, sont indiquées en caractères penchés sur le programme.

Souscription à 10 volumes et au-dessus. — La demande de 10 volumes au moins, parus ou à paraître, donne droit à une réduction, sur les prix forts marqués au programme, de 10 0/0 pour 10 à 19 volumes, de 15 0/0 pour 20 volumes et au-dessus ; le paiement a lieu par versements trimestriels de 1/8e environ du montant total de la souscription, ou mensuels de 1/20e.

Souscription à une section. — Les prix de souscription de chacune des sections sont indiqués au programme et sont payables 15 francs par trimestre.

Paiements. — *Les paiements ne seront jamais anticipés :* ils seraient suspendus jusqu'à l'apparition de nouveaux volumes, si le montant net des livres reçus était acquitté entièrement. Nos souscripteurs sont priés de joindre à leur commande le montant approximatif de leur premier versement.

Expédition. — Les volumes parus sont expédiés de suite. Les volumes à paraître seront envoyés aussitôt parus.

TOPOGRAPHIE appliquée aux travaux publics, par E. Prévot, conducteur des ponts et chaussées, faisant fonctions d'ingénieur au service du nivellement général de la France, suivi d'un Appendice relatif à la Topographie expédiée, par O. Roux, conducteur des ponts et chaussées.

Tome Ier : Instruments. Gr. in-16 de 438 pages avec 272 fig. et 1 pl. 12 fr.

Notions préliminaires : Théorie des erreurs. Etude de quelques organes d'instruments. Mires et stadias. Mesure des angles : Mesure des angles horizontaux et verticaux. Mesure des distances : Mesure directe des distances. Stadimétrie ou mesure indirecte des distances. Mesure des angles ou nivellement : Nivellement direct ou géométrique. Nivellement trigonométrique. Nivellement barométrique. Mesure simultanée des angles verticaux, des angles horizontaux et des distances : Théodolites. Tachéomètres. Instruments spéciaux aux levers souterrains. Instruments de topographie expédiée.

Tome II : Méthodes. Gr. in-16 de 572 pages avec 262 fig. et 5 pl. dont 4 en couleurs.. 15 fr.

Etude générale des méthodes : Effets de la courbure de la terre. Méthodes fondamentales de levé relatives à la planimétrie et au nivellement. Méthodes appropriées aux instruments et particularités d'emploi de ces derniers. Règles générales qui président à l'application des méthodes fondamentales aux levés étendus. Canevas et détails. Notions d'astronomie et de géodésie : Applications topographiques de l'astronomie. Détermination de la méridienne. Géodésie. Triangulation. Applications : Levé des plans d'études. Levé de plans parcellaires et cadastraux. Nivellement général de la France. Levés souterrains. Liste des modèles de tableaux de calculs, avec exemples numériques. Levés expédiés. Levés spéciaux : Etude du terrain. Application des méthodes et des instruments aux divers genres de levé. Le dessin topographique. Lecture et emploi des cartes topographiques.

TRAVAUX GRAPHIQUES, par Emile Jaulin, sous-ingénieur des ponts et chaussées. Gr. in-16 de 474 pages avec 740 figures et 8 planches. 12 fr.

Géométrie descriptive. Tracé des ombres. Perspective. Charpente. Coupe des pierres. Gnomonique. Dessin géométrique. Lavis théorique.

MAÇONNERIES, par Eugène Simonet, conducteur des ponts et chaussées, attaché au service municipal de la Ville de Paris. Gr. in-16 de 442 pages avec 102 fig.. 10 fr.

Pierres naturelles : Granits et porphyres. Roches volcaniques. Schistes. Grès. Silex. Meulières. Pierres calcaires. Marbres. Résistance des pierres. Travail des pierres : *sciage, taille, machines à travailler la pierre.*

Pierres artificielles : Argiles. Marne. Briques : *ordinaires, réfractaires, briques légères réfractaires, creuses, vernissées.* Chaux. Ciments. Mortiers : Pierres calcaires. Chaux. Chaux hydrauliques artificielles. Ciments. Pouzzolanes. Laitiers. Analyse chimique : *pierres, chaux, ciments,* Mortiers : *description, résistance.* Plâtre. Maçonneries : Maçonnerie : *de pierre, moellons, meulière, brique.* Construction en fer et ciment. Ciment métallique. Bitume et asphaltes. Appendice : Devis et cahier des charges. Tableaux des principaux granits, porphyres, pierres volcaniques, grès français et pierres calcaires de France.

BOIS ET MÉTAUX, par E. Aucamus, ingénieur des arts et manufactures, attaché au service du matériel et de la traction des chemins de fer du Nord. Gr. in-16 de 335 pages avec 288 fig...................... 8 fr.

Bois : Classification des bois. Qualités et défauts. Préparation des bois. Assemblages. Machines-outils. Résistance et essais des bois. Métaux : Notions générales de métallurgie. Fer. Fonte. Acier. Fabrication des fers spéciaux et des tôles. Travail des métaux. Machines-outils. Assemblages divers. Rivure. Essai et résistance des métaux.

TRACÉ ET TERRASSEMENTS, par P. Frick, ingénieur des constructions civiles, chevalier du Mérite agricole, et J.-L. Canaud, conducteur des ponts et chaussées, chef de section des chemins de fer. Gr. in-16 de 669 pages, avec 317 fig.. 15 fr.

Tracé : Considérations générales. Etude et détermination d'un tracé. Comparaison des tracés. Détermination définitive du plan et du profil en long. Cubature des terrasses. Calcul des profils en travers. Mouvement des terres.

EXÉCUTION DES TERRASSEMENTS : Mode d'exécution des déblais ou remblais : *Des sondages. Des déblais. Des remblais.* Transports. Organisation d'un chantier de terrassements : *Chantiers à la brouette, au tombereau, aux wagonnets avec traction par chevaux, aux grands wagons sur voie de 1 mètre, de déchargement : exécution des remblais.* Assainissements. Drainages. Réparations : Assainissements et drainage des tranchées : *Des talus de déblais. Murs de soutènement divers.* Précautions à prendre dans l'exécution des remblais. Réparations des éboulements. Entretien des terrassements. ANNEXES : Pratique des opérations sur le terrain. Méthodes nord-américaines de terrassements. Courbes de raccordements. Raccordements paraboliques. Formules relatives aux principaux cas de raccordements. APPENDICE : Présentation des projets.

FOUILLES ET FONDATIONS, par P. Frick, ingénieur des constructions civiles. Gr. in-16 12 × 18 de 500 pages, avec 350 figures...... 12 fr.

GÉNÉRALITÉS. SONDAGES. FOUILLES ET FONDATIONS A L'AIR LIBRE : Fondations par fouilles directes jusqu'au solide. Assèchements des fouilles. Epuisements. Procédés divers d'assèchement. Fondations sur supports discontinus. Pieux et pilotis. Puits. Havage. Cas spéciaux. FOUILLES ET FONDATIONS SOUS L'EAU : Fouilles sous l'eau. Dragage. Dérochements. Batardeaux. Caissons. Fondations sous l'eau. Béton immergé. Radiers généraux. Pilotis. Havage. AIR COMPRIMÉ : Cloches. Scaphandres. Fondations par caissons à air comprimé. Caissons particuliers, amovibles, mobiles, en maçonnerie. Effets physiologiques de l'air comprimé, mesures hygiéniques. Déblais souterrains. Tunnels. Modes d'exécution. Procédés spéciaux. Tunnels en terrains difficiles. Accidents. Le BÉTON ARMÉ : Méthodes de calculs. Divers systèmes. Applications. Métal déployé.

DROIT CIVIL, par Louis Martin, avocat, professeur libre de droit. Gr. in-16 de 500 pages...................................... 8 fr.

INTRODUCTION. — DES PERSONNES. — DES BIENS. — DES DIFFÉRENTES MANIÈRES DONT ON ACQUIERT LA PROPRIÉTÉ.

DROIT ADMINISTRATIF, par Paul Touzac, licencié en droit, rédacteur au Ministère des Travaux publics. Gr. in-16 de 511 pages............. 9 fr.

NOTIONS GÉNÉRALES DE DROIT POLITIQUE OU CONSTITUTIONNEL : Les droits de l'homme et du citoyen. Organisation des pouvoirs publics, pouvoir législatif, pouvoir exécutif. DROIT ADMINISTRATIF : L'Etat. Le département. L'arrondissement. La commune. Le département de la Seine et les villes de Paris et de Lyon. L'Algérie, les colonies et les pays de protectorat. Les établissements publics et d'utilité publique. Indépendance de l'autorité administrative à l'égard de l'autorité judiciaire.

DROIT COMMERCIAL ET LÉGISLATION INDUSTRIELLE, par L. Martin, professeur libre de droit, membre de la Chambre des députés. Gr. in-16 de 671 pages .... 10 fr.

DROIT COMMERCIAL. DU COMMERCE EN GÉNÉRAL. — DU COMMERCE MARITIME. — DES FAILLITES ET DES BANQUEROUTES ET DES LIQUIDATIONS JUDICIAIRES. — LÉGISLATION INDUSTRIELLE.

PROCÉDURE CIVILE ET DROIT PÉNAL, par L. Martin, avocat, professeur libre de droit. Gr. in-16 de 452 pages...................... 8 fr.

PROCÉDURE CIVILE. — DROIT PÉNAL. CODE PÉNAL. — INSTRUCTION CRIMINELLE.

EXÉCUTION DES TRAVAUX PUBLICS, par E. Dardart, conducteur principal des ponts et chaussées. Gr. in-16 de 632 pages .... 12 fr.

DES TRAVAUX PUBLICS AU POINT DE VUE DES FINANCES PUBLIQUES : Notions générales sur la comptabilité publique. Travaux exécutés : *sur les fonds de l'Etat, des départements, communaux.* Règlement général sur la comptabilité publique. Division des travaux publics. Dépenses des travaux publics.

DU MODE D'EXÉCUTION DES TRAVAUX PUBLICS : Notions générales. Les marchés ou entreprises de travaux publics. Des rapports de l'Administration avec les propriétaires à l'occasion des travaux publics. ANNEXES : Ordonnances. Décrets. Instructions, etc.

ORGANISATION DES SERVICES DE TRAVAUX PUBLICS en France, par E. Campredon, ingénieur civil des mines. Gr. in-16 de 416 pages. 8 fr.

SERVICE DES PONTS ET CHAUSSÉES : Historique, organisation du personnel. Fonctions. Tenue des bureaux. — SERVICE DES MINES : Historique. Organisation du personnel. Fonctions. Tenue des bureaux. — SERVICE DES CHEMINS DE FER : Historique. Organisation du personnel. Fonctions. Tenue des bureaux. Service des chemins de fer de l'État. — SERVICES D'INTÉRÊT COLLECTIF : Service départemental. Service communal. Service de la ville de Paris. Services des associations syndicales. Services des autres travaux d'intérêt public. SERVICES AUXILIAIRES : Service colonial. Service des Ministères, de l'Instruction publique, des Beaux-Arts, des Cultes, de l'Agriculture, de la Guerre, de la Marine, de l'Intérieur du Commerce, de l'Industrie, des Postes et Télégraphes. des Finances.

COMPTABILITE DES TRAVAUX PUBLICS et tenue des bureaux des services de ponts et chaussées, par E. Herbert, secrétaire-régisseur de l'Ecole nationale des mines. Gr. in-16 de 520 pages.................... 12 fr.

Règlement provisoire de 1878 sur la comptabilité des dépenses du Ministère des Travaux publics et nomenclature des pièces à produire aux trésoriers-payeurs généraux. Lois et règlement sur le timbre de l'enregistrement. Règlement spécial de 1849 sur la comptabilité du ministère des Travaux publics mis à jour au 1er janvier 1898. Frais divers de services. Instruction de 1879 sur la tenue des bureaux des services des Ponts et Chaussées, mis à jour au 1er janvier 1898. Comptabilité des services d'architecture et des promenades et plantations de la ville de Paris. Retraites des cantonniers de l'Etat. Secours aux ouvriers blessés. Table de concordance entre les règlements de 1843, 1849 et 1878.

COMPTABILITE DÉPARTEMENTALE, VICINALE, COMMUNALE ET COMMERCIALE, par E. Dardart, sous-ingénieur des ponts et chaussées, A. Bonnal, ingénieur civil, et Ch. Orrier, expert comptable. Gr. in-16 de 778 pages ....;. 12 fr.

COMPTABILITÉ DÉPARTEMENTALE. Du budget et des crédits. Des comptes du département. *Service hors budget. Comptabilité des recettes et des dépenses de la Ville de Paris.* COMPTABILITÉ DES CHEMINS VICINAUX. Comptabilité : de l'agent voyer cantonal ; du régisseur comptable ; de l'agent voyer en chef ; du Maire ; du receveur municipal ; du Préfet, du Trésorier-payeur général. *Inventaire. Chemins vicinaux du département de la Seine.* COMPTABILITÉ DES CHEMINS RURAUX. Comptabilité : du Maire ; des receveurs municipaux. COMPTABILITÉ COMMUNALE. Du budget. Du receveur municipal. COMPTABILITÉ COMMERCIALE. Comptes. Actes de commerce. Modèles de réglures des livres. *Participation aux bénéfices.*

ROLE ÉCONOMIQUE ET SOCIAL DES VOIES DE COMMUNICATION, par E. Campredon, ingénieur civil des mines, inspecteur départemental du travail dans l'industrie. Gr. in-16 de 515 pages.................. 10 fr.

LE RÔLE ÉCONOMIQUE DES VOIES DE COMMUNICATION : Les routes. Les voies ferrées. Les voies navigables. Les voies maritimes. Les voies électriques. LE RÔLE SOCIAL DES VOIES DE COMMUNICATION.

RAPPORTS DE SERVICE, par A. Dardart, sous-ingénieur des ponts et chaussées en retraite, et Ph. Dufour, commis principal des ponts et chaussées, et **STENOGRAPHIE,** par Zryd, conducteur des ponts et chaussées. Gr. in-16 de 716 pages avec figures........................... 12 fr.

Rapports et style en général. Mots et images. Phrases et figures. Considérations générales sur les langues et les mots. Archaïsmes. Synonymes. Solécismes. Citations latines et étrangères. Homonymes. Paronymes. Verbes. Ponctuation. Orthographe. Liaisons. Logique. Morale. Disposition d'un rapport. Documents, discours et rapport. — *Sténographie, Dactylographie. Langues universelles.*

HYGIÈNE et secours et premiers soins à donner aux malades et aux blessés, par le docteur J. Noir, professeur des Ecoles municipales d'infirmières de la Ville de Paris. Gr. in-16 de 320 pages avec 79 fig........ 7 fr. 50

Hygiène générale. Les milieux naturels : *L'atmosphère, sa composition, ses propriétés. Le sol, l'eau, les climats.* Les milieux artificiels : *L'habitation. Les vêtements.* Alimentation : *Aliments solides, les boissons, art culinaire.* Hygiène du corps : *Soins de propreté corporelle, Hydrothérapie, travail physique et intellectuel, gymnastique, sports, surmenages.* Hygiène publique. Hygiène industrielle et professionnelle : *Le milieu industriel, les dangers des matières mises en œuvre, influence de l'outillage sur l'ouvrier et dangers auxquels il expose, hygiène du bureau.* Secours et premiers soins à donner en cas d'accidents aux malades et aux blessés. Le corps humain et ses fonctions, soins et secours urgents, secours et soins aux blessés.

PONTS ET OUVRAGES EN MAÇONNERIE, par E. Aragon, ingénieur des Arts et Manufactures. Gr. in-16 de xii-562 pages, avec 377 figures.... 15 fr.
Stabilité, résistance, conditions d'établissement et détails de construction des massifs de maçonnerie, murs de réservoirs, barrages-réservoirs, murs de soutènement, voûtes, ponts, viaducs, ponts-canaux. Exemples et applications diverses. Circulaire prussienne relative aux constructions en ciment armé.

PONTS EN BOIS ET EN MÉTAL, par E. Aragon, ingénieur des Arts et Manufactures. Gr. in-16 de 522 pages, avec 459 fig................ 15 fr.
Ponts et Charpentes en bois. Ponts en fer et en acier moulé. Ponts en fer et en acier laminé. Ponts suspendus. Ponts mobiles.

ROUTES ET CHEMINS VICINAUX, par O. Roux, conducteur des ponts et chaussées. Gr. in-16 de 575 pages avec 275 fig................. 12 fr.
CLASSIFICATION DES VOIES DE TERRE : Dénomination des différentes voies. Étude sommaire de leurs diverses parties. Statistique. PÉRIODE DES ÉTUDES : Tracé. Rédaction de l'avant-projet. Rédaction du projet définitif. TRAVAUX NEUFS ET D'ENTRETIEN : Piquetage. Terrassements. Chaussées. Les cantonniers. Plantations. Le budget des routes. CHEMINS VICINAUX : Ressources et budgets. Les prestations. Le budget communal. Le budget départemental. Notes sur le cheval et la voiture.

LÉGISLATION DE LA VOIRIE ET DU ROULAGE, par L. Courcelle, avocat, et F. Brunswick, agent voyer principal du département de la Seine. Gr. in-16 de 825 pages................................ 12 fr.
Introduction et Historique : Distinction de la grande et de la petite voirie dans le droit actuel. Ouverture, redressement, classement et assiette des voies publiques. Administration des voies publiques. Régime des propriétés riveraines des voies publiques. Droits et obligations du public relativement aux chemins. Suppression des voies publiques. Chemins ruraux non reconnus et chemins d'exploitation. Annexes.

VOIE PUBLIQUE, par Georges Lefebvre, conducteur des ponts et chaussées, attaché au service municipal de la voie publique et du nettoiement de la ville de Paris. Gr. in-16 de 520 pages avec 140 fig............ 12 fr.
Généralités : Tracé. Alignements. Chaussées pavées en pierre. Chaussées en empierrement. Chaussées en asphalte comprimé. Chaussées pavées en bois. Chaussées mixtes et diverses. Trottoirs et contre-allées. Travaux de viabilité. Nettoiement, arrosement et enlèvement des neiges et glaces. Pratique du service.

DISTRIBUTIONS D'EAU, par G. Dariès, conducteur au service des Eaux de Paris, licencié ès sciences, professeur d'hydraulique à l'École spéciale des travaux publics. Gr. in-16 de 566 pages avec 400 fig......... 15 fr.
Généralités. De la qualité des eaux. Eaux souterraines. Consommation. Puisage et captation des eaux. Adduction des eaux. Procédés de filtrage et d'épuration. Machines élévatoires. Réservoirs. Conduites de distribution. Appareils publics. Service dans la maison. Entretien des canalisations. Exploitation, vente de l'eau. Annexes.

ASSAINISSEMENT DES VILLES ET ÉGOUTS DE PARIS, par Paul Wéry, chef du bureau du service des égouts. Gr. in-16 de 663 pages avec 434 fig. 18 fr.
ASSAINISSEMENT DES VILLES : Évacuation des eaux. Réservoirs de vidange. Canalisations spéciales. Système fonctionnant par simple gravitation. Système dit tout à l'égout. Projet d'assainissement d'une ville par le système du tout à l'égout. Entretien du réseau d'égouts et de canalisations. Extension du service de la distribution d'eau. De la salubrité des voies publiques. Utilisation agricole des eaux d'égouts. Prix composés applicables à la construction des égouts, canalisations, branchements de regards et de bouche, et réservoirs de chasse. Assainissement de l'habitation par le tout à l'égout. Devis estimatifs et types

divers d'assainissement de maisons. De l'assainissement dans certaines villes de France et de l'étranger. Assainissement de la Scine. Devis et cahier des charges, bordereau de l'entreprise des travaux de maçonnerie, charpente, etc., du service d'assainissement.

Les égouts de Paris.

PLANTATIONS D'ALIGNEMENT, PROMENADES, PARCS ET JARDINS PUBLICS, par G. Lefebvre, conducteur des ponts et chaussées, chef de circonscription des services techniques municipaux de la Ville de Paris. Grand in 16 de 357 pages avec 336 fig. et 1 pl........................ 11 fr.

Introduction : Règne végétal.

Plantations d'alignement : Dispositions des plantations et choix des essences. Exécution des plantations. Entretien des plantations. Maladies des plantations d'alignement. Renseignements statistiques.

Promenades et jardins publics : L'art du dessinateur de jardins. Etude des projets de parcs et jardins publics. Construction d'un parc ou jardin public. Entretien des parcs et jardins publics. Projet de jardin public. Appendice.

RIVIÈRES CANALISÉES ET CANAUX, par Cuénot, ingénieur en chef des ponts et chaussée. Gr. in-16 de 904 pages, avec 459 fig.......... 20 fr.

Rivières canalisées : Barrages fixes et mobiles. Ecluses. — Canaux : canaux latéraux. Tracé. Consommation d'eau. Alimentation. Réservoirs. Ascenseurs. Plans inclinés. Ponts divers. Transformation. Entretien et exploitation.

ÉCLAIRAGE, par B. Saint-Paul, conducteur municipal, chef du service technique de l'éclairage de la 1re section de la Ville de Paris, et L. Galine, ingénieur des arts et manufactures. Ouvrage médaillé par la Société d'encouragement pour l'industrie nationale. 2e édition. Gr. in-16 de 697 pages avec 308 fig.. 15 fr.

Eclairage aux huiles végétale et minérales. — Eclairage au gaz. — Eclairage électrique.

PORTS MARITIMES, par De Cordemoy, ingénieur des Arts et Manufactures Tome Ier. Gr. in-16 de 576 pages avec 327 figures .... 15 fr.

Mer. Vents. Ondes liquides. Vagues. Marées. Les marées dans les fleuves. Courants. Côtes. Barres et deltas. Dragages. Protection des côtes. Généralités sur les ports. Etudes d'un établissement maritime. Ports. Ports à chassés naturelles. Ports à môles convergents. Ports sur plage de sable. Ports à jetées. Fleuves et estuaires. Matériaux employés à la mer. Phares et balises. Bouées. Notions de cosmographie et de trigonométrie sphérique. Notions de navigation. Hydrographie. Navires.

Tome II. Gr. in-16 de 574 pages avec 360 figures .... 15 fr.

Procédés d'exécution. Travail à l'air comprimé. Construction des jetées. Môles, digues et ouvrages extérieurs. Utilisation des ports. Ecluses. Murs de quais. Fondations des murs de quais. Accessoires des quais. Constructions de l'avenir. Canaux maritimes. Ponts mobiles. Ports naturels. Ports de refuge. Ports militaires. Exemples de ports. Prix. Notes diverses

EXPLOITATION DES PORTS MARITIMES, par De Cordemoy, ingénieur des arts et manufactures. Gr. in-16 de 560 pages, avec 175 figures... 15 fr.

Généralités. Régime des ports en France Ports français et étrangers. Les ports francs. Installations générales. Hangars Magasins et quais. Manutention dans les ports. Machinerie des ports. Divers. Réparation des navires. Cales. Formes de radoub. Docks flottants. Fermeture des bassins de radoub Des droits de port. Développement de quelques ports. Règlements

ZOOLOGIE APPLIQUÉE EN FRANCE ET AUX COLONIES, par le Dr Jacques Pellegrin, préparateur au Muséum d'histoire naturelle, et Victor Cayla, ingénieur agronome. Ouvrage médaillé par la Société des Agriculteurs de France. Gr. in-16 de 644 pages avec 282 fig.................... 12 fr.

ZOOLOGIE GÉNÉRALE : Divisions de la zoologie. Taxinomie. Protozoaires. Métazoaires. ZOOLOGIE APPLIQUÉE : Les poissons. Pisciculture en eaux libres. Pisciculture en étangs. Pisciculture industrielle. Les poissons marins et leur pêche. Astaciculture. Ostréiculture. Sériciculture. Apiculture. COLLECTIONS ZOOLOGIQUES : Leur but. Art de les former. Vertébrés. Invertébrés. LES PRODUITS ANIMAUX DES COLONIES FRANÇAISES. LÉGISLATION ET RÉGLEMENTATION SPÉCIALES.

LÉGISLATION DES EAUX, par L. Courcelle, avocat, et E. Dardart, sous-ingénieur des ponts et chaussées. Gr. in-16 de 954 pages.......... 15 fr.

Eaux pluviales, sources, eaux souterraines. Rivières flottables à bûches perdues, Cours d'eau navigables ou flottables par trains ou radeaux. Canaux de navigation. Irrigation. Alimentation en eaux des communes. Travaux de défense contre les eaux, endiguements. Étangs et marais. Mer territoriale et rivages de la mer. Ports maritimes de commerce. Éclairage et balisage des côtes. Marine marchande. DOCUMENTS LÉGISLATIFS, ADMINISTRATIFS ET JUDICIAIRES.

CHEMINS DE FER, CONSTRUCTION ET VOIE, par A. Sirot, conducteur principal des ponts et chaussées, ancien chef de section aux chemins de fer de l'État. Gr. in-16 de 495 pages avec 270 fig. et 12 pl..... 12 fr. 50

ETUDES : *Projet de tracé et de terrassements, Avant-métré.* CONSTRUCTION. INFRASTRUCTURE : Plate-forme : *Terrassements, Ouvrages d'art : Ponts et viaducs, souterrains, accidents sur les chantiers.* SUPERSTRUCTURE : Voie. Gares et stations. Entretien et surveillance.

CHEMINS DE FER. LOCOMOTIVE ET MATÉRIEL ROULANT, par Maurice Demoulin, ingénieur des arts et manufactures. Gr. in-16 de 402 pages avec 215 fig. et 11 pl.............................. 12 fr.

LA LOCOMOTIVE : Considérations générales. La chaudière. Le mécanisme. Le véhicule. Le tender et la locomotive-tender. Principaux types de locomotives. Description de quelques locomotives de construction récente. Les locomotives compound.

LE MATÉRIEL ROULANT : Considérations générales. Construction des voitures et wagons. Description de quelques types de voitures. Freins.

EXPLOITATION TECHNIQUE DES CHEMINS DE FER, par L. Galine, ingénieur des arts et manufactures, inspecteur à la Compagnie des chemins de fer du Nord. Gr. in-16 de 704 pages avec 309 fig............. 16 fr.

AMÉNAGEMENT DES GARES : Service des voyageurs. Service des marchandises. Construction. SIGNAUX : Code des signaux. Construction. Concentration des leviers. Enclenchements. MOUVEMENT DES TRAINS : Marche des trains. Block-system. Voie unique. Vitesse des trains.

PRATIQUE DU SERVICE : Exploitation. Matériel et traction. Matériel. Voie.

EXPLOITATION COMMERCIALE DES CHEMINS DE FER : intérêt général, intérêt local, tramways, par A. Bonnal, directeur de la Compagnie des tramways à vapeur de l'Aude. Gr. in-16 de 1070 pages, avec 233 fig. 16 fr.

Rôle de l'État. Tarifs. Délais d'expédition, de transport et de livraison. Impôts. Grande et petite vitesse. Transport de voyageurs. Bagages. Marchandises, etc. Colis postaux. Tarifs français et étrangers. Responsabilité des compagnies, etc.

TRAMWAYS ET AUTOMOBILES, par E. Aucamus, ingénieur des arts et manufactures, sous-ingénieur à la Compagnie des chemins de fer du Nord, et L. Galine, ingénieur des arts et manufactures, inspecteur à la Compagnie des chemins de fer du Nord. 2ᵉ édition, revue et considérablement augmentée. Gr. in-16 de 750 pages, avec 380 fig..... 15 fr.

TRAMWAYS : Résistance à la traction. Voie. Matériel et traction. Tramways où l'énergie est produite directement sous le véhicule : *à traction animale, à vapeur, chemins de fer à crémaillère.* Tramways recevant l'énergie d'une usine centrale : *Tramways funiculaires, tramways électriques par câbles.* L'énergie produite dans une usine centrale est emmagasinée dans les véhicules : *Traction par accumula-*

teurs électriques, locomotives sans foyer, traction par l'air comprimé, tramways à gaz, systèmes divers. Les métropolitains de New-York, Londres, Berlin et Paris.

AUTOMOBILES : Résistance. Automobiles à pétrole ; construction ; moteurs. Distribution. Carburation. Régulation des moteurs à explosion. Échappement. Refroidissement. Allumage. Appareils de mise en marche. Essence. Benzol. Alcool. Naphtaline. Châssis. Suspension. Freins. Direction. Transmission. Changement de vitesse. Différentiel Chaînes et cardan. Pont arrière. Organes divers. Voitures à vapeur. Automobiles électriques. Transports en commun. Poids lourds. Autobus et motorbus, etc. Formalités à remplir pour organiser un service d'automobiles.

LÉGISLATION DES CHEMINS DE FER ET DES TRAMWAYS, par R. Thévenez, docteur en droit, sous-chef de bureau au Ministère des Travaux publics, avec la collaboration de F. Manesse, docteur en droit. Grand in-16 de 564 pages... 10 fr.

Chemins de fer d'intérêt général, chemins de fer d'intérêt local, Tramways ; Historique ; établissement et concessions ; régime financier ; exécution des travaux et entretien ; exploitation ; contrôle, etc. Métropolitain. Chemins de fer funiculaires. Chemins de fer industriels et miniers, etc.

CONTROLE DES CHEMINS DE FER ET DES TRAMWAYS, par J. de La Ruelle, avocat, rédacteur au Ministère des Travaux publics. Gr. in-16 de 733 pages... 12 fr.

DROIT DE CONTRÔLE DE L'ETAT. ORGANISATION DU CONTRÔLE SUR LES CHEMINS DE FER : ROLE ET ATTRIBUTIONS DES DIFFÉRENTS FONCTIONNAIRES : Contrôle technique : Contrôle commercial : Police : Contrôle du travail : Tenue des bureaux. Contrôle financier. Conseils, comités et commissions institués auprès du ministère des Travaux publics. CHEMINS DE FER DE L'ETAT. CHEMINS DE FER D'INTÉRÊT LOCAL ET TRAMWAYS. LIGNES DIVERSES : RÉSEAUX ALGÉRIENS ET TUNISIENS. PERSONNEL DU CONTRÔLE. Lois, décrets, arrêtés, ordonnances, etc.

GÉOLOGIE ET MINÉRALOGIE APPLIQUÉES. Les minéraux utiles et leurs gisements, par H. Charpentier, ingénieur civil des mines. Gr. in-16 de 643 pages avec 115 fig.. 12 fr.

PRÉCIS DE GÉOLOGIE GÉNÉRALE AVEC ÉLÉMENTS DE MINÉRALOGIE ET DE PALÉONTOLOGIE. GÉOLOGIE APPLIQUÉE : Etude d'un gisement. Matériaux de construction Minéraux employés dans la métallurgie. Le carbone et ses composés. Combustibles minéraux et hydrocarbures. Minéraux employés en agriculture. Minéraux employés dans les industries diverses. Métaux rares. Pierres précieuses, gemmes.

EXPLOITATION DES MINES, par Félix Colomer, ingénieur civil des mines. 2ᵉ édition. Gr. in-16 de 344 pages avec 176 fig..................... 9 fr.

MISE EN EXPLOITATION : Exploitations faciles. Sondages. Aménagement du gîte. Méthode d'exploitation. EXTRACTION DU MINERAI : Abatage. Roulage. Extraction. SERVICES GÉNÉRAUX D'UNE EXPLOITATION : Epuisement des eaux. Aérage. Installations extérieures. Prix de revient. Avant-projet de puits de mine.

CHAUDIÈRES A VAPEUR, par J. Dejust, ingénieur des arts et manufactures, répétiteur à l'Ecole centrale, professeur à la Fédération des mécaniciens et chauffeurs. Gr. in-16 de 562 pages avec 394 fig. et 2 pl......... 12 fr.

Introduction. Généralités. PRODUCTION DE LA CHALEUR : Formation et propriétés de la vapeur d'eau. Combustion et combustibles. Foyers. CHAUDIÈRES A VAPEUR : Etablissement des chaudières. ORGANES ACCESSOIRES DES CHAUDIÈRES : Appareils de sûreté. Appareils annexes. DIVERS : Accidents et explosions Conduite et entretien. TRANSPORT DE LA VAPEUR : Détails des canalisations. Appareils accessoires des canalisations. Calcul du diamètre des canalisations. Concours pour construction et installations de générateurs. Calcul des dimensions d'une chaudière.

MACHINES A VAPEUR et machines thermiques diverses, par J. Dejust, ingénieur des arts et manufactures, répétiteur à l'Ecole centrale, professeur à la fédération des mécaniciens et chauffeurs. Gr. in-16 de 600 pages avec 407 fig. .... 15 fr.

Généralités sur les machines thermiques : *Historique, application de la thermodynamique.*
MACHINES A VAPEUR : Classification. Fonctionnement d'une machine à vapeur à mouvement alternatif. Détermination des dimensions. Organes de la machine à vapeur à mouvement alternatif et à cylindre unique. Etude des divers systèmes de distribution et de détente des machines à cylindre unique. Distribution et détente dans les machines à plusieurs cylindres. Condensation de la vapeur. Classification et étude des machines à piston et à mouvement alternatif au point de vue du genre de travail qu'elles ont à produire. Rendement. comparaison et choix des machines. Machines oscillantes. Machines rotatives. Machines sans piston et à pression directe. Machines où la vapeur agit par sa puissance vive.
MACHINES THERMIQUES employant un autre intermédiaire que la vapeur. Moteurs à air chaud. Moteurs à gaz. Moteurs à pétrole. Machines thermiques diverses. Achat, installation, réception et entretien des machines thermiques.

MACHINES HYDRAULIQUES, par F. Chaudy, ingénieur des arts et manufactures. Gr. in-16 de 402 pages avec 300 fig. .... 10 fr.

RÉCEPTEURS HYDRAULIQUES : Chutes d'eau. Turbines. Considérations générales. Roues. Etablissement des turbines et des roues hydrauliques. Machines à colonne d'eau. Bélier hydraulique. MACHINES ÉLÉVATOIRES : Pompes à piston à mouvement alternatif. Pompes à piston rotatif. Pompes centrifuges. Machines élévatoires diverses.
PROPULSEURS HYDRAULIQUES : Roues à aubes. Hélices. *Presses hydrauliques ;* Considérations générales. Presses verticales. Presses horizontales Cockerill. Observations et appareils divers basés sur la presse hydraulique. Applications de la presse hydraulique au travail des métaux.

LÉGISLATION MINIÈRE ET CONTROLE DES MINES, par Cuvillier, contrôleur principal des mines. Gr. in-16 de 778 pages .... 12 fr.

RÉGIME LÉGAL DE LA PROPRIÉTÉ DES MINES : Conception de la propriété des mines. Historique. Classification légale des substances minérales. Recherche des mines. Obtention des concessions. Recours et interprétation des actes de concession. Devoirs des concessionnaires : *vis-à-vis des inventeurs, des explorateurs, des propriétaires du sol, envers l'Etat.* Droits des concessionnaires. RÉGIME DE L'EXPLOITATION. CONTRÔLE : Surveillance administrative de l'exploitation des mines. Anciennes concessions. Mines de sel. Mines et minières de fer. Terres pyriteuses et alumineuses. Usines métallurgiques. Tourbières. Carrières. Juridiction et pénalités. Personnel occupé dans les exploitations minérales. Personnel de l'administration des mines.
DOCUMENTS LÉGISLATIFS SUR LES MINES, MINIÈRES ET CARRIÈRES : Législation de la métropole. Législation coloniale.

LÉGISLATION ET CONTROLE DES APPAREILS A VAPEUR, par T. Cuvillier, contrôleur principal des mines. Gr. in-16 de 388 pages .... 8 fr.

LÉGISLATION ACTUELLE DES APPAREILS A VAPEUR : Dispositions pénales. Règlements d'administration publique : Appareils à vapeur fonctionnant sur terre et sur l'eau, statistique générale des appareils à vapeur en 1895. CONTRÔLE DES APPAREILS A VAPEUR : Personnel chargé en France du contrôle des appareils à vapeur. Nature du contrôle exercé. Attributions ordinaires et service courant des contrôleurs des mines. Appendice : Renseignements d'ordre technique, législatif et social.

ARCHITECTURE, par Albert Hébrard, architecte diplômé par le gouvernement, sous-inspecteur au palais des beaux-arts. Gr. in-16 de 434 pages avec 371 fig. .... 15 fr.

ETUDE ANALYTIQUE DES DIVERS ÉLÉMENTS DE CONSTRUCTION ET DE DÉCORATION : Fondations. Murs. Supports isolés avec entablement. Arcades. Bases, couronnement et saillies des murs. Percement des murs : *portes et fenêtres.* Plafonds et voûtes. Escaliers, cheminées et revêtement des sols. Couvertures. COMPOSITION DES ÉDIFICES : Principes généraux de la composition. Principales parties des édifices. Hygiène des édifices. EXÉCUTION DES TRAVAUX : Organisation du chantier. Direction et surveillance des travaux.

CHARPENTE ET COUVERTURE, par E. Aldebert, ingénieur des arts et manufactures, agent voyer cantonal, et E. Aucamus, ingénieur des arts et manufactures, sous-chef d'atelier à la Compagnie du Nord. Gr. in-16 de 370 pages avec 421 fig...................................... **10 fr.**
CHARPENTES EN BOIS : Des bois. Des assemblages. Planchers en bois. Pans de bois. Escaliers. Des combles. Etais et échafaudages.
CHARPENTES EN FER : Travail du fer. Des assemblages. Des planches en fer. Pans de fer, poteaux et colonnes. Escaliers en fer. Combles métalliques.
COUVERTURE DES BATIMENTS : Matériaux et leur emploi. Couverture en tuiles. Couverture en ardoise. Couverture en verre. Couverture en zinc, en tôle ondulée, en plomb et en cuivre. Chénaux et gouttières.

MENUISERIE, SERRURERIE, PLOMBERIE, PEINTURE ET VITRERIE, par E. Aucamus, ingénieur des arts et manufactures, sous-chef d'atelier à la Compagnie du Nord. Gr. in-16 de 352 pages avec 204 fig....... **10 fr.**
MENUISERIE : Généralités : *Définitions, matériaux, quincaillerie, outillage de menuisier, assemblages, moulures, établissement des bois.* Menuiserie du bâtiment : Classification, lambris, portes, croisées, persiennes, échelles et escaliers. Parquets. Extraits d'un devis et cahier des charges. Termes techniques.
SERRURERIE : Généralités, Chaînages. Ferrements de menuiserie. Serrures. Clôtures et ouvrages divers. Extrait d'un cahier des charges. Termes techniques.
PLOMBERIE : Généralités. Outillage. Soudures. Plomberie du bâtiment. Extrait d'un devis et cahier des charges. Termes techniques.
PEINTURE : Outillage, matériaux. De la peinture. Termes techniques.
VITRERIE : Généralités. Outillage, matériaux. Tenture. Extrait d'un devis et cahier des charges. Travaux de peinture, de vitrerie et de tenture.

FUMISTERIE, CHAUFFAGE ET VENTILATION, par E. Aucamus, ingénieur des arts et manufactures, chef d'atelier à la Compagnie des chemins de fer du Nord. Gr. in-16 de 290 pages avec 213 fig................. **10 fr.**
FUMISTERIE : Généralités. Matériaux et outillage. Travaux de fumisterie. Ordonnances et règlements.
CHAUFFAGE : Considérations théoriques. Cheminées d'appartements. Poêles. Chauffage au gaz d'éclairage. Calorifères. Chauffage continu par l'air chaud. Chauffage par l'eau chaude. Chauffage par la vapeur. Calculs relatifs à l'établissement d'un projet de chauffage.
VENTILATION : Ventilation naturelle. Ventilation par cheminée chauffée. Ventilation mécanique. Note sur l'acoustique des salles de réunion.

DEVIS ET ÉVALUATIONS DES TRAVAUX PUBLICS ET DES CONSTRUCTIONS CIVILES, par A. Bonnal, ingénieur civil, et E. Dardart, conducteur principal des ponts et chaussées. Gr. in-16 de 714 pages avec 87 fig... **15 fr.**
Terrassements. Maçonneries. Charpente. Couverture, plomberie, zingage, canalisation, menuiserie, serrurerie, quincaillerie. Peinture, goudronnage, vitrerie, miroiterie, dorure, tenture. Fumisterie, marbrerie, stuc. Empierrements, pavage, granit, asphalte et bitume. Locomotive et matériel roulant. Voie. Chauffage, éclairage, graissage, vidange, désinfection. Devis divers. Transport des matériaux de construction. Conditions d'exécution des travaux publics. Métrés des ouvrages et exemples d'établissement de prix de revient.

ÉDIFICES PUBLICS POUR VILLES ET VILLAGES, par E. Guillot, architecte, expert près les tribunaux. Gr. in-16 de 784 pages, avec 645 fig... **18 fr.**
Edifices relatifs à l'instruction publique. Edifices administratifs et d'utilité publique. Etablissements hospitaliers et d'assistance. Edifices militaires. Edifices religieux. Edifices commémoratifs ou funéraires. Edicules divers.

LÉGISLATION DU BATIMENT, par L. Courcelle, avocat, et J. Lemaître, licencié en droit. Gr. in-16 de 1.000 pages...................... **15 fr.**
Propriété. Origine et évolution. Régime actuel. Servitudes foncières et administratives. Construction. Contrats. Responsabilités. Police municipale et admi-

nistrative. Pratique de la construction. Permis. Alignement. Nivellement. Habitations à bon marché. Impôts directs et indirects. Documents.

AGRICULTURE, par F. Pradès, ancien conducteur des ponts et chaussées, rédacteur au Ministère de l'Agriculture. Gr. in-16 de 423 pages avec 90 fig .... 9 fr.
Météorologie et climatologie agricoles. Géologie agricole. Physiologie végétale. Instruments et procédés d'agriculture. Amendements et engrais. Cultures diverses. Viticulture. Sylviculture.

HYDRAULIQUE AGRICOLE, par P. Lévy-Salvador, ingénieur des constructions civiles, attaché à la direction de l'hydraulique agricole au Ministère de l'Agriculture. Ouvrage médaillé par la Société nationale d'Agriculture de France.
Tome Ier. — Cours d'eau non navigables ni flottables (2e édition). Gr. in-16 de 628 pages avec 217 fig. et 4 pl .... 15 fr.
RÉGLEMENTATION DES PRISES D'EAU SUR COURS D'EAU NON NAVIGABLES NI FLOTTABLES : Généralités. Dispositions générales des prises d'eau d'usines. Dispositions particulières des ouvrages de retenue et de décharge. Exemple de la réglementation d'un barrage d'usine. Réglementation des barrages dans des conditions spéciales. Opérations et études nécessitées par la réglementation des usines. Récolement des ouvrages. Révision des règlements. Réglementation des barrages d'irrigation et de submersion.
ENTRETIEN ET AMÉLIORATION DES COURS D'EAU NON NAVIGABLES NI FLOTTABLES : Considérations générales sur les cours d'eau. Curages. Faucardements. Suppression des obstacles à l'écoulement des eaux. Endiguements. Défenses des rives. Annexes.
Tome II. — Des irrigations. Gr. in-16 de 668 pages avec 459 fig. et 18 pl .... 15 fr.
IRRIGATIONS : Généralités. Mode d'établissement des canaux d'irrigation. Des prises d'eau. Ouvrages d'art. Ouvrages d'art exceptionnels et spéciaux. Des barrages-réservoirs. Des lacs-réservoirs. Des appareils élévatoires. Des canaux secondaires et rigoles d'arrosage. Étude du réseau de distribution. Distribution des eaux des canaux d'irrigation. Utilisation de l'eau par les intéressés. Concession et administration des canaux d'irrigation. Annexes.
Tome III et dernier. — Assainissements et desséchements. Colmatage. Polders, drainage, utilisation agricole des eaux d'égout. Annexes. Gr. in-16 de 563 pages avec 279 fig. et 2 pl .... 15 fr.
ASSAINISSEMENT ET DESSÉCHEMENTS : Généralités. Législation des travaux d'assainissement et de desséchement. Travaux d'assainissement agricole. Généralités sur les travaux de desséchement. Travaux de desséchement par écoulement continu. Travaux de desséchement par écoulement discontinu. Travaux de desséchement par élévation mécanique.
COLMATAGES : Généralités. POLDERS : Généralités. DRAINAGES : Généralités. Systèmes divers de drains. Projets de drainage. Exécution des travaux de drainage, drainages spéciaux. Législation du drainage. Utilisation agricole des eaux d'égout.

GÉNIE RURAL. Constructions rurales et machines agricoles, par J. Philbert, conducteur au service de l'assainissement de la Ville de Paris, suivi de l'**Art du géomètre rural, par O. Roux,** conducteur faisant fonctions d'ingénieur des ponts et chaussées. Ouvrage médaillé par la Société nationale d'agriculture de France. Gr. in-16 de 422 pages avec 331 fig .... 10 fr.
CONSTRUCTIONS RURALES : Habitations. Logements des animaux. Logements des récoltes et des produits. Annexes de la ferme. Dispositions générales des fermes. MACHINES AGRICOLES : Machines pour la préparation du sol. Machines pour les travaux de récolte. Appareils de transport. Machines pour l'égrenage et le nettoyage des grains. Moteurs utilisés en agriculture. Préparation des grains en vue de la consommation. Préparation des fourrages. Préparation des racines et des tubercules. Appareils de laiteries, beurreries et fromageries. Machines employées pour la fabrication du vin et du cidre. Machines pour la préparation des engrais et instruments de pesage. ART DU GÉOMÈTRE RURAL. Généralités. Formulaires.

ÉLECTRICITÉ, par E. Dacremont, conducteur des ponts et chaussées, chef de section au service technique municipal de la Ville de Paris. Ouvrage médaillé par la Société d'encouragement pour l'industrie nationale.

Première partie. Théorie et production. Gr. in-16 de 500 pages avec 276 fig.. 12 fr.

Notions préliminaires. Etude générale des phénomènes électriques : *Condenseurs, énergie du courant électrique.* Piles thermo-électriques. Piles hydro-électriques. Magnétisme : *Electro-magnétisme, induction électro-magnétique.* Courants alternatifs. Machines dynamo-électriques à courants alternatifs ou alternateurs. Machines dynamo-électriques à courant continu. Transformateurs. Accumulateurs. Méthodes et appareils de mesures électriques.

Deuxième partie. Applications industrielles. Gr. in-16 de 635 pages avec 321 fig.. 12 fr.

Canalisation et distribution. Eclairage électrique. Transport électrique de l'énergie. Traction électrique. Electrochimie. Télégraphie. Téléphonie. Appareils enregistreurs. Projet de distribution d'énergie électrique dans une ville de 50.000 habitants.

Lois et règlements émanant de pouvoirs.

PHOTOGRAPHIE, par F. Miron, ingénieur, licencié ès sciences physiques. Gr. in-16 de 437 pages avec 154 fig....................................... 9 fr.

Propriétés physiques et chimiques de la lumière. Action de la lumière sur les couches photographiques. Le laboratoire et l'atelier. L'appareil photographique : *Mise au point. Temps de pose.* Procédés négatifs. Procédé sec au gélatino-bromure d'argent. Clichés pelliculaires. Préparations orthochromatiques. Matériel pour procédés positifs. Epreuves positives par transparence. Epreuves positives par réflexion. Epreuves positives indirectes par réflexion. Les procédés aux bichromates alcalins. La photographie des couleurs. Emaux photographiques. Procédés divers, retouches, tirage, montage et peinture, des épreuves. Applications diverses. Les impressions photographiques aux encres grasses. Applications de la photographie aux levés de plans. Appendice.

GÉNIE. Ses travaux spéciaux, ses services annexes, par O. Roux. Gr. in-16 de 508 pages avec 371 fig. et 1 pl. en couleur................... 12 fr.

Droits et devoirs des officiers. LES SERVICES DE L'ARMÉE DU GÉNIE ET CEUX QUI S'Y RATTACHENT : Etat-major particulier du génie. Les troupes du génie. Les services annexes. LES TRAVAUX SPÉCIAUX : Généralités. Fortification permanente et fortification semi-permanente. Fortification passagère. Défenses accessoires. Organisation défensive des obstacles du terrain. Sapes. Mines. Ponts militaires.

SCIENCES ET ARTS MILITAIRES, par Em. Dardart, sous-ingénieur des ponts et chaussées, et le capitaine X., de l'infanterie coloniale. Gr. in-16 de 672 pages avec 400 fig..................................... 12 fr.

Organisation militaire. Recrutement de l'armée en France, Allemagne, Russie, Autriche-Hongrie, Italie. Recrutement des cadres. Organisation des forces militaires de la France (armée métropolitaine, armée coloniale, armée de mer). Organisation des armées étrangères. Tactique. Marches. Stationnement. Service de sûreté. Combat offensif et défensif. Formation des différentes armes ; infanterie, cavalerie, artillerie. Artillerie : personnel, établissements. Balistique intérieure et extérieure. Organisation des armes à feu. Bouches à feu. Armes portatives. Munitions des bouches à feu et armes portatives. Pointage. Tir d'artillerie. Tir d'infanterie. Matériel d'artillerie de campagne, de montagne, de siège et de place, de côte. Tourelles cuirassées. Armes portatives françaises, allemandes, austro-hongroises, italiennes et russes. Fabrication des armes : bouches à feu, armes portatives. Fabrication des substances explosives, des cartouches, des munitions pour bouches à feu. Artilleries étrangères. Mitrailleuse Maxim. Transport à la suite des armées. Train des équipages. Transports du service de l'artillerie et de l'intendance. Transports du service de la trésorerie et des postes. Transports du service de santé. Droit militaire. Droit de la guerre.

Tours. — Imprimerie DESLIS FRÈRES ET Cᶦᵉ.

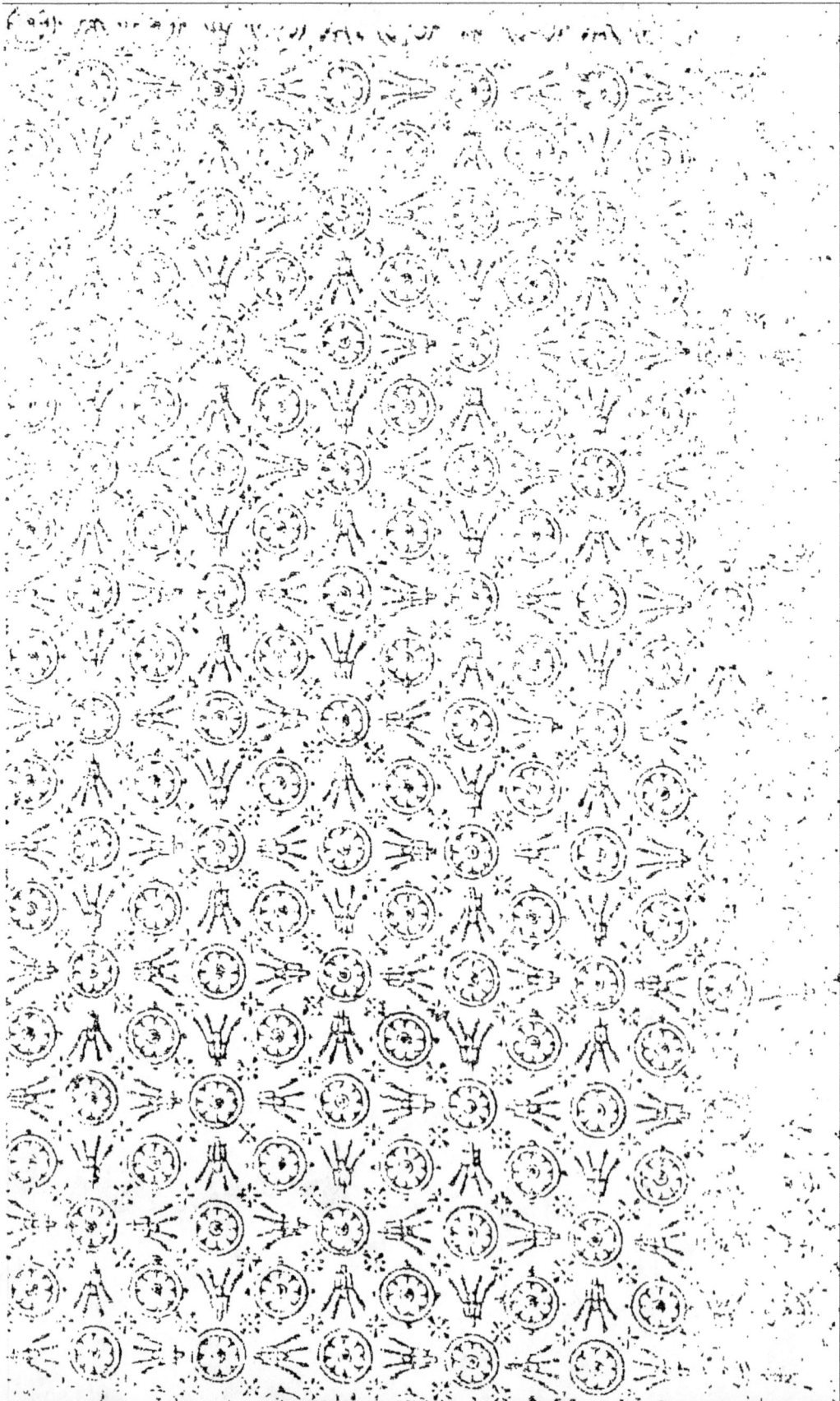

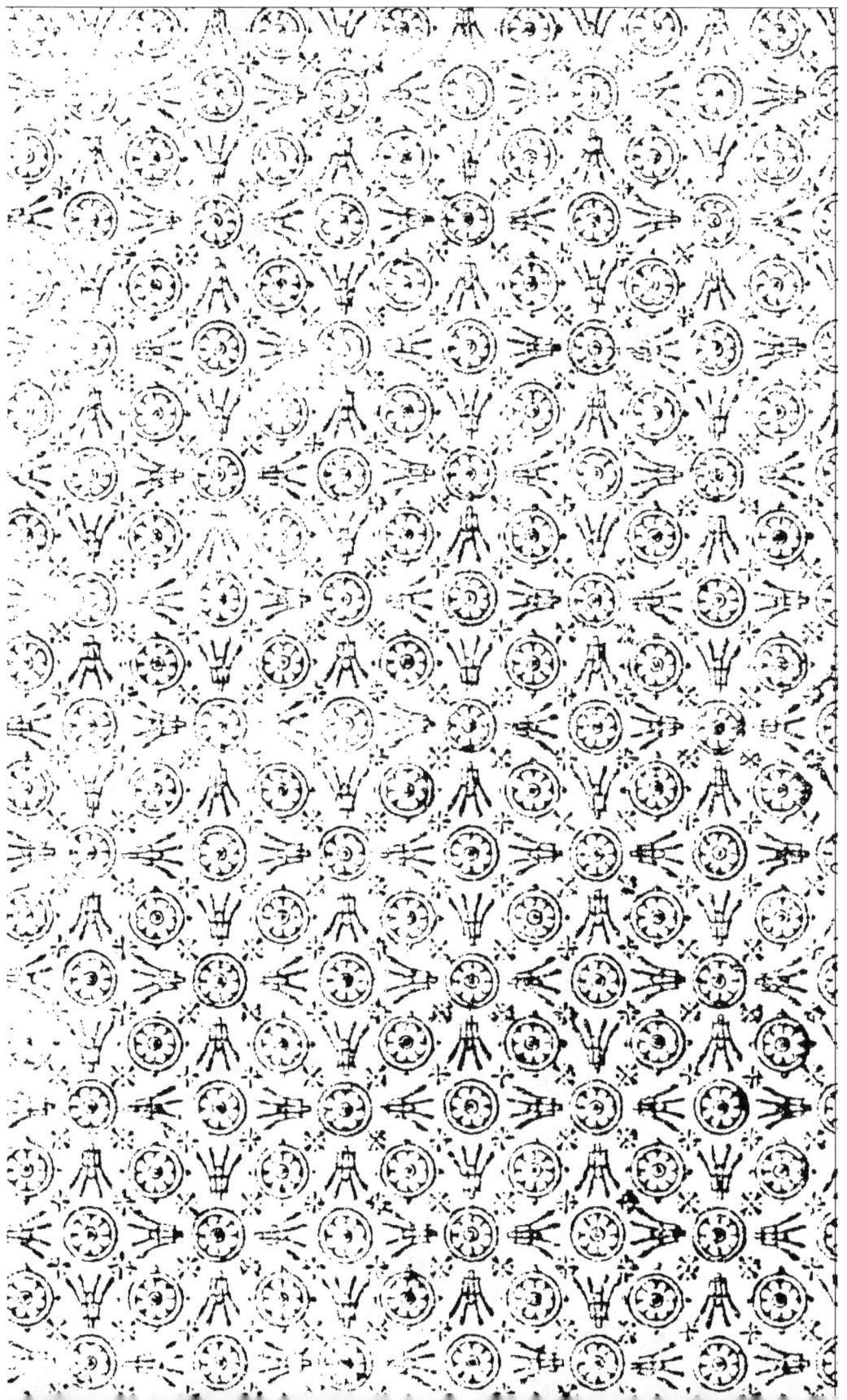

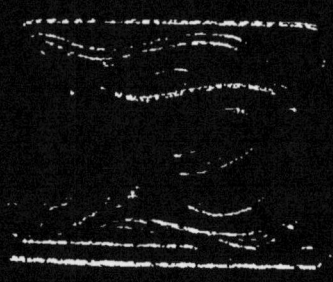

www.ingramcontent.com/pod-product-compliance
Lightning Source LLC
Chambersburg PA
CBHW060713220326
41598CB00020B/2079